SCHÜLER-DUDEN

Die Biologie

DUDEN für Schüler

Rechtschreibung und Wortkunde
Vom 4. Schuljahr an

Grammatik
Vom Aktiv bis zum zweiten Futur

Wortgeschichte
Sprachgeschichte und Etymologie für den modernen Sprachunterricht

Bedeutungswörterbuch
Weil viele Wörter mehrdeutig sind

Fremdwörterbuch
Von relaxed bis marginal

Die richtige Wortwahl
Auf einen Schlag den inhaltlich und stilistisch treffenden Ausdruck

Lateinisch-Deutsch
Die Neufassung des »Taschen-Heinichen«

Der Sport
Vom Fallrückzieher bis zur Trainingslehre

Die Kunst
Von der Farbenlehre bis zur Aktionskunst

Die Musik
Bach und Bebop, Farbenhören und farbiges Rauschen

Die Literatur
Absurdes Theater, Naturalismus, Hinkjambus: die Literatur in ihrer Vielseitigkeit

Die Chemie
Von der ersten Chemiestunde bis zum Abiturwissen

Die Ökologie
Klassische Ökologie und moderne Umweltproblematik

Die Pflanzen
Vom Gänseblümchen bis zum Mammutbaum: Antwort auf Fragen, die im Unterricht offen bleiben

Die Biologie
Auf dem neuesten Stand der Forschung

Die Tiere
Rötelfalken und Rötelmäuse. Für kleine und große Biologen

Die Physik
Die wichtigsten Begriffe und Methoden der Physik

Die Astronomie
Von hellen Sternen und schwarzen Löchern. – Stern-Stunden verständlich gemacht

Die Geographie
Von der Geomorphologie bis zur Sozialgeographie

Wetter und Klima
Vom Heidelberger Talwind bis zu den Passaten

Die Geschichte
Ob Merkantilismus oder UN: alles Wissenswerte leicht zugänglich

Die Wirtschaft
Vom Break-even-point bis zur Schattenwirtschaft

Politik und Gesellschaft
Vom Bruttosozialprodukt bis zur Pressefreiheit

Die Religionen
Aberglaube, Christentum, Zwölfgöttersystem: die Welt der Religion auf einen Blick

Die Philosophie
»Logik des Herzens« und kategorischer Imperativ: die wichtigsten Modelle und Schulen

Die Psychologie
Vom Alter ego bis zur Zwillingsforschung

Die Pädagogik
Alles zum Thema Schule, Ausbildung und Erziehung

Die Informatik
Algorithmen und Zufallsgenerator: das Informationszentrum für Anfänger und Fortgeschrittene

Die Mathematik I
5.–10. Schuljahr

Die Mathematik II
11.–13. Schuljahr

Das Wissen von A bis Z
Ein allgemeines Lexikon: die ideale Ergänzung zu den »Spezialisten«

DUDEN-Schülerlexikon
Ein Lexikon nicht nur für die Schule

SCHÜLER-DUDEN

Die Biologie

2., vollständig überarbeitete und ergänzte Auflage

Herausgegeben und bearbeitet von der Redaktion Naturwissenschaft und Medizin des Bibliographischen Instituts

unter Leitung von Karl-Heinz Ahlheim. In Zusammenarbeit mit mehreren Fachpädagogen

DUDENVERLAG
Mannheim/Wien/Zürich

Redaktionelle Bearbeitung:
Franziska Liebisch, Dipl.-Biol., und
Dr. Erika Retzlaff

Mitarbeiter der 1. Auflage:

Dr. Rolf Kiesewetter, Mannheim
Dr. Klaus-Friedrich Klein, Mannheim
Gerhard Krauß, Dipl.-Biol., Mannheim
Dr. Wolfgang Lathe, Ludwigshafen
Franziska Liebisch, Dipl.-Biol., Mannheim
Dr. Bernd Preschel, Mannheim
Dr. Erika Retzlaff, Mannheim
Hanna Röben (†), Oberstudienrätin, Heidelberg
Dr. Margarete Sattel, Oberstudienrätin, Oftersheim
Dr. Walter Sattel, Gymnasialprofessor, Oftersheim
Elmar Schreck, Mannheim

CIP-Kurztitelaufnahme der Deutschen Bibliothek

Schülerduden die Biologie / hrsg. u. bearb. von d. Red. Naturwiss. u. Medizin d. Bibliogr. Inst. unter Leitung von Karl-Heinz Ahlheim. In Zusammenarbeit mit mehreren Fachpädagogen. – 2., vollst. überarb. u. erg. Aufl. – Mannheim; Wien; Zürich: Bibliographisches Institut, 1986.
ISBN 3-411-02207-8
NE: Ahlheim, Karl-Heinz [Hrsg.]; Die Biologie

Satz: Bibliographisches Institut (DIACOS Siemens)
und Mannheimer Morgen Großdruckerei und Verlag
GmbH (Digiset 40 T30)
Druck und Einband: Klambt-Druck GmbH, Speyer
Printed in Germany
ISBN 3-411-02207-8

Vorwort zur zweiten Auflage

Der Schülerduden „Die Biologie" wurde gemeinsam von Biologielehrern und Fachredakteuren des Bibliographischen Instituts erarbeitet. Er wendet sich in erster Linie an die Schüler der Mittel- und Oberstufe an den weiterführenden Schulen und an die Schüler der berufsbildenden Schulen, unter besonderer Berücksichtigung der Leistungskurse für das Fach Biologie.

Die vorliegende zweite Auflage wurde vollständig überarbeitet und gemäß dem neuesten Kenntnisstand der biowissenschaftlichen Forschung aktualisiert und ergänzt. Sie orientiert sich – wie bereits die erste Auflage – so umfassend wie möglich an den Richtlinien der Unterrichtspläne in den einzelnen Bundesländern; das gilt sowohl hinsichtlich der Stichwortauswahl als auch hinsichtlich des methodischen Aufbaus der Stichwortartikel. Die bewährte Form der Darstellung, die Begriffsinhalte aus der Beschreibung des jeweiligen Bedeutungsumfeldes zu erschließen, wurde im wesentlichen unverändert übernommen.

Der Umfang des Bandes wurde von 464 Seiten auf 484 Seiten erweitert; das bedeutet in Verbindung mit der im Satzspiegel vorgenommenen Erhöhung der Zeilenzahl um 1 Zeile pro Spalte einen Informationszugewinn von insgesamt rund 6 %. Gleichwohl hätten wir die zahlreichen erforderlichen Textergänzungen ohne einen geringfügigen Verzicht auf vorhandene Stichwort- und Textsubstanz (hauptsächlich im Bereich der Präparationstechnik und der Mikroskopie) und auf einzelne Abbildungen, die uns für das Verständnis des Zusammenhangs entbehrlich erschienen, nicht durchführen können.

Der Stichwortkatalog repräsentiert neben den Kernfächern Anthropologie, Zoologie und Botanik alle übergreifenden Großgebiete wie Anatomie, Morphologie, Zytologie, Histologie und Physiologie, ferner die klassischen und modernen Spezialgebiete wie Genetik, Individualentwicklung, Stammesentwicklung, Sexualkunde, Mikrobiologie, Bakteriologie, vergleichende Verhaltensforschung und Ökologie sowie schließlich in biologisch relevanten Stichwörtern Nachbardisziplinen wie Chemie (Biochemie), Physik (Biophysik), Paläontologie, Geologie und Psychologie. Die Textergänzungen und die aufgenommenen Neu-

wörter betreffen naturgemäß hauptsächlich diejenigen Gebiete, die derzeit im Vordergrund des Interesses stehen: Ökologie, Molekularbiologie, Molekulargenetik, Immunologie und Biotechnologie.

Im übrigen gilt das bereits im Vorwort zur ersten Auflage Gesagte: Der Schülerduden „Die Biologie" ist kein selbständiges Unterrichtswerk. Er will vielmehr als unterrichtsbegleitendes didaktisches Hilfsmittel verstanden werden, und zwar sowohl für den Schüler als auch für den Biologielehrer.

Mannheim, im Januar 1986

Herausgeber und Bearbeiter

Zur Einrichtung des Wörterverzeichnisses

Die Hauptstichwörter sind in streng alphabetischer Folge **halbfett** gesetzt, Unterstichwörter im Text *kursiv*. Zur besseren Übersicht und Gliederung des Stoffs sind, besonders in größeren Artikeln, auch andere Wörter oder Wortfolgen im Text *kursiv* hervorgehoben.

Blankverweise auf ein anderes Stichwort (z. B. **Schmarotzer** svw. ↑ Parasiten) kommen aus Gründen der Verständlichkeit seltener vor. Meist wurde in solchen Fällen eine Kurzdefinition mit weiterführendem Verweis auf einen größeren Sachzusammenhang vorgezogen, z. B. **Perm:** Die jüngste Formation des Paläozoikums (Erdaltertum; ↑ Erdzeitalter).

Zur besseren Lesbarkeit wurde bei Fremdwörtern gelegentlich die Betonungsstelle angegeben; dabei kennzeichnet ein untergesetzter Punkt eine betonte Kürze, ein untergesetzter Strich eine betonte Länge (z. B.: Rickẹttsien, Pestizi̱de). Auf sonstige Angaben zur Lautschrift wurde ebenso verzichtet wie auf grammatische Angaben.

Die Stichwörter sind im fortlaufenden Text jeweils mit ihrem Anfangsbuchstaben abgekürzt (dabei gelten die Buchstabenfolgen Ph, Sch, St und Th als Einheit), jedoch nicht in den gebeugten Formen der Einzahl und Mehrzahl und gewöhnlich nicht am Ende eines Satzes. Auf sonstige Abkürzungen wurde mit Ausnahme einiger in der Gemeinsprache allgemein bekannter wie usw., u. a. (= unter anderem, und andere), v. a. (= vor allem), bzw. (= beziehungsweise) verzichtet. Die gelegentlich bei Verweisstichwörtern zu findende Abkürzung svw. (= soviel wie) besagt, daß das Verweisstichwort mit dem verwiesenen Stichwort synonym (= bedeutungsgleich) ist. — Hat ein Stichwort mehrere Bedeutungen, werden diese durch das Zeichen ◇ differenziert.

A

Aalstrich: Viele Säugetiere haben in der Mitte des Rückens einen dunklen, schmalen Haarstreifen, den Aalstrich. Er ist bei Wildformen und wildfarbenen Haustieren häufiger und auch stärker ausgeprägt. Bei Ziegen und Pferden ist er manchmal gut zu erkennen.

AAM: Abk. für: ↑angeborener Auslösemechanismus.

Aasfresser (Nekrophagen): Die A. erfüllen in der Natur eine wichtige Aufgabe. Durch die Beseitigung von Aas verhindern sie die Ausbreitung von Krankheiten. Reine A. greifen in der Regel lebende Tiere nicht an. Zu ihnen gehören z. B. die Geier und einige Aaskäfer wie der Totengräber.

Abart svw. ↑Varietät.

Abdomen:

◊ A. nennt man die Bauchregion der Wirbeltiere und des Menschen.

◊ A. nennt man auch den Hinterleib der Gliederfüßer, also z. B. von Spinnen und Insekten. In ihm liegen die Verdauungs-, Geschlechts-, Kreislauf- und Atmungsorgane. Er ist in der Regel segmentiert.

Abduktoren: Muskeln, die Gliedmaßen vom Körper wegbewegen. Der mittlere Teil des dreieckigen Schultermuskels ist Abduktor des Arms; er hebt die Arme also seitlich. Der mittlere und der kleine Gesäßmuskel sind die entsprechenden Muskeln des Beins. – Gegensatz: ↑Adduktoren.

Aberration:

◊ Nach älteren Definitionen des Artbegriffs versteht man unter A. die Abweichung eines Tiers oder einer Pflanze von einem bestimmten Arttypus. Solche Lebewesen wurden als Mißbildungen angesehen. Heute werden sie den üblichen Variationen innerhalb einer ↑Art zugerechnet.

◊ In den lichtbrechenden Teilen des Auges (Hornhaut, Linse) entstehen Abbildungsfehler (Aberrationen), wenn Lichtstrahlen, die von einem Punkt ausgehen, durch die kugelförmige Linse nicht in einem Punkt abgebildet werden. Randnahe Strahlen werden dabei stärker gebrochen als achsennahe *(sphärische A.)*. Weißes Licht wird in die Spektralfarben zerlegt. Rotes Licht wird weniger stark gebrochen als violettes *(chromatische A.)*.

◊ ↑Chromosomenaberration.

Ableger: Ein- oder mehrjährige Triebe einer Pflanze (meist Holzgewächse) werden flach und horizontal in feuchte Erde gedrückt und bleiben mit der Mutterpflanze in Verbindung, bis sie bewurzelt sind. Bei bogenförmiger Einsenkung eines Triebs in eine spatentiefe Grube spricht man von *Absenkern*. Die erst nach der Bewurzelung abgetrennten Jungpflanzen dienen der ungeschlechtlichen Vermehrung von Gewächsen, die sich anders nur schwer vermehren lassen.

AB0-System: Die vier klassischen, 1901 von Karl Landsteiner entdeckten menschlichen ↑Blutgruppen A, B, AB und 0.

Abort (Fehlgeburt): Von A. spricht man, wenn in den ersten 28 Wochen einer Schwangerschaft die Leibesfrucht abstirbt und ausgestoßen wird. Als Ursache für einen *spontanen A.* kommen u. a. in Betracht: Mißbildungen der Gebärmutter, Mangel an Vitaminen oder Gelbkörperhormon, Erkrankungen mit hohem Fieber, Toxoplasmose, Syphilis, Unverträglichkeit der Blutgruppen oder – die häufigste Ursache – nicht entwicklungsfähige Eier. – Die künstliche, nur von einem Frauenarzt im Krankenhaus durchzuführende Schwangerschaftsunterbrechung *(Abtreibung)* ist z. Z. in der BR Deutschland nur in Ausnahmefällen erlaubt.

In den ersten drei Monaten geht der

noch kleine Keimling leicht und als Ganzes ab, später verläuft die Fehlgeburt ähnlich wie eine normale ↑Geburt. – Der drohende A. kündigt sich durch Blutungen, Unterleibsschmerzen oder später durch Wehen an. Ein Arzt sollte immer zu Rate gezogen werden, um bleibende Schäden zu vermeiden.

Abschlußgewebe (Hautgewebe): Ein A. ist im allgemeinen bei landbewohnenden Pflanzen ausgebildet. Im einfachsten Fall besteht es aus einer Zellschicht (Oberhaut = Epidermis). Die Epidermis überzieht die ganze Pflanze und wird beim ↑Dickenwachstum zunächst durch Korkgewebe (↑Kork) und dann durch ↑Borke ersetzt. Das A. soll die Pflanze vor schädlichen Wasserverlusten, mechanischen Verletzungen und zu hoher Erwärmung schützen. Daher bildet es häufig Haare, eine Kutikula und Wachsschichten aus. Die ↑Endodermis ist ein inneres Abschlußgewebe.

Absenker ↑Ableger.

Absorptionsgewebe: A. dient der Pflanze zur Aufnahme von Wasser und gelösten Nährstoffen. Die Zellen dieses Gewebes haben dünne Zellwände und weisen hohe osmotische Werte auf. Das Gewebe zeichnet sich oft durch eine große Oberfläche, gute Quellbarkeit und starke Kapillarkräfte aus. Ein sehr charakteristisches A. besitzen die ↑Rhizodermis der Wurzeln und die ↑Luftwurzeln bei ↑Epiphyten, ferner die ↑Haustorien bei parasitischen (z. B. Hopfenseide, Sommerwurz) und halbparasitischen Pflanzen (z. B. Mistel). Im Getreidekorn ist die Spitze des Keimblatts (dieser Einkeimblättrigen Pflanze) als A. ausgebildet und hat die Aufgabe, die Reservestoffe aus dem Nährgewebe aufzusaugen.

Abstammungslehre svw. ↑Deszendenztheorie.

Abstrich: Zur Untersuchung auf bakterielle ↑Infektionen oder auf Krebszellen wird mit einem Wattetupfer oder mit einer Platinöse ein wenig Schleimhautbelag oder Gewebematerial entnommen. Der Arzt wendet diese Methode häufig zur Bestimmung von Krankheiten im Bereich der weiblichen Geschlechtsorgane an.

Abteilung: Eine höhere, umfassende Einheit in der botanischen ↑Systematik.

Abtreibung ↑Abort.

Abwasserreinigung: Unter *Abwasser* versteht man das aus Haushaltungen und Gewerbebetrieben ablaufende gebrauchte und dadurch verunreinigte Wasser; dazu kommt gewöhnlich noch das Niederschlagswasser, das von Dächern und Straßen Schmutz in die Kanalisation einbringt. Das *häusliche Abwasser* besteht meist aus Spül- und Waschwasser sowie aus Abflüssen sanitärer Anlagen (Harn- und Kotanteil bis 60%). Im *gewerblichen Abwasser* finden sich darüber hinaus chemische Verbindungen, die eine besondere Giftwirkung besitzen.

Früher reichte die Selbstreinigungskraft der natürlichen Gewässer aus, um den Schmutz der eingeleiteten Abwässer abzubauen. In den letzten Jahrzehnten haben sich die Abwassermengen so vervielfacht, daß eine künstliche Reinigung der Abwässer in meist zweistufig angelegten Kläranlagen vor der Rückführung der Wassermengen in die Flüsse notwendig ist.

Die *zweistufige Kläranlage* (s. Abb.) besteht aus einer mechanischen und einer biologischen Stufe. In der *mechanischen Stufe* findet man den *Rechen,* der die groben Verunreinigungen zurückhält, den *Sandfang,* in dem sich infolge Verringerung der Fließgeschwindigkeit kleinere mineralische Bestandteile absetzen, und das *Vorklärbecken.* Im letzteren werden die sonstigen absetzbaren Stoffe ausgefällt und mit einer Abschöpfeinrichtung Schwimmstoffe entnommen.

Die anschließende *biologische Stufe* besteht gewöhnlich aus dem *Tropfkörper* und dem Nachklärbecken. Tropfkörperanlagen bestehen aus 2–4 m hoch aufgeschichteten, porösen Steinen, auf deren Oberfläche das Abwasser mit einem Sprenger fein verteilt wird. Auf der Steinoberfläche bildet sich ein Algenrasen, in dem sich die zur Reinigung notwendigen Bakterien

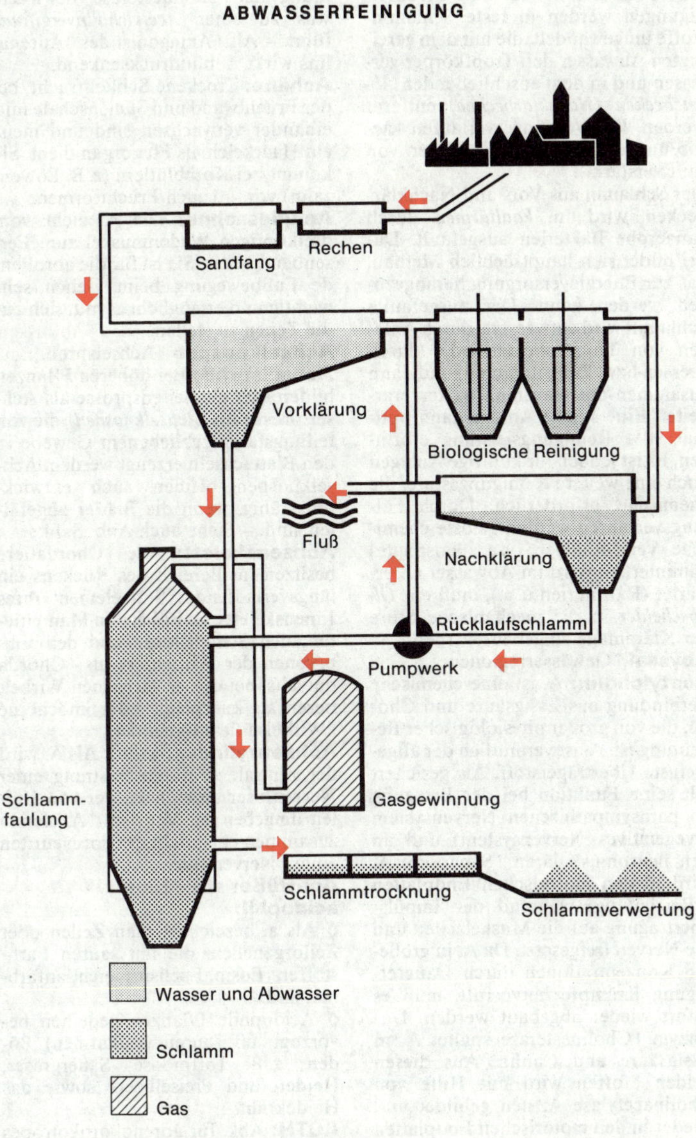

Abb. Schema einer mechanisch-biologischen Kläranlage

ansiedeln. Die abbaubaren Verunreinigungen werden in feste Schlammstoffe umgewandelt, die mit dem gereinigten Abwasser den Tropfkörper verlassen und in dem anschließenden *Absetzbecken (Nachklärbecken)* entfernt werden. Die Vorgänge verlaufen ↑aerob und werden durch Einblasen von Luft verstärkt.

Der Schlamm aus Vor- und Nachklärbecken wird in *Faultürmen* durch ↑anaerobe Bakterien ausgefault. Dabei bildet sich hauptsächlich Methan, das zur Energieversorgung herangezogen werden kann. Der ausgefaulte Schlamm wird entwässert (durch Anlegen von Trockenbeeten oder durch Pressen bzw. Zentrifugieren) und dann zusammen mit Hausmüll weiterverarbeitet. Eine solche Anlage kann optimal 90% Reinigungsleistung erbringen. Es ist jedoch für künftige Anlagen noch eine weitere Reinigungsstufe, die chemische, erforderlich. Durch Fällungsverfahren werden gelöste chemische Verbindungen (v. a. Phosphate) eliminiert. – Wird im Abwasser Öl erwartet (Raffinerien u. a.), muß ein *Ölabscheider* in die mechanische Stufe der Kläranlage eingebaut werden.

Abyssal ↑Gewässerregionen.

Acetylcholin: A. ist eine chemische Verbindung aus Essigsäure und Cholin, die von großer physiologischer Bedeutung ist. A. ist vermutlich der allgemeinste Überträgerstoff. Als gesichert gilt seine Funktion bei der Erregung im parasympathischen Nervensystem (↑vegetatives Nervensystem) und an den neuromuskulären ↑Synapsen. A. wird in den motorischen Endplatten (↑Reizleitung) während der Impulsübertragung auf die Muskelzellen und die Nerven freigesetzt. Da A. in größeren Konzentrationen durch Dauererregung Krämpfe hervorruft, muß es sofort wieder abgebaut werden. Das Enzym ↑Cholinesterase spaltet A. in Essigsäure und Cholin. Aus diesen beiden Stoffen wird mit Hilfe von Cholinacetylase A. neu gebildet und wieder in den motorischen Endplatten in inaktiver Form gespeichert.

Insektizide können u. a. eine Hemmung der Cholinesterase bewirken, was zu einer *Acetylcholinvergiftung* führt. – Als ↑Antagonist des ↑Adrenalins wirkt A. blutdrucksenkend.

Achäne: Trockene Schließfrucht, bei der Fruchtwand und Samenschale miteinander verwachsen sind und meist ein Haarkelch als Flugorgan dient. Sie kommt bei Korbblütlern (z. B. Löwenzahn) vor. – ↑auch Fruchtformen.

Achillessehne: Die A. zieht vom dreiköpfigen Wadenmuskel zum Fersenbeinhöcker. Sie ist für die abrollende Fußbewegung beim Gehen sehr wichtig und ermöglicht es mit, sich auf die Zehen zu stellen.

Achselknospen ↑Achselsproß.

Achselsproß: Bei höheren Pflanzen bilden sich die Seitensprosse als Achselsprosse aus *(Achselknospen),* die von teilungsfähig gebliebenem Gewebe in den Blattachseln erzeugt werden. Achselknospen bleiben auch entwicklungsfähig, wenn die Blätter abgefallen sind. – Siehe auch Abb. S. 14.

Achsenskelett: Alle ↑Chordatiere besitzen im Bereich des Rückens ein längsverlaufendes Stützelement ihres Innenskeletts. Es ist bei den Manteltieren, den Schädellosen und den Embryonen der Wirbeltiere als ↑Chorda dorsalis, bei den erwachsenen Wirbeltieren als knorpelige oder knöcherne ↑Wirbelsäule ausgebildet.

Achsenzylinder (Axon): Als A. wird der zentrale Protoplasmastrang einer Nervenfaser bezeichnet, der von Hüllen umgeben ist. Mit dem ↑Axolemm zusammen entspricht er dem Neuriten einer ↑Nervenzelle.

Achtfüßer svw. ↑Kraken.

acidophil:

◊ Als a. bezeichnet man Zellen oder Zellorganellen, die mit sauren Farbstoffen (Eosin, Fuchsin) leicht anfärbbar sind.

◊ Acidophile Pflanzen gedeihen bevorzugt auf sauren (kalkarmen) Böden; z. B. Torfmoose, Sauergräser, Heidel- und Preiselbeere sowie das Heidekraut.

ACTH: Abk. für adrenokortikotropes Hormon (↑Hypophysenhormone).

Adaptation svw. ↑Anpassung.

Adduktoren: Muskeln, die Gliedmaßen an den Körper heranziehen. Für den Arm sind dies der große Brustmuskel, der breite Rückenmuskel und der große runde Muskel, für das Bein eine Gruppe von Schenkelanziehermuskeln. – Gegensatz: ↑Abduktoren.

Adenin (6-Aminopurin, Vitamin B_4): A. bildet farblose, kristallwasserhaltige Nadeln. Es kommt als Baustein in den ↑Nukleinsäuren vor. Als freie Purinbase wurde es in Hefe, Zuckerrüben, Tee (Teestrauch), Hopfen und Pilzen nachgewiesen.

Adenosin: A. ist ein glykosidisches Nukleosid aus D-Ribose und ↑Adenin. Es spielt in der Natur als Spaltprodukt der ↑Nukleinsäuren eine wichtige Rolle.

Adenosindiphosphat ↑ATP.

Adenosinmonophosphat ↑ATP.

Adenosintriphosphat ↑ATP.

Aderhaut (Chorioidea): Die A. liegt im ↑Auge zwischen Lederhaut und Netzhaut. Sie ernährt in erster Linie die Netzhaut. Durch Pigmentzellen ist sie dunkel eingefärbt und verhindert dadurch Lichtreflexe innerhalb des Auges und Lichteinstreuungen durch die weiße Lederhaut.

Adermin: Frühere Bezeichnung für: Vitamin B_6 (↑Pyridoxolgruppe).

Adern:

◊ Gemeinsprachliche Sammelbezeichnung für die verschiedenen ↑Blutgefäße.

◊ ↑Blattadern.

Adiuretin svw. ↑Vasopressin.

ADP: Abk. für: **A**denosin**d**iphos**p**hat (↑ATP).

Adrenalin (Epinephrin, Suprarenin): Das A. ist ein Hormon, das ebenso wie ↑Noradrenalin im Nebennierenmark und an den Nervenendigungen des Sympathikus gebildet wird. Adrenalin und Noradrenalin kommen bei Wirbeltieren und einigen Wirbellosen vor. Adrenalin mobilisiert den Stoffwechsel in Gefahren- und Streßsituationen. Es steigert den ↑Grundumsatz, den Blutzuckerspiegel (↑Blutzucker), die Durchblutung der Bewegungsmuskulatur und der Herzkranzgefäße sowie die Leistung des Herzens (Erhöhung von Blutdruck, Herzfrequenz, Herzminutenvolumen). Es hemmt dagegen die Verdauungsvorgänge und wirkt verengend auf die Kapillaren der Haut. An bestimmten sympathischen Nerven sind A. und hauptsächlich Noradrenalin ↑Transmitter.

adrenokortikotropes Hormon ↑Hypophysenhormone.

adult: Das Adjektiv a. bedeutet svw. erwachsen (und damit geschlechtsreif). In Bestimmungsbüchern wird es mit ad. abgekürzt. So tragen z. B. viele Vögel, auch wenn sie schon flügge sind, das Jugendkleid, das sie erst im folgenden Jahr gegen das *adulte Gefieder* austauschen.

Adventivpflanzen: A. nennt man Pflanzen eines Gebiets, die dort nicht schon immer vorkamen. Sie wurden durch den Menschen absichtlich als Kulturpflanzen oder unabsichtlich *(Ansiedler)* eingeschleppt. Geschah dies in vorgeschichtlicher Zeit, so spricht man von *Altpflanzen* (Weizen, Gerste, Roggen). Seit der Völkerwanderungszeit verschleppte Pflanzen nennt man an ihrem neuen Standort *Neubürger* (Kartoffel, Wasserpest, Roßkastanie).

Adventivwurzeln: A. sind neu angelegte Wurzeln, die sich an abgeschnittenen oder verletzten Sproßteilen (auch an Blättern) bilden.

aerob: Lebensvorgänge, die in Gegenwart von Sauerstoff ablaufen, heißen aerob. Aerob lebende Organismen heißen *Aerobier (Aerobionten).*

Aerobier (Aerobionten) ↑aerob.

Aerosole: A. sind fein verteilte flüssige *(Nebel)* und feste *(Rauch)* Schwebstoffe in einem gasförmigen Dispersionsmittel (z. B. Luft). Die Teilchengröße stellt ein wichtiges Merkmal eines Aerosols dar; sie liegt zwischen 10^{-7} bis 10^{-2} cm; diesen Dispersionsgrad nennt man *kolloidale Verteilung.* Es gibt *natürliche A.* (z. B. Nebel, Bakterien, Pflanzensporen, Pollen) und durch zivilisatorische Prozesse freigesetzte A. (↑Luftverschmutzung). *Künstliche A.* verwendet man in der Medizin, wo z. B. kolloidal verteilte Medikamente in die Atemwege eingebracht werden, und in der ↑Schädlingsbekämpfung, bei der flüssige oder pulvrige Pestizide versprüht werden.

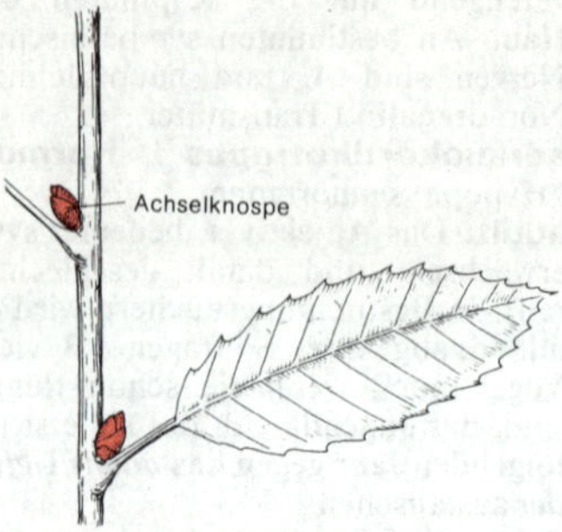

Abb. Achselsproß: In den Blattachseln stehende Achselknospen

Affen: A. sind hochentwickelte, eichhörnchen- bis menschengroße (Gorilla) ↑Säugetiere (Ordnung ↑Herrentiere), die überwiegend auf Bäumen in Wäldern der Tropen und Subtropen leben. An das Baumleben sind A. durch ihre Greiffüße bzw. -hände sowie in vielen Fällen durch einen Rollschwanz, den sie als fünftes Greifinstrument um Äste wickeln können, gut angepaßt. Dennoch sind einige Gruppen wie Paviane und Rhesusaffen zum Bodenleben übergegangen, wo sie Herden mit ↑Rangordnung bilden. Die ↑Menschenaffen leben zeitweise am Boden und haben eine deutliche Tendenz zum aufrechten Gang.

A. sind Tagtiere, die sich teils durch Laute, teils durch lebhaftes Mienenspiel untereinander verständigen. Ihr Großhirn ist gut entwickelt; es bedeckt weitgehend die anderen Hirnteile. Die am besten ausgebildeten Sinnesorgane sind die Augen, die stets nach vorn gerichtet sind und zu räumlichem Sehen befähigen.

Abgesehen von ausgeprägten Pflanzenfressern (wie Brüllaffen, Schlankaffen und Gorilla), ernährt sich die überwiegende Anzahl der A. von Mischkost; einige A. wie Paviane und Schimpansen erbeuten zuweilen auch kleinere Säugetiere bis Hasengröße.

Affen gebären (Ausnahme: Krallenaffen) im allgemeinen nur ein Junges (ähnlich wie beim Menschen), das zwar schon mit offenen Augen, jedoch in sehr unbeholfenem Zustand zur Welt kommt. Es wird von der Mutter oft längere Zeit herumgetragen.

Die A. unterteilt man heute in Neuwelt- und Altweltaffen. Zu den *Neuweltaffen,* die eine breite Nasenscheidewand haben und daher auch als „Breitnasenaffen" bezeichnet werden, gehören z. B. Kapuziner- und Krallenaffen. Die *Altweltaffen* haben eine schmale Nasenscheidewand, weswegen sie auch „Schmalnasenaffen" heißen. Zu ihnen rechnet man alle übrigen hier erwähnten Affen. – Früher zählten zu den A. auch noch die *Halbaffen,* in welcher Gruppe v. a. Lemuren und Koboldmakis zusammengefaßt werden.

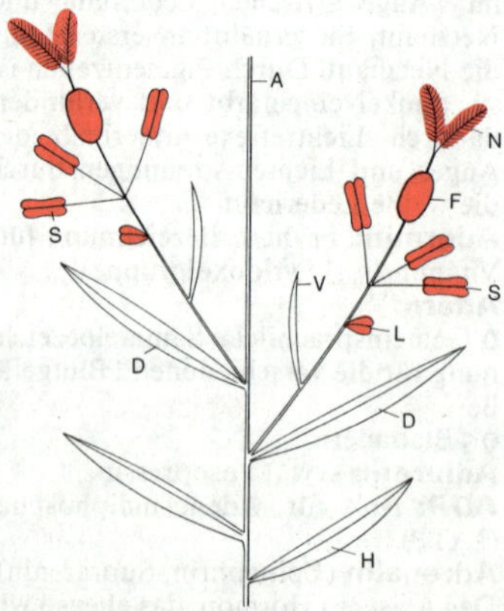

Abb. Ährchen mit zwei Einzelblüten im Aufriß. A Ährchenachse

Affenlücke (Diastema): Bei allen Menschenaffen und vielen anderen Säugern befindet sich in den Zahnreihen eine Lücke, in die der Eckzahn des gegenüberliegenden Kiefers eingreift. Diese A. fehlt in der Regel bei den fossilen und den rezenten Menschen (sie kann jedoch als ↑Atavismus vorkommen). Sie gestattet es, Kieferbruchstücke den Affen oder aber den Menschen zuzuordnen.

afferente Nerven (zentripetale N., sensible N.): So bezeichnete Nerven leiten Erregungen von den reizaufnehmenden Nervenzellen (↑Rezeptoren) zum ↑Zentralnervensystem, also z. B. die Tastsinnesempfindungen von den Fingerspitzen zum Rückenmark und von dort zum Gehirn.

Agar-Agar: Aus verschiedenen Rotalgenarten des Indischen und des Stillen Ozeans gewinnt man in Ostasien A.-A. Es ist ein Trockenprodukt aus den Zellwandschleimstoffen. Man stellt damit Nährböden für Bakterien- und Gewebekulturen her, in denen A.-A. die unverdauliche Grundsubstanz bildet. Ein Zusatz von 2–3% A.-A. zu einer Nährlösung ergibt nach dem Aufkochen und Abkühlen ein steifes Gel.

Agglutination: Die Zusammenballung von roten Blutkörperchen in einem fremden Serum beruht auf der Reaktion zwischen den ↑Antigenen der Blutkörperchen *(Agglutinogene)* mit den ↑Antikörpern des fremden Serums *(Agglutinine)*. Diese Reaktion macht man sich für die Blutgruppenbestimmung (z. B. vor Bluttransfusionen) zunutze.
Eine entsprechende ↑Antigen-Antikörper-Reaktion ist die A. von Bakterien im Serum, nachdem nach einer Infektion oder aktiven Immunisierung im Körper Antikörper gegen diese Bakterien gebildet worden sind.

Agglutinine: Die A. sind die blutgruppenspezifischen Antikörper des Blutserums, die die ↑Agglutination von roten Blutkörperchen einer anderen Blutgruppe bewirken.

Agglutinogene: Die in den roten Blutkörperchen enthaltenen Antigene (↑Agglutination).

Aggression: A. ist nach K. Lorenz ein angeborener Trieb mit innerer Erregungsproduktion. Das *Angriffsverhalten* wird durch einen entsprechenden ↑Schlüsselreiz ausgelöst. Fehlt dieser Reiz, staut sich die Erregung auf, bis das Tier ein Ersatzobjekt gefunden hat, an dem es seine A. abreagieren kann. Der Aggressionstrieb verändert sich häufig im Wechsel der sexuellen Aktivität der Tiere. Die A. zwischen Angehörigen der gleichen Art läuft meist nach festen Regeln ab, die schwere Verletzungen weitgehend ausschließen (↑Kommentkämpfe, ↑Imponiergehabe, ↑Drohgebärde, ↑Beschwichtigungsgebärde). – Zwischen Mitgliedern einer Gruppe wird die innerartliche A. unterdrückt. Die A. zwischen Angehörigen verschiedener Arten findet man bei Tieren, die in einer Räuber-Beute-Beziehung zueinander stehen. Wird eine Aggressionshandlung durch Erfolg belohnt, wächst die Bereitschaft zu solchem Verhalten.

Ährchen: Das Ä. ist ein Teil des ↑Blütenstandes bei Gräsern (s. Abb.). Jedes Ä. trägt am Grund 2 Hüllspelzen (H). Auf diese folgen die meist zwittrigen Blüten, die aus der Achsel einer Deckspelze (D; häufig begrannt) entspringen. Eine Einzelblüte ist aus einer zweikieligen Vorspelze (V), den Schwellkörpern (L), 3 Staubblättern (S) und dem mit 2 fedrigen Narben (N) versehenen Fruchtknoten (F) aufgebaut.

Ähre: Die Ä. ist ein ↑Blütenstand mit unverzweigter Hauptachse, an der die ungestielten Einzelblüten sitzen.

Akklimatisation: Lebewesen vermögen sich an veränderte Klimabedingungen anzupassen. Die Folgen einer solchen A. sind z. B. Veränderungen am Haar- und Federkleid, in der Lebensweise oder bei der Fortpflanzung. – ↑auch Anpassung.

Akkomodation: Das Scharfstellen des Bildes auf der ↑Netzhaut des ↑Auges, die A., wird auf verschiedene Weise bewirkt. Amphibien, Fische und Wirbellose verändern den Abstand der Linse zur Netzhaut. Die meisten Reptilien, alle Vögel und Säuger verändern dagegen die Krümmung ihrer Linse.

akropetal ↑basipetal.

Aktinien (Seerosen, Seeanemonen): Eine Gruppe sehr lebhaft gefärbter ↑Blumentiere, die in allen Meeren leben. Auf einem zylindrischen Körper sitzt um die Mundöffnung ein Kranz von Fangarmen, so daß die A. ein blumenartiges Aussehen erhalten. Jeder Fangarm ist dicht von ↑Nesselkapseln besetzt, die nicht nur dem Schutz, sondern auch zum Einfangen von Tieren (kleine Fische, Würmer) dienen.

Aktinomyzeten svw. ↑Strahlenpilze.

Aktionspotential: Unter A. versteht man die plötzliche und kurzfristige, etwa 1 ms (Millisekunde) dauernde Änderung des ↑Membranpotentials, die durch Zellreizung (z. B. spontan oder durch einen elektrischen Impuls) erfolgt und eine Ladungsumkehr an der Oberfläche der Zellmembran bewirkt. An Nerven- und Muskelzellen kennzeichnet das A. den Ort einer Erregung. Der Weiterleitung des Aktionspotentials entspricht die Erregungsleitung (↑Reizleitung), die z. B. in markhaltigen Neuriten der Bewegungsmuskulatur 10 m pro Sekunde betragen kann.

Ein A. tritt als Folge einer plötzlichen Änderung der Durchlässigkeit der semipermeablen Zellmembran für Natrium- und Kaliumionen auf. Hierbei strömen zuerst Natriumionen schlagartig ins Zellinnere (steil ansteigende und abfallende Phase des Aktionspotentials; die Membranoberfläche wird negativ gegenüber dem Zellinnern geladen = *Spitzenpotential*), und darauf strömen Kaliumionen aus dem Zellinnern nach außen, wodurch die Höhe des Aktionspotentials wieder abklingt *(Repolarisation)*. Danach wird wieder die Ausgangsspannung mit positiv geladener Membranoberfläche und negativ geladenem Zellinnern hergestellt. Die Differenz zwischen diesem Ruhepotential und dem Spitzenpotential *(Aktionspotentialamplitude)* beträgt bei Warmblütern etwa 130 mV an Skelett- und Herzmuskelfasern und etwa 110 mV an Nervenfasern.

Akzeleration: Jugendliche erlangen heute früher als in vorangegangenen Generationen ihre körperliche Reife. Diese A. macht sich u. a. durch eine Größenzunahme um 7–8 cm bei Erwachsenen, ein früheres Eintreten der ↑Menarche um etwa 2–3 Jahre und einen vorverlegten Zahnwechsel bemerkbar. Eine eindeutige Erklärung hierfür wurde noch nicht gefunden. Die A. hat sich heute verlangsamt.

Alanin: Eine der ↑Aminosäuren.

Albinismus: Unter A. versteht man das angeborene Fehlen der Pigmentierung bei Tieren und beim Menschen. Die Ursache hierfür ist ein Fehler im Phenylalanin-Tyrosin-Stoffwechsel, der die Melaninverbindungen liefert, aus denen die meisten Pigmente bestehen. Hat das Tier neben der weißen Körperbedeckung auch noch wegen der durchscheinenden Blutgefäße eine rote Iris, so fehlen die Pigmente vollständig. Ein teilweiser Pigmentmangel führt oft nur zur *Weißscheckung*. Manchmal wird auch das Fehlen von Chlorophyll bei Pflanzen als A. bezeichnet.

Albumine: A. sind einfache Eiweiße, die v. a. Glutaminsäure, Asparaginsäure, Leucin und Isoleucin enthalten. Meist kommen sie zusammen mit ↑Globulinen vor, sind aber im Gegensatz zu diesen wasserlöslich. A. sind im Tier- und Pflanzenreich weit verbreitet. So kommen im Hühnerei das *Eialbumin,* im Blutserum und in der Lymphe die *Serumalbumine,* in der Milch das *Milchalbumin* vor. Weitere A. sind das *Leucosin* im Weizen, das giftige *Rizin* im Rizinussamen und das *Legumelin* in der Erbse.

Aleuronkörner ↑Aleuronschicht.

Aleuronschicht (Kleberschicht): Die A. ist eine Zellschicht zwischen dem Mehlkörper und der Samenschale des Getreidekorns. Sie enthält *Aleuronkörner* (fette Öle und Eiweiß, keine Stärke). Die für die Ernährung wichtige A. ist nur in Vollkornerzeugnissen, nicht jedoch in Weißmehlprodukten enthalten.

Algen: Die rund 25 000 Arten der A. bilden eine Abteilung (Stamm) des Pflanzenreichs. Ihr Vorkommen ist auf das Meer, Süßwasser oder (seltener) feuchte Orte (nasse Wände, Baumstümpfe, Erdboden) begrenzt. Mit ihrem i. a. nicht in Organe gegliederten Bau zählen sie zu den ↑Lagerpflanzen. A. haben wie alle sich ↑autotroph er-

nährenden Pflanzen ↑Chlorophyll, das jedoch durch gelbe, braune, rote oder blaue Farbstoffe überdeckt sein kann. Einige Arten bestehen nur aus einer einzigen Zelle, andere aus verzweigten oder unverzweigten Zellfäden. Da Stützorgane fehlen, fallen die im Wasser lebenden großen Zellkolonien und Zellverbände der A. außerhalb ihres Lebensraums zusammen. Die Vermehrung der A. erfolgt geschlechtlich und ungeschlechtlich (↑Generationswechsel).
Bekannte Klassen sind Euglenophyceae (↑Euglena), ↑Dinoflagellaten, Goldbraune Algen mit ↑Kieselalgen, ↑Grünalgen mit den ↑Armleuchteralgen und ↑Jochalgen, ferner ↑Braunalgen und ↑Rotalgen. – Nicht zu den A. gehören die ↑Blaualgen.
Als Hauptnahrungsquelle vieler Wassertiere sind die A. unersetzlich. Zunehmend werden sie auch vom Menschen genutzt (Herstellung von Alginsäure, Agar-Agar, Futter- und Düngemitteln).

Algenpilze: A. sind niedere, algenähnliche Pilze. Im Gegensatz zu den echten Pilzen haben sie Zellwände aus Zellulose. Das Myzel besteht aus querwandlosen Hyphen. Lediglich zur Abgrenzung von Fortpflanzungszellen werden Querwände angelegt. Die Fortpflanzung erfolgt geschlechtlich durch ↑Oogamie und ungeschlechtlich durch ↑Sporen.
Zu den Algenpilzen gehören die Wasserschimmelpilze und die Falschen ↑Mehltaupilze. Viele der A. sind gefährliche Schädlinge an unseren Kulturpflanzen.
Früher wurden die A. als *Phykomyzeten* bezeichnet. Heute werden sie *Oomyzeten* genannt, da einige Gruppen abgetrennt und zu den echten Pilzen gestellt wurden (z. B. die Jochpilze).

Algonkium (Proterozoikum): Ein sehr früher Abschnitt der Erdgeschichte; ↑Erdzeitalter.

Alkalireserve: Die im Blutplasma gelöst vorkommenden Alkalihydrogencarbonate ($NaHCO_3$, $KHCO_3$) sowie das primäre und sekundäre Natriumphosphat (NaH_2PO_4, Na_2HPO_4) stellen ein Puffersystem dar, das den pH-Wert des Blutes, der durch den Kohlensäuregehalt verändert wird, konstant hält. Diese A. ist das Maß dafür, wieviel Kohlensäure bei einem Kohlensäurepartialdruck von 40 mm Hg von 100 ml Plasma gebunden werden kann.

Alkaloide: Die A. sind basische Stickstoffverbindungen, die aus einem oder mehreren heterozyklischen Ringen bestehen. Es sind ca. 7 000 A. bekannt, die in rund 100 Pflanzenfamilien vorkommen.
A. sind Stoffwechselendprodukte, die als Alkaloidgemische in allen Pflanzenteilen vorkommen können. Der Alkaloidanteil ist in Blättern, Rinde und Früchten meist besonders groß; in anderen Organen können A. völlig fehlen. Der Ort der Alkaloidsynthese ist nicht unbedingt identisch mit dem Ort ihrer Anhäufung, da A. innerhalb der Pflanze weitertransportiert werden können.
Die A. kommen im pflanzlichen Organismus nicht in freier Form vor, sondern sind an organische Säuren (z. B. Essigsäure, Zitronensäure, Fumarsäure) salzartig gebunden. Um die A. zu isolieren, behandelt man die Pflanzenteile oder ihre wäßrigen Auszüge mit Alkalien, wobei die Basen aus ihren Salzen wieder freigesetzt werden. Danach werden die Alkaloidgemische durch Elektrophorese, Säulen- oder Papierchromatographie in ihre Einzelbestandteile zerlegt.
Die Biosynthese der A. in der Pflanze erfolgt aus ↑Aminosäuren und ↑Aminen. Die Bedeutung der A. für die Pflanze ist unklar, da fast alle alkaloidhaltigen Pflanzen auch alkaloidfrei gezüchtet werden können. Bei einigen Pflanzen ist die Bedeutung der A. als Schutz gegen Gefressenwerden begründet. Wildkartoffeln z. B. werden wegen ihres Gehaltes an Demissin und Solanin nicht von Kartoffelkäferlarven befallen.
Die A. haben meist eine sehr spezifische Wirkung auf bestimmte Zentren des Nervensystems und sind häufig schon in geringen Mengen tödliche Gifte (z. B. 20 mg Strychnin wirken

beim Menschen tödlich). Andererseits finden viele A., bei richtiger Konzentration angewendet, eine ausgedehnte pharmazeutische Anwendung (z. B. ↑Chinin, ↑Morphin). Doch ist auch der medikamentöse Gebrauch nicht immer frei von Nebenwirkungen und kann bei häufigem Gebrauch zur Sucht führen (↑Rauschgifte, ↑auch Nikotin).
Im *Tierreich* kommen A. nur vereinzelt vor. Am bekanntesten ist das *Bufotenin* in der Rückenschleimhaut von Kröten.
Alkohol ↑Äthylalkohol.
alkoholische Gärung: Die a. G. ist die wichtigste und am längsten bekannte anaerobe ↑Gärung. Hierbei werden verschiedene Kohlenhydrate wie D-Glucose, D-Fructose und D-Mannose durch verschiedene ↑Enzyme, die in Heferassen enthalten sind, zu Alkohol (Äthylalkohol) und Kohlendioxid unter Energiegewinnung abgebaut. Bruttogleichung:

$$C_6H_{12}O_6 \rightarrow 2C_2H_5OH + 2CO_2.$$

Der Prozeß der alkoholischen Gärung verläuft über zahlreiche Zwischenprodukte, die unter Einwirkung einer Reihe von Enzymen gebildet werden. Diesen ganzen Enzymkomplex (rund 20 Enzyme), der die a. G. steuert, faßt man unter dem Namen *Zymase* zusammen. Neben diesen Enzymen sind noch eine Reihe von Aktivatoren (wie Magnesiumionen) und außerdem auch Koenzyme beteiligt.
Der Mechanismus der alkoholischen Gärung ist folgender: Zunächst wird Glucose über die ↑Glykolyse bis zu Pyruvat (↑Brenztraubensäure) abgebaut. Danach wird dieses unter Mitwirkung einer Decarboxylase zu Acetaldehyd decarboxyliert (Entzug von CO_2), der durch Hydrierung mit Hilfe von Alkoholdehydrogenase in ↑Äthylalkohol überführt wird.
Die a. G. hat eine große wirtschaftliche Bedeutung, da heute fast alle alkoholischen Getränke durch Vergärung von Kohlenhydraten durch ↑Hefen hergestellt werden.
Allantois (Harnsack): Eine der ↑Embryonalhüllen.
Allel: Kommt ein ↑Gen in mehreren, sich im äußeren Erscheinungsbild (↑Phänotyp) unterschiedlich auswirkenden Formen vor, so nennt man diese durch ↑Mutationen bedingten Variationen eines Gens *allele Gene* oder Allele. So kann z. B. das Gen für die Größe der Blattspreite bei einer Pflanzenart in Form von 2 Allelen vorkommen.
Da bei Organismen mit doppeltem Chromosomensatz jedes Gen zweimal vorhanden ist, kann jeder Zellkern 2 Allele eines Gens besitzen. Welches A. im Phänotyp sichtbar wird, hängt davon ab, welches der beiden Allele dominant ist.
Allen-Regel (Proportionsregel): Die A.-R. besagt, daß die Körperanhänge wie Schwanz, Ohren und Beine bei gleichwarmen Tieren (hauptsächlich Säugern) in wärmeren Klimaten länger sind als bei ihren Verwandten in kälteren Zonen. Herausragende Körperteile kühlen wegen ihrer relativ großen Oberfläche leicht ab, was zu einem größeren Wärmeverlust führt.
Allergie: Unter A. versteht man eine bis zur Überempfindlichkeit gesteigerte ↑Immunreaktion des Organismus auf körperfremde Substanzen. Als ↑Antigene kommen an sich nur großmolekulare Stoffe, und zwar v. a. Eiweiße, in Frage. Diese Voraussetzung kann jedoch auch dadurch erfüllt werden, daß kleinmolekulare Stoffe an Eiweißmoleküle gebunden werden. So können Allergien durch fast alle Substanzen des täglichen Lebens ausgelöst werden. Die Möglichkeiten reichen vom Pollenstaub über Nahrungsmittel (z. B. Erdbeeren) bis zu Medikamenten und Impfstoffen.
Da u. a. auch Gewebshormone (z. B. ↑Histamin), die gefäßerweiternd wirken, freigesetzt werden, kann bei einer A. der Blutdruck plötzlich absinken, so daß es u. U. zum *anaphylaktischen Schock* (d. h. zum nicht selten tödlichen Kreislaufversagen) kommt. Andere Krankheitszeichen sind Asthma, Heuschnupfen, Durchfall oder Entzündungen der Haut.
Immunreaktionen dürfen durch Medi-

kamente nicht für längere Zeit unterdrückt werden. Daher besteht die einfachste und unschädlichste Behandlung der A. darin, die schädlichen Substanzen zu meiden.

Allesfresser (Omnivoren): A. sind weder auf tierische noch auf pflanzliche Nahrung spezialisiert, sie fressen beides. Zu den Allesfressern gehören z. B. Schweine, Bären und Landschildkröten. Auch der Mensch ernährt sich omnivor. Selbst reine ↑ Pflanzenfresser verzehren hin und wieder tierische Nahrung.

Alles-oder-nichts-Gesetz (Abk.: ANG): Dieses physiologische Gesetz beschreibt das Verhalten reizbarer Gewebe. Es besagt, daß auf einen Reiz, der die ↑ Reizschwelle erreicht hat, die volle Reaktion der Zelle (die Erregung der Nervenzelle oder der einzelnen Muskelfaser) erfolgt, unabhängig davon, ob der Reiz andauert, stärker oder schwächer wird. Andererseits erfolgt auf einen unterschwelligen Reiz keine Reaktion.

Alligatoren: A. sind Krokodile, die in tropischen und subtropischen Flüssen Amerikas und Südostasiens leben. Sie können Längen bis zu 6 m erreichen. Außer von Fischen ernähren sie sich auch von Säugetieren und Vögeln, die sie unter Wasser ziehen und ertränken. – Zur Gewinnung von hochwertigem Leder werden in Nordamerika A. in Farmen (Alligatorfarmen) gehalten und gezüchtet.

Alluvium (Holozän): Der jüngste Abschnitt der Erdgeschichte; ↑ Erdzeitalter.

Alpenpflanzen: Oberhalb der Baumgrenze und in den Schneegebieten der Alpen leben nur noch wenige krautige und strauchige Samen- und Lagerpflanzen. Die Samenpflanzen unter diesen A. sind gekennzeichnet durch eine kurze Vegetationszeit, starke Wurzeln, kleinen Wuchs, starke Abschlußgewebe (Dickblättrigkeit), starke Behaarung und leuchtende Blütenfarben. Der Polster- und Rosettenwuchs einiger Pflanzen wirkt einer Abtragung des Bodens durch Wind und Wasser wesentlich entgegen.

Altern: Ein Urphänomen des Lebens ist, daß alle Lebewesen altern. Bei diesem Vorgang, der sich über das ganze Leben erstreckt, verlangsamen sich allmählich die biologischen Prozesse durch Um- und Abbau von Organen. Die Hauptveränderungen finden im ↑ Bindegewebe statt, in dessen Zellen es zur Verfestigung von ↑ Kollagenen kommt. Weiterhin kann die Desoxyribonukleinsäure (↑ DNS) die Fähigkeit verlieren, die Synthese von Zelleiweißen (↑ Eiweißsynthese) zu steuern. Dadurch fangen die Zellen an zu altern und sterben schließlich ab. So ist es z. B. beim Gehirn des Menschen, dessen Zellen schrittweise vom 25. bis 30. Lebensjahr an absterben.

Das A. von Organen führt zu Stoffwechselstörungen mit fortschreitender Gewebsverschlackung und Zunahme des Kaliums, Calciums und der Lipoide. Alle Faktoren zusammen bewirken eine ungenügende Versorgung der Zellen mit Sauerstoff und Stoffwechselprodukten.

Das Alterungstempo kann individuell recht verschieden sein, so daß z. B. der eine Mensch relativ jugendlicher bleibt als ein anderer. Deswegen sollte man zwischen *biologischem* und *kalendarischem Alter* unterscheiden. – ↑ auch Lebensdauer.

Alterssichtigkeit (Presbyopie): Mit zunehmendem Alter wird die Linse des ↑ Auges zunehmend unelastischer und verliert dadurch die Fähigkeit, sich selbsttätig abzurunden. Als Folge davon kann der Mensch Gegenstände in der Nähe nicht mehr scharf sehen. Der Nahpunkt eines Achtjährigen liegt gewöhnlich bei 8 cm (14 dpt), der eines Sechzigjährigen bei etwa 50 cm (2 dpt). Die A. wird durch Sammellinsen korrigiert. – Unterscheide A. von ↑ Weitsichtigkeit!

Altmenschen (Neandertalergruppe) ↑ Mensch.

Altwasser: Als A. bezeichnet man ein stehendes Gewässer, das früher Teil eines strömenden Flusses war. Die Fauna eines Altwassers ist der eines Weihers ähnlich. Da das A. noch mit dem Fluß in Verbindung steht, trifft man häufig Organismen, die aus dem A. stammen, im Fluß an.

Alveolen:

◊ Die ↑Zähne sind mit ihren Wurzeln in den Zahnfächern, den A., durch den Zahnhalteapparat verankert.

◊ Die feinsten Verzweigungen der Luftröhre enden in den A. *(Lungenbläschen),* in denen der Gasaustausch stattfindet; ↑Lunge.

◊ Einige Drüsenzellen sondern ihr Sekret in kleine Bläschen ab, von denen ein Ausführungsgang ausgeht. Diese Bläschen nennt man A., Drüsen dieser Art *alveoläre Drüsen.*

Amboß: Ein ↑Gehörknöchelchen.

Ameisen: A. sind für den Menschen meist nützliche Tiere. Es sind kleine, vorwiegend schwarz oder rotbraun gefärbte Insekten, die in umfangreichen, als „Staaten" bezeichneten Nestern leben (↑auch Tierstaaten). Diese *Staaten* können am Boden angelegt werden (z. B. bei der *Roten Waldameise*), oder sie werden (bei verschiedenen fremdländischen A.) aus Pflanzenmaterial in Baumkronen errichtet.

Bei den A. unterscheidet man 3 ↑*Kasten:* Die *Männchen* leben nur sehr kurze Zeit. Sie sterben kurz nach der Befruchtung eines Weibchens.

Die geschlechtlich aktiven Jungweibchen sind, wie die Männchen, zunächst geflügelt. Wenn diese *Weibchen* im Frühjahr ausfliegen, folgen ihnen die Männchen, um sie in der Luft zu begatten. Danach werfen beide Geschlechtstiere die Flügel ab. Jedes befruchtete Weibchen sucht nun eine ihm zusagende Stelle auf, um einen neuen Staat zu gründen. Von diesem Zeitpunkt ab wird es als *Königin* bezeichnet, dessen einzige Aufgabe darin besteht, Eier zu legen. Jedes Weibchen wird nur ein einziges Mal befruchtet und speichert die Samen in einer kleinen Samentasche im Hinterleib. Die Königin kann dadurch entscheiden, welche Eier befruchtet werden und welche nicht. Aus den Eiern entwikkeln sich zunächst fußlose, madenförmige Larven, die sich nach einigen Häutungen verpuppen. Letztlich entstehen aus unbefruchteten Eiern

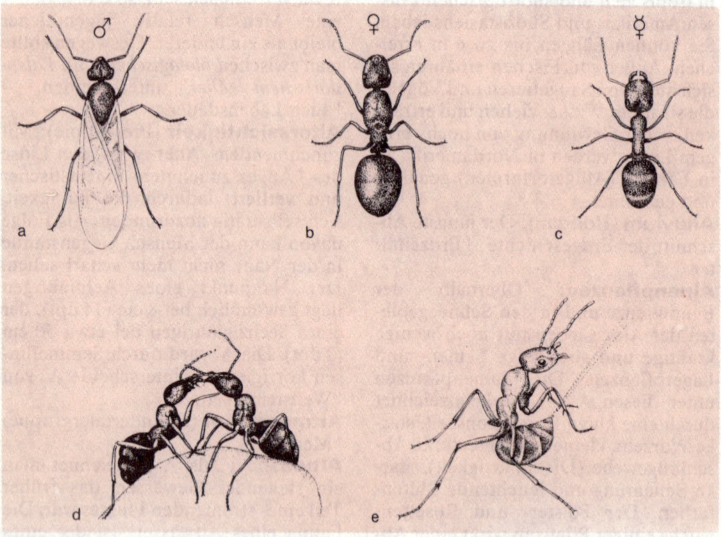

Abb. Ameisen: a–c die drei Kasten der Roten Waldameise; d Arbeiterin der Roten Waldameise füttert Nestgenossin; e Arbeiterin der gleichen Art verspritzt Giftsekret

Männchen, aus befruchteten Weibchen (bzw. Arbeiterinnen).
Die 3. Kaste besteht aus den *Arbeiterinnen,* die geschlechtlich unterentwickelte Weibchen sind und die Hauptmasse eines Ameisenstaates bilden. Sie haben für Nahrungserwerb zu sorgen, Brut und Königin zu pflegen sowie den Staat zu verteidigen.
Viele A. können ein abschreckendes Sekret aus dem Hinterleib spritzen, das ↑Ameisensäure enthält.
A. ernähren sich überwiegend von Insektenlarven, darunter vielen Schädlingen, weswegen sie für den Menschen nützlich sind und zur ↑biologischen Schädlingsbekämpfung eingesetzt werden. Daneben nehmen sie auch gern zuckerhaltige Ausscheidungen (↑Honigtau) von Pflanzenläusen auf. Dabei werden die Läuse durch Betrillern mit Fühlern und Vorderbeinen „gemolken".
Einige tropische A., wie z. B. *Blattschneiderameisen,* können auch sehr schädlich werden. Innerhalb kürzester Zeit vermögen sie Bäume und Kulturpflanzen zu entlauben. Sie schneiden größere Teile aus Blättern heraus und tragen sie in ihre Nester. Dort zerkauen sie die Blatteile zu einem Brei, um ihn als Nährboden für die Anlage von Pilzgärten zu verwenden. Von den Köpfchen der sprießenden Pilze ernähren sich die Tiere. - Sehr gefürchtet sind die tropischen *Wanderameisen,* die in über 100 m langen und mehrere Meter breiten Kolonnen „mordend" durch Urwald, Busch und Steppe ziehen. Sie vermögen selbst eingesperrte bzw. angepflockte Haustiere zu töten und zu skelettieren.

Ameisengäste: In Ameisenstaaten dringen nicht selten Insekten ein, die aus Drüsen Stoffe abscheiden, die von Ameisen sehr begehrt werden. Dafür füttern und schützen die Ameisen ihre Gäste und versorgen deren Brut.
Zu den Ameisengästen gehören verschiedene Käfer (wie bestimmte Keulen- und Fühlerkäfer) sowie einige Hautflügler, z. B. die Zehrwespen. Den Zehrwespen werden kurz nach dem Schlüpfen die Flügel von den Ameisen abgebissen, damit die Ameisen besser an die Drüsen gelangen können.
Manche A. leben auch räuberisch von Ameisen und deren Brut oder von Nahrungsresten der Ameisen. Sie sind häufig besonders klein und sehen ameisenähnlich aus.

Ameisensäure: A. ist die einfachste Monocarbonsäure ($H-COOH$). Es ist eine farblose, stechend riechende, brennend schmeckende Flüssigkeit, die mit Wasser, Alkohol und Äther mischbar ist. Sie wirkt stark ätzend und verursacht Reizungen der Haut und Schleimhäute. A. findet sich in den Giftdrüsen der Ameisen und Bienen sowie in Raupenhaaren und Brennesselhaaren. Ihr Salz kommt auch im menschlichen Harn vor.

Amine: A. sind organische Verbindungen, die sich vom Ammoniak (NH_3) ableiten lassen, indem man ein oder mehrere Wasserstoffatome durch Kohlenwasserstoffreste (R) ersetzt. Nach der Anzahl der substituierten Wasserstoffatome unterscheidet man: *primäre A.* (RNH_2), *sekundäre A.* (R_2NH) und *tertiäre A.* (R_3N). A. entstehen im pflanzlichen und tierischen Organismus aus ↑Aminosäuren. Sie heißen dann *biogene Amine.* Einige von ihnen sind biologische Wirkstoffe, z. B. Adrenalin, Noradrenalin.

Aminosäuren: Die A. sind die Bausteine der ↑Eiweiße. Sie besitzen zwei funktionelle Gruppen, die *Aminogruppe* ($-NH_2$) und die *Carbonsäuregruppe* ($-COOH$). A. haben einen salzartigen Charakter; sie sind feste, kristalline Substanzen und in Wasser leicht löslich. - In den A., die uns als Eiweißbausteine interessieren, steht die Aminogruppe stets in α-Stellung zur Carbonsäuregruppe.
Die einfachste Aminosäure ist das *Glycin* (*Glyzin,* auch *Glykokoll* genannt; NH_2-CH_2-COOH); bei den anderen A. ist ein Wasserstoff der CH_2-Gruppe durch einen aliphatischen oder aromatischen Rest (R) ersetzt.
Alle A. (mit Ausnahme von Glycin) sind optisch aktiv. In der Natur kommt nur die L-Form vor.
Man kennt als Bausteine der Eiweiße

20 Aminosäuren. Diese lassen sich nach der Art ihres Restes (R) in 4 Gruppen einteilen: 1. *Monoaminocarbonsäuren* (R = unpolar): Dazu gehören Glycin, Alanin, Valin, Leucin, Isoleucin, Phenylalanin und Prolin. 2. *Saure A. (Aminodicarbonsäuren):* Sie besitzen eine weitere Carboxylgruppe im Rest (Glutaminsäure und Asparaginsäure). 3. *Basische A. (Diaminomonocarbonsäuren):* Sie enthalten eine zweite basische Gruppe (Lysin, Arginin und Histidin). 4. *A. mit polar wirkenden Gruppen:* Dazu gehören Tyrosin, Tryptophan, Serin, Threonin, Cystein, Cystin und Methionin.

Die A. bilden über die Peptidbindung verknüpfte Riesenmoleküle, die Proteine (↑Eiweiße), ohne die kein Leben denkbar wäre. Während die Pflanzen und viele Mikroorganismen (Bakterien, Hefen, Schimmelpilze) alle A. aus einfachen Grundbausteinen synthetisieren können, vermag der tierische Organismus nur 12 A. aus α-Ketosäuren aufzubauen. Die restlichen 8 A. müssen durch die Nahrung zugeführt werden. Diese letzteren A. nennt man „unentbehrliche" oder *essentielle A.* Für den Menschen sind Valin, Leucin, Isoleucin, Lysin, Methionin, Threonin, Phenylalanin und Tryptophan essentiell. Fehlen solche A. in unserer Nahrung, so kommt es zu Störungen der Eiweißsynthese in den Zellen, was zu schweren Stoffwechselschäden (z. B. Wachstumsverzögerung) führt.

Aminosäuregemische werden in der Medizin als Kraftnahrung verwendet.

Aminosäuresequenz: Unter A. versteht man die Reihenfolge der Aminosäuren im Eiweißmolekül; man nennt sie auch Primärstruktur des ↑Eiweißes. Man hat verschiedene Methoden zur Ermittlung der Sequenz entwickelt. Heute kennt man von zahlreichen Proteinen die genaue Primärstruktur. Es kann als sicher gelten, daß alle Moleküle desselben Proteins die gleiche Sequenz besitzen und daß diese Sequenz genetisch festgelegt ist. Ändert sich in der Sequenz eines Eiweißes nur eine Aminosäure, so wird damit bereits die Eigenschaft des gesamten Moleküls verändert, z. B. beim Sichelzellenhämoglobin (↑Anämie).

Amitose: Bei dieser Art der Kernteilung werden ↑Chromosomen nicht sichtbar. Auch der Spindelapparat wird nicht wie in der ↑Mitose ausgebildet. Der Zellkern wird einfach durchgeschnürt. Die A. kommt nur bei Protozoen und polyploiden Kernen vor (z. B. in der Leber des Menschen). Ob bei der A. die Chromosomen verdoppelt werden, ist unsicher; ihre Verteilung auf die Tochterkerne ist ungleichmäßig.

Ammoniten: Die A. sind uns nur durch die überlieferten Versteinerungen, die wichtige Leitfossilien darstellen, bekannt geworden. Sie lebten in der Jura- und Kreidezeit und gehören zu den ↑Kopffüßern. Ihre meist in einer Ebene in 4–12 Windungen aufgerollten Gehäuse hatten einen Durchmesser zwischen 1 cm und 2 m und waren durch zahlreiche Scheidewände in Kammern aufgeteilt. Der für die verschiedenen A. jeweils charakteristische Verlauf der Scheidewände ist an den Versteinerungen noch in Form der ↑Lobenlinien erkennbar. – Siehe auch Abb. S. 23.

Den A. sehr ähnliche Tiere lebten bereits im Paläozoikum und Mesozoikum.

Amnion (Fruchtwassersack, Schafhaut): Eine der ↑Embryonalhüllen.

Amnioten: Unter A. versteht man Wirbeltiere, die bei der ↑Keimesentwicklung die Embryonalorgane Amnion, Serosa und Allantois ausbilden. Es sind dies die Reptilien, Vögel und Säugetiere (also auch der Mensch).

Alle übrigen Wirbeltiere ohne diese ↑Embryonalhüllen, d. h. Schädellose, Rundmäuler, Fische und Amphibien, werden entsprechend als *Anamnioten (Anamnier)* bezeichnet.

Amöben (Wechseltierchen): A. sind einzellige Tiere, die zum Stamm der ↑Wurzelfüßer gerechnet werden und im Wasser leben. Sie besitzen keine feste Gestalt, sondern ändern durch die Ausbildung von ↑Scheinfüßchen dauernd ihre Körperform. Nahrungsaufnahme und ↑Fortbewegung erfolgen

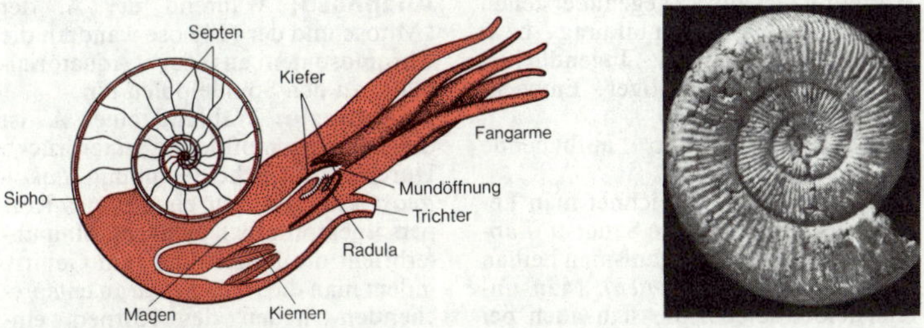

Abb. Ammoniten: Schematischer Längsschnitt durch einen Ammoniten; daneben der Steinkern eines Ammonitengehäuses

ebenfalls mit Hilfe dieser Scheinfüßchen *(amöboide Bewegung)*. Neben freilebenden Formen (z. B. Amoeba proteus im Süßwasser) gibt es auch viele parasitisch lebende Amöben, z. B. die Erreger der Amöbenruhr im menschlichen Darm (↑Ruhr).

amöboide Bewegung ↑Amöben.

AMP: Abk. für Adenosinmonophosphat (↑ATP).

Amphibien svw. ↑Lurche.

amphibische Pflanzen: Es gibt Pflanzen, die eine Mittelstellung zwischen Schwimmpflanzen und Sumpfpflanzen einnehmen. Derartige a. P. bilden eine *Wasserform* aus, sie leben jedoch gleichzeitig mit einem Teil ihrer Sprosse als sog. *Landform* über dem Wasser. Zu den amphibischen Pflanzen gehört z. B. der Wasserknöterich.

Amphioxus svw. ↑Lanzettfischchen.

amphitrich ↑peritrich.

Amplifikation: Liegt ein Gen in vielen Kopien hintereinander vor, spricht man von A. Die enorme Anzahl der Kopien ermöglicht es der Zelle, viel Messenger-RNS (↑RNS) für die Synthese von Proteinen, die in großer Menge gebraucht werden, gleichzeitig herzustellen. Auch die Gene für die RNS der ↑Ribosomen sind amplifiziert. – ↑Riesenchromosomen.

Ampulle: Erweitert sich ein röhrenförmiges Organ kolbenförmig oder bildet es kolbenartige Behälter, spricht man von einer Ampulle. Als A. bezeichnet man z. B. die Sammelbläschen der kontraktilen Vakuole des Pantoffeltierchens, die Ausgleichsbläschen der Saugfüßchen des Seesterns, die Erweiterungen der Bogengänge im ↑Ohr, in denen der Bewegungssinn liegt, und die Erweiterung des Mastdarms, die den Kot sammelt.

Amylasen (Diastasen): A. bilden eine wichtige Gruppe der ↑Hydrolasen. Sie spalten Stärke und Glykogen in Maltose- und Glucosemoleküle auf. Man unterscheidet die *α-Amylasen,* die im Speichel, in der Bauchspeicheldrüse und im Malz vorkommen, von den *β-Amylasen,* die fast nur in Pflanzen zu finden sind. Während die α-Amylasen das Riesenmolekül in der Mitte angreifen (Endoglykosidasen), beginnen die β-Amylasen die Stärke von ihrem Ende her zu zerlegen (Exoglykosidasen).

Amyloplasten ↑Leukoplasten.

Anabolika (anabole Steroide): Gruppe von synthetischen Steroiden, die den Aufbaustoffwechsel (Anabolismus), insbes. den Eiweißaufbau, fördern. Die A. wurden, ausgehend von dem Befund, daß androgene Hormone wie Testosteron neben der geschlechtsspezifischen Wirkung auch eine allgemeine aufbauende (anabole) Wirkung haben, entwickelt.
A. werden medizinisch v. a. bei Krankheiten mit starkem Körpergewichtsverlust sowie bei Entwicklungs- und Wachstumsstörungen angewandt. Umstritten ist dagegen die Anwendung bei Leistungssportlern, da hier der angestrebten Aufbauwirkung auf die Muskulatur häufig Störungen des

Hormonhaushalts gegenüberstehen (verringerte Spermienbildung bzw. Vermännlichung, bei Jugendlichen und Kindern vorzeitiger Entwicklungsabschluß).

Anabolismus: der aufbauende ↑Stoffwechsel.

anaerob: Als a. bezeichnet man Lebensvorgänge, die ohne Sauerstoff ablaufen. A. lebende Organismen heißen *Anaerobier (Anaerobionten).* Man unterscheidet solche, die sich auch bei Anwesenheit von Sauerstoff entwickeln können (*fakultative Anaerobier;* z. B. Hefepilze), und solche, für die Sauerstoff absolut giftig ist (*obligate Anaerobier;* z. B. die Buttersäurebakterien).

Anaerobier (Anaerobionten) ↑anaerob.

Analdrüsen ↑Raubtiere.

Analogie: Haben Organe verschiedener Lebewesen die gleiche Funktion, sind aber stammesgeschichtlich nicht auf einen gemeinsamen Grundtyp zurückzuführen, spricht man von Analogie. Beispiele für analoge Organe sind Insekten- und Wirbeltierbeine, Insekten- und Fledermausflügel, Speicherknollen von Kartoffel und Dahlie. – Gegensatz: ↑Homologie.

Anämie: A. oder *Blutarmut* nennt man eine Verminderung des roten Blutfarbstoffs, die meist auch mit einer Abnahme der Anzahl der roten Blutkörperchen einhergeht. Dadurch ist der Transport von Sauerstoff im Blut behindert. A. entsteht u. a. durch Blutverlust, verringerte Blutbildung im Knochenmark oder durch gesteigerten Abbau der roten Blutkörperchen in der Milz. Mangel an Vitaminen oder Eisen, das in ↑Hämoglobin eingebaut wird, führen ebenfalls zur Anämie.

Die *Sichelzellenanämie* (sichelförmige rote Blutkörperchen) beruht auf einer fehlerhaften Aminosäuresequenz des Hämoglobins, in dem eine einzige falsche Aminosäure eingesetzt ist. Sie wird also vererbt. Im homozygoten Zustand wird der Sauerstofftransport ernstlich behindert.

Anamnioten (Anamnier) ↑Amnioten.

Anaphase: Während der A. der ↑Mitose und der ↑Meiose wandern die Chromosomen aus der ↑Äquatorialplatte zu den Spindelpolen hin.

Anästhesie: Während einer A. ist die Schmerzempfindung unterdrückt. Durch eine örtliche Betäubung *(Lokalanästhesie)* wird nur ein Teil des Körpers unempfindlich gemacht. Man unterbricht die Reizleitung zum Gehirn, indem man die *Anästhetika* an entsprechenden Stellen des Körpers einspritzt. – ↑auch Narkose.

Anatomie: Die A. beschreibt den Bau der Lebewesen, die Lage und den Bau ihrer Organe und Gewebe. Für die Entwicklungsgeschichte ist z. B. die *vergleichende A.* wichtig, weil sie durch Vergleich von Lage und Bau der Organe verwandtschaftliche Beziehungen aufdeckt. Die A. beschäftigt sich nur am Rande mit der Funktion der von ihr untersuchten Organe. Dies ist die eigentliche Aufgabe der ↑Physiologie.

Androgene: Die A. gehören zu den sog. Steroidhormonen unter den ↑Geschlechtshormonen. Ihre chemische Grundsubstanz ist der zyklische Kohlenwasserstoff *Androstan.*

Die beiden wichtigsten A. sind *Testosteron* und *Androsteron.*

A. kommen bei beiden Geschlechtern vor (beim weiblichen Geschlecht allerdings in weit geringerer Menge) und werden in der Nebennierenrinde und in den ↑Leydig-Zwischenzellen bzw. in den Zwischenzellen des Eierstocks unter dem Einfluß des ↑luteinisierenden Hormons (im männlichen Geschlecht auch als interstitielle Zellen stimulierendes Hormon, *ICSH,* bezeichnet) gebildet. Sie steuern die Ausbildung der männlichen Geschlechtsorgane sowie der sekundären ↑Geschlechtsmerkmale und wirken auf die Samenreifung. Zu hohe Androgenmengen führen im weiblichen Geschlecht zur Vermännlichung (Haarbildung, tiefe Stimme).

Neben ihrer Wirkung auf die Keimdrüsen und die Geschlechtsmerkmale bewirken die A. eine allgemeine Wachstumsförderung und -beschleunigung (anaboler Effekt).

Die A. werden in der Leber abgebaut

und mit dem Harn u. a. als Androsteron und Ätiocholanolon ausgeschieden.

Androsteron: Zu den ↑Androgenen gehörendes ↑Geschlechtshormon.

Andrözeum (Androeceum): Als A. bezeichnet man die Gesamtheit aller ↑Staubblätter einer ↑Blüte.

Aneuploidie: Bei der A. enthält der Zellkern nicht die normale Anzahl von Chromosomen. Auf Grund einer fehlerhaften Verteilung der Chromosomen während der Kernteilung sind zu viele oder zu wenige Chromosomen in die Tochterzellen gelangt. – Ein bekanntes Beispiel für A. ist die Trisomie 21 des Menschen (↑Trisomie).

angeborener Auslösemechanismus: (Abk.: AAM): Man geht von der Vorstellung aus, daß im Zentralnervensystem laufend Erregungen für viele Handlungsabläufe produziert werden, die aber durch eine übergeordnete Kontrollinstanz in Schranken gehalten werden. Der AAM hebt nun auf einen Reiz hin diese Sperre auf. Der meist einfache ↑Schlüsselreiz bewegt das „Schloß" (den AAM), und die Nervenbahnen zu den Erfolgsorganen werden frei. Hungrige Haushuhnküken z. B. picken nach Abbildungen von einseitig beleuchteten Kügelchen, aber nur dann, wenn die helle Seite nach oben zeigt. Ihnen ist also das Wissen, wie Futter auszusehen hat, angeboren; sie reagieren auf den optischen Reiz mit Picken.

Die Wirkung des AAM muß nicht immer das Aufheben einer Hemmung sein; er kann auch selbst zur Hemmung führen. So wird z. B. das Kopfpendeln, mit dem Säuglinge die Brust suchen, sofort gehemmt, wenn der Mund die Brustwarze berührt. Liegt ein Erregungsstau vor, kann schon ein schwacher Reiz eine Reaktion hervorrufen. Umgekehrt wird der AAM keine Handlung mehr freigeben, wenn das Erregungsreservoir „leer" ist.

Der AAM läßt sich durch Lernen beeinflussen (z. B. ↑Dressur).

Angiospermen ↑Samenpflanzen.

Angriffsverhalten ↑Aggression.

Anisogameten ↑Geschlechtszellen.

Anisogamie: A. nennt man eine ↑geschlechtliche Fortpflanzung, bei der die Gameten gleiche Gestalt, aber verschiedene Größe haben (der weibliche Gamet ist größer). A. kommt bei Grünalgen vor.

Anisophyllie: Findet man unterschiedlich gestaltete Laubblätter oder Blütenblätter auf derselben Pflanze in einer Höhe auf verschiedenen Seiten des Sprosses, so spricht man von Anisophyllie. Mit der A. ist oft eine Asymmetrie der Blätter verbunden. A. kommt u. a. bei dem Moosfarn Selaginella vor. – ↑auch Heterophyllie.

Annuelle (einjährige Pflanzen): Pflanzen, deren Entwicklung und Blüte höchstens eine Vegetationsperiode in Anspruch nehmen. Einige bekannte Unkräuter (z. B. Kreuzkraut) können mehrere Generationen in einer Vegetationsperiode bilden. Wir unterscheiden Sommer- und Winterannuelle. *Sommerannuelle* keimen im Frühjahr und fruchten im Sommer desselben Jahres (Sommergetreide), *Winterannuelle* keimen im Herbst und fruchten im darauffolgenden Sommer (Wintergetreide). – ↑hapaxanthe Pflanzen.

Anpassung (Adaptation): Unter A. versteht man die Einstellung des Organismus auf die jeweiligen Umweltbedingungen.

Sie kann vom Einzelindividuum relativ kurzfristig vollzogen (individuelle A.) oder von Arten und Gattungen im Laufe der Erdgeschichte entwickelt werden (phyletische A.).

Beispiele *individueller A.* findet man in den Einstellungsmechanismen der Blüte (Öffnen und Schließen je nach Licht und Temperatur), in der Einstellung des Auges auf verschiedene Entfernungen (↑Akkomodation) und auf verschiedene Lichtintensitäten *(Dunkeladaptation)*. Dazu gehören z. B. auch die Fähigkeit der gleichwarmen Organismen, mit Hilfe eines ↑Regelkreises die Körpertemperatur konstant zu halten, ferner die Vermehrung der roten Blutkörperchen mit abnehmendem Sauerstoffpartialdruck in großen Höhen sowie die Farb- und Helligkeitsanpassungen an den Untergrund.

Beispiele *phyletischer A.* liefern Mimese und Mimikry (↑Schutzanpassung) sowie die Umgestaltung von Organen für bestimmte Leistungen (z. B. Flügelbildung aus Vordergliedmaßen der Wirbeltiere).

Antagonisten: A. sind gegeneinander wirkende Komponenten (Gegenspieler). In der Muskelphysiologie z. B. ist ein Antagonist der einem Muskel mechanisch entgegenwirkende Muskel, etwa Strecker und Beuger eines Gelenks (Bizeps und Trizepsmuskel des Oberarms). – Bei den höheren Wirbeltieren arbeiten auch Sympathikus und Parasympathikus (↑vegetatives Nervensystem) als Antagonisten. Außerdem treten bei Stoffwechsel-, Wachstums- und Entwicklungsprozessen A. auf (z. B. Ionenantagonisten im Mineralstoffwechsel der Pflanzen; Acetylcholin als Antagonist zu Adrenalin). Bei enzymatischen Reaktionen sind A. (hier als ↑Inhibitoren bezeichnet) zur Steuerung der Reaktionsgeschwindigkeit unerläßlich.

Antennen (Fühler): Die Fühler von Stummelfüßern, Krebsen, Tausendfüßern und Insekten nennt man Antennen. Sie tragen Tastsinnesorgane, z. T. auch hochempfindliche Geruchssinnesorgane. An den Stellen, an denen Geruchssinne sitzen, ist die Kutikula sehr dünn und porös. Eine Arbeitsbiene hat auf jeder Antenne rund 3 000 dieser Porenplatten, der Drohn rund 15 000 (mit rund 500 000 Riechzellen).

Anthere ↑Staubblatt.

Antheridium: A. nennt man das männliche Organ, in dem Spermatozoiden (= Schwärmer) gebildet werden. Antheridien kommen bei Algen, Moosen und Farnpflanzen vor.

Anthocyane svw. ↑Anthozyane.

Anthophyten svw. ↑Samenpflanzen.

Anthozoen svw. ↑Blumentiere.

Anthozyane (Anthocyane): A. sind rote und blaue Blütenfarbstoffe, die im Zellsaft der Epidermis gelöst sind. Sie finden sich auch in anderen Pflanzenteilen (Blätter, Früchte) und können besonders hübsche Blattfärbungen bewirken. Die verschiedenen Abtönungen kommen durch Mischung der A. oder dadurch zustande, daß A. z. B. mit Eisen oder Aluminium Komplexe bilden können.

Anthropogenese (Anthropogenie): Die A. erforscht die Abstammung des ↑Menschen. Sie ist eine historische Wissenschaft, da sie sich mit Vorgängen beschäftigt, die weit in der Vergangenheit liegen und die sie weder direkt beobachten noch experimentell beweisen kann.

Einzige direkte Zeugnisse über die Menschwerdung (*Hominisation,* A. im engeren Sinne) sind Fossilfunde, durch deren Vergleich man heute zu einem Überblick des menschlichen Stammbaums gelangt ist. Die Umwandlung von affenähnlichen frühen hominiden Arten durch eine Reihe von Stadien bis zur menschlichen Form hat sich zwar nach den Gesetzen der Evolution vollzogen. Darüber hinaus haben sich jedoch typisch „menschliche“ Eigenschaften wie Sprache, Werkzeuggebrauch und sozialer Zusammenhalt (Familie und Sippe) herausgebildet. Deshalb sind die Belege, die das spezifische Muster der A. enthüllen, recht umfangreich. So ist z. B. auch der indirekte Beweis, der Vergleich mit den heute lebenden äffischen Primaten, notwendig. Dabei sind nicht nur ihre körperlichen Eigenschaften (wie Fortbewegung, Haltung oder Gehirngröße) maßgebend, sondern auch ihre soziale Organisation und ihr Gruppenverhalten sind zu berücksichtigen. Um die A. voll zu erfassen, müssen neben Paläontologie, Morphologie und Anatomie auch Genetik, Ethologie, Ethnologie und Psychologie herangezogen werden.

Anthropologie: Die A. ist die Wissenschaft vom ↑Menschen. Ihre wichtigsten naturwissenschaftlichen (biologischen) Teilgebiete sind außer der Anatomie (einschließlich Gewebelehre) bzw. Morphologie und Physiologie des Menschen die ↑Anthropogenese, Rassenkunde (Lehre von den ↑Menschenrassen), Humangenetik (↑Genetik), Konstitutions- und Wachstumsforschung und menschliche ↑Ontogenese. – Die A. arbeitet mit vielen ande-

ren Wissenschaften (insbesondere Medizin, Psychologie, Verhaltensforschung, Soziologie und Völkerkunde) eng zusammen.
Eine wichtige praktische Tätigkeit des Anthropologen ist das Erstellen erbbiologischer Gutachten (z. B. ↑Vaterschaftsnachweis).

Antibabypille: Volkstümlich nennt man die Ovulationshemmer, d. h. oral einzunehmende, den Follikelsprung verhindernde Kombinationspräparate, A. (↑Empfängnisverhütung).

Antibiotika: A. sind Stoffwechselprodukte von Mikroorganismen wie Schimmelpilzen und Bakterien (v. a. Strahlenpilze). Ihre Entdeckung geht auf A. Fleming (1928) zurück, der beobachtete, daß Bakterien in der Umgebung eines Schimmelpilzes der Gattung Penicillium nicht wachsen. Nach dem *Penizillin* (Penicillin) wurden bald andere A. bekannt wie *Streptomyzin* (Streptomycin) aus dem Strahlenpilz Streptomyces griseus, *Aureomyzin* (Aureomycin) aus Streptomyces aureofaciens.
Die A. wirken durch Enzymblockierung (z. B. bei der DNS-, RNS-, Eiweiß-, Zellwandsynthese) oder durch Störung der Mitochondrienfunktion wachstumshemmend oder abtötend auf bestimmte, auch krankheitserregende Viren, Bakterien, Pilze und Protozoen. A. unterscheiden sich von anderen giftigen Stoffwechselprodukten durch ihre große Wirkung in kleinsten Konzentrationen. Außerdem kann die Wirkung eines Antibiotikums spezifisch sein, d. h., ein bestimmter Krankheitserreger wird durch geringe Gaben eines Antibiotikums abgetötet, während ein anderer Krankheitserreger durch noch so große Gaben desselben Antibiotikums überhaupt nicht beeinflußt wird.
Die Dosierung der zu therapeutischen Zwecken verwendeten A. geschieht in *Internationalen Einheiten (IE);* 0,6 mg Penicillin entsprechen 1 000 IE. Zur Zeit finden rund 60 verschiedene A. als Arzneimittel Verwendung. *Penicillin* z. B. ist besonders gegen grampositive Erreger wie Streptokokken und Staphylokokken (z. B. bei Lungenentzündung und Geschlechtskrankheiten) wirksam. Bei vielen krankheitserregenden Bakterien versagt es jedoch, weil die Bakterienstämme z. T. schon resistent geworden sind (↑Resistenz). Eine unangenehme Folge von oralen Antibiotikagaben ist die Vernichtung der Darmflora, vor allem der vitaminbildenden Darmbakterien. Manche Menschen reagieren im Verlauf einer Antibiotikatherapie mit einer ↑Allergie, die bei erneuter Gabe sogar zum Tode führen kann.
A. werden auch zur Konservierung von Lebensmitteln und in der Tierernährung, insbesondere bei der Aufzucht von Jungtieren, verwendet.

Anticodon (Antikodon): Das A. ist eine Sequenz aus 3 Basen der spezifischen Transfer-RNS (↑RNS). Sie ist komplementär zur Sequenz des Codons (↑Triplett). Durch das Zusammenwirken von A. und Codon wird bei der ↑Eiweißsynthese im ↑Ribosom die richtige Sequenz der Aminosäuren ermöglicht.

Antigen-Antikörper-Reaktion: Die A.-A.-R. ist die wichtigste ↑Immunreaktion. Sie wird ausgelöst, wenn im Blutserum ein freies ↑Antigen mit seinem spezifischen ↑Antikörper zusammentrifft. Da an der Oberfläche der Antikörper mindestens zwei Haftstellen existieren, die gegen das Antigen, das im Gegensatz dazu polyvalent ist, gerichtet sind, bildet sich ein Antigen-Antikörper-Geflecht. Eine solche A.-A.-R. kann zu einer Agglutination oder zu einer Präzipitation führen.

Antigene: A. sind spezielle Strukturen, die eine spezifische Antikörperbildung (↑Antikörper) auslösen. Als A. können körperfremde Proteine (Bakterien, Viren), aber auch Polysaccharide und kleinere Moleküle als Haptene (z. B. Medikamente) wirken. Sie spielen u. a. bei der ↑Immunreaktion eine wichtige Rolle. – ↑auch Allergie.

Antikörper: A. sind Abwehrstoffe, die in Plasmazellen und in den ↑Lymphozyten gegen ↑Antigene gebildet werden. Es handelt sich um eine bestimmte Art von Proteinen (γ-Globulin) mit einem Molekulargewicht von rund 140 000. – Mit neuen bio- und gentechnischen Verfahren gelang es, *monoklonale A.* (genetisch identische A.) herzustellen. Entartete Lymphozyten (sog. Myelomazellen) werden mit antikörperbildenden Lymphozyten verschmolzen. Diese Hybridome sind fast unbegrenzt lebensfähig und bilden große Mengen des Antikörpers, auf den die Lymphozyten „programmiert" waren. – ↑auch Immunreaktion, ↑Blutgruppen.

Antipoden: Die Gegenfüßlerzellen des Embryosacks der ↑Samenanlage.

Anulus:

◊ Bei Hutpilzen ist der A. ein ringförmiger Hautlappen am Stiel des Pilzes, der beim Wachstum des Fruchtkörpers durch das Zerreißen der Hülle zurückbleibt.

◊ Bei den Sporenkapseln der Farne besteht der A. aus einer Reihe von Zellen mit stark verdickten Innen- und Zwischenwänden. Bei Trockenheit ziehen sich die nicht verdickten Außenwände zusammen; dadurch entsteht ein starker Zug, die Sporenkapsel reißt mit einer Querspalte auf, und die Sporen werden herausgeschleudert.

Aorta (Hauptschlagader): Die stärkste Schlagader der Wirbeltiere. Sie führt von der linken Herzkammer aus zunächst kopfwärts, biegt dann um und verläuft im Körper abwärts. In der Biegung *(Aortenbogen)* entspringen die Kopf-, Hals- und Armschlagadern. Durch ihre hohe Elastizität mildert die A. die harten Druckstöße des vom Herzen ausgetriebenen Bluts (sog. Windkesselfunktion der A.). – ↑auch Blutgefäße.

Äpfelsäure (Monohydroxybernsteinsäure): Die Ä. ist eine Hydroxydicarbonsäure, die optisch aktiv ist. Sie kommt natürlich ausschließlich in der linksdrehenden L-Form in vielen Pflanzensäften vor, wie z. B. in unreifen Äpfeln, Quitten, Stachel- und Johannisbeeren, Kirschen und in den Früchten der Berberitzen. Die Ä. tritt als Zwischenprodukt im ↑Zitronensäurezyklus auf.

Apoenzym ↑Enzyme.

Apothezium (Apothecium): Das A. ist ein becher- oder schüsselförmiger Fruchtkörper der Flechten und Schlauchpilze. Die Schläuche, in denen die Sporen (Askosporen) gebildet werden, liegen offen an der Oberfläche des Apotheziums.

Appendix (Wurmfortsatz): Bei Allesfressern, zu denen auch der Mensch zählt, und bei Fleischfressern ist der ↑Blinddarm im hinteren Teil zu einem kleinen, wurmförmigen Anhang zurückgebildet; diesen bezeichnet man als Appendix.

Appendizitis (Appendicitis, ungenau: Blinddarmentzündung): Entzündung des Wurmfortsatzes (↑Appendix) des Blinddarms. Sie wird durch Bakterien hervorgerufen und durch Kotstauungen oder Schleimhautverletzungen begünstigt. Anfangs auf das Innere des Wurmfortsatzes beschränkt, entwickelt sich eine A. manchmal innerhalb von wenigen Stunden soweit, daß die Entzündung durch die Darmwand in die Bauchhöhle durchbricht und zu einer Bauchfellentzündung führt.

Erste Krankheitszeichen einer A. sind Schmerzen im rechten Unterbauch, die von Fieber, Appetitlosigkeit, Übelkeit und raschem Pulsschlag begleitet sind. – Die Behandlung besteht in der operativen Entfernung des Wurmfortsatzes *(Blinddarmoperation).* Bis zum Eintreffen des Arztes sind Bettruhe und Fasten geboten.

Appetenzverhalten: Die Suche eines Tiers nach einem bestimmten Reiz, der ihm erlaubt, über einen Auslösemechanismus (↑angeborener Auslösemechanismus) eine Instinkthandlung (↑Erbkoordination) ablaufen zu lassen. Das Tier ist in einer bestimmten Stimmung bzw. hat den Drang nach einer Handlung, die es vielleicht schon lange nicht mehr ausführen konnte (z. B. Jagdstimmung). Nach deren Ablauf (z. B. Töten der Beute) ist der Trieb durch die ↑Endhandlung befriedigt.

Appositionsauge: Das A. ist ein Bautyp des ↑Facettenauges.

Appositionswachstum: Eine durch Teilung entstandene Pflanzenzelle vermehrt zunächst ihre Plasmamasse (Embryonalwachstum); dann erfolgt durch das ↑Streckungswachstum ihre Volumenvergrößerung; die endgültige Ausgestaltung erfolgt im Differenzierungswachstum. Dazu gehört das A., bei dem die Zellwand, die ursprünglich sehr dünn ist, eine Verdickung durch Anlagerung (= Apposition) feiner, zellulosehaltiger Lamellen vom Plasma her erfährt.

Äquationsteilung svw. ↑Mitose.

Äquatorialplatte: Unter dem Begriff Ä. versteht man die Gesamtheit der Chromosomen, die sich während der ↑Mitose oder der ↑Meiose in der Mitte zwischen den Spindelpolen in einer Ebene anordnen.

Arachnoidea (Spinnwebhaut, Spinngewebshaut) ↑Hirnhäute.

Arbeiterin: Bei verschiedenen staatenbildenden Insekten (↑Ameisen, ↑Honigbiene) bezeichnet man die Angehörigen einer bestimmten ↑Kaste als Arbeiterinnen. Es sind in der Regel geschlechtlich unterentwickelte Weibchen, die die Hauptarbeit im Staat zu leisten haben.

Arbeitskern (Interphasekern): Als A. bezeichnet man einen Zellkern, der sich nicht in ↑Mitose oder ↑Meiose befindet. In diesem Zustand produziert er Messenger-RNS (↑RNS) für die ↑Eiweißsynthese und verdoppelt seinen eigenen DNS-Gehalt. Die ältere Bezeichnung *Ruhekern* ist irreführend, weil der A. in diesem Stadium aktiv den Stoffwechsel der Zelle steuert.

Arboretum: Unter A. versteht man eine Anpflanzung verschiedener (vorwiegend fremdländischer) Holzgewächse, die dem wissenschaftlichen Studium dient.

Archaikum svw. ↑Archäozoikum.

Archäopteryx: Vor 150 Millionen Jahren, also in der Erdformation Jura, lebten tauben- bis hühnergroße Urvögel, die verschiedene Reptilienmerkmale aufwiesen. Daraus folgert man, daß sich diese Vögel aus den Kriechtieren entwickelt haben und daß A. als „Urvogel" nur ein Bindeglied zwischen diesen beiden Gruppen war. Er steht jedoch den Vögeln näher.

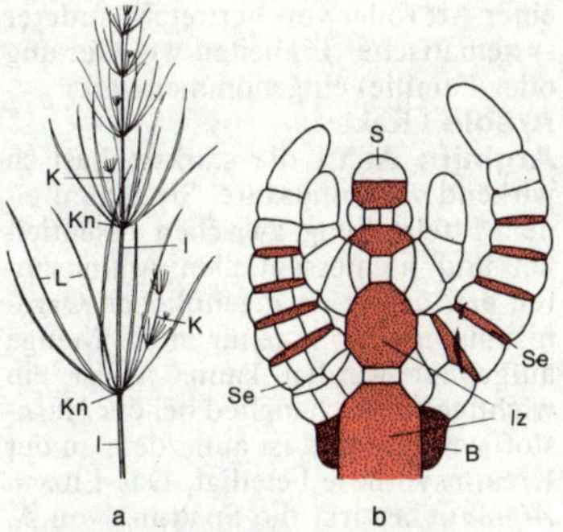

Abb. Armleuchteralgen: a Habitus; b Längsschnitt durch die Thallusspitze. B von der Basis der Seitentriebe auswachsende Berindungszelle; I Internodium; Iz Internodialzelle, K Kurztrieb mit Seitenästen 2. Ordnung; Kn Knoten, L Langtriebe, S Scheitelzelle, Se Seitentrieb

Dieser A. vermochte noch nicht im Horizontalflug zu fliegen, sondern nur über kurze Strecken zu gleiten. Wie A. ausgesehen hat, zeigen uns Funde von Versteinerungen bei Solnhofen und Eichstätt.

Archäozoikum (Archaikum): Ein noch vor dem ↑Algonkium gelegener, sehr früher Abschnitt der Erdgeschichte; ↑Erdzeitalter.

Archebakterien (Archaebacteria): extreme Standorte (Salzseen, heiße Schwefelquellen) besiedelnde, früher den Bakterien zugeordnete Prokaryonten; unterscheiden sich von den Bakterien durch andersartige ribosomale RNS-Sequenzen, besondere Protein- und Polysaccharidhüllen sowie durch das Fehlen von Murein (spezifischer, in der Bakterienzellwand vorkommender Polysaccharid-Peptid-Komplex). Bekannte Vertreter sind die ↑Methanbakterien.

Archegonium: A. nennt man das flaschenförmige weibliche Organ, in dem eine Eizelle gebildet wird. Archegonien kommen bei Moosen und Farnpflanzen vor.

Areal: Ein A. ist das Verbreitungsgebiet von Pflanzen oder Tieren, das von einer Art (oder von Vertretern anderer systematischer Einheiten wie Gattung oder Familie) eingenommen wird.

Areole ↑Kakteen.

Arginin: A. ist die stärkste basisch wirkende ↑Aminosäure. Sie nimmt eine Mittelstellung zwischen essentiellen und nichtessentiellen Aminosäuren ein, da sie im jugendlichen Organismus nicht in genügender Menge aufgebaut werden kann. A. ist ein wichtiges Zwischenglied bei der Harnstoffsynthese und ist außerdem an der Kreatinsynthese beteiligt. Das Enzym *Arginase* bewirkt die Spaltung von A. in Ornithin und Harnstoff in der Leber.

Arillus svw. ↑Samenmantel.

Armfüßer (Brachiopoden): A. sehen durch die Ausbildung einer chitinigen Rücken- und einer meist stärker gewölbten Bauchschale aus wie sehr kleine Muscheln. Sie gehören jedoch zu dem Tierstamm der Tentakelträger, zu dem z. B. auch die ↑Moostierchen zählen. Die etwa 1 mm bis 8 cm großen Tiere leben im Meer, wo sie fest auf dem Boden oder einem Felsen aufsitzen. Charakteristisch für die A. sind lange, spiralig eingerollte Mundarme, die zum Herbeistrudeln von Mikroorganismen, ihren Beutetieren, dicht mit Wimpern versehen sind.

Armleuchteralgen: Die A. sind eine Ordnung (rezent eine Familie mit 300 Arten) schachtelhalmähnlicher Grünalgen, die im Süßwasser leben. Ihr Körper gliedert sich in lange Internodien (↑Internodium) und kurze *Knoten*. An der Knotenbasis sitzen quirlförmig angeordnete Kurztriebe. Auf dem Untergrund haften die A. mit farblosen Würzelchen fest. Die geschlechtliche Vermehrung erfolgt durch ↑Oogamie, die ungeschlechtliche durch Bildung von ↑Ausläufern. Die Zellwände sind oft stark verkalkt, deshalb waren viele fossile A. an der Bildung der Kalktuffe beteiligt. Siehe auch Abb. S. 29.

Art (Spezies, Species): Die A. ist die wichtigste Einheit im System der Tiere und Pflanzen (↑Systematik). Als *Grundeinheit* umfaßt sie die Gesamtheit der Individuen, die in allen wesentlich erscheinenden Merkmalen miteinander übereinstimmen. Die Fähigkeit zweier Individuen, unter natürlichen Bedingungen fruchtbare Nachkommen zu erzeugen, ist ein zuverlässigeres Kennzeichen für ihre Artzugehörigkeit als ihr Aussehen.

Nur wenige Arten sind weltweit verbreitet. Alle anderen bewohnen ein größeres oder kleineres Verbreitungsgebiet (↑Areal). Innerhalb dieses Gebietes unterteilt sich die A. in einzelne ↑Populationen.

Artbastard: Ein A. ist das Ergebnis einer ↑Kreuzung zwischen Angehörigen verschiedener Arten. Eine derartige Kreuzung ist selten möglich. Bei Tieren sind Artbastarde meist unfruchtbar; z. B. Löwe × Tiger, Pferdehengst × Eselstute. Bei Pflanzen ist man auf diesem Weg zu erfolgreichen Neuzüchtungen gekommen; z. B. Weizen × Quecke, Rettich × Kohl.

Artbildung: Unter A. versteht man die Entstehung einer oder mehrerer neuer Arten aus einer Stammart. A. ist nicht zu verwechseln mit der grundsätzlichen Annahme der Wandelbarkeit der Arten (wie es die Evolutionstheorie lehrt) im Laufe der Zeit.

Ursprünglich nahm man an, daß neue Arten spontan durch Mutation entstehen; die A. würde danach also ganz plötzlich ablaufen und von einem Einzelindividuum ausgehen. Gegen eine solche sprunghafte Mutation spricht jedoch jegliche Erfahrung in der Biologie. Neuere Einsichten ergaben, daß die weitaus überwiegende Form der A. (zumindest im Tierreich) ein langsamer, andauernder Vorgang ist und auf dem allmählichen Wandel ganzer Populationen (also Individuengruppen, nicht Einzelindividuen) beruht. Dies geschieht freilich als Folge von Mutationen, von denen jedoch jede meist nur einen winzigen Schritt in Richtung auf die Bildung einer neuen Art bedeutet.

Man unterscheidet allopatrische und sympatrische A. Die *allopatrische A.* setzt voraus, daß eine Stammart durch äußere Einflüsse in 2 oder mehr geographisch isolierte Gruppen aufgeteilt wird. Eine solche Trennung geschieht meist durch klimatische Einflüsse, indem sich in das Verbreitungsgebiet einer Stammart durch Umweltveränderungen Zonen einschieben, die für die betreffende Art nicht bewohnbar sind und von dieser nicht überschritten werden können. Dies war (hauptsächlich auf der nördlichen Halbkugel) während der Eiszeiten der Fall, im tropischen Bereich v. a. durch Entstehung von Trockengürteln zwischen Regenwaldgebieten. Verdriftung von Individuengruppen auf isolierte Inseln ist ebenfalls häufig Ausgangspunkt für die Bildung neuer Arten gewesen. Die räumlich getrennten Populationen stehen somit nicht länger im Genaustausch miteinander.

Die Populationen entwickeln sich also unabhängig voneinander gemäß ihren durch Mutation erworbenen Veränderungen. Wird die geographische Isolation später wieder aufgehoben, können durch die zuvor getrennte Entwicklung der Populationen Bastardierungssperren entstanden sein, die eine Vermischung z. B. mit der Stammart verhindern. Die allopatrische A. ist die häufigste Form der Artbildung.

Bei der *sympatrischen A.* ist eine räumliche Isolation von Populationen nicht erforderlich. Für die Möglichkeit einer sympatrischen Artbildung spricht das Nebeneinandervorkommen vieler nahe miteinander verwandter Arten (z. B. Fischarten) in einem großen See oder auf einer kontinentfernen Insel. Die Mechanismen der Entstehung von Bastardierungssperren innerhalb einer Population ohne räumliche Trennung sind jedoch noch nicht vollständig geklärt.

Artenschutz: Unter A. versteht man den durch verschiedene, v. a. behördliche Maßnahmen angestrebten Schutz vieler vom Aussterben bedrohter Tier- und Pflanzenarten in der freien Natur, und zwar: 1. zur Erhaltung funktionsfähiger Ökosysteme; 2. zur Erhaltung der Artenvielfalt durch Sicherung eines möglichst breit gestreuten Genpotentials. Dazu kommen Schutzgründe verschiedener Art, wie sie der Naturschutz allgemein vertritt.

International sind gefährdete Tier- und Pflanzenarten in dem „Red Data Book“ der International Union for Conservation of Nature und Natural Ressources aufgeführt, für die BR Deutschland in der *Roten Liste der gefährdeten Tiere und Pflanzen in der Bundesrepublik Deutschland.* Möglichkeiten zum Schutz gefährdeter Arten in aller Welt bietet das *Washingtoner Artenschutzabkommen* vom 3. März 1973 (für die BR Deutschland in Kraft seit 20. Juni 1976), durch das der gewerbsmäßige Handel und der Andenkenerwerb mit Exemplaren gefährdeter Arten freilebender Tiere und Pflanzen verboten und kontrolliert werden. – In der *Bundesartenschutzverordnung* über besonders geschützte Arten wildlebender Tiere und wildwachsender Pflanzen ergingen detaillierte Bestimmungen für einheimische Tier- und Pflanzenarten (↑geschützte Pflanzen, ↑geschützte Tiere).

Arterien (Schlagadern): A. heißen alle vom Herzen wegführenden ↑Blutgefäße. Ihre Wandungen sind hochelastisch. Dadurch mildern sie die Druckstöße des vom Herzen ausgeworfenen Blutvolumens. – Unter bestimmten Bedingungen (z. B. zu hoher Cholesterinspiegel, Nikotin, Alkohol) werden in die Arterienwandungen Fremdstoffe eingelagert, die zu einem Elastizitätsverlust führen (↑Arterienverkalkung). Dadurch erhöht sich der Blutdruck. – Bei Verletzung einer Arterie spritzt hellrotes Blut stoßweise hervor. Dann muß die verletzte Gliedmaße oberhalb der Wunde abgebunden werden (↑auch Erste Hilfe).

Arterienverkalkung (Arteriosklerose): In den Wänden der Blutgefäße lagern sich Fette, Eiweiße und Mineralstoffe ab. Geht diese „Verkalkung“, die zu einer Zunahme der Wanddicke und zur Abnahme des Gefäßdurchmessers führt, schneller vor sich als die normale Abnutzung mit fortschreitendem Alter, spricht man von A. Die Folgen sind mangelhafte Sauerstoffversorgung der Gewebe (z. B. im Gehirn oder im Herzen) und die erhöhte Gefahr eines vollständigen Gefäßverschlusses durch ein Blutgerinnsel. Faktoren, die die A. beschleunigen, sind u.a. fettreiche Ernährung, ↑Zukkerkrankheit, hoher ↑Blutdruck, ↑Nikotin und bewegungsarme Lebensführung

Arteriolen: Die ↑Arterien verzweigen sich zu immer feineren Ästchen. Diese A. sind z.T. von unwillkürlichen Muskeln umgeben, die den Blutstrom drosseln oder auch freigeben können. Dadurch wird die Verteilung der Gesamtblutmenge auf die Gewebe und Organe reguliert. – Das Erröten wird z.B. auf diese Weise bewirkt.

Arteriosklerose svw. ↑Arterienverkalkung.

Arthropoden svw. ↑Gliederfüßer.

Articulata svw. ↑Gliedertiere.

Arzneipflanzen svw. ↑Heilpflanzen.

Äschenregion ↑Gewässerregionen.

Aschoff-Tawara-Knoten svw. Atrioventrikularknoten (↑Herzautomatie).

Ascomycetes svw. Askomyzeten (↑Schlauchpilze).

Ascorbinsäure (Askorbinsäure, Vitamin C): Der Mensch (außer im ersten Lebensjahr) ist auf Zufuhr von A. mit der Nahrung angewiesen. Säuglinge und die meisten Tiere können es aus Glucose (↑Traubenzucker) herstellen. Der Tagesbedarf liegt beim Menschen bei etwa 75 mg, er kann aber bei starken Belastungen (z.B. Krankheit) bis auf das 10fache ansteigen.

Ein *Mangel an A.* führt zu Blutungen der Haut und der Schleimhäute sowie zu schmerzhaften Schwellungen der Gelenke (↑Skorbut); solche Mangelerscheinungen sind seit dem Mittelalter bei Seefahrern bekannt. Außerdem wird die Anfälligkeit für Infektionskrankheiten erhöht. A. wird im Dünndarm resorbiert und in der Leber, der Nebennierenrinde und der Hypophyse gespeichert.

A. ist v.a. in Frischgemüse und Obst enthalten. Da es aber durch Oxidation abgebaut wird, ist sein Anteil in gekochten, getrockneten oder eingeweichten Nahrungsmitteln geringer (diese Verluste können bis zu 90% betragen). – ↑auch Vitamine.

Askomyzeten svw. ↑Schlauchpilze.

Askorbinsäure ↑Ascorbinsäure.

Askosporen ↑Askus.

Askus: Der A. ist ein sackförmiger Sporenbehälter der ↑Schlauchpilze. Er enthält meist acht *Askosporen*.

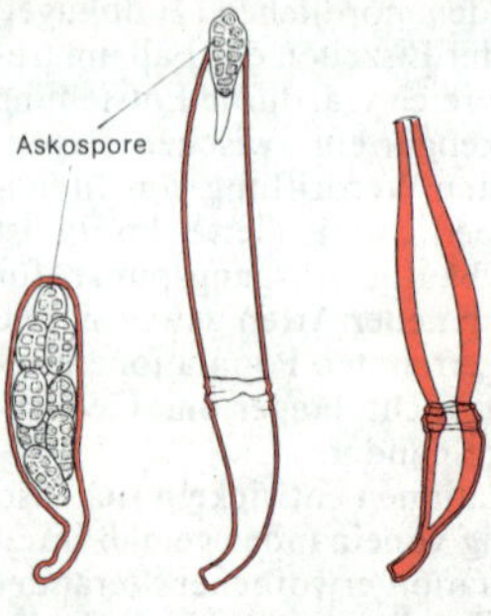

Abb. Askus eines Schlauchpilzes mit zweischichtiger Wand; von links nach rechts: reifer Askus, geplatzter Askus mit zurückgestreifter äußerer Wand, leerer Askus

Asseln: A. gehören zu den Krebsen (Zehnfußkrebse). Ihr Körper ist stark segmentiert und etwa 1–3 cm lang. Sie kommen häufig in feuchten Kellern vor und fressen vorwiegend an Kartoffeln, Obst und Gemüse. Andere Gruppen der A. leben in Süß- und Meeresgewässern. Einige dieser Arten sind zu Fleischfressern geworden, die in Scharen Jagd auf kleinere Fische und Krebse machen.

Assimilation:

◊ In der *Pflanzenphysiologie* versteht man unter A. den Aufbau körpereigener organischer Substanzen *(Assimilate)* aus anorganischen unter Verbrauch von Energie. Man unterscheidet heute:

1. *A. des Kohlenstoffs,* die entweder als ↑Photosynthese oder als ↑Chemosynthese abläuft.

2. *A. des Schwefels und Phosphors,* wobei diese Elemente als Sulfate bzw. Phosphate von der Pflanze aus dem Boden aufgenommen werden, die sie zum Aufbau der ↑Aminosäuren, der

↑DNS und ↑RNS sowie von Adenosintriphosphat (↑ATP) u. a. benötigt.
3. *A. des Stickstoffs:* Außer einigen Pilzen und Bakterien, die auch den Luftstickstoff binden können (↑Knöllchenbakterien) deckt die höhere Pflanze ihren Stickstoffbedarf zum Aufbau der Aminosäuren aus Nitraten und Ammoniumverbindungen, die sie aus dem Boden aufnimmt.
◊ In der *Sinnesphysiologie* bedeutet A. die Angleichung von Wahrnehmungs- und Bewußtseinsinhalten an bereits vorhandene auf Grund der Spuren (Engramme), die diese im ↑Gedächtnis bereits hinterlassen haben.

Assimilationsgewebe ↑Laubblatt.

Assimilationsstärke ↑Photosynthese.

Assoziation:
◊ In der *Psychologie* bezeichnet man als A. das gedankliche Verknüpfen von Vorstellungen, Erinnerungen und Wahrgenommenem. So kann z. B. der Anblick eines Urlaubsfotos eine ganze Reihe von Erinnerungen assoziieren. Auch die Lösung eines Problems versucht man durch Verbinden von bekannten Lösungswegen zu finden.
◊ In der *Pflanzensoziologie* ist die A. die Grundeinheit. Sie bezeichnet eine Pflanzengesellschaft, die durch eine bestimmte Artenzusammensetzung mit einheitlichen Standortbedingungen und gleichem Erscheinungsbild gekennzeichnet ist. Eine oder mehrere Charakterarten kennzeichnen die A.; Beispiel: Eichen-Hainbuchen-Wald mit 2 Charakterarten.
◊ Die *Tierökologie* bezeichnet Ansammlungen von Tieren gleicher oder unterschiedlicher Art als A., wenn sie auf eng begrenzten Stellen zu finden sind. Tierassoziationen verlangen meist gleiche Lebensbedingungen.

Assoziationsfelder: Auf der Großhirnrinde lassen sich einige Bezirke weder als Ursprungsorte motorischer Nervenbahnen noch als Endstätten sensorischer Nervenbahnen deuten. Sie stehen durch viele Bahnen mit anderen ↑Rindenfeldern in Verbindung. Man vermutet, daß sie die stoffliche Grundlage der ↑Assoziationen (im Sinne von gedanklicher Verknüpfung) und der höheren seelischen und geistigen Funktionen bilden.

Astigmatismus (Stabsichtigkeit): Der A. ist ein Abbildungsfehler des ↑Auges: Ist die Hornhautoberfläche unregelmäßig gekrümmt, dann wird ein Punkt nicht mehr als Punkt auf der ↑Netzhaut abgebildet, sondern als Strich.

Atavismus: Erscheinen bei einem Lebewesen Merkmale, die eigentlich für seine Ahnen typisch waren, spricht man von A. Beim Menschen zeigt sich A. z. B. in überzähligen Schneide- oder Backenzähnen, ferner etwa in extrem starker Körperbehaarung.

Atemfrequenz ↑Atmung.

Atemgifte: Als A. bezeichnet man Stoffe, die die innere oder äußere ↑Atmung hemmen. Sie wirken entweder durch Blockierung der Atemwege (Stickgase wie Stickstoff und Helium, Reizgase wie Schwefeldioxid und Lungengifte wie Grünkreuz), durch Lähmung des ↑Atemzentrums (Narkose- und Schlafmittel), durch Hemmung des Sauerstofftransports im Blut (*Blutgifte;* z. B. Kohlenmonoxid) oder durch Blockierung der Atmungskette (*Enzymgifte;* z. B. Blausäure).

Atemhöhle:
◊ Der Rückenpanzer vieler Krebse umschließt seitlich einen Raum, in dem die Kiemen liegen, die Atemhöhle (Kiemenkammer). Die Kiemen sitzen an den Beinen, die durch ständige Bewegung einen Wasserstrom durch die A. treiben.
◊ Als A. wird auch die ↑Mantelhöhle der Weichtiere bezeichnet, in der die Kiemen und die Ausführungsgänge von Niere, Darm und Keimdrüsen liegen.

Atemöffnungen (Stigmen): Stummelfüßer, Spinnen (nur z. T.), Tausendfüßer und Insekten atmen durch ↑Tracheen. Diese sind über A. mit der Außenwelt verbunden.

Atemspende ↑Erste Hilfe.

Atemvolumen ↑Atmung.

Atemwurzeln: Bei tropischen Sumpfpflanzen (z. B. Mangrovepflanzen) gibt es Wurzeln, die aus dem

Schlamm senkrecht hochwachsen. Diese A. sind oft unberindet oder haben große Atemporen. Der Luftsauerstoff gelangt so auch in die unterirdischen Teile der Wurzeln, die im sauerstoffarmen Sumpf liegen.

Atemzentrum: Die ↑Atmung wird bei Wirbeltieren und beim Menschen durch das A. gesteuert. Dieses ist streng genommen kein einheitliches „Zentrum", sondern liegt weit verteilt im verlängerten Mark, im Hirnstamm (↑Formatio reticularis) und im Rükkenmark. Die Steuerung von Ein- und Ausatmungsbewegungen erfolgt getrennt und wird u. a. vom Kohlensäuredruck im Blut und vom Dehnungszustand der Lungenbläschen beeinflußt.

ätherische Öle: Ä. Öle sind flüchtige, meist wohlriechende Öle, die die Pflanze herstellt und die in Blüten (Rose), Blättern (Pfefferminze), Samen (Anis) und Fruchtschalen (Orange) gefunden werden. Sie stellen komplizierte Mischungen vieler, oft ähnlich gebauter Substanzen dar. Den Hauptanteil bilden die *Terpene* (ungesättigte Kohlenwasserstoffe der Cyclohexanreihe) und *Kampfer* (sauerstoffhaltiges Terpenderivat). Für ihren Duft sind Ester, Aldehyde u.a. organische Verbindungen verantwortlich. Ä. Ö. sind empfindlich gegen Licht und Wärme. Die *Gewinnung der ätherischen Öle* bildet für einige Gebiete (Italien, Balkan, Türkei, Südfrankreich) eine wichtige Industrie. Die Gewinnungsverfahren sind recht unterschiedlich, z. B. einfaches Auspressen, Dampfdestillation, Extraktion mit organischen Lösungsmitteln oder mit festem Fett.

Äthylalkohol (Äthanol, Ethanol): Ä. ist unter den Trivialnamen *Alkohol* oder *Weingeist* bekannt. Er gehört zu den einwertigen, aliphatischen, gesättigten Alkoholen und hat die Formel C_2H_5OH. Ä. ist das Endprodukt der ↑alkoholischen Gärung. Er kommt auch in faulendem Obst vor. Ä. gelangt, wenn man ihn trinkt, z. T. direkt vom Mund, von der Speiseröhre und besonders vom Magen aus ins Blut (↑Blutalkohol).

Äthylen (Ethylen): Ä. ist der einfachste ungesättigte Kohlenwasserstoff ($H_2C{=}CH_2$). Es kommt als gasförmiges Stoffwechselprodukt in vielen Früchten (hauptsächlich Äpfeln) vor. Durch Ä. wird der Reifevorgang beschleunigt, aber auch ein vorzeitiger Blattfall kann ausgelöst werden. Ä. wird daher zu den Phytohormonen (↑Wuchsstoffe) gerechnet. – Technisch wichtig ist Ä. zur Herstellung des Kunststoffs *Polyäthylen*.

Atlantikum: Mittlerer Abschnitt der nacheiszeitlichen Warmzeit, der von etwa 5500 bis 2500 v. Chr. reichte; ↑Erdzeitalter.

Atlas: Der erste Halswirbel, der Atlas, trägt den Schädel. Er hat die Form eines Rings. Oben befinden sich 2 Gelenkflächen für die Gelenkfortsätze des Hinterhauptsbeins. Dieses Eigelenk (↑Gelenke) ermöglicht die Nick- und die Seitwärtsbewegung des Kopfes. Die Gelenkflächen auf der Unterseite liegen auf dem zweiten Halswirbel, dem *Dreher (Axis)*, der mit einem Zapfen in den Atlas hineinragt. Seine Gelenke gestatten die Drehbewegung des Kopfes (↑auch Wirbelsäule).

Atmung: Unter A. versteht man den *Gasaustausch* der Lebewesen mit ihrer Umgebung *(äußere A.)* und den energieliefernden Stoffwechselprozeß in den Zellen (*innere A.*; ↑Glykolyse, ↑Zitronensäurezyklus, ↑Atmungskette).
Im engeren Sinn ist mit A. die *äußere A. (Respiration)* gemeint, bei der Sauerstoff vom Organismus aufgenommen und Kohlendioxid abgegeben wird. Dieser Gasaustausch erfolgt durch besondere ↑Atmungsorgane oder, bei niederen Tieren, ausschließlich durch die Haut. *Hautatmung* gibt es auch beim Menschen (ca. 1,5 % der Gesamtrespiration) und z. B. auch beim Frosch (ca. 35 %).
Beim *Menschen* (und bei anderen Säugetieren) erfolgt die Sauerstoffaufnahme durch die *Einatmung (Inspiration)* der atmosphärischen Luft über Nase oder Mund, Luftröhre, Bronchialsystem (↑Bronchien) in die ↑Lunge. Die Lunge füllt sich auf Grund von Druckunterschieden zwischen Außen- und

Innenluft, hervorgerufen durch Kontraktionen der *Atemmuskulatur* (Rippen-A. und Zwerchfell-A.). Die abzugebende verbrauchte Luft wird aus der Lunge beim Entspannen der Atemmuskulatur ausgepreßt. Der Gasaustausch zwischen Sauerstoff und Kohlendioxid vollzieht sich in den beim Menschen rund 400 Millionen Lungenbläschen und in den Lungenkapillaren. Die gesamte für den Austausch zur Verfügung stehende Membranoberfläche beträgt über 100 m^2. Der Sauerstoff diffundiert aus den mit Luft angefüllten Bläschen durch die feuchte Membran in das Blut, das in Haargefäßen an der Bläschenwand vorbeifließt; der Sauerstoff wird im Blut an das ↑Hämoglobin (Hb) gebunden, was dem Blut eine hellrote Farbe verleiht (arterielles Blut). Das Hb-O_2-haltige Blut gelangt über die Lungenvene in die linke Herzkammer und erreicht von da aus über das Arteriensystem die Körperzellen, in denen sich die innere Atmung unter Energiegewinn und Entstehung des Stoffwechselproduktes Kohlendioxid abspielt. – Das CO_2 diffundiert in das Blut, wo es hauptsächlich im Blutplasma gelöst wird; ein Teil des CO_2 ist an das Globin des Hämoglobins gebunden (venöses Blut). Das venöse Blut enthält noch etwa 14% O_2. In der Lunge diffundiert der größte Teil des CO_2 in die Lungenbläschen, wo es ausgeatmet wird. – ↑auch Blutkreislauf.

Pro Atemzug werden von einem erwachsenen Menschen ca. 0,5 l Luft bewegt *(Atemvolumen);* bei intensiver Einatmung kann dies auf 2,5 l (Atemvolumen + Einatmungsreservevolumen) erhöht werden. Bei maximaler Ausatmung können noch etwa 1,5 l (Ausatmungsreserveluft) zusätzlich ausgeatmet werden. Das maximale Atmungsvolumen *(Vitalkapazität)* ist die Luftmenge, die zwischen völliger Einatmung und völliger Ausatmung bewegt wird. Sie beträgt 4–5 l. Als *Restluft* bezeichnet man die Luftmenge von 1,2 l, die ständig in den Lungenbläschen verbleibt und nur beim Lungenkollaps entweicht.

Die Zahl der Atemzüge pro Minute *(Atemfrequenz)* hängt vom Alter, von der Größe und der Konstitution ab. Beim Erwachsenen beträgt sie in Ruhe

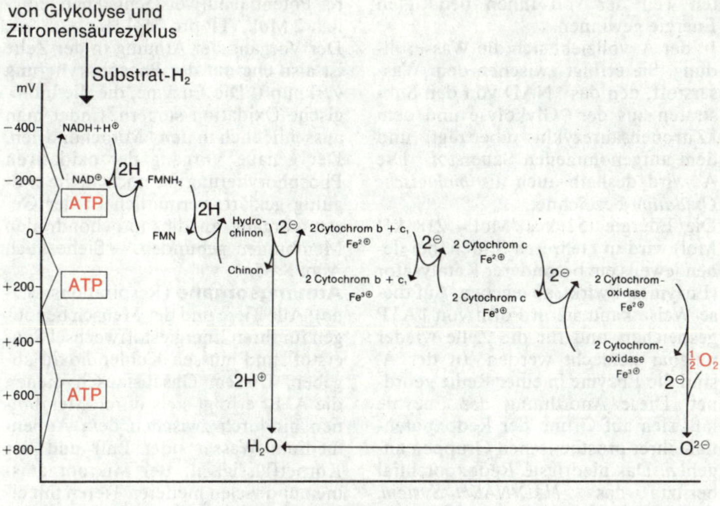

Abb. Atmungskette: Die schrittweise Oxidation von Wasserstoff in der Atmungskette

10 bis 15. Daraus errechnet sich das sog. *Minutenvolumen* (Atemvolumen × Atemfrequenz), das 5–7 l beträgt. – Die Größe des *respiratorischen Quotienten (RQ)* läßt Rückschlüsse auf die Zusammensetzung der aufgenommenen Nahrung zu. Man versteht unter dem RQ das Verhältnis des abgegebenen CO_2 (in Volumen-%) und des aufgenommenen O_2 (in Vol.-%). Werden vom Organismus nur Kohlenhydrate verarbeitet, beträgt er 1,0; bei Fett- und Eiweißumsatz liegen die Werte bei 0,7 bzw. 0,8. Ist der RQ kleiner als 0,7, so werden im Organismus die Nahrungsstoffe nicht vollständig zu CO_2 und H_2O abgebaut (Zuckerkrankheit). – ↑auch Assimilation, ↑Chemosynthese, ↑Photosynthese.

Atmungsfermente: Die A. sind die Enzyme der ↑Atmungskette. Sie sind an der schrittweisen Oxidation des Wasserstoffs beteiligt, indem sie als Elektronentransportpartikel wirksam sind. Zu den A. gehören die Flavoproteine und die ↑Zytochrome.

Atmungskette: Die A. ist ein Ablauf von enzymatischen Redoxreaktionen, aus denen die lebenden Zellen unter aeroben Bedingungen den größten Teil der von ihnen benötigten Energie gewinnen.

In der A. vollzieht sich die Wasserbildung. Sie erfolgt zwischen dem Wasserstoff, den das ↑NAD von den Substraten aus der ↑Glykolyse und dem ↑Zitronensäurezyklus überträgt, und dem aufgenommenen Sauerstoff. Die A. wird deshalb auch als *biologische Oxidation* bezeichnet.

Die Energie (52 kcal/Mol = 218 kJ/Mol) wird in mehreren Stufen, bei denen jeweils ein besonderer Katalysator (Enzym) mitwirkt, abgegeben. Auf diese Weise kann sie in Form von ↑ATP gespeichert und für die Zelle wieder nutzbar gemacht werden. In der A. sind die Enzyme in einer Reihe geordnet. Diese Anordnung der Enzyme läßt sich auf Grund der Redoxpotentiale ihrer prosthetischen Gruppen angeben. Das niedrigste Redoxpotential besitzt das *NAD/NADH₂-System*. $NADH_2$ gibt seinen Wasserstoff an ein Flavoproteid (*FMN*, Flavinmononukleotid) ab, das somit reduziert wird. Da dieses ein höheres Potential als $NADH_2$ besitzt, ist diese Reaktion exergonisch (energieliefernd). Vermutlich schließt sich nun ein *Chinon-Hydrochinon-System* an, das den Wasserstoff übernimmt. Das dabei entstehende *Hydrochinon* vermag leicht Elektronen abzugeben, die nun weiter über *Zytochrom b* und *c* bis *Zytochrom a* laufen. Zytochrom a (Zytochromoxidase) ist das Endglied der A., das mit dem Atmungssauerstoff reagiert. Dieser wird mit den ankommenden Elektronen beladen und kann nun mit den am Hydrochinon frei gewordenen $2H^+$ zu Wasser reagieren.

Die Bedeutung der A. liegt darin, daß die auf den einzelnen Stufen durch Oxidation frei werdende Energie in Form von ATP gespeichert werden kann. Diesen Prozeß nennt man *oxidative Phosphorylierung*. Dabei werden pro Mol H_2O 52 kcal (= 218 kJ) frei, die zur Bildung von 3 Mol ATP aus ADP (↑ATP) und anorganischem Phosphat verwendet werden. Nur bei der Oxidation von Bernsteinsäure (↑Zitronensäurezyklus), die ein höheres Potential aufweist, entstehen lediglich 2 Mol ATP pro Mol H_2.

Der Vorgang der Atmung in der Zelle ist also eng mit der Phosphorylierung verknüpft. Die Enzyme, die die biologische Oxidation steuern, findet man ausschließlich in den ↑Mitochondrien. Der genaue Vorgang der oxidativen Phosphorylierung ist noch nicht endgültig geklärt; vermutlich ist der Gesamtvorgang an die mitochondrialen Membranen gebunden. – Siehe auch Abb. S. 35.

Atmungsorgane (Respirationsorgane): Alle Tiere und der Mensch benötigen für ihren Energiestoffwechsel Sauerstoff und müssen Kohlendioxid abgeben. Diesem Gasaustausch dienen die A. Er erfolgt stets durch Membranen hindurch zwischen dem Außenmedium Wasser oder Luft und der Körperflüssigkeit. Bei Mikroorganismen und vielen niederen Tieren mit einer Körperdicke unter 1 mm (bestimm-

te Schwämme, Hohltiere, Platt- und Ringelwürmer) reicht die Hautatmung aus. Bei größeren Tieren genügt die *Gasdiffusion* in den Geweben nicht mehr. Sie haben deshalb besondere A. entwickelt. Damit deren Oberfläche für den Gasaustausch ausreicht, muß diese stark vergrößert werden. Dies wird durch meist gut durchblutete, dünnwandige Faltungen der Körperoberfläche, des Vorder- oder des Enddarms erreicht. Bei im Wasser lebenden Tieren bezeichnet man Ausstülpungen der Körperwand oder der Schleimhaut des Vorderdarms als ↑Kiemen. Zu den Kiemenatmern gehören manche Borstenwürmer, Krebse, Weichtiere, die meisten Fische sowie Amphibien- und Insektenlarven. Faltungen des Vorder- oder Enddarms im Körperinnern heißen ↑Lungen. Lungenatmer sind Amphibien (nach der ↑Metamorphose), Reptilien, Vögel, Säugetiere und der Mensch. – Seewalzen besitzen Wasserlungen (Einstülpungen des Enddarms).
Insekten versorgen ihre Körperzellen über ↑Tracheen, die sich sehr fein verzweigen, direkt mit Sauerstoff.
Außenmedium (Luft oder Wasser) und Innenmedium (Blut) werden an den Membranen ständig entlangbewegt. Wasseratmer müssen dabei eine größere Arbeitsleistung vollbringen, weil der Sauerstoffgehalt des Wassers nur ca. $^1/_{30}$ des Sauerstoffgehalts der Luft beträgt.

Atmungsquotient svw. respiratorischer Quotient (↑Atmung).

ATP (Abk. für Adenosintri**p**hosphat): ATP ist ein Mononukleotid aus ↑Adenin, ↑Ribose und 3 linear aneinandergereihten Phosphatresten, die durch Säureanhydridbindungen miteinander verknüpft und mit der OH-Gruppe in 5-Stellung der Ribose verestert sind:

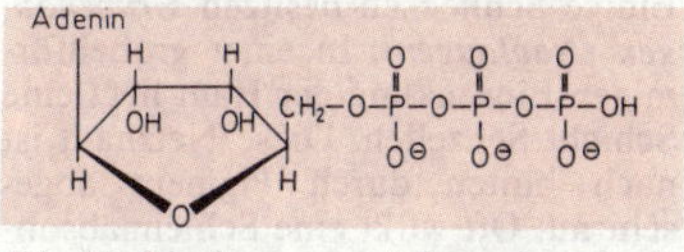

Die Verbindung von Adenosin mit einer Phosphorsäure heißt *Adenosinmonophosphat* oder *[Muskel]adenylsäure* (abgekürzt: *AMP*); *Cyclo-AMP (cAMP)* ist der Vermittler der Hormonwirkung an Zellmembranen, z. B von Insulin, Glucagon und Adrenalin. Ist noch eine weitere Phosphorsäure anhydridartig verknüpft, so erhält man *Adenosindiphosphat* (abgekürzt: *ADP*).
ADP kommt vermutlich in allen Lebewesen vor, wo es in einer Vielzahl von Stoffwechselreaktionen als Überträger von Energie und Phosphat wirkt (z. B. bei der ↑Glykolyse und der ↑Atmungskette). So wird bei einem energieliefernden Prozeß aus ADP energiereiches ATP aufgebaut. Die dabei neugebildete Säureanhydridbindung zwischen den 2 Phosphatresten ist die wichtigste energiereiche Bindung *(Pyrophosphatbindung)*. Bei ihrer Hydrolyse (Spaltung durch Einlagerung von Wasser) beträgt die verfügbare (freie) Energie 7 kcal/Mol (= 29 kJ/Mol). Diese im ATP gespeicherte Energie wird bei der Reaktion: ATP → ADP wieder freigesetzt und bei energieverbrauchenden, synthetischen Prozessen verwendet.
ATP spielt außerdem eine wesentliche Rolle bei der Aktivierung von ↑Aminosäuren, ↑Nukleotiden und ↑Fettsäuren für deren Auf- oder Abbau. Diese Vielseitigkeit von ATP wird möglich, da es die Phosphatreste auf Stoffe mit alkoholischen Hydroxylgruppen, Säuregruppen oder Amidgruppen übertragen kann. Die dabei neu entstehenden Verbindungen sind nun ihrerseits wieder energiereich oder aktiviert.
Diese Transferreaktionen werden von besonderen ↑Enzymen, den Kinasen, gesteuert. Am häufigsten kommt die Übertragung einer Phosphatgruppe von ATP auf alkoholische Hydroxylgruppen vor, wobei ADP frei wird. Bei der Aminosäure- und Fettsäureaktivierung hingegen wird Adenosinmonophosphat übertragen, wobei ein Pyrophosphat frei wird.
Wegen seiner gruppenübertragenden Eigenschaft wird ATP auch zu den Koenzymen gezählt. Außerdem ist ATP auch wirksam bei der katalytischen Funktion einiger ↑Vitamine, fer-

ner bei der Muskelkontraktion und der ↑Reizleitung sowie beim aktiven Stofftransport und bei der ↑Photosynthese.

Atrioventrikularknoten (Aschoff-Tawara-Knoten) ↑Herzautomatie.

Atrium: Die Vorhöfe des Herzens *(Herzvorkammern)* nennt man Atrien. Sie sammeln das Blut und geben es bei der Ausdehnung der Herzkammern an diese ab. Ziehen sich die Herzkammern zusammen, dehnen sich die Vorhöfe aus. Dabei strömt sauerstoffarmes Blut aus dem Körper durch die obere und untere Hohlvene in den rechten Vorhof und sauerstoffreiches Blut durch die Lungenvene in den linken Vorhof. – ↑auch Herz.

Atropin: A. gehört zu den ↑Alkaloiden und findet sich in sehr vielen Nachtschattengewächsen (Tollkirsche, Stechapfel). Es wirkt lähmend auf das parasympathische Nervensystem (↑vegetatives Nervensystem). – A. findet auch als Medikament vielseitige Anwendung, da es z. B. die Speichel- und Schweißdrüsensekretion hemmt oder bei Bronchialasthma krampflösend wirkt. A. erweitert ferner die Pupillen.

Attrappenversuch: Mit Attrappenversuchen stellt man fest, welcher Reiz ein bestimmtes Verhalten beim Tier auslöst. Man wählt solche künstlichen, oft stark vereinfachten Attrappen, um das wirksame Merkmal von der Fülle der natürlichen Reizkombinationen abzutrennen. Stichlingsmännchen z. B. bekämpfen als Rivalen heftig alle Attrappen, die eine rote Unterseite haben, auch wenn sie nicht der normalen Fischgestalt entsprechen. Für eine naturgetreue Nachbildung ohne roten Bauch interessieren sie sich weniger.

Aufbaustoffwechsel ↑Stoffwechsel.

Aufgußtierchen (Infusorien): A. ist eine veraltete Sammelbezeichnung für meist einzellige Organismen, die sich entwickeln, wenn Wasser auf tierische oder pflanzliche Reste gegossen wird und dort längere Zeit verbleibt *(Heuaufguß)*. A. sind in erster Linie Geißel- und Wimpertierchen.

Auflösungsvermögen: Das A. eines optischen Gerätes (↑Mikroskop) ist der reziproke Wert des Abstands, den zwei Gegenstandspunkte mindestens haben müssen, damit sie als deutlich getrennte Bildpunkte abgebildet werden können.

Augapfel ↑Augen.

Augen: A. sind die ↑Lichtsinnesorgane von Tieren und des Menschen (↑Gesichtssinn). Ihre ↑Sehzellen enthalten Farbstoffe, die das Licht absorbieren (↑Sehpurpur) und dadurch einen Reiz auslösen. Auch Pflanzen und augenlose Tiere beantworten Lichtreize, obwohl sie keine Lichtsinnesorgane besitzen.

Die einfachsten Sehorganellen besitzen Geißeltierchen (z. B. Euglena). Nahe der Geißelbasis haben sie einen roten *Augenfleck (Stigma)*, mit dem Licht wahrgenommen werden kann. Die einfachsten Sehorgane der Mehrzeller sind einzelne Sehzellen, die in oder unter der Haut liegen. Sie enthalten eine *Vakuole* mit Sehfarbstoff (z. B. beim Regenwurm). – Einen Entwicklungsfortschritt stellen einzelne Sehzellen dar, die auf einer Seite von einer *Pigmentzelle* gegen das Licht abgeschirmt werden. Diese Zellen enthalten einen lichtundurchlässigen Farbstoff, das Pigment. Auf diese Weise kann die Lichtrichtung festgestellt werden *(Pigmentbecherozellen* der Würmer, Egel und des Rückenmarks beim Lanzettfischchen). Liegen die Sehzellen in Gruppen in der Haut, spricht man von *Flachaugen* (*Plattenaugen;* z. B. bei Quallen). – Oft werden auch Gruppen von Sehzellen von einem Becher aus Pigmentzellen umhüllt. Lichtstrahlen, die aus verschiedenen Richtungen durch die Becheröffnung eintreten, erregen verschiedene Sehzellen. So ist ein einfaches *Richtungssehen* möglich (z. B. bei Strudelwürmern; ↑Plattwürmer).

Einige Schnecken besitzen *Grubenaugen (Napfaugen):* In einer grubenförmigen Einsenkung der Haut liegt eine Schicht Sehzellen. Diese Netzhaut ist nach hinten durch Pigment abgeschirmt. Oft wirkt eine Schleimabsonderung der Haut, die in der Grube liegt, wie eine Sammellinse. Trotzdem

erlauben diese A. nur ein einfaches *Bewegungssehen*.
Eine Weiterentwicklung stellt das *Lochauge (Lochkameraauge)* dar: Die Grube ist tiefer eingesenkt, die Grubenränder treten näher zusammen und lassen nur ein kleines Loch frei. Das Innere des so entstandenen Hohlraums ist mit Sekret gefüllt. Lochaugen arbeiten nach dem Prinzip der Lochkamera: Auf der Netzhaut entsteht ein umgekehrtes Bild. Je kleiner die Öffnung ist und je mehr Sehzellen das Auge enthält, um so schärfer wird das Bild. Lochaugen besitzt z. B. der Kopffüßer Nautilus.
Bei manchen Schnecken hat sich der Hohlraum zu einer Blase geschlossen und wird von der Oberhaut bedeckt *(Blasenauge)*. Der in der Blase enthaltene Schleim kann sich bei einigen Schnecken auch zu einer Linse verfestigen (*einfaches Linsenauge* bei Landschnecken).
Loch- und Blasenauge sind sehr lichtschwach. Erst die Weiterentwicklung zum *Linsenauge* mit regelbarem Lichteinfall brachte scharfes Bildsehen auch bei wenig Licht. Die sehr leistungsfähigen Linsenaugen der Kopffüßer erreichen Durchmesser von 40 cm. In ihrer Netzhaut sind die Sehzellen dem Licht zugewandt *(everse Retina)*. Die wesentlich kleiner bleibenden Wirbeltieraugen haben eine *inverse Retina,* bei der die Sehzellen vom Licht abgewandt sind; das Licht muß hier, bevor es auf die Sehzellen trifft, die Nervenzellschicht mit den Nervenfasern durchdringen.
Das *Auflösungsvermögen* eines Linsenauges hängt – von der Güte des optischen Apparates einmal abgesehen – von der Zahl der Sehzellen je mm^2 an der Stelle des schärfsten Sehens ab (Mensch: 165 000/mm^2; Bussard 1 000 000/mm^2). Insekten besitzen ↑Facettenaugen. Bei diesen aus vielen Einzelaugen (Ommatidien) zusammengesetzten Sehorganen hängt die Bildschärfe von der Zahl dieser Einzelaugen ab (70–20 000!).
Räumliches Sehen ist nur in dem Bereich des Gesichtsfeldes möglich, das von beiden Augen zugleich wahrgenommen werden kann. Bei pflanzenfressenden Steppentieren sitzen die A. z. B. seitlich am Kopf. Der Bereich, in dem sie räumlich sehen, ist außerordentlich gering. Raubkatzen, alle Affen, der Mensch und – besonders ausgeprägt – die Eulen haben ein flacheres Gesicht mit großem räumlichem Sehfeld.
↑*Farbensehen* ist dann möglich, wenn mehrere Sehzellentypen mit unterschiedlicher spektraler Empfindlichkeit am Bau des Auges beteiligt sind (z. B. viele Wirbeltiere, Krebse, Insekten).
Das *menschliche Auge* hat einen Durchmesser von etwa 24 mm. Der kugelige *Augapfel (Bulbus)* wird in 3 Schichten von der weißen Augenhaut (↑Lederhaut), der ↑Aderhaut und der ↑Netzhaut ausgekleidet. Das vorn liegende Sehloch (Pupille), das durch die glasklare Hornhaut verschlossen ist, gewährt dem Licht Eintritt. Die dahinterliegende Linse entwirft auf der Netzhaut ein kopfstehendes, seitenverkehrtes Bild. Die Menge des einfallenden Lichtes wird von der ↑Regenbogenhaut geregelt. Ein Zusammenfallen des Hohlraums verhindert der gallertige *Glaskörper (Corpus vitreum)*.
Der Augapfel liegt in der *Augenhöhle (Orbita)*. Er wird durch die *Tränendrüsen* befeuchtet. Seine Beweglichkeit erhält er durch 6 *Augenmuskeln*. Die *Augenlider* bieten dem Augapfel Schutz nach außen. Die gut durchblutete Aderhaut versorgt die Zellen der Netzhaut mit Nährstoffen. Dunkle Pigmente in bzw. vor der Aderhaut absorbieren das Licht, das die Netz- oder die Lederhaut durchdringt (Lichthofschutz). Das Bild wird dadurch kontrastreicher. Bei nachtaktiven Tieren liegt zwischen Pigmentschicht und Netzhaut eine Zellschicht mit *Guaninkristallen*. Sie werfen das Licht, das von der Netzhaut kommt, auf die Sehzellen zurück. Dadurch erhöht sich die Lichtempfindlichkeit des Auges (das Leuchten der Katzenaugen im Dunkeln beim Anstrahlen wird dadurch verursacht).

Die ↑Sehzellen der Netzhaut wandeln das einfallende Licht in elektrische Impulse um, die noch in der Netzhaut von Nervenzellen aufbereitet und dann vom *Sehnerv* zum Gehirn (↑Sehzentrum) weitergeleitet werden. In unserer Netzhaut liegen die farbempfindlichen *Zapfen* und die helldunkelempfindlichen *Stäbchen*. Die Stäbchen sind etwa 10000mal lichtempfindlicher als die Zapfen und überwiegen am äußeren Rand der Netzhaut. Sie sind für das *Dämmerungssehen* verantwortlich. Im Zentrum der Netzhaut überwiegen die Zapfen, deren drei Typen für die Farbeindrücke Rot, Grün oder Blau ihre höchste Empfindlichkeit besitzen. Die übrigen Farben kommen durch Mischung zustande: Gelb reizt rot- und grünempfindliche Zapfen. Exakt in Richtung der optischen Achse liegt in der Netzhaut die Stelle des schärfsten Sehens, der *gelbe Fleck (Fovea centralis)*. Hier wird das Sehen nur durch Zapfen bewirkt. Rund 100 Millionen Stäbchen und 3–6 Millionen Zapfen liegen in der Netzhaut des menschlichen Auges. An der Stelle, an der der Sehnerv das Auge verläßt, hat die Netzhaut keine Sehzellen *(blinder Fleck)*.

Das optische Bild wird auf der Netzhaut durch die Hornhaut und die Linse entworfen. Die gewölbte Hornhaut hat eine Brechkraft von 43 dpt, die Linse bei Ferneinstellung 19 dpt, bei Naheinstellung 14–2 dpt (↑Alterssichtigkeit); die Gesamtbrechkraft des menschlichen Auges beträgt 58 dpt. Das Scharfstellen des Bildes *(Akkomodation)* auf der Netzhaut wird durch Krümmungsänderung (bei Fischen und Amphibien durch Abstandsänderung) der Linse vorgenommen. Naheinstellung bedeutet stärkere Krümmung der Linse. Um dies zu ermöglichen, ist die elastische Linse an etwa 80 Haltefäden, den *Zonulafasern,* aufgehängt. Sie verringern durch ihre Spannung die Wölbung der Linse (Ferneinstellung). Die Zonulafasern sind außen an einem Ringmuskel, dem *Ziliarmuskel,* befestigt. Bei Naheinstellung zieht er sich zusammen. Die sich entspannenden Zonulafasern gestatten es der Linse dann, sich durch ihre eigene Elastizität stärker zu wölben. Da mit dem Alter die Elastizität nachläßt, verschlechtert sich auch die Fähigkeit zur Nahakkomodation (↑Alterssichtigkeit).

Die Sehzellen arbeiten in einem bestimmten Helligkeitsbereich optimal. Deshalb wird der Lichteinfall durch die Regenbogenhaut (Iris) geregelt (Adaptation). Bei Helligkeit zieht sich ein Ringmuskel in der Iris zusammen und verkleinert das *Sehloch (Pupille)*. Die durch Pigmente eingefärbte Iris verschluckt außerhalb der Sehöffnung einfallendes Licht. Läßt die Helligkeit nach, ziehen strahlig angeordnete Muskelfasern die Pupille weiter. Beim Menschen ist sie rund, bei Katzen und einigen Reptilien ein schmaler senkrechter Spalt.

Zwischen Linse und Hornhaut liegt die *vordere Augenkammer,* zwischen Linse und Ziliarkörper die *hintere Augenkammer*. Beide sind mit *Kammerwasser* gefüllt.

Landwirbeltiere produzieren in *Tränendrüsen* eine salzhaltige Flüssigkeit. Sie verhindert Austrocknung und Trübung der Hornhaut. Durch den *Lidschlußreflex* wird die Hornhaut immer wieder gereinigt und angefeuchtet. Die überschüssige Tränenflüssigkeit läuft durch den *Tränen-Nasen-Gang* vom inneren Lidwinkel zur Nasenhöhle. Die *Augenlider* wehren auch mit ihren *Wimpern* Fremdkörper ab und schützen das A. im Schlaf. Die *Augenbrauen* leiten Regenwasser und Schweiß seitlich am Auge vorbei.

In einigen Wirbeltierklassen (Rundmäuler, Fische, Amphibien, Reptilien) treten zusätzliche *Scheitelaugen* (*Scheitelorgane, Parietalorgane;* ↑auch Zirbeldrüse) auf. Sie liegen unter dem Schädeldach und sind nicht zu sehen. Wahrscheinlich steuern sie die Tages- und Jahresperiodik. – Siehe auch Abb. S. 42 und 43.

Augenbrauen ↑Augen.

Augenfarbe: Die Farbe der ↑Augen wird durch die zweischichtige ↑Regenbogenhaut bestimmt. Ihre innere

Schicht ist durch einen dunkelbraunen Farbstoff (Pigment) gefärbt und schimmert durch die äußere Schicht hindurch. Viel Pigment bewirkt braune, wenig dagegen blaue Augenfarbe.

Augenfleck:
◊ Manche Schmetterlinge (Tag-, Nacht-, Abendpfauenauge, Augenspinner u. a.) haben auf ihren Flügeln Flecke, die der Regenbogenhaut oder der Pupille eines Wirbeltierauges ähneln. Sind diese Flecke nur auf den Hinterflügeln, werden sie in Ruhestellung von den Vorderflügeln verdeckt. In Schreckstellung werden sie durch Nachvornziehen der Vorderflügel sichtbar, was z. B. insektenfressende Vögel meist abschreckt.
◊ Einige Geißeltierchen (z. B. Euglena) haben an der Geißelbasis einen kleinen, durch Karotinoide rot gefärbten A. *(Stigma)*. Dieses Zellorgan dient der Orientierung zum Licht hin.

Augenlid ↑Augen.

Augenlinse ↑Augen.

ausdauernde Pflanzen (perennierende Pflanzen): Bäume, Sträucher und Stauden sind ausdauernde Pflanzen, weil sie viele Jahre lang in jedem Jahr aufs neue blühen und fruchten. Den Gegensatz bilden die ↑hapaxanthen Pflanzen.

Ausdrucksbewegungen: A. dienen dazu, dem Artgenossen oder auch Artfremden Stimmungen und Absichten mitzuteilen. Oft werden sie unterstützt von besonderen körperlichen Merkmalen, z. B. Federn, Mähnen. – ↑auch Demutsgebärde, ↑Imponiergehabe, ↑Balz, ↑Bienensprache.

Ausläufer: Manche Pflanzen vermehren sich vegetativ durch ober- oder unterirdische Seitensprosse. Sind diese A. ein Stück von der Mutterpflanze weggewachsen, bewurzeln sie sich und bilden ein neues Individuum.

Auslese svw. ↑Selektion.

Auslesezüchtung: Ältestes Züchtungsverfahren, das ähnlich arbeitet wie die natürliche ↑Selektion. Nur die widerstandsfähigsten und ertragreichsten Individuen werden zur Fortpflanzung zugelassen. Die Zuckerrüben sind z. B. ein Ergebnis der A. Manchmal wird ein einziges besonders leistungsfähiges Exemplar, ein Findling, ausgewählt (z. B. in der Rinderzucht).

Auslöser: Man faßt alle ↑Ausdrucksbewegungen und körperlichen Merkmale mit Signalcharakter unter dem Begriff A. zusammen. – ↑auch Schlüsselreiz.

Ausscheidungsgewebe: In Pflanzen findet man Gewebe, deren Zellen bestimmte Stoffe ansammeln und ausscheiden. Als *Exkretionsgewebe* sammeln sie z. B. Schleime, Harze, Gummi, ätherische Öle, Gerbstoffe, Alkaloide oder Oxalate in den Zellen. Als *Drüsengewebe* sondern sie z. B. Verdauungssäfte, Nektar, Schleime oder ätherische Öle aktiv durch die Zellwand ab.

Ausscheidungsorgane svw. ↑Exkretionsorgane.

Außenskelett (Exoskelett): Bei manchen vielzelligen Tieren bildet das Ektoderm eine meist harte äußere Körperbedeckung, das A. Bei Gliederfüßern ist es die chitinhaltige ↑Kutikula, die meist segmentiert ist und von innen ansetzenden Muskeln bewegt wird. Weichtiere bilden ein- oder zweiteilige, kalkhaltige Schalen als A. aus. – Das Kalkskelett der Stachelhäuter dagegen ist ein ↑Innenskelett.

Aussterben: Im Laufe der Erdgeschichte sind viele Tier- und Pflanzenarten ausgestorben; unter den Wirbeltieren z. B. die Meerechsen, die zahlreichen Dinosaurier, die Flugsaurier, unter den Säugetieren ganze Huftiergruppen, unter den Wirbellosen die Ammoniten. Von manchen Gruppen haben sich einzelne Arten als *lebende Fossilien* bis heute erhalten; z. B. eine Art der ↑Quastenflosser oder der Ginkgobaum.
Die Ursachen des Aussterbens sind umstritten. Heute ist sicher der Mensch in vielen Fällen für die Ausrottung vieler Arten verantwortlich.

Ausstrich ↑Blutausstrich.

Australiden ↑Menschenrassen.

Australopithecus ↑Mensch.

Autogamie svw. ↑Selbstbefruchtung.

Autolyse (Selbstauflösung): Die A.

AUGEN I

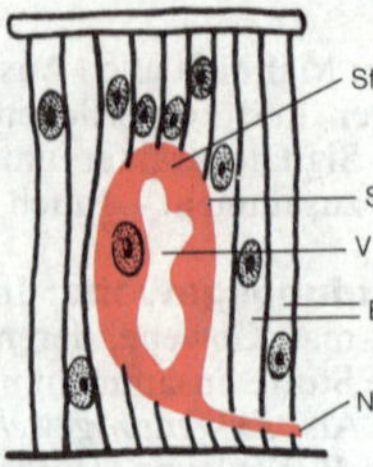

Abb. 1 Sehzelle in der Epidermis des Regenwurms

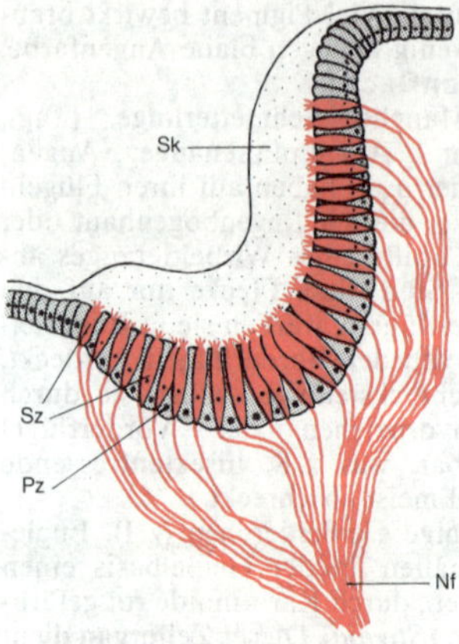

Abb. 3 Grubenauge (Schnecke)

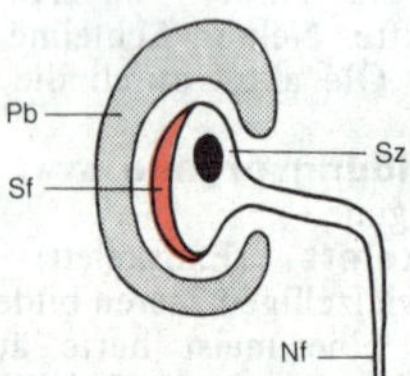

Abb. 2 Pigmentbecherozelle

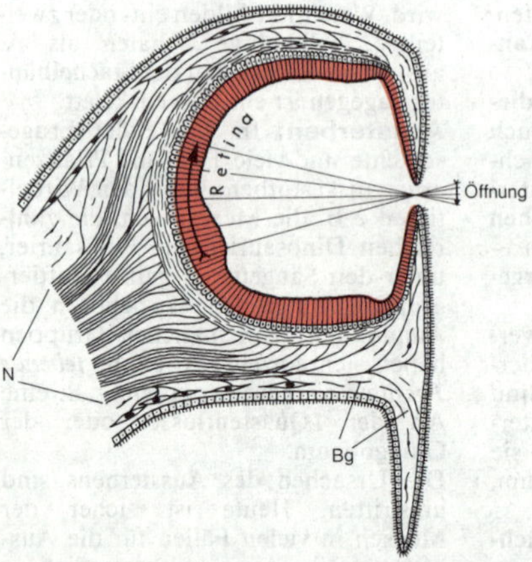

Abb. 4 Lochkameraauge (Nautilus)

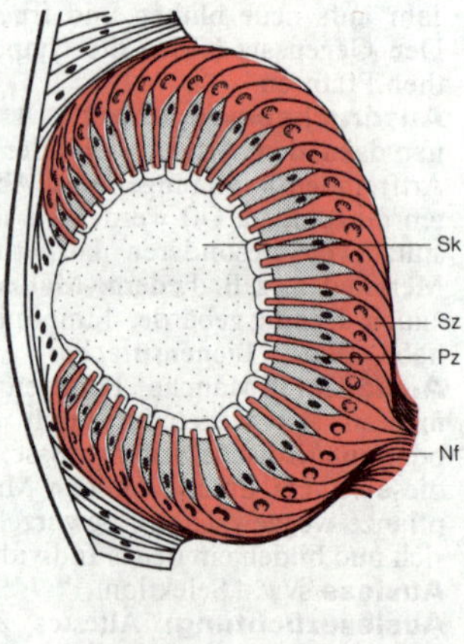

Abb. 5 Blasenauge (Schnecke)

Bg Bindegewebe, Ez Epidermiszelle, N Sehnerv, Nf Nervenfortsatz, Pb Pigmentbecher, Pz Pigmentzelle, Sf Sehfarbstoff, Sk lichtbrechendes Sekret, Sz Sehzelle, V Zellvakuole

AUGEN II

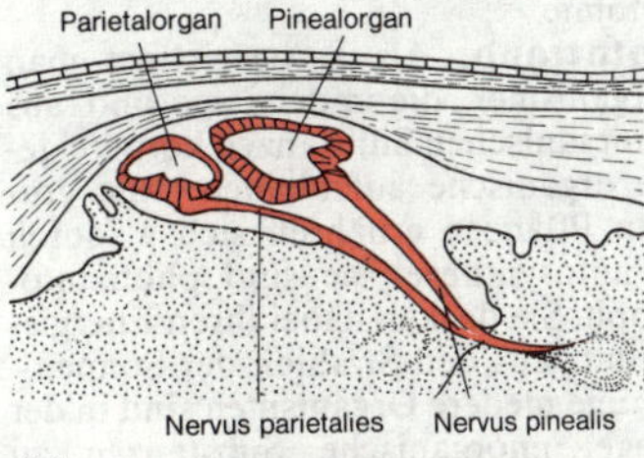

(a)

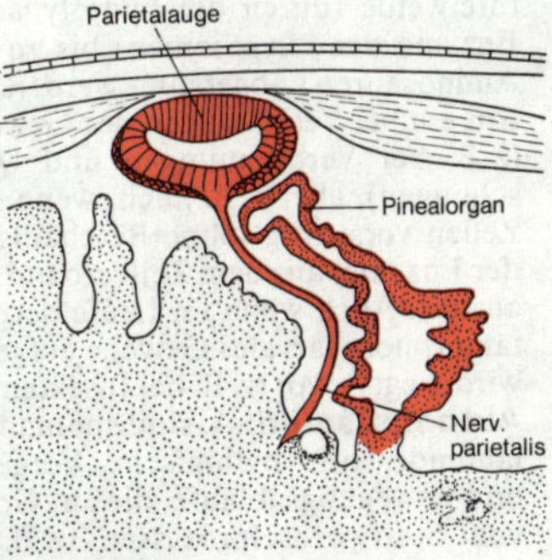

(b)

Abb. 1 Unpaare Augen (Parietal- und Pinealorgan) (a) eines Neunauges (Petromyzon) und (b) einer Eidechse (Lacerta)

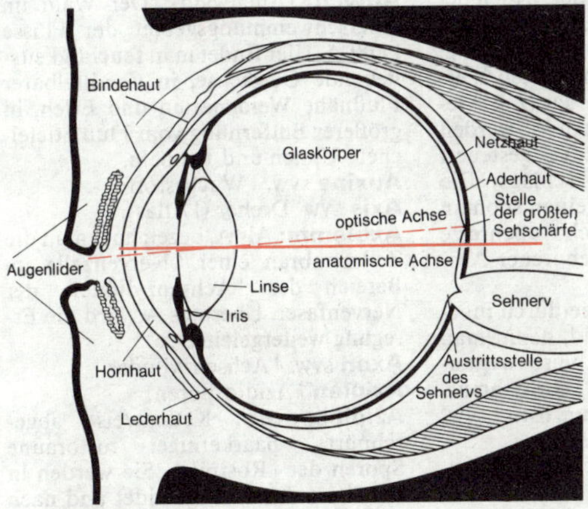

Abb. 2 Querschnitt durch den Augapfel beim Menschen

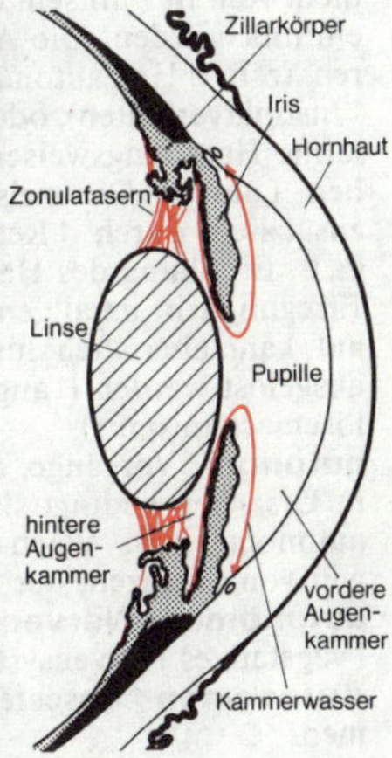

Abb. 3 Querschnitt durch das vordere Segment des menschlichen Auges

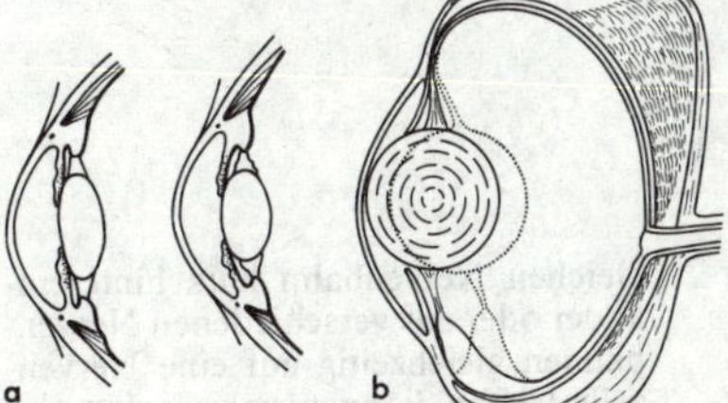

a b

Abb. 4 Akkomodationsmechanismen (a) bei Säugern und (b) bei Fischen

ist eine enzymatisch bedingte Selbstverdauung der Zelle, wobei die Struktureiweiße (durch die hydrolytischen Enzyme der ↑Lysosomen) bis zu den Aminosäuren abgebaut werden. A. tritt ein bei Verletzungen des Gewebes (z. B. bei Verbrennungen und Quetschungen), aber z. B. auch, wenn man Zellen vorsichtig (ohne Beschädigung der Enzyme) aus dem Zellverband herauslöst. Auch wenn im Laufe der Metamorphose larvales Gewebe aufgelöst wird, liegt A. vor (z. B. bei Insekten).

Automatismen: A. sind spontan ablaufende, oft rhythmische Vorgänge und Bewegungsabläufe, die auf Grund von Stoffwechselprozessen (z. B. im Nervensystem) zustandekommen und nicht vom Bewußtsein oder Willen beeinflußt werden. Die A. sind angeboren (z. B. ↑Herzautomatie, ↑Atmung, ↑Instinktverhalten), oder sie stellen erlernte Handlungsweisen dar (z. B. Gehen, Laufen). Die meisten A. werden zusätzlich durch ↑Reflexe gesteuert (z. B. Erhöhung des Herzschlags). Die Erregung tritt im allgemeinen spontan auf, kann aber auch durch Außenreize ausgelöst werden (↑angeborener Auslösemechanismus).

autonom: Vorgänge, die durch innere Ursachen bedingt sind, nennt man autonom; z. B. Wachstumsbewegungen von Pflanzen, der ↑Biorhythmus.

autonomes Nervensystem svw. ↑vegetatives Nervensystem.

Autosomen ↑Geschlechtschromosomen.

Autotomie: Krabben können ein verletztes Bein durch extreme Beugung selbst abbrechen. Diesen Vorgang nennt man A. oder *Selbstverstümmelung.* Auch Eidechsen und Geckos, die ihren Schwanz aktiv an einer vorgebildeten Stelle abwerfen, üben Autotomie.

autotroph: Als a. bezeichnet man Organismen, die in der Lage sind, aus anorganischen Substanzen körpereigene organische aufzubauen. Alle grünen Pflanzen ernähren sich a. durch ↑Photosynthese; sie sind photoautotroph. Sie decken dabei ihren Energiebedarf aus den Strahlen der Sonne. – Einige niedere Organismen sind in der Lage, anorganische Substanzen zu oxidieren und die so gewonnene Energie zum Aufbau organischer Substanzen zu verwenden; sie sind chemoautotroph (↑Chemosynthese). – Gegensatz: ↑heterotroph.

Auwald (Auenwald): Der Wald im Überschwemmungsgebiet der Flüsse heißt A. Hier findet man feuchtigkeitsliebende Gewächse, in unmittelbarer Flußnähe Weidenarten und Erlen, in größerer Entfernung vom Fluß Stieleichen, Ulmen und Pappeln.

Auxine svw. ↑Wuchsstoffe.

Axis svw. Dreher (↑Atlas).

Axolemm: Als A. bezeichnet man die Zellmembran einer ↑Nervenzelle im Bereich des ↑Achsenzylinders der Nervenfaser. Über das A. wird die Erregung weitergeleitet.

Axon svw. ↑Achsenzylinder.

Äzidien ↑Äzidiosporen.

Äzidiosporen: Kettenweise abgeschnürte, paarkernige, rostbraune Sporen der ↑Rostpilze. Sie werden in Behältern *(Äzidien)* gebildet und nach dem Aufplatzen der Epidermis mit Hilfe des Windes verbreitet.

Azoikum: Der früheste Abschnitt der Erdgeschichte, in dem es noch kein Leben gab; ↑Erdzeitalter.

B

Babesien: Gruppe der ↑Sporentierchen.

Backenzähne (Molaren) ↑Zähne.

Bahnung: Wenn mehrere unterschwellige Reize (Impulse) aus der gleichen Nervenbahn kurz hintereinander oder aus verschiedenen Nervenbahnen gleichzeitig auf eine Nervenzelle treffen, können sich die Impulse in dieser Nervenzelle summieren, so daß eine Erregung *(Depolarisation)* und eine Erregungsfortleitung (↑Reizleitung) erfolgen. Die Erregung ist dann „gebahnt". Die Impulssummation kann aber auch in anderen dafür besonders determinierten Nervenzellen eine Hemmung der Erregungsleitung verursachen, indem das ↑Membranpotential größer als das Ruhepotential wird *(Hyperpolarisation)*.

Bakterien (Schizomyzeten): B. sind einzellige Mikroorganismen, die zusammen mit den ↑Blaualgen als ↑Prokaryonten (ohne typischen Zellkern) den Pflanzen und Tieren als selbständige systematische Einheit gegenübergestellt werden. Sie haben gewöhnlich eine mittlere Größe von 0,5 bis 5 μm. Ihre ↑DNS ist als nackter, ringförmiger Faden an der Zellmembran angeheftet. Weiter sind ↑Ribosomen, Reservestoffeinschlüsse und bei B., die zur ↑Photosynthese befähigt sind, Membranstapel zu finden, die Chlorophylle (andere als bei Pflanzen) und ↑Karotinoide tragen.

Viele B. sind von einer Kapsel umgeben. Einige können sich mit Hilfe von ↑Geißeln oder auch gleitend fortbewegen, manche sind verzweigt (↑Strahlenpilze). Die Vermehrung der B. erfolgt stets ungeschlechtlich durch Querteilung; zwischen 2 Teilungen liegen meist nur 15 bis 40 Minuten. Ein Austausch von genetischer Information ist möglich durch ↑Konjugation, ↑Transformation oder ↑Transduktion.

Die Systematik der B. (man kennt bisher rund 2 500 Arten) beruht auf einem künstlichen System. Sie werden u. a. eingeteilt nach ihrer Färbbarkeit (↑Gram-Färbung), nach ihrer Gestalt (z. B. kugelförmig = ↑Kokken, stäbchenförmig, kommaförmig; ↑auch Spirillen), nach ihrer Beweglichkeit, nach ihrer Fähigkeit, ↑Sporen zu bilden, und nach der Art der Energiegewinnung. Danach werden unterschieden (als Ordnungen): Pseudomonaden, Eubakterien, Chlamydobakterien, Strahlenpilze, Myxobakterien, Spirochäten, Rickettsien, Mykoplasmen.

Wenige B. sind ↑autotroph (durch ↑Photosynthese). Manche verwerten organische Materialien (z. B. Fäulnisbakterien), andere oxidieren anorganische Materialien (z. B. Eisen, Stickstoff, Schwefelwasserstoff). Einige B. benötigen Sauerstoff *(aerobe B.)*, andere leben ganz oder teilweise ohne Sauerstoff *(anaerobe B.)*.

Die B. bevölkern in unermeßlich großer Zahl den Boden, die Gewässer und den Luftraum. Oft sind sie lebensnotwendige Symbionten (↑Symbiose) bei Tier und Pflanze (z. B. die Verdauung fördernde Darmbakterien beim Menschen und bei Wiederkäuern, als Nitratlieferanten die ↑Knöllchenbakterien). Seltener findet man unter ihnen ↑Parasiten (z. B. die Rickettsien) oder Erreger von Infektionskrankheiten (z. B. ↑Syphilis, ↑Tuberkulose, ↑Typhus).

Einige B. werden wirtschaftlich genutzt bei der Herstellung von Nahrungsmitteln (z. B. Käse, Joghurt, Sauerkraut), auch von Antibiotika.

Bakteriengifte (Bakteriotoxine): B. sind Stoffwechselprodukte der Bakterien, die diese entweder ausscheiden *(Ektotoxine)* oder die erst beim Absterben der Bakterienzellen frei werden *(Endotoxine)*. So bilden z. B. die Botulinusbakterien, die in verdorbenem Fleisch oder Fisch leben, das *Botulin*. Es verhindert die Freisetzung von ↑Acetylcholin an den Endplatten, was zur Lähmung (insbesondere der Atemmuskulatur) führt. Es wirkt in millionenfach geringerer Konzentration als Strychnin.

Bakteriologie: Die B. beschäftigt sich als Teilgebiet der ↑Mikrobiologie mit der systematischen Einteilung und den Lebensbedingungen von Bakterien. Da viele Krankheiten bei Mensch, Tier und Pflanze von Bakterien hervorgerufen werden, müssen Mittel zu ihrer Bekämpfung gefunden werden. Auf diesem Gebiet hat die *medizinische B.* große Erfolge durch die Entwicklung neuer Impfseren (↑Impfung) und ↑Antibiotika errungen. Nützliche Bakterien müssen gezüchtet werden, weil z. B. mit ihnen einige organische Stoffe überhaupt nur oder sehr billig hergestellt werden können oder weil sie in der ↑Abwasserreinigung eingesetzt werden können.

Bakteriophagen (Phagen): B. sind ↑Viren, die sich in Bakterien vermehren. Sie enthalten meist DNS als Erbsubstanz. Unsere Kenntnisse über Viren wurden hauptsächlich durch die Untersuchung der Phagen gewonnen, die ↑Escherichia coli befallen.

Man unterscheidet *virulente* bzw. *lytische Phagen* von gemäßigten bzw. *temperierten Phagen*. Erstere lösen nach ihrer Vermehrung die befallenen Bakterien auf und infizieren neue, letztere verbleiben nach der Infektion als sog. inaktive *Prophagen* im Bakterieninnern und werden bei der Teilung der Bakterienzelle auf die Tochterzellen verteilt. Bakterienstämme, die B. beherbergen, heißen *lysogen*.

bakteriostatisch: B. wirken Stoffe, wie z. B. ↑Antibiotika und Konservierungsmittel, die das Wachstum und die Vermehrung von Bakterien hemmen. Stehen die Bakterien nicht mehr unter dem Einfluß der Substanz, wachsen sie wieder. Bakteriostatische Substanzen wirken in hohen Konzentrationen oft zugleich ↑bakterizid.

Bakteriotoxine svw. ↑Bakteriengifte.

bakterizid: B. wirken Substanzen, die Bakterien abtöten. Sterilisationsverfahren, die große Hitze (ca. 120 °C), UV- oder Röntgenstrahlen benutzen, sind ebenfalls bakterizid. – ↑auch bakteriostatisch.

Balg: Als B. bezeichnet man das abgezogene Fell von Nagetieren, Kleinsäugern, niederem Raubwild und das Federkleid der Vögel.

Balgfrucht: Eine B. besteht aus einem Fruchtblatt; sie öffnet sich an der Verwachsungsnaht des Fruchtblattes (z. B. Rittersporn). – ↑auch Fruchtformen.

Ballaststoffe: Unter Ballaststoffen versteht man Nahrungsbestandteile, die nicht oder nur teilweise vom Organismus verwertet werden können. B. für den Menschen sind z. B. Zellulose, Pektine und Lignin. Ihre Bedeutung besteht darin, daß sie einmal die Sekretion von Verdauungssäften fördern und zum anderen die Darmperistaltik anregen. Sie sollten deshalb in unserer Nahrung nicht fehlen. Schwarzbrot, Gemüse und Obst sind besonders reich an Ballaststoffen.

Bei den Pflanzen werden B. auch *Rekrete* genannt. Ein solches Rekret ist z. B. Silicium, das die Pflanze aus ihrem Stoffwechsel entfernt, indem sie es in die Zellwände einlagert.

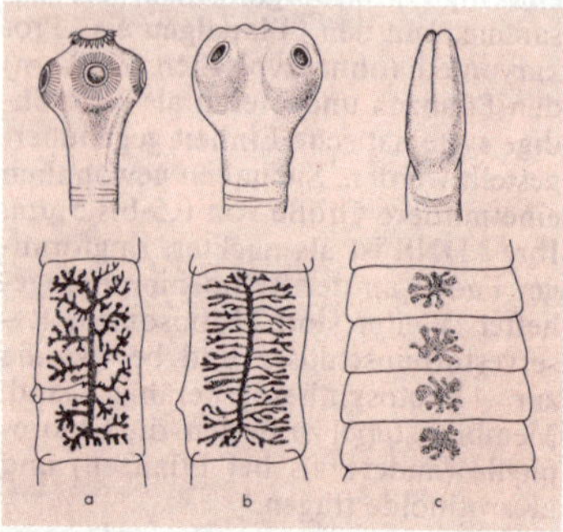

Abb. Bandwürmer: Köpfe und reife Glieder mit den verzweigten Ovarien von drei verschiedenen Arten; a Schweinebandwurm, b Rinderbandwurm, c Fischbandwurm

Balz: Als B. bezeichnet man die Liebesspiele der Vögel, Fische, Reptilien und Amphibien, die der ↑Begattung vorausgehen. Die Männchen versuchen den Weibchen zu imponieren (↑Imponiergehabe), indem sie kräftig gefärbte Körperstellen oder Federn zur Schau stellen, sich auffallend bewegen oder besondere Laute *(Balzgesang)* von sich geben. Fische tragen z. B. während dieser Zeit oft eine außergewöhnliche Färbung *(Hochzeitskleid)*. Dies Verhalten ruft als ↑Schlüsselreiz beim Weibchen Reaktionen hervor, die seine Paarungsbereitschaft zeigen (außerhalb der Paarungszeit löst Imponiergehabe nur den Fluchttrieb aus).

Die B. ist hormonell bedingt. Bei Vögeln setzt die zunehmende Tageslänge einen Mechanismus im ↑Hypothalamus und in der ↑Hirnanhangdrüse in

Gang, der zu vermehrter Produktion von ↑Geschlechtshormonen führt und die Partner begattungsbereiter macht. Der B. entspricht die ↑Brunst der Säugetiere.

Bandscheiben (Zwischenwirbelscheiben): Zwischen den Wirbelkörpern der ↑Wirbelsäule liegen die elastischen, knorpeligen Bandscheiben; ihr gallertiger Kern ist der Rest der ↑Chorda dorsalis. Sie fangen harte Stöße auf und ermöglichen die Gelenkigkeit der Wirbelsäule. Bei zu hohen Belastungen bei gebogener Wirbelsäule können sie sich dauerhaft verformen *(Bandscheibenschaden)* und Gewebeanteile in die Umgebung austreten *(Bandscheibenvorfall)*.

Bandwürmer (Cestodes): Die zu den Plattwürmern zählenden B. (systematisch gesehen eine Klasse) sind Darmparasiten in Wirbeltieren, z. T. auch im Menschen. Manche B. werden über 15 m lang, andere nur 5 mm bis wenige Zentimeter.

Die flachen, farblosen Tiere besitzen keine Mundöffnung und keinen Darm. Sie sind in einzelne Körperabschnitte *(Proglottiden)* gegliedert. Am Kopf *(Scolex)* sind besondere Haftorgane ausgebildet. Es sind dies meist Saugnäpfe und häufig endständige Häkchenkränze. Damit kann sich der Bandwurm in der Darmschleimhaut seines Wirtes festheften, um Nahrungsstoffe aus dessen Darminhalt über die Hautoberfläche aufzunehmen. Dieser Entzug von Nahrung ist jedoch für den Wirtsorganismus weniger schädlich als die giftigen Exkretstoffe, die der Parasit ausscheidet und die zu einem Abbau des roten Blutfarbstoffs, zu einer ↑Anämie, führen können.

Die Körperglieder enthalten die zwittrigen Geschlechtsorgane und sprossen vom Vorderende nach hinten aus. Zuerst reifen die männlichen Organe, dann die weiblichen. Die hintersten, ältesten, nur noch die mit reifen Eiern prall angefüllte und stark verzweigte Gebärmutter enthaltenden Proglottiden werden abgestoßen und mit dem Kot des Wirts ausgeschieden. So können die Eier von einem Zwischenwirt, z. B. einem Säugetier, mit der kotverseuchten Nahrung aufgenommen werden. Die dann ausschlüpfende Larve gelangt über die Darmschleimhaut und die Blutbahn des Zwischenwirts z. B. in die Muskulatur, auch (was besonders gefährlich ist) in die Leber und ins Gehirn, und wird hier zur blasenartigen *Finne*. Diese ist meist sehr klein, kann aber auch (beim Kleinen Hundebandwurm) bis kindskopfgroß werden. Durch Sprossung bilden sich an der Finne Bandwurmköpfe aus. Bei Genuß von rohem, finnigem Fleisch entsteht ein neuer Bandwurm.

Barbenregion ↑Gewässerregionen.

Bären: Die B. bilden eine eigene Gruppe großer Raubtiere, die hauptsächlich Fleischfresser sind (z. B. der arktische *Eisbär*) oder sog. Allesfresser (z. B. die Braunbären).

Braunbären leben in Wäldern, Steppen und in der Arktis. Sie sind in Deutschland seit 1835 ausgerottet. Es sind Einzelgänger, deren Geschlechter sich nur zur Fortpflanzungszeit (Hochsommer) zusammenfinden. Im Januar werden 1–4 Junge in einer Höhle geboren, wo die Braunbären auch nach Möglichkeit überwintern. Wenn sie gereizt werden, richten sich Braunbären auf ihren Hinterbeinen auf und können durch Prankenhiebe sehr gefährlich werden. Der größte Braunbär ist der *Grizzlybär* in Nordamerika.

Bärlappgewächse: Die B. sind eine seit dem Mitteldevon bekannte Klasse der ↑Farnpflanzen. Die heutigen Vertreter sind kleine, immergrüne Pflanzen mit einem dünnen, meist kriechenden Stämmchen und vielen kleinen, schuppenförmigen Blättchen. Die ährenförmigen, gegabelten Sporenstände stehen an den Enden der Sprosse. Zu den Bärlappgewächsen gehören die Bärlappe, Moosfarne, Brachsenkräuter und die ausgestorbenen Bärlappbäume.

Barr-Körperchen (Geschlechtschromatin, Sexchromatin): Bei fast allen weiblichen Säugetieren (also auch bei Frauen) findet man in den Kernen der meisten Körperzellen nahe der

Kernmembran die Chromatinsubstanz des einen der beiden X-Chromosomen, das bereits während der frühen Embryonalentwicklung inaktiv geworden ist. Tritt nun Polysomie mit überzähligen X-Chromosomen auf, so werden alle X-Chromosomen bis auf eines zu solchen Barr-Körperchen.
B.-K. können durch besondere Färbemethoden sichtbar gemacht werden. Mit ihrer Hilfe ist es deshalb heute möglich, das tatsächliche Geschlecht einer Person genau festzustellen. Dies ist v. a. bei ↑ Intersexen von Bedeutung. Zur *vorgeburtlichen Geschlechtsdiagnose* und zur frühzeitigen Erkennung von Anomalien in bezug auf die Geschlechtschromosomen werden Zellen aus dem Fruchtwasser nach B.-K. untersucht.

Barteln: Fische, die ihre Nahrung vorwiegend am Gewässergrund suchen, und einige Wasserschildkröten tragen im Bereich des Mauls fadenförmige Hautorgane. Auf diesen B. sitzen Tast- und Geschmackssinneszellen.

Barten: Bartenwale seihen mit Hilfe langgestreckt-dreieckiger Hornplatten, die vom Gaumen herab in die Mundhöhle hängen, ihre Nahrung (↑ Krill) aus dem Meerwasser. Diese B. sind bei größeren Arten bis 5 m lang und am Gaumen bis 60 cm breit. Die innere Plattenkante ist federartig aufgefasert. Etwa 130–400 B. hängen an beiden Oberkieferhälften. Dieses wertvolle Material kommt als sog. *Fischbein* in den Handel.

Bartholin-Drüsen: Diese zwei etwa erbsengroßen Drüsen liegen im Scheideneingang der Frau. Bei geschlechtlicher Erregung sondern sie auf der Innenseite der kleinen Schamlippen Schleim ab.

Basalganglien (Streifenhügel): Die B. liegen im ↑ Gehirn unterhalb des Großhirns, zu dem sie gehören; sie stellen eine Schaltstelle für die Bewegungskoordination und die Muskeltätigkeit dar. Bei den Vögeln nehmen die B. den größten Teil des Großhirns ein.

Basalkorn (Blepharoplast): Dieses Zellorganell liegt an der Basis von Geißeln und Wimpern (als deren Bildungsort) und verankert diese im Zellkörper. Es ist dem ↑ Zentriol homolog und besteht aus 9 × 3 strahlig angeordneten Mikrotubuli, die in der Mitte zwei weitere umschließen können.

Basalmembran: Die B. ist eine dünne, kollagenhaltige Membran an der Basis tierischer Zellen. Sie ist besonders stark an den Epithelzellen der Haut von Wirbellosen (z. B. Insekten und Würmer) ausgebildet.

Basedow-Krankheit ↑ Schilddrüse.

Basenpaarung: Die ↑ DNS bildet bei allen Organismen und bei einem Teil der ↑ Bakteriophagen ein charakteristisches Molekül aus zwei Polynukleotidsträngen (↑ Nukleotide). Die beiden Einzelstränge sind durch Wasserstoffbrücken zwischen jeweils einer Purinbase (Adenin oder Guanin) und einer Pyrimidinbase (Thymin oder Cytosin) aneinander gebunden. Diese Basen sind also jeweils zueinander „komplementär“. Dabei bilden sich zwischen dem Basenpaar Cytosin–Guanin drei und zwischen dem Basenpaar Adenin–Thymin zwei Wasserstoffbrücken aus.
Diese B. ist nicht nur für den Aufbau des Moleküls von Bedeutung, sondern sie spielt auch eine wichtige Rolle bei der ↑ Eiweißsynthese, bei der Vererbung und bei der Zellteilung, denn sie ermöglicht eine identische sog. ↑ DNS-Replikation und die Abgabe der Information an die m-RNS (↑ RNS). Dieser Aufbau hat zur Folge, daß die eine Polynukleotidkette eine „Matrize“ für die andere Kette ist, indem ihre ↑ Basensequenz die der ergänzenden Kette eindeutig bestimmt.
Sonst findet man B. noch in geringem Umfang in den helikalen Bereichen der r-RNS und in der t-RNS (↑ RNS), wobei hier im allgemeinen Thymin durch Uracil ersetzt ist.

Basensequenz: Der B. (= Reihenfolge der Basen Adenin, Thymin, Cytosin und Guanin in der ↑ DNS) kommt eine große Bedeutung zu. Bei der DNS, auch bei der Viren-RNS, ist die B. und die Anzahl der Basen entscheidend für den Informationsgehalt des Gens. Heute weiß man, daß die

Anordnung der Basen schriftartig ist, d. h., sie ist eine sinnvolle Folge, die in einer verständlichen Sprache die ↑genetische Information der Organismen wiedergibt. Die B. stellt also den verschlüsselten Text dar mit allen Syntheseanweisungen für die Zelle.

Diese Nukleinsäureschrift aus den 4 Basen zu „übersetzen", ist die Aufgabe des ↑genetischen Kodes. Da in der DNS-Doppelschraube eine bestimmte ↑Basenpaarung vorliegt, wird gewährleistet, daß bei der ↑DNS-Replikation die genaue B. weitergegeben wird.

Basentriplett ↑Triplett.

Basidie: Ein keulenförmiger oder zylindrischer Hyphenendteil der ↑Ständerpilze. In der B. verschmelzen die zwei haploiden Kerne. Auch die Reduktionsteilung findet hier statt. Daran anschließend werden meist vier dünnwandige Sporen, die *Basidiosporen,* abgegliedert.

Basidiomyzeten svw. ↑Ständerpilze.

Basidiosporen ↑Basidie.

basipetal: Als b. bezeichnet man eine Verzweigungs- oder Entwicklungsfolge bei Pflanzen, bei der die untenstehenden Auszweigungen die jüngsten sind. Den Gegensatz bildet die normale *akropetale* Entwicklung, bei der die jüngsten Anlagen dem Vegetationspunkt am nächsten liegen.

basophil: Bestimmte Gewebe, Zellen und Zellteile lassen sich mit basischen Farbstoffen (Malachitgrün, Methylenblau) leicht anfärben. Man bezeichnet sie deshalb als basophil.

Bast: Der B. (auch *sekundäre Rinde* genannt) ist ein vom Kambiumring nach außen abgegebenes Gewebe bei Landpflanzen mit sekundärem ↑Dikkenwachstum. Er besteht aus Siebröhren, Parenchymstreifen (Bastparenchym) und Sklerenchymfasern (Bastfasern). Die jüngsten, an den Kambiumring angrenzenden Bastteile übernehmen den Transport von organischen Substanzen zu den Verbrauchsorten (Blätter).

Bastarde (Hybriden): Individuen, die aus einer Kreuzung zwischen Eltern hervorgegangen sind, deren Erbgut sich in einem oder mehreren ↑Allelen unterscheidet. Kreuzt man verschiedene Arten, entstehen ↑Artbastarde. Beim Menschen bezeichnet man die Nachkommen einer Rassenkreuzung als Bastarde.

Bastardierung: Kreuzung zwischen erbmäßig unterschiedlichen Eltern. Nicht immer sind die entstehenden ↑Bastarde lebens- bzw. fortpflanzungsfähig (↑Artbastard). In der Züchtung kann man diese Kreuzung jedoch auch benutzen, um besonders widerstandsfähige und ertragreiche heterozygote Pflanzen herzustellen (↑Bastardwüchsigkeit).

Bastardwüchsigkeit (Heterosis): Kreuzt man zwei durch Inzucht entstandene ↑homozygote Pflanzen, wachsen die heterozygoten Nachkommen der 1. Generation üppiger als die Eltern *(Luxurieren).* Die folgenden Generationen sind wieder weniger leistungsfähig. Diese Züchtungsmethode wird unter anderem beim Mais in großem Umfang angewandt.

Bathyal ↑Gewässerregionen.

Bathypelagial ↑Gewässerregionen.

Bauchatmung: Bei der B. wird zum Einatmen vorwiegend das Zwerchfell benutzt; es drückt dabei die Eingeweide zusammen, so daß sie zur frei beweglichen Bauchdecke ausweichen. Die Bauchdecke hebt und senkt sich dadurch.

Bauchfell: Das äußere Blatt des Bauchfells kleidet den Bauchraum innen aus. Sein inneres Blatt überzieht die in der Bauchhöhle liegenden Organe, die an seinen Falten *(Mesenterien)* aufgehängt sind. Äußeres und inneres Blatt des Bauchfells bilden einen geschlossenen Sack; beide Blätter liegen aufeinander, nur durch etwas Flüssigkeit voneinander getrennt.

Bauchganglien: B. sind paarig angeordnete Nervenknoten (Ganglien) in der Bauchregion von Ringelwürmern, Glieder- und Stummelfüßern. Sie sind längs und (durch Brücken) quer miteinander verbunden und bilden so ein sog. *Strickleiternervensystem (Bauchganglienkette, Bauchmark).* Die Bauchganglien sind bei Insekten und Krebsen z. T. zu mehreren großen

Ganglienknoten verschmolzen. Bei den Spinnen ist es nur mehr ein einheitlicher Komplex.

Bauchhöhle: Als B. bezeichnet man den zwischen Zwerchfell und Becken liegenden Raum. Er enthält u. a. Magen, Darm, Leber, Milz, Bauchspeicheldrüse, Nieren und Harnleiter.

Bauchmark ↑Bauchganglien.

Bauchpilze: Die B. umfassen mehrere Ordnungen der ↑Ständerpilze, bei denen die Sporen in knolligen, geschlossenen Fruchtkörpern gebildet werden. Die Fruchtkörper sind außen von einer oder mehreren Hüllschichten umgeben, die sich bei der Reife öffnen. Das Innere enthält entweder unregelmäßig verteilte ↑Basidien oder in Kammern liegende Basidiosporen. Nach der Sporenreife zerfällt dieser Innenteil zu einer pulverigen Masse (beim Flaschenbofist) oder verschleimt (bei der Stinkmorchel). Zu den Bauchpilzen gehören die Bofiste und die Erdsterne.

Bauchspeicheldrüse (Pankreas, Pancreas): Die B. ist bei fast allen Wirbeltieren und beim Menschen die Hauptverdauungsdrüse. Sie ist beim erwachsenen Menschen etwa 15 cm lang und wiegt 70–110 g. Sie liegt hinter dem Magen quer zur Wirbelsäule. Täglich sondert sie etwa 1 l *Pankreassaft (Bauchspeichel)* durch ihren Ausführungsgang in den Zwölffingerdarm ab. Sein hoher Gehalt an Natriumbicarbonat neutralisiert die Magensäure und macht den Nahrungsbrei neutral bis leicht alkalisch. Erst dadurch können die Verdauungsenzyme von Pankreas und Darm wirken. Die im Bauchspeichel enthaltenen Enzyme spalten Stärke (Amylase) in Dextrin und Malzzucker und die vom Gallensaft zu Tröpfchen zerteilten (emulgierten) Fette in Glyzerin und Fettsäuren (Lipasen). Außerdem sondert die B. inaktive Vorformen eiweißspaltender Enzyme ab (Trypsinogene und Chymotrypsinogene). – In das Drüsengewebe der B. sind sehr gut durchblutete Zellgruppen, die *Langerhans-Inseln,* eingelagert. In ihnen werden die Hormone *Insulin* und *Glucagon* produziert. Beide sind Gegenspieler und beeinflussen den Kohlenhydratstoffwechsel und damit den Zuckergehalt des Blutes (↑Blutzucker). Da sowohl die genannten Hormone als auch Enzyme Proteine (Eiweiße) sind, zählt die B. zu den Organen mit der höchsten Eiweißsynthese und ist folglich auch reich an ↑RNS. – Siehe auch Abb. S. 51.

Baumgrenze: Die B. ist in polaren und alpinen Gebieten eine der ↑Waldgrenze vorgelagerte Zone, in der vereinzelt Bäume anzutreffen sind; in Nordländern sind es Birken und Lärchen, in den Nordalpen Fichten, in den Zentralalpen auch Lärchen und Zirbelkiefern.

Bauplan: Viele Organismen zeigen in ihrem Bau gemeinsame Merkmale. Faßt man alle diese Gemeinsamkeiten zusammen, so läßt sich für diese Gruppen (z. B. Insekten, Vögel, Säuger) jeweils ein B. aufstellen. Die einzelnen Arten zeigen dann Abwandlungen dieses Bauplans, die durch Anpassungen an die Umwelt bedingt sind. Durch Vergleich von Bauplänen lassen sich auch Fragen der Abstammung klären.

Baustoffwechsel ↑Stoffwechsel.

Bazịllen: Eine Gattung der ↑Eubakterien. B. sind stäbchenförmig, grampositiv (↑Gram-Färbung), bilden hitzebeständige ↑Sporen und tragen meist peritrich angeordnete ↑Geißeln. Die meisten B. benötigen Sauerstoff zum Leben. B. sind meist Bodenbewohner, andere sind Krankheitserreger, z. B. Clostridium tetani, der Erreger des Wundstarrkrampfs.
Im alltäglichen Sprachgebrauch werden oft sämtliche Bakterien als B. bezeichnet.

Becherkeim (Gastrula): Als B. bezeichnet man diejenige Phase der ↑Keimesentwicklung, in der der ↑Blasenkeim durch Zellbewegungen zu einem zweischichtigen Becher (häufig durch einfache Einstülpung) wird.

Becherzellen: Verdauungs- und Atmungsorgane sind mit einer Schicht von zylindrischen Epithelzellen ausgekleidet. Zwischen ihnen liegen einzelne becherförmige Drüsenzellen, die Schleim absondern, die Becherzellen.

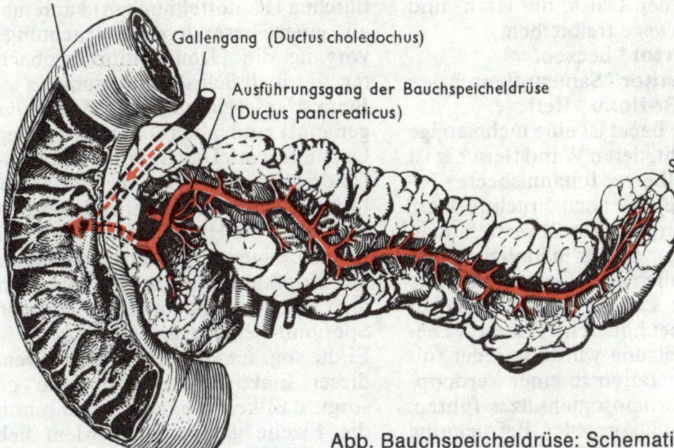

Abb. Bauchspeicheldrüse: Schematischer Aufriß der Bauchspeicheldrüse und des angrenzenden Zwölffingerdarms beim Menschen

Bechterew-Krankheit ↑Rheumatismus.

Becken (Pelvis): Der *Beckengürtel* setzt sich beim Menschen aus den beiden dreiteiligen *Hüftbeinen* zusammen, die das *Kreuzbein* zwischen sich fassen und sich vorn in der *Symphyse (Schambeinfuge)* aneinanderlegen. So entsteht als federnder Ring das Becken, das die Aufgabe hat, die Last der Wirbelsäule auf die Beine zu übertragen. Für die Aufnahme des Oberschenkelkopfes bildet das Hüftbein eine tiefe Gelenkgrube, die *Hüftgelenkspfanne.* Das B. hilft die Baucheingeweide zu tragen. Gleichzeitig ist die Beckenöffnung bei der Frau *Geburtskanal.* Deshalb ist das *weibliche B.* niedriger und breiter gebaut als das des Mannes und besitzt eine weit größere Beckenöffnung. Während der Schwangerschaft lockern Hormone die recht feste Verbindung der Hüftbeine zum Kreuzbein und der Schamfuge, was den Geburtsvorgang erleichtert.

Der aus Muskeln und Bindegewebe gebildete *Beckenboden* verschließt die

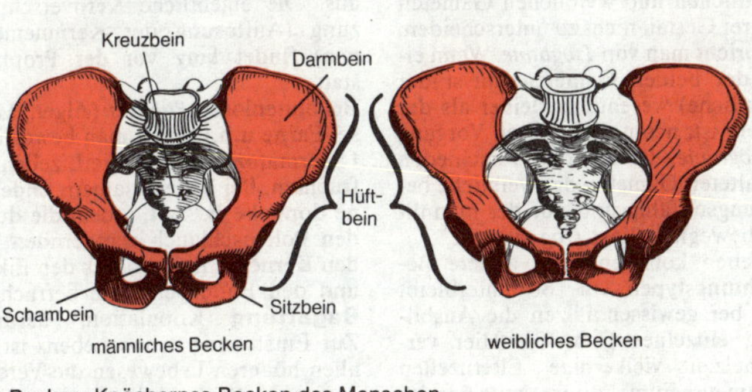

Abb. Becken: Knöchernes Becken des Menschen

Beckenöffnung, so daß nur enge Öffnungen für den Darm, die Harn- und Geschlechtswege freibleiben.

Beckengürtel ↑Becken.

Bedecktsamer ↑Samenpflanzen.

bedingte Reflexe ↑Reflexe.

Beere: Die Beere ist eine mehrsamige Schließfrucht, deren Wand fleischig ist (z. B. Heidelbeere, Johannisbeere, Tomate, Gurke). – ↑auch Fruchtformen.

Befruchtung: Unter B. versteht man die Vereinigung einer männlichen und einer weiblichen ↑Geschlechtszelle oder zweier sexuell unterschiedlicher Zellkerne (bei höheren Pflanzen). Diese Verschmelzung würde in jeder folgenden Generation zu einer Verdopplung des Chromosomensatzes führen. Deshalb muß vor jeder Befruchtung bei der Bildung der Gameten bzw. der Geschlechtskerne der doppelte (diploide) Chromosomensatz auf einen einfachen (haploiden) reduziert werden. Dies geschieht während der Reduktionsteilung (↑Meiose).

Das Produkt aus der Vereinigung der männlichen und weiblichen Gameten ist die diploide ↑Zygote, aus der oft erst nach einem Ruhestadium durch mitotische Zellteilungen die Entwicklung des neuen Lebewesens einsetzt.

Die Bedeutung der B. liegt in einer Neuverteilung des elterlichen Erbgutes in den Nachkommen. Dadurch wird eine große Variabilität erreicht, die für die Stammesentwicklung (↑Phylogenese) von Bedeutung ist.

Sind die bei der B. verschmelzenden männlichen und weiblichen Gameten in ihrer Gestalt nicht zu unterscheiden, so spricht man von *Isogamie.* Wenn einer der beiden Gameten (meist der männliche) wesentlich kleiner als der andere ist, nennt man diesen Vorgang *Anisogamie.* Ist bei den verschieden gestalteten Gameten der weibliche bewegungsunfähig und nur der männliche beweglich, liegt *Oogamie* vor.

Daneben kommen noch andere Befruchtungstypen vor. So unterbleibt z. B. bei gewissen Pilzen die Ausbildung einzelner Gameten. Hier verschmelzen vielkernige Elternzellen (↑Gametangium) direkt miteinander (Gametangiogamie). Bei den Wimpertierchen (Pantoffeltierchen) kann man als einen besonderen Befruchtungsvorgang die ↑Konjugation beobachten. – ↑auch Selbstbefruchtung.

Beim *Menschen* (hier auch *Konzeption* genannt) und allen *Wirbeltieren* liegt Oogamie vor. Die B. wird durch das Eindringen der ↑Samenzelle in die ↑Eizelle (↑Besamung) eingeleitet. Dazu werden die Hüllschichten der Eizelle mit Lysinen, die wahrscheinlich aus der Kopfkappe des Spermiums stammen, lokal aufgelöst. Sobald das erste Spermium eingedrungen ist, setzt im Ei die sog. *Eiaktivierung* ein. Während dieser Eiaktivierung wird dafür gesorgt, daß kein weiteres Spermium in die Eizelle gelangt. Außerdem hebt sich die Eimembran ab, was dadurch zustande kommt, daß Vakuolen der Rindenschicht des Eiplasmas ein Kolloid zwischen Eioberfläche und Eihülle abgeben. Die Eioberfläche wölbt sich dem eingedrungenen Spermium entgegen *(Empfängnishügel)* und nimmt es auf. Der Schwanzfaden des Spermiums löst sich dabei ab (s. Abb. S. 54). Der Spermienkopf quillt und wird zum männlichen Vorkern, der dann auf den aktiven weiblichen Vorkern stößt und sich dort kappenartig anlegt. Das aus dem Spermienmittelstück stammende ↑Zentrosom teilt sich. Die Tochterzentrosomen wandern unter Bildung der Plasmastrahlen zu den Zellpolen und lösen die Prophase der ersten Furchungsteilung aus. Die eigentliche Kernverschmelzung (Auflösung der Kernmembranen) findet kurz vor der Prophase statt.

Bei blütenlosen *Pflanzen* (Algen, Moose, Farne u. a.) findet man bewegliche ↑Spermatozoiden, die die Eizellen befruchten. Bei Bedecktsamern findet eine doppelte B. statt, indem die durch den Pollenschlauch wandernden beiden Kerne im Embryosack den Eikern und den Endospermkern befruchten.

Begattung (Kopulation, Paarung): Zur Entstehung neuen Lebens ist bei allen höheren Lebewesen die Vereinigung einer Samenzelle mit einer Eizelle nötig (↑Befruchtung). Bei im Wasser lebenden Tieren ist dies in der Regel kein Problem, denn ihre Samenzellen können durch das Umgebungswasser zum Ei gelangen. Um eine Befruchtung sicherzustellen, sind aber bei dieser äußeren ↑Besamung verschwenderische Mengen an Samenzellen und Eizellen nötig. Wirtschaftlicher ist eine Befruchtung der Eier im Körper des Weibchens (innere Besamung) und die Verlegung der Embryonalentwicklung dorthin. Nur ein Bruchteil an Samenzellen ist dann zur sicheren Befruchtung des Eies nötig. Aus diesem Grunde übergeben die Männchen aller höheren Tiere (einschließlich des Menschen; Näheres hierzu ↑Geschlechtsverkehr) die Samenzellen bei einer körperlichen Vereinigung, der Begattung, dem Weibchen.

Viele *Tiere* (Fische, Lurche, Kriechtiere, Vögel) pressen bei der B. die Kloaken aufeinander. Die meisten männlichen Tiere aber haben ein ↑Begattungsorgan entwickelt, das tief in die Kloake oder die ↑Scheide der Weibchen eingeführt werden kann. Die Fähigkeit, das Glied mit Hilfe des Blutdrucks zu versteifen, erleichtert bei Säugern diesen Vorgang wesentlich. Die Begattungsorgane sind in der Regel so gebaut, daß nur die Geschlechtsorgane einer Art zusammenpassen. Auf diese Weise wird auch der Weg, den die Samenzellen zurückzulegen haben, stark verkürzt. Der Samenausstoß wird fast immer durch bestimmte Reize auf das Glied ausgelöst.

Begattungsorgane: Die Organe, mit denen die ↑Begattung vollzogen wird, sind in der Regel so gebaut, daß nur innerhalb der eigenen Art eine sichere ↑Befruchtung möglich ist. Dadurch wird die Bildung von Artbastarden in der Regel verhindert. Beim Menschen sind beim Mann das ↑Glied und bei der Frau die ↑Scheide mit den vorgelagerten ↑Schamlippen und den zugehörigen Schleimdrüsen *(Bartholin-Drüsen)* Begattungsorgane.

Behaviorismus: Eine Forschungsrichtung der Psychologie. Der B. fordert, daß sich die Psychologie nur dem objektiv beobachtbaren und meßbaren Verhalten (engl. behavior) von Tier und Mensch zuzuwenden habe. Die Beschreibung von Bewußtseinsinhalten und die Übertragung eigener Erfahrungen auf andere Menschen werden als Forschungsmethoden abgelehnt. Begriffe wie Denken, Fühlen, Wollen u. a. sollen aus der psycholog. Theorie ausgeklammert bleiben.

Benthal ↑Gewässerregionen.

Benthos: Die Organismenwelt der Bodenregion von Gewässern (↑Gewässerregionen) besteht im Meer *(Halibenthos)* vor allem aus Blau-, Grün-, Braun- und Rotalgen sowie aus Würmern, Schnecken und Krebsen. In Süßgewässern wird das *Limnobenthos* aus Überwasserpflanzen (z. B. Großseggen, Röhricht), Schwimmpflanzen (z. B. Wasserlinsen, Froschbißgewächse) und untergetauchten Pflanzen (z. B. Laichkraut, Armleuchteralgen), daneben auch aus Schwämmen, Moostierchen und Krebsen gebildet.

Benzpyren: B. ist ein aromatischer Kohlenwasserstoff, der sich vom Pyren ableitet. B. bildet gelbe, nadelförmige Kristalle, die in Wasser unlöslich sind. Es entsteht bei der Verkohlung fett-, wachs- oder zellulosehaltiger Stoffe (Tabak, Fleisch, Zigarettenpapier u. a.); es findet sich auch in den Auspuffgasen. B. wird als einer der stärksten krebserzeugenden Stoffe angesehen u. für die Entstehung von Lungenkrebs sowie für den in der Teerfarbenindustrie häufig beobachteten Hautkrebs verantwortlich gemacht.

Beregnung: Die B. ist die rationellste Form der künstlichen Bewässerung. Verschlämmungen des Bodens werden weitgehend vermieden. Bedingungen wie beim natürlichen Niederschlag werden jedoch nur bis zu einem gewissen Grade erreicht. Dichte und Verteilung ähneln bei Einsatz von Schwachregnern einem idealen Landregen. Die Temperatur des verregneten Wassers ist jedoch oft (z. B. bei Grundwasser) sehr niedrig. Trotzdem werden bei Beregnung im Sonnenschein (z. B. im Frühjahr) Wärmekapazität und -menge des Bodens gesteigert. Im Sommer dagegen ist im gleichen Falle die Abkühlung der Pflanzen durch Bildung von Verdunstungskälte ein Nachteil.

Bergmann-Regel: Der deutsche Anatom und Physiologe Carl Bergmann stellte 1847 die These auf, daß unter den Vögeln und Säugern nahe verwandte Arten von den wärmeren geographischen Zonen zu den Polen hin an Größe zunehmen. Große Tiere erleiden danach einen geringeren Wärmeverlust, da das Verhältnis aus Oberfläche und Volumen günstiger als bei kleinen Tieren ist (der Alaskabär ist größer als der europäische Braunbär!).

Beriberi: Eine Vitamin-B_1-Mangelkrankheit (↑Thiamin).

Berührungsreize: B. lösen bei ↑Kletterpflanzen die Windebewegungen aus. – Bei Wirbeltieren und Wirbellosen werden B. von speziellen Rezeptoren des ↑Tastsinns wie freien Nervenendigungen, Tasthaaren, Tastkörperchen aufgenommen.

Besamung: Unter B. versteht man das Eindringen eines Spermiums (männliche Samenzelle) in die Eizelle bei Mensch und Tier, meist auch unter Einbeziehung aller Vorgänge, die das Hinkommen der Spermien zur Eizelle betreffen. Die B. leitet die ↑Befruchtung ein.

Man unterscheidet eine äußere und eine innere Besamung. Die *äußere B.* ist nur im Wasser möglich. Hier werden von den Elternindividuen die männlichen und weiblichen ↑Geschlechtszellen gleichzeitig nach außen abgegeben (Hohltiere, Stachelhäuter, Muscheln, viele Fische, Frösche u. a.). Die gleichzeitige Entleerung der Geschlechtsprodukte wird meist hormonal gesteuert. Auch bei Landtieren sorgen innere biologische Rhythmen dafür, daß die Geschlechtspartner gleichzeitig ihre Fortpflanzungsphase erreichen und ihre Laichgewässer aufsuchen (Frösche, Kröten).

Bei der *inneren B.* bleiben die Eier in der Mutter und werden dort besamt und befruchtet. Sie kommt außer bei allen Säugern (und damit auch beim Menschen), Vögeln und Kriechtieren auch bei Schnecken, Insekten, manchen Würmern, lebendgebärenden Fischen und bei den meisten Schwanzlurchen vor. Die Spermien gelangen

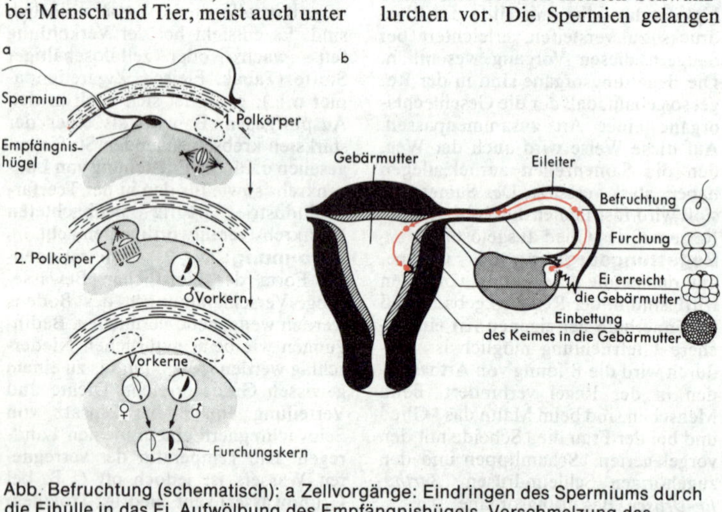

Abb. Befruchtung (schematisch): a Zellvorgänge: Eindringen des Spermiums durch die Eihülle in das Ei, Aufwölbung des Empfängnishügels, Verschmelzung des männlichen und weiblichen Vorkerns zum Furchungskern; b Weg der Eizelle des Menschen: vom Eierstock über den Eileiter (Befruchtung und Furchung) bis zur Gebärmutter (in 5 Tagen) und Einbettung des Keims in die Gebärmutterschleimhaut

meist aktiv über die weiblichen Geschlechtsgänge zu den Eizellen. Die innere B. erfordert spezielle Einrichtungen und Verhaltensweisen. Meist wird mit Hilfe des männlichen Kopulationsorgans die Samenflüssigkeit übertragen (↑Begattung). Bei der Bienenkönigin z. B. können die Spermien nach der Begattung in einem Samenbehälter (Samentasche) der weiblichen Geschlechtswege für das ganze Leben gespeichert werden. Molche und Skorpione setzen feste Samenpakete (↑Spermatophoren) auf den Boden, wo sie das Weibchen mit der Geschlechtsöffnung aufnimmt.

Bei *Säugern* und beim *Menschen* gelangen die Spermien bei der Begattung in die Scheide. Von dort müssen sie über die Gebärmutter bis in den Eileiter vordringen, um auf das Ei zu treffen. Dieser Transport erfolgt einmal durch Kontraktionswellen, die über die Muskulatur der weiblichen Geschlechtswege laufen, und zum anderen auch durch die Eigenbewegung der Spermien. Großen Einfluß auf die Wanderungsgeschwindigkeit hat die Zusammensetzung des Vaginal- und Zervikalschleims (bezüglich der Proteine und der Wasserstoffionenkonzentration bzw. des ↑pH-Wertes). Nur aktive Spermien können die mechanischen Barrieren zwischen Gebärmutterhals und Gebärmutter und am Eingang zum Eileiter überwinden. Dadurch findet eine fortlaufende Dezimierung und qualitative Auslese statt. – Neben der natürlichen B. kennt man auch eine künstliche Samenübertragung (*Insemination;* ↑künstliche Befruchtung).

Beschwichtigungsgebärde: Die B. ist eine tierische Verhaltensweise, die ↑Aggressionen seitens eines Artgenossen verhindern soll. Hierzu gehören u. a. das deutliche Wegsehen, die demütige Haltung dem Ranghöheren gegenüber, das Verbergen der eigenen Waffen (Schnabel, Gebiß) oder das Anbieten von Nahrung. – ↑auch Grußgebärde, ↑Demutsgebärde.

Bestäubung (Pollination): Man versteht darunter bei Samenpflanzen die Übertragung von Blütenstaub auf die Narbe der Fruchtblätter (bei Bedecktsamern) bzw. auf die Mikropyle der Samenanlage (bei Nacktsamern). Erfolgt die B. innerhalb derselben zwittrigen Blüte (Erbse), so spricht man von *Selbstbestäubung.* Eine B. zwischen Blüten verschiedener Pflanzen einer Art nennt man *Fremdbestäubung,* die meist einen größeren Erfolg aufweist. Deshalb wird die Selbstbestäubung durch verschiedene Einrichtungen oft verhindert oder gehemmt. Pollenkörner bilden z. B. keinen oder nur einen verkümmerten Pollenschlauch auf der Narbe derselben Blüte. Eine andere Möglichkeit, Selbstbestäubung zu verhindern, bietet eine nicht gleichzeitige Reifung der Staubblätter und Narben. Werden die männlichen Blüten früher bestäubungsreif, nennt man sie *vormännig* (Korbblütler), im anderen Fall *vorweibig* (Wegerich). Oft sind auch in derselben Blüte Narbe und Staubblätter so angeordnet, daß eine Selbstbestäubung nicht stattfinden kann (bei der Schwertlilie überdecken die Griffeläste die Staubblätter).

Die *Übertragung des Pollens* kann mit Hilfe von Wasser, Wind oder Tieren vor sich gehen (Wasser-, Wind-, Tierbestäubung). *Wasserbestäubung* findet man bei einigen Wasserpflanzen (Wasserpest, Seegras). – Bei *Windbestäubung* muß viel trockener Pollen produziert werden. Viele Windblütler kommen in großen Beständen vor (Gräser und Nadelhölzer); ihre Blüten sind meist duftlos und unscheinbar. Staubblätter und Narben liegen exponiert und damit von außen leicht zugänglich. – Für die *Tierbestäubung* kommen in erster Linie Insekten, in tropischen Gebieten auch Vögel in Frage. Bestäubende Insekten sind v. a. Hautflügler, Zweiflügler und Schmetterlinge. Die B. erfolgt hierbei meist als Nebenerscheinung beim Sammeln von Nektar und Pollen: Der klebrige Pollen bleibt an den Körperhaaren des Insekts hängen. Insektenblüten zeigen eine ganze Reihe von Anpassungen an ihre Bestäuber: Duftstoffe und Farben locken Insekten an. Manche Blüten lassen ihre Bestäuber erst wieder frei, wenn der Bestäubungsvorgang vollzogen ist (Kesselfallenblumen beim Aronstab). Für die *Vogelbestäubung* kommen v. a. Kolibris, Honigsauger und Honigfresser in Frage. Die Vogelblüten (z. B. der Strelitzien) haben meist grelle Farben, dünnflüssigen Nektar und klebrigen Pollen.

Betaoxidation: Im Fettsäurezyklus (Abbauprozeß der freien Fettsäuren) wird die Fettsäure A in eine β-Ketosäure, aus der durch Abspaltung von Essigsäure die um 2 Kohlenstoffatome kürzere Fettsäure B entsteht, umgewandelt. Bei diesem Umwandlungsvorgang erfährt das β-Kohlenstoffatom eine Oxidation (β-Oxidation). Der dabei entstehende Wasserstoff wird in der ↑Atmungskette unter Bildung von ATP oxidiert. Die abgespaltene Essigsäure wird in den ↑Zitronensäurezyklus eingeschleust.

Betriebsstoffwechsel ↑Stoffwechsel.

Bettelverhalten: Verhaltensformen vieler Tierarten (von den Insekten bis zu den Säugetieren), bei denen die Jungtiere von den Eltern gefüttert werden. So betteln z. B. junge Vögel um Futter, indem sie seitlich gegen den Schnabel der Eltern klopfen. Taucht die gleiche Bewegung bei Erwachsenen auf, ist sie ein Signal für Kontaktbereitschaft.

Beugemuskeln (Flexoren): B. bewirken im Gelenk eine Beugebewegung. So beugen z. B. der zweiköpfige Oberarmmuskel *(Bizeps)* und der Oberarmmuskel den Arm im Ellbogengelenk. Als Gegenspieler von B. fungieren die ↑Streckmuskeln.

Beuteltiere (Marsupialier): Unter den Säugetieren sind die in einer eigenen Unterklasse zusammengefaßten B. nach den ↑Kloakentieren die ursprünglichsten. Sie kommen v. a. in Australien, auf Tasmanien und Neuguinea vor.

Charakteristisch für die B. ist, daß die (mit ganz wenigen Ausnahmen) ohne echte Plazenta in der Gebärmutter sich entwickelnden Keimlinge noch als solche und erst etwa 0,5 bis 3 cm groß geboren werden und dann aktiv die Zitzen in einem besonderen ↑Brutbeutel der Mutter aufsuchen. Während der Zeit des Säugens bleiben die heranwachsenden Tiere fest mit der mütterlichen Zitze verbunden.

Man kennt rund 250 Arten der B. von Maus- bis etwa Menschengröße. Ihr Formenreichtum entspricht beinahe dem der Plazentatiere. So gibt es z. B. Beutelspringmäuse, Beutelratten (zu denen das Opossum gehört), Raubbeutler (Beutelmäuse, Beutelmarder, Beutelwolf u. a.), Beutelmaulwürfe, Beuteldachse, Kletterbeutler (u. a. mit den Kusus, Koalas, Gleithörnchenbeutlern), Wombats. Die bekanntesten B. sind jedoch die verschiedenen Arten ratten- bis mannsgroßer Känguruhs.

Bewegungsapparat: Die Gesamtheit der Organe, die der Bewegung des Körpers dienen, faßt man unter dem Begriff B. zusammen. Hierzu dienen die durch Gelenke verbundenen Knochen des ↑Skeletts ebenso wie die sie bewegenden Muskeln und Sehnen. Der B. besitzt eine große Regenerationsfähigkeit (z. B. Heilung von Knochenbrüchen).

Bewegungsnerven (motorische Nerven): Man versteht darunter Nerven, welche die Muskeln des ↑Bewegungsapparats steuern. Ein Großteil von ihnen nimmt seinen Ursprung in den Bewegungszentren des Großhirns (↑Rindenfelder) und läuft über die Pyramidenstrangbahn des Rückenmarks zu den Muskeln.

Bewegungssehen: Das Bild bewegter Gegenstände wandert bei ruhigstehenden Augen nacheinander über benachbarte Netzhautstellen. Die dadurch hervorgerufenen Sinneseindrücke werden zentralnerval mit dem stillstehenden räumlichen Bezugssystem abgestimmt und verarbeitet, so daß der Eindruck der Bewegung bewußt wird.

Bewegungssinn: Der B. umfaßt alle Sinne mit den entsprechenden reizaufnehmenden Organen, die die Lage und Lageveränderungen eines Organismus bzw. seiner einzelnen Teile im Raum registrieren; z. B. Strömungssinn, Schweresinn, Tastsinn, Drehsinn (↑ auch mechanische Sinne).

Bewurzelung: Bei den Pflanzen unterscheidet man zwei Arten von Bewurzelung:

1. *Allor[r]hizie* (bei Samenpflanzen): Beim Embryo liegen sich Sproßpol und Wurzelpol gegenüber; er ist *bipolar*. Bei der Keimung bildet der Wurzelpol die Primärwurzel. Durch ihre Verzweigung kann ein Wurzelsystem entstehen.

2. *Homor[r]hizie* (bei Farnpflanzen und Einkeimblättrigen Pflanzen): Der Embryo hat nur einen Sproßpol; er ist *unipolar*. Die Wurzel wird seitlich am Sproßpol angelegt. Bei der Keimung wächst gleichzeitig mit dem Primärsproß die (sproßbürtige) erste Wurzel aus.

Bienen: B. sind über die ganze Erde verbreitete geflügelte Insekten. Sie sind Blütenbesucher. Ihr Körper ist fast stets reich behaart, häufig in goldgelber und schwarzer Färbung. Nur die weiblichen Tiere fast aller Bienenarten besitzen einen Giftstachel. Die weitaus meisten Bienen leben einzeln *(solitäre B., Einsiedlerbienen),* nur wenige bilden Staaten (*soziale B.;* ↑ auch Tierstaaten), z. B. die ↑ Honigbiene. Zwischen beiden Lebensweisen gibt es Übergänge.

Die meisten Bienen kennen keine ↑ Brutpflege (ausgenommen z. B. die Honigbiene). Sie versorgen nur jede Brutzelle mit einer für die heranwachsende Larve ausreichenden Menge an Honig und Pollen. Rund ein Viertel aller Bienen sind Brutschmarotzer (↑ Brutparasiten). Ihre Eier legen sie in fertige Nester anderer Bienen. Die Nester sind recht unterschiedlich (z. B. einfache Brutröhren im weichen Mark abgestorbener Pflanzen, mit Speichelsekret verkittete Lehmzellen der Mauerbienen, kunstvolle Wachswaben). Alle sozialen Bienen kennen Formen der Benachrichtigung ihrer Nestgenossen über aufgefundene Futterplätze.

Bienensprache: ↑ Honigbienen haben ein gut entwickeltes Verständigungssystem, mit Hilfe dessen sie sich Informationen über eine Futterquelle mitteilen können. Liegt diese nicht weiter als 80 m vom Stock entfernt, genügt ein einfacher *Rundtanz,* der den Stockgenossinnen den Auftrag gibt, in diesem Umkreis zu suchen. Ein hervorgewürgter Nahrungstropfen und mitgebrachter Duft signalisieren die Art der Nahrungsquelle. Liegt die Futterquelle in größerem Abstand, werden Entfernung und Richtung durch einen *Schwänzeltanz* mitgeteilt. Bei diesem Tanz läuft die Biene auf der senkrecht stehenden Wabe eine zusammengedrückte Acht, auf deren Mittelstück sie mit dem Hinterleib wackelt. Anzahl und Dauer der Hinterleibsausschläge geben die Entfernung an.

Wenn das Futter nicht genau in Richtung von der Sonne weg oder zur Sonne hin zu finden ist, bildet das Mittelstück der Acht einen Winkel mit der Senkrechten, der dem Winkel zwischen Flugrichtung zur Futterstelle und der Richtung zur Sonne entspricht. Der Standort der Sonne wird im dunklen Stock durch die Schwerkraft ersetzt; im Freien wird die Sonne direkt angepeilt. Den Sonnenstand stellen die Bienen anhand der Schwingungsebene (Polarisation) des Himmelslichtes fest. Selbst bei vollkommen bedecktem Himmel ist dies möglich, da immer noch polarisierte Strahlung durch die Wolken hindurchdringen kann. Tanzt die Biene längere Zeit (z. B. beim Schwärmen), paßt sie die Richtung ihres Schwänzeltanzes mit Hilfe ihrer physiologischen Uhr (↑ biologische Uhr) dem veränderten Sonnenstand an. – Auch andere staatenbildende Bienen besitzen eine Bienensprache. – Siehe auch Abb. S. 58.

Bienne (zweijährige Pflanzen) ↑ hapaxanthe Pflanzen.

Bierhefe (Saccharomyces cerevisiae und Saccharomyces carlsbergensis): B. ist ein Vertreter der Schlauchpilze (↑ Hefen). Sie vermehrt sich durch Zellsprossung und wird vom Menschen zur Bierbereitung gezüchtet. Je nach ihrem Verhalten beim Gärprozeß unterscheidet man *obergärige* und *un-*

BIENENSPRACHE

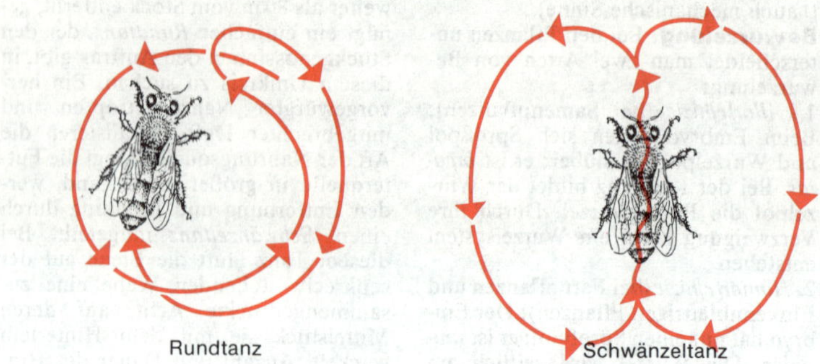

Abb. 1: Die Sprache der Honigbienen

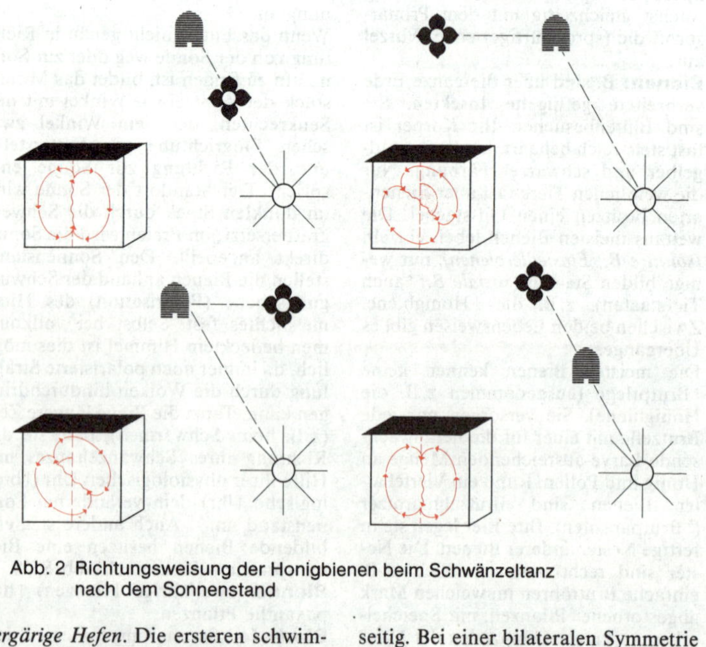

Abb. 2 Richtungsweisung der Honigbienen beim Schwänzeltanz nach dem Sonnenstand

tergärige Hefen. Die ersteren schwimmen am Ende der Gärung oben, während die untergärigen Hefen auf den Boden des Bottichs absinken. Die meisten deutschen Biere sind untergärig. Obergärige Biere sind z. B. Weißbier und Ale.

bilateral: B. bedeutet soviel wie zweiseitig. Bei einer bilateralen Symmetrie läßt sich der betreffende Körper entlang einer Symmetrieebene in zwei Hälften teilen. Der Mensch z. B. ist äußerlich bilateral gebaut: linke und rechte Hälfte sind spiegelbildlich. Die Bilateralität ist allerdings keine streng mathematische Symmetrie.

Bildungsgewebe (Embryonalgewebe, Teilungsgewebe): Jeder Organismus hat ein Gewebe aus wenig differenzierten, noch teilungsfähigen Zellen. Von diesem Bildungs- oder Teilungsgewebe geht das Wachstum und der Ersatz für funktionsunfähige Gewebeteile aus. Ein Organismus wächst also nicht nur durch Zellvergrößerung, sondern hauptsächlich durch Zellvermehrung.
Man unterscheidet *tierisches B. (Blastem)* und *pflanzliches B. (Meristem).* Bei den Pflanzen sind es dünnwandige, plasmareiche Zellen, aus denen alle übrigen Gewebe hervorgehen. Es befindet sich meist am Vegetationspunkt *(primäres B.)* und dient dem Längen- und primären Dickenwachstum. Oder es bildet sich nachträglich neu aus schon spezialisierten Zellgruppen *(sekundäres B.)* und ist für das sekundäre Dickenwachstum verantwortlich. – Das Blastem der Tiere ist embryonales Gewebe aus noch undifferenzierten Zellen, aus dem sich schrittweise die Körpergestalt entwikkelt.

Bilharziose (Schistosomiasis): Unter dem Begriff B. faßt man verschiedene in tropischen Ländern (z. B. Ägypten, Südamerika) häufig auftretende Krankheiten zusammen, die durch bestimmte Saugwürmer (Pärchenegel) hervorgerufen werden. Die Saugwürmer sind Parasiten, die während ihres ↑ Generationswechsels Wasserschnekken als Zwischenwirte benutzen. Ins freie Wasser entlassene Larvenstadien bohren sich in die Haut badender Menschen ein. Die Weibchen legen ihre Eier hauptsächlich in Unterleibsvenen ab. Dies führt zu Entzündungen in der Blase, im Darm oder in der Leber. Schließlich gelangen die Eier mit dem Harn oder Kot wieder ins Wasser.
In gemäßigten Zonen kann sich die B. nicht verbreiten, da die Wassertemperatur für die Entwicklung in den Schnecken nicht ausreicht.

Bilirubin ↑ Gallenfarbstoffe.

Biliverdin ↑ Gallenfarbstoffe.

binäre Nomenklatur ↑ Nomenklatur.

Bindegewebe: Das B. verbindet Gewebe, Organe und Organsysteme untereinander und mit dem Körper. Es besitzt einen hohen Anteil an *Zwischenzellräumen.* Zum B. gehören auch Zellen mit Abwehrfunktion, die sich frei zwischen den Zellen bewegen können (u. a. Mastzellen). In jedem Fall besteht das B. aus Zellen, die ein schwammartiges Gewebe bilden, dessen Lücken eine salz- und eiweißreiche Flüssigkeit enthalten. Die *Bindegewebszellen* (z. B. Fibrozyten) können sich noch teilen und bilden sog. *Wanderzellen* (z. B. Makrophagen), die geformte Fremdstoffe aufnehmen und speichern bzw. vernichten können (↑ retikuloendotheliales System). – Das B. baut u. a. Milz, Knochenmark und Lymphknoten auf, bildet die Umhüllung von Muskeln und speichert Fett (Unterhautfettgewebe) in seinen Zellen oder Wasser in der Interzellularflüssigkeit. Es verschließt ferner Wunden und bildet ↑ Antikörper. Es baut schließlich nach Einlagerung von elastischen Kollagenfasern die Lederhaut der Wirbeltiere oder die äußerst zugfesten Sehnen und Bänder auf.

Bindehaut: Die B. des ↑ Auges bildet einen sackartigen Schleimhautüberzug, der etwa von den Wimpern des Oberlids über den vorderen Teil des Augapfels bis zu den Wimpern des unteren Augenlids reicht. Sie läßt nur die Hornhaut frei und verhindert, daß Fremdkörper hinters Auge gelangen. Die B. ist zartrosa und durchsichtig.

binokulares Sehen (beidäugiges Sehen): Das Sehen mit beiden Augen ermöglicht räumliches Sehen, und zwar dadurch, daß ein mit beiden Augen fixierter Gegenstand auf der linken bzw. rechten Netzhaut etwas nach rechts bzw. links verschoben abgebildet wird. Die Unterschiede der beiden flächigen, gegeneinander verschobenen Netzhautbilder werden im Gehirn in eine räumliche Wahrnehmung umgesetzt.

Biochemie: Die B. ist ein Zweig der Chemie, dessen Aufgabe es ist, die Lebenserscheinungen mittels chemischer Methoden zu erforschen. Dabei unterscheidet man die *deskriptive B.*, die sich mit der Strukturaufklärung der belebten Materie (wie Eiweiße und Nukleinsäuren) befaßt, und die *dynamische B.*, die sich mit den Stoffwechselprozessen und der Wirkung der Enzyme und Hormone beschäftigt.

Biofeedback ↑ Rückkopplung.

Biogas (Faulgas): Werden organische Stoffe in Faulschlamm, Mist usw. durch Bakterien zersetzt, entsteht durch Methangärung das B.; es enthält zwischen 60 und 90% Methan und kann als Heizgas verwendet werden.

biogenetisches Grundgesetz: Die von dem deutschen Zoologen Ernst Haeckel 1866 zum Gesetz erhobene, heute nur mehr als eingeschränkt gültig angesehene Theorie besagt, daß die Individualentwicklung eines jeden Lebewesens eine kurze Wiederholung seiner Stammesentwicklung darstellt (also die ↑ Ontogenese als verkürzte Rekapitulation der ↑ Phylogenese). So werden z. B. Kiemenspalten bzw. -taschen sogar noch beim Menschen embryonal angelegt.

Biokatalysatoren: Die B. steuern in der Tier- und Pflanzenzelle sämtliche Stoffwechselvorgänge (Enzyme, Hormone, Vitamine). Heute wird der Begriff gewöhnlich auf die eigentlichen ↑ Enzyme beschränkt.

Biokybernetik: Die B. stellt eine neue Form der Beschreibung biologischer Abläufe dar, wobei der lebende Organismus v. a. durch ineinandergreifende ↑ Regelkreise, die nach dem Analogon aus der Technik aufgebaut sind, in seinen Funktionen verstanden werden soll. – ↑ auch Bionik.

Biologie: Die B. ist die Wissenschaft, die sich mit den Erscheinungsformen lebender Systeme (Pflanzen, Tiere, auch der Mensch) befaßt. Sie gliedert sich in die großen Teilgebiete ↑ Botanik und ↑ Zoologie, der sich die Wissenschaft vom Menschen (↑ Anthropologie) eng anschließt. Im einzelnen unterscheidet man v. a. folgende biologische Spezialwissenschaften: ↑ Anatomie und ↑ Morphologie, Histologie (↑ Gewebelehre), ↑ Zytologie, ↑ Molekularbiologie, ↑ Physiologie, ↑ Verhaltensforschung, ↑ Genetik, ↑ Systematik, Stammesentwicklung (↑ Phylogenese), ↑ Paläontologie, ↑ Ökologie, Biogeographie (↑ Pflanzengeographie und ↑ Tiergeographie). Besondere Wissenschaften sind die ↑ Biochemie, die ↑ Biophysik und die ↑ Biokybernetik. – Zur angewandten B. gehören Human- und Tiermedizin (Veterinärmedizin), ↑ Pflanzenzüchtung und Tierzucht, Gartenbau, Land- und Forstwirtschaft, ↑ Schädlingsbekämpfung u. a.

biologische Abwasserreinigung ↑ Abwasserreinigung.

biologisches Alter ↑ Lebensdauer, ↑ Altern.

biologische Schädlingsbekämpfung: B. Sch. ist die Bekämpfung von Schädlingen (Tiere, Pflanzen) durch Nützlinge (meist Tiere) oder Krankheitserreger und durch die sog. Selbstvernichtungsverfahren (s. u.); dabei sind die Begriffe „Schädling“ und „Nützling“ relativ zu sehen, da sie sich auf den Menschen beziehen.

Unter den *Nützlingen* gibt es Räuber, die Schädlinge fressen, Parasiten, die an Schädlingen schmarotzen, und Krankheitserreger, die bei Schädlingen Krankheiten verursachen. – Zu den *räuberischen Nützlingen* zählen Eidechsen, Greifvögel, Fledermäuse, Katzen, viele Insekten (Laufkäfer, Marienkäfer, Raubwanzen, Larven von Schwebfliegen u. a.). – *Parasitische Nützlinge* sind die Schlupfwespen; die Blattlausschlupfwespe z. B. legt je ein Ei in eine Blattlaus. Die aus dem Ei hervorgehende Larve frißt in wenigen Tagen die Blattlaus von innen her auf, verpuppt sich in der Blattlaus, und bald entschlüpft der leeren Blattlaushülle eine Schlupfwespe. Durch die hohe Vermehrungsrate kann in kurzer Zeit eine Blattlauspopulation vernichtet werden. – *Nützliche Krankheitserreger* sind viele Viren und Mikroorganismen (Pilze, Bakterien, Einzeller). Ein bekanntes Beispiel für eine solche b. Sch. war in Australien die Bekämpfung der Kaninchenplage durch ein Virus, das beim Kaninchen die tödlich verlaufende Myxomatose hervorruft.

Selbstvernichtungsverfahren stützen sich v.a. auf die Massenaussetzung von Männchen des betreffenden Schädlings, die künstlich herangezogen und durch ionisierende Strahlen steril gemacht wurden. Der Vorteil der biologischen Schädlingsbekämpfung liegt darin, daß sie die Qualität der Lebensmittel nicht mit Pestizidrückständen beeinträchtigt. Sie setzt aber große Kenntnisse des jeweiligen ↑Ökosystems voraus. Krankheitserregende und schmarotzende Nützlinge sind wirtsspezifisch und deswegen dem Menschen und anderen Lebewesen gegenüber neutral. Jeder menschliche Eingriff in eine Biozönose geht zu Lasten des natürlichen Gleichgewichts. So werden z.B. durch Anwendung chemischer Bekämpfungsmittel auch die Nützlinge vermindert oder gar ausgerottet. Umgekehrt kann durch Anlage von Hecken Insekten fressenden Vögeln ein Nistplatz gegeben und das Gleichgewicht wieder hergestellt werden.

biologische Selbstreinigung: Selbstreinigungsvorgänge in unseren oberirdischen Gewässern (Bäche, Flüsse, Seen) beruhen meist auf biologischen Vorgängen (Selbstreinigung durch Organismen), weniger auf chemischen Prozessen (z.B. Oxidations- und Reduktionsvorgänge). Dabei spielen physikalische Faktoren wie Fließgeschwindigkeit, das Verhältnis zwischen Schmutz- und Frischwasser sowie Wassertemperatur und Dispersionsgrad der Abfallstoffe eine erhebliche Rolle.

Die *Organismen,* die zur Selbstreinigung beitragen, sind Pilze, Algen, Bakterien, Krebse, Muscheln, Würmer, Insektenlarven, Schnecken, Fische und Wasservögel. Bakterien, Pilze und Algen bauen die im Wasser fein verteilten organischen und anorganischen Komponenten mit Hilfe ihres Stoffwechsels in körpereigene Substanz um oder zu Kohlendioxid und Wasser ab. Die Mikroorganismen werden von Krebsen, Schnecken und Würmern als Nahrung aufgenommen, diese wiederum von größeren Krebsen und Insektenlarven gefressen. Schließlich ernähren sich Fische und Wasservögel von Krebsen und Würmern (↑Nahrungskette).

Der *Stoffwechsel der Wasserorganismen* verbraucht Sauerstoff, der durch die ↑autotrophen Algen bei der ↑Photosynthese nachgeliefert wird. Wird das Gewässer *eutrophiert* (↑eutroph), d.h. mit stickstoff- und phosphorhaltigen Stoffen belastet, so kommt es zu einer explosionsartigen Vermehrung der Algen, deren gesteigerte Sauerstoffproduktion das Wasser wegen baldiger Sättigung nicht aufnehmen kann. Steigt die Wassertemperatur, wird der Sättigungspunkt noch früher erreicht. Da in der Nacht von allen Organismen mehr Sauerstoff verbraucht wird als bei Tage vom Wasser gespeichert werden kann, tritt in einem solchen eutrophierten Gewässer rasch Sauerstoffarmut auf, was sich auf den Bestand aller an der Selbstreinigung beteiligten Organismen negativ auswirkt.

biologisches Gleichgewicht: Meist wird mit diesem Begriff ein Zustand bezeichnet, der sich in einer ungestörten ↑Biozönose eingestellt hat. Die Individuenzahl der einzelnen Arten verändert sich in dieser Lebensgemeinschaft kaum wahrnehmbar nur noch innerhalb enger Grenzen. – ↑auch ökologisches Gleichgewicht, ↑Fließgleichgewicht.

biologische Uhr (physiologische Uhr, innere Uhr): Ein rhythmisch ablaufender, autonomer physiologischer Mechanismus, nach dem die Stoffwechselvorgänge, Wachstumsleistungen und Verhaltensweisen bei Tieren und Pflanzen (auch bei Einzellern) festgelegt werden, meist im 24-Stunden-Rhythmus. Da schon Einzelzellen dazu fähig sind, vermutet man, daß die molekularen Vorgänge für das Funktionieren der biologischen Uhr in der Einzelzelle lokalisiert sind. Werden die Organismen künstlich bei gleichbleibenden Außenbedingungen gehalten, geht der Tag-Nacht-Rhythmus allmählich verloren; die innere Uhr muß also durch Außenreize „nachgestellt“

werden. Jahreszeitliche Rhythmen (z. B. ↑Winterschlaf) werden von Klimafaktoren bestimmt. Eine andere Steuerungsmöglichkeit ist die durch Hormone (z. B. ↑Follikelsprung).

Biolumineszenz: Die B. ist eine besondere Art der *Chemilumineszenz,* die zu Eigenleuchterscheinungen bei Pflanzen und Tieren führt. Dieses Leuchten beruht auf der Oxidation bestimmter Leuchtstoffe (Luziferine) unter katalysatorischer Wirkung des Enzyms Luziferase. Die *Luziferine* sind meist Stoffwechselendprodukte und gehören verschiedenen Stoffklassen an.

Wir unterscheiden im Tierreich 3 Arten von B.:

1. Bei der *intrazellulären B.* befinden sich Leuchtzellen im Körper eines Tiers, die das Licht durch die Haut ausstrahlen. Sie kommt z. B. bei Fischen und Leuchtkäfern vor.
2. Die *extrazelluläre B.* wird durch Oxidation des Leuchtstoffs außerhalb des Körpers hervorgerufen. Dabei werden sowohl das Luziferin als auch Luziferase in besonderen Hautdrüsen gebildet und nach außen abgestoßen, wobei Leuchtwolken entstehen. Diese Erscheinung kann man v. a. bei Tiefseetintenfischen beobachten.
3. B. kann durch *Symbiose mit Leuchtbakterien* (s. u.) verursacht werden, was man besonders bei Würmern, Hohltieren und Stachelhäutern antrifft.

Die Lichtabgabe erfolgt meist auf einen Reiz hin. Die Farbe des Lichtes schwankt zwischen Blau und Grün. Außer bei Tieren trifft man B. bei einigen Bakterien und Pilzen an. *Leuchtbakterien* z. B. kommen frei im Meer vor, aber auch als Symbionten oder Parasiten von Tieren. Sie verursachen das Leuchten von moderndem Holz, Fleisch und Fisch. Selbsttätig leuchten das Myzel des Hallimaschs und der Dinoflagellat Noctiluca.

Biomasse: Die B. ist die Gesamtheit aller lebenden, toten und zersetzten Organismen und der von ihnen stammenden Substanz. Jährlich entstehen weltweit auf dem Festland rund $2 \cdot 10^{11}$ t Biomasse.

Biometrie: Ziel der B. ist es, meßbare Zusammenhänge des Lebendigen aufzudecken. Dazu sind mathematische Methoden, besonders Methoden der Statistik, nötig. Mit ihrer Hilfe werden Meßverfahren festgelegt, Experimente geplant, ausgeführt und ausgewertet. Es handelt sich fast stets um eine große Zahl von Meßergebnissen, die durch statistische Berechnungen auf wenige wichtige Werte reduziert werden, wobei u. U. zu entscheiden ist, ob ermittelte Werte zufällig oder gesetzmäßig sind. Beispiel: Eine neu gezüchtete Lupinenrasse soll untersucht werden auf den Gehalt an Alkaloiden (Gifte) und darauf, wie stark dieser Gehalt schwankt. Der Biochemiker, der diese Untersuchung vornimmt, bedient sich bei der Planung (wie viele Pflanzen muß ich untersuchen?) und der Auswertung der Methoden der Biometrie.

Bionik: Die B., eine von der ↑Biokybernetik abgeleitete biologische Wissenschaft, versucht, die biologischen Funktionsweisen von Organen in die Technik zu übertragen oder in Verbindung mit den Ingenieurwissenschaften Geräte zu entwickeln, die biologische Aufgaben übernehmen können. So entwickelt die B. z. B. nervengesteuerte Prothesen oder Muskelkraftverstärker oder auch nach dem Vorbild der menschlichen Niere arbeitende Meerwasserentsalzungsanlagen.

Biophysik: Diese selbständige wissenschaftliche Disziplin untersucht mit physikalischen Methoden biologische Erscheinungen, die nur physikalisch erklärbar sind. Hierzu gehört z. B. die Untersuchung der Luftströmungen am Vogelflügel. Die Anwendung physikalischer Methoden, wie z. B. der Einsatz des Elektronenmikroskops, brachte für die Biologie völlig neue Erkenntnisse.

Biorhythmus: Manche Lebensvorgänge bei den Organismen laufen in einem bestimmten Rhythmus ab (z. B. der Schlaf-wach-Rhythmus); man spricht deshalb von Biorhythmus.

Biosphäre: Als B. bezeichnet man die Gesamtheit des von Lebewesen besiedelten Teils der Erde. Die B. reicht vom Bodenbereich über den Bereich der Gewässer bis hinein in die unteren Luftschichten der Atmosphäre. Sie wird unterteilt in einzelne ↑Ökosysteme, z. B. Wälder, Wüsten, Meeresküsten.

Biosynthese: Als B. bezeichnet man den Aufbau von chemischen Verbindungen durch Stoffwechselvorgänge in den Zellen lebender Organismen.

Biotechnologie: Die Wissenschaft von den Methoden und Verfahren, die mit technisch-physikalischen Mitteln biologische Systeme anwendet, um sich biologische Prozesse nutzbar zu machen, z. B. bei der Herstellung von Enzymen, Hormonen und Antibiotika mit Hilfe von Mikroorganismen, bei der Abwasserreinigung und bei Gärungsprozessen.

Biotop (Lebensraum): Die gesamte ↑Biosphäre wird unterteilt in einzelne ↑Ökosysteme (z. B. See, Meeresküste). Die Lebewesen darin (der organische Anteil) werden unter dem Begriff ↑Biozönose zusammengefaßt. Für die physikalischen und chemischen Gegebenheiten (der anorganische Anteil) wird der Ausdruck B. verwendet. In der Botanik gebraucht man statt B. häufig die Bezeichnung *Standort*.
Arten, die besonders an ein B. angepaßt sind und hauptsächlich dort vorkommen, nennt man ↑Charakterarten.

Biozide svw. ↑Pestizide.

Biozönose: Unter B. versteht man eine Lebensgemeinschaft verschiedener Pflanzen- und Tierarten, die sich auf Grund ähnlicher Ansprüche an Boden- und Klimaverhältnisse in einem ↑Ökosystem zusammengefunden haben, sich „vertragen" und auch gegenseitig ergänzen.
Die grünen Pflanzen bauen durch ihre ↑Photosynthese aus anorganischen Stoffen und dem Sonnenlicht hochmolekulare organische Verbindungen auf. Sie liefern die Nahrung für ↑Pflanzenfresser, die anderen Tieren als Beute dienen. Am Ende der ↑Nahrungskette stehen die ↑Bakterien und ↑Pilze, die organische Verbindungen in die anorganischen Bestandteile zerlegen und den Kreis schließen.
In einer ausgewogenen B. sind die Mengen der auf- bzw. abgebauten Stoffe gleich groß. Gut untersucht sind bisher nur Pflanzengesellschaften.

Bipedie: Als B. bezeichnet man die vorwiegend zweibeinige Fortbewegungsart von Wirbeltieren. Biped laufen u. a. die Strauße, Pinguine, Känguruhs und der Mensch.

Bitterstoffe: B. sind organische Verbindungen, die sich durch einen ausgesprochen bitteren Geschmack auszeichnen. Sie kommen u. a. in Enzianarten, Hopfen, Bitterklee, Arnika und Tausendgüldenkraut vor. Solche B. sind z. B. Gentiopikrin (Gelber Enzian), Lupulon (Hopfen) und Absinthin (Wermut). Sie wirken v. a. regulierend und anregend auf die Drüsen der Verdauungsorgane.

Bläschendrüse svw. ↑Samenbläschen.

Blasenauge: Einige Schnecken besitzen als Sehorgan ein unter der Haut liegendes B. (↑Augen).

Blasenkeim (Blastula): Bei diesem Stadium der ↑Keimesentwicklung bilden die nach außen gewanderten Zellen des Maulbeerkeims eine Blase, die mit Flüssigkeit gefüllt ist.

Blastoderm: Das einschichtige Epithel der Wand des Blasenkeims; ↑Keimesentwicklung.

Blastomere: Die Zellen, die durch Teilung (↑Mitose) aus der tierischen Eizelle hervorgehen, nennt man Blastomere. Sie wachsen zunächst nicht, sondern werden durch die Teilungen immer kleiner. Ihr Wachstum beginnt erst, wenn sie eine bestimmte Größe unterschritten haben (↑Keimesentwicklung).

Blastozöl (Furchungshöhle): Das Innere des ↑Blasenkeims. Es wird zur primären Leibeshöhle; ↑Keimesentwicklung.

Blastula svw. ↑Blasenkeim.

Blatt: Seitliches Anhangsorgan an der Sproßachse der Samenpflanzen, in dem in der Regel die ↑Photosynthese abläuft. Die Gestalt des Blattes ist entsprechend der Pflanzenart sehr unterschiedlich. Nach der Entwicklungsfolge unterscheidet man folgende Blattarten: ↑Keimblätter, ↑Niederblätter, Laubblätter (↑Laubblatt, ↑Nadelblatt), ↑Hochblätter und die Blätter im Blütenbereich (↑Blüte).

Blattachsel: Die B. eines Blattes liegt dort, wo das Blatt bzw. der Blattstiel (↑Laubblatt) in den Stengel der Pflanze übergeht. In der B. sitzen die Seitenknospen.

Blattadern: Die Blattspreite (↑Laubblatt) ist von Leitungsbahnen (Adern) durchzogen, die zum Wassertransport und zur Festigung der dünnen Blattspreite dienen. Bei den ↑Zweikeimblättrigen Pflanzen sind die B. mehr oder weniger stark verzweigt, bei den ↑Einkeimblättrigen Pflanzen laufen sie parallel.

Blattdornen: B. entstehen durch Umwandlung von Blättern oder Blattteilen zu Dornen. Sie schützen die Pflanze gegen Tierfraß und sind besonders häufig bei Pflanzen zu finden, die an trockenen Standorten wachsen. – ↑auch Blattmetamorphosen.

Blattentwicklung ↑Laubblatt.

Blättermagen: Der B. ist ein Teil des ↑Wiederkäuermagens.

Blattformen ↑Laubblatt.

Blattgrün svw. ↑Chlorophyll.

Blattgrund ↑Laubblatt.

Blatthäutchen (Ligula): Das B. bildet sich bei Gräsern an der Grenze zwischen Blattscheide und Blattspreite des ↑Laubblatts als kleiner, häutiger Auswuchs. Es ist eine Verlängerung der Blattscheidenepidermis und soll den Halm vor Verletzungen schützen. Moosfarne und Brachsenkräuter haben auf der Oberseite des Blattgrundes kleine, chlorophyllfreie Schuppen, die der Wasseraufnahme dienen.

Blattkiemen: Viele Muscheln haben B. Entwicklungsgeschichtlich sind sie aus ↑Fadenkiemen entstanden, die an den Enden verwachsen sind. Muscheln besitzen vier B., die in den Mantelraum hineinragen; sie sind geschlitzt. Milliarden Zilien erzeugen eine Flüssigkeitsströmung, die durch die Schlitze und über die schleimklebrige Fläche der ↑Kiemen führt. Kleine Nahrungs- und Abfallpartikel bleiben hängen. Der Schleim wird von weiteren Zilien zum Mund befördert, die Nahrungspartikel herausgeholt und der Schleim resorbiert. Austern filtern bis zu 12 l Wasser/Std. und kommen dabei auf 0,02 g Nahrung.

Blattläuse: Die B. sind kleine, an Pflanzen saugende und daher durch die Saugschäden sowie auch als Überträger von pflanzlichen Viruskrankheiten oft sehr schädlich werdende Insekten, die ihre Flügel in Ruhestellung dachartig zusammenlegen. Häufig sind jedoch die Weibchen ungeflügelt. B. scheiden zuckerhaltige Exkrete (↑Honigtau) aus, die von ↑Ameisen sehr geschätzt werden.
Charakteristisch für die B. ist ihr komplizierter, oft mit Wirtswechsel verbundener ↑Generationswechsel mit mehreren parthenogenetisch entstehenden Weibchengenerationen.

Blattmetamorphosen: Blätter können spezielle Aufgaben übernehmen und verändern dabei ihr Aussehen gegenüber dem normalen ↑Laubblatt. *Speicherblätter* sind dick und fleischig. Bei der Zwiebel stehen sie dichtgedrängt, einander überdeckend an der Sproßachse. Pflanzen an wasserarmen Standorten (↑Sukkulenten) bilden Blätter, die Wasser speichern können. – ↑Fleischfressende Pflanzen wandeln die Blattspreite so um, daß sie zum Fang von Insekten geeignet ist (z. B. *Kannenblätter* oder die Blätter des einheimischen Sonnentaus). – ↑Blattdornen und ↑Blattranken sind ebenfalls durch B. entstanden. Bei Akazien ist die Blattspreite zurückgebildet; ihre Aufgaben übernimmt der verbreiterte Blattstiel *(Blattstielblätter* oder *Phyllodien).* – Bei ↑Wasserpflanzen sehen Blätter, die unter Wasser liegen, manchmal anders aus als die, die als Luftblätter aus dem Wasser ragen (↑Heterophyllie).

Blattpolster: B. sind Verdickungen des Blattstiels (↑Laubblatt) an der Übergangsstelle zum Stengel (z. B. Mimose), die wie ein Gelenk wirken und dem Blatt eine große Beweglichkeit verleihen können.

Blattranken: Viele Kletterpflanzen haben normale ↑Laubblätter oder Teile davon zu fadenförmigen Gebilden umgewandelt, die in der Lage sind, Stöcke oder andere Gewächse zu umschlingen. Sie gelangen so ohne eigene tragende Stütze und ohne stützende Bildungen (↑Festigungsgewebe) in größere Höhen zum Licht. Bei Kürbisgewächsen sind die Blätter oft bis auf die Mittelrippe zurückgebildet. Bei der Erbse und bei der Wicke sind nur die vordersten Teile des Fiederblattes als Ranken ausgebildet.

Blattscheide: Die Blattscheiden werden von stengelumfassenden unteren Teilen des ↑Laubblatts gebildet. Bekannt ist die B. der ↑Gräser, die den Stengel zusätzlich stützt. Auch der Blattstiel kann zur B. ausgebildet sein, die dann manchmal noch Nebenblätter (↑Laubblatt) trägt.

Blattspreite ↑Laubblatt.

Blattstellung: Da die Laubblätter (↑Laubblatt) für die ↑Photosynthese Sonnenlicht benötigen, sind diejenigen Blätter, die an einem Stengel übereinander stehen, so angeordnet, daß die oberen nicht den unteren das Licht wegnehmen. Will man die B. an einer Pflanze beschreiben, benutzt man ein *Diagramm,* bei dem die Blätter auf Kreisen liegen, deren Mittelpunkt der Stengel bildet.

Grundsätzlich gibt es 2 Arten der B.: 1. Entspringen an einem Knoten 2 oder mehr Blätter, nennt man ihre Stellung *gegenständig* oder *wirtelig*. 2. Entspringt an einem Knoten nur 1 Blatt, stehen die Blätter der Pflanze *wechselständig* oder *schraubig*. Sind es im ersten (sehr häufigen) Fall nur 2 Blätter pro Knoten, stehen sie *kreuzständig (dekussiert),* d.h. von Knoten zu Knoten jeweils um 90° versetzt. Aber auch wenn mehrere Blätter gebildet werden, stehen sie immer auf Lücke *(Alternanzregel).* Steht nur 1 Blatt an einem Knoten (z.B. bei vielen Einkeimblättrigen Pflanzen), liegen sich die Blätter eines Stengels oft genau gegenüber, oder sie sind auf einer Schraubenlinie um den Stengel angeordnet; dabei bleibt der Winkel, um den die Ansatzstelle des oberen gegenüber der des darunterliegenden Blattes verrückt ist, immer der gleiche *(Äquidistanzregel).* Dieser Winkel kann von Art zu Art verschieden sein.

Blattstiel ↑Laubblatt.

Blaualgen (Cyanophyta): Die B. sind einzellige, fadenförmige Pflanzen. Sie lagern sich meist zu Kolonien oder Zellfäden zusammen, die dann von Schleim oder Gallert umgeben sind. Die Zellen der B. haben keinen echten Zellkern und keine Chlorophyllkörner. Sie werden deshalb zusammen mit den Bakterien zu den ↑Prokaryonten gezählt. Das für die Photosynthese wichtige Blattgrün kommt zusammen mit blauem (Phykozyan) oder rotem Farbstoff (Phykoerythrin) vor. Als Assimilationsprodukt wird Zyanophyzeenstärke, die dem ↑Glykogen im chemischen Aufbau ähnelt, gebildet. Die Vermehrung der hauptsächlich im Süßwasser lebenden B. erfolgt nur durch Zweiteilung. Eine geschlechtliche Fortpflanzung ist nicht bekannt. – Eine Fortbewegung ist wegen der fehlenden Geißeln in der Regel nicht möglich. Nur wenige der ca. 2000 Arten können mit Hilfe ihres verquellenden Schleims auf feuchtem Untergrund Kriechbewegungen ausführen. Man nimmt an, daß B. die einfachsten und auch ältesten Lebewesen der Erde sind. – Bekannte Gattungen sind die *Gallertalge (Nostoc)* auf feuchter Erde und die *Schwingalge (Oscillatoria)* im Schlamm verschmutzter Gewässer.

Bleiregion (Brachsenregion, Brassenregion) ↑Gewässerregionen.

Blinddarm: Der Dünndarm mündet bei vielen Wirbeltieren seitlich so in den Dickdarm, daß an diesem ein blind geschlossener Darmabschnitt entsteht. Einige Reptilien und die meisten Säuger besitzen einen solchen B., Vögel deren zwei. Fleischfresser haben einen sehr kurzen B., Pflanzenfresser dagegen einen besonders langen (beim Rind ist er z.B. 50–60 cm lang). – Der B. ist bei Hasen und Nagetieren der größte Darmabschnitt (30–40% des gesamten Darmtraktes). Auf der unverdaulichen Zellulose vermehren sich Mikroorganismen, mit denen diese Tiere ihren Eiweiß- und Vitaminbedarf decken, indem sie diesen Blinddarmkot erneut fressen, wobei die Mikroorganismen mitverdaut werden. Bei den Menschenaffen und beim Menschen ist der hintere Abschnitt des Blinddarms zum *Wurmfortsatz (Appendix)* zurückgebildet. Er ist 6–8 cm lang und liegt beim Menschen rechts im Unterbauch (↑ auch Appendizitis).

Blinddarmentzündung: Ungenaue Bezeichnung für eine Entzündung des Wurmfortsatzes am ↑ Blinddarm (↑ Appendizitis).

blinder Fleck: Die Stelle, an der der Sehnerv die Netzhaut (↑ Auge) verläßt, enthält keine Sehzellen; sie ist vollständig blind.

Blühhormon (Florigen, Vernalin): Man kann eine nicht blühwillige Pflanze durch Aufpfropfen einer anderen blühenden Pflanze (das B. ist nicht artspezifisch!) zum Blühen bringen. Die chemische Substanz (das Blühhormon), die dadurch von einer Pflanze auf die andere übertragen wird, wurde bis jetzt mit biochemischen Methoden noch nicht isoliert. Die zu den ↑ Wuchsstoffen zählenden Gibberelline bringen zwar manche Pflanzen zur Blüte, sie stellen jedoch keine Blühhormone im eigentlichen Sinne dar.

Blume: Als B. bezeichnet man in der Gemeinsprache eine Blüten tragende Pflanze oder die einzelne (meist auffallende) Blüte mit Stiel.

Blumentiere (Anthozoen): Die B. sind eine Klasse oft kolonienbildender, in allen Meeren vorkommender Nesseltiere. Sie kommen nur als Polypen vor, die sich sehr stark kontrahieren können. Ihr Körper ist durch dünne Scheidewände (Septen) gekammert. Der Durchmesser ihrer oft einer prachtvoll bunten Blume, z. B. einer Anemone oder einer Rose, ähnlich sehenden Tentakelkrone kann wenige Millimeter bis etwa 1,5 m betragen. Viele B. haben ein Kalkskelett, v. a. die ↑ Korallen.

Blut: Kleine Tiere können ihre Zellen noch direkt mit Nährstoffen und Sauerstoff versorgen. Bei größeren reichen Diffusionsvorgänge dazu nicht mehr aus. Sie müssen deshalb einen Weg finden, Nährstoffe und Sauerstoff im Körper zu verteilen. Diese Aufgabe übernimmt das Blut.

Bei Tieren mit *offenem Blutgefäßsystem* (Weichtiere, Gliederfüßer) entspricht das B. in seiner chemischen Zusammensetzung dem Körpersaft und wird *Hämolymphe* genannt.

Tiere mit *geschlossenem Blutgefäßsystem* (Ringelwürmer, Chordatiere) haben das Blut in Adern, aus denen in den Kapillaren ↑ Lymphe in das Gewebe austritt. Sie wird wieder gesammelt und dem Blut über besondere Lymphgefäße zugeführt. Für den Sauerstofftransport besitzt das B. oxidierbare Farbstoffe (↑ Blutfarbstoffe). Bei Wirbeltieren übernimmt das eisenhaltige ↑ Hämoglobin die Aufgabe des Sauerstofftransports.

Das B. hat folgende *Aufgaben:*

1. Es *transportiert:* Sauerstoff von den Atmungsorganen zu den Geweben; Kohlendioxid von den Geweben zu den Atmungsorganen; Nährstoffe von den Verdauungs- und Speicherorganen in die Gewebe; Abfallstoffe zu den Ausscheidungsorganen; Hormone und andere Wirkstoffe zur Steuerung des Organismus; Wärme zur Körperoberfläche, wo sie abgestrahlt wird; Gerinnungsstoffe; Wasser, das vom Dickdarm aufgenommen und von den Nieren ausgeschieden wird.
2. *Schutz gegen Krankheiten:* Das B. bildet Schutzstoffe (z. B. ↑ Antikörper), die Gifte oder Fremdstoffe (↑ Antigene) zusammenballen oder ausfällen. Diese Stoffe werden dann von farblosen Blutzellen, den Leukozyten (↑ weiße Blutkörperchen) bzw. den ↑ Phagozyten, aufgenommen und verdaut. Auch gegen fremde Blutzellen können Stoffe gebildet werden, die diese verklumpen (↑ Blutgruppen, ↑ Agglutinine).
3. *Wundverschluß:* Das B. der Wirbeltiere verschließt durch ↑ Blutgerinnung Wunden. Bei den Gliederfüßern wird der Wundverschluß durch Muskelkontraktion bewirkt.
4. *Stützwirkung:* Bei wirbellosen Tieren erfüllt das B. durch seinen Flüssig-

keitsdruck Stützfunktionen. Diese Aufgabe übernimmt es beim Menschen beim Versteifen des männlichen ↑Gliedes.
5. *Chemische Wirkung:* Das B. sorgt für ein gleichbleibendes chemisches Milieu mit möglichst konstantem Ionengleichgewicht und pH-Wert (7,35 bis 7,4). Die wichtigsten Puffersubstanzen sind die Plasmahydrogencarbonate, das Hämoglobin und die Plasmaeiweiße. Die Leber sowie die Ausscheidungs- und Atmungsorgane unterstützen die chem. Wirkung des Blutes.
Das *Blutvolumen* des Menschen macht etwa 8 % des Körpergewichtes aus. Ein Verlust von 10 % wird gut vertragen, ein Verlust von 30 % ist gefährlich und von 50 % tödlich.
Läßt man ungerinnbar gemachtes B. (↑Blutgerinnung) etwas stehen, so sinken die festen Bestandteile nach unten (↑Blutsenkung). Die überstehende Flüssigkeit ist das *Blutplasma.* Es macht 56 % des Blutes aus und enthält im frischen Zustand das für die Blutgerinnung wichtige *Vorfibrin (Fibrinogen).* Blutplasma ohne Vorfibrin heißt *Blutserum.* Es dient dem Transport von Hormonen, Nährstoffen (Glucose, Fette) und Abfallstoffen (Harnstoff) und besteht zu 90 % aus Wasser. Der Rest sind gelöste Stoffe wie Eiweiße (↑Albumine, ↑Globuline), Glucose, Fette, Enzyme, Hormone, Salze.
Die *geformten Bestandteile* machen 44 % des Blutes aus. Es sind dies die roten und die weißen Blutkörperchen (Blutzellen) und die Blutplättchen. Die *roten Blutkörperchen (Erythrozyten)* dienen dem Sauerstofftransport. Sie sind verformbare, beiderseitig eingedellte Scheibchen, bei den Säugern und damit auch beim Menschen sekundär ohne Zellkern, und enthalten den Blutfarbstoff Hämoglobin. Sie werden beim ungeborenen Kind vorwiegend in Leber, Milz und Knochenmark, nach der Geburt nur noch im roten Knochenmark hauptsächlich der flachen Knochen (Rippen, Brustbein, Schädel u. a.) gebildet. Ihre Lebensdauer beträgt höchstens 4 Monate. Dann werden sie von Milz und Leber abgebaut (↑Blutmauserung; ↑retikuloendotheliales System). Ganz junge rote Blutkörperchen nennt man *Retikulozyten.* Sie zeigen nach Anfärbung kleine Körnchen, die z. T. durch netzartige Strukturen verbunden sind. Die Gesamtoberfläche aller roten Blutkörperchen eines Menschen beträgt etwa 3 000 m²; dies entspricht der Fläche eines halben Fußballfeldes. Alle in einer Reihe aneinandergelegt, ergäbe eine Strecke von 175 000 km!
Die *weißen Blutkörperchen (Leukozyten)* dienen der Abwehr von Krankheitserregern. Sie kommen im Knochenmark, Blut, Lymphgefäßsystem, in der Gewebsflüssigkeit, in der Flüssigkeit der Körperhöhlen sowie in der Gehirn-Rückenmarks-Flüssigkeit (↑Zerebrospinalflüssigkeit) vor. Sie sind farblos. Einige lassen sich anfärben und zeigen dann im Innern feine Körnchen, weshalb man sie *Granulozyten* nennt. Eine weitere Art, die *Monozyten,* gehören zu den großen Freßzellen *(Makrophagen).* Sie haben einen gelappten Kern. Granulozyten und Monozyten werden im Knochenmark gebildet. Sie leben etwa 10 Tage. Beide bewegen sich amöboid auch entgegen dem Blutstrom und können in den Kapillaren die Blutbahn verlassen und durch die Zellzwischenräume kriechen. Sie nehmen Bakterien und kleine Fremdkörper durch ↑Phagozytose auf und verdauen sie. – Eine besondere Form der Granulozyten ist den ↑Mastzellen des Bindegewebes vergleichbar. Durch ihren Gehalt an Heparin, Histamin und Serotonin vermindern sie die Gerinnungsfähigkeit des Blutes und erhöhen die Durchlässigkeit der Gewebe. Sie spielen bei Entzündungen eine Rolle. – Vor allem in den Lymphknoten und der Milz entstehen die *Lymphozyten,* eine weitere Form der Leukozyten, deren Zahl bei chronischen Infektionen ansteigt. Sie leben etwa 4 Monate.
Die *Blutplättchen (Thrombozyten)* sind für die Blutgerinnung wichtig. Sie werden im Knochenmark durch Abschnürung gebildet, leben etwa 4 Tage und haben keinen Zellkern.

1 mm³ B. enthält rund 250 000–400 000 Blutplättchen, 4,5–5 Mill. rote und 5 000–10 000 weiße Blutkörperchen.
In bezug auf die Blutbeschaffenheit unterscheidet man verschiedene Blutfaktoren. Von diesen müssen besonders die ↑Blutgruppen (A, B, AB und 0) und der ↑Rhesusfaktor (Rh-Faktor) bei einer ↑Bluttransfusion beachtet werden. – ↑auch Blutdruck, ↑Blutgefäße, ↑Blutkreislauf.

Blutalkohol: ↑Äthylalkohol, ein starkes Zellgift, gehört zu den wenigen Stoffen, die in beträchtlichem Umfang schon vom Magen aus ins Blut aufgenommen werden. Dies ist mit ein Grund für den raschen Anstieg des *Blutalkoholspiegels* und die schnelle Alkoholwirkung, wenn man höherprozentige Spirituosen auf nüchternen Magen trinkt. Verzögernd wirkt sich der Mageninhalt, besonders Milch und fetthaltige Speisen, auf die Alkoholaufnahme aus.
Ungefähr 95% des Blutalkohols müssen v. a. in der Leber zu Kohlendioxid und Wasser verbrannt werden. Stündlich sinkt der Blutalkoholspiegel dadurch um etwa 0,15‰.
Alkohol ruft rauschartige Erregungszustände hervor; er ist daher zu den Drogen (↑Rauschgifte) zu zählen. Ein Gefühl der Sorglosigkeit stellt sich bereits bei einem Blutalkoholspiegel von 0,2‰ ein. Zwischen 0,5 und 1‰ ist das Nervensystem soweit gehemmt, daß die Konzentrationsfähigkeit und die Bewegungsabläufe stark beeinträchtigt sind und der Betroffene im allgemeinen fahruntüchtig ist. Ab 4‰ kommt es zu tödlichen Vergiftungen. Dies entspricht etwa der Menge, die ins Blut aufgenommen wird, wenn man 0,7 l eines 40%igen Schnapses innerhalb einer halben Stunde trinkt.

Blutarmut svw. ↑Anämie.

Blutausstrich: Ein B. wird zur mikroskopischen Untersuchung der Zellen im ↑Blut angefertigt. Ein Tropfen Blut wird auf dem Objektträger mit Hilfe eines schräg dagegengehaltenen Deckglases ausgezogen. Bei einem gelungenen Ausstrich liegen keine Blutkörperchen übereinander.

Blutbank: Als B. bezeichnet man jene Einrichtungen der Blutspendezentrale (↑Bluttransfusion), die der Herstellung, Aufbewahrung und Abgabe von ↑Blutkonserven dienen.

Blutbild: Das B. erhält man durch die Zusammenfassung von Ergebnissen der verschiedensten Blutuntersuchungen. Zum B. gehören u. a. die Anzahl der roten und weißen Blutkörperchen, die Hämoglobinbestimmung und die Blutsenkungsgeschwindigkeit (↑Blutsenkung). Das Blut wird der Fingerkuppe, dem Ohrläppchen oder auch einer Vene entnommen.

Blutbildung: Das ↑Blut besteht aus geformten und flüssigen Bestandteilen. Erstere sind die Blutkörperchen und die Blutplättchen. Beide haben nur eine beschränkte Lebensdauer und müssen deshalb ständig neu gebildet werden. Die ↑roten Blutkörperchen werden beim ungeborenen Kind von Milz, Leber und Knochenmark hergestellt. Nach der Geburt entstehen sie nur noch im roten Knochenmark, also in allen flachen Knochen (Rippen, Brustbein, Schädel u. a.) und den Gelenkenden (Epiphysen) der Röhrenknochen. Täglich werden etwa 200 Milliarden von ihnen neu gebildet. – Von den ↑weißen Blutkörperchen stammen die Granulozyten und ein Großteil der Monozyten ebenfalls aus dem Knochenmark, während die Lymphozyten v. a. aus den Lymphknoten und der Milz kommen. – Die Blutplättchen werden im Knochenmark von den Knochenmarksriesenzellen abgeschnürt.

Blutdepot svw. ↑Blutspeicher.

Blutdruck: Das ↑Herz pumpt das ↑Blut mit sehr hohem Druck stoßartig in die ↑Arterien, die dabei gedehnt werden. In den Pausen zwischen zwei Herzschlägen ziehen sie sich wieder zusammen und drücken das Blut weiter. Es wird so bei ständig abnehmendem B. in die ↑Kapillaren gepreßt, von den ↑Venen gesammelt und von ihnen wieder zum Herzen zurückgebracht (↑auch Blutkreislauf). Der B. im *Lungenkreislauf* (rechte Herzkammer–Lunge–linker Vorhof) ist etwa fünfmal

geringer als der des *Körperkreislaufs* (linke Herzkammer–Körper–rechter Vorhof).
Die *Regelung des Blutdrucks* übernimmt das Nervensystem. Bestimmte Sinneszellen *(Pressorezeptoren),* u.a. in der ↑Aorta, im rechten Vorhof und in der linken Herzkammer, messen den Druck und melden ihren Meßwert an den Hirnstamm. Er regelt den B., indem er die Häufigkeit des Herzschlags und damit die Menge des beförderten Blutes beeinflußt. Er kann aber auch das Nebennierenmark zur Ausschüttung des Hormons ↑Adrenalin anregen, das den Herzschlag beschleunigt und die kleinsten Arterien (↑Arteriolen) verengt. Dadurch steigt der B.
Der B. im Körperkreislauf unterliegt Schwankungen, die auch krankhaft sein können. Deshalb wird der *B. vom Arzt gemessen:* Eine Gummimanschette wird um den Oberarm gelegt und so lange voll Luft gepumpt, bis sie den Blutstrom völlig unterbricht. Langsam wird dann der Manschettendruck vermindert. Dabei kann man durch ein in der Ellbogenbeuge aufgesetztes Stethoskop (Hörrohr) das Geräusch des wieder in die Armarterie einströmenden Blutes hören. Sobald der Puls hörbar ist, wird das Manometer, das den Druck in der Manschette anzeigt, abgelesen. Dies ist der Wert, der *systolische B.,* der zuerst genannt wird. Der Druck in der Manschette wird weiter verringert, bis schließlich das Pulsgeräusch verstummt. In diesem Augenblick wird der Wert für den *diastolischen B.* abgelesen.
Der *normale B.* des Menschen beträgt z.B. systolisch 120 mm Hg (≈ 16 kPa), diastolisch 80 mm Hg (≈ 11 kPa).

Blüte: Die B. ist ein Sproß begrenzten Wachstums, der mit Blättern besetzt ist, die im Dienste der (geschlechtlichen) Fortpflanzung stehen. Blüten sind ein charakteristisches Erkennungsmerkmal der ↑Samenpflanzen, kommen aber auch bei Bärlapp- und Schachtelhalmgewächsen vor.
Die *Blütenachse* ist gestaucht; an ihr stehen schraubig oder wirtelig (quirlig) die Blütenglieder. Schraubige Anordnung kommt bei primitiven Blüten vor (Magnolie, Nacktsamer). Bei den Bedecktsamern ist eine wirtelige Stellung der Blütenglieder am häufigsten. In der Regel liegen fünf Wirtel vor, die sich aus zwei Kreisen von (sterilen) *Blüten[hüll]blättern* (↑Perianth), zwei Kreisen von *Staubblättern* (männliche Organe) und einem Kreis von *Fruchtblättern* (weibliche Organe) zusammensetzen. Bei den Zweikeimblättrigen Pflanzen findet man im allgemeinen vier oder fünf Glieder, bei den Einkeimblättrigen drei Glieder in jedem Wirtel. Die Gesamtheit aller Staubblätter nennt man *Andrözeum,* die Gesamtheit aller Fruchtblätter *Gynözeum.* Die Fruchtblätter sind bei den Bedecktsamern immer zum Fruchtknoten verwachsen, der mit dem Griffel und der Narbe zusammen den *Stempel* bildet.
Sind alle *Blütenblätter* der Blütenhülle (Perianth) gleich gestaltet und gefärbt, so spricht man von *Perigon* (Tulpe). Bei ungleicher Ausbildung unterscheidet man den äußeren grünen *Kelch* und die oft lebhaft gefärbte *Krone.*
Eine Blüte ist *zwittrig,* wenn sie Staub- und Fruchtblätter enthält. *Eingeschlechtlich* heißt sie, wenn in ihr entweder nur Staubblätter oder nur Fruchtblätter vorhanden sind.
Hinsichtlich ihrer Symmetrie unterscheidet man: 1. *radiäre Blüten* mit mehreren Symmetrieebenen (Tulpe); 2. *bilaterale Blüten* mit zwei Symmetrieebenen (Tränendes Herz); 3. *dorsiventrale Blüten* mit einer Symmetrie-

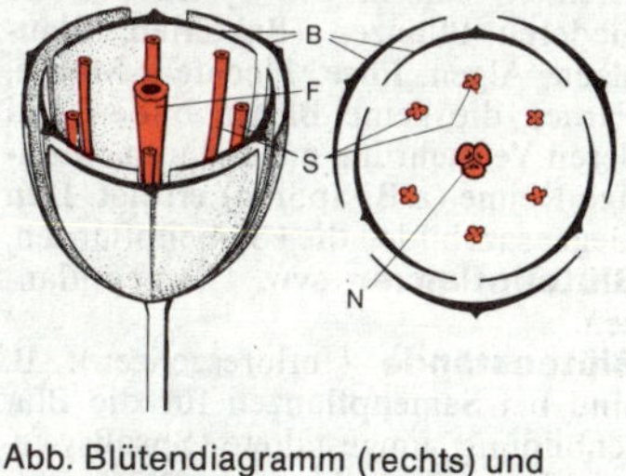

Abb. Blütendiagramm (rechts) und schematischer Blütenbau (links) der Tulpe; B Blütenblätter, F Fruchtknoten, N Narbe, S Staubblätter

ebene (Lippenblütler); 4. *asymmetrische Blüten* ohne Symmetrieebene (Canna). – ↑auch Blütendiagramm.
Die größten Blüten mit 1 m Durchmesser hat die Riesenrafflesie auf Sumatra, eine Schmarotzerpflanze.

Blutegel ↑Ringelwürmer.

Blütenbewegungen: Die ganze Blüte oder Teile der Blüte können bei einigen Pflanzen Bewegungen ausführen. Sie werden hervorgerufen durch Schwankungen des ↑Turgors einiger Zellen oder durch verschieden starkes Wachstum entgegengesetzter Seiten eines Organs. – ↑auch Nyktinastie.

Blütenblätter ↑Blüte.

Blütendiagramm (Blütengrundriß): Das B. gibt in übersichtlicher Weise die Symmetrie der Blüte und die Stellungsverhältnisse der Blütenglieder an (s. Abb. S. 69). – ↑auch Blattstellung.

Blütenfarbstoffe: B. bewirken einzeln oder kombiniert die Färbung der Blüten. Sie gehören verschiedenen chemischen Stoffklassen an. ↑Flavone, die gelöst im Zellsaft vorliegen, bewirken eine Gelbfärbung. Diese kann auch durch fettlösliche ↑Karotinoide, die in die ↑Chromoplasten eingelagert sind, hervorgerufen werden. Rotfärbung wird durch Karotin oder im Zellsaft gelöste ↑Anthozyane verursacht, Gelbfärbung durch Xanthophyll. Fehlen die Farbstoffe in den Blütenblättern, so erscheinen diese weiß, da sie das gesamte einfallende Licht reflektieren.

blütenlose Pflanzen (Kryptogamen, Sporenpflanzen): Als b. Pf. bezeichnet man in der Systematik die niederen Pflanzen (Bakterien, Blaualgen, Algen, Pilze, Flechten, Moose, Farne), die keine Blüten bilden und deren Vermehrung meist durch einzellige Keime (z. B. Sporen) erfolgt. Den Gegensatz bilden die ↑Samenpflanzen.

Blütenpflanzen svw. ↑Samenpflanzen.

Blütenstände (Infloreszenzen): B. sind bei Samenpflanzen für die Blütenbildung umgestaltete Sproßsysteme, die mehrere bis viele Blüten tragen. Die einzelnen Blüten stehen in den Achseln von Tragblättern (oft Schuppenblätter). Ein Blütenstand heißt *geschlossen,* wenn seine Haupt- und Nebenachsen mit einer Blüte enden, *offen* hingegen, wenn der Sproßscheitel am Ende erhalten bleibt.
Man unterscheidet einfache und zusammengesetzte Blütenstände. Die Grundform des *einfachen Blütenstands* ist die *Traube* (z. B. bei der Lupine). Bei der *Doldentraube* nimmt die Länge der Seitenachsen von unten nach oben ab, so daß die Blüten in eine Ebene zu liegen kommen (z. B. beim Rainfarn). Die *Dolde* ist eine „Traube" mit gestauchter Hauptachse (Efeu und alle Doldengewächse), bei der die Seitenachsen scheinbar von einem Punkt ausgehen. Bei der *Ähre* sitzen die Einzelblüten ungestielt an der Hauptachse (Wegerich). Ist diese Hauptachse fleischig verdickt, spricht man von *Kolben;* ein verholzter Kolben heißt *Zapfen. Kätzchen* sind hängende Ähren oder Trauben aus unscheinbaren Blüten, die als Ganzes abfallen (Haselnußstrauch). Beim *Köpfchen* ist die Hauptachse verdickt und gestaucht (Korbblütler, z. B. Wiesenknopf), beim *Körbchen* scheibenförmig abgeflacht (Korbblütler, z. B. Sonnenblume).
Zu den *zusammengesetzten Blütenständen* rechnet man die *Doppeltraube (Rispe;* z. B. Weinstock), die *Doppelähre* (= aus Ährchen zusammengesetzte Ähre; z. B. Roggen) und die *Doppeldolde* (Doldengewächse). Die *Doldenrispe* (Eberesche) entspricht der Doldentraube. Bei der *Spirre* liegen die äußeren Blüten höher als die inneren, so daß eine Trichterform entsteht. – Ein recht komplizierter Blütenstand tritt bei monochasialer Verzweigung auf. Zu diesem Typus zählen *Wickel* (z. B. Beinwell), *Schraubel* (z. B. Taglilie), *Fächel* (Irisarten) und *Sichel* (z. B. Binse). Eine Sonderform stellt die *Trugdolde (Scheindolde)* dar, bei der alle Seitenachsen gestaucht bleiben und so einer Dolde ähnlich sehen (z. B. Linde). – Siehe auch Abb. S. 72.

Blütenstaub (Pollen): Der B. ist die Gesamtheit der Pollenkörner, die sich in den *Pollensäcken* der Staubblätter bilden. Das *Pollenkorn* ist haploid, was durch die Reduktionsteilung der diploiden Pollenmutterzellen erreicht wird. Das auf die Narbe der Fruchtblätter übertragene Pollenkorn (↑Bestäubung) wächst zu dem *Pollenschlauch* aus. Im Pollenkorn entsteht der männliche Gametophyt, der Geschlechtszellen bildet, die im Pollenschlauch in die ↑Samenanlage zur Eizelle wandern.

Vor allem der trockene Pollen der Gräser kann während der Blütezeit im Sommer beim Menschen sehr unangenehme ↑Allergien erzeugen.

Bluterkrankheit (Hämophilie): Die B. beruht darauf, daß anlagemäßig im Blut ein Gerinnungsfaktor (↑Blutgerinnung) fehlt, dessen Gen auf dem X-Chromosom liegt (↑Geschlechtschromosomen). Die B. tritt fast nur bei Männern in Erscheinung, während Frauen fast immer nur Überträger der (rezessiven) Erbanlage für B. sind. Bei der kleinsten blutenden Verletzung droht den äußerlich gesund erscheinenden Blutern ein lebensgefährlicher Blutverlust. Heilung der B. ist nicht möglich.

Blutfaktoren: B. sind neben den vier klassischen ↑Blutgruppen sämtliche bisher bekannten erblichen Blutgruppensysteme, wie z. B. der ↑Rhesusfaktor und die nur klinisch bedeutsamen M-, N-, P-, Q- und R-Systeme.

Blutfarbstoffe: Alle B. dienen als sog. Atmungspigmente dem Sauerstofftransport in den Körperflüssigkeiten. Am bekanntesten ist der rote Blutfarbstoff (↑Hämoglobin), der bei Wirbeltieren an besondere Zellen, die roten Blutkörperchen, gebunden ist.

Manche Muscheln, einige Krebse, einige Schnecken, Kopffüßer, manche Spinnen und Skorpione haben einen kupferhaltigen Farbstoff, das *Hämozyanin,* das im Blutplasma gelöst im oxidierten Zustand blau und im reduzierten Zustand farblos ist. Daneben gibt es noch andere Farbstoffe in Körperflüssigkeiten, wie z. B. das *Hämerythrin* (Ringelwürmer) und das grüne *Chlorokruorin* (Borstenwürmer).

Blutgefäße (Adern): Bei Tieren mit offenem ↑Blutkreislauf (Weichtiere, Gliederfüßer, Manteltiere) sind die blutführenden Gefäße noch sehr einfach und stehen in offener Verbindung mit den Hohlräumen (Lakunen) der Leibeshöhle. Bilden die Gefäße ein geschlossenes Röhrensystem, also einen geschlossenen Blutkreislauf, so müssen sich die B. bis in feinste *Haargefäße* (↑Kapillaren) mit zahlreichen Querverbindungen verzweigen. Nur hier erfolgt der Stoffaustausch zwischen den Geweben und dem Blut.

Blutadern (↑Venen) sammeln das Blut aus den Haargefäßen und führen es zum Herzen, das es erneut in die B. pumpt.

Alle vom Herzen wegführenden B. heißen ↑Arterien, ihre feinen Verästelungen Arteriolen (∅ 0,02 mm). Letztere sind mit glatter Muskulatur umgeben und können den Blutstrom drosseln und damit den ↑Blutdruck beeinflussen. – Die *Hauptschlagader,* die das Herz in einem Bogen verläßt, heißt ↑Aorta (∅ 10 mm). Alle Arterien haben hochelastische Wandungen, mit denen sie die harten Druckstöße des Herzens auffangen und den Blutstrom gleichmäßig machen. Sie besitzen eine glatte Innenhaut aus plattenförmigen Zellen, die bei den mittleren und kleinen Arterien von spiralig angeordneten Muskelfasern umgeben ist. Die äußere Schicht enthält elastische Fasern.

Blutgefäßsystem: Im menschlichen und tierischen Organismus bezeichnet man als B. die Gesamtheit aller ↑Blutgefäße, also der Arterien, Arteriolen, Kapillaren und Venen. – ↑auch Blutkreislauf.

Blutgerinnung: Tritt ↑Blut nach einer Verletzung aus der Wunde aus, so erstarrt es bald zu einer gallertartigen, zähen Masse, die eine klare, gelbliche Flüssigkeit, das ↑Blutserum, abscheidet. Der auf diese Weise entstehende ↑Blutkuchen zieht sich dann unter Einwirkung des Fibrins weiter zusammen und bildet im letzten Schritt des Gerinnungsvorgangs den *Wundschorf,* der die Wunde verschließt.

Die B. ist ein komplizierter, in mehreren Phasen ablaufender Vorgang, an dem zahlreiche (13!) *Gerinnungsfakto-*

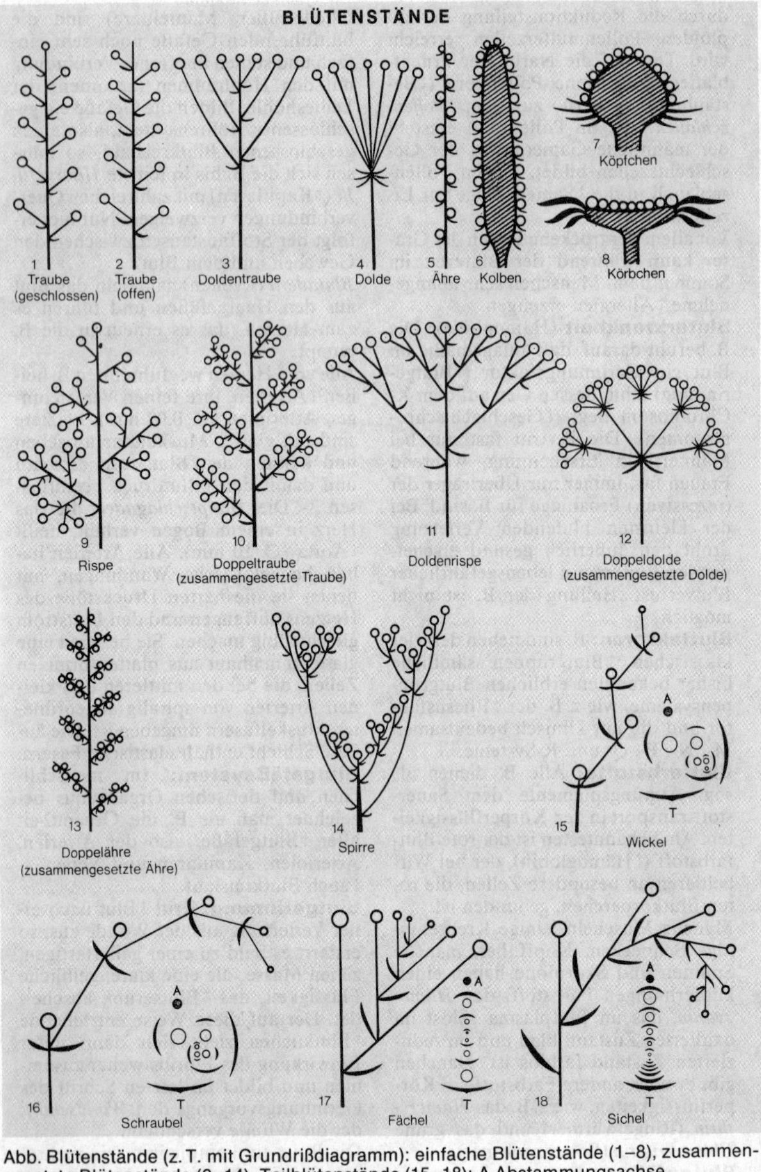

Abb. Blütenstände (z. T. mit Grundrißdiagramm): einfache Blütenstände (1–8), zusammengesetzte Blütenstände (9–14), Teilblütenstände (15–18); A Abstammungsachse, T Tragblatt

ren beteiligt sind. Ausgelöst wird sie durch den Kontakt des Blutes mit der verletzten Gefäßinnenwand *(intravasale B.)* oder mit dem Gewebssaft verletzter Gewebe *(extravasale B.).* Hierbei zerfallen die Blutplättchen. Die dabei freiwerdende ↑Thrombokinase wird unter Mitwirkung verschiedener anderer Faktoren (antihämophiles Globulin, Christmas-Faktor, Plättchenfaktor, Calciumionen und Vitamin K) aktiviert. Die aktivierte Thrombokinase wandelt nun das im Blutplasma vorhandene *Prothrombin* in Thrombin um. *Thrombin* wiederum reagiert mit dem im Blut gelösten Eiweiß *Fibrinogen* zu Fibrin. Das fadenförmige, kontraktile *Fibrin* verklebt mit den Blutkörperchen, bildet ein Fadennetz und zieht sich unter Serumabscheidung zusammen.
Durch den Ausfall (↑Bluterkrankheit) bzw. durch die künstlich hervorgerufene Hemmung einzelner Gerinnungsfaktoren kann die B. verhindert werden: Die Ausfällung von Calcium durch Natriumcitrat, Zugabe von Heparin, Hirudin oder Kumarinabkömmlingen hemmen die Blutgerinnung.
Außer dem Menschen besitzen die Wirbeltiere und die Gliederfüßer die Fähigkeit zur Blutgerinnung.

Blutgruppen: In den roten Blutkörperchen und im Blutserum kommen bestimmte, spezifisch wirkende Stoffe vor, die die Zusammenballung (↑Agglutination) von (art)fremden roten Blutkörperchen bewirken können. Die Voraussetzung zur Agglutination sind spezifische ↑Antigene (Agglutinogene der roten Blutkörperchen) und ↑Antikörper (Agglutinine im Serum).
Heute sind vom Menschen eine Vielzahl dieser als ↑Blutfaktoren bezeichneten Antigene und Antikörper bekannt. Die Blutfaktoren sind erblich und legen die individuellen Bluteigenschaften fest. Sie werden nach ihren Ähnlichkeiten untereinander zu Blutgruppensystemen zusammengefaßt. Die bekanntesten und wichtigsten Blutgruppensysteme sind das AB0-System und der ↑Rhesusfaktor.
Das *AB0-System* enthält die Blutgruppen A, B, AB und 0 mit den Agglutinogenen A und B und den Agglutininen Anti-A (oder α) und Anti-B (oder β). Diese vier B. und ihre Untergruppen werden nach dem Gehalt und der Eigenschaft der Agglutinogene (die ja namengebend sind) und der Agglutinine unterschieden: *Blutgruppe A* enthält A und Anti-B, *Blutgruppe B* enthält B und Anti-A, *Blutgruppe AB* enthält nur A und B, aber keine Agglutinine, *Blutgruppe 0* enthält keine Agglutinogene, aber Anti-A und Anti-B. Jedem Agglutinogen entspricht ein Agglutinin. Kommen ein entsprechendes (komplementäres) Agglutinogen und ein Agglutinin zusammen, z. B. Blutkörperchen der Blutgruppe A mit Anti-A-Serum der Blutgruppe B, so verklumpen die roten Blutkörperchen, sie agglutinieren. – Siehe auch Abb. S. 74.
Bei ↑Bluttransfusionen ist es lebensnotwendig zu wissen, welche B. miteinander agglutinieren und welche nicht. Daher werden vor jeder Transfusion eine Blutgruppenbestimmung sowie eine Kreuzprobe des Empfängerblutes gemacht.
Früher wurden die Träger der Blutgruppe 0 als Universalspender, diejenigen der Blutgruppe AB als Universalempfänger angesehen, da im allgemeinen der Gehalt an Agglutinin[en] im Spenderblut zu gering ist, um wirksam zu sein. Da heute oft große Blutmengen übertragen werden, verwendet man nur blutgruppengleiches Blut.
Die *Häufigkeit der vier B.* beträgt in Mitteleuropa ungefähr: 40% Gruppe A, 40% Gruppe 0, 10% Gruppe B, 5% Gruppe AB; die Gruppe 0 kommt zu 90–95% bei der Urbevölkerung Amerikas, die Gruppe B zu 20–30% bei der Urbevölkerung Zentralasiens vor.

Blut-Hirn-Schranke ↑Blut-Liquor-Schranke.

Blutkonserven: B. enthalten keimfrei entnommenes und mit Natriumcitrat ungerinnbar gemachtes ↑Blut. *Vollblutkonserven,* die alle Blutbestandteile enthalten, sind bei +4 °C 3 Wochen lang haltbar. Für *Trockenkonserven,* die fast unbegrenzt haltbar sind, werden Blutkörperchen und Plasma getrennt und gefriergetrocknet. Im Bedarfsfall werden sie mit physiologischer (0,9%iger) Kochsalzlösung aufgeschwemmt.

Blutkörperchen (Blutzellen): Im ↑Blut befinden sich frei bewegliche *Blutzellen*. Diese B. transportieren Sauerstoff und Kohlendioxid (↑rote Blutkörperchen) oder wehren Krankheitserreger und Fremdkörper ab (↑weiße Blutkörperchen).

Blutkrebs svw. ↑Leukämie.

Blutkreislauf: Als B. bezeichnet man den Umlauf des Blutes in einem offenen oder geschlossenen System. Dadurch werden Sauerstoff, Nährstoffe und Hormone im Körper verteilt und Abfallstoffe beseitigt. Der Antrieb erfolgt durch die allgemeine Körperbewegung sowie durch kontraktile (zusammenziehbare) Gefäßabschnitte und durch Herzen. Ventilklappen in den Gefäßen und Herzen zwingen dem ↑Blut eine bestimmte Flußrichtung auf.

Einen *offenen B.* besitzen *Weichtiere, Gliederfüßer* und *Manteltiere*. Ihr Herz verfügt nur über einige zu- und ableitende Gefäße, die in den Geweben enden. Das Blut (↑Hämolymphe) strömt dann durch Gewebslücken *(Lakunen)* weiter. Das Herz der *Gliederfüßer* ist schlauchförmig, liegt auf der Rückenseite und durchzieht alle Körpersegmente. Es ist von einer Membranhülle umgeben, welche die aus dem Körper kommende Hämolymphe sammelt. Durch seitliche Schlitze *(Ostien)* tritt das Blut ins Herz und wird abwechselnd oder ständig in Kopf- und Hinterleibsrichtung oder nur in eine Richtung gepumpt.

Ringelwürmer besitzen einen *geschlossenen B.* Er besteht aus einem Rücken- und einem Bauchgefäß. Beide sind in den Körpersegmenten durch Ringgefäße verbunden, die im vorderen Körperabschnitt kontraktile Bereiche enthalten. Im Rückengefäß strömt das Blut von hinten nach vorn, im Bauchgefäß entgegengesetzt.

Das *Blutgefäßsystem der Wirbeltiere* ist geschlossen und wird von mehreren (Lanzettfischchen) oder einem Herzen angetrieben. Das im Prinzip einkammerige Herz der *Fische* pumpt das venöse Blut, das aus dem Körper kommt, durch die Kiemen. Dort gibt es Kohlendioxid ab und nimmt Sauerstoff auf. Ein Teil des Blutes fließt dann zum Kopf und von dort zurück zum Herzen. Der größte Teil fließt über die auf der Rückenseite liegende Körperschlagader *(Aorta)* zum Körper und wird von der bauchwärts liegenden *Abdominalvene* zum Herzen zurückgeführt. Das Blut des hinteren Rumpfbe-

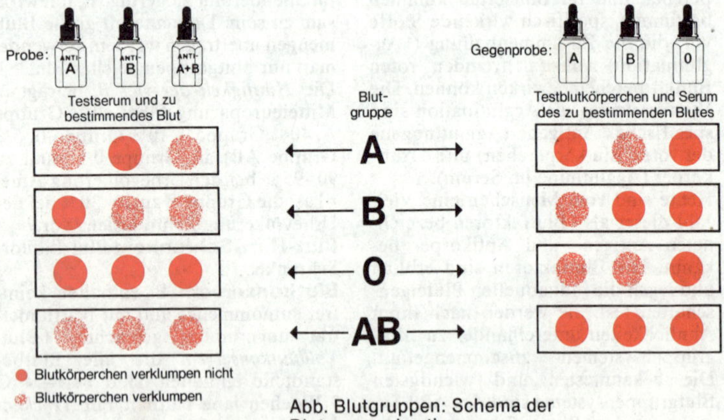

Abb. Blutgruppen: Schema der Blutgruppenbestimmung

reichs wird erst durch die Niere geleitet, ehe es zum Herzen kommt *(Nierenpfortadersystem).* Ein weiterer Teil des Blutes gelangt von der Aorta entweder zur Leber und versorgt sie mit Sauerstoff oder fließt durch die Kapillaren des Darms, nimmt Nährstoffe auf und bringt sie über die Pfortader zur Leber *(Pfortaderkreislauf).* Die Lebervene sammelt es und bringt es zum Herzen. Die *Landwirbeltiere* bilden Lungen aus, deren Blutversorgung vom Körperkreislauf im Laufe der Entwicklung unabhängig gemacht wird. Dazu wird das Herz zweigeteilt: Die linke Hälfte versorgt den *Körperkreislauf,* die rechte den *Lungenkreislauf.* Bei den *Amphibien (Lurchen)* ist diese Trennung erst angedeutet. Ihr Herz pumpt eine Mischung sauerstoffreichen (arteriellen) und sauerstoffarmen (venösen) Blutes in Körper und Lungen. Der B. ähnelt dem der Fische noch weitgehend, doch übernehmen die Kiemenarterien neue Aufgaben: Die vorderste versorgt den Kopf, die beiden folgenden bilden paarige Aortenwurzeln, die hintere wird zur Lungenarterie.

Das Herz der *Reptilien* hat bereits eine Kammerscheidewand, die aber noch nicht völlig geschlossen ist. Die dritte Kiemenarterie fällt weg. Die Kopfarterie verschmilzt an ihrer Basis mit der übriggebliebenen zweiten Kiemenbogenarterie zu einem gemeinsamen Aortenbogen. Er ist bei den Reptilien noch paarig.

Bei den *Vögeln* ist der linke, bei den *Säugern* der rechte Aortenbogen völlig zurückgebildet. Ihr Herz besitzt eine vollständige Scheidewand, wodurch die Trennung von Lungen- und Körperkreislauf endgültig vollzogen ist. Auch im Bereich der Venen gibt es Veränderungen: Die wichtigste ist wohl, daß die Nieren direkt von der Körperschlagader (Aorta) versorgt werden. Jetzt gelangt auch das Blut der hinteren Rumpfbereiche durch die untere Hohlvene direkt zum Herzen.

Der *B. des Menschen* entspricht weitgehend dem der Säuger. Kreislaufmotor ist das Herz. Das ↑Herz pumpt das Blut durch elastische, dickwandige ↑Blut-

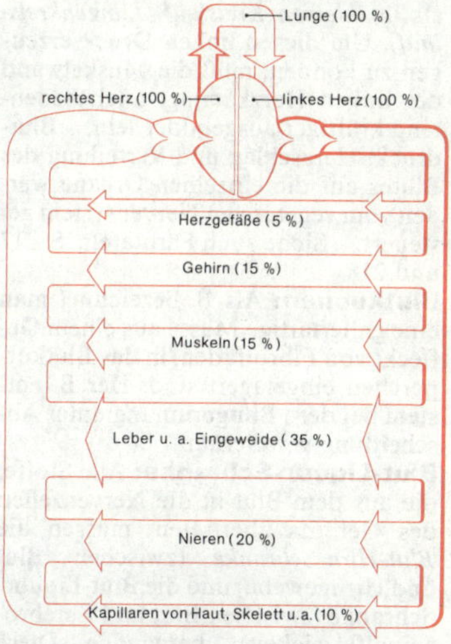

Abb. Blutkreislauf des Menschen (schematisch): Das Hochdrucksystem ist zwischen rechtem Herzen und der Lunge und im Körperkreislauf durch starke Strichzeichnung hervorgehoben

gefäße, die Schlagadern (↑Arterien), in den Körper bzw. die Lunge. Die Arterien verzweigen sich immer feiner bis zu den Haargefäßen (↑Kapillaren). Nur in ihnen findet der Stoffaustausch statt. Die Haargefäße vereinigen sich wieder zu immer größeren Blutadern (↑Venen), die das Blut zum Herzen zurückführen.

Im Prinzip nimmt das Blut folgenden Weg (die Prozentzahlen beziehen sich auf die durchschnittlich die einzelnen Organe unter Normalbedingungen versorgenden Blutmengen; s. Abb.).

Im Bereich der Kapillaren wird durch den ↑Blutdruck die ↑Lymphe abgepreßt. Sie läuft durch die Zwischenzellräume, wird vom ↑Lymphgefäßsystem gesammelt und im Bereich des linken Schlüsselbeins wieder dem venösen Blut beigemischt.

Nur weil ein Druckgefälle vom Herzausgang bis zum Herzeingang eines jeden Kreislaufs vorhanden ist, strömt das Blut. Sein Druck ist daher im *großen Kreislauf (Körperkreislauf)* höher als im *kleinen Kreislauf (Lungenkreislauf)*. Um diesen hohen Druck erzeugen zu können, muß die Muskelwand der linken Herzkammer auch bedeutend kräftiger ausgebildet sein. – Blutdruck, Herzschlag und Verteilung des Blutes auf die einzelnen Organe werden vom vegetativen Nervensystem gesteuert. – Siehe auch Farbtafeln, S. 217 und 218.

Blutkuchen: Als B. bezeichnet man eine gallertartige Masse aus einem Geflecht von Fibrinfäden, in das Blutkörperchen eingelagert sind. Der B. entsteht bei der ↑Blutgerinnung unter Abscheidung von Serum.

Blut-Liquor-Schranke: Alle Stoffe, die aus dem Blut in die Nervenzellen des Gehirns übertreten, müssen die *Blut-Hirn-Schranke* (zwischen Blut und Hirngewebe) und die Blut-Liquor-Schranke (zwischen Blut und Zerebrospinalflüssigkeit) überwinden. Diese Schranke wird v. a. von den Gliazellen und dem Endothel der Haargefäße des Gehirns gebildet. Blutzucker, Blutgase und fettlösliche Stoffe können ungehindert die Barriere passieren. Dagegen können z. B. Enzyme und Hormone sowie Giftstoffe und Medikamente die Schranke nicht überwinden. Bei Verletzungen, Sauerstoffmangel und Vergiftungen werden beide Barrieren stark durchlässig; dies führt zur Schwellung der Gliazellen und somit zum Ödem.

Blutmauserung: Die ↑roten Blutkörperchen besitzen nur eine begrenzte Lebensdauer von etwa 4 Monaten. Dann werden sie von Milz und Leber (↑retikuloendotheliales System) abgebaut, während das rote Knochenmark gleichzeitig neue rote Blutkörperchen bildet. Diese ständige Erneuerung des ↑Blutes nennt man Blutmauserung.

Blutparasiten (Blutschmarotzer): B. leben frei im Blut oder in Blutzellen von Mensch und Tier. Es handelt sich in erster Linie um Einzeller (↑Malaria, ↑Schlafkrankheit) und um Faden- und Saugwürmer (↑Bilharziose). Neben Krankheitserregern gibt es auch harmlose Schmarotzer in der Blutbahn. – B. werden meist von stechenden und blutsaugenden Insekten übertragen. – ↑auch Parasiten.

Blutplasma: Das ↑Blut besteht zu 44 % aus Blutzellen und zu 56 % aus B., einer trüben Flüssigkeit. Entfernt man aus ihr das Vorfibrin (Fibrinogen), so bleibt das ↑Blutserum übrig.

Blutplättchen (Thrombozyten): Im ↑Blut schwimmen die B., die bei der ↑Blutgerinnung eine Rolle spielen. Sie sind ohne Zellkern und werden im roten Knochenmark gebildet.

Blutsenkung: Läßt man durch Zusatz von Natriumcitrat (↑Blutgerinnung) ungerinnbar gemachtes ↑Blut stehen, setzen sich die roten Blutkörperchen ab, weil sie spezifisch schwerer sind als das Plasma. Man kann die *Blutsenkungsgeschwindigkeit (BSG)* messen, indem man in einem Standardröhrchen die Höhe (in mm) der klaren Plasmasäule über den roten Blutkörperchen nach 1 und 2 Stunden bestimmt. Der 1-Stunden-Wert beim Mann beträgt 3–8 mm, bei der Frau 6–12 mm. Abweichungen von diesen Werten lassen Rückschlüsse auf Erkrankungen zu; z. B. ist die B. bei Fieber und Entzündungen erhöht.

Blutserum: Das ↑Blut besteht zu 56 % aus einer Flüssigkeit, dem ↑Blutplasma. Entfernt man daraus das für die ↑Blutgerinnung wichtige Vorfibrin, erhält man das Blutserum. Es besteht zu 90 % aus Wasser und zu 10 % aus darin gelösten Stoffen wie Eiweißen, Fetten, Glucose, Hormonen, Enzymen und Salzen.

Blutspeicher (Blutdepot): Lunge und Leber speichern etwa 0,5–1 l Blut. Dieser B. wird bei Bedarf (z. B. beim Aufstehen oder bei körperlicher Anstrengung) entleert, um den ↑Blutdruck konstant zu halten. Die Speicherung von Blut wird durch Erweitern der Venen und Arteriolen unterstützt.

Bluttransfusion (Blutübertragung): Bei der Übertragung von Blut eines Spenders *(Blutspender)* auf einen Empfänger ist zu beachten, daß beide der gleichen ↑Blutgruppe angehören müssen, möglichst auch hinsichtlich des ↑Rhesusfaktors. Meist dient eine B. dem Blutersatz nach größeren Blutver-

lusten, etwa bei Operationen oder nach Verletzungen.
Bei der (häufigeren) *indirekten B.* wird das Spenderblut zunächst als ↑Blutkonserve gelagert und erst im Bedarfsfall übertragen.
Die Gefahren einer B. liegen in der Unverträglichkeit verschiedener Blutgruppen und des Rhesusfaktors sowie in der möglichen Übertragung von Krankheiten wie Hepatitis (viröse Leberentzündung; ↑Gelbsucht) oder Syphilis.
In vielen Fällen reicht es aus, den Volumenmangel mit der nach einem Blutverlust fehlenden Flüssigkeitsmenge durch *Blutersatzmittel* wie Blutplasma, Plasmaexpander (salzhaltige Dextran- oder Gelatinelösungen) oder ↑physiologische Kochsalzlösung auszugleichen, um ein Zusammenbrechen des Kreislaufs zu verhindern.

Blutübertragung svw. ↑Bluttransfusion.

Blutung ↑Erste Hilfe.

Blutvergiftung: Eine B. entsteht meist durch eine entzündete, vereiterte Wunde (↑Erste Hilfe). Die eingedrungenen Erreger (Bakterien) überschwemmen das ↑Lymphgefäßsystem und dringen schließlich in die Blutbahn ein. Diese Allgemeininfektion, die mit Schüttelfrost und sehr schnellem Fieberanstieg beginnt, wird mit ↑Antibiotika behandelt.

Blutvolumen: Das ↑Blut, das ein Mensch in seinem ↑Blutgefäßsystem hat, macht etwa 7–8% seines Körpergewichtes aus. Ein Mensch von 70 kg Gewicht hat also ein B. von etwa 5–5,5 Liter.

Blutzellen svw. ↑Blutkörperchen.

Blutzucker: B. nennt man den im Blut gelösten Traubenzucker, dessen Konzentration normalerweise durch einen komplizierten Regelmechanismus, in dem eine Reihe von Hormonen eine Rolle spielen, konstant gehalten wird. *Blutzuckersteigernd* durch Abbau des ↑Glykogens zu Traubenzucker wirken die Hormone Glucagon der α-Zellen der Langerhans-Inseln in der ↑Bauchspeicheldrüse und das ↑Adrenalin des Nebennierenmarks. *Blutzuckersenkend* durch Aufbau des Glykogens aus Glucose wirkt das ↑Insulin, das als Gegenspieler des Glucagons in den β-Zellen der Langerhans-Inseln produziert wird.
Der *Blutzuckerspiegel* liegt im nüchternen Zustand bei 70 bis 120 mg%, d.h., 100 ml Blut enthalten 70 bis 120 mg Traubenzucker. Wird dieser Wert überschritten *(Hyperglykämie),* liegt ↑Zuckerkrankheit vor.
Wird der normale Blutzuckerwert unterschritten, spricht man von *Unterzuckerung (Hypoglykämie),* die z.B. durch zu hohe Insulingaben hervorgerufen werden kann. Sinkt der Blutzuckerspiegel unter 40 mg%, kommt es nach Kopfschmerzen, Schwächegefühl, Abnahme der Konzentrationsfähigkeit, Schläfrigkeit und Sehstörungen über Zittern, Heißhunger und Schwitzen schließlich zu Krämpfen und Bewußtlosigkeit. Dieser Prozeß kann speziell bei Diabetikern in wenigen Minuten vor sich gehen und darf nicht verwechselt werden mit dem diabetischen Koma, das durch Insulinmangel viel langsamer hervorgerufen wird.

Blutzuckerspiegel ↑Blutzucker.

Bodenanzeiger (bodenanzeigende Pflanzen, Indikatorpflanzen): Hierunter versteht man Pflanzen, die durch ihr gehäuftes Auftreten einen bestimmten Bodentyp anzeigen. Diese Pflanzen treten ausschließlich oder vorzugsweise auf diesem Boden auf und bilden dort eine charakteristische Pflanzengesellschaft. Bekannte Bodenanzeiger sind ↑Kalkpflanzen, ↑Kalkflieher, ↑Nitratpflanzen und ↑Salzpflanzen. Einige Bodenanzeiger sind zugleich ↑Leitpflanzen.

Bodenbrüter: Zu den einheimischen Vögeln, die ihre Eier in einem mehr oder weniger kunstvoll angefertigten Nest am Boden oder in Bodennähe ausbrüten, gehören u.a. die Lerchen, Fasanen und Rebhühner.

Bodenfauna ↑Bodenorganismen.

Bodenflora ↑Bodenorganismen.

Bodenmüdigkeit: Wird über einen längeren Zeitraum hinweg auf einem bestimmten Boden die gleiche Kulturpflanze angebaut, so ist ein Rückgang der Erträge zu beobachten (Ausnahme z. B. Reis). Der Boden ist durch die einseitige Nutzung an Spurenelementen verarmt, mit Krankheitserregern verseucht und/oder mit schädlichen pflanzlichen Stoffwechselprodukten durchsetzt. Eine derartige B. wird durch Zusatz von Spurenelementen, Bodendesinfektion und durch Anbauwechsel behoben.

Bodenorganismen: Die vorzugsweise im Erdboden lebenden tierischen und pflanzlichen Organismen spielen durch ihre Tätigkeit eine wichtige Rolle im Stoffkreislauf der Natur. In ihrer Gesamtheit stellen sie das *Edaphon* dar.

Zur *Bodenfauna* gehören Vertreter fast aller Tiergruppen, vom Einzeller bis zum Säugetier. Einige verbringen ihr gesamtes Leben im Boden (z. B. Regenwürmer); andere halten sich dort nur während bestimmter Lebensabschnitte auf (z. B. als Eier, Larven oder, wie der Siebenschläfer, nur zum Winterschlaf). – Charakteristische Merkmale vieler Bodentiere sind: geringe Beweglichkeit (fehlende Flügel), rückgebildete Augen, gut entwickelte Tastorgane, geringe Widerstandsfähigkeit gegen Austrocknung, schwache Pigmentierung, Lichtscheu, das Ablegen nur weniger, großer Eier, vielfach ↑ Brutpflege und häufig Ausbildung von ↑ Spermatophoren.

Die bekanntesten bodenbewohnenden Tiere sind die *Regenwürmer,* die auch landwirtschaftlich von Bedeutung sind. Sie leben von Pflanzenresten, die sie in ihre Röhre einbringen, und sorgen für die Durchmischung und Durchlüftung des Bodens.

Zur *Bodenflora* gehören vor allem ↑ Bakterien, ↑ Pilze, ↑ Algen und ↑ Flechten. Die überaus wichtige Tätigkeit der *Bakterien* besteht in dem Abbau der organischen Bestandteile des Bodens, die von anderen Organismen vorzerkleinert worden sind, zu anorganischen Stoffen (heterotrophe Bakterien). Die autotrophen Bakterien fördern den Gehalt des Bodens an Mineralstoffen, indem sie Luftstickstoff, Schwefel oder Eisen oxidieren und so in Salzen binden, die von den höheren Pflanzen aufgenommen werden können.

Pilze bauen verholzte Pflanzenteile ab; einige leben mit Baumwurzeln in ↑ Symbiose.

Bogengänge: Die B. des ↑ Ohrs mit Utriculus und Sacculus stellen das ↑ Gleichgewichtsorgan dar. Es besteht aus drei senkrecht aufeinanderstehenden Bögen, die mit einer Flüssigkeit *(Endolymphe)* gefüllt sind. In drei kleinen Erweiterungen (Ampullen) jeweils am Grunde der B. sitzen die Sinneszellen für den ↑ Drehsinn.

Bombykol: B. ist ein für den Menschen geruchloser, doppelt ungesättigter Alkohol mit 16 Kohlenstoffatomen. Er ist der Sexuallockstoff des weiblichen Seidenspinners. – ↑ auch Duftstoffe.

Borke: Als B. bezeichnet man den außenliegenden, abgestorbenen Teil der Rinde bei Holzpflanzen. Diese Schicht aus verkorkten Zellen ist wasserundurchlässig, sie kann also keine Nährstoffe und kein Wasser aufnehmen. Die B. wächst beim ↑ Dickenwachstum nicht mit, sondern reißt auf oder blättert ab.

Borstenhaare:

◊ Als B. bezeichnet man: 1. die haarähnlichen Hautborsten unterschiedlicher Gestalt bei den Borstenwürmern (hier auch *Chaetae* genannt); 2. die starren, mit dicken Schäften versehenen Haare einiger Säugetiere (*Setae;* z. B. bei Schweinen).

◊ Einige höhere Pflanzen (z. B. Sonnenblume) bilden steife, mit einer stechenden Spitze versehene Epidermisanhänge aus, die ebenfalls als B. bezeichnet werden.

Borstenwürmer ↑ Ringelwürmer.

Botanik (Pflanzenkunde): Die B. ist die Wissenschaft von den Pflanzen und als solche ein Teilgebiet der ↑ Biologie.

botanische Gärten: B. G. sind meist öffentlich zugängliche Einrichtungen mit Freianlagen und Gewächshäusern, in denen einheimische und ausländische Pflanzen gezogen werden. Das Hauptaufgabengebiet der

botanischen Gärten liegt heute in der Belieferung der Universitäten mit Anschauungs- und Untersuchungsmaterial für die botanischen Vorlesungen und Übungen.
Der erste deutsche botanische Garten wurde 1580 in Leipzig gegründet.
Boten-RNS ↑RNS.
Bowman-Kapsel: In der Rinde der ↑Niere liegen kleine Knäuel feinster Kapillaren. Sie sind in kleine Kapseln eingestülpt. In diese Bowman-Kapseln wird der Primärharn (↑Harn) abgepreßt.
Brachiatoren: Die Bezeichnung B. bedeutet svw. „Schwing-Hangel-Kletterer". Sie wird für die ↑Menschenaffen verwendet, um deren charakteristische, mit ihren langen Armen an das Leben auf Bäumen besonders angepaßte Fortbewegungsart auszudrükken. B. sind z. B. Orang-Utan und Gibbons.
Brachiopoden svw. ↑Armfüßer.
Brachsenregion svw. Bleiregion (↑Gewässerregionen).
Brackwasserregion (Kaulbarschregion) ↑Gewässerregionen.
Branchiostoma svw. ↑Lanzettfischchen.
Brandpilze: Ordnung der ↑Ständerpilze mit rund 1000 Arten; ohne Fruchtkörperbildung. Die B. sind die Erreger von Brandkrankheiten an Pflanzen. Sie schmarotzen interzellular in höheren Pflanzen und bilden ihre braunen bis schwarzen Sporen in der Blüte oder im Stengel. Das zweikernige Myzel zerfällt in *Brandsporen,* aus denen je eine ↑Basidie gebildet wird. Die Basidien bilden nach der Reduktionsteilung die Basidiosporen. Die Keimlinge der Basidiosporen verschmelzen dann wieder zu einem zweikernigen Myzel.
Brandpilzinfektionen an Getreidearten werden heute u. a. mit speziellen Fungiziden bekämpft.
Brassenregion svw. Bleiregion (↑Gewässerregionen).
Braunalgen: Die rund 2000 Arten der B. bilden eine Klasse der ↑Algen. Sie kommen hauptsächlich in gemäßigten und kalten Meeren vor, nur wenige Arten leben im Süßwasser. Die Braunfärbung kommt durch die Überlagerung des Chlorophylls mit dem Farbstoff *Fukoxanthin* zustande.
Braunalgen sind vielzellige, derbe, lederartige Pflanzen, die fast immer am Untergrund festsitzen. Ihre Vermehrung erfolgt ungeschlechtlich durch Zoosporen und geschlechtlich durch Zygotenbildung begeißelter Geschlechtszellen. In vielen Fällen kommt es auch zum ↑Generationswechsel. Eine bekannte Art der B. ist der in der Nord- und Ostsee vorkommende *Blasentang.* Er wird etwa 1 m lang und hat gasgefüllte Schwimmblasen. – Aus der Asche einiger anderer Arten wird Jod gewonnen. – *Laminariaarten* dienen in Asien als Nahrungs- und Düngemittel.
Bei den B. tritt zum erstenmal im Pflanzenreich echtes Gewebe und gleichzeitig eine Differenzierung des Gewebes in Assimilations-, Speicher- und Leitgewebe auf.
Braunbären ↑Bären.
Bremsen (Tabaniden): Bei den B. haben nur die Weibchen einen großen, dolchartigen Stechrüssel, mit dem sie an Säugetieren, auch beim Menschen, Blut saugen. Die Männchen sind Blütenbesucher. Die relativ großen Fliegen sind meist unauffällig grauschwarz bis bräunlichgelb und besitzen einen besonders breiten Kopf mit sehr großen, meist metallisch glänzenden Augen. Sie sind z. T. sehr schnelle Flieger.
Brennhaare:
◊ Einige *Schmetterlingsraupen* besitzen Drüsenhaare, die eine nesselnde Flüssigkeit absondern. Dringen diese B. in die Haut ein, kann das Gift Entzündungen hervorrufen.
◊ Manche *Pflanzen* (z. B. Brennessel) bilden auf ihrem Abschlußgewebe B. aus. Diese bestehen aus einem angeschwollenen Fuß, der in eine lange Spitze ausläuft. Am Ende sitzt ein kleines, schräg gestelltes Köpfchen, das bei Berührung abbricht. Die schrägstehende Spitze wirkt dann wie eine Injektionsnadel. Epidermiszellen umgeben den Fuß des Brennhaars.

Brennwert: Die Nährstoffe werden im Körper oxidiert, wobei Energie (u. a. auch Wärmeenergie) entsteht. Dieser Prozeß ist einer Verbrennung vergleichbar; daher spricht man vom Brennwert der Nährstoffe und mißt ihn in Joule (ab 31. 12. 1977 offizielle Einheit). – ↑auch Kalorie.

Brenztraubensäure (α-Ketopropionsäure, Pyruvinsäure, Acetylcarbonsäure): Die B. ist die einfachste α-Ketocarbonsäure ($CH_3-CO-COOH$). Sie ist eine farblose, stechend riechende Flüssigkeit, die sich an der Luft gelb färbt. Ihre Salze und Ester sind die *Pyruvate.*

Die Ester der B. sind das wichtigste Zwischenprodukt zahlreicher Stoffwechselvorgänge. So bildet Pyruvat z. B. bei der ↑alkoholischen Gärung, bei der Buttersäure- und Milchsäuregärung die entscheidende Zwischenstufe. Bei ihm trennen sich auch die Wege des anaeroben und aeroben Kohlenhydratabbaus. Durch enzymatische Transaminierung geht es in L(r)-Alanin über und verknüpft somit Kohlenhydrat- und Eiweißstoffwechsel miteinander. – ↑Glykolyse, ↑Zitronensäurezyklus.

Bries ↑Thymusdrüse.

Bronchien: Die stärkeren Äste der sich gabelnden ↑Luftröhre bei Landwirbeltieren (auch beim Menschen). Die B. verästeln sich in immer feinere und feinste *Bronchiolen,* die dann in die Lungenbläschen überleiten. Luftröhre und Bronchien sind durch *Knorpelstangen* (bei Säugern) oder *Knorpelringe* (bei Vögeln) verstärkt. Die Bronchiolen sind knorpelfrei.

Das Innere der B. ist von einer Schleimhaut ausgekleidet, die Staub aus der Luft filtert und durch einen Zilienstrom nach außen befördert. – Die glatte Muskulatur der B. kann deren Weite verändern.

Bronchiolen ↑Bronchien.

Bronchitis: Schleimhautentzündung der Luftröhrenäste (↑Bronchien) und der ↑Luftröhre. Die B. ist meist Begleiterscheinung von Infektionskrankheiten wie Grippe, Masern oder Keuchhusten. Am häufigsten tritt sie jedoch bei Unterkühlung des Körpers (Erkältung) oder einer Infektion mit ↑Viren als selbständige Erkrankung auf. Von *chronischer B.* spricht man, wenn der hartnäckige Husten oft mit schleimigem Auswurf monatelang anhält. Naßkaltes Nebelklima, ↑Allergien und dauernder Rauch-, Staub- und Chemikalienreiz (z. B. Tabakrauch) begünstigen die Bronchitis.

Brunft: Weidmännisch svw. ↑Brunst.

Brunst (Brunft, Östrus): Als B. bezeichnet man einen durch Sexualhormone (↑Geschlechtshormone) gesteuerten, periodisch auftretenden Zustand geschlechtlicher Erregbarkeit und Paarungsbereitschaft bei Säugetieren. Die B. tritt bei einigen Tieren nur einmal jährlich, bei anderen mehrmals jährlich in bestimmten Abständen auf. Haustiere haben unter dem Einfluß der Domestikation mehrmals im Jahr Brunstzeit, während bei ihren wildlebenden Stammformen im Wechsel der Jahreszeiten nur einmal B. auftritt.

Die B. ist u. a. von der Reifung der Geschlechtszellen abhängig und äußert sich in besonderen Ausprägungen der sekundären Geschlechtsmerkmale (z. B. auch Verlagerung der Hoden aus der Bauchhöhle in den Hodensack, u. a. bei Nagetieren) sowie in besonderen Verhaltensweisen (z. B. Rivalenkämpfe), Paarungsrufen oder in der Produktion stark duftender Locksubstanzen (z. B. Moschusdrüse).

In der Jägersprache wird die B. des Raubwildes *Ranzzeit,* des Schwarzwildes *Rauschzeit,* der Hasen und Kaninchen *Rammelzeit* genannt. – ↑auch Balz.

Brust:

◊ (weibliche B., Mamma): Unter dem Einfluß von Hormonen bilden sich in der Pubertät die Brustdrüsen. Sie bestehen aus Drüsen-, Fett- und Bindegewebe. Während der Schwangerschaft sorgen die Hormone *Östron* (*Follikulin;* ↑Östrogene) und ↑luteotropes Hormon (↑auch Geschlechtshormone) für eine stärkere Entwicklung des Drüsengewebes. Nach der Geburt eines Kindes bildet die Brust zunächst

die stark eiweißhaltige *Vormilch (Kolostrum),* einige Tage später dann die eigentliche ↑ Milch.
◊ (Thorax, Brustabschnitt): Bei Insekten besteht die B. aus drei Segmenten, die an der Bauchseite fast immer deutlich voneinander abgesetzt sind. Sie trägt bei den Imagines (↑ Imago) alle Organe der Fortbewegung: Alle drei Segmente tragen je ein Paar Beine, die beiden hinteren oft zusätzlich noch je ein Paar Flügel.

Brustatmung: Bei der B. werden zum Einatmen die Rippen angehoben, indem sich viele kurze Muskeln zusammenziehen, die schräg von Rippe zu Rippe verlaufen. Dadurch vergrößert sich der Brustraum: Luft wird durch die Luftröhre in die Lungen eingesaugt. – Gegensatz: ↑ Bauchatmung.

Brustbein (Sternum): Das B. ist bei höheren Wirbeltieren ein platter Knochen, der im Bereich des Brustkorbs der Wirbelsäule gegenüberliegt. Mit den 7 Paar echten Rippen ist es gelenkig verbunden (Ausnahme: das erste Rippenpaar ist ohne Gelenk); drei Paar falsche Rippen stehen über den Rippenbogen ebenfalls mit dem B. in Verbindung. Am oberen Teil des Brustbeins setzen die *Schlüsselbeine* an. Dadurch gehört es zum *Schultergürtel.* – Das B. ist ein wichtiges Organ der ↑ Blutbildung.
Vögel haben auf dem B. einen Knochenkamm, an dem die sehr kräftige Flugmuskulatur ansetzt.
Fische, Lurche, Schlangen und Schildkröten besitzen kein Brustbein.

Brustfell ↑ Lunge.

Brustflossen ↑ Flossen.

Brusthöhle: Die B. gehört zur sekundären Leibeshöhle und entsteht durch eine Hohlraumbildung im mittleren Keimblatt (Mesoderm). Der von den Rippen umgebene und vom Zwerchfell nach unten abgeschlossene obere Teil dieser sekundären Leibeshöhle ist die Brusthöhle. In ihr liegen Herz und Lungen.

Brustkorb (Thorax): Als B. bezeichnet man den kopfwärts gelegenen Teil der Wirbeltiere, der von den Brustwirbeln, den Rippen und – falls vorhanden – vom Brustbein gebildet wird. Er umschließt Herz und Lungen. Zum Einatmen vergrößert sich der Brustraum, indem die Rippen angehoben werden (Brustatmung).

Brutbeutel (Marsupium): Beuteltiere bringen ihre Jungen in fast embryonalem Zustand zur Welt. Sie locken diese nach der Geburt durch eine geleckte Schleimspur in den B., eine mehr oder weniger tiefe Hautfalte. Hier saugen sie sich an der Zitze fest und wachsen, ständig mit ihr verbunden, heran. Sehr lange Zeit finden sie im B. Schutz.

Brüten: Die Eier der Vögel benötigen höhere Temperaturen (36–41 °C), als in der Umgebung herrschen, damit sich die Embryonen richtig entwickeln können. Daher muß eines der Elterntiere, meist das Weibchen, das Gelege mit seinem Körper wärmen. Vielen Vögeln fallen während der Brutzeit am Bauch Federn aus. Es entsteht eine nackte, gut durchblutete Hautstelle *(Brutfleck),* die die Eier direkt der Körperwärme aussetzt.
Einige Vögel, so der Kuckuck, besorgen das Brutgeschäft nicht selbst; sie legen ihre Eier in die Nester anderer Vögel (↑ Brutparasiten). – ↑ auch Brutpflege, ↑ Brutfürsorge.

Brutfürsorge: Unter B. versteht man Vorsorgemaßnahmen der Elterntiere für ihre Nachkommenschaft, die mit dem Zeitpunkt der Eiablage oder dem Absetzen der Jungen beendet sind. Alle weiteren pflegerischen Verhaltensweisen werden als ↑ Brutpflege bezeichnet.
Die wichtigste Form der B. ist die *Eiablage* an geeigneten Orten. Manche Tiere müssen dazu ein ungewohntes ↑ Biotop aufsuchen, wie z. B. die Grasfrösche, deren Eier sich nur im Wasser entwickeln können, oder die Lachse, die vom Meer zu ihrem Heimatbach wandern müssen. Zum *Schutz* werden Eier an versteckten Stellen oder in selbstgebauten Erdhöhlen, Blattüten u. ä. abgelegt oder mit Hüllen umgeben (z. B. Eikokons bei Spinnen, Sekrethüllen bei Fröschen).
Nach dem Schlüpfen der Jungen muß sofort ausreichend *Nahrung* vorhan-

den sein. Daher legen z. B. Fliegen ihre Eier in Tierkadaver oder Schlupfwespen die ihren in eine gelähmte Raupe ab.
Bei aller Vielfalt sind die Brutfürsorgehandlungen immer ↑Erbkoordinationen.

Brutkleid ↑Hochzeitskleid.

Brutknospen (Bulbillen): Eine Art der vegetativen Vermehrung bei Pflanzen ist die Bildung von B. in Blattachseln, am Sproß, in der Blüte und an den Blatträndern. Die mit Reservestoffen gefüllten Knospen lösen sich von der Mutterpflanze, bewurzeln sich und wachsen zu einer neuen Pflanze heran. Nach der Art der Speicherung unterscheidet man zwischen *Brutknöllchen* (die Mutterpflanze oder die erste Wurzel übernehmen die Speicherfunktion) und ↑Brutzwiebeln. Als *Brutkörper* werden die vegetativen Fortpflanzungseinheiten bei Algen und Moosen bezeichnet.

Brutkolonie: Viele Seevögel versammeln sich zur Aufzucht ihrer Jungen von Jahr zu Jahr in großer Zahl an bestimmten Orten. In solchen manchmal riesigen Brutkolonien können sie sich gemeinsam besser gegen starke Feinde verteidigen.

Brutkörper ↑Brutknospen.

Brutparasiten (Brutschmarotzer):
◊ Manche Vögel (z. B. der Kuckuck) überlassen das Ausbrüten ihrer Eier und die Aufzucht ihrer Jungen Vertretern fremder Vogelarten. Ihre Eier sind in Form und Farbe den Eiern des Wirtes angepaßt. Nach dem Schlüpfen wirft der junge Kuckuck die Eier oder Jungtiere seiner Pflegeeltern oft aus dem Nest.
◊ Häufig schmarotzt die Brut von Insekten im Körper anderer Insekten oder deren Larven (z. B. Schlupfwespenlarven in Raupen). In den Bauten staatenbildender Insekten (Bienen, Ameisen) verzehren B. die Vorräte oder lassen ihre eigenen Nachkommen vom Wirt großziehen, z. B. Schmarotzerhummeln.

Brutpflege: Als B. bezeichnet man alle angeborenen Verhaltensweisen, die der Aufzucht, Pflege und Beschützung der Nachkommenschaft dienen. Die B. beginnt nach der Eiablage bzw. nach dem Absetzen der Jungen (↑dagegen Brutfürsorge). Die Eier bzw. die Brut werden bewacht, oft bis zur Selbstaufopferung, und versorgt. Das Stichlingsmännchen z. B. wedelt mit den Brustflossen ständig Frischwasser (mit Sauerstoff) über das aus Pflanzenteilen erbaute Nest.
Manche Elterntiere tragen die Brut am Körper. So führt die Geburtshelferkröte ihr Gelege als um die Beine geschlungene Eiketten mit sich. Bei Skorpionen findet man oft den gesamten Körper mit Jungtieren bedeckt. Die männlichen Seepferdchen tragen Eier und Jungen in einer ↑Bruttasche am Bauch. Diese Erscheinung bildet den Übergang zum Brutpflegeverhalten der Lebendgebärenden, bei denen sich der Embryo im Körper der Mutter entwickelt.
Eine besondere Art der B. findet sich bei den ↑Beuteltieren, wo sich das Neugeborene in einem Beutel weiterentwickelt, der die Zitzen der Milchdrüsen umgibt.
Zu den Brutpflegehandlungen zählen auch das Wärmen der Jungtiere (bei Vögeln und Säugern), das Herbeischaffen von Nahrung durch die Eltern, das Füttern der Larven durch Arbeiterinnen, wie z. B. bei staatenbildenden Insekten (u. a. Bienen und Ameisen), das Sauberhalten und schließlich auch der Unterricht in typischen Verhaltensweisen des Nahrungserwerbs.

Brutschmarotzer svw. ↑Brutparasiten.

Bruttasche:
◊ Die Männchen der Seepferdchen und Seenadeln haben am Bauch eine B., die aus Falten der Bauchhaut besteht. Die Weibchen legen die Eier in die Bruttasche.
◊ Einige Krebsweibchen (z. B. Asseln) haben auf der Bauchseite einen Raum zur Aufnahme der Eier oder Embryonen, die sog. Bruttasche.

Brutzwiebeln: B. sind zwiebelartige ↑Brutknospen. Die Blattorgane der Knospen nehmen die Reservestoffe auf und speichern sie. Brutzwiebeln kommen u. a. beim Knoblauch und bei manchen Farnen vor.

Bulbillen svw. ↑ Brutknospen.

Bunkerde: Eine etwa 50 cm starke Hochmoorschicht (↑ Moore).

Bürzeldrüse: Die auf der Schwanzwurzel der Vögel liegende B. liefert ein öliges Sekret zum Einfetten des Gefieders.

Buttersäure (Butansäure): Die B., die zu den gesättigten Monocarbonsäuren gehört (C_3H_7-COOH), ist eine ölige, ranzig riechende Flüssigkeit. An Glyzerin gebunden, kommt B. im Milchfett vor, wo sie beim Ranzigwerden der Butter frei wird. In geringen Spuren ist sie auch im Schweiß enthalten. Sie entsteht außerdem beim Faulen von Eiweißstoffen und bei der ↑ Buttersäuregärung.

Buttersäuregärung: Die B. ist eine typisch anaerobe Gärung; sie wird durch die weitverbreiteten Buttersäurebakterien bewirkt. Diese sind in der Lage, Hexosen zu Buttersäure zu vergären; dabei werden die Hexosen wie bei der ↑ alkoholischen Gärung über die ↑ Glykolyse bis zur Brenztraubensäure (bzw. Pyruvat) abgebaut, die dann mittels Decarboxylase in Acetaldehyd überführt wird. Daraufhin lagern sich 2 Acetaldehydmoleküle unter Wassereinlagerung und anschließender Oxidation (H-Entzug) zu Acetessigsäure zusammen, die dann durch Wasserentzug, verbunden mit einer Reduktion, in Buttersäure umgewandelt wird.

Byssus (Muschelseide): Viele Muscheln sondern aus einer Drüse im Fuß ein fädiges, zähflüssiges Sekret ab, das im Wasser schnell erhärtet. Mit Hilfe dieses sog. B. heften sich die Muscheln an feste Unterlagen an. – Aus B. kann man feine Gewebe herstellen.

C

Calcium: Dem C. kommt eine wichtige Bedeutung im Stoffwechsel zu. Gemeinsam mit Magnesium und Phosphor spielt es im Knochenstoffwechsel eine Rolle, wogegen seine spezifisch biologische Bedeutung u. a. in der Mitwirkung bei der Erregungsleitung, der Muskelkontraktion und der Blutgerinnung liegt.

Die normale Calciumionenkonzentration des Plasmas beträgt 2,45 mmol/l Blutplasma. Die Hälfte des Plasmacalciums liegt in ionisierter, diffusibler Form vor, der andere, indiffusible Teil ist an Eiweiß gebunden.

Der *Calciumspiegel* des Blutes wird durch verschiedene Faktoren konstant gehalten: 1. *Gleichgewicht zwischen Knochengewebe und extrazellulärer Flüssigkeit.* 2. *Hormone:* Parathormon erhöht den Calciumspiegel auf Kosten des Kalkgehaltes der Knochen; Calcitonin (aus den C-Zellen der Schilddrüse) wirkt dieser Erhöhung entgegen. Androgene bewirken eine Steigerung des Calciumumsatzes, ebenso das Schilddrüsenhormon Thyroxin. 3. *D-Vitamine* (Calciferole), deren Überdosierung zur Erhöhung des Calciumspiegels führt. 4. Die *Calciumaufnahme* mit der Nahrung bzw. die *Calciumausscheidung* durch die Nieren. Alle Faktoren wirken in einem fein abgestimmten Regelkreis, was zu einer Konstanz des Calciumspiegels führt.

Das Symptombild eines *Calciummangels (Hypokalzämie)* ist die ↑ Rachitis; außerdem die *Tetanie,* die sich in einer erhöhten Erregbarkeit des Nervensystems und der Muskulatur (tetanische Krämpfe!) äußert.

Die *Resorption von C.* geht u. a. im Dünndarm vor sich. Seine *Ausscheidung* geschieht sowohl mit dem Kot als auch mit dem Harn.

Der Bedarf an C. liegt beim Erwachsenen bei ca. 0,5 g, bei Kindern bei 1 g und bei Schwangeren bei 1,5–2 g/Tag.

Die wichtigsten Calciumquellen in der Nahrung sind die Milch mit etwa 120 mg/ 100 ml, außerdem Käse und Gemüse.

Calvin-Zyklus: Der C.-Z. ist der lichtunabhängige, enzymatisch gesteuerte Reaktionsweg der ↑Photosynthese, während dessen die CO_2-Fixierung erfolgt.

Calyptra ↑Kalyptra.

Cephalopoda svw. ↑Kopffüßer.

Cephalothorax: Bei vielen Krebsen und allen Spinnen ist der Kopf mit der Brust zum C. verwachsen.

Cerebellum svw. ↑Kleinhirn.

Charakterart (Kennart, Leitform): Tier- oder Pflanzenarten, die ausschließlich in einem bestimmten ↑Biotop vorkommen, werden als Charakterarten bezeichnet.

Chelizeren: Das erste Gliedmaßenpaar ist bei den Schwertschwänzen und den Spinnentieren (Skorpione, Spinnen, Milben) zum „Oberkiefer" umgewandelt. Mit diesen zwei- oder dreigliedrigen Ch. werden Beutetiere gefangen, festgehalten, zerkleinert oder angestochen und ausgesaugt (Milben) oder wird Gift in die Beute gespritzt (Spinnen). Afterskorpione benutzen sie als Spinnorgan.

Chemilumineszenz ↑Biolumineszenz.

chemische Sinne: Man bezeichnet den ↑Geruchssinn und den ↑Geschmackssinn bei Tier und Mensch als ch. S. Mit Hilfe von erregbaren Sinneszellen (↑Chemorezeptoren) werden chemische Reize aufgenommen. Die Erregung wird zum Gehirn weitergeleitet; dort wird die entsprechende Sinnesempfindung bewirkt.

Chemonastie ↑Nastien.

Chemorezeptoren: Ch. sind Sinneszellen oder Sinnesorgane, die der Aufnahme chemischer Reize dienen. Dabei können nur solche Stoffe die Ch. reizen, die in gelöster Form vorliegen. Ch. sind v. a. die ↑Geschmacksorgane und die ↑Geruchsorgane.

Man kennt aber auch Ch., die die Sauerstoffkonzentration und den Kohlendioxiddruck des Blutes messen. Dies sind Zellen, die im Bereich des Glomus caroticum, einer Abzweigung der Halsschlagader, und im Aortenbogen als Ch. nachgewiesen werden konnten. Bei Abnahme der Sauerstoffkonzentration und Zunahme der Kohlendioxidkonzentration bewirken sie eine Steigerung der Atemfrequenz und des Blutdrucks. – Weitere Ch. liegen in der Nähe des Atemzentrums im Gehirn.

Chemosynthese: Bei der Ch. wird die zur Assimilation von CO_2 notwendige Energie durch Oxidation anorganischer Substanzen gewonnen. Diese besondere Art der chemoautotrophen Ernährung können bestimmte farblose Bakterien durchführen. Der Unterschied zur ↑Photosynthese besteht nur in der anderen Art der Energiegewinnung, während die übrigen Prozesse gleich ablaufen. Je nachdem, welches Substrat oxidiert wird, kann man verschiedene Bakteriengruppen unterscheiden. So verwenden die *farblosen Schwefelbakterien* (z. B. Thiothrix), die in Schwefelquellen und Sümpfen vorkommen, als Ausgangsstoff Schwefelwasserstoff (H_2S), der bei Fäulnisprozessen frei wird, und oxidieren ihn mit Hilfe von Sauerstoff zu Schwefel und Wasser:

$$2H_2S + O_2 \rightarrow 2H_2O + 2S + 493\ kJ.$$

Die *Nitritbakterien* (z. B. Nitrosomonas) oxidieren das durch Fäulnis von organischen Substanzen entstehende Ammoniak (NH_3):

$$2NH_3 + 3O_2 \rightarrow 2HNO_2 + 2H_2O + 481\ kJ.$$

Nitratbakterien, zu denen z. B. Nitrobacter gehört, verwerten das entstehende Nitrit (NO_2) weiter und oxidieren es zu Nitrat (NO_3):

$$2HNO_2 + O_2 \rightarrow 2HNO_3 + 150\ kJ.$$

Knallgasbakterien vereinigen H_2 und O_2 zu H_2O, wobei 477 kJ an Energie entstehen.

Die Oxidation erfolgt nicht nur durch eine Verbindung des Substrats mit Sauerstoff, sondern auch durch Abgabe von Wasserstoff bzw. durch Abgabe von Elektronen. Die *Eisenbakterien* z. B. oxidieren $Fe^{2+} \rightarrow Fe^{3+} + \ominus$, wobei 67 kJ frei werden.

Diese energieliefernden Prozesse sind stets gekoppelt mit dem Syntheseprozeß, bei dem aus Kohlendioxid und

Wasserstoff organische Substanz (Glucose) aufgebaut wird. Dabei dienen, wie bei der Photosynthese, NADPH + H^+ als Reduktionsmittel, Ribulose-1,5-diphosphat als CO_2-Akzeptor und Wasser als Wasserstoffspender.

Von großem theoretischen Interesse ist die Tatsache, daß die normalerweise photoautotrophe Grünalge Scenedesmus unter bestimmten experimentellen Bedingungen im Dunkeln H_2 zu H_2O verbrennt, also eine Chemosynthese durchführt. Dabei werden die engen Beziehungen zwischen Photosynthese und Chemosynthese besonders deutlich.

Chemotaxis ↑Taxien.

Chemotropismus ↑Tropismen.

Chiasma: Als Ch. bezeichnet man die Überkreuzung väterlicher und mütterlicher (= homologer) Chromatiden in der Prophase der ↑Meiose. Die Kreuzfigur des Ch. ist die zytologisch sichtbare Folge eines ↑Crossing-over.

Chimäre svw. ↑Pfropfbastard.

Chinin: Ch. ($C_{20}H_{24}O_2N_2$) ist ein wichtiges ↑Alkaloid, das farblose, in Wasser wenig lösliche Kristalle bildet. Es ist das Hauptalkaloid der *Chinarinde*. Ch. ist ein wichtiges chemotherapeutisches Mittel, das v. a. bei der Bekämpfung der Malaria eingesetzt wird. Außerdem ist es häufig Bestandteil von schmerzlindernden und fiebersenkenden Arzneimitteln. Auf die Uterusmuskulatur wirkt es schwach stimulierend, weshalb es auch zur Geburtseinleitung angewendet wird. Andererseits ist Ch. ein starkes Plasmagift, das in höheren Dosen zu Seh- und Hörstörungen, Herzrhythmusstörungen, allergischen Reaktionen sowie im Vergiftungsfall zu ↑Hämolyse führt.

Chitin: Ch. ist ein stickstoffhaltiger Vielfachzucker (Polysaccharid) mit unverzweigten Kettenmolekülen (N-Acetylglucosamin). Es baut das recht feste Außenskelett der Gliederfüßer auf und ist so starr, daß es nicht mitwachsen kann. Tiere mit einer *Chitinkutikula* müssen sich deshalb mehrfach häuten. Ch. kommt in Hummerschalen und Maikäferflügeln besonders rein vor. Im Pflanzenreich kommt es in den Zellwänden von Pilzen vor.

Chitinskelett: Das Außenskelett der ↑Gliederfüßer besteht aus ↑Chitin. Wegen der Starrheit dieses Stoffes sind Körper und Gliedmaßen der Gliederfüßer stark gegliedert. Die einzelnen Teile sind durch dünne, chitinige Gelenkhäute miteinander verbunden. Muskeln setzen von innen am Skelett an und bewegen es.

Chlamydobakterien (Scheidenbakterien): Eine im Wasser lebende Bakterienordnung; in von einer gemeinsamen Scheide umgebenen Fäden wachsende Bakterien; wichtigste Gruppe: ↑Eisenbakterien.

Chlorophyll (Blattgrün): Ch. ist ein grüner Farbstoff, der bei allen höheren Pflanzen in den ↑Chloroplasten enthalten ist. Die Chlorophylle sind die photosynthetisch aktiven Pigmente (↑Photosynthese). Man kennt heute eine ganze Reihe von Chlorophyllen, die man mit a, b, c usw. bezeichnet.

Der Grundbaustein des Chlorophyllmoleküls ist das *Pyrrol*. Im Chlorophyll vereinigen sich vier Pyrrolkerne über Methinbrücken ($-CH=$) zu dem ringförmigen *Porphingerüst* (↑Porphyrine). Das Zentrum des Porphyrinrings ist von einem komplexgebundenen Magnesiumatom besetzt. Am dritten Pyrrolring setzt ein fünfgliedriger, isocyclischer Ring an, dessen Carboxylgruppe ($-COOH$) mit Methylalkohol (CH_3OH) verestert ist. Als Seitenketten sind vier Methyl- ($-CH_3$), eine Äthyl- (C_2H_5-) sowie eine Vinylgruppe ($CH_2=CH-$) und ein Propionsäurerest ($-C_2H_4COO$) vorhanden. Der Propionsäurerest ist mit einem langkettigen Alkohol verestert.

Beim *Chlorophyll b* tritt an die Stelle der Methylgruppe eine Aldehydgruppe ($CHO-$). Das in allen photosynthetisch aktiven Pflanzenzellen vorkommende *Chlorophyll a* kommt oft (z. B. bei allen Blütenpflanzen, bei Moosen, Farnen, Grünalgen) zusammen mit dem Chlorophyll b im Verhältnis 3 : 1 vor.

Durch den Besitz von zahlreichen konjugierten Doppelbindungen sind die

Chlorophyllmoleküle befähigt, das sichtbare Licht zu absorbieren. Hauptsächlich wird rotes und blaues Licht aufgenommen.
Zusammen mit verschiedenen ↑Karotinoiden bilden die Chlorophylle die Pigmentsysteme I und II (↑Photosynthese). Chlorophyll b ist für die Photosynthese nicht unbedingt notwendig, da es Algen und Blaualgen gibt, die, ohne es zu besitzen, die Photosynthese normal durchführen können. ↑Bakterien besitzen *Bakteriochlorophylle.*
Rohchlorophyll wird durch Destillation eines Auszugs aus Brennesselkraut oder Gräsern mit heißem Äthylalkohol oder Aceton gewonnen.
Durch Kochen des gereinigten Reinchlorophylls mit Natriumcarbonat erhält man *Chlorophyllin,* das wasser-, alkohol- und glyzerinlöslich ist. Als solches findet Ch. Anwendung als Medikament in Form von Dragees, Salbe oder Puder gegen Ekzeme, Furunkel, Geschwüre und Abszesse. Es wird auch gegen allgemeine Schwächezustände und zur Blutdrucksteigerung verwendet. – Eine weitere Bedeutung hat Ch. als Färbemittel für Seifen, Wachse, Spirituosen und kosmetische Präparate.

Chloroplasten: Ch. kommen ausschließlich in der pflanzlichen Zelle vor und stellen die Organellen der ↑Photosynthese dar. Sie sind damit die Träger der photosynthetisch aktiven Pigmente (↑Chlorophyll, ↑Karotinoide). – ↑auch Plastiden.

Choanen: Der paarige innere Verbindungsgang zwischen Nasen- und Mundhöhle (alle Vierfüßer, der Mensch und die Quastenflosser).

Cholera: Die Ch. ist eine schwere Infektionskrankheit mit Erbrechen, heftigen Durchfällen und raschem Kräfteverfall, die besonders in Asien (v. a. Indien) auftritt. Der Erreger der Ch. gehört zu den ↑Vibrionen. Er vermehrt sich hauptsächlich im Darm des Erkrankten und wird mit dem Stuhl ausgeschieden. Gelangen die Erreger bei unzureichenden hygienischen Verhältnissen ins Trinkwasser, kann es zu Epidemien kommen.

Cholesterin: Ch. wurde schon im 18. Jahrhundert als Bestandteil von Gallensteinen entdeckt. Es ist wohl der am längsten bekannte Sterinabkömmling. Außer in der Galle findet man Ch. im Blutplasma, wo es meist mit Fettsäuren verestert ist. Ch. ist auch Bestandteil aller Membranen in der Zelle. Eine andere Bedeutung des Cholesterins liegt in seiner Schlüsselstellung als Ausgangsstoff für die Synthese anderer Steroide. Der Organismus ist in der Lage, Ch. selbst zu synthetisieren und damit auch seinen Bedarf an Ch. zu decken. Ein zu hoher Ch.spiegel im Blut (z. B. durch zu fettreiche Ernährung) kann die Entstehung von Arterienverkalkung fördern.

Cholinesterase (Acetylcholinesterase): Dem Enzym Ch. kommt eine wichtige Funktion bei der Erregungsleitung (↑Reizleitung) zu. Es hat die Aufgabe, das ↑Acetylcholin, das bei der Erregung freigesetzt wird und auslösend für das ↑Aktionspotential wirkt, in Essigsäure und Cholin zu spalten, wodurch es inaktiviert wird.
Ch. findet sich im Gehirn und in den motorischen Nerven, v. a. an den Synapsen.

Chondriosomen svw. ↑Mitochondrien.

Chorda dorsalis: Die ↑Chordatiere werden auf dem Rücken von einem Längsträger ihres ↑Achsenskeletts gestützt. Entwicklungsgeschichtlich ist diese Ch. d. die erste Längsstütze bei Tieren. Sie wird embryonal bei allen Chordatieren angelegt, wird aber bei den erwachsenen um so weiter zurückgebildet, je höher sie entwickelt sind. An ihre Stelle tritt dann die ↑Wirbelsäule. Nur bei den Schädellosen bleibt sie vollständig erhalten. Beim Menschen sind Reste der Ch. d. in den Bandscheiben als gallertige Masse zu finden. Die Ch. d. besteht aus blasigen Zellen, deren hoher Innendruck die Festigkeit dieser Achse bewirkt.

Chordatiere (Chordaten): Die Ch. bilden einen großen Tierstamm, der ↑Schädellose, ↑Manteltiere und ↑Wirbeltiere umfaßt. Daher gehört auch der Mensch zu den Chordatieren. Es sind ↑Deuterostomier, die zeitlebens oder nur in frühen Entwicklungsstadien ein längs im Körper verlaufendes Stützorgan, die ↑Chorda dorsalis, besitzen. Charakteristisch ist auch, daß alle Ch. einen Kiemendarm (↑Kiemenbögen) entwickeln, allerdings meist nur als Embryonalanlage.

Chordotonalorgane: Insekten besitzen Sinnesorgane, die jeweils zwischen zwei Bereichen ihres Außenskeletts aufgespannt sind. Dort messen diese Ch. die Abbiegung solcher Bereiche. Sie dienen ferner in den Insektenbeinen als hochempfindliche Vibrationsempfänger, in den ↑Antennen als *Johnston-Organe* zur Registrierung der Luftströmung und bei den männlichen Stechmücken als ↑Tympanalorgane zur Wahrnehmung des Flugtons der Weibchen.

Chorioidea svw. ↑Aderhaut.

Chorion (Zottenhaut): Das Ch. ist beim Menschen diejenige ↑Embryonalhülle, die sich mit Zotten in die Gebärmutter einnistet und den Stoffaustausch zwischen mütterlichem und kindlichem Blut ermöglicht.

Choriongonadotropin: Ch. ist ein ↑Geschlechtshormon aus der Plazenta von Schwangeren. Es wirkt ähnlich wie das luteinisierende Hormon: Erhaltung des Gelbkörpers durch Östrogen- und Progesteronbildung im Gelbkörper, Wachstumsförderung in bezug auf Gebärmutter und Milchdrüsen.

Chromatiden: Die Ch. sind die kleinsten funktionellen Längseinheiten eines ↑Chromosoms.

Chromatin: Ch. ist ein Sammelbegriff für die Bausteine des ↑Chromosoms, also für Protein und DNS. Innerhalb eines Chromosoms unterscheidet man nach ihrer Färbbarkeit Abschnitte aus *Euchromatin* und *Heterochromatin*. Die stark färbbaren Abschnitte bezeichnet man als heterochromatisch, die schwach färbbaren als euchromatisch. Im Euchromatin wird RNS synthetisiert, im Heterochromatin sind die Chromosomen stark spiralisiert und weisen neben dem spezifischen Querscheibenmuster der Chromomerenanordnung noch stark anfärbbare Histoneiweiße (zur genetischen Blockade ?) auf.

Chromatophoren (Farbstoffträger):
◊ Ch. sind Zellorganellen im Plasma der Pflanzenzelle, die mit Farbstoffen angereichert sind. Zu ihnen zählen die Chloroplasten und Chromoplasten (↑Plastiden).
◊ Bei manchen Tieren kommen in der Haut Zellen vor, die Farbstoffe enthalten; z. B. bei Krebsen (unter dem Chitinpanzer), bei Tintenfischen, Fischen, Amphibien und Reptilien. Diese Ch. können sich durch die Kontraktion von Muskelzellen mit ihrem Farbstoff stark verbreitern. Sie können aber auch weit verästelt sein. Dann können die Pigmente entweder im Zentrum der Zelle auf kleinem Raum angehäuft liegen oder sich in die Verästelungen hinein ausbreiten, so daß die Haut dunkler wird. Diese Ausbreitung und Zusammenballung der Farbstoffe führt zum physiologischen ↑Farbwechsel der Tiere.

Chromomeren: Wenn sich in der Prophase der ↑Mitose oder ↑Meiose die ↑Chromosomen durch Spiralisierung verkürzen, werden Verdichtungen, die Chromomeren, sichtbar. Früher nahm man an, daß die Ch. mit den ↑Genen identisch seien. Nach neueren Erkenntnissen stellen die Ch. Transkriptionseinheiten (↑Eiweißsynthese) für mehrere Gene dar.
Die Ch. treten in vergleichbaren Teilungsstadien immer an den gleichen Stellen des Chromosoms auf und sind wohl der Beginn weiterer Spiralisierung. Auf diese Weise wird wahrscheinlich immer wieder die gleiche Chromosomenmorphologie hervorgerufen. Homologe Chromosomen stimmen in Lage, Länge und Ort ihrer Ch. überein und paaren sich im ↑Pachytän so, daß die gleichen Ch. nebeneinander zu liegen kommen. Diese dabei auftretenden Chromomerenmuster werden zur Charakterisierung der Chromosomen herangezogen.

Chromonema: Das Ch. ist ein Doppelfaden aus 2 ↑Chromatiden, der in den ↑Chromosomen sichtbar wird, wenn diese sich zu Beginn der ↑Prophase (in ↑Mitose oder ↑Meiose) verkürzen. Es bildet sich während der Interphase durch Verdopplung der DNS.

Chromoplasten: Die Ch. sind Zellorganellen der pflanzlichen Zelle, die durch Karotinoide gelb, orange oder rötlich gefärbt sind. Sie sind in den entsprechend gefärbten Blüten (z.B. beim Stiefmütterchen und bei der Kapuzinerkresse) oder in den Früchten der Tomate und in der Wurzel der Karotte zu finden. Da sie kein Chlorophyll enthalten, sind sie photosynthetisch inaktiv. – ↑auch Plastiden, ↑Chromatophoren.

Chromosomen: Als Ch. bezeichnet man fadenförmige Gebilde im Kern jeder ↑Zelle von Tieren und Pflanzen (nur bei ↑Eukaryonten), die durch Färbung unter dem Mikroskop sichtbar gemacht werden können und aus ↑Nukleinsäuren und Proteinen (↑Eiweiße) bestehen.

Der als Träger der Erbinformation (↑Gene) wichtige chemische Bestandteil ist die Desoxyribonukleinsäure (↑DNS). An diese sind salzartig *Histone* gebunden; das sind Proteine, die reich an basischen ↑Aminosäuren sind wie Arginin und Lysin. In den Spermien werden sie durch *Protamine* ersetzt. Die Funktion der beiden Proteine ist noch ungeklärt. Außerdem gibt es noch ↑Enzyme, die DNS auf- und abbauen. Über die Anordnung der kettenförmigen DNS-Moleküle in den Ch., d.h. über deren Feinbau, existieren bis heute nur Hypothesen.

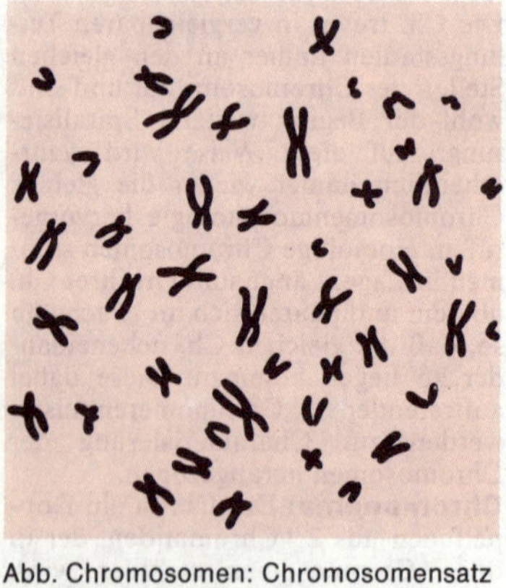

Abb. Chromosomen: Chromosomensatz (diploid) des Menschen

Bakterien und *Blaualgen* (↑Prokaryonten) besitzen keine Ch. Ihre meist kleinere, ringförmige bzw. fadenförmige DNS-Doppelspirale liegt ohne umgebende Histone nackt im Protoplasma (↑Zytoplasma). Vor der Querteilung der Zelle verdoppelt sich der an der Zellwand angeheftete DNS-Strang (↑DNS-Replikation), und die beiden entstandenen Ringe werden auf die beiden Tochterzellen aufgeteilt. Bei Eukaryonten haben die Ch. als Träger der Erbinformation ebenfalls die Fähigkeit, sich auf ähnliche Weise selbst zu verdoppeln.

Für die Verteilung der Ch. auf die Tochterzellen gibt es den Mechanismus der Kernteilung (↑Mitose, ↑Meiose). Während der einzelnen Phasen der Kernteilung durchlaufen die Ch. gesetzmäßige Veränderungen ihrer Gestalt; trotzdem behalten sie über alle Generationen hin ihre Individualität, d.h., jedes Chromosom trägt immer die gleichen Gene, wenn auch andere Allele (↑dagegen Chromosomenaberration).

Während der Zeit der Teilungsruhe (↑Interphase) sind die Ch. stark aufgelockert; im Kern ist nur ein unentwirrbares Knäuel von Fäden zu erkennen (↑Arbeitskern). In der Kernteilungsphase verkürzen und verdichten sich die Ch. durch mehrfache *Spiralisation* (schraubenförmiges Sichaufwickeln) zu deutlich sichtbaren, anfärbbaren Gebilden, die für die verschiedenen Ch. von jeweils charakteristischer Länge (etwa zwischen 1 µm und 30 µm) und Gestalt sind (faden-, stäbchen-, selten kugelförmig). Sie erreichen so in Mitose und Meiose ihre *Transportform,* in der an einem Längsspalt die vorangegangene Verdopplung zu erkennen ist.

Die Längseinheiten (↑Chromatiden) werden bei der Kernteilung voneinander getrennt und exakt auf die beiden Tochterkerne verteilt (↑dagegen Chromosomenanomalie).

CHROMOSOMENABERRATION

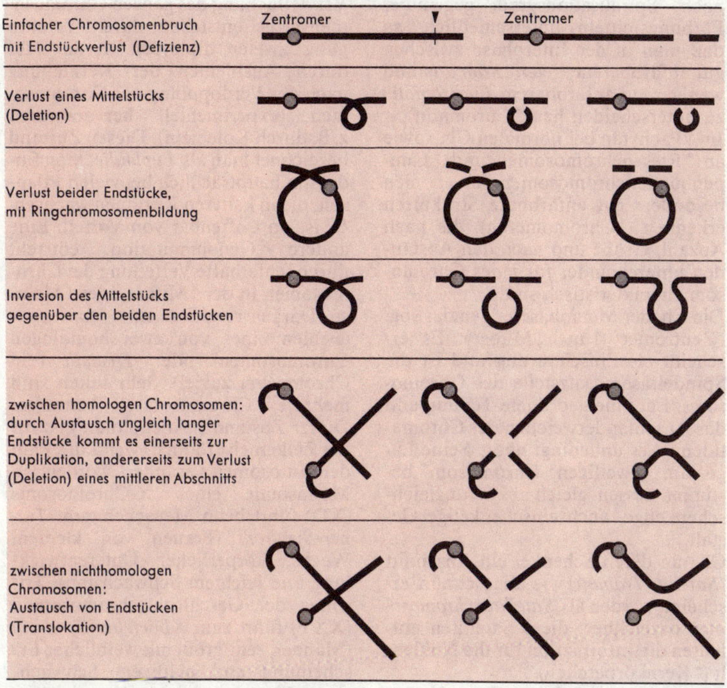

Die Gesamtheit der Ch. eines Kerns bzw. einer Zelle heißt *Chromosomensatz*. Die Zahl der Ch. bei verschiedenen Tier- und Pflanzenarten schwankt zwischen zwei und einigen Hundert (z. B.: Pferdespulwurm 2, Taufliege 8, Mais 20, ein Farn ca. 500). Verwandte Arten haben oft eine ähnliche Chromosomenzahl, z. T. ganzzahlige Vielfache einer Grundzahl *(polyploid)*. Gesetzmäßigkeiten für die Evolution hoher oder niedriger Chromosomenzahlen lassen sich nicht erkennen.

Man unterscheidet *Autosomen* und *Heterosomen* (↑Geschlechtschromosomen). Die (diploiden) *Körperzellen des Menschen* enthalten 46 Ch. (s. Abb.), die sich nach Form und Genbestand in 22 Autosomenpaare (Chromosom 1–22, aufgeteilt in die Gruppen A–G) und ein Paar Geschlechtschromosomen (XX bei der Frau, XY beim Mann) unterteilen lassen. Die in der Meiose entstehenden (haploiden) Keimzellen (Eier, Spermien) enthalten 22 Autosomen und 1 Geschlechtschromosom (X oder Y).

Nach der Vereinigung der Kerne von Ei und Spermium bei der Befruchtung hat die ↑Zygote je ein Chromosom von jedem Elter. Diese beiden einander in Form, Gestalt und Genbestand jeweils entsprechenden Ch. in diploiden Zellen nennt man *homologe Ch.* Sie besitzen meist verschiedene ↑Allele derselben Gene. Homologe Ch. dürfen nicht verwechselt werden mit den ↑Chromatiden, die aus einem Chromosom hervorgegangen und daher vollkommen identisch sind.

Einzelne Chromosomenabschnitte (oder auch ganze Ch.) verhalten sich je nach Spiralisationsgrad gegenüber Färbungsmitteln unterschiedlich, so daß man in der Interphase zwischen gut anfärbbarem *Heterochromatin* und weniger gut anfärbbarem *Euchromatin* zu unterscheiden hat (↑Chromatin). – Im ↑Pachytän bei normalen Ch. sowie an ↑Riesenchromosomen und ↑Lampenbürstenchromosomen lassen sich besonders gut anfärbbare Strukturen erkennen (↑Chromomeren), die nach Anzahl, Größe und nach den Abständen untereinander für jedes Chromosom charakteristisch sind.

Die Ch. der Metaphase zeigen das sog. ↑Zentromer (↑auch Mitose). Es erscheint als Einschnürung und ist die Spindelfaseransatzstelle des Chromosoms. Für eine geordnete Teilung und das Auseinanderweichen der Chromatiden ist es unbedingt nötig. Seine Lage am jeweiligen Chromosom bestimmt dessen gleich- bzw. ungleichschenkelige, auch einschenkelige Gestalt.

Ch., an deren Schenkel ein Abschnitt *(Satellit, Trabant)* wie abgeschnürt erscheint, werden als *Satellitenchromosomen* bezeichnet; diese Satelliten enthalten die Information für die Nukleoli (↑Kernkörperchen).

Chromosomenaberration: Veränderung in der Chromosomenstruktur durch Verlust, Austausch oder Verdopplung eines Chromosomenstückes (s. Abb. S. 89). Eine Ch. entsteht durch (illegitimes) ↑Crossing-over zwischen falschen Abschnitten der ↑Chromosomen. Durch eine Ch. werden die Reihenfolge, die Anzahl oder die Art (bei Austausch zwischen nichthomologen Genen) der Gene auf einem Chromosom verändert. Diese Chromosomenmutationen können spontan entstehen oder durch die üblichen ↑Mutagene (z. B. UV-Licht) ausgelöst werden. – ↑auch Chromosomenanomalien.

Chromosomenanomalien: Bei einer Chromosomenanomalie ist entweder die Chromosomenzahl pro Zellkern (Genommutation) oder die Chromosomenstruktur (↑Chromosomenmutation, ↑Chromosomenaberration) verändert. *Genommutationen* mit einer Vervielfachung des ganzen Chromosomensatzes entstehen durch Vereinigung zweier diploider Kerne oder durch Ausbleiben der Kernteilung nach der Verdopplung der Chromosomen (experimentell hervorzurufen z. B. durch Kolchizin). Diesen Zustand bezeichnet man als *Euploidie*. Man findet ihn hauptsächlich bei vielen Pflanzen, die in kälteren Regionen wachsen. Er ist dort offenbar von Vorteil. Eine andere Genommutation entsteht durch fehlerhafte Verteilung der Chromosomen in der ↑Mitose oder ↑Meiose. Daraus resultiert eine *Monosomie* (Fehlen eines von zwei homologen Chromosomen) oder *Trisomie* (ein Chromosom zuviel). Sehr selten sind mehrere Chromosomen betroffen. Dieser Zustand (↑Aneuploidie) ist für die Zelle meist tödlich, wenn die Zahl der Autosomen verändert worden ist. Monosomie eines X-Chromosoms (XO) führt beim Menschen zum *Turner-Syndrom* (Frauen von kleinem Wuchs, körperlicher Unterentwicklung und leichtem Schwachsinn). Trisomie der Geschlechtschromosomen (XXY) führt zum *Klinefelter-Syndrom* (Männer, sehr groß, mit weiblicher Erscheinung und mäßigem Schwachsinn). Ein oder mehrere Y zuviel wirken sich meist nicht auffällig aus.

Eine relativ häufige und bekannte Störung der Zahl der Autosomen (↑Chromosomen) ist die *Trisomie 21,* bei der das kleine Chromosom Nr. 21 dreimal vorhanden ist. Dies führt zum *Down-Syndrom (Mongolismus;* Schwachsinn, gedrungener Wuchs, rundliche Gesichtszüge u. a.).

Die geschilderten Beispiele sind Ch., die schon früh im Leben eines Organismus oder sogar während der Meiose bei der Bildung der elterlichen Keimzellen auftreten. Ch. erscheinen aber auch später bei der mitotischen Teilung von Körperzellen, allerdings mit weitaus weniger bedeutenden Auswirkungen.

Chromosomenkarte: Graphische Darstellung der Reihenfolge der ↑Gene auf einem ↑Chromosom und ihrer relativen Abstände voneinander. Die Werte für genetische Chromosomenkarten erhält man u. a. aus der Häufigkeit des Faktorenaustauschs zwischen gekoppelten Genen (↑Crossing-over). An ↑Riesenchromosomen lassen sich nach ↑Chromosomenaberrationen auf Grund des veränderten Bandenmusters oder auf Grund von Schleifenbildungen einzelne Gene zytologisch lokalisieren. – Siehe auch Abb. S. 92.

Chromosomenmutation: Die Ch. stellt einen Sonderfall einer ↑Mutation dar. Es treten mikroskopisch sichtbare Veränderungen der Chromosomenstruktur auf; ↑Chromosomenaberration. – ↑auch Chromosomenanomalien.

Chromosomenpaarung: Von Ch. spricht man, wenn sich homologe ↑Chromosomen in der Prophase der ↑Meiose exakt aneinanderlegen. Die Ch. ist Voraussetzung für den Faktorenaustausch (↑Crossing-over).

Chromosomensatz ↑Chromosomen.

Chylus: Die ↑Lymphe der Lymphgefäße in den Darmeingeweiden. Sie ist bei der Verdauung fettreicher Speisen durch Fetttröpfchen getrübt, sonst von gleicher Beschaffenheit wie normale Lymphe und wird auch wie diese durch den Milch-Brust-Gang zum Blut zurückgeführt.

Chymus: Der im Mund zerkleinerte und vom Mundspeichel vorverdaute saure Speisebrei im Magen (pH 3–4); der Einfachheit halber bezeichnet man auch den im Darm befindlichen Speisebrei als Chymus.

Cistron: Meistens werden die Begriffe C. und ↑Gen mit der gleichen Bedeutung verwendet. – Als C. bezeichnet man im übrigen den Abschnitt eines Ribonukleinsäure- oder Desoxyribonukleinsäurefadens, der die Information für die Synthese eines Polypeptids (↑Peptide) enthält.

Citratzyklus svw. ↑Zitronensäurezyklus.

Clitoris ↑Klitoris.

Codein ↑Kodein.

Codon (Kodon) ↑Triplett.

Coffein ↑Koffein.

Coitus interruptus: Von C. i. spricht man, wenn der Mann beim Geschlechtsakt sein Glied kurz vor dem Samenerguß aus der Scheide der Partnerin herauszieht. Diese Form der ↑Empfängnisverhütung ist sehr unsicher.

Colchicin ↑Kolchizin.

Columella:

◊ Säulenartige, sterile Verlängerung des Stiels der Sporangien bei Schleimpilzen.

◊ Zentrale Gewebesäule der Sporenkapsel bei Laubmoosen. Hier dient die C. als Nährstoffleiter und Wasserspeicher für die sich entwickelnden Sporen.

◊ Senkrechte, säulenartige Erhebung im Kalkskelett der Korallentiere.

◊ Schalleitendes Knöchelchen (wird bei den Säugetieren und Menschen zum Steigbügel) im Mittelohr (↑Ohr).

Corium ↑Lederhaut.

Cornea ↑Hornhaut.

Corpora allata: Insekten besitzen zu beiden Seiten des Rückengefäßes in der Schlundregion ein Paar rundliche Hormondrüsen. Diese C. a. können sekundär durch Vereinigung unpaarig geworden sein. Sie sind mit den *Corpora cardiaca* durch ein Nervenpaar verbunden. Die C. a. erzeugen das sog. *Juvenilhormon,* welches das Larvenwachstum fördert und die Ausbildung von Merkmalen der ↑Imago hemmt. Der Einfluß der C. a. nimmt von Häutung zu Häutung ab.

Cortex (Kortex) ↑Gehirn, ↑Rinde.

Corticoide (Kortikoide) ↑Nebennierenhormone.

Corticotropin (Kortikotropin) ↑Hypophysenhormone.

Corti-Organ: Die Schallschwingungen aufnehmendes Organ im Innenohr; ↑Ohr.

Cortison ↑Kortison.

Cowper-Drüsen: Beim Mann liegt ein Paar erbsengroßer Drüsen beiderseits der Harnröhre in der Muskulatur des Beckenbodens. Der 3–5 cm lange Ausführungsgang dieser C.-D. mündet in die Harnröhre. Ihr fadenziehendes, schwach basisches Sekret neutralisiert

Harnreste und bereitet den Samenzellen den Weg.

Cristae:

◊ Als C. bezeichnet man kamm- oder kielartige Erhebungen im Außenskelett der Gliederfüßer oder an den Knochen der Wirbeltiere. Sie dienen in der Regel als Muskelansatzstelle. Beispiel: *Crista sagittalis (Scheitelkamm)* auf dem Schädel des Gorillas und anderer Säuger oder *Crista sterni (Brustbeinkamm)* als Ansatzstelle der Flugmuskeln bei den meisten Vögeln.

◊ Eine Form der ↑Mitochondrien hat die innere Membran faltenförmig eingestülpt. Diese Einstülpungen nennt man Cristae. Sie enthalten die Enzyme der Atmungskette.

Crossing-over (Cross-over, Faktorenaustausch): Das C.-o. ist ein Stückaustausch zwischen ↑Chromatiden homologer ↑Chromosomen, der in der ersten Prophase der ↑Meiose stattfindet. Vor dem eigentlichen Austausch treten an identischen Stellen Brüche in den Chromatiden auf; nach Überkreuzung (↑Chiasma) verheilen die Bruchenden miteinander, so daß das väterliche Chromosom ein mütterliches Chromatidenstück trägt und umgekehrt. Dadurch werden Gene neu kombiniert (↑Rekombination). Die Überkreuzung tritt als Zufallsereignis mit gleicher Wahrscheinlichkeit an beliebigen Stellen des Chromosoms auf. Daher ist die Häufigkeit des Crossing-over zwischen zwei Genen als Maß für ihren Abstand voneinander zu benutzen (↑Chromosomenkarte).

Cupula: Gallertkörper auf den Sinneshaaren im Bereich der Bogengänge des Innenohrs; ↑Ohr.

Cytochrome ↑Zytochrome.

Cytosin ↑Zytosin.

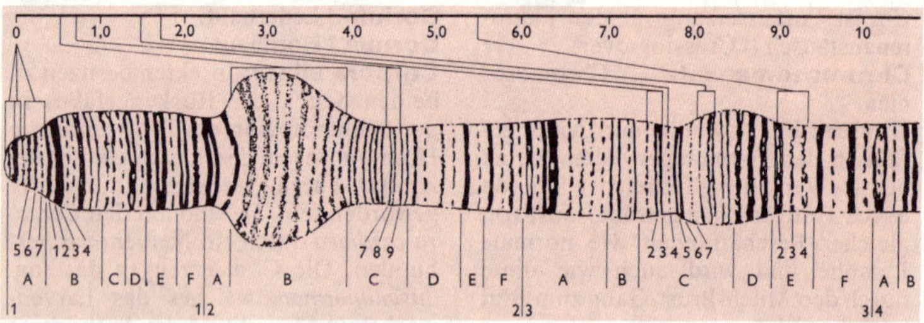

Abb. Chromosomenkarte: Zytologische Chromosomenkarte eines Endabschnitts des X-Chromosoms (Riesenchromosom) aus einer Speicheldrüsenzelle der Taufliege mit der topographischen Einteilung und mit Angabe der Bereiche (oben), innerhalb deren die Rekombinationswerte aus der diesem Chromosom entsprechenden genetischen Chromosomenkarte liegen müssen. Die dunklen Bänder stellen die Chromomeren dar

D

dämmerungsaktiv: Dämmerungsaktive Tiere haben besonders leistungsfähige Augen, damit sie auch bei geringer Lichtstärke noch ausreichend sehen können. Orientierungshilfe bieten meist noch gut entwickelte Tastsinnes- und Gehörorgane. Typische Vertreter einheimischer dämmerungsaktiver Tiere sind Mäuse, Ratten und Kaninchen.

Darm: Das Stück des Verdauungskanals (↑Darmkanal), das vom Magen bis zum After reicht. Bei niederen Tieren ist der D. oft ein glattes, durchgängiges Rohr. Er ist bei fleischfressenden höheren Tieren weniger, bei Pflanzenfressern stärker gewunden.

Darmbakterien ↑Darmflora.

Darmentleerung svw. ↑Stuhlgang.

Darmfauna: Als D. bezeichnet man die im Darm mancher Tierarten regelmäßig vorkommenden tierischen Organismen (z. B. Panseninfusorien im ↑Wiederkäuermagen). – Die tierischen Darmparasiten (z. B. Bandwürmer, Fadenwürmer, parasitische Einzeller) sind keine ständigen Vertreter einer bestimmten Darmfauna.

Darmflora: Die D. besiedelt v. a. den Dickdarm und besteht aus Pilzen und v. a. Bakterien, die meist verschiedenen Arten angehören. Als Darmbakterium bekannt ist ↑Escherichia coli.
Die Zusammensetzung der D. wird von der Art der Nahrung bestimmt. Säuglinge haben z. B. fast nur milchverdauende Bakterien.
Die wichtigsten Funktionen der D. sind die Lieferung der Vitamine B_{12} und K, die Unterdrückung von Krankheitserregern (z. B. Cholera, Ruhr) durch Konkurrenz und die Hilfe beim Aufspalten mancher Nahrungsbestandteile (z. B. Zellulose).

Darmkanal (Darmtrakt): Mehrzellige Tiere haben ein Verdauungssystem entwickelt, das aufgenommene Nahrung zerkleinert und umwandelt. Dieses Darmsystem geht entwicklungsgeschichtlich zum größten Teil aus dem inneren Keimblatt (Entoderm) des Becherkeims (Gastrula) hervor (↑Urdarm).
Einen afterlosen D. besitzen die *Strudel-* und *Saugwürmer*. Sie scheiden Unverdauliches durch den Mund wieder aus, der bei den Strudelwürmern auf dem Bauch liegt. Von ihm aus ziehen ein Darmast nach vorn und zwei oft reich verzweigte Darmäste nach hinten *(= Gastrovaskularsystem).*
Alle *Tiere höherer Entwicklungsstufe* haben einen durchgängigen Darmkanal. Sein vorderer und hinterer Abschnitt gehen aus dem Ektoderm, sein mittlerer aus dem Entoderm hervor. Der vordere Bereich ist so gestaltet, daß er die Nahrung ergreifen, zerkleinern und vorverdauen kann. Im mittleren Bereich wird die Nahrung in einfachere Bausteine gespalten, die hier auch resorbiert (aufgenommen) werden. Im Enddarm wird Wasser resorbiert und der unverdauliche Rest des

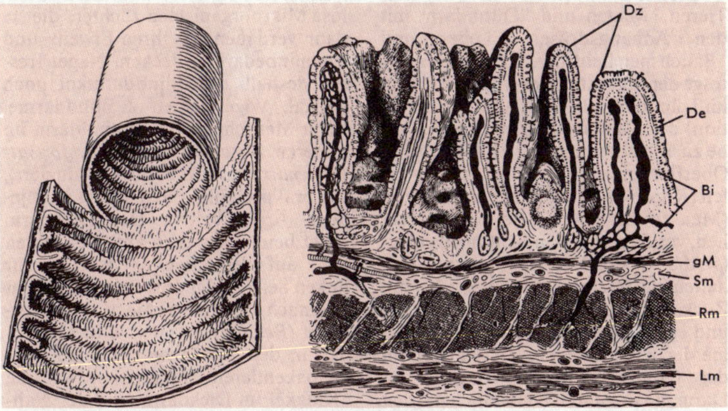

Abb. Darmkanal: Eröffnetes Dünndarmrohr (links) und Schnitt (rechts) durch die mehrschichtige Dünndarmwand mit den Darmzotten; Bi Bindegewebe, De Darmepithel, Dz Darmzotten, gM Schicht glatter Muskelfasern (ebenfalls in den Darmzotten verlaufend), Lm Längsmuskelschicht, Rm Ringmuskelschicht, Sm Unterschleimhaut (Submukosa, blutgefäßreich)

Nahrungsbreis gesammelt, bevor er dann durch den After ausgeschieden wird.
Die *Darmwand* besteht bei höheren Tieren aus dem einschichtigen *Darmepithel* und einer bindegewebigen Zwischenschicht, die gemeinsam die *Darmschleimhaut (Mukosa)* bilden, sowie einer äußeren *Muskelschicht* mit Ring- und Längsmuskeln. Diese „schaukeln" den Nahrungsbrei in einzelnen Darmabschnitten hin und her und bewegen ihn durch wellenförmige Kontraktionen, die von vorn nach hinten laufen, weiter (↑auch Darmperistaltik).
Der *Vorderdarm* wird zum *Mund* mit Zähnen, Zunge und ↑Speicheldrüsen. Letztere können zu Giftdrüsen (z. B. bei Spinnen und Insekten) oder Spinndrüsen (Schmetterlingsraupen) umgewandelt sein. An den Mund schließt sich die ↑Speiseröhre an, welche die Nahrung in den Magen bringt. Bei einigen Vögeln z. B. hat sich die Speiseröhre zum Kropf erweitert und nimmt dadurch an der Verdauung teil. Einige Insekten besitzen einen Vor-, Kau- bzw. Saugmagen als Bildung des Vorderdarms.
Zum *Mitteldarm* gehören bei höheren Tieren ↑Magen und ↑Dünndarm mit den Anhangsdrüsen ↑Leber und ↑Bauchspeicheldrüse. Im ↑Magen erfolgt der Hauptteil der Vorverdauung, im Dünndarm die Aufnahme (Resorption) der Nährstoffe. Um diese Aufgabe zu erleichtern, ist der *Dünndarm* zur Oberflächenvergrößerung mit Spiralen (Knorpelfische), Falten und Zotten (Mensch: bis 3000 Zotten/cm^2) versehen, verlängert und in Schlingen gelegt (s. Abb. S. 93). Die ↑Darmzotten enthalten ein reiches Kapillarnetz für die Zucker- und Aminosäureresorption und eine Lymphkapillare zur Aufnahme der Fette. Niedere Tiere haben an der Grenze zwischen Magen und Darm die recht unterschiedlich großen *Mitteldarmdrüsen.* Bei Krebsen übernehmen sie die Verdauung und Resorption allein. Der *Mitteldarm der Insekten* ist ein weites, ungegliedertes Rohr. Sein Epithel besitzt keine Schleimdrüsen. Deshalb wird der Nahrungsbrei von spezialisierten Zellen in einer Membran verpackt.
Bei *Wirbeltieren* und beim *Menschen* wird der Teil des Darmkanals zwischen Magen und After ↑Darm genannt. Der Nahrungsbrei gelangt beim Menschen vom Magen durch den Pförtner in den *Zwölffingerdarm.* Hier münden die Ausführungsgänge von Leber und Bauchspeicheldrüse. Ihre Sekrete setzen die im Mund und Magen begonnene ↑Verdauung fort. Im anschließenden *Dünndarm* erfolgt durch den ↑Darmsaft die Endverdauung. Hier werden dem Nahrungsbrei die Nährstoffe entzogen und dem Blut (Zucker und Aminosäuren) oder der Lymphe (Fette) übergeben. Die Darmauskleidung wird durch die Verdauungssäfte so stark beansprucht, daß sie im Laufe von 1–2 Tagen völlig erneuert werden muß.
Der Dünndarm mündet etwas seitlich in den *Dickdarm* (beim Menschen ca. 1,5–2 m lang, Grimmdarm, Kolon), so daß ein blinder Abschnitt des Dickdarms, der *Blinddarm,* entsteht. Dieser ist bei Nagern und Pflanzenfressern besonders groß (Pferd: 90 l Inhalt), weil sie auf der unverdaulichen Zellulose Mikroorganismen züchten, die sie dann verdauen, um ihren Eiweiß- und Vitaminbedarf zu decken. Nager fressen deshalb den Blinddarmkot noch einmal. Vögel haben 2 Blinddärme. Beim Menschen ist der Blinddarm im hinteren Abschnitt zum *Wurmfortsatz (Appendix)* zurückgebildet (reduziert), der praktisch ohne Bedeutung ist (↑jedoch Appendizitis). Der Dickdarm steigt beim Menschen auf der rechten Seite auf, verläuft dann quer bis zur linken Seite, steigt dort ab und krümmt sich nach hinten, wo er sich zum *Mastdarm (Rektum)* erweitert und schließlich in den *After (Anus)* mündet. Bei ↑Kloakentieren mündet er in die ↑Kloake. Im Dickdarm wird der Nahrungsrest durch Wasserentzug eingedickt, im Mastdarm gesammelt und durch den After ausgeschieden. Bakterien im Dickdarm entwickeln bei der Vergärung von unverdauten Pflanzen-

zellen die giftigen Gase Ammoniak und Schwefelwasserstoff und das ungiftige Methan.
Der D. ist bei Fleischfressern kurz, bei Pflanzenfressern sehr lang. – Der Enddarm von Seewalzen ist in das umliegende Gewebe eingestülpt und bildet sog. *Wasserlungen* als Atmungsorgan.

Darmlymphe svw. ↑Chylus.

Darmparasiten: D. sind Endoparasiten (↑Parasiten), die besonders an das Leben im sauerstoffarmen Darmrohr angepaßt sind. Sie leben anaerob im Nahrungsbrei. Daher verbrauchen sie große Nahrungsmengen und scheiden unvollständig abgebaute, giftige Stoffwechselprodukte aus. Bekannte Vertreter der D. sind ↑Bandwürmer und ↑Fadenwürmer.

Darmperistaltik: Der Darm ist während der Verdauungsarbeit in ständiger Bewegung: Längsmuskeln erweitern sein Volumen, Ringmuskeln verengen es. Das Zusammenspiel dieser Muskeln „schaukelt" den Nahrungsbrei in einzelnen Bereichen hin und her und bewegt ihn in Richtung After weiter. – ↑auch Peristaltik.

Darmsaft: Die vom Darm abgegebene Flüssigkeit mit Verdauungsenzymen. Sie vollzieht die Endverdauung (↑Verdauung). Die Peptidasen des Darmsafts spalten Polypeptide in Aminosäuren, die Maltase zerlegt Malzzucker in Traubenzucker, Saccharase baut Rohrzucker zu Fruchtzucker und Traubenzucker ab, Galaktosidase spaltet Milchzucker in Galaktose und Traubenzucker, und die Lipase zerlegt einen Teil der Neutralfette in Glyzerin und Fettsäuren.

Darmtrakt svw. ↑Darmkanal.

Darmzotten: Der ↑Dünndarm (↑auch Darmkanal) trägt auf seiner faltigen Oberfläche sehr viele, etwa 1 mm lange Zotten (bis zu 3 000 je cm^2). Diese D. verleihen seiner Schleimhaut ein samtartiges Aussehen und vergrößern seine Oberfläche sehr stark. Im Innern sind die D. von einem Kapillarnetz durchzogen, das Zucker und Aminosäuren aufnimmt. Außerdem enthalten sie eine Lymphkapillare, die das resorbierte Fett wegführt. Die D. ziehen sich rhythmisch zusammen und pressen dabei die Kapillaren leer.

Darwinismus: Von Ch. R. Darwin (1809–1882) mit seinem 1859 erschienenen grundlegenden Werk „On the origin of species by means of natural selection, or preservation of favoured races in the struggle for life" begründete Theorie, die die wissenschaftlichen Argumente für die ↑Deszendenztheorie lieferte und dieser zu weltweiter Anerkennung verhalf. Die prinzipiellen Überlegungen Darwins, auf denen die von ihm erstellte *Selektionstheorie* beruht, sind folgende:
1. Die Lebewesen auf der Erde produzieren eine gewaltige Menge an Nachkommen; davon müssen viele vor Erlangung der Geschlechtsreife zugrunde gehen.
2. Die Nachkommen der Lebewesen weisen Unterschiede auf, die sich manchmal positiv, manchmal negativ auswirken; manche dieser Variationen sind erblich. Die Gründe für die Erblichkeit hat man erst später erkannt. Es sind die Mutationen und die Neuverteilung der Gene (↑Rekombination der Gene), wie sie die Mendel-Regeln lehren und wie es der im Verlauf der ↑Meiose erfolgende Faktorenaustausch (↑Crossing-over) bewirkt.
3. Im ständigen Konkurrenzkampf *(struggle for life, Kampf ums Dasein)* bleiben diejenigen Individuen am Leben und können sich vermehren, die besser an die jeweils herrschenden Bedingungen angepaßt, d. h. den anderen überlegen sind. Es kommt zu einer (natürlichen) *Auslese (Selektion)* unter den Individuen einer Population.
4. Durch räumliche (geographische) Barrieren (z. B. Wasserflächen, Gebirgsketten, nahrungsarme Zonen) zwischen verschiedenen Populationen einer Art kann sich deren Erbgut nicht mehr mischen. Eine solche *Isolation* führt dementsprechend zu isolierten Entwicklungsabläufen. Es bilden sich besondere Rassen aus, die zu neuen, nicht mehr untereinander fortpflanzungsfähigen Arten werden können.
5. Im Verlauf der Weiterentwicklung der Lebewesen kann auch der *Zufall*

Bedeutung erlangen. So können rein zufällige Ereignisse, wie z. B. ein Steppenbrand oder ein Vulkanausbruch, das biologische Gleichgewicht innerhalb eines bestimmten Lebensraums erheblich stören. Die Population kann schwere Verluste erleiden; kleine Populationen können mit ihrem spezifischen Genbestand sogar völlig vernichtet werden, während nach Ausschaltung der Konkurrenten andere Arten in ihrer Ausbreitung sehr begünstigt sein können.

Es waren verschiedene Umstände, die Darwin den Anstoß zu seiner Selektionstheorie gaben: 1. Von seinem Großvater E. Darwin (1731–1802) hatte er bereits evolutionistisches Denken übermittelt bekommen. – 2. Darwin kannte die Schrift des britischen Nationalökonomen und Sozialphilosophen Th. R. Malthus (1766–1834), die aufzeigt, daß durch den ungeheuren Geburtenüberschuß aller Lebewesen (wobei er v. a. vom Menschen ausging) bald eine Übervölkerung der Erde eintreten muß, wenn die Vermehrungsrate nicht in Grenzen gehalten wird. – 3. Darwin kannte viele Tierzüchter und lernte so die Variabilität unter den erzüchteten Tieren kennen, wobei der Züchter eine Zuchtwahl *(künstliche Auslese, künstliche Selektion)* betreibt. – 4. Darwin unternahm mit dem Schiff „Beagle" eine vierjährige Forschungsreise um die Welt und konnte dabei wichtige Beobachtungen sammeln, z. B. über die verschiedenen Varietäten des sog. Darwin-Finken auf den einzelnen Galapagos-Inseln.

Einer der eifrigsten Verfechter des D., unter Einbeziehung des Menschen, war E. Haeckel (1834–1919). Er stellte das ↑biogenetische Grundgesetz auf und ist der Begründer eines natürlichen Systems der Tiere (↑Systematik). Der heutige *Neodarwinismus* hat den ursprüngl. D. weiter ausgebaut und neben den Selektionsfaktoren v. a. die Veränderungen des Erbguts durch ↑Mutationen und durch die Rekombination der Gene als die entscheidenden Evolutionsfaktoren erkannt. Lamarckistische bzw. neolamarckistische Gedanken werden dabei entschieden abgelehnt.

Dauereier (Latenzeier): Manche Tiere (Rädertierchen, Strudelwürmer, Wasserflöhe) können als Anpassung an besonders ungünstige Umweltbedingungen hartschalige D. und u. U. auch weichschalige Sommereier *(Subitaneier)* bilden. Die D. der Salinenkrebse vermögen jahrelang in völliger Trockenheit zu überdauern. – ↑auch Dauerformen.

Dauerformen: Zur Überbrückung klimatisch ungünstiger Bedingungen können viele Pflanzen und Tiere D. bilden, die ihre Stoffwechseltätigkeit weitgehend einschränken. Alle diese D. bestehen nur aus einer oder wenigen Zellen. In *Schwämmen* wandern in Trockenzeiten oder im Winter bestimmte Zellen zu einem Zellklumpen zusammen, der von einer festen Schicht umgeben wird. In günstigen Zeiten entwickeln sich aus diesen *Gemmulae* genannten Brutkapseln neue Schwämme, oder die Zellen besiedeln das alte, tote Körpergerüst erneut. Rädertierchen, Strudelwürmer, Wasserflöhe u. a. legen für die ungünstige Zeit hartschalige ↑Dauereier.

Bestimmte Bakterien, Einzeller und auch andere Kleinsttiere können sich bei Trockenheit oder Nahrungsmangel oder aus anderen Anlässen mit einer festen Hülle umgeben und *Zysten* bilden. Unter günstigen Bedingungen reißt die Zyste auf, und das Tier schlüpft heraus.

Bakterien, Algen, Pilze, Moose und Farne bilden aus Einzelzellen *Sporen* aus, die ebenfalls als D. fungieren. Solche Bakteriensporen *(Dauersporen)* können bis über 300 Jahre, vielleicht sogar bis 1 000 Jahre überleben.

Dauergewebe: Pflanzliche Zellen, die ihre Fähigkeit zur Zellteilung verloren haben, bilden Dauergewebe. Sie gehen aus Bildungsgeweben (Meristeme) durch Zellteilung hervor und differenzieren sich während ihres Wachstums. Von Meristemzellen unterscheiden sie sich durch Größe, Form und Wandstruktur, den nur noch wandständigen Plasmabelag und das Vorhandensein von Vakuolen (z. B. Palisadenzellen im Blatt). Zellen des Dauergewebes können auch abgestorben sein (z. B. Holz, Kork).

Dauersporen ↑Dauerformen.

Daunen ↑Dunen.

DDT (Abkürzung für: **D**ichlor**d**iphenyl**t**richloräthan): DDT ist ein Berührungs- und Fraßgift zur Bekämpfung von Insekten. Es wurde erfolgreich gegen Krankheitsüberträger (v. a. die Malariamücke) und Fraßschädlinge eingesetzt.
Für größere Lebewesen (Mensch, Säuger) ist DDT in kleinen Dosen wenig giftig. Da es aber eine sehr stabile Verbindung darstellt, bleibt es über Jahre erhalten, kann im Körperfett der Tiere gespeichert werden und reichert sich im Verlauf einer ↑Nahrungskette in deren letzten Gliedern besonders an. Daher ist die Verwendung von DDT in den meisten Ländern verboten; seine Herstellung und Anwendung in der BR Deutschland ist seit 1976 gesetzlich verboten.

Decarboxylierung (Dekarboxylierung): Unter D. versteht man die Abspaltung von CO_2 aus der Carboxylgruppe mit Hilfe des Enzyms Decarboxylase. Die D. spielt eine wichtige Rolle bei den Stoffwechselvorgängen. So entsteht im ↑Zitronensäurezyklus durch D. die Hauptmenge an CO_2. Etwa zwei Drittel des anfallenden Kohlendioxids, der Kohlenhydrate sowie das gesamte CO_2 der Fettsäuren entstammen der Decarboxylierung.
Einer der wichtigsten Decarboxylierungsschritte ist die *oxidative D.* der Brenztraubensäure zu Acetyl-Koenzym A. Er spielt sowohl für den Abbau der Kohlenhydrate als auch für den Abbau einer Reihe von Aminosäuren eine Rolle. Eine CO_2-Bildung durch D. findet auch beim Abbau der ↑Aminosäuren zu Aminen und bei der Pyrimidinbildung statt.
Durch D. entsteht bei der ↑alkoholischen Gärung aus Brenztraubensäure der Wasserstoffakzeptor Acetaldehyd. – Das durch die D. freiwerdende CO_2 ist für die tierische Zelle nicht mehr verwertbar, sondern wird als Stoffwechselendprodukt ausgeschieden. Die pflanzliche Zelle dagegen kann dieses CO_2 für neue aufbauende Prozesse nutzen (↑Photosynthese).

Deckfedern: Als D. werden kurze Federn im Vogelgefieder bezeichnet, die eine mehr oder minder glatte „Decke" um den Vogelkörper bilden.

Deckgewebe (Epithel, Deckepithel): D. bilden flächige, in sich geschlossene Zellverbände, die Körperoberflächen bedecken oder Körperhohlräume auskleiden. Sie haben keine Interzellularen.
Nach der Strukturierung lassen sich die folgenden Formen unterscheiden: Aus *einschichtigem D.* besteht bei Wirbellosen die Epidermis (Oberhaut), bei Wirbeltieren z. B. die Darmauskleidung. Dabei sind alle Zellen etwa gleich groß und berühren die ↑Basalmembran. – Im *mehrreihigen D.* berühren alle Zellen die Basalmembran, nicht alle erreichen jedoch die Oberfläche. Dadurch liegen die Zellkerne in unterschiedlichen Schichten; trotzdem sind diese D. einschichtig. Sie kleiden bei Säugern die Atemwege aus. – *Mehrschichtige D.* werden von mehreren Zellschichten gebildet. Bei Wirbeltieren bauen sie die Epidermis auf. Dort sind die obersten Zellschichten verhornt. Sie kleiden außerdem Mundhöhle, Speiseröhre, After und Scheide aus.
Nach der Form der Zellen unterscheidet man folgende Arten: Das *Plattenepithel* wird aus flachen, plattenförmigen Zellen aufgebaut. Es kleidet Blut- und Lymphgefäße aus *(Endothel)* und ist das D. von Bauch- und Brustfell. – Zum *Pflasterepithel* schließen sich würfelförmige Zellen zusammen. Die Nierenkanälchen sind damit ausgekleidet. Bei Wirbellosen bildet es die Epidermis. – Das *Zylinderepithel* wird von langen, quaderförmigen Zellen gebildet. Das Innere des Magen-Darm-Kanals der meisten Tiere und der Gebärmutter der Säuger ist damit belegt.
Von der Funktion her lassen sich folgende Deckgewebe unterscheiden: Die Zellen der *Flimmerepithelien* tragen Geißeln, die entweder einen Flüs-

sigkeitsstrom erzeugen (Epithel der Bronchien und Eileiter) oder, außen am Körper angebracht, der Fortbewegung dienen (Rippenquallen, Strudelwürmer). – *Drüsenepithelien* besitzen Zellen mit besonders stark entwickeltem ↑endoplasmatischem Retikulum und starker Sekretausscheidung. – *Resorbierende Epithelien* dienen der Stoffaufnahme. Dieser Aufgabe sind sie durch eine stark gegliederte Oberfläche (Mikrovilli) angepaßt. Man findet sie z. B. im Dünndarm und in den Nierenkanälchen. Außenliegende D. scheiden besonders bei Innenparasiten (Würmern) und Gliederfüßern nach außen die ↑Kutikula ab.

Deckhaar: Das ↑Haarkleid von Säugern wird außen vom D. abgeschlossen. Es besteht in der Regel aus langen *Grannenhaaren,* die über die *Wollhaare* hinausragen, und den steifen, tastempfindlichen *Leithaaren.*

Deckknochen (Hautknochen): Diese ↑Knochen entstehen direkt aus skelettbildenden Zellen der Haut (z. B. der größte Teil des Schädeldachs), während bei der Bildung von *Ersatzknochen* embryonal zunächst knorpelige „Platzhalter" entstehen, die später durch Knochen ersetzt werden.

Degeneration: Als D. bezeichnet man die Abweichung von der Norm im Sinne einer Verschlechterung in der Leistungsfähigkeit und im Erscheinungsbild eines Lebewesens, von Organen, Geweben oder Zellen. Die D. kann beruhen auf ↑Mutationen, ↑Inzucht (z. B. Anfälligkeit gegenüber Krankheiten), ↑Domestikation (z. B. Verlust natürlicher Verhaltensweisen) oder Abbauerscheinungen (durch natürlichen Verschleiß, Nichtgebrauch bestimmter Organe).

Dehydrasen (Dehydrogenasen): Die D. bilden die am besten bekannte und umfangreichste Enzymgruppe mit rund 200 Vertretern. Da sie eine der wichtigsten Reaktionen, die ↑Dehydrierung, steuern, sind sie v. a. im Hyaloplasma aller Zellen (↑Zytoplasma) zu finden. Sie katalysieren nicht nur die Wasserstoffübertragung in der ↑Atmungskette, sondern auch die Oxidation der Substrate und ermöglichen zahlreiche Wechselbeziehungen im Zwischenstoffwechsel.
Die D. sind Vermittler (Apoenzyme) zwischen einem Wasserstoffdonator (Substrat) und einem Wasserstoffakzeptor (Koenzym), d. h., sie müssen für jeden von beiden ein aktives Zentrum besitzen. Hinsichtlich ihrer Koenzyme sind die D. äußerst einseitig. Die meisten D. übertragen den abgespaltenen Wasserstoff auf NAD und NADP, wobei hier allerdings eine hohe Stereospezifität vorliegt. So kann man die D. in zwei Gruppen einteilen, je nachdem ob sie NAD oder NADP als H_2-Akzeptor bevorzugen; dabei können auch zwei Enzyme mit verschiedenen Koenzymen die Reaktion am gleichen Substrat katalysieren.
Welche Dehydrase mit ihrem Koenzym welches Substrat angreift, hängt nach der heutigen Erkenntnis damit zusammen, wo sie in der Zelle lokalisiert sind. So kommt NAD vorwiegend im Hyaloplasma, NADP und ein NAD dagegen in den Mitochondrien vor. Ganz allgemein kann man annehmen, daß NAD vorwiegend im oxidativen Abbau eine Rolle spielt, während NADP in den reduktiven Aufbauwegen mitwirkt.

Dehydrierung: Unter D. versteht man den Entzug von Wasserstoff (H_2), d. h. von zwei Protonen und zwei Elektronen. Dabei wird häufig der eine Wasserstoff gemeinsam mit dem Elektronenpaar als $H^{\ominus}$, der zweite als $H^{\oplus}$ abgegeben. Diese Reaktion wird von den ↑Dehydrasen katalysiert, die gleichzeitig die Übertragung des Was-

Abb. Demutsgebärde: Der Hund macht sich durch Zusammenkrümmen kleiner und bietet seine Kehle dar

serstoffmoleküls (H_2) auf Koenzyme wie NAD^+ oder $NADP^+$ steuern. Die H_2-Abgabe aus den Substraten ist stets der erste Schritt der biologischen Oxidation. Grundsätzlich lassen sich 3 Grundtypen der D. unterscheiden:
1. D. von gesättigten zu ungesättigten Verbindungen, wobei Doppelbindungen entstehen; z. B. der Reaktionsschritt von der Bernsteinsäure zur Fumarsäure im Zitronensäurezyklus. – 2. Die D. von Alkoholen zu Aldehyden (↑Essigsäuregärung). – 3. Der Übergang von den Aldehyden zu den Carbonsäuren. Bei dieser Reaktion erfolgt zunächst eine Hydratisierung (Wasseranlagerung) des Aldehyds und eine anschließende D. (↑Essigsäuregärung).
Die D. spielt in den Stoffwechselprozessen der Zelle eine bedeutende Rolle (↑Atmungskette, ↑Glykolyse, ↑Zitronensäurezyklus).

Dekarboxylierung ↑Decarboxylierung.

dekussiert ↑Blattstellung.

Deletion: Eine ↑Chromosomenaberration, bei der ein Stück aus der Mitte oder am Ende des Chromosoms bzw. einer Halbchromatide verlorengegangen ist.

Demutsgebärde: Die D. verhindert im Rivalenkampf als ↑Schlüsselreiz besonders bei wehrhaften Tieren ernsthafte Schädigungen des Artgenossen. Viele Fische legen z. B. ihre Flossen an, um kleiner zu erscheinen; Wölfe und Hunde bieten dem überlegenen Gegner die ungeschützte Kehle dar (s. Abb.) oder legen sich wie Jungtiere auf den Rücken. – ↑auch Beschwichtigungsgebärde.

Dendriten: Unter D. versteht man die kurzen, stark verzweigten Fortsätze einer ↑Nervenzelle.

Denitrifikation: D. ist eine Reduktion von Nitraten zu Ammoniak oder bis zum freien Stickstoff. An der D. sind Bakterien wesentlich beteiligt. Sie spielt im Stickstoffkreislauf der Natur eine Rolle.

Dentin svw. ↑Zahnbein.

Depolarisation: D. ist die Abnahme des Membranpotentials unter den Ruhewert, das Ruhepotential (↑Membranpotential). Erreicht die D. einen bestimmten Spannungswert *(Schwellenwert),* so wird ein ↑Aktionspotential ausgelöst. Bei einer Zunahme des Membranpotentials über den Ruhewert spricht man dagegen von einer *Hyperpolarisation*. Bei ihr ist die Auslösung eines Aktionspotentials erschwert.

Desinfektion: Unter D. versteht man Maßnahmen zur Abtötung oder Behinderung des Wachstums von schädlichen Mikroorganismen oder von krankheitsübertragenden Kleinlebewesen wie Läusen, Wanzen usw.
Die gebräuchlichste Art der D. ist die Anwendung geeigneter *Chemikalien* (z. B. Chlorkalk, Wasserstoffperoxid, Kaliumpermanganat, Ozon oder Schwefeldioxid). Auch ↑Sulfonamide, ↑Antibiotika und Quecksilberverbindungen werden verwendet sowie Äthanol in mittleren Konzentrationen (30- bis 40%ig) und Phenolverbindungen.
Als *physikalische Methoden* bieten sich große Hitze, Bestrahlung mit ultraviolettem Licht oder Ultraschall an.

Desoxyribonukleinsäure ↑DNS.

Destruenten: Die D. bilden das letzte Glied einer ↑Nahrungskette. Die Gruppe der D. besteht aus Bakterien, Pilzen und vielen bodenbewohnenden Tieren. Sie alle bauen organisches Material schließlich zu anorganischen Stoffen ab *(Reduzenten),* die so den Pflanzen (als ↑Produzenten) wieder zur Verfügung gestellt werden.

Deszendenztheorie (Abstammungslehre): Die D. besagt, daß alle heutigen Lebewesen aus früheren Lebewesen hervorgegangen sind. Die D. schließt auch den Gedanken an eine Weiter- und Höherentwicklung *(Evolution)* der Lebewesen ein, d. h. also die Annahme, daß die heutigen unterschiedlichen Pflanzen- und Tierarten und auch der Mensch im Verlauf der erdgeschichtlichen Entwicklung aus sehr einfach organisierten, primitiven Vorfahren entstanden sind *(Evolutionstheorie).* Über die Entstehung des Lebens selbst vermag die D. nichts auszusagen.

Die D. steht im Gegensatz zur Vorstellung von der Unveränderlichkeit bzw. *Konstanz der Arten,* die von einem einmaligen oder mehrmaligen Schöpfungsakt ausgeht.
Der Gedanke, daß die Lebewesen über eine kontinuierliche Entwicklung voneinander abstammen, ist schon sehr alt. Bereits griechische Naturphilosophen des Altertums (z. B. Empedokles, Anaximander von Milet) waren dieser Meinung.
Als eigentlicher Begründer der D. gilt jedoch *J.-B. de Lamarck* (1744–1829). Der nach ihm benannte *Lamarckismus* schreibt den Tieren noch einen inneren Vervollkommnungsdrang zu. Nach Lamarck bilden sich bei einem Lebewesen ungebrauchte Organe zurück, während sich gebrauchte durch den verstärkten Zustrom von Körpersäften weiterentwickeln sollen. Ein bekanntes Beispiel soll nach dieser Theorie die Giraffe darstellen: Um an das Laub der Bäume heranzukommen, mußten deren Vorfahren ihren Hals strecken. Durch den inneren Vervollkommnungsdrang und den dauernden Gebrauch wurde der Hals immer länger, was sich dann auf die Nachkommen vererbt haben soll. Lamarcks Theorie von der Vererbbarkeit von Reaktionen des Organismus auf Umweltbedingungen, wie sie unter verstärkter Einbeziehung psychischer Faktoren auch noch bis ins 20. Jahrhundert hinein vom *Neolamarckismus (Psycholamarckismus)* vertreten wurde, ist heute widerlegt.
Ein wichtiges Jahr für das Bekanntwerden der D. in der Wissenschaft war das Jahr 1830, in dem in Paris die als *Akademiestreit* berühmt gewordene, auch von J. W. von Goethe lebhaft verfolgte große Diskussion zwischen E. Geoffroy Saint-Hilaire (1772–1844), dem Verfechter der D., und G. Baron de Cuvier (1769–1832) stattfand. Cuvier war Anatomieprofessor und gilt als Mitbegründer der Paläontologie. Er vertrat die *Katastrophentheorie,* nach der die Lebewesen periodisch durch Weltkatastrophen vernichtet und danach immer wieder neu erschaffen worden sein sollen, war also ein Gegner der Deszendenztheorie. Obwohl damals Cuvier, der Redegewandtere, mit seinen falschen Ansichten siegte, konnte sich einige Zeit danach die D. durchsetzen. Es war das Verdienst von Ch. Darwin, der mit seiner Selektionstheorie die D. wissenschaftlich untermauern konnte (↑Darwinismus).
Durch mannigfache Forschungsergebnisse aus Erdgeschichte, vergleichender Anatomie (auch unter Berücksichtigung von Fossilien), Embryonalentwicklung, Genetik, Physiologie und Biochemie wird die D. heute nicht mehr in Frage gestellt.

Determination: In der ↑Keimesentwicklung wird durch D. das weitere Schicksal eines bestimmten Teils des Keims festgelegt. Sie erfolgt für diese Teile zu unterschiedlichen Zeitpunkten. Nach der D. verpflanzte Zellen entwickeln sich auch an ihrem neuen Ort zu dem Gewebe, für das sie determiniert sind. Vorher verpflanzt, fügen sie sich nahtlos in die neue Stelle ein und bilden deren Gewebe. Verpflanzt man z. B. bei Molchlarven einige für die zukünftige Augenblase determinierte Zellen in die Bauchregion, so bilden sie herkunftsgemäß ein Auge.

Detritus: Frei im Wasser schwebende, allmählich absinkende, unbelebte Stoffe. *Anorganischer D.* besteht aus feinverteilten mineralischen Sinkstoffen (z. B. Ton, Sand). *Organischer D.* entsteht aus abgestorbenen, sich zersetzenden Pflanzen oder Tieren. Er dient Detritusfressern als Nahrung (z. B. Muscheln).

Deuterostomier: Bei den Tieren dieser Stammgruppe wird während der ↑Keimesentwicklung der Urmund zum After, während am anderen Ende des Urdarms eine Mundöffnung durchbricht. Sie heißen daher auch *Neumünder* oder *Zweitmünder.* Ein weiteres Merkmal ist, daß die Hauptnervenlängsstränge auf der Rückenseite liegen. Hierzu zählen mehrere Tierstämme, z. B. die ↑Chordatiere und die ↑Stachelhäuter. – ↑auch Protostomier.

Devon: Der vierte Abschnitt (Formation) des Erdaltertums (Paläozoikum); ↑Erdzeitalter.

Dezidua: Die Gebärmutter ist innen von einer Schleimhaut (Endometrium) ausgekleidet. Ihre oberste Schicht speichert für den eventuell sich einnistenden Keim Glykogen. Tiefe Drüsenschläuche bilden sich und füllen sich mit Sekret. Die Blutgefäße vermehren sich. Vor diesem Prozeß wird die Schleimhaut *Funktionalis* genannt. Jetzt ist sie zur D. geworden.

Diabetes (Diabetes mellitus) svw. ↑Zuckerkrankheit.

Diakinese: Fünftes und letztes Stadium der ersten ↑Prophase einer ↑Meiose. Die Chromosomen sind stark verkürzt und gut unterscheidbar. Die Tochterchromosomen rücken auseinander, wobei die durch ↑Crossing-over bedingten Chiasmata (↑Chiasma) sichtbar werden.

Diapause: Viele Tiere haben in ihrer Entwicklung oft ausgeprägte Ruhepausen (Embryonal-, Larven-, Puppen-, Imaginalruhe) mit vermindertem Stoffwechsel. Diese D. genannten Ruhepausen unterliegen in der Regel einer inneren (endogenen) Steuerung, die oft von äußeren Bedingungen (Abnahme der Tageslichtlänge, Temperaturänderung, Feuchtigkeit u. ä.) ausgelöst wird. Beispiele: Ruhe des Eies kurz nach der Befruchtung (bewirkt bei Säugern verlängerte Tragzeit); Puppenstadium der Schmetterlinge; Ausbildung von ↑Dauerformen.

Diaphyse ↑Röhrenknochen.

Diastema svw. ↑Affenlücke.

Diastole: In der D. erschlafft der Herzmuskel und füllt sich mit Blut, in der *Systole* zieht er sich zusammen und pumpt das Blut heraus. Während der D. der Vorhöfe erfolgt die Systole der Herzkammern und umgekehrt (↑Herz). – ↑auch Blutdruck.

Diät (Schonkost): Unter D. versteht man eine besondere Ernährungsform, die der gestörten Funktion eines Organs Rechnung trägt.
Neben vielen Diätformen, die nur nach einer Untersuchung beim Arzt und auf dessen Anweisung hin durchgeführt werden dürfen, gibt es auch einige, die kleinere, alltägliche Unpäßlichkeiten überwinden helfen. Dazu gehört z. B. eine *zellulosereiche D. gegen Stuhlverstopfung*. Die unverdauliche Zellulose dehnt den Darm und regt dadurch ebenso wie kalte Getränke auf nüchternen Magen auf dem Reflexwege die Darmtätigkeit an.
Bei *Blähungen* hingegen sollten zellulosereiche, schwer verdauliche Speisen sowie gärende und kohlensäurehaltige Getränke gemieden werden.
Bei akuten *Durchfällen* sind 1–3 Fastentage zur Entlastung des Darms anzuraten; zur Stillung des Durstes hat sich schwarzer Tee bewährt.
Sind alle diese Störungen aber von längerer Dauer, sollte ein Arzt zu Rate gezogen werden.

Diatomeen svw. ↑Kieselalgen.

Dichotomie: Die D. ist eine *gabelige Verzweigung* der Sproßachse, bei der sich der Vegetationspunkt in zwei neue, gleichwertige Vegetationspunkte aufteilt. D. kommt z. B. bei Bärlappgewächsen und einigen Farnen vor. Bei allen übrigen höheren Pflanzen erfolgt die Verzweigung *seitlich* in den Blattachseln.

Dickdarm: Der D., ein Teil des ↑Darmkanals, besteht aus *Blinddarm* und *Grimmdarm (Kolon)*. Er geht am unteren Ende in den Mastdarm über. Im D. siedelnde Bakterien vergären unverdaute Pflanzenreste. Dabei entstehen die Gase Methan, Schwefelwasserstoff und Ammoniak sowie B-Vitamine und Vitamin K. Der D. resorbiert Wasser und darin gelöste Salze und Vitamine.

Dickenwachstum: Nach dem Längenwachstum setzt bei den Pflanzen das D. ein. Dabei wird der Querdurchmesser des Sprosses und der Wurzeln vergrößert. Man unterscheidet zwei Arten:
1. Beim *primären Dickenwachstum* erfolgen zeitlich begrenzte Zellteilungen, die vom Vegetationspunkt ausgehen und die Sproßachse verbreitern.
2. Das *sekundäre Dickenwachstum* setzt stets nach dem primären Dickenwachstum ein und endet erst mit dem Absterben der Pflanze. Es erfolgt

durch Zellteilungen im ↑Kambium. Neue Zellen werden nach innen und außen abgegeben. Die nach innen abgegebenen Zellen verholzen und bilden das ↑Festigungsgewebe. Zellen, die nach außen abgegeben werden, bilden den ↑Bast. Sekundäres D. kommt hauptsächlich bei Nacktsamern und ↑Zweikeimblättrigen Pflanzen vor.

Diencephalon svw. ↑Zwischenhirn.

Differenzierung: Begriff der Entwicklungsphysiologie, der einen Vorgang während des Wachstums eines Lebewesens beschreibt, durch den sich zwei Zellen, Gewebe oder Organe (bzw. Organellen) in morphologischer und physiologischer Hinsicht in verschiedene Richtungen entwickeln (↑Ontogenese, ↑auch Determination). Die D. wird durch die unterschiedliche Aktivität der ↑Gene gesteuert und von der Umwelt beeinflußt. Über die allgemein wirksamen molekularbiologischen Mechanismen, die die D. letztlich lenken, herrscht noch weitgehend Unklarheit.

Die Zellen spezialisieren sich durch die D. für bestimmte Aufgaben im gesamten Organismus. Entsprechend der größeren Zahl von spezialisierten Zelltypen nimmt der Differenzierungsgrad von niederen zu höheren Lebewesen zu. Hohltiere z. B. haben weniger unterschiedliche Zelltypen als Säugetiere.

Bei Tieren sind die einzelnen Differenzierungschritte nur noch in ganz jungen Entwicklungsstadien rückgängig zu machen. Die meisten Pflanzenzellen hingegen können, wenn sie aus dem Pflanzenkörper herausgelöst werden, wieder zu normalen Pflanzen heranwachsen; sie sind *totipotent.*

Diffusion: Die D. ist ein Verteilungsprozeß, bei dem die Teilchen eines Gases (Moleküle, Atome) oder eines gelösten Stoffs (Moleküle, Ionen, Kolloide) den gesamten zur Verfügung stehenden Raum ausfüllen. Dies wird durch die Eigenbewegung der kleinsten Teilchen (Wärmebewegung, Brownsche Molekularbewegung) erreicht. Sind verschiedene Stoffe an diesem Vorgang beteiligt, so durchdringen sich diese Stoffe gegenseitig, bis die Teilchen jeder Sorte gleichmäßig im ganzen Raum verteilt sind. Dabei bewegen sich die Teilchen auf Zickzackbahnen (wegen der vielen Zusammenstöße) stets vom Ort der höheren Konzentration zum Ort der niederen Konzentration nach ganz bestimmten physikalischen Gesetzen. Die Temperatur spielt für die Diffusionsgeschwindigkeit eine erhebliche Rolle.

Eine einseitige D. durch eine Membran bezeichnet man als ↑Osmose.

Im lebenden Organismus werden Stoffaufnahme oder -abgabe (Wasseraufnahme bei Pflanzen, Sauerstoffaufnahme und CO_2-Abgabe in der Lunge) und Stofftransport oft durch D. bzw. Osmose bewerkstelligt.

Dilatation ↑Kambium.

Diluvium: Ältere Bezeichnung für das ↑Pleistozän; ↑Erdzeitalter.

Dinoflagellaten: Algenklasse der ↑Flagellaten mit zwei langen Geißeln, rötlichen Chromatophoren (enthalten neben Chlorophyll a und c verschiedene Karotinoide) sowie oft Schwebefortsätzen; sind von einem (meist) vielflächigen Zellulosepanzer umgeben. In einer Quer- und einer Längsfurche schwingen je eine Geißel, die der Fortbewegung dienen. Die D. sind Bestandteil des ↑Planktons, überwiegend des Meeres. Einige verursachen ↑Meeresleuchten; andere bilden auch für den Menschen gefährliche Gifte.

Dinosaurier (Drachenechsen): Diese ausgestorbenen Riesenkriechtiere aus dem Mesozoikum (↑Erdzeitalter) waren Bewohner des Festlands. Viele lebten in Seen und Sümpfen. Sie wurden bis zu 35 m lang und waren häufig gepanzert. Als räuberische Fleischfresser bewegten sie sich auf den Hinterbeinen. Die kurzen Vorderbeine hatten Greifhände. Später entwickelten sich viele Arten zu Pflanzenfressern und bewegten sich auf zwei Paar Gliedmaßen. Die D. starben aus noch ungeklärten Gründen am Ende der Kreidezeit aus.

Dioptrie (Kurzzeichen: dpt): Die D. ist die Einheit der Brechkraft von opti-

schen Linsen. Eine Dioptrie ist gleich der Brechkraft einer Linse mit der Brennweite $f = 1$ m (wenn das umgebende Medium die Brechungszahl $n = 1$ hat). Die Brechkraft ist der reziproke Wert der in Metern gemessenen Brennweite einer Linse ($D = 1/f$). Die Brechkraft ist bei Sammellinsen positiv, bei Zerstreuungslinsen negativ.
Der Mensch besitzt im ↑Auge mit der Hornhaut, Linse, vorderen Augenkammer mit Flüssigkeit und Glaskörper einen bildentwerfenden optischen Apparat (Linsensystem) mit einer Gesamtbrechkraft von ca. 58 dpt bei Ferneinstellung. Daran sind die Linse mit ca. 19 sowie Hornhaut und Kammerwasser mit zusammen rund 43 dpt beteiligt. Beim jugendlichen Auge kommen noch bei der Naheinstellung (↑Akkomodation) weitere 14 dpt der Linse hinzu.

diözisch svw. ↑zweihäusig.

Diphtherie: Die D. ist eine anzeigepflichtige Infektionskrankheit mit weißen, membranartigen Belägen auf den Schleimhäuten. Sie befällt meist Kinder und Jugendliche.
Je nach dem Ort der Bakterienansiedlung unterscheidet man Rachen-, Kehlkopf-, Nasen- oder Wunddiphtherie. Giftige Stoffwechselprodukte der Bakterien lähmen die Atem- oder Herzmuskulatur. Die D. wird durch eine passive ↑Impfung mit Diphtherieserum und zusätzliche Antibiotikagaben behandelt; vorbeugend erfolgt eine aktive Immunisierung mit Totimpfstoffen (↑Impfung).

diploid: In den Zellen ist in der Regel jedes Chromosom doppelt (diploid) vorhanden, nämlich jeweils eines von der Mutter und eines vom Vater. Außer den ↑Gameten, die ↑haploid sind, haben die meisten tierischen Zellen einen diploiden Chromosomensatz (beim Menschen sind es 46 Chromosomen). – ↑auch Generationswechsel, ↑Meiose.

Diplonten: D. sind Individuen mit doppeltem Chromosomensatz in ihren Körperzellen. Sie gehen aus einer befruchteten Eizelle durch einfache Zellteilung (↑Mitose) hervor. Zu den D. zählen fast alle tierischen Mehrzeller und die Blütenpflanzen.

Diplophase: Entwicklungsphase, in der die Zellen eines Lebewesens den doppelten Chromosomensatz enthalten. Sie dauert von der Befruchtung bis zur Bildung der haploiden ↑Gameten in der ↑Meiose; Gegensatz: ↑Haplophase. Tiere verbringen ihre Entwicklung fast ausschließlich in der Diplophase. Bei Pflanzen, besonders deutlich bei Algen, Moosen und Farnen, wechseln D. und Haplophase miteinander im ↑Generationswechsel ab.

Diplotän: Drittes Stadium der ersten Prophase der ↑Meiose. Vier ↑Chromatiden bilden zwei Paare, die an einigen Stellen, den Chiasmata (↑Chiasma), zusammenhängen. Während dieses Stadiums findet man in manchen Zellen die typischen ↑Lampenbürstenchromosomen.

Dissimilation: D. ist der energieliefernde Abbau körpereigener Stoffe (wie Fette, Eiweiße und Kohlenhydrate) in niedermolekulare Endprodukte mit Hilfe von Enzymen. Laufen die Dissimilationsprozesse in Gegenwart von Sauerstoff ab, so bezeichnet man sie auch als innere ↑Atmung, ohne Sauerstoff dagegen als ↑Gärung. Die bei der D. gewonnene Energie wird für zahlreiche Lebensprozesse (wie Bewegung, Erregungsleitung, Wärmeerzeugung) oder Syntheseprozesse benötigt. In der *Pflanzenphysiologie* werden meist D. und Atmung gleichgesetzt, d.h., die D. ist der Umkehrprozeß der ↑Assimilation.

Distanztiere: Unter den gesellig lebenden Tieren gibt es die ↑Kontakttiere, die den engen körperlichen Kontakt zum Artgenossen suchen, und die D., die einen arttypischen Abstand zum Nachbarn einhalten. Stare z. B. sitzen nie dicht beieinander auf einem Telegraphendraht. – Ungesellige Tiere sind extreme Distanztiere.

Divergenz:

◊ Als *evolutive D.* bezeichnet man das Sichauseinanderentwickeln zweier Arten von einer gemeinsamen Stammform aus.

◊ Die *genetische D.* ist der Grad der

Unterschiedlichkeit des Erbgutes nahe verwandter Tiere oder Pflanzen. Verhindert sie deren Kreuzung, handelt es sich um verschiedene Arten.

◊ Die *morphologische D.* gibt an, wie groß die Unterschiede äußerlicher Merkmale sind. Eine große morphologische D. kann dennoch die Kreuzung zulassen. Dann sind die Unterschiede nur Rassenbildungen (Hunderassen!).

◊ Die *ökologische D.* bezeichnet das langsame Auseinanderweichen der Umweltansprüche nahe verwandter Populationen. Sie wird durch gegenseitige Konkurrenz im Überschneidungsgebiet begünstigt und stellt eine gute Kreuzungsbarriere dar.

DNS (Abk. für: **D**esoxyribo**n**uklein**s**äure): Die DNS ist der chemische Träger der Erbinformation. Sie ist im Zellkern lokalisiert. Außerdem fand man auch DNS in den ↑Mitochondrien, ↑Zentriolen und ↑Chloroplasten. Die DNS ist ein Polynukleotid, wobei die einzelnen Nukleotide aus einer Base, aus Desoxyribose und Phosphorsäure (Phosphatrest) bestehen. Am Aufbau der DNS sind 4 verschiedene Basen beteiligt: Adenin und Guanin, die Abkömmlinge des Purins sind, sowie Cytosin und Thymin, die sich vom Pyrimidin ableiten.

Dabei erfolgt die Verbindung zwischen dem Zucker und der jeweiligen Base an der Stellung 1- der Desoxyribose unter Abspaltung von Wasser. Die Phosphorsäure verbindet die Nukleotide miteinander, indem sie sich mit der primären Alkoholgruppe am C-5-Atom der einen Desoxyribose und der Hydroxylgruppe am C-3-Atom der zweiten verestert. Auf diese Weise entsteht ein DNS-Strang, der aus über 1 Million Nukleotiden bestehen kann. Nach Watson und Crick tritt die DNS immer als *Doppelstrang* auf, wobei zwei DNS-Fäden durch Wasserstoffbrücken zwischen den komplementären Basen verknüpft sind (↑Basenpaarung). Der Doppelstrang ist sekundär zu einer Spirale aufgerollt *(Doppelhelix).* Sie ist mit einer verdrillten Strickleiter vergleichbar. Die Reihenfolge der Basen im DNS-Molekül ist von ausschlaggebender Bedeutung (↑Basensequenz).

Die DNS wird im Zellkern aus Triphosphonukleotiden aufgebaut, die im Zellplasma synthetisiert werden und die sich dann unter der energieliefernden Abspaltung von Pyrophosphat (Pyrophosphorsäurereste) verknüpfen. Diese Biosynthese wird durch das Enzym *Polymerase* gesteuert.

Neue DNS wird stets im Arbeitskern gebildet, in dem die Verdopplung der Chromosomen erfolgt. Dabei muß der neue DNS-Strang eine genaue Kopie des alten Strangs werden; denn nur so ist ein unverändertes Übertragen der Erbanlagen gewährleistet. Dies wird erreicht durch die identische *Replikation* (↑DNS-Replikation). Vereinzelt kommt auch einsträngige DNS in Phagen vor, die nur während ihrer Vermehrung doppelsträngig auftritt. – Siehe auch Farbtafel S. 219.

DNS-Polymerase: Die DNS-P. gehört in die Gruppe der Replikasen und spielt eine entscheidende Rolle bei der Replikation der Desoxyribonukleinsäure (↑DNS-Replikation). Diese Replikasen sind nur dann wirksam, wenn die Triphosphonukleotide aller 4 Basen, die in der DNS vorkommen, gleichzeitig vorhanden sind. Die DNS-P. tritt nach der Aufspaltung des DNS-Doppelstrangs in Aktion und wandert an ihr entlang, wobei sie die Verknüpfung der Triphosphonukleotide unter Abspaltung von Pyrophosphat katalysiert und dabei gleichzeitig für die richtige ↑Basensequenz des neuen Strangs mitverantwortlich ist, d. h., sie wählt das jeweils zu der am Strang vorliegenden Base komplementäre Nukleotid aus. So entstehen an den beiden ursprünglichen Strängen neue DNS-Fäden, deren Basensequenz komplementär zu ihrer eigenen Sequenz ist.

DNS-Reparatur: Die ↑DNS als Träger der Erbinformation ist im Prinzip stoffwechselstabil, d. h. über viele Generationen hinweg unverändert. Es ist aber bekannt, daß Chemikalien oder UV-Licht die Gene schädigen können, was zu schweren Stoffwechselstörun-

gen führen kann. So kommt es als Folge von UV-Bestrahlung zur Bildung von Thymindimeren, d.h. zur Verschmelzung benachbarter oder gegenüberliegender Thymine. Damit werden diese Basen verzerrt und finden bei der Replikation (↑DNS-Replikation) keine komplementäre Base.
Aus zahlreichen Versuchen mit Bakterienkulturen weiß man heute, daß die Zelle diese Schäden reparieren kann. Drei Möglichkeiten der DNS-R. sind bekannt:
1. *Photoreaktivierung:* Werden UV-geschädigte Bakterien mit blauviolettem Licht bestrahlt, so werden ihre Überlebenschancen um ein Vielfaches erhöht. Dies ist auf die Wirkung eines Enzyms zurückzuführen, das sich vermutlich an die entstandenen Dimeren anlagert. Erst durch die Einwirkung des blauvioletten Lichts wird die Bindung unter gleichzeitiger Freisetzung der beiden Thymine und des Photoreparaturenzyms (ein Flavoprotein) aufgelöst.
2. *Exzisionsreparatur:* Auch diese Reparatur wurde an Bakterienkulturen entdeckt. Bestrahlt man Bakterien mit UV-Licht, so beobachtet man nach einer Ruhephase plötzlich freie DNS-Abschnitte verschiedener Länge (bis 100 Nukleotide), die Thymindimeren enthalten. Das bedeutet, daß das defekte DNS-Stück herausgeschnitten und ins Medium abgegeben wurde.
Eine solche Reparatur setzt das Zusammenwirken mehrerer Enzyme voraus: Eine *Endonuklease* muß den Schaden auf der DNS „erkennen" und in deren Nachbarschaft den Strang „aufschneiden". Ferner wird eine *Exonuklease* benötigt, die die Ansatzpunkte für den Abbau der Nukleotide erkennt. Schließlich ist eine *Polymerase* erforderlich, die den ausgeschnittenen Abschnitt neu synthetisiert, und eine *Ligase,* die die letzte Lücke zwischen zwei benachbarten Nukleotiden schließt.
3. *Reparatur durch Rekombination:* Wie schon erwähnt, kann von dem Strang mit der defekten Dimere keine vollständige Kopie gebildet werden, sondern der Dimere gegenüber bleibt eine Lücke. Diese fehlende Information gibt es aber auf dem anderen Arm der Replikationsgabel noch einmal. Mit dessen Hilfe wird nun die fehlende Kopie hergestellt und in die Lücke eingebaut.
Auch in den Zellen höherer Organismen spielen diese Reparaturprozesse eine Rolle.

DNS-Replikation (identische Reduplikation): Die Erbanlagen werden von Zellgeneration zu Zellgeneration weitergegeben. Deshalb muß vor jeder Zellteilung, der eine Verdopplung der ↑Chromosomen vorausgeht, eine genaue Kopierung der ↑genetischen Information erfolgen.
Es ist bewiesen, daß die DNS die Fähigkeit besitzt, sich identisch zu reduplizieren. Dabei weicht zunächst der Doppelstrang auseinander, indem die Wasserstoffbrücken zwischen den Basen aufgelöst werden. Nun wird an jedem Einzelstrang ein neuer Strang aufgebaut; dabei wandern aus der Zelle Triphosphonukleotide in den Zellkern und werden dort durch die Wirkung der ↑DNS-Polymerase an der richtigen Stelle in der Basenfolge eingefügt, wobei Pyrophosphat frei wird. Die komplementäre ↑Basenpaarung bei der Verdopplung der DNS gewährleistet eine genaue Kopie der Ausgangs-DNS.
Die DNS reißt, bevor sie sich verdoppelt, vermutlich stückweise auf, wobei man sich eine Rotation des Doppelstrangs um eine Zentralachse vorstellt, deren beide Enden auf der einen Seite festgehalten werden. Die Verdopplung der Chromosomen erfolgt mit großer Geschwindigkeit. Wahrscheinlich werden gleichzeitig viele DNS-Moleküle repliziert.

Dogger: Die mittlere Epoche des Juras im Erdmittelalter (Mesozoikum); ↑Erdzeitalter.

Dolde: Die D. ist ein ↑Blütenstand, bei dem die Hauptachse verkürzt ist und die Nebenachsen von einem Punkt entspringen; dabei sind die Nebenachsen so lang, daß die Einzelblüten alle auf einer Höhe stehen.

Domestikation: Der Mensch hält zu seinem Nutzen Tiere über Generationen hinweg als *Haustiere*. Durch die veränderten Lebensbedingungen, z. B. durch die Ernährung oder die Beeinflussung der sexuellen Partnerwahl, ersetzt er die natürliche ↑Selektion durch eine künstliche, nach bestimmten Richtlinien vorgenommene Auslese.

Die bei Wildtieren eingeschränkte, bei Haustieren aber voll zur Geltung kommende Variationsbreite innerhalb einer ↑Art führt zu einer großen Formenmannigfaltigkeit, die das Ausgangsmaterial für eine gezielte Züchtung liefert.

Der Hund war das erste Haustier (12. Jahrtausend v. Chr.); es folgten Schaf, Ziege (9. Jahrtausend v. Chr.), Schwein, Rind und Pferd. Der Beginn der D. fällt also in etwa in die Jungsteinzeit (Neolithikum), als der Mensch seßhaft wurde.

Mit der D. sind typische morphologische, physiologische und verhaltensmäßige Veränderungen an den Tieren verbunden. So sind z. B. die Schädelverkürzungen (Boxer), die Hängeohrigkeit, die Verringerung des Hirngewichts und die gesteigerte Paarungsbereitschaft bei vielen Haustieren zu finden.

Dominanz:

◊ In der *Genetik* bedeutet D. das Übergewicht eines (als *dominant* bezeichneten) ↑Allels gegenüber der Wirkung des anderen *(rezessiven)* Allels. Das dominante Allel wird somit weitgehend merkmalsbestimmend. So ist z. B. bei der ↑Taufliege die rote Augenfarbe des Wildtyps dominant über die weiße Augenfarbe einer ↑Mutante, d. h., aus der Kreuzung zwischen einer rotäugigen und einer weißäugigen Fliege gehen rotäugige Nachkommen hervor.

Beim Menschen werden u. a. die Allele für ↑Nachtblindheit und Kurzfingrigkeit dominant vererbt.

D. und ↑Rezessivität eines Allels sind Extremfälle, zwischen denen es Übergänge gibt *(intermediärer Erbgang)*.

◊ In der *Verhaltensforschung* bezeichnet man mit D. das Verhalten eines Ranghöheren gegenüber einem Rangniederen.

◊ In der *Ökologie* bedeutet D. das Vorherrschen einer Art in einer ↑Biozönose, die durch ihre Tätigkeit die ↑Nahrungskette überwiegend in bestimmte Bahnen lenkt.

Dornen: D. sind im Unterschied zu ↑Stacheln umgewandelte Pflanzenorgane (wie Blätter, Blatteile, Sprosse oder, selten, Wurzeln). Sie sind zu ihrer Festigung verholzt.

D. sind nicht nur bei Wüsten- und Steppenpflanzen, sondern auch bei Pflanzen der gemäßigten Zonen (z. B. Berberitze) als Schutzeinrichtungen gegen Tierfraß angelegt.

dorsiventral: D. gebaute Pflanzen oder Tiere oder Teile von ihnen besitzen nur eine Symmetrieebene in Richtung der Längsachse. Sie haben verschiedene Rücken- und Bauchseiten und sind an den Flanken spiegelgleich. Viele Laubblätter und Blüten (Schmetterlingsblüten, Lippenblüten) sind d. gebaut.

Dotter: Im Ei (↑Eizelle) befindet sich bei allen Tieren eine Nährsubstanz, die der Ernährung des Embryos dient. Zusammensetzung, Menge und Verteilung dieser D. genannten Nährsubstanz sind bei den einzelnen Eitypen recht verschieden.

Dottergang:

◊ Während der Embryonalentwicklung der Wirbeltiere bildet sich zwischen Darm und ↑Dottersack eine stielartige Verbindung. Im Innern dieses Dottersackstiels verläuft der D., ein Kanal.

◊ Plattwürmer haben einen Teil der Eierstöcke zu meist paarigen Dotterstökken umgewandelt. Ihr Ausführungsgang ist der D., der in den Uterus mündet und die nährstoffreichen Dotterzellen dorthin leitet, wo sie sich um die befruchteten Eizellen legen.

Dottersack: Der Dotter wird bei Fischen, Lurchen, Reptilien, Vögeln, Kloaken- und Beuteltieren sowie einigen Wirbellosen (z. B. höhere Krebse, Borstenschwänze, Kopffüßer) vom D. umgeben. Er steht über einen ↑Dottergang mit dem Darm des Embryos in Verbindung. Die Nährstoffaufnahme erfolgt jedoch über den *Dotterkreislauf.* Der D. wird im Laufe der Embryonalentwicklung zurückgebildet. Manchmal ist beim Schlüpfen aus dem Ei noch ein Rest davon vorhanden. – Bei den Vögeln übernimmt der D. mit Hilfe des Dotterkreislaufs gleichzeitig den Gasaustausch. Beim Menschen ist der Dottersack noch rudimentär vorhanden.

Dottersackplazenta: Tritt der ↑Dottersack mit der Uteruswand in Verbindung, um Nährstoffe von ihr zu übernehmen, spricht man von D. Sie hat keine Zotten, die sich in die Uterusschleimhaut einsenken. Eine D. findet man bei einigen lebendgebärenden Haien (Glatthai, Sandhai), manchen Reptilien (Tannenzapfenskink) und einigen Beuteltieren (Opossum). Auch Säuger bilden vor der echten Plazenta oft eine D. aus.

Drang ↑Trieb.

Dreher (Axis): Der zweite Halswirbel (↑Atlas).

Drehgelenk (Zapfengelenk): Beim D. dreht sich ein Ring um einen Zapfen. Ein D. befindet sich zwischen *Atlas* und *Dreher,* den beiden obersten Halswirbeln. – ↑auch Gelenke.

Drehsinn: Der im Bogengangapparat des Labyrinths (↑Ohr) lokalisierte ↑mechanische Sinn für Drehbewegungen und Rotationsbeschleunigungen.

Dressur: Mit einer D. strebt man an, daß ein Tier auf bestimmte Reize mit bestimmten Bewegungsabläufen reagiert, wobei die gewünschte Leistung belohnt, die unerwünschte bestraft wird. Grundlegend besteht die mehr oder minder komplexe Lernleistung in der Umwandlung von unbedingten in bedingte ↑Reflexe. Bei höheren Tieren spielen daneben noch Nachahmung und einsichtiges Lernen (bei Affen) eine Rolle.

Drogen: Ursprünglich verstand man unter D. Substanzen, die aus Pflanzen, Tieren und Mineralien hergestellt und als Heilmittel, anregende Mittel oder Gewürze verwendet wurden. Heute bezieht man den Begriff D. in erster Linie auf Arzneimittel, im besonderen Sinne auf suchterregende Arzneimittel und ↑Rauschgifte.

Drogenabhängigkeit ↑Rauschgifte.

Drohgebärde: Mit der D. drücken Tiere ihre Angriffsbereitschaft, manchmal auch gleichzeitig ihren Drang zur Flucht aus. Die D. ist angeboren und arttypisch. Gewöhnlich wird bei der D. zugleich die Körpergröße betont (z. B. Abspreizen der Flossen bei Fischen; Aufstellen der Haare). Auch drohende Laute oder das Präsentieren der Geschlechtsorgane (wie bei Affen) gehört zu den Drohgebärden. – ↑auch Imponiergehabe.

Abb. Drohgebärde: Die Ähnlichkeit der Drohgebärde beim Mandrillmännchen und Menschen (Kabuki-Schauspieler) ist ein Beispiel für die phylogenetische Verwandtschaft angeborener Verhaltensweisen

Drohne: Die durch ↑Jungfernzeugung entstehenden Männchen der ↑Honigbiene sind Drohnen, die von den Arbeitsbienen gefüttert werden. Sie haben größere und plumpere Körper als diese und keinen Stechapparat. Sie erscheinen im Mai und werden im Sommer nach dem Hochzeitsflug der Königin von den Arbeitsbienen vertrieben, zum Teil getötet *(Drohnenschlacht).*

Drosophila svw. ↑Taufliege.

Drucksinn: Der D. dient zur Wahrnehmung stärkerer Drücke, als es Berührungsreize sind. Die Drucksinnesorgane sprechen auf Deformationen der Körperoberfläche an und finden sich am dichtesten an den Fingerbeeren, am spärlichsten auf dem Rücken. Drucksinnesorgane sind Mechanorezeptoren (↑mechanische Sinne), wie z. B. freie Nervenendigungen, Vater-Pacini-Lamellenkörperchen und die Meißner-Tastkörperchen (↑Tastkörperchen).

Drüsen:

◊ Bei *Tieren* und beim Menschen gibt es Einzelzellen, Zellgruppen oder Organe, die Sekrete produzieren und absondern. Die Zellen dieser D. sind in der Regel reich an ↑endoplasmatischem Retikulum und ↑Mitochondrien.

Die produzierten Sekrete werden in vielen Fällen in Golgi-Vesikel (↑Golgi-Apparat) verpackt und zur Zellmembran transportiert, wo sie ausgestoßen werden (*ekkrine D.;* z. B. Speicheldrüsen), oder sie sammeln sich an einer Seite der Zelle und werden mit deren oberem Teil abgeschnürt (*apokrine D.;* z. B. Duftdrüsen). Apokrine und ekkrine D. bezeichnet man gemeinsam als *merokrine Drüsen*. – Bei *holokrinen D.* wandeln sich ganze Zellen in Sekret um und werden danach abgestoßen (z. B. vielzellige Talgdrüsen).

Vom Bau her unterscheidet man *tubulöse* (schlauchförmig), *alveoläre* (weitlumig und ballonförmig) und *azinöse* Drüsen (englumig und beerenförmig). Sie können einfach tubulös (Schweißdrüsen der Säuger), verzweigt tubulös (Verdauungsdrüsen des Magens), einfach alveolär (Schleimdrüsen der Amphibien), verzweigt alveolär (Milchdrüsen der Säuger) oder verzweigt azinös (Talgdrüsen der Säuger) gebaut sein.

Nach der Art des Sekrets unterscheidet man *seröse D.*, die eiweißhaltige Stoffe (Enzyme) absondern, *muköse D.*, die Schleime abgeben, und *gemischte Drüsen*.

Exokrine D. sondern ihr Sekret nach außen oder in Körperhohlräume ab, *endokrine D.* geben es ins Blut oder in die Lymphe ab (↑Hormondrüsen).

◊ Bei *Pflanzen* sind D. einzellige oder vielzellige Ausscheidungssysteme (Drüsengewebe, Absonderungsgewebe, ↑Drüsenhaare). Sie geben ihr Sekret aktiv durch die Zellwände hindurch nach außen oder in Zwischenzellräume (Interzellularen) ab. Die D. der Oberhaut (Epidermis) werden nach ihren Absonderungsprodukten *Schleim-, Harz-, Öl-* oder *Salzdrüsen* genannt. *Verdauungsdrüsen* scheiden Verdauungsenzyme aus (fleischfressende Pflanzen), ↑Nektarien bilden Nektar, ↑Duftdrüsen Duftstoffe.

Die von ↑Parenchym umschlossenen Drüsenzellen grenzen stets an Interzellularräume, in die sie Öle, Harze, Schleim oder Gummi absondern. Eine besondere Form stellen die *Hydathoden* dar, die es den Pflanzen ermöglichen, bei sehr hoher Luftfeuchtigkeit Wasser aktiv auszuscheiden, um den Transport von der Wurzel nach oben in den Sproß aufrechtzuerhalten.

Drüsenhaare: D. sind *Ausscheidungsorgane* der Pflanzen. Sie bestehen aus einem Köpfchen, einem Stiel und den in die Epidermis eingesenkten Fußzellen. Die in die Köpfchenzellen abgeschiedenen Sekrete sind ätherische Öle, Harze, Enzyme, Schleime und klebrige Stoffe.

Drüsenschuppen (Duftschuppen): Einige Schmetterlinge besitzen an ihren Flügeln, Beinen oder am Hinterleib Schuppen, die mit Duftdrüsen in Verbindung stehen. Durch die große Oberfläche dieser D. werden die Duftstoffe schneller verdunstet.

Duftdrüsen:

◊ *Pflanzen* besitzen an den Blüten D., die durch Ausscheidung von ↑Duftstoffen der Anlockung von Insekten dienen. Die Insekten sollen die Bestäubung der Blüten vornehmen oder als „Futtertiere" verdaut werden (bei fleischfressenden Pflanzen).

◊ *Tiere* besitzen D., deren Sekrete (↑Duftstoffe) der Abschreckung (Stinktier), der Orientierung (Insekten) oder der sozialen Verständigung dienen. Insekten haben oft zusätzliche Gebilde, welche die Verdunstung der Geruchsstoffe beschleunigen sollen *(Duftschuppen, Duftbeine)*. Andere Tiere markieren mit ihren D. ihr Revier. Solche D. liegen vorwiegend an den Augen und den Geschlechtsorganen.

Auch der Mensch verfügt über Duftdrüsen. Sie bilden sich während der Pubertät aus Talg- oder Schweißdrüsen. Man findet sie u.a. an den Nasenflügeln, in der Achselhöhle, am After und an den Geschlechtsorganen.

Duftmarken: Viele Tiere setzen Markierungen, mit denen sie Artgenossen ihre Anwesenheit signalisieren. Duftmarken können u.a. zur Anlockung des Sexualpartners oder zur Abgrenzung eines Reviers dienen. Zur Markierung werden vielfach Substanzen aus ↑Duftdrüsen benutzt oder Kot (Huftiere) und Harn (Hunde).

Duftschuppen svw. ↑Drüsenschuppen.

Duftstoffe (Riechstoffe): Es handelt sich hier um Substanzen von Lebewesen, die in äußerst geringer Menge (oft durch ↑Duftdrüsen) an die Umgebung abgegeben und von Tier und Mensch durch den ↑Geruchssinn wahrgenommen werden. D. sind häufig Gemische unterschiedlicher chemischer Verbindungen (z.B. Alkohole, Aldehyde, organische Säuren und deren Ester).

Pflanzliche D. sind sekundäre Pflanzenstoffe, die in besonderen Drüsenzellen produziert werden. Häufig sollen sie Insekten zur Bestäubung anlokken. Viele Heil- und Gewürzpflanzen enthalten charakteristische D. in Blättern und Früchten. Auch Pilze und Flechten erzeugen Duftstoffe.

D. im Tierreich dienen häufig der Verständigung der Artgenossen. Bienen markieren eine nicht duftende Futterquelle mit Duftstoffen. Ameisen setzen auf ihrer „Straße" Duftmarken aus Ameisensäure. D. werden auch zur Anlockung des anderen Geschlechts benutzt *(Lockstoffe).* Bei Schmetterlingen werden die Männchen oft kilometerweit durch D. der Weibchen angelockt (z.B. ↑Bombykol des Seidenspinners). – Die geschlechtliche Erregung des Geschlechtspartners wird oft durch D. erreicht.

Dunen (Flaumfedern, Daunen): Die sehr weichen und flaumigen ↑Federn unter den ↑Deckfedern im Erstlingskleid der Vögel. Den D. fehlt die Verhakung und meist auch der Kiel.

Düngung: Pflanzen entnehmen dem Boden unterschiedlich große Mengen Mineralsalze, v.a. von Stickstoff, Phosphor, Schwefel, Kalium, Calcium, Magnesium, Eisen und noch einigen anderen Spurenelementen. Im ungestörten ↑Ökosystem gelangen diese Stoffe bei der Zersetzung der abgestorbenen Pflanzen oder durch den Kot (Mist, Dung) der Tiere über die ↑Nahrungskette wieder in den Boden.

In der modernen Landwirtschaft mit ihren intensiven Anbaumethoden (= starker Nährstoffentzug) muß diese *natürliche D.* durch *Handelsdünger* ersetzt werden. Die Herstellung von Mineralsalzen, deren Ionen von den Pflanzen leicht aufgenommen werden können, ist zu einem wichtigen Zweig der chemischen Industrie geworden. Bei dieser Form der D. *(= künstliche Düngung)* muß durch geeignete Bearbeitung dafür gesorgt werden, daß der Boden krümelig bleibt und durchlüftet ist. Seine Struktur bestimmt nämlich die Wasseraufnahme- und -haltefähigkeit und die Besiedlung mit ↑Mikroorganismen, die das Pflanzzenwachstum beeinflussen.

Bei der *Gründüngung* werden Hülsenfrüchtler (z.B. Lupinen), die mit Hilfe ihrer Wurzelknöllchen Luftstickstoff binden können, als grüne Pflanzen untergepflügt.

Dunkeladaptation: Man nennt die ↑Anpassung des Auges an verschiedene Lichtintensitäten Adaptation; wenn diese Anpassung beim Übergang vom Tag- zum Nachtsehen erfolgt, spricht man von Dunkeladaptation. Die D. kann durch Vergrößerung der Pupille (Säuger) oder durch Zurückziehen von Pigment aus den Räumen zwischen den Sehzellen (Fische) unterstützt werden. Die eigentliche D. beruht auf der Änderung der Lichtempfindlichkeit der Sehzellen, die beim menschlichen Auge auf das 1500- bis 8000fache gesteigert werden kann. Dabei beträgt die Gesamtzeit für die vollständige D. knapp eine Stunde.

Dunkelkeimer: Pflanzenarten, deren Samenkeimung durch bestimmte Spektralbereiche des Lichts (z.B. Dunkelrot, 720–750 nm) gehemmt wird. Zu den Dunkelkeimern gehören Fuchsschwarz, Kürbis, Taubnessel und Tomate. – Gegensatz: ↑ Lichtkeimer.

Dunkelreaktion: Als D. wird der lichtunabhängige Reaktionsweg der ↑ Photosynthese bezeichnet.

Dünndarm: Den mittleren Teil des ↑ Darmkanals bildet der D. Er führt die Endverdauung durch und entzieht dem Nahrungsbrei fast alle brauchbaren Stoffe. Dazu ist seine Oberfläche durch Falten und Zotten stark vergrößert. Die *Zotten* sind stark durchblutet (Aufnahme von Zucker und Aminosäuren) und enthalten eine Lymphkapillare (Fetttransport im ↑ Chylus). Bei Pflanzenfressern ist der D. wesentlich länger als bei Fleischfressern.

Duodenum svw. ↑ Zwölffingerdarm.

Dura mater (harte Hirnhaut) ↑ Hirnhäute.

Durst: D. ist eine Empfindung, die mit dem Verlangen verbunden ist, etwas zu trinken. D. tritt normalerweise dann auf, wenn durch Wasserverluste (z. B. Schwitzen, Durchfall) oder durch die Erhöhung des osmotischen Drucks des Blutes (z. B. reichliche Kochsalzaufnahme) die Sekretion der Speicheldrüsen und Mundschleimhautdrüsen nachläßt und der Mund- und Rachenraum trocken werden.

Das übergeordnete Zentrum, das den Wasserbedarf des Körpers kontrolliert, ist das *Durstzentrum* im Hypothalamus, dessen Osmorezeptoren auf Änderungen des osmotischen Drucks des Blutes ansprechen.

Der tägliche Wasserbedarf des Menschen beträgt ca. 2 Liter, den er in Form von Trinkflüssigkeit oder mit der aufgenommenen Nahrung decken kann.

E

Ecdyson svw. ↑ Häutungshormon.

Echsen: E. sind Hautschuppen tragende Kriechtiere (systematisch gesehen eine Unterordnung) von etwa 3 cm bis 3 m Länge. Sie kommen v. a. in wärmeren Zonen vor (z. B. Geckos, Leguane, Chamäleons). In Eurasien leben z. B. die unter 30 cm langen *Eidechsen*.

Die E. haben meist vier Gliedmaßen, leben von tierischer, teils auch pflanzl. Nahrung und pflanzen sich eierlegend fort. Viele können bei Gefahr einen Teil des Schwanzes abwerfen, der später mit einem ungegliederten Knorpelstab als Stütze nachwächst.

Eckzähne (Fangzähne, Kanini) ↑ Zähne.

Edaphon ↑ Bodenorganismen.

EEG (Eeg): Abk. für ↑ Elektroenzephalogramm.

Effektoren:

◊ E. sind Nerven, die die Reize vom Zentralnervensystem zu den Erfolgsorganen (Muskeln, Drüsen) leiten und dort die entsprechende Reaktion auslösen; ↑ Reizleitung.

◊ ↑ Enzyme.

efferente Nerven: Alle efferenten Nerven führen vom Zentralnervensystem weg. Sie übertragen dessen Befehle zu den peripheren Erfolgsorganen (Muskeln). – Gegensatz: ↑ afferente Nerven.

Ehe: Bei den meisten niederen und bei vielen höheren Tieren, auch bei Säugetieren, herrscht *Ehelosigkeit* vor, d. h., die Wahl des Partners erfolgt regellos und rein zufällig. Geschlechtstrieb, Brutpflegeinstinkte und soziale Triebe führen aber auch bei Tieren zu einem Zusammenleben zweier Geschlechtspartner über die Dauer der Begattung hinaus. Bei vielen Vögeln z. B. dauert die E. nur so lange, wie die Brut betreut wird. Die E. kann jedoch auch als *Dauerehe* auf Lebenszeit bestehen, wie z. B. beim Orang-Utan oder bei Gänsen (↑ auch Monogamie).

Sonderformen des Zusammenlebens sind die *Vielweiberei* (Polygamie; z. B. Huftiere, Paviane) und die *Vielmännerei* (z. B. Goldschnepfe). Auch beim Menschen gibt es Kulturkreise mit der einen oder anderen dieser Eheformen.

Ei: Als Eier bezeichnet man in der Alltagssprache die ↑Eizellen (samt Eihüllen) v. a. von Reptilien und Vögeln.

Eiablage ↑Brutfürsorge.

Eichel:

◊ Die Frucht der Eiche.

◊ (Glans): Die Spitze des männlichen ↑Gliedes.

Eierstock (Ovarium): Die Keimdrüsen weiblicher Tiere und der Frau heißen Eierstöcke. In ihnen erfolgt die Bildung der ↑Eizellen. Der E. ist in fast allen Fällen paarig vorhanden, zumindest paarig angelegt; u. U. bildet sich ein Teil des Eierstocks in einen *Dotterstock* um. – Bei Schwämmen fehlt der E. vollständig.

Die Eierstöcke der Frau sind etwa pflaumengroß. Sie liegen der seitlichen Wand des kleinen Beckens an. In einem E. werden rund 200 000 Eier angelegt. Da während des gebärfähigen Alters der Frau (etwa vom 15.–50. Lebensjahr) monatlich ein Ei reift, werden insgesamt nur 350–500 Eier gebildet (↑Eireifung).

Im E. werden auch Hormone produziert, Östrogen im Follikel, Progesteron im Gelbkörper (↑Geschlechtshormone).

Eihüllen ↑Embryonalhüllen, ↑Eizelle.

Eileiter (Tuben): Die E. sind bei der Frau zwei bleistiftstarke, 8–10 cm lange Kanäle. Ihr trichterförmiges Anfangsstück legt sich so auf den ↑Eierstock, daß es das reife Ei aus dem platzenden Follikel (Eibläschen) sicher auffängt. Durch Eigenbewegungen des Eileiters und ein Flimmerepithel, das ihn innen auskleidet, wird das befruchtete Ei in 5–6 Tagen zur ↑Gebärmutter befördert (↑auch Befruchtung). Bei Tieren mündet der E. entweder direkt nach außen (fast alle Knochenfische) oder in eine Kloake oder auch (bei den Säugern) in die Gebärmutter.

eineiige Zwillinge ↑Mehrlinge.

Ein-Gen-ein-Enzym-Hypothese: Wie wir heute wissen, tragen die ↑Gene die Information zum Aufbau der Proteine (↑Eiweiße), die als ↑Enzyme wirksam werden und durch deren Wirkung in den Stoffwechselprozessen dann die eigentlichen Merkmale entstehen. Aus dieser Erkenntnis wurde die Hypothese formuliert, daß jedes Gen nur die Synthese eines einzigen Enzyms steuert.

Es ist nun aber möglich, daß am Aufbau eines komplexen Enzyms mehrere Gene mithelfen, z. B. wenn Enzyme aus mehreren Polypeptidketten bestehen; so kann jede Kette durch ein anderes Gen kontrolliert werden.

Diese Hypothese verträgt sich auch mit der Auswirkung einer Mutation auf viele phänotypische Merkmale. Ausgenommen sind Regulatorgene und solche, die für die Synthese von t-RNS und r-RNS (↑RNS) verantwortlich sind.

Eingeweide: Als E. bezeichnet man die in Brust- und Bauchhöhle untergebrachten Organe des Kreislaufs, der Atmung, der Verdauung, der Fortpflanzung und Ausscheidung, einschließlich ihrer zu- und abführenden Kanäle (Herz mit Aorta, Lungen, Luft- und Speiseröhre, Magen, Darm, Leber, Bauchspeicheldrüse, Milz, Nieren, Harnleiter, Harnblase, Geschlechtsorgane). Die E. sind in der Regel asymmetrisch angeordnet.

Eingeweidenervensystem svw. ↑vegetatives Nervensystem.

Eingeweidesack: Dorsale Aussakkung des Körpers bei Schnecken und Kopffüßern. Er liegt unter der Gehäuseschale (soweit vorhanden) und enthält den größten Teil des Darmtrakts, des Blutgefäßsystems und die Geschlechts- und Exkretionsorgane. Oft ist der E. sprialig eingerollt.

einhäusig (monözisch): Als e. bezeichnet man Pflanzen mit getrenntgeschlechtigen (eingeschlechtigen) Blüten: Männliche und weibliche Blüten sind auf einer Pflanze vorhanden. Eine Blüte hat entweder nur Staubblätter oder nur Fruchtblätter.

einjährige Pflanzen svw. ↑Annuelle.

Einkeimblättrige Pflanzen (Monokotyledonen, Liliatae): Die Einkeimblättrigen Pflanzen sind eine Klasse der Blütenpflanzen (↑Samenpflanzen). Ihr Keimling bildet nur ein Keimblatt aus. Die geschlossenen Leitbündel haben kein Kambium, so daß kein sekundäres ↑Dickenwachstum erfolgt. Weitere Kennzeichen sind die unregelmäßig verteilten Leitbündel im Stengelquerschnitt, die streifennervigen, meist länglichen Blätter und die sproßbürtigen sekundären Wurzeln. Zu den E. Pf. gehören die Gräser, Liliengewächse (Tulpe, Spargel, Zwiebel), Orchideen und Palmen.

Einnistung (Nidation): Das befruchtete Ei (↑Befruchtung) macht auf seinem Weg durch den ↑Eileiter bereits mehrere Teilungsschritte durch. Kommt es in der ↑Gebärmutter an, so sinkt es mehr oder weniger tief in die Uterusschleimhaut ein. Bei Bären, Mardern, Robben und Rehen erfolgt die E. nicht sofort, sondern erst nach einer längeren Ruhepause *(Diapause)*, was zu einer Verlängerung der Tragzeit führt.
Die E. kann im Zentrum der Gebärmutter erfolgen (*zentrale E.;* bei Raubtieren, Kaninchen, Huftieren) oder in einer Uteruseinbuchtung (*exzentrische E.;* bei Maus und Ratte).
Die Uterusschleimhaut wird durch die Gelbkörperhormone (↑Geschlechtshormone) auf die E. vorbereitet.

Einstiegsdroge: Als Einstiegsdrogen werden solche ↑Rauschgifte angesehen, die nach Entzug nicht die typischen Reaktionen hervorrufen, die bei anderen Suchtmitteln (u. a. Opiaten) als Folge der körperlichen Abhängigkeit auftreten (↑Sucht, ↑Haschisch).

Einzeller (Protisten): Lebewesen, die aus nur einer Zelle bestehen. Sie können pflanzlicher Art *(Protophyten)* oder tierischer Art (↑Protozoen) sein. Die Aufgaben der Organe der Vielzeller übernehmen bei ihnen ↑Organellen. Die Artenzahl der Einzeller ist sehr groß. Ihre ältesten Vertreter lebten schon vor etwa 3 Milliarden Jahren.

Eireifung (Oogenese): Im ↑Eierstock der Frau werden rund 200 000 ↑Eizellen (Ureier) angelegt. Während des gebärfähigen Alters vom 15.–50. Lebensjahr reift etwa alle 27 Tage ein Ei heran. Dazu macht es eine Reifungsteilung (↑Meiose) durch, deren erster Teilungsschritt noch im Eifollikel, deren zweiter erst nach dem ↑Follikelsprung erfolgt.
Viele der Ureier umgeben sich schon vor der E. mit einer einfachen Lage von Hilfszellen; sie werden also zum *Primärfollikel.* Die Hilfszellen bilden dann mehrere Schichten, wodurch aus dem Primärfollikel der *Sekundärfollikel* wird. In ihm entsteht bei der E. ein Hohlraum, dessen Flüssigkeit die Hormone Östrogen und Östradiol enthält (↑Östrogene). Dieser *Tertiärfollikel* rückt allmählich zur Oberfläche des Eierstocks und wird durch den inneren Flüssigkeitsdruck bis zu Kirschgröße aufgebläht. Etwa am 14. Tag nach Einsetzen der letzten Regelblutung platzt bei der Frau das Eibläschen (Follikel) schließlich, und die Eizelle wird von der Follikelflüssigkeit in den Eileiter gespült. Die Eizelle ist jetzt befruchtungsfähig (↑Befruchtung). Der Follikelrest wird zum ↑Gelbkörper.

Eisenbakterien: Mehrere Arten von autotrophen ↑Bakterien (Chlamydobakterien), die CO_2 assimilieren. Sie gewinnen die dazu nötige Energie aus der Oxidation von Eisen-II-Verbindungen zu Eisen-III-Verbindungen. Das Eisenhydroxid lagern sie in ihrer Hülle ab.

eiserne Lunge: Die e. L. wird zur Langzeitbeatmung bei Atemlähmungen benutzt. Der ganze Körper ist bis zum Hals luftdicht in einer eisernen Kammer eingeschlossen, in der z. B. mit einer Pumpe abwechselnd Über- und Unterdruck erzeugt wird. Bei Unterdruck strömt Luft in die Lunge ein, bei Überdruck erfolgt die Ausatmung.

Eisprung svw. ↑Follikelsprung.

Eiszeit (Glazial): In der Erdgeschichte galt als E. zunächst der Zeitraum des Pleistozäns (↑Erdzeitalter). Heute gilt diese Bezeichnung für alle Abschnitte der Erdgeschichte mit weltweit verbreiteten Vereisungsspuren.

Eiter: Die Eiterbildung bei Entzündungen ist eine Abwehrreaktion des Körpers gegen Krankheitserreger, die von den weißen Blutkörperchen vernichtet werden sollen. Der E. ist eine zähflüssige Masse aus Blutserum, weißen Blutkörperchen und abgestorbenem Gewebe.

Eiweiße: E. gehören zu den wichtigsten Bausteinen aller pflanzlichen und tierischen Zellen. Als ↑Enzyme und als ↑Hormone beeinflussen sie den gesamten Stoffwechsel, als kontraktile Elemente ermöglichen sie die Bewegung. Außerdem übernehmen sie im Blut Transportfunktion und sind als Bauelemente aller Biomembranen von großer Bedeutung.

E. bestehen aus Ketten von ↑Aminosäuren, die über die *Peptidbindungen* (–CO–NH–) miteinander verknüpft sind. Eine solche Peptidbindung entsteht durch eine Reaktion zwischen der Säuregruppe einer Aminosäure mit der Aminogruppe der nächsten unter Wasseraustritt. E. unterscheiden sich untereinander in ihrer Kettenlänge und in der Reihenfolge (Sequenz) ihrer Aminosäuren. Die ↑Aminosäuresequenz bezeichnet man als *Primärstruktur* des Eiweißes. Das Grundskelett jeder Peptidkette zeigt die Folge –NH–CHR–CO–, wobei die Reste (R) der Aminosäuremoleküle seitlich aus der Kette herausragen. Diese Seitenketten sind je nach der Art der Aminosäure unterschiedlich lang. Sie haben polaren oder unpolaren, sauren oder basischen Charakter.

Außer durch die Aminosäuresequenz wird die Spezifität der E. durch ihre unterschiedliche *räumliche Struktur* bestimmt. Dabei gibt die *Sekundärstruktur* die Zusammenfügung einzelner geordneter Kettenabschnitte an, die *Tertiärstruktur* den Zusammenschluß dieser Abschnitte zu globulären Proteinen. Außerdem können fertig gefaltete und in sich beständige Proteine als Untereinheiten durch Verknüpfung von Disulfidbindung und Nebenvalenzen zu einer *Quartärstruktur* zusammengelagert werden.

Sekundär- und Tertiärstruktur können nur mit Hilfe physikalischer Methoden (z. B. Röntgenstrukturanalyse) aufgeklärt werden. Dabei zeigt sich, daß bei den natürlichen Eiweißen die Faltblattstruktur, wobei Wasserstoffbrücken zwischen den einzelnen Peptidketten entstehen, und der schraubenförmige Aufbau der Peptidkette bevorzugte Sekundärstrukturen sind. Besonders häufig tritt die *α-Schraube* (α-Helix) auf, da sich auch zwischen den einzelnen Windungen der Kette Wasserstoffbrücken bilden können, was der Kette eine besondere Stabilität verleiht.

Nach ihren Bestandteilen, ihrer Struktur und ihrer Funktion werden die E. eingeteilt in: *einfache E. (Proteine),* die nur aus Aminosäureketten bestehen, und *zusammengesetzte E. (Proteide),* die noch Fremdmoleküle (= prosthetische Gruppen) einschließen. Die Proteine lassen sich ihrerseits in Protamine (z. B. Salmin), Histone (z. B. Thymushiston), Prolamine (z. B. Zein), ↑Albumine, ↑Globuline und Skleroproteine (z. B. Kollagene) einteilen. Bei den Proteiden unterscheidet man je nach der Art des Fremdmoleküls z. B. Glykoproteide (z. B. Muzin), Phosphoproteide (z. B. Pepsin), ↑Lipoproteide und Chromoproteide (z. B. das Chlorophyll).

E. bilden keine echten, sondern stets kolloidale Lösungen. Durch Erhitzen, aber auch durch Behandeln mit Säuren oder Alkalien koagulieren die E., was gleichzeitig ein Anzeichen ihrer *Denaturierung* sein kann. Darunter versteht man die Strukturänderung eines Eiweißes, die eine Änderung seiner biologischen Eigenschaften bedingt. So sind denaturierte E. weitgehend entfaltet. Der Vorgang ist meist irreversibel.

Um E. zu isolieren und zu identifizieren, werden besonders chromatographische und elektrophoretische Methoden angewendet. Die empfindlichste Methode zu ihrer Identifizierung ist neben der Untersuchung ihres Sedimentationsverhaltens die serologische, wobei man eine Eiweißlösung mit bestimmten Serumproteinen eines Versuchstiers reagieren läßt.

Eiweißsynthese (Proteinsynthese): Die E. ist der Mechanismus, der die ↑Basensequenz der DNS in eine bestimmte ↑Aminosäuresequenz überträgt. Die DNS befindet sich im Zellkern, den sie nicht verläßt, wogegen die E. in den ↑Ribosomen stattfindet. Folglich bedarf es eines Vermittlers, der die ↑genetische Information aufnimmt *(Transkription)* und sie zu den Ribosomen bringt. Diese Aufgabe hat die m-RNS (↑RNS), die eine transportable Kopie der DNS ist, an der sie durch die Transkription gebildet wird. Dabei öffnet sich die Doppelhelix der DNS an der Stelle, wo das abzulesende Gen beginnt.

An einem der beiden Einzelstränge lagern sich aus der Zelle kommende freie Ribonukleotide nach dem Prinzip der ↑Basenpaarung an und werden zum m-RNS-Strang zusammengefügt. Dieser Vorgang der Transkription wird durch das Enzym RNS-Polymerase gesteuert, das auch den sinnvollen DNS-Strang erkennt, indem es die Synthese nur in der Richtung der richtigen Basensequenz startet. Die m-RNS trennt sich schließlich von der DNS und wandert durch die Poren der Kernmembran zu den Ribosomen.

Die bei der E. im Zytoplasma ablaufenden Prozesse lassen sich in zwei Hauptabschnitte gliedern:

1. *Aktivierung der Aminosäuren und ihre Übertragung auf eine t-RNS:* Die Aminosäuren werden von der t-RNS zu den Orten der E. gebracht. Dabei hat die t-RNS zwei wichtige Aufgaben zu erfüllen: Sie darf nur eine bestimmte Aminosäure binden und sie muß diese in der im Ribosom entstehenden Eiweißkette an der richtigen Stelle einordnen. Eine t-RNS ist immer nur für eine Aminosäure spezifisch. Die Aminosäure wird am verlängerten Ende der t-RNS an Adenosin gebunden. Dazu wird die Aminosäure zunächst aktiviert, indem sie sich mit ↑ATP unter Mitwirkung eines aktivierenden Enzyms zum Aminoacyladenylat verbindet. Dabei erfolgt die Erkennung der Aminosäure wahrscheinlich zunächst durch das Enzym, da jede Aminosäure durch ein anderes Enzym aktiviert wird. Dieses aktive Enzym bringt das Aminoacyladenylat zur t-RNS, wobei es die Bindung der Aminosäure an seine spezifische t-RNS steuert. An der t-RNS wird nun die Aminosäure mit einer freien OH-Gruppe der Ribose des Adenosins verestert; AMP (Adenosinmonophosphat) und aktivierendes Enzym trennen sich dann wieder ab.

2. *Anlagerung der Aminosäuren an die Ribosomen mit der Bildung der Proteine:* Um ihre zweite Aufgabe zu erfüllen, d.h. also ihre Aminosäure an der richtigen Stelle in das Protein einzuordnen, muß die t-RNS das *Codon* (↑Triplett) auf der im Ribosom befindlichen m-RNS finden, das seiner bestimmten Aminosäure entspricht. Dazu besitzt die t-RNS ein ↑*Anticodon* mit komplementärer Sequenz von drei Nukleotiden des Codons der m-RNS. Während der E. sind meist mehrere Ribosomen durch den m-RNS-Strang miteinander verknüpft. Sie bilden dann ein *Polyribosom (Polysom)*. Jedes Ribosom setzt sich aus einer größeren und einer kleineren Untereinheit zusammen. Die Untereinheiten der Ribosomen haben Sedimentationskoeffizienten (S) von 30 S und 50 S. Beim Beginn der Synthese einer Peptidkette verbindet sich die kleine ribosomale Untereinheit (30 S) mit einer m-RNS und einer besonderen t-RNS, an die als Aminosäure N-Formylmethionin gebunden ist.

Den Aufbau des Proteins im Ribosom bezeichnet man als *Translation*. Zunächst erscheint auf der m-RNS ein freies Codon für die erste Aminosäure des zu bildenden Proteins. Kurz darauf wird eine beladene t-RNS mit passendem Anticodon vom Ribosom so gebunden, daß eine Basenkopplung von Codon und Anticodon möglich ist. Ihr Aminoacylende befindet sich dabei im Bereich der großen Ribosomenuntereinheit (50 S), wo nun die Aminosäure I mit N-Formylmethionin peptidartig verbunden wird. Dabei trennt sich die t-RNS vom Formylmethionin und wandert in das Zytoplasma zurück. Im Ribosom befindet sich

nun ein Dipeptid aus Formylmethionin und Aminosäure I, die noch mit t-RNS verknüpft ist. Nun rückt t-RNS I aus der Bindungszone A des Ribosoms in den Ketteneinleitungsbereich B. In A erscheint bereits t-RNS II und hängt seine Aminosäure II an das Dipeptid; nun wird t-RNS I frei. Ein Tripeptid ist entstanden. Auf diese Weise wird fortlaufend die m-RNS abgelesen, wobei die Peptidbindung durch die Peptidpolymerase katalysiert wird.
Die m-RNS wandert während der Translation durch das Ribosom hindurch. Dabei kann sie sich nacheinander durch mehrere Ribosomen fädeln, was eine Mehrfachproduktion des gleichen Proteins ermöglicht. Bei der Translation wird der ↑genetische Kode „kommafrei" abgelesen, d.h., alle Basentripletts erscheinen hintereinander auf der m-RNS angeordnet, sie sind nicht voneinander abgegrenzt.
Wenn eine Polypeptidkette ihre volle Länge erreicht hat, muß sie vom Ribosom abgelöst werden. Unter den 64 möglichen Codons gibt es drei, welche keine Aminosäure determinieren *(Nonsenscodons).* Eine dieser Basenkombinationen scheint die Funktion eines Stoppcodons zu haben. Es kann aber den Translationsvorgang lediglich unterbrechen.
Zur *Freisetzung der Peptidkette* muß auch noch die Esterbindung des Peptidyl-t-RNS-Komplexes gespalten werden. Es kommt nun außerdem darauf an, diese E. zu steuern, d.h., es dürfen z.B. nur die Enzyme hergestellt werden, die momentan benötigt werden. Dieses Problem wird durch das Jacob-Monod-Modell der Genregulation dargestellt.

Eizelle (Ovum): Die sich in der Regel nicht von selbst bewegenden weiblichen ↑Geschlechtszellen von Pflanze, Tier und Mensch. Die Eizellen sind fast stets sehr viel größer als die männlichen Geschlechtszellen (↑Samenzellen). Eidurchmesser: Mensch 0,12–0,2 mm, Haushuhn 30 mm, Strauß 105 mm, Riesenhai 220 mm, Saugwürmer 0,012–0,017 mm.
Die *Bildung der Eizellen* erfolgt bei *Pflanzen* in ↑Oogonien, ↑Archegonien oder ↑Samenanlagen, beim *Menschen* und bei *mehrzelligen Tieren* in ↑Eierstöcken.
Der Aufbau tierischer Eizellen ist sehr einheitlich: Das *Eiplasma* (Ooplasma) ist von der *Dotterhaut* umgeben. Es enthält bei den einzelnen Arten recht unterschiedliche Mengen an Reservestoffen, ↑Dotter genannt (u.a. Proteine, Fette, Glykogen). Im Eiplasma befindet sich der *Eikern (Keimbläschen).* Er besitzt nur einen einfachen (haploiden) Chromosomensatz.
Die Eizelle wird oft von mehreren *Eihüllen* umgeben, die Hafteinrichtungen (Insekten) besitzen und hornartig (Hai, Rochen), gallertig (Amphibien) oder äußerst fest (↑Dauereier) sind. Auch das *Eiklar (Eiweiß)* der Vogeleier mit den Hagelschnüren, das Schalenhäutchen und die Kalkschale stellen Eihüllen dar.
Viele Eizellen (Ringelwürmer, Weichtiere, Stachelhäuter, Wirbeltiere) haben einen *animalen* und einen *vegetativen Pol.* Die Menge der Reservestoffe nimmt zum vegetativen Pol hin zu. Der animale Pol ist der Hauptbildungsort des Embryos. Ein medianer Bereich (Gradient, grauer Halbmond) zwischen beiden Polen legt bei Fischen bereits Bauch und Rücken, bei Amphibien die Vorder- und Hinterseite fest. Eier, die fast ausschließlich von Dotter erfüllt sind und nur am animalen Pol etwas Eiplasma enthalten *(telolezithale E.),* bilden an diesem Pol eine kleine *Keimscheibe* (Diskus) aus.

Ejakulation svw. ↑Samenerguß.

Ekdyson svw. ↑Häutungshormon.

EKG (Ekg): Abk. für ↑Elektrokardiogramm.

Ektoderm: Das äußere der drei ↑Keimblätter.

Ektohormone svw. ↑Pheromone.

Ektoparasiten: E. sind Schmarotzer, die auf der Körperoberfläche des Wirts (Haut oder leicht zugängliche Körperhöhlen) leben; z.B. Zecken, Blutegel, Flöhe, Läuse, Milben, Pilze, Bakterien. – Gegensatz: ↑Endoparasiten. – ↑auch Parasiten.

Ektoplasma: Das ↑Zytoplasma der

Zellperipherie (Außenplasma), welches bei einigen Einzellern (↑Amöben) durchsichtig (im Gegensatz zum ↑Endoplasma) und zähflüssig ist.

Elateren: E. sind langgestreckte *Schleuderzellen* mit Wandverdickungen in der Sporenkapsel der Lebermoose. Sie liegen zwischen den Sporen und streuen diese nach dem Öffnen der Kapsel aus.

elektrische Organe: E. O. dienen den elektrischen Fischen (Zitterfische) zum Beuteerwerb, zur Verteidigung und zur Orientierung (der Zitteraal gibt bei einer Spannung von 600 bis 800 V rund 400 elektrische Impulse an die Umgebung ab und registriert die reflektierten Impulse).
E. O. stellen umgewandelte quergestreifte, nicht mehr funktionstüchtige Muskulatur dar. Sie bestehen aus zahlreichen nebeneinanderliegenden Säulen flacher, übereinandergeschichteter Muskelzellen, die durch gallertiges Bindegewebe gegeneinander isoliert sind. Die einzelne Muskelfaser liefert bei der Aktivierung eine Spannung von 0,06 bis 0,15 V. Da diese elektrischen Elemente in Reihe geschaltet sind, summieren sich die Teilspannungen, so daß Werte bis zu 800 V erreicht werden können.
Man findet solche elektrischen Organe beim Zitterrochen an den Seiten des Kopfes und des Vorderkörpers, beim Zitterwels entlang den Körperseiten und beim Zitteraal und Nilhecht im Schwanzbereich.

Elektroenzephalogramm (Abk.: EEG, Eeg): Werden die langsamen elektrischen Potentialschwankungen, die die Gehirntätigkeit begleiten, durch ein geeignetes Gerät mit Schreibsystem aufgezeichnet, erhält man ein Kurvenbild, das EEG. Stets wird außen am Hirnschädel mit 15–25 Elektroden gleichzeitig gemessen. Die Größe und Frequenz der Potentialschwankungen läßt Rückschlüsse auf den Aktivitätszustand (z. B. Wachen, Schlafen) oder auf Erkrankungen des Gehirns zu, obwohl die Herkunft dieser recht langsamen Spannungsschwankungen noch nicht geklärt ist.

Elektrokardiogramm (Abk.: EKG, Ekg): Zur Aufzeichnung des EKGs werden im Prinzip die Aktionsströme der Herzmuskelfasern (↑Herzautomatie) mittels Elektroden an der Körperoberfläche gemessen. Das Kurvenbild weist charakteristische Zacken und Wellen auf, die mit den Buchstaben P, Q, R, S, T bezeichnet werden (s. Abb.). Die Abstände zwischen ihnen und ihre Form lassen Rückschlüsse auf die Erregungsbildung, die Erregungsleitung und auf den Erregungsrückgang im Herzen zu. So können z. B. Herzrhythmusstörungen und Herzinfarkte erkannt werden.

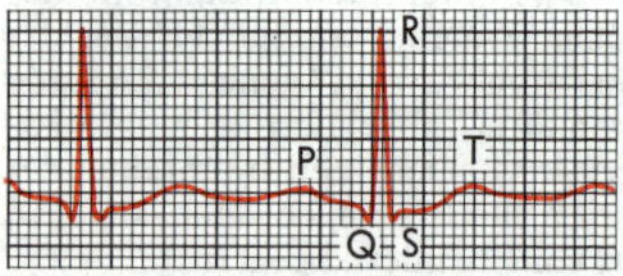

Abb. Elektrokardiogramm: Aufzeichnung eines normalen Elektrokardiogramms des Menschen

Elektronenmikroskop: Ein Mikroskop, das anstelle von Licht Elektronen zur Abbildung benutzt. Als Linsen dienen rotationssymmetrische elektrische und magnetische Felder. Die Anordnung dieser Linsen entspricht derjenigen beim Lichtmikroskop. Die als Kondensor wirkende Elektronenlinse konzentriert den von der Glühkathode kommenden Elektronenstrahl auf das Objekt. Dieses wird je nach seiner Struktur von den Elektronen verschieden stark durchstrahlt, so daß eine entsprechende Intensitätsverteilung im Elektronenbild die Struktur wiedergibt. Das Elektronenbild wird als vergrößertes reelles Bild von der Projektionslinse auf einen Leuchtschirm oder auf fotografischem Material aufgefangen.
Die Bedeutung des Elektronenmikroskops liegt in seinem großen ↑Auflösungsvermögen, das das des Lichtmikroskops bei weitem übertrifft (praktisch etwa 500fach). Ein großer Nachteil gegenüber dem Lichtmikroskop ist darin zu sehen, daß man nur tote Ob-

jekte, die außerdem extrem dünn geschnitten sein müssen (unter 0,0003 mm dick), vergrößern kann, da der Elektronenstrahl nur im Vakuum möglich ist.
Beim *Rasterelektronenmikroskop* wird das Objekt zeilenweise mit einem Elektronenstrahl abgetastet und die Intensität des Elektronenstrahls einer Oszillographenröhre (Bildröhre) durch die an den einzelnen Objektpunkten verschieden stark ausgelösten Sekundärelektronen gesteuert. Das Verhältnis der Bildzeilenlänge zur Objektzeilenlänge nennt man seine Vergrößerung.

Elle (Ulna): Die E. ist der Knochen des Unterarms, der auf der Kleinfingerseite liegt und zusammen mit der *Speiche* das Skelett des Unterarms bildet. Die E. steht über das *Ellbogengelenk* (Scharniergelenk) mit dem Oberarm in Verbindung, während das Handgelenk vorwiegend von der Speiche gebildet wird.

Elterngeneration (Parentalgeneration): Als E. werden in der Genetik die beiden Eltern bezeichnet, die die erste ↑Tochtergeneration hervorbringen.

Embolie: Hauptursache einer E. sind verschleppte Blutgerinnsel, die als Pfropfen den Blutstrom in einem Blutgefäß plötzlich unterbrechen. Werden lebenswichtige Organe von der Versorgung mit Sauerstoff abgeschnitten (z. B. durch Blockierung einer großen Lungenarterie, der Herzkranzgefäße oder einer Hirnarterie), besteht Lebensgefahr (Infarkt). – ↑auch Thrombose.

Embryo:
◊ Höhere *Pflanzen* bilden nach der Befruchtung der Eizelle einen Keimling. Dieser E. entsteht bei Moosen und Farnen innerhalb der weiblichen Geschlechtsorgane (↑Archegonien), bei Samenpflanzen im Samen, wo er sich nach der Keimung zur Keimpflanze weiterentwickelt.
◊ Bei *Tieren* bezeichnet man den aus der befruchteten ↑Eizelle (bei Parthenogenese auch aus der unbefruchteten) hervorgehenden Organismus als E., solange er noch von den ↑Eihüllen umgeben ist oder er sich noch im mütterlichen Körper befindet. – Beim *Menschen* spricht man nur während der ersten drei Schwangerschaftsmonate vom E., danach vom ↑Fetus (↑auch Leibesfrucht).

Embryonalentwicklung: Als E. bezeichnet man die Entwicklung von der befruchteten ↑Eizelle bis zum Verlassen der Eihüllen oder zur Geburt; ↑Keimesentwicklung.

Embryonalhüllen (Fruchthüllen): Zum Schutze des Embryos, für seine Ernährung und für den Gasaustausch bilden sich aus der Eizelle u. a. Embryonalhüllen. Die ursprünglichen schützenden Eihüllen (↑Eizelle) bleiben erhalten, während die ernährenden Eihüllen (Eiklar) aufgezehrt werden.
Der menschliche Embryo ist außen zunächst vom *Chorion (Zottenhaut)* umgeben. Es bildet zusammen mit der Gebärmutterschleimhaut, deren Gefäße es mit Hilfe von Enzymen auflöst, die ↑Plazenta. Die zottenfreien Berei-

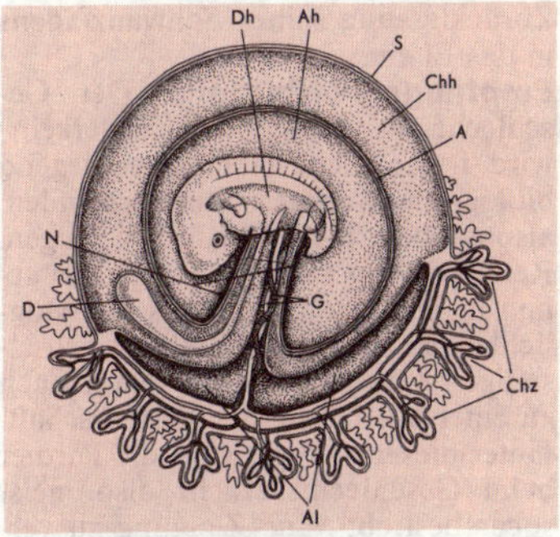

Abb. Embryonalhüllen eines Säugetierembryos: A Amnion, Ah Amnionhöhle mit Fruchtwasser, Al Allantois, Chh Chorionhöhle (außerembryonales Zölom, Exozöl), Chz Chorionzotten mit Blutgefäßen (Plazentaanteil), D Dottersack, Dh Darmhöhle, G Nabelblutgefäße, N Nabelstrang, S Serosa (Chorion)

che des Chorions werden zur äußeren Embryonalhülle, der *Serosa*.
Der Embryo wird außerdem von der

Amnionhülle (Amnion, Schafhaut, Fruchtwassersack) umgeben. Sie legt sich im Laufe der Embryonalentwicklung an die Serosa an. Der Raum zwischen Amnion und Embryo ist von einer schwach alkalischen Flüssigkeit, dem ↑Fruchtwasser, erfüllt.
Auf der Bauchseite des Keims bildet sich der ↑Dottersack. Der Urdarm schnürt außerdem nach hinten den *Harnsack (Allantois)* ab. Aus dem Bauchstiel des Embryos entwickelt sich die ↑Nabelschnur. – Siehe auch Abb. S. 117.

Embryosack (Embryosackzelle): Der E. der Samenpflanzen geht aus der Embryosackmutterzelle durch Reduktionsteilung (↑Meiose) hervor und ist mit der Makrospore der Farne vergleichbar. In ihm wird die Eizelle gebildet. – ↑auch Samenanlage.

Empfängnishügel: Der E. entsteht bei der ↑Besamung bzw. ↑Befruchtung der Eizelle. Die Eioberfläche wölbt sich dem in die Eimembran eingedrungenen Samenfaden (Spermium) entgegen; hier dringt das Spermium unter Zurücklassung seines Schwanzfadens in das Ei ein.

Empfängnisverhütung: Der Geschlechtsakt (↑Geschlechtsverkehr) wird heute nicht mehr überwiegend biologisch-zweckgerichtet verstanden, also mit dem Ziel, ein Kind zu zeugen. Reife und verständnisvolle Partner sehen in ihm darüber hinaus die Möglichkeit zu einem optimalen wechselseitigen Lustgewinn und damit auch zu einer Vertiefung der Partnerschaft. Unter diesem Aspekt sind die Partner beim Geschlechtsverkehr also meist sogar bestrebt, eine Zeugung zu verhindern. Dazu stehen ihnen heute im Prinzip die folgenden Methoden der E. zur Verfügung:
1. Beim *Coitus interruptus* („Rückzieher“) zieht der Mann kurz vor dem Samenerguß sein Glied aus der Scheide der Frau heraus. Diese Methode wird zwar häufig angewandt, ist aber sehr unsicher.
2. Vor dem Geschlechtsakt wird über das Glied eine Gummihülle *(Präservativ, Kondom)* gestreift. Sie fängt den ejakulierten Samen auf. Danach sollte der Akt nicht fortgesetzt werden, weil das Präservativ sich unbemerkt abstreifen kann und die Samenzellen dadurch doch in die Scheide gelangen. Präservative gibt es in verschiedener Form und Ausführung. Gute sind elektronisch geprüft. Zum Überstreifen des Präservativs muß die Vorhaut des Glieds zurückgezogen werden. – Präservative schützen in geringem Umfang auch gegen Ansteckung durch Geschlechtskrankheiten. Sie lassen sich mit chemischen Verhütungsmitteln kombinieren, wodurch die Sicherheit stark steigt.
3. Über den Gebärmuttermund, der in die Scheide hineinragt, wird eine Kunststoffkappe *(Muttermundkappe, Portiokappe, Okklusivpessar)* gestülpt. Sie muß vom Arzt eingepaßt werden. Vor der Regelblutung ist sie zu entfernen und danach wieder einzusetzen. Sie darf bei Gebärmuttererkrankungen nicht angewandt werden.
4. Ähnlich wirkt das *Scheidenpessar.* Es ist eine Gummihaut, die einen nach außen federnden Ring besitzt und in die Scheide gespannt wird. Die Frau kann es selbst einpassen; dies muß etwa 6 Stunden vor dem Beischlaf geschehen. Erst 8 Stunden danach darf es entfernt werden. Vor dem Einsetzen sollte es mit einer Creme bestrichen werden, die die Samenzellen „lähmt“. Die Anwendung verbietet sich bei Scheidenentzündungen.
5. *Intrauterinpessare* („Spiralen“) sind Kunststoff- oder Kupfergebilde, die vom Arzt in die Gebärmutter eingelegt werden. Sie verhindern die ↑Einnistung des befruchteten Eies und können auch während der Regelblutung an ihrem Platz bleiben. Sie sollten regelmäßig vom Arzt kontrolliert werden, da ca. 16 % dieser Pessare von der Gebärmutter ausgestoßen werden.
6. *Chemische Verhütungsmittel (Kontrazeptiva)* „lähmen“ oder töten die Samenzellen ab. Außerdem wirken sie antibakteriell. Diese Mittel zur E. werden in Form von Cremes (Vaginalcreme), Sprays, Kapseln oder Tabletten (Vaginaltabletten) kurz vor dem

Geschlechtsakt möglichst tief in die Scheide eingeführt.
7. Bei der *Knaus-Ogino-Methode* darf zwischen dem 9. und 17. Tag nach Einsetzen der letzten Regelblutung kein Geschlechtsakt stattfinden, weil in dieser Zeit der Eisprung (↑Follikelsprung) zu erwarten ist; außerdem ist dabei die Lebensdauer der Samenzellen zu berücksichtigen. Um diese Methode anwenden zu können, muß die Frau mindestens 6 Monate lang einen Menstruationskalender geführt haben und auch weiterhin führen. Ihre Regelblutung (↑Menstruation) muß regelmäßig einsetzen. Das Verfahren ist deshalb sehr unsicher, weil seelische Belastungen, Reisen, intensive Geschlechtserlebnisse oder schon leichte Erkrankungen den Zeitpunkt des Eisprungs verschieben können.
8. Bei der *Temperaturmethode* mißt die Frau morgens vor dem Aufstehen ihre Körpertemperatur (*Basaltemperatur;* normalerweise ca. 36,5–36,7 °C). 1–2 Tage nach dem Eisprung erhöht sich die Basaltemperatur um 0,4–0,8 °C und bleibt bis zur nächsten Regelblutung erhöht. Nur bis zum 2. Tag nach dem Temperaturanstieg ist wegen der geringen Lebensdauer der Eizelle mit einer Befruchtung zu rechnen. Bis dahin muß man von der Regelblutung an Enthaltsamkeit üben.
9. Besonders zuverlässig ist die E. mit *Ovulationshemmern (Pille, Antibabypille, orale Kontrazeptiva).* Dies sind Kombinationspräparate aus abgewandelten Geschlechtshormonen. Sie verhindern – richtig angewandt – den Eisprung und verändern den Aufbau der Gebärmutterschleimhaut, so daß sich das befruchtete Ei nicht einnisten kann. Außerdem bleibt unter ihrem Einfluß der Schleimpfropf, der den Gebärmuttermund verschließt, so zäh, daß Samenzellen ihn kaum durchdringen können. Weil die Pille in den Hormonhaushalt des Körpers eingreift, ist mit geringen Nebenwirkungen zu rechnen. – Die *Pille danach* wird nur als Notlösung bei ungeschütztem Geschlechtsverkehr zur Zeit des Konzeptionsoptimums angesehen. Mit der Einnahme muß innerhalb von 48 Stunden nach dem Verkehr begonnen werden; die Versagerquote ist jedoch relativ hoch. – Das Risiko, durch die Pille krank zu werden, ist jedoch im allgemeinen nur bei bestimmten Risikofaktoren gegeben (z. B. Leberschaden, Venenthrombose).
10. Fast unwiderruflich ist die *Sterilisation* als Methode der E. Dabei werden der Frau durch einen chirurgischen Eingriff die Eileiter durchtrennt oder unterbunden. Sie muß dazu ins Krankenhaus. Beim Mann werden durch einen ambulanten kurzen Eingriff die Samenleiter unterbrochen *(Vasektomie).* Die Sterilisation ist die sicherste Methode der E.
Um die Sicherheit der einzelnen Methoden ausdrücken zu können, nennt man die Zahl der ungewollten Schwangerschaften für den Fall, daß die jeweilige Methode 100 Jahre lang angewandt wird. So würden z. B. bei Anwendung der Temperaturmethode 0,8, bei Einnahme von Ovulationshemmern 0,4 ungewollte Schwangerschaften in 100 Jahren auftreten.

Enddarm: Zum E. gehören der Dickdarm mit dem Blinddarm und der Mastdarm. Er dient der Aufnahme (Resorption) von Wasser und der Sammlung, Formung und Ausscheidung des Kotes. – ↑Darmkanal.

Endemie: Von E. spricht man, wenn eine Infektionskrankheit sich hartnäkkig in einem kleineren Bezirk zu halten vermag; ↑Epidemie.

endemisch:
◊ Kommen bestimmte Pflanzen oder Tiere nur in einem einzigen, meist kleinen und natürlich abgeschlossenen Gebiet vor (z. B. auf einer Insel), bezeichnet man ihre Art oder Sippe als endemisch. Beuteltiere sind z. B. in Australien endemisch.
◊ Als e. bezeichnet man Krankheiten, die im Sinne einer ↑Endemie auftreten.

Endhandlung: In der Verhaltensforschung wird das Gesamtverhalten eines Tiers aufgeteilt in das variable ↑Appetenzverhalten und die meist starre E. Kann eine ↑Erbkoordination oder Instinkthandlung bis zum Ende ablaufen und wird sie durch eine E., z. B. das Fangen und Töten der Beute, abgeschlossen, ist der ↑Trieb des Tiers befriedigt.

Endhirn (Telencephalon): Entwicklungsgeschichtlich aus dem ↑Vorderhirn hervorgehender Abschnitt des Gehirns, der beim Menschen zum Großhirn wird (↑Gehirn).

Endobiose: Die E. ist eine Sonderform der ↑Symbiose. Der *Endobiont* lebt im Inneren eines anderen Lebewesens (z. B. Bakterien im Darm der Tiere). Oft wird die E. zum Endoparasitismus (↑Parasiten).

Endodermis: Die E. ist die innerste, meist einzellige Schicht der Rinde der Wurzeln. Sie bildet die Grenze zwischen ↑Rinde und Zentralzylinder (↑Wurzel). In älteren Wurzeln sind die Endodermiszellen verkorkt. Auf diese Weise wird eine physiologische Steuerung des Durchtritts von Wasser und gelösten Stoffen erreicht. Diese können jetzt nur noch durch einige ursprüngliche Zellen *(Durchlaßzellen)* wandern.

endogen: Der Ursprung aller Substanzen oder auch Verhaltensweisen, die aus dem Körperinneren kommen, wird als e. bezeichnet. – Gegensatz: ↑exogen.

endokrine Drüsen (Hormondrüsen): E. D. bilden Hormone, die sie in die Blutbahn oder die Lymphe abgeben; Gegensatz: exokrine Drüsen. – ↑auch Drüsen.

Endolymphe: Flüssigkeit im häutigen Labyrinth des Innenohrs; ↑Ohr.

Endomitose: Wird eine ↑Mitose in der Prophase abgebrochen, ohne daß eine Spindel angelegt und die Kernhülle abgebaut wurde, spricht man von Endomitose. Da dieser Vorgang meist mehrmals wiederholt wird, entsteht ein polyploider Kern mit vervielfachtem DNS-Gehalt (↑auch Riesenchromosomen). Die Zellen können nur noch selten eine normale Mitose durchführen und übernehmen besondere Aufgaben in Organen mit hoher Stoffwechselaktivität, z. B. in den Speicheldrüsen der Taufliege.

Endoparasiten (Innenparasiten): Schmarotzer, die im Innern ihrer Wirte leben; z. B. ↑Blutparasiten, ↑Bandwürmer. – ↑auch Parasiten.

Endoplasma (Innenplasma): Der bei vielen Einzellern deutlich differenzierte Anteil des ↑Zytoplasmas. Das E. besitzt meist Körnerstruktur und ist im Gegensatz zum ↑Ektoplasma leicht beweglich.

endoplasmatisches Retikulum (Abk.: ER; Kurzbez.: Retikulum): Ein stark gegliedertes Membransystem in allen tierischen und pflanzlichen Zellen. In elektronenmikroskopischen Aufnahmen erscheint es wie ein Schlauch- und Röhrensystem, das von der äußeren Kernmembran ausgeht und sich in vielen Schleifen und Windungen bis hin zur Zellmembran erstreckt.

Man unterscheidet ein rauhes (granuläres) und ein glattes (agranuläres) Retikulum. Das rauhe ER hat an seiner Außenseite kleine Partikel, die ↑Ribosomen (als Orte der Eiweißsynthese) angelagert.

Das ER stellt v. a. ein Transportsystem der Zelle dar, in dem die außerhalb der Innenräume (Zisternen) produzierten Stoffe ungehindert längs der „gebahnten Wege" befördert werden können. Dadurch, daß das ER die äußere Zelloberfläche gewissermaßen ins Zellinnere fortsetzt, d. h. daß durch das ER eine beträchtliche Oberflächenvergrößerung erreicht wird, werden die Reaktionsräume für die Stoffumsetzungen an Grenzflächen (äußere und innere Oberflächen) erheblich vergrößert.

Endoskelett svw. ↑Innenskelett.

Endosperm: Das E. ist ein ↑Nährgewebe, das den Embryo der Blütenpflanzen (↑Samenpflanzen) umhüllt und ernährt. Bei den Blütenpflanzen entsteht es nach der Befruchtung *(sekundäres E.)* im Embryosack (↑Samenanlage). Bei den Nacktsamern ist es schon vor der Befruchtung vorhanden *(primäres E.)*. Samen ohne E. (z. B. Orchideensamen) haben somit keine Reservestoffe. Bei den Hülsenfrüchtlern und der Roßkastanie, die auch kein E.

haben, werden die Reservestoffe direkt im Embryo gespeichert.

Endosporen: E. sind ↑Sporen, die im Innern einer Zelle bzw. eines Sporenbehälters gebildet werden. Dazu gehören die Askosporen der Schlauchpilze.

Endothel: Die Blut- und Lymphgefäße sind von einem einschichtigen Plattenepithel, dem E., ausgekleidet. – ↑auch Deckgewebe.

Endoxidation: Die E. ist der letzte Abschnitt der biologischen Oxidation, also identisch mit der ↑Atmungskette.

Endplatte svw. ↑motorische Endplatte.

Endwirt (Hauptwirt): Ein Parasit, der während seiner Entwicklung in mehr als einem Wirt (↑Wirtswechsel) schmarotzt, wird im E. geschlechtsreif. Schweine-, Rinder- und Fischbandwurm haben u.a. den Menschen als Endwirt.

Energiespeicher: Darunter versteht man Verbindungen, bei deren Hydrolyse Energie freigesetzt wird. Die wichtigste energiereiche Bindung besteht zwischen zwei Phosphorsäureresten, z.B. im ↑ATP und ADP. Wird Energie bei Stoffwechselvorgängen frei, so wird sie in Form einer energiereichen Bindung gespeichert und bei Bedarf durch Spaltung dieser Bindung wieder verfügbar.

Engerlinge: E. sind bauchwärts gekrümmte, weichhäutige, meist weiße Larven vieler Käferarten; sie besitzen brustständige Beine. Am bekanntesten ist die Larve des ↑Maikäfers. Sie wird durch Wurzelfraß schädlich.

Engramm: Eine von dem deutschen Zoologen R. Semon (1859–1918) im Jahre 1904 entwickelte Theorie besagt, daß die Gedächtnisinhalte als „Gedächtnisspur" (Engramm) in das Gehirn eingeschrieben werden. Spätere ähnliche Reize hätten dann die gleiche Wirkung wie der Originalreiz. Alle Engramme zusammen bildeten dann das Gedächtnis.

Nach dem amerikanischen Psychologen K. S. Lashley (1890–1958) resultiert ein E. nicht aus einer festen Verbindung einzelner Neuronen (Nervenzellen), sondern aus dem Zusammenspiel einiger Hunderttausend bis Millionen von ihnen.

Entbindung: E. ist die ↑Geburt eines Kindes. Sie ist meldepflichtig, wenn beim lebendgeborenen Kind die Lungenatmung eingesetzt hat oder wenn die totgeborene, d.h. nicht spontan atmende Leibesfrucht eine Körperlänge von mindestens 35 cm hat.

Entoderm: Das innere der drei ↑Keimblätter.

Entwicklungsgeschichte: Die E. gliedert sich in die Forschungsbereiche ↑Ontogenese und ↑Phylogenese.

Entwicklungsphysiologie: Die E. erforscht, auf welche Weise und warum sich die Erbanlagen im Laufe der ↑Ontogenese entfalten. Die diesem Ziel entsprechende Forschungsmethode ist das Experiment. Bahnbrechend waren die Arbeiten des deutschen Zoologen H. Spemann (1869–1941), der an Amphibienkeimen Transplantationsexperimente vornahm. Er versetzte z.B. Zellen der Augenanlage unterschiedlicher Entwicklungsstadien in die Bauchhaut. Erfolgte diese Transplantation spät, also nach der ↑Determination, so wurden daraus Teile des Auges.

Entziehungserscheinungen: Einige ↑Rauschgifte, z.B. Opiate (u.a. Morphin), ↑Schlafmittel (Barbiturate) und Alkohol, können körperliche Abhängigkeit (↑Sucht) erzeugen. Werden dem Süchtigen diese Drogen vorenthalten, reagiert sein Körper mit E., die für die jeweilige Droge typisch sind.

Entziehungskuren müssen unter ständiger ärztlicher Aufsicht und mit Einverständnis des Patienten durchgeführt werden.

Neben den leichteren E. (u.a. wechselnde Erregungszustände, Angst, Niedergeschlagenheit, Durchfälle, Erbrechen, Halluzinationen) treten auch lebensgefährliche Kreislaufstörungen auf.

Auch nach einer Entziehungskur bedürfen die Patienten der psychotherapeutischen Betreuung, da das Verlangen nach dem Rauschgift auch später noch besteht und überwunden werden muß.

Entzündung: Die Ursachen von Entzündungen sind meist ↑Bakterien oder ↑Viren, manchmal auch eingedrungene Fremdkörper, Hitze, Kälte, Gewebsgifte oder auch abgestoßene, zu Fremdkörpern gewordene Gewebsstücke. Der Organismus wehrt durch die Entzündungsreaktion die schädlichen Einflüsse ab.
Eine *akute E.* weist vier kennzeichnende Merkmale auf: *Rötung, Schwellung,* örtliche *Wärme* und *Schmerzhaftigkeit.* Eine entzündl. Mehrdurchblutung der umgebenden Kapillaren verursacht die Rötung und Erwärmung und ebenfalls die Schwellung, da größere Mengen Plasmaflüssigkeit in die Zwischenzellräume des Gewebes gepreßt werden. Wird allzuviel Blutflüssigkeit abfiltriert, verstopft das eingedickte Blut leicht die Kapillaren, was lokale Minderdurchblutungen und als Folge davon den Gewebsuntergang auslöst. Die Mehrdurchblutung wird u.a. durch das Gewebshormon ↑Histamin angeregt. Andere Entzündungsstoffe rufen ↑Fieber hervor.
Oft kommt es bei einer E. zum Auswandern von ↑weißen Blutkörperchen aus den Blutgefäßen ins Gewebe. Sie vernichten eingedrungene Fremdkörper durch ↑Phagozytose, sterben ab und bilden den ↑Eiter, der bei vielen Entzündungen auftritt.
Schließlich spielen bei der Abwehr u.a. von Viren und Bakterien ↑Immunreaktionen eine große Rolle.

Enzymaktivität: Die E. gibt Auskunft darüber, wieviele Moleküle durch ein gewisses Quantum eines ↑Enzyms in einer bestimmten Zeit umgesetzt werden. Meist werden die molekularen Aktivitäten angegeben: die Zahl der Moleküle eines Substrats, das von einem Molekül des Enzyms in einer Minute umgesetzt wird. Die E. ist abhängig von der Temperatur und vom pH-Wert.

Enzyme (Fermente): Die E. stellen die biologisch wichtigste Gruppe der Proteine (↑Eiweiße) dar. Sie sind Katalysatoren, die alle Stoffwechselprozesse der lebenden Zelle beschleunigen und auf ein Gleichgewicht einstellen. Man nennt sie deshalb auch *Biokatalysatoren.* Für das störungsfreie Funktionieren der Lebensvorgänge im Organismus sind über 10000 E. erforderlich. Bisher sind rund 1700 E. bekannt.
E. setzen in erster Linie die Aktivierungsenergie der von ihnen katalysierten Reaktionen herab. Dadurch ist es

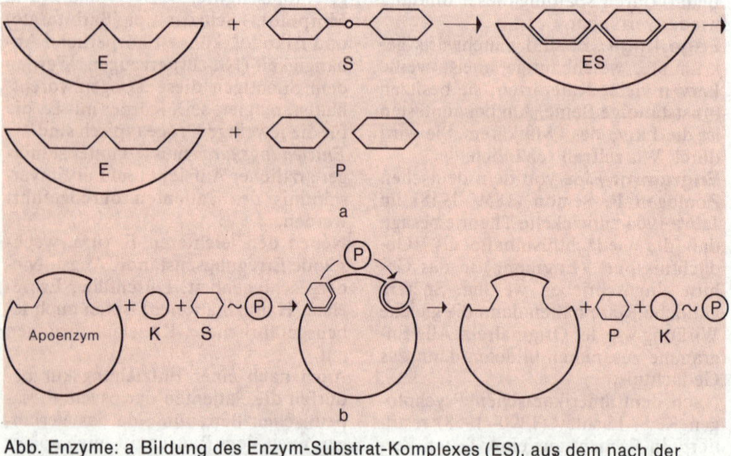

Abb. Enzyme: a Bildung des Enzym-Substrat-Komplexes (ES), aus dem nach der Reaktion das Produkt (P) und regeneriertes Enzym hervorgehen; b Reaktion des Holoenzyms mit dem phosphorylierten Substrat; E Enzym, K Koenzym, S Substrat

einer größeren Anzahl von Teilchen möglich, miteinander zu reagieren, wodurch die Reaktionsgeschwindigkeit erhöht wird. Die Enzymarbeit ist mit einem Fließband zu vergleichen. Während der Reaktion bindet das Enzym sein Substrat (Enzym-Substrat-Komplex) und gibt es dann verändert an das nächste Enzym weiter.
Ein großer Teil der E. benötigt für seine katalytische Wirkung niedermolekulare Komponenten (*prosthetische Gruppe;* ↑Koenzym), die zusammen mit der inaktiven Eiweißkomponente, dem *Apoenzym,* das aktive Enzym, das *Holoenzym,* bilden. Man neigt heute dazu, als prosthetische Gruppe die Moleküle zu bezeichnen, die fest mit ihrem Apoenzym verbunden sind, während die Koenzyme leicht abdissoziieren und mit mehreren Apoenzymen Holoenzyme bilden können.
Ein Enzym ist hochspezifisch, d. h., es vermag nur mit einer ganz begrenzten Anzahl von Substraten zu reagieren *(Substratspezifität)* und nur bestimmte Reaktionen zu katalysieren *(Wirkungsspezifität).*
Jedes Enzym besitzt ein sog. *aktives Zentrum,* in das sich nur ein Substrat (S) mit einer bestimmten Struktur einlagern kann und dabei mit dem Enzym eine Komplexbindung eingeht. Es entsteht ein Enzym-Substrat-Komplex (ES) und daraus in der eigentlichen Reaktion ein Komplex aus Enzym und Produkt (EP). Dieser zerfällt dann in Enzym und Produkt (s. Abb.). Damit ist das Enzym regeneriert und kann erneut mit einem Substrat reagieren.
Das aktive Zentrum besitzt zwei *Wirkorte:* 1. eine *Haftstelle,* die das Substrat festhält, und 2. eine *Wirkstelle,* an der die eigentliche chemische Reaktion stattfindet.
Der *Name eines Enzyms* wird gebildet aus dem Substrat, dessen Umsetzung es katalysiert, und der Endung „ase“; z.B. Lipase, Glykosidase, RNase, DNase, Maltase, Amylase. Der Name weist also auf die Substratspezifität des Enzyms hin.
Die Einteilung in *Hauptklassen* erfolgt dagegen nach der Wirkungsspezifität: 1. *Oxidoreduktasen* (z.B. Lactatdehydrogenase, Alkoholdehydrogenase) katalysieren Redoxreaktionen. – 2. *Transferasen* (z.B. Hexokinase, Transmethylase) übertragen eine chemische Gruppierung von einem Substrat auf ein anderes. – 3. *Hydrolasen* (z.B. Amylase, Maltase, Pepsin) zerlegen C–N- oder C–O-Bindungen unter Wasseraufnahme. – 4. *Lyasen* (z.B. Aldolase, Fumarase) katalysieren die Spaltung einer Verbindung in zwei Bruchstücke oder umgekehrt als *Synthasen* ihren Aufbau aus diesen Bruchstücken. – 5. *Isomerasen* (z.B. Triosephosphat-Isomerase) führen Strukturänderungen innerhalb des Substratmoleküls durch. – 6. *Ligasen* (z.B. Pyruvatcarboxylase) bewirken eine Verknüpfung von zwei Molekülen unter Mitwirkung von ATP (Adenosintriphosphat). – *Apoenzyme* können, wie schon erwähnt, nur zusammen mit einem Koenzym eine katalytische Wirkung ausüben. Nur wenn Koenzym und Substrat gleichzeitig mit dem Apoenzym verbunden sind, kann eine chemische Reaktion stattfinden (s. Abb. b). Demnach muß das Apoenzym zwei aktive Zentren besitzen.
In einer zweiten Reaktion, die durch ein anderes Apoenzym katalysiert wird, gibt das Koenzym die Gruppe an ein anderes Substrat wieder ab. Die Substrat- und Wirkungsspezifität liegt also beim Apoenzym. Auf diese Weise vermitteln Koenzyme zwischen verschiedenen Enzymen, was für den gesamten Stoffwechsel von großer Bedeutung ist.
Als Beispiel für eine Enzymkopplung durch ein Koenzym sei die *Dismutation (Disproportionierung)* angeführt: Ein Stoff mittlerer Oxidationsstufe wird in zwei Produkte überführt, wobei das eine eine höhere, das andere eine niedrigere Oxidationsstufe besitzt. Die E. Alkoholdehydrogenase (ADH) und Aldehyddehydrogenase (AldDH) haben das $NAD - NADH_2$-System als gemeinsames Koenzym.
Die *Enzymaktivität* ist von verschiedenen Faktoren abhängig: 1. Vom *pH-Wert:* Pepsin erreicht sein Aktivitäts-

optimum bei pH = 2, Trypsin bei pH = 6, Erepsin bei pH = 10, Saccharase bei pH = 7. Es kommt auch vor, daß ein E. mit geringer Substratspezifität ein unterschiedliches pH-Optimum gegenüber verschiedenen Substraten aufweist. – 2. Von der *Temperatur:* Auch die E. verhalten sich im Sinne der ↑RGT-Regel, d.h., bei einer Temperaturerhöhung um 10 °C verdoppelt sich die Reaktionsgeschwindigkeit. – 3. Von der *Anwesenheit verschiedener Schwermetalle* (Hg^{2+}, Ag^{+}, Cu^{2+}) oder von *Oxidationsmitteln.*

Einen wesentlichen Einfluß auf die *Enzymwirkung* hat die Substratkonzentration. Unter sonst gleichen Bedingungen wird bei einem Substratüberschuß eine Proportionalität zwischen Enzymkonzentration und Reaktionsgeschwindigkeit festgestellt. Eine Verdopplung der Anzahl von Enzymmolekülen bewirkt eine Verdopplung der Substratumsetzung. Außerdem wird die Geschwindigkeit enzymatischer Reaktionen durch verschiedene Hemmstoffe beeinflußt (v.a. Peptide, die sich an die Enzyme binden; ↑Enzymhemmung).

Für ein Funktionieren der Stoffwechselprozesse ist es notwendig, ihre Geschwindigkeit zu regulieren. Dies erreicht die Zelle, indem sie die Möglichkeit besitzt, die katalytische Wirksamkeit der verschiedenen E. variabel einzusetzen. Diese Rolle übernehmen die *limitierenden E. (Kontrollenzyme).* Ihre Aktivität vergrößert, ihre Hemmung dagegen verringert den Stoffumsatz. Diese Kontrollenzyme werden von Metaboliten aktiviert oder gehemmt, die selbst Zwischen- oder Endprodukte der betreffenden Stoffwechselkette sind. Sie werden auch als *Effektoren* bezeichnet, die also als Bestandteile von ↑Regelkreisen nach dem Prinzip der Rückkopplung wirken (↑Enzymhemmung).

Die *Verteilung der E. in der Zelle* ist eng verknüpft mit der Feinstruktur der Zelle. Die Enzyme wirken dort nur unter ganz bestimmten Bedingungen. Ihre Wirkung unterliegt einer intrazellulären Regulation, die durch die Eigenschaft von Reaktionsketten, in denen eine Vielzahl von Enzymen zusammenwirken, bestimmt wird. Häufig liegen E. in „inaktiver" Form, also abrufbereit vor und müssen erst durch andere E. oder Moleküle aktiviert werden. Die räumliche Zuordnung der E. kann dadurch bedingt sein, daß sie mit bestimmten Bausteinen der Zelle verknüpft sind. So sind z.B. die Enzyme der ↑Atmungskette fest an die Mitochondrienmembran fixiert. Andere E. sind in besonderen Reaktionsräumen *(Kompartimenten)* der Zellen lokalisiert; man nennt sie dann *lösliche E.*

Die Synthese der E. geschieht bei der ↑Eiweißsynthese und unterliegt der Kontrolle der Gene. Es findet in der Zelle immer gleichzeitig sowohl eine Synthese als auch ein Abbau der Enzymmoleküle statt, wodurch der Enzymspiegel in der Zelle einer ständigen Veränderung unterworfen wird.

Enzymhemmung: Die Reaktionsgeschwindigkeit einer enzymgesteuerten Reaktion wird durch verschiedene Hemmstoffe (↑Inhibitoren) gesteuert, indem diese mit dem ↑Enzym einen Komplex bilden können. Man unterscheidet dabei im wesentlichen zwischen kompetitiver, nichtkompetitiver, allosterischer E. und Substratüberschußhemmung.

1. Bei der *kompetitiven E.* konkurrieren Inhibitor und Substrat um das aktive Zentrum eines Enzyms. Die Inhibitoren haben also eine große Ähnlichkeit mit dem Substrat. Die Stärke der Hemmung ist damit abhängig vom Konzentrationsverhältnis der beiden Stoffe.

2. Bei der *nichtkompetitiven E.* bevorzugt der Inhibitor eine Verbindung mit dem bereits vorhandenen Enzym-Substrat-Komplex. Solange der Inhibitor seine Bindestelle besetzt hält, kann sich das Produkt nicht vom Enzym trennen.

3. Bei der *allosterischen E.* verbindet sich der Inhibitor mit dem freien Enzym an einer Bindungsstelle, die in der Nähe des aktiven Zentrums für das Substrat liegt. Dadurch wird dieses verformt, und das Substrat kann nicht katalysiert werden.

4. Von *E. durch Substratüberschuß* spricht man, wenn sich überschüssige Moleküle des enzymeigenen Substrats an ein Enzym anlagern und mit ihm einen inaktiven Komplex bilden.
Von allen diesen Mechanismen wird die Enzymaktivität selbst (↑Enzyme) nicht beeinflußt.
Eophytikum: Als E. bezeichnet man das ↑Erdzeitalter, in dem die ersten Organismen entstanden (Bakterien, Blaualgen, Kiesel- und Kalkalgen). Es umfaßt Kambrium und Präkambrium.
Eozän: Der zweite Abschnitt des Tertiärs; ↑Erdzeitalter.
Eozoikum: Ein ↑Erdzeitalter (veraltete Bezeichnung); in etwa gleichzusetzen mit Proterozoikum.
Epidemie: Tritt eine Infektionskrankheit als *Seuche* vorübergehend in einem großen, umgrenzten Gebiet auf, spricht man von einer Epidemie. Ist nur ein kleiner Bezirk regelmäßig betroffen, spricht man von *Endemie,* weitet sie sich über ganze Länder aus, von *Pandemie.* Als Infektionsquellen kommen neben der Ansteckung von Mensch zu Mensch u.a. verseuchte Massenkonsumgüter (Trinkwasser, Milch u.ä.) in Frage (z.B. Typhus).
Epidermis:
◊ Bei *Pflanzen* ist die E. das wichtigste primäre Abschlußgewebe. Sie ist in der Regel einschichtig. Ihre Zellen sind zur Erhöhung der Reißfestigkeit ähnlich wie die Bausteine eines Puzzlespiels durch wellenförmige oder gezackte Zellwände miteinander verzahnt. Die Außenwände sind meist verdickt und mit einer ↑Kutikula, manchmal zusätzlich noch mit einer Wachsschicht überzogen. Sie macht die Zellwände wasserabstoßend und undurchlässig für Wasser und Gase.
◊ Bei *Tieren* und beim *Menschen* svw. ↑Oberhaut.
Epididymis svw. ↑Nebenhoden.
Epilepsie (Fallsucht): Die Bewußtseinsstörungen und krampfartigen Bewegungen bei einer E. haben ihren Ursprung im Gehirn durch die ungehemmte Ausbreitung und Verzweigung einer Nervenerregung, die normalerweise in wenigen, isolierten Bahnen läuft. Während eines Anfalls verändert sich das ↑Elektroenzephalogramm in typischer Weise.
Als Ursache dieser Krankheit lassen sich manchmal Hirnschädigungen nachweisen. In anderen Fällen muß eine erbliche Bereitschaft zur E. vermutet werden.
Epipelagial ↑Gewässerregionen.
Epiphyse:
◊ ↑Röhrenknochen.
◊ svw. ↑Zirbeldrüse.
Epiphyten (Luftpflanzen): Pflanzen, die auf anderen Pflanzen (z.B. Bäume) wachsen und keine Verbindung mit dem Erdboden haben. Die Unterpflanzen werden aber nicht parasitisch ausgenutzt, sondern dienen nur der besseren Ausnutzung des Lichts. Zu den E. gehören u.a. Flechten, Moose und Orchideen.
Epithel svw. ↑Deckgewebe.
Epithelkörperchen svw. ↑Nebenschilddrüse.
ER: Abk. für ↑endoplasmatisches Retikulum.
Erbanlagen: Unter E. versteht man zunächst die in einem Individuum angelegten Möglichkeiten, daß sich sein spezifisches Erbgut phänotypisch (also im äußeren Erscheinungsbild und im Wesen) realisiert.
Im Hinblick auf die Ausprägung bestimmter erblicher Merkmale ist der Begriff E. gleichbedeutend mit ↑Gene. – ↑auch Vererbung.
Erbkoordination (Instinktbewegung): Unter dem Begriff E. versteht man angeborene, arttypische Bewegungsweisen bei Tieren. Sie werden durch entsprechende Reize ausgelöst (↑angeborener Auslösemechanismus) und laufen in immer gleicher Weise ab, auch wenn sie in unnatürlichen Situationen sinnlos sind. Sie sind also endogene Automatismen. So drehen sich z.B. Hunde einige Male auf einer Stelle im Kreis, bevor sie sich im Zimmer hinlegen, obwohl es dort sicher kein Gras gibt, das niedergetreten werden muß.
Will man nachweisen, daß bestimmte Verhaltensweisen angeboren sind, zieht man die Tiere isoliert auf und

hält alle Erfahrungen von ihnen fern, durch die sie die typischen Bewegungen lernen könnten (↑Kaspar-Hauser-Versuch).
Viele Erbkoordinationen entwickeln sich erst recht spät im Leben eines Tiers, wie z. B. die gut untersuchten Balzbewegungen bei Enten oder die Eirollbewegung bei Graugänsen.
Erbkoordinationen werden gewöhnlich durch Orientierungsbewegungen ergänzt zum ↑Instinktverhalten.

Erbkrankheiten: ↑Mutationen können die Erbanlagen so verändern, daß der genetische Defekt sich im ↑Phänotyp als Erkrankung des Organismus auswirkt. Die mutierten ↑Gene werden gewöhnlich nach den ↑Mendel-Regeln an die Nachkommen vererbt. Rezessive krankhafte Anlagen bleiben oft lange unerkannt, weil sie erst im homozygoten Zustand die Krankheit hervorrufen, d. h. wenn sie von beiden Eltern beigesteuert wurden.
Seltene dominante ↑Allele führen bei den Betroffenen immer zur Erkrankung. In vielen Fällen wird nur eine vermehrte Bereitschaft für eine bestimmte Krankheit vererbt.
Eindeutig als E. anzusehen sind z. B. Farbenblindheit (↑Farbenfehlsichtigkeit), Sichelzellenanämie (↑Anämie), Kurzfingrigkeit, ↑Bluterkrankheit (eine geschlechtsgebundene Erbkrankheit) und Schwachsinn auf Grund von Stoffwechselstörungen (z. B. ↑Phenylketonurie).
In der BR Deutschland sind Zwangsmaßnahmen zur Eindämmung von E. nicht zulässig. Sind sich Eltern unklar darüber, ob bei ihren Kindern mit dem Auftreten von E. zu rechnen ist, etwa weil in ihren Familien eine Krankheit häufig vorkommt, können sie sich in der *genetischen Familienberatung* Rat holen.

Erdzeitalter: Die Erdrinde ist das Ergebnis lang andauernder, vielfältiger geologischer Vorgänge. Man gliedert ihre Geschichte in unterschiedlich lange Zeitabschnitte (Erdzeitalter, Ära) mit Unterabschnitten (Epochen oder Formationen und Abteilungen). – Siehe auch Tabelle, S. 127 ff.

Erektion: Bei geschlechtlicher Erregung versteift sich das ↑Glied des Mannes, es wird größer und richtet sich auf. An dieser E. sind v. a. die oberen paarigen ↑Schwellkörper des Glieds beteiligt. Sie werden durch den Blutdruck prall gefüllt. Gleichzeitig heben Muskeln am Penisschaft das Glied empor. Der untere Harnröhrenschwellkörper bleibt auch auf der Höhe der E. zusammendrückbar. Auf diese Weise wird die Harn-Samen-Röhre bei der E. durchgängig gehalten.

Erfolgsorgan: Ein E. führt die zu ihm kommenden „Befehle" aus. Der auslösende Reiz kann dabei vom Gehirn durch einen Nerv kommen und einen Muskel anregen, sich zusammenzuziehen. Dann ist der Muskel Erfolgsorgan.
Auch Hormone steuern Erfolgsorgane: So regt z. B. ↑Noradrenalin die glatten Muskeln (= Erfolgsorgan) der kleinsten Arterien (Arteriolen) an, sich zu verengen, ↑Adrenalin läßt sie erschlaffen, wodurch die Muskeln stärker durchblutet werden.
Erfolgsorgane können auch ↑Drüsen sein.

Erfrierungen ↑Erste Hilfe.

Erhaltungsstoffwechsel ↑Stoffwechsel.

Ernährung: E. ist die Aufnahme von Nahrungsstoffen, die der Organismus zum Aufbau des Körpers, zu seiner Erhaltung und Fortpflanzung braucht. Die Pflanzen sind in der Lage, aus anorganischen Stoffen (CO_2, Wasser, Mineralsalze) ihre körpereigenen organischen Substanzen aufzubauen. Ihre Energiequelle ist dabei die Sonne. Diese Ernährungsweise bezeichnet man als ↑autotroph. Die Tiere und der Mensch dagegen ernähren sich ↑heterotroph, d. h., sie können nur organische Substanzen aufnehmen, die sie dann in körpereigene Stoffe umwandeln. – ↑auch Stoffwechsel.

Ernährungsphysiologie: Die E. befaßt sich damit, welche Mengen an Lebensmitteln und in welcher Zusammensetzung die Lebensmittel dem menschlichen Organismus zugeführt werden müssen, damit er je nach Alter,

ERDZEITALTER

Ära	Formation	Abteilung	Pflanzenära	Zeitraum (Mill. Jahre)	Erdgeschichte, Entfaltung der Pflanzen- und Tierarten
Präkambrium (Kryptozoikum, Erdurzeit)	Azoikum		**Eophytikum**	vor mehr als 4 500	Der Erdkörper bildet sich; später eisbedeckt; Erwärmung nach Atmosphärenbildung (nur wenig Sauerstoff); abiotisch-chemische Entwicklung
	Archaikum			4 500 bis 2 500	Beginn fester Erdkrustenbildung und des Wasserkreislaufs; Meer vorherrschend; anaerobe biologische Entwicklung im Flachwasser; Spuren von Kleinstorganismen
	Proterozoikum			2 500 bis 570	Urkontinente wachsen zusammen; Nordhalbkugel: isolierte Festlandschilde; Südhalbkugel: geschlossener Kontinent Gondwana; Wasser bewohnt von Einzellern: Blau- und Kalkalgen (erste Riffbildungen), Oktokorallen, schalenlose Weichtiere, Hohltiere, Ringelwürmer
Paläozoikum (Erdaltertum)	Kambrium			570 bis 500	Gebirgsbildungen, Meeresüberflutungen; nach Vereisung wärmeres Klima; Algenflora von Meeresfauna übertroffen: Stachelhäuter, Glieder- und Kopffüßer, Pfeilwürmer, Muscheln, Kragentiere
	Ordovizium		**Paläophytikum**	500 bis 440	Fortschreitende Erdbewegungen (Appalachen, Skandinavien, Ural) und Meeresüberflutungen; überwiegend Lagerpflanzen; neu treten auf: Korallen, Seelilien, kieferlose Panzerfische und Riesenskorpione; Kragentiere als Leitfossilien
	Silur (Gotlandium)			440 bis 405	Höhepunkt der kaledonischen Gebirgsbildung; großer Artenreichtum und hohe Besiedlungsdichte der Meeresflora und -fauna; erste Skorpione und Tausendfüßer; erste Wirbeltiere (Knochenfische)

ERDZEITALTER

Ära	Formation	Abteilung	Pflanzenära	Zeitraum (Mill. Jahre)	Erdgeschichte, Entfaltung der Pflanzen- und Tierarten
Paläozoikum (Erdaltertum)	Devon	Unterdevon Mitteldevon Oberdevon	**Paläophytikum**	405 bis 350	Weltweite Meeresüberflutungen; Festlandentwicklung von Gondwana; erste Landpflanzen (Rhynia) mit in der Folge schneller Entwicklung und Ausbreitung (Psilophytenzeit; baumförmige Bärlappe, Schachtelhalme und Farnartige); Fische in Binnenseen; erste Quastenflosser, Knorpel- und Lungenfische; Altammoniten, Urinsekten, Milben, geflügelte Insekten, Lurche
	Karbon	Unterkarbon (Dinant) Oberkarbon (Siles)		350 bis 285	Das Festland tritt stärker in Erscheinung; Höhepunkt der variskischen Gebirgsbildung; auf der Nordhalbkugel feuchtwarmes Klima (Bildung von Steinkohlenlagern), auf der Südhalbkugel Vereisungen; Vorherrschaft der Gefäßsporenpflanzen mit großer Mannigfaltigkeit (unterschiedliche Florengebiete); erste Nacktsamer; Blütezeit der Urinsekten; älteste Landschnecken, Süßwassermuscheln und Weberknechte; erste Belemniten und Reptilien
	Perm	Unterperm (Rotliegendes) Oberperm (Zechstein)	**Mesophytikum**	285 bis 225	Höhepunkt der Festlandausdehnung; zusammenhängender Nordkontinent; Gondwana zerfällt; zunehmend trockenes Klima; Nacktsamer überflügeln im Oberperm die Gefäßsporenpflanzen (Altfarne und Bärlappe bereits seit Ende des Karbons ausgestorben); erste Urschuppensaurier, säugetierähnliche Reptilien (Therapsiden), Urzweiflügler, Käfer und Wanzen; Blüte der Fusulinen (Foraminiferen); Aussterben der Trilobiten, vieler Stachelhäuter und Armfüßer

ERDZEITALTER

Ära	Formation	Abteilung	Pflanzenära	Zeitraum (Mill. Jahre)	Erdgeschichte, Entfaltung der Pflanzen- und Tierarten
Mesozoikum (Erdmittelalter)	Trias	untere Trias (Buntsandstein) (Skyth) mittlere Trias (Muschelkalk) (Anis) obere Trias (Rät, Nor)	**Mesophytikum**	225 bis 195	Mehrfaches Vordringen des Meers in das germanische Bekken; anhaltende festländische Entwicklung der Südhalbkugel; Vorherrschen der Nacktsamer; Blütezeit und Aussterben der Mesoammoniten; Fortentwicklung der Saurier (Dinosaurier); weitere Reptilien und Lurche treten auf; erste Krokodile, Schildkröten, Hautflügler und Schmetterlinge; erste rattengroße Säugetiere mit Schulter- und Beckengürtel
	Jura	Lias Dogger Malm		195 bis 137	Ausgeprägte Vorherrschaft des Meers; beginnende Gebirgsbildungen rund um den Pazifik; Indischer u. Atlantischer Ozean im Grabenstadium; Überwiegen der Nacktsamer und Farne; Meeresfauna: erste Krabben, Rochen, Knochenfische, Haie; größter Artenreichtum der Saurier; der Archäopteryx und Zweiflügler treten auf
	Kreide	Unterkreide Oberkreide	**Känophytikum**	137 bis 67	Öffnung des Atlantiks, Absenkung des Pazifiks; Beginn der alpidischen Gebirgsbildung; gleichmäßig warmes Klima von Pol zu Pol; seit der Trias wieder bedeutende Flora in Mitteleuropa; erste Blütenpflanzen (Weiden-, Buchengewächse, Platanen, Gräser u. a.), Koniferen noch überwiegend; erste echte Vögel (Zahnvögel), Kraken und erste Plazentatiere, darunter Halbaffen und Urhuftiere; weitere Reptilien und Saurier treten auf, andere sterben aus; unter den Fischen Knochenfische vorherrschend; Insekten entwickeln sich in Richtung auf die heutigen Arten; Belemniten sterben aus

ERDZEITALTER

Ära	Formation	Abteilung	Pflanzenära	Zeitraum (Mill. Jahre)	Erdgeschichte, Entfaltung der Pflanzen- und Tierarten
Känozoikum (Neozoikum, Erdneuzeit)	Tertiär		Känophytikum	67 bis 2	Kontinente beginnen die heutige Gestalt anzunehmen; Höhepunkt der alpidischen Gebirgsbildungen (Oligozän); Hochgebirge Eurasiens entstehen; mächtige Braunkohlenlager (Braunkohlenzeit); Rückzug des Meers aus Europa; weitere Ausbreitung und Entwicklung der Nacktsamer (Mammutbaum, Kiefer u. a.) und höherer Blütenpflanzen (Palmen, Kastanien, Zimtbäume); Sumpfwälder; infolge Temperatursenkung (mit starken Klimaschwankungen und unterschiedlichen Floren) endgültige Besiedlung Europas und Nordamerikas mit Pflanzen des gemäßigten Klimas; gewaltige Entwicklung der Säugetiere:
		Paläozän			Erste Raubtiere, Nager und Hasentiere
		Eozän			Erste Urwale, Rüsseltiere, Seekühe und Huftiere
		Oligozän			Erste Menschenaffen und Affen; Blütezeit der Neuschnekken, Muscheln, Krabben u. a.; schnelle Entwicklung der Vögel (seit Eozän) und Insekten zu großer Formenfülle
		Miozän			Älteste Robben, Giftschlangen, Hirsche, Giraffen und Antilopen
		Pliozän			Erste Einhufer und Wühlmäuse; Ende des Pliozäns; Hominiden treten auf; Beginn der Altsteinzeit (Paläolithikum)

ERDZEITALTER

Ära	Formation	Abteilung	Pflanzenära	Zeitraum (Mill. Jahre)	Erdgeschichte, Entfaltung der Pflanzen- und Tierarten
Känozoikum (Neozoikum, Erdneuzeit)	Quartär	Pleistozän (Diluvium; Eiszeit, Glazial)	**Känophytikum**	2 bis 0,01	Vier (Nordamerika) bis sechs (Europa) Eiszeiten und Zwischeneiszeiten; hierdurch starke Meeresspiegelschwankungen; zeitweise rund 30 Mill. km^2 eisbedeckt, v.a. auf der Nordhalbkugel; beschleunigte Evolution der Flora und Fauna durch klimatische und geographische Isolation; Aussterben der Großsäuger (Mammut, Riesenhirsch, Höhlenbär u.a.); erste Echtelefanten und Pantherkatzen; in Mitteleuropa vor 17 000 Jahren waldlose Pflanzengesellschaften; vor 12 000 Jahren Beginn lichter Birken- und Kiefernwälder (Dryas- oder Tundrenzeit); der Homo sapiens erscheint als Jäger und Sammler; noch immer Altsteinzeit
		Holozän (Alluvium; Nacheiszeit, Postglazial)		0,01 bis Gegenwart	Deutliche Klimaverbesserung mit mehreren Schwankungen; Erdbewegungen dauern an; Herausbildung der heutigen Landschaftsformen; Mitteleuropa v. 10 000 Jahren: Birken- und Kiefernwälder; vor 8 000 bis 6 000 Jahren: Haselzeit; vor 6 000–4 000 Jahren: Eichenmischwald, anschließend Buchen- und Fichtenbergwald (Buchenzeit); Halbkultur- und Kulturgesellschaften durch Beginn von Ackerbau und Viehzucht des Neolithikums (Neusteinzeit: Vorderer Orient im 8.–7. Jahrtausend, in Mitteleuropa im 5. Jahrtausend); erste Haustiere: Hund, Schaf, Ziege, Rind; Aussterben der Riesenhalbaffen; Ausrottung von Ur und Stellerscher Seekuh

Geschlecht und Lebensbedingungen optimal ernährt wird. So benötigt z. B. ein Schwerarbeiter eine kalorienreichere, d. h. fettreichere Kost als ein Mensch mit vorwiegend sitzender Lebensweise. Kinder benötigen eiweißreiche, vitamin- und mineralstoffhaltige Nahrung, da sie noch wachsen.

Erregungsleitung svw. ↑Reizleitung.

Ersatzknochen ↑Deckknochen.

Erschütterungssinn: Dieser ↑mechanische Sinn läßt sich nur sehr schwer vom Tast-, Druck- und Gehörsinn trennen, da die Rezeptoren ebenfalls Schwingungen in gasförmigen, flüssigen und festen Medien aufnehmen.
Der E. kommt bei fast allen Tieren und beim Menschen vor.

Erste Hilfe: Zur Ersten Hilfe gehören alle Hilfsmaßnahmen, die auch von Laien durchgeführt werden können, mit dem Ziel, Verletzte oder plötzlich Erkrankte vor weiterem Schaden zu bewahren, bis sie von einem Arzt versorgt werden. Oft ist es schon sehr nützlich, wenn man mit einem Verunglückten nur spricht und ihn beruhigt. Der theoretische und praktische Unterricht über Sofortmaßnahmen am Unfallort gehört zu den Pflichtvoraussetzungen für den Erwerb eines Führerscheins. Alle in Erster Hilfe geschulten Personen sind gesetzlich verpflichtet, im Notfall Hilfe zu leisten. Kurse zum praktischen Erlernen der Ersten Hilfe veranstalten das Rote Kreuz, die Johanniter-Unfallhilfe, der Malteser-Hilfsdienst und der Arbeiter-Samariter-Bund.
Neben der Versorgung der Verletzten oder Erkrankten muß man sich darum kümmern, daß der Rettungsdienst sofort alarmiert wird (Tel. meist 110). Die Benachrichtigung sollte möglichst darüber Auskunft geben, *wo* etwas passiert ist, *was* passiert ist, *wie viele* Personen verletzt sind, *welche* Verletzungen vorliegen (Unfallarzt erforderlich?) und *wer* meldet.
Im einzelnen sollte man je nach Art der vorliegenden Verletzung folgendes beachten:
Kleinere *Blutungen* werden durch Auflegen eines Verbandes gestillt, *Schlagaderblutungen* durch einen Druckverband oder Abdrücken. *Nasenbluten* läßt sich durch festes Andrücken der Nasenflügel gegen die Nasenscheidewand stillen; oft helfen hier auch kalte Umschläge auf Stirn und Nacken. Hat der Verletzte *innere Blutungen,* ist nur für ärztliche Behandlung zu sorgen.
Elektrische Verletzungen: Vor Berühren des Verletzten Stromzufuhr unterbrechen!
Bei *Erfrierungen* 1. Grades helfen aktive Bewegungen, leichte Massagen und Wechselbäder (etwa 3–4 Minuten 25 °C, 0,5 Minuten 10 °C). Bei Erfrierungen 2. Grades (Blasenbildung) und 3. Grades (blauschwarze Haut) wird das erfrorene Gewebe unter Aufsicht eines Arztes „wiedererwärmt".
Nach der Rettung eines *Ertrinkenden* soll bei Atemstillstand sofort mit der Atemspende begonnen werden (s. S. 133). Alle Maßnahmen zur Entfernung des Wassers aus Lunge und Magen sind überflüssig und zeitraubend. Der Verletzte ist im übrigen unverzüglich in eine Klinik zu bringen.
Bei *Hitzschlag (Sonnenstich)* muß der Betroffene an einen kühlen, schattigen Ort gebracht werden und bei blassem Gesicht flach, bei rotem Gesicht mit erhöhtem Kopf gelagert werden.
Insektenstiche sind in den meisten Fällen nur unangenehm. Ist die Reaktion nicht auf die örtliche Rötung und Schwellung beschränkt, droht Kreislaufversagen (↑Allergie).
Knochenbrüche des Schädels führen meist zu Bewußtlosigkeit. Hilfsmaßnahmen beschränken sich auf den schonenden Transport ins Krankenhaus. Bei starker Gewalteinwirkung auf den Kopf muß immer mit *Schädelverletzungen* gerechnet werden. – Bei *anderen Knochenbrüchen* muß der entsprechende Körperteil vor allem ruhiggestellt werden. Dazu sind nicht unbedingt Schienen nötig; es reicht im Notfall aus, z. B. das gebrochene Bein durch einige schwere Gegenstände rechts und links an Bewegungen zu hindern bzw. den gebrochenen Arm

mit Dreieckstüchern gegen den Oberkörper zu binden. – Bei *offenen Brüchen* sind die Versorgung der Wunde und die Blutstillung vorrangig. *Verrenkungen, Verstauchungen* und *Verzerrungen* sind wie Knochenbrüche zu behandeln.

Bei allen Arten von *Vergiftungen* soll für den schnellsten Transport ins Krankenhaus gesorgt werden. Für den Arzt ist es wichtig, an Hand von Speiseresten, geleerten Tablettenröhrchen und dgl. das Gift identifizieren zu können. Da im Magen nur wenig Gift resorbiert wird, ist es unnötig, den Vergifteten zum Erbrechen zu bringen.

Wunden werden mit einem keimfreien Verband abgedeckt. Bei stärkeren Blutungen (s. o.) ist ein Druckverband anzulegen. Alle größeren Schnitt- und Schürfwunden sowie Stich-, Platz-, Quetsch-, Riß-, Schuß-, Kratz- und Bißwunden sind vom Arzt zu begutachten; besonders infektionsgefährdet sind wenig blutende Wunden.

In besonders gelagerten Fällen sind lebensrettende Sofortmaßnahmen erforderlich:

Stabile Seitenlage: Bewußtlosen droht Ersticken durch Verlegung der Atemwege mit Blut, Schleim oder Erbrochenem. In der stabilen Seitenlage (s. Abb. S. 134) können diese abfließen, ohne daß die Atmung behindert ist.

Atemspende (künstliche Beatmung): Der Helfer kniet seitlich neben dem Kopf des Verunglückten. Mit beiden Händen – eine Hand hält den Unterkiefer, die andere die Stirn – beugt er den Kopf des Verletzten so weit wie möglich nach hinten und bläst ihm seine Atemluft in den geöffneten Mund (*Mund-zu-Mund-Beatmung;* s. Abb. S. 134). Damit keine Luft entweicht, verschließt er mit den Fingern die Nasenlöcher. Dann gibt der Helfer Mund und Nase frei und beobachtet die passive Ausatmung. Einblasen und Ausatmung sollten ungefähr im normalen Atemrhythmus erfolgen (ca. 12–15 Atemstöße pro Minute).

Bei der *Mund-zu-Nase-Beatmung* verschließt der Helfer mit einer Hand den Mund des Bewußtlosen, mit der anderen Hand hält er dessen Kopf in überstreckter Rückenlage und bläst ihm seine Atemluft durch die Nasenlöcher ein.

Ertrinken ↑ Erste Hilfe.

Erythrozyten svw. ↑ rote Blutkörperchen.

Escherichia coli (Kolibakterien): E. c. gehört zu den weltweit verbreiteten, im Wasser, im Kot und im Darm der Wirbeltiere (einschließlich Mensch) lebenden, beweglichen oder unbeweglichen, gramnegativen Bakterien der Gattung *Escherichia.* E. c. kann Durchfälle und Harnwegsinfektionen hervorrufen und ist ein Indikatororganismus für verschmutztes (Ab)wasser. Kolibakterien vergären (unter Gasbildung) Glucose und säuern Milchzukker; sie stellen ein häufiges Forschungsobjekt, v. a. der Biochemie, Genetik und Molekularbiologie, dar.

Eskimiden ↑ Menschenrassen.

essentielle Aminosäuren: Dabei handelt es sich um eine Gruppe von ↑ Aminosäuren, die der tierische und menschliche Organismus nicht allein zu erzeugen vermag, sondern die ihm mit der Nahrung zugeführt werden müssen.

Essigsäurebakterien: Die E. gehören zu den Gattungen *Acetobacter* und *Acetomonas.* Es sind gramnegative, bewegliche oder unbewegliche Stäbchen. Sie leben hauptsächlich auf Früchten, Gemüse und in Getränken. Auf Flüssigkeiten bilden sie eine zusammenhängende Kahmhaut. Charakteristisch für die E. ist ihre Fähigkeit zu unvollständigen Oxidationen (↑ Essigsäuregärung). Technisch genutzt werden diese Bakterien v. a. zur Herstellung von Essig.

Essigsäuregärung: Die E. ist eine aerobe Gärung, d. h., sie kann nur in Gegenwart von Sauerstoff ablaufen. Dabei wird Alkohol von den Essigsäurebakterien (hauptsächlich Acetobacterarten) in Essigsäure umgewandelt. Bruttogleichung:

$$C_2H_5OH + O_2 \rightarrow CH_3COOH + H_2O.$$

Zunächst wird der Alkohol zu Acetaldehyd dehydriert, der zu einem nichtbeständigen Zwischenprodukt hy-

ERSTE HILFE

Stützung gehfähiger Verletzter

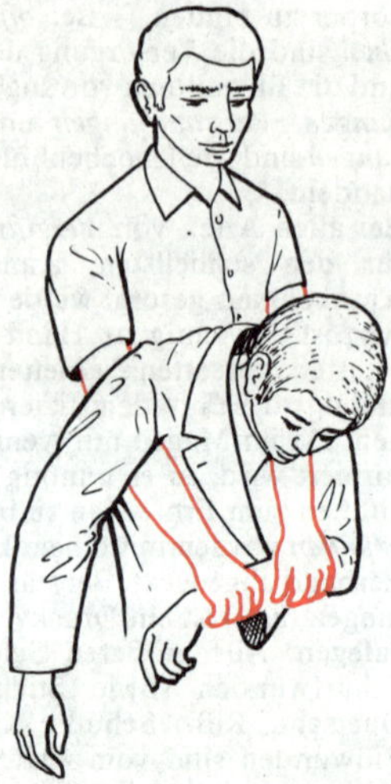

Rautek-Griff zur Bergung Verletzter

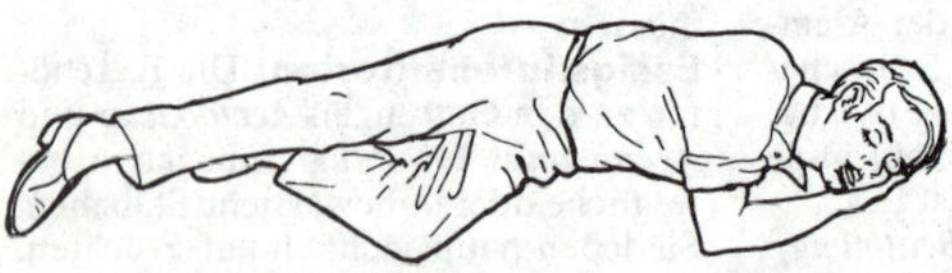

Stabile Seitenlage

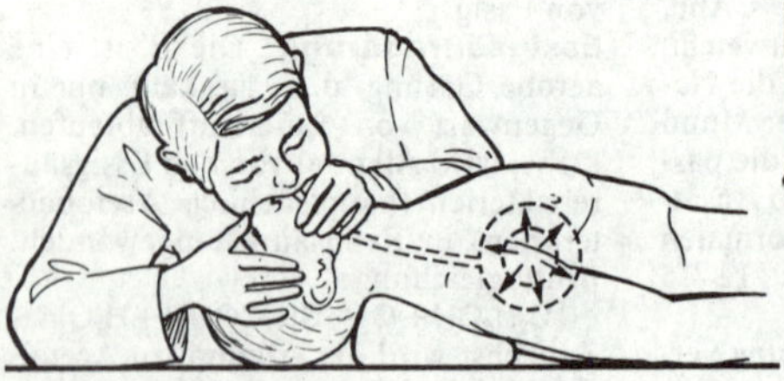

Mund-zu-Mund-Beatmung

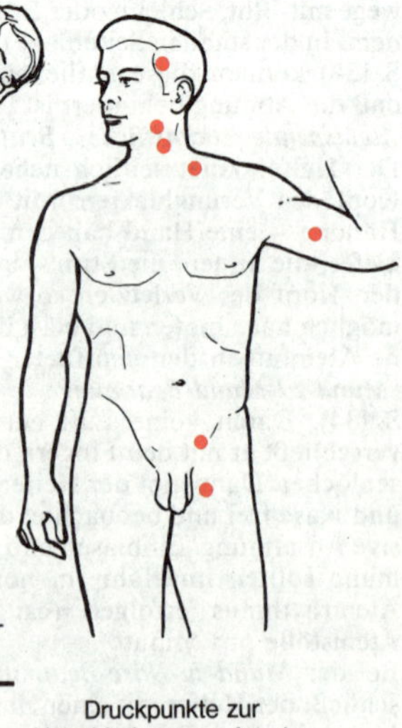

Druckpunkte zur Unterbindung von Arterien

driert wird. Dieser geht schließlich unter nochmaliger Dehydrierung (H_2-Entzug) in Essigsäure über. Der dabei freiwerdende Wasserstoff wird von Koenzymen übernommen und über das Zytochromsystem auf den Sauerstoff übertragen. Der Alkohol ist ein energiereicher Stoff, und die Energieausbeute bei der E. ist entsprechend hoch. Sie beträgt 118 kcal (≈ 494 kJ) pro Mol Alkohol. Diese Reaktion wird auch zur industriellen Herstellung der Essigsäure aus Wein oder anderen alkoholischen Getränken benutzt.

Ethanol svw. Äthanol (↑Äthylalkohol).

Ethologie svw. ↑Verhaltensforschung.

Ethylen svw. ↑Äthylen.

Eubakterien: Ordnung der Bakterien; stäbchen- oder kugelförmige, meist peritrich begeißelte, aerobe bzw. anaerobe Bakterien; mit oder ohne Sporen; größte Gruppe der Bakterien.

Euchromatin ↑Chromatin.

Eugenik (Erbhygiene): Die E. will die Erkenntnisse der Vererbungslehre (↑Genetik) auf den Menschen anwenden. Sie will erwünschte ↑Gene verbreiten und Erbfehler an ihrer Verbreitung hindern. Dieses Ziel erreicht man durch genetische Familienberatung.

Euglena (Schönauge, Augentierchen): Die Vertreter der Gattung E. (Klasse Euglenophyceae) sind frei schwimmende, spindelförmige, grüne Geißelalgen (↑Flagellaten) in nährstoffreichen Süßgewässern. In einer Einbuchtung am Vorderende, wo auch die Flimmergeißel entspringt, befindet sich ein roter ↑Augenfleck.

Eukaryonten: Als E. werden alle Lebewesen bezeichnet, deren Zellen einen typischen, d.h. von einer Kernmembran umgrenzten Zellkern besitzen. Dies ist bei den meisten Lebewesen der Fall. – Gegensatz: ↑Prokaryonten.

Eulimnion ↑Gewässerregionen.

Eulitoral ↑Gewässerregionen.

Eupelagial ↑Gewässerregionen.

Europiden ↑Menschenrassen.

Eustachi-Röhre (Ohrtrompete, Tuba auditiva): Die E.-R. verbindet das Mittelohr mit dem oberen Rachenraum. Sie kann sich beim Schlucken oder Gähnen öffnen und ermöglicht dadurch den Druckausgleich zwischen Außenluft und Mittelohr. Jeder Druckunterschied spannt das Trommelfell und erzeugt ein Druckgefühl im Ohr; Schlucken beseitigt es.
Bei Erkältungen können Bakterien durch die E.-R. ins Mittelohr gelangen und eine Mittelohrentzündung hervorrufen.

Euter: Die ↑Milchdrüsen weiblicher Unpaarhufer, Kamele und Wiederkäuer. Im Drüsengewebe erzeugen sie ↑Milch für die Aufzucht der Jungen. Diese gelangt durch *Milchkanäle* in *Sammelräume* und beim Saugen der Jungen durch *Zitzenkanäle* der Saugwarzen *(Zitzen)* nach außen. Ringmuskeln verschließen die Zitzenkanäle. Sie öffnen sich erst durch das Saugen. Kühe haben auf jeder Seite zwei Zitzen, Ziegen, Kamele, Schafe und Pferde eine.

eutroph: E. heißen Gewässer, die reich an Nährstoffen, v.a. an Stickstoff und Phosphor, sind. Typisch sind sehr geringe Sichttiefe und ein besonders in der Tiefe stark absinkender Sauerstoffgehalt. – ↑auch biologische Selbstreinigung.

Evaporation (Verdunstung): Der Übergang eines Stoffs vom flüssigen zum gasförmigen Zustand unterhalb des Siedepunktes. Dabei sinkt die Temperatur der Umgebung (Verdunstungskälte). – ↑auch Transpiration.

Evolution: Die Entwicklung der Lebewesen von niederen, einfachen Formen zu höheren bis hin zum Menschen; ↑Deszendenztheorie.

Evolutionstheorie ↑Deszendenztheorie.

Exkremente (Kot): Der Körper scheidet die unverdaulichen (mehr oder weniger festen) Reste der Nahrung als E. wieder aus. Sie enthalten außerdem abgeschilferte Zellen der Darmschleimhaut, Bakterien und Reste von Verdauungsenzymen. Ihre charakteristische Färbung erfolgt meist durch die ↑Gallenfarbstoffe Urobilin und Sterkobilin. Die E. werden im

Zusammenfassung der wichtigsten Notsituationen und der erforderlichen Notmaßnahmen

Notsituation	Symptome	Sofortmaßnahmen
Atmungsversagen, Atemstillstand	flache, unregelmäßige, schnappende Atmung bzw. Atemstillstand, blaue Hautfarbe, erweiterte Pupillen, Bewußtlosigkeit	Freimachen bzw. Freihalten der Atemwege (stabile Seitenlage), bei Atemstillstand Atemspende
Herzversagen, Herzstillstand	Bewußtlosigkeit, Pupillenerweiterung, Pulslosigkeit, Atemstillstand	äußere Herzmassage, Atemspende
Kreislaufversagen, Schock	Unruhe, Angst, Verwirrtheit, Schwindel, blaue, feuchte, kalte Haut, schwacher, beschleunigter Puls	Hochlagerung der Beine (nicht bei Kopf- und Brustverletzungen sowie bei Knochenbruch der Beine), Schutz vor Unterkühlung, Beruhigung des Betroffenen
Bewußtlosigkeit	Erschlaffung (u. U. auch Krampfzustand) der Muskulatur, fehlende Schutzreflexe	stabile Seitenlage, Überwachung von Puls und Atmung
Ohnmacht, orthostatischer Kollaps	plötzliches Zusammensinken, kurzdauernde Bewußtlosigkeit, bleiche Gesichtshaut, feuchtkalter Schweiß, langsamer Puls, beschleunigte Atmung	flache Rückenlage, Hochlagerung der Beine
Schlagaderblutung	pulsierender Blutaustritt, hellrote Farbe des Blutes	Druckkompressen im Wundbereich, Abdrücken der betreffenden Arterie von Hand
Herzinfarkt	charakterist. Brustschmerz, Vernichtungsangst, evtl. Bewußtlosigkeit, rote bis blaue Gesichtshaut, prall gefüllte Halsvenen, schnappende Atmung	Flachlagerung, evtl. Atemspende und Herzmassage
epileptischer Krampfanfall	krampfartige Zuckungen der Gliedmaßen, röchelnde Atmung, Schaum vor dem Mund, Zungenbiß, anschließend schlafähnl. Zustand	Entfernung harter oder scharfkantiger Gegenstände aus der Umgebung des Betroffenen
Schlaganfall	meist Bewußtlosigkeit bei gewöhnl. unauffälligem Puls und normaler Atmung, Lähmungserscheinungen im Bereich einer Körperhälfte, u. a. offenes Oberlid, herabhängender Mundwinkel	Hochlagerung des Kopfes, Entfernung einer evtl. Zahnprothese

Notsituation	Symptome	Sofortmaßnahmen
stumpfe Brustkorbverletzungen (Rippenbruch)	schmerzhaftes Durchatmen, Aushusten von schaumig durchmischtem Blut	Hochlagerung des Oberkörpers, Öffnen der Kleidung, Schutz vor Abkühlung
offene Brustkorbverletzungen		sofortiger luftdichter Verschluß der Wunde, mit erhöhtem Oberkörper auf der verletzten Seite lagern
Erfrierungen	blaue, kalte, gefühllose Haut (1. Grades)	Massage, aktive Bewegung, evtl. Wechselbäder
	Blasenbildung, blauschwarze Verfärbung der Haut (2. und 3. Grades)	Polsterverband, Wiedererwärmung nur unter ärztl. Aufsicht
Verbrennungen	schmerzhafte Hautrötung (1. Grades)	Kühlung (Eiswasser)
	Rötung und Blasenbildung (2. Grades)	Kühlung, Abdecken mit keimfreien Tüchern
	Verkohlung der Haut (3. Grades)	Abdecken mit keimfreien Tüchern
Verätzungen		
a) äußerlich		Spülung mit Wasser (bei Augenverätzung evtl. Borwasser), keimfreie Abdeckung der Wunden
b) innerlich	heftiger Schmerz in Mund und Rachen, Erbrechen von Blut, Schock, Bewußtlosigkeit	bei Laugenverätzung: Verabreichung von Wasser, Milch oder verdünntem Essig; bei Säureverätzung: Verabreichung von Wasser, Milch oder Hühnereiweiß
Schlangenbiß	zwei nebeneinanderliegende punktförmige Stiche (fast immer am Fuß oder Knöchel), Anschwellung des betroffenen Gliedes, Benommenheit, Atemstörungen	Abbinden des betroffenen Gliedes körperwärts der Bißstelle

Dickdarm eingedickt, im Mastdarm gesammelt und häufig zu Kotballen geformt.

Exkrete: Der Organismus scheidet alle Stoffe, die nicht mehr verwertet werden können, als E. mit Hilfe von *Exkretionsorganen* (Nieren, Haut) aus, oder er speichert sie. Auch Stoffe, die vom Körper aufgenommen, von ihm aber nicht verwertet werden können, zählen zu den Exkreten (z. B. DDT, das im Fettgewebe gespeichert, jedoch kaum ausgeschieden wird).

E. der Pflanzen sind z. B. ätherische Öle, Harze, Wachse, Kiesel- und Oxalsäurekristalle. E. der Tiere sind v. a. Harnstoff (auch beim Menschen), Harnsäure (v. a. bei Vögeln, Reptilien), Guanin, Ammoniak, Kohlendioxid, Wasser u. a.

Exkretion (Ausscheidung):
◊ *Pflanzen* scheiden Stoffwechselendprodukte aus, jedoch in viel geringerem Maße als Tiere, weil sie diese Stoffe z. T. wieder verwenden können (Kohlendioxid), z. T. auch innerhalb ihres Körpers ablagern. Durch ↑Guttation geben Pflanzen direkt Wasser ab. Die Produkte ihrer E. sind v. a. ätherische Öle, zuckerhaltige Lösungen in den Nektarien der Blüten, Verdauungsenzyme bei fleischfressenden Pflanzen, Schleime, Pflanzengummi, Milchsäfte, Harze u. ä. In fester Form werden z. B. Kiesel- und Oxalsäurekristalle abgelagert.
◊ *Tiere* scheiden über ↑Exkretionsorgane die Endprodukte ihres Stoffwechsels (Wasser, Salze und Gifte) aus. Hierzu gehört auch das Kohlendioxid, das von der Lunge ausgeatmet wird. Wichtigstes Organ der E. ist bei höheren Tieren die ↑Niere, welche die Exkretionsstoffe in Wasser gelöst zur Ausscheidung bringt. Gleichzeitig werden durch die Abgabe von Wasser und Salzen die osmotischen Verhältnisse im Körper konstant gehalten *(Osmoregulation).*
Es gibt Stoffe, die unabhängig von ihrer Konzentration im Blut ausgeschieden werden *(Nichtschwellenstoffe),* und solche, die nur dann abgegeben werden, wenn ihre Menge im Blut einen bestimmten Wert übersteigt *(Schwellenstoffe).* Zu den letzteren gehört z. B. der Traubenzucker.
Stoffe, die nicht ausgeschieden werden können (z. B. DDT), werden meist im Fettgewebe gespeichert. Es gibt Tiere, die dafür *Fettnieren* entwickelt haben.

Exkretionsorgane (Ausscheidungsorgane): Die E. scheiden die flüssigen Stoffwechselendprodukte aus, da diese für den Organismus nicht mehr verwertbar oder sogar schädlich sind. Fast alle Tiere (ausgenommen Schwämme, Hohltiere und Stachelhäuter) und auch der Mensch haben dafür spezielle Organe ausgebildet, die für die ↑Exkretion zuständig sind. Bei den wirbellosen Tieren sind dies die ↑Nephridien, bei den Insekten die ↑Malpighi-Gefäße, bei den Wirbeltieren und beim Menschen die ↑Nieren. Den Exkretionsorganen der Mehrzeller entsprechen bei den Einzellern z. B. die ↑pulsierenden Vakuolen.
Bei den Pflanzen sind Exkretionsgewebe (↑Ausscheidungsgewebe) ausgebildet.

Exodermis: Die E. ist ein sekundäres Abschlußgewebe der Wurzel. Es wird nach dem Zugrundegehen der Epidermis (↑Rhizodermis) aus dem Rindengewebe gebildet. Die E. besteht aus einer oder mehreren Schichten verkorkter Zellen. Zur Wasser- und Nährstoffaufnahme sind einige Durchlaßzellen vorhanden.

exogen: Als e. werden alle Substanzen oder andere Einflüsse bezeichnet, die nicht im Inneren eines Lebewesens oder einer Zelle entstehen, sondern von außen auf sie einwirken.

exokrine Drüsen: E. D. sondern ihre Sekrete nach außen oder in Körperhohlräume ab (z. B. Speicheldrüsen); Gegensatz: endokrine Drüsen. – ↑auch Drüsen.

Exon: Als E. bezeichnet man den kodierenden Bereich eines Gens. – Gegensatz: ↑Intron.

Exoskelett svw. ↑Außenskelett.

Exosporen (Ektosporen): ↑Sporen, die nach außen abgeschnürt werden. Sie werden im Gegensatz zu den ↑Endosporen nicht in Sporenbehältern gebildet. Zu den E. gehören die Basidiosporen der Ständerpilze und die ↑Konidien.

Extensoren svw. ↑Streckmuskeln.

extraintestinale Verdauung ↑Verdauung.

extrapyramidales System: Im Rückenmark liegen die ↑Pyramidenbahnen. Daneben liegt das extrapyramidale System. Es besteht aus absteigenden Bahnen, die aus dem Hirnstamm kommen und wie die Pyramidenbahnen zu den motorischen Vorderhornzellen führen. Sie leiten die unwillkürlichen Bewegungsimpulse für die Körperstellung und -haltung, reflektorische und automatisierte Bewegungsabläufe, Ausdrucksbewegungen und die Stärke der Muskelgrundspannung (Muskeltonus).

Extremitäten svw. ↑Gliedmaßen.

Extrinsic factor: Das Vitamin B_{12} wurde deshalb als E. f. (äußerer Faktor) bezeichnet, weil es mit der Nahrung zugeführt werden muß. *Vitamin B_{12}* ist für die normale Entwicklung der roten Blutkörperchen notwendig. Dabei ist besonders die Wechselbeziehung zwischen dem Vitamin und einem körpereigenen *Intrinsic factor* von Bedeutung. Er wurde im Magensekret gefunden und verbindet sich mit dem E. f. zu einem Vitamin-Protein-Komplex, wodurch letzterer resorbiert werden kann.
Fehlt einer der Faktoren, so kommt es zur *perniziösen Anämie.* Diese tritt also auch dann auf, wenn Vitamin B_{12} in verschiedenem Maße in der Nahrung vorhanden ist, aber die Fähigkeit, den Intrinsic factor zu bilden, verlorengegangen ist.

Exuvialdrüsen svw. ↑Häutungsdrüsen.

F

F: Abk. für Filialgeneration (↑Tochtergeneration, ↑Mendel-Regeln).

Facettenaugen (Komplexaugen, Netzaugen): F. kommen bei Krebsen und Insekten vor. Sie bestehen aus zahlreichen keilförmigen Einzelaugen, den *Ommatidien,* von denen 700 (Laufkäfer) bis 10 000 (Libellen) zu einem Facettenauge zusammengefaßt sind. Jedes Ommatidium besitzt außen eine Kornealinse, die von der Kutikula gebildet wird. Darunter liegt der *Kristallkegel,* der von vier Zellen abgeschieden wird. Er wirkt lichtsammelnd. Unter der Linse befinden sich 8–9 langgestreckte Sehzellen. Sie sind strahlenförmig um die optische Achse angeordnet. Ihre dieser Achse zugewandte Seite trägt einen feinen, lichtempfindlichen Stäbchensaum. Die einzelnen Stäbchensäume bilden zusammen das *Rhabdomer.* Die Lichtstrahlen werden von Linse und Kegel auf das Rhabdomer gelenkt.
Beim *Appositionsauge* (s. Abb. S. 140) sind die einzelnen Ommatidien durch Pigmentzellen optisch voneinander getrennt. Ihre Sehfelder überdecken sich nur wenig. Wahrscheinlich werden auch alle Sehzellen eines Ommatidiums gleich stark vom auftreffenden Lichtstrahl gereizt. Allerdings scheinen die Sehzellen unterschiedliche spektrale Empfindlichkeit zu besitzen (bei Schmeißfliegen wurden Grün- und Blaurezeptoren nachgewiesen) und auch auf die Schwingungsrichtungen polarisierten Lichts verschieden anzusprechen.
Die Einzelaugen rastern das Bild sehr stark. Je mehr ein Facettenauge davon besitzt, umso größer wird das Auflösungsvermögen. Appositionsaugen sind verhältnismäßig lichtschwach.
Im *Superpositionsauge* (s. Abb.) liegen die Sehzellen etwas tiefer und sind bei Dunkelanpassung nicht durch Pigmente vom nächsten Einzelauge getrennt. So können Lichtstrahlen, die von einem Punkt ausgehen, von mehreren Kristallkegeln auf einen Punkt gelenkt werden. Dadurch erhöht sich die Lichtempfindlichkeit sehr stark. Bei Hellanpassung wandert Pigment in die Ommatidiengrenzen. Dann wird das Superpositionsauge zum Appositionsauge. Höhere Krebse und Insekten, die in der Dämmerung aktiv sind, besitzen Superpositionsaugen.
Während der Mensch nur ca. 16 Lichtreize pro Sekunde auflösen kann, liegt diese Grenze bei schnell fliegenden Insekten bei 200–300 Reizen pro Sekunde. Das menschliche Auge kann zwei Punkte getrennt voneinander wahrnehmen, wenn sie mit dem Auge einen Winkel von 50″ einschließen, bei der Taufliege (Drosophila) mit 700 Ommatidien beträgt dieser Winkel 9,17°.

Fächerlunge svw. ↑Tracheenlunge.

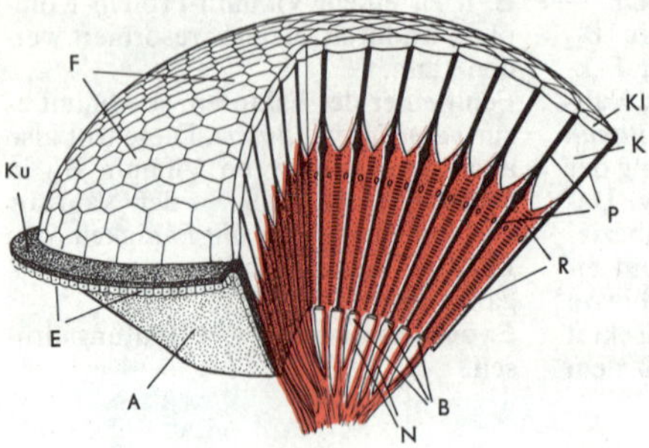

Abb. Facettenaugen: Links Appositionsauge; unten Superpositionsauge: Pigment in typischer Dämmerungsstellung (links unten) und Pigment ausgebreitet in Helligkeitsstellung

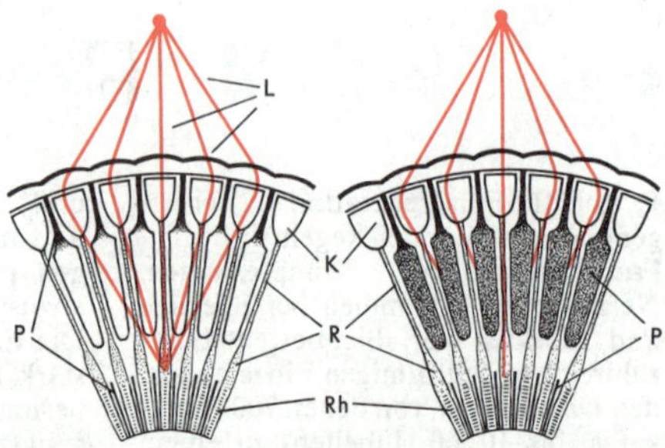

A Augenkapsel, B Basalmembran, E Epidermis, F Facetten der Einzelaugen, K Kristallkegel, Kl Kornealinse des dioptrischen Apparats, Ku Kutikula der Kopfkapsel (mit Epithelschicht), L Lichtstrahlenverlauf, N Nervenfasern, P Pigment der Pigmentzellen, R Retinula (Sehzellen mit Rhabdom), Rh Rhabdom

FAD (Abk. für: Flavinadenindinukleotid): FAD gehört zu der Gruppe der gelben Enzyme, die von Warburg und Christian 1932 entdeckt wurden. Es sind gelbe, fluoreszierende Stoffe, die bei Wasserstoffaufnahme in farblose Verbindungen übergehen. FAD ist als Koenzym in den meisten Flavoproteinen enthalten und wirkt als Wasserstoffüberträger. Seine Hydrierung und Dehydrierung lassen sich auf Grund der Änderung der Lichtabsorption im Photometer verfolgen. FAD ist im Gegensatz zu anderen Koenzymen während der Wasserstoffübertragung fest mit seinem Enzym verbunden, weswegen es auch als prosthetische Gruppe betrachtet wird.

FAD dehydriert im ↑Zitronensäurezyklus als Koenzym die Bernsteinsäure zur Fumarsäure. Eine wichtige Rolle spielt es auch bei der Wasserstoffübertragung in der ↑Atmungskette.

Fadenkiemen: Einige sehr einfache Muscheln haben fadenförmige ↑Kiemen, die in die Mantelhöhle herabhängen. Ihre *Kiemenfäden* sind manchmal haarnadelförmig gebogen. – ↑auch Blattkiemen.

Fadenwürmer (Nematoden): Diese fadenartig dünnen, weniger als 1 cm langen ↑Rundwürmer sind weltweit verbreitet. Ihr Körper ist als ↑Hautmuskelschlauch ausgebildet. F. leben frei im Boden oder Wasser oder als Parasiten in Pflanze, Tier oder Mensch. Parasiten sind z. B. ↑Hakenwürmer, ↑Madenwürmer, ↑Spulwürmer und ↑Trichinen.

Faktorenaustausch svw. ↑Crossing-over.

Fallenpflanzen ↑Pflanzenfallen.

Fallsucht svw. ↑Epilepsie.

Falter svw. ↑Schmetterlinge.

Familie: Eine Kategorie der ↑Systematik, in der näher miteinander verwandte Gattungen zusammengefaßt werden.

Fangarme (Tentakel): Viele Wirbellose haben F. zum Beuteerwerb entwickelt. Hohltiere besitzen F., die mit ↑Nesselkapseln bewehrt sind. Bei zehnarmigen Kopffüßern sind zwei Arme zu Fangarmen verlängert, bei achtarmigen dienen alle Arme als Fangarme. Sie sind mit Saugnäpfen ausgerüstet und haben eine kräftige Muskulatur. Die F. der zehnarmigen Riesentintenfische können bis 12 m lang werden.

Fangbeine: Einige Gliederfüßer haben ein Beinpaar zu Fangbeinen umgebildet. Diese werden in Lauerstellung oft so gehalten, daß es aussieht, als würde das Tier beten (z. B. Gottesanbeterin). Zum Beutefang werden die F. dann blitzschnell nach vorn geschleudert. Dabei öffnen sich die vorderen Glieder, die sonst wie ein Taschenmesser zusammengeklappt sind. Beim Zurückziehen halten spitze Zähne die Beute zwischen den Fangbeingliedern fest.

F. besitzen Fangschreckenkrebse (Ordnung Stomatopoda), Fangschrecken (Ordnung Mantodea; z. B. Gottesanbeterin), Fanghafte (Familie Mantispidae; gehört zu den Netzflüglern) und manche Raubwanzen.

Fangfäden:

◊ Viele *Spinnen* benutzen zum Fang ihrer Beute klebrige F., die sie aus den Spinndrüsen ihres Hinterleibs absondern. Die F. können in einem Netz oder frei versponnen werden. Meist führen Signalfäden zum Warteplatz der Spinne und geben ihr an, wann sich Beute in den F. verfangen hat.

◊ Die *Nährpolypen von Staatsquallen* tragen lange, dünne, sehr stark zusammenziehbare Fäden, die mit ↑Nesselkapseln bewehrt sind. Diese F. dienen zum Lähmen und Festhalten der Beute.

Fangzähne: Die Eckzähne der Raubtiere sind zu Fangzähnen vergrößert; ↑Zähne.

Farbenblindheit ↑Farbenfehlsichtigkeit.

Farbenfehlsichtigkeit (Farbensehstörung, Farbensinnstörung, Dyschromatopsie): Unter F. versteht man Ausfallserscheinungen des ↑Farbensehens.

Eine Reihe von Farbensinnstörungen besteht darin, daß eine der drei Komponenten, meist die Rot- oder die Grünkomponente, fehlt. Man spricht dann von *Rotblindheit (Protanopie)*, von *Grünblindheit (Deuteranopie)* bzw. von *Blaublindheit (Tritanopie)*. Da dann jeweils nur noch zwei Komponenten sehtüchtig sind, nennt man eine solche Farbensinnstörung auch *Dichromasie*. Rot- und Grünblinde verwechseln Rot, Orange, Gelb und Gelbgrün miteinander. Die Bezeichnung *Rotgrünblindheit* ist insofern falsch, als der Farbenfehlsichtige entweder nur rotes oder nur grünes Licht nicht farbig wahrnehmen kann; sie ist andererseits insofern richtig, als Rot und Grün bei der Rot- und bei der Grünblindheit miteinander verwechselt werden.

Neben der selteneren Rot- oder Grünblindheit gibt es häufiger geringere F. ähnlicher Art, die *Rotschwäche* bzw. die *Grünschwäche*. Schließlich gibt es noch die vollständige *Farbenblindheit*. Farbenblinde können lediglich einen Farbton in verschiedenen Helligkeitsabstufungen sehen. Ist die totale Farbenblindheit *(Achromasie)* angeboren, so handelt es sich meist um einen Funktionsausfall der Zapfen *(Zapfenblindheit)*. Solche Farbenblinde haben nur mittels der funktionstüchtigen Stäbchen Helldunkelempfindung.

Farbensinnstörungen sind recht häufig und deshalb von Bedeutung im Verkehr und unter Umständen bei der Berufswahl. Männer sind wesentlich häufiger betroffen als Frauen, da zumindest bei Rot- und Grünblindheit ein geschlechtschromosomengebundener rezessiver Erbgang vorliegt. – Siehe auch Farbtafel S. 220.

Farbensehen: Der Sehapparat ist befähigt, verschiedene Frequenzen der elektromagnetischen Strahlung als „verschiedenfarbig“ zu unterscheiden. F. findet man beim Menschen, bei Wirbeltieren und auch bei vielen Wirbellosen (Insekten). Träger dieser Eigenschaft sind die für das Tagessehen bestimmten *Zapfen* in der ↑Netzhaut des (Wirbeltier)auges, die sich durch ihre körnige und faserige Struktur und ihren spektralen Hellempfindlichkeitsgrad von den ebenfalls in der

Netzhaut liegenden *Stäbchen,* die für Helldunkelsehen verantwortlich sind, unterscheiden. Dämmerungs- und nachtaktive Wirbeltiere besitzen nur sehr wenige oder gar keine Zapfen in der Netzhaut und sind daher wenig oder überhaupt nicht farbentüchtig.

Das menschliche Auge kann innerhalb eines bestimmten Frequenzbereichs ($8 \cdot 10^{14}$ Hz bis $4 \cdot 10^{14}$ Hz) bzw. Wellenlängenbereichs (380 nm bis 780 nm) der elektromagnetischen Strahlung (sichtbarer Spektralbereich) etwa 160 reine Farbtöne und 600 000 Farbnuancen unterscheiden. Das Auge der Honigbiene, dessen sichtbarer Spektralbereich gegenüber dem menschlichen Auge nach UV verschoben ist (650 nm bis 300 nm) besitzt nur vier Farbdifferenzierungsmöglichkeiten.

Eine Farbempfindung kommt nur zustande, wenn bestimmte Bedingungen erfüllt sind:

1. Der Reiz muß eine Mindestintensität besitzen. Unter dieser Schwelle gibt es nur farblose Helligkeitsempfindung, d. h., es können unterhalb einer bestimmten Lichtintensität nur die Stäbchen gereizt werden *(Farbschwelle).*
2. Der zur Farbempfindung führende Lichtreiz muß eine Minimalzeit andauern *(Farbenzeitschwelle).*
3. Das auf die Netzhaut fallende Licht muß zur Reizauslöung eine bestimmte Netzhautfläche treffen *(Farbenfeldschwelle).*

Die *Farbenlehre* brachte bezüglich der additiven Farbenmischung folgende Ergebnisse: Die verschiedenen *Farbempfindungen* können durch Mischung der drei Grundfarben Rot, Grün und Blauviolett hervorgerufen werden. Das läßt sich am Farbendreieck zeigen, in dessen Ecken die drei Grundfarben angeordnet sind. Jetzt lassen sich alle Mischungsverhältnisse herstellen, z. B. aus Rot und Grün die Farben Orange, Gelb, Gelbgrün. Wenn für die drei Grundfarben ein bestimmtes Mischungsverhältnis gegeben ist, wird Weiß empfunden. Weiß kann auch aus zwei Farben gegenüberliegender Seiten im Farbendreieck gemischt werden, wenn ihre Verbindungslinie durch den Weißpunkt geht; solche Farbpaare nennt man *Komplementärfarben.*

Über das Zustandekommen der Farbempfindung gibt es bis heute noch keine in allen Einzelheiten befriedigende Erklärung. Th. Young stellte bereits 1801 die Hypothese auf, daß das Auge drei verschiedene Typen von Rezeptoren besitze, von denen jeder auf eine der drei Grundfarben Blauviolett, Grün, Rot reagiere *(Trichromasie),* und daß die übrigen Farbqualitäten durch additive Mischung unterschiedlicher Grundfarben erzeugt werden.

Diese Hypothese wurde von H. v. Helmholtz physiologisch untermauert und zur *Dreikomponententheorie* ausgebaut. Helmholtz stellte die für jeden Zapfentyp charakteristischen Spektralwertfunktionen auf, deren Maxima jeweils in einem bestimmten Spektralbereich liegen. MacNichol jr. wies durch Lichtabsorptionsmessungen an isolierten Zapfen die von der Young-Helmholtz-Theorie postulierten drei Rezeptorentypen nach. Rushton fand Zapfenpigmente, deren chemische Struktur mit der des Rhodopsins (↑Sehpurpur) verwandt ist.

Die *Dreifarbentheorie* ist allen anderen Theorien über die Farbenrezeption (z. B. der Heringschen Gegenfarbentheorie) vorzuziehen, da hier experimentelle Befunde vorliegen. Ungeklärt ist jedoch nach wie vor die Weiterverarbeitung der primären Erregung in den Zapfen.

Farbwechsel: Tiere können auf zweierlei Weise ihre Körperfarbe verändern:

1. Bei dem langsamen *morphologischen F.* kommt es durch Veränderung der Zahl der pigmenthaltigen Zellen (↑Chromatophoren) oder durch Einlagerung neuer, anderer ↑Pigmente (wie bei der ↑Mauser) zu einem relativ lange andauernden Zustand. Dieser F. dient u. a. der Tarnung durch farbliche Anpassung an die wechselnde Umgebung (z. B. Winter- oder Sommerkleid).
2. Der *physiologische F.* beruht auf ei-

ner Wanderung schon vorhandener Pigmente in den Chromatophoren. Er erfolgt relativ schnell (innerhalb von Sekundenbruchteilen bis zu einigen Minuten) und kann sich rasch wieder umkehren. Er ist bei vielen wirbellosen Tieren und einigen wechselwarmen Wirbeltieren zu finden. Bei manchen Tieren wird er nerval (z. B. besonders eindrucksvoll beim Tintenfisch), bei anderen hormonell (z. B. das Hochzeitskleid bei Fischen) gesteuert. Der physiologische F. dient u. a. der Tarnung. Er tritt oft bei Erregung während der Balz, bei der Paarung oder bei Kampf und Beutefang auf.

Farne: Die F. sind sehr alte Pflanzen, die schon im Mitteldevon (vor rund 380 Mill. Jahren) auftraten und im Karbon und Perm ihre größte Verbreitung erreichten. Sie sind eine rund 9 200 Arten umfassende Klasse der *Farnpflanzen*.

Der Pflanzenkörper der F. ist in Wurzel, Sproßachse und Blätter gegliedert. Charakteristisch für die F. ist der Wechsel von zwei Generationen (↑auch Generationswechsel). Beide Generationen, Gametophyt und Sporophyt, leben selbständig. Aus einer Spore entwickelt sich der haploide *Gametophyt* (= Prothallium); auf ihm bilden sich die männlichen (Antheridien) und weiblichen (Archegonien) Geschlechtsorgane. Die Befruchtung der Spermatozoid- und Eizellen ist nur in Wasser (z. B. feuchter Untergrund, Tautropfen) möglich. Aus der befruchteten Eizelle entsteht der ungeschlechtliche diploide *Sporophyt,* die eigentliche Farnpflanze. Der Sporophyt hat echte Wurzeln, einen echten Stamm und meist gefiederte Blätter (Wedel), die auf der Unterseite *Sporangien* (Sporenkapseln) mit Sporen tragen. Aus den Sporangien lösen sich die *Sporen,* die wieder zu Gametophyten auswachsen.

Nach dem Bau der Sporangien unterscheidet man *Eusporangiate Farne* mit mehrschichtigen Sporangienwänden (wie Natternzunge, Mondraute) und *Leptosporangiate Farne* mit einschichtigen Sporangienwänden wie Wurm-, Adler- und Tüpfelfarn sowie die *Wasserfarne* (u. a. mit dem Schwimmfarn).

Farnpflanzen: Die F. bilden eine Abteilung des Pflanzenreichs. Dazu gehören ↑Farne, ↑Schachtelhalme und ↑Bärlappgewächse.

Faulgas svw. ↑Biogas.

Fäulnis: Zersetzen Bakterien oder Pilze organische Substanzen bei ungenügendem Sauerstoffzutritt nicht vollständig, spricht man von Fäulnis. Als Endprodukte entstehen u. a. Ammoniak, Schwefelwasserstoff und Methan, das bei dem Abbau von Klärschlamm aus der ↑Abwasserreinigung in Behältern aufgefangen und als Energiequelle genutzt werden kann.

Faulschlamm (Sapropel): F. ist eine tiefschwarz gefärbte, übelriechende Bodenschicht in besonders nährstoffreichen Gewässern. Bakterien bauen die organischen Stoffe des Faulschlamms anaerob bis zu (v. a.) Schwefelwasserstoff und Methan (↑Biogas) ab. F. läßt kaum eine Bodenfauna zu, da praktisch kein Sauerstoff vorhanden ist.

Das heutige Erdöl ist vermutlich aus Faulschlammbildungen im Laufe der Jahrmillionen hervorgegangen. – In den Kläranlagen entsteht bei der ↑Abwasserreinigung ebenfalls Faulschlamm.

Fauna: Als F. wird v. a. die Tierwelt eines geographisch begrenzten Gebiets bezeichnet. In der Erdgeschichte kann mit F. die Tierwelt der gesamten Erde gemeint sein. F. heißt auch die systematische Zusammenstellung der in einem begrenzten geographischen Gebiet lebenden Tierarten.

Federbalg: Die ↑Federn stecken mit der Spule im F., einer Einsenkung der Oberhaut.

Federkeim ↑Federn.

Federn: F. sind das typische Kennzeichen der Vögel. Sie bestehen aus Horn, sind fest, elastisch, leicht und wasserabstoßend. Entwicklungsgeschichtlich lassen sie sich von der Reptilienschuppe ableiten.

Die Oberhaut wölbt sich vor, senkt sich dann taschenförmig ein und bildet den *Federbalg*. An dessen Grund for-

men Gefäße, Nerven und Bindegewebe die *Papille (Federkeim),* die die entstehende Feder zunächst ernährt, nach ihrer Ausbildung jedoch abstirbt und dann die sogenannte „Seele" des *Federkiels* bildet.
Im Federbalg entsteht die Feder. Darin steckt sie mit dem unteren Teil des Federkiels, der *Spule.* Der aus der Haut herausragende Teil der F., der *Federschaft,* trägt die sog. *Fahne.* Ihre Äste sitzen am Kiel und verzweigen sich nach unten in die *Bogenstrahlen,* nach oben hin in die *Hakenstrahlen.* Die Hakenstrahlen verhaken sich in die Bogenstrahlen.
Das ↑Gefieder der Jungvögel besteht zunächst aus *Dunen.* Dies sind die Spitzen der späteren *Deck-* oder *Konturfedern,* deren Fahne durch die engen Federbälge zusammengehalten wird. Das Dunengefieder umfaßt deshalb alle Spitzen der später erscheinenden Konturfedern. Allerdings werden nicht bei allen Vögeln alle Dunen zu Deckfedern. Außerdem können die Deckfedern am Grunde zusätzliche Dunen bilden. Diese dienen v.a. der Wärmeisolation. Sie fehlen an Flügeln, besitzen keine Verhakung und meist auch keinen Mittelstrahl (Kiel).

Federwechsel svw. ↑Mauser.

Fehlgeburt svw. ↑Abort.

Fehlsichtigkeit: Entsprechend der jeweils gestörten Funktion des Auges gibt es verschiedene Formen der F.: 1. Brechungsfehler (↑Kurzsichtigkeit, ↑Weitsichtigkeit, ↑Alterssichtigkeit); 2. ↑Farbenfehlsichtigkeit; 3. fehlerhaft arbeitende Augenmuskulatur (↑Schielen).

Fell: Als F. bezeichnet man die behaarte Oberhaut von Säugetieren, und zwar sowohl am lebenden Tier als auch abgezogen im gegerbten *(Pelz)* oder ungegerbten Zustand.

Fermente svw. ↑Enzyme.

Ferredoxin: F. ist ein eisenhaltiges Protein, wobei auf ein Molekül Protein zwei Eisenatome entfallen, die als Fe^{2+} oder Fe^{3+} vorhanden sein können. F. spielt bei den Primärvorgängen der ↑Photosynthese als Redoxsystem eine wichtige Rolle.

Fertilität svw. ↑Fruchtbarkeit.

Festigungsgewebe: Die dünnen Zellwände und der ↑Turgor können größere Pflanzen nicht aufrecht halten. Besonders bei Wassermangel würden die welkenden Pflanzen schnell zusammenfallen. Daher besitzen sie Gewebe mit Zellen, die besonders dikke Zellwände haben. Man unterscheidet zwei Typen:
1. Im *Kollenchym* sind die Wände der Zellen nur z.T. (z.B. in den Ecken) verstärkt; durch die übrigen, dünneren Wandteile ist Stoffaustausch mit der Umgebung noch möglich. Die Zellen leben und wachsen noch. Sie kommen in jungen, krautigen Pflanzen vor.
2. In älteren Pflanzenorganen herrscht das tote *Sklerenchym* vor. Durch die ringsum stark verdickten Wände ausgewachsener, abgestorbener Zellen ist der Stofftransport unterbunden, und das Zellinnere ist auf einen kleinen Rest zusammengeschrumpft. Wird das Gewebe auf Druck beansprucht, findet man rundliche Steinzellen (z.B. in Samenschalen); sollen sie Zugkräften standhalten, sind es langgestreckte Fasern (wie beim Hanf oder Lein). Ihre Zugfestigkeit ist mit der von Stahl vergleichbar, ihre Elastizität ist aber vielfach größer.

Fetischismus: F. ist der Glaube an einen machtgeladenen Gegenstand *(Fetisch),* wie er in primitiven Religionen vorkommt. Als Fetische werden alle möglichen Gegenstände verwendet. Sie sollen den Besitzern nach einer bestimmten Behandlung (z.B. Beschmieren mit Blut) bei der Erreichung ihrer Ziele helfen. Bei primitiven Völkern dienen sie z.B. in penisähnlicher Gestalt zur Demonstration von Macht. Auch bei sexueller Fehlprägung auf Gegenstände (z.B. Schuhe, Unterwäsche) statt auf den normalen Partner spricht man von Fetischismus.

Fette: F. nennen wir die Ester des dreiwertigen Alkohols Glycerin mit ↑Fettsäuren. Die meisten Fette enthalten zwei oder drei verschiedene Fettsäurereste.
Die in natürlichen Fetten vorkommenden Fettsäuren sind unverzweigt und

enthalten nur gerade Zahlen von Kohlenstoffatomen, weil bei ihrem Auf- und Abbau stets C_2-Einheiten auftreten (↑Betaoxidation).
In den *tierischen Fetten* überwiegen Palmitin-, Stearin- und Ölsäure, in *pflanzlichen Fetten* sind zudem noch mehrfach ungesättigte Fettsäuren, die der tierische Organismus nicht herstellen kann, enthalten, z. B. Linol-, Linolensäure.
Ein großer Anteil ungesättigter Fettsäuren erniedrigt den Schmelzpunkt eines Fettes. F., die bei Zimmertemperatur flüssig sind, bezeichnet man als *fette Öle*. Die Dichte der F. und fetten Öle liegt zwischen 0,9 und 0,97 g/cm^3. Sie lösen sich nicht in Wasser, wohl aber in organischen Lösungsmitteln. Beim Kochen mit Laugen tritt Verseifung ein.
In reinem Zustand sind F. geruch- und geschmacklos, durch Mikroorganismen tritt jedoch eine Zersetzung ein (Ranzigwerden des Fettes), wobei der Geruch der oxidierten Abbauprodukte sich unangenehm bemerkbar macht. – Der charakteristische Geruch und Geschmack unserer Speisefette ist von natürlichen Aromastoffen abhängig.
Zur *Gewinnung der tierischen F.* kann man das Fett nach dem *Trockenschmelzverfahren* durch bloßes Erhitzen oder nach dem *Naßschmelzverfahren* unter Zuhilfenahme von Wasserdampf aus dem Fettgewebe ausschmelzen. – Die *pflanzlichen Fette* werden durch Kaltpressen, Heißpressen oder Extraktion gewonnen. Die ernährungsphysiologisch hochwertigsten Öle liefert die *Kaltpressung*, während die *Heißpressung* (70° bis 90 °C) entsprechend niedere Qualitäten liefert. Die *Extraktion* erfolgt meist mit Hexan oder Trichloräthylen (organische Lösungsmittel), wobei das Lösungsmittel nach der Extraktion durch Destillation entfernt wird.
F. sind in jeder pflanzlichen und tierischen Zelle enthalten. Wegen ihrer Unlöslichkeit in Wasser und ihres hohen ↑Brennwertes (9,3 kcal/g ≈ 38,7 kJ/g) stellen sie ein ideales Nähr- und Reservematerial dar. In Pflanzen sind F. daher v. a. in Samen enthalten, im Tierkörper finden sich F. im Fettgewebe.
Das Fett von wechselwarmen Tieren, besonders solchen, die niedrigen Temperaturen ausgesetzt sind, hat einen höheren Anteil an ungesättigten Fettsäuren und daher einen entsprechend tiefen Schmelzpunkt.
Als Träger der fettlöslichen ↑Vitamine haben die F. für den Organismus eine große Bedeutung.

Fettgewebe: Zu F. umgewandeltes Bindegewebe enthält in den Zellen *(Fettzellen)* z. T. große Fettkugeln. Das F. hat die Aufgabe, Fettreserven zu speichern und als *Unterhautfettgewebe* den Körper vor Wärmeverlusten zu schützen. F. umhüllen auch Organe (z. B. Nieren), um sie zu schützen und zu stützen. In Gelenken, am Gesäß und an den Füßen bildet F. druckelastische Polster.
Frauen haben auffallende F. an Hüften, Oberschenkeln und Brüsten, Männer an Bauch, Rücken und Genick.
Die Zahl der Fettzellen wird schon in der Kindheit festgelegt und ändert sich auch bei Fettsucht (bei der lediglich die Menge des eingelagerten Fettes erhöht ist) nicht.

Fettsäuren: F. sind Monocarbonsäuren. Man unterscheidet gesättigte F. und ungesättigte F. (mit einer, zwei oder mehr Doppelbindungen).
Die *niederen gesättigten F.* wie Buttersäure und Valeriansäure kommen meist als Ester vor und bilden Aromastoffe vieler Früchte. Die *höheren gesättigten* und ungesättigten F. liefern als Ester des Glycerins die ↑Fette und Öle, als Ester einwertiger höherer Alkohole die Wachse (Bienenwachs, Walrat). Unter den *gesättigten F.* kommen die Stearinsäure ($C_{17}H_{35}COOH$) und die Palmitinsäure ($C_{15}H_{31}COOH$), unter den *ungesättigten F.* die Ölsäure ($C_{17}H_{33}COOH$), die Linolsäure ($C_{17}H_{31}COOH$) und die Linolensäure ($C_{17}H_{29}COOH$) am häufigsten vor.
Die *mehrfach ungesättigten F.* riechen unangenehm und neigen in Gegenwart von Sauerstoff zur Autoxidation. Sie

lassen sich katalytisch hydrieren *(Fetthärtung)*, wobei die flüssigen Öle verfestigt und geruchlos werden. Einige mehrfach ungesättigte F. haben für den tierischen Organismus eine besondere Bedeutung und werden deshalb auch als *essentielle F.* (für den Organismus unentbehrliche F.) bezeichnet. – Es sind dies Linol-, Linolen- und Arachidonsäure. Sie müssen ähnlich den Vitaminen regelmäßig in geringen Mengen aufgenommen werden, um Mangelkrankheiten zu vermeiden. Besonders reichlich finden sich essentielle F. in Sonnenblumenöl, Rapsöl, Maisöl, dagegen sehr wenig in tierischen Fetten.

Fettsucht: Höchstens 10% aller Übergewichtigen können organische Störungen (z. B. Überfunktion von Bauchspeicheldrüse oder Nebennierenrinde) für ihre F. verantwortlich machen. In den meisten Fällen wird einfach aus schlechter Angewohnheit, Genußsucht oder aus seelischer Unausgeglichenheit („Kummerspeck") mehr gegessen, als der Körper braucht. F. senkt die Lebenserwartung.

Fettzellen ↑ Fettgewebe.

Fetus: Vom Beginn des 4. Schwangerschaftsmonats an nennt man den menschlichen Embryo Fetus (↑ Leibesfrucht).

Feuchtgebiete: F. sind unter Natur- bzw. Landschaftsschutz stehende Landschaftsteile, deren pflanzliche und tierische Lebensgemeinschaften an das Vorhandensein von Wasser gebunden sind; z. B. natürliche Gewässer, Moore, Feuchtwiesen, Küsten, Wattflächen. Großflächige F. in der BR Deutschland sind u. a. Dümmer, Steinhuder Meer, Ammersee, Donaumoos.

Fibrin: F. ist ein Eiweißkörper im Blut, der bei der ↑ Blutgerinnung aus ↑ Fibrinogen entsteht und an der Bildung des ↑ Blutkuchens beteiligt ist.

Fibrinogen: F. ist ein im Blut gelöster Eiweißkörper (Globulin), der bei der ↑ Blutgerinnung durch Thrombin in das ein feinfädiges Netz bildende ↑ Fibrin umgewandelt wird.

Fichte ↑ Nadelbäume.

Fieber: Im Gegensatz zur Wärmestauung ist für F. eine Erhöhung des Sollwertes des Temperaturzentrums im ↑ Hypothalamus kennzeichnend. Die Empfindlichkeit des Reglers gegen Wärme ist herabgesetzt, und es kommt durch verminderte Wärmeabgabe (Hautblässe, „Gänsehaut") und vermehrte Wärmebildung (Kältezittern, „Schüttelfrost") zur Aufheizung über die normale Körpertemperatur von 37 °C hinaus, während man das Gefühl hat zu frieren. Ist der neue Sollwert (z. B. 40 °C) erreicht, wird die Temperatur (im Unterschied zu den Verhältnissen bei Wärmestauung) konstant gehalten. Fällt die Ursache für das Fieber weg, werden die Regelzentren wieder auf eine niedrige Temperatur eingestellt. Da der Körper sich aber nur allmählich abkühlt, kommt es einige Zeit lang zum Hitzegefühl.

Als Ursache für F. kommen selten Schädigungen oder Reizungen des Hypothalamus in Frage. Häufiger wird es von körpereigenen Abbauprodukten aus absterbendem Gewebe (z. B. nach Erfrierungen, Verbrennungen oder Sonnenbrand) verursacht. Meistens werden fiebererzeugende Stoffe bei Infektionskrankheiten (Krankheitserreger, Bakterientoxine) oder Immunreaktionen gebildet.

F. ist eine natürliche Abwehrreaktion des Körpers, die nur Schäden verursacht, wenn das F. zu hoch steigt oder zu lange anhält. In diesen Fällen wird es mit kühlenden Umschlägen oder fiebersenkenden Medikamenten behandelt.

Filament ↑ Staubblatt.

Filialgeneration svw. ↑ Tochtergeneration.

Fingerabdruck (Fingerbeerenmuster, Papillarleistenmuster): Auf der Innenfläche der Hände, speziell der Fingerbeeren, bilden feine Hautleisten charakteristische Muster. An diesen Stellen ragt die Lederhaut (↑ Haut) mit Papillenleisten in die Keimschicht hinein.

Das Hautleistenmuster der Fingerbeeren wird in der Grundform zwar vererbt, ist aber in den Einzelheiten bei jedem Menschen anders ausgeprägt. Es kann deshalb in der Kriminalistik als Erkennungszeichen verwandt werden.

Finne: Die Larve der ↑Bandwürmer.

Fische (Pisces): F. sind wasserbewohnende, durch Kiemen atmende, wechselwarme Wirbeltiere. Ihr meist langgestreckter Körper trägt ↑Flossen und ist unter einer schleimdrüsenreichen Oberhaut mit Schuppen oder Knochenplatten bedeckt. Ihr Skelett ist knorpelig (↑Knorpelfische) oder knöchern (↑Knochenfische). F. pflanzen sich meist durch Eier (Laich) fort; manche sind lebendgebärend.

Flachmoor svw. ↑Niedermoor.

Flagellaten (Geißelträger): Diese kleinen, einzelligen Lebewesen sind sehr unterschiedlich gebaut. Sie sind teils kugelig, teils spindelförmig oder ellipsoid geformt und mit einer oder mehreren ↑Geißeln zur Fortbewegung versehen (s. Abb.). Viele verharren

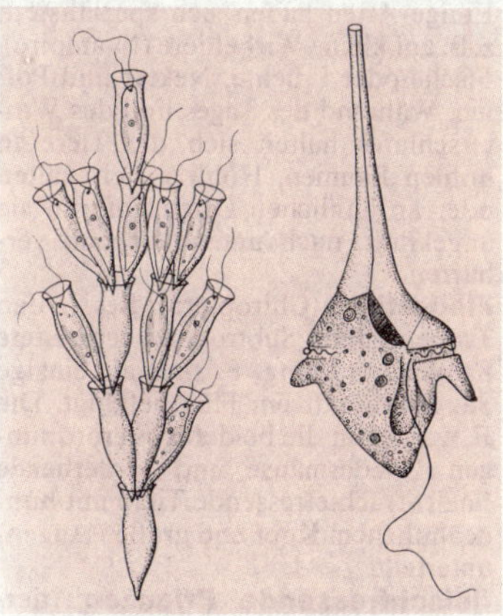

Abb. Flagellaten: Vertreter der Geißelalgen – links eine Kolonie der goldbraunen Art Dinobryon sertularia, rechts der Dinoflagellat Ceratium hirundinella

zeitweise in einem geißellosen Ruhezustand. Viele F. haben einen (oft bedornten) Zellulosepanzer. Manche leben einzeln, andere bilden ganze Zellverbände.

Die F. pflanzen sich überwiegend ungeschlechtlich durch Längsteilung fort. Die eine Hälfte der F. besitzt ↑Plastiden; sie können dadurch assimilieren, sind grün, gelb, braun oder rot gefärbt und zählen zu den *Geißelalgen* (z. B. Euglena, Dinoflagellaten). Die andere Hälfte ist farblos. Ihre Vertreter sind auf organische Nahrung angewiesen. Man nennt sie *Geißeltierchen* (z. B. Trypanosomen, Trichomonaden).

Die F. besiedeln Gewässer, feuchte Orte, auch Schnee. Einige befallen als Parasiten Mensch oder Tier und rufen gefährliche Erkrankungen hervor, z. B. die Schlafkrankheit.

Flagellen (Einzahl: Flagellum) svw. ↑Geißeln.

Flaumfedern svw. ↑Dunen.

Flavine: Darunter versteht man eine Gruppe natürlicher, stickstoffhaltiger Farbstoffe, die in der Tierwelt weit verbreitet sind und meist nur in geringen Mengen vorkommen; z. B. *Riboflavin* (früher Lactoflavin) der Milch (Vitamin B_2), das Bestandteil der Wirkgruppen (Koenzyme) wasserstoffübertragender Enzyme ist (↑Flavoproteine). Das Riboflavin wirkt als ↑Redoxsystem (Wasserstoffüberträger).

Flavone: Als F. bezeichnet man eine Gruppe von gelben Blütenfarbstoffen. Der Grundkörper der F., das *Flavon,* ist farblos; es bildet nadelartige Kristalle und ist in Wasser fast unlöslich. Flavon kommt als mehlartiger Belag auf Blättern und Blütenstielen von Primeln vor und soll für die Hautreizungen, die von Primeln verursacht werden, verantwortlich sein.

Flavoproteine (Flavoproteide, Flavinenzyme): Die F. sind *Chromoproteide* (sie enthalten nichtproteinhaltige Gruppen mit Farbstoffcharakter) und zählen zur der Gruppe der Oxidoreduktasen. Eine Anzahl von Flavoproteinen enthält Metalle (z. B. Eisen-, Kupfer- oder Manganatome), deren Bedeutung für den Enzymmechanismus noch nicht völlig geklärt ist. Als Koenzyme liegen meist *Flavinmononukleotid* (Abk.: *FMN*) oder *Flavinadenindinukleotid* (Abk.: ↑*FAD*) vor.

Die F. dienen in den Stoffwechselvor-

gängen der Zelle als Wasserstoffüberträger. In der ↑Atmungskette stehen sie zwischen den Pyridinnukleotidenzymen und den Zytochromen. Sie vermögen aber auch direkt mit den Substraten ohne Vermittlung der Pyridinenzyme zu reagieren.
Man teilt die F. nach ihrer biologischen Hauptreaktion in verschiedene Gruppen ein: 1. *Oxidasen,* die mit Sauerstoff als Elektronenakzeptor reagieren; 2. *Reduktasen,* zu denen die F. der Atmungskette zählen, die Zytochrome als Elektronenakzeptor bevorzugen; 3. *Dehydrogenasen* (↑Dehydrasen) wie die Bernsteinsäuredehydrogenase, die im ↑Zitronensäurezyklus Bernsteinsäure in Fumarsäure unter Wasserstoffentzug überführt.

Flechten (Lichenes): Die F. bilden mit rund 20 000 Arten eine Abteilung der Lagerpflanzen. Sie stellen einen aus Grünalgen oder Blaualgen und Schlauch- (seltener Ständer)pilzen bestehenden Verband (↑Symbiose) dar, der eine physiologische und morphologische Einheit bildet. Die Alge versorgt den Pilz mit organischen Nährstoffen (Kohlenhydrate), während die Pilzfäden der Alge als Wasser- und Mineralstoffspeicher dienen.
Die *Fortpflanzung der F.* erfolgt ungeschlechtlich durch abgeschnürte, Algen enthaltende Pilzhyphen *(Soredien)* und seltener geschlechtlich durch Ausbildung von Fruchtkörpern des Pilzes. Bei der Sporenkeimung kann sich eine neue Flechte aber nur entwickeln, wenn die Alge dazukommt.
Nach der Gestalt unterscheidet man *Krustenflechten* (haften flach auf der Unterlage), *Laubflechten* (großflächige, blattartige Ausbildung) sowie *Strauchflechten* (ähneln den höheren Pflanzen).
Als anspruchslose Pflanzen sind die F. über die ganze Erde verbreitet. Sie wachsen meist dort, wo anderes Leben nicht mehr möglich ist. In Gebieten mit sehr wenig anderem Pflanzenwuchs (z. B. Arktis) stellen die F. eine wichtige Nahrungsquelle für die Tiere dar.
Da fast alle Flechtenarten zum Leben saubere Luft benötigen, werden sie heute als Bioindikatoren für die Beurteilung der Luftqualität in Ballungsräumen benutzt.
Bekannte F. sind Mannaflechte, Rentierflechte und Isländisch Moos.

Fledermäuse: F. sind weltweit verbreitete, kleine, fliegende Säugetiere (Ordnung Fledertiere) mit auffallend großen Ohrmuscheln. Zwischen den Vordergliedmaßen mit stark verlängertem Mittelhand- und Fingerknochen und dem Leib mit Schwanz und Hintergliedmaßen sind zarte Flughäute ausgespannt. Mit ihnen bewegen sie sich flatternd fort und machen während der Nacht Jagd auf Beute (hauptsächlich Nachtinsekten). Dabei stoßen sie fortgesetzt (für den Menschen unhörbare) Laute aus. Die von Gegenständen und Beutetieren zurückgeworfenen Ultraschallwellen dienen der Orientierung (Echolot).
Einige Arten haben sich spezialisiert, z. B. auf kleine Wirbeltiere (↑Vampire), Fische oder Früchte, Nektar und Pollen. Während des Tages und des Winterschlafes halten sich die Tiere in hohlen Bäumen, Höhlen, Felsspalten oder an ähnlichen Orten auf, wo sie angekrallt, nach unten hängend verharren.

Fledertiere (Chiroptera): Bes. in den Tropen und Subtropen verbreitete Säugetierordnung. F. sind als einzige Säuger zu aktivem Flug befähigt. Die F. werden in die beiden Unterordnungen ↑Fledermäuse und **Flederhunde** (meist früchtefressende Tiere mit hundeähnlichem Kopf und großen Augen) unterteilt.

fleischfressende Pflanzen (tierfangende Pflanzen): Zum zusätzlichen Nahrungserwerb haben einige Pflanzen besondere Vorrichtungen ausgebildet. Dazu gehören Leimrutenfallen beim Sonnentau und beim Fettkraut, Klappfallen bei der Venusfliegenfalle und Kannenfallen bei den Kannenpflanzen. Mit diesen ↑Pflanzenfallen fangen, halten und verdauen sie die Beutetiere (Insekten).
Viele fleischfressende Pflanzen wachsen auf nährstoffarmen, besonders

stickstoffarmen Böden und nutzen die gefangenen Insekten als zusätzliche Stickstoffquelle aus.

Fleischfresser (Karnivoren): Tiere (auch Pflanzen; ↑fleischfressende Pflanzen), die sich von tierischer Nahrung ernähren. Die Beute kann ganz (Schlangen, Echsen, Zahnwale) oder zerrissen geschluckt werden. Unverdauliche Teile werden z. T. wieder ausgewürgt (Schlangen, Gewölle der Eulen). Einige F. jagen ihre Beute selbst (z. B. Katzen), andere sind auf Aas angewiesen (Geier).

Flexoren svw. ↑Beugemuskeln.

Fliegen: F. sind weltweit verbreitete ↑Zweiflügler. Sie sind meist gedrungen gebaut und haben kurze Fühler sowie saugend-leckende oder saugend-stechende ↑Mundwerkzeuge. Viele F. leben von pflanzlichen Säften, andere räuberisch oder schmarotzend von tierischer Nahrung.

Bei ihrer Entwicklung durchlaufen die F. eine ↑Metamorphose. Die Larven werden ↑Maden genannt. Nach der Ausbildung der ↑Puppen unterscheidet man *Spaltschlüpfer* (z. B. ↑Bremsen) und *Deckelschlüpfer* (z. B. ↑Taufliegen und Echte Fliegen). Der Körper der *Echten Fliege* hat viele Borsten und ist meist einfarbig grau.

Viele Fliegenarten sind für Mensch und Tier Krankheitsüberträger, z. B. die *Tsetsefliege* (Blutsauger). Die *Stubenfliege* vermehrt sich sehr rasch (in Deutschland bis zu 8 Generationen jährlich), wobei jedes Gelege 600 bis 1 000 Eier haben kann.

Fliegende Fische: Diese heringsähnlichen ↑Knochenfische sind überwiegend Hochseebewohner der Tropen und Subtropen. Sie schnellen nach raschem Schwimmen meist in ganzen Schwärmen aus dem Wasser und gleiten bis etwa 50 m durch die Luft. Dazu befähigen sie die tragflächenartig vergrößerten Brustflossen.

Fließgleichgewicht: F. nennt man ein stationäres Gleichgewicht in einem offenen System, in welchem dauernd Substanzen ein- und ausgeschleust werden. Das F. darf nicht mit dem *dynamischen Gleichgewicht* in einem geschlossenen System verwechselt werden. Beide haben gemeinsam, daß sowohl das System als Ganzes als auch seine Teilsysteme erhalten bleiben. Sie unterscheiden sich jedoch z. B. darin, daß Fließgleichgewichte nicht umkehrbar sind, da die Reaktionsprodukte das System verlassen können. Dynamische Gleichgewichte dagegen sind stets umkehrbar; denn hier laufen gleichzeitig Bildungs- und Zerfallsreaktionen ab. Ein wesentlicher Unterschied liegt in der Energiebilanz. Während ein dynamisches Gleichgewicht in einem geschlossenen System zu seiner Erhaltung keine Zufuhr von Energie (auch nicht von Materie) braucht, kann ein F. seinen stationären Zustand nur erhalten, wenn Energie zugeführt wird. Daher kann aus dem Gleichgewicht in einem geschlossenen System keine Energie gewonnen werden; dauernde Arbeitsleistungen sind nur in einem offenen System möglich.

Es ist offensichtlich, daß jeder Organismus die Bedingungen des Fließgleichgewichts erfüllt; z. B. werden Nahrung und Sauerstoff aufgenommen, Kohlendioxid und andere Stoffwechselprodukte ausgeschieden, wobei das System Organismus erhalten bleibt. Die ↑Atmungskette stellt u. a. ein F. auf kleinstem Raum dar.

Wichtig ist es auch noch, die Rolle des Katalysators (Enzym) in beiden Gleichgewichten zu vergleichen. Während ein Katalysator in einem geschlossenen System die Gleichgewichtslage nicht verändert, sondern nur die Gleichgewichtseinstellung beeinflußt, wird ein Katalysator in einem

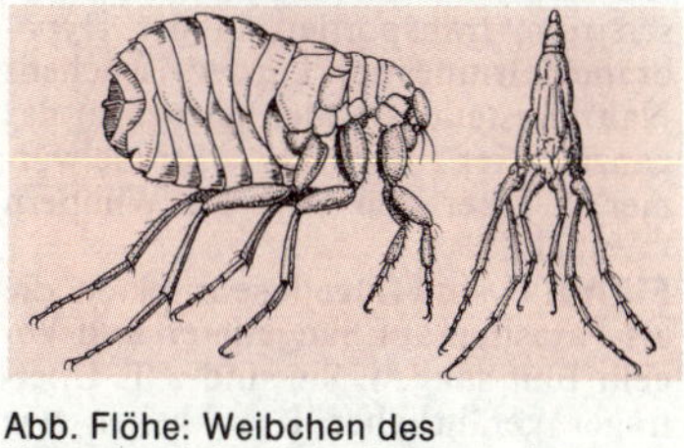

Abb. Flöhe: Weibchen des Menschenflohs; links Seitenansicht, rechts Vorderansicht

offenen System die stationäre Konzentration der Reaktionspartner sehr wohl ändern können, da einer der Reaktionspartner weiterreagiert und somit dem F. entzogen wird (Absinken der Substratkonzentration bei Überproduktion von Enzym).

Fließgleichgewichte im Stoffwechsel der Organismen hängen eng mit dem Transport von Substanz durch Membranen (Zellmembran u. a.) zusammen. Daraus ergibt sich, daß eine Zelle gar nicht größer werden kann, da bei weiterem Wachstum das Verhältnis zwischen Oberfläche und Inhalt so weit abnehmen würde, daß die zum Volumenwachstum notwendige Stoffversorgung (Sauerstoff, Nährstoffe) nicht mehr möglich wäre. Damit wird auch verständlich, warum die innere Oberfläche von Zellen (↑endoplasmatisches Retikulum, ↑Mitochondrien) vergrößert werden mußte und warum bei höherorganisierten Organismen Transportmedien erfunden werden mußten. Daraus läßt sich ersehen, wie F. und differenzierte Form einander bedingen.

Flimmerbewegung: Einzeller bewegen sich häufig mit Hilfe von ↑Geißeln oder ↑Wimpern. Auch mehrzellige Tiere bedienen sich des Prinzips der F., um Flüssigkeiten (z. B. in ↑Nephridien) zu transportieren.

Flimmerepithel: Bei dieser besonderen Form des ↑Deckgewebes tragen die Zellen außen Wimpern (Zilien). Ihr koordinierter (gleichgerichteter) Schlag bewegt Flüssigkeiten, Schleime und Partikel (Auskleidung der Luftröhre und der Eileiter), erzeugt an den Kiemen der Muscheln den Atemwasserstrom, transportiert in der Hypobranchialrinne des Lanzettfischchens Nahrungsteilchen oder bewegt gar das ganze Tier vorwärts (Strudelwürmer). – Über den Bau der Wimpern ↑Geißeln.

Flöhe: F. sind flügellose Insekten, die als Parasiten auf Säugetieren und Vögeln Blut saugen. Sie sind z. T. Überträger gefährlicher Krankheiten wie Fleckfieber und Pest. F. leben teils wirtsspezifisch, teils wechseln sie ihren Wirt (↑Parasiten). – Siehe Abb. S. 149.
Der Körper der F. ist seitlich zusammengedrückt und braun bis gelb gefärbt. F. haben kurze Fühler, reduzierte Augen und auffallend lange Hinterbeine (Sprungbeine). Die Mundgliedmaßen sind zu Stechborsten umgebildet. Die Entwicklung der F. zu fertigen Insekten erfolgt über madenartige Larven, die sich in Gespinstkokons verpuppen.

Der Mensch wird v. a. vom *Menschenfloh* befallen. Durch die stark verbesserten hygienischen Verhältnisse unserer Zeit spielt der Menschenfloh als Parasit jedoch praktisch keine Rolle mehr.

Flohkrebse: F. sind seitlich flach zusammengedrückte, v. a. in Gewässern lebende höhere Krebsarten. Die vorderen drei Beinpaare dienen zum Schwimmen, die hinteren drei zur sprungweisen Fortbewegung. Die etwa 2 cm großen F. ernähren sich von abgestorbenen, sich zersetzenden pflanzlichen und tierischen Resten (Detritus). Manche Arten sind eine wichtige Fischnahrung, z. B. *Bachflohkrebse*.

Flora: Als F. bezeichnet man die Gesamtheit aller in einem bestimmten Gebiet vorkommenden Pflanzen.

Flossen: Im Wasser lebende Tiere haben für ihre Fortbewegung z. T. Flossen entwickelt. Es sind dies bei den Fischen durch hornige oder knöcherne ↑Flossenstrahlen gestützte Hautsäume, die paarig (Brust- und Bauchflossen) oder unpaarig (Rükken-, Fett-, Schwanz- und Afterflossen) angelegt werden. Sie wirken als Ruder-, Steuer- und Stabilisierungsorgane.

Wale und Seekühe haben eine waagrecht ausgebreitete Schwanzflosse entwickelt und auch die Vordergliedmaßen zu F. umgebildet. Ihre Hinterextremitäten sind verkümmert. Robben haben alle vier Extremitäten zu F. umgebildet, wobei die hinteren ganz ans Körperende gerückt und nach hinten gerichtet sind.

Flossenstrahl: Die Stützelemente der ↑Flossen von Fischen sind bei Knorpelfischen Hornstrahlen, bei

Knochenfischen meist knöcherne Strahlen. Die Flossenstrahlen können als Weichstrahlen gegliedert und verzweigt sein; als Hartstrahlen *(Stachelstrahlen)* sind sie immer ungegliedert und unverzweigt. In ihren Spitzen können Giftdrüsen enden (z. B. Rotfeuerfisch).

Fluchtdistanz: Wenn ein Feind sich nähert, ergreifen größere Tiere im allgemeinen eher die Flucht als kleine. Arten, die auf andere Weise geschützt sind, haben nur eine kurze F.; so z. B. der gut getarnte Hase in der Ackerfurche, der giftige Rotfeuerfisch oder der gepanzerte Kofferfisch. Die an sich artspezifische F. wird durch individuelle Erfahrungen vergrößert (z. B. bei starker Verfolgung) oder verringert (z. B. durch Gewöhnung).

Fluchtreaktion: Die fluchtauslösenden Reize sowie Fluchtrichtung und Fluchtziel sind jeder Art angeboren; sie können allerdings durch individuelle Erfahrung variiert werden. Das Haushuhn z. B. flieht vor Bodenfeinden auf Bäume; droht dagegen Gefahr aus der Luft, sucht es Deckung. Mit unerwarteten Reaktionen, z. B. Hakenschlagen, verwirren einige Tiere ihre Verfolger.

Flügel:

◊ In der *Botanik* werden als F. die beiden kleinen, seitlichen Blütenblätter bei Schmetterlingsblütlern bezeichnet. Auch einige Samen oder Früchte, z. B. beim Ahorn, sind geflügelt.

◊ Die *Zoologie* kennt zwei verschiedene Bauprinzipien für F. Das eine ist bei Vögeln und einigen Säugetieren *(Fledertiere)* verwirklicht. Die vorderen Gliedmaßen sind zu Flügeln umgebildet. Bei den Fledertieren spannt sich die lebende, mit Blutgefäßen versorgte Flughaut zwischen den langen Fingern aus und zieht sich manchmal bis zu den hinteren Extremitäten.

Der *Vogelflügel* dagegen besteht aus den sehr leichten, toten Federn, die tragende Funktionen übernehmen.

Ganz anders entstehen die F. *flugfähiger Insekten*. Bei ihnen entwickeln sie sich als Ausstülpungen der Haut des 2. und 3. Brustsegmentes. Es handelt sich also nicht um abgewandelte Extremitäten. Bei einigen Arten werden nur 2 der ursprünglichen 4 F. direkt zum Fliegen benutzt, die anderen beiden sind zu Schwingkölbchen (↑Halteren) zurückgebildet oder in mehr oder weniger harte Deckflügel umgewandelt (z. B. bei Käfern). Die F. der Insekten werden meist in entsprechenden Gelenken indirekt durch Bewegungen der einzelnen Teile des Brustpanzers gehoben und gesenkt. – ↑auch Fortbewegung.

Flughaut (Patagium): Manche Wirbeltiere haben Flughäute entwickelt, die sie zum Gleitflug oder zum aktiven Fliegen befähigen. Diese Flughäute sind durch das Extremitätenskelett oder besondere Skelettbildungen gestützt. Die F. kann ausgespannt sein zwischen Fingern bzw. Zehen (z. B. Flugfrösche), zwischen Vorder- und Hinterextremitäten (z. B. Flugbeutler), zwischen Hals, Extremitäten und Schwanz (z. B. Flughörnchen und Fledertiere), zwischen Ober- und Unterarm oder Oberarm und Körper (Vögel). Bei Flugdrachen (Echsen) wird sie durch besondere Skelettbildungen gespreizt.

Fluor: F. ist ein chemisches Element aus der Gruppe der Halogene und kommt in der Natur nur in Verbindungen vor. Es ist am Aufbau der Knochensubstanz und des Zahnschmelzes als *Fluorid* beteiligt und kann die Kariesanfälligkeit der Zähne verhindern; es führt jedoch bei zu großen Gaben zu Störungen in der Zahnentwicklung. Man findet Fluor in der Trockensubstanz fast aller Pflanzen (ca. 2 mg/kg Trockensubstanz).

Fluoreszenzmikroskopie: Bei der F. wird das mikroskopische Präparat durch Bestrahlen mit UV-Licht zur Aussendung von Fluoreszenzlicht angeregt. Dabei gibt es Objekte, die eine Eigenfluoreszenz (Primärfluoreszenz) besitzen, d. h., das eingestrahlte Licht wird vom unbehandelten Objekt in sichtbares Licht umgewandelt. Dies trifft z. B. zu für kollagene Bindegewebe, Knorpel und Lipoide. Objekte, die keine Eigenfluoreszenz besitzen, kön-

nen durch Vorbehandlung mit speziellen Farbstoffen, den Fluorochromen, auf Grund der erworbenen (sekundären) Fluoreszenz ebenfalls durch die F. untersucht werden.
Als UV-Lichtquelle dient heute eine Quecksilberhöchstdrucklampe. Das von ihr erzeugte UV-Licht ist für das Auge sehr schädlich und muß durch ein am Tubus des Mikroskops angebrachtes Sperrfilter absorbiert werden. Dagegen muß zwischen Lampe und Präparat ein nur für das UV-Licht durchlässiger Kondensor angebracht werden.
Die F. ist wichtig in der Lebensmittelanalyse und bei kriminaltechnischen Untersuchungen.

Follikel: In der Anatomie werden ganz allgemein bläschen- oder balgförmige Gebilde im Organismus als F. bezeichnet (z. B. *Haarfollikel).* – Im speziellen Sinne versteht man unter F. gewöhnlich den *Eifollikel* (↑Eierstock, ↑Eireifung).

Follikelhormone: Als F. bezeichnet man manchmal die u. a. in den Eierstocksfollikeln gebildeten ↑Östrogene.

Follikelsprung (Eisprung, Ovulation): Etwa alle 14 Tage nach Einsetzen der Regelblutung (↑Menstruation) reift im ↑Eierstock der Frau ein Ei (↑Eizelle) heran. Sein Eibläschen *(Graaf-Follikel)* ist etwa kirschgroß. Der Eileitertrichter legt sich darüber. Die Hormone FSH und LH lösen nunmehr gemeinsam den F. aus. Dabei wird der Flüssigkeitsdruck im Inneren des Graaf-Follikels so groß, daß der Follikel – auch unter Einwirkung eiweißverdauender Enzyme – platzt (↑Eireifung).

follikelstimulierendes Hormon (Abk.: FSH): Ein ↑Geschlechtshormon, das vom Hypophysenvorderlappen ausgeschieden wird, also ein Gonadotropin. Unter seinem Einfluß werden die Eireifung in den Follikeln des Eierstocks und die Samenreifung in den Samenkanälchen angeregt, ohne daß es jedoch bei der Frau die Gelbkörper- und Östrogenbildung bzw. die Androgenbildung beim Mann direkt veranlaßt.

Abb. Foraminiferen: Tier mit vielkammeriger Schale, aus deren Öffnungen Pseudopodien austreten

Foraminiferen (Lochschalentierchen): Diese einzelligen ↑Wurzelfüßer (s. Abb.) leben kriechend am Grund oder schwebend in großer Tiefe der Meere. Sie sind seit dem Kambrium bekannt. Ihre ein- oder mehrkammerigen Gehäuse bildeten im Karbon und Perm (auch im Tertiär) mächtige Kalksteinlager. Ihre heutigen Ablagerungen bilden den *Foraminiferensand* mit bis zu 50 000 Gehäusen je 1 g Sand.

Forellenregion ↑Gewässerregionen.

Formaldehyd (Methanal): F. ist die einfachste Verbindung in der homologen Reihe der Aldehyde mit der Formel HCHO. Es ist ein stechend riechendes, giftiges Gas, das sich in Wasser löst (↑Formalin). Es neigt zu Polymerisation und Polykondensation und ist ein gutes Reduktionsmittel. In der Biologie und Medizin wird F. zum Desinfizieren, Fixieren und Konservieren verwendet.

Formalin (Formol): F. ist eine 35- bis 40%ige wäßrige Lösung von ↑Formaldehyd, die genau wie dieses desinfizierende und konservierende Wirkung hat.

Formatio reticularis: Die F. r. ist ein Gebiet zwischen verlängertem Mark und Zwischenhirn, das den ganzen Hirnstamm durchzieht. Hier liegen das ↑Atemzentrum und das Kreislaufzentrum, das u. a. die Häufigkeit des Herzschlags (Herzfrequenz) und seine Schlagkraft regelt.

Die F. r. bestimmt durch ihre Weckfunktion (Steuerungsfunktion) auf die Großhirnrinde den Aufmerksamkeitsgrad, die Bewußtseinlage sowie den Schlaf-wach-Rhythmus und beeinflußt Großhirn, Thalamus und Kleinhirn.

Forstschädlinge: F. sind pflanzliche und tierische Organismen, die an Nadel- und Laubhölzern großen wirtschaftlichen Schaden verursachen können.

Unter den *tierischen Forstschädlingen* unterscheidet man *Wurzelschädlinge, Stamm-* und *Blattschädlinge.* Zu den ersteren gehören die Larven des Schwarzen Rüsselkäfers, die Erdmaus und die Rötelmaus, die speziell in jungen Baumbeständen Schäden hervorrufen. Stammschädlinge, die im Rindengewebe oder im Holzteil leben, sind u.a. Arten der Borkenkäfer (Buchdrucker), der Rüsselkäfer (Kiefernrüßler, Fichtenrüsselkäfer), Raupen der Gespinstmotten, der Wickler und Larven der Holzwespen. Auch Wildkaninchen können durch Rindenfraß das Absterben der Bäume verursachen. Blätter und Triebe (v.a. in Reinbeständen von Nadelbäumen) können durch Fraß von Raupen verschiedener Schmetterlingsarten (Eichenprozessionsspinner, Kiefernspinner, Kiefernspanner, Kieferneule) und von Larven verschiedener Blattwespenarten (Fichtenblattwespe, Lärchenwespe) restlos zerstört werden. Auch massenhaftes Auftreten von Läusen kann große Schäden verursachen.

Pflanzliche F. sind v.a. Pilze (Zunderschwamm, Hallimasch, Eichenwirrling), die die Korrosionsfäule hervorrufen. Unter den Samenpflanzen ist vor allem die Mistel zu nennen, die mit ihren Senkwurzeln das Holz für Nutzzwecke weitgehend unbrauchbar macht.

Fortbewegung (Lokomotion): Fast alle nicht festsitzenden Tiere sind zu aktivem Ortswechsel fähig. Sie benutzen dazu meist ↑ Muskelkontraktionen.

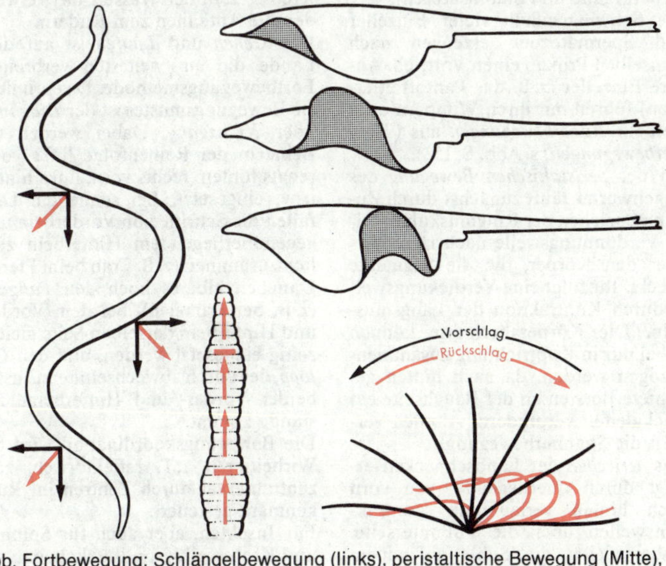

Abb. Fortbewegung: Schlängelbewegung (links), peristaltische Bewegung (Mitte), Schlängelbewegung von Seitenflossen (rechts oben), Ruderbewegung einer Wimper (rechts unten)

Aktive F. kommt auch (jedoch selten) bei niederen Pflanzen sowie bei Keimzellen vor.

Fortbewegung ohne Gliedmaßen: Weit verbreitet beim Schwimmen, vielfach aber auch an Land ist die *Schlängelbewegung* des Körpers (z. B. bei Aalen, Schwanzlurchen, Schlangen und manchen im Wasser lebenden Säugetieren wie Ottern, Robben und Delphinen; s. auch Abb. S. 153). Wechselseitige Kontraktion von Längsmuskeln erzeugt eine Verbiegung des Körpers nach den Seiten oder nach oben und unten, die wellenförmig nach hinten läuft. Die Verbiegung erzeugt eine seitwärts gerichtete und eine nach hinten gerichtete Kraft. Die nach den Seiten gerichteten Komponenten heben sich jeweils auf, die nach hinten gerichteten summieren sich. Häufig schlängelt nur ein Teil des Körpers, wie z. B. bei den Fischen, die sich nur durch Seitwärtsschlängeln des Schwanzes mit der breiten Schwanzflosse vorantreiben (die anderen Flossen dienen nur als Steuerorgane und Stabilisatoren).

Die Schwinggeißeln vieler Einzeller und Spermatozoen erzeugen nach demselben Prinzip einen Vortrieb. Andere Einzeller (z. B. das Pantoffeltierchen) führen mit ihren Wimpern oder Geißeln *Ruderbewegungen* aus (*Flimmerbewegungen;* s. Abb. S. 153).

Bei der *peristaltischen Bewegung* des Regenwurms läuft zunächst durch Zusammenziehen der Ringmuskulatur eine Verdünnungswelle nach rückwärts über den Körper, die die Segmente streckt. Ihr folgt eine Verdickungswelle durch Kontraktion der Längsmuskeln. Die Körperabschnitte können dabei nur in Kopfrichtung zusammengezogen werden, da nach hinten gerichtete Borsten an der Bauchseite ein Rückgleiten verhindern. Ähnlich verläuft die Spannerbewegung.

Das *Kriechen* der Landschnecken erfolgt durch querliegende, von vorn nach hinten verlaufende Kontraktionswellen über die Fußunterseite. Dabei gleitet die Sohle auf einem Schleimfilm, der aus einer Fußdrüse abgesondert wird.

Bei einigen Einzellern (Amöben) fließt das Zellplasma in die gewünschte Richtung (↑Scheinfüßchen).

Fortbewegung über Gliedmaßen: Diese Form der F. funktioniert nach dem Hebelprinzip. Die Gliedmaßen dienen zum Schwimmen, Gehen, Laufen, Springen, Klettern und Fliegen.

Das *Schwimmen* erfolgt nach dem Ruderprinzip, d. h., im Wasser schlagen die Gliedmaßen mit großer Kraft nach hinten, wodurch der Körper gegen den Wasserwiderstand nach vorn bewegt wird. Wichtig ist, daß das „Ruder" eine breite Fläche besitzt. Bei Gliederfüßern werden die Beinabschnitte verbreitert oder mit Borstenbesätzen versehen. Auf dem Wasser bzw. im Wasser lebende Vögel und Säugetiere haben ähnlich wie die Frösche Schwimmhäute zwischen den Zehen. Beim Vorziehen der Beine werden zur Verringerung des Reibungswiderstands die zuvor gespreizten Zehen geschlossen, d. h. die Schwimmhäute zusammengefaltet. – Manche niederen Krebse (z. B. der Wasserfloh) verwenden die Antennen zum Rudern.

Das *Gehen* und *Laufen* ist auf dem Lande die am weitesten verbreitete Fortbewegungsmethode. Das primitivste Bewegungsmuster ist der *Diagonal-* oder *Kreuzgang*. Dabei werden die Beine in der Reihenfolge links vorn, rechts hinten, rechts vorn, links hinten usw. eingesetzt. Bei schnellem Lauf fallen die Schritte von Vorderbein und gegenüberliegendem Hinterbein zeitlich zusammen (z. B. Trab beim Pferd). Daneben gibt es noch den *Paßgang* (z. B. bei Kamelen), bei dem Vorder- und Hinterbein derselben Seite gleichzeitig eingesetzt werden, und den *Galopp,* der durch abwechselnden Einsatz beider Vorder- und Hinterbeine zustande kommt.

Die Bewegungskoordination wird bei Wirbeltieren z. T. reflektorisch, z. T. zentralnerval durch Zentren im Rükkenmark gesteuert.

Für Insekten, aber auch für Spinnen und Krebse gilt grundsätzlich, daß sowohl gegenüberliegende Beine eines Körpersegments als auch Beinpaare

aufeinanderfolgender Segmente miteinander abwechseln.
Eine Abart des Laufens ist das *Springen mit den Hinterbeinen*. Dementsprechend sind die Oberschenkelmuskeln besonders kräftig entwickelt.
Ebenfalls aus dem Laufen hat sich das *Klettern* entwickelt. Meist werden Krallen oder Lamellen und Bürstenbesätze an den Sohlen (z. B. beim Gecko) in Unebenheiten des Untergrunds verankert. Auch Klebsubstanzen und Schleim werden zum Anheften benutzt. Bei anderen Tieren sind Finger und Zehen zum Umgreifen von Ästen geeignet.
Sehr viele Tiere besitzen ein Flugvermögen. Beim *passiven Flug* wird aus dem Fallen ein *Gleiten*. Als Gleitflächen dienen ausgestreckte Körperanhänge wie Flughäute, Flossen (Fliegende Fische) oder echte ↑Flügel.
Der *aktive Flug* wurde viermal unabhängig in der Stammesgeschichte entwickelt, und zwar bei Insekten, Reptilien (ausgestorbene Flugsaurier), Vögeln und den Säugetieren (den Fledertieren). Die Flügel sind zugleich Tragflächen und Antriebsorgane. Die Flügelkonstruktion ist immer gleich: Es ist eine versteifte Vorderkante und eine mehr oder weniger elastische Tragfläche ausgebildet (Flughäute, Federn, Chitinflächen).
Für den aktiven Tierflug gelten im wesentlichen dieselben aerodynamischen Prinzipien wie beim Gleitflug. Am häufigsten ist der *Ruderflug (Schlagflug)*. Dabei wird beim Abschlag der Armteil von vorn angeblasen, der Handteil von unten. Beim Übergang zum Aufschlag ändern sich die Anstellwinkel der Hand und des Arms; der der Hand wird annähernd null, der des Arms wird etwas stumpfer, so daß der Arm von unten angeströmt wird (starker Auftrieb, leichter Rücktrieb). Beim Abschlag ist somit nur der Handteil belastet, der allein den Vortrieb erzeugt. Beim Aufschlag ist er ohne Bedeutung: Viele Kleinvögel (z. B. Sperling, Bachstelze) legen ihn in dieser Phase dem Körper an *(Bogen-* oder *Bolzenflug)*.
Beim *Rütteln,* wie es z. B. nach Beute ausschauende Turmfalken oder blütenbesuchende Kolibris zeigen, steht der Körper nahezu senkrecht. Der beim Flügelvorschlag und -rückschlag erzeugte Auftrieb läßt den Vogel in der Luft „stehen". Auch kurz vor dem Landen wird von den meisten Vögeln durch eine kurze Rüttelphase die Horizontalgeschwindigkeit abgebremst.
Beim *Insektenflug* entstehen die tragenden und vorwärtstreibenden Kräfte prinzipiell in gleicher Weise wie beim Vogelflug. Jedoch gibt es charakteristische Unterschiede zu den Vögeln: Die meisten Insekten besitzen vier Flügel, was für den Flug hinderlich ist. Daher tritt, wie die Stammesentwicklung zeigt, zunehmend eine Tendenz zur Zweiflügeligkeit auf (↑Flügel). Die Kleinheit der Insekten und ihrer Flügel verlangt eine wesentlich höhere Schlagfrequenz zur Erzeugung ausreichenden Vor- und Auftriebs (z. B. Stechmücken 300 Schläge in der Sekunde). Die Chitinflügel besitzen keine Flugmuskeln. Diese liegen im Thorax. Die hohe Flügelschlagfrequenz kann nicht mehr durch einen Nervenimpuls für jede Muskelkontraktion ausgelöst werden, sondern gelegentliche Impulse stoßen die Schwingung immer wieder an.
Schließlich besitzen manche Tiere die Fähigkeit, sich durch *Rückstoß* fortzubewegen. So stoßen z. B. Tintenfische Wasser aus der Atemhöhle durch einen Trichter aus, Quallen durch Kontraktion des Schirms aus der Höhlung der Glocke.

Fortpflanzung: Bei der F. werden von Elternindividuen Nachkommen gezeugt oder (wie bei der ↑Konjugation) lediglich Erbgut ausgetauscht. Durch F. wird in der Regel die Zahl der Individuen erhöht *(Vermehrung)* und die Art erhalten.
Man unterscheidet ungeschlechtliche und geschlechtliche F. Zur ↑ungeschlechtlichen Fortpflanzung entwikkeln sich aus Körperzellen des mütterlichen Organismus durch Zellteilungen (Mitosen) neue Individuen, die den gleichen Chromosomensatz und

damit gleiche Erbanlagen wie der Mutterorganismus erhalten. Bei der ↑geschlechtlichen Fortpflanzung werden durch Verschmelzung geschlechtlich unterschiedlicher Einzelzellen (meist Ei- und Samenzelle; ↑Geschlechtszellen, ↑Befruchtung) neue Individuen gebildet. – Manchmal entstehen auch aus unbefruchteten Eizellen neue Individuen. Diesen Vorgang bezeichnet man als Parthenogenese (↑Jungfernzeugung).

fossil: Als Versteinerung aus vergangenen Erdzeitaltern erhalten gebliebene Lebewesen oder Teile von ihnen bezeichnet man als fossile Lebewesen oder als *Fossilien*. Wichtig für die Geologie sind die ↑Leitfossilien. – Gegensatz: ↑rezent.

Fraßgifte: F. sind chemische Verbindungen, die zur ↑Schädlingsbekämpfung eingesetzt werden und die vom Schädling über den Verdauungstrakt aufgenommen werden. Es handelt sich dabei um chemisch sehr unterschiedliche Stoffklassen, wie z. B. ↑DDT, Phosphorsäureester (z. B. E 605) sowie quecksilber- und arsenhaltige Stoffe. F. werden wegen ihrer Giftigkeit für Warmblüter und der Rückständebildung kaum mehr eingesetzt.

Fremdbestäubung: F. ist eine ↑Bestäubung zwischen Blüten verschiedener Pflanzen derselben Art, die meist einen größeren Erfolg aufweist als die ↑Selbstbestäubung, die in derselben Blüte erfolgt.

Frigidität: Als F. bezeichnet man die Gefühlskälte der Frau in geschlechtlicher Beziehung. Selten ist eine Frau durch organische Ursachen (Unterentwicklung der Eierstöcke oder Geschlechtsorgane) frigide, häufiger liegen die Gründe in Erziehungsfehlern. Oft ist mangelhaftes Einfühlungsvermögen des Mannes oder seine Unkenntnis über den weiblichen Reaktionsablauf beim Geschlechtsakt die Ursache der Frigidität (↑auch Orgasmus).

Frösche: Von dieser sehr artenreichen Familie der ↑Froschlurche sind bei uns z. B. *Wasserfrosch* und *Grasfrosch* bekannt. Dem Beutefang (v. a. Insekten) dient eine lange, zweilappige, klebrige Zunge, die plötzlich aus dem Maul geschnellt wird.
Die Männchen vieler F. besitzen zur Verstärkung ihrer Paarungsrufe ausstülpbare ↑Schallblasen. Am lautesten ruft der *Ochsenfrosch* (Nordamerika).

Froschlurche: F. sind eine seit der Jurazeit bekannte Ordnung der ↑Lurche. Zu ihnen zählen z. B. ↑Frösche und ↑Kröten. F. haben einen schwanzlosen Körper mit einem halslosen Kopf und vier Gliedmaßen. Die meist langen Hinterbeine dienen zum Springen. Die meisten F. ernähren sich überwiegend von Insekten. Ihr erstes Lebensstadium verbringen sie als ↑Kaulquappen.

Froschtest: Bei diesem kaum mehr verwendeten ↑Schwangerschaftsnachweis wird die Reaktion (Eiablage) weiblicher Wasser- oder Krallenfrösche auf Choriongonadotropin im Urin der Schwangeren ausgewertet.

Frostkeimer: Pflanzen, deren Samen ohne vorhergehende Frosteinwirkung nicht oder nur sehr schlecht keimen. Zu den Frostkeimern gehören viele Waldbäume, viele Unkräuter, Judenkirsche, Trollblume und Lupine.

Frucht:

◊ Die F. der Bedecktsamer geht aus dem Fruchtknoten hervor; manchmal sind auch noch andere Blütenteile an ihrer Bildung beteiligt. In der F. findet man die Samen, die sich aus der ↑Samenanlage nach der Befruchtung gebildet haben. Die Fruchtwand kann fest oder fleischig sein und Hafteinrichtungen oder Flügel bzw. Flughaare zur Verbreitung durch Insekten oder durch den Wind besitzen. – ↑auch Fruchtformen.

◊ svw. ↑Leibesfrucht.

Fruchtbarkeit (Fertilität): Die Fähigkeit von Pflanzen, Tieren und Menschen, [viele] Nachkommen hervorzubringen. Die F. ist erblich festgelegt und bei parasitischen Tieren mit Wirtswechsel besonders groß, weil die Eier oder Larven nur eine sehr geringe Chance haben, auf einen passenden Zwischenwirt zu treffen. Je intensiver Brutvorsorge oder gar Brutpflege be-

trieben werden, umso geringer wird die Fruchtbarkeit.
Die F. der Pflanzen ist abhängig von der Bestäubung ihrer Blüten, von Witterungsbedingungen, von der Größe und damit auch von der Menge der erzeugten Samen (bzw. Früchte) und deren Keimungsbedingungen.

Fruchtblase: Die beiden ↑Embryonalhüllen Serosa und Amnion bilden die F., in welcher der Embryo während der ↑Keimesentwicklung schwimmt. Sie enthält das ↑Fruchtwasser.

Fruchtblatt: Die Fruchtblätter, die einzeln angeordnet oder zum ↑Fruchtknoten verwachsen sein können, sind die weiblichen Organe *(Gynözeum)* der Blüten der Bedecktsamer. An den Fruchtblättern werden an bestimmter Stelle *(Plazenta)* die ↑Samenanlagen gebildet.

Fruchtformen: Die Früchte der bedecktsamigen Samenpflanzen (↑auch Frucht) können verschieden ausgebildet und angeordnet sein. Man unterscheidet daher (s. auch Abb. S. 158):
1. *Einzelfrüchte* gehen nur aus einem einzigen Fruchtknoten hervor. Wenn sie sich öffnen und den Samen freigeben, nennt man sie *Streufrüchte.* Zu ihnen gehört die *Balgfrucht* (Rittersporn), die aus einem Fruchtblatt besteht und sich an dessen Verwachsungsnaht (Bauchnaht) öffnet. Die Streufrucht der Schmetterlingsblütler nennt man *Hülse,* die auch aus einem Fruchtblatt besteht, sich jedoch an zwei Nähten (Bauch- und Rückennaht) öffnet. Eine weitere Streufrucht stellt die *Kapsel* dar, die aus mindestens zwei verwachsenen Fruchtblättern besteht. Spaltet sich die Fruchtwand der Kapsel der Länge nach ganz oder teilweise auf, spricht man von *Spaltkapseln* (Iris, Tulpe, Herbstzeitlose). Springt ein Teil des Gehäuses als Deckel ab, nennt man sie *Deckelkapsel* (Gauchheil), werden in der Fruchtwand Löcher gebildet, *Porenkapsel* (Mohn). Die Frucht der Kreuzblütler, die *Schote,* ist ebenfalls eine Streufrucht; sie besteht aus zwei Fruchtblättern, die häufig durch eine „falsche" Scheidewand getrennt sind.
Einzelfrüchte, die sich nicht öffnen, nennt man *Schließfrüchte.* Zu den trokkenen *Schließfrüchten* gehört die *Nuß,* die meist nur einen Samen enthält (Haselnußstrauch) und bei der die Fruchtwand verholzt ist. Bei den Gräsern ist die Frucht eine „Nuß", deren Fruchtwand mit der Samenschale verwachsen ist und *Karyopse* genannt wird. Bei den Korbblütlern nennt man die Nußfrucht *Achäne.*
Als *Spaltfrucht* wird eine mehrsamige Schließfrucht bezeichnet, wenn sie in meist einsamige Teilfrüchte zerfällt (entsprechen ganzen Fruchtblättern; z. B. Doldengewächse).
Eine *Bruchfrucht* ist eine trockene Schließfrucht, die in einsamige Bruchstücke (Teile von Fruchtblättern) zerfällt (Gliederhülse bei der Klauenschote und Gliederschote beim Hederich).
Schließfrüchte mit fleischiger Fruchtwand finden wir bei der *Beere* (Johannisbeere, Weinstock, Tollkirsche, Tomate, Gurke, Kürbis) und solche mit teilweise fleischiger und teilweise verholzter Fruchtwand bei der *Steinfrucht* (Kirsche, Pfirsich, Pflaume, Kokosnuß).
2. *Sammelfrüchte* setzen sich zusammen aus Einzelfrüchten, die sich aus den einzelnen Fruchtblättern einer Blüte entwickelt haben, die unter Mitwirkung anderer Blütenteile (z. B. der Blütenachse) einen einheitlichen Verband bilden und so eine Einzelfrucht *(Scheinfrucht)* vortäuschen. Eine Sammelfrucht löst sich nach der Reife als Ganzes ab. Nach der Ausbildung der Früchtchen werden *Sammelnußfrucht* (Erdbeere, Rose), *Sammelsteinfrucht* (Himbeere) und *Sammelbalgfrucht* (Apfel) unterschieden.
3. *Fruchtstände* entstehen aus Blütenständen und können bei der Reife das Aussehen einer Einzelfrucht annehmen; sie werden als Ganzes verbreitet *(Scheinfrucht).* Fruchtstände können als *Nußfruchtstand* (Maulbeere), *Beerenfruchtstand* (Ananas) oder als *Steinfruchtstand* (Feige) ausgebildet sein.

Fruchthüllen svw. ↑Embryonalhüllen.

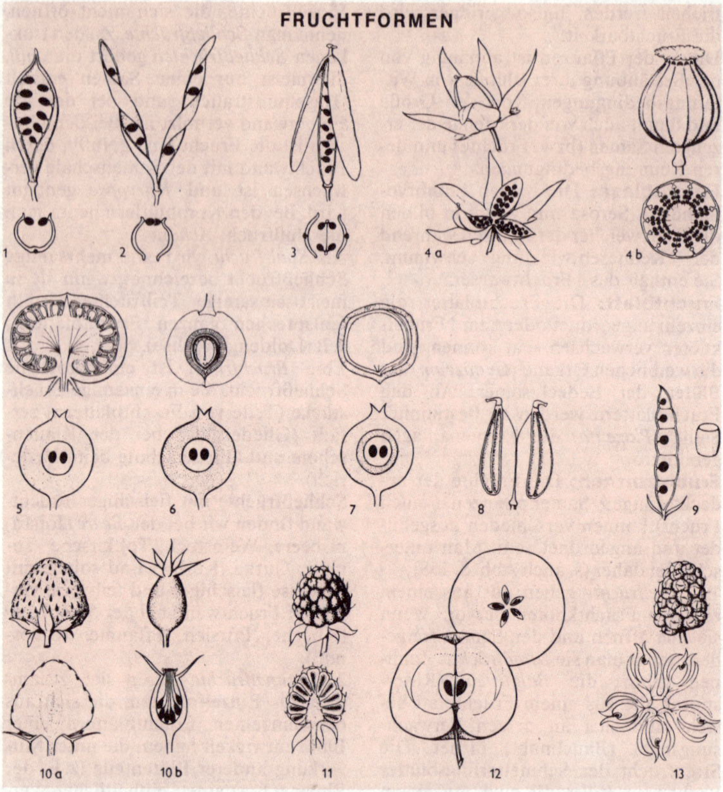

Abb. Fruchtformen: 1–4 Öffnungsfrüchte: 1 Balgfrucht, 2 Hülse, 3 Schote, 4a Spaltkapsel, 4b Porenkapsel; 5–9 Schließfrüchte: 5 Beere, 6 Nuß, 7 Steinfrucht, 8 Spaltfrucht, 9 Bruchfrucht; 10–12 Sammelfrüchte: 10a Sammelnußfrucht mit fleischiger Blütenachse, 10b Sammelnußfrucht mit becherförmiger Blütenachse, 11 Sammelsteinfrucht, 12 Sammelbalgfrucht; 13 Nußfruchtstand

Fruchtknoten: Ein aus den Fruchtblättern gebildetes Gehäuse, in dem sich die ↑Samenanlagen befinden. Aus dem F. entwickelt sich während der Reife die ↑Frucht. Der F. bildet zusammen mit Griffel und Narbe den Stempel.

Fruchtkörper: Der F. ist ein vielzelliges Geflecht aus verzweigten und miteinander verwachsenen Pilzfäden bei ↑Pilzen und ↑Flechten. In seinem inneren Hohlraum oder an seiner Oberfläche trägt er die ↑Sporen. In der Gemeinsprache werden die Fruchtkörper der Pilze „Pilze" genannt.

Fruchtwasser: Das im Mutterleib heranwachsende Kind ist von der ↑Fruchtblase umgeben. Sie enthält das F. Diese leicht alkalische Flüssigkeit umgibt den Embryo wie ein Wasserkissen, macht ihn durch den Auftrieb praktisch schwerelos und schützt ihn gegen mechanische Einflüsse (Stöße usw.).

Fruchtzucker (Fructose): F. ist ein zu den Ketohexosen gehörendes Monosaccharid. Er ist Bestandteil des ↑Rohrzuckers (Saccharose) und kommt in reiner Form in vielen Früchten und im Honig vor. Fructose besitzt wie die ↑Glucose eine D-Konfiguration und dreht die Ebene des polarisierten Lichts nach links (daher die frühere Bezeichnung *Lävulose*).
Die freie Fructose liegt als *Pyranose,* die in Saccharose gebundene als *Furanose* vor. – Da F. insulinunabhängig im Stoffwechsel abgebaut und verwertet wird, können es Zuckerkranke als Süßmittel verwenden.
Fructose svw. ↑Fruchtzucker.
FSH: Abk. für: ↑follikelstimulierendes Hormon.
Fühler svw. ↑Antennen.
Fungizide ↑Schädlingsbekämpfung.
Funktionskreise: Tiere können mit ihren Sinnesorganen nur einen Ausschnitt ihrer Umwelt wahrnehmen. In ihm gibt es einige Eigenschaften *(Merkmale),* die für das Tier bei der Bewältigung seines Lebens von Bedeutung sind. Diese Reize werden (als *Wirkmale*) mit dem passenden Verhalten beantwortet. Das Wirkmal löscht das Merkmal aus, indem das Merkmal objektiv als Nahrung vertilgt wird oder subjektiv durch das Sieb der Sinnesorgane nicht mehr wahrgenommen wird. Das Tier wirkt also aus seiner Innenwelt auf die Umwelt ein und umgekehrt.
Jedem Tier stehen mehrere solcher F. zur Verfügung (z. B. für Ernährung, Sexualität), die ihm die entsprechenden Handlungen vorschreiben. Die Lehre von den Funktionskreisen und die damit zusammenhängende Umweltlehre von J. von Uexküll wurde mit Einschränkungen und Erweiterungen von der vergleichenden Verhaltensforschung (Ethologie) übernommen.
Furchung: Als F. bezeichnet man die ersten mitotischen Teilungsschritte des befruchteten Eies (Zygote) bis zur Ausbildung des ↑Blasenkeims. Sie kann das ganze Ei erfassen (*totale F.;* bei Säugern und beim Menschen) oder nur Teile von ihm *(partielle F).* Die partielle F. kann sich auf eine Keimscheibe am animalen Pol beschränken (*diskoidale F.;* Vögel, Fische, Reptilien). Entstehen durch Teilung des Kerns lediglich viele Kerne, die sich mit Plasma umgeben, nach außen wandern und dort dann eine Zellschicht (Keimhaut) bilden, spricht man von *superfizieller F.* (Insekten). – ↑auch Keimesentwicklung.
Furunkel: Ein F. ist eine von Bakterien verursachte Entzündung eines Haarbalgs und der dazugehörigen Talgdrüse, die sich zu einem erbsenbis walnußgroßen, schmerzhaft geröteten Knoten mit Eiterpfropf entwikkelt. Bevorzugt werden Nacken und Rücken, Gesäß und Gürtelgegend befallen. Zur Behandlung können Antibiotika gegeben werden. Unter Umständen muß der F. unter Antibiotikaschutz aufgeschnitten werden.
Fußpilz: Mit der saloppen Bezeichnung F. werden Erkrankungen benannt, bei denen die Haut der Füße, begünstigt von einem feuchtwarmen Milieu, besonders zwischen den Zehen von parasitären Pilzarten befallen wird. In schweren Fällen sind die Pilzinfektionen nicht auf die Oberfläche der Haut beschränkt, sondern dringen auch in tiefere Schichten ein. Die Behandlung erfolgt mit Arzneimitteln *(Antimykotika),* die das Pilzwachstum hemmen oder die Pilze abtöten.
Fußschäden: Die häufigste Abweichung von der normalen Fußform ist die *Fußsenkung* als Folge von Überbelastung und Überbeanspruchung des Fußgewölbes (v.a. bei Übergewicht und durch Tragen unzweckmäßiger, zu enger und harter Schuhe). Das Fußskelett verändert sich durch die Senkung in charakteristischer Weise: Das Fersenbein knickt nach innen *(Knickfuß),* das Fußgewölbe flacht sich ab *(Plattfuß),* die Mittelfußknochen weichen auseinander, und das vordere Quergewölbe wird flacher *(Spreizfuß).* Bei vollständiger Ausprägung entsteht der *Knick-Platt-Spreiz-Fuß.* Sind die Muskeln vollständig funktionsuntüchtig und die Bänder überdehnt, kommt es zur völligen, oft sehr schmerzhaften

Versteifung des Fußes. – Zu den vorbeugenden Maßnahmen gegen die Fußsenkung gehören Barfußlaufen und das Tragen passender weicher Schuhe. Bei ausgebildeter Fußsenkung kann Fußgymnastik nützlich sein. Einlagen entlasten die versagenden Muskelpartien.

Fußsohlenreflex: Streicht man über die Fußsohle mit einem harten, spitzen Gegenstand, werden die Zehen automatisch (unbedingter ↑Reflex) gekrümmt oder gar das ganze Bein gebeugt. Der Arzt überprüft so die Funktion von Nervenbahnen im Rückenmark.

G

Galaktose (Milchspaltzucker): G. ist Bestandteil des ↑Milchzuckers. Sie unterscheidet sich von ↑Glucose durch die räumliche Anordnung am 4. C-Atom.

Galle:

◊ svw. ↑Gallensaft.

◊ In der Umgangssprache svw. ↑Gallenblase.

Gallen (Pflanzengallen): G. sind Gestaltsänderungen an pflanzlichen Organen, hervorgerufen durch Wucherungen, die durch Einwirkung pflanzlicher oder tierischer Organismen ausgelöst werden. – *Pflanzliche Erreger* sind Bakterien oder Pilze, die u.a. die Bildung von Wurzelknöllchen bei Leguminosen und die ↑Hexenbesen als abnorme Verzweigung bei Holzgewächsen verursachen.

Tierische Erreger sind Älchen (Fadenwürmer), Milben und viele Insekten (hauptsächlich Gallwespen, Gallmükken, Blattläuse, Schmetterlinge und Käfer), deren Larvenentwicklung sich in den Gallen vollzieht. Die ein- oder mehrkammerigen G. bieten den Larven Wohnung und Nahrung.

Gallenbildungen sind als Schutzmaßnahme der befallenen Pflanze aufzu-

GALLEN

Abb. Gallen: Organoide Galle (links) mit Verlaubung des Blütenstandes und Blattvermehrung durch Gallmilben; histoide Gallen: durch eine Mottenart hervorgerufene Markgalle (Deckelgalle) an der Rinde (Mitte) und Beutelgalle durch Blattläuse (rechts)

Abb. Gangarten des Pferdes: verschiedene Phasen des Bewegungsablaufs beim Schritt (links), Trab (Mitte) und Galopp (rechts)

fassen, die damit die Eindringlinge gegen das übrige Gewebe abgrenzt. Morphologisch-anatomisch lassen sich die Gallen einteilen in:
1. *Organoide Gallen,* die aus zwar veränderten, aber noch deutlich erkennbaren Grundorganen der Wirtspflanze bestehen, wie z. B. Hexenbesen, Blattanhäufung (s. Abb.).
2. *Histoide G.,* worunter zusätzliche Gewebswucherungen an den sonst unveränderten Organen verstanden werden. Hierher gehören die *Filzgallen,* die *Beutel-* und *Faltengallen* und die völlig geschlossenen *Markgallen* (Galläpfel und die Deckelgallen; s. Abb.).

Gallenblase (Vesica fellea): Seitlich am Gallengang hängt als Vorratsbehälter für den ↑Gallensaft die G. Sie ist ein dünnwandiger birnenförmiger, 8–12 cm langer Schleimhautsack, der mit glatten Muskelfasern versehen ist. In ihr wird der zunächst dünne, honigfarbene Gallensaft eingedickt.
Unter ungünstigen Bedingungen können sich in der G. Gallensteine ausscheiden, die u. U. zu starken Schmerzen (im rechten Oberbauch) führen.
Die G. fehlt bei einigen Vögeln (Strauß, Kolibris, Tauben, Papageien) und Säugern (Hirsch, Pferd, Ratte, Elefant, Wal).

Gallenfarbstoffe: Die G. sind eine Gruppe von Farbstoffen, die beim Abbau des roten Blutfarbstoffs ↑Hämoglobin aus den zerfallenden Erythrozyten entstehen. Der Porphyrinring des Hämoglobins wird zwischen zwei Pyrrolkernen geöffnet, wobei der Blutfarbstoff zum grünen *Verdoglobin* (enthält noch Eisen und Globin) oxidiert wird. Durch Abspaltung von Eisen und Globin entsteht der blaugrüne Pyrrolfarbstoff *Biliverdin,* der zum orangeroten *Bilirubin* reduziert werden kann.
Bilirubin ist wasserunlöslich und wird in den Leberzellen an Glucuronsäure gekoppelt. Dadurch entsteht ein wasserlösliches Glucuronid *(Bilirubinglucuronid).* Es ist der wichtigste Gallenfarbstoff und gelangt mit der Galle in den Darm, wo die Kopplung durch Darmbakterien gelöst wird. Im Darm wird Bilirubin weiter verändert: Durch Reduktion entsteht über das gelbe *Mesobilirubin* farbloses *Mesobilirubinogen* und *Sterkobilinogen.* Durch eine weitere von der Darmflora bewirkte Oxidation entstehen zuletzt orangefarbenes *Urobilin* und goldgelbes *Sterkobilin.* Diese beiden werden zum größten Teil ausgeschieden und bedingen die normale Braunfärbung des Kots. Ein kleiner Teil der G. wird rückresorbiert und erneut der Leber zugeführt.

Gallensaft (Galle, Bilis): Der für die Fettverdauung unentbehrliche G. wird ständig von der Leber produziert. Es ist eine dünne, honiggelbe Flüssigkeit, die stark bitter schmeckt, leicht alkalisch bis schwach sauer ist und Wasser,

Cholesterin, Harnstoff, Schleim, Salze, ↑Gallenfarbstoffe und Gallensäuren (z. B. Cholsäure, Desoxycholsäure und Lithocholsäure) enthält.
Die *Gallensäuren* sind der wichtigste Bestandteil des Gallensafts. Sie zerlegen das Fett aus der Nahrung in kleine Tröpfchen (sie emulgieren das Fett). Dadurch erhöht sich die Oberfläche der Fette sehr stark, und diese können von den fettverdauenden Enzymen (↑Lipasen) besser angegriffen werden. Die Gallensäuren aktivieren außerdem die Lipasen. Sie werden vom Dünndarm größtenteils wieder aufgenommen und erneut zur Leber gebracht. Der G. ist für die Fettverdauung unentbehrlich.
Die Leber des Menschen produziert täglich 800–1000 ml Gallensaft; davon kann die Gallenblase 30–50 ml speichern.

Gametangium: Bei der ↑geschlechtlichen Fortpflanzung im Pflanzenreich werden die Geschlechtszellen in einer bestimmten Zelle oder Zellgruppe, dem Gametangium, gebildet.

Gameten svw. ↑Geschlechtszellen.

Gametophyt: Der G. bildet die geschlechtlichen Fortpflanzungszellen (↑Geschlechtszellen). Im Entwicklungsgang der meisten Pflanzen folgt auf den haploiden Gametophyten ein diploider ↑Sporophyt (↑auch Generationswechsel). Bekannte Beispiele für Gametophyten sind das grüne Moospflänzchen der ↑Moose und das ↑Prothallium der Farnpflanzen. Bei ↑Samenpflanzen schließlich besteht der G. nur noch aus wenigen Zellen des Embryosacks und des Pollenkorns.

Gammaglobuline (γ-Globuline): Trennt man die einzelnen Eiweiße des Blutplasmas elektrophoretisch voneinander, erhält man als eine der Fraktionen die G. (↑Antikörper). Sie werden auch als *Immunglobuline* bezeichnet und sind Bestandteil des ↑Immunsystems.

Gamone: Befruchtungsstoffe, die von den weiblichen und männlichen Geschlechtszellen (v. a. von Pflanzen und niederen Tieren) gebildet werden. Sie fördern die Aktivität der männlichen Keimzellen und dienen als Lockmittel zum Ei (↑Eizelle). Andere G. lockern die Oberfläche des Eies auf, so daß die ↑Samenzelle eindringen kann.

Gangarten: Im allgemeinen bewegen sich Tiere in einer jeweils typischen Gangart fort.
Bekannt sind u. a. die verschiedenen *G. der Pferde* (s. Abb. S. 161): Bei der langsamsten G., dem *Schritt,* werden die Beine nacheinander gehoben, und zwar in der Reihenfolge links vorn, rechts hinten, rechts vorn, links hinten usw. Beim *Trab* werden Vorderfuß und gegenüberliegender Hinterfuß gleichzeitig bewegt. Bei der springenden Fortbewegung des *Galopps* werden abwechselnd Vorder- und Hinterbeine eingesetzt.
Die normale Gangart einiger Tiere, z. B. der Giraffen und Kamele, ist der *Paßgang,* bei dem die Beine einer Seite gleichzeitig vorgesetzt werden. – ↑auch Fortbewegung.

Ganglienzelle svw. ↑Nervenzelle.

Ganglion: Ganglien sind Verdickungen des ↑Nervensystems, in denen die Zellkörper der ↑Nervenzellen konzentriert sind. Bei den Gliedertieren liegt ursprünglich in jedem Segment auf jeder Körperseite ein kleines G.; diese sind untereinander durch Quer- und Längsfasern verbunden (↑Strickleiternervensystem).
Bei den Wirbeltieren finden wir Ganglien außerhalb des Rückenmarks. – ↑auch Zentralnervensystem.

Ganoidschuppen: Die rhombischen ↑Schuppen der Flösselhechte und Knochenhechte.

Gärung: Unter G. versteht man den ↑anaeroben Abbau einiger Kohlenhydrate zu Äthanol und Kohlendioxid (↑alkoholische Gärung), zu Milchsäure (↑Milchsäuregärung), zu Butter- oder Propionsäure oder zu Butanolaceton durch Mikroorganismen. Als G. bezeichnet man aber auch den aeroben Umbau von Äthanol in Essigsäure (↑Essigsäuregärung) oder von Glucose in Zitronensäure (Zitronensäuregärung). Bei allen Gärungen wird Energie gewonnen.

Gasaustausch: G. nennt man den

Vorgang, bei dem durch feuchte Membranen oder durch regulierbare Öffnungen (Spaltöffnungen bei Pflanzen) Gase wie Sauerstoff und Kohlendioxid (auch Wasserdampf) diffundieren.

Bei der ↑Atmung liegt ein solcher G. vor, und zwar wird in der Lunge oder anderen Atmungsorganen das Kohlendioxid aus dem Körper (Blut) ausgeschieden und der Sauerstoff aufgenommen, während im Körperinnern das Kohlendioxid aus dem Gewebe in die Transportflüssigkeit (Blut) und der Sauerstoff vom Blut in das Gewebe übertritt. Fehlt eine entsprechende Transportflüssigkeit, kann der G. nur an der Körperoberfläche, die durch Einstülpungen vergrößert sein kann (Tracheen bei Insekten), stattfinden.

Bei *Pflanzen* muß man den G. auf Grund der ↑Photosynthese (nur bei Licht) und der ↑Atmung (im Dunkeln) unterscheiden. Im ersteren Fall diffundiert Kohlendioxid in das Blatt, während Sauerstoff abgegeben wird, im zweiten ist der Diffusionsweg der beiden Gase entgegengesetzt. Denn bei Fortfall der Assimilation im Dunkeln reichert sich Kohlendioxid im Blatt an. Die treibenden Kräfte für den G. sind die Partialdrücke der diffundierenden Gase.

Gastrovaskularsystem ↑Darmkanal.

Gastrozöl svw. ↑Urdarm.

Gastrula svw. ↑Becherkeim.

Gastrulation: Das Einstülpen des ↑Blasenkeims (Blastula) zur Gastrula (↑Becherkeim) während der ↑Keimesentwicklung.

Gattung: Die G. ist eine systematische Kategorie, in der verwandtschaftlich einander sehr nahestehende Tier- bzw. Pflanzenarten zusammengefaßt werden. Diese Arten tragen dann dieselbe Gattungsbezeichnung. In der binären ↑Nomenklatur bezeichnet immer der erste Name die Gattung. – ↑auch Systematik.

Gaumenmandeln ↑Mandeln.

Gebärmutter (Uterus): Bei allen Säugern (bei Kloakentieren jedoch nur die Furchungsteilungen) und vielen anderen Tieren erfolgt die ↑Keimesentwicklung im mütterlichen Körper. Er hat dazu ein Organ gebildet, das die sich entwickelnden Eier aufnimmt und u. U. auch ernährt. Es ist die G., in welche die beiden Eileiter münden und die durch die ↑Scheide eine Verbindung nach außen besitzt. Bei den Säugern sind verschiedene Gebärmutterformen bekannt. Urspünglich sind zwei weniger oder mehr verwachsene Uteri vorhanden (↑auch Beuteltiere). Bei Faultieren, Gürteltieren, bei den höheren Primaten und beim Menschen sind beide Uteri vollständig zu einer einzigen G. verschmolzen.

Die *G. des Menschen* ist 6–9 cm lang und birnenförmig. Sie ist außen vom Bauchfell überzogen und besteht fast völlig aus einer kräftigen, äußerst dehnbaren Muskulatur. Die zwischen zwei Menstruationen maximal 3 bis 5 mm dicke Gebärmutterschleimhaut *(Endometrium)* kleidet sie aus. Ihre innere Schicht ist von tiefen Drüsenschläuchen durchzogen und enthält Leukozyten. Zur Uterushöhle hin wird diese Schleimhaut von einem einschichtigen Flimmerepithel begrenzt. Während der ↑Menstruation werden etwa zwei Drittel der Schleimhaut abgestoßen und danach wieder neu aufgebaut. Die G. ragt mit dem *Muttermund* in die Scheide.

Gebiß: Als G. bezeichnet man die Gesamtheit der ↑Zähne. Das G. dient dem Ergreifen und Zerkleinern der Beute, der Verteidigung oder dem ↑Imponiergehabe und ist meist aus gleichartigen Zähnen aufgebaut.

Erst im G. der Säuger übernehmen die einzelnen Zahngruppen bestimmte Aufgaben: *Schneide-* und *Eckzähne* dienen dem Festhalten und Zerreißen oder Abrupfen der Nahrung, Vorbakken- und *Backenzähne (Mahlzähne)* zerkleinern die Nahrung sehr stark.

Das G. kann durch eine *Gebißformel* dargestellt werden: Die obere Zahlenreihe steht für die Anzahl der jeweiligen Zähne im linken Oberkiefer, die untere für die des linken Unterkiefers. Die Zahlen stehen in der Reihenfolge: Schneidezähne (Inzisivi), Eckzähne

(Kanini), Vormahlzähne (Prämolaren) und Mahlzähne (Molaren). Da nur die linke Gebißhälfte dargestellt wird, müssen für die Gesamtzahl der Zähne die Zahlen in der Formel verdoppelt werden. Beispiele:

Mensch (Milchgebiß): $\frac{2\ 1\ 2\ 0}{2\ 1\ 2\ 0} = 20$

Mensch (Dauergebiß): $\frac{2\ 1\ 2\ 3}{2\ 1\ 2\ 3} = 32$

Hausmaus $\frac{1\ 0\ 0\ 3}{1\ 0\ 0\ 3} = 16$

Wolf, Hund, Fuchs $\frac{3\ 1\ 4\ 2}{3\ 1\ 4\ 3} = 42$

Rind, Rotwild $\frac{0\ 0\ 3\ 3}{3\ 1\ 3\ 3} = 32$

Elefant $\frac{1\ 0\ 3\ 3}{0\ 0\ 3\ 3} = 26$

Geburt: Junge Säugetiere verlassen den mütterlichen Körper durch die G. in noch embryonalem Zustand (Beuteltiere) oder erst, nachdem sie sich so weit entwickelt haben, daß sie auch außerhalb lebensfähig sind (Säugetiere mit Plazenta). Sie können dann noch nackt, blind und hilflos sein (↑ Nesthocker) oder bewegungsfähig, behaart und sehend (↑ Nestflüchter).
Einige Lebewesen gebären gewöhnlich nur ein Junges (z. B. Pferde, Rinder, Affen, Menschen), andere hingegen bringen bei einer Geburt mehrere Junge zur Welt (z. B. nahezu alle Nagetiere, Schweine, Katzen, Hunde).
Beim *Menschen* beträgt die Gesamtdauer einer G. bei Erstgebärenden in der Regel 15–24 Stunden, bei weiteren Geburten ist sie kürzer. Die G. beginnt durchschnittlich 280 Tage nach dem ersten Tag der letzten Menstruation (äußerste Grenze: 236–334 Tage). Sie kündigt sich durch Vorwehen an. Es kommt zu einem Druck auf die Blase, und blutiger Schleim geht durch die Scheide ab. Auf die *Eröffnungsperiode,* während der das Gewebe des Geburtskanals vom Muttermund bis zur Scheide gedehnt und gelockert wird, folgt der sog. *Blasensprung,* bei dem die Fruchtblase platzt und das ↑ Fruchtwasser abfließt. Die ↑ Wehen, die bisher nur in größeren Abständen auftraten, werden jetzt stärker und wiederholen sich während der nun folgenden *Austreibungszeit* im Abstand von 5 bis 2 Minuten (s. auch Abb. S. 165).
Die G. kann durch willkürliches Bauchpressen (Preßwehen) von der Kreißenden (Gebärenden) unterstützt werden. Bei der normalen G. kommt zuerst der Kopf des Kindes (Hinterhaupt voran) zum Vorschein. Nach der G. des Kindes wird die Nabelschnur abgebunden und durchtrennt. Die G. des Mutterkuchens (↑ Plazenta) erfolgt als *Nachgeburt* etwas später als die G. des Kindes.
Für erstgebärende Europäerinnen liegt das günstigste Lebensalter für einen normalen Verlauf von Schwangerschaft und G. zwischen dem 18. und 28. Lebensjahr.

Geburtenregelung: Alle Maßnahmen, welche die Häufigkeit von Geburten beeinflussen. Hierzu gehören im engsten Sinne Maßnahmen zur Verhütung unerwünschter Nachkommen durch ↑ Empfängnisverhütung, im weiteren Sinne alle bevölkerungspolitischen Maßnahmen (z. B. Kindergeld, höhere Besteuerung Lediger), sittliche Normen (z. B. Heiratsalter, Stellung unehelicher Kinder) und sonstige Einflüsse, welche die Zahl der Geburten beeinflussen. So bedeutet z. B. eine Erhöhung des Heiratsalters eine Senkung der Geburten.

Gedächtnis: Unter G. versteht man die Fähigkeit, Informationen abrufbar zu speichern. Grundlage des Gedächtnisses ist bei Mensch und Tier die Gesamtheit der Nervenzellen. Auf welche Weise diese Speicherung erfolgt, ist nicht genau bekannt.
Unser G. arbeitet in drei Stufen: Im Kurzspeicher *(Ultrakurzzeitgedächtnis)* werden für 6–10 (maximal 20) Sekunden Eindrücke bewahrt. Der Kurzspeicher läßt sich durch Elektroschocks löschen. Dies deutet darauf hin, daß er auf elektrischen Vorgängen in den

GEBURT

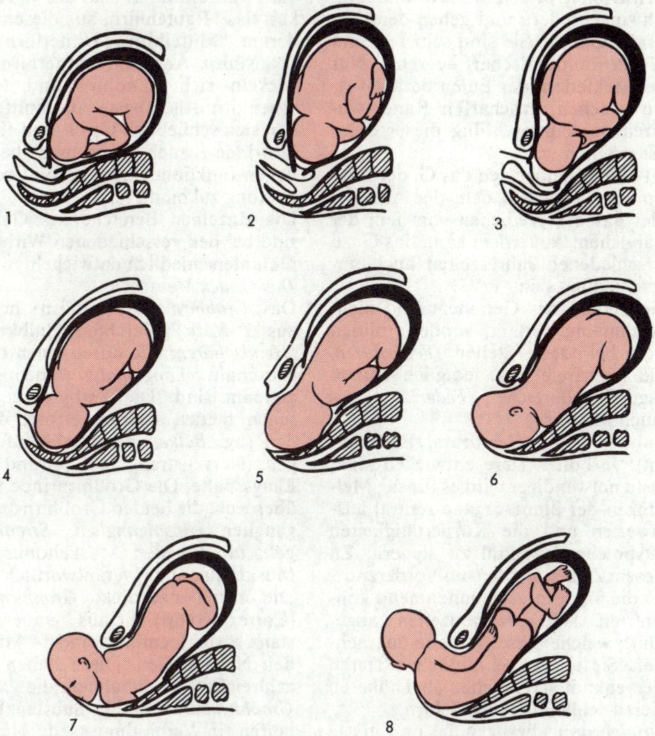

Abb. Geburt: 1 Lage des Kindes im letzten Schwangerschaftsmonat; 2 und 3 Eröffnungsperiode: Drehung des Kindes in die normale Geburtslage; 4–8 Austreibungsperiode: 4 Blasensprung, 5 und 6 Drehen des Kopfes in die Gesichtslage, 7 Kopf tritt aus, 8 Kopf und Schultern sind geboren

Nervenzellen beruht. – Das *Kurzzeitgedächtnis* hält Eindrücke etwa einige Minuten (maximal 1–2 Stunden) lang fest. Danach wird die Information gelöscht oder vom Langzeitgedächtnis übernommen. – Im *Langzeitgedächtnis* werden Eindrücke dauerhaft gespeichert. Kurz- und Langzeitgedächtnis scheinen sehr eng mit der Bildung von m-RNS (↑ RNS) und Proteinen zusammenzuhängen.
Das *Vergessen* scheint eine Störung des bewußten Abrufs von Bewußtseinsinhalten zu sein.

Gefäßbündel svw. ↑ Leitbündel.
Gefieder: Als G. bezeichnet man die Gesamtheit der ↑ Federn eines Vogels. Jungvögel besitzen zunächst die flaumigen *Dunen (Flaumfedern).* Diese bilden durch die vielen Luftzwischenräume ein ausgezeichnet wärmendes Polster. Sie ermöglichen den Vögeln erst ihre hohe Körpertemperatur von ca. 41 °C. Die Gesamtzahl der Dunen entspricht der des späteren Gesamtgefieders.
Aus einem Teil der Dunen entwickeln sich die *Deck-* oder *Konturfedern.* Sie

bedecken bei den Altvögeln die restlichen Dunen, bilden die Schwanz- und Schwingenfedern und geben dem Vogel die Gestalt. Sie sind sehr fest und an den Rändern scharf begrenzt. Nur die Deckfedern der Eulen besitzen einen weichen, unscharfen Rand, wodurch der lautlose Flug dieser Tiere erst möglich wird.
Oft unterscheidet sich das G. der flüggen Jungvögel von dem der Altvögel oder das der Weibchen von dem der Männchen. Außerdem kann das G. zu verschiedenen Jahreszeiten auch unterschiedlich sein.
Die Federn des Gefieders sind nicht gleichmäßig verteilt, sondern bilden dicht befiederte Stellen *(Federfluren)* und federfreie bzw. lediglich Dunen tragende Bereiche *(Federraine).* – ↑auch Mauser.

Gehirn (Hirn, Cerebrum, Encephalon): Je höher Tiere entwickelt sind, desto notwendiger wird es für sie, Meldungen der Sinnesorgane zentral auszuwerten und die Körpertätigkeiten entsprechend zentral zu steuern. Zu diesem Zweck werden am Vorderende, wo die Sinnesorgane zunehmend konzentriert sind, Nervenzellen angehäuft, welche diese Aufgabe übernehmen. Sie bilden bei einfachen Tieren Nervenknoten (Ganglien), bei höheren Tieren schließlich das Gehirn.
Strudelwürmer besitzen das primitivste G. Es wird als Hirnganglion *(Zerebralganglion)* bezeichnet und stellt eine Verdichtung von Nervenzellen am vorderen Ende des Körpernervengeflechts dar.
Weichtiere haben durch das Zusammenrücken mehrerer Nervenknotenpaare bereits ein gut ausgebildetes G. – Bei den *Tintenfischen* stellt das Zerebralganglion einen einheitlichen Ganglienkomplex dar. Es steht über paarige Nervenstränge mit den Augen, dem Geruchssinn und dem statischen Sinn in Verbindung.
Bei den *Wirbeltieren* entwickelt sich das G. aus der Endblase des embryonalen Neuralrohrs. Später bilden Aussackungen des Neuralrohrs 4 Gehirnkammern (Ventrikel). Im Bereich der vorderen Ventrikel entsteht zunächst das ↑Vorderhirn, in dem des 4. Ventrikels das ↑Rautenhirn, aus diesen wiederum ↑Mittelhirn, ↑Hinterhirn und ↑Nachhirn. Aus dem Vorderhirn entwickeln sich ↑Endhirn und ↑Zwischenhirn. Als jüngste Abschnitte bilden sich schließlich Groß- und Kleinhirnrinde (↑auch Hirnstamm) heraus, denen funktionell eine besondere Bedeutung zukommt (s. u.).
Die einzelnen Bereiche des Gehirns sind bei den verschiedenen Wirbeltieren unterschiedlich entwickelt.
Das G. des Menschen:
Das *Großhirn* (= Endhirn) besteht aus 2 stark gefurchten Halbkugeln *(Hemisphären),* die durch einen tiefen Einschnitt *(Längsspalte)* voneinander getrennt sind. Die Verbindung zwischen beiden Hälften erfolgt durch den sog. *Balken,* einen plattenförmigen Nervenstrang am Grund der Längsspalte. Die Großhirnrinde (s. u.) überdeckt die beiden Großhirnstammganglien *(Basalganglien, Streifenhügel),* die für den Muskeltonus (die Muskelspannung) verantwortlich sind. Die nur 3 mm dicke *Großhirnrinde* (Cortex cerebri), die aus ↑grauer Substanz besteht, enthält rund 14 Milliarden Nervenzellen. Diese stehen über zahlreiche Nervenbahnen, die v. a. im *Großhirnmark* (↑weiße Substanz) verlaufen, in Verbindung. Jede Nervenzelle kann viele Kontakte zu anderen knüpfen.
Kommissurbahnen laufen durch den Balken und verbinden gleichartige Hirnteile der Hemisphären miteinander. *Assoziationsbahnen* verknüpfen verschiedene Bereiche einer Hirnhälfte. *Projektionsbahnen* laufen vom Großhirn zu anderen Bereichen des ↑Zentralnervensystems. Eine dieser Projektionsbahnen ist die *Pyramidenbahn.* Sie verläuft von den motorischen Bereichen der Großhirnrinde bis in die Vorderhörner des ↑Rückenmarks.
Die Großhirnrinde läßt sich in verschiedene Bereiche (Felder) aufteilen, die unterschiedliche Aufgaben erfüllen (↑Rindenfelder). Weil die Zahl der

Nervenzellen der Großhirnrinde über die geistige Leistungsfähigkeit der einzelnen Arten entscheidet, wird diese mit zunehmender Intelligenz immer mehr vergrößert. Dies geschieht auch durch Furchung der Großhirnrinde, die beim Menschen und bei den Zahnwalen am stärksten ausgeprägt ist.

Das Großhirn ist Sitz von Bewußtsein, Wille, Intelligenz, Gedächtnis und Lernfähigkeit. Zum Großhirn gehört auch das *limbische System,* das sich wie ein Saum um das Stammhirn legt. Es ist für die Gemütsbetonung von Wahrnehmungen und Antrieben verantwortlich, steuert Angst, Freude, Lust, Schmerz, Lachen, Weinen und Agressivität und beteiligt sich an der hormonellen Steuerung des Körpers.

Das *Kleinhirn* (aus dem Hinterhirndach) hat außen eine dicke, graue Rinde (aus ↑grauer Substanz) mit sehr engen Furchen. Durchschnitten zeigt es im Innern den „Lebensbaum", eine Anhäufung von Nervenbahnen. Es ermöglicht die Orientierung im Raum. Zugleich ist es die Meldesammelstelle für den Tastsinn und stimmt bei einem Bewegungsbefehl des Großhirns die Einzelbewegungen der Muskeln genau aufeinander ab. Dazu verarbeitet es die aus den Muskeln kommenden Reizmeldungen. – Wird das Kleinhirn geschädigt, fällt der Muskeltonus aus, und geordnete Bewegungen sind nicht mehr möglich.

Im *verlängerten Mark* (Medulla oblongata; Ventralbereich von Hinterhirn und Nachhirn) kreuzen sich v.a. die Nervenbahnen des Pyramidenstrangs. In ihm liegen die Steuerungszentren für die automatisch ablaufenden Vorgänge wie Herzschlag, Atmung, Stoffwechsel und Wasserhaushalt. Außerdem liegt hier das *Reflexzentrum* für Kauen, Speichelfluß, Schlucken sowie die Schutzreflexe Niesen, Husten, Lidschluß und Erbrechen. Vom verlängerten Mark gehen die meisten Gehirnnerven ab. Es geht in das ↑Rückenmark über.

Das Gewicht des Gehirns beträgt beim Mann rund 1375, bei der Frau 1245 g. Das Gehirngewicht steht jedoch in keinem Zusammenhang mit dem Grad der Intelligenz (das Hirngewicht des Elefanten z. B. beträgt rund 5400 g). – Siehe auch Farbtafel S. 221.

Gehirnerschütterung: Die G. ist die leichteste Form einer Hirnschädigung durch stumpfe Gewalteinwirkung. Symptome einer G. sind rasch einsetzende Bewußtseinsstörung (von Bewußtseinstrübung bis zu kurzzeitiger Bewußtlosigkeit), Übelkeit, Brechreiz, Kreislauf- und Atemstörungen. Bewußtlose müssen auf den Bauch oder die Seite (↑Erste Hilfe) gelegt werden, damit Erbrochenes nicht die Luftwege verstopft. Meist hat der Verletzte nach dem Erwachen keine Erinnerung mehr an die Ereignisse vor dem Unfall. Nach einer G. ist strenge Bettruhe erforderlich.

Gehirn-Rückenmarks-Flüssigkeit svw. ↑Zerebrospinalflüssigkeit.

Gehörgang (äußerer Gehörgang): Der G. ist ein Verbindungsgang im äußeren ↑Ohr zwischen Ohrmuschel und Trommelfell. Er ist beim Menschen im ersten Drittel knorpelig, 2,5 bis 3,5 cm lang und hat einen Durchmesser von 6 bis 8 mm. Er verläuft leicht spiralig gekrümmt und ist mit Haaren, Talg- und Ohrenschmalzdrüsen versehen. Die Haare dienen zum Abfangen von Fremdkörpern. Die Drüsen produzieren das ↑Ohrenschmalz.

Gehörknöchelchen (Hörknöchelchen): Als G. bezeichnet man die in der Paukenhöhle des Mittelohrs der Säugetiere (↑Ohr) liegenden, gelenkig aneinandergefügten drei Knöchelchen: *Hammer, Amboß* und *Steigbügel.* Hammer und Amboß lassen sich aus dem primären Kiefergelenk der niederen Wirbeltiere herleiten. Amphibien, Reptilien und Vögel besitzen nur ein einziges, als *Columella* bezeichnetes Gehörknöchelchen.

Die G. übertragen die Schallschwingungen vom Trommelfell auf das ovale Fenster des inneren Ohrs.

Gehörorgane (Hörorgane): G. sind bei Gliederfüßern (v.a. Insekten; ↑Chordotonalorgane, ↑Tympanalorgane) und Wirbeltieren ausgebildet und dienen zur Aufnahme von akustischen Reizen (= mechanische Längsschwingungen). – ↑auch Ohr.

Gehörsinn (Gehör, Hörsinn): G. nennt man einen Sinn, der befähigt ist, Schallwellen wahrzunehmen. Ein solcher G. ist bislang nur für Wirbeltiere (einschließlich Mensch) und Gliederfüßer nachgewiesen. Er setzt hochentwickelte Gehörorgane voraus, in denen die Schallwellen rhythmische Berührungsreize auf Sinneszellen ausüben, deren Erregung auf nervalem Weg dem Zentralnervensystem zugeleitet wird und dort eine Schallempfindung (= Hörempfindung) auslöst.

Die meisten Tiere, die einen G. besitzen, sind auch befähigt, Laute zu erzeugen (z. B. zur Anlockung des Geschlechtspartners bei Insekten, das Aussenden und der Empfang von Ultraschall zum Aufspüren von Beute und Hindernissen bei der Fledermaus).

Bei Insekten kann der G. Schallwellen im Frequenzbereich von 2 kHz (Grillen) bis 250 kHz (Nachtschmetterlinge), bei Wirbeltieren von einigen Hz bis 100 kHz wahrnehmen. Die menschlichen ↑Hörgrenzen liegen bei ca. 16 Hz nach unten und maximal 40 kHz nach oben.

Geißeln (Flagellen, Einzahl: Flagellum): G. sind fadenförmige, bewegliche Zellorganellen, die bei Einzellern der ↑Fortbewegung, bei Vielzellern dem Stofftransport (Schwämme) dienen. Sie entspringen stets an einem Basalkorn und haben im Prinzip den gleichen Bau wie ↑Wimpern (Zilien): Um zwei in der Mitte liegende Fibrillen sind 9 (auch zwei- oder dreimal 9) weitere Fibrillen angeordnet. Sie sind in eine Grundsubstanz (Matrix) eingebettet und von einer dünnen Membran umgeben. Bakteriengeißeln bestehen aus einem gewendelten Eiweißfaden, der mit dem Basalkorn in der Zellwand und Zytoplasmamembran verankert ist.

Geißeltierchen ↑Flagellaten.

Geisteskrankheiten: Als G. werden geistig-seelische Störungen bezeichnet, die an dem unnormalen Verhalten der betroffenen Person erkannt werden (in schweren Fällen spricht man von *Idiotie*).

Als Ursache können in einigen Fällen Schädigungen des Gehirns angesehen werden, hervorgerufen durch Vergiftungen mit Alkohol, Rauschgiften u. ä., durch Infektionskrankheiten (z. B. Syphilis) oder durch mechanische Einflüsse (z. B. Tumoren im Schädelinneren). Bei anderen Formen können innere Faktoren auslösend wirken, wie bei ↑Phenylketonurie oder bei ↑Chromosomenanomalien. Oft ist aber auch der Grund für das Auftreten einer Geisteskrankheit nicht sicher bekannt (z. B. Schizophrenie).

gelber Fleck: Diese beim Menschen etwa 5 mm^2 große Stelle des schärfsten Sehens auf der Netzhaut hat gelbe Farbe durch den Farbstoff Xanthophyll, der die Sehzellen gegen Blendung schützt. Hier liegen in der menschlichen Netzhaut nur farbempfindliche Zapfen (165 000/mm^2; Bussard: 1 000 000/mm^2). Der gelbe Fleck bildet eine leichte Vertiefung in der Netzhaut (*Sehgrube,* Fovea centralis). – ↑auch Auge.

Gelbkörper (Corpus luteum): Der G. ist der Restkörper des Eifollikels nach dem ↑Follikelsprung, der unter dem Einfluß von luteinisierendem Hormon zu einem gelblichen (Luteinzellen enthaltenden) Gebilde mit der Funktion einer Hormondrüse umgewandelt wird.

Der G. scheidet ↑Gelbkörperhormone (Progesteron) und ↑Follikelhormone (Östrogene) aus und hemmt damit die weitere Produktion von luteinisierendem Hormon. Unter dem Gelbkörpereinfluß tritt gleichzeitig die Gebärmutterschleimhaut in die Sekretionsphase ein.

Wird die Eizelle nicht befruchtet, so bildet sich der G. zurück und wird während der ↑Menstruation zusammen mit der Eizelle und der Gebärmutterschleimhaut abgestoßen. Wird eine Eizelle befruchtet, so bleibt der G. während der ersten 3 Schwangerschaftsmonate erhalten und bildet weiterhin Gelbkörperhormone und Follikelhormone, wodurch weitere Follikelsprünge und Menstruationen während der Schwangerschaft verhindert werden. Die Hormone des Gelbkörpers dienen somit der Aufrechterhaltung der Schwangerschaft.

Gelbkörperhormone: Vom ↑Gelbkörper gebildete ↑Geschlechtshormone aus der Gruppe der ↑Gestagene, hpts. Progesteron als das eigentliche Gelbkörper- oder *Corpus-luteum-Hormon*.

Gelbsucht: G. ist keine eigenständige Erkrankung, sondern ein Krankheitszeichen als Folge verschiedener Erkrankungen der Leber und Gallenwege. Durch die Ansammlung von ↑Gallenfarbstoffen im Blut und in den Geweben werden die Haut und die Schleimhäute gelb verfärbt. G. kann im Prinzip auf drei Ursachengruppen zurückgeführt werden: Entweder die Gallenfarbstoffe werden von kranken Leberzellen nicht verarbeitet (z. B. bei Leberentzündung; ↑Hepatitis) oder sie werden zusammen mit Gallensaft zwar normal abgeschieden, doch kann die Galle nicht in den Darm abfließen, weil die Gallenwege z. B. durch einen Gallenstein verschlossen sind. G. kann schließlich noch entstehen, wenn zu viele rote Blutkörperchen aufgelöst und abgebaut werden, wie z. B. bei Malaria.

Gelenke:

◊ *Pflanzen* haben keine frei beweglichen G., doch haben einige von ihnen krümmungsfähige Gewebe entwickelt (z. B. Mimosen, Venusfliegenfalle). In ihnen kann durch Veränderung des Zellinnendrucks (Turgor) eine Bewegung von angrenzenden Pflanzenteilen erfolgen. Die *Knoten* der Gräser gestatten ein einseitiges Streckungswachstum, wodurch sich ein niedergetretener Halm wieder aufrichten kann. Man nennt die Knoten deshalb auch *Wachstumsgelenke*.

◊ Die Außen- und Innenskelette von *Tieren* bestehen aus recht starren Einheiten. Diese sind durch G. beweglich miteinander verbunden und werden durch Muskeln, Sehnen und Bänder bewegt. Die G. des Außenskeletts von Gliederfüßern sind dünne Chitinhäute *(Gelenkhäute)*, welche die Glieder verbinden.

Die G. bei Wirbeltieren und beim Menschen sind im Prinzip gleich gebaut (Abb. 1): Das Gelenk besteht aus zwei Teilen. Das vorgewölbte Gelenkteil wird als *Gelenkkopf*, das ausgehöhlte als *Gelenkpfanne* bezeichnet. Die Gelenkflächen sind mit Knorpel überzogen. Das ganze Gelenk wird von der bindegewebigen *Gelenkkapsel* umhüllt. Die zwischen Kapsel und Gelenk entstehende Gelenkhöhle ist mit *Gelenkschmiere* ausgefüllt. Es gibt verschiedene Gelenkformen (Abb. 2–6, S. 170):

Kugelgelenke gestatten die Bewegung und Drehung eines Gliedes nach allen Seiten. Schulter- und Hüftgelenk sind Kugelgelenke. – *Eigelenke* erlauben die Bewegung in zwei Richtungen, jedoch keine Drehung. Ein Eigelenk ist z. B. das Gelenk zwischen Handwurzel und Speiche. – *Scharniergelenke*, wie sie am Knie oder Ellbogen zu finden sind, ermöglichen nur eine Bewegungsrichtung. – Das *Sattelgelenk* zwischen dem Mittelhandknochen des Daumens und seinem Handwurzelknochen bietet wie das Eigelenk Bewegungsfreiheit in zwei Richtungen. – Beim *Drehgelenk* zwischen ↑Atlas und Dreher bzw. Elle und Speiche am Ellenbogen dreht sich ein Knochen um den Zapfen eines anderen Knochens. Die Beweglichkeit aller G. wird durch Anschläge begrenzt.

Gelenkkapsel ↑Gelenke.

Gelenkpfanne ↑Gelenke.

Gelenkrheumatismus: Unter der Bezeichnung G. werden Erkrankungen der Gelenke zusammengefaßt, die die Beweglichkeit der Gelenke zeitweise oder für immer einschränken. In einigen Fällen treten zusätzlich Schäden im Herzen auf. Eine häufige Ursache verschiedener Erscheinungsformen des G. ist wahrscheinlich eine abnorme ↑Immunreaktion gegen körpereigenes Eiweiß, auch im Verlauf einer Infektion.

Gelenkschmiere ↑Gelenke.

Gemmula: Eine ↑Dauerform der ↑Schwämme.

GELENKE

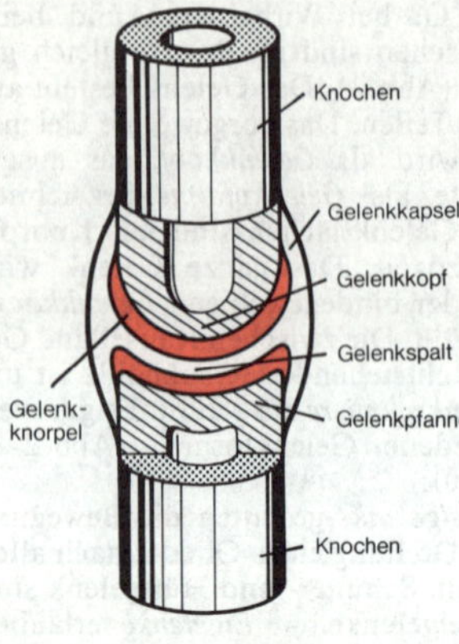

Abb. 1 Gelenkaufbau

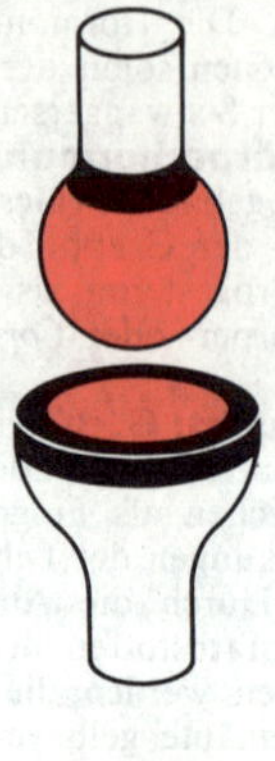

Abb. 2 Kugelgelenk

Abb. 3 Eigelenk

Abb. 4 Sattelgelenk

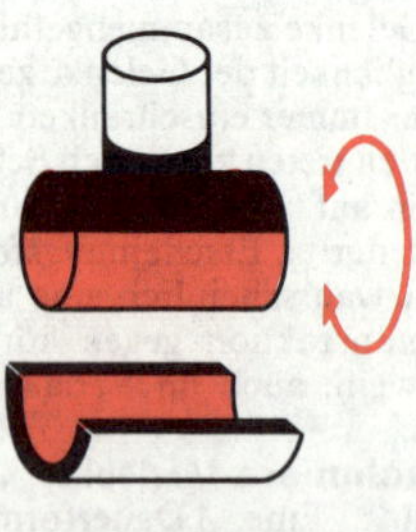

Abb. 5 Scharniergelenk

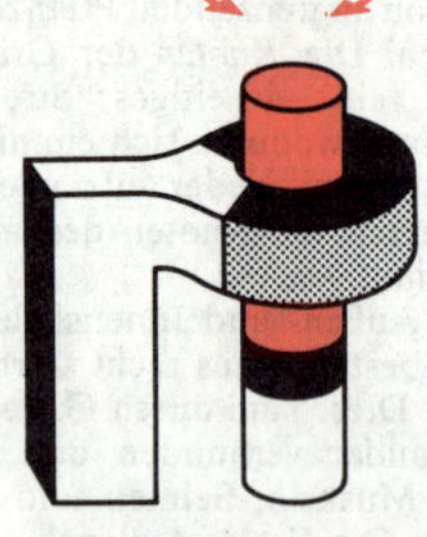

Abb. 6 Drehgelenk

Genchirurgie (Genmanipulation): Die G. ist eine biochemische Methode, mit der durch direkten Eingriff in die Erbsubstanz (DNS, RNS) Gene neu kombiniert werden können. Dies geschieht mit Hilfe besonderer Enzyme, sog. *Restriktionsenzyme,* die gezielt einzelne Gene aus einem DNS- bzw. RNS-Faden (hier mittels Herstellung einer DNS-Kopie) herausschneiden können, die dann in Fremderbgut eingebaut werden. Als Transportmittel für das herausgeschnittene Gen dienen die ↑Plasmide, in deren DNS das Gen eingebaut wird, weil diese leicht in die Empfänger-Erbsubstanz eingeschleust werden können.
Auf Grund der verfeinerten Techniken ist es heute möglich, Genprodukte in größeren Mengen, auch bei Pflanzen, durch genchirurgisch verändertes Erbgut herzustellen.

Gene: Ursprünglich die letzte, unteilbare, zur Selbstverdopplung (↑DNS-Replikation) befähigte Einheit der Erbinformation. Die Gesamtheit aller G. eines Organismus wird als *Genom* bezeichnet.
Die Gene bestimmen (↑Genotyp) in Wechselwirkung mit der Umwelt die Ausbildung der sichtbaren Merkmale, den ↑Phänotyp. Sie werden erkannt am Auftreten alternativer Formen (↑Allel) eines Merkmals, die durch ↑Mutation entstehen. Neue Allele werden nach demselben Vererbungsmechanismus an die Nachkommen weitergegeben wie das „normale" Allel des Wildtyps.
In der klassischen ↑Genetik werden G. definiert als Einheiten der Merkmalsausbildung (genetische Funktion), der Mutation und der freien Kombinierbarkeit mit anderen Genen (↑Rekombination).
Mit der steigenden Zahl von bekannten Genen wurde entdeckt, daß die vielen G. zu wenigen *Kopplungsgruppen* zusammengefaßt werden müssen. Bei der Bildung von ↑Geschlechtszellen werden nicht einzelne elterliche G., sondern Kopplungsgruppen verteilt (↑Meiose).
Alle Nachkommen erhalten zwar ein vollständiges Genom. Welche Erbanlagen jedoch vom Vater bzw. von der Mutter stammen, ist dem Zufall überlassen. Man sagt: In der ↑Zygote werden die Erbanlagen frei kombiniert bzw. rekombiniert. In der Meiose kommt es zusätzlich noch mit arttypisch unterschiedlicher Häufigkeit zu einem Austausch von Genen zwischen homologen Kopplungsgruppen (↑Crossing-over). Die Wahrscheinlichkeit für Austausch ist proportional den Abständen der G. in den Kopplungsgruppen, d.h., der Abstand zwischen zwei weit voneinander entfernt liegenden Genen ist gleich der Summe aus den Abständen der dazwischenliegenden G. Daraus hat man geschlossen, daß die G. wie Perlen in einer Kette linear in den Kopplungsgruppen angeordnet sind mit einem festen, an der richtigen Funktion maßgebend beteiligten Platz *(Genort).*
Die auf diese Weise gefundenen Kopplungsgruppen wurden mit den mikroskopisch erkennbaren ↑Chromosomen, die G. selbst mit den ↑Chromomeren gleichgesetzt.
Die molekulare Genetik definierte nach den Ergebnissen der Feinstrukturanalyse G. als einzelne Abschnitte in einem viele G. umfassenden Nukleinsäuremolekül (meist ↑DNS), die jeweils die Information für die Bildung eines einheitlichen, vollständigen Genprodukts, eines Enzyms, enthalten (↑Ein-Gen-ein-Enzym-Hypothese).
Bald mußte dieser Abschnitt noch enger gefaßt werden; ein Enzym besteht nämlich meist aus mehreren Polypeptiden (man prägte dafür die Bezeichnung ↑Cistron, die jedoch heute gewöhnlich durch den Begriff Gen ersetzt wird). Bei einigen (kleinen) Viren wurde allerdings neuerdings nachgewiesen, daß ihre G. nicht hintereinander auf dem DNS-Faden angeordnet sind, sondern sich z.T. *überlappen,* so daß hier nicht ein einzelnes Gen Informationsträger für ein einziges Genprodukt darstellt.
Damit ist die Definition der G. als Einheiten der Funktion beibehalten wor-

den. Als Einheit der Mutation *(Muton)* und der Rekombination *(Recon)* wird heute das einzelne Nukleotidpaar der DNS angesehen (↑genetischer Kode). Die Molekulargenetik von Bakterien, die zwar keine echten Chromosomen haben, deren DNS-Faden aber die gleichen Aufgaben wie diese erfüllt, brachte Ergebnisse, die die Steuerung der einzelnen Genfunktionen *(Genregulation)* zeigten. Danach sind einzelne G. zu einem *Operon* zusammenzufassen. Ein Operon enthält mehrere *Strukturgene,* die die Aminosäuresequenz eines zu synthetisierenden Polypeptids bestimmen, zusätzlich noch an der einen Seite *Kontrollgene* für den Beginn der Transkription (enthält den *Promoter,* der die RNS-Polymerase als Voraussetzung des Synthesebeginns bindet) sowie auf der anderen Seite eine DNS-Sequenz als *Terminator* für die Beendigung des „Ablesevorgangs", d.h. der Synthese.

Außer den Genen auf den Chromosomen im Zellkern gibt es noch einige *extrachromosomale G.* (plasmatische G., Plasmafaktoren), z.B. in Chloroplasten und Mitochondrien, die einen Teil der Information für diese Zellorganellen tragen. – ↑auch Plasmide.

Beim Menschen wird die Anzahl der Gene in einem Zellkern auf rund 50000 geschätzt, von denen z.Z. 1200 bekannt sind. Von 120 Genen weiß man, auf welchen Autosomen sie liegen; hinzu kommen noch 96 auf dem X- und zwei auf dem Y-Chromosom.

Generation: Alle Lebewesen einer ↑Population, die etwa im gleichen Zeitraum geboren wurden. Als G. bezeichnet man auch die Einzelglieder der Geschlechterfolge (Eltern, Kinder usw.).

Im ↑Generationswechsel bestehen die einzelnen Generationen jeweils abwechselnd aus einer geschlechtlichen und einer ungeschlechtlichen Entwicklungsphase des Organismus.

Generationswechsel: Ein G. ist der im allgemeinen regelmäßige Wechsel zwischen verschiedenen Generationen eines Tiers oder einer Pflanze, wobei sich die eine Generation geschlechtlich, die andere ungeschlechtlich fortpflanzt.

Den typischen *primären G.* zeigen nur die Pflanzen. Hier sehen die beiden Generationen äußerlich unterschiedlich aus: Die ungeschlechtliche Generation besteht aus einer Pflanze, die sich durch ↑Sporen fortpflanzt. Dieser *Sporophyt,* der bei ↑Pilzen und ↑Moosen noch ein hinfälliges, selbständig nicht lebensfähiges Gebilde ist, entfaltete sich im Laufe der Stammesentwicklung über die ↑Farne schließlich zu dem kräftigen Körper der ↑Samenpflanzen. Andererseits wurde der *Gametophyt,* die Generation, die die Gameten bildet, in der gleichen Reihenfolge immer kleiner, bis er im Pollenkorn und im Embryosack der Samenpflanzen auf ganz wenige Zellen zusammengeschrumpft war, die vom Sporophyten umgeben sind. Bei den meisten Pflanzen besitzt der Gametophyt nur den einfachen Chromosomensatz (↑haploid; ↑Haplophase). Der Sporophyt hingegen ist diploid (↑Diplophase). Der G. ist also mit einem *Kernphasenwechsel* verbunden und wird daher als *heterophasischer G.* bezeichnet. V.a. bei Einzellern und Algen gibt es den *homophasischen G.,* bei dem in allen Generationen der Zellkern dieselbe Chromosomenzahl enthält.

Beim *sekundären G.* wechseln eine normale Geschlechtsgeneration und eine vegetativ oder parthenogenetisch entstandene Generation miteinander ab. Bei Hohltieren (z.B. Schirmqualle) entstehen am festsitzenden Polypen durch Knospung mehrere Quallen, die die geschlechtliche Generation darstellen. Diese Form des sekundären Generationswechsels nennt man *Metagenese.*

Einen anderen Weg (↑Heterogonie) gehen z.B. Wasserflöhe und Pflanzenläuse, die sich während der warmen Jahreszeit enorm schnell durch Parthenogenese (↑Jungfernzeugung) vermehren können. – ↑Parasiten, die einen G. durchmachen müssen, wechseln meist gleichzeitig ihren Wirt (Wirtswechsel).

Genetik: Die G., ein Teilgebiet der

Biologie, bedient sich verschiedener Forschungsmethoden. Man trennt daher die *klassische G.*, die sich u. a. mit Vererbungsgängen von Merkmalen (z. B. Mendel-Regeln) und mit der Untersuchung der ↑Chromosomen beschäftigt, von der *Molekulargenetik,* die mit biochemischen Methoden u. a. die ↑Nukleinsäuren und die Genfunktionen (↑Gene) bei Bakterien und Bakteriophagen erforscht, und von der *angewandten G.,* deren Hauptziel die Züchtung von ertragreichen Pflanzen und Tieren ist.
In der *Humangenetik* ist der Mensch das genetische Forschungsobjekt.

genetische Information: Das Wesen der Vererbung besteht in der Weitergabe der Anlagen zu allen Merkmalen von Generation zu Generation. Diese Anlagen sind Informationen, d. h. Anweisungen oder Rezepte (z. B. wie die braune Augenfarbe eines Menschen synthetisiert werden soll). Eine solche Nachricht heißt g. I. Der Inhalt dieser Nachricht ergibt sich aus der ↑Basensequenz des entsprechenden Gens. Den Schlüssel zum Entziffern der genetischen Information nennt man ↑genetischen Kode.

genetischer Kode: Der genetische Kode ist der Schlüssel für die Übertragung der ↑genetischen Information von den Nukleinsäuren (↑DNS, ↑RNS) auf die Proteine bei der ↑Eiweißsynthese. Dabei muß die Basensequenz der DNS und RNS in die Sequenz der Aminosäuren (↑Aminosäuresequenz) des Eiweißes umgesetzt werden (↑auch Anticodon).
Die Elemente für den Aufbau des genetischen Kodes bei der DNS sind die ↑Nukleotide Thymin (T), Adenin (A), Cytosin (C) und Guanin (G). Bei der RNS tritt an die Stelle von Thymin das Uracil (U). Da die Nukleinsäuren nur diese vier verschiedenen Bausteine haben, die Proteine jedoch bis zu 20 verschiedene Aminosäuren enthalten können, werden für die Spezifizierung einer Aminosäure drei Nukleotide benötigt. Durch jeweils drei Nukleotide (Kodon, ↑Triplett) werden $4^3 = 64$ Kombinationsmöglichkeiten gebildet. Von diesen 64 möglichen Codons determinieren drei keine Aminosäure, sondern steuern als *Nonsenscodons* den Abbruch der Eiweißsynthese.
Heute weiß man, daß eine Aminosäure durch mehr als ein Kodezeichen verschlüsselt sein kann. Es hat sich gezeigt, daß die Tripletts, die für die gleiche Aminosäure stehen, sich stets nur in einem Nukleotid voneinander unterscheiden. So stehen z. B. die Tripletts GCU, GCC, GCA u. GCG für die Aminosäure Alanin (sog. *degenerierter genetischer Code*). Alle Organismen „übersetzen" die ↑Basensequenz in gleicher Weise. Man spricht deshalb auch von der Universalität des genetischen Kodes.

Genitalorgane svw. ↑Geschlechtsorgane.

Genklonierung ↑Klonieren.

Genom: Als Genom wird die Gesamtheit aller ↑Gene eines Organismus bezeichnet.

Genotyp: Im G. sind die Allele aller ↑Gene auf den Chromosomen eines bestimmten Lebewesens zusammengefaßt. Bei diploiden Organismen muß man G. und ↑Phänotyp unterscheiden, weil dominante Allele die ebenfalls vorhandenen rezessiven Allele äußerlich nicht sichtbar werden lassen. Der G. bildet zusammen mit Genen im Zytoplasma (in ↑Mitochondrien und ↑Plastiden) den *Idiotyp*.

Genpool: Mit G. wird der Vorrat an verschiedenen Allelen aller ↑Gene innerhalb einer Population von Tieren oder Pflanzen bezeichnet. In der Pflanzenzüchtung besteht zur Zeit die Gefahr, daß z. B. bei einigen Getreidearten der G. verarmt, weil die Zahl der angebauten Sorten ständig abnimmt. Man legt daher vorsorglich sog. *Genbanken* an, in denen der Samen seltener Sorten und v. a. von Wildformen aufbewahrt wird.

Genregulation ↑Gene.

Geophyten: Als G. bezeichnet man mehrjährige krautige Pflanzen, die ungünstige Jahreszeiten mit Hilfe von unterirdischen Erneuerungsknospen und Speicherorganen überdauern können. Zu ihnen gehören Schwertlilie

(Rhizom), Zwiebelpflanzen (Zwiebel), Kartoffel (Knolle), Dahlie (Wurzelknolle) und Möhre (Rübe).

Geotaxis ↑Taxien.

Geotropismus ↑Tropismen.

Geradflügler (Orthoptera): G. sind seit dem Karbon bekannte Landinsekten, z. B. Heuschrecken, Ohrwürmer. Die weltweit verbreitete Ordnung umfaßt 17 000 Arten. Die meisten G. sind Pflanzenfresser. Sie haben kauende ↑Mundwerkzeuge und meist zwei Paar häutige Flügelpaare. Die Hinterbeine sind oft zu Sprungbeinen verlängert. Die Männchen vieler Arten bringen Zirplaute hervor.

Gerbstoffe: Man unterscheidet organische G. und Mineralgerbstoffe. Die *organischen G.* sind meist pflanzlicher Herkunft. So haben z. B. das Holz des südamerikanischen Quebrachobaums, die südafrikanische Mimosarinde und die Früchte der in Indien und auf Ceylon vorkommenden Katappenbäume besondere Bedeutung. In Europa werden pflanzliche G. insbesondere aus Eichenrinde oder Eichelbechern, Edelkastanien und aus den Blättern des Sumachstrauchs (Rhus coriaria) gewonnen.

Unter den *organisch-synthetischen Gerbstoffen* spielen durch Sulfonierung wasserlöslich gemachte Phenolabkömmlinge die größte Rolle. Stärker ungesättigte Fette (Trane) und Aldehyde gehören ebenfalls in diese Gruppe der Gerbstoffe.

Die wichtigsten *Mineralgerbstoffe* sind basische Chrom (III)- und Zirkoniumsalze sowie polymere Phosphate.

Gelöste G. werden bei der Bearbeitung von tierischen Häuten in der Lederherstellung benutzt (Gerben). Sie sind adstringierend, eiweißfällend und fäulnishemmend.

Geruchsorgane: Mit Riechzellen ausgestattete Organe im tierischen Organismus und beim Menschen, die Geruchsreize vermitteln (↑Geruchssinn). Die *Riechzellen* liegen bei Wirbellosen z. T. über den ganzen Körper verstreut, sind in der Regel aber an bestimmten Stellen gehäuft. Spinnen und Krebse tragen sie an den Extremitäten, Insekten vorwiegend an den ↑Antennen. *Wirbeltiere* haben die G. stets am Kopf, meist in der ↑Nase, die mit einer Riechschleimhaut ausgekleidet ist. *Kriechtiere* besitzen als besonderes Geruchsorgan das *Jacobson-Organ* im Gaumendach, dem die Geruchsstoffe durch die Zungenspitze zugeführt werden (Züngeln!).

Beim *Menschen* nimmt die Riechschleimhaut nur einen kleinen Teil (ca. 2,5 cm^2) der Nasenschleimhaut ein. Zwischen gelblich gefärbten Stützzellen stehen die Ausläufer (Riechstäbchen) der Geruchssinneszellen. Sie tragen 6–8 Riechhärchen. Insgesamt hat der Mensch wohl 10–20 Millionen Riechzellen.

Geruchssinn (Geruch, Riechsinn): Der G. gehört mit dem ↑Geschmackssinn zu den ↑chemischen Sinnen; d. h., bestimmte gas- oder dampfförmige oder (hauptsächlich bei Wassertieren) gelöste chemische Verbindungen können einen Reiz auf die Riechzellen ausüben. Die Reizschwelle des Geruchssinns liegt sehr niedrig.

Bei den Wirbeltieren ist der G. gewöhnlich in Nasenorganen (↑Nase) lokalisiert, die durch paarige Geruchsnerven mit dem Gehirn in Verbindung treten. Mit Hilfe des Geruchssinns erkennen die Tiere Nahrung, Artgenossen und Feinde. Auch zur Orientierung und gegenseitigen Verständigung (↑Duftmarken) kann der G. von Bedeutung sein.

Oft läßt sich der G. nicht eindeutig vom Geschmackssinn trennen (bei den meisten Wirbellosen); meist wirken beide Sinne zusammen.

Tiere mit schwachem G. werden als *Mikrosmaten* (z. B. Mensch, Affen, Robben, Fledermäuse, Vögel, Amphibien), solche mit besonders gutem G. als *Makrosmaten* (Hund, Reh u. a.) bezeichnet. Ohne G. *(Anosmaten)* sind z. B. die Wale. Makrosmaten finden wir bei vielen Insekten und Säugern. Manche Schmetterlingsmännchen können über mehrere Kilometer hinweg durch den Sexualduftstoff der Weibchen angelockt werden (↑Duftstoffe). Man nimmt an, daß die Riech-

zellen solcher Schmetterlinge bereits durch wenige Moleküle des Geruchsstoffs gereizt werden können.
Zur Unterscheidung verschiedener Düfte sind mehrere Typen von Rezeptoren notwendig. Der Mensch kann mehrere Tausend Düfte unterscheiden. Eine befriedigende Klassifizierung der *Geruchsqualitäten* beim Menschen ist noch nicht gelungen. Am bekanntesten sind die 6 Kategorien *würzig* (Ingwer, Pfeffer), *blumig* (Jasmin), *fruchtig* (Fruchtester, z. B. Apfel), *harzig* (Räucherharze), *faulig* (Schwefelwasserstoff) und *brenzlig* (Teer).
Der G. dient dem Menschen zur Kontrolle von Speisen und Getränken und signalisiert schädigende Stoffe. Viele Gerüche wirken angenehm, andere unangenehm, d. h., der G. nimmt großen Einfluß auf das emotionale Verhalten. Bei Dauerreizung durch einen bestimmten Geruchsstoff erlischt die Geruchsempfindung für diesen Stoff, ohne die Empfindlichkeit für andere Stoffe zu beeinflussen.
Ein und derselbe Stoff kann je nach Konzentration ganz verschiedene Geruchsempfindungen hervorrufen, z. B. kann das übelriechende Skatol bei starker Verdünnung jasminähnlichen Duft vortäuschen.

geschlechtliche Fortpflanzung: Bei der geschlechtlichen Fortpflanzung entsteht aus zwei meist geschlechtlich unterschiedlichen Keimzellen (↑Geschlechtszellen) durch deren Verschmelzung (↑Befruchtung) und anschließende mitotische Teilung (↑Mitose) ein neues Individuum.
Die Keimzellen besitzen stets einen einfachen Chromosomensatz, sind also haploid. Nach ihrer Verschmelzung entsteht die ↑Zygote mit doppeltem Chromosomensatz; sie ist diploid. Aus ihr geht im Verlaufe der ↑Keimesentwicklung ein neues Individuum hervor. Bei Individuen mit einfachem Chromosomensatz in allen Körperzellen *(Haplonten)* erfolgt in der Zygote bereits die Reifeteilung (↑Meiose). Dadurch wird aus dem doppelten Chromosomensatz ein einfacher.
Individuen mit doppeltem Chromosomensatz in den Körperzellen *(Diplonten)* nehmen die Reifeteilung meist in besonderen Geschlechtsorganen erst bei der Bildung der Keimzellen vor. Die ↑Eizellen entstehen dann im ↑Eierstock, die ↑Samenzellen im ↑Hoden.
Eine besondere Form der geschlechtlichen Fortpflanzung haben Wimpertierchen (Pantoffeltierchen) entwikkelt. Sie tauschen während der ↑Konjugation Wanderkerne aus, die mit dem stationären weiblichen Kern verschmelzen. Die Wanderkerne entsprechen deshalb den männlichen Keimzellen.
Bei einigen Einzellern wechseln sich geschlechtliche und ungeschlechtliche Fortpflanzung regelmäßig ab. Dieser ↑Generationswechsel ist z. B. bei den Malariaerregern (Plasmodium spec.) mit einem ↑Wirtswechsel verbunden. – Einen typischen primären Generationswechsel zeigen Moose und Farne. Unter bestimmten Bedingungen entwickeln sich auch die unbefruchteten Eier mancher Lebewesen zu vollständigen Individuen. Diesen Vorgang nennt man ↑Jungfernzeugung.
Die *Keimzellen der Pflanzen* werden in Gametangien (↑Gametangium) gebildet. Bei den ↑Samenpflanzen sind es die Fruchtblätter bzw. die Pollenkörner (↑Blütenstaub), die die Geschlechtszellen ausbilden.

Geschlechtlichkeit svw. ↑Sexualität.

Geschlechtsbestimmung: Die meisten Tiere und einige Pflanzen sind getrenntgeschlechtig. Häufig wird das künftige Geschlecht durch Gene (*genotypische* G.) auf besonderen ↑Geschlechtschromosomen schon bei der ↑Befruchtung festgelegt.
Beim Menschen, bei fast allen Säugetieren, bei Fliegen, Mücken u. a. findet man X- und Y-Chromosomen; die Zusammenstellung XX im diploiden Organismus führt zu Weibchen, die Kombination XY zu Männchen. Die Männchen bilden im Verhältnis 1 : 1 Gameten mit X- bzw. mit Y-Chromosomen. Theoretisch werden also immer gleich viele Mädchen und Knaben geboren. Abweichungen davon wer-

den durch äußere Einflüsse auf die Spermien hervorgerufen.
Häufig werden während der Entwicklung eines Lebewesens sowohl weibliche als auch männliche Geschlechtsorgane angelegt, später aber wird durch die Wirkung der Gene unter dem Einfluß von Hormonen das eine Geschlecht unterdrückt bzw. das andere gefördert.
Die Art der G. kann abgewandelt werden: z. B. XX für Weibchen, XO für Männchen (O = kein Geschlechtschromosom). Manchmal, u. a. bei Vögeln und Schmetterlingen, sind die Weibchen heterozygot ZO (XO), die Männchen homozygot ZZ (XX).
Wird das Geschlecht nicht durch Gene bestimmt, sondern von Umwelteinflüssen, spricht man von *phänotypischer* G. So werden z. B. die Nachkommen bestimmter Meeresringelwürmer nur zu Männchen, wenn sie in Kontakt kommen mit dem Rüssel eines Weibchens, auf dem sie dann als Parasiten leben. Junge Napfschnecken sind männlich, ältere werden zu Weibchen.
Zur *Feststellung* des *Geschlechts* eines Individuums kann man z. B. mit Hilfe eines Schleimhautabstrichs einige Zellen entnehmen. Teilen sich die Zellen in einem geeigneten Kulturmedium, erkennt man in der Metaphase der ↑Mitose die typischen Geschlechtschromosomen.

Geschlechtschromatin (Sexchromatin) svw. ↑Barr-Körperchen.

Geschlechtschromosomen: Bei vielen Tieren und Pflanzen findet man im diploiden Zellkern neben den normalen ↑Chromosomen *(Autosomen)* noch G. *(Heterosomen),* die Gene für die ↑Geschlechtsbestimmung tragen. Außerdem enthalten sie meist noch andere Gene (die dann bei der geschlechtsgebundenen Vererbung, z. B. ↑Bluterkrankheit beim Menschen, von Bedeutung sind).
Frauen haben in ihren Körperzellen zwei *X-Chromosomen,* von denen im Normalfall eines nicht aktiv ist (↑Barr-Körperchen). Männer haben ein X-Chromosom und ein kleineres *Y-Chromosom.*

Geschlechtsdimorphismus (Sexualdimorphismus): Als G. bezeichnet man das z. T. sehr unterschiedliche Aussehen von weiblichen und männlichen Tieren. Primär sind Weibchen und Männchen natürlich schon auf Grund der verschiedenen Geschlechtsorgane unterschiedlich gebaut. Sekundär aber haben sich auch andere Unterschiede herausgebildet: Unterschiedliche Körpergröße ist sehr häufig. Besonders klein ist das Männchen des Tiefseeanglerfischs Edriolychnus. Es beißt sich am Weibchen fest, verwächst mit ihm und wird über dessen Blutkreislauf ernährt (*Zwergmännchen;* s. Abb.). – Hilfsorgane für

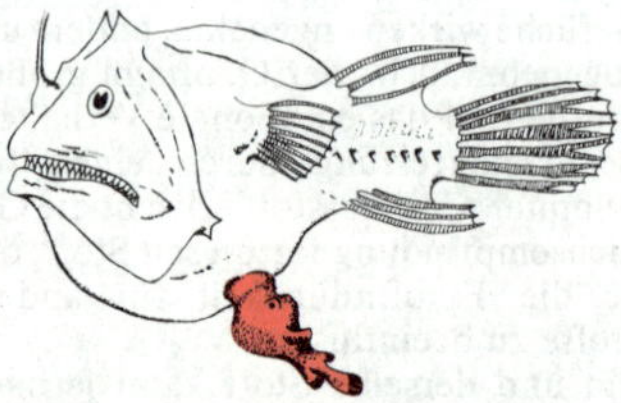

Abb. Geschlechtsdimorphismus: Das kleine Männchen des Tiefseeanglerfischs verwächst mit dem Weibchen

die Begattung dienen den Männchen zum Festhalten der Weibchen (z. B. Daumenschwielen männlicher Kröten und Frösche). – Oft haben Männchen besondere Sinnesorgane zum Auffinden der Weibchen entwickelt (z. B. leistungsfähige Geruchsorgane in den Antennen der Nachtfalter). – Für den Rivalenkampf oder das ↑Imponiergehabe besitzen viele männliche Tiere besondere Organe (z. B. Geweih, große Eckzähne).

Geschlechtsdrüsen svw. ↑Keimdrüsen.

Geschlechtshormone (Sexualhormone): G. sind im weiteren Sinne sämtliche Hormone, die die Entwicklung und Funktion der Keimdrüsen sowie der Geschlechtsorgane bestimmen und steuern. Sie sind ebenso verantwortlich für die Ausbildung der sekundären ↑Geschlechtsmerkmale.
Die G. werden nicht nur in den Keim-

drüsen, sondern auch in der Plazenta schwangerer Frauen (entsprechend auch bei anderen ♀ Wirbeltieren) und in der Nebennierenrinde gebildet. Da gleiche Hormone in verschiedenen Bildungsstätten produziert werden können, ist es zweckmäßig, die G. nach ihrer Zugehörigkeit zu bestimmten chemischen Grundverbindungen einzuteilen. Demnach ergeben sich zwei Gruppen: die Gonadotropine (s. u.), die sämtlich Glykoproteine sind, und die Steroidhormone (s. u.), die Abkömmlinge von Steroiden sind. Die Produktion der G. unterliegt dem übergeordneten Einfluß der Hypophyse (↑Hirnanhangsdrüse). Deren Tätigkeit wird durch einen hinteren Teil des Stammhirns, den ↑Hypothalamus, gesteuert, der ↑Neurohormone ausscheidet. Die Neurohormone wirken als Freisetzungsfaktoren (Releaserfaktoren) auf die Hypophyse, so daß diese die G. direkt ausschüttet oder über Vermittlung anderer Hormone die Sekretion der Nebennierenhormone stimuliert. Der steuernde Einfluß der Hypophyse unterliegt aber wiederum der hemmenden Wirkung der durch sie angeregten Hormonproduktion. Es liegt also ein biologischer ↑Regelkreis vor. So wirken z. B. die Östrogene des ↑Gelbkörpers zurück auf das Hypophysen-Hypothalamus-System und hemmen damit die Produktion von follikelstimulierendem Hormon.

Geschlechtshormone kommen bei allen Wirbeltieren und auch bei Wirbellosen (höhere Krebse, einige Insekten) vor. Stets scheint ein übergeordnetes Hormonzentrum vorhanden zu sein. Regelkreise sind für alle bekannten Beispiele anzunehmen, jedoch beim Menschen besonders gut erforscht.

Die *Gonadotropine* werden im Hypophysenvorderlappen produziert. Sie regulieren die Tätigkeit der Keimdrüsen hinsichtlich ihrer endokrinen Funktion und die Entwicklung der Geschlechtszellen. Zu den Gonadotropinen gehören das ↑follikelstimulierende Hormon, das ↑luteinisierende Hormon, das ↑luteotrope Hormon und das ↑Choriongonadotropin.

Die Biosynthese der *Steroidhormone* beginnt mit der Abspaltung der Seitenkette des ↑Cholesterins und mit der Bildung von *Pregnenolon,* das zu *Progesteron,* der Stammsubstanz der ↑Östrogene, der ↑Androgene, der ↑Nebennierenhormone und natürlich der ↑Gestagene, dehydriert wird. Die obengenannten Gruppen unterscheiden sich voneinander durch verschiedene Seitenketten und Doppelbindungen, die die spezifischen Wirkungen verursachen. – Kein eigentliches Geschlechtshormon ist das ↑Oxytozin.

Geschlechtskrankheiten: Die meisten G. sind weltweit verbreitete Infektionskrankheiten, die überwiegend durch Geschlechtsverkehr übertragen werden und deren Erscheinungen vorwiegend an der Haut und an den Schleimhäuten der Geschlechtsorgane auftreten. Zu den G. des Menschen gehören Gonorrhö (Tripper), Syphilis und weicher Schanker. Sie werden durch Bakterien hervorgerufen, die außerhalb des Körpers kaum lebensfähig sind, weil sie schnell austrocknen.

Die Erreger der *Syphilis* (Spirochaeta pallida = Treponema pallidum) bleiben ca. 3 Wochen lang an der Stelle, wo sie eingedrungen sind, vermehren sich dort stark und brechen schließlich in Blut- und Lymphbahnen ein. An der Eintrittsstelle entsteht ein derbes, braunrotes, schmerzloses Geschwür *(harter Schanker)* von der Größe einer Münze. Im *Sekundärstadium,* ca. 45 Tage nach dem harten Schanker, zeigen sich die ersten Hautausschläge, die sich zu nässenden Papeln entwikkeln; die austretende Flüssigkeit enthält sehr viele Erreger. Im *Tertiärstadium* der Syphilis werden schließlich das Gefäßsystem und das Nervensystem zerstört.

Oft wird gleichzeitig mit der Syphilis der *weiche Schanker* übertragen. Er ruft einige Tage nach der Ansteckung ein weiches, zackiges Geschwür hervor; die Lymphknoten entzünden sich und schwellen schmerzhaft an. Der weiche Schanker kann ebenso wie die Syphilis mit Sulfonamiden behandelt

werden. Gegen Syphilis verwendete man früher u. a. Arsenpräparate (Salvarsan), die allerdings schwere Nebenwirkungen hatten; heute wird sie mit Penicillin, Tetracyclinen oder Erythromycin behandelt.
Die ersten Krankheitszeichen der *Gonorrhö (Tripper)* beim Mann sind Juckreiz und Brennen beim Wasserlassen. Nach 1–2 Tagen macht sich eitriger Ausfluß aus der Harnröhre bemerkbar. Die Entzündung breitet sich aufsteigend in der Harnröhre aus. Dabei schwellen die Lymphknoten der Leistenbeuge schmerzhaft an. Manchmal werden auch die Nebenhoden angegriffen; der Betroffene wird steril. Bei der Frau sind die Krankheitszeichen ähnlich, allerdings oft weniger deutlich. Auch bei ihr kommt es zur Sterilität, wenn Gebärmutter, Eileiter und Eierstöcke in Mitleidenschaft gezogen werden. – Der Tripper wird ebenfalls mit Penicillin oder Spectinomycin behandelt.
In den meisten Staaten regeln gesetzliche Bestimmungen die *Bekämpfung der G.* In der BR Deutschland ist ein Geschlechtskranker verpflichtet, sich unverzüglich ärztlich untersuchen und behandeln zu lassen, auch wenn nur Verdacht auf das Vorliegen einer Geschlechtskrankheit besteht. Der Arzt muß die Ansteckungsquelle und Kontaktpersonen ermitteln (wobei ihn der Kranke zu unterstützen hat). Der Kranke soll sich des Geschlechtsverkehrs enthalten und muß sich zur Eheschließung (bei Syphilis auch nach Heilung) ein Eheunbedenklichkeitszeugnis ausstellen lassen. Diese Vorschriften haben v. a. den Zweck, Kinder vor den Folgen der G. zu bewahren. Eine kranke Mutter überträgt nämlich eine Geschlechtskrankheit auf ihr Kind.
Maßnahmen zur Verhütung, Erkennung und Behandlung von G. haben seit einiger Zeit wieder erheblich an Bedeutung gewonnen, da die Anzahl der Geschlechtskranken neuerdings wieder deutlich im Ansteigen begriffen ist. Gleichzeitig hat sich der Gipfel der Häufigkeit vom 20. bis 25. Lebensjahr zum Jugendlichenalter hin verschoben. Die anfängliche Hoffnung, die G. würden sich mit Hilfe der modernen Medikamente eindämmen lassen, hat sich nicht erfüllt. Umgekehrt mag die Aussicht auf zuverlässige Heilverfahren zu einer gewissen Sorglosigkeit geführt haben. Die Ausbreitung wird durch häufigen Partnerwechsel natürlich begünstigt. Auch der zurückgehende Gebrauch von Kondomen zur ↑Empfängnisverhütung wird als förderlich angesehen.

Geschlechtskumpan: Ein G. ist ein Artgenosse, der zum Ziel geschlechtlicher Triebhandlungen auserkoren wurde. Er wird mit Hilfe des angeborenen oder geprägten Schemas für einen Artgenossen, zusätzlich durch geschlechtsgebundene Zeichen erkannt; ↑Kumpan.

Geschlechtsmerkmale: Bereits während der ↑Keimesentwicklung bilden sich bei höheren Tieren und beim Menschen Merkmale heraus, an denen das Geschlecht erkannt werden kann. Weil die ↑Geschlechtsorgane das wichtigste Unterscheidungsmerkmal der Geschlechter sind, bezeichnet man sie, einschließlich ihrer Anhangsdrüsen, als *primäre Geschlechtsmerkmale.* Die Unterschiede zwischen den Geschlechtern hinsichtlich Gestalt, Färbung und Verhalten gehören zu den *sekundären Geschlechtsmerkmalen.* Diese fehlen natürlich zwittrigen Organismen (z. B. den meisten Hohltieren, Plattwürmern, Ringelwürmern und Weichtieren). Die sekundären G. werden – außer bei den Insekten – durch Hormone der ↑Keimdrüsen ausgeprägt.
Die sekundären G. sind oft bei der Partnersuche von Bedeutung. Hierher gehören z. B. Prachtkleider, Paarungsrufe und besondere ↑Duftstoffe, also etwa die rote Bauchfärbung des Stichlingsmännchens, die Lockrufe der männlichen Singzikaden und die Duftstoffe der Duftdrüsen der weiblichen Seidenspinner. Sekundäre G. sind auch Organe zum Ergreifen und Festhalten des Geschlechtspartners (z. B. die Saugscheiben an den Vorderbei-

nen der männlichen Wasserkäfer, die Brunstschwielen an den Vordergliedmaßen männlicher Froschlurche).

Besonders die männlichen Tiere tragen als sekundäre G. oft besondere Körperanhänge wie ↑ Hörner, ↑ Geweihe oder verlängerte Zähne, die der Abwehr von Rivalen oder der Anlockung von Weibchen dienen sollen. Die sekundären G. der Weibchen sind demgegenüber v. a. besondere Organe zur ↑ Brutpflege (z. B. der Beutel der Känguruhs, die Milchdrüsen).

Die *sekundären G. des Menschen* entwickeln sich erst während der Pubertät. Es sind dies bei der Frau v. a. die Brustdrüsen, die scharf waagrecht begrenzte Schambehaarung, die typisch schwache Körperbehaarung, das breitere Becken, die schmaleren Schultern und die insgesamt abgerundeteren Körperformen. – Beim Mann sind es unscharf begrenzte Schambehaarung, stärkere Behaarung des Körpers (v. a. im Bereich des Gesichts, der Brust, der Arme und Beine), breitere Schultern und schmaleres Becken.

Unterschiede in Körpergröße, Knochenbau, Herz- und Atemtätigkeit und im seelischen Bereich werden manchmal auch als *tertiäre G.* bezeichnet.

Geschlechtsorgane (Genitalorgane, Fortpflanzungsorgane, Genitalien): Dies sind die unmittelbar der ↑ geschlechtlichen Fortpflanzung dienenden Organe der Lebewesen. Bei den Tieren und beim Menschen stellen sie gleichzeitig die primären ↑ Geschlechtsmerkmale dar.

1. Die *G. der Pflanzen:* Bei den Blütenpflanzen sind die männlichen G. die ↑ Staubblätter. Die weiblichen G. sind die ↑ Fruchtblätter mit den ↑ Samenanlagen. Bei Moosen und Farnen werden die männlichen Keimzellen in den ↑ Antheridien, die weiblichen in den ↑ Archegonien gebildet.

2. Die *G. der Tiere und des Menschen* lassen sich in äußere und innere G. gliedern. Die *äußeren G. des Mannes* umfassen ↑ Glied und ↑ Hodensack (mit ↑ Hoden und ↑ Nebenhoden), die der Frau ↑ Schamspalte, ↑ Schamlippen und ↑ Kitzler. – Zu den *inneren Geschlechtsorganen* gehört auf Seiten des Mannes der ↑ Samenleiter nebst Anhangsorganen wie ↑ Vorsteherdrüse, auf Seiten der Frau ↑ Eierstock, ↑ Eileiter, ↑ Gebärmutter und ↑ Scheide nebst den ↑ Bartholin-Drüsen.

Zusammenfassend werden Glied und Scheide samt Schamlippen auch als *Begattungsorgane* bezeichnet.

Einige Tiere haben *sekundäre Begattungsorgane* entwickelt: Bei den Männchen einiger Kopffüßer (z. B. beim Papierboot Argonauta argo) löst sich ein Fangarm zur Begattung vom Tierkörper ab und transportiert den Samenbehälter (Spermatophore) in das Weibchen. Spinnenmännchen pumpen mit Hilfe eines besonderen Kopulationsorgans seitlich am Endglied der einen Extremität des zweiten Gliedmaßenpaars (Pedipalpen) die zuvor von diesem aufgesaugte Samenflüssigkeit (Sperma) in das Weibchen.

Bei allen Wirbeltieren besteht eine enge Verbindung zwischen den Geschlechts- und den ↑ Exkretionsorganen, die deshalb als *Urogenitalsystem* zusammengefaßt werden.

Geschlechtsreife: Als G. bezeichnet man das Lebensalter, in dem die

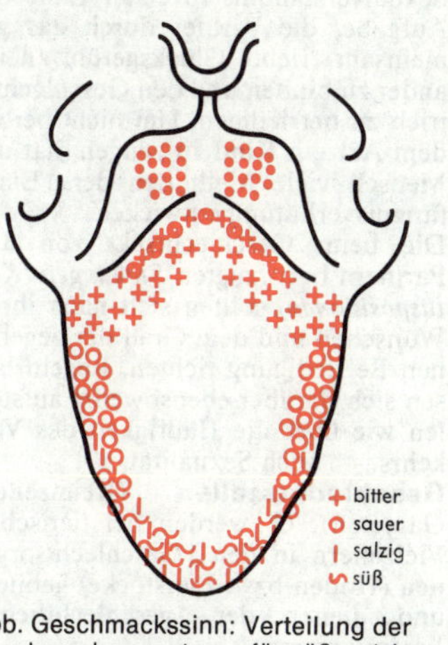

Abb. Geschmackssinn: Verteilung der Geschmacksrezeptoren für süß, salzig, sauer und bitter auf der menschlichen Zunge

Fortpflanzungsfähigkeit eines Lebewesens einsetzt. Dieser Zeitpunkt ist von Art zu Art verschieden und hängt von klimatischen, physiologischen (z. B. Ernährung, Krankheiten), soziologischen und genetischen Bedingungen ab. Beim Menschen führt die Phase der ↑Pubertät zur G. Sie beginnt beim Mädchen zwischen dem 11. und 15., beim Jungen zwischen dem 13. und 16. Lebensjahr.

Geschlechtsverkehr (Geschlechtsakt, Beischlaf, Koitus): Ursprünglicher Zweck des Geschlechtsverkehrs ist es, ein Kind zu zeugen. Dazu führt der Mann sein versteiftes ↑Glied (Penis) in die ↑Scheide (Vagina) der Frau ein. Durch Hin- und Herbewegungen sollten Mann und Frau gemeinsam zum Höhepunkt (↑Orgasmus) kommen. Beim Orgasmus preßt der Mann die Samenflüssigkeit stoßartig aus. Die Scheide der Frau zieht sich manschettenartig zusammen. Weil der Mann den Höhepunkt viel leichter und schneller erreicht als die Frau, ist eine Angleichung seiner Erregungskurve an die der Frau meist nur durch Übung mit der gleichen Partnerin möglich.

Der Geschlechtsakt hat nach heutigem Sexualverständnis in erster Linie die Aufgabe, die Partner durch das gemeinsam erlebte Glücksgefühl aneinander zu binden und den Geschlechtstrieb zu befriedigen. Um nicht bei jedem Akt ein Kind zu zeugen, hat der Mensch viele Methoden der ↑Empfängnisverhütung entwickelt.

Die beim Geschlechtsakt von den Partnern bevorzugten *Stellungen (Koituspositionen)* sollten sich nach ihren Wünschen und dem Grad der gegebenen Befriedigung richten. Regeln lassen sich darüber ebensowenig aufstellen wie über die Häufigkeit des Verkehrs. – ↑auch Sexualität.

Geschlechtszellen (Keimzellen, Gameten): G. werden bei tierischen Vielzellern in den ↑Geschlechtsorganen (Hoden bzw. Eierstöcke) gebildet und dienen der ↑geschlechtlichen Fortpflanzung.

Die *männlichen G.,* die am Ende der Reifeteilung ↑haploid vorliegen, nennt man Spermien, Spermatozoen oder ↑Samenzellen. Sie sind frei beweglich und werden bei der ↑Besamung von dem weiblichen Ei chemisch angelockt.

Die ebenfalls am Ende der Reifeteilung haploid vorliegende weibliche ↑Eizelle ist im allgemeinen größer und meist unbeweglich.

Im Bereich der Einzeller und der niederen Pflanzen (Algen) kommen neben der Fortpflanzung über bewegliche Samenzellen und unbewegliche Eizellen (↑Oogamie) sehr häufig auch ↑Isogamie und ↑Anisogamie vor. Bei der ersteren sind die Gameten anatomisch gleich gebaut *(Isogameten),* unterscheiden sich jedoch physiologisch. Bei der Anisogamie kommt noch ein deutlicher Größenunterschied der Gameten *(Anisogameten)* hinzu. Sowohl Isogameten (Grünalge Ulothrix zonata) als auch Anisogameten (Grünalge Enteromorpha intestinalis) verschmelzen bei der geschlechtlichen Fortpflanzung miteinander und bilden wie bei der Oogamie eine ↑diploide ↑Zygote. Bei Samenpflanzen befindet sich die Eizelle im Embryosack; der männlichen Geschlechtszelle entspricht die Spermazelle des Pollenschlauchs (↑Samenanlage).

Geschmacksknospen ↑Geschmackssinn.

Geschmackssinn (Geschmack, Schmecksinn): Der G. gehört zu den ↑chemischen Sinnen und dient der Wahrnehmung gelöster Substanzen. Der G. ist ein Nahsinn mit relativ hohen Reizschwellen.

Bei den meisten *Wirbellosen* ist der G. nicht an die Mundregion gebunden und häufig nicht vom ↑Geruchssinn zu unterscheiden. Bei den *Ringelwürmern* sind die Geschmacksrezeptoren über die ganze Körperoberfläche verstreut. Bei der *Weinbergschnecke* sitzen sie auf den Mundlappen. *Spinnen* „schmekken" ihre Beute zunächst durch Berühren mit den Vorderbeinen, dann durch Betasten mit den Pedipalpen (Kiefertaster) und schließlich beim Biß. Die *Insekten* besitzen *Geschmackssinneszellen* auf den Antennen (Fühlern), den

Mundgliedmaßen und den Fußgliedern der Vorderbeine. Es handelt sich hier meist um in Gruben versenkte, dünnwandige, kegelförmige oder haarartige Chitinbildungen *(Schmeckhaare),* in die die Sinneszelle hineinragt. – *Fliegen* können mindestens die Geschmacksqualitäten süß, salzig und bitter unterscheiden.

Bei den *Wirbeltieren* (einschließlich *Mensch*) liegen die Geschmacksrezeptoren fast ausschließlich im Bereich der Mundhöhle (bei Fischen auch auf Barteln, Flossen und dem Rumpf), ohne ein einheitliches Organ zu bilden. So sitzen z. B. auf der Froschzunge pilzförmige bzw. abgeplattet kolbenförmige Papillen, deren Endflächen die Geschmackssinneszellen tragen. Bei Säugetieren (also auch beim Menschen) stehen die Sinneszellen in *Geschmacksknospen* zusammen (s. Abb. S. 179). Der erwachsene Mensch hat rund 2 000 Geschmacksknospen.

Alle Wirbeltiere können die menschlichen *Geschmacksqualitäten* süß, sauer, salzig und bitter unterscheiden, wobei bitter meist abgelehnt wird, da es häufig Giftstoffe wie ↑Alkaloide anzeigt. Die Aufnahme solcher Stoffe kann reflexartig in Form einer gezielten Schutzreaktion des Körpers zum Ausspucken oder Erbrechen führen. Andererseits können positive Geschmacksempfindungen reflektorisch die Sekretion von Speichel und Magensaft anregen.

Derselbe Stoff kann bei verschiedenen Tierarten zu verschiedenen Geschmacksempfindungen führen. So schmeckt z. B. Saccharin in geringer Konzentration für den Menschen süß, für die Ratte vermutlich bitter, da es abgelehnt wird. Die Geschmacksqualitäten können sich auch mit der Konzentration eines Stoffs ändern, z. B. schmeckt Kaliumbromid mit steigender Konzentration zuerst süß, dann bitter und schließlich salzig. Saccharin schmeckt in höherer Konzentration bitter. – Außerdem erlischt eine Geschmacksempfindung bei Dauerreizung der entsprechenden Sinneszellen.

Die Verteilung der verschiedenen *Geschmacksrezeptoren* auf der menschlichen Zunge ist nicht gleichmäßig. *Süß* wird an der Spitze, *salzig* am vorderen Rand (Pilzpapillen), *sauer* am mittleren Rand (Blattpapillen) und *bitter* am Zungengrund (Wallpapillen) empfunden (daher auch der „bittere Nachgeschmack"). Die oft fein nuancierten Sinnesempfindungen, die beim Essen und Trinken auftreten, beruhen auf dem Zusammenwirken von Geschmacks- und Geruchsempfindungen (Duftstoffe aus der Speise gelangen über die Choanen in die Nase; bei Schnupfen ist der „Geschmack" stark beeinträchtigt). Dabei spielen auch der ↑Tastsinn (knusprig), ↑Temperatursinn (Wärme bei Alkohol, Kälte bei Menthol) und der Schmerzsinn (scharfe Gewürze) eine Rolle.

Bei einigen Tieren darf auch ein *Wassergeschmack* angenommen werden.

geschützte Pflanzen: Als geschützte Pflanzen werden alle diejenigen wildwachsenden Pflanzen bezeichnet, deren Beschädigung und Entfernung vom Standort verboten oder nur beschränkt zugelassen ist.

Vollkommen geschützt sind in der BR Deutschland: Akelei (alle Arten), Alpenmannstreu, Alpenrose (alle Arten), Alpenveilchen, Aurikel, Diptam, Edelraute (alle Hochgebirgsarten), Edelweiß, Enzian (Brauner Enzian, Gefranster Enzian, Gelber Enzian, Lungenenzian, Punktierter Enzian, Purpurroter Enzian, Schlauchenzian, Stengelloser Enzian), Federgras, Gelber und Großblütiger Fingerhut, Frühlingsadonisröschen, Hirschzunge, Karlszepter, Königsfarn, Küchenschelle (alle Arten), Lilie (alle Arten), Großes und Narzissenblütiges Windröschen, Orchideen (alle Arten), Pfingstnelke, Primel (alle rotblühenden Arten), Schachbrettblume, Sibirische Schwertlilie, Seerose (alle Arten), Seidelbast (alle Arten), Siegwurz (alle Arten), Gelber Speik, Stranddistel, Straußfarn, Teichrose (alle Arten), Winterlieb, Wintergrün (alle Arten) und Zwergalpenrose.

Zu den *teilweise geschützten* Arten (geschützt sind hier die unterirdischen

Teile wie Wurzelstöcke und Zwiebeln oder die Blattrosetten) gehören: Arnika, Blaustern (alle Arten), Christrose, Grüne Nieswurz, Eisenhut (alle Arten), Märzenbecher, Maiglöckchen, Narzisse (alle Arten), Schneeglöckchen, Schwertlilie (alle Arten), Silberdistel, Sonnentau (alle Arten), Tausendgüldenkraut (alle Arten), Traubenhyazinthe (alle Arten), Trollblume, Waldgeißbart; weiterhin alle rosetten- und polsterbildenden Arten der Gattungen Hauswurz, Leimkraut, Mannsschild, Schlüsselblume und Steinbrech.

Nicht für gewerbliche Zwecke gesammelt werden dürfen nach den Bestimmungen des Bundesnaturschutzgesetzes von 1976 außerdem: Bärlapparten, Wacholder, Eibe, Schwertlilien, Gagelstrauch, Trollblume, Eisenhutarten, Leberblümchen, Sonnentau (alle Arten), Stechpalme, Arnika und Silberdistel.

Zuwiderhandlungen werden strafrechtlich verfolgt. – ↑auch Naturschutz.

geschützte Tiere: Viele Tierarten sind vom Aussterben bedroht. Man sucht dies durch Schutzgesetze (Naturschutzgesetz, Jagdgesetz) zu verhindern. Geschützte Tiere dürfen nicht getötet oder gefangen, bei Vögeln auch deren Nester, Brutstätten und Eier nicht beschädigt, zerstört oder weggenommen werden. Die BundesartenschutzVO i. d. F. vom 25. 8. 1980 gilt für folgende *vollkommen geschützte* Arten: z. B. in der BR Deutschland von den *Säugern:* Biber, Igel, Spitzmäuse (Ausnahme: Wasserspitzmaus), Fledermäuse, Birkenmaus und Bilche (Sieben-, Garten- und Baumschläfer, Haselmaus); von den *Vögeln:* alle nicht jagdbaren Arten (Ausnahmen: Nebel-, Rabenkrähe, Elster, Eichelhäher, Star, Haussperling, Haustaube [verwilderte Form], Amsel), Weißstorch; von den *Kriechtieren:* Europäische Sumpfschildkröte, alle Eidechsen und nichtgiftigen Schlangen, Blindschleichen; von den *Lurchen:* Feuer- und Alpensalamander, Kamm-, Berg-, Faden- und Teichmolch, alle Kröten der Gattung Bufo, Geburtshelferkröte, Knoblauchkröte, Unken, Laubfrosch, alle Echten Frösche der Gattung Rana (Ausnahme: Wasser- und Grasfrosch); von den *Insekten:* Libellen, Fangschrecken, Stabwanze; von den Hautflüglern die Bienen und Hummeln und die Rote Waldameise. Von den Käfern u. a. Pracht-, Großlauf-, Bock-, Blüten-, Gold-, Rosen-, Hirsch-, Ölkäfer, Puppenräuber. Weiterhin von den Gleichflüglern die Singzikaden, außerdem die Schmetterlingshaften. Von den Schmetterlingen u. a. Bärenspinner, Spanner, Glucken (ausgenommen Kiefernspinner), Eulenfalter, Ordensbänder, Zahnspinner, Schwärmer (ausgenommen Kiefernschwärmer), Widderchen und Tagschmetterlinge (Ausnahme einige Weißlinge). Von den Weichtieren sind Weinbergschnecke, Teich- und Flußperlmuschel geschützt. Bei den Gliederfüßern stehen Kreuzspinnen, Schneckenkanker sowie Stein- und Edelkrebs unter Schutz.

Gesichtssinn: Bei den höheren Wirbeltieren sind die Sehorgane (↑Augen) im Gesicht lokalisiert. Dies führte zur Bezeichnung Gesichtssinn.

Die Leistungsfähigkeit der Augen ist bei den einzelnen Tierarten sehr unterschiedlich; sie hängt zudem auch von der Ausbildung der übrigen Fernsinne (Nase und Ohr) ab.

Der *G. des Menschen* ist sehr gut entwickelt. Wir sehen Farben (↑Farbensehen), Formen und Bewegungen bei guter Bildschärfe.

Fledermäuse sehen insgesamt sehr schlecht; sie orientieren sich durch Ultraschallpeilung.

Nachttiere haben einen G., der fast ausschließlich auf dem *Stäbchensehen* (Helldunkelwahrnehmung) beruht. Ihre Sehschärfe in der Dunkelheit ist nicht sehr gut, weil die weit geöffnete Pupille die Abbildungsfehler der Linse voll zur Wirkung kommen läßt. Die hinter der Netzhaut liegende Schicht aus Guaninkristallen reflektiert bei diesen Tieren außerdem das Licht, das durch die Netzhaut fällt, wodurch sich die Sehschärfe verschlechtert, die

Lichtempfindlichkeit dagegen größer wird.
Für *Fluchttiere* (v. a. Steppentiere), die schon bei großer Entfernung vor einem möglichen Feind fliehen, ist der G. lebenswichtig. Sie haben deshalb ein Gesichtsfeld von mehr als 270°. – Bei Tieren, für die gutes *räumliches Sehen* notwendig ist (Affen, Raubkatzen, Eulen und auch der Mensch), ist das Gesichtsfeld kleiner (ca. 180°), weil beide Augen den räumlich zu sehenden Gegenstand gleichzeitig fixieren müssen.

Gestagene: Die G. gehören zu den sog. Steroidhormonen unter den ↑Geschlechtshormonen. Sie werden hauptsächlich in Form des *Progesterons* im ↑Gelbkörper (als Gelbkörperhormon) und in der ↑Plazenta nach dem zweiten Schwangerschaftsmonat, in der Nebennierenrinde und in geringen Mengen auch in den männlichen Keimdrüsen gebildet.
Die G. dienen der Vorbereitung und Erhaltung der Schwangerschaft und hemmen den ↑Follikelsprung über ihre Rückwirkung auf den Hypophysenvorderlappen, der die Produktion von follikelstimulierendem Hormon drosselt. Daneben beeinflußt Progesteron noch die Wirkungen von ↑Insulin und ↑Vasopressin.
Die Gestagene werden in der Leber abgebaut und im Urin als *Pregnandiol* ausgeschieden.

Getreide: Sammelbegriff für die aus verschiedenen Arten von Gräsern gezüchteten landwirtschaftlichen Kulturpflanzen Roggen, Weizen, Gerste, Hafer, Reis, Mais und Hirse. Die Getreidekörner werden als Nahrungsmittel und Viehfutter verwendet und auch zur Herstellung von Branntwein, Malz und Stärke benutzt. Die Halme dienen als Futter, Streu, Dünger, Flecht- und Verpackungsmaterial und zur Zellulosegewinnung.

Gewässerregionen: Siehe Tabelle auf S. 184.

Gewebe: Im Organismus sind Zellen, die annähernd gleiche Aufgaben zu erfüllen haben und etwa gleich aufgebaut sind, zu größeren Zellverbänden, den Geweben, zusammengefaßt. Auch Zellen unterschiedlichen Baus können G. *(komplexe G.)* bilden.
Mit der Bildung von Geweben geht stets eine Arbeitsteilung einher; deshalb besteht ein Organismus aus verschiedenen Geweben. Durch den Zusammenschluß unterschiedlicher G. zu einer höheren Funktionseinheit entstehen ↑Organe und Organsysteme.
Man unterscheidet pflanzliche und tierische Gewebe:
1. *Pflanzliche G.:* Algen und Pilze besitzen meist nur zu *Scheingeweben (Plektenchymen)* miteinander verflochtene Zellfäden. – Moose und höhere Algen bilden ihren band- bis blattförmigen *Gewebethallus* von einzelnen Scheitelzellen und nicht von einem Bildungsgewebe aus. – Farne und Samenpflanzen sind immer aus echten Geweben aufgebaut. Sie entstehen in der Regel aus *Bildungsgewebe* (↑Meristem), das von den Vegetationspunkten bzw. den ↑Vegetationskegeln ausgeht. Durch Zellteilung, Zellstreckung und Zelldifferenzierung entstehen aus dem Meristem ↑Dauergewebe.
2. *Tierische G.:* Zu den Gewebetieren (Eumetazoen) zählen alle Vielzeller mit Ausnahme der Schwämme und Hohltiere. Ihre G. entwickeln sich aus den ↑Keimblättern bzw. aus *Blastemen (tierisches Bildungsgewebe).* Im wesentlichen werden folgende G. unterschieden (s. Abb. S. 186): ↑Deckgewebe, ↑Bindegewebe, ↑Stützgewebe, Muskelgewebe (↑Muskeln), Nervengewebe (↑Nervensystem), ↑Fettgewebe.

Gewebekultur: Bei dieser Methode der Zell- und Gewebeforschung werden kleine Gewebestückchen in sterilen Nährlösungen oder auf Nährböden am Leben erhalten. Gewebekulturen in Hängetropfentechnik lassen eine ständige mikroskopische Beobachtung (besonders nach dem Phasenkontrastverfahren) und entsprechende Filmaufnahmen zu.
Durch Veränderung der Nährlösung oder durch Zusatz von Medikamenten versucht man u. a. Fragen der Physiologie oder der Wirkung von Medikamenten zu beantworten.

GEWÄSSERREGIONEN

Benthal
(Bodenregion; Gewässerrand bis größte Wassertiefe)

Meer	stehende Süßgewässer
Supralitoral: Spritz- oder Brandungszone; nur bei Sturmflut überspült	*Supralitoral:* Zone oberhalb des Gewässerrands; zeitweise Spritzwassereinwirkung
Eulitoral: Gezeitenbereich	*Eulitoral:* Bereich des Wellenschlags am Ufer
Litoral: Hochwasserflutlinie bis Grenze des Schelfs bei 200 m Tiefe = Grenze des Pflanzenwuchses	*Litoral:* äußerster Gewässerrand bis Grenze des Pflanzenwuchses
Sublitoral: Übergangsregion	*Sublitoral:* Übergangsregion mit Ablagerungen (Schalenzone)
Bathyal: Kontinentalabhang von 200 bis 3 000 m Tiefe (lichtlos; ohne autotrophe Pflanzen)	*Profundal:* die anschließende pflanzenlose Zone (Sedimentablagerungen)
Abyssal: Tiefen von etwa 1 000–3 000 m bis zu 6 000–7 000 m	*Abyssal:* zuweilen so genannte Bodenzone des Tiefwassers unterhalb (400 bis) 600 m
Ultraabyssal (Hadal): unterhalb 7 000 m Tiefe	

Pelagial
(Freiwasserzone; Oberfläche bis größte Wassertiefe)

Meer (Halipelagial)	stehende Süßgewässer (Limnopelagial)
trophogene Zone *Epipelagial:* Wasseroberfläche bis etwa 150 bis 200 m Tiefe (Flachsee)	**trophogene Zone** *oberes Pelagial:* stets unter Wasser befindliche Uferzone bis zur Grenze des Pflanzenwuchses. Bei Seen auch: *Eulimnion* = Zone über der Sprungschicht; *Metalimnion* = Zone der Sprungschicht
tropholytische Zone *Bathypelagial:* Kontinentalabhang von etwa 200–800 m Tiefe und die Tiefsee >800 m Tiefe. Tiefsee auch gegliedert in: *Hemipelagial:* Tiefen von 800 bis etwa 2 400 m; *Eupelagial:* Tiefen unterhalb 2 400 m, bis in die Tiefseegräben	**tropholytische Zone** *unteres Pelagial:* Zone des offenen Wassers. Bei Seen auch: *Hypolimnion:* Zone unter der Sprungschicht

Fließgewässerregionen
(Quelle bis Mündung; Mitteleuropa)

Bäche und Flüsse

Krenal (Quellzone)
Zone des aus dem Boden quellenden Wassers; O_2-Gehalt mäßig; konstant kalt; keine oder nur mäßige Flora

Rhithral (Gebirgsbachregion)
Forellenregion: oberster Abschnitt; kräftige Strömung, O_2-reich, konstant kalt; Bachforelle

Äschenregion: mäßige Strömung, O_2-reich, kühl; größere Wassertiefe als vorhergehende Zone; Äsche

Barbenregion: noch relativ rasch strömend, meist O_2-reich, Temperatur jahreszeitlich stark schwankend; reiche Flora; Barben und Karpfenfische

Potamal (Tieflandflußregion)
Bleiregion (Brachsenregion): geringe Fließgeschwindigkeit; Wasser trüb, in der Tiefe O_2-arm; kein Pflanzenwuchs; artenreicher Fischbestand: u. a. Aal, Hecht, Karpfen, Karausche, Rotauge und Wanderfische aus dem Meer

Brackwasserregion (Kaulbarschregion): unterster Abschnitt vor der Flußmündung; Wasser sehr trüb, oft O_2-arm, Strömung und Salzgehalt wechselnd; Fische: Flunder, Kaulbarsch, Stichling und Wanderfische

Gewebekulturen sind mit pflanzlichen meristematischen Geweben verhältnismäßig leicht anzulegen. Bei tierischen und menschlichen Geweben sind die Schwierigkeiten größer. Die Kultur von Einzelzellen ist am schwierigsten. Je weniger differenziert die verwendeten Gewebe sind, desto größer sind die erzielten Erfolge.
In Gewebekulturen stellte man fest, daß embryonale Zellen nur eine begrenzte Teilungsfähigkeit besitzen. So teilen sich menschliche Zellen nur rund 50mal; allerdings machen einige Gewebe eine Ausnahme (z. B. Keimschicht der Haut, Krebszellen).

Gewebelehre (Histologie): Dieses Teilgebiet der Biologie und der Medizin erforscht mit Hilfe (elektronen)mikroskopischer Techniken Bau und Funktion der menschlichen, tierischen und pflanzlichen Gewebe. – Die *pathologische Histologie* untersucht krankhafte Veränderungen an Geweben und hilft dem Arzt unter Umständen, die Diagnose zu stellen.

Geweih: Die paarig ausgebildete Stirnwaffe der Hirsche (Cervidae) dient Brunst- und Abwehrkämpfen. Es wächst (mit Ausnahme des Rens) nur bei männlichen Tieren.
Im Unterschied zum Gehörn (↑Hörner) der Rinder ist das G. eine Hautknochenbildung. Es ist während seines Wachstums von einer plüschartig behaarten, blutgefäßreichen Haut *(Bast)* überzogen. Diese stirbt schließlich ab und wird an Bäumen und Sträuchern abgescheuert („Fegen"). Beim Rothirsch geschieht dies im Juli und August, beim Rehbock im April und Mai, beim Damhirsch im August und September und beim Elch v. a. im Juni bis August. Gerbstoffe aus der Baumrinde des Fegebaums färben das G. mehr (z. B. bei Eichen und Erlen) oder weniger dunkel (z. B. bei Birken, Buchen, Weiden).
Beim Abklingen der Brunst wird das G. durch Einwirkung von Geschlechtshormonen abgeworfen (Rothirsch: Februar/ März; Rehbock: Oktober/Dezember; Damhirsch: April/ Mai; Elch: Oktober/ November). Die Neubildung erfolgt unter Einwirkung des Schilddrüsenhormons.
Jäger bezeichnen das G. des Rehbocks als *Gehörn*.

Gewölle: Viele Vögel würgen unverdauliche Nahrungsreste (Haare, Federn, Knochen, Muschelschalenreste, Chitinreste von Insekten) in meist walzenförmigen Ballen wieder aus. Durch Untersuchungen dieser G. lassen sich die Beutetiere ermitteln.
G. werden u. a. von folgenden Vögeln ausgewürgt: Eulen, Greifvögel, Würger, Krähen, Möwen, Störche, Reiher, Eisvögel, Bienenfresser, Kormorane. Im Gegensatz zu den Eulen enthalten die G. der Greifvögel, auch *Speiballen* genannt, keine oder höchstens angedaute Knochenreste.

Gewürzpflanzen: Zu den G. zählen einheimische und ausländische Pflanzen, deren Wurzeln, Rinde, Sprosse, Blätter, Blüten, Früchte oder Samen sich wegen ihres aromatischen oder scharfen Geschmacks und Geruchs als Würzmittel eignen. Der Nährwert der G. ist gering; wichtig ist dagegen die appetitanregende und verdauungsfördernde Wirkung der in ihnen enthaltenen ätherischen Öle und Bitterstoffe.
Bekannte *einheimische G.* sind: Anis, Beifuß, Bohnenkraut, Brunnenkresse, Dill, Meerrettich, Melisse, Minze, Petersilie, Schnittlauch, Sellerie, Wacholder, Zwiebel.
Zu den bekanntesten *ausländischen G.* gehören: Ingwer, Muskat, Origano, Paprika, Pfeffer, Piment, Safran, Soja, Vanille und Zimt.

Gibberelline ↑Wuchsstoffe.

Gibbons: Die G. sind in Südostasien heimische Affen mit pflanzlicher Ernährungsweise. Sie werden von manchen Systematikern zu den ↑Menschenaffen gerechnet. Ihr Kopf ist klein und ohne vorspringende Schnauze. Mit den bis auf den Boden reichenden Armen (Langarmaffen) sind die bis höchstens 90 cm großen, schwanzlosen Tiere auf das Baumleben spezialisiert (↑Brachiatoren). Sie leben monogam und gesellig in Horden in abgegrenzten Revieren.

Giftpflanzen: G. enthalten Substan-

GEWEBE

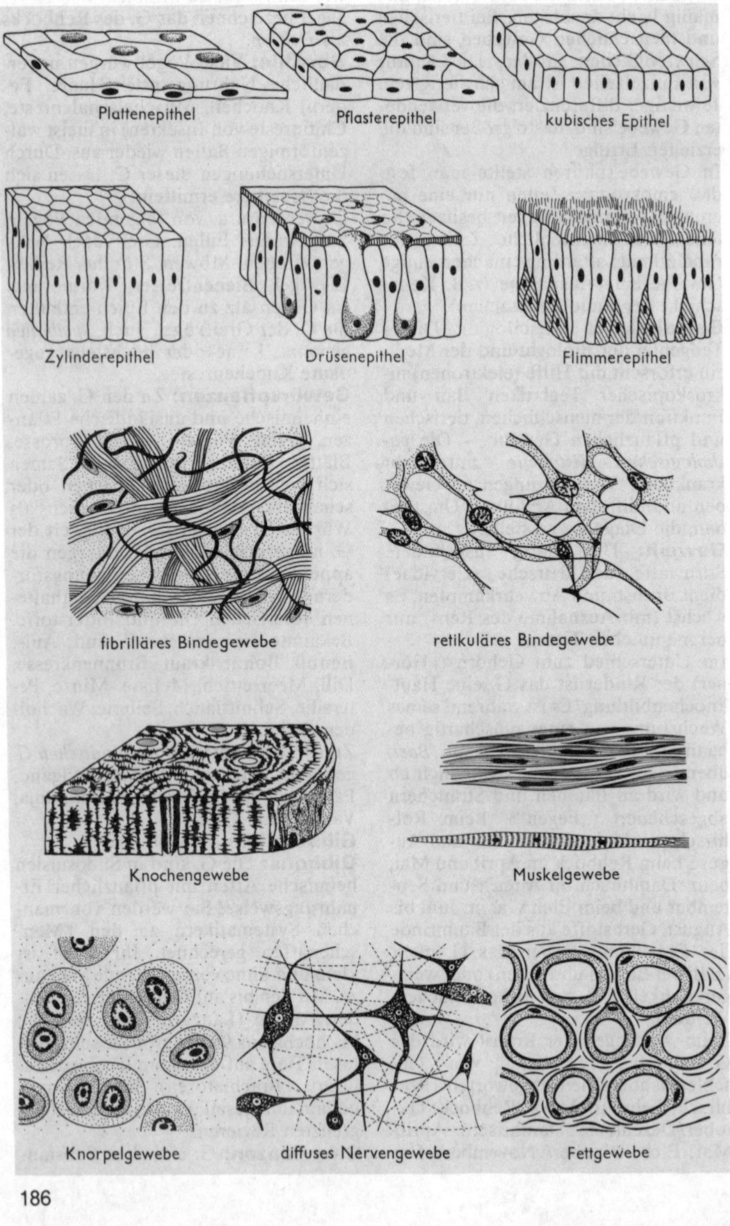
Plattenepithel
Pflasterepithel
kubisches Epithel
Zylinderepithel
Drüsenepithel
Flimmerepithel
fibrilläres Bindegewebe
retikuläres Bindegewebe
Knochengewebe
Muskelgewebe
Knorpelgewebe
diffuses Nervengewebe
Fettgewebe

zen, die durch Berührung (selten) oder Aufnahme in den Körper bei Mensch und Tier (u. U. tödliche) Vergiftungserscheinungen hervorrufen. In geringen Dosierungen werden diese Substanzen auch als Arzneimittel verwendet (↑Heilpflanzen). Die giftig wirkenden Inhaltsstoffe sind sekundäre Pflanzenstoffe, hauptsächlich ↑Alkaloide und auch ↑Glykoside. Art und Stärke der Giftwirkung sind abhängig von der Dosierung, von der chemischen Zusammensetzung der Giftstoffe und von der Verteilung und dem Angriffsort im Organismus.

Der Giftgehalt der einzelnen Pflanzenteile ist unterschiedlich und hängt von Klima, Standort, Jahreszeit und Alter ab. So enthalten z. B. grüne, am Licht gewachsene Kartoffelknollen Solanin und sind somit giftig; die unter der Erde gewachsenen Knollen dagegen sind ungiftig. Manche Gifte werden durch Trocknen unwirksam oder durch Kochen (wie z. B. bei den Samen der Gartenbohne das darin enthaltene Phasin).

Wichtige *einheimische oder kultivierte nichteinheimische G.* sind: Alpenveilchen, Aronstab, Bilsenkraut, Bingelkraut, Buchsbaum, Drachenwurz, Eibe, Einbeere, Eisenhut, Fingerhut, Germer, Giftlattich, Giftprimel, Giftsumach, Gnadenkraut, Goldregen, Hahnenfuß, Heckenkirsche, Herbstzeitlose, Hundspetersilie, Kartoffelpflanze, Kirschlorbeer, Kornrade, Lebensbaum, Liguster, Mahonie, Maiglöckchen, Nachtschatten, Narzisse, Nieswurz, Oleander, Osterluzei, Pfaffenhütchen, Robinie, Roßkastanie, Sadebaum, Schierling, Schlafmohn, Schöllkraut, Schwalbenwurz, Seidelbast, Stechapfel, Stechpalme, Tabak, Taumellolch, Tollkirsche, Tulpe, Vogelbeerbaum, Wasserschierling, Waldrebe, Weihnachtsstern, Wolfsmilch, Wurmfarn, Zaunrübe.

Giftpilze: Als G. bezeichnet man ↑Pilze, deren Fruchtkörper bestimmte Substanzen in so hohen Anteilen enthalten, daß nach ihrem Genuß bei Menschen und Tieren Vergiftungserscheinungen auftreten. Diese Substanzen sind in den Fruchtkörpern als Stoffwechselbestandteile enthalten.

Nach der Wirkung der Gifte auf den Organismus werden drei Gruppen der G. unterschieden:

1. *G. mit Protoplasmagiften* (Phalloidin, Amanitin), die schwere, lebensgefährliche Vergiftungen hervorrufen. Die Wirkung des Gifts tritt erst nach etwa 6–48 Stunden ein. Der Tod wird durch Kollaps und Herzlähmung oder durch Leberversagen hervorgerufen (z. B. Knollenblätterpilze).
2. *G. mit Nervengiften* (Muskarin, Muskaridin). Sie bewirken schwere Vergiftungen, jedoch nur selten mit tödlichem Ausgang. Die Wirkung tritt schon nach etwa 15–30 Minuten ein (z. B. Fliegenpilz, Ziegelroter Rißpilz).
3. *G. mit lokal wirkenden Giften*. Sie bewirken weniger starke Vergiftungen und sind selten tödlich (z. B. der Giftreizker).

Von den rund 200 bekannten Giftpilz-

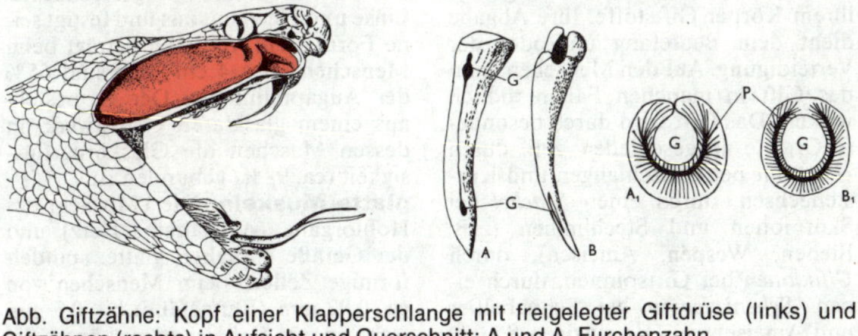

Abb. Giftzähne: Kopf einer Klapperschlange mit freigelegter Giftdrüse (links) und Giftzähnen (rechts) in Aufsicht und Querschnitt; A und A_1 Furchenzahn, B und B_1 Röhrenzahn, G Giftkanal, P Pulpahöhle

arten der Nordhalbkugel sind etwa 10 Arten tödlich giftig und etwa 40 Arten gefährlich giftig.
Auch nach dem Verzehr zu alter, durch Frost, unsachgemäße Lagerung oder Zubereitung verdorbener Speisepilze können Vergiftungserscheinungen auftreten. Die wichtigsten *einheim. Giftpilze* sind: Dickfußröhrling, Fliegenpilz, Frühlorchel, Giftreizker, Kartoffelbofist, Grüner und Weißer Knollenblätterpilz, Koralle, Pantherpilz, Riesenrötling, Satanspilz, Schwefelkopf, Speitäubling, Tigerritterling, Gelber Wulstling, Ziegelroter Rißpilz.

Giftschlangen: G. töten ihre Beutetiere durch Gift. Es wird ihnen durch ↑Giftzähne eingespritzt und dient gleichzeitig einer schnell einsetzenden chemischen Aufschließung der großen Beutestücke in der Mundhöhle oder bereits außerhalb derselben. Viele G. ziehen sich nach dem tödlichen Biß zurück und warten den Todeskampf des Beutetiers ab. Beim Schlingen werden oft weitere Giftmengen in das Beutetier eingespritzt. Der Biß vieler G. ist auch für den Menschen ohne rechtzeitige Hilfe tödlich.
Wichtige G. sind die *Giftnattern* in Amerika und Asien (z. B. Kobras und Mambas), die *Seeschlangen* im Stillen und Indischen Ozean sowie die weitverbreiteten *Vipern (Ottern)* und *Grubenottern,* z. B. die 60 bis 85 cm lange heimische *Kreuzotter*. Letztere besitzt ein Paar Röhrengiftzähne, die beim Biß aufgerichtet werden.

Giftstoffe svw. ↑Toxine.

Gifttiere: Manche Tiere erzeugen in ihrem Körper Giftstoffe. Ihre Abgabe dient dem Beutefang und/oder der Verteidigung. Auf den Menschen kann das Gift in manchen Fällen tödlich wirken. Das Gift wird durch besondere Organe ausgeschieden, z. B. durch *Giftzähne* bei Giftschlangen und Krustenechsen, durch einen *Stachel* bei Skorpionen und Stechimmen (z. B. Bienen, Wespen, Ameisen), durch *Giftklauen* bei Giftspinnen, durch einen *Schenkelsporn* bei Schnabeltier und Ameisenigel (als einzigen Säugetieren) und bei Giftfischen durch besonders ausgebildete *Flossenstrahlen* (z. B. Petermännchen) oder einen Giftstachel (z. B. Stechrochen).
Als *Giftfische* gelten auch solche mit giftigen Organen oder giftigem Blut, z. B. Aale (Entgiftung durch Kochen oder Räuchern). ↑Kröten scheiden über Hautdrüsen an der ganzen Körperoberfläche Gift aus, und ↑Nesseltiere entladen ihr Gift durch Nesselfäden. – Giftige Vögel gibt es nicht.

Giftzähne: G. sind besonders ausgebildete Zähne. Sie befinden sich bei ↑Giftschlangen vorn (aufrichtbar) oder hinten im Oberkiefer, bei Krustenechsen (Nordamerika) im Unterkiefer. Die G. sind über einen geschlossenen Kanal oder eine bzw. zwei Rinnen mit den Giftdrüsen verbunden (s. Abb. S. 187).
Als G. dienen auch die seitlichen Radulazähne (↑Radula) der tropischen Kegelschnecken.

Gigaswuchs svw. ↑Riesenwuchs.

Glashauseffekt (Glashauswirkung, Treibhauseffekt): Bez. für den Einfluß der Erdatmosphäre auf den Strahlungs- und Wärmehaushalt der Erde, der der Wirkung eines Gewächshausdachs ähnelt. Wasserdampf und Kohlendioxid in der Atmosphäre lassen die kurzwellige Sonnenstrahlung mit relativ geringer Abschwächung zur Erdoberfläche gelangen, absorbieren bzw. reflektieren (als atmosphärische Gegenstrahlung) jedoch den von der Erdoberfläche ausgehenden langwelligen Wärmestrahlungsanteil.

Glaskörper: Der gallertige G. füllt den Hohlraum des ↑Auges zwischen Linse und Netzhaut aus und festigt seine Form. Sein Volumen beträgt beim Menschen etwa 4 cm^3, das sind 65% des Augapfelinhalts. Der G. besteht aus einem glasklaren Gerüstwerk, in dessen Maschen die Glaskörperflüssigkeit (ca. 98%) gebunden ist.

glatte Muskeln: Die ↑Muskeln der Hohlorgane (Ausnahme: Herz) und der Gefäße enthalten glatte, spindelförmige Zellen, beim Menschen von ca. 0,02 mm (Blutgefäße) bis 0,5 mm (schwangere Gebärmutter) Länge. Sie besitzen im Unterschied zu den ↑quer-

gestreiften Muskeln jeweils nur einen Zellkern. Die ↑Muskelkontraktion erfolgt durch feine, unterschiedlich dikke Eiweißfäden, die *Myofibrillen.* Sie wird durch die Überträgerstoffe ↑Acetylcholin und ↑Adrenalin ausgelöst.
G. M. arbeiten meist recht langsam und können die Kontraktion ohne großen Energieverbrauch oft längere Zeit aufrechterhalten (z. B. Schließmuskel der Muscheln). Sie unterliegen nicht dem Willen *(unwillkürliche Muskeln).* Bei Wirbellosen besteht auch die Körperdecke z. T. aus glatten Muskeln.

Glaukom svw. ↑grüner Star.

Gleichgewichtsorgane: Bei vielen Tieren und beim Menschen sind G. ausgebildet, die der Wahrnehmung der Lage des Körpers im Raum, meist mit Hilfe der Schwerkraftwirkung, dienen. Dafür sind diese G. mit ↑Statolithen ausgestattet. Beim Menschen und überhaupt bei den Säugetieren sind Sacculus und Utriculus sowie die 3 Bogengänge im ↑Ohr Organe des Gleichgewichtssinns; die Bogengänge sind zusätzlich auch Organe des Drehsinns. – ↑auch Statozysten.

gleichwarm: Bei gleichwarmen Tieren (↑Warmblüter) bleibt die Körpertemperatur unabhängig von der Umgebungstemperatur stets fast gleich hoch (Gegensatz: ↑wechselwarm). Ein Wärmeregulationszentrum im Gehirn reguliert diesen Vorgang. Die Temperaturhöhe ist artspezifisch unterschiedlich und beträgt bei Vögeln 40 bis 43 °C, bei den meisten Säugetieren 36 bis 39 °C (Mensch 37 °C). Durch Schlaf und Arbeit bedingt, zeigt die Körpertemperatur einen gewissen Tagesrhythmus. – ↑auch Fieber.

Gliazellen: G. bilden im Nervengewebe ein bindegewebsähnliches Stützgewebe, die *Neuroglia (Glia),* das von Blutkapillaren und Lymphgefäßen durchzogen ist. Im Zentralnervensystem übernehmen bestimmte G., die *Oligodendroglia,* die Aufgabe der Schwann-Zellen; sie isolieren also die Nervenfaser.
G. versorgen die Nervenzellen des Gehirns mit Glucose und anderen Nährstoffen.

Glied (männliches Glied, Penis): Zu den äußeren ↑Geschlechtsorganen des Mannes gehört das Glied. Als ↑Begattungsorgan dient es der Übertragung der ↑Samenzellen in die Scheide der Frau. Damit dieser Vorgang erleichtert wird, besitzt es drei schwammartige *Schwellkörper,* die sich bei geschlechtlicher Erregung prall mit Blut füllen. Dabei richtet sich das G. auf (↑Erektion).
Durch den unteren Schwellkörper zieht die Harn-Samen-Röhre. Diese mündet am Ende des Gliedes nach außen.
Die stark durchblutete, reizempfindliche Spitze des Gliedes *(Eichel, Glans)* wird von der zurückziehbaren *Vorhaut (Präputium)* geschützt. Die Oberhaut der Eichel sondert ein talgartiges Sekret, das *Smegma,* ab. Weil es den Bakterien als Nährboden dient und sich das G. dadurch entzünden kann, sollte das G. regelmäßig gewaschen werden. Das Smegma ist vermutlich kanzerogen (krebserzeugend).
Einige Völker trennen die Vorhaut aus ehemals hygienischen, heute religiösen Gründen ab *(Beschneidung).*
Die Vorhaut kann vorn verengt sein und sich dann nicht zurückziehen lassen. Diese Verengung *(Phimose)* kann operativ beseitigt werden.

Gliederfüßer (Arthropoda): Zu den Gliederfüßern zählen neben fossilen ↑Trilobiten u. a. Krebse, Spinnentiere, Tausendfüßer und Insekten (also fast drei Viertel aller Tierarten). Die ursprünglichen Körpersegmente (↑Gliedertiere) sind bei den meisten Gliederfüßern zu größeren Körperabschnitten (Brust, Hinterleib, Kopf), die eine gemeinsame Leibeshöhle haben, verschmolzen. Der Körper der G. ist von einem starren Chitinpanzer als Außenskelett umgeben (↑Häutung). Die äußeren Anhänge sind zu langen, gegliederten Beinen, teils zu Flügeln, Antennen und Mundwerkzeugen, Borsten usw. entwickelt. Die Sinnesorgane und das Nervensystem mit Gehirn sind hochentwickelt. Die Atmung erfolgt durch Kiemen (viele Wasserbewohner) oder durch Tracheen.

Gliedertiere (Articulata): Als G. bezeichnet man eine Gruppe von Tierstämmen der Wirbellosen (Protostomier) mit rund 80% aller Tierarten. Ihnen allen gemeinsam ist die Gliederung des Körpers in mehrere, hintereinandergereihte Abschnitte (Glieder, Segmente, Metamere); diese sind entweder gleichartig (↑Ringelwürmer) oder ungleichartig (z. B. bei ↑Gliederfüßern).
Die urtümlichsten dieser Tiere traten schon im Proterozoikum (vor rund 650 Mill. Jahren) auf. Bei ihnen war jedes Segment (mit Ausnahme des ersten und letzten) von den benachbarten durch eine häutige Scheidewand getrennt und besaß je zwei Nervenknoten (↑Strickleiternervensystem), Leibeshöhlensäcke (Zölomsäcke), Exkretions- und Geschlechtsorgane sowie paarige äußere Anhänge zur Fortbewegung. Die gleichartige Organausstattung (↑Metamerie) änderte sich im Laufe der Entwicklung. Oft sind mehrere Segmente zu Funktionseinheiten verschmolzen, wie z. B. bei Gliederfüßern.

Gliederwürmer svw. ↑Ringelwürmer.

Gliedmaßen (Extremitäten): Die beweglichen, paarigen Körperanhänge von Gliederfüßern und Wirbeltieren (einschließlich Mensch) dienen v. a. der ↑Fortbewegung. – Abgewandelte G. sind die ↑Mundwerkzeuge der Insekten.
Bei den Wirbeltieren unterscheidet man Vorder- und Hinterextremitäten. Zu den *Vorderextremitäten* zählen die Brustflossen der Fische, die Vorderbeine von Lurchen, Kriechtieren und Säugern (bei Affen und beim Menschen als Arme bezeichnet) und die Flügel der Vögel. *Hinterextremitäten* sind Bauchflossen der Fische, Hinterbeine von Lurchen, Kriechtieren und Säugern (bei den Affen und beim Menschen die Beine im engeren Sinne) und die Laufbeine (Beine) der Vögel. Die G. sind bei höheren Wirbeltieren über gürtelförmig angeordnete Knochenelemente, die *Extremitätengürtel,* mit der Wirbelsäule verbunden: Der Beckengürtel trägt die hinteren, der Schultergürtel die vorderen Extremitäten.
Die *G. der Vierfüßer* bestehen aus Oberarm bzw. Oberschenkel, Unterarm mit Elle und Speiche bzw. Unterschenkel mit Schienbein und Wadenbein sowie Hand bzw. Fuß.
Die *Hand* enthält die Handwurzel-, Mittelhand- und Fingerknochen, der *Fuß* die Fußwurzel-, Mittelfuß- und Zehenknochen. *Finger* und *Zehen* sind mehrgliedrig. Hand und Fuß sind ursprünglich fünfstrahlig. Durch Anpassungen sind sie jedoch z. T. sehr stark abgewandelt. Im Vogelflügel sind die Handwurzelknochen, die Mittelhandknochen und die Fingerknochen teilweise verkümmert. Die Laufbeine (der Lauf) der Vögel entstanden durch Verschmelzung der Mittelfußknochen und einiger Fußwurzelknochen. – ↑auch Skelett.
Bei den *Sohlengängern* (Dachs, Bär, Mensch) und den *Hanglern* (Affen, v. a. die Menschenaffen) sind die G. nur sehr wenig abgewandelt.
Die *G. der Zehengänger* (Katzen, Hunde, Marder) zeigen etwas stärkere Abweichungen vom Grundbauplan. Sehr stark sind diese Abwandlungen bei den *Zehenspitzengängern* (Paar- und Unpaarhufer). Hier sind die Zehen bis auf 4, 3, 2 oder eine einzige zurückgebildet.

Globuline: G. sind Proteine (↑Eiweiße), wie z. B. Gammaglobuline (u. a. Fibrinogen, Blutgerinnungsfaktoren) im Blut und Myosin im Muskel. In Pflanzenzellen kommen G. meist als Reservestoffe im Samen vor. Die G. haben oft kugelige Gestalt; die schraubig angeordneten Polypeptidketten sind dabei aufgefaltet. Sie sind nicht in Wasser löslich, aber in verdünnten Salzlösungen und Alkalien (z. B. verdünnte Natron-, Kalilauge). G. sind wichtige Bausteine von Enzymen und Genen.

Gloger-Regel: ↑Klimaregel, die sich auf die unterschiedliche Färbung von Lebewesen (hauptsächlich Vögel, Säugetiere) in Abhängigkeit vom Klima bezieht. Danach ist die Melaninbildung in feuchtwarmen Gebieten bei den hier lebenden Rassen stärker ausgeprägt als bei den in trockenkühlen Gebieten lebenden.

Glomerulus: Als G. bezeichnet man feine Gefäßknäuel in der ↑Niere. Durch ihre Gefäßwandungen wird der sog. Primärharn in die Nierenkapsel (Bowman-Kapsel) abgepreßt. Auch ↑Vorniere und ↑Urniere besitzen Glomeruli.

Glucagon (Glukagon): G. ist ein Hormon der Langerhans-Inseln der Bauchspeicheldrüse; bei erniedrigtem Blutzuckerspiegel wird es ausgeschüttet und bewirkt seinen Anstieg. Es ist somit ein Gegenspieler des Insulins.

Glucose (Glukose) svw. ↑Traubenzucker.

Glutamin: G. ist eine α-Aminosäure (↑Aminosäuren). Sie ist Bestandteil vieler (v. a. pflanzlicher) Eiweiße.
G. wird im menschlichen und tierischen Organismus besonders in Gehirn und Leber aus ↑Glutaminsäure und Ammoniak unter Energieaufwand synthetisiert und in der Niere hydrolytisch gespalten. G. dient als NH_2-Donator bei Transaminierungsreaktionen des Stoffwechsels.

Glutaminsäure: G. ist eine α-Aminosäure. Sie ist wie alle übrigen ↑Aminosäuren in den Proteinen enthalten und kommt v. a. im Eiweiß des Quarks und des Getreidekorns (bis 45%) vor. G. spielt im Zellstoffwechsel eine große Rolle. Im Nervensystem hat G. von allen Aminosäuren die höchste Konzentration; sie wirkt auf Nervenzellen erregend.
G. ist die einzige Aminosäure, die im Gehirn oxidiert, transaminiert, amidiert und decarboxyliert wird. Durch sie wird die Verwertung von Kohlenhydraten im Gehirn gefördert. Eine Verbesserung der Gehirnfunktionen hat sich nach Verabreichung von G. beim gesunden Menschen allerdings nicht nachweisen lassen.

Glykogen (Leberstärke, tierische Stärke): G. ist ein ↑Polysaccharid, das aus α-D-Glucose (↑Traubenzucker) durch Polykondensation in der Leber und im Muskel aufgebaut wird. Das verzweigte, dem Amylopektin (in der Stärke) ähnliche Riesenmolekül hat Molekülmassen zwischen 1 000 000 (Muskel) und 5 000 000 (Leber). G. färbt sich mit Jod rotbraun, im Gegensatz zur pflanzlichen Stärke (Blaufärbung).
G. ist ein schnell mobilisierbares Reservekohlenhydrat. Sein Auf- und Abbau wird durch einen Regelkreis über Hormone gesteuert. Das ↑Insulin (Langerhans-Inseln der Bauchspeicheldrüse) ist für den Glykogenaufbau aus ↑Traubenzucker, das ↑Glucagon (Langerhans-Inseln) für den Glykogenabbau verantwortlich. An der Regulierung des ↑Blutzuckerspiegels sind auch noch andere Steuermechanismen beteiligt.

Glykolyse: Die G. ist der anaerobe Abbau der Kohlenhydrate im Organismus. Aber auch der aerobe Abbau führt über zahlreiche Stufen der G. und trennt sich bei der Brenztraubensäure von der ↑alkoholischen Gärung. Die G. ist eine energieliefernde Reaktion, deren Bedeutung in der Nutzung der freiwerdenden Energie durch den Organismus liegt:

$$C_6H_{12}O_6 \rightarrow 2C_3H_6O_3 + 151 \text{ kJ}.$$

Dabei kann man die G. in vier Phasen unterteilen:
1. *Umwandlung der Glucose in 2 Mol Triosephosphat.* Unter Verbrauch von ATP wird zunächst Glucose-6-phosphat gebildet, das durch die Glucosephosphat-Isomerase in Fructose-6-phosphat umgewandelt wird. Diese wird mittels der Phosphofructose-Kinase durch ATP zu Fructose-1,6-diphosphat phosphoryliert, die nun von der Aldolase in 2 Moleküle Triosephosphat gespalten wird, wobei Keto- und Aldotriose über eine gemeinsame Enolform im Gleichgewicht stehen. Während dieser ersten Phase der G. wird Energie verbraucht.
2. *Dehydrierung von Triosephosphat* mit NAD zu Phosphoglycerinsäure unter Abgabe von Energie, die in ATP gespeichert wird: Aus dem Triosegleichgewicht wird Phosphoglycerinaldehyd weiter verbraucht. Dabei wird die Al-

dehydgruppe der Triose zur Carbonsäure dehydriert. Phosphoglycerinaldehyd wird durch NAD dehydriert (unter Mitwirkung der Phosphoglycerinaldehyd-Dehydrogenase), wobei gleichzeitig ein Phosphorsäuremolekül aufgenommen wird. Die so gebildete 1,3-Diphosphoglycerinsäure ist äußerst energiereich und zerfällt deshalb sehr schnell. So entsteht schließlich unter Abgabe des Phosphorsäurerests auf ADP, wobei ATP entsteht, 3-Phosphoglycerinsäure. Somit wurde die bei der Hydrierung entstandene Energie in der Carboxylphosphatbindung gespeichert, um dann zum Aufbau von ATP genutzt zu werden.

3. In der nun folgenden Phase wird *3-Phosphoglycerinsäure zu Brenztraubensäure umgewandelt.* Zunächst bewirkt Phosphoglycerat-Mutase die Bildung von 2-Phosphoglycerinsäure. Diese wird durch Phosphopyruvat-Hydratase (H_2O wird abgespalten) und Mitwirkung von Mg^{2+} als Kofaktor in Phosphoenolbrenztraubensäure überführt, die äußerst energiereich ist. Denn erst, wenn die Enolform in die Ketobrenztraubensäure umgewandelt wird, wird die Energie des Gesamtvorgangs freigesetzt und erneut ATP gebildet. Diese Reaktion wird von Pyruvatkinase katalysiert.

4. Im letzten Abschnitt der G. *trennen sich der anaerobe und der aerobe Abbauweg.* Unter anaeroben Bedingungen wird Brenztraubensäure mittels der Lactatdehydrogenase durch $NADH_2$ zu *Milchsäure* reduziert, die damit das Endprodukt der G. darstellt. Beim aeroben Abbau hingegen wird Brenztraubensäure über die oxidative ↑Decarboxylierung in den ↑Zitronensäurezyklus eingeschleust.

Um den Nutzen der G. für den Organismus erkennen zu können, muß man eine Gesamtbilanz aufstellen. Da bei der Bildung von 1 Mol Glucose-1,6-diphosphat 2 Mol ATP verbraucht werden, beträgt der Gewinn nur 2 Mol ATP und 1 Mol $NADH_2$ pro 1 Mol Glucose, d.h. rund 60 kJ verwertbare Energie.

Glykoside: Die G. stellen eine Gruppe von zusammengesetzten Verbindungen dar, die entweder als *O-Glykoside* durch Bindung eines Zuckers an eine alkoholische oder phenolische Komponente (z. B. in Oligo- und Polysacchariden) oder als *N-Glykoside* durch Bindung eines Zuckers an eine NH-Gruppe einer organischen Base zustandekommen (z. B. ↑Nukleoside). Durch Hydrolyse zerfallen die Glykoside in ihre Bestandteile.

G. ist der Oberbegriff. Wird Glucose glykosidisch gebunden, spricht man von *Glucosid;* liegt ein Abkömmling der Galaktose vor, nennt man das entsprechende Glykosid *Galaktosid.*

In Pflanzen, bes. in Blättern, sind G. als Farbstoffe weit verbreitet (z. B. Anthozyane, Flavone). Viele G. haben medizinische Bedeutung (z. B. Digitalisglykoside).

Golgi-Apparat: Der G.-A. ist ein submikroskopisches Membransystem im Zellplasma von Organismen. Er dient v.a. den Sekretionsleistungen der ↑Zelle; er ist demgemäß besonders ausgeprägt in Drüsenzellen. Wahrscheinlich hängt der G.-A. (als Durchgangssystem) mit der Zellmembranbildung zusammen.

Der G.-A. ist aus den *Diktyosomen (Golgi-Körper)* aufgebaut. Diese bestehen aus scheibenförmigen, von einer einfachen Membran umschlossenen Hohlräumen (Zisternen), die über- bzw. nebeneinander gestapelt sind. Am Rande der Zisternen werden kleine, bläschenförmige Gebilde mit den abgabebereiten Sekretionsprodukten abgeschnürt (Golgi-Vesikel).

Gonaden svw. ↑Keimdrüsen.

gonadotrope Hormone svw. ↑Gonadotropine.

Gonadotropine (gonadotrope Hormone): Die vom Hypophysenvorderlappen gebildeten ↑Geschlechtshormone, und zwar ↑follikelstimulierendes Hormon, ↑luteinisierendes Hormon und ↑luteotropes Hormon.

Gonokokken: G. sind kleine, rundliche Eubakterien, die eine ↑Geschlechtskrankheit, den Tripper, hervorrufen.

Gonorrhö ↑Geschlechtskrankheiten.

Gorilla: Der in den tropischen Urwäldern Afrikas heimische G. ist der größte der ↑Menschenaffen: 1,25–1,75 m groß und 70–275 kg schwer; das Weibchen ist stets kleiner und leichter. Bei pflanzlicher Ernährung lebt er im Familienverband in bestimmten Revieren, meist auf dem Boden. Er läuft, auf Fußsohlen und Handknöchel gestützt, auf allen Vieren. Nackenmuskulatur und Arme sind stark entwickelt. Das schwarze Gesicht hat starke Überaugenwülste, eine stark vorspringende Schnauze und eine wulstige Nase. Für die Nacht baut er sich aus Zweigen ein Schlafnest am Boden oder in den Bäumen.

Grabwespen ↑Hautflügler.

Gram-Färbung: Die G.-F. ist eine Färbemethode zur Unterscheidung von Bakterien. Der Bakterienausstrich wird mit einem basischen Farbstoff (Gentianaviolett, Kristallviolett, Methylviolett) gefärbt und anschließend mit einer Jod-Jodkalium-Lösung gebeizt. Dabei bildet sich in der Zelle ein blauer Farblack. Bei langsamem Entfärben des Präparats mit Alkohol oder Aceton entfärben sich die *gramnegativen* Bakterien schneller als die *grampositiven*. Durch eine abermalige Färbung (Gegenfärbung) mit rotfärbendem Fuchsin oder Safranin können im fertigen Präparat die gramnegativen, zuvor völlig entfärbten Bakterien deutlich erkennbar gemacht werden. Die grampositiven Bakterien dagegen erscheinen noch in ihrer ursprünglichen blauen Färbung.
Gramnegative Bakterien sind z. B. Kolibakterien, Salmonellen, grampositive z. B. Strepto- und Staphylokokken, Bazillen und Strahlenpilze.

Gramineen svw. ↑Gräser.

gramnegativ: Bestimmte Bakterien geben den bei der ↑Gram-Färbung gebundenen basischen Farbstoff bei Behandlung mit Alkohol oder Aceton völlig ab und sprechen auf eine Gegenfärbung an. Sie heißen gramnegativ.

grampositiv: Bestimmte Bakterien halten den Farbstoff bei der ↑Gram-Färbung fest. Sie heißen grampositiv.

Granulozyten: Form der ↑weißen Blutkörperchen.

Gräser (Süßgräser, Gramineen): Die G. bilden eine weltweit verbreitete Pflanzenfamilie der Einkeimblättrigen. Sie umfassen rund 8 000 Arten. In vielen Gebieten (Steppen, Prärien, Savannen, Pampas) stellen sie den Hauptanteil der Vegetation.
G. sind krautige Pflanzen mit schmalen, spitzen, parallelnervigen Blättern, röhrenförmiger, halmumfassender Blattscheide sowie ↑Blatthäutchen und hohlen, runden Stengeln (Halme), die in Knoten und Internodien gegliedert sind. Die einfachen Blüten stehen in Ähren und Ährchen (↑Blütenstände) und werden mit Hilfe des Windes bestäubt. Die Grasfrucht wird ↑Karyopse genannt.
Viele G. haben eine große wirtschaftliche Bedeutung. Wichtig sind v. a. die Kohlenhydrate liefernden Getreidearten (↑Getreide) und die als Futterpflanzen verwendeten Gräser.
Bekannte *einheimische Gräsergattungen* sind Rispengras, Schwingel, Perlgras, Trespe und Straußgras.

grauer Star (Katarakt): Bei alten Menschen trübt sich die Linse des Auges vom Rand her ein. Hat sich die Trübung (g. St.) im schlimmsten Fall über die ganze Linse ausgebreitet, kann der Betroffene nur noch Hell und Dunkel und die Richtung des einfallenden Lichtes unterscheiden. Die Linse muß unter örtlicher Betäubung entfernt werden, wenn die Sehkraft erheblich beeinträchtigt ist. Nach der Operation ersetzt eine starke Brille von +11 bis +16 dpt. die Brechkraft der Linse.

graue Substanz: Teil des ↑Gehirns und des ↑Rückenmarks der Wirbeltiere, in dem die Zellkörper der Nervenzellen gehäuft vorkommen (im Gegensatz zur ↑weißen Substanz).
Im Gehirn bildet die g. S. v. a. die beim Menschen etwa 6 Zellschichten dicke Rinde des Großhirns, daneben u. a. auch die Kleinhirnrinde.
Im Rückenmark liegt die g. S. innen und zeigt einen H-förmigen bis schmetterlingsförmigen Querschnitt.

Ihre Vorderhörner enthalten motorische, ihre Hinterhörner sensorische Nervenzellen. In der Mitte der grauen Substanz des Rückenmarks verläuft der Zentralkanal.

Graupapagei ↑Papageien.

Greifvögel: Die meisten G. sind weltweit verbreitete, kleine bis sehr große *Tagraubvögel;* Ausnahmen: einige tropische Früchtefresser.
Zu den Greifvögeln zählen v.a. Habichte, Adler, Falken und Geier. Sie haben große Flügel, können gut fliegen und häufig ausgezeichnet segeln. Ihr Schnabel ist besonders kräftig. Der hakenförmige Oberschnabel dient zum Zerreißen der Beutetiere. Mit Ausnahme der Geier (Aasfresser!) tragen die Zehen der G. starke, spitze Krallen zum Ergreifen und häufig auch zum Töten der Beutetiere. – G. ernähren sich von Amphibien, Reptilien, Vögeln, kleinen Säugetieren und Insekten. Sie leben meist ungesellig, haben ihre Nester auf Bäumen und Felsen oder in Baum- oder Felshöhlen. Das Gelege der kleineren Arten (besonders Falken) besteht aus bis zu sechs, das der großen Arten meist aus zwei bis drei Eiern.
Gesichts- und Gehörsinn der G. sind besonders gut ausgebildet, der Geruchssinn nur bei einigen Neuweltgeiern (Königs-, Truthahngeier).
G. stehen in Europa (Ausnahme: Frankreich, Italien) unter Naturschutz.

Grenzstrang: Beiderseits der Wirbelsäule liegt eine Kette von Ganglien, die zusammen den G. bilden. In ihm entspringen fast alle Ganglien des Sympathikus (↑vegetatives Nervensystem). Außerdem steht er mit dem Rückenmark in Verbindung.

Griffel ↑Samenanlage.

Grimmdarm (Kolon): Der Teil des ↑Dickdarms, der zwischen Blinddarm und Mastdarm liegt. – ↑Darmkanal.

Grizzlybär ↑Bären.

Großhirn: Entwicklungsgeschichtlich aus dem ↑Vorderhirn hervorgehender Abschnitt des ↑Gehirns, das ↑Endhirn bei Säugetieren und beim Menschen.

Grubenauge: Vor allem bei Schnekken und Ringelwürmern liegt eine Schicht Sehzellen in einer grubenförmigen Vertiefung. Die Sehzellen sind zum Körper hin durch einen dunkelbraunen Farbstoff (Pigment) abgeschirmt. Die Grube ist oft von verhärtetem Sekret erfüllt, das wie eine Sammellinse wirkt. Grubenaugen ermöglichen einfaches Richtungssehen. – ↑auch Auge.

Grubenwurm: Eine Art der ↑Hakenwürmer.

Grünalgen (Chlorophyceae): Die G. bilden eine schon im Kambrium nachgewiesene Klasse der ↑Algen. Ihre rund 10 000 Arten leben vorwiegend im Benthos (↑Gewässerregionen) oder Plankton des Süßwassers. Die Grünfärbung wird durch Chlorophyll a und b in den Chloroplasten bewirkt. Als Reservestoffe werden Stärke und Fett gespeichert.
Die einfachsten Formen sind mikroskopisch klein und einzellig und können sich mit Geißeln fortbewegen. Vielzellige Formen haben eine äußere Ähnlichkeit mit höheren Pflanzen.
Die ↑ungeschlechtliche Fortpflanzung der G. erfolgt durch Zellteilung, Zerfall des Pflanzenkörpers oder durch Zoosporen. Eine ↑geschlechtliche Fortpflanzung erfolgt durch ↑Isogamie oder ↑Anisogamie. – Zu den G. gehören die ↑Armleuchteralgen und die ↑Jochalgen.
Es wird angenommen, daß sich aus den G. die höher organisierten Landpflanzen entwickelt haben.

Grundgewebe ↑Parenchym.

Grundumsatz: Unter G. versteht man die Energieproduktion des Organismus bei völliger geistiger und körperlicher Entspannung im nüchternen Zustand. Er ist abhängig vom Alter und Geschlecht, aber auch von Gewicht und Körpergröße des Individuums. So treten bei Männern höhere Werte auf als bei Frauen, bei Kindern höhere als bei Erwachsenen.
Gemessen werden meist der Sauerstoffverbrauch oder die Menge des ausgeatmeten Kohlendioxids, um den respiratorischen Quotienten (↑At-

mung) und damit den Energieumsatz, seltener die vom Körper abgegebene Energie in Form von Wärme zu bestimmen. Die Meßwerte werden meist auf 1 Stunde oder 24 Stunden bezogen und in Form von Tabellen zusammengefaßt. Abweichungen werden in Prozent vom Normalwert angegeben.
Viele Faktoren beeinflussen den G.; z. B. erhöht vermehrte Ausschüttung von ↑ Adrenalin den G. So bewirkt eine Schwangerschaft ebenfalls eine wesentliche Erhöhung, da v. a. auch Hormone auf den G. wirken. Andererseits wird bei Ausfall des Hypophysenvorderlappens der G. gesenkt. In erster Linie wirken sich Störungen der Schilddrüsenfunktion auf den G. aus. Bei Schilddrüsenüberfunktion kommt es zur Steigerung bis zu 80 %, wogegen Unterfunktion eine Senkung bis zu 40 % vom Normalwert bewirkt.

Gründüngung ↑ Düngung.

grüner Star (Glaukom): Erkrankung des Auges, die von verschiedenen Ursachen ausgelöst werden kann. Allgemeines Kennzeichen ist die Steigerung des Augeninnendrucks mit nachfolgenden Schäden an der Netzhaut und am Sehnerv, der als die schwächste Stelle des Augapfels nach außen gedrückt wird. Meistens und v. a. bei älteren Menschen wird der grüne Star durch Veränderungen des Schlemm-Kanals verursacht, die den Abfluß des stetig nachgelieferten Kammerwassers behindern.
Erste Krankheitszeichen sind Gesichtsfeldtrübungen, Kopfschmerzen, regenbogenfarbige Lichtränder und ungenügende Naheinstellung. Leider verläuft die Krankheit manchmal so langsam, daß der Betroffene, wenn er keine Beschwerden hat, die allmähliche Verschlechterung seiner Sehkraft nicht bemerkt. Oft fällt der erhöhte Augeninnendruck zufällig bei einer Brillenbestimmung auf.
Eine dauernde Steigerung des Drucks klemmt schließlich Blutgefäße ab und führt zu bleibenden Schäden, u. U. bis zur Erblindung. Im fortgeschrittenen Stadium ist die graugrüne Trübung der Pupille zu erkennen.
Die Behandlung mit pupillenverengenden Medikamenten ist in leichteren Fällen erfolgreich. Bei geöffneter Pupille wird nämlich der Winkel der vorderen Augenkammer, in dem sich der Schlemm-Kanal befindet, durch die Regenbogenhaut noch stärker verengt. In schweren Fällen muß durch eine Operation eine zusätzliche Abflußmöglichkeit für das Kammerwasser geschaffen werden.

Grußgebärde: Das Verhalten beim Begrüßen eines Artgenossen enthält bei aller Vielfalt einerseits mehr oder weniger symbolische Handlungen der Beschwichtigung und Unterwerfung (wie z. B. Futteranbieten, Verbeugung, Verbergen der eigenen Wehrhaftigkeit), andererseits enthält es meist gleichzeitig Elemente des Imponiergehabes. Daraus mag z. B. die Sitte entstanden sein, einen Staatsgast mit Truppenparaden zu empfangen.

Guanin: Diese organische Base spielt in der Zelle eine wichtige Rolle als Baustein der Nukleinsäuren ↑ DNS und ↑ RNS. Der charakteristische perlmutterartige Glanz in der Haut bzw. in den Schuppen von Fischen, Lurchen und Kriechtieren beruht auf eingelagertem kristallinem Guanin. G. ist ein Abkömmling des Purins.

Gürtelpuppe ↑ Puppe.

Guttation: Unter G. versteht man eine aktive tropfenförmige Wasserausscheidung durch zu Wasserspalten (Hydathoden) umgewandelte Spaltöffnungen oder Drüsen an den Blatträndern und Blattspitzen verschiedener Pflanzen (z. B. Kapuzinerkresse, Frauenmantel, Fuchsie). Die G. dient wahrscheinlich zur Aufrechterhaltung des Wasser- und Nährstofftransports in der Pflanze bei behinderter ↑ Transpiration, besonders nach feuchtwarmen Nächten.

Gymnospermen svw. ↑ Nacktsamer.

Gynözeum (Gynoeceum): Als G. bezeichnet man die Gesamtheit aller Fruchtblätter einer ↑ Blüte.

H

Haare:
◊ *Botanik:* Die ein- bis mehrzelligen H. der Pflanzen nennt man *Trichome.* Sie sind Bildungen der Epidermis und entstehen meist aus einer einzigen Epidermiszelle. *Einzellige Haare* sind z. B. die ↑Borstenhaare und die ↑Brennhaare. *Mehrzellige Haare* sind beispielsweise ↑Drüsenhaare und Schuppenhaare (↑Schuppen). Manchmal leben diese Zellen lange (Kürbishaare, Wurzelhaare von Wasserpflanzen, Staubfadenhaare von Tradescantia), meist sterben sie jedoch ab, sind dann lufterfüllt und erscheinen deshalb weiß. Lebende Pflanzenhaare fördern durch die Oberflächenvergrößerung die Transpiration, tote H. dagegen verringern sie durch Schaffung windstiller Räume. Harte H. und ↑Brennhaare schützen gegen Tierfraß.
◊ *Zoologie: Echte H.* sind mehrzellig, gehen aber aus einer einzigen Zelle (Schaftzelle, trichogene Zelle) hervor. Von den Wirbeltieren tragen nur die Säuger H. (echte H.). Es sind Bildungen der Oberhaut (Epidermis). Diese senkt sich dazu tief in die Lederhaut (Corium) ein und bildet den *Haarbalg,* in dem die *Haarwurzel* steckt. Der unterste Wurzelabschnitt ist verdickt *(Haarzwiebel, Haarbulbus).* In ihn ragt von unten her eine zapfenförmige, bindegewebige Lederhautpapille *(Haarpapille)* hinein. Sie enthält ein reiches Blutgefäßnetz und Pigmentzellen und versorgt die noch teilungsfähigen Zellen der Haarzwiebel. Hier wächst das Haar. Nach oben zu sterben die Haarzellen ab und verhornen. Die äußeren Haarzellen bilden die *Haarrinde,* die inneren das Mark. Pigmente in der Rinde färben das Haar. Haarquerschnitt und Dicke der Rinde bestimmen die Eigenschaften des Haars (dikke Rinde: steifes Haar; stark ovaler Querschnitt: gekräuseltes Haar). Außen umgeben verhornte Zellen eines einfachen Plattenepithels das Haar dachziegelartig.

Die H. sitzen meist schräg in der Haut. Sie können durch einen kleinen glatten Muskel (*Haarbalgmuskel,* Haaraufrichter) aufgerichtet werden (Gänsehaut!). Zwischen Muskel und Haar liegen ein bis zwei Talgdrüsen, die in den Haarbalg münden. Ihr öliges Sekret hält das Haar geschmeidig.
Ein Mensch hat rund 300 000–500 000 Haare, ein Viertel davon auf dem Kopf. Ihr Durchmesser liegt zwischen 0,04 und 0,1 mm. Täglich wachsen die H. um 0,25–0,4 mm (Augenbrauen 0,1–0,2 mm). Dicke H. wachsen dabei schneller als dünne. Die Wachstumsgeschwindigkeit ist nachts größer als am Tage.
Die *Haardichte* im ↑Haarkleid von Säugern der gemäßigten Breiten liegt zwischen 200 (Sommerkleid) und 900 (Winterkleid) Haaren je Quadratzentimeter. Sie liegen in der Regel in bestimmten Richtungen *(Haarstrich).*
Die *H. der Insekten* sind entweder *unechte H.,* also Auswüchse der Kutikula, oder echte H. und gehen damit auf besondere Haarbildungszellen zurück. Echte Insektenhaare sind, zumindest ursprünglich, gelenkig mit der Körperoberfläche verbunden.

Haargefäße svw. ↑Kapillaren.

Haarkleid: Nur Säugetiere besitzen ein H. Die einzelnen ↑Haare bestehen aus Horn. Sie dienen dem Schutz gegen Wärme, Kälte und Nässe.
Die folgenden Haartypen lassen sich unterscheiden:
Wollhaare sind gekräuselt und bilden eine dichte, wärmeisolierende Unterwolle *(Unterhaar).* Mit Hilfe des Haarmuskels lassen sie sich aufrichten. Dadurch vergrößert sich die Luftschicht.
Grannenhaare ragen über die Wollhaare hinaus, sind recht fest und unterhalb ihrer Spitze verdickt. *Leithaare* sind sehr steif und tastempfindlich. Sie überragen noch die Grannenhaare und bilden zusammen mit diesen das *Deckhaar.*
Sinushaare sind sehr lang und steif

und stark mit Nerven versehen. Innerhalb ihres Haarbalgs liegt eine Blutzone (Blutsinus). Die Sinushaare dienen als Tasthaare und befinden sich bei manchen Tieren (z. B. Katzen) in der Nähe des Mundes als *Schnurrhaare.* Sie sind bei nächtlich lebenden Tieren besonders ausgeprägt (Mäuse, Bilche). *Schmuckhaare* sind besonders lang und bilden Mähnen (Löwe).
Manche Säugetiere haben besondere, spitze und stark verhornte Haare entwickelt, die der Verteidigung dienen (↑Stacheln).

Habitus: Das Gesamterscheinungsbild (Aussehen und Verhalten) von Lebewesen, einschließlich ihrer individuellen Besonderheiten.

Hackordnung: Die H. bei Hühnern war die erste gut untersuchte Form einer ↑Rangordnung. Am Futterplatz darf jeweils die ranghöhere Henne alle rangniedrigeren „weghacken". Im allgemeinen wird die am unteren Ende der H. stehende Henne von der ranghöchsten nicht belästigt, weil diese ihre Stellung v. a. gegen die Nächstniederen behaupten muß. Der Hahn steht meist an der Spitze der H.; er muß diese Stellung aber ebenfalls erkämpfen.

Hadal svw. Ultraabyssal (↑Gewässerregionen).

Haftorgane: Morphologische Bildungen, mit deren Hilfe einige Pflanzen und Tiere an glatten Flächen Halt finden können. Dieses Festhalten kommt durch Reibung, Adhäsion und/oder Saugkraft zustande (s. auch Abb. S. 198).
Bei *Pflanzen* unterscheidet man: 1. *Hapteren,* das sind wurzelartige Ausstülpungen an der Basis des Vegetationskörpers bei einigen Algen, Flechten und Moosen. – 2. *Haftscheiben,* das sind scheibenförmige Haftorgane an der Basis einiger großer Rot- und Braunalgen. – 3. *Haftwurzeln,* das sind umgebildete, auf Berührungsreize ansprechende, negativ phototrope, sproßbürtige Wurzeln mancher Kletterpflanzen (z. B. Efeu, tropische Araliengewächse).
Zu den pflanzlichen Haftorganen rechnen auch die Haar- und Borstenbildungen an den Früchten von Korbblütlern (z. B. Kletten) und Doldenblütlern, die der Festheftung an Tieren dienen.
Noch mannigfaltiger sind die H. bei *Tieren.* So gibt es z. B. bei den Nesseltieren die als Glutinanten bezeichneten ↑*Nesselkapseln.* – Manche Insekten haben zwischen den Krallen der Füße paarige *Haftlappen* (z. B. Fliegen) oder eine unpaare *Haftblase* (die Blasenfüße). – Heuschrecken besitzen *verbreiterte Sohlenflächen* an den Fußgliedern, viele Käfer eine *Sohlenbürste* aus feinen Härchen.
Bekannte H. sind die *Saugnäpfe* (↑Saugnapf) oder Sauggruben der Saug- und Bandwürmer, Egel und Kopffüßer. Die Stachelhäuter haben ↑Saugfüßchen zwischen den Stacheln, einige Fische besondere *Saugscheiben,* die Neunaugen ein *Saugmaul.*
Bei Laubfröschen, Molchen, Siebenschläfern und manchen Affen (z. B. Meerkatzen) haben die *Sohlenballen Adhäsionseigenschaft,* meist in Verbindung mit Drüsensekreten. – Bei den Geckos sind die Sohlen der Finger und Zehen mit *Haftlamellen* ausgestattet, und feinste, häkchenförmige Borsten können jede Unebenheit der Unterlage erfassen.

Haftwurzeln ↑Haftorgane.

Hakenwürmer: Bestimmte ↑Fadenwürmer parasitieren im Dünndarm von Säugetieren und des Menschen. Weil sich bei ihnen kutikuläre Zähne an der Mundkapsel entwickelt haben, werden sie als H. bezeichnet. Mit Hilfe dieser Zähne beißen sie sich in der Darmwand fest und saugen Blut, wobei es zu schweren Krankheitserscheinungen der Wirtstiere kommen kann. In Bergwerken arbeitende Menschen werden häufig vom *Grubenwurm* befallen.

Halbschmarotzer: H. nennt man Pflanzen, die bezüglich ihres Kohlenstoffhaushalts ↑autotroph sind (grüne Blätter), jedoch ihrem Wirt Wasser und Nährsalze entnehmen; z. B. die Mistel, die auf Bäumen lebt. Sie treibt zapfenartige Senker zu den Leitungsbahnen des Wirts. Diese Senker wer-

HAFTORGANE

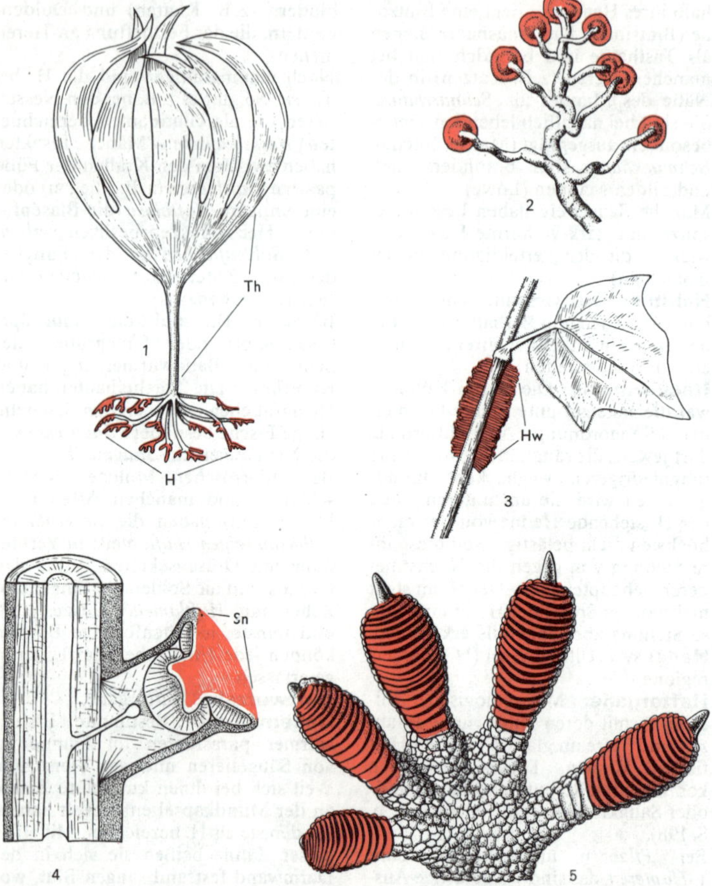

Abb. Haftorgane bei Pflanzen: 1 als Hapteren ausgebildete Rhizoide des Palmtangs; 2 Haftscheiben an den Ranken des Wilden Weins; 3 Haftwurzeln am Sproß des Gemeinen Efeus. – Haftorgane bei Tieren: 4 Schnitt durch den Saugnapf eines Fangarms eines Kraken; 5 Haftlamellen an den Fingerunterseiten eines Geckos; H Hapteren, Hw Haftwurzeln, Sn Saugnapf, Th Thallus

den im Holz des Wirts durch das Dikkenwachstum eingeschlossen.
Auch einige Kräuter, die durch kleine ↑Haustorien mit ihrem Wirt verbunden sind, zählt man zu den Halbschmarotzern (z. B. Augentrost und Wachtelweizen).

Halipelagial ↑Gewässerregionen.
Haliplankton ↑Plankton.
Halluzination: Halluzinationen kommen bei vollem Bewußtsein in allen Sinnesbereichen vor. Es sind Trugwahrnehmungen, die der Betroffene nicht von der Wirklichkeit unterschei-

den kann. Gelegentlich, besonders in einer reizarmen Umgebung (z. B. beim Starren in eine Kristallkugel), haben auch Gesunde solche Erlebnisse. Im allgemeinen treten sie nur als Folge einer Geisteskrankheit oder bei Vergiftungen des Zentralnervensystems (u. a. durch ↑Rauschgifte) auf.

Halluzinogene: Zu den Halluzinogenen gehören verschiedene Substanzen, die bei vollem Bewußtsein der Person durch ihre Wirkung auf das Zentralnervensystem Sinnestäuschungen (↑Halluzination) hervorrufen. Besonders zu nennen sind hier die ↑Rauschgifte wie LSD, Haschisch und Meskalin.

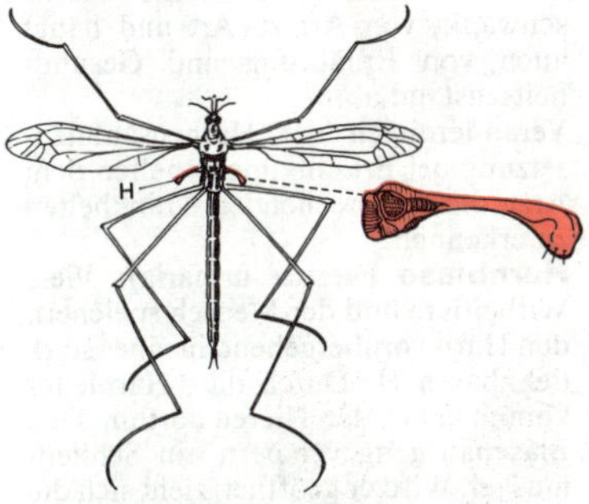

Abb. Halteren der Schnake Tipula maxima, rechts vergrößert gezeichnet

Halteren (Schwingkölbchen): H. sind umgebildete Insektenflügel. Bei den Echten Fliegen (Dipteren) sind es die Hinterflügel, bei den Fächerflüglern das vordere Flügelpaar, die zu H. geworden sind. H. schwingen während des Flugs im Gleichtakt mit den anderen Flügeln, jedoch in entgegengesetzter Richtung und bewirken dadurch v. a. eine Stabilisierung des Flugs; außerdem können sie als Stimulationsorgane sowie als Gleichgewichtsorgane fungieren.

Häm ↑Hämoglobin.

Hammer: Eines der ↑Gehörknöchelchen.

Hämoglobin: Das H. ist ein Proteid (↑Eiweiße), das aus dem Protein Globin und einer prosthetischen Gruppe, dem Häm, besteht. Es ist der rote Blutfarbstoff der Erythrozyten, der den Sauerstoff zu den Geweben transportiert.

Das H. besteht aus vier Untereinheiten, wobei jede Untereinheit wiederum aus einer Peptidkette besteht, die ein Häm trägt. In das Innere eines Moleküls reichen tiefe Spalten, die die Hämgruppen aufnehmen.

Das *Häm* selbst ist eine Eisenporphyrinverbindung, in der das Eisen (Fe^{2+}) als Zentralatom vier Liganden besitzt; damit sind zwei Plätze unbesetzt. Der Hämkomplex trägt keine Ladung, das Hämin dagegen enthält Fe^{3+} und ist positiv geladen. Das sauerstofffreie Hämoglobin (Hb) wird auch als „reduziertes" H. bezeichnet, das bei Sauerstoffaufnahme in Hb-O_2 *(Oxyhämoglobin)* übergeht. Seine Bedeutung als Sauerstoffträger beruht auf der Reversibilität der Hb-O_2-Bindung in Abhängigkeit von der Sauerstoffspannung.

In analoger Weise kann auch Kohlenmonoxid an das H. gebunden werden, dessen Affinität zu CO wesentlich höher ist als zu O_2, worauf der sehr langsame Zerfall von Hb-CO beruht.

H. wird vorwiegend in der Leber zu den ↑Gallenfarbstoffen abgebaut. – ↑auch Atmung.

Hämolymphe: Die Körperflüssigkeit von Tieren mit offenem Blutkreislauf (Weichtiere, Gliederfüßer) nennt man H., weil hier Blut und Lymphe nicht durch Gefäße getrennt sind. Sie wird durch Körperbewegung oder Herzen bewegt.

Die H. enthält neben Wasser frei bewegliche Blutzellen (Amöbozyten, Leukozyten), Salze, viele organische Stoffe und sauerstoffübertragende Farbstoffe (z. B. Hämoglobin, im Blutplasma gelöst, bei Regenwürmern, Tellerschnecken und niederen Krebsen). In ihrer Funktion entspricht die H. dem ↑Blut der Wirbeltiere.

Hämolyse: Von H. spricht man, wenn durch eine Schädigung der Erythrozytenmembran ↑Hämoglobin austritt. Im allgemeinen unterscheidet man drei verschiedene Arten:

1. Die *osmotische H.* tritt im hypotoni-

schen Milieu auf. Wasser tritt in die Zelle ein, die schließlich platzt.
2. Können Saponine und Fettlösungsmittel die Membran unmittelbar schädigen, spricht man von *Membranhämolyse*.
3. Schließlich kann ATP-Abnahme sowie eine Herabsetzung von Glutathion eine Gestaltänderung der Erythrozyten bewirken, wobei es zur *Stoffwechselhämolyse* kommt.

Hämophilie svw. ↑Bluterkrankheit.

hapaxanthe Pflanzen: Bez. für Pflanzen, die nach einmaliger Blüte und Fruchtreife absterben. Je nach Zahl der zur vollen Entwicklung notwendigen Vegetationsperioden unterscheidet man monozyklische *(annuelle, einjährige)* und dizyklische *(bienne, zweijährige)* Kräuter sowie polyzyklische *(plurienne, mehrjährige)* Pflanzen, wobei letztere ein Alter von 50 bis 60 Jahren (Agaven) erreichen können.

haploid: Eine haploide Zelle besitzt im Gegensatz zur ↑diploiden von jedem Chromosom nur ein Exemplar anstatt zwei. Ein normalerweise doppelter Chromosomensatz wird in der ↑Meiose bei der Bildung der ↑Geschlechtszellen (Gameten) auf einen einfachen Chromosomensatz reduziert (beim Menschen auf 23 Chromosomen).

Haplonten: H. sind Organismen, deren Zellen stets einen einfachen (haploiden) Chromosomensatz enthalten. Nur die befruchtete Eizelle (Zygote) dieser Lebewesen besitzt einen doppelten Chromosomensatz, ist also diploid. Die erste Zellteilung ist aber bereits eine ↑Meiose, in deren Verlauf die Zellen wieder haploid werden (z. B. Sporentierchen, die Alge Ulothrix).

Haplophase: Die H. ist dadurch gekennzeichnet, daß die Zellen eines Lebewesens in diesem Stadium seines Lebenszyklus nur einen einfachen Chromosomensatz besitzen. Die H. wird im Kernphasenwechsel von der *Diplophase* abgelöst (↑Generationswechsel).

Haptonastie ↑Nastien.

Haptotropismus ↑Tropismen.

Harn (Urin): So bezeichnet man die meist flüssigen Ausscheidungsprodukte von Tieren und Menschen. H. enthält in Wasser gelöst anorganische Salze, ↑Harnsäure und ↑Harnstoff. In den ↑Nieren wird aus dem Blut der stark wäßrige, ionen- und glucosehaltige *Primärharn* abgepreßt, von dem der größte Teil (beim Menschen ca. 99 %) wieder zurückgewonnen wird. Der übrigbleibende H. wird in der ↑Harnblase gesammelt und von Zeit zu Zeit ausgeschieden.
Tiere trockener Klimazonen (Echsen, Schlangen) und Vögel scheiden kristalline Harnsäure aus und sparen damit Flüssigkeit.
Die Zusammensetzung des Harns schwankt von Art zu Art und hängt auch von Ernährung und Gesundheitszustand ab.
Veränderungen der Harnzusammensetzung bei Erkrankungen helfen dem Arzt, die entsprechenden Krankheiten zu erkennen.

Harnblase (Vesica urinaria): Viele Wirbeltiere und der Mensch speichern den Harn vorübergehend in einer stark dehnbaren H. Durch die ↑Harnleiter kommt er aus den Nieren dorthin. Den Blasenausgang versperrt ein Schließmuskel. Wird er geöffnet, zieht sich die muskulöse Harnblasenwand zusammen und preßt den Harn durch die ↑Harnröhre nach außen.
Die H. des Menschen faßt etwa 0,5 bis 1 Liter Harn.

Harnleiter (Ureter): Die beim Menschen 30 cm langen H. entspringen am Nierenbecken und münden von hinten in die ↑Harnblase ein. Sie sind innen mit einer dehnbaren Schleimhaut ausgekleidet. Durch peristaltische Bewegungen befördern sie den Harn tropfenweise in die Blase (3–8 Tropfen je Minute).

Harnröhre (Urethra): Die H. führt den ↑Harn in der Regel von der ↑Harnblase nach außen. Bei den Wirbeltieren (mit Ausnahme der Knochenfische und der Säuger) mündet sie in die ↑Kloake. Die H. der Fische endet in einer Papille.
Die Harnröhrenöffnung weiblicher

Säuger und der Frau liegt oben im Scheidenvorhof zwischen den ↑Schamlippen. Die H. männlicher Säuger und des Mannes führt durch das ↑Glied und mündet an dessen Spitze (Eichel) nach außen. Der *Harnröhrenschwellkörper* umgibt sie.
Die H. der Frau ist 2,5–4 cm, die des Mannes 20–25 cm lang. Da auch die Samenflüssigkeit durch die H. nach außen gelangt, nennt man sie zwischen ↑Vorsteherdrüse und Ausgang auch *Harn-Samen-Röhre.*

Harnsäure: H. ist ein Stoffwechselprodukt beim Abbau der Purinbasen, das bei der Hydrolyse der Nukleotide Guanosin und Adenosin freigesetzt wird. Während bei den meisten Säugetieren die H. weiter zu *Allantoin* abgebaut wird, wird sie beim Menschen und bei den Menschenaffen unverändert im Harn ausgeschieden.
Bei der *Gicht* liegt eine Erhöhung des Harnsäurespiegels im Blut vor. Dabei kommt es zu kristallinen Ablagerungen in den Gelenken, was zu Gelenkverformung und -versteifung führt und äußerst schmerzhaft ist, oder zur Bildung von Nierensteinen.

Harnstoff: H. wird in der Leber aus dem Zellgift Ammoniak als relativ ungiftiges Endprodukt des Eiweißstoffwechsels aufgebaut *(Harnstoffzyklus, Ornithinzyklus).* Das Ammoniak stammt hauptsächlich aus der ↑Glutaminsäure.
Harnstoff wird mit ↑Harnsäure zusammen bei Säugetieren über die Nieren im Harn ausgeschieden. Beim Menschen werden täglich 30 bis 40 g Harnstoff auf diese Weise aus dem Körper entfernt.
H. wird großtechnisch synthetisiert und dient als Düngemittel sowie als Ausgangsstoff für Aminoplaste (Kunststoffe) und Barbiturate.

harte Hirnhaut svw. Dura mater (↑Hirnhäute).

Harze (Naturharze): H. sind organische Verbindungen, die keinen einheitlichen Aufbau haben. Häufig sind sie aus *Terpenen* (ungesättigte Kohlenwasserstoffe, die auf *Isopren,* $CH_2 = CH - C(CH_3) = CH_2$, zurückgehen) oder *Esterharzen* (veresterte Harzalkohole oder Phenole) zusammengesetzt. Sie besitzen keinen festen Schmelzpunkt (ähnlich Glas) und können als unterkühlte Schmelzen oder Lösungen aufgefaßt werden. Sie lösen sich nur in organischen Lösungsmitteln, z. B. in ätherischen Ölen *(Balsame).*
H. werden sowohl von Nacktsamern als auch von Bedecktsamern produziert. Am bekanntesten sind die H. der Nadelhölzer, die H. in den Harzgängen des Holzes und der Nadeln produzieren. Bernstein ist fossiles Harz.
Durch Destillation erhält man aus Harzen *Terpentinöl;* der dabei auftretende Rückstand ist *Kolophonium.*
Neben den in der Natur vorkommenden Harzen kennt man auch *Kunstharze;* das sind durch Polykondensation hergestellte, stark vernetzte Makromoleküle (z. B. Duroplast, Epoxyharz).

Haschisch: H. ist ein weitverbreitetes Rauschmittel (Halluzinogen), das in dem harzartigen Sekret von Drüsenhaaren an Blüten, Blättern und Stengeln v. a. der weiblichen Pflanzen des Indischen Hanfs enthalten ist. Die berauschende Wirkung wird durch ätherische Öle, v. a. Tetrahydrocannabinol, verursacht. Der Wirkstoffgehalt ist klimaabhängig; besonders hoch ist er in heißen, trockenen Klimaten. Starke Haschischsorten sind z. B. „Schwarzer Afghan“ und „Dunkelbrauner Pakistani“.
Das geerntete Harz der Hanfpflanze wird in Klumpen oder Fladen geknetet und dann in Leinen verpackt gehandelt. Getrocknete, gehackte Pflanzenteile werden als *Marihuana* bezeichnet.
Haschisch und Marihuana werden zumeist durch Rauchen des sog. *Joint* (Gemeinschaftszigarette) genossen. H. kann aber auch als Zusatz zu Getränken oder Gebäck aufgenommen werden.
Haschisch ruft je nach der Stimmungslage, der Umgebung sowie den seelischen und körperlichen Anlagen des Betroffenen (des *Kiffers*) verschiedene Rauscherlebnisse hervor: Entspannt-

sein, Apathie, Glücksgefühl oder Niedergeschlagenheit, intensivere Sinneswahrnehmungen, ängstliche Unruhe, aggressive Gereiztheit; häufig kommt es auch zu Übelkeit und Erbrechen. Haschischgenuß führt zwar nicht zur körperlichen Abhängigkeit (es treten also keine Entzugserscheinungen auf), wohl aber zu einer seelischen Abhängigkeit. Es stellt daher besonders für Jugendliche, die seelisch noch nicht ausgereift sind, eine Gefahr dar; denn sie flüchten vor der Auseinandersetzung mit ihrer Umwelt in den Rausch und verdrängen die Probleme, anstatt sie zu bewältigen. Oft spielt H. als sog. Einstiegsdroge zu anderen, stärkeren Drogen wie LSD oder Opiaten eine Rolle. – ↑auch Rauschgifte.

Hauptwirt svw. ↑Endwirt.

Haustiere: Seit mindestens 10 000 Jahren hält und züchtet der Mensch Tiere (↑Domestikation). Sie liefern ihm Nahrung und Kleidung, helfen bei der Jagd und beim Ackerbau oder transportieren Lasten. Zu den ältesten Haustieren gehören Schaf, Ziege, Rind und Hund.

Die Zahl der H. ist recht gering. Von den 4 250 bekannten Säugetierarten z. B. wurden nur etwa 20 zu Haustieren (Schaf, Ziege, Rind, Balirind, Büffel, Gayal, Jak, Trampeltier, Dromedar, Lama, Alpaka, Schwein, Esel, Pferd, Ren, Katze, Hund, Frettchen, Kaninchen, Meerschweinchen).

Streng genommen sind auch die Labortiere (z. B. Ratte, Weiße Maus, Goldhamster) und gezüchtete Pelztiere (Nutria, Waschbär, Nerz, Silberfuchs, Chinchilla u. a.) Haustiere.

H. stammen nach neueren Forschungen immer nur von einer Wildform ab, von der sie sich aber meist in Aussehen und Verhalten unterscheiden.

Haustorien: H. sind zapfenförmige Saugorgane von parasitisch oder halbparasitisch lebenden Pflanzen. Mit den H. dringen die Schmarotzerpflanzen in die Wirtspflanzen ein und entziehen ihnen Nährstoffe und Wasser.

Haut (Cutis): Die äußere Körperbedeckung bei Wirbeltieren und beim Menschen setzt sich aus der oberflächlichen Oberhaut und der tieferliegenden Lederhaut zusammen, auf die ohne scharfe Abgrenzung in die Tiefe die Unterhaut folgt.

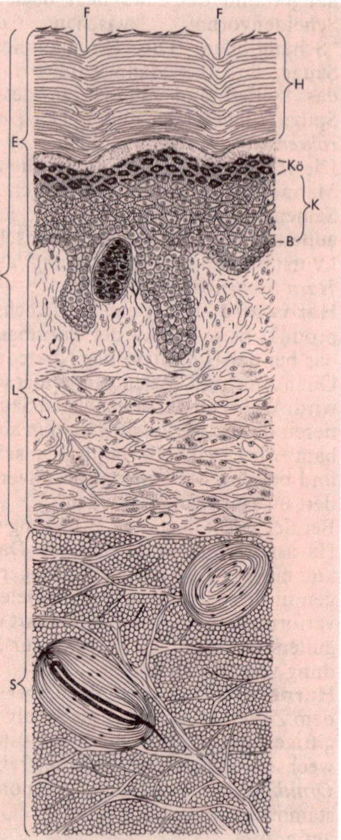

Abb. Haut des Menschen (Schemadarstellung eines Querschnitts): B Basalschicht, C Cutis, E Epidermis, F Hautfurche, H Hornschicht mit abschilfernden Hornstückchen, K Keimschicht, Kö Körnerschicht, L Lederhaut mit einem Meißner-Tastkörperchen in einer Bindegewebspapille, S Unterhaut mit zwei Vater-Pacini-Lamellenkörperchen

Die *Oberhaut (Epidermis)* des Menschen, die vom Ektoderm gebildet wird (↑Keimblätter), ist zweischichtig. Die äußere Schicht ist die *Hornschicht*

(Stratum corneum, Hornhaut). Sie ist am Körper nur 10–20 Zellschichten (ca. 0,015 mm) dick. Ihre Zellen sind tot und verhornt. Sie werden ständig nach außen abgeschilfert und müssen deshalb von der darunterliegenden *Keimschicht (Stratum germinativum)* ersetzt werden. Diese bildet die Hautfarbstoffe (Pigmente) und ist durch finger- oder leistenförmige *Papillen* mit der Lederhaut verzahnt. – An besonders stark beanspruchten Stellen der Haut können sich sog. *Hornhautschwielen* bilden.
Die *Lederhaut (Corium)* wird vom Mesoderm (↑Keimblätter) gebildet. Sie besteht aus sehr festen Faserbündeln und -netzen aus Kollagen. Ein feines Adernetz durchzieht sie. Die sehr kleinen zuführenden Arterien (Arteriolen) sind von glatten Muskeln umgeben und können die Hautdurchblutung verändern. Dadurch kann die H. erröten oder erblassen und in geringem Maße auch Blut speichern.
Unter der Lederhaut liegt die *Unterhaut (Subcutis).* Das in sie eingebettete *Unterhautfettgewebe (Corpus adiposum)* dient in erster Linie der Wärmeisolation des Körpers, daneben aber auch als Druckpolster (Gesäß!) und zur Speicherung von Reservestoffen. – Siehe auch Abb. S. 202.
Die H. schützt gegen eine Reihe von Umweltfaktoren: Durch ihre Reißfestigkeit und Dehnbarkeit wehrt sie mechanische Einwirkungen (Druck, Stoß) ab. Sie ist ferner für wasserlösliche Chemikalien weitgehend undurchlässig. Organische Lösungsmittel können sie z. T. durchdringen. Der Säureschutzmantel der H. wehrt Bakterien ab. Die Pigmente der Keimschicht, die auch in den verhornten Zellen verbleiben, absorbieren Licht und UV-Strahlung. Als schlechter elektrischer Leiter schützt sie, besonders wenn sie trocken ist, gegen das Eindringen elektrischen Stroms. Sie kann sich u. U. selbst bis auf 10 000 Volt aufladen. – Als Regelorgan sorgt die H. für die Wärmeregulation.
In die Haut sind *Hautorgane* eingesenkt, die sie bei ihren Aufgaben unterstützen: ↑Haare, die tief in die Lederhaut eingesenkt sind, dienen der Wärmeisolation oder als Sinneshaare. Nägel oder ↑Krallen helfen beim Beutefang. ↑Talgdrüsen machen das Haar wasserabstoßend und schützen es gegen Pilzbefall und Bakterien. ↑Schweißdrüsen erzeugen den Säureschutzmantel, der Bakterien abhält, und helfen durch Schweißabgabe bei der Wärmeregulierung.
In der Lederhaut bzw. in der Unterhaut liegen eine Reihe von *Sinneszellen.* Sie machen die H. zum Sinnesorgan: ↑*Tastkörperchen* vermitteln Druckempfindungen und stehen im Dienste der Oberflächensensibilität. Freie Nervenendigungen mit kleinen Verdickungen am Ende bewirken den ↑*Schmerzsinn.* Nervenendigungen mit kleinen, flachen Endscheiben empfangen Wärmereize *(Wärmerezeptoren),* andere vermitteln die Kälteempfindung *(Kälterezeptoren).*

Hautatmung: Tiere, deren Körperoberfläche im Verhältnis zum Volumen groß ist und deren Körperbedekkung immer feucht ist, können bei fehlenden speziellen Atmungsorganen ausschließlich durch die Oberfläche den bei der ↑Atmung wichtigen ↑Gasaustausch (Kohlendioxid und Sauerstoff) vornehmen. Dies trifft für Einzeller, Hohltiere, Würmer (Platt- und Ringelwürmer) zu.
Daneben spielt die H. auch bei solchen Tieren eine Rolle, bei denen ein besonderes Atmungsorgan ausgebildet ist, wie z. B. beim Wasserfrosch, dessen H. so stark ausgeprägt ist, daß er bis zu 10 Tagen auch ohne Lungen leben kann.
Bei allen Tieren mit fester und trockener Körperbedeckung (Insekten, Reptilien) kommt so gut wie keine H. vor. Beim Menschen beträgt die H. nur rund 1 % des gesamten Gasaustauschs.

Hautfarbe: In der Haut vieler Tiere (z. B. Tintenfische, Knochenfische, Chamäleon) liegen Farbstoffzellen (↑Chromatophoren), die dem Tier einen ↑Farbwechsel erlauben. Beim Menschen erzeugen ↑Pigmente in der Keimschicht der Oberhaut und in den

Bindegewebszellen der Lederhaut die Hautfarbe. Durch die Haut hindurchschimmernde Haargefäße verleihen der Haut darüber hinaus die charakteristische rötliche Farbe.

Hautflügler (Hymenopteren): Die H. sind nützliche Insekten. Sie bekamen ihren Namen wegen der zwei durchsichtig-häutigen Flügelpaare. Sie besitzen beißende oder leckend-saugende ↑Mundwerkzeuge und (nur die ♀♀) einen Legestachel.
Zu den Hautflüglern gehören neben ↑Bienen und ↑Ameisen auch die *Schlupfwespen,* die ihre Eier in andere, meist schädliche Insektenlarven ablegen. Letzere werden von den sich entwickelnden Schlupfwespenlarven von innen ausgefressen.
Die *Grabwespen* lähmen durch einen Stich (oftmals schädliche) Insekten und tragen sie als Nahrung für die Brut in Sandnester.
Weniger nützlich sind die mit einem Stachel bewehrten *Wespen,* deren größte europäische Art die *Hornisse* ist.

Hautleistenmuster: Die Lederhaut ist durch feine Papillarleisten mit der Oberhaut verzahnt. Diese *Hautleisten* verleihen der Haut charakteristische Muster, was insbesondere im Bereich der Fingerbeere von Bedeutung ist (↑Fingerabdruck).

Hautmuskelschlauch: Plattwürmer, Fadenwürmer, Schnurwürmer und Ringelwürmer besitzen einen H. zur Fortbewegung. Außenliegende Ringmuskeln strecken das Tier, darunterliegende Längsmuskeln verkürzen es. Zusätzliche schräg verlaufende Muskeln helfen bei Krümmungsbewegungen. Flüssigkeitsdruck im Innern versteift das Tier (Hydroskelett).
Die Muskeln des Hautmuskelschlauchs haben keine Gegenspieler, sondern arbeiten gegen den Flüssigkeitsdruck.

Häutung (Ekdysis): Das *Außenskelett der Gliederfüßer* kann nicht mitwachsen. Deshalb wird es in der Regel bis zur Geschlechtsreife durch H. mehrfach abgestreift. Das darunterliegende noch weiche Außenskelett dehnt sich nach der H. und erhärtet dann. Alle Ektodermbildungen, also auch Tracheen, Vorder- und Enddarm, häuten sich mit. Die H. wird durch Hormone gesteuert (↑Häutungshormon).
Reptilien häuten sich unter dem Einfluß des Schilddrüsenhormons ↑Thyroxin auch noch als geschlechtsreife Tiere. Schlangen streifen ihre alte Haut meist als Ganzes ab („Natternhemd"). Die Haut der Echsen löst sich in Fetzen. Schildkröten häuten sich meist nur im Bereich der Weichteile, in Ausnahmefällen auch im Bereich des Panzers. Krokodile werfen nur einzelne Schilder oder Schuppen ab. Lurche häuten sich mehrmals im Jahr, wobei sich die Haut als Ganzes (bei Froschlurchen) oder in Fetzen löst.
Auch die *Haut der Wirbeltiere* und des Menschen wird ständig erneuert. Ihre Oberfläche löst sich in kleinen Hautschüppchen.

Häutungsdrüsen (Exuvialdrüsen): Diese kleinen, ein- bis dreizelligen Hautdrüsen der Gliederfüßer sondern zur Einleitung der ↑Häutung Enzyme ab. Diese lösen die Kutikula von ihrer Unterlage und ermöglichen dadurch die Häutung. Weil meist alle Epidermiszellen diese Enzyme bilden können, die Häutung aber von Hormonen gesteuert wird, bezeichnet man heute die entsprechenden Hormondrüsen als Häutungsdrüsen.
H. sind bei Insekten v. a. die *Prothorakaldrüsen.* Sie liegen seitlich zwischen Kopf und Brust (Thorax) und bilden das ↑Häutungshormon. Nach der letzten Häutung zum geschlechtsreifen Tier (Imago) werden sie zurückgebildet. – Bei Krebsen sind die *Carapaxdrüsen* (Y-Organ) die Häutungsdrüsen.

Häutungshormon (Ecdyson, Ekdyson): Das H. bewirkt die Häutung der Insektenlarve zur Puppe und von dieser zum Vollinsekt. Es wird in den Prothorakaldrüsen gebildet.
Das H. ist der Gegenspieler des *Juvenilhormons* (Jugendhormon), das in den Corpora allata, den in der Nähe der Speiseröhre liegenden Hormondrüsen, gebildet wird und die Metamorphose blockiert.

Hefen (Hefepilze): Die H. sind eine Unterklasse der ↑Schlauchpilze. Es sind mikroskopisch kleine, einkernige Zellen, die sich meist durch ↑Sprossung vermehren. Hefen bewirken die ↑alkoholische Gärung.
Wichtige Hefearten, sog. *Kulturhefen,* sind die ober- und untergärige Bier- und Branntweinhefe und die Weinhefe. – Die *Bäckerhefe (Backhefe)* entwickelt wie die Bier- und Weinhefe Kohlendioxid, das den Teig lockert und aufgehen läßt.
Als *wilde Hefen* bezeichnet man die vorwiegend in zuckerhaltigen Pflanzensäften (z. B. Früchte und Nektar) vorkommenden Hefen.

Heilpflanzen (Arzneipflanzen, Drogenpflanzen): Die ober- oder unterirdischen Teile mancher Pflanzen werden zur Herstellung von Arzneien oder zu anderen medizinischen Heilzwekken verwendet. Nach der Wirkungsstärke ihrer Inhaltsstoffe unterscheidet man weniger stark wirksame und stark wirksame Heilpflanzen. Die Heilwirkung kann aber bei unsachgemäßer Anwendung (z. B. Überdosierung) in eine schädliche Wirkung umschlagen.
Heute werden die Wirkstoffe einiger Heilpflanzen, z. B. Digitalisglykoside aus dem Fingerhut, Atropin aus der Tollkirsche, Morphin aus dem Schlafmohn, überwiegend industriell in chemisch reiner Form gewonnen. In der Volksmedizin allerdings sind die weniger stark wirksamen Heilpflanzen noch immer beliebt. Außer *Pflanzensäften* werden *Pflanzentees* und spezifische *Teemischungen* verwendet.
Die wichtigsten Wirkstoffklassen der H. sind die *Alkaloide* und die *Glykoside. Ätherische Öle* (wie Anisöl, Pfefferminzöl) wirken hautreizend, durchblutungsfördernd und auch antiseptisch. – *Gerbstoffe* und *Schleimmittel* werden wegen ihrer zusammenziehenden bzw. schleimhautschützenden Wirkung als Gurgelmittel benutzt. – *Bitterstoffe* (Absinthin, Pikrotoxin, Lupulon) führen auf dem Reflexweg zu einer Steigerung der Speichel- und Magensaftsekretion und werden als Magenmittel verwendet.
Bekannte H. bzw. Heilpflanzenteile sind: Eibischwurzeln, Süßholzwurzeln, Huflättichblätter und -blüten, Wollblumenblätter, Anisfrüchte, Baldrianwurzel, Melissenblätter, Lavendelblüten, Holunderblüten, Lindenblüten, Kamille, Fenchel, Pfefferminze, Leinsamen, Tausendgüldenkraut, Enzian, Kalmus, Gelbwurzel, Löwenzahn. – Farbtafeln S. 222 ff.

Heilserum ↑Serum.

Helldunkelsehen: Die primitivsten ↑Lichtsinnesorgane können keine Bilder sehen, sondern nur Helligkeitsunterschiede erkennen. Bei ihnen entspricht die Menge des durch das Licht zerstörten Sehfarbstoffs der jeweils herrschenden Helligkeit.

Hemipelagial ↑Gewässerregionen.

Hemizellulose: H. ist ein ↑Polysaccharid, das in der Zellwand der Pflanzen als Begleiter der ↑Zellulose auftritt und heute zu der großen Gruppe der Holzpolyosen gerechnet wird. H. kann durch Kochen des *Holzschliffs* (zermahlenes Holz) mit Calciumhydrogensulfit zusammen mit dem ↑Lignin gelöst und somit von der unlöslichen Zellulose getrennt werden.
Im Gegensatz zur Zellulose, die nur aus β-D-Glucose-Einheiten besteht, kommen in Hemizellulosen auch Pentosen vor.

Hemmstoffe svw. ↑Inhibitoren.

Hemmung: In der Verhaltenslehre kennt man von verschiedenen Tieren ↑Schlüsselreize (z. B. ↑Demutsgebärde), die eine Aggressionshandlung des Artgenossen hemmen.
In der *Neurophysiologie* versteht man unter H. eine vorübergehende Aktivitätsminderung von Nervenzellen (↑auch Bahnung).
Im Nervensystem spielen Hemmungsvorgänge bei der Koordination aller Muskelbewegungen eine entscheidende Rolle. Schon beim einfachen ↑Kniesehnenreflex (Patellarsehnenreflex) wird gleichzeitig mit der Erregung für den Streckmuskel ein hemmender Impuls an seinen Antagonisten, den Beugemuskel, vom Rückenmark abgegeben.
Im Stoffwechselgeschehen wird die

Aktivität der Enzyme durch Hemmungsvorgänge (↑Enzymhemmung) den Bedürfnissen der Zelle angepaßt.

Heparin: H. hemmt die ↑Blutgerinnung, indem es die Umwandlung von Prothrombin in Thrombin und dessen Wirkung auf das Fibrinogen hemmt. Es ist ein Polysaccharid und wird in der Leber gebildet.

Hepatitis (viröse Leberentzündung): Die Virushepatitis wird durch Schmier- oder Schmutzinfektion (*epidemische Gelbsucht;* durch infiziertes Wasser, infizierte Lebensmittel) oder durch direkten Kontakt mit infektiösem Blut (*Spritzen-* oder *Transfusionshepatitis;* z. B. durch Bluttransfusion) hervorgerufen. Die Krankheit bricht 6–42 Tage bzw. 60–160 Tage nach der Ansteckung aus mit Müdigkeit, Übelkeit und dumpfen Schmerzen unter dem rechten Rippenbogen. Die Erreger sind verschiedene Viren.

Herbarium: Ein H. ist eine Sammlung flachgepreßter, getrockneter und auf Papierbogen aufgeklebter Pflanzen oder Pflanzenteile. Da die Pflanzen eines Herbariums alle anatomischen und morphologischen Merkmale der frischen Pflanzen besitzen, können sie zur wissenschaftlichen Untersuchung genommen werden.

Herbivoren ↑Pflanzenfresser.

Herbizide (Unkrautbekämpfungsmittel): H. sind synthetisch hergestellte chemische Stoffe, die entweder jeglichen Pflanzenwuchs vernichten *(Total-H.)* oder unerwünschte Pflanzen in land- und forstwirtschaftlichen Kulturen *(selektive H.)* ausschalten. Die Aufnahme der H. erfolgt durch Blätter und/oder Wurzeln. Total-H. sind z. B. das anorganische Natriumchlorat, aber auch organische H. und H.kombinationen in entsprechend hoher Dosierung. Total-H. werden v. a. auf Gleisanlagen, Nichtkulturland sowie auf Wegen und Plätzen verwendet. Die selektiven H. wirken bei richtiger Dosierung nur gegen bestimmte Pflanzen (Unkräuter, Ungräser), ohne Kulturpflanzen zu schädigen.

Kontakt-H. (z. B. Phenolderivate, salzartige Heterocyclen) zerstören das Pflanzengewebe an den Kontaktstellen. – *System-H.* (Wuchsstoffmittel auf der Basis verschieden formulierter Chlorphenoxyessigsäuren; hierzu gehören auch die im Vietnamkrieg eingesetzten Entlaubungsmittel) werden von den Pflanzen aufgenommen, in deren Gefäßsystem weitergeleitet und wirken über physiologische Dysregulationen. Viele von ihnen hemmen die Photosynthese bis zum Absterben der Pflanzen. – *Wurzel-H.* (Harnstoffderivate, Triazine) werden vom Wurzelsystem aufgenommen, bei Anwendung nach dem Auskeimen auch über die Blätter. Solche H. bezeichnet man auch als *Boden-H.* Aufgrund ihrer geringen Wasserlöslichkeit verbleiben sie in der oberen Bodenschicht und vernichten die keimenden Pflanzen.

Herbst-Körperchen ↑Tastkörperchen.

Hermaphrodit ↑Zwitter.

Heroin (Diacetylmorphin): H. wird halbsynthetisch aus ↑Morphin, das mit Essigsäure behandelt wird, hergestellt. Es ist das bekannteste und gefährlichste ↑Opiat, da es schon nach kurzer Anwendung (etwa 3 Wochen) zur lebenslangen Sucht führt. Seine medizinische und sonstige Anwendung ist daher verboten.

Die Rauschwirkung des Heroins ist sechsmal stärker als die des fast gleich wirkenden Morphins. Heroin wird eingeschnupft oder, wie es zumeist der Fall ist, unter die Haut bzw. in die Vene gespritzt. Die Rauschwirkung tritt fast blitzartig („Flash") nach der Injektion, dem „Schuß", auf und führt zu einem überschwenglichen Glücksgefühl. Der Wunsch, dieses Glücksgefühl immer wieder zu erleben, führt den Betroffenen in eine starke seelische Abhängigkeit. Da der Heroingebrauch außerdem den Stoffwechsel verändert, d. h. ihn auf die Heroinzufuhr einstellt (unter Umständen schon nach einmaliger Anwendung!), entsteht zugleich eine sehr starke körperliche Abhängigkeit.

Wird dem Süchtigen das H. vorenthalten, kommt es zu schweren Entzugserscheinungen: Schlaflosigkeit, starkes

Abb. Herz des Menschen (Frontalschnitt): aA aufsteigende Aorta, Ab Aortenbogen, Ak Aortenklappe, dA dreizipfelige Atrioventrikularklappe, Ks Kammerseptum, La Lungenarterie (mit sauerstoffarmem Blut), lK linke Herzkammer, lKa linke Kranzarterie, Lv Lungenvene (mit sauerstoffreichem Blut), oH obere Hohlvene, rK rechte Herzkammer, zA zweizipfelige Atrioventrikularklappe (Segelklappe)

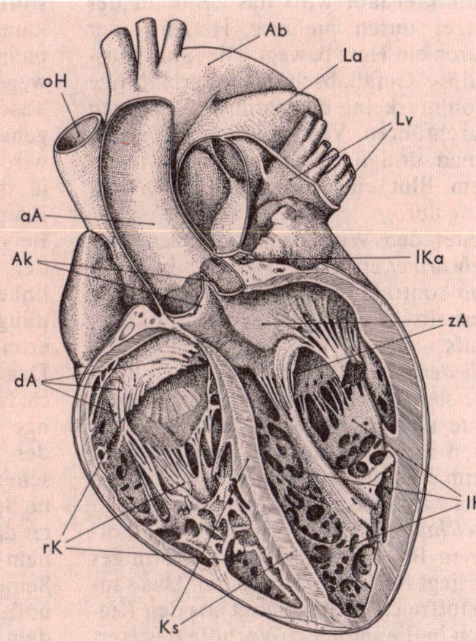

Schwitzen, Zittern, Erbrechen, Schmerzen und Angst. Die Furcht vor den Entzugserscheinungen bewirken nun, daß der Süchtige nur noch nach der Beschaffung des Giftes strebt, sämtliche sozialen Bindungen aufgibt und körperlich völlig verfällt. Eine Heilung der Sucht ist in den wenigsten Fällen erfolgreich.

Herrentiere (Primaten): Zu den Herrentieren, die v.a. in bezug auf das Großhirn die höchstentwickelten Lebewesen der Erde darstellen, gehört neben den Halbaffen und den ↑Affen auch der ↑Mensch. H. sind aus bestimmten Insektenfressern, den Vorfahren der heutigen *Spitzhörnchen,* hervorgegangen. Heute gibt es noch rund 170 Arten, die (wenn man vom Menschen absieht) in Südasien, Afrika, Mittel- und Südamerika verbreitet sind. In Europa, vermutlich durch den Menschen hergebracht, kommt nur der *Magot* auf Gibraltar vor, ein mit den Meerkatzen nahe verwandter Makake.

Im Unterschied zu den meisten anderen Säugetieren sind die H. im Körperbau und in ihrem Verhalten noch wenig spezialisiert. Als eine Anpassung an das Baumleben – sie waren ursprünglich alle Baumbewohner – können lediglich ihre in der Regel fünfgliedrigen *Greifhände* und *Greiffüße* mit den bei den höheren Primaten platten Nägeln aufgefaßt werden.

Besonderheiten der H. sind auch die nach vorn gerichteten, von einem geschlossenen Knochenring gebildeten Augenhöhlen, das stets vorhandene Schlüsselbein, das wie beim Menschen ausgebildete Gebiß, die brustständigen Milchdrüsen, die (zumindest zeitweilig) außerhalb der Leibeshöhle in einem Hodensack gelegenen männlichen Keimdrüsen (Hoden) sowie der in unerigiertem Zustand freihängende Penis.

Die H. sind maus- bis gorillagroß und leben hauptsächlich von Pflanzen und Früchten, auch von Mischkost. Sie bilden bis auf wenige Ausnahmen Sozialverbände, in der Regel Familiengruppen unterschiedlicher Größe und Struktur.

Herz (Cor, Kardia): Bei Tieren mit

↑Blutkreislauf wird das ↑Blut in der Regel durch mehrere Herzen oder durch ein Herz bewegt. Dies sind muskulöse Gefäßabschnitte oder kräftige Hohlmuskeln, die Pumpbewegungen durchführen. Ventile *(Herzklappen)* in ihnen und in den Gefäßen zwingen dem Blut eine bestimmte Fließrichtung auf.
Unter den Wirbellosen besitzen *Ringelwürmer* erstmals „Herzen" in Form von kontraktilen Gefäßabschnitten innerhalb ihres geschlossenen Blutkreislaufs.
Gliederfüßer haben einen offenen Blutkreislauf. Ihr H. liegt auf der Rückenseite und ist ein Schlauch mit seitlichen Einlaßschlitzen *(Ostien),* die sich beim Pumpvorgang verschließen. Das Blut wird meist kopfwärts gepumpt.
Weichtiere besitzen ebenfalls einen offenen Blutkreislauf. Ihr sackförmiges H. liegt in einem Herzbeutel. Das sauerstoffreiche Blut gelangt aus den Kiemen in die seitlichen Vorhöfe des Herzens. Ihre Zahl entspricht meist der Zahl der Kiemen (1, 2 oder 4). Von den Vorhöfen fließt das Blut in die Herzkammer und wird von dort in die Aorta gepreßt. – Der Blutkreislauf der *Tintenfische* ist fast geschlossen. Sie besitzen in der Kiemenregion zusätzlich venöse Kiemenherzen.
Den *Schädellosen* (z. B. Lanzettfischchen) fehlt ein zentrales Herz; sie besitzen venöse Kiemenherzen.
Das H. der *Fische* besteht aus vier hintereinanderliegenden Abschnitten, die durch Herzklappen getrennt sind: Der Venensinus (Sinus venosus) nimmt das Blut aus dem Körper auf und leitet es durch die Vorkammer (Atrium) in die Kammer (Ventrikel) und dann in den Conus arteriosus bzw. Bulbus aortae. Von hier aus wird es in die Kiemen gepumpt.
Gleichzeitig mit der Entwicklung der Lungenatmung werden Sinus venosus und Conus arteriosus zurückgebildet und das Herz zunehmend vierkammerig angelegt. Das H. der *Amphibien* ist dreikammerig: In die rechte Vorkammer fließt das sauerstoffarme Blut aus dem Körper, in die linke das sauerstoffreiche der Lunge. Aus den Vorkammern gelangt es zwar in die gemeinsame Herzkammer, bleibt aber wegen der Ausbildung von Falten und Taschen innerhalb der Herzwand weitgehend getrennt: Sauerstoffarmes Blut wird in die Lungen, sauerstoffreiches in den Kopf und Mischblut in den Körper gepumpt.
Bei den *Reptilien* beginnt die Trennung der Herzkammer in eine rechte und linke Hälfte. Die vollständige Trennung ist erst bei *Vögeln* und *Säugern* erreicht.
Das *H. des Menschen* (Abb. S. 207) ist ca. faustgroß und hat eine stumpfkegelige Gestalt. Es liegt etwas links von der Mitte unter dem Brustbein zwischen den beiden Lungenflügeln. Seine Spitze liegt etwas zur Mitte hin unter der linken Brustwarze. Es ist von einem *Herzbeutel (Perikard)* umgeben.
Seine *rechte Vorkammer* (rechter Vorhof, Atrium dextrum) nimmt das aus dem Körper kommende sauerstoffarme (venöse) Blut auf und leitet es in die *rechte Herzkammer* (Ventriculus dexter) weiter. Diese pumpt es durch die Lungenarterie in die Lungen. Von dort gelangt das Blut in die *linke Vorkammer* (linker Vorhof, Atrium sinistrum). Diese wiederum leitet es in die *linke Herzkammer* (Ventriculus sinister), die es durch die Aorta in den Körper preßt.
Um einen Rückfluß des Blutes bei der Kontraktion der Herzkammern *(Systole)* zu verhindern, verschließen dabei *Segelklappen* (Atrioventrikularklappen) den Weg zu den Vorhöfen. Erschlaffen die Herzkammern *(Diastole),* so verhindern *Taschenklappen* in der Lungenarterie *(Pulmonalklappe)* und in der Aorta *(Aortenklappe)* ein Zurückfließen des Blutes in die Kammern. Dabei öffnen sich die Segelklappen und geben dem Blut in den Vorhöfen den Weg frei.
Weil die linke Herzhälfte stärker arbeiten muß, ist die Wandung der linken Herzkammer viel dicker (d. h. muskulöser) als die der rechten.
Der *Herzmuskel* besteht aus quergestreiften Muskelzellen, die aber nicht

miteinander verschmolzen sind, sondern durch sog. *Glanzstreifen* getrennt sind.
Das H. ist der am stärksten belastete Muskel unseres Körpers. Es wird deshalb sehr gut mit Blut versorgt: Etwa 5–10% des Blutstroms im Körperkreislauf werden für seine Versorgung abgezweigt und durchfließen die *Herzkranzgefäße.*
Das H. des Erwachsenen schlägt bei leichter Tätigkeit 60- bis 70mal in der Minute *(Herzfrequenz);* das sind am Tag etwa 100 000 Herzschläge. Bei jedem Herzschlag fördert das H. zwischen 70 und 100 ml Blut je Herzkammer; das sind in der Minute 5–7 Liter. Bei rund 75 Schlägen je Minute dauert ein *Herzschlag* 0,8 Sekunden. Davon entfallen nur 0,3 Sekunden auf die eigentliche Arbeit, die Austreibung des Blutes (Systole), während die Erschlaffungsphase (Diastole) 0,5 Sekunden dauert. Rechnet man alle Arbeitsphasen zusammen, so arbeitet das H. von 24 Stunden 8 und ruht 16 Stunden. Nur so ist es möglich, daß das H. über ein ganzes Leben hinweg betriebssicher funktioniert.

Herzautomatie: Der Herzmuskel hat die Fähigkeit zu selbsttätiger rhythmischer Tätigkeit (Kontraktionen). Die die Kontraktionen auslösenden Erregungen entstehen gewöhnlich an einer bestimmten Stelle des Herzens, dem sog. *primären Schrittmacher.* Von dort breiten sie sich über den gesamten Herzmuskel aus. Neben dem primären Schrittmacher sind auch andere Stellen des Herzens als *sekundäre Schrittmacher* zur Erregungsbildung befähigt. Sie wirken sich aber erst beim Ausfall des primären Schrittmachers aus.
Der Schrittmacher geht bei den Wirbeltieren, Weichtieren und Manteltieren aus umgebildeten Muskelzellen hervor – das Herz wird myogen erregt. Bei Gliederfüßern sind die Herzen neurogen, d. h., die Erregungsbildung im Schrittmacher geht von Nervenzellen des Herzens aus. Bei Fischen und Amphibien liegt der primäre Schrittmacher im Venensinus (Einmündungsstelle der Vene in den Vorhof), bei Säugetieren in der Wand des rechten Vorhofs an der Einmündungsstelle der oberen Hohlvene und wird als *Sinusknoten* oder *Keith-Flack-Knoten* bezeichnet. Die im Sinusknoten gebildete Erregung wird über bes. schnell leitende Muskulatur des Vorhofs auf den *Atrioventrikularknoten* (*AV-Knoten, Aschoff-Tawara-Knoten,* sekundärer Schrittmacher) an der Vorhof-Kammer-Grenze übertragen. Vom AV-Knoten wird die Erregung mit zeitlicher Verzögerung auf das ↑His-Bündel, die Kammerschenkel und *Purkinje-Fasern* (fibrillenarme, sarkoplasmareiche Fasern, die die Erregung leiten) der Kammermuskulatur weitergeleitet. Die rhythmische Tätigkeit des Herzmuskels wird über den Vagus (vermindert die ↑Herzfrequenz) und Sympathikus (erhöht die Herzfrequenz) beeinflußt (↑vegetatives Nervensystem).

Herzbeutel (Perikard): Das ↑Herz (v. a. der Wirbeltiere, auch des Menschen) ist vom H. umgeben. Ein dünner Flüssigkeitsfilm zwischen H. und Herz wirkt als Schmierfilm und ermöglicht dadurch dem Herzen freie Bewegung.

Herzfrequenz: Die Anzahl der Herzschläge in der Minute bezeichnet man als H. Sie stimmt mit der Zahl der fühlbaren Pulsschläge überein. Bei Anstrengung oder Erkrankung erhöht sich die H. Je kleiner ein Tier ist, umso höher ist in der Regel seine H.
Über die Steuerung der H. ↑Herzautomatie.

Herzinfarkt: Als *Infarkt* bezeichnet man einen Gewebsuntergang bei Mangeldurchblutung. Herzinfarkte sind meist das Ergebnis einer fortschreitenden ↑Arterienverkalkung der Herzkranzgefäße. Schließlich verschließt ein Blutgerinnsel das eng und spröde gewordene Gefäß und schneidet einen mehr oder weniger großen Bezirk des Herzmuskels von der Sauerstoffzufuhr ab.
Auch kleine Einzelinfarkte können gefährlich sein, weil sie die ↑Herzautomatie in Unordnung bringen. Anhand dieser Störungen kann der Infarkt im

↑Elektrokardiogramm erkannt werden. Auch seine Lokalisierung im Herzen läßt sich aus der Herzstromkurve ablesen.
Bei einem akuten H. wird der Betroffene von Angst gepeinigt und hat durch den Sauerstoffmangel starke Schmerzen in der Brust, die in die Umgebung, häufig in die linke Schulter und in den Hals, ausstrahlen.
Der H. wird durch dieselben *Risikofaktoren* begünstigt wie die Arterienverkalkung: Übergewicht, fettreiche Speisen, hoher Blutdruck, Nikotingenuß, Zuckerkrankheit, Bewegungsmangel, Streß u. a. Die größte Häufigkeit für einen H. liegt bei Männern im Alter von 55 Jahren, bei Frauen, die durch ihre Geschlechtshormone bis zur Menopause relativ geschützt sind, bei 70 Jahren.
Nach Abheilung eines Herzinfarktes muß der Betroffene Aufregung und Überanstrengung des Herzens meiden.

Herzklappen: H. sind Ventile im ↑Herzen, die dem Blut eine bestimmte Fließrichtung aufzwingen. Zwischen den Vorhöfen (Atrien) und den Herzkammern (Ventrikeln) liegen die *Segelklappen (Atrioventrikularklappen),* zwischen Herzkammern und den Arterien befinden sich an der Lungenarterie die *Pulmonalklappe,* an der Aorta die *Aortenklappe.* Beides sind *Taschenklappen.*

Herzkranzgefäße (Koronargefäße): Das ↑Herz ist von den Herzkranzgefäßen umgeben. Sie ernähren es. Dazu zweigen sie 5–10% des Blutes ab, das durch den Körperkreislauf fließt.
Verschließt ein Blutgerinnsel eines dieser Gefäße, kommt es zum ↑Herzinfarkt.

Herzschlag:
◊ Die rhythmischen Pumpbewegungen des ↑Herzens, die von außen an der linken Seite des Brustkorbs zu fühlen und zu sehen sind.
◊ Der plötzliche Tod durch einen ↑Herzinfarkt.

Herztöne: Bei jedem ↑Herzschlag hört man zwei Töne. Der erste Ton entspricht dem Geräusch der sich kontrahierenden Herzmuskulatur (Anspannungston) und der sich schließenden Segelklappen (Atrioventrikularklappen), der zweite hellere Ton entsteht, wenn sich die Taschenklappen (Arterienklappen) schließen.

Heterogonie: Bei vielzelligen Tieren gibt es 2 Formen des ↑Generationswechsels. Eine davon ist die H., bei der eingeschlechtliche (Parthenogenese) und zweigeschlechtliche Fortpflanzung einander abwechseln. So vermehren sich z. B. Wasserflöhe oder Blattläuse als Weibchen, die ihrer Mutter lebend entschlüpfen (vivipar), während der warmen Jahreszeit enorm schnell; erst mit Eintritt ungünstiger Perioden werden widerstandsfähige Dauereier gelegt, die bisexuell entstanden sind, d. h. befruchtet wurden.

Heterophyllie: Hat eine Pflanze unterschiedlich gestaltete Laubblätter in verschiedener Höhe des Sprosses (Blattfolge), so spricht man von H. Man findet sie häufig zwischen Primär- und Folgeblättern oder z. B. beim Wasserhahnenfuß, bei dem sich die zerschlitzten Wasserblätter von den mit einer Blattspreite versehenen Schwimmblättern unterscheiden. – ↑auch Anisophyllie.

Heterosexualität ↑Sexualität.

Heterosis svw. ↑Bastardwüchsigkeit.

Heterosomen ↑Geschlechtschromosomen.

heterotroph: Alle Tiere sowie die meisten nichtgrünen Pflanzen ernähren sich h., d. h., sie sind zur Energiegewinnung und zum Aufbau ihrer Körpersubstanz auf die Zufuhr organischer Stoffe angewiesen. – Gegensatz: ↑autotroph.

heterozygot svw. ↑mischerbig.

Heuaufguß ↑Aufgußtierchen.

Hexapoden svw. ↑Insekten.

Hexenbesen: Der H. ist eine besen- oder nestförmige pflanzliche Mißbildung an den Ästen von Laub- und Nadelbäumen. Die Erreger des Hexenbesens sind Schlauchpilze (Taphrinaarten), selten auch Rostpilze. Durch eine Infektion wird ein Massenaustreiben von „schlafenden" Augen oder zusätzlich gebildeten Knospen während der gesamten Vegetationsperiode ausgelöst. Die in alle Richtungen wachsenden Zweige zeigen eine charakteristische Besenform.

Hinterhirn (Metencephalon): Entwicklungsgeschichtlich aus dem ↑Rautenhirn hervorgehender Abschnitt des ↑Gehirns. Sein dorsaler (oberer) Anteil wird im Verlaufe der Embryonalentwicklung zum Kleinhirn (↑Gehirn), sein ventraler (unterer) Anteil bildet zusammen mit dem entsprechenden Anteil des ↑Nachhirns das ↑verlängerte Mark (↑Gehirn).

Hirnanhangsdrüse (Hypophyse): Diese kleine, etwa 14 mm lange Hormondrüse der Wirbeltiere ist die wichtigste Hormondrüse des Körpers. Sie hängt an der Basis des ↑Zwischenhirns und besteht aus zwei funktionell und histologisch verschiedenen Teilen, dem *Hypophysenhinterlappen,* der durch zahlreiche Nervenfasern in enger Verbindung zum Hypothalamus steht, und dem *Hypophysenvorderlappen,* der vom Darmdach abgefaltet wird. Der Vorderlappen bildet noch den *Hypophysenzwischenlappen* (nicht bei Vögeln und Walen).
Hypophysenvorderlappen und -hinterlappen sind die Bildungsstätten unterschiedlicher Hormone (↑Hypophysenhormone).

Hirnhäute (Meningen): Gehirn und Rückenmark werden bei Säugern von drei Häuten geschützt. Die außenliegende *harte Hirnhaut (Dura mater)* ist im Schädelbereich fest mit dem Knochen verwachsen. Gehirn und Rückenmark werden von der *weichen Hirnhaut (Pia mater)* fest umschlossen. Der harten Hirnhaut liegt die *Spinnwebhaut (Arachnoidea)* verschieblich an. Sie ist durch feine bindegewebige Fäden mit der weichen Hirnhaut verbunden; sie halten den Abstand zwischen den Häuten konstant. Der Raum zwischen den Fäden ist mit Liquor cerebrospinalis (↑Zerebrospinalflüssigkeit) ausgefüllt.

Hirnhautentzündung (Meningitis): Es gibt mehrere Formen der H. Sie werden durch Bakterien oder Viren verursacht, die die ↑Hirnhäute und die Häute des Rückenmarks befallen.

Hirnnerven: So bezeichnet man die 12 direkt im Gehirn entspringenden Hauptnervenpaare der höheren Wirbeltiere. Die H. werden nach der Reihenfolge ihres Austritts von vorn nach hinten mit römischen Ziffern bezeichnet:

I Der *Riechnerv* (Nervus olfactorius) zieht zum Riechepithel der Nase; er geht aus vom Riechkolben oder Riechlappen (einer Ausstülpung des Vorderhirns).

II Der *Sehnerv* (Nervus opticus) führt vom Zwischenhirn zur Netzhaut des Auges.

III Der *Augenmuskelnerv* (Nervus oculomotorius) kommt aus dem Mittelhirn. Er versorgt z. B. die Augenmuskeln sowie die Ringmuskeln in der Iris (Pupillenverengung) und im Ziliarkörper (Scharfstellen).

IV Der *Rollnerv* (Nervus trochlearis) führt zum äußeren Augenmuskel und entspringt im Mittelhirn.

V Der *Drillingsnerv* (*Trigeminus,* Nervus trigeminus) leitet die Empfindungen von Gesichtshaut, Gaumen, Mund- und Nasenhöhle und der Zunge zum Gehirn und versorgt die Kaumuskulatur.

VI Der *seitliche Augenmuskelnerv* (*Abduzens,* Nervus abducens) führt zum äußeren geraden Augenmuskel.

VII Der *Gesichtsnerv* (*Fazialis,* Nervus facialis) enthält motorische Bahnen für die mimische Gesichtsmuskulatur, sensorische für die Geschmacksempfindung im vorderen Zungenbereich und parasympathische für Unterkiefer- und Unterzungenspeicheldrüse sowie für die Tränendrüsen.

VIII Der *Hör- und Gleichgewichtsnerv* (Nervus statoacusticus, Nervus vestibulocochlearis) leitet Reize vom Ohr zur Brücke des Nachhirns.

IX Die im *Zungen-Schlund-Nerv* (*Geschmacksnerv,* Nervus glossopharyngeus) liegenden sensorischen Bahnen versorgen die seitliche und hintere Rachenschleimhaut, das hintere Zungendrittel, die Paukenhöhle und die Eustachi-Röhre. Seine motorischen Fasern innervieren die Schlundmuskulatur, seine parasympathischen die Ohrspeicheldrüse.

X Der *Eingeweidenerv* (*Vagus*, Nervus vagus) führt zu den Atmungsorganen, zum Herzen und zum Verdauungstrakt und enthält motorische Fasern für die Kehlkopfmuskulatur.
XI Der *Beinerv* (Nervus accessorius) ergänzt den X. Hirnnerv und führt zum Kopfdrehmuskel und dem Trapezmuskel des Schulterblatts. Er fehlt Fischen und Amphibien.
XII Der *Zungenmuskelnerv* (Nervus hypoglossus) kommt aus dem verlängerten Mark und versorgt die zungeneigene Muskulatur mit motorischen Fasern. Er fehlt bei Fischen und Amphibien.

Hirnstamm (Stammhirn): Dieser entwicklungsgeschichtlich älteste Teil des Gehirns umfaßt Nachhirn, ventrales Hinterhirn, Mittelhirn, Zwischenhirn und die Basalganglien. Über dem H. liegen Groß- und Kleinhirn (↑Gehirn).

Hirudin: H. hemmt die ↑Blutgerinnung. Es ist ein Eiweißkörper, der in den Speicheldrüsen von Blutegeln produziert wird.

His-Bündel: Das H.-B. besteht aus fibrillenarmen, sarkoplasmareichen Fasern, die sich vom Herzmuskelgewebe ableiten. Es dient im Warmblüterherzen zur Leitung der Erregung (↑Herzautomatie) vom Atrioventrikularknoten bis zu den Kammerschenkeln, die den rechten bzw. linken Ventrikel versorgen.

Histamin: H. ist ein Gewebshormon, das besonders in den Gewebsmastzellen der Haut, Muskulatur und Lunge gespeichert ist. Es entsteht durch enzymatische Decarboxylierung des Histidins (eine Aminosäure).
H. bewirkt eine rasche Kontraktion glatter Muskeln, wie z. B. der Gebärmutter und der Bronchien, und eine Erweiterung der Blutgefäße der Haut. H. regt die Magensaftsekretion und die Darmperistaltik an.
Eine vermehrte Histaminausschüttung erfolgt bei allergischen Reaktionen, bei Sonnenbestrahlung, bei Verbrennungen und anderen Gewebszerstörungen. Es kommt zu lokal besserer Durchblutung (Hautrötung).
Im Gewebe wird H. durch Enzyme schnell unwirksam gemacht. Substanzen, die die Wirkung des Histamins hemmen, heißen *Antihistaminika;* sie haben therapeutische Bedeutung.

Histologie svw. ↑Gewebelehre.

Hitzschlag ↑Erste Hilfe.

Hochblätter: Im Bereich der Blüte und des Blütenstandes werden die Laubblätter (↑Laubblatt) zu Hochblättern umgewandelt. Typische H. sind die *Tragblätter* (Brakteen) der Blüte. Häufig findet man Übergangsformen zwischen normalen Laubblättern und Hochblättern. Bei einigen Pflanzenarten übernehmen H. die Aufgabe von Blütenblättern; sie sind dann prächtig gefärbt (z. B. Flamingoblume).

Hochmoor ↑Moore.

Hochzeitskleid: Bei vielen Tieren sind v. a. die Männchen während der ↑Balz auffallend gefärbt, oder sie stellen bunte Körperteile (z. B. besondere Federn) zur Schau.

Hoden (Testes): Diese fast stets paarigen Organe sind die männlichen ↑Keimdrüsen. In ihnen entstehen die männlichen Keimzellen (↑Samenzellen). Bei Wirbeltieren und Insekten produzieren sie auch Hormone.
Die beiden H. des Mannes (s. Abb.) sind etwa so groß wie kleine Pflaumen. Sie sind im ↑Hodensack außerhalb des eigentlichen Körpers untergebracht. Eine derbe Bindegewebshülle umgibt sie. Von ihr aus ziehen zarte Scheidewände (Septen) in die Tiefe der H. und teilen sie in etwa 200–250 *Hodenläppchen* (Lobuli testis). In jedem Läppchen liegen 2–3 *Hodenkanälchen* von höchstens 30 cm Länge. Diese 0,2 mm dicken Kanälchen sind eng aufgeknäuelt. In ihrem Epithel entstehen aus diploiden Samenmutterzellen (Ursamenzellen) die Samenzellen (Spermien), die nur einen einfachen Chromosomensatz enthalten.
Die Hodenkanälchen münden zunächst ins sog. *Hodennetz* (Rete testis) und von dort in die ausführenden Kanälchen des ↑Nebenhodens. Zwischen den Hodenkanälchen liegen die *Leydig-Zwischenzellen*. Sie erzeugen das männliche Geschlechtshormon Testo-

steron (↑Androgene), das sie direkt in die Blutbahn abgeben.
Die H. entstehen während der ↑Keimesentwicklung in der Bauchhöhle und wandern noch vor der Geburt in den Hodensack *(Descensus testis)*. Bei fehlendem Descensus sollte unbedingt ein Arzt um Rat gefragt werden. – Bei einigen Tieren (z. B. bei vielen Nagern und bei Flattertieren) steigen die H. nur während der Fortpflanzungszeiten zur Samenzellbildung in den ↑Hodensack.

Hodensack (Skrotum, Scrotum): Der H. ist ein Hautbeutel, der die paarigen ↑Hoden aufnimmt. Er liegt bei Beuteltieren vor, bei den meisten Säugern und beim Menschen hinter dem ↑Glied. In der Wandung des Hodensacks liegen glatte Muskelbündel. Sie verkürzen sich v. a. bei Kälte und machen den H. runzelig. Auf diese Weise wird eine gewisse Wärmeregulierung der Hoden erreicht; denn die Hoden können nur bei Temperaturen, die unter der normalen Körpertemperatur liegen, ↑Samenzellen erzeugen.

höhere Pflanzen: Die Farnpflanzen und Samenpflanzen werden zusammenfassend als höhere Pflanzen bezeichnet (↑auch niedere Pflanzen).

Höhlenbewohner: H. sind Lebewesen, die vor allem an die Dunkelheit, aber auch an die konstante Temperatur und Feuchtigkeit in einer Höhle gut angepaßt sind (z. B. Grottenolm). Höhlentiere sind oft völlig blind und bilden keine Pigmente aus. Als Ersatz für das fehlende Sehvermögen ist der Tastsinn gut ausgebildet.
Höhlentiere leben entweder räuberisch oder ernähren sich von *Höhlenpflanzen*, z. B. von Algen und Moosen, die als extreme Schattenpflanzen mit ganz geringen Belichtungen auskommen. Auch Bakterien und Pilze, die unabhängig vom Licht gedeihen (↑heterotroph), werden in Höhlen angetroffen.

Höhlenbrüter: Zu den einheimischen Vögeln, die in Höhlen, meist in alten Bäumen, brüten, gehören Spechte, Kleiber, Meisen und Rotschwänzchen. Nur die Spechte bauen ihre Bruthöhlen selbst. In Wäldern mit vorwiegend jungen Bäumen kann die Ansiedlung solcher für die Schädlingsbekämpfung wichtiger Vogelarten durch das Aufhängen von Nistkästen geför-

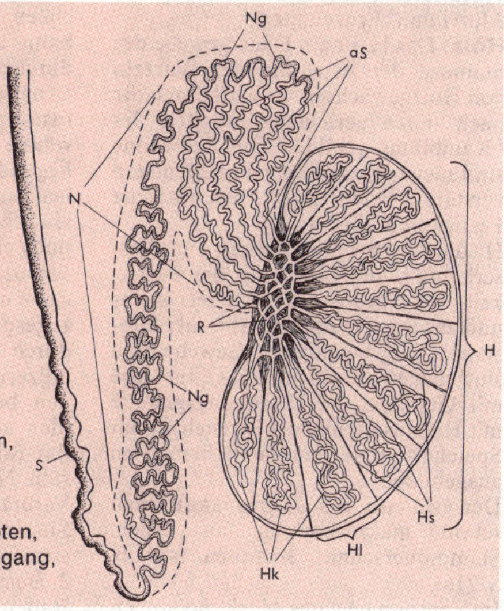

Abb. Hoden und Nebenhoden des Menschen:
aS ausführende Samenkanälchen, deren dichte Knäuel die Nebenhodenläppchen bilden;
H Hoden, Hk Hodenkanälchen,
Hl Hodenläppchen, Hs Hodensepten,
N Nebenhoden, Ng Nebenhodengang,
R Rete testis, S Samenleiter

dert werden. Die Uferschwalbe baut horizontale Brutröhren in steil abfallende Erdwälle (Ufer, Kiesgruben).

Hohltiere (Coelenterata): Die Hohltiere sind primitiv aufgebaut. Ihr radiärsymmetrischer Körper wird im wesentlichen aus zwei Schichten gebildet, dem Ektoderm und Entoderm. Ihr Körper schließt nur einen einzigen Hohlraum ein, der der Vorverdauung dient und um dessen Mund (als einzige Körperöffnung) Fangarme angeordnet sind. Diese werden zum Fang von Beutetieren verwendet, wozu sie bei den ↑Nesseltieren mit zahlreichen ↑Nesselkapseln versehen sind. H. sind getrenntgeschlechtig oder zwittrig, häufig mit Generationswechsel verbunden. Sie leben im Süß- und Meerwasser.

Holoenzym: Ein H. setzt sich zusammen aus dem ↑Enzym und seiner prosthetischen Gruppe bzw. aus Enzym und Koenzym.

holokrine Drüsen: Bei holokrinen Drüsen tritt die gesamte Drüsenzelle aus dem Zellverband aus und wandelt sich in Drüsensekret um (z. B. Talgdrüsen der Säugetiere).

Holozän: Neuere Bezeichnung für Alluvium (↑Erdzeitalter).

Holz: Das H. ist ein Dauergewebe des Stamms, der Äste und der Wurzeln von Holzgewächsen. Es wird durch die nach innen gerichtete Tätigkeit des ↑Kambiums gebildet. Die Zellwände sind meist durch Lignineinlagerungen verstärkt, wodurch die mechanische Festigkeit erhöht wird.

H. dient den Landpflanzen zur Wasserleitung, zur Erhöhung der Festigkeit des Sproß- und Wurzelsystems und zur Speicherung organischer Substanz. Die beteiligten Gewebearten sind dementsprechend als Leitgewebe mit Gefäßen, als ↑Festigungsgewebe mit Holzfasern und als Parenchym mit Speicher- und Leitparenchymzellen ausgebildet.

Den *Aufbau des Holzes* kann man schon makroskopisch an einem Stammquerschnitt erkennen (s. Abb. S. 216).

Im Zentrum liegt das *Mark,* das von einem breiten *Holzkörper* umschlossen wird. Dieser setzt sich bei den meisten Holzarten aus den sich durch Wechsel in Struktur und Färbung voneinander abhebenden ↑Jahresringen zusammen. Das weitlumige *Frühholz* dient der Leitung, das englumige, dichtere *Spätholz* der Festigung. Das Kambium umschließt als dünner Mantel aus sehr teilungsfähigen Zellen den gesamten Holzkörper. Von diesem Kambium geht das ↑Dickenwachstum des Stamms aus. Es bildet nach innen neues H. und nach außen ↑*Bast.* Im Bast erfolgt die Leitung der Assimilate von der Baumkrone abwärts zu den ↑Wurzeln. Vom Bast in den Holzkörper hinein verlaufen zahlreiche *Markstrahlen.* Sie bestehen vorwiegend aus Speicher- und Parenchymzellen. Die Markstrahlen dienen der Leitung und Speicherung des Wassers und der organischen Substanzen. Den Stammabschluß nach außen bildet die ↑*Borke* aus toten Korkzellen und abgestorbenem Bast. Betrachtet man diesen Stammquerschnitt unter dem Mikroskop, so zeigt sich folgender Aufbau:

1. *Gefäße:* Sie erscheinen in zwei Ausbildungsformen, als großlumige Tracheen und als englumige Leitungsbahn aus Tracheiden. Die *Tracheen* durchziehen meist als Rohr die ganze Länge der Pflanze. Sie sind durch Zellfusionen entstanden, indem die Querwände zwischen je zwei übereinanderliegenden Zellen durchbrochen oder fast aufgelöst wurden. Von der ursprünglichen Querwand bleibt nur noch ein Ringwulst übrig. Die *Tracheiden* dagegen bestehen nur aus einer Zelle und sind meist an beiden Enden zugespitzt. Untereinander sind sie durch ↑Tüpfel verbunden. Bei Nadelhölzern sind nur Tracheiden vorhanden, bei Laubhölzern sowohl Tracheiden als auch Tracheen. Beide leiten das Bodenwasser mit den darin gelösten Nährsalzen zu den Zentren des Verbrauchs, den Blättern (↑Laubblatt). Sie sind folglich das Wasserleitungssystem eines Baums.

2. *Holzfasern:* Winzig kleine, an beiden Enden zugespitzte Zellen mit starker

Wandverdickung und engem Lumen. Die Holzfasern sind das Stützgewebe des Holzkörpers. Auf ihnen beruht die Trag-, Zug-, Bruch- und Biegungsfestigkeit der Hölzer.
3. *Holzparenchym:* Das sind die lebenden Bestandteile des Holzkörpers. Gefäße und Holzfasern sind tote Zellelemente und haben kein Plasma mehr. Die Holzparenchymzellen übernehmen die Speicherung der organischen Reservestoffe. Sie sind meist in Längsreihen angeordnet. Im Herbst sind die Parenchymzellen der Laubhölzer (hauptsächlich der Harthölzer) voll mit Reservestärke; diejenigen der Nadel- und weichen Laubhölzer speichern fettes Öl.
Das *Markstrahlgewebe* besteht aus lebenden parenchymatischen Zellen und dient der Stoffspeicherung und Stoffleitung. Die Markstrahlen verbinden die Rinde mit dem Holzkörper und transportieren die in den Blättern gebildeten und in die Rinde gebrachten Assimilate zu den Holzparenchymzellen, wo sie dann gespeichert werden.
Die meisten Hölzer lassen mit zunehmendem Alter eine Differenzierung des Holzkörpers in eine hellere, äußere Zone und einen dunkler gefärbten Kern erkennen. Die hellere Zone entspricht dem Zuwachs der letzten Jahre. Dieses jüngere Holz bezeichnet man als *Splint-* oder *Weichholz.* Es allein enthält die lebenden Zellen, denn das *Kernholz* ist tot und hat nur noch mechanische Funktionen. Kernholz ist fester, härter, wasserärmer und durch Einlagerung von Farbstoffen dunkler gefärbt als das Splintholz. Das Kernholz ist wirtschaftlich wertvoller, da es durch bestimmte Stoffeinlagerungen (Gerbstoffabkömmlinge) vor Zersetzung geschützt ist (z. B. Teakholz, Ebenholz, Mahagoni, Palisander). Bei manchen Bäumen (z. B. Pappel, Platane, Weide) unterbleibt die Verkernung. Sie werden deshalb leichter durch Fäulnis hohl. – Die Maserung des Holzes kommt durch Farbstoffeinlagerung im Frühholz zustande.

Hominiden (Hominidae) ↑Mensch.

Homo ↑Mensch.

Homologie: Der Grundbauplan eines Organs kann im Laufe der Stammesgeschichte stark abgewandelt worden sein, weil es bei den einzelnen Arten unterschiedliche Aufgaben übernommen hat. Diese Erscheinung nennt man Homologie. Homologe Organe sind z. B. Vorderflossen der Wale, Fledermausflügel, Grabbeine des Maulwurfs.
Die wichtigsten Kriterien einer H. sind: die gleiche Lagebeziehung der Organe, gleiche Struktur und oft auch gute Erkennbarkeit der Verwandtschaft bei den Embryonen. Tiere mit homologen Organen müssen auch einen stammesgeschichtlich gleichen Vorfahr haben. – Gegensatz: ↑Analogie.

Homo sapiens ↑Mensch.

Homosexualität: Bei der H. richtet sich das Verlangen nach geschlechtlicher Befriedigung auf einen Partner des gleichen Geschlechts. Hierbei kann der übliche ↑Geschlechtsverkehr nicht ausgeübt werden. Die häufigsten Praktiken sind deshalb die gegenseitige Masturbation (↑Selbstbefriedigung), das Berühren der Geschlechtsorgane mit dem Mund oder bei Männern auch der Gebrauch des Afters anstelle der Scheide der Frau.
Die Ursachen der H. sind nicht geklärt, doch können sowohl Erbfaktoren (z. B. Zwittrigkeit) als auch Umweltbedingungen verantwortlich sein. Bei langanhaltendem Fehlen eines andersgeschlechtlichen Partners kommt es häufig zu H. (z. B. in Gefängnissen). Früher stand H. bei Männern in Deutschland nach § 175 des BGB unter Strafe. Heute machen sich nur noch Männer über 18 Jahre strafbar, wenn sie sexuelle Handlungen mit männlichen Jugendlichen unter 18 Jahren vornehmen.
Die H. unter Frauen *(lesbische Liebe)* ist straffrei.

homozygot svw. ↑reinerbig.

Honig: H. besteht je nach Herkunft aus wechselnden Mengen ↑Traubenzucker (30 bis 35 %), ↑Fruchtzucker (30 bis 40 %), ↑Rohrzucker (maximal 5 %),

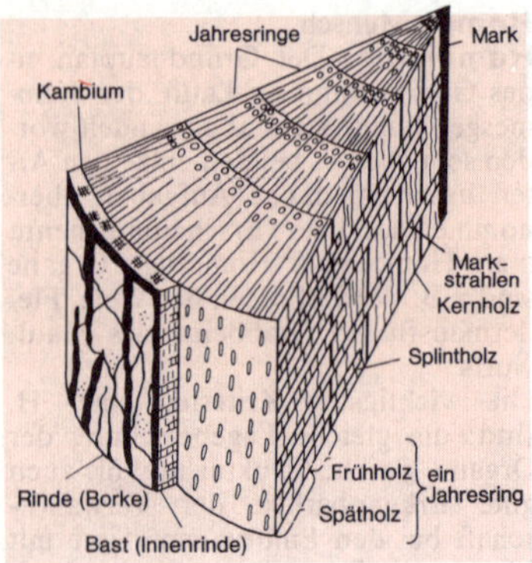

Abb. Holz: Schemadarstellung eines Stammausschnitts

Wasser (ca. 20%) und Dextrinen, ferner aus Enzymen, Vitaminen, Aromastoffen, Eiweißen, Wachsteilen und Säuren (zusammen ca. 5%).

Die Sammelbienen saugen Nektariensäfte aus Blüten in ihren Honigmagen. Der Nektar besitzt noch bis zu 90% Wasser und v.a. viel Rohrzucker. Die Stockbienen übernehmen den Nektar von den Sammelbienen, wobei durch Enzyme der Rohrzucker größtenteils in Invertzucker (Mischung aus Traubenzucker und Fruchtzucker) umgewandelt und der Wassergehalt vermindert wird. Die Eindickung des Honigs bis auf einen Endwassergehalt von ca. 20% geschieht durch dauerndes Übertragen von Zelle zu Zelle und durch Bearbeiten mit den Mundwerkzeugen.

H. kann hell bis dunkel gefärbt sein und einen unterschiedlichen Geruch und Geschmack besitzen, je nach seiner Herkunft. Er ist flüssig, kann jedoch (in erster Linie durch seinen Gehalt an Traubenzucker) leicht kristallisieren.

H. ist ernährungsphysiologisch sehr wertvoll und kann auch medizinisch, v.a. bei Lebererkrankungen, eingesetzt werden.

Honigbiene: Honigbienen sind äußerst nützliche Insekten im Dienste der Blütenbestäubung.

Die H. bildet Stöcke, die als „Staaten" (↑Tierstaaten) bezeichnet werden und bis zu 70000 Individuen beherbergen können. Zum *Nestbau* verwenden Honigbienen aus Drüsen abgesondertes Wachs *(Bienenwachs),* aus dem sie sechskantige Zellen in Form von senkrechten *Waben* bauen. In diesen Zellen wird die Brut aufgezogen oder Vorräte (↑Honig und Pollen) gespeichert. Der Honig wird als ↑Nektar im Kropf *(Honigmagen)* der Insekten aufgenommen und mit Enzymen vermengt.

Wie bei den Ameisen unterscheidet man bei der H. 3 ↑Kasten: Arbeiterin, Drohne und Königin (s. Abb.).

Die *Königin (Weisel)* ist nur zum Eierlegen (bis zu 3000 Eier pro Tag) befähigt; sie wird von den Arbeiterinnen gefüttert. Jeder Stock darf nur eine einzige Königin enthalten. Bemerkt die alte Königin, daß im Stock eine größere Zelle *(Weiselwiege)* zur Aufzucht einer *Jungkönigin* gebaut wird, so muß sie (um nicht von der Jungkönigin totgestochen zu werden) mit einem Teil ihres Volks etwa eine Woche vor dem

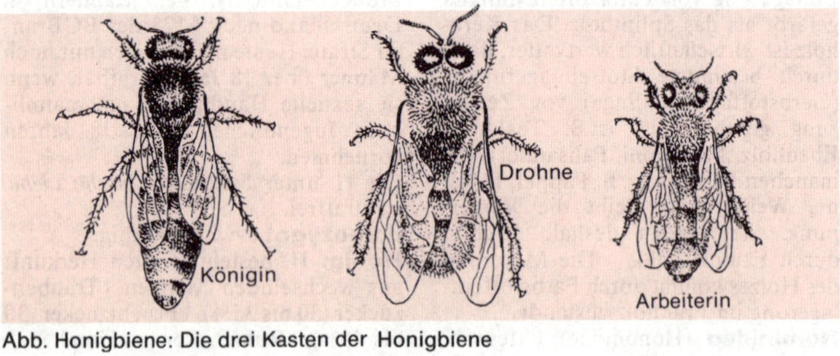

Abb. Honigbiene: Die drei Kasten der Honigbiene

BLUTKREISLAUF I

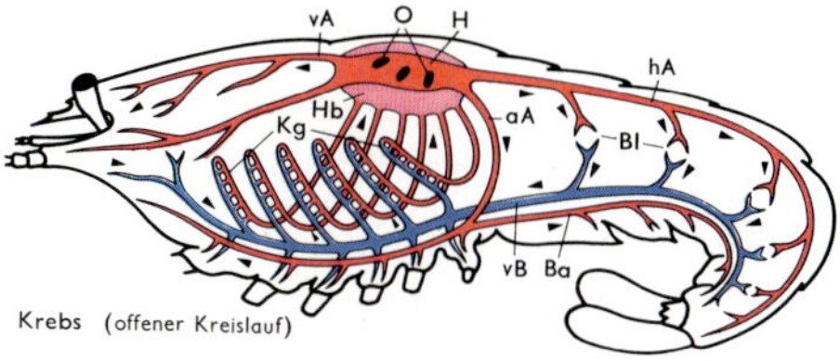

Krebs (offener Kreislauf)

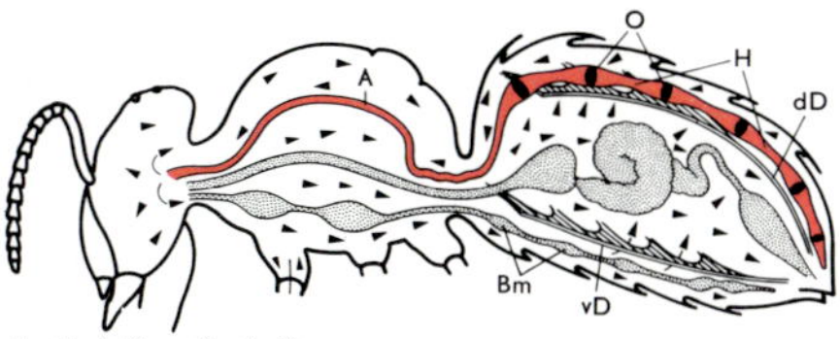

Insekt (offener Kreislauf)

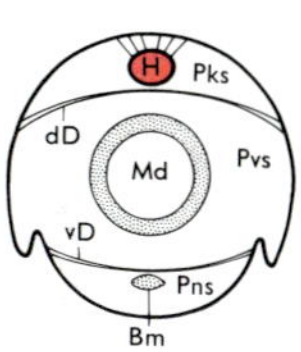

Insekt (Querschnitt)

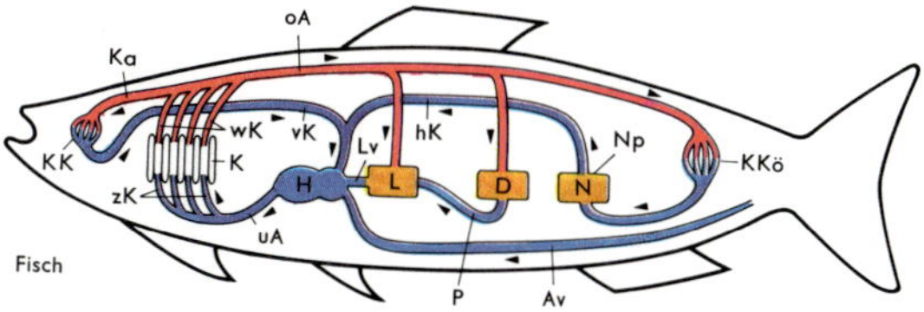

Fisch

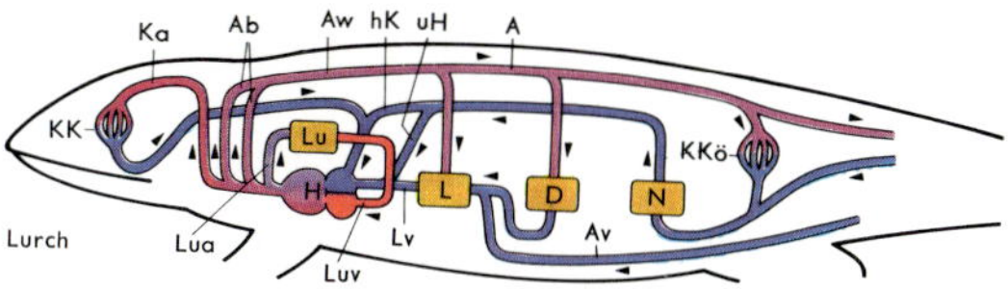

Lurch

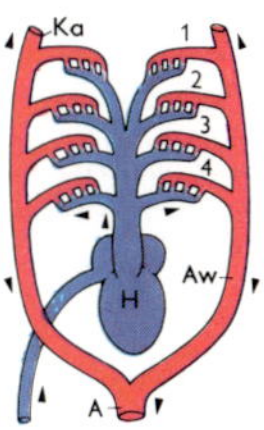

Fisch (von unten)

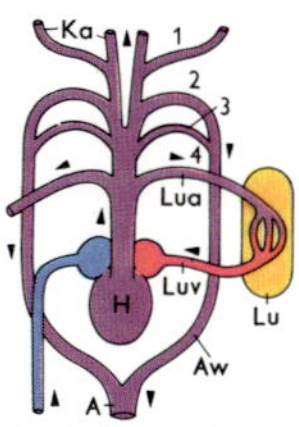

Lurch (von unten)

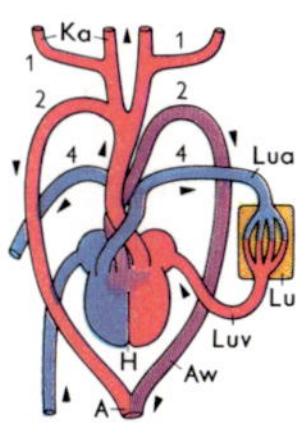

Krokodil (von unten)

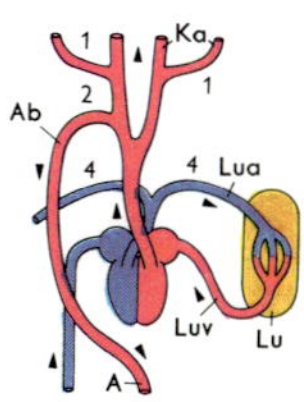

Vogel (von unten)

BLUTKREISLAUF II

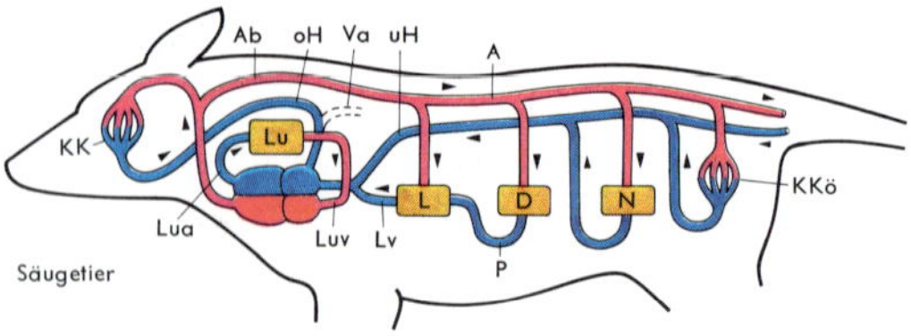

Säugetier

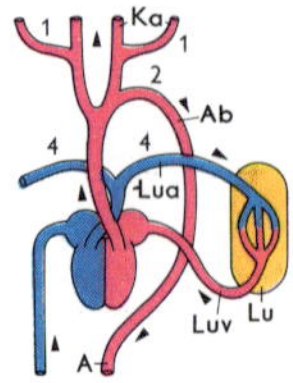

Säugetier (von unten)

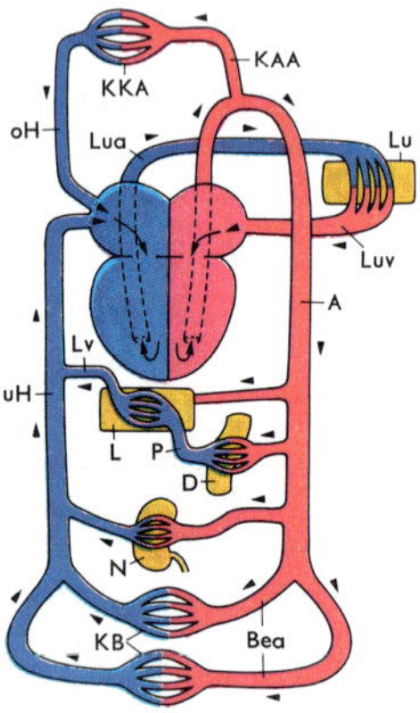

Mensch

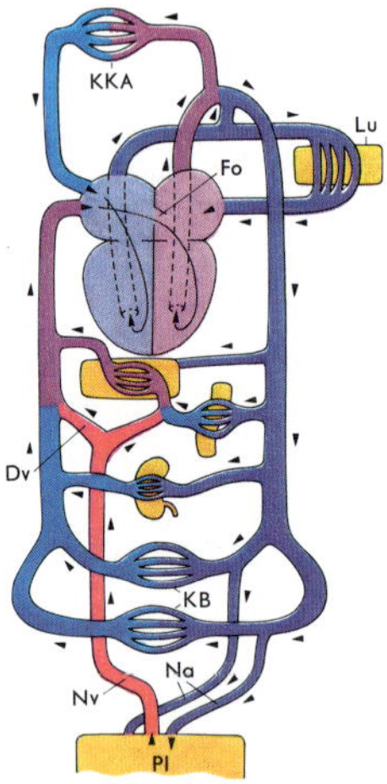

menschlicher Embryo

1, 2, 3, 4 Gefäße der Kiemenbögen 1–4 bzw. die diesen entsprechenden Arterien

A = Aorta
aA = absteigende Aorta
Ab = Aortenbogen
Av = Abdominalvene
Aw = Aortenwurzel
Ba = Baucharterie
Bea = Beinarterien
Bg = Bauchgefäß
Bl = Blutlakunen
Bm = Bauchmark
Bo = Botalli-Gang
D = Darm
dD = dorsales Diaphragma
Dp = Dorsoparietalgefäß (Abzweigungen: Hautatmungsgefäße)
Dv = Ductus venosus (Arantii)
Fo = Foramen ovale
H = Herz
hA = hintere Aorta
Hb = Herzbeutel
hK = hintere Kardinalvene
K = Kiemen
Ka = Kopfarterie
KAA = Kopf-Arm-Arterien
KB = Kreislauf Beine
Kg = Kiemengefäße
KK = Kapillarensystem Kopf
KKA = Kapillarensystem Kopf-Arme
KKö = Kapillarensystem Körper
L = Leber
Lh = Lateralherzen
Lu = Lunge
Lua = Lungenarterie
Luv = Lungenvene
Lv = Lebervene
Md = Mitteldarm
N = Niere
Na = Nabelarterien
Np = Nierenpfortadersystem
Nv = Nabelvene
O = Ostien
oA = obere Aorta
oH = obere Hohlvene
P = Pfortader
Pks = Perikardialsinus
Pl = Plazenta
Pns = Perineuralsinus
Pvs = Periviszeralsinus
R = Rückengefäß
S = Schlund
Sg = Subneuralgefäß
uA = untere Aorta
uH = untere Hohlvene
Va = Vena azygos
vA = vordere Aorta
vB = ventraler Blutsinus
vD = ventrales Diaphragma
vK = vordere Kardinalvene
Vp = Ventroparietalgefäß (dient der Hautatmung)
wK = wegführende Kiemenarterien
zK = zuführende Kiemenarterien

sauerstoffreiches Blut — sauerstoffarmes Blut — Mischblut

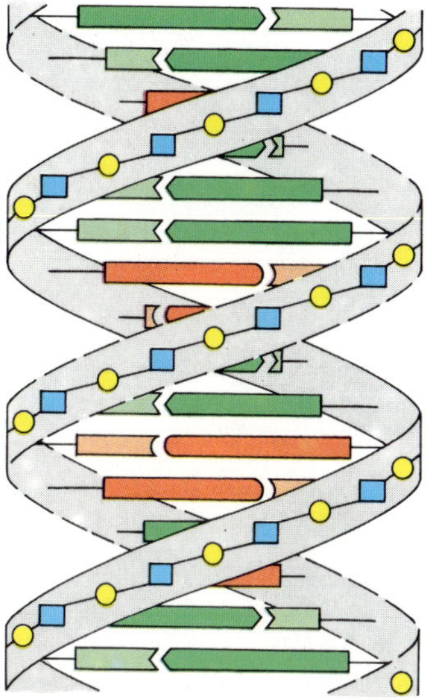

Abb. 1 Die Doppelspirale (Doppelhelix) des DNS-Moleküls. Die durch Wasserstoffbrücken gekoppelten Basenpaare sind jeweils in Ebenen senkrecht zur Helixachse angeordnet

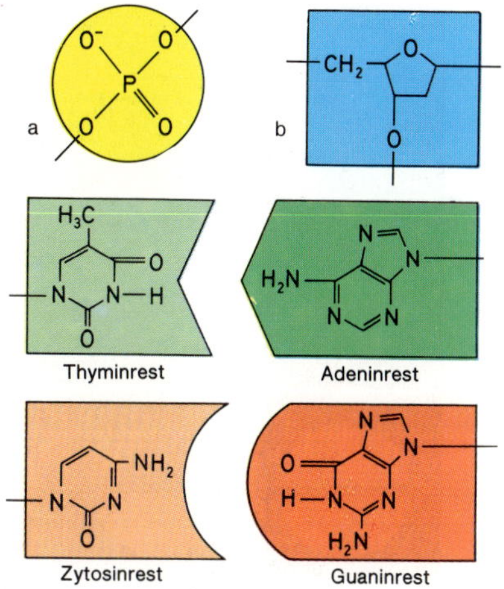

Abb. 2 Die Bausteine der DNS-Moleküle: a Phosphorsäurerest, b Desoxyriboserest (es sind jeweils Wasserstoffatome an den freien Valenzstrichen abgespalten; die Basenreste sind in der Ketoform dargestellt)

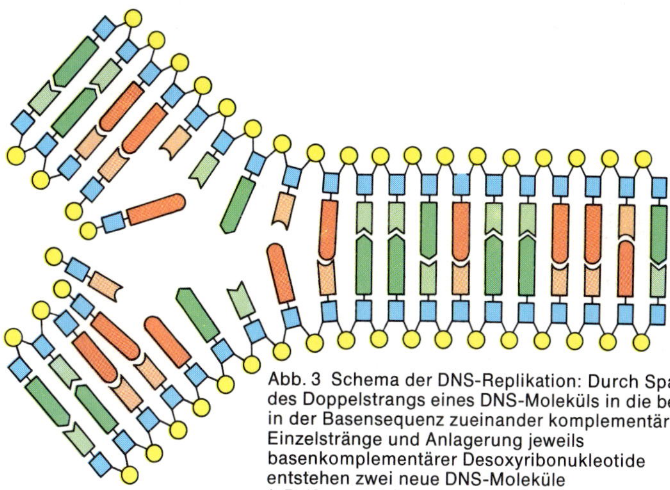

Abb. 3 Schema der DNS-Replikation: Durch Spaltung des Doppelstrangs eines DNS-Moleküls in die beiden in der Basensequenz zueinander komplementären Einzelstränge und Anlagerung jeweils basenkomplementärer Desoxyribonukleotide entstehen zwei neue DNS-Moleküle („Reißverschlußmechanismus")

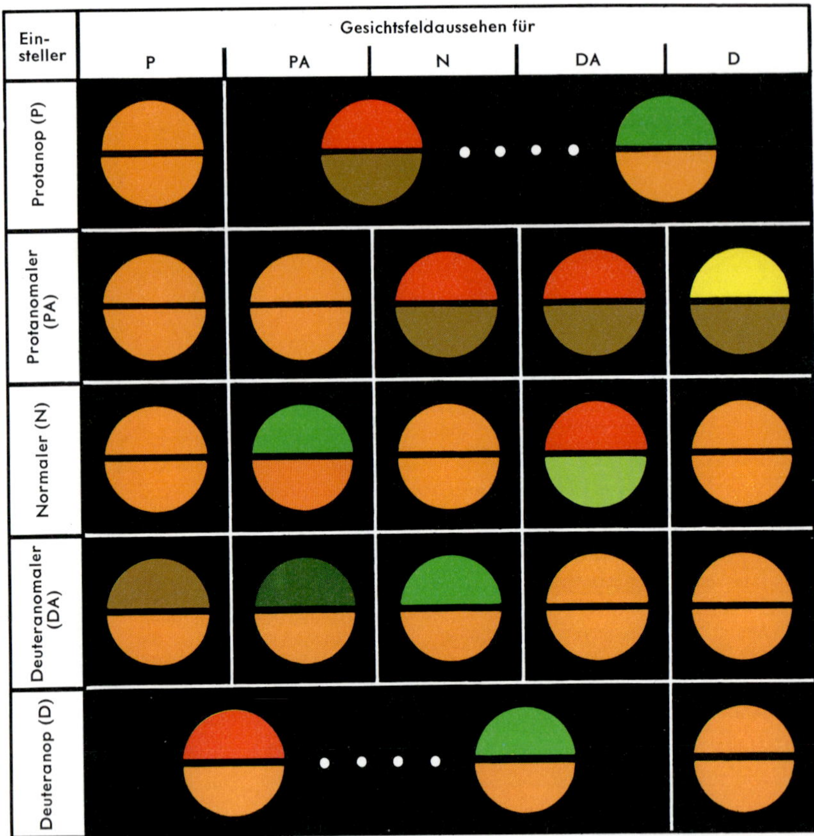

Abb. 1 Die Abbildung veranschaulicht, welche Farben von Normalsichtigen (N) und welche von Farbenfehlsichtigen als gleich wahrgenommen werden, wenn sie im Gesichtsfeld des Anomaloskops eingestellt werden

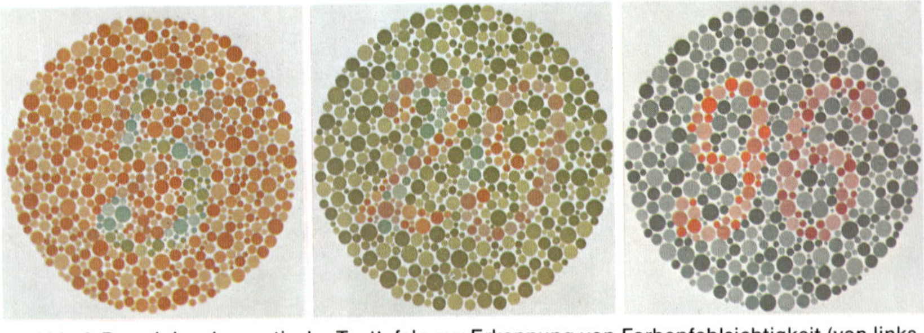

Abb. 2 Pseudoisochromatische Testtafeln zur Erkennung von Farbenfehlsichtigkeit (von links nach rechts: 5, 29, 96)

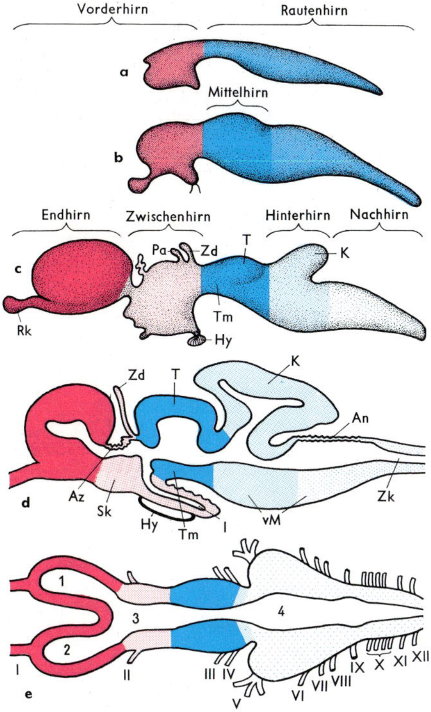

Schema der Entwicklung der Gehirnabschnitte bei den Wirbeltieren (a, b, c Zwei-, Drei- und Fünfblasenstadium in Seitenansicht, d Sagittalschnitt durch ein späteres Entwicklungsstadium mit stärker entwickeltem Tectum und Kleinhirn, e Horizontalschnitt mit den Hirnhöhlen [Ventrikel 1–4] und Hirnnerven [I-XII]). – An und Az Adergeflecht (Plexus chorioidea) des Nach- bzw. Zwischenhirns, Hy Hypophyse, I Infundibulum, K Kleinhirn, Pa Parietalorgan, Rk Riechkolben (Bulbus olfactorius), Sk Sehnervenkreuzung (Chiasma opticum), T Tectum, Tm Tegmentum, vM verlängertes Mark, Zd Zirbeldrüse (Epiphyse), Zk Zentralkanal

Medianschnitt durch das menschliche Gehirn mit Blick auf die mediale Fläche der Großhirnrinde der rechten Hemisphäre. – Az Adergeflecht des Zwischenhirns (durchschnitten), B Balken (Corpus callosum), G Großhirnrinde, H4 Hirnhöhle (4. Ventrikel), Hy Hypophyse, K Kleinhirn, P Pons, Sk Sehnervenkreuzung (Chiasma opticum), St Hirnstiel (Pedunculus cerebri), Th Thalamus (Wand des 3. Ventrikels), V Vierhügelplatte, vM verlängertes Mark, Zd Zirbeldrüse (Epiphyse)

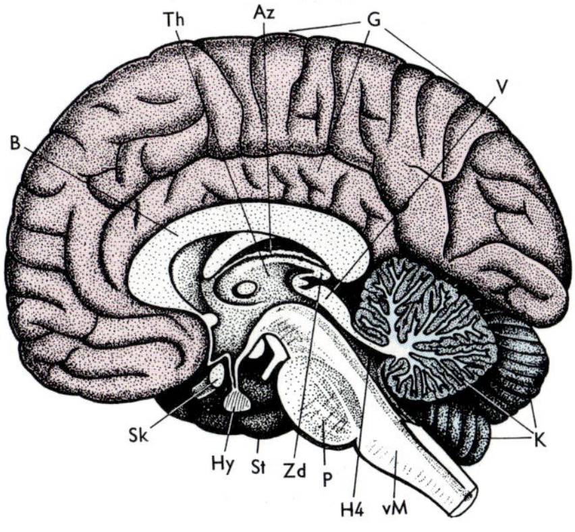

HEILPFLANZEN I

1 Ackerschachtelhalm (Equisetum arvense). 2 Wurmfarn (Dryopteris filix-mas). 3 Wacholder (Juniperus communis). 4 Berberitze (Berberis vulgaris). 5 Weißdorn (Crataegus oxyacantha). 6 Walderdbeere (Fragaria vesca). 7 Besenginster (Sarothamnus scoparius).

HEILPFLANZEN II

1 Blauer Eisenhut (Aconitum napellus). 2 Weißbirke (Betula verrucosa). 3 Roßkastanie (Aesculus hippocastanum). 4 Bilsenkraut (Hyoscyamus niger). 5 Stechapfel (Datura stramonium). 6 Heilsamer Ehrenpreis (Veronica officinalis). 7 Goldregen (Laburnum anagyroides). 8 Tollkirsche (Atropa belladonna).

1 Roter Fingerhut (Digitalis purpurea). 2 Salbei (Salvia pratensis). 3 Brechnuß (Strychnos nux-vomica). 4 Pfefferminze (Mentha piperita). 5 Arnika (Arnica montana). 6 Echte Kamille (Matricaria chamomilla). 7 Gemeiner Baldrian (Valeriana officinalis). 8 Huflattich (Tussilago farfara). 9 Löwenzahn (Taraxacum officinale).

HEILPFLANZEN IV

1 Blaugummibaum (Eucalyptus globulus). 2 Winterlinde (Tilia cordata). 3 Lein (Linum usitatissimum). 4 Mistel (Viscum album). 5 Duftende Primel (Primula officinalis). 6 Maiglöckchen (Convallaria majalis). 7 Kalmus (Acorus calamus). 8 Herbstzeitlose (Colchicum autumnale).

MENSCH I

Mittelschnitt durch Schädel mit Gehirn, Gesicht, Rachen und Hals

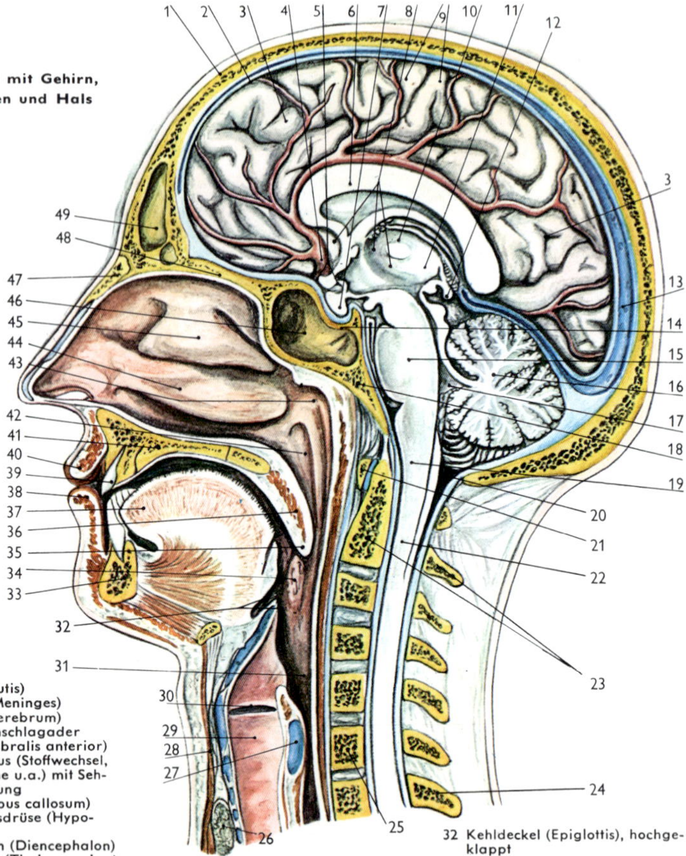

1 Kopfhaut (Cutis)
2 Hirnhäute (Meninges)
3 Großhirn (Cerebrum)
4 vordere Hirnschlagader (Arteria cerebralis anterior)
5 Hypothalamus (Stoffwechsel, Durst, Wärme u.a.) mit Sehnervenkreuzung
6 Balken (Corpus callosum)
7 Hirnanhangsdrüse (Hypophyse)
8 Zwischenhirn (Diencephalon) mit Sehhügel (Thalamus; Lust-, Unlust- und Schmerzregion)
9 vordere (Gyrus praecentralis) Zentralwindung (sensorisch) und hintere (Gyrus postcentralis) Zentralwindung (motorisch)
10 Mittelhirn-(Mesencephalon-) Gegend (Reflexzentrum, Regulation der Motorik, Stellung und Haltung) mit Rautenhirn (Rhombencephalon)
11 dritte Hirnkammer (Ventriculus tertius)
12 Zirbeldrüse (Corpus pineale oder Epiphysis; Gegenspieler der Hypophyse in der Jugend)
13 Blutleiter der Hirnhaut (Sinus durae matris), führen das sauerstoffarme Blut ab
14 Türkensattel (Sella turcica), in den die Hirnanhangsdrüse eingebettet ist
15 Brücke (Pons)
16 Kleinhirn (Cerebellum)
17 vierte Hirnkammer
18 Körper des Hinterhauptsbeines (Os occipitale)
19 verlängertes Mark (Medulla oblongata; Atemzentrum, Kreislaufzentrum)
20 Hinterhauptzisterne (Cisterna cerebellomedullaris)
21 erster Halswirbel (Atlas)
22 Rückenmark (Medulla spinalis)
23 zweiter Halswirbel (Epistropheus)
24 Dornfortsätze (Processus spinales)
25 Wirbelkörper (Corpus vertebrae)
26 Schilddrüse (Glandula thyreoidea)
27 Ringknorpel (Cartilago cricoides)
28 Schildknorpel (Cartilago thyreoides)
29 Luftröhre (Trachea)
30 Stimmritze (Rima glottidis)
31 Speiseröhre (Ösophagus)
32 Kehldeckel (Epiglottis), hochgeklappt
33 Unterkiefer (Mandibula)
34 Gaumenmandel (Tonsilla palatina)
35 Zäpfchen (Uvula)
36 weicher Gaumen (Palatum molle)
37 Zunge (Lingua)
38 Unterlippe (Labium inferius)
39 Zähne (Dentes)
40 Oberlippe (Labium superius)
41 harter Gaumen (Palatum durum)
42 Rachen (Pharynx)
43 Rachenmandel (Tonsilla pharyngea)
44 untere Nasenmuschel (Concha nasalis inferior)
45 mittlere Nasenmuschel (Concha nasalis media)
46 Keilbeinhöhle (Sinus sphenoidalis)
47 Nasenbein (Os nasale)
48 Siebbeinplatte (Lamina cribriformis)
49 Stirnhöhle (Sinus frontalis)

MENSCH II

Tiefe Schicht der Brust- und Baucheingeweide

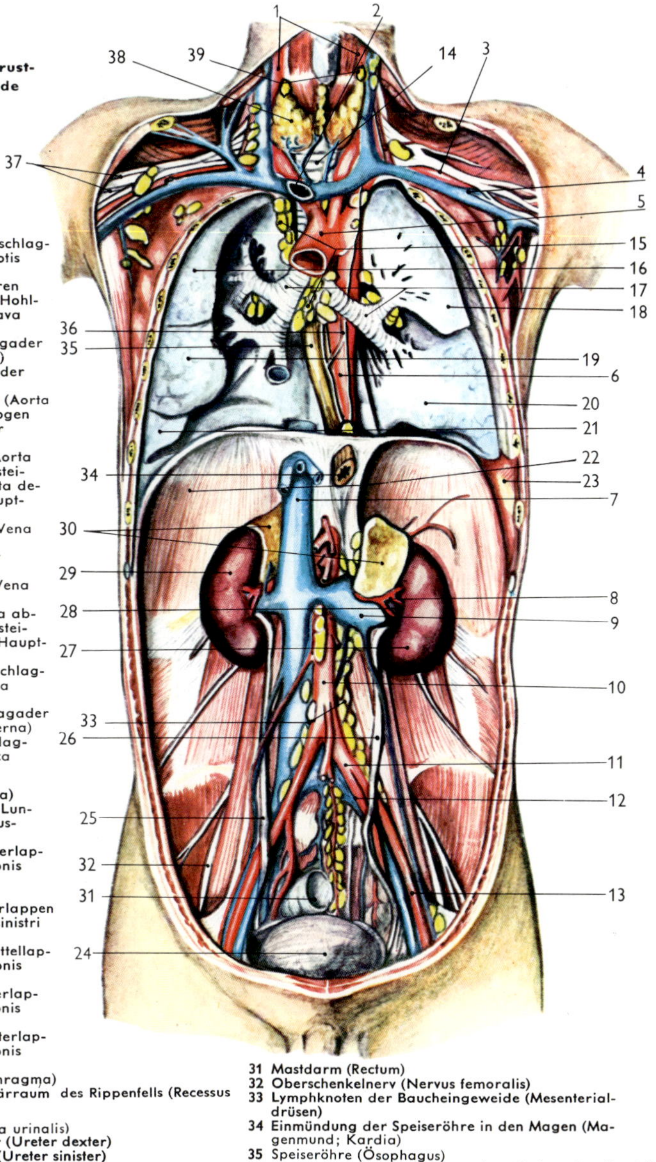

1 gemeinsame Kopfschlagader (Arteria carotis communis)
2 Anschnitt der oberen Sammelblutader (Hohlvene oder Vena cava superior)
3 Schlüsselbeinschlagader (Arteria subclavia)
4 Schlüsselbeinblutader (Vena subclavia)
5 aufsteigender Teil (Aorta ascendens) und Bogen (Arcus aortae) der Hauptschlagader
6 Brustkorbanteil (Aorta thoracica) des absteigenden Teils (Aorta descendens) der Hauptschlagader
7 untere Hohlvene (Vena cava inferior)
8 Nierenschlagader (Arteria renalis)
9 Nierenblutader (Vena renalis)
10 Bauchanteil (Aorta abdominalis) des absteigenden Teils der Hauptschlagader
11 gemeinsame Hüftschlagader (Arteria iliaca communis)
12 innere Beckenschlagader (Arteria iliaca interna)
13 äußere Beckenschlagader (Arteria iliaca externa)

14 Luftröhre (Trachea)
15 Lymphknoten des Lungenhilus, sog. Hilusdrüsen
16 rechter Lungenoberlappen (Lobus pulmonis dextri superior)
17 Hauptbronchien
18 linker Lungenoberlappen (Lobus pulmonis sinistri superior)
19 rechter Lungenmittellappen (Lobus pulmonis dextri medius)
20 linker Lungenunterlappen (Lobus pulmonis sinistri inferior)
21 rechter Lungenunterlappen (Lobus pulmonis dextri inferior)
22 Zwerchfell (Diaphragma)
23 sog. Komplementärraum des Rippenfells (Recessus pleurae)

24 Harnblase (Vesica urinalis)
25 rechter Harnleiter (Ureter dexter)
26 linker Harnleiter (Ureter sinister)
27 linke Niere (Ren sinister)
28 Nierenbecken (Pelvis renalis)
29 rechte Niere (Ren dexter)
30 Nebenniere (Corpus suprarenale)

31 Mastdarm (Rectum)
32 Oberschenkelnerv (Nervus femoralis)
33 Lymphknoten der Baucheingeweide (Mesenterialdrüsen)
34 Einmündung der Speiseröhre in den Magen (Magenmund; Kardia)
35 Speiseröhre (Ösophagus)
36 X. Hirnnerv (Nervus vagus, der „Umherschweifende")
37 Nervengeflecht des Armes (Plexus brachialis)
38 Schilddrüse (Glandula thyreoidea)
39 Nebenschilddrüse (Glandula parathyreoidea)

Obere Schicht der Brust- und Baucheingeweide

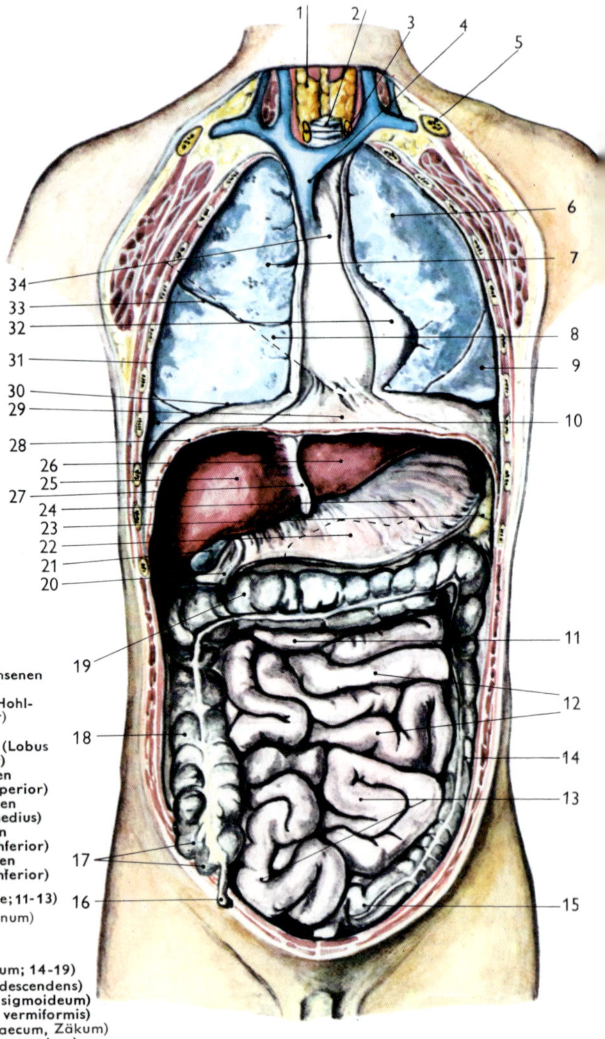

1 Schilddrüse (Glandula thyreoidea)
2 Luftröhre (Trachea)
3 Thymusdrüse (bei Erwachsenen fast verschwunden)
4 obere Sammelblutader (Hohlvene; Vena cava superior)
5 Schlüsselbein (Clavicula)
6 linker Lungenoberlappen (Lobus pulmonis sinistri superior)
7 rechter Lungenoberlappen (Lobus pulmonis dextri superior)
8 rechter Lungenmittellappen (Lobus pulmonis dextri medius)
9 linker Lungenunterlappen (Lobus pulmonis sinistri inferior)
10 rechter Lungenunterlappen (Lobus pulmonis dextri inferior)

Dünndarm (Intestinum tenue; 11-13)
11 Zwölffingerdarm (Duodenum)
12 Leerdarm (Jejunum)
13 Krummdarm (Ileum)

Dickdarm (Intestinum crassum; 14-19)
14 absteigender Ast (Colon descendens)
15 S-förmiger Anteil (Colon sigmoideum)
16 Wurmfortsatz (Appendix vermiformis)
17 Blinddarm (Intestinum caecum, Zäkum)
18 aufsteigender Ast (Colon ascendens)
19 querverlaufender Ast (Colon transversum)

20 Magenausgang oder Pförtner (Pylorus)
21 Gallenblase (Vesica fellea)
22 Projektion der Bauchspeicheldrüse (Pankreas, hinter dem Magen liegend)

23 Milz (Lien)
24 Magen (Ventriculus)
25 rechter Leberlappen (Lobus hepatis dexter)
26 linker Leberlappen (Lobus hepatis sinister)
27 Bauchfellduplikatur der Leber (Mesohepaticum)

28 Bauchfell (Peritonaeum)
29 Zwerchfell (Diaphragma)
30 Zwerchfellanteil des Brustfells (Pleura diaphragmatica)
31 eigentliches Rippenfell (Rippenanteil des Brustfelles; Pleura costovertebralis)
32 Herzbeutel (Pericardium), das Herz einhüllend
33 Lungenfell (Pleura pulmonalis), unmittelbar die Lungen überziehend
34 Raum des Mittelfells (Mediastinum)

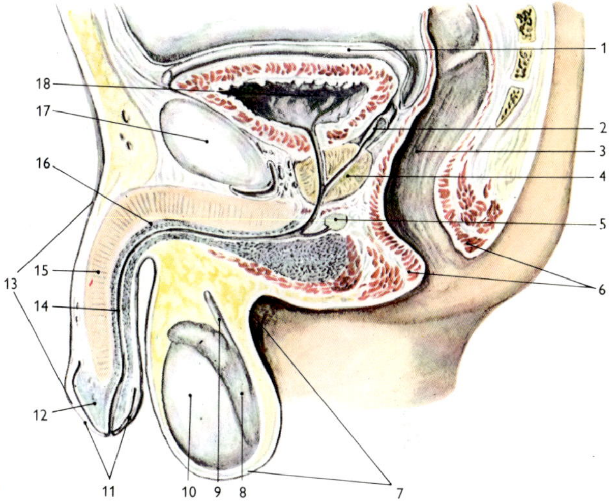

Querschnitt durch das männliche Becken

1 Samenleiter (Ductus deferens)
2 Samenbläschen (Glandula vesiculosa)
3 Mastdarm (Rectum)
4 Vorsteherdrüse (Prostata)
5 Cowper-Drüse (Glandula bulbourethralis)
6 After (Anus) mit Schließmuskulatur
7 Hodensack (Scrotum)
8 Nebenhoden (Epididymis)
9 Samenleiter (Ductus deferens)
10 Hoden (Testes)
11 Vorhaut (Präputium)
12 Eichel (Glans penis)
13 männliches Glied (Penis)
14 Harnröhre (Urethra masculina)
15 Rutenschwellkörper (Corpus cavernosum penis)
16 Schwellkörper (Corpus spongiosum penis)
17 Symphyse (Symphysis)
18 Harnblase (Vesica urinalis)

Querschnitt durch das weibliche Becken

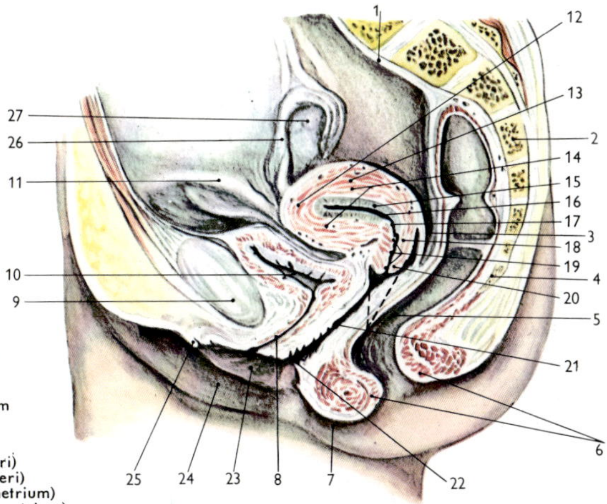

1 Vorgebirge (Promontorium)
2 Kreuzbeinwirbel (Os sacrum), durchschnitten
3 Douglas-Raum
4 Steißbeinwirbel (Os coccygis; durchschnitten)
5 Mastdarm (Rectum)
6 After (Anus) mit Schließmuskulatur
7 Dammgegend (Perineum)
8 Harnröhre (Urethra feminina)
9 Symphyse (Symphysis)
10 Harnblase (Vesica urinalis)
11 rundes Mutterband (Ligamentum rotundum)

Gebärmutter (Uterus; 12-20)
12 Gebärmuttergrund (Fundus uteri)
13 Gebärmutterkörper (Corpus uteri)
14 Gebärmuttermuskulatur (Myometrium)
15 Gebärmutterschleimhaut (Endometrium)
16 Gebärmutterlichtung (Cavum corporis uteri)
17 Gebärmutterenge (Isthmus uteri)
18 Gebärmutterhals (Cervix uteri)
19 äußerer und innerer Muttermund (Orificium uteri)
20 Scheidenteil des Gebärmutterhalses (Portio vaginalis)
21 Scheide (Vagina) mit Scheidengewölbe
22 Gegend des Jungfernhäutchens (Hymen)
23 kleine Schamlippe (Labium minus pudendi)
24 große Schamlippe (Labium majus pudendi)
25 Kitzler (Clitoris) mit Schwellkörper
26 rechter Eileiter (Tuba uterina)
27 rechter Eierstock (Ovarium)

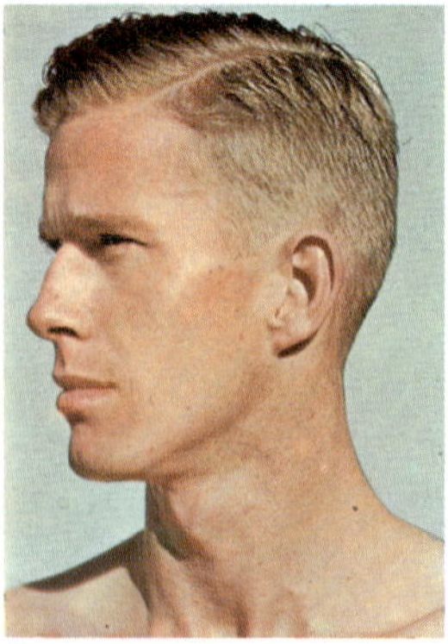
1

2

3

4

5

6

7

8

Vertreter verschiedener Menschenrassen:
1 nordider Mann aus den USA, 2 mediterranides Mädchen, 3 indides Mädchen,
4 paläomongolider Mann aus Indonesien,
5 eskimider Mann aus Grönland, 6 indianider Mann (Plainsindianer),
7 negrider Mann aus Südwestafrika,
8 australider Mann aus Neusüdwales

giftig | ungiftig

Fliegenpilz (Amanita muscaria)

Kaiserling (Amanita caesarea)

Gallenröhrling (Tylopilus felleus)

Steinpilz (Boletus edulis)

Giftreizker (Lactarius torminosus)

Edelreizker (Lactarius deliciosus)

giftig

ungiftig

Frühlorchel (Gyromitra esculenta)

Speisemorchel (Morchella esculenta)

Weißer Knollenblätterpilz (Amanita virosa)

Wiesenchampignon (Agaricus campestris)

Pantherpilz (Amanita pantherina)

Perlpilz (Amanita rubescens)

Schlüpfen der Jungkönigin den bisherigen Stock verlassen *(Schwärmen)*. Sie bildet in der Nähe des alten Stocks (z.B. an einem Baumast) zusammen mit den Arbeiterinnen eine große Traube *(Schwarmtraube)*. Von hier fliegen *Spurbienen* aus, um eine neue Unterkunft zu suchen.
Es liegt im Belieben jeder Königin, ob sie die Eier befruchten will oder nicht. Aus befruchteten Eiern entstehen Weibchen (Arbeiterinnen, Königin), aus unbefruchteten Drohnen.
Über die Orientierung der H. ↑Bienensprache.

Honigmagen: Der den Nektar speichernde Kropf der ↑Honigbiene.

Honigtau:
◊ Als H. bezeichnet man die Ausscheidungen von Blatt- und Schildläusen, die gern von ↑Ameisen aufgenommen werden.
◊ Pflanzlicher H. besteht aus zuckerhaltigen, oft gelblich gefärbten Tropfen an Blättern und Blüten.

Hörgrenzen: H. werden durch die vom Gehörsinn gerade noch wahrnehmbaren Grenzfrequenzen der Schallwellen bestimmt. Bei jeder mit einem ↑Gehörsinn ausgestatteten Tierart sind die H. unterschiedlich.
Beim *Menschen* kann eine Schallfrequenz von 16 Hz als tiefster Ton und eine von 20000 Hz, nach neuen Untersuchungen sogar 40000 Hz, als höchster „Ton" empfunden werden. Dabei wird die *obere H.* mit dem Alterungsprozeß nach unten gerückt (z.B. mit 35 Jahren auf ca. 15 kHz, mit 50 Jahren auf ca. 12 kHz und im Greisenalter auf 5 kHz).
Die Empfindlichkeit des menschlichen Ohrs ist nicht über das gesamte Frequenzband gleich gut. Die größte Empfindlichkeit liegt bei 2000 bis 2300 Hz und beträgt 10^{-18} Watt.
Bei *anderen Säugetieren* sind die Hörgrenzen häufig in den Bereich höherer Frequenzen verschoben. Beim Hund, bei der Fledermaus und beim Delphin liegt die obere Hörgrenze weit im Bereich des Ultraschalls, und zwar bei der Fledermaus bei 175 kHz und beim Delphin bei 200 kHz.
Bei *Fischen* findet man durchweg niedrigere Frequenzwerte als beim Menschen. Obere Hörgrenze des Aals ist 0,5 kHz, der Elritze 7 kHz.
Im Bereich der hörenden *Insekten* liegt die obere Hörgrenze weit im Ultraschallbereich (z.B. Heuschrecke bei 90 kHz, Nachtschmetterlinge bei bis zu 250 kHz).

Hormondrüsen (Blutdrüsen, inkretorische, innersekretorische oder endokrine Drüsen): H. dienen der Bildung bzw. der Speicherung von ↑Hormonen und geben diese ins Blut oder in die Lymphe ab. Sie kommen bei allen Tieren und beim Menschen vor.

Hormone: H. sind chemische Substanzen im tierischen und menschlichen Organismus, die in kleinsten Mengen wirksam sind. Sie werden von besonderen Drüsen *(Hormondrüsen)* gebildet, von diesen als Inkrete durch innere Sekretion ins Blut abgegeben und von letzterem im Körper verbreitet, so daß sie an ihrem spezifischen Wirkungsort bei der Regelung des Stoffwechsels wirken können. Die H. beeinflussen damit das Wachstum, die Entwicklung und den emotionalen Bereich eines Individuums.
Die H. werden sämtlich sehr schnell im Körper abgebaut und haben fast immer ein ihnen entgegenwirkendes H. *(antagonistisches Hormon)*. So erniedrigt z.B. ↑Insulin den Blutzuckerspiegel (↑Blutzucker), indem es ihn für die Zellen verfügbar macht, Glucagon (aus der Bauchspeicheldrüse) dagegen erhöht den Blutzuckerspiegel, wenn er den Normwert unterschritten hat.
Damit die Hormonwirkung einzelner Hormondrüsen nicht überschießt, wird die *Hormonausschüttung* nach dem Rückkopplungsprinzip (↑Regelkreis) geregelt, d.h., die Ausschüttung einer Hormondrüse wird durch das eigene Hormon bei einer bestimmten Konzentration im Blut gehemmt. Die Hypophyse bzw. die ↑Hypophysenhormone kontrollieren als übergeordnetes System die Hormonausschüttung anderer Hormondrüsen, und zwar ebenfalls nach dem Prinzip eines Regelkreises.

Die H. werden entweder nach ihrer *Zugehörigkeit zu bestimmten chemischen Verbindungen* eingeteilt, z. B. Peptidhormone (Proteohormone; z. B. ↑Insulin, ↑Parathormon, ↑Oxytozin), von Aminosäuren abgeleitete H. (↑Adrenalin, ↑Noradrenalin, ↑Thyroxin) und Steroidhormone (↑Androgene, ↑Östrogene, ↑Gestagene), oder sie werden nach dem *Ort ihrer Produktion* bzw. ihrer *Funktion* benannt: ↑Neurohormone, ↑Hypophysenhormone, ↑Schilddrüsenhormone, Nebenschilddrüsenhormone, Thymusdrüsenhormone, Bauchspeicheldrüsenhormone, ↑Nebennierenhormone, ↑Geschlechtshormone, ferner die Verdauungshormone sowie bei bestimmten Tieren das ↑Häutungshormon und Farbwechselhormone.

Neben den in Hormondrüsen gebildeten Hormonen gibt es noch sog. *Gewebshormone,* die in Zellen mit nicht typischer sekretorischer Tätigkeit gebildet werden und in unmittelbarer Umgebung der Zellen wirksam werden (↑Histamin).

Hormone sind außer bei den Wirbeltieren auch bei Insekten, Krebsen und Ringelwürmern gefunden und eingehend erforscht worden. – Bei Pflanzen kommen ebenfalls hormonähnliche Substanzen vor (↑Wuchsstoffe).

Horn (Hornsubstanz, Keratin): H. ist die von der Epidermis gebildete Substanz, aus der die Oberhaut, Haare, Federn, Nägel, Hufe, Hörner u. dgl. aufgebaut sind. Es gehört zu den *Skleroproteinen,* das sind Eiweiße, die eine Faserstruktur haben und in Wasser weder löslich noch quellbar sind.

Hervorstechendes Merkmal des Horns ist seine starke Dehnbarkeit. Haare z. B. lassen sich durch Zug in nassem Zustand auf die doppelte Länge strecken.

Hörner:

◊ (Gehörn): Diese manchmal verzweigte Kopfwaffe bestimmter Paarhufer (Ziegen, Schafe, Antilopen, Gemsen, Rinder) besteht aus einem Knochenzapfen, der vom Stirnbein ausgeht. Er ist zur Verringerung des Gewichts oft lufterfüllt und wird von einer *Hornscheide* umhüllt. Schwankt das Wachstum der Hörner periodisch, so entsteht eine Ringelung. Giraffen und Okapis bilden keine Hornscheiden aus. Ihre Hörner bleiben fellüberzogen.

H. werden im Gegensatz zum ↑Geweih nicht jährlich abgeworfen (Ausnahme: Gabelantilope).

Der Kopfschmuck der Rehböcke ist ein Geweih, wird aber von den Jägern in der Weidmannssprache Gehörn genannt.

Häufig tragen beide Geschlechter H., doch sind die der Männchen meist kräftiger ausgebildet.

◊ Allgemein bezeichnet man auch andere Hornbildungen am Kopf von Tieren als Hörner; z. B. *Nasenhörner* von Nashörnern, *Hornfortsätze* von Hornfröschen, Nashornvögeln, Nashornkäfern und manchen Sauriern.

Hörnerv (Hör- und Gleichgewichtsnerv): Der VIII. ↑Hirnnerv.

Hornhaut:

◊ Im ↑Auge gewährt die glasklare H. (Cornea) dem Licht Einlaß. Durch ihre Wölbung wirkt sie stark lichtbrechend und trägt damit zur Bildentstehung auf der ↑Netzhaut bei.

◊ Als H. bezeichnet man in der Gemeinsprache die oberste Schicht der Epidermis (↑Haut).

Hornisse: Eine große Wespenart (↑Hautflügler).

Hörzentrum: Seitlich auf dem oberen Schläfenlappen der Großhirnrinde liegt ein Bereich, der Hörempfindungen verarbeitet. Dieses H. arbeitet mit anderen ↑Rindenfeldern eng zusammen.

Huf: Das Endglied der einzehigen Gliedmaßen der ↑Unpaarhufer (z. B. Pferd und Esel) ist mit einem Hornschuh, dem Huf, umgeben. Er besteht aus der weichen Hornsohle, dem elastischen Hornstrahl und den festen Hornwänden. Das Horn wird von der Huflederhaut erzeugt.

Huftiere: H. sind seit dem Eozän bekannte, pflanzenfressende Säugetiere mit meist langen, schlanken Gliedmaßen. Sie treten nur mit der Spitze der hornumkleideten Zehenendglieder auf

(Spitzengänger), und zwar ↑Unpaarhufer mit der der dritten, ↑Paarhufer mit der der dritten und vierten Zehe. Die übrigen Zehen sind reduziert.

Hülse ↑Fruchtformen.

Hülsenfrüchte: Die charakteristischen Früchte mit den darin eingeschlossenen Samen der ↑Hülsenfrüchtler. Durch den hohen Anteil an Stärke und Eiweiß werden die H. zur menschlichen (z. B. Erbse, Bohne, Linse) und tierischen Ernährung (z. B. Sojabohne) verwendet.

Hülsenfrüchtler (Leguminosen): Die H. sind eine Ordnung der Zweikeimblättrigen Pflanzen, die die Familien der Schmetterlingsblütler, der Mimosengewächse und der Caesalpiniengewächse (z. B. Johannisbrotbaum, Judasbaum) umfassen. Die rund 12 000 Arten sind über die ganze Erde verbreitet. Es sind holzige oder krautige Pflanzen mit fiedrig zusammengesetzten Blättern und fünfzähligen Blüten. Die Blüte besteht aus nur einem Fruchtblatt. Aus diesem entsteht eine vielsamige Hülse (↑Hülsenfrüchte).

Humangenetik ↑Genetik.

Humanökologie: Die H. ist eine Disziplin der ↑Ökologie. Sie untersucht die Beziehungen Mensch–Umwelt und hat zum Ziel, den Menschen in ökologische Ordnungen einzufügen.

Humus: H. wird durch mikrobiologische und biochemische Vorgänge aus der abgestorbenen tierischen und pflanzlichen Substanz auf oder im Boden gebildet. Er ist einem ständigen Ab-, Um- und Aufbau unterworfen und ist für die Fruchtbarkeit eines Bodens von großer Bedeutung.

H. stellt ein Stoffgemisch dar, das aus den ursprünglich organischen Stoffen (in kolloidaler Form vorliegend), kohlenstoffreichen Zwischenprodukten und einfacheren organischen Verbindungen wie Umsetzungsprodukten des ↑Lignins bzw. den Huminsäuren besteht.

Man unterscheidet beim H. die nicht dunkelgefärbten Anteile wie Kohlenhydrate, Hemizellulosen u. a., die sich rasch zersetzen und der Ernährung der im Boden lebenden Mikroorganismen dienen, und die dunkel gefärbten *Huminstoffe* (Huminsäure, Humoligninsäure, Humuskohle u. a.).

Ein für die landwirtschaftliche Nutzung wertvoller *Dauerhumus* wird durch Steppenklima und einen hohen Gehalt der Ausgangssubstanzen an Stickstoff und Calcium gebildet.

Unter ungünstigen Bedingungen, z. B. bei unvollständiger Zersetzung organischer Substanzen, bildet sich der weniger wertvolle *Rohhumus* als Deckschicht nasser, saurer, schlecht durchlüfteter Waldböden (z. B. Schwarzerde der Ukraine).

In warmen, trockenen und stickstoffreichen Wald- und Ackerböden entsteht aus leicht zersetzlichen Stoffen eine lockere Humusform, der *Mull.*

Hunger: H. ist ein triebhaftes Gefühl, das bei Nahrungsbedarf bzw. -mangel des Organismus entsteht. Er gehört zu den komplizierten Regulationsvorgängen, die für die ausreichende Energie-, Mineralstoff- und Vitaminversorgung des Organismus verantwortlich sind. Hunger muß von Appetit getrennt werden: *Appetit* ist das Verlangen nach bestimmten Nahrungsmitteln, die durch ihr besonderes Aussehen, ihren Geruch und Geschmack bei entsprechender Stimmung zur Nahrungsaufnahme reizen, auch wenn kein Hungergefühl vorhanden ist. Richtiger Hunger dagegen ist relativ unabhängig vom Aussehen, Geruch und Geschmack der Nahrungsmittel.

Der H. wird im Zentralnervensystem durch zwei Faktoren ausgelöst: erstens durch reflektorische rhythmische Kontraktionen des leeren, schlaffen Magens, die auf nervösem Weg einem sog. *Appetitzentrum (Hungerzentrum)* im Hypothalamus gemeldet werden, zweitens durch Reizung von bestimmten Zellen (Glukostaten) im sog. *Sättigungszentrum* des Hypothalamus, die den (bei Nahrungsmangel) erniedrigten Blutzuckerspiegel registrieren.

Zur kurzfristigen Stillung des Hungers braucht seltsamerweise keine Füllung des Magens zu erfolgen; es genügen dazu schon eine gewisse Anzahl von

Kau- und Schluckbewegungen (Beispiel: Kaugummikauen stillt für kurze Zeit den H.).

Ein Mensch kann bei ausreichender Wasserzufuhr unter optimalen äußeren Bedingungen etwa 50 Tage überleben. Bei freiwilligem Hungern, z. B. um Übergewicht zu vermindern, sollte man stets für ausreichende Vitamin-, Mineralstoff- und Wasserzufuhr sorgen, um die Gesundheit nicht zu gefährden. Nicht zu verantworten ist es, den Hunger medikamentös durch sog. Appetitzügler zu dämpfen oder Radikalkuren ohne ärztliche Aufsicht durchzuführen.

Hybriden svw. ↑Bastarde.

Hybridome ↑monoklonale Antikörper.

Hydrolasen: H. sind Enzyme, die hydrolytische Reaktionen katalysieren. Die wichtigste Gruppe der H. sind die *Proteasen,* die die Spaltung der Peptidbindung durch Einlagerung von Wasser bewirken. Die meisten Proteasen sind Verdauungsenzyme, die entweder extrazellulär im Magen-Darm-Kanal oder intrazellulär wirken. Sie können bei manchen Tieren (z. B. Spinnen) aber auch nach außen (extraintestinal) abgegeben werden.

Die Proteasen werden nochmals unterteilt in *Exopeptidasen,* die eine Peptidkette vom Ende her auflösen, und in die *Endopeptidasen,* die die Kette zuerst in der Mitte spalten. Zur ersten Gruppe gehören Dipeptidase und Aminopeptidase; sie spalten bevorzugt kleinere Peptidketten. Endopeptidasen oder auch Proteinasen sind dagegen Pepsin, Trypsin, Papain.

Ebenfalls eine wichtige Rolle spielen die *Lipasen,* die zur Untergruppe der Esterasen gehören. Sie spalten die Esterbindung unter Wasseraufnahme, wobei freie Fettsäuren und Glycerin entstehen.

Die dritte Untergruppe der H. bilden die *Glykosidasen,* die eine Spaltung der glykosidischen Bindung der Di- und Polysaccharide katalysieren, wie z. B. Maltase, Amylase, Invertase. Häufig sind die Glykosidasen auch *Transferasen,* die den Zuckerrest auf andere Moleküle mit OH-Gruppen übertragen.

Hydrophyten svw. ↑Wasserpflanzen.

Hydrotaxis ↑Taxien.

Hydrotropismus ↑Tropismen.

Hygiene: Unter dem Begriff H. werden allgemein alle privaten und öffentlichen Maßnahmen zusammengefaßt, die der Aufrechterhaltung der Gesundheit und ihrer natürlichen und gesellschaftlichen Voraussetzungen dienen. Als *Gesundheitslehre* und *Gesundheitspflege* ist die H. ein Fachgebiet der Medizin.

Die Gesundheit des einzelnen fällt in den Bereich der persönlichen oder *Individualhygiene* (Körperpflege, Hautpflege). Zu den Aufgaben der *Bevölkerungshygiene* zählt die Bekämpfung von Infektionskrankheiten und ihre statistische Erfassung.

Die *allgemeine H.* ist in weitere Teilbereiche zu untergliedern: Landschaftshygiene, Gewässerschutz, Abfallbeseitigung, Lebensmittelhygiene, Arbeitshygiene, Sozialhygiene u. a. Planung und Durchführung von öffentlichen Maßnahmen im Rahmen der allgemeinen H. sind Aufgaben des staatlichen Gesundheitswesens und gesetzlich verankert (Seuchen-, Lebensmittel-, Impfgesetz).

Ende des 19. Jahrhunderts setzte sich allmählich die Einsicht in den Zweck hygienischer Maßnahmen durch, besonders gefördert durch die Erkenntnisse der ↑Bakteriologie. Der Erfolg war ein starker Rückgang der Sterblichkeit und ein steiler Anstieg der Bevölkerungszahl.

Hygrophyten (Feuchtigkeitspflanzen): H. sind Landpflanzen, die an Standorten mit gleichmäßig guter Wasserversorgung bei gleichbleibend hoher Boden- und Luftfeuchtigkeit wachsen. Durch besondere Baueigentümlichkeiten sind sie an diese Standorte angepaßt. Dazu gehören zur Vergrößerung der Oberfläche und Förderung der Transpiration große, zarte Blattspreiten, über die Epidermis herausgehobene ↑Spaltöffnungen und lebende Haare.

H. kommen hauptsächlich in tropischen Regenwäldern vor. Bekannte H. sind Farne, Aronstabgewächse und Begonien.

Hymen svw. ↑Jungfernhäutchen.

Hyphen: Pilzfäden, die aus langgestreckten, oft verzweigten Zellen bestehen. Die Gesamtheit der H. bildet den Vegetationskörper (↑Myzel) der Pilze.

Hypokotyl: Das bei Samenpflanzen unterste Sproßglied des Keimlings, welches zwischen Wurzelhals und Keimblättern liegt, wird als H. bezeichnet. Das H. kann zusammen mit der Wurzel (Rübe) oder allein verdickt sein (Radieschen).

Hypolimnion ↑Gewässerregionen.

Hypophyse svw. ↑Hirnanhangsdrüse.

Hypophysenhormone: Alle Hormone, die von den histologisch und funktionell verschiedenen Teilen der Hypophyse (↑Hirnanhangsdrüse) ausgeschüttet werden.
Hypophysenvorderlappenhormone sind die ↑Gonadotropine (follikelstimulierendes Hormon, luteinisierendes Hormon, luteotropes Hormon), außerdem ↑Somatotropin, ↑thyreotropes Hormon und *ACTH* (adrenokortikotropes Hormon, Kortikotropin), das die Ausschüttung von Kortikoiden (↑Nebennierenhormone) bewirkt.
Die Hormonproduktion des Hypophysenvorderlappens unterliegt dem Einfluß des ↑Hypothalamus. Er bewirkt durch ↑Neurohormone, sog. *Releasing-Hormone (Freisetzungshormone),* die Ausschüttung der Hypophysenvorderlappenhormone. Jedem dieser Hormone ist ein Releasing-Hormon (Abk. RH) zugeordnet, z. B. follikelstimulierendes-Hormon-Releasing-Hormon (FSH-RH).
Hypophysenhinterlappenhormone sind Neurohormone, die im Hypothalamus gebildet und im Hypophysenhinterlappen nur gespeichert werden, also eigentlich keine echten Hypophysenhormone sind. Hierzu gehören ↑Oxytozin und ↑Vasopressin.

Hypothalamus: Basaler (unterer) Wandteil des ↑Zwischenhirns, Teil des ↑Thalamus.
Im H. befinden sich verschiedene übergeordnete Zentren des ↑vegetativen Nervensystems. Er reguliert die Erhaltung der normalen Körpertemperatur, ferner die Kreislauf- und Atmungsanpassung (z. B. bei körperlicher Anstrengung). Er steuert den Wärme-, Wasser-, Salz- und Energiehaushalt des Körpers.
Über die ↑Hirnanhangsdrüse (↑Hypophysenhormone) regelt der H. die Funktion verschiedener Hormondrüsen und wird selbst wieder durch deren Hormone beeinflußt. – Der H. ist auch für Hunger, Sättigungsgefühl und Durst verantwortlich.

I

Ichthyosaurier (Fischechsen, Fischsaurier): Die I. sind ausgestorbene fischähnliche Reptilien (Saurier), die in den Meeren der Trias und Kreidezeit weltweit verbreitet waren. In Deutschland liegen die bekanntesten Fundorte in der Schwäbischen Alb, v. a. bei Holzmaden. Die I. hatten einen langen, zugespitzten, stark bezahnten Kopf, flossenförmige Gliedmaßen, eine Rückenflosse (Rückenfinne) und eine Schwanzflosse.

Idiogramm svw. ↑Karyogramm.

Idiotie ↑Geisteskrankheiten.

Idiotyp ↑Genotyp.

Imago (Mehrzahl: Imagines; Vollinsekt): So bezeichnet man die geschlechtsreifen und voll entwickelten Insekten. Dieses Stadium wird durch wiederholte Häutungen erreicht. – ↑auch Metamorphose.

Immunität: Unter I. versteht man allgemein die Widerstandsfähigkeit eines Organismus gegen Krankheitserreger oder deren Produkte. Dabei verläuft die Auseinandersetzung zwischen den Erregern und dem Körper in verschiedenen Formen. Die I. kann einmal in der Unzugänglichkeit der Körperzellen für einen Erreger beruhen *(allgemeine Resistenz)* oder auf der Bildung von ↑Antikörpern nach Eindringen der Erreger bzw. Antigene *(spezifische Immunität).*

Immunreaktion: Die I. ist die Auseinandersetzung des Organismus mit körperfremden Substanzen bzw. Krankheitserregern. Sie ist von großer Bedeutung für die Biologie, aber auch für die klinische Praxis und die theoretische Medizin.

Die I. wird eingeleitet durch eine ↑Antigen-Antikörper-Reaktion. Danach bedingen weitere Komponenten aus dem Blutplasma die Auflösung der Fremdkörper. Diese serologischen Vorgänge werden noch von zellulären Vorgängen (wie der Phagozytose) überlagert.

Antigene rufen im Organismus die Bildung von Antikörpern (s. u.) hervor. Dabei besteht zwischen Antigen und Antikörper eine hohe Spezifität, die mit der zwischen Enzym und Substrat vergleichbar ist, wobei schon feine Unterschiede im chemischen Bau von Bedeutung sind. Die Antigenität eines Eiweißes wird meist bestimmt durch seine Molekülgröße, seine ↑Aminosäuresequenz sowie durch die Raumstruktur der Moleküle.

Besonders wichtig ist die Aufklärung der Struktur der *natürlichen Antigene* von Krankheitserregern. So können z. B. die Protein- und Polysaccharidgruppen von Toxinen, Kapseln, Membranen, Geißeln und anderen Zellbestandteilen von Bakterien und Viren Antigene sein.

Antigene bei Individuen der gleichen Art bezeichnet man als *Isoantigene.* Die bekanntesten Isoantigene sind die Blutgruppensubstanzen, die für die Erythrozyten spezifisch sind.

Die *Antikörper* befinden sich im Blutplasma und in der Lymphe *(zirkulierende Antikörper)* oder an Zellen gebunden *(sessile Antikörper).* Sie werden v. a. in den Plasmazellen gebildet, die teilweise aus den Retikulumzellen der Milz und der Lymphknoten stammen oder durch Umwandlung von Lymphozyten entstehen. Durch das Eindringen von Antigenen in den Organismus werden die Plasmazellen zur Antikörperbildung angeregt, wobei heute die Ansicht vertreten wird, daß jede Zellart nur ein begrenztes Spektrum von Antikörpern zu bilden vermag. Das Antigen wird dabei von jenen Zellen gebunden, die den spezifischen Antikörper bilden können. Diese Zellen beginnen daraufhin sich stark zu vermehren und Antikörper zu produzieren. Die an die Antikörper gebundenen Antigene werden als Komplex ausgefällt oder agglutiniert.

Nach der Antigen-Antikörper-Reaktion führen Reaktionen mit dem Blutplasma zur Lyse der Bakterien und der Fremdkörper oder zu ihrer Phagozytose. Somit werden die Fremdkörper inaktiviert bzw. Toxine neutralisiert.

Wenige Tage nach Eintritt der Antigene befinden sich sehr viele Antikörper im Blut. Danach nimmt ihre Zahl wieder ab; jedoch bleibt eine „Erinnerung“ des Körpers an das betreffende Antigen bestehen. Wird der Organismus später erneut vom gleichen Antigen befallen, so werden jetzt die Antikörper schneller gebildet und treten in größerer Zahl auf. Dadurch wird auch verständlich, daß z. B. nach Überstehen mancher Virusinfektionen eine dauernde Immunität entsteht (↑auch Impfung).

Der Organismus reagiert gegen Krankheitserreger nicht nur über humorale Reaktionen (im Bereich des Bluts und der Lymphe), sondern er besitzt auch zelluläre Abwehrmechanismen. So läuft z. B. eine *bakterielle Entzündung* in mehreren Phasen ab. Die Störungsphase wird bedingt durch den Einfluß der Erreger auf den Stoffwechsel des Organismus. Kapsel, Zellinhalt und Zellwand der Bakterien rufen lokale Wirkungen hervor. Freiwerdende Enzyme greifen das Gewebe an. Gleichzeitig treten damit Stoffwechselstörungen im betroffenen Gewebe auf. Che-

mische Stoffe aus den Erregern und aus dem betroffenen Gewebe bestimmen die folgenden Vorgänge am Entzündungsort. Wichtig sind dabei die Opsonine, die die Phagozytose fördern. Histamin und Serotonin wirken in einer weiteren Phase der Entzündung schmerzauslösend. In der späteren Phase tritt schließlich eine Resistenzvermehrung durch Antikörperbildung ein. Dabei kommt es meist zu Fieber, Leukozytose (Vermehrung der weißen Blutkörperchen) usw.
Die Antikörperbildung kann in bestimmten Fällen eine große Gefahr für den Organismus bedeuten (anaphylaktischer Schock; ↑Allergie).

Immunsystem: Unter I. versteht man die Gesamtheit der Abwehrreaktionen, die dem Organismus gegen Krankheitserreger oder gegen andere Fremdkörper zur Verfügung stehen, wobei man zwischen spezifischen Verteidigungsmechanismen (humorale und zelluläre Abwehr; ↑Immunreaktion) durch Antikörper, B- und T-Lymphozyten sowie durch das ↑retikuloendotheliale System und unspezifischen Resistenzmechanismen unterscheidet. Zu letzteren zählt man das *Komplement,* einen hitzelabilen Faktor im Blutplasma, der während einer ↑Antigen-Antikörper-Reaktion verbraucht wird.
Außerdem findet man in verschiedenen Körpersekreten (wie Tränen, Nasenschleim, Speichel und Blutplasma) die ↑Lysozyme, die verschiedenartige Bakterien auflösen können. Auch die erworbene Resistenz gegen Viren und Bakterien beruht auf der Antikörperbildung und auf Bildung der ↑Interferone.

Impfung:
◊ (Schutzimpfung): Grundlage aller Schutzimpfungen ist die ↑Antigen-Antikörper-Reaktion.
Bei der *aktiven I.* führt man dem Körper mit dem Impfstoff bestimmte ↑Antigene zu, um die Bildung körpereigener ↑Antikörper anzuregen. Man imitiert also den Vorgang der Infektion.
Lebendimpfstoffe enthalten lebende, für den Menschen jedoch unschädliche Erreger. Beim *Pockenimpfstoff* sind es Kuhpockenerreger. Zur Tuberkuloseschutzimpfung werden lebende Rindertuberkelbakterien verwendet.
Zu den *Totimpfstoffen,* die abgetötete Erreger enthalten, gehören die Impfstoffe gegen Grippe, Tollwut, Keuchhusten, Typhus, Cholera und bestimmte Impfstoffe gegen Masern und Kinderlähmung. Mit abgeschwächten Giften von Krankheitserregern *(Toxoidimpfstoffe)* wird gegen Wundstarrkrampf und Diphtherie geimpft.
Bei der *passiven I.* werden dem Organismus fertige Antikörper menschlichen oder tierischen Ursprungs zugeführt. Vorteilhaft ist dabei der rasche Wirkungseintritt, nachteilig die kurze Dauer des Impfschutzes, die bei Tierseren nur 8–14 Tage beträgt.
Zur *Gewinnung von Seren* (↑Serum) für die passive Schutzimpfung werden Pferde oder Hammel, auch Rinder oder Schweine so lange mit den entsprechenden Antigenen behandelt, bis die Tiere genügend Antikörper produzieren, die dann aus dem Blutserum isoliert werden können. Diese *Tierseren* haben den Nachteil, daß das tierische Eiweiß ebenfalls als Antigen im menschlichen Körper wirkt. Daher werden seit einigen Jahren neben Tierseren antikörperhaltige *Menschenseren* verwendet. Die ↑Gammaglobuline sind in ihnen 40fach angereichert.
Hyperimmunglobuline enthalten außer den normalerweise im Erwachsenenblut vorkommenden Gammaglobulinen zusätzliche Antikörper gegen einige Krankheitserreger.
◊ In der *Bakteriologie* versteht man unter I. die Übertragung von Mikroorganismen auf feste oder flüssige Nährmedien zum Zwecke ihrer Züchtung.

Imponiergehabe: Das I. hat den Zweck, einen Rivalen durch Bewegungen einzuschüchtern, die mit unnötigem, betontem Kraftaufwand durchgeführt werden und die eigene Körpergröße hervorheben. Häufig imponieren Männchen auch den Weibchen, um „Eindruck zu schinden". Die Weibchen sehen dies Verhalten als Werbezeremonie an, wenn sie selbst in

Paarungsstimmung sind (↑Balz), andernfalls reagieren sie wie ein eingeschüchterter Rivale mit Flucht.

Impotenz: Im sexuellen Bereich ist I. das Unvermögen des Mannes, den Geschlechtsverkehr auszuüben, weil sein ↑Glied nicht steif wird. Seltener wird auch die Zeugungsunfähigkeit infolge Sterilität als I. bezeichnet. Darüber hinaus gilt als I. auch die Unfähigkeit, zum Orgasmus zu gelangen (etwa durch einen vorzeitigen oder ausbleibenden Samenerguß).

Die körperlichen Ursachen für die männliche I. sind z. B. Penis- oder Hodenmißbildungen, Rückenmarks- oder Stoffwechselerkrankungen, Vergiftungen. Weit häufiger kommen seelische Störungen (etwa Haß oder Abneigung gegen den Geschlechtspartner, ungenügende und falsche Aufklärung, Angst vor einer unerwünschten Schwängerung) als Ursachen in Betracht.

Im übertragenen Sinne spricht man auch von einer I. der Frau und meint damit die ↑Frigidität.

Indianiden ↑Menschenrassen.

Indikatorpflanzen svw. ↑Bodenanzeiger.

Individualdistanz: Kommt ein Tier einem Artgenossen zu nahe, löst dies eine Abwehrreaktion bei dem Bedrängten aus. Diese I. ist von Art zu Art verschieden groß und situationsabhängig. Bei der Paarung z. B. muß sie völlig abgebaut werden.

Individualentwicklung svw. ↑Ontogenese.

Induktion:

◊ In der *Ontogenese* versteht man unter I. das Auslösen bestimmter Entwicklungs- oder Differenzierungsstadien während der ↑Keimesentwicklung. Bei der Ausbildung eines Organs wirken viele *Induktoren* zusammen und bilden eine *Induktionskette.* So induziert z. B. das Chordamesoderm der Kopfregion (als primärer Induktor) die Gehirnbildung. Aus dem gebildeten Zwischenhirn entsteht eine Augenblase, die wiederum (als sekundärer Induktor) die Kopfepidermis zur Linsenbildung veranlaßt. Die Linse als tertiärer Induktor schließlich bewirkt die Ausbildung einer Cornea.

Die Induktionswirkung ist nicht artgebunden. So läßt sich z. B. ein Induktor erfolgreich von einem Froschkeim auf einen Molchkeim übertragen.

◊ In der *Genetik* spricht man ebenfalls von I. Hier wird die Genaktivität von bestimmten Induktoren (Enzyme) gesteuert; ↑Gene.

Infantilismus: Infolge ungenügender Hormonproduktion einiger Drüsen kann die körperliche und auch seelische Entwicklung eines Menschen auf einer kindlichen Stufe stehenbleiben; diese Entwicklungshemmung bezeichnet man als Infantilismus.

Infektion (Ansteckung): Bei einer I. dringen Viren, Bakterien, Pilze, tierische Einzeller oder andere Krankheitserreger in den lebenden Organismus (besonders Tier und Mensch) ein. Als Eingangspforte kommen u. a. die Schleimhäute in Frage. Häufig werden die Erreger auch durch blutsaugende Insekten verbreitet (↑Malaria).

Im Gefolge einer I. kommt es häufig zu einer ↑Entzündung.

Infloreszenzen svw. ↑Blütenstände.

Infusorien svw. ↑Aufgußtierchen.

Inhibitoren (Hemmstoffe): I. sind Eiweiße, die mit Enzymen Verbindungen eingehen und damit deren katalytische Wirkung blockieren (↑Enzymhemmung). – Auch Zytostatika, Antibiotika oder Gifte können als I. wirken. So hemmt z. B. Kurare die Erregungsübertragung an den ↑Synapsen. Bei den Pflanzen spielen sog. Antiwuchsstoffe als Gegenspieler der Phytohormone (↑Wuchsstoffe) eine bedeutende Rolle.

Inkompatibilität (Unverträglichkeit, Unvereinbarkeit):

◊ Bei Hemmungen der Gametenvereinigung innerhalb eines Fortpflanzungssystems spricht man dann von I., wenn diese Hemmungen nicht auf Kerndefekten beruhen. Diese I. ist ein genetisch gesteuerter, selektiver Mechanismus. Beruht die Störung bei der Befruchtung auf einer Unverträglichkeit der Protoplasmen, so wird dies als *protoplasmatische I.* bezeichnet.

◊ In der Medizin versteht man unter I. 1. die Unverträglichkeit von transfundiertem Blut oder transplantiertem Gewebe mit dem Empfängerblut oder -gewebe und 2. die Unverträglichkeit von Arzneimitteln in bezug auf andere (eingenommene) Arzneimittel.

Inkrete: I. bedeutet im engeren Sinne svw. ↑Hormone. Im weiteren Sinne versteht man unter I. auch sämtliche vom körpereigenen Stoffwechsel gebildeten und ins Blut (oder in die Lymphe) abgegebenen Stoffe, z. B. Harnstoff, Blutzucker der Leber.

Inkubationszeit: Die I. ist die mehr oder weniger große Zeitspanne zwischen dem Eindringen von Erregern in den Organismus und dem Auftreten der ersten Anzeichen der Krankheit.

Innenparasiten svw. ↑Endoparasiten.

Innenskelett (Endoskelett): Dieses ↑Skelett der Wirbeltiere liegt innerhalb des Körpers. Die Muskeln, die es bewegen, setzen außen an. – Gegensatz: ↑Außenskelett.

innere Sekretion (Hormonsekretion): Die Abgabe der ↑Hormone aus den Hormondrüsen in das Blut.

Insekten (Kerbtiere, Hexapoden): Die I. sind eine Klasse der ↑Gliederfüßer mit drei Beinpaaren. In Deutschland gibt es rund 28 000, auf der Erde nahezu 780 000 Arten, die sich alle Lebensräume erobert haben. – I. traten schon vor rund 370 Mill. Jahren auf.
Der Körper der I. gliedert sich in drei Abschnitte, den Kopf (aus sechs miteinander verschmolzenen Körpersegmenten), die Brust (Thorax; mit den Segmenten Pro-, Meso- und Metathorax) und den Hinterleib (Abdomen; aus bis zu 11 Segmenten). Meist haben I. zwei Flügelpaare, je eines am Meso- und Metathorax. Bei manchen I. ist ein Flügelpaar zu ↑Halteren umgebildet, bei anderen sind, v. a. bei den Weibchen, alle Flügel mehr oder weniger stark rückgebildet. Jedes der 3 Brustsegmente trägt ein Beinpaar.
Am Kopf liegen die oft sehr großen ↑Facettenaugen. Daneben können noch auf der Stirn bzw. auf dem Scheitel bis zu drei Einzelaugen als Nebenaugen (Ozellen) vorkommen. Außerdem trägt der Kopf als umgebildete Gliedmaßen ein Paar Fühler (↑Antennen) und die ↑Mundwerkzeuge.
Die Atmung der I. erfolgt über ↑Tracheen. Als Exkretionsorgane fungieren die ↑Malpighi-Gefäße. Unter dem Darm liegt als Bauchmark ein ↑Strickleiternervensystem.
Die Entwicklung der I. verläuft über eine ↑Metamorphose, wobei oft als vorletztes Entwicklungsstadium ein Puppenstadium vorkommen kann. Die ↑Larven besitzen meist stummelförmige Beinpaare, auch am Hinterleib (z. B. die Raupen der Schmetterlinge). Manche Larven (die ↑Maden) sind völlig beinlos. – Die Sinnesleistungen sind im allgemeinen hoch entwickelt: Libellen, Fliegen, Schmetterlinge und die Honigbiene können Farben sehen; der Geruchssinn ist besonders bei Schmetterlingen gut ausgebildet.
Häufig kommt, v. a. bei staatenbildenden I. (↑auch Tierstaaten), ↑Brutfürsorge bzw. ↑Brutpflege vor. Zu den I. gehören (als wichtigste Ordnungen): Urinsekten, Libellen, Schaben, Termiten, Heuschrecken, Wanzen, Pflanzenläuse (mit den Blattläusen), Käfer, Hautflügler, Schmetterlinge und Zweiflügler.

Insektenfresser (Insektivoren): Ganz allgemein sind I. Tiere oder Pflanzen (↑fleischfressende Pflanzen), deren Nahrung vorwiegend aus Insekten besteht.
Im systematischen Sinne sind die I. eine Ordnung meist kleiner, primitiver Säugetiere, die sich vornehmlich von Insekten ernähren, wie z. B. die Igel, Spitzmäuse und Maulwürfe.

Insektenstiche ↑Erste Hilfe.

Insektivoren svw. ↑Insektenfresser.

Insektizide: I. sind chemische Substanzen, die gegen Insekten, die als Pflanzenschädlinge oder als Überträger von Infektionskrankheiten auftreten, eingesetzt werden (↑Schädlingsbekämpfung).
Den Vorteilen, die bei Verwendung von Insektiziden in der Produktion pflanzlicher Nahrungsmittel zu erwarten sind, stehen eine Reihe von Nach-

teilen (bei nicht sachgerechter Anwendung) gegenüber, wie z. B. Giftwirkung auf den Menschen durch Verzehr verseuchter Nahrungsmittel oder durch Aufnahme von verunreinigtem Wasser sowie die Vernichtung nützlicher Insekten.

Insemination ↑künstliche Befruchtung.

Instinkt: Mit dem Begriff I. bezeichnen Verhaltensforscher ererbte Mechanismen im Zentralnervensystem, die Tiere und den Menschen befähigen, auf auslösende Reize von außen oder innen mit lebens- und arterhaltendem Verhalten zu reagieren. Die verschiedenen Instinkte beeinflussen sich gegenseitig. Sie äußern sich im ↑Instinktverhalten, das wiederum in einzelne Instinktbewegungen (↑Erbkoordination) aufzugliedern ist.

Instinktverhalten (Instinkthandlung): Das I. ist ererbt und damit arttypisch; es kann jedoch, besonders bei höheren Tieren, durch Erfahrung modifiziert werden. Durch Stimulation übergeordneter Zentren des hierarchisch organisierten Instinktverhaltens können untergeordnete Zentren erregt oder gehemmt werden.

Das I. setzt sich aus einer ↑Erbkoordination und einer Orientierungsbewegung (= Taxis) zusammen. Eine einfache Instinkthandlung ist die von dem österreichischen Verhaltensforscher K. Lorenz (geb. 1903) erforschte *Eirollbewegung* der Graugans, die durch ein Ei oder einen eiähnlichen Gegenstand außerhalb der Nestmulde ausgelöst wird: Die Gans schiebt das Objekt mit der Schnabelunterseite wieder in das Nest zurück. Die Bewegung, die auch abläuft, wenn man das Ei wegnimmt, enthält als Taxiskomponente die pendelnden Balancierbewegungen.

Voraussetzung für das erfolgreiche Ablaufen der Instinkthandlung ist eine gewisse Bereitschaft, die ein ↑Appetenzverhalten zur Folge hat. Ein ↑Schlüsselreiz löst die Handlung über den ↑angeborenen Auslösemechanismus aus. Sie wird durch die ↑Endhandlung abgeschlossen.

Insulin: Das I. ist ein aus 2 Polypeptidketten bestehendes Hormon, das von den β-Zellen der Langerhans-Inseln der ↑Bauchspeicheldrüse gebildet wird. Es senkt den Blutzuckerspiegel (↑Blutzucker), indem es den Aufbau von Glykogen in der Leber fördert und die Durchlässigkeit der Zellmembran für Glucose, die in den Zellen verbraucht wird, erhöht.

Bei Insulinmangel kommt es zur ↑Zukkerkrankheit.

Integument:

◊ *Botanik:* Die Umhüllung der ↑Samenanlage in der Blüte besteht aus ein oder zwei Hüllschichten (Integumenten).

◊ *Zoologie:* Die äußere Körperbedekkung der Tiere, die ↑Haut, wird als I. bezeichnet.

Intelligenzquotient (Abk.: IQ): Der IQ ist eine Maßzahl für die geistige Leistungsfähigkeit eines Menschen. Man ermittelt den IQ, indem man das Intelligenzalter durch das Lebensalter teilt und mit 100 multipliziert.

Das *Intelligenzalter* wird mit Hilfe eines Intelligenztests festgestellt. Bewältigt die Testperson alle Aufgaben, die vom größten Teil ihrer Altersgenossen gelöst wurden, entspricht das Intelligenzalter dem Lebensalter, d. h., der IQ hat den Wert 100. Dies zeigt dann eine durchschnittliche Intelligenz an. Hat dagegen ein achtjähriges Kind das Intelligenzalter 10, ist sein IQ 125.

Intentionsbewegung: Eine I. deutet nur die ersten Glieder einer ganzen Bewegungskette an (wie z. B. beim Ansatz zum Abfliegen), die jedoch nicht vollständig abläuft.

Interferon: Interferone sind artspezifische Eiweiße (vermutlich Glykoproteide), die von virusinfizierten Zellen gebildet werden und die Vermehrung verschiedener Virusarten verhindern. So kann die Gegenwart einer Virusart im Organismus eine Infektion durch ein zweites Virus unmöglich machen. Diese Erscheinung nennt man *Interferenz*.

Die Bildung von I. wird auch durch Bakterien oder Endotoxine bewirkt.

intermediärer Stoffwechsel ↑Stoffwechsel.

Internodium: Der zwischen zwei Blattansatzstellen (Knoten) liegende, blattfreie Sproßabschnitt bei Pflanzen (z. B. bei Gräsern).

Interphase: Zustand des ↑Zellkerns zwischen zwei Teilungen (↑Arbeitskern, ↑Mitose). Die ↑Chromosomen sind nicht sichtbar. Der Kern steuert die Synthese von Proteinen und verdoppelt seinen DNS-Gehalt (↑Zellteilung).

Interphasekern svw. ↑Arbeitskern.

Intersexe: Als I. werden anomale, in der Regel unfruchtbare Individuen bezeichnet, deren Geschlecht nicht eindeutig bestimmbar ist. Die Ursache für ihre Entstehung kann ein Versagen der Geschlechtsbestimmung durch Gene oder Hormone und andere Einflüsse sein. – ↑auch Zwitter.

Interzellularen (Zwischenzellräume):

◊ *Botanik:* Die I. bei Pflanzen sind luftgefüllt und bilden ein inneres Durchlüftungssystem, das mit den Spaltöffnungen oder Lentizellen Verbindung hat. Sie können so groß sein, daß das Gewebe schwammartig erscheint *(Aerenchym).*

◊ *Zoologie:* Zwischen den Zellen der Tiere befindet sich die Interzellularflüssigkeit, die Nährstoffe verteilt und Abfallstoffe abführt. Bei Tieren mit offenem Blutkreislauf ist dies die Hämolymphe, bei Tieren mit geschlossenem Blutkreislauf die ↑Lymphe. Tiere scheiden in die I. auch Stützstoffe (Kollagen, Elastin, Knorpel- oder Knochensubstanz) ab.

Intrauterinpessar: Mechanisches Mittel zur ↑Empfängnisverhütung.

intrazelluläre Verdauung: Bei dieser Form der ↑Verdauung nehmen Zellen Nahrungspartikel durch Einstülpung und Abschnürung der Zellmembran nach innen (↑Phagozytose) auf. In den so entstandenen Nahrungsvakuolen werden die Nahrungspartikel mit Hilfe von Enzymen abgebaut.

Intrinsic factor ↑Extrinsic factor.

Intron: Nukleotidsequenz innerhalb der DNS, die keine „sinnvolle" Information für die Bildung eines Proteins enthält. – ↑dagegen Exon.

in vitro (Abk.: i. v.): Dieser Ausdruck wird für biologische Vorgänge (Stoffwechselreaktionen, Zellwachstum) verwendet, die außerhalb des Organismus unter künstlichen Bedingungen ablaufen.

In-vitro-Fertilisation svw. künstliche Samenübertragung (↑künstliche Befruchtung).

in vivo: Biologische Prozesse oder auch biologische Experimente heißen i. v., wenn sie am oder im lebenden Organismus ablaufen.

Inzisivi svw. Schneidezähne (↑Zähne).

Inzucht: Bei allen Formen der I. paaren sich zwei Partner, die enger miteinander verwandt sind als ein Paar, das sich rein zufällig innerhalb der Population treffen würde. Die extremste I. ist die ↑Selbstbestäubung bei Pflanzen. Ein *Inzest* ist die I. zwischen nächsten Verwandten (z. B. Geschwistern).

I. über mehrere Generationen, wie sie z. B. bei Labortieren üblich ist, um möglichst gleichartige Versuchstiere zu erhalten, führt zu fortschreitender Homozygotie der Nachkommen. Der erwünschten Erbgleichheit steht der Nachteil gegenüber, daß sich schädliche rezessive Allele im homozygoten Zustand plötzlich im Phänotyp, v. a. als Störung der Fortpflanzungsfähigkeit, auswirken.

Iod svw. ↑Jod.

IQ: Abk. für ↑Intelligenzquotient.

Iris svw. ↑Regenbogenhaut.

Isogameten ↑Geschlechtszellen.

Isogamie: Eine Form der ↑geschlechtlichen Fortpflanzung, bei der die ↑Gameten gleiche Größe und gleiche Gestalt haben; sie unterscheiden sich physiologisch. I. kommt bei ↑Grünalgen und Pilzen vor.

Isolation: I. nennt man die teilweise oder vollständige Unterbindung der Paarung und damit des Genaustauschs zwischen Individuen einer Art oder zwischen verschiedenen ↑Populationen einer Art. Die I. wirkt dadurch als wichtiger Evolutionsfaktor. Die räumliche I. ist eine wesentliche Voraussetzung der Rassenbildung (↑auch Darwinismus).

Man unterscheidet zwei verschiedene Formen der I.
Die *biologische I. (generative I.)* wird durch unüberwindliche, genotypisch bedingte Unterschiede (z. B. Polyploidie) bewirkt und führt zu einer Paarungseinschränkung, wie z. B. durch morphologische oder verhaltensbedingte Besonderheiten zwischen den Geschlechtern, Befruchtungssperren zwischen den Keimzellen, Unfruchtbarkeit der ↑ Bastarde.
Die *geographische I. (räumliche I.)* ist durch ungleichmäßige und unzusammenhängende Verteilung der Individuen bedingt, wobei v. a. geographische Hindernisse wie Gewässer, Gebirge, Wüsten u. a. eine Rolle spielen.

Isoleucin: I. gehört zu den essentiellen, aliphatischen α-Aminosäuren (↑ Aminosäuren). Es findet sich in größeren Mengen im Hämoglobin, Kasein und in den Serumproteinen.

Isomerasen: I. sind ↑ Enzyme, die die Umwandlung isomerer Formen ineinander katalysieren.

isotonisch: I. nennt man Lösungen, die denselben osmotischen Wert besitzen. So ist z. B. physiologische Kochsalzlösung (0,9 %ig) i. in bezug aufs Blut. Sie kann deshalb in die Blutbahn gespritzt werden, ohne den osmotischen Wert des Blutes zu verändern.

Ist-Wert ↑ Regelkreis.

J

Jacob-Monod-Modell: Das J.-M.-M. ist die wichtigste (für Bakterien prinzipiell bewiesene) Theorie, die die Genregulation (↑ Gene) beschreibt. – ↑ auch Eiweißsynthese.

Jacobson-Organ ↑ Geruchsorgane.

Jahresringe: Die J. stellen den jährlichen Dickenzuwachs im Holz von Wurzeln und Stämmen dar. Durch periodische Änderungen der Kambiumtätigkeit (↑ Holz) wird dieser Zuwachs sichtbar. Im Spätsommer werden kleine, im Frühjahr dagegen große Zellen ausgebildet. Die Grenzen der aufeinanderfolgenden J. erscheinen auf einem Stammquerschnitt als konzentrische Ringe.

Jako svw. Graupapagei (↑ Papageien).

Javamensch (Homo erectus erectus) ↑ Mensch.

Jochalgen: Zu den ↑ Grünalgen gehörende Algenordnung mit drei Familien. Die J. leben fast ausschließlich im Benthos (↑ Gewässerregionen) und Plankton des Süßwassers und sind weltweit verbreitet. Sie sind halbmond- oder sternförmige Einzeller oder unverzweigte, manchmal leicht in Einzelzellen zerfallende Fäden.

Jod (neuere fachsprachliche Schreibung: Iod): J. ist ein chemisches Element aus der Gruppe der Halogene. Es kommt in gebundener Form im Organismus vor. Bei den Wirbeltieren ist es Bestandteil des Thyroxins (ein

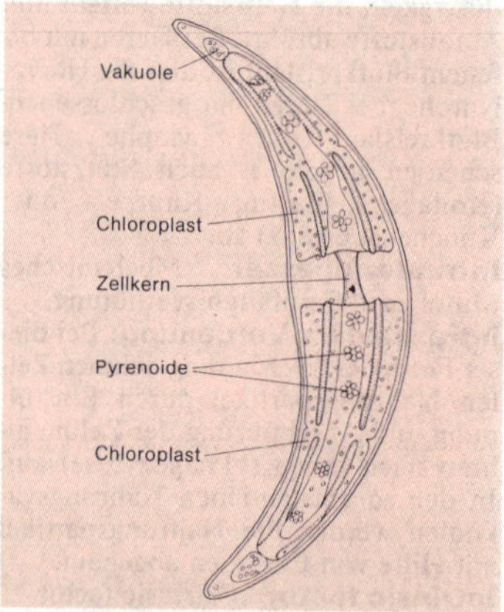

Abb. Jochalgen: Die Zieralgenart Closterium moniliferum mit zwei Chloroplasten und stärkebildenden Pyrenoiden

↑Schilddrüsenhormon), das wesentlich in den Stoffwechsel eingreift.
Das Jod muß als *Jodid* mit der Nahrung oder dem Trinkwasser aufgenommen werden.
Jodmangel führt zum endemischen *Kretinismus,* der sich in Wachstumshemmung, Kropfbildung und Idiotie äußert und durch Jodgaben erfolgreich behandelt werden kann.
Jod wird v. a. von Meeresalgen aufgenommen und kann aus ihnen gewonnen werden.
Radioaktives Jod *(Jod 129)* fällt bei Kernkraftwerken als Atommüll mit einer Halbwertzeit von rund 17 Millionen Jahren an.

Johnston-Organe ↑Chordotonalorgane.

Joule: J. ist die gesetzliche Einheit der Arbeit, Energie und Wärmemenge (↑Kalorie).

Jungfernhäutchen (Hymen): Die ↑Scheide (Vagina) des Mädchens ist durch das J. teilweise verschlossen. Nur eine kleine Öffnung gestattet den Abfluß bei der Regelblutung (↑Menstruation). – Beim ersten Geschlechtsakt wird das J. meist eingerissen *(Entjungferung, Defloration).* Dies kann mit einer leichten Blutung verbunden und auch leicht schmerzhaft sein. Die endgültige Zerstörung des Hymens erfolgt bei der ersten Geburt.

Jungfernzeugung (Parthenogenese): Bei der J., die eine Sonderform der ↑geschlechtlichen Fortpflanzung darstellt, entwickeln sich unbefruchtete Eizellen zu vollständigen Individuen. Bei Bienen, Wespen und Ameisen z. B. gehen aus befruchteten Eiern diploide Weibchen (Königin und Arbeiterinnen), aus unbefruchteten dagegen parthenogenetisch haploide Männchen (Drohnen) hervor. – Blattläuse erzeugen parthenogenetisch diploide Weibchen. J. findet sich ebenfalls bei einigen Pflanzen (z. B. Nachtschatten, Stechapfel).

Jura: Ein Abschnitt des Erdmittelalters (Mesozoikum) der Erdgeschichte; ↑Erdzeitalter.

Jute: Tropische Gattung der Lindengewächse mit rund 40 Arten. Es sind Kräuter oder Halbsträucher mit einfachen, gezähnten Blättern und gelben, achselständigen Blüten.
Zur Gewinnung von *Jutefasern* werden nur zwei Arten in Indien, China, Bangladesch, Pakistan, Brasilien, Thailand, Vietnam, Japan, Formosa und im Iran angebaut. Die Jutefaser ist nach der Baumwolle die wichtigste Pflanzenfaser. Die Ernte erfolgt vom Blütenbeginn bis zur Samenreifung. Die Stengel werden dabei dicht am Boden abgeschnitten. Zur Gewinnung der Bastfasern werden die Stengel geröstet (gerottet), getrocknet und geschält. Die Jutefaser wird zur Herstellung von Säcken, Segeltuch und Seilerwaren verwendet.

K

Käfer (Koleopteren): In Deutschland gibt es rund 5700, auf der Erde rund 350000 Käferarten. Es sind ↑Insekten mit meist hartem Chitinpanzer. Ihre Vorderflügel sind zu harten *Elytren* geworden, die als Deckflügel (Flügeldekken) in Ruhestellung die zusammengefalteten, häutigen Hinterflügel und meist auch den ganzen Hinterleib überdecken. Das mittlere und letzte Brustsegment sind starr mit dem Hinterleib verschmolzen. Das vordere Brustsegment ist gelenkig abgesetzt; sein Rückenteil ist zu einem Halsschild vergrößert.
K. sind meist Pflanzenfresser und daher zum Teil schädlich (z. B. Kartoffelkäfer, Maikäfer, Borkenkäfer). Oft leben sie auch räuberisch (z. B. Marienkäfer, Gelbrandkäfer, Laufkäfer).

Manche K. machen ihre Entwicklung (↑Metamorphose) in Aas oder Kot durch (z. B. Mistkäfer). Einige K. sind nur etwa 0,25–2 mm lang und gehören damit zu den kleinsten Insekten überhaupt, andere können bis 16 cm lang werden.

Kakteen (Kaktusgewächse): Die K. bilden eine Familie Zweikeimblättriger Pflanzen mit rund 200 Gattungen und über 2 000 Arten in den tropischen und subtropischen Wüsten und Steppen Amerikas.

K. sind meist Stammsukkulenten (↑Sukkulenten) mit dornigen, borstigen oder behaarten reduzierten Kurztrieben (Areolen). Blätter sind nur selten entwickelt. Die Blüten werden von Insekten, Vögeln oder Fledermäusen bestäubt. Der unterständige Fruchtknoten wird zu einer Beere.

Einige K., z. B. der Feigenkaktus und der Riesenkaktus, sind wegen ihrer eßbaren Früchte Nutzpflanzen. Viele Kakteen sind als Zier- und Treibhauspflanzen beliebt. Bekannt sind: *Königin der Nacht, Weihnachtskaktus* und *Bischofsmütze*.

Kalkflieher (kalkmeidende Pflanzen): K. sind Pflanzen, die vorzugsweise auf kalkarmen, feuchten und kühlen Böden mit saurer Reaktion verbreitet sind; z. B. Besenginster, Saatwucherblume, Heidel- und Preiselbeere.

Kalkpflanzen (kalkliebende Pflanzen): Pflanzen, die vorzugsweise auf kalkreichen, warmen und trockenen Böden mit alkalischer Reaktion verbreitet sind. Echte K. sind Rittersporn, Aronstab, Akelei, Bingelkraut und viele Orchideen.

Bei den K. gibt es Übergänge zwischen echten K. und solchen Arten, die auf trockenen, warmen und sauren Böden anzutreffen sind. – ↑auch Bodenanzeiger.

Kallus:

◊ Das Narbengewebe, mit dem höhere Pflanzen Wunden verschließen.

◊ Knochenbrüche verheilen, indem zwischen den Bruchstellen neues Knochengewebe gebildet wird. Dieser K. wuchert über die Bruchstelle hinaus.

Kalorie: Eine Kalorie (1 cal) ist die im amtlichen und geschäftlichen Verkehr nicht mehr zulässige Maßeinheit der Wärmemenge und ist definiert als die Wärme, die man benötigt, um 1 g Wasser von 14,5 °C auf 15,5 °C zu erwärmen. 1 000 cal = 1 kcal (1 Kilokalorie).

Der *Brennwert* der Nahrungsstoffe wird in Kalorien angegeben. So liefert 1 g Kohlenhydrat 4 kcal, 1 g Fett 9,5 kcal.

Nach dem Gesetz über die Vereinheitlichung des Meßwesens vom 2. 7. 1969 ist die Kalorie keine gesetzliche Einheit mehr und darf nur noch bis 31. 12. 1977 verwendet werden. Von diesem Zeitpunkt an ist als Energieeinheit (für alle Energieformen, auch für Wärme) nur noch das *Joule* (J) oder die *Wattsekunde* (Ws) erlaubt. Umrechnungsformel:

1 kcal = 4186,8 J; 1 J = 0,239 cal.

Kaltblüter ↑wechselwarm.

Kälterezeptoren (Kältepunkte): K. sind Sinnesorgane, die in der Lederhaut (↑Haut) liegen und als sog. *Krause-Endkolben* „Kälte“ wahrnehmen.

Es gibt beim Menschen rund 250 000 Kältepunkte, die ungleichmäßig über den Körper verteilt sind; z. B. Nasenspitze 13 K. pro cm^2, Oberkörper 9 K. pro cm^2, Gesicht 8 K. pro cm^2.

Wenn die Temperatur stark von der Körpertemperatur abweicht, wird hauptsächlich Schmerz empfunden. Die genauen Verhältnisse des Temperatursinns (Kälte- und Wärmepunkte) sind noch keineswegs geklärt.

Kältestarre: Die K. dient vielen wechselwarmen Tieren wie Fischen, Lurchen, Reptilien, Insekten, Schnekken als Mittel zur Überwinterung. Sie wird hormonal gesteuert und ist mit einer Herabsetzung des Stoffwechsels verbunden. Ihr Eintritt ist artspezifisch an unterschiedliche Außentemperaturen gebunden.

Während der K. sind die Tiere völlig bewegungsunfähig; es erfolgt weder Muskelkontraktion noch Nahrungsaufnahme.

Bei starker Abkühlung tritt auch bei Pflanzen K. ein. Dabei wird der Stoffwechsel der Pflanzen langsamer oder kommt sogar ganz zum Stillstand. Es können dabei auch irreversible Schäden auftreten.

Kalyptra (Calyptra):
◊ Haubenartiger Rest des Archegoniums auf der Sporenkapsel bei den Laubmoosen (↑Moose).
◊ svw. Wurzelhaube (↑Wurzeln).

Kambium: Das K. ist ein teilungsfähiges ↑Bildungsgewebe im peripheren Bereich von Sproß und Wurzel der mehrjährigen Nacktsamer (z.B. Nadelhölzer) und der zweikeimblättrigen Laubhölzer. Bei diesen Pflanzen ist das K. Ausgangspunkt des sekundären ↑Dickenwachstums.
Durch tangentiale Teilungen (parallel zum Sproß- bzw. Wurzelumfang) gibt das K. nach innen und außen neues Gewebe ab. Das Gewebe differenziert sich im Leitbündelbereich nach innen zu ↑Holz und nach außen zu ↑Bast. Entsprechend verlängern sich durch Parenchymbildung die Markstrahlen, wodurch eine gleichmäßige Verdikkung von Sproß bzw. Wurzel erreicht wird. – Da das K. nach innen Zellen in größerer Zahl als nach außen abgibt, wird es immer mehr nach außen geschoben, je dicker die Sproßachse wird. Die Vergrößerung des Kambiumrings bezeichnet man als *Dilatation*.

Kambrium: Ältester Zeitabschnitt (Formation) des Erdaltertums (Paläozoikum); ↑Erdzeitalter.

Kammerwasser: Im ↑Auge der Säuger und des Menschen sind die Räume zwischen Hornhaut und Linse einerseits und zwischen Linse und Ziliarkörper andererseits, also die vordere und die hintere Augenkammer, vom K. erfüllt. Durch Zu- und Abflußkanäle wird das K. etwa alle 10 Stunden erneuert, sein Druck konstant gehalten. Wird dieses Gleichgewicht so gestört, daß sich der Druck des Kammerwassers erhöht, entsteht der ↑grüne Star.

Kammkiemen: Viele Schnecken besitzen frei in die Mantelhöhle hineinragende Auswüchse der Körperwand, die stark durchblutet sind. Sie spalten sich in eine oder zwei Reihen einzelner Kiemenblättchen auf, die kammartig angeordnet sind.

Kanini svw. Eckzähne (↑Zähne).

Kannibalismus: Fressen Tiere ihre eigenen Artgenossen, spricht man von K. Er tritt häufig auf bei Übervölkerung und Nahrungsmangel. Wahrscheinlich kommt K. zeitweise bei fast allen Tieren vor, die sich räuberisch ernähren.

Känophytikum (Neophytikum): Der in der Unterkreide beginnende vierte und jüngste große Zeitabschnitt pflanzlicher Entwicklung, in dem die ersten Blütenpflanzen erscheinen; ↑Erdzeitalter.

Känozoikum (Neozoikum, Erdneuzeit): Der jüngste große Zeitabschnitt (Ära) der Erdgeschichte; ↑Erdzeitalter.

kanzerogene Stoffe svw. ↑krebserzeugende Stoffe.

Kapillaren (Haargefäße): Als K. bezeichnet man die feinsten Verästelungen des Blutgefäßnetzes. Sie haben einen Durchmesser von 0,008 mm (ein Haar ist 10mal dicker!). Ihre Wandungen sind einschichtig und erlauben den Stoffaustausch. Nur an den Zellgrenzen der K. können die weißen Blutkörperchen (↑Blut) den Blutstrom verlassen und wird ein Teil des Blutplasmas in die Zwischenzellräume gepreßt.

Kapsel: Die K. ist eine Streufrucht (↑Fruchtformen), die aus mindestens zwei verwachsenen Fruchtblättern besteht.

Karbon: Zeitabschnitt (Formation) des Erdaltertums (Paläozoikum); ↑Erdzeitalter.

Karies (Zahnfäule): Die K. beginnt mit einer entkalkenden Zerstörung des Zahnbeins (↑Zähne), die unbehandelt als Entzündung auf Zahnhöhle und Zahnhalteapparat übergeht. Besonders die schlecht zu reinigenden Grübchen und Spalten an und zwischen den Zähnen werden häufig befallen.
Schlecht verkalkter Schmelz durch Störungen des Kalk- und Phosphorstoffwechsels während der Zahnentwicklung erhöhen die Kariesanfälligkeit. Gärungsvorgänge durch Mundbakterien, die sich auf dem Zahnbelag ansiedeln, spielen eine auslösende

Rolle. Die bei dem unvollständigen Kohlenhydratabbau der Bakterien entstehende Milchsäure entzieht den äußersten Schmelzschichten anorganische Salze, wodurch diese Lücken bekommen, in denen sich Bakterien ansiedeln. Dadurch werden auch die organischen Bestandteile des Zahns dem Angriff der Bakterien ausgesetzt.
Fluor kann zwar die Kariesanfälligkeit vermindern, führt in zu großen Mengen jedoch zu Störungen der Zahnentwicklung.
Karnivoren svw. ↑Fleischfresser.
Karotin (Carotin): K. ist ein im Pflanzen- und Tierreich weit verbreiteter gelbroter Farbstoff ($C_{40}H_{56}$), der ein Gemisch der drei Isomeren α-, β- und γ-Karotin darstellt. K. findet man neben Chlorophyll in allen Blättern, außerdem in vielen Blüten und Früchten. Im tierischen Organismus kommt es z. B. im Blutserum, im Fett und in der Milch vor. β-Karotin ist das eigentliche Provitamin A, das fast rein im Spinat enthalten ist.
Karotinoide (Carotinoide): K. sind im Pflanzen- und Tierreich häufig vorkommende aliphatische oder alizyklische Verbindungen. Sie gehören zu den Tetraterpenen. Es sind gelbrote bis violette ↑Pflanzenfarbstoffe, die sich durch ihre gute Fettlöslichkeit auszeichnen, weswegen sie auch *Lipochrome* genannt werden. Sie sind ausnahmslos pflanzlichen Ursprungs und sind wichtige Begleitfarbstoffe des Chlorophylls, die dieses vor photooxidativen Schäden schützen und dem Chlorophyll die Energie in der Lichtreaktion der Photosynthese zuleiten. Zu den Karotinoiden gehören das ↑Karotin und die ↑Xanthophylle.
Karyogramm (Idiogramm): Graphische Darstellung der einzelnen ↑Chromosomen des Chromosomensatzes einer Zelle.
Karyoplasma svw. ↑Kernplasma.
Karyopse: Als K. bezeichnet man die Frucht der Gräser (↑Fruchtformen).
karzinogene Stoffe svw. ↑krebserzeugende Stoffe.
Karzinom ↑Krebs.
Kasein (Milcheiweiß): K. ist ein zusammengesetztes ↑Eiweiß (Proteid) aus einem reinen Eiweiß (Protein) und der Phosphorsäure.
In der Kuhmilch kommt K. neben anderen Eiweißen zu ca. 3% vor und ist an Calcium gebunden. K. liegt in der Milch kolloidal gelöst vor, kann aber durch Säurezusatz (Milchsäure, die beim „Sauerwerden" durch Milchsäurebakterien aus dem Milchzucker entsteht) oder Enzyme (Labferment) als Gel ausflocken (Dickmilch). K. ist Grundsubstanz des Quarks und des Käses.
Kaspar-Hauser-Versuch: In der Verhaltensforschung kann man an einzeln und völlig isoliert aufgezogenen Tieren nachweisen, daß bestimmte Verhaltensweisen angeboren sind, weil sie unter den Versuchsbedingungen nicht erlernt werden konnten. Diese Aufzucht unter Erfahrungsentzug trägt ihre Bezeichnung nach einem Findelkind mit Namen Kaspar Hauser, das angeblich in einem geschlossenen, dunklen Behälter aufgewachsen ist und im Jahre 1828 in Nürnberg auftauchte.
Kaste: Die Staaten sozial lebender Insekten (↑Tierstaaten) bestehen aus Individuen, die nach Körperbau und Verhalten zu unterscheiden sind (↑Polymorphismus). Bei ↑Honigbienen gibt es 3 Kasten: Königin, Arbeiterinnen und Drohnen. Bei ↑Ameisen gibt es verschiedene Formen von Arbeiterinnen. Bei Termiten schließlich kommen mehrere Kasten sowohl bei den Weibchen als auch bei den Männchen vor.
Kastration: Bei der K. werden die Keimdrüsen (Hoden bzw. Eierstöcke) operativ entfernt oder durch Bestrahlung funktionsunfähig gemacht (dagegen ↑Sterilisation).
Erfolgt die K. vor Eintritt der ↑Geschlechtsreife, werden die sekundären ↑Geschlechtsmerkmale bei beiden Geschlechtern nicht ausgebildet. Die Gestalt eines Mannes ähnelt dann dem weiblichen Typus *(Eunuch)*. Spätere K. hat kaum Auswirkungen; natürlich ist dann ebenfalls die Zeugungsfähigkeit erloschen.
Kastrierte Haus- und Nutztiere (z. B.

Ochse, Kapaun = kastrierter Hahn) haben oft zarteres Fleisch und größeren Fettansatz.
Bei Pflanzen werden bei der K. die Staubgefäße entfernt, um ↑Selbstbestäubung zu verhindern.
Katabolismus ↑Stoffwechsel.
Katalysatoren: K. sind Stoffe, die die Reaktionsgeschwindigkeit einer chemischen Reaktion verändern, ohne das chemische Gleichgewicht zu verschieben. Sie bewirken eine Herabsetzung der Aktivierungsenergie. K. liegen am Ende der Reaktion genau so vor wie vor der Reaktion. Wenn keine Katalysatorgifte zugegen sind, verbrauchen sich K. nicht und sind bereits in kleinen Konzentrationen in der Lage, große Substanzmengen umzusetzen.
Im biologischen Bereich gibt es entsprechend die Biokatalysatoren oder Enzyme.
Katarakt svw. ↑grauer Star.
Katastrophentheorie: Eine frühere (heute aufgegebene) Theorie zur Erklärung der in den verschiedenen Erdperioden unterschiedlich ausgebildeten Lebewesen; ↑Deszendenztheorie.
Kathepsine: K. sind Proteinasen und gehören zur Gruppe der Endopeptidasen. Sie kommen in Gewebszellen in großer Vielzahl vor. Ihre biologische Rolle ist noch nicht geklärt. Man findet sie häufig in den ↑Lysosomen der Zelle, auch im Magensaft, und vermutet daher ihre Beteiligung bei der ↑Autolyse.
Kätzchen: Ein ↑Blütenstand. Es sind hängende Ähren aus unscheinbaren Blüten, die als Ganzes abfallen; z. B. Haselnußstrauch.
Kaulbarschregion svw. Brackwasserregion (↑Gewässerregionen).
Kauliflorie: K. nennt man die Erscheinung, daß Blüten und Früchte direkt aus dem Hauptstamm oder aus dicken Seitenästen hervorgehen (z. B. Kakaobaum). Die Stämme besitzen Knospen (bei den meisten Bäumen vorhanden), die entwicklungsfähig längere Zeit in Ruhe verharren („schlafende Knospen").
Kaulquappen: Die im Wasser lebenden Larven der ↑Froschlurche sind geschwänzt, besitzen innere Kiemen, Hornkiefer zum Abraspeln der Algennahrung und einen langen, spiralig aufgewundenen Darm. – Die K. sind anfangs beinlos, mit beginnender Metamorphose erscheinen zuerst die Hinterbeine des späteren Froschlurchs. – Siehe auch Abb. S. 250.
Kaumagen: Tiere, die schwer aufschließbare Nahrung zu sich nehmen und kein Gebiß zu deren Zerkleinerung besitzen, haben z. T. einen K. entwickelt. In ihm wird die Nahrung chemisch und mechanisch zerkleinert. Der K. vieler Insekten besitzt z. B. Chitinzähne oder -leisten. Im K. der Vögel helfen mitgeschluckte Steinchen bei der Zerkleinerung der Nahrung.
Kautschuk: Ein hochpolymerer Naturstoff mit gummiartiger Elastizität, der im Milchsaft verschiedener Pflanzen, v. a. Hevea brasiliensis (ein Wolfsmilchgewächs), vorkommt. – *Rohkautschuk* erhält man durch Ausfällung aus dem *Latex* (Milchsaft). Er besteht aus rund 5 000 Isoprenmolekülen:

$$CH_2 = C(CH_3) - CH = CH_2.$$

Durch Vulkanisieren (Hitzebehandlung mit Schwefel) werden elastische und nicht mehr klebrige Gummiwaren (Reifen) hergestellt.
Kehldeckel ↑Kehlkopf.
Kehlkopf (Larynx): Dort, wo sich Luftröhre und Speiseröhre im Rachenraum trennen, liegt als Teil der Luftröhre der K. Er verschließt beim Schlucken die Luftröhre mit dem *Kehldeckel* (Epiglottis) und kann bei vielen Tieren mit Hilfe von Stimmbändern Laute erzeugen. Die Knorpelstützen des Kehlkopfs und das Zungenbein werden zusammen als *Kehlkopfskelett* bezeichnet.
Der K. des Menschen besteht aus drei unpaaren und einem paarigen Knorpel. Sie werden von Bändern zusammengehalten und sind innen von Flimmerepithel mit Schleimdrüsenzellen (Becherzellen) ausgekleidet.
Auf dem unteren *Ringknorpel* sitzen hinten die beiden *Stellknorpel* drehbar auf; vorn liegt der *Schildknorpel* darüber. Vor dem Schildknorpel liegt die

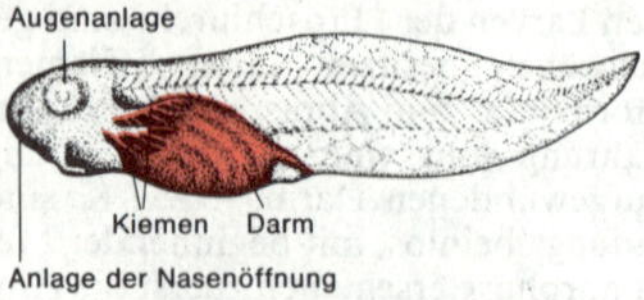

Abb. Kaulquappen: Kaulquappe des Grasfroschs mit noch äußeren Kiemen

↑Schilddrüse. Innen liegt der knorpelige Kehldeckel dem Schildknorpel an. Zwischen Schildknorpel und Stellknorpel sind die *Stimmbänder* (Ligamenta vocalia) aufgespannt. Kleine Muskeln können den Kehldeckel verschließen, die Stellknorpel verdrehen sowie die Stimmbänder verstellen und anspannen.

Zwischen den Stimmbändern liegt die *Stimmritze*. Sie ist bei normaler Atmung beim Mann 0,5 cm, bei heftiger Atmung bis 1,4 cm breit. Zum Sprechen wird die Stimmritze geschlossen. Die hindurchgepreßte Luft bringt dann die Stimmbänder zum Schwingen. Die Tonhöhe wird von der Spannung der Stimmbänder und ihrer Länge (beim Mann 2,0–2,4 cm) bestimmt. Die Klangfarbe der Stimme hängt von der Form des Rachens, der Nasenhöhlen und der Nebenhöhlen ab.

Keimbahn: Bei einigen Tieren sind bestimmte Zellen (die ↑Urkeimzellen) während ihres gesamten Wegs von der ↑Zygote bis zur erneuten Bildung der ↑Geschlechtszellen durch besondere Merkmale von den übrigen Körperzellen zu unterscheiden. Diese Beobachtung wurde in der *Keimbahnhypothese* auf fast alle vielzelligen Tiere übertragen. Danach sind die Zellen der K. potentiell unsterblich, während alle Körperzellen auf jeden Fall zugrunde gehen müssen.

Bei sehr einfach aufgebauten Tieren (z. B. beim Süßwasserpolypen) können auch aus normalen Körperzellen wieder Keimzellen entstehen.

Bei Pflanzen gibt es ebenfalls keine Keimbahn.

Keimblätter:

◊ Im Verlaufe der ↑Keimesentwicklung bilden sich am Becherkeim (Gastrula) Schichten noch wenig differenzierter Zellen aus, die man als K. bezeichnet.

Aus dem äußeren Keimblatt *(Ektoderm)* entwickeln sich später in der Hauptsache Oberhaut (Epidermis) mit Hautdrüsen und Hornbildungen (Nägel, Krallen, Haare, Schuppen, Gehörn), Augenlinse, Zahnschmelz, Nervensystem mit Sinneszellen, Irismuskulatur, Nebennierenmark und das Epithel des Vorder- und Enddarms.

Das innere Keimblatt heißt *Entoderm*. Es bildet die Auskleidung (Epithel) des Mitteldarms (Magen-, Zwölffingerdarm, Dünndarm) und seiner Anhangsdrüsen (Speicheldrüsen, Bauchspeicheldrüse und Leber), der Schilddrüse, der Epithelkörperchen, des Thymus, des Atemapparats und der Harnblase.

Zwischen Ekto- und Entoderm entsteht als mittleres Keimblatt das *Mesoderm*. Es fehlt bei einigen Tieren (z. B. Hohltiere, Plattwürmer) oder ist als bindegewebiges Füllgewebe (Mesenchym) ausgebildet (Plattwürmer, Schlauchwürmer). Aus dem Mesoderm entwickeln sich u. a. Binde- und Stützgewebe, Skelett-, Darm- und Herzmuskulatur, Blutgefäße, Blut- und Lymphzellen, Nephridien, Nieren, Ei- und Samenleiter.

◊ svw. ↑Kotyledonen.

Keimdrüsen (Geschlechtsdrüsen, Gonaden): Die meisten mehrzelligen Tiere und der Mensch haben drüsenähnlich aufgebaute Organe entwickelt, in denen sie die Keimzellen (↑Geschlechtszellen) bilden. Die weiblichen K. sind die ↑Eierstöcke, die männlichen die ↑Hoden. Beide sind Teil der inneren ↑Geschlechtsorgane.

Keimdrüsenhormone: Als K. bezeichnet man die hauptsächlich in den Geschlechtsdrüsen gebildeten Steroidhormone (↑Geschlechtshormone) wie ↑Androgene, ↑Gestagene und ↑Östrogene.

Keimesentwicklung: Im Verlaufe der K. entsteht aus der befruchteten ↑Eizelle (Zygote) das Jungtier, das die Eihüllen verläßt.

Die Eizelle ist durch die unterschiedli-

che Verteilung der Reservestoffe je nach Tierart mehr oder weniger polar. Der *animale Pol* ist dotterarm. Er bildet später oft die typischen tierischen (animalen) Sinnesorgane und das Nervensystem. Der dotterreiche *vegetative Pol* bildet dann das Darmsystem.
Durch Zellteilung (↑ Mitose) entsteht aus der befruchteten Eizelle zunächst der *Maulbeerkeim (Morula)*. Im Innern dieses Zellhaufens bildet sich ein flüssigkeits- oder dottergefüllter Hohlraum *(Blastozöl, Furchungshöhle)*. Die Zellen wandern dabei nach außen zur Bildung eines einschichtigen, kugelförmigen Epithels *(Blastoderm)*, das die Wandschicht des nunmehr erreichten Entwicklungsstadiums *(Blasenkeim, Blastula)* bildet. Die Teilungsvorgänge bis zur Entstehung der Blastula werden zusammenfassend als ↑ Furchung bezeichnet.
Die Blastula stülpt sich während der *Gastrulation* am vegetativen Pol meist durch eine Fließbewegung der Zellen ein und bildet den zweischichtigen *Becherkeim (Gastrula)*. Seine Öffnung ist der ↑ *Urmund*. Er bleibt bei den ↑ Protostomiern als Mund erhalten, während er bei den ↑ Deuterostomiern zum After wird.
Zwischen der äußeren Schicht der Gastrula (Ektoderm) und ihrer inneren Schicht (Entoderm) entsteht ein in der Regel einschichtiges mittleres Keimblatt, das Mesoderm (↑ Keimblätter).
Auf der Rückenseite wölbt sich beim Wirbeltierkeim das Ektoderm in Längsrichtung ein und bildet zunächst die *Neuralrinne*, die sich schließlich zum *Neuralrohr* (↑ Medullarrohr) schließt. Hieraus entsteht das Zentralnervensystem. Der Vorgang selbst wird *Neurulation* genannt. Die Festlegung, welche Aufgaben die einzelnen Zellgruppen später zu übernehmen haben (↑ Determination), erfolgt bei den meisten Tieren im Laufe der K. nach und nach.
Beim Menschen wird die äußere Zellage der Blastula zum Chorion (↑ Embryonalhüllen), die sich in der Uteruswand festsetzt und die ↑ Plazenta bildet. Das Innere der Blastula ist hier nicht hohl, sondern enthält zwei Zellgruppen, die den Embryo und die übrigen Embryonalhüllen bilden. Man nennt diese Form der Blastula *Blastozyste*. Die Zellgruppe, die den Embryo bildet *(Embryoblast)*, spaltet sich in zwei Blasen, von denen eine zur *Amnionhöhle*, die andere zum ↑ *Dottersack* und ↑ *Urdarm* wird. Das Amnionbläschen umwächst den Embryo vollständig.
Der Enddarm des Embryos bildet eine blasenförmige Ausstülpung, die *Allantois* (↑ Embryonalhüllen). Der Dottersack bleibt im Wachstum zurück und verliert an Bedeutung. Nach 3 Wochen ist der *Embryo* etwa 1,5 mm lang, nach 4 Wochen 5 mm. Aus dem Ei ist inzwischen eine etwa 15 mm große Kugel geworden. Nach 5 Wochen sind an dem 8 mm langen Keim die Anlagen für Arme, Beine, Herz und Auge zu erkennen. In der 8. Woche sind alle Organe angelegt. – Vom Ende der 12. Woche an nennt man den menschlichen Embryo *Fetus*.
Nach 11 Wochen ist das Geschlecht erkennbar. Nach 4 Monaten ist der Fetus 16 cm lang und fast vollständig entwickelt. Seine knorpeligen Knochenanlagen beginnen zu verknöchern *(Ersatzknochen)*. Er bewegt sich heftig und ist dicht behaart.
Ein 4,5 Monate alter Fetus wiegt rund 180 g und ist etwa 20 cm lang. Bald ist sein schneller Herzschlag von außen zu hören. Mit 7 Monaten ist er so weit entwickelt, daß er als *Frühgeburt* bei intensiver Pflege am Leben erhalten werden kann. Die ↑ Geburt erfolgt beim Menschen in der Regel nach 9 Monaten.

Keimling ↑ Keimpflanze.

Keimpflanze: Als K. bezeichnet man die aus dem Embryo *(Keimling)* hervorgehende Pflanze, die den Übergang zur eigentlichen Pflanze darstellt. Eine K., die aus dem Embryo ohne Ruhezeit entsteht, finden wir bei den Farnpflanzen. Bei den Samenpflanzen ruht der Embryo meist längere Zeit im Samen. Hierbei beginnt die Entwicklung der K. mit der ↑ Keimung des Samens. Zuerst kommt die *Keimwurzel* aus dem

Samen, die zur Primärwurzel wird, nimmt Wasser und Nährstoffe auf und verankert die Pflanze im Erdboden. Die Weiterentwicklung kann verschieden erfolgen: 1. Das ↑Hypokotyl verlängert sich und hebt den Samen aus der Erde heraus. Die Keimblätter werden grün und bilden sich zu den ersten Laubblättern um (*epigäische Keimung;* z. B. Linde, Rotbuche, Ahorn, Kürbis, Spinat, Tabak). 2. Der Samen bleibt in der Erde, das Hypokotyl bleibt verkürzt. Dagegen verlängert sich die Sproßspitze zwischen den Keimblättern und den ersten Laubblättern (*hypogäische Keimung;* z. B. Schmetterlingsblütler, Eiche, Walnuß, Roßkastanie).
Mit der Ausbildung der ersten Laubblätter (Primärblätter) (und dem Beginn der ↑Photosynthese) sowie funktionsfähiger Wurzeln ist die Entwicklung der Keimpflanze beendet.

Keimruhe ↑Keimung.

Keimscheibe: Am animalen Pol dotterreicher Eizellen (z. B. beim Vogelei) liegt die K. als kleiner, scheibenförmiger Plasmabezirk aus Bildungsdotter. Sie enthält den Zellkern der ↑Eizelle. Auch die an dieser Stelle durch Furchung entstehende scheibenartige Zellgruppe, aus der sich der Embryo entwickelt, wird als K. bezeichnet.

Keimung: Als K. bezeichnet man die ersten Entwicklungsvorgänge bei Pflanzen nach einer mehr oder weniger langen Ruhezeit *(Keimruhe).* Bekommt ein reifer Samen Wasser, so nimmt der Embryo seine unterbrochene Entwicklung wieder auf und beginnt zu wachsen (zu keimen). Durch die Wasseraufnahme quellen die Samen, d. h., sie vergrößern ihr Volumen. Die Zellen des Embryos und des Nährgewebes durchtränken sich mit Wasser, und die bisher ruhenden Zellen nehmen ihre Lebenstätigkeit wieder auf.
Da die Gewebe des Embryos und das Nährgewebe stärker quellen als die abgestorbenen Zellen der Samenschale, wird diese dann gesprengt. Als erstes kommt die *Keimwurzel* (Primärwurzel) heraus, die den Embryo bald mit Wasser und Mineralsalzen versorgt. Die Wurzel selbst braucht für ihr Wachstum organische Nährstoffe, die sie aus den in den Samen liegenden Reservestoffen bezieht.
Es folgt die Streckung der Keimwurzel, die positiv geotrop in den Boden einwächst, Wurzelhaare ausbildet und sich verzweigt. Bei der nun folgenden Weiterentwicklung kann es zu epigäischer oder hypogäischer Keimung (↑Keimpflanze) kommen.

Keimzellen svw. ↑Geschlechtszellen.

Keith-Flack-Knoten (Sinusknoten) ↑Herzautomatie.

Kelch ↑Blüte.

Kennarten ↑Charakterart.

Keratin svw. ↑Horn.

Kerbtiere svw. ↑Insekten.

Kernkörperchen (Nukleolus, Nucleolus): Die K. sind kugelige oder gelappte, membranlose Körper und meist die einzige Struktur, die man lichtmikroskopisch im ↑Arbeitskern sehen kann. Sie kommen zellspezifisch in Ein- oder Mehrzahl pro Chromosomensatz vor. Die Ausbildung der K. ist an einen bestimmten Chromosomenabschnitt, den Nukleolusbildungsort *(Nukleolusorganisator),* gebunden. Vor dem Einsetzen der ↑Mitose im Verlauf der Prophase werden sie aufgelöst, um in der Telophase neu gebildet zu werden.
Die K. bestehen aus Proteinen und RNS und kommen nur bei Spermatozoen und frühembryonalen Zellen nicht vor. Über ihre physiologische Bedeutung weiß man, daß die K. bei der Interphase an die Kernmembran rücken, um durch sie Stoffe ins Zytoplasma abzugeben. Man nimmt an, daß es sich um t-RNS, m-RNS und Ribosomen-RNS (↑RNS) handelt, die wichtige Informationen für die artspezifische ↑Eiweißsynthese liefern.

Kernmembran ↑Zelle.

Kernphasenwechsel: Alle Lebewesen, die sich geschlechtlich fortpflanzen, müssen einen K. durchmachen. Diploide Organismen bilden in einer ↑Meiose haploide ↑Geschlechtszellen (Gameten). Durch die Befruchtung entsteht wieder eine diploide

↑Zygote. Die ↑Haplophase ist bei höheren Tieren äußerst kurz. Bei Pflanzen, z. B. den Moosen und Farnen, ist der Unterschied in der Dauer von Haplo- und ↑Diplophase nicht so groß (↑Generationswechsel).

Kernplasma (Karyoplasma): Das K. ist die Gesamtheit des von der Kernmembran umschlossenen Inhalts des Zellkerns (↑Zelle).

Kernspindel: Während der ↑Mitose oder der ↑Meiose transportieren die Fasern der K. die Chromosomen aus der Äquatorialebene zu den Polen. Spindelfasern sind dünne Röhrchen (Mikrotubuli), wie sie auch in Geißeln und Zilien vorkommen. Der gesamte Spindelapparat besteht aus Fasern zwischen den ↑Zentromeren der Chromosomen und einem der Pole, solchen zwischen den Polen und anderen, die jeweils ein ↑Zentriol sternförmig umgeben. Die Spindelfasern können sowohl von den Zentromeren als auch von den Zentriolen gebildet werden.
Der Bewegungsmechanismus, der die Chromosomen zu den Polen schiebt oder zieht, beruht wahrscheinlich auf dem Ab- und Aufbau der Fasern.

Kernteilung ↑Mitose, ↑Meiose.

Keuchhusten: K. wird durch Bakterien hervorgerufen. Die Übertragung erfolgt durch Tröpfcheninfektion, nicht selten über eine Entfernung von mehreren Metern. Bei Säuglingen droht als Folge des Keuchhustens eine Lungenentzündung; für sie ist K. daher eine gefährliche Erkrankung. Die Krankheit kann heute durch eine aktive oder passive ↑Impfung vermieden oder in ihrem Verlauf gemildert werden.

Kiefer: K. sind harte kutikuläre Bildungen am Mund, die der Nahrungsaufnahme dienen.
Seeigel haben einen kompliziert gebauten kalkigen Kauapparat, der aus 5 mit einem Zahn endenden Kieferspangen besteht. Er wird „Laterne des Aristoteles" genannt.
Gliederfüßer haben Gliedmaßen zu ↑Mundwerkzeugen umgebildet.
Die K. der *Wirbeltiere* sind Teile des Kopfskeletts und tragen meist Zähne. Sie sind stammesgeschichtlich aus den vorderen Kiemenbögen hervorgegangen.
Die K. der *Vögel* sind zu einem zahnlosen, hornüberzogenen Schnabel geworden.
Bei den *Säugetieren* (einschließlich Mensch) ist ein sekundäres *Kiefergelenk* ausgebildet. Teile des primären Kiefergelenks übernehmen im Mittelohr als ↑Gehörknöchelchen eine neue Aufgabe.
Beim *Menschen* ist der *Oberkiefer (Oberkieferbein, Maxilla)* fest mit dem Schädel verwachsen. Er bestimmt durch Form, Größe und Stellung die Gesichtsform mit. In seinem halbelliptisch geformten Zahnbogen befinden sich die Zahnfächer (Zahnalveolen, Alveolen) zur Aufnahme der ↑Zähne.
Im Gegensatz zum Oberkiefer ist der *Unterkiefer (Unterkieferbein, Mandibula)* gelenkig mit dem Schädel verbunden (Kiefergelenk). Er wird durch eine kräftige Kaumuskulatur bewegt. Sein Zahnbogen hat die gleiche Form wie der des Oberkiefers und trägt in den Zahnfächern die Zähne.

Kiefer ↑Nadelbäume.

Kiefergelenk: Diese gelenkige Verbindung zwischen Oberkiefer und Unterkiefer gestattet die Mahlbewegungen der ↑Kiefer.

Kieferhöhle ↑Nasennebenhöhlen.

Kiemen (Branchien): K. sind ↑Atmungsorgane von Tieren, die im Wasser leben. Meist sind es stark mit Körperflüssigkeit bzw. Blut versorgte Ausstülpungen der Körperwand *(äußere K.)* oder der Schleimhaut des Vorderdarms *(innere K.)*. Im allgemeinen sind die K. zur Vergrößerung ihrer Oberfläche stark gegliedert.
Bei den Borstenwürmern, Seesternen und Seeigeln sind die K. nach außen freiliegend. Bei Weichtieren liegen sie in der Mantelhöhle und sind kammförmig (↑Kammkiemen), fadenförmig (↑Fadenkiemen) oder blattförmig und gitterartig durchbrochen (↑Blattkiemen). Zilien (↑Wimpern) erzeugen hier einen Wasserstrom, der zugleich auch Nahrungspartikel zuführt, so daß die K. (besonders bei den Muscheln) noch

KIEMEN

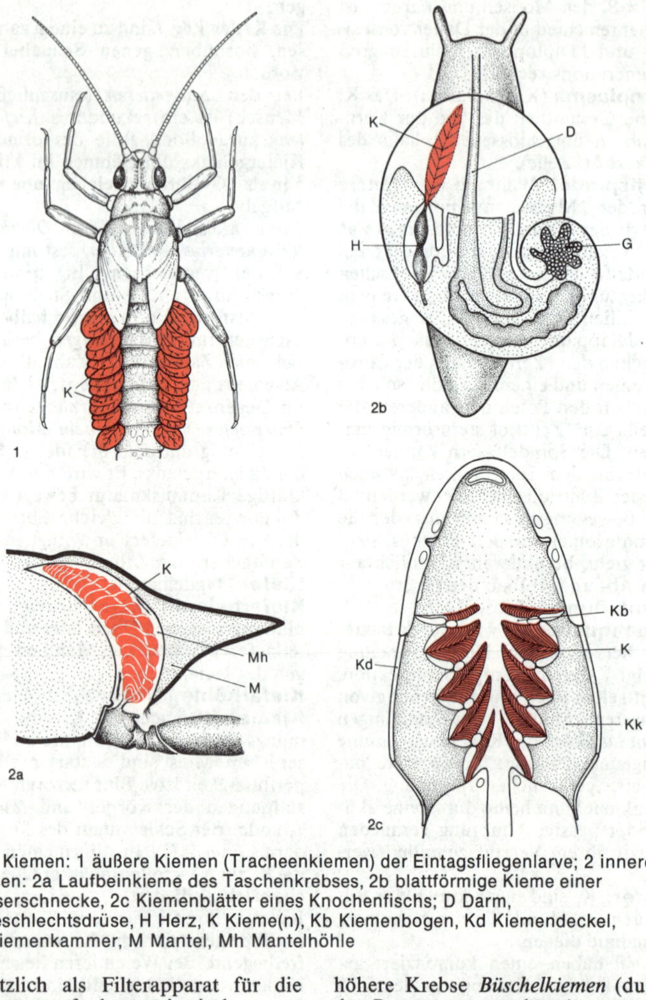

Abb. Kiemen: 1 äußere Kiemen (Tracheenkiemen) der Eintagsfliegenlarve; 2 innere Kiemen: 2a Laufbeinkieme des Taschenkrebses, 2b blattförmige Kieme einer Wasserschnecke, 2c Kiemenblätter eines Knochenfischs; D Darm, G Geschlechtsdrüse, H Herz, K Kieme(n), Kb Kiemenbogen, Kd Kiemendeckel, Kk Kiemenkammer, M Mantel, Mh Mantelhöhle

zusätzlich als Filterapparat für die Nahrungsaufnahme tätig sind.
Die K. der Krebse sitzen an den Beinen. Die ständige Bewegung der Kiemenfüße erzeugt einen Wasserstrom von hinten nach vorn, aus dem kleinere Krebse auch Nahrungsteile filtern. Wasserflöhe haben *Kiemensäckchen,* höhere Krebse *Büschelkiemen* (durch den Brustpanzer geschützt).
Manteltiere, Lanzettfischchen und Fische besitzen einen von Kiemenspalten durchbrochenen Kiemendarm (↑Kiemenbögen). Bei Manteltieren ist dieser zu einem *Kiemenkorb* erweitert. Zilien strudeln das Atemwasser über

die Mundöffnung zum Kiemenkorb, der auch Nahrung ausfiltert, und über den Kloakenraum zur Ausströmöffnung. Der Kiemendarm beim Lanzettfischchen hat etwa 50–100 Kiemenspalten. Das Atemwasser wird von Zilien durch die Mundöffnung herangeführt, kommt über die Kiemenspalten in den Peribranchialraum und strömt durch einen Porus wieder aus dem Körper. Dabei wird ebenfalls Nahrung abfiltriert.

Die K. der Fische werden durch ein knorpeliges oder knöchernes Kiemenskelett, die ↑Kiemenbögen, gestützt. Die sehr stark durchbluteten K. sind in zahlreiche *Kiemenblättchen* aufgefiedert. Während bei den Knorpelfischen wie den Haien kein *Kiemendeckel* über den Kiemenspalten und den Kiemen liegt, ist bei den Knochenfischen ein solcher ausgebildet.– Diesen echten K. entsprechende Atmungsorgane sind die bei im Wasser lebenden Insektenlarven ausgebildeten ↑Tracheenkiemen. – Siehe auch Bildtafel S. 254.

Kiemenatmung: Als K. bezeichnet man den ↑Gasaustausch durch dünnwandige und oberflächenreiche Hautausstülpungen (↑Kiemen) bei vielen im Wasser lebenden Tieren.

Um das erforderliche Konzentrationsgefälle für die auszutauschenden Gase aufrechtzuerhalten, muß das Wasser der Kiemenumgebung ständig erneuert werden. Hängen die Kiemen frei im Wasser (einige Meeresringelwürmer), genügt die natürliche Wasserströmung oder die Fortbewegung der Tiere. Sind die Kiemen dagegen in Höhlen (Schutz) untergebracht, so muß durch eine besondere Einrichtung ein ständiger Wasserstrom erzeugt werden.

Bei den *Fischen* wird das Atemwasser mit dem Maul aufgenommen und durch die Kiemenspalten der ↑Kiemenbögen über die Kiemenhöhle an den Kiemen vorbei nach außen abgeleitet. Die durch Blättchenbildung *(Kiemenblättchen)* stark vergrößerte Oberfläche (ähnlich der Oberfläche der Lungenbläschen) beträgt ein Vielfaches der Körperoberfläche der Fische. Wenn ein Fisch aus dem Wasser genommen wird, verkleben die Kiemenblättchen miteinander; dadurch wird die atmende Oberfläche so stark verkleinert, daß er ersticken muß. Die Kiemenblättchen sind äußerst stark durchblutet (ähnlich den Lungenbläschen). Das Kohlendioxid diffundiert aus dem Blut durch die Membran ins Wasser, und der im Wasser gelöste Sauerstoff diffundiert durch die Membran der Blättchen ins Blut.

Auf Grund der geringen Sauerstoffkonzentration im Wasser gegenüber der Luft müssen Kiemen eine besonders große Oberfläche besitzen.

Kiemenblättchen ↑Kiemen, ↑Kiemenatmung.

Kiemenbögen: Die ↑Kiemen der Fische werden durch ein *Kiemenskelett* aus knorpeligen oder knöchernen Spangen, den K., gestützt. Bei den Rundmäulern sind 5–15 (bei Neunaugen 7) Paar K. entwickelt, bei den meisten Fischen fünf, von denen das letzte Paar bei Knochenfischen oft zurückgebildet ist.

Zwischen den K. liegen die *Kiemenspalten* als seitliche Durchbrüche des daher als *Kiemendarm* bezeichneten Vorderdarms. Ein solcher Kiemendarm wird auch noch bei den Larven der Amphibien und vorübergehend beim Embryo der Kriechtiere, Vögel und Säuger (einschließlich Mensch) angelegt.

Kiemendarm ↑Kiemenbögen.

Kiemenherzen: Vor allem Weichtiere und Schädellose (z. B. Lanzettfischchen) besitzen in den Kiemenbogengefäßen kontraktile Gefäßabschnitte, sog. Kiemenherzen.

Kiemenspalten ↑Kiemenbögen.

Kieselalgen (Diatomeen): Die K. sind eine etwa 6 000 Arten umfassende Ordnung der Goldbraunen Algen. Es sind mikroskopisch kleine, einzellige, durch ↑Chromatophoren braun gefärbte Algen im Süß- und Meerwasser. Die Zellen der K. haben einen schachtelartig zusammenpassenden, zweiteiligen Panzer aus Kieselsäure. Man unterscheidet zwei Hauptgruppen: 1. *Zentrale K.* haben kreisförmige

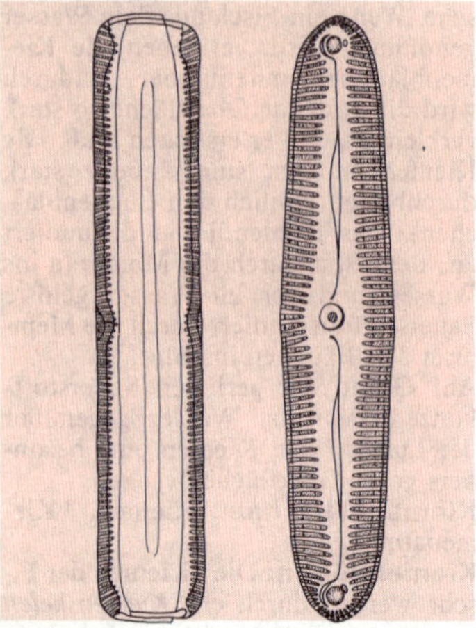

Abb. Kieselalgen: Pinnularia viridis in Schalenansicht (rechts) und Seitenansicht (links), die beiden übereinandergreifenden Schalenhälften zeigend

Schalen. Sie sind unbeweglich und bilden einen großen Teil des Phytoplanktons. 2. *Pennale K.* sind meist beweglich, langgestreckt und stab- oder schiffchenförmig. – Siehe auch Abb.
Fossile K. sind seit der Kreide bekannt. Sie bildeten riesige Lager (↑Kieselgur), die abgebaut und zu technischen Zwecken verwendet werden.

Kieselgur (Infusorienerde, Diatomeenerde): K. ist eine weißliche, zerreibbare, äußerst poröse Masse aus den Panzern abgestorbener Kieselalgen (Diatomeen), die hauptsächlich aus Siliciumdioxid besteht. K. wird als mächtige Ablagerung z. B. in der Lüneburger Heide gefunden. Wegen ihrer Porosität kann K. Flüssigkeiten, z. B. Nitroglyzerin (Gurdynamit), in großen Mengen absorbieren; es wird auch als Filter- und Füllmaterial verwendet.

Kieselsäure: In der Biologie wird darunter meist das Anhydrid der verschiedenen Kieselsäuren, das *Siliciumdioxid* (SiO_2), verstanden. Dies ist ein diamantartiger, nicht flüchtiger Stoff, der in der Natur kristallisiert (Bergkristall, Amethyst u. a.) und amorph (Achat, Opal u. a.) auftritt. Die Kristalle sind aus SiO_4-Tetraedern zusammengesetzt und besitzen einen hohen Schmelzpunkt (Quarz schmilzt bei etwa 1710 °C). SiO_2 ist chemisch träge, löst sich nicht in Wasser und Säuren (außer Flußsäure).
Das Siliciumdioxid stellt sehr häufig das Skelettmaterial von Lebewesen dar; z. B. bei Kieselalgen (↑Kieselgur), Radiolarien, im Schachtelhalmstengel.

Kindchenschema: Große Augen, volle Wangen, rundliche Körperformen, betonter Hirnschädel u. a. Merkmale lösen Brutpflegeverhalten (↑Brutpflege) aus. Dieses K. scheint nicht nur beim Menschen als ↑Schlüsselreiz zu wirken, sondern entsprechend auch bei Tieren.

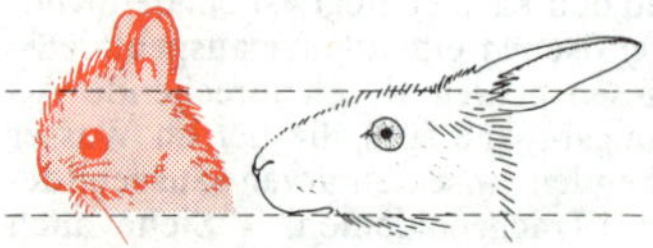

Abb. Kindchenschema: Kopf eines hasenartigen Tiers mit Kindchenmerkmalen (links) neben dem das Brutpflegeverhalten nicht auslösenden Kopf eines erwachsenen Hasen (rechts)

Kinderlähmung: Die (spinale) Kinderlähmung *(Poliomyelitis, Polio)* wird durch Viren verursacht, die im Rükkenmark die motorischen Vorderhornzellen befallen. Dadurch werden die Muskeln gelähmt; ist die Atemmuskulatur betroffen, droht Ersticken. Da es bis heute kein wirksames Mittel gegen die ausgebrochene Krankheit gibt, ist der beste Schutz die aktive ↑Impfung. Bei der *Schluckimpfung* werden abgeschwächte Viren gegeben, die im Darm Antikörper entstehen lassen, so daß die übliche Eintrittspforte blockiert ist, da die Erreger mit verseuchtem Wasser übertragen werden. – Eine spezifische Behandlung der K. ist nicht bekannt.

Kitzler (Klitoris, Clitoris): Der K. ist die reizempfindlichste Stelle der weiblichen ↑Geschlechtsorgane. Er liegt zwischen den kleinen ↑Schamlippen und besitzt wie das ↑Glied des Mannes, dem er homolog ist, eine Eichel. ↑Schwellkörper vergrößern ihn bei geschlechtlicher Erregung.

Klammerreflex: Die Jungtiere einiger Säugetierarten oder auch von Tauchvögeln klammern sich reflexartig am elterlichen, meist mütterlichen Körper fest. Bei Froschlurchen umklammern die paarungsbereiten Männchen vom Rücken her die Weibchen; meist sind dazu besondere Daumenschwielen ausgebildet (z. B. Geburtshelferkröte).

Klapperschlangen: Die in Amerika, von Kanada bis Argentinien, verbreiteten K. gehören zu den mit den Vipern nahe verwandten Grubenottern. Ihr Gift ist blut- und gefäßzerstörend.

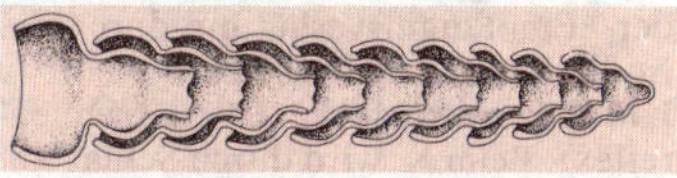

Abb. Klapperschlangen: Längsschnitt durch eine Klapper

Charakteristisch für die K. ist deren Rassel *(Klapper)* am Schwanzende, die aus harten, nur lose miteinander verbundenen Hornringen besteht (s. Abb.). Bei rasch vibrierenden Bewegungen des Schwanzendes verursachen die Ringe ein hell zischendes, durchdringendes Geräusch.

Klärschlamm: Der bei Kläranlagen während der ↑Abwasserreinigung anfallende Schlamm mit einem Wassergehalt von 98%. K. wird nach seiner Entwässerung mit einem organischen Kohlenstoffträger (Torf, Stroh) vermischt und zu Kompost verarbeitet.

Klasse: In der biologischen ↑Systematik bezeichnet man als K. eine taxonomische Einheit zwischen Stamm und Ordnung.

Kleberschicht svw. ↑Aleuronschicht.

Kleinhirn (Cerebellum): Entwicklungsgeschichtlich aus dem Dach des ↑Hinterhirns hervorgehender Teil des ↑Gehirns.

Kletterpflanzen (Lianen): K. haben nie einen eigenen tragfähigen Stamm. Sie bringen ihre Blätter nach oben ans Licht, indem sie an einer Stütze, z. B. an anderen Pflanzen, emporklettern. Ihr Stengel enthält ungewöhnlich weite Gefäße und ist trotz seiner Biegsamkeit sehr zugfest.

Spreizklimmer (z. B. Brombeere, Kletterrose) halten sich im Geäst durch starr seitlich abstehende Stacheln, Dornen, Seitensprosse u. ä. fest und gelangen durch ihr starkes Längenwachstum schnell nach oben.

Wurzelkletterer (z. B. Efeu) haben besondere sproßbürtige Haftwurzeln.

Bei *Schlingpflanzen* (z. B. Hopfen, Bohne) windet sich der lange, dünne Stengel um die Stütze.

Die verschiedenen *Rankenpflanzen* haben Blatt- oder Sproßteile (auch sproßbürtige Wurzeln) zu fadenförmigen Organen umgebildet, die auf einen Berührungsreiz hin (Haptotropismus; ↑Tropismen) eine Stütze umfassen. Umgewandelte Sproßachsen (Rankenzweige) besitzt z. B. der Wein. Bei Kürbisgewächsen ist die Ranke aus der Blattmittelrippe entstanden. Die Erbse verwendet die oberen Blättchen ihres Fiederblatts (↑Laubblatt). Bei einigen Arten des Wilden Weins, die auch an glatten Wänden klettern können, sind Rankenzweige mit Haftscheiben zu finden.

Kletterwurzeln: Bei einigen ↑Kletterpflanzen sind sproßbürtige Wurzeln zu Haft- und Kletterorganen umgebildet.

Klimafaktoren: Die K. zählt man in der Ökologie zu den *abiotischen Faktoren*. Darunter versteht man Faktoren wie Luftfeuchtigkeit, Temperatur, Wind, Licht, Niederschläge usw., die in einem Biotop bestimmend sind. In erster Linie ist es dabei so, daß K. die Lebewesen eines Biotops in ihrer Aktivität beeinflussen. Andererseits vermögen aber auch die Lebewesen durch ihre Tätigkeiten das Klima kleinräumig zu verändern. So wird z. B. ein Teil des Regenwassers in pflanzlichen Geweben gespeichert. Durch Transpiration wird die Luftfeuchtigkeit erhöht, die das Material für die Wolkenbildung liefert. Die Lebewesen sind also direkt am Wasserkreislauf der Erde beteiligt.

Klimakterium svw. ↑Wechseljahre.

Klimaregeln: Die K. besagen, daß das jeweilige Klima eines Biotops ganz bestimmte Auswirkungen auf physiologische und morphologische Prozesse hat, die bei verschiedenen Arten bzw. Populationen in gleicher Weise in Erscheinung treten; ↑Allen-Regel, ↑Bergmann-Regel, ↑Gloger-Regel.

Klitoris (Clitoris) svw. ↑Kitzler.

Kloake: Bei Vögeln, Amphibien, Reptilien und einigen Wirbellosen werden Kot und Harn nicht gesondert (von den Geschlechtsprodukten) wie bei den Säugetieren (Ausnahme ↑Kloakentiere) ausgeschieden. Bei ihnen münden vielmehr die Ausführungsgänge der Exkretions- und der Geschlechtsorgane in den gemeinsamen Endabschnitt des Enddarms, die Kloake.

Kloakentiere: K. leben in Australien, Neuguinea und Tasmanien. Es sind eierlegende Säugetiere (systematisch gesehen eine Unterklasse) mit vielen Primitivmerkmalen, z. B. Schnabel, zitzenlose Milchdrüsenflächen und ↑Kloake. Ihr behaarter, teils bestachelter Körper ist plump. Zu ihnen zählen *Ameisenigel* (Insektenfresser) und *Schnabeltier* (lebt von wasserbewohnenden Wirbellosen).

Klon: Alle Angehörigen eines Klons sind durch ungeschlechtliche ↑Vermehrung aus einem einzigen Lebewesen hervorgegangen. Sie sind genetisch vollkommen gleich. Unterschiede können nur durch Umwelteinflüsse entstanden sein.

Klonieren (Klonen): K. heißt das Herstellen einer größeren Anzahl gleichartiger, genetisch identischer Nachkommen von einem Individuum (↑Klon). Die moderne Biologie arbeitet mit mehreren Verfahren: 1. Selektion und Vermehrung eines einzelnen Bakteriums, das Träger für eine bestimmte Mutation ist; 2. Anregung einzelner Lymphozyten des Immunsystems zu Zellteilungen auf einen Reiz durch das Antigen hin; 3. Vermehrung von DNS-Stücken, d. h. von Genen, durch den Einbau in die ↑Plasmide von Bakterien; 4. Ersatz der Zellkerne in befruchteten Eizellen durch Kerne aus Körperzellen eines anderen Tierembryos (v. a. Frösche, Mäuse); 5. Heranziehen von vollständigen, normalen Pflanzen aus isolierten Zellen in einem Nährmedium durch bestimmte Wuchsstoffzusätze (Meristemkultur).

Knallgasbakterien (Wasserstoffbakterien): Zu den K. gehören mehrere Bodenbakterien, die zur Energiegewinnung mit Hilfe des Enzyms Hydrogenase molekularen Wasserstoff oxidieren können. Formal entspricht dies der *Knallgasreaktion:*

$$2H_2 + O_2 \rightarrow 2H_2O.$$

K. können sich andererseits ebensogut ↑heterotroph ernähren.

Knaus-Ogino-Methode: Methode der ↑Empfängnisverhütung durch periodische Enthaltsamkeit.

Kniesehnenreflex (Patellarsehnenreflex): Beim K. wird durch Schlag auf die Sehne, die über die Kniescheibe läuft, der Kniestrecker gedehnt; diese Dehnung wird in den Muskelspindeln „gefühlt", zum Rückenmark geleitet und dort direkt auf den motorischen Nerv desselben Muskels umgeschaltet. Durch Kontraktion des gedehnten Muskels wird der Unterschenkel im Kniegelenk angehoben. Der K. ist ein unbedingter ↑Reflex.

Knochen (Ossa, Einzahl: Os): K. sind feste Stützelemente der Wirbeltiere, die meist über ↑Gelenke miteinander verbunden sind. In ihrer Gesamtheit bilden sie das ↑Skelett der Wirbeltiere.

Alle K. sind bis auf die Gelenkflächen und die Ansatzstellen von Sehnen und Bändern von *Knochenhaut (Periost)* umhüllt. Diese ist gut durchblutet und ernährt bzw. regeneriert den Knochen. Durch ihren Nervenreichtum kann sie recht schmerzempfindlich sein (Schienbein!).

Unter der Knochenhaut liegt die Knochensubstanz. Sie besteht beim 20jährigen zu einem Drittel aus der Grundsubstanz *Ossein* und zu zwei Dritteln aus eingelagertem Calciumphosphat

und Calciumcarbonat. In der Jugend ist der Anteil an Grundsubstanz höher (die K. sind elastischer). Mit zunehmendem Alter aber „verknöchern" die K. immer mehr, wird also der Anteil der anorganischen Stoffe höher. Die K. werden dadurch spröder und brechen leichter.
Größere K. haben im Inneren eine *Markhöhle*. Man nennt diese K. wegen ihres röhrenförmigen Querschnitts ↑Röhrenknochen.
Alle kurzen oder flachen K. (Finger, Schädel, Brustbein, Rippen) enthalten *rotes Knochenmark*. Es bildet die Blutkörperchen. Das Mark der großen Röhrenknochen (Oberarm, Oberschenkel) besteht bei Erwachsenen im wesentlichen aus Fettgewebe, das gelb ist. *Gelbes Knochenmark* kann sich bei gesteigertem Blutbedarf in rotes Knochenmark umwandeln.
Alle K. sind in „Leichtbauweise" ausgeführt: Sehr feste Deckschichten schließen eine lockere Trägerkonstruktion aus feinen *Knochenbälkchen* (Spongiosa) ein, die Druck- und Zugkräfte vom Gelenk auf den Schaft oder auf tragende Elemente ableiten.
Die *Knochenbildung* geht, was die *Bindegewebsknochen* (Deckknochen; z.B. Schädeldach, Gesichtsschädel) betrifft, von bestimmten Bindegewebszellen aus. Diese *Knochenbildungszellen (Osteoblasten)* scheiden in die Interzellularräume als Grundsubstanz *(Ossein)* des Knochens kollagene Fibrillen in einer sich verfestigenden Kittsubstanz ab. (Die kollagene Substanz ergibt unter Dampfeinwirkung den *Knochenleim*.) Die Kittsubstanz wird durch Einlagerung von Kalksalzen (85 % Calciumphosphat, 10 % Calciumcarbonat, Calciumfluorid, Magnesiumphosphat u.a.) gehärtet.
Sind die Knochenbildungszellen allseits von Knochensubstanz umgeben, nennt man sie *Knochenzellen (Osteozyten)*. Die Hohlräume, in denen sie liegen, sind die *Knochenhöhlen*. Die Knochenzellen stehen über feine Kanälchen *(Knochenkanälchen)* miteinander in Verbindung.
Während die Osteozyten den Knochen aufbauen, können gleichzeitig amöboide, vielkernige „Knochenbrecher" *(Osteoklasten)* Knochensubstanz wieder abbauen. Durch diesen Auf- und Abbau kann der Knochen der Art der jeweiligen Belastung am besten angepaßt werden.
Die meisten K. sind *Ersatzknochen* aus Knochengewebe, das sich an einer Stelle ausgebildet hat, die zuvor von Knorpelgewebe eingenommen wurde. Von der Knorpel- bzw. (späteren) Knochenhaut oder auch vom Knorpelinneren her zerstören sog. *Chondroklasten* das Knorpelgewebe, das von Knochenbildungszellen durch Knochen-

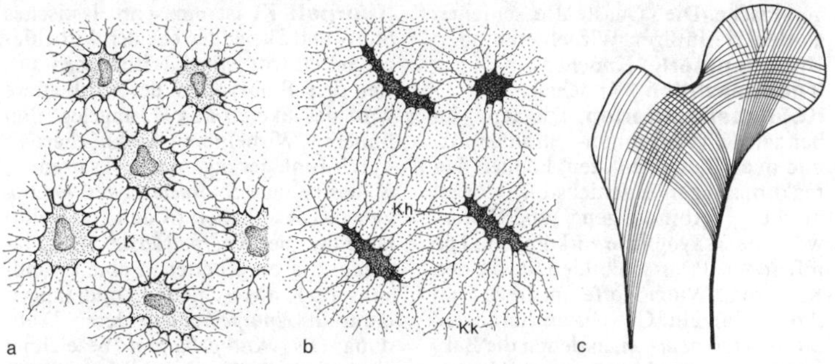

Abb. Knochen: a Knochenzellen (K) mit Zellfortsätzen (Nasenscheidewand); b zellkernhaltige Knochenhöhlen (Kh) mit davon ausgehenden Knochenkanälchen (Kk) des Schienbeinknochens; c Anordnung der Knochenbälkchen in Zug- und Druckspannungslinien (menschlicher Oberschenkelknochen)

substanz ersetzt wird. Beim Röhrenknochen entsteht im Innern zuerst eine primäre Markhöhle, die dann von Knochenmark erfüllt wird. Dieses kann von einem feinen Maschenwerk aus Knochenbälkchen *(Spongiosa)* durchsetzt werden.

Die Knochensubstanz wird meist in Form von Lamellen angelegt. Um Gefäßkanälchen *(Havers-Kanäle)* herum sind die Lamellen konzentrisch angeordnet. Sie bilden dann das *Osteon.*

Die *Röhrenknochen* wachsen an ihren Enden. Dort haben sie zwischen dem längeren Knochenschaft (Diaphyse) und den Gelenkenden (Epiphyse) eine Knorpelfuge (Epiphysenfuge). Von ihr aus scheiden Osteoblasten Knochensubstanz nach beiden Seiten, vorwiegend aber zum Schaft hin, ab. Ist der Knochen ausgewachsen, verknöchert auch die Epiphysenfuge. – Siehe auch Abb. S. 259.

Knochenbruch ↑Erste Hilfe.

Knochenfische: Im Unterschied zu den ↑Knorpelfischen besitzen die K. ein teilweise oder vollständig verknöchertes Skelett und meist eine Schwimmblase. Die K. sind seit dem Unterdevon bekannt und haben sich vermutlich aus den Panzerfischen herausentwickelt. Ursprünglich waren sie mit Lungen ausgestattete Süßwasserbewohner, die erst im Mesozoikum in die Meere vordrangen. Zu den Knochenfischen zählen die meisten heutigen Fische. Die ↑Quastenflosser leiten zu den vierfüßigen Wirbeltieren über.

Knochenmark ↑Knochen.

Knochenzellen ↑Knochen.

Knöllchenbakterien: Die aerob lebenden K. (Rhizobium-, Strahlenpilz- und auch Blaualgenarten) können den reaktionsträgen Luftstickstoff in organische Verbindungen überführen, wenn sie in Symbiose vorkommen. Die infizierten Pflanzen bilden – von den K. durch ↑Wuchsstoffe angeregt – an ihren Wurzeln Gewebswucherungen, die *Wurzelknöllchen,* in denen die Bakterien „im Tausch" v. a. mit Kohlenhydraten versorgt werden.

Bekannt sind v. a. die Wurzelknöllchen von Rhizobiumarten mit Hülsenfrüchtlern. Auf stickstoffarmen Böden baut man deshalb Hülsenfrüchtler an und pflügt sie unter (Gründüngung).

Knollen: K. sind ober- oder unterirdische fleischige Verdickungen bei verschiedenen mehrjährigen Pflanzen. Sie dienen zur Speicherung von Reservestoffen und oft auch als vegetative Fortpflanzungsorgane. Man unterscheidet: *Sproßknollen* (der Primärsproß verdickt sich; z. B. Kohlrabi); *Ausläuferknollen* (die unterirdischen Ausläufer schwellen knollenförmig an; z. B. Kartoffel, Topinambur); *Hypokotylknollen* (das ↑Hypokotyl verdickt sich; z. B. Radieschen, Rote Rübe, Alpenveilchen); *Wurzelknollen* (die Nebenwurzeln verdicken sich; z. B. Dahlie, Orchideen, Batate).

Knollenblätterpilze: Als K. bezeichnet man einige sehr giftige Arten der ↑Ständerpilze. Der *Grüne Knollenblätterpilz* (Amanita phalloides) hat einen grünlich-weißen Hut und einen weißen Stiel mit weißer Manschette und großer Knolle. Der häufig mit dem Champignon verwechselte Pilz ist einer der giftigsten einheimischen Giftpilze.

Ähnliche Wirkung hinsichtlich des Giftes haben auch der *Weiße Knollenblätterpilz* (Amanita verna) und der *Spitzhütige Knollenblätterpilz* (Amanita virosa), die beide vollkommen weiß sind und seltener als der Grüne Knollenblätterpilz vorkommen.

Knorpel: K. ist ein sehr elastisches Stütz- und Skelettgewebe der Wirbeltiere. Selten tritt es bei Wirbellosen auf. Bei den Embryonen der Wirbeltiere wird das Skelett aus K. angelegt. Bei höheren Wirbeltieren verknöchert es durch Einlagerung von Kalksalzen.

K. besteht aus *Knorpelzellen (Chondrozyten).* Diese haben in den Interzellularraum die *Knorpelsubstanz* (Kollagenfasern, eingebettet in eine Grundsubstanz) abgeschieden und liegen dann in *Knorpelhöhlen,* deren Wandung als *Knorpelkapsel* bezeichnet wird. Ihre Ernährung erfolgt vorwiegend durch Diffusion.

Hyaliner K. ist glasig und leicht bläulich (z. B. Skelett niederer Wirbeltiere;

beim Menschen: Gelenkflächen, Rippenknorpel, Knorpelspangen der Luftröhre, ein Großteil der Kehlkopfknorpel).
In die Zwischenzellsubstanz des gelblich aussehenden *elastischen Knorpels* sind zusätzlich dichte Netze elastischer Fasern eingelagert (z. B. Ohrmuschel, Kehldeckel).
Faserknorpel ist dicht von kollagenen Faserbündeln durchsetzt (z. B. Zwischenwirbelscheiben, Schamfugenknorpel).

Knorpelfische: Die K. sind bis maximal 18 m lange, fast ausschließlich im Meer lebende, ziemlich primitive Fische, die im Unterschied zu den ↑Knochenfischen ein knorpeliges Skelett haben. Dies kann allerdings teilweise verkalkt sein, jedoch nie verknöchert.
K. haben keine Schwimmblase. Sie besitzen meist ein unterständiges Maul und ein Spritzloch. Sie sind ovovivipar oder vivipar (↑Viviparie).
Zu den Knorpelfischen zählen v. a. die Haie und die abgeplatteten, am Boden lebenden Rochen.

Knorpelzellen ↑Knorpel.

Knospe: Als K. bezeichnet man eine jugendliche, noch nicht voll entwickelte Sproßspitze höherer Pflanzen. Knospen sind noch von Blattanlagen (manchmal auch von Knospenschuppen) umschlossen und enden im Vegetationspunkt. Je nach Art der aus der K. hervorgehenden Organe werden Laub-, Blüten- und gemischte Knospen unterschieden.
Am Ende des Hauptsprosses befindet sich die *End-* oder *Gipfelknospe.* Diese kann sehr groß werden, z. B. bei Köpfen von Weiß-, Rot- und Wirsingkohl. In den Achseln von Laubblättern bilden sich *Achsel-* oder *Seitenknospen,* von denen die Verzweigung des Sproßsystems ausgeht. *Gemischte Knospen* sind solche, die Blüten mit Laub ausbilden.
K. treiben entweder im Jahr der Bildung als *Bereicherungsknospen* oder im folgenden Jahr als *Erneuerungsknospen* (Winterknospen) aus.

Knospenruhe: In der Zeitspanne zwischen Anlage und Austrieb pflanzlicher ↑Knospen ist die Wachstumsaktivität der Pflanze vorübergehend eingestellt und die Stoffwechselaktivität herabgesetzt. Während der *Vollruhe* (bei einheimischen Laubbäumen ab Herbst) kann die K. nicht, während der *Vor-* und *Nachruhe* kann sie durch bestimmte Eingriffe unterbrochen werden. Damit kann ein nicht zeitgerechtes Austreiben eingeleitet werden. Auch eine künstliche Verlängerung der K. ist möglich (z. B. durch Kälte).

Knospung svw. ↑Sprossung.

Koagulation: Unter K. versteht man das Ausflocken (Gerinnen) von kolloidalen Stoffen aus einer Flüssigkeit. Fast alle löslichen Eiweiße koagulieren beim Erhitzen oder bereits beim Zusatz verdünnter Säuren.

Kodein (Codein): K. ist ein Opiumalkaloid mit der Formel $C_{18}H_{21}O_3$. Es bildet farblose, geruchlose, bitter schmeckende Kristalle, die in Wasser schwer löslich sind. K. ist zu etwa 0,3 % im Opium enthalten. Seine beruhigende und schmerzstillende Wirkung ist geringer als die des Morphins. K. findet in erster Linie als hustenstillendes Mittel Verwendung. – Bei K. besteht kaum die Gefahr einer Gewöhnung oder Sucht.

Kodon ↑Triplett.

Koenzym: Viele ↑Enzyme besitzen eine an der Reaktion beteiligte *prosthetische Gruppe* (z. B. ein Nukleotid oder ein Hämin), welche mehr oder weniger fest mit dem Enzym verbunden ist. Diese nichteiweißartige Gruppe wird K. genannt. Das Protein allein wird als *Apoenzym,* seine Verbindung mit dem K. als *Holoenzym* bezeichnet.
Koenzyme sind keine echten Katalysatoren, da sie verändert aus der Reaktion hervorgehen. Dabei übernehmen sie die Rolle von Wasserstoff- oder Molekülgruppenüberträgern.
Das bekannteste K. ist wohl das ↑ATP. Oft sind auch Vitamine (z. B. Vitamin B_1 in der Karboxylase) Bestandteile von Koenzymen.

Koffein (Kaffein, Coffein, Thein): K. ist ein Purinalkaloid. Es findet sich zu etwa 1,2 % in gerösteten Kaffeeboh-

nen, zu 1–5% in Teeblättern und zu 3% in der Kolanuß.
K. übt eine belebende, anregende Wirkung aus und findet deshalb v. a. als Kreislaufmittel Verwendung. Seine therapeutische Dosis liegt bei etwa 0,1 g, was 8 bis 10 g gemahlenem Bohnenkaffee entspricht. In höherer Menge ruft es Herzklopfen, Unruhe und Kopfschmerz hervor.

Kohlendioxid (CO_2): K. ist ein farbloses, nicht brennbares, geruchloses Gas, das spezifisch schwerer ist als Luft. Seine Lösung in Wasser ist die *Kohlensäure.* K. wird durch Kalk- oder Barytwasser nachgewiesen, wo es einen weißen Niederschlag verursacht. Es entsteht u. a. bei der Verbrennung kohlenstoffhaltiger Substanzen, bei der Gärung und bei der tierischen und pflanzlichen ↑ Atmung.
Bei der ↑ Photosynthese wird CO_2 aus der Luft von der grünen Pflanze zur Synthese von Traubenzucker verwendet. Die Pflanzen wandeln jährlich etwa ein Fünftel des Kohlendioxids der Luft in organische Substanz um (in der Atmosphäre sind rund 2,5 Billionen Tonnen CO_2 vorhanden, im Meerwasser etwa 60 Billionen Tonnen CO_2 gelöst). Durch Verbrennungen und die Atmung wird das atmosphärische CO_2 laufend ergänzt.
K. findet in der Mineralwasserindustrie, als Kältemittel (Trockeneis) und als Feuerlöschmittel Verwendung. Da CO_2 von der menschlichen Haut aufgenommen wird und ihre Durchblutung fördert, kommt es in Form von Kohlensäurebädern auch therapeutisch zur Anwendung.

Kohlenhydrate: K. stellen mengenmäßig den größten Anteil der organischen Naturstoffe. Ihr Grundkörper setzt sich aus Kohlenstoff, Wasserstoff und Sauerstoff nach der allgemeinen Formel $C_x(H_2O)_n$ zusammen.
Die K. lassen sich in zwei große Gruppen einteilen: 1. Die *Einfachzucker* oder *Monosaccharide;* 2. die *zusammengesetzten Zucker,* die unter Wasserabspaltung aus Monosaccharideneinheiten entstehen: a) *Oligosaccharide,* die aus zwei bis zehn Einheiten bestehen; b) *Polysaccharide,* die Ketten aus vielen Monosaccharideneinheiten sind. Die Monosaccharide erhalten ihren Namen nach der Anzahl ihrer C-Atome; z. B. Triose (C_3), Tetrose (C_4), Pentose (C_5), Hexose (C_6) usw. Außerdem unterscheidet man *Aldosen* und *Ketosen,* je nachdem ob eine Aldehyd- oder Ketogruppe im Molekül vorkommt. In der Natur und in der Nahrung spielen die *Hexosen* die wichtigste Rolle. Die häufigsten Hexosen sind die *Aldohexosen:* Glucose (↑ Traubenzucker), ↑ Galaktose, Mannose und die Ketohexose Fructose (↑ Fruchtzucker). Kondensationsprodukte aus Zuckern und Alkoholen sind die ↑ Glykoside, die im Pflanzenreich häufig vorkommen. Aus der Gruppe der Oligosaccharide haben die Disaccharide wie Maltose und Saccharose wohl die größte biologische Bedeutung. Von den Polysacchariden sind es v. a. die ↑ Stärke (Makromolekül aus α-D-Glucose) und die ↑ Zellulose (Makromolekül aus β-D-Glucose), die in der Natur eine wichtige Rolle spielen.
Die K. sind die wichtigsten *Energiequellen* für den Organismus. Fast alle Zellen nutzen Glucose als Energielieferant aus; die Gehirnzellen z. B. sind ausschließlich auf Glucose als Energiequelle angewiesen.
Eine weitere wichtige Funktion üben die K. als *Reservestoffe* aus. Die wasserunlöslichen Polysaccharide machen damit den Organismus von den Zufälligkeiten der Nahrungszufuhr unabhängig.
Im Pflanzenreich spielt die ↑ Zellulose als wichtigste *Stützsubstanz* eine große Rolle. Im Tierreich ist es das ↑ Chitin; es dient vielen Insekten und Krebsen als Skelettsubstanz.
Die K. befinden sich im Körper in einem ständigen Auf-, Ab- und Umbau. Dabei besteht ein Wechselspiel zwischen der polymeren (hochmolekularen) Speicherform und der monomeren (niedermolekularen) Transportform der Glucose. Die Speicherform im menschlichen und tierischen Organismus ist das ↑ Glykogen, das v. a. in der Leber und in den Muskelzellen

vorkommt. Die verschiedenen Zuckerarten werden im Organismus in Glucose umgewandelt, andererseits vermag die Zelle aber auch für spezifische Funktionen andere Zuckerarten aus Glucose zu synthetisieren. Glucose kann auch aus Aminosäuren und Fetten aufgebaut werden. Auf diese Weise kann der Körper selbst bei Kohlenhydratmangel in der Nahrung die Funktion wichtiger Organe gewährleisten.

Kohlenmonoxid (CO): K. entsteht bei der Verbrennung kohlenstoffhaltigen Materials unter ungenügender Sauerstoffzufuhr. Es ist ein giftiges Gas, da es sich an das ↑Hämoglobin fester bindet als Sauerstoff; wird eine größere Menge CO eingeatmet, fallen dann zu viele rote Blutkörperchen für den Sauerstofftransport (↑Atmung) aus, so daß ein lebensbedrohender Zustand eintreten kann (Bewußtlosigkeit, Herz- und Atemstillstand).

Kohlensäure ↑Kohlendioxid.

Koitus svw. ↑Geschlechtsverkehr.

Kokain (Erythroxylin): K. ist ein Alkaloid aus den Blättern des in Südamerika heimischen Kokastrauchs (Erythroxylon coca), das als ↑Rauschgift zur meist lebenslangen Drogenabhängigkeit führt. K. wird geschnupft, oder die Kokablätter werden gekaut, wie es bei den südamerikanischen Indianern üblich ist.

Die Wirkung des Kokains ist vielfältig: Es betäubt das Hungergefühl, vertreibt Müdigkeit, wirkt euphorisierend und anregend auf das Zentralnervensystem sowie lokal betäubend, unter Umständen kann es aber zu Seh- und Hörstörungen kommen. Nach Aufhören der Drogenwirkung besteht die Neigung zu Angstzuständen und zu Aggressionen. Der Rauschzustand hält immer nur kurze Zeit an.

Bei Dauergebrauch können Delirien, tiefe Depressionen und Halluzinationen auftreten. Bei mehrfachem Gebrauch besteht die Gefahr einer (lebenslangen) psychischen Abhängigkeit. Eine körperliche Abhängigkeit tritt dagegen nicht auf. Da K. die Persönlichkeitsstruktur verändert, unterliegt es dem Betäubungsmittelgesetz.

Kokken: K. sind rundliche, meist unbewegliche, grampositive oder gramnegative (↑Gram-Färbung) Eubakterien, von denen einige Krankheitserreger sind. Häufig bleiben sie nach der Teilung zusammen. Danach unterscheidet man folgende Gruppen: *Diplokokken* treten paarweise auf. *Streptokokken* bilden Ketten (sie verursachen z. B. eitrige Entzündungen, Furunkel, Abszesse, Mittelohrvereiterung). *Staphylokokken* treten in Haufen auf (z. B. Eitererreger, Wundrose, Mandelentzündung), *Sarzinen* als Platten oder Pakete (Äthanolbildung). ↑*Gonokokken* sind die Erreger der Gonorrhö (↑Geschlechtskrankheiten).

Kokon: Als Kokons bezeichnet man die Schutzhüllen von Eiern oder Larven der Gliederfüßer. *Eikokons* werden vom Weibchen hergestellt (Blattrollkäfer formen abgeschnittene Blätter zu „Tüten"; viele Spinnen tragen Eikokons mit sich herum). Viele Insektenlarven spinnen sich einen K., in welchem sie sich verpuppen (z. B. Nachtpfauenauge; der Kokon der Seidenspinner aus der Gattung Bombyx liefert Naturseide).

Kokzidien ↑Sporentierchen.

Kolabaum: Ein Kakaobaumgewächs im tropischen Afrika. Die bis 20 m hohen Bäume haben große, ledrige Blätter und stammständige Blüten. Die Samen *(Kolanüsse)* enthalten die anregend wirkenden Alkaloide Koffein und Theobromin. In Afrika werden die Kolanüsse als durstlöschende Nahrungs- und Genußmittel verwendet. In Europa und Amerika dienen sie zur Herstellung von Erfrischungsgetränken und Anregungsmitteln.

Kolchizin (Colchicin): K. ist ein sehr giftiges Alkaloid der Herbstzeitlose, das bei Erwachsenen bereits in Mengen von 20 mg zum Tode führt. Es ist ein bekanntes Mitosegift, das bei der Kernteilung die Ausbildung der Kernspindel stört und damit die Verteilung der Chromosomen verhindert. Es findet deshalb in der Pflanzenzüchtung zur Erzeugung polyploider Rassen Anwendung.

In der Therapie findet K. nur beschränkt Verwendung, z. B. zur Linderung bei schmerzhaften Gichtanfällen.

Koleoptile: Scheibenförmiges Hüllorgan der Graskeimlinge. Die K. umgibt die ersten Blätter und durchbricht bei der Keimung mit harter Spitze die Bodenoberfläche. Gleichzeitig ist die K. der Syntheseort für ↑Wuchsstoffe.

Kolibakterium svw. ↑Escherichia coli.

Kollagene: K. sind Gerüstproteine (Skleroproteine), die den Hauptbestandteil des Bindegewebes (Sehnen) und der organischen Knochensubstanz bilden. Die K. enthalten viel Glykokoll, Prolin und Hydroxyprolin (↑Aminosäuren). Die Kollagenfibrillen werden durch Zusammenlagerung des *Tropokollagens* gebildet. Dieses ist aus drei unterschiedlich langen, spiralisierten Aminosäureketten (je 1000 Aminosäuren) zu einer Tripelhelix aufgebaut, an die Kohlenhydratreste glykosidisch angeknüpft werden.

Kollaps ↑Kreislaufkollaps.

Kollenchym ↑Festigungsgewebe.

Kolon svw. ↑Grimmdarm.

Kolostrum ↑Milch, ↑auch Brust.

Kommensalen: K. leben eng mit anderen Tierarten zusammen und nehmen regelmäßig an den Mahlzeiten ihres meist größeren Wirtes teil, manchmal lassen sie sich auch noch von ihm herumtragen. Der Nutzen dieser Gemeinschaft liegt allein beim Kommensalen, der jedoch seinen Wirt nicht schädigt (↑auch Parasiten, ↑Symbiose).

Typische K. findet man bei sozial lebenden Insekten. So holen sich z. B. Milbenarten ungestört einen Anteil am Nahrungstropfen bei ↑Ameisen, die sich gegenseitig füttern.

Kommentkämpfe: Bei Tierarten mit gefährlichen Waffen laufen Kämpfe zwischen Artgenossen (z. B. um die ↑Rangordnung) nach festen Regeln ab, so daß ernsthafte Verletzungen im allgemeinen nicht vorkommen. Hirsche z. B. greifen ihren Gegner nur von vorn an. Der Unterlegene ist oft von der Fortpflanzung ausgeschlossen.

Wichtige Komponenten der K. sind ↑Imponiergehabe, ↑Drohgebärde, ↑Demutsgebärde und ↑Tötungshemmung.

Kompaßpflanzen: Als K. bezeichnet man Pflanzen, die ihre Blattflächen in eine bestimmte Lage bringen, so daß die Sonneneinstrahlung entweder möglichst stark (nahezu senkrecht) oder sehr wenig (nur streifend) einwirken kann. Eine bekannte Kompaßpflanze ist der *Kompaßlattich*.

kompetitive Hemmung: Die k. H. ist eine Konkurrenzhemmung, die bei enzymatischen Reaktionen vorkommt; ↑Enzymhemmung.

Komplexaugen svw. ↑Facettenaugen.

Kompositen svw. ↑Korbblütler.

Kompost: Mit Hilfe moderner Verfahren können Gemische aus den verschiedensten organischen Abfällen (häufig zusammen mit Klärschlamm) durch aerobe Verrottung zu K. verarbeitet werden.

Bei der *natürlichen Kompostierung* (z. B. im Hobbygarten) werden die Abfälle nicht durch Maschinen zerkleinert, sondern durch Kleinlebewesen wie Regenwürmer, Insekten u. ä. Den endgültigen Ab- und Umbau besorgen immer spezialisierte Pilze und Bakterien.

Der feinkrümelige *fertige K.* wird in einigen landwirtschaftlichen Bereichen (v. a. im Gartenbau) als Dünger und gleichzeitig zur Verbesserung der Humusschicht des Bodens eingesetzt.

Kondom (Präservativ): Mechanisches Mittel (Gummihülle) zur ↑Empfängnisverhütung.

Konidien: Ungeschlechtliche Fortpflanzungskörper der Pilze. Sie werden als ↑Exosporen durch Abschnürung oder Sprossung seitlich und an der Spitze von Hyphen und Konidienträgern gebildet. K. entstehen meist in großen Mengen und dienen der Verbreitung.

Koniferen: Andere Bezeichnung für die Nadelhölzer (↑Nadelbäume).

Konjugation:

◊ Zur K. bildet sich zwischen *2 Bakterien* (z. B. Escherichia coli) eine Plasmabrücke aus. Durch sie wandert vom

Spenderbakterium (Donator) zum Empfänger (Rezipienten) ein Teil von dessen genetischem Material.
◊ *Wimpertierchen* verwachsen zur K. am Mundfeld, tauschen Zellkerne aus und trennen sich wieder (s. Abb.). Da-

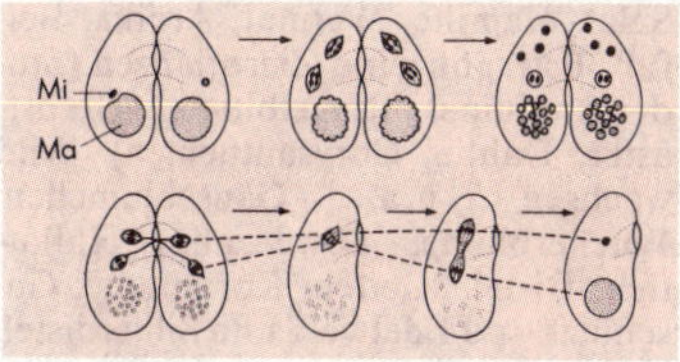

Abb. Konjugation bei Wimpertierchen; Mi Mikronukleus, Ma Makronukleus

bei zerfällt in jedem Tier der Großkern (Makronukleus). Der Kleinkern (Mikronukleus) macht eine Reifungsteilung (↑Meiose) durch, an deren Ende 4 haploide Kerne vorliegen; 3 gehen zugrunde. Der übrigbleibende teilt sich noch einmal in einen weiblichen stationären Kern und einen männlichen Wanderkern. Die Wanderkerne werden über die Verwachsungsbrücke ausgetauscht. Sie verschmelzen mit den weiblichen Kernen, und die Tiere trennen sich. Der neue Kern teilt sich mitotisch (↑Mitose) und bildet wieder Groß- und Kleinkern.
◊ Vorgang der Chromosomenpaarung während der ↑Meiose.

Konsumenten: In der ↑Nahrungskette besteht die Gruppe der K. aus Tieren, da sie organische Verbindungen zur Deckung ihres Energie- und Baustoffbedarfs aufnehmen müssen. Einige ernähren sich als Pflanzenfresser nur von den ↑Produzenten; sie dienen ↑Fleischfressern als Nahrung usw. Andere, die ↑Allesfresser, sind weniger spezialisiert.

Kontaktgifte (Berührungsgifte): Gifte, die durch Berührung wirksam werden. Meist haben die in der ↑Schädlingsbekämpfung verwendeten Präparate noch dazu Fraß- oder Atemgiftwirkung. DDT und Chlordan sind Berührungsgifte mit länger anhaltender Wirkung, die jedoch in der BR Deutschland verboten sind.

Kontakttiere: K. suchen engen körperlichen Kontakt mit Artgenossen. Häufig treiben sie soziale Hautpflege (z. B. Affen). – Gegensatz: ↑Distanztiere.

kontraktile Vakuole svw. ↑pulsierende Vakuole.

Konvergenz: Aus ursprünglich völlig verschiedenen Organanlagen entwickeln sich durch die Selektion in der gleichartigen Umwelt nicht selten Organe, die in Gestalt und Funktion weitgehend übereinstimmen. Organe, die eine solche K. in der Entwicklung zeigen, nennt man *analog* (z. B. Flügel der Insekten und der Wirbeltiere; ↑Analogie).

Konzeption (Empfängnis): Man versteht darunter die ↑Befruchtung der Eizelle, speziell beim Menschen.

Kopffüßer (Cephalopoda): K. sind kleine bis sehr große, meerbewohnende Weichtiere, z. B. die achtarmigen Kraken und die zehnarmigen Tintenfische (Sepien). Bei dieser Tierklasse sind Kopf und Fuß miteinander verschmolzen und ragen aus dem Mantel hervor, der den übrigen Körper umgibt. Acht oder zehn Fangarme umgeben die mit einer ↑Radula ausgestatte-

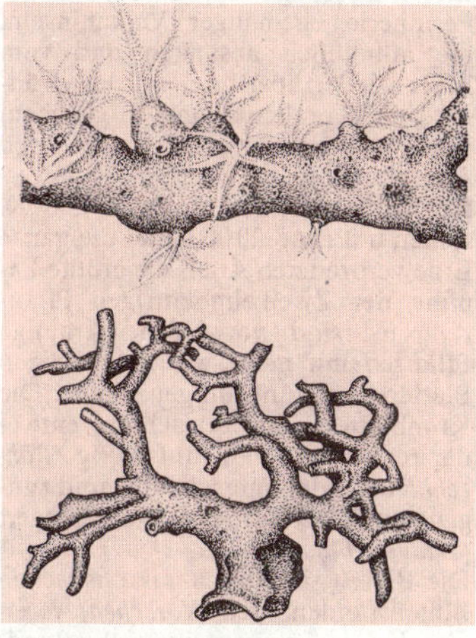

Abb. Korallen: Kolonie mit Einzelpolypen (oben) und Achsenskelett (unten) der Edelkoralle

te Mundöffnung. Die Augen sind hochentwickelte Linsenaugen. K. leben räuberisch; manche Arten (Tintenfische) stoßen bei Gefahr aus der Tintendrüse ein dunkelbraunes Sekret aus. – Fossil sind die ↑Ammoniten bekannt.

Kopplungsgruppe: Die in jedem Organismus enorm große Zahl von Genen ist zu Kopplungsgruppen zusammengefaßt. Pro Zelle sind immer gleich viele Kopplungsgruppen wie Chromosomen zu finden. Durch die Kopplung ist die freie Kombinierbarkeit (↑Mendel-Regeln) der Gene einer Gruppe aufgehoben. Sie werden dann nur durch ein ↑Crossing-over voneinander getrennt.

Koprophagen svw. ↑Kotfresser.

Kopulation svw. ↑Begattung.

Korallen: Die meist koloniebildenden K. gehören zu den ↑Blumentieren. Sie leben im lichtdurchfluteten Wasser warmer Meere, wo ihre ektodermalen Kalkausscheidungen und ihre im Mesenchym ausgebildeten Kalksklerite als mehr oder minder kompakte Skelettbildungen, im Extremfall als mächtige, wallartige Riffe und Atolle in Erscheinung treten können. Die *Atolle* sind ringförmige Korallenriffe in der Peripherie ehemaliger Vulkaninseln, die allmählich absanken und vom Meer wieder überflutet wurden, während die Korallenkolonie in gleichem Maße nach oben wuchs. – Siehe auch Abb. S. 265.

Korbblütler (Kompositen): Die K. stellen mit rund 20 000 über die ganze Erde verbreiteten Arten die größte Familie der Zweikeimblättrigen Pflanzen. Es sind vorwiegend krautige Pflanzen mit meist wechselständigen Blättern und fünfzähligen Blüten. Die Kronblätter sind verwachsen, entweder regelmäßig und fünfspaltig *(Röhrenblüten)* oder unregelmäßig und zungenförmig nach einer Seite verlängert *(Zungenblüten)*.

Die Blüten sind zu charakteristischen Blütenständen, den *Körbchen*, vereinigt. Sie sind meist zwittrig, die Randblüten sind weiblich oder steril. Bestäubt werden die K. hauptsächlich durch Insekten. Der unterständige Fruchtknoten wird zu einer Nuß, deren Fruchtwand mit dem Samen verwächst (Achäne; ↑Fruchtformen).

Zu den Korbblütlern gehören viele Nutzpflanzen (Sonnenblume, Topinambur, Schwarzwurzel, Artischocke, Salat, Kamille, Wermut, Arnika, Beifuß, Estragon) und Zierpflanzen (Studentenblume, Ringelblume, Herbstaster, Dahlie, Chrysanthemen). Wild wachsen u. a. Gänseblümchen, Wucherblume, Löwenzahn, Huflattich, Distel, Kletten, Kornblume. Geschützt sind Edelweiß und Silberdistel.

Kork: Der K. ist ein vom Korkkambium gebildetes sekundäres Abschlußgewebe. Er ist ein Teil der äußeren Rindenschichten der Sprosse und Wurzeln mehrjähriger Samenpflanzen mit sekundärem ↑Dickenwachstum. K. wird vom Korkkambium nach außen abgegeben und besteht aus vielen Schichten regelmäßig angeordneter toter Zellen. Die Zellwände sind mit Zellulose und Suberin beschichtet und somit für Flüssigkeiten und Gase undurchlässig.

Durch eingelagerte fäulnishemmende Stoffe *(Phlobaphene)* ist der K. braun gefärbt und bildet bei den verschiedenen Pflanzen dünne Häute (Kartoffel, Birke) oder dicke, rissige Krusten (Korkeiche). Der notwendige Gasaustausch zwischen dem Inneren der Pflanze und der Außenwelt findet durch *Korkporen (Lentizellen)* statt.

Kormophyten svw. ↑Sproßpflanzen.

Körpergewicht: Die Körpergewichte der Individuen einer Art schwanken je nach Geschlecht, Alter, Ernährungszustand und Körpergröße.

Beim Menschen hat man als Durchschnittsgewicht für Männer in Europa 65 kg errechnet, für Frauen 52 kg.

Nach einer Faustformel *(Broca-Formel)* errechnet man das *Normalgewicht* eines erwachsenen Mannes aus seiner Körpergröße: Größe in cm minus 100 = Normalgewicht in kg (für Frauen etwas weniger). Für das sogenannte *Idealgewicht* werden vom Normalgewicht 10% abgezogen. – Siehe auch Tabelle S. 268.

Körpergröße: Die K. des Menschen wird in natürlicher Haltung gemessen. Sie beträgt im Weltdurchschnitt ca. 169 cm für Männer; Frauen sind durchschnittlich 7 % kleiner. Innerhalb der einzelnen Menschenrassen gibt es erhebliche Unterschiede in der Körpergröße.
Frauen wachsen bis zum 18.–20. Lebensjahr, Männer bis zum 25. Die Körpergröße schwankt zwischen Morgen und Abend je nach Arbeit um 1–3 cm. Im Alter nimmt die K. bis zu 3 % ab.

Körperkreislauf (großer Kreislauf): So bezeichnet man den Teil des ↑Blutkreislaufs, der den Körper versorgt.

Körpertemperatur: Die K. ist die Temperatur im Körperinneren des tierischen und menschlichen Organismus. Dabei unterscheidet man grundsätzlich zwischen ↑wechselwarmen und ↑gleichwarmen Tieren.
Die Bluttemperatur und damit die *K. der wechselwarmen Tiere* (Wirbellose und unter den Wirbeltieren z. B. Fische, Lurche und Reptilien) ist von der Umgebungstemperatur abhängig. Doch können diese Tiere in ihrem Wachstadium durch eigene Wärmeproduktion ihre K. über die Temperatur der Umgebung erhöhen. Die kalte Jahreszeit überbrücken sie in der Winterstarre (↑Winterschlaf).
Die *gleichwarmen Tiere* (Vögel, Säugetiere, also auch der Mensch) halten ihre K. durch ständige eigene Energieproduktion konstant. Dabei ist die K. bei den einzelnen Arten verschieden. Bei den Säugern liegt sie zwischen 36 °C und 39 °C, bei den Vögeln bei 40 bis 43 °C. Mit K. ist dabei immer die *Kerntemperatur* gemeint, die gegenüber der Temperatur der Körperschale wesentlich höher liegt. Sie wird durch die *Rektaltemperatur* (im After gemessene K.) annähernd richtig angezeigt. Außerdem lassen sich tageszeitliche Schwankungen der K. feststellen, wobei auch diese Rhythmik von Art zu Art verschieden ist und von den Aktivitätszeiten der Tiere mitbestimmt wird. Beim Menschen liegt die Kerntemperatur am Morgen bei etwa 36,6 °C, gegen 18 Uhr bei 37,2 °C.
Die Konstanthaltung der K. wird durch einen komplizierten Regelmechanismus erreicht. Kühlt die Außentemperatur ab, so beginnen die Muskeln zu zittern, wodurch Wärme frei wird, aber auch der ↑Grundumsatz wird erhöht. Steigt dagegen die Außentemperatur an, so weiten sich die Hautgefäße, und die Schweißdrüsen erhöhen ihre Produktion; die Verdunstungswärme wird dem Körper entzogen. Das Regulativ dieses komplizierten Gefüges liegt im Zwischenhirn *(Temperaturzentrum)* und gibt über vegetative und motorische Nervenbahnen seine Impulse an Atmung, Muskulatur und Haut. Außerdem wirken an diesem Geschehen die Wärme- und Kälterezeptoren der Haut mit. – ↑auch Fieber.

Kortex: Die äußere Schicht oder Rinde eines Organs. Im allgemeinen meint man mit K. die äußere Schicht des Großhirns (↑Gehirn).

Kortikoide (Kortikosteroide) ↑Nebennierenhormone.

Kortikotropin svw. ACTH (↑Hypophysenhormone).

Kortison (Cortison): K. ist die Vorstufe des ↑Nebennierenhormons *Kortisol* (Cortisol, Hydrokortison, Hydrocortison). Es beeinflußt als Glukokortikoid den Kohlenhydratstoffwechsel im Sinne einer Erhöhung des Blutzuckerspiegels (↑Blutzucker).
Da K. und Kortisol auch Entzündungsvorgänge und die Wirkung des ↑Histamins hemmen, werden ihre Derivate in der Medizin v. a. zur Behandlung von allergischen und rheumatischen Erkrankungen eingesetzt.

Kosmopoliten: Zu den K. gehören Pflanzen- und Tierarten, die weltweit verbreitet sind (z. B. Wanderratte).

Kot svw. ↑Exkremente.

Kotfresser (Koprophagen): K. sind v. a. Insekten, die sich von den Exkrementen anderer Tiere ernähren, z. B. die metallisch schillernden Mistkäfer. In ihren im Boden angelegten Gangsystemen und Brutstollen legen sie als Nahrungsvorrat wurst- oder kugelartig geformte Exkrementportionen vom Kot pflanzenfressender Säugetiere ab.

KÖRPERGEWICHT

(Idealgewichte Erwachsener ab dem 25. Lebensjahr ohne Kleidung)

Männer				Frauen			
Größe in cm	minimal kg	Idealgewicht Mittelwert kg	maximal kg	Größe in cm	minimal kg	Idealgewicht Mittelwert kg	maximal kg
155	50,4	54,2	58,2	145	41,7	45,6	49,6
156	51,1	55,0	59,2	146	42,2	46,1	50,1
157	51,7	55,8	60,1	147	42,7	46,7	50,6
158	52,4	56,6	61,1	148	43,2	47,2	51,2
159	53,1	57,5	62,0	149	43,8	47,7	51,7
160	53,7	58,3	63,0	150	44,3	48,2	52,2
161	54,4	59,1	63,9	151	44,8	48,8	52,7
162	55,1	59,9	64,8	152	45,3	49,3	53,3
163	55,7	60,7	65,8	153	45,8	49,8	53,8
164	56,4	61,6	66,7	154	46,4	50,3	54,3
165	57,0	62,4	67,6	155	46,9	50,9	54,9
166	57,7	63,2	68,6	156	47,4	51,4	55,4
167	58,4	64,0	69,5	157	47,9	51,9	55,9
168	59,0	64,8	70,5	158	48,4	52,5	56,5
169	59,7	65,6	71,4	159	49,0	53,1	57,2
170	60,4	66,4	72,3	160	49,5	53,8	57,9
171	61,0	67,2	73,3	161	50,0	54,4	58,5
172	61,7	68,0	74,2	162	50,5	55,0	59,2
173	62,4	68,8	75,1	163	51,1	55,7	59,9
174	63,1	69,5	75,9	164	51,7	56,3	60,5
175	63,8	70,2	76,6	165	52,4	56,9	61,2
176	64,5	70,9	77,4	166	53,0	57,6	61,9
177	65,2	71,6	78,1	167	53,6	58,2	62,5
178	65,9	72,4	78,8	168	54,3	58,8	63,2
179	66,5	73,1	79,6	169	54,9	59,4	63,9
180	67,2	73,8	80,3	170	55,5	60,0	64,5
181	67,9	74,5	81,0	171	56,1	60,7	65,2
182	68,6	75,2	81,8	172	56,8	61,3	65,8
183	69,3	75,9	82,8	173	57,4	62,0	66,5
184	70,0	76,6	83,3	174	58,0	62,7	67,3
185	70,6	77,3	84,0	175	58,6	63,4	68,1
186	71,3	78,0	84,8	176	59,3	64,1	68,9
187	72,0	78,8	85,5	177	59,9	64,8	69,7
188	72,7	79,5	86,2	178	60,5	65,5	70,5
189	73,3	80,2	87,0	179	61,1	66,2	71,3
190	74,0	80,9	87,7	180	61,8	67,0	72,1
191	74,7	81,6	88,4	181	62,4	67,7	72,9
192	75,4	82,3	89,2	182	63,0	68,4	73,7
193	76,1	83,0	89,9	183	63,6	69,1	74,5
194	76,8	83,7	90,6	184	64,3	69,8	75,3
195	77,4	84,4	91,3	185	64,9	70,5	76,1

Quelle: Bundesausschuß für volkswirtschaftl. Aufklärung e. V.

Kotyledonen (Keimblätter): In der Botanik bezeichnet man als K. die ersten, bereits an der Keimachse des pflanzlichen Embryos im Samen angelegten Blattorgane. Bei Nacktsamern kommen zwei bis mehrere, bei zweikeimblättrigen Blütenpflanzen zwei Kotyledonen und bei einkeimblättrigen Blütenpflanzen eine Kotyledone vor.
Krabben: Die meisten K. sind Grundbewohner des Meeres und zählen zu den höheren ↑Krebsen. Ihr Hinterleib ist unter den übrigen Leib umgeschlagen. Drei Beinpaare dienen dem Ergreifen der Nahrung; das erste Paar ist zu großen Scheren umgebildet. Die folgenden fünf Paare sind Schreitbeine.
Viele Arten der K. werden gern gegessen, z. B. *Strandkrabben* und *Taschenkrebse*.
Kragengeißelzellen ↑Schwämme.
Kraken (Achtfüßer, Oktopoden, Polypen): K. sind eine in allen Meeren verbreitete Ordnung achtarmiger ↑Kopffüßer. Einer der Fangarme des Männchens dient der Kopulation, löst sich (bei einigen Arten) ab und schwimmt selbsttätig zum Weibchen. K. leben versteckt in Höhlen und Nischen der Küsten. Sie haben ein relativ hoch entwickeltes Gehirn.
Kralle: Viele vierfüßige Wirbeltiere besitzen an den Endgliedern ihrer Zehen stark gekrümmte und zugespitzte Hornbildungen, die v. a. dem Beutefang dienen. Diese Krallen tragen auf der weicheren *Krallensohle* die härtere *Krallenplatte* (s. Abb.).
Klauen (Rinder) und ↑Hufe (Pferde) sind ebenso aufgebaut. Die Fingernägel (↑Nagel) sind durch starke Verbreiterung der Krallenplatte und Rückbildung der Krallensohle entstanden.
Oft werden ähnliche Bildungen an den Endgliedern der Beine Wirbelloser ebenfalls als K. bezeichnet. Sie bestehen z. B. bei Insekten aus Chitin.
Krampfadern: Werden die dünnwandigen Venen der Beine durch chronische Überbelastung mit der gesamten Blutsäule (z. B. bei regelmäßig längerem Stehen, bei einer Schwangerschaft) überdehnt, schließen die Venenklappen nicht mehr, und Blut sackt in die Beine ab. Diese K. sind äußerlich sichtbar, wenn oberflächliche Venen betroffen sind.
Normalerweise unterstützt die Beinmuskulatur durch Druck auf die Venen beim Gehen die Pumparbeit des Herzens und entleert die Venen. Daher empfiehlt sich z. B. Gymnastik als Vorbeugemaßnahme.

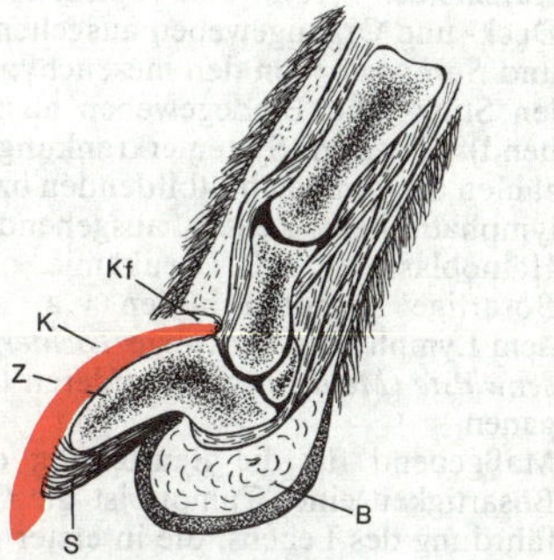

Abb. Kralle eines Hundes (Schemadarstellung eines Längsschnittes): B Ballen, K Krallenplatte, Kf Krallenfalz, S Krallensohle, Z Zehenendglied

Kranium svw. ↑Schädel.
Kreatin: K. entsteht durch Biosynthese aus den ↑Aminosäuren Glycin und Arginin in der Zelle. *Kreatinphosphat* ist ein energiereiches Molekül, dessen Energie rasch zur Verfügung steht, um ↑ATP aus ADP zu bilden, besonders in der Muskulatur.
Krebs: So gut wie alle Gewebe des Körpers können in ihrem Wachstum entgleisen und eine *Geschwulst (Tumor)* bilden, wobei sich Aussehen und Stoffwechsel der Zellen gegenüber normalen Körperzellen stark verändern. Während *gutartige Tumoren* auf den Ort ihres Ursprungs begrenzt bleiben, dringen *bösartige Tumoren* mit unkontrollierter Zellvermehrung schrankenlos in die Umgebung vor und zerstören das angrenzende Gewebe. Je nach dem Ausgangsgewebe unterscheidet man dabei u. a. zwischen

Karzinomen (von den epithelialen Deck- und Organgeweben ausgehend) und *Sarkomen* (von den mesenchymalen Stütz- und Bindegeweben ausgehend). Zu den Systemerkrankungen zählen die von den blutbildenden bzw. lymphatischen Zellen ausgehenden Hämoblastosen, z. B. ↑Leukämie.
Bösartige Tumoren bilden v. a. auf dem Lymph- und Blutwege *Tochtergeschwülste (Metastasen)* in anderen Organen.
Maßgebend für die Beurteilung der Bösartigkeit eines Tumors ist die Gefährdung des Lebens, die in erster Linie von der Wachstumsgeschwindigkeit des Tumors bestimmt wird, aber auch von dem Ort seines Auftretens. Zwischen gutartigen und bösartigen Tumoren gibt es Übergänge.
Die äußeren *Ursachen,* die zum Krebs führen können, sind vielfältig. Allen gemeinsam ist, daß sie eine krebsige Entartung der Körperzellen anstoßen, die fortan beim Wachstum der Geschwulst selbständig von Zelle zu Zelle weitergegeben wird. Die Entstehung einiger bösartiger Tumoren (z. B. der Vorsteherdrüse) ist hormonabhängig. Andere entstehen an Stellen, die durch Druck, Hitze, chronische Entzündungen u. a. gereizt werden und wo das Gewebe gezwungen ist, sich dauernd zu erneuern. In Krebszellen von Tieren konnten in einigen Fällen Viren nachgewiesen werden. Rund 800 Chemikalien (↑krebserzeugende Stoffe) müssen als krebserregend angesehen werden. Da zu ihnen viele gehören, die zugleich ↑Mutagene sind und da auch mutationsauslösende Strahlen (Röntgen-, UV- und radioaktive Strahlung) Krebs hervorrufen, ist man heute geneigt, alle Entstehungsweisen generell auf eine Störung (d. h. auf eine ↑Mutation) im Steuermechanismus im Kern der Zelle zurückzuführen, der die Zahl der Zellteilungen normalerweise begrenzt. Dieser Fehler tritt wahrscheinlich häufiger im Leben eines Organismus auf. Durch ein intaktes Immunsystem werden jedoch die entarteten Zellen sofort erkannt und vernichtet.
K. ist sicher nicht vererbbar. Allerdings kann manchmal eine gewisse Anfälligkeit für K. bei bestimmten Personengruppen festgestellt werden.
Für die *Behandlung* stehen heute noch die chirurgische Entfernung der Geschwulst mit allen verdächtigen Randzonen und die Anwendung ionisierender Strahlen (z. B. radioaktives Jod gegen Tumoren der Schilddrüse) im Vordergrund. Besonders bei örtlich nicht begrenztem Krebs (z. B. ↑Leukämie) helfen ↑Zytostatika, die (leider nicht nur) das Wachstum der entarteten Zellen hemmen. Die Aussichten auf Heilung sind umso besser, je früher der K. erkannt wird (Vorsorgeuntersuchung).

Krebse (Krustazeen, Crustacea): Die K. sind eine Klasse der ↑Gliederfüßer, die in der Regel durch ↑Kiemen atmen und meist einen sehr harten Chitinpanzer besitzen.
K. lebten schon im Unterkambrium (vor rund 600 Mill. Jahren). Man kennt heute rund 35 000 Krebsarten in allen Meeren und Süßgewässern; einige sind auch zu Landtieren geworden, wie z. B. viele ↑Asseln.
Von den drei Körperabschnitten Kopf, Brust (Thorax) und Hinterleib (Abdomen) sind Kopf und Brust häufig zu einer *Kopfbrust (Cephalothorax)* miteinander verschmolzen. Die Zahl der Körpersegmente kann zwischen etwa 10 und rund 50 variieren.
Im Unterschied zu den Insekten haben die K. zwei Paar Fühler (↑Antennen). Die Gliedmaßen können mannigfach abgewandelt sein. So kommen z. B. oft Scherenbildungen vor. Manche Gliedmaßen dienen als Kieferfüße (neben den eigentlichen ↑Mundwerkzeugen) zusätzlich der Nahrungsaufnahme, andere können zu ↑Kiemen umgestaltet sein. – K. sind getrenntgeschlechtig; ihre Entwicklung verläuft über mehrere Larvenstadien (z. B. Nauplius).
Zu den K. gehören: Blattfuß-, Ruderfuß-, Muschelkrebse, Rankenfüßer und höhere Krebse (Malakostraken) mit Flohkrebsen, Asseln und Zehnfußkrebsen (Krabben, Garnelen, Hummer, Langusten, Flußkrebse).

krebserzeugende Stoffe (kanzerogene Stoffe, karzinogene Stoffe): Viele

chemische Substanzen, die beim Menschen und beim Tier ↑Krebs hervorrufen, lösen im Laborversuch ↑Mutationen aus. Da sie ähnlich wie ionisierende Strahlen (Radioaktivität, UV-Licht) die ↑DNS schädigen, werden sie in allen folgenden ↑Mitosen von Zelle zu Zelle weitergegeben. Einige Stoffe wirken sofort krebserzeugend, andere erst, nachdem sich die einzelnen Schäden über Jahre summiert haben. Daher ist es schwierig nachzuweisen, ob ein Stoff tatsächlich Krebs verursacht. Außerdem können Ergebnisse aus Tierversuchen nicht unbedingt auf den Menschen übertragen werden.
Sicher sind die polyzyklischen Kohlenwasserstoffe (z. B. 3,4-Benzpyren) krebserzeugend. Sie entstehen bei unvollständiger Verbrennung von Erdölprodukten (z. B. Autoabgase). Nitrosamine entstehen im Körper aus Nitraten (z. B. aus Nahrungsmitteln) und Aminen (aus dem Stoffwechsel). Zu den krebserzeugenden Stoffen rechnet man ferner u. a. Benzol, Benzidin, Senfgas, Isopropylalkohol, Asbest und Teerprodukte.

Krebs-Zyklus ↑Zitronensäurezyklus.

Kreide: Der jüngste Zeitabschnitt (Formation) des Erdmittelalters (Mesozoikum); ↑Erdzeitalter.

Kreislaufkollaps (Kollaps): Beim K. sinkt der Blutdruck plötzlich stark ab, weil Gefäße (besonders in den Beinen) erweitert werden und große Mengen Blut aufnehmen. Es kommt zur Bewußtlosigkeit (Ohnmacht), da das Gehirn nicht mehr genügend durchblutet wird. Lagert man den Betroffenen flach, kommt er schnell wieder zu sich.

Kreislaufschock ↑Schock.

Krenal ↑Gewässerregionen.

Kretinismus: K. wird durch eine Unterfunktion der ↑Schilddrüse während der Embryonalentwicklung hervorgerufen, die entweder auf Jodmangel oder auf einem Enzymdefekt bei der Synthese des Schilddrüsenhormons beruht. *Kretins* sind im allgemeinen völlig unproportioniert gewachsene, geistig und körperlich unterentwickelte Menschen.

Kreuzblütler (Kruziferen): Die K. sind eine weltweit verbreitete, rund 3 000 Arten umfassende Familie der Zweikeimblättrigen Pflanzen. Es sind meist Kräuter oder Stauden mit wechselständigen Blättern und in Trauben angeordneten Blüten. Die Kelch- und Blütenkronblätter stehen sich kreuzweise gegenüber. Die Frucht ist eine ↑Schote oder ein Schötchen (wenn sie nicht dreimal so lang wie breit ist).
Zu den Kreuzblütlern gehören viele oft sehr alte Nutzpflanzen (z. B. Gartenkresse, Gemüsekohl, Rettich, Raps, Senf, Meerrettich), viele Zierpflanzen (z. B. Goldlack, Schleifenblume) und viele Unkräuter (z. B. Hederich, Hirtentäschelkraut und Pfeilkresse).

Kreuzung: In der Genetik oder der Tier- und Pflanzenzüchtung ist eine K. die Paarung zwischen Organismen mit unterschiedlichen Erbanlagen. In der genetischen Schreibweise werden die ↑Allele meist mit ihren Anfangsbuchstaben – Großbuchstaben für dominante Allele – bezeichnet; für das Wildtypallel steht ein Pluszeichen (+). Die K. wird durch ein × ausgedrückt; z. B. AB × ab. – ↑auch Rückkreuzung.

Kriechtiere (Reptilien): Die K. sind wechselwarme, über Lungen atmende Wirbeltiere (eine Klasse der Amnioten) mit (im Unterschied zu den Lurchen) drüsenarmer Haut. Ihr Körper ist mit Hornschuppen oder Hornplatten bedeckt. Es können auch Hautknochen vorkommen. Die Hornschicht der Haut wird periodisch abgeworfen (Häutung) und erneuert. Als zusätzliches Auge kann ein funktionstüchtiges Scheitelauge (Parietalauge) ausgebildet sein. K. legen meist Eier; die Entwicklung erfolgt direkt, ohne Metamorphose.
Die ersten K. traten als schwerfällige Pflanzenfresser am Ende der Steinkohlenzeit (vor rund 300 Mill. Jahren) auf. Im Jura und in der Kreidezeit hatten sie ihre reichste Entfaltung. Neben zum Teil riesigen Wasser- und Landsauriern gab es auch Flugechsen. Viele lebten räuberisch. Aus den K. haben sich die Vögel und die Säugetiere entwickelt.

Die wichtigsten Gruppen der K. sind heute die ↑Echsen, ↑Schlangen, ↑Schildkröten und ↑Krokodile.

Krill: K. ist die Hauptnahrung der Bartenwale und stellt auch eine wichtige Fischnahrung dar. Er besteht v.a. aus kleinen Leuchtkrebsen, die in den polarnahen Meeren die Hauptmasse des tierischen Planktons stellen.

Kristallkegel ↑Facettenaugen.

Krokodile (Panzerechsen): K. leben in und an Süßgewässern der Tropen und Subtropen. Man kennt 21 bis 7 m lange Arten. Es sind Fische, Vögel und Säugetiere fressende Reptilien mit einem Hautpanzer aus Hornschuppen oder Hornplatten, auch mit Hautknochen. Der muskulöse Ruderschwanz ist seitlich abgeplattet. Die Augen haben eine senkrechte Pupille.
K. können bis über 1 Stunde lang tauchen, wobei Nase und Ohren verschlossen werden.
Zu der Ordnung der Krokodile zählen auch die ↑Alligatoren und Gaviale.

Krone:
◊ Als K. bezeichnet man die meist lebhaft gefärbten Blütenblätter einer ↑Blüte im Gegensatz zum grünen Kelch.
◊ svw. Zahnkrone (↑Zähne).

Kropf:
◊ (Ingluvies): Diese Erweiterungen oder Ausstülpungen der Speiseröhre vieler Wirbelloser (z.B. Honigmagen der Bienen) und der Vögel dienen der vorübergehenden Aufbewahrung von Nahrung sowie ihrer mechanischen oder chemischen (enzymatischen) Zerkleinerung.
◊ (Blähhals, Struma): Durch Jodmangel, Entzündungen oder Tumoren kann sich die Schilddrüse sehr stark vergrößern. Dieser K. tritt besonders häufig in Landschaften mit jodarmem Wasser auf (z.B. Alpentäler der Schweiz und Österreichs).

Kröten: Kröten fressen vorwiegend Nacktschnecken und Insekten und sind daher sehr nützliche Tiere. Es sind im allgemeinen in der Dämmerung und während der Nacht aktive, plumpe, relativ kurzbeinige ↑Froschlurche. Ihre meist warzige Haut enthält zahlreiche Drüsen, die Giftstoffe *(Krötengifte)* abscheiden. Einige Arten sind lebendgebärend.

Krötentest ↑Schwangerschaftsnachweis.

Kruziferen svw. ↑Kreuzblütler.

Kryptogamen svw. ↑blütenlose Pflanzen.

Kugelgelenk ↑Gelenke.

Kulturflüchter: K. sind Pflanzen- und Tierarten, die nur außerhalb des menschlichen Kulturbereichs gedeihen und daher mit dessen Ausbreitung verschwinden; z.B. Orchideenarten, Sonnentauarten, Moorheide; Elch, Biber, Kranich, Schwarzstorch. – Gegensatz: ↑Kulturfolger.

Kulturfolger: Pflanzen- und Tierarten, die auf Grund der günstigen Lebensbedingungen den menschlichen Kulturbereich als Lebensraum bevorzugen. Auch ihre Verbreitung verdanken diese z.T. dem Menschen; z.B. gewisse Unkräuter, Ruderalpflanzen (Pflanzen auf Schuttplätzen), ↑Adventivpflanzen, Sperling, Rauch- und Mehlschwalbe, Amsel, Weißstorch (dessen Bestände allerdings durch Trockenlegung von Feuchtgebieten bedroht sind).

Kulturpflanzen: Viele Pflanzen werden vom Menschen planmäßig in Kultur genommen und weitergezüchtet. Alle solchen K. stammen von *Wildpflanzen* ab. Sie wurden entweder direkt vom Menschen in Kultur genommen (*primäre K.;* z.B. Weizen, Hirse, Erbse, Linse, Flachs, Mohn) oder sind auf dem Umweg über Unkräuter zu K. (*sekundäre K.;* z.B. Roggen, Hanf, Möhre) geworden.
Die wichtigsten durch Chromosomenmutation entstandenen und durch Auslese und Züchtung stabilisierten Merkmale der K. gegenüber den Wildarten sind: 1. Riesenwuchs: führt zu Ertragssteigerung; 2. Verminderung der Fruchtbarkeit: führt zu Abnahme der Blüten-, Frucht- und Samenzahl (bis zur Samenlosigkeit bei der Weinrebe und einigen Zitrusfrüchten) bei Vergrößerung der Blüten und Früchte; 3. Verlust von Bitter- und Giftstoffen (Obst, Rüben, Lupine); 4. Verände-

rung des Lebenszyklus (Keimruhe, Blüh- und Fruchtreife): ermöglicht einfachere Bewirtschaftung und Ausbreitung in weniger günstige Klimazonen; 5. gesteigerte Formenmannigfaltigkeit (Kopfbildung bei Kohl und Salat, Farbvarianten bei Zierpflanzen).

Kumpan: Für die verschiedenen Instinkthandlungen in der wechselseitigen Beziehung zwischen Artgenossen wirken nur bestimmte und nicht in jedem Fall dieselben Merkmale des Partners als auslösende Reize. Die angeborene oder durch ↑Prägung erworbene Kenntnis vom Artgenossen als dem Ziel der Handlungen einzelner ↑Funktionskreise ist besonders bei Vögeln untersucht worden. Sie sehen in einigen Fällen unter unnatürlichen Bedingungen verschiedene Objekte als K. an: Eine von K. Lorenz aufgezogene Dohle behandelte den Menschen als *Eltern-* und *Geschlechtskumpan.* Mit Nebelkrähen flog sie umher *(Flugkumpan),* und junge Dohlen waren für sie *Kindkumpan.*

künstliche Beatmung: Bei Stillstand der Atembewegungen eines Verunglückten muß der Gaswechsel in den Lungen durch eine k. B. aufrechterhalten werden. Im Rahmen der ↑Ersten Hilfe ist die *Atemspende* von Mund zu Nase am besten geeignet. Ist eine Beatmung über längere Zeit nötig, kommt der Patient in eine ↑eiserne Lunge oder wird an eine Elektrolunge, die die Atemmuskulatur aktiviert, angeschlossen.

künstliche Befruchtung:

◊ *Botanik:* Zur gezielten Kreuzung von Pflanzen werden die Blüten künstlich bestäubt. Sie werden zuvor und anschließend durch Tüten gegen unkontrollierte Bestäubung geschützt.

◊ *Zoologie/Medizin:* Die k. B. (*Insemination,* besser: künstliche Samenübertragung oder *In-vitro-Fertilisation*) wird v. a. in der Tierzucht angewandt, um mit einem einzigen Samenerguß eines Hochzuchttiers möglichst viele weibliche Tiere befruchten zu können. Dazu wird die Samenflüssigkeit (Sperma) oft jahrelang tiefgekühlt aufbewahrt. Auch beim Menschen ist künstliche Samenübertragung möglich. Männer, die sich sterilisieren lassen, können z. B. ihr Sperma bei einer *Samenbank* für den Fall aufbewahren lassen, daß sie später doch noch ein Kind zeugen möchten. Manchmal kann eine Empfängnis aus medizinischen Gründen nicht erfolgen. Dann versucht der Arzt auf Bitten des Ehepaars eine k. B. mit dem Sperma des Ehemanns *(homologe Insemination)* oder eines Spenders *(heterologe Insemination).* Im letzteren Fall ist das Familienrecht zu beachten.

Kurzsichtigkeit: Bei K. ist der Augapfel im Verhältnis zur Brechkraft von Hornhaut und Linse zu lang (↑Auge). Daher vereinigen sich parallele Lichtstrahlen, die aus der Ferne kommen, schon vor der Netzhaut. Gegenstände in größerer Entfernung können nicht mehr deutlich erkannt werden. Der Kurzsichtige muß die Gegenstände ausreichend nahe an das Auge bringen oder Zerstreuungslinsen vorsetzen.

Kurztagpflanzen: Bei manchen Pflanzen ist die Blütenbildung von einem täglichen Licht-Dunkel-Wechsel mit einer bestimmten Höchstdauer der Lichtperiode (12 Stunden oder kürzer) abhängig oder wird dadurch begünstigt. Zu diesen K. zählen zahlreiche in den Tropen beheimatete Pflanzen wie Reis, Hanf, Kartoffel, Baumwolle, verschiedene Tabaksorten und viele Herbstblüher. – Gegensatz: ↑Langtagpflanzen.

Kurztriebe: Pflanzliche Sproßachsenglieder (meist Seitenzweige der Holzgewächse) bleiben durch frühzeitige Einstellung des Längenwachstums gestaucht und haben häufig nur eine beschränkte Lebensdauer. Bei einigen Holzgewächsen ist die Ausbildung von Blattorganen (z. B. Kiefer) oder von Blüten und Früchten (z. B. Sauerkirsche) auf diese K. beschränkt. K. können auch zu Dornen (beim Weißdorn) oder zu blattartigen Flachsprossen umgebildet sein.

Kutikula (Cuticula):

◊ *Botanik:* Von der Epidermis nach außen abgeschiedenes wachsartiges Häutchen hauptsächlich aus ↑Kutin.

Es überzieht das Abschlußgewebe vieler höherer Pflanzen. Es ist wasserabstoßend und hemmt die Verdunstung. ◊ *Zoologie:* Die K. vieler Tiere ist eine nichtzellige äußere Schicht auf der Epidermis, von der sie abgeschieden wird. Als dickere Schicht aus Kalk bildet sie das Außenskelett der Weichtiere, aus Chitin das der Gliedertiere.

Kutin: Bestandteil der pflanzlichen ↑Kutikula aus wachsartigen Estern gesättiger und ungesättigter Fettsäuren.

Kybernetik: Eine von dem amerikanischen Mathematiker N. Wiener (1894–1964) im Jahr 1948 begründete „Formalwissenschaft", die mit Hilfe neutraler Begriffe übereinstimmende Strukturen und Funktionen in naturwissenschaftlichen, technologischen, mathematischen u.a. Forschungsbereichen zu ermitteln versucht. Neben der theoretischen K. unterscheidet man u.a. technische K., Informatik und ↑Biokybernetik.

L

Labferment (Lab, Rennin): Das L. ist ein proteinspaltendes Enzym im Magen des Kalbs, dessen Hauptwirkung in der Milchgerinnung besteht. Dabei wird das Kasein der Milch in Gegenwart von Ca^{++}-Ionen in eine unlösliche Form überführt. – L. wird in der Käserei als Gerinnungsenzym verwendet.

Labiaten svw. ↑Lippenblütler.

Labmagen ↑Wiederkäuermagen.

Labyrinth svw. Innenohr (↑Ohr).

Lackmus: L. ist ein Farbstoff, der sich bei Anwesenheit einer Säure rot und bei Anwesenheit einer Base blau färbt. Der Umschlagbereich dieses in der Chemie häufig verwendeten Indikators liegt zwischen pH = 5 und pH = 8 (↑pH-Wert).
L. stammt aus den *Lackmusflechten,* die vergoren werden.

Lactoflavin (Laktoflavin) svw. ↑Riboflavin.

Lagerpflanzen (Thallophyten): Pflanzen, deren Vegetationskörper nicht in Wurzel, Sproß und Blätter gegliedert ist, werden als L. bezeichnet. Der Pflanzenkörper (Thallus) ist ein- oder mehrzellig und besteht aus verzweigten oder unverzweigten Fäden. Zu den L. gehören Algen, Pilze, Flechten und Moose.

Lähmung: Eine L. kann die Bewegungsfähigkeit eines Muskels oder einer Muskelgruppe einschränken *(Parese)* oder völlig ausschalten *(Paralyse).* Am häufigsten sind Lähmungen, die auf einem Funktionsausfall von motorischen Nervenfasern beruhen.
Bei Störungen im Gehirn oder Rückenmark sind die betroffenen Muskeln angespannt *(spastische L.).* Ist die Erregungsleitung auf dem Wege vom Zentralnervensystem zu den Erfolgsorganen unterbrochen, kommt es zu einer *schlaffen L.* Seltener sind Lähmungen, die durch Muskelerkrankungen verursacht werden. Auch ohne organische Fehler können als Folge einer neurotischen Fehleinstellung (z.B. nach einem Schreck) einzelne Muskelpartien der Kontrolle durch das Nervensystem entgleiten.

Laich: Die im Wasser abgelegten Eier von Weichtieren, Fischen und Amphibien. Sie werden einzeln, in Klumpen oder Schnüren frei ins Wasser abgegeben *(Freilaicher)* oder an Gegenständen (Pflanzen, Steine) angeheftet *(Haftlaicher).*

Laichwanderungen: Lachse suchen zum Ablegen des ↑Laichs ihren Heimatbach auf. Umgekehrt streben Aale zum Meer. Aber auch bei Amphibien (z.B. Kröten) findet man diesen Sonderfall einer ↑Tierwanderung, weil die Eier der Tiere zur Entwicklung ins Wasser gebracht werden müssen.

Laktation: Die Absonderung der Milch während der Stillperiode.

Lamarckismus: Eine heute weitgehend abgelehnte Theorie über die Entwicklung der Lebewesen; ↑Deszendenztheorie.

Lampenbürstenchromosomen: Bei einigen Tiergruppen, besonders deutlich bei Amphibien, findet man während der Prophase der ↑Meiose Chromosomen im Lampenbürstenstadium: Bestimmte Chromomeren der gepaarten Chromosomen sind entspiralisiert und als große Schleifen seitlich ausgestülpt. In diesem Stadium, das mehrere Monate dauern kann, wird an den Schleifen lebhaft RNS für ↑Ribosomen synthetisiert. Die Schleifen sollen den ↑Puffs der Riesenchromosomen entsprechen.

Landschaftspflege: Die L. als Teilbereich des Umweltschutzes sorgt für die Erhaltung und den Schutz der Landschaft außerhalb der Wohngebiete. L. ist ein Grundsatz der Raumordnung. Der Bund hat von seiner Rahmenkompetenz zur Regelung der L. noch keinen Gebrauch gemacht. In den Ländern ist die L. im Rahmen des ↑Naturschutzes geregelt.

Landschaftsschutzgebiete ↑Naturschutz.

Langerhans-Inseln: Diese reich durchbluteten Zellgruppen in der ↑Bauchspeicheldrüse erzeugen die Hormone Insulin und Glucagon. Die Gesamtheit der L.-I. bildet eine Hormondrüse, das *Inselorgan*.

Langtagpflanzen: Pflanzen, die zur Blütenbildung eine längere Lichtperiode (etwa 14 Stunden) benötigen, werden als L. bezeichnet. Die Mindestbeleuchtungsdauer muß dabei stets länger sein als die jeweilige Dunkelzeit. Typische L. sind in den gemäßigten Klimazonen anzutreffen. Dazu gehören viele Getreidearten, Zuckerrüben, Möhren, Bohnen und Spinat. – Gegensatz: ↑Kurztagpflanzen.

Langtrieb: Langtriebe sind pflanzliche Sproßachsenglieder (Haupt- und Seitensprosse), die durch ein unbegrenztes Streckungswachstum der ↑Internodien im Gegensatz zu den ↑Kurztrieben eine Normallänge erreichen. Sie bilden das Grundgerüst des Sproßsystems.

Langusten: Die L. gehören zu den Zehnfußkrebsen. Sie haben sehr lange Antennen, jedoch keine Scheren. Man kennt rund 40 Arten. Eine Art zählt mit 60 cm Länge zu den größten Gliederfüßern überhaupt. Das Fleisch der L. ist als Delikatesse sehr geschätzt.

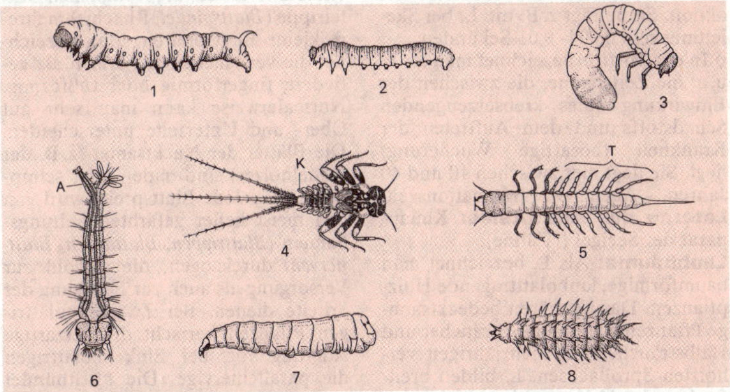

Abb. Larven: 1 Schmetterlingsraupe, 2 Afterraupe, 3 Engerling, 4 Eintagsfliegenlarve, 5 Schlammfliegenlarve, 6 Stechmückenlarve, 7 Made der Großen Stubenfliege, 8 Made der Kleinen Stubenfliege; A Atemrohr, K Kiemenblättchen, T gliedmaßenartige Tracheenkiemen

Lanzettfischchen (Branchiostoma, Amphioxus): Die L. gehören zu den ↑Schädellosen. Es sind rund 3–7 cm lange, glashelle, seitlich flachgedrückte, lanzettförmige, fischähnliche Tiere, die oberflächlich eingegraben im Sand der Küstengewässer warmer und gemäßigter Meere als Strudler leben.

Larve: Bei vielen Tieren erfolgt die Entwicklung vom Ei zum geschlechtsreifen Tier nicht direkt, sondern durch ↑Metamorphose über ein oder mehrere Larvenstadien. Die Larven können sich im Körperbau, in ihren Organen und ihrer Lebensweise erheblich vom geschlechtsreifen Tier unterscheiden. Kriechtiere, Vögel und Säuger haben keine Larven.

Beispiele: Aus Nesseltiereiern entwickeln sich freibewegliche *Planulalarven.* Sie setzen sich fest und wandeln sich in eine polypenähnliche L. *(Skyphopolyo)* um, die schließlich an der Mundscheibe viele freischwimmende Jungquallen *(Ephyralarven)* abschnürt. – Larven der Insekten: ↑Raupen, ↑Maden; Larven der Lurche: ↑Kaulquappen. – Siehe auch Abb. S. 275.

Latenzeier svw. ↑Dauereier.

Latenzzeit:

◊ In der *Physiologie* versteht man unter L. die Zeitspanne zwischen Reizbeginn und Beginn der beobachteten Reaktion. So beträgt z. B. die L. bei Skelettmuskeln 0,004–0,01 Sekunden.

◊ In der *Medizin* bezeichnet man als L. u. a. die Zeitspanne, die zwischen der Einwirkung eines krebserzeugenden Schadstoffs und dem Auftreten der Krankheit (bösartige Wucherung) liegt. Sie liegt hier zwischen 10 und 40 Jahren. – Auch svw. ↑Inkubationszeit.

Laterne des Aristoteles: Kauapparat der Seeigel (↑Zähne).

Laubbäume: Als L. bezeichnet man baumförmige, laubblatttragende Holzpflanzen. Dazu gehören bedecktsamige Pflanzen wie Bäume, Sträucher und Halbsträucher mit mehrjährigen verholzten Sproßachsen. L. bilden breitflächige Laubblätter (↑Laubblatt) aus. Die Samen der L. sind in Früchten eingeschlossen, aus denen sie sich zur Reifezeit lösen.

Der anatomische Bau des ↑Holzes der L. ist komplizierter als der der Nadelbäume. Die Wuchsform ist charakterisiert durch eine sympodiale Verzweigung, d. h., die Entwicklung der Hauptachse tritt hinter der der Seitenachsen zurück, wodurch ausladende Kronen entstehen.

Je nach Dauer der Beblätterung sind die Laubbaumarten *immergrün* (z. B. Rhododendron, Buchsbaum) oder *laubwerfend* (z. B. sommergrüne Arten in unseren Breiten; ↑auch Laubfall).

L. sind in weiten Gebieten der Erde die vorherrschende Wuchsform der natürlichen Vegetation.

Laubblatt: Die meisten Blätter der Samenpflanzen und Farne zählen, ungeachtet ihrer unterschiedlichen Formen, zu den Laubblättern. Außer diesen Laubblättern gibt es ↑Keimblätter, ↑Hochblätter und ↑Niederblätter.

Im typischen Fall besteht ein L. aus der meist flächig entwickelten Blattspreite, in der bei fast allen Pflanzen die Prozesse der ↑Photosynthese ablaufen, dem Blattstiel und dem Blattgrund.

Die *Blattspreite* ist bei einfachen Blättern ungeteilt, hat aber gewöhnlich einen mehr oder weniger stark gelappten Rand. Bei zusammengesetzten Blättern sitzen an der ursprünglichen Mittelrippe (*Blattspindel,* Rhachis) mehrere kleine Blattspreiten. Man bezeichnet die verschiedenen Formen als gefiedert, fingerförmig oder fußförmig. Normalerweise kann man sehr gut Ober- und Unterseite unterscheiden. Die Blätter der Nacktsamer (z. B. der Nadelhölzer) sind nadel- oder schuppenförmig. Jede Blattspreite wird von den meist heller gefärbten Leitungsbahnen *(Blattrippen, Blattadern, Blattnerven)* durchzogen, die sowohl zur Versorgung als auch zur Festigung der Spreite dienen. Bei Zweikeimblättrigen Pflanzen herrscht die netzartige Aderung vor, bei Einkeimblättrigen die parallelnervige. Die ↑Leitbündel sind ähnlich gebaut wie die des Sprosses.

Auf der Oberseite und auf der Unterseite der Spreite findet man eine meist einschichtige *Epidermis*. Die Kutinschicht der oberen ist allerdings meist dicker als die der unteren. Den Hauptteil der Epidermis bilden die ineinander verzahnten Epidermiszellen, die nur wenige oder keine ↑Chloroplasten enthalten. Außerdem findet man die Schließzellen der ↑Spaltöffnungen mit Nebenzellen sowie Haarzellen, Korkzellen u. a.

Unter der oberen Epidermis liegt das *Palisadengewebe,* dessen langgestreckte Zellen den weitaus größten Teil aller Chloroplasten des Blatts enthalten und daher das Assimilationsgewebe darstellen.

Unter dem Palisadengewebe findet man das *Schwammgewebe,* das aus unregelmäßig geformten, chlorophyllärmeren Zellen besteht, zwischen denen sich große Interzellularräume ausbreiten, die der Wasserdampfabgabe und der Durchlüftung des Blatts dienen. Entsprechend dieser Anordnung sind die Spaltöffnungen, durch die O_2 und CO_2 mit der Luft ausgetauscht werden, häufig nur an der Blattunterseite zu finden.

Die Trennung des *Mesophylls* in Palisaden- und Schwammgewebe ist in vielen Fällen undeutlich oder fehlt ganz (v. a. bei Pflanzen an sonnigen, trockenen Standorten).

Der Querschnitt durch ein *Blatt der Nadelhölzer* erscheint kreis- oder halbkreisförmig. Die 1 bis 2 Leitbündel in der Mitte sind von Transfusionsgewebe umgeben. Nach außen folgt eine Endodermis, das einheitliche Mesophyll und schließlich die mehrschichtige Epidermis mit stark verdickten Wänden. Im Mesophyll liegen die Harzgänge.

Der *Blattstiel* ist von seiner inneren Struktur her die Fortsetzung des Stengels. Er führt der Spreite Wasser und Mineralsalze zu und transportiert die Assimilationsprodukte ab. Durch Wachstumsbewegungen bringt er die Blattfläche in die günstigste Position zum Lichteinfall. Bei einigen Pflanzen ist das obere oder untere Ende des Stiels zum dicken *Blattpolster* geworden, das dem Blatt eine große Beweglichkeit gibt (besonders bei der Mimose). Bei sehr vielen Einkeimblättrigen Pflanzen fehlt der Blattstiel. Bei einigen Arten (Acacia) übernimmt der verbreiterte Blattstiel die Aufgaben der fehlenden Spreite. Die Waldrebe hat ihre Blattstiele zu Ranken umgebildet (weitere Beispiele für Umwandlung des Blattes oder seiner Teile: ↑Blattmetamorphosen).

Bei den meisten Zweikeimblättrigen Pflanzen ist der *Blattgrund* gegenüber dem Stiel nur mäßig verdickt, trägt aber oft ein Paar *Nebenblätter*. Bei einigen von ihnen und vielen Einkeimblättrigen Pflanzen hat er sich zu einer *Blattscheide* entwickelt, die den Stengel umschließt. Die Gräser stabilisieren so ihren schwachen Stengel. Sie haben an der Übergangsstelle zwischen Blattgrund und Spreite das kleine, helle *Blatthäutchen*.

Die Blätter, die bei der jungen Pflanze auf die Keimblätter folgen, sind oft anders geformt als die späteren Laubblätter. Wasserpflanzen haben unter Wasser andere Blätter als über Wasser (↑Heterophyllie). An waagrecht wachsenden Sprossen sind die jeweils oberen und unteren Blätter verschieden gestaltet (↑Anisophyllie).

Blattentwicklung. Das Blatt entsteht als seitlicher Höcker neben dem Sproßvegetationspunkt. Der Höcker zeigt schon bald eine Einschnürung, die das *Oberblatt* (später Stiel und Spreite) vom *Unterblatt* (Blattgrund mit Nebenblättern) trennt. Das Unterblatt entfaltet sich meist schneller als das Oberblatt. Das ↑Meristem an der Spitze der Blattanlage wird beim typischen Blatt ersetzt durch teilungsfähige Zellen an der Basis von Blattgrund, Stiel und Spreite. Dadurch wächst das Blatt in die Länge. Bei Gräsern bleiben die Zellen lange Zeit teilungsfähig.

Das Breitenwachstum beginnt mit Zellen am Blattrand und wird später durch Spreitenteile zwischen den Hauptnerven unterstützt. Zusammengesetzte Blätter entstehen dadurch, daß die teilungsfähigen Zellen nur in bestimmten Zonen des Blattrandes vorkommen.

LAUBBLATTFORMEN

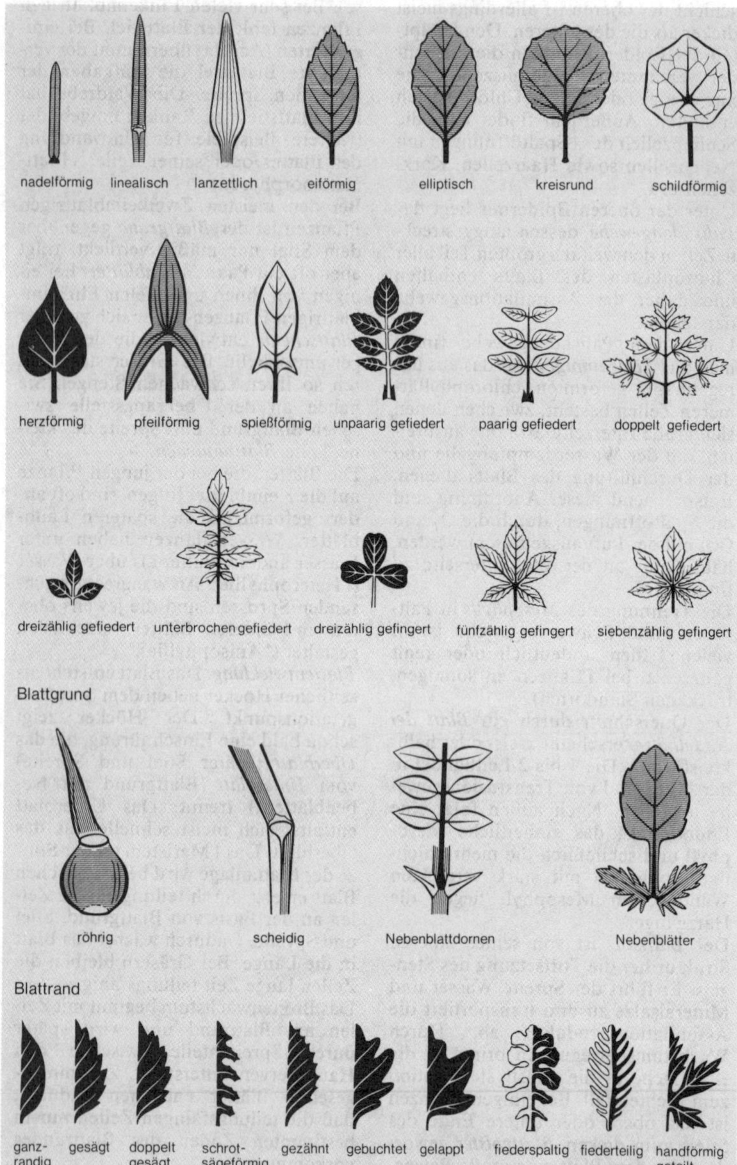

Die *Lebensdauer* der Laubblätter beträgt eine Vegetationsperiode (z. B. sommergrüne Bäume) oder wenige Jahre (z. B. immergrüne Bäume). Der *Blattfall* (↑ Laubfall) steht unter dem Einfluß von ↑ Wuchsstoffen und ist der Klimarhythmik angepaßt (Kälte- oder Trockenperioden). – ↑ auch Blattstellung. – Siehe auch Bildtafel „Laubblattformen" S. 278.

Laubfall (Blattfall): Bei allen Holzgewächsen haben die Blätter eine viel kürzere Lebensdauer als die Sproßachse; sie fallen früher oder später von ihr ab.

An der Auslösung des Laubfalls sind verschiedene Pflanzenhormone (↑ Wuchsstoffe) beteiligt. Auch Umweltfaktoren wie Licht, Temperatur, Wasser- und Nährstoffversorgung können den L. beeinflussen.

Stoffwechselveränderungen wie Abnahme des Chlorophyllgehalts, Zunahme der Anthozyane, Abtransport von Mineralstoffen sind die Vorerscheinungen beim Abwurf der Laubblätter. Die letzten zur Ablösung führenden Schritte sind Zellwand- bzw. Zellauflösungen.

Pflanzen, deren Laubblätter über mehrere Vegetationsperioden erhalten bleiben, nennt man *immergrün*. Den Gegensatz dazu bilden die *sommergrünen* Pflanzen, bei denen die Blätter nur eine Vegetationsperiode tätig sind.

Laubmoose: Die L. umfassen rund 16 000 Arten und sind eine weltweit verbreitete Klasse der ↑ Moose. Der Gametophyt (↑ Generationswechsel) ist in Stämmchen und Blätter gegliedert. Die Blätter haben im Gegensatz zu den beblätterten ↑ Lebermoosen meist eine Mittelrippe. Die Sporenkapsel ist der Sporophyt; somit ist ein ausgeprägter Generationswechsel vorhanden.

Von großer Bedeutung sind die L. als Wasserspeicher in den Wäldern, als Indikatoren für bestimmte Bodenqualitäten und für den Aufbau der Torfmoore.

Bekannte L. sind Goldenes Frauenhaarmoos, Drehmoos, Weißmoos, Etagenmoos und Torfmoos.

Laubwald: L. ist in unseren geographischen Breiten die natürliche Form des Waldes (Eichen und Buchen). Eingriffe des Menschen (Forstwirtschaft) haben die Laubbäume zugunsten der schnellerwüchsigen Nadelbäume (Fichten) zurückgedrängt. 1860 bestanden unsere Wälder noch zu 70% aus Laubhölzern, heute nur noch zu 30%.

Der Wald wirkt sich ganz allgemein durch Verbesserung des Klimas, Reinigung der Luft, Speicherung von Wasser, Erhöhung der Niederschläge günstig auf die Landschaft aus. Vor allem der L. mit seiner tiefgehenden, kräftigen Durchwurzelung ist ein guter Wasserspeicher und damit der Ort vieler Wasserquellen. Falsche Waldnutzung, Waldzerstörung, Kahlschläge und das Anlegen von ↑ Monokulturen kann zum Versiegen der Quellen oder gar zu einer Bodenerosion (Auswaschung durch Regen) führen. Im Schwarzwald sind seit 1945 etwa 700 Quellen auf diese Weise versiegt.

Lautäußerungen: Viele Tiere, besonders unter den Gliederfüßern und Wirbeltieren, benutzen bestimmte Lautsignale zur innerartlichen Verständigung, wie z. B. Anlockung des Sexualpartners, Einschüchterung von Rivalen, Sicherung des sozialen Zusammenhalts *(Stimmfühlungslaute)*, Warnung vor Gefahr. Auch zur Abschreckung von Feinden *(Drohlaute)* können L. dienen. Bei manchen Tieren (z. B. Fledermäusen, Walen) stehen die L. im Dienste der räumlichen Orientierung.

Wirbeltiere, von den Fröschen bis zu den Säugetieren, haben v. a. *Blasorgane* zur Lauterzeugung, in denen Membranen oder Lippen durch anströmende Luft in Schwingung versetzt werden. Die harte Körperhaut der Gliederfüßer eignet sich gut für *Zirporgane*. Bei ihnen wird eine mit Zähnchen besetzte Fläche gegen eine harte Kante gerieben (wie ein Kamm an einer Tischkante). Einige Tiere *trommeln* z. B. gegen den Boden oder gegen hohle Bäume.

Nicht immer liegen die von Tieren erzeugten Laute im Frequenzbereich, der auch von Menschen wahrgenommen wird. Die Echolotpeilung der Fledermäuse und Delphine z. B. arbeitet mit höheren Tönen (Ultraschall).

Leben: Das geordnete, komplizierte Zusammenspiel meist organischer chemischer Verbindungen eines offenen Systems (↑Lebewesen) mit chemischen und physikalischen Wechselwirkungen auf Dinge außerhalb dieses Systems ist die Voraussetzung für Leben.

Allen Lebewesen sind folgende *Merkmale des Lebens* eigen: 1. ↑Stoffwechsel; 2. ↑Fortpflanzung; 3. ↑Vererbung; 4. Veränderung der ↑genetischen Information (Mutation, Faktorenaustausch); 5. Aufbau aus einer oder mehreren ↑Zellen; 6. Besitz bestimmter Strukturen (↑Organellen) innerhalb der Zellen; 7. Reaktionen auf äußere und innere Reize (↑Reizbarkeit).

Diese Gemeinsamkeiten lassen auf einen einheitlichen Ursprung schließen, was besonders durch die Allgemeingültigkeit des ↑genetischen Kodes und der ↑Eiweißsynthese belegt wird.

Das L. ist vor etwa 3-4 Milliarden Jahren in der Uratmosphäre (Wasserstoff, Methan, Ammoniak, Wasserdampf, Schwefelwasserstoff u. a., jedoch kein Sauerstoff) unter der Einwirkung verschiedener Energieformen entstanden. Der entscheidende Fortschritt im Laufe der Evolution (↑Deszendenztheorie) war die ständige Neukombination der ↑Gene durch ↑geschlechtliche Fortpflanzung, die natürliche Auslese, die Beschränkung der Lebensdauer eines Individuums und die Ausbildung von Sinneszellen mit dem zugehörigen Nervensystem.

Auf der Grenze zwischen belebter und unbelebter Materie stehen die ↑Viren. Sie besitzen keinen eigenen Stoffwechsel und sind zu ihrer Vermehrung auf andere Organismen angewiesen.

L. ist mit großer Wahrscheinlichkeit nicht auf die Erde beschränkt. Nach Schätzungen der Astrophysiker gibt es im Universum noch viele Planeten, auf denen L. entstanden sein könnte.

Lebensdauer: Die L., d. h. die Zeitspanne zwischen Geburt und Tod, ist für die Lebewesen sehr unterschiedlich. Nur unter günstigsten Voraussetzungen wird über ein natürliches ↑Altern ohne Kranksein die höchstmögliche L. erreicht. Viele innere (physiologische), v. a. erblich bedingte Faktoren sowie äußere Umwelteinflüsse verkürzen die Lebensdauer. Die einzigen Lebewesen, die potentiell unsterblich sind, da sie keinen Leichnam hinterlassen, sind die ↑Einzeller.

Angaben über die L. verschiedener Lebewesen beruhen in der Regel auf Einzelbeobachtungen oder statistischen Mittelwerten (beim Menschen ↑Lebenserwartung). Die höchsten Werte für die L. finden sich bei *Pflanzen:* z. B. Nadelbäume 300-500 Jahre, Buchen, Linden, Zedern bis 1 000 Jahre, Eichen bis maximal 1 200 Jahre, Zypressen bis 2 000 Jahre, Eiben bis 3 000 Jahre, Mammutbaum bis über 4 000 Jahre. – Sehr alt können auch *Sporen* und *Samen* werden; z. B. Bakteriensporen 300-1 000 Jahre, Samen von Lotosblumen (aus ostasiatischen Torfmooren) 1 000-2 000 Jahre und die Samen einer Lupinenart (aus einer arktischen Dauerfrostschicht) sogar rund 15 000 Jahre.

Bei den *Insekten* leben z. B. die ♂♂ der Feigenwespe nur wenige Minuten, die Eintagsfliegen wenige Stunden bis Tage, bei Honigbienen die Arbeiterinnen 4-6, höchstens 8 Wochen, die Königin 3-5 Jahre, die Geschlechtstiere der Termiten 40-60 Jahre. – Unter den *Würmern* werden die Bandwürmer mit einer L. von 25-50 Jahren relativ alt; bei den Regenwürmern sind es 5-20 Jahre. – *Fische* können über 100 Jahre lang leben (z. B. Karpfen, Hechte). – Noch älter, nämlich bis 300 Jahre alt, werden große *Schildkrötenarten.* – Unter den *Vögeln* lebt der Wellensittich 10-13 Jahre lang, kleinere Singvögel bis 20, der Kanarienvogel bis 24, Gänse 40 bis über 60, Graupapageien 70-85 und große Greifvögel bis 100 Jahre. – Unterschiedlich alt werden die *Säugetiere:* z. B. Mäuse nur bis 1,5 Jahre, der Goldhamster etwa 3, Meerschweinchen 7, unser Feldhamster 6 bis 10, Hase, Reh, Fuchs und Dachs 8–12, der Wolf 12–16, der Haushund sogar 15 bis maximal 25 Jahre; dieses Alter erreichen auch Rothirsch, Elch und Gemse. Die Hauskatze kann 30 Jahre alt werden, der Schimpanse bis über 35, das Hauspferd 30–50, Elefanten 60–80 Jahre.

Lebenserwartung: Die L. ist ein Durchschnittswert, der aus den Geburts- und Sterbedaten, d.h. der ↑Lebensdauer der Bewohner eines bestimmten Landes, errechnet wird. Von solchen Werten gehen z. B. die Lebensversicherungen beim Festsetzen der Beiträge aus. In Ländern mit schlechten sozialen, v.a. schlechten gesundheitlichen Verhältnissen ist die L. deutlich niedriger. Es hat sich auch gezeigt, daß Frauen durchschnittlich älter werden als Männer.
Die Lebenserwartung in Jahren (bei der Geburt) für einzelne Länder: BR Deutschland (1980–82): 70,2 (Männer), 76,9 (Frauen); Dänemark (1981): 71,4/77,6; Frankreich (1980): 70,8/79,1; Island (1981): 73,4/79,9; Israel (1982): 72,8/76,2; Japan (1981): 73,8/79,1; Niederlande (1981): 72,7/79,3; Norwegen (1982): 72,7/79,5; Österreich (1982): 69,5/76,6; Schweden (1982): 73,4/79,4; Schweiz (1981): 72,5/79,4.

Lebensgemeinschaft ↑Biozönose.

Lebensraum svw. ↑Biotop.

Leber (Hepar): Diese größte Drüse der Wirbeltiere liegt beim *Menschen* rechts unter den Rippen bis über die Körpermitte hin. Sie ist braun, gelappt, von einer bindegewebigen Hülle umgeben und wiegt etwa 1500 Gramm. Auf ihrer Rückseite befindet sich als Anhängsel des Gallengangs die Gallenblase.
Die Eintritts- bzw. Austrittsstelle von Gefäßen, Nerven und Gallengang nennt man *Leberpforte*. Die *Leberarterie* versorgt die L. mit sauerstoffreichem Blut, die *Pfortader* bringt nährstoffreiches Blut vom Darm zu ihr. Eine gemeinsame Vene führt das Blut dem ↑Blutkreislauf wieder zu.

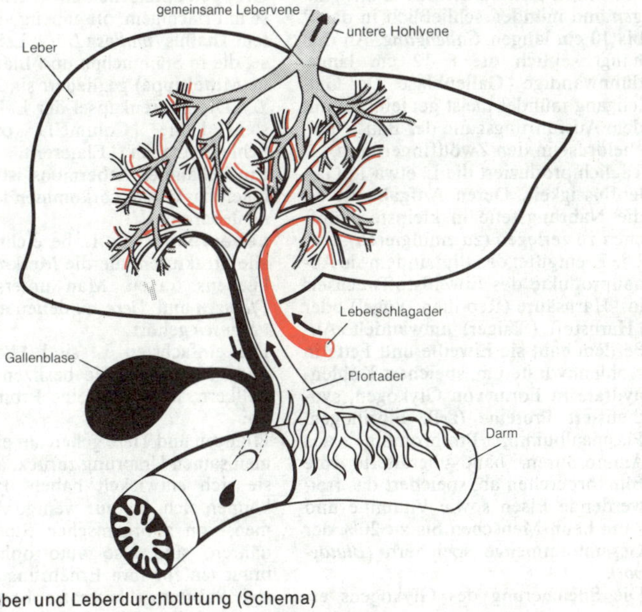

Abb. Leber und Leberdurchblutung (Schema)

Die L. besteht aus meist fünf- oder sechseckigen *Leberläppchen* von 1–2 mm Durchmesser und 2 mm Länge. An jeder Ecke des Läppchens verlaufen je ein Ästchen der Leberarterie, der Pfortader und des Gallengangs. Die Pfortaderästchen und die Arterienästchen bilden ein dichtes Kapillarnetz *(Lebersinusoide),* das sich zum Zentrum des Läppchens hin vereinigt und dort in die Zentralvene mündet. In den Kapillaren liegen Freßzellen (Phagozyten, hier *Kupffer-Sternzellen*). Die Lebersinusoide sind von einem lükkenhaften Epithel (Endothel) ausgekleidet, wodurch das Blut direkt mit den Leberzellen in Kontakt treten kann. Die Stoffwechselvorgänge mit dem Blut spielen sich direkt auf der Blutgefäßseite der Leberzellen ab.

Für die Bildung des ↑Gallensafts entnehmen die Leberzellen dem Blut bestimmte Stoffe, bauen sie z. T. um, befördern sie durch die Zelle und scheiden sie auf der gegenüberliegenden Seite in die *Gallenkapillaren* ab. Diese vereinigen sich zu kleinen *Gallengängen* und münden schließlich in den 7 bis 10 cm langen *Gallengang.* An ihm hängt seitlich die 8–12 cm lange, dünnwandige ↑Gallenblase. Der Gallengang mündet meist gemeinsam mit dem Ausführungsgang der Bauchspeicheldrüse in den Zwölffingerdarm.

Täglich produziert die L. etwa 1 l Gallenflüssigkeit. Deren Aufgabe ist es, die Nahrungsfette in kleinste Tröpfchen zu zerlegen (zu emulgieren).

Die L. entgiftet das Blut, indem sie Abbauprodukte des Eiweißstoffwechsels in ↑Harnsäure (Reptilien, Vögel) oder ↑Harnstoff (Säuger) umwandelt. Außerdem baut sie Eiweiße und Fette in Kohlenhydrate um, speichert Kohlenhydrate in Form von Glykogen, synthetisiert Proteine (z. B. Fibrinogen, Plasmaalbumin, Prothrombin) aus Aminosäuren, baut überalterte rote Blutkörperchen ab, speichert das freiwerdende Eisen sowie Vitamine und kann beim Menschen bis zu 20% der Gesamtblutmenge speichern *(Blutdepot).*

Die Speicherung des Glykogens erfolgt unter dem Einfluß des Hormons Insulin, die Entspeicherung unter dem Einfluß des Hormons Adrenalin.

Die L. baut auch Medikamente und andere Stoffe (Alkohol!) ab.

Leberegel: Die verschiedenen L.arten sind nur wenige Zentimeter große, zwittrige ↑Saugwürmer, die im geschlechtsreifen Zustand v. a. in den Gallengängen der Leber von Säugetieren (z. B. Wiederkäuer), manchmal auch des Menschen parasitieren. Sie haben einen Mund- und einen Bauchsaugnapf und entwickeln sich über einen komplizierten Generations- und Wirtswechsel (s. Abb. S. 283).

Leberfleck: Eine nichterbliche, gutartige Wucherung der Pigmentzellen in der Haut. Leberflecke kommen v. a. am Rumpf und an den Oberschenkeln vor. Sie haben nichts mit der Leber zu tun.

Lebermoose: Die L. bilden mit rund 10 000 weltweit verbreiteten Arten eine Klasse der ↑Moose. Nach dem Bau des Thallus lassen sich zwei große Gruppen unterscheiden: 1. Lebermoose mit flächigem, oft gabelig verzweigtem Thallus *(thallose L.);* 2. Lebermoose, die in Stämmchen und Blätter (ohne Mittelrippe) gegliedert sind *(foliose L.).* Die Sporenkapsel der L. hat meistens keine ↑Columella, oft aber Schleuderzellen (↑Elateren).

Ein bekanntes Lebermoos ist das an feuchten Orten vorkommende Brunnenlebermoos.

Lebewesen: Als L. bezeichnet man alle Strukturen, die die Merkmale des ↑Lebens tragen. Man unterscheidet *Pflanzen* und *Tiere,* zu denen auch der ↑*Mensch* gehört.

Die einfachsten L. sind ↑Bakterien und ↑Blaualgen. Sie besitzen keinen Zellkern, wohl aber eine Erbinformation.

Pflanzen und Tiere gehen auf einen gemeinsamen Ursprung zurück, aus dem sie sich entwickelt haben. Pflanzen können sich, bis auf wenige Ausnahmen, von anorganischen Stoffen ernähren, sind also autotroph. Tiere brauchen für ihre Ernährung organische Substanz (↑heterotroph).

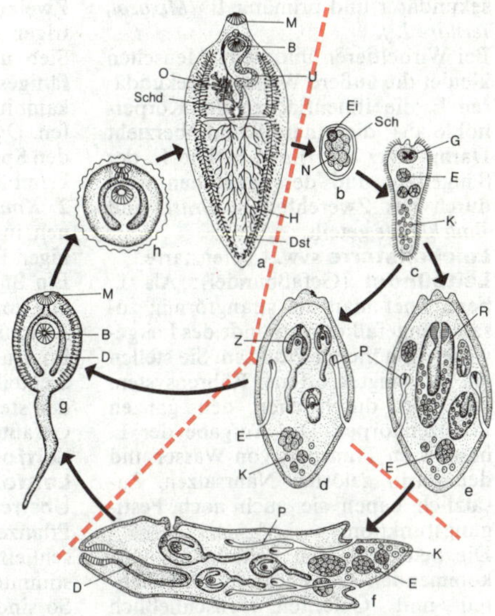

Abb. Leberegel: Entwicklungszyklus des Großen Leberegels; g–h–a zweigeschlechtige 1. Generation, b–c–d bzw. e eingeschlechtige 2. Generation, f eingeschlechtige 3. Generation (Redie in der Schneckenleber); a geschlechtsreifer Leberegel in Säugerleber, b zusammengesetztes Ei mit Nährzellen (N) und Schale (Sch), c Miracidium, d Sporozyste mit Zerkarien (Z), e Sporozyste mit Redien (R), f Redie, g ins Wasser ausgewanderte Zerkarie, h eingekapselter junger Leberegel, B Bauchsaugnapf, D Darm, Dst Dotterstock, E parthenogenetisch erzeugte Embryonen, G Gehirn, H Hoden, K Keimzelle, M Mundsaugnapf, O Ovarium, P Protonephridium, Schd Schalendrüse, U Uterus

Lederhaut:
◊ (Sklera, Sclera): Als L. bezeichnet man die weiße Augenhaut, die neben ↑Aderhaut und ↑Netzhaut den Augapfel umgibt (↑Auge). Sie bildet die derbe Bindegewebskapsel des Augapfels. Der Stoffwechsel der L. ist sehr träge, weshalb sie kaum durchblutet ist.
◊ (Corium): Die an die Oberhaut anschließende bindegewebige zweite Hautschicht (↑Haut). – Aus der tierischen L. wird durch Gerben Leder hergestellt.

Leerlaufhandlung: Hat Tieren der auslösende Reiz (↑Schlüsselreiz) für eine bestimmte Handlung längere Zeit gefehlt, führen sie die entsprechenden Bewegungen plötzlich ohne äußerlich erkennbaren Anlaß aus. Die fortlaufend produzierte Erregung hat sich gestaut und sprengt schließlich die innere Sperre.

Leguminosen svw. ↑Hülsenfrüchtler.

Leibesfrucht (Frucht): Aus dem befruchteten Ei (Zygote) entwickelt sich bei Säugetieren (Ausnahme: Schnabeltier, Schnabeligel) in der ↑Gebärmutter des weiblichen Tiers das Junge. Solange es sich im mütterlichen Körper befindet, spricht man von Leibesfrucht. – ↑auch Embryo, ↑Fetus.

Leibeshöhle: Als L. werden Hohlräume zwischen den Organen des tierischen und menschlichen Körpers bezeichnet.
Die *primäre L.* ist die Furchungshöhle (Blastozöl) des Blasenkeims (↑auch Keimesentwicklung).
Die *sekundäre L. (Zölom, Deuterozöl)* ist von einem Epithel ausgekleidet. Sie wird von den Ausfuhrgängen der Ausscheidungs- und Geschlechtsorgane sowie des Verdauungssystems durchbrochen.
Die sekundäre L. der Weichtiere enthält nur Herz, Ausscheidungs- und Geschlechtsorgane. Bei den Gliedertieren besteht sie aus segmental angeordneten Abschnitten *(Zölomkammern)* mit paarigen *Zölomsäckchen* oberhalb und unterhalb des Darms. Bei Blutegeln und Gliederfüßern werden die zunächst angelegten Zölomsäckchen wieder aufgelöst, und es entsteht ein einheitlicher Hohlraum aus

sekundärer und primärer L. *(Mixozöl, tertiäre L.).*
Bei Wirbeltieren und beim Menschen kleidet die äußere Wand der sekundären L. die Innenflächen der Körperhöhle aus; die innere Wand überzieht Darm, Herz und Lungen. Die L. der Säugetiere und des Menschen wird durch das Zwerchfell in *Brust-* und *Bauchhöhle* geteilt.

Leichenstarre svw. ↑Totenstarre.

Leitbündel (Gefäßbündel): Als L. bezeichnet man die strangförmig zusammengefaßten Verbände des Leitgewebes in höheren Pflanzen. Sie stellen ein verzweigtes, offenes Röhrensystem dar und durchziehen den ganzen Pflanzenkörper. Die Aufgabe der L. besteht im Transport von Wasser und den darin gelösten Nährsalzen. Zusätzlich haben sie auch noch Festigungsfunktion.
Die beiden in den Leitbündeln vorkommenden Gewebearten sind Siebteil und Gefäßteil, einschließlich Grundgewebe (Bast- und Holzparenchym) und Festigungselemente (Bast- und Holzfasern). Der *Gefäßteil (Holzteil, Xylem)* leitet das von den Wurzeln aufgenommene Wasser mit den darin gelösten Nährstoffen in den Gefäßen *(Tracheen* und *Tracheiden)* sproßaufwärts. Der *Siebteil (Bastteil, Phloem)* besteht aus langgestreckten *Siebröhren* mit siebartig durchbrochenen Querwänden *(Siebplatte)* und plasmareichen, kernhaltigen Geleitzellen. Dieser Gewebeteil übernimmt den Transport der gelösten, in den Blättern gebildeten organischen Stoffe zu den Verbrauchszentren.
Die L. sind meist von einer Leitbündelscheide aus ↑Festigungsgewebe *(Sklerenchym)* umgeben. Je nach räumlicher Anordnung der beiden Leitbündelanteile unterscheidet man:
1. *Kollaterale L.* kommen in den meisten Sprossen und Blättern vor. Hier liegen Sieb- und Gefäßteil nebeneinander. Grenzen in kollateralen Leitbündeln Sieb- und Gefäßteil direkt aneinander, werden sie als geschlossen bezeichnet. *Geschlossene kollaterale L.* kommen in Sprossen von einjährigen Zweikeimblättrigen und Einkeimblättrigen sowie in Blättern vor. Werden Sieb- und Gefäßteil durch ein teilungsfähiges Bildungsgewebe (Leitbündelkambium) getrennt, nennt man sie offen. *Offene kollaterale L.* findet man in den Sprossen aller mehrjährigen Zweikeimblättrigen.
2. *Konzentrische L.* kommen bei Farnen, in ↑Rhizomen und in Stämmen einiger Einkeimblättriger Pflanzen vor. Ein Bündelanteil wird hier mantelförmig vom anderen umschlossen.
3. *Radiale L.* kommen in Wurzeln vor. Im Querschnitt betrachtet, liegen die Siebteile hier in den Buchten zwischen den sternförmig (radial) angeordneten Gefäßteilen. – Siehe auch Abb. S. 286.

Leitformen ↑Charakterart.

Leitfossilien: Die versteinerten Überreste einiger ausgestorbener Pflanzen- oder Tierarten sind ausschließlich und massenhaft nur in bestimmten Gesteinsschichten zu finden. So sind z. B. ↑Ammoniten kennzeichnend für Ablagerungen aus dem Erdzeitalter Jura.

Leitpflanzen: Unter L. versteht man Pflanzenarten, die ein bestimmtes Gebiet oder eine Pflanzengesellschaft kennzeichnen. Als Leitpflanze ist z. B. der Glatthafer auf Talwiesen anzusehen. Eine bestimmte Gruppe der L. sind die ↑Bodenanzeiger.

Lemuren (Makis): Auf Madagaskar verbreitete Gruppe der Halbaffen (↑Affen).

Lentizellen (Korkporen): Luftdurchlässige, nach außen warzenförmige Erhebungen bildende Kanäle im Korkmantel der Sproßachse von Holzgewächsen. Sie dienen dem Gasaustausch der Pflanze mit der Außenluft. L. werden im Korkkambium unter den Spaltöffnungen angelegt, deren Aufgabe sie übernehmen.

Leptotän: Erstes Stadium der ersten Prophase der ↑Meiose. Die ↑Chromosomen werden als langgestreckte, dünne Fäden sichtbar.

Lernen: Jeder Lernvorgang (beim Menschen wie auch bei Tieren) beruht letztlich auf einer Veränderung in Nervenzellen, die spätere Erregungsabläu-

fe im gesamten Nervensystem eines Tiers und damit sein Verhalten lenkt. Art, Anzahl und Verknüpfung der Nervenzellen legen das Ausmaß der Merk- und Lernfähigkeit fest.
Voraussetzung für jede Art von L. ist das mehr oder weniger gut entwickelte ↑Gedächtnis. Die ↑*Prägung* ist gekennzeichnet durch eine kurze, sensible Phase, extrem rasches L. und das lebenslange Behalten des Gelernten. Auch die *Gewöhnung* an Gegebenheiten der Umwelt ist Lernen. – Beim *Assoziationslernen* werden bedingte ↑Reflexe gebildet; hierzu wäre u. a. in der Natur die Selbstdressur durch Versuch und Irrtum zu rechnen. Durch *Nachahmung* werden Gewohnheiten oder Traditionen von Generation zu Generation weitergegeben.
Höhere Lernleistungen sind das *Abstrahieren* oder *Zählen* und die *Einsicht* (Intelligenz), die man umschreiben könnte als die Fähigkeit, komplexe Situationen nicht auf dem Umweg über Versuch und Irrtum, sondern durch Erfassen der Zusammenhänge und planmäßiges Handeln zu meistern.
Bei Tieren ist das Lernvermögen gewöhnlich auf die Jugendzeit beschränkt. Nur beim Menschen bleibt die Lernbereitschaft bis ins Greisenalter erhalten.
Oft täuscht ein langsames Hineinwachsen in angeborene Verhaltensweisen ein L. vor. So fliegen z. B. junge Tauben, die ihre Flügel nie gebrauchen konnten, ab einem bestimmten Alter fast ebenso gut wie gleichaltrige freie Kontrolltiere.

lesbische Liebe: Weibliche ↑Homosexualität.

Letalfaktoren: ↑Allele eines ↑Gens, die zum Absterben eines Lebewesens führen, bevor es fortpflanzungsfähig geworden ist. Sind beide Eltern Träger eines Letalfaktors, führt das in den meisten Fällen nach der Befruchtung zum Tode des Embryos.

Leuchtbakterien ↑Biolumineszenz.

Leuchtkäfer: Die geflügelten Männchen und die madenartigen Weibchen *(Glühwürmchen)* der L., ebenfalls die Larven, besitzen an der Unterseite des Hinterleibs ↑Leuchtorgane, deren grünlich phosphoreszierendes Leuchten die Geschlechter zusammenführt. In Deutschland sind die Tiere um Johannis (24. Juni) geschlechtsreif. Daher auch der Name *Johanniskäfer.*

Leuchtorgane (Photophoren): Viele Tiefseetiere und einige Insekten (Leuchtkäfer) haben L. entwickelt, in denen sie durch ↑Biolumineszenz Licht erzeugen. Sie sind z. T. mit Linsen, Reflektoren und Pigmenten ausgestattet und sollen Beutetiere oder Geschlechtspartner anlocken oder Feinde abschrecken.

Leucin: L. ist eine essentielle ↑Aminosäure. Als L-Leucin ist sie Bestandteil der Eiweiße in allen Organismen.

Leukämie: Eine bösartige Erkrankung des die weißen Blutkörperchen bildenden Gewebes in Knochenmark, Milz und Lymphknoten. Dabei werden massenhaft funktionsuntüchtige Leukozyten in die Blutbahn ausgeschwemmt.

Leukoplasten: Farblose, photosynthetisch inaktive ↑Plastiden. L. befinden sich meist in den Speicherorganen der Pflanzen (besonders als Stärkebildner und -speicher: *Amyloplasten*).

Leukozyten svw. ↑weiße Blutkörperchen.

Leydig-Zwischenzellen (Hodenzwischenzellen): In den ↑Hoden liegen zwischen den Hodenkanälchen Zellgruppen, die die männlichen ↑Geschlechtshormone (Androgene) erzeugen. Diese L.-Z. werden von der Hypophyse (↑Hirnanhangsdrüse) gesteuert.

Lezithine: L. sind wichtige Bestandteile aller Zellen bzw. der Zellmembranen. Sie kommen oft an Eiweiße gebunden oder frei vor und sind besonders reichlich im Eidotter, in Hülsenfrüchten, Pilzen, Hefen sowie im Hirn- und Nervengewebe vorhanden. L. sind bedeutungsvoll für die Enzymaktivierung an Zellmembranen sowie als Phosphatüberträger bei Stoffwechselvorgängen. Sie sorgen für den Fettabtransport aus der Leber.
Chemisch zählen die L. zu den ↑Phospholipiden mit Cholin als organischer Base. L. sind Triglyceride, wo-

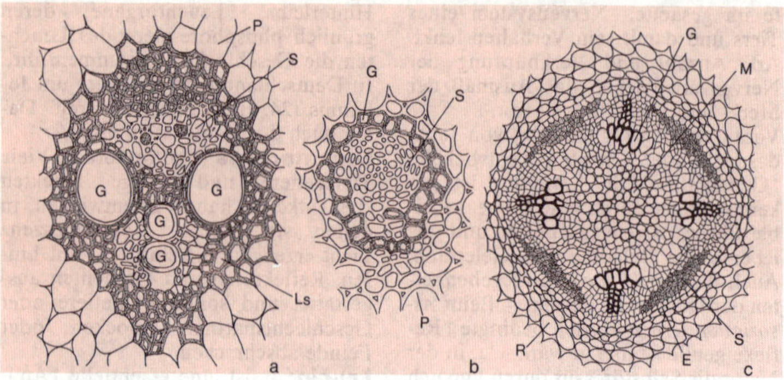

Abb. Leitbündel (Querschnitte): a kollaterales Leitbündel (Mais), b konzentrisches Leitbündel (Maiglöckchen), c radiales Leitbündel (Bohne), E Endodermis, G Gefäße des Xylems, Ls Leitbündelscheide, M Mark, P Parenchym, R Rinde, S Siebteil

bei 2 Hydroxylgruppen des Glycerins mit höheren Fettsäuren (Palmitin-, Stearin-, Öl- oder Linolsäure), die dritte Hydroxylgruppe jedoch mit Phosphorsäure verestert sind. Das Cholin hängt esterartig an der Phosphorsäure.

LH: Abk. für: ↑luteinisierendes Hormon.

Lianen svw. ↑Kletterpflanzen.

Lias: Ein Unterabschnitt des Juras im Erdmittelalter (Mesozoikum); ↑Erdzeitalter.

Libellen (Wasserjungfern): Es gibt rund 4700 Libellenarten, davon kommen in Deutschland etwa 80 vor. Die etwa 2–15 cm langen, schlanken, farbenprächtigen Insekten leben an Gewässern. Sie sind gewandte, sehr schnelle Flieger (Fluggeschwindigkeit bis 50 Stundenkilometer).

Die vier häutigen, netzadrigen Flügel werden in Ruhe bei den Großlibellen seitlich vom Körper abgespreizt, bei den Kleinlibellen über den Körper zusammengeklappt.

L. machen im Flug Jagd nach anderen Insekten. Bei der Paarung bilden sie ein „Rad", indem das Männchen mit seinem Hinterleibsende das Weibchen hinter dem Kopf festhält und dieses wiederum sein Hinterleibsende beim Männchen an ein Begattungsorgan (Samentasche) an der Unterseite des zweiten Hinterleibssegments ansetzt. Die Eier werden ins Wasser oder an Wasserpflanzen abgelegt.

Lichtblatt: Viele dorsiventrale Blätter von Laubbäumen lassen eine starke Abhängigkeit vom Licht erkennen. Die Lichtblätter der äußeren Laubkrone auf der sonnigen Südseite *(Sonnenblätter)* haben im Gegensatz zu ↑Schattenblättern höhere und manchmal sogar in mehreren Schichten übereinandergeordnete Palisadenzellen (Palisadengewebe; ↑Laubblatt).

Lichtkeimer: L. sind solche Pflanzen, deren Keimung durch bestimmte Spektralbereiche (630–680 nm) des Lichts gefördert wird. Für die Abhängigkeit der Keimung vom Licht sind Temperatur, Alter und Quellungsgrad des Samens und bestimmte reversible Photoreaktionen der Phytochrome verantwortlich.

Zu den Lichtkeimern zählen u. a. Tabak, Gartenkresse und Blutweiderich. – Gegensatz: ↑Dunkelkeimer.

Lichtreaktion (Photoreaktion): Die L. ist die lichtabhängige, also photochemische Reaktion der ↑Photosynthese.

Lichtsinn: Fast alle Lebewesen reagieren in irgendeiner Weise auf Licht. Bei Tieren und beim Menschen sind spezielle *Lichtsinneszellen* ausgebildet, die durch einen bei Licht erfolgenden

chemischen Prozeß im Sehpigment (z. B. im Sehpurpur) Licht in elektrische Impulsmuster umwandeln. Beim Menschen sind 10 Lichtquanten nötig, um eine gerade noch wahrnehmbare Lichtempfindung auszulösen.
Lichtsinneszellen können über die ganze Körperoberfläche verteilt oder an bestimmten Stellen, den ↑Lichtsinnesorganen, angereichert sein. Hilfsstrukturen (Linsen, Irisblenden, Pigmente) verbessern die Lichtaufnahme und die Bildschärfe erheblich. Dadurch ist eine hervorragende Orientierung in der Umwelt möglich.

Lichtsinnesorgane: L. ermöglichen dem Tier eine Orientierung in der Umwelt mit Hilfe des Lichts.
Die einfachsten L. gestatten nur ein ↑Helldunkelsehen. Bei Mehrzellern sind dies in der Regel *Einzelzellen* ohne Abschirmung (z. B. Lichtsinneszellen in der Haut des Regenwurms). Einzeller nehmen Lichtreize mit Hilfe eines roten *Augenflecks* auf, der in seltenen Fällen eine Linse aus Plasma besitzt.
Werden die Lichtsinneszellen durch Pigmentzellen ein- oder mehrseitig abgeschirmt, können sie die Einfallsrichtung des Lichts feststellen *(Richtungssehen);* z. B. *Pigmentbecherozellen* beim Lanzettfischchen (Branchiostoma) oder bei der Planarie. Das Bild- und Entfernungssehen wird erst mit dem lichtschwachen Lochkameraauge und den hochentwickelten Linsenaugen möglich (↑Augen).

Ligament:
◊ Bänder (Ligamente) aus kollagenem Material dienen bei den höheren Wirbeltieren und beim Menschen als Verstärkungsbänder für die Gelenkkapseln, als Führungsbänder bei Bewegungen oder als Hemmungsbänder zur Einschränkung der Beweglichkeit.
◊ Die beiden Schalenklappen von Muscheln sind durch ein horniges, bandförmiges L. miteinander verbunden. Erschlaffen die Schließmuskeln, läßt das L. die Schalen aufklappen.

Lignin: Mit ca. 30 % ist L. neben ↑Zellulose und ↑Hemizellulose am Aufbau des Holzes beteiligt.
Chemisch ist L. eine hochpolymere Verbindung, die aus dem Kohlenhydratstoffwechsel stammt. Vorstufe des Lignins sind die ↑Aminosäuren Phenylalanin und Tyrosin.
Höhere Pflanzen können das L. nicht abbauen, dagegen sind eine Reihe von Mikroorganismen dazu in der Lage. Der Ligninabbau zu braunen Humusstoffen spielt bei der Torfbildung eine Rolle.

Ligula svw. ↑Blatthäutchen.

limbisches System: Dieses Randgebiet zwischen Großhirn und Hirnstamm (↑Gehirn) hat Nervenverbindungen zum ↑Hypothalamus, ↑Thalamus, einigen Gebieten des Mittelhirns und des Großhirns (Mandelkerne, Ammonshorn im Schläfenlappen) sowie zu weiteren Hirnbereichen.
Das limbische System beeinflußt die hormonale Steuerung und das vegetative (autonome) Nervensystem. Gefühlsmäßige Reaktionen auf Umweltreize gehen vom limbischen System aus (z. B. Angriffs-, Abwehr- und Sexualverhalten). Es wird durch Schmerz, Infektionen, Überanstrengungen und Verletzungen stark angeregt, so daß diese Erscheinungen über das limbische System auf die einzelnen Organe oder die Hormonsteuerung wirken können.

Limnion ↑Gewässerregionen.

Limnologie (Seenkunde): Die L. befaßt sich mit der Erforschung der Seen und ist ein Zweig der Gewässerkunde.

Limnopelagial ↑Gewässerregionen.

Limnoplankton ↑Plankton.

Linienzüchtung: Ein Verfahren, das mit Hilfe der Inzucht im Laufe mehrerer Generationen zu genetisch sehr gleichartigen Individuen (einer *reinen Linie*) führt. Die solchermaßen gezüchteten Pflanzen oder Tiere besitzen die erwünschten Eigenschaften im besonderen Maße. Man kann auch die Angehörigen verschiedener Linien miteinander kreuzen und erreicht so in günstigen Fällen eine ↑Bastardwüchsigkeit.

Linolsäure: Eine ungesättigte Fettsäure; Summenformel: $C_{17}H_{31}COOH$. L. kommt besonders reichlich in eini-

gen pflanzlichen Ölen vor, z. B. im Leinöl. Sie zählt zu den essentiellen ↑Fettsäuren, d. h., sie kann im Körper des Menschen und der anderen Säugetiere nicht aufgebaut werden.
In der Literatur bezeichnet man die L. zusammen mit der *Linolensäure* als *Vitamin F* (↑auch Vitamine).

Linsenaugen: Als L. bezeichnet man ↑Augen, die eine Linse als lichtbrechenden Apparat besitzen. L. haben Kopffüßer und Schnecken sowie die Wirbeltiere.

Lipasen: Die L. gehören zur Enzymgruppe der Esterasen, die nahezu alle Carbonsäureester spalten. Sie sind in der Natur weit verbreitet und kommen in fast allen lebenden Zellen vor, wo sie die Spaltung der Fette in Glycerin und Fettsäuren unter Wassereinlagerung katalysieren. L. finden sich besonders reichlich in der Darmwand, Bauchspeicheldrüse und Leber.

Lipide: Unter der Bezeichnung L. faßt man eine Gruppe von Naturstoffen zusammen, die zwar in ihrer chemischen Struktur sehr unterschiedlich sind, die jedoch in ihren physikalisch-chemischen Eigenschaften und ihren biologischen Funktionen große Gemeinsamkeiten aufweisen.
Grundsätzlich unterscheidet man solche L., die in ihrem Molekül Fettsäuren enthalten, wie ↑Fette, Wachse, ↑Lipoide (komplexe Lipide) und Phosphatide, und solche ohne Fettsäuren (↑Steroide und ↑Karotinoide). Letztere können nur im pflanzlichen Organismus synthetisiert werden und sind für den tierischen Organismus ↑Vitamine.
Die L. sind im tierischen und pflanzlichen Organismus weit verbreitet und in fast allen Zellen zu finden.

Lipochrome ↑Karotinoide.

Lipoide: L. sind komplexe ↑Lipide und stellen eine vielfältige Stoffgruppe dar. Sie kommen in jeder Körperzelle vor, wobei sie besonders im peripheren und zentralen Nervengewebe angereichert sind.
Die L. unterteilen sich wieder in zwei große Gruppen: die Glycerinphosphatide und die Glykolipide. Die bekanntesten *Glycerinphosphatide* sind die ↑Lezithine.
Die *Glykolipide,* die in *Zerebroside* und *Ganglioside* unterteilt werden, sind phosphatfreie Substanzen, die v. a. im Gehirn, aber auch in anderen Geweben vorkommen.

Lipoproteide: L. sind Eiweiß-Lipoid-Komplexe von großer physiologischer Bedeutung. Wir finden sie im Blutplasma, in den Zellmembranen, in Mitochondrien, ferner z. B. auch im Eidotter. Im Blutplasma kommen sie v. a. in den Globulinen vor, wo sie als Transportmittel für Fette, Fettsäuren und Cholesterin dienen.

Lippen:
◊ (Labien): L. sind paarige, bewegliche, weiche Verdickungen oder paarige Hautfalten am Mundrand besonders der Säuger und des Menschen.
Die *L. des Menschen* sind drüsenreich (außen Talg- und Schweißdrüsen, innen Mundschleimhaut mit Speicheldrüsen). Sie werden von verschiedenen Muskeln durchzogen und sind stark durchblutet (Lippenrot!). Beim menschlichen Säugling tragen die L. innen einen feinen Zottensaum, der die Haftung an der Brustwarze verbessert.
Die L. dienen dem Saugakt und dem Erfassen der Nahrung. Sie gestalten ferner Mimik und Lautäußerungen mit.
◊ Als Oberlippe *(Labrum)* und Unterlippe *(Labium)* werden Teile der Insektenmundwerkzeuge (↑Mundwerkzeuge) bezeichnet.
◊ Bei Lippenblütlern werden Teile der ↑Blüte Ober- und Unterlippe genannt.

Lippenblütler (Labiaten): Die L. bilden eine weltweit verbreitete Pflanzenfamilie mit rund 200 Gattungen und über 3 000 Arten. Es sind Kräuter oder Sträucher mit meist vierkantigem Stengel und kreuzgegenständigen Zweigen und/oder Blättern. Die Blüten *(Lippenblüten)* sind dorsiventral gebaut. Sie bestehen aus einem zweiteiligen Kelch, einer langen, zweiteiligen Krone, zwei längeren und zwei kürzeren Staubblättern und einem Griffel mit zweiteiliger Narbe. Der oberständige

Fruchtknoten entwickelt sich zu vier einsamigen Nüßchen.
Zu den Lippenblütlern gehören viele Heil- und Gewürzpflanzen, z. B. Melisse, Salbei, Lavendel, Thymian, Majoran, Rosmarin.

Liquor (Liquor cerebrospinalis) svw. ↑ Zerebrospinalflüssigkeit.

Litoral ↑ Gewässerregionen.

Lobenlinie: An Versteinerungen von Ammoniten erkennt man eine gewundene bis gezackte Verwachsungslinie der Scheidewände der Gehäusekammern mit der äußeren Gehäusewand. An dieser L. unterscheidet man als *Sättel* die Ausbuchtungen in Richtung Gehäusemündung von den in entgegengesetzter Richtung angelegten, als *Loben* bezeichneten Ausbuchtungen.

Lochkameraauge: Der Kopffüßer Nautilus und einige Schnecken besitzen Lochkameraaugen. Die Netzhaut dieser ↑ Augen hat sich blasenförmig unter die Haut gesenkt. Vorn bleibt ein kleines Loch offen, durch das Licht in den sekretgefüllten Hohlraum eintreten kann.

Lockstoffe: ↑ Duftstoffe, die im Tierreich zur Anlockung des Geschlechtspartners benutzt werden.

Lokomotion ↑ Fortbewegung.

lophotrich ↑ peritrich.

LSD (Lysergsäurediäthylamid): Ein Abkömmling (Derivat) der *Lysergsäure,* die als natürlicher Bestandteil der Mutterkornalkaloide vorkommt. LSD ist ein weißes, kristallines Pulver. Schon geringe Dosen (0,5–1,5 µg/kg Körpergewicht) rufen bewußtseinsverändernde, langandauernde (6–12 Std.) Wirkungen hervor: Halluzinationen, intensiver wahrgenommene Sinnesempfindungen, heitere, ruhige, friedvolle Stimmungen; charakteristisch für die LSD-Wirkung sind ferner die Fehleinschätzung der eigenen Fähigkeiten, das Fehlen jeglicher objektiven Urteilskraft sowie angstvolle, grauenhafte Rauscherlebnisse (sog. Horrortrips). Die Rauscherlebnisse können sich seltsamerweise nach Wochen wiederholen, ohne daß die Droge erneut eingenommen wurde *(Echorausch, Flash-back).*
LSD wird häufig als ↑ Rauschgift (in Pillen- oder Pulverform) mißbraucht und führt zur seelischen Abhängigkeit. Obwohl keine körperliche Abhängigkeit und keine körperlichen Entzugserscheinungen auftreten, können doch seelische und körperliche Schäden (LSD verursachte in Tier- und Pflanzenversuchen Chromosomenbrüche, löst also Mutationen aus) nicht ausgeschlossen werden.

LTH: Abk. für: ↑ luteotropes Hormon.

Lues svw. ↑ Syphilis.

Luftpflanzen svw. ↑ Epiphyten.

Luftröhre (Trachea): Die L. führt den ↑ Lungen die Atemluft zu. Sie verzweigt sich in die beiden Bronchien und bei den Säugern weiter in die Bronchiolen. Knorpelspangen (bei Vögeln Knorpelringe) verstärken sie. Innen ist sie mit einem Flimmerepithel ausgekleidet, das Staubteilchen und Bakterien mit Schleim zum Kehlkopf befördert, wo er abgehustet wird. Der Kehldeckel verhindert, daß Speisen beim Schlucken in die L. gelangen.

Luftverschmutzung: Die wichtigsten Quellen der durch den Menschen verursachten L. stellen die Abgase aus der Industrie, den privaten Heizungen und den Kraftfahrzeugen dar. Die Schmutzstoffe der Luft enthalten u. a. über 20 verschiedene Metalle, viele organische Verbindungen, Kohlenmonoxid und Schwefeldioxid.
Unter den verunreinigenden Schwebstoffen der Luft liefern die ↑ *Aerosole* einen erheblichen und wichtigen Anteil, wie z. B. Zementstaub, Flugasche, Quarz- und Asbeststaub, Ölrauch, Tabakrauch und radioaktive Aerosole. Für den lebenden Organismus sind diejenigen Aerosole besonders gefährlich, die auf Grund ihrer geringen Teilchengröße in die Lungenbläschen gelangen. Auf diese Weise wird unsere Lunge und damit unser ganzer Körper mit Stoffen wie 3,4-Benzpyren (krebserzeugend), Arsen, Beryllium, Cadmium, Blei (Autoabgase), Selen, Thallium, Uran, Asbest, Chrom, Quecksilber verseucht, was zu erheblichen akuten und chronischen Vergiftungen führen kann.

Durch bestimmte Wetterlagen, die eine rasche Verteilung der verunreinigten Luft verhindern *(Inversion),* kann die Konzentration an Schmutzpartikeln auch ohne vermehrte Zufuhr der erzeugten Abgase stark erhöht werden. Dies führt in den Industrieballungsgebieten zu dem gefürchteten *Smog.*

Luftwurzeln: L. sind oberirdisch auftretende sproßbürtige Wurzeln verschiedener Pflanzen. Im Gegensatz zu den Erdwurzeln dringen sie meist nicht in den Erdboden ein. L. haben unterschiedliche Funktionen als Haftwurzeln (↑Haftorgane), ↑Atemwurzeln und ↑Stelzwurzeln. Bei den ↑Epiphyten dienen sie der Befestigung und der Wasser- und Nährstoffversorgung der Pflanze.

Lunge: Die L. stellt das paarige ↑Atmungsorgan der Lurche, Reptilien, Vögel und Säuger dar. Entwicklungsgeschichtlich entsteht die L. aus Blindsäcken des Vorderdarms. Sie tritt erstmals bei den *Lungenfischen* auf.

Die Atemluft wird der L. durch die ↑Luftröhre (Trachea) und weiter durch die ↑Bronchien zugeführt.

Lurche haben einfache, sackförmige Lungen, die bei *Molchen* glattwandig, sonst schwach gekammert sind. Die Atemluft wird meist durch Druckpumpenwirkung der Mundhöhle in die L. hineinbefördert. *Kriechtiere* besitzen bereits stark gekammerte Lungen mit Lungenbläschen. Bei *Schlangen* ist die rechte L. stark verlängert.

Säuger und *Mensch* haben sehr stark gekammerte Lungen. Beim Menschen sind sie kegelförmig und füllen fast den gesamten Brustraum aus. Die linke L. ist in 2, die rechte in 3 *Lungenlappen* (Lobi) unterteilt.

Bei vielen Säugern und beim Menschen ist die Lunge in viele *Läppchen* (Lobuli; ca. 1–1,5 cm im Durchmesser) mit traubig angeordneten *Lungenbläschen (Alveolen)* aufgegliedert (s. Abb.). Die rund 300 bis 450 Mill. Lungenbläschen beider Lungen haben jeweils einen Durchmesser von ca. 0,2 mm. Ihre Gesamtoberfläche beträgt etwa 80–120 m². Sie sind von einem stark verzweigten Kapillarnetz umgeben, das eine Fläche von rund 300 m² bedeckt.

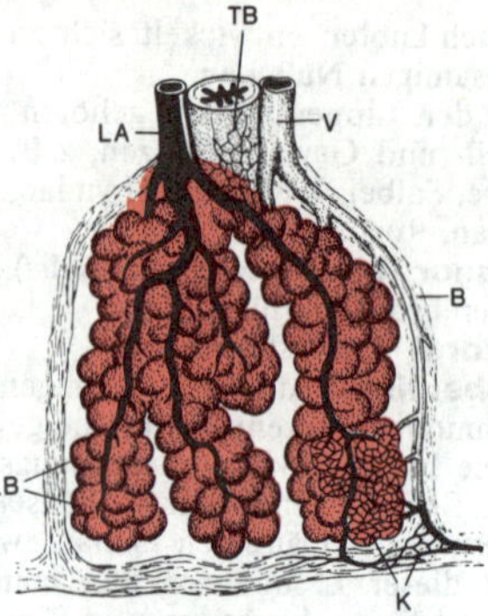

Abb. Lunge: Lungenläppchen einer Säugetierlunge; B Bindegewebe, K Kapillargefäße, LA Lungenarterie, LB Lungenbläschen, TB Terminalbronchus, V Vene

Aus den Lungenbläschen tritt Sauerstoff auf Grund seines höheren Partialdrucks durch die Kapillarwand ins Blut, während gleichzeitig Kohlendioxid aus dem gleichen Grund vom Blut in die Alveolen abgegeben wird. Dieser Gasaustausch wird als äußere ↑Atmung bezeichnet.

Die Wandung zwischen dem Kapillarnetz der Alveolen enthält sog. Nischenzellen. Sie können Bakterien, Staub u. dgl. durch ↑Phagozytose aufnehmen und verarbeiten.

Die Lungen sind vom *Lungenfell* umgeben und liegen im Brustraum, der vom *Brustfell* ausgekleidet ist. Zwischen Lungen- und Brustfell befindet sich ein dünner Flüssigkeitsfilm. Beim Atemvorgang wirkt er als Schmierfilm, so daß Lungen- und Brustfell aneinander vorbeigleiten können. In dem Spalt herrscht ein Vakuum. Wird es durch eindringende Luft zerstört, fällt die Lunge durch den elastischen Zug ihrer gespannten Fasern zusammen *(Pneumothorax).*

Vogellungen werden nicht mit Luft gefüllt, sondern von der Luft durchströmt. Die Luftröhrenästchen verzweigen sich bei diesen leistungsfähigsten L. immer weiter, bis sie feinste, dünnwandige und stark durchblutete Röhrchen, die *Lungenpfeifen,* bilden. In ihnen findet der ↑Gasaustausch statt. Die durchströmende Luft wird in *Luftsäcken,* die in Röhrenknochen und zwischen den Eingeweiden liegen, gesammelt und beim Ausatmen durch die Lungenpfeifen zurückgeschickt. – ↑auch Atmung.

Lungenbläschen (Alveolen): Die Luftröhre verzweigt sich bei Säugern und einigen Reptilien in immer kleinere Ästchen, deren feinste Ausläufer die L. tragen. Diese sind von einem feinen Kapillarnetz umgeben. Aus diesen Kapillaren tritt Kohlendioxid in die L. und Sauerstoff aus den L. in das Blut der Kapillaren über (↑Gasaustausch, ↑Atmung). Vögel haben keine blind endenden Lungenbläschen. Bei ihnen wird die ↑Lunge von der Luft durchströmt.

Lungenentzündung (Pneumonie): Man unterscheidet zwei Arten von Lungenentzündung: Die *gewöhnliche L.* wird von Bakterien (Strepto-, Staphylokokken) verursacht und befällt immer einen ganzen Lungenlappen (↑Lunge). Im Verlauf der Krankheit füllen sich die Lungenbläschen mit Blut und Gerinnungsstoffen, die als zähflüssiger Auswurf ausgehustet werden. In diesem Stadium tritt schon lebensbedrohende Atemnot ein.
Die von Bakterien hervorgerufene L. kann erfolgreich mit ↑Antibiotika behandelt werden. Besonders gefährdet sind nur Greise und Säuglinge.
Die *herdförmige L.* geht von Entzündungsherden in der Nähe der Bronchien aus. Sie entsteht in der Folge anderer Krankheiten wie Erkältungen, Masern, Keuchhusten u.a.

Lungenfell ↑Lunge.

Lungenfische: Von den seit dem Unterdevon bekannten Lungenfischen leben heute noch sechs Arten in oft zeitweise austrocknenden Süßgewässern Australiens, Afrikas und Südamerikas. Es sind Knochenfische mit Kiemen- und Lungenatmung. – ↑auch Lunge.

Lungenkreislauf: Der Teil des ↑Blutkreislaufs, der das vom Körper kommende venöse Blut von der rechten Herzkammer über die Lungenarterien in die Lunge und von dieser über die Lungenvenen wieder zurück zum Herzen (in den linken Herzvorhof) führt.

Lungenläppchen (Lobuli) ↑Lunge.

Lungenpfeifen ↑Lunge.

Lungenschnecken: Bei den L. dient die ein Blutgefäßnetz aufweisende, verschließbare Mantelhöhle als Lunge. Meist haben diese Schnecken ein gut entwickeltes Gehäuse. Man kennt rund 35 000 Arten, die sich in die beiden Ordnungen der Landlungenschnecken (z. B. Weinbergschnecke) und Wasserlungenschnecken (z. B. Schlammschnecken) gliedern lassen.

Lungentuberkulose: Die ↑Tuberkulose ist in rund 90% der Erstinfektionen eine Erkrankung der Lunge.

Lungenvenen: Die L. führen das sauerstoffreiche arterielle (!) Blut aus den Lungen in den linken Vorhof des Herzens. – ↑auch Blutkreislauf.

Lurche (Amphibien): Die L. sind wechselwarme, 1 cm bis maximal über 1,5 m lange, meist vierfüßige Wirbeltiere (Klasse der Anamnioten) mit drüsenreicher Haut und regelmäßigen Häutungen. Man kennt über 3 000 Arten, die sich in Blindwühlen, ↑Schwanzlurche und ↑Froschlurche gliedern lassen.
Die L. leben überwiegend im und am Wasser, wobei sich die Begattung und die Ei- und Larvenentwicklung fast stets im Wasser vollziehen. Eine Ausnahme bildet z. B. der Alpensalamander. Manche Arten treiben ↑Brutpflege, einige sind lebendgebärend. Die Larven (↑Kaulquappe) besitzen innere oder äußere Kiemen; die erwachsenen Tiere haben Lungen.
Als älteste Landwirbeltiere, die von den ↑Quastenflossern abzuleiten sind, kennt man L. schon aus dem Devon.

luteinisierendes Hormon (Abk.: LH): Ein Gonadotropin des Hypophysenvorderlappens (↑Geschlechtshormone), das im weiblichen Geschlecht (LH genannt) und im männlichen Geschlecht (ICSH genannt) das Wachstum der interstitiellen Zellen des Eierstocks bzw. des Hodens fördert. Zusammen mit dem ↑follikelstimulierenden Hormon bewirkt es bei ♀♀ die Sekretion von Östrogenen, den ↑Follikelsprung und die Bildung des ↑Gelbkörpers, bei ♂♂ regt es die Bildung von ↑Androgenen an.

luteotropes Hormon (Abk.: LTH; Luteotropin, Luteomammotropin, Laktotropin, Prolaktin): Ein Gonadotropin (↑Geschlechtshormone) des Hypophysenvorderlappens, das den ↑Gelbkörper funktionsfähig erhält und zusammen mit den ↑Follikelhormonen und ↑Progesteron die Entwicklung der Milchdrüsen sowie die Milchbildung fördert. Bei bestimmten Wirbeltieren löst es die Brutpflegeinstinkte aus.

Luteotropin svw. ↑luteotropes Hormon.

lymphatisches Gewebe (lymphoretikuläres Gewebe): Das lymphatische Gewebe ist die Bildungsstätte der Lymphozyten (↑weiße Blutkörperchen). Es stellt ein von Lymphozyten durchsetztes retikuläres Bindegewebe dar.

Aus lymphatischem Gewebe bestehen die sog. *lymphatischen Organe* wie Lymphknoten (↑Lymphgefäßsystem), ↑Milz, ↑Thymusdrüse und ↑Mandeln. Es kommt ferner inselförmig als *Lymphknötchen* in zahlreichen Schleimhäuten vor.

lymphatisches System (Lymphsystem): Besteht aus dem ↑Lymphgefäßsystem und den lymphatischen Organen (↑lymphatisches Gewebe).

Lymphe: L. ist eine klare, blutplasmaähnliche Körperflüssigkeit bei Wirbeltieren (einschließlich Mensch). Sie enthält Eiweiße und Lymphozyten (↑weiße Blutkörperchen), die in den lymphatischen Organen entstehen und Abwehrfunktionen besitzen.

Die L. versorgt die Gewebe mit Nahrungsstoffen und entfernt nicht verwertbare Stoffe. Die *Darmlymphe* (↑Chylus) enthält die aus dem Dünndarm stammenden Fette.

Beim Menschen werden täglich rund 2 Liter Lymphe gebildet und durch das ↑Lymphgefäßsystem, v.a. über den Milch-Brust-Gang, in das Venensystem zurückgeführt.

Lymphgefäße ↑Lymphgefäßsystem.

Lymphgefäßsystem: Im wesentlichen ein Abflußsystem zur Ableitung der Zwischenzellflüssigkeit bzw. der ↑Lymphe. Es stellt neben dem Blutgefäßsystem ein zweites Röhrensystem dar, das in der Körperperipherie mit einem dichten Netzwerk von *Lymphkapillaren* beginnt. Die Lymphkapillaren, die mit Endothelzellen ausgekleidet sind, beginnen gewebsseitig blind und führen über Leitgefäße, die zur Festlegung der Strömungsrichtung mit Klappen ausgestattet sind, in größere Transportgefäße von venenähnlichem Wandaufbau. Diese *peripheren Lymphgefäße* führen die Lymphe in einer den Venen parallelen Richtung über Sammelgefäße (zentrale *Lymphstämme*) in das Venensystem des ↑Blutkreislaufs. Der größte Lymphstamm ist der *Milch-Brust-Gang,* welcher den Brustraum durchzieht und zusammen mit dem *Halslymphstamm* in die linke Schlüsselbeinvene mündet.

Die *Fortbewegung der Lymphe* wird v.a. durch rhythmisches Sichzusammenziehen der mit glatter Muskulatur versehenen Lymphgefäßwände bewirkt. Auch die Skelettmuskulatur spielt hier eine Rolle, dadurch daß sie wechselnden Druck auf die Gefäße ausübt.

In das L. sind die *Lymphknoten* eingebaut. Es sind 0,2 bis 2 cm große, oft bohnenförmig aussehende und von einer bindegewebigen Kapsel umgebene Gebilde. Im Mark der Lymphknoten ist das lymphatische Gewebe zu Markstreifen angeordnet. Die peripheren Lymphgefäße treten durch die Kapsel in den Lymphknoten ein. Die zugeführte Lymphe fließt dann durch besondere Lymphbahnen zu den weniger zahlreichen und größeren *abführenden Lymphgefäßen*. Lymphknoten sind Abfangfilter mit der Fähigkeit zur ↑Phagozytose. Sie sind ferner zur Produktion von Lymphozyten (↑weiße Blutkörperchen) und zur Teilnahme an ↑Immunreaktionen befähigt.

Bei Entzündungsprozessen schwellen Lymphknoten an, werden heiß und sind druckempfindlich. Die Lymphgefäße werden daher als rote und meist druckempfindliche Streifen sichtbar. – Krebs breitet sich auf dem Lymphweg im gesamten Körper aus; es bilden sich dabei häufig Tochtergeschwülste in den Lymphknoten (Metastasen).

Lymphknötchen ↑lymphatisches Gewebe.

Lymphknoten ↑Lymphgefäßsystem.

lymphoretikuläres Gewebe svw. ↑lymphatisches Gewebe.

Lymphozyten: Form der ↑weißen Blutkörperchen.

Lysosomen: Als L. bezeichnet man Partikel mit Granula- und Bläschengestalt in zahlreichen tierischen, auch in pflanzlichen Zellen. Sie enthalten viele ↑Hydrolasen wie Phosphatasen, Ribonukleasen, Lipasen, Proteasen, Glykosidasen. Somit sind diese Enzyme verpackt und von ihren Substraten getrennt. Ihre Wirkung, die Auflösung der Zelle, können sie erst entfalten, wenn die Membran der L. zerstört wird. Die L. spielen eine wichtige Rolle bei der intrazellulären Verdauung, bei selbstauflösenden Prozessen und bei Entzündungsvorgängen.

Lysozyme: L. sind ↑Hydrolasen, die Kohlenhydratketten spalten. Damit sind sie auch in der Lage, Bakterienwände und -kapseln aufzulösen. L. findet man in vielen Geweben und Sekreten, beim Menschen z. B. in Milz, Niere, Speichel, Tränen. Ihre besondere Bedeutung liegt in der Abwehr von Krankheitserregern.

M

Maden: M. sind fußlose Larven der Bienen, Fliegen, verschiedener z. B. im Holz sich entwickelnder Käfer und anderer Insekten.

Madenwürmer: M. sind als harmlose, von Bakterien und Kot lebende Darmparasiten v. a. bei Kindern weit verbreitet. Diese etwa 1 cm langen ↑Fadenwürmer gehören zu den Pfriemenschwänzen (Oxyuren).
M. legen ihre Eier meist nachts außerhalb des Darms im Bereich des Afters ab, was einen starken Juckreiz verursacht. Die beim Kratzen unter die Fingernägel geratenden Eier können über den Mund zu neuer Infektion führen; ebenso unsaubere Wäsche und Lebensmittel sowie eingeatmeter, mit Wurmeiern verseuchter Staub.

Magen (Ventriculus): Erweiterter, meist muskulöser Abschnitt des Verdauungskanals, der auf die Speiseröhre folgt und in dem die Eiweißverdauung mit Salzsäure und Verdauungsenzymen (s. u.) erfolgt.
Erweiterungen, in denen Nahrung nur gespeichert, durch Speichel enzymatisch aufbereitet oder mechanisch zerkleinert wird, sind dann ↑Vormägen, wenn ein eigentlicher M. noch folgt (z. B. Honigmagen der Bienen, Pansen, Netz- und Blättermagen am Wiederkäuermagen; Kropf der Vögel) oder der Mitteldarm die Aufgaben des Magens übernimmt (Insekten).
Besondere Anhangsdrüsen des Mitteldarms bilden Verdauungsenzyme (Schnecken, Muscheln). Seesterne können ihren M. vorstülpen und aufgenommene Nahrung bereits außerhalb des Magens verdauen (extraintestinale ↑Verdauung). Spinnen verflüssigen das Innere ihrer Beute und saugen mit Hilfe eines muskulösen *Saugmagens* die verflüssigte Nahrung ein. Lanzettfischchen, Neunaugen, einigen Knochenfischen und auch Lungenfischen fehlt ein Magen.
Bei Wirbeltieren lassen sich am M. oft verschiedene Bereiche unterscheiden, die auch eine unterschiedliche Schleimhautauskleidung besitzen. Besonders kompliziert ist der vierkammerige ↑Wiederkäuermagen gebaut.

Der *M. des Menschen* ist C-förmig, 20 cm lang und faßt rund 1,5 Liter. Die ↑Speiseröhre mündet etwas unterhalb der höchsten Stelle des Magens ein. Dadurch entsteht eine lufterfüllte Kuppel *(Magenblase)*. Der *Magenausgang* (Pförtner, Pylorus) führt in den Zwölffingerdarm.
Innen ist der M. faltig und von der *Magenschleimhaut* ausgekleidet. Diese produziert den *Magensaft,* eine wasserklare, saure (pH 0,8–1,5) und keimtötende Flüssigkeit. In Wasser enthält sie Schleim, Salze, 0,3 % Salzsäure und die Verdauungsenzyme ↑Kathepsine, ↑Pepsin und bei Neugeborenen ↑Labferment. Die Salzsäure wirkt keimtötend und wandelt die unwirksame Pepsinvorstufe Pepsinogen in Pepsin um. Kathepsin leitet die Eiweißverdauung ein, Pepsin führt sie fort; Lab läßt Milch gerinnen. Damit sich die Magenschleimhaut nicht selbst verdaut, sondern *Schleimdrüsen* einen im Magensaft unlöslichen Schleim ab, der die Magenschleimhaut überzieht. Täglich produziert der M. etwa 1–2 l Magensaft.
Die ersten verschluckten Speisebrokken legen sich an die Magenwand, nehmen die weiteren zwischen sich und schützen sie so eine Weile vor dem Magensaft. Dadurch kann das ↑Ptyalin aus dem Mundspeichel eine Zeitlang weiter Kohlenhydrate verdauen. Eine Durchmischung des Mageninhalts scheint nicht stattzufinden, sondern nur eine Umschichtung. Alle 20 bis 30 Sekunden läßt der Pförtner etwa 1 ml Speisebrei in den Zwölffingerdarm passieren.
Geruchs- und Geschmacksstoffe, die über den Parasympathikus des vegetativen Nervensystems den Magen anregen, lösen die Absonderung des Magensafts ebenso aus wie in den M. eingebrachte Speisen oder die im Dünndarm einsetzende Verdauung.
Großer Ärger und anderer Streß können über das vegetative Nervensystem so auf den Magen wirken, daß sein Selbstverdauungsschutz gestört ist und ↑Magengeschwüre entstehen. – Siehe auch Abb. S. 295.

Magengeschwür: Normalerweise schützt sich die Magenwand durch eine Schleimschicht vor Selbstverdauung durch die Salzsäure und Pepsin. Einige äußere Faktoren, wie z. B. häufiger Genuß von hochprozentigen Alkoholika, zu heiße Speisen und Getränke, starkes Rauchen, manche Medikamente, aber auch nervliche Anspannung und Überarbeitung, stören das Gleichgewicht zwischen der Produktion von Schleim und der von Salzsäure und Pepsin. Als Folge wird die Magenwand verdaut. Das Geschwür führt zu Blutungen, wenn Blutgefäße angegriffen werden; in schweren Fällen kann es in die Bauchhöhle durchbrechen.
Meist heilt ein M. unter Narbenbildung ab, wenn die inneren und äußeren Ursachen beseitigt werden. Bei häufigen Rückfällen muß ein Teil des Magens entfernt werden.

Magensaft ↑Magen.

Magenschleimhautentzündung (Gastritis): Schlemmereien, falsche Zusammensetzung der Nahrung (z. B. zu viele Süßigkeiten), Nikotin, Alkohol, ätzende Flüssigkeiten, aber auch infektiöse Erkrankungen reizen die Magenschleimhaut. Oft tritt die M. zusammen mit einem ↑Magengeschwür auf. Eine M. äußert sich u. a. in Völlegefühl, Übelkeit u. Appetitlosigkeit. Zur Therapie kommen säure- oder laugenabstumpfende Mittel u. zeitweise Diät in Betracht. Ist die M. Folge einer anderen Krankheit, richtet sich die Behandlung v. a. gegen das Grundleiden.

Mahlzähne svw. Backenzähne (↑Zähne).

Maikäfer: In Deutschland gibt es drei Maikäferarten. Sie sind 18–25 mm lang, gelblichbraun und zeigen seitlich am Hinterleib weiß behaarte, annähernd dreieckige Flecken. Die Entwicklung der 10–20 cm tief im Boden von Wurzeln lebenden ↑Engerlinge dauert durchschnittlich 4 Jahre.
Erwachsen sind M. v. a. im Mai auf Laubbäumen anzutreffen, wo sie deren Blätter fressen. Durch intensive Bekämpfung dieser Schädlinge sind M. in Deutschland selten geworden.

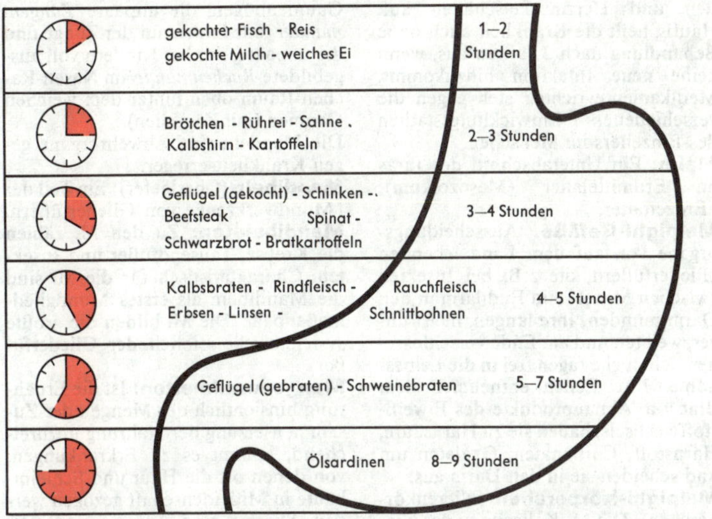

Abb. Magen: Verweildauer einzelner Speisen im menschlichen Magen

Makrophagen ↑Phagozyten.

makroskopisch: M. nennt man Objekte und Vorgänge, die mit bloßem Auge sichtbar sind. Den Gegensatz dazu bilden die nur mit Hilfe eines Mikroskops erkennbaren *mikroskopischen* Objekte, wie z. B. die Mikroorganismen.

Makrosmaten: Tiere mit gut entwickeltem Geruchssinn (z. B. Huftiere, viele Raubtiere). – Bei relativ schwach entwickeltem Geruchssinn (z. B. der Mensch, Vögel) spricht man von *Mikrosmaten*.

Malaria: Die Erreger der M. sind einzellige Parasiten *(Plasmodien)*. Ihre Sporenformen *(Sporozoiten)* gelangen beim Stich der Anophelesmücke mit deren Speichel in den Menschen und reifen in Leber, Milz, Knochenmark und Gefäßwänden während 1–6 Wochen zu *Schizonten* heran. Diese teilen sich ungeschlechtlich in *Merozoiten,* die ins Blut geschwemmt werden und die roten Blutkörperchen befallen. Hier kommt es wiederum zur *Schizogonie*. Die Merozoiten werden beim Zerfall der roten Blutkörperchen frei, was den Fieberanfall hervorruft. Die Merozoiten dringen in neue Blutkörperchen ein.

Nach einigen Vermehrungszyklen entstehen *Geschlechtsformen,* die mit aufgenommenem Blut in den Darm einer Mücke gelangen. Die befruchtete Eizelle (Zygote) durchdringt die Darmwand und setzt sich an der Darmaußenwand fest, wo aus ihr durch Mehrfachteilung *Sporozoiten* hervorgehen, die u. a. in die Speicheldrüsen der Mücke wandern. Bei Temperaturen unter 15 °C können sich die Sporozoiten nicht entwickeln. – Siehe auch Abb. S. 298.

Man unterscheidet drei Malariaformen mit jeweils einer anderen Plasmodienart: *M. tertiana* (Schizontenentwicklung innerhalb von 48 Stunden; Fieberanfall jeweils nach einem fieberfreien Tag). – *M. quartana* (Fieberanfall alle 72 Stunden). – Bei der *M. tropica* treten die Fieberanfälle in unregelmäßigen Abständen auf, und die Folgeschäden sind am schwersten. Als Begleiterscheinungen treten allgemein v. a. Blutarmut, Milz- und Leberschäden und Herzmuskelschäden auf. Häufig heilt die Krankheit auch ohne Behandlung nach 2 Jahren aus, wenn keine neue Infektion hinzukommt. Medikamente richten sich gegen die verschiedenen Entwicklungsstadien des Einzellers im Menschen.

Malm: Ein Unterabschnitt des Juras im Erdmittelalter (Mesozoikum); ↑Erdzeitalter.

Malpighi-Gefäße: Ausscheidungsorgane von auf dem Land lebenden Gliederfüßern, die z. B. bei Insekten zwischen Mittel- und Enddarm in den Darm münden. Ihre langen, meist unverzweigten und am Ende verschlossenen Schläuche ragen frei in die Leibeshöhle. Ihre Zellen entnehmen dem Blut v. a. Abbauprodukte des Eiweißstoffwechsels, bauen sie zu Harnsäure, Harnstoff, Carbonaten, Oxalaten um und scheiden sie in den Darm aus.

Malpighi-Körperchen (Nierenkörperchen): Die M.-K. liegen in der Nierenrinde. In ihnen wird der Primärharn gebildet; ↑Niere.

Maltose svw. ↑Malzzucker.

Malzzucker (Maltose): Ein Disaccharid, das durch glykosidische Bindung aus 2 Molekülen α-D-Glucose zusammengesetzt ist. Die Bestandteile der Stärke (Amylose und Amylopektin) sind Makromoleküle, die aus Maltose durch fortgesetzte 1,4-Verknüpfung gebildet werden. Man erhält M. durch Hydrolyse der Stärke.

Mamma ↑Brust.

Mammalia svw. ↑Säugetiere.

Mammute: Diese in Europa und Asien gegen Ende des Pleistozäns (vor etwa 10 000 Jahren) ausgestorbenen, bis 4 m hohen Elefanten hatten eine dichte, lange Behaarung und bis 5 m lange, gebogene oder eingerollte Stoßzähne. Im Bodeneis Sibiriens sind vollständig erhaltene Mammute aufgefunden worden.

Mandeln (Tonsillen): Im Rachenbereich des Menschen liegen an verschiedenen Stellen im Bindegewebe der Schleimhaut Lymphorgane. Es sind dies die viele Einsenkungen aufweisenden, mandelgroßen paarigen *Gaumenmandeln* zwischen den beiden Gaumenbögen, die unpaare *Zungenmandel* ganz hinten auf der Zunge und die unpaare, nur bei Kindern voll ausgebildete *Rachenmandel* im Nasen-Rachen-Raum oben hinter dem weichen Gaumen (mit Zäpfchen).
Die Mandeln sind Abwehrorgane gegen Krankheitserreger.

Mandibeln (Oberkiefer): Ein Teil der ↑Mundwerkzeuge von Gliederfüßern.

Mandibulaten: Zu den M. zählen die Krebse, Tausendfüßer und Insekten. Charakteristisch für die M. sind die Mandibeln als erstes Mundgliedmaßenpaar. Die M. bilden die größte systematische Einheit der Gliederfüßer.

Mangelkrankheiten: Ist die Ernährung hinsichtlich der Menge oder Zusammensetzung der Nahrung unzureichend, kommt es zu Erkrankungen, von denen oft die Haut und Schleimhäute in Mitleidenschaft gezogen werden. Skorbut und Anämie sind Beispiele für Krankheiten infolge Vitaminmangels. Auch ein Mangel an Eiweiß, Mineralstoffen, Fetten und Kohlenhydraten ruft Krankheitsbilder hervor.

Mangelmutanten: Unter den Mikroorganismen finden sich immer wieder Individuen, die durch eine ↑Mutation die Fähigkeit zu bestimmten biochemischen Synthesen, wie z. B. der Bildung eines bestimmten Enzyms, verloren haben. Sie können daher ihr ursprüngliches Nährmedium nur mehr mangelhaft verwerten. Dies wird bei der Erforschung gewisser Synthesewege genutzt, weshalb diese M. von großem wissenschaftlichem Interesse sind.

manisch-depressives Irresein ↑Psychosen.

Mannit: M. ist ein sechswertiger Alkohol (Hexit), den man durch Reduktion der Carbonylgruppe aus Mannose erhält. M. ist ein bei Zimmertemperatur fester Stoff, der süß schmeckt. Rechtsdrehender M. findet sich in vielen Pflanzen.

Mannose: Ein Monosaccharid, das mit Glucose stereoisomer ist. M. kommt in Pflanzen teils frei, häufiger jedoch gebunden vor. Im tierischen Organismus ist M. ein Bestandteil der Glykoproteide.

Mantelhöhle: Bei Weichtieren liegt zwischen Fuß und Mantel ein Hohlraum. In dieser M. liegen die Atmungsorgane (Kiemen bei Wassertieren, reiches Blutgefäßnetz bei Lungenschnecken). Hier münden auch die Ausführungsgänge von Darm, Ausscheidungs- und Geschlechtsorganen.

Manteltiere (Tunikaten): Die 0,5 cm bis über 30 cm langen, im Meer freischwimmenden oder festsitzenden M. gehören zu den ↑Chordatieren. Manche bilden Kolonien. Sie besitzen ein Gehäuse (Mantel) aus zelluloseähnlicher Substanz und eine Ein- und Ausströmöffnung für das Atemwasser und die Planktonnahrung. Im Schwanz der kaulquappenähnlichen Larven befindet sich eine ↑Chorda dorsalis. M. sind Zwitter.
Zu den M. gehören die 1–2 mm langen, glasklar durchsichtigen Appendikularien, ↑Seescheiden und ↑Salpen.

Marienkäfer: M. bilden eine Familie weltweit verbreiteter, gut fliegender und meist nützlicher Käfer. Ihr Körper ist fast halbkugelig hochgewölbt. Am bekanntesten in Deutschland ist der *Siebenpunkt* mit sieben schwarzen Punkten auf den roten Flügeldecken. Der Käfer und seine Larven vertilgen v. a. Blattläuse.

Marihuana ↑Haschisch.

Markstrahlen: M. sind radial angeordnete Stränge aus Grundgewebe (Parenchymzellen) in pflanzlichen Sprossen, die zwischen den einzelnen ↑Leitbündeln liegen. Die Markstrahlen verbinden das Mark mit der Rinde *(primäre M.)* und vermitteln so den Stoffaustausch zwischen den inneren und äußeren Geweben des Sprosses, oder sie enden beiderseits blind im Leitgewebe *(sekundäre M.).*

Marsupialier svw. ↑Beuteltiere.

Marsupium ↑Brutbeutel.

Masern: Die Erreger der M. sind Viren, die nur durch Tröpfcheninfektion oder Berührung direkt übertragen werden können. In dichtbesiedelten Gebieten treten sie als typische Kinderkrankheit (mit lebenslanger Immunität) auf.
Eindeutige Krankheitszeichen neben Fieber, Schnupfen, Husten, Lichtscheu u. a. sind kleine, weiße Flecken auf der Mundschleimhaut und später die hellroten, etwas erhabenen Flekken, die sich als Masernausschlag zuerst im Gesicht und hinter den Ohren zeigen. – In der Regel heilt die Krankheit ohne Komplikationen ab. Zur Behandlung kommen nur passive Impfung, Bettruhe und fiebersenkende Medikamente in Frage.

Masochismus: Als M. wird eine sexuelle Verhaltensweise bezeichnet, bei der die masochistisch veranlagte Person geschlechtliche Erregung und Befriedigung nur erlangen kann, wenn sie vom Geschlechtspartner gedemütigt und körperlich mißhandelt wird.

Massentierhaltung: In der Viehhaltung versucht man mit sehr dichter Stallbelegung und weitgehender Automatisierung von Fütterung, Wasserversorgung und Entmistung möglichst billig und ergiebig Nahrungsmittel zu produzieren. In der BR Deutschland ist die Technisierung bei der Schweine- und Geflügelhaltung besonders weit fortgeschritten.
Bei intensiven Formen der M. ist es oft nur mit massivem Einsatz von Medikamenten (z. B. Antibiotika) möglich, die Tiere unter den vollkommen widernatürlichen Umweltbedingungen (zu enger Kontakt zum Nachbarn, ungeeignete Käfigböden, kein Auslauf, keine Ruheperioden u. a.) gesund zu halten. Außerdem bringen solche Tierhaltungen einige Umweltbelastungen, nicht nur Geruchsbelästigungen. Wird z. B. der gesamte Abfall einer Legehennenhaltung mit 1 Million Tieren in die Kanalisation geleitet, entsteht eine Abwasserverschmutzung, die der einer Stadt mit 100 000 Einwohnern gleichkommt.

Mastdarm (Rektum): Der letzte Abschnitt des ↑Darmkanals ist der M. Er sammelt in einer ampullenförmigen Auftreibung den Kot, bis dieser durch den After (Anus) ausgeschieden werden kann.

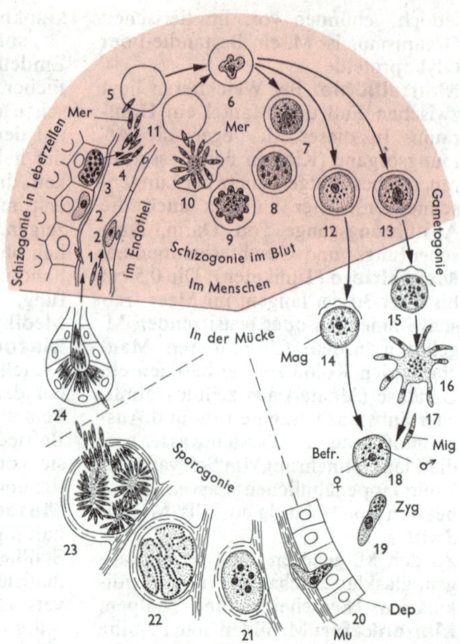

Abb. Malaria: Entwicklungskreislauf des Malariaplasmodiums: 1 Stich der Mücke, Sporozoit dringt in die Leber- oder Endothelzelle ein; 2 Parasit wächst heran; 3 Schizogonie; 4 Merozoiten (Mer); 5 Mer dringt in rotes Blutkörperchen ein; 6 wie 2; 7–10 Schizogonie; 11 wie 5; 12 ♀ und 13 ♂ Gametozyt; 14 Ausbildung des Makrogameten (Mag), 15 und 16 der Mikrogameten (Mig) im Darm der Mücke; 17 Mikrogamet (Mig); 18 Befruchtung (Befr.); 19 Zygote (Zyg); 20 Zyg wandert durch Darmepithel (Dep) in Muskelschicht (Mu); 21 Kernvermehrung; 22 Kerne lagern sich an Plasmaoberfläche an; 23 Austreten der Sporozoiten (Spor); 24 Spor dringen in Speicheldrüse der Mücke ein.
——Trennlinie zw. Stadien in verschiedenen Wirten,
----Trennlinie zw. Stadien an verschiedenen Orten innerhalb eines Wirts

Masturbation svw. ↑Selbstbefriedigung.

Mastzellen: Im ↑Blut und im ↑Bindegewebe befinden sich frei bewegliche Zellen, die vor allem Heparin, aber auch Histamin und Serotonin enthalten. Diese Stoffe verhindern die ↑Blutgerinnung und sind an Entzündungsprozessen beteiligt. Im Bindegewebe bezeichnet man diese Zellen als M., im Blut rechnet man sie zu den weißen Blutkörperchen (Leukozyten) und nennt sie *basophile Granulozyten,* weil sie sich mit basischen Farbstoffen anfärben lassen.

Matrix: In der Biologie wird mit M. allgemein eine Grundsubstanz bezeichnet, der eine innere Struktur fehlt. Die Bedeutung ist in den Einzelfällen recht verschieden: beim ↑Chromosom die Hüllsubstanz um die DNS-Fäden; der innere Raum eines ↑Mitochondriums; die Interzellularsubstanz zwischen tierischen Zellen.

Maulbeerkeim (Morula): Während der ↑Keimesentwicklung bildet sich durch Zellteilung (Furchung) ein kugeliger Zellhaufen aus vielen Zellen. Da seine äußere Gestalt einer Maulbeere ähnelt, wird er M. genannt. Durch Fließbewegungen entwickelt sich daraus der sog. ↑Blasenkeim.

Maulbrüter: Die Bezeichnung bezieht sich auf die besondere Form der ↑Brutpflege einiger Fischarten. Für Aquarien eignen sich viele tropische Buntbarsche, die ihre Eier und eine Zeitlang auch noch die Jungfische ins schützende Maul aufnehmen. Häufig werden M. zur Untersuchung angeborener tierischer Verhaltensweisen herangezogen.

Mauser: Bei Vögeln werden meist in jahreszeitlichem Rhythmus, ausgelöst durch vermehrte Hormonausschüttung der Schilddrüse, die ↑Federn nach und nach gegen neue ausgetauscht *(Federwechsel).* Man unterscheidet besonders zwischen *Jugendmauser* (Jungvögel bekommen das Erwachsenenkleid; meist im ersten Herbst), *Brutmauser* und *Ruhemauser*

(Übergang vom Brut- ins Ruhekleid). Nur selten werden Vögel durch die M. flugunfähig.
Auch der *Haarwechsel* (↑Haare) bei Säugetieren wird als M. bezeichnet.

Maxilla (Oberkiefer): Der Oberkieferknochen (M.) ist mit dem Schädel verwachsen und trägt in den Zahnfächern die Zähne; ↑Kiefer.

Maxillen (Unterkiefer): Die ↑Mundwerkzeuge der Gliederfüßer tragen Maxillen.

Mazeration: Ein Präparationsverfahren zur Isolierung von Gewebsanteilen (z. B. von einzelnen Zellen) unter Erhaltung der Zellstruktur. Mazerationsflüssigkeiten sind u. a. kochendes Wasser, Kalilauge und Salzsäure.

mechanische Sinne: Mit den mechanischen Sinnen können Menschen und Tiere die mechanischen Einwirkungen (Druck, Zug, Erdschwere, Bewegung, Schwingung usw.) auf sich mit Hilfe von ↑Mechanorezeptoren aufnehmen und im Zentralnervensystem derartig verarbeiten, daß eine sinnvolle Reaktion auf die Umwelteinflüsse erfolgen kann. Zu den mechanischen Sinnen gehören: ↑Bewegungssinn, ↑Drucksinn, ↑Erschütterungssinn, ↑Gehörsinn, ↑Muskelsinn und ↑Schmerzsinn.

Mechanorezeptoren: Sinnesorgane, die mechanische Einwirkungen aufnehmen. M. bestehen aus einem nervalen Anteil (primäre und sekundäre Sinneszellen sowie freie Nervenendigungen) und anatomischen Hilfseinrichtungen (bewegliche Haare, schwingende Membranen), die die mechanischen Reize von anderen Reizen abtrennen und verstärken. – ↑auch mechanische Sinne.

Medulla oblongata (Medulla) svw. verlängertes Mark (↑Gehirn).

Medullarrohr (Neuralrohr): Während der ↑Keimesentwicklung der Wirbeltiere faltet sich auf der Rückenseite des Keims das Ektoderm zu einer Rinne ein, die sich zu einem Rohr schließt. Aus diesem M. entwickelt sich das Zentralnervensystem (↑Gehirn, ↑Rückenmark).

Medusen svw. ↑Quallen.

Meeresleuchten: M. wird hervorgerufen durch in großen Massen auftretende Organismen (z. B. der pflanzlichen Flagellaten Noctiluca miliaris und Ceratium tripos). Besonders in tropischen Meeren werden die nächtlichen Leuchterscheinungen von gewissen Medusen, Feuerwalzen u. a. hervorgerufen. Dieses Leuchten beruht auf biochemischen Umsetzungen des Stoffwechsels (↑Biolumineszenz).

Meeresverschmutzung: Eines der am stärksten verschmutzten Meere der Erde ist die *Nordsee*. Gift- und Abfallstoffe gelangen v. a. durch die Flüsse, durch direkte Einleitungen an der Küste, durch Schiffsabfälle und durch Auswaschen von Schadstoffen aus der Atmosphäre in die Nordsee.
Die Flüsse bringen neben den meist völlig unzureichend geklärten Abwässern aus Gemeinden in Großbritannien, Ostfrankreich, Belgien, Holland, Luxemburg, der BR Deutschland, der Schweiz, Dänemark und Norwegen auch Industrieabwässer (Schwermetallsalze aus Kalibergwerken) und Pestizide aus der Landwirtschaft in die Nordsee.
Man schätzt, daß jährlich rund 1,3 Mill. t organischer Stoffe eingeleitet werden. Etwa 30 % davon sind direkte Ableitungen kommunaler und industrieller Abwässer, etwa 70 % werden mit den Flüssen mitgeführt. Daneben werden jährlich rund 8,3 Mill. t Klärschlamm und etwa 9 Mill. t Industrieabfälle (v. a. Dünnsäuren aus der Titandioxidproduktion, Abfallsäuren aus der chemischen Industrie, Abwässer aus dem Kohle- und Salzbergbau und Asche von Kraftwerken) von Schiffen in die Nordsee abgelassen *(verklappt)*.
Aus der Atmosphäre gelangen nach Schätzungen jährlich durch Auswaschung ca. 1,68 Mill. t Nitrate, 10 000 t Zink, 4 500 t Blei, 3 000 t Kupfer, 530 t Cadmium und 6 t Quecksilber in die Nordsee.
Ein weiteres Problem stellen die *Öltanker* dar, die jährlich rund 100 000 t Erdöl in die Nordsee ablassen mit der Folge, daß nicht nur das Meerwasser mit

Öl verseucht wird (1 l Öl verschmutzt rund 1 Mill. l Wasser), sondern auch die Badestrände.
Grundsätzlich haben wir es in den anderen Meeren mit ähnlichen Verschmutzungsproblemen zu tun.
Mehltaupilze: Bei den Mehltaupilzen unterscheidet man zwischen Echten und Falschen Mehltaupilzen.
1. *Echte M.* (Erysiphales) bilden eine Ordnung der ↑Schlauchpilze. Es sind obligate Pflanzenparasiten, die Blätter, Stengel und Früchte mit einem dichten Myzelgeflecht und daran gebildeten Konidien überziehen. Gefährliche Schadpilze sind z. B. Getreidemehltau, Apfelmehltau, Stachelbeermehltau und der Rebenmehltau.
2. *Falsche M.* (Peronosporales) gehören zu den ↑Algenpilzen. Die parasitisch (selten saprophytisch) lebenden Pilze bilden in den Interzellularen der Gewebe der befallenen Pflanze ein Myzel. Einige Hyphen dringen als Saugorgane in die Zellen ein. Die Sporangienträger dringen durch die Epidermis nach außen und überziehen die Wirtspflanze mit einem Schimmelrasen. Unter den Falschen Mehltaupilzen finden sich viele Erreger gefürchteter Pflanzenkrankheiten, z.B. Erreger der Krautfäule der Kartoffel, des Blauschimmels an Tabak- und Tomatenpflanzen und des Falschen Rebenmehltaus.
Mehrfachteilung ↑ungeschlechtliche Fortpflanzung.
Mehrlinge: Sind im Mutterleib mehrere Keimlinge herangereift, spricht man von Mehrlingen, bei zwei Keimlingen von *Zwillingen*. Mehrlingsgeburten sind bei vielen Tieren eine normale Erscheinung, beim Menschen jedoch die Ausnahme. Unter 80–90 Geburten ist nur eine Zwillingsgeburt. Drillinge und Vierlinge sind sehr selten.
Zweieiige Zwillinge entstehen aus zwei befruchteten Eizellen, die in einem oder beiden Eierstöcken heranreiften. Sie haben unterschiedliche Erbanlagen und können verschiedenen Geschlechts sein.
Eineiige Zwillinge gehen aus einer befruchteten Eizelle hervor, die sich geteilt hat. Sie haben genau gleiche Erbanlagen, sind immer gleichen Geschlechts und ähneln einander zum Verwechseln. Unterschiede zwischen ihnen sind immer umweltbedingt.
Meibom-Drüsen: Die Talgdrüsen des Augenlids. Ihre Entzündung bewirkt das sog. *Gerstenkorn*.
Meiose (Reduktionsteilung, Reifeteilung): Bei der Befruchtung verschmelzen die Kerne zweier Geschlechtszellen miteinander. Der dadurch verdoppelte Chromosomenbestand muß im Laufe der Entwicklung eines Lebewesens, spätestens bei der erneuten Bildung der Geschlechtszellen, wieder halbiert werden, da sonst die Zahl der ↑Chromosomen pro Zelle schnell ins Unendliche wachsen würde. Bei weniger hoch entwickelten Lebewesen liegt der Zeitpunkt für die M. in früheren Entwicklungsstufen (↑Generationswechsel).
Daneben dient die M. der zufallsgemäßen Neuverteilung väterlicher und mütterlicher Chromosomen auf die Tochterzellen (↑Rekombination).
Die Verringerung der Chromosomenzahl wird durch zwei kurz aufeinander folgende Teilungen erreicht, in denen sich einmal die identischen Schwesterchromatiden und bei der anderen Teilung homologe Chromosomen trennen. Die Reihenfolge der beiden Teilungen ist nicht einheitlich festgelegt (s. auch Abb. S. 301).
Verglichen mit der Prophase einer ↑Mitose, dauert die Prophase der M. sehr lange (Stunden bis Jahre). Nur in der M. treten Chiasmata (↑Chiasma) zwischen homologen Chromosomen auf. Die Interphasekerne (↑Arbeitskern) vor einer M. oder einer Mitose sind unter dem Mikroskop nicht zu unterscheiden.
Die *Prophase der ersten meiotischen Teilung* wird in mehrere Phasen aufgegliedert:
1. Im *Leptotän* werden die Chromosomen als lange, dünne Fäden ohne Längsspalt sichtbar.
2. Im *Zygotän* paaren sich, von den Enden her fortschreitend, die homolo-

gen Chromosomen (Synapsis), wobei sie oft mit beiden Enden an der Kernmembran angeheftet sind. Zwischen den Chromosomen ist eine Struktur erkennbar, die wahrscheinlich für die exakte Paarung sorgt.
3. Im *Pachytän* ist die Paarung vollständig; die Chromosomen verkürzen sich stark. Auch ↑Geschlechtschromosomen legen sich trotz ihrer unterschiedlichen Gestalt aneinander. In dieser Phase werden die Chiasmata ausgebildet.
4. Im *Diplotän* sind deutlich 4 parallele Stränge zu erkennen. Die Chromosomen weichen bis auf die Überkreuzungsstellen auseinander. In dieser Phase sind die ↑Lampenbürstenchromosomen zu finden.

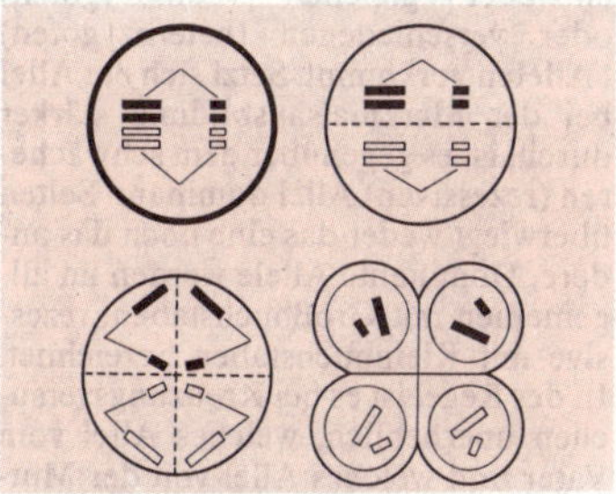

Abb. Meiose: Schematischer Ablauf (von links oben nach rechts unten): väterliches Genom schwarz, mütterliches Genom weiß

5. In der *Diakinese* trennen sich allmählich die 4 Stränge paarweise; Chiasmata werden an die Enden verschoben.
In der ersten *Metaphase* werden die Chromosomen genau wie während einer Mitose in der Äquatorialebene angeordnet und schließlich in der *Anaphase* mit den Zentromeren voran zu den Polen transportiert. Die spiralisierten Chromosomen lockern sich während der *Telophase* etwas auf. Das nachfolgende Stadium, die *Interkinese,* ähnelt einer Interphase, allerdings ohne Verdopplung des DNS-Gehalts. Die *zweite meiotische Teilung* läuft in beiden Tochterzellen gleichzeitig nach dem Schema einer Mitose ab. Die noch vorhandenen Chromatidenpaare werden getrennt, so daß endgültig 4 Zellen entstehen, die jeweils einen ↑haploiden Chromosomensatz haben. Bei der Eizellenbildung vieler Tiere wird nur eine einzige Zelle zum Ei, die anderen 3 gehen zugrunde.
Die komplizierten Mechanismen der M. erfordern für ihre Regulation zeitweise während der Teilung Syntheseaktivität des Kerns.

Meißner-Tastkörperchen ↑Tastkörperchen.

Melanesiden ↑Menschenrassen.

Melanine: M. sind gelbliche bis braune oder schwarze Farbstoffe, die im tierischen und menschlichen Organismus (Haut, Haare, Federn, Augen, Chitinpanzer der Insekten) zu finden sind und v.a. als Strahlenschutz wirken. Bei den Wirbeltieren und beim Menschen werden sie in einer Zellschicht unter der Epidermis gebildet und abgelagert.
Bei Anhäufung von Melaninen kommt es zu Sommersprossen- und Leberfleckbildung.
Vermehrung der Melaninbildung kann zu bösartigen Tumoren, den *Melanosarkomen,* führen.
Bei Pflanzen bewirken die M. z.B. die Dunkelfärbung an Schnitt- und Verletzungsstellen von Äpfeln und Kartoffelknollen.

Melanismus: Bei M. bewirken die ↑Melanine eine starke Verdunklung der Grundkörperfärbung, die bis zur völligen Schwärzung führen kann (z.B. die Hautfärbung bei den negriden Rassen). Der M. ist in allen seinen Formen meist dominant vererbbar.

Melatonin: Hormon der Zirbeldrüse; bewirkt bei Lurchen die Aufhellung der Haut (= Kontraktion der die Melanine tragenden Zellen).

Melioration: Technische Maßnahmen, die zur Werterhöhung des Bodens bzw. zur Ertragsverbesserung führen; z.B. Waldrodung, Be- und Entwässerung.

Membranpotential: Zwischen dem Zellinneren und dem Außenmilieu jeder lebenden Zelle besteht im Ruhezustand eine Potentialdifferenz. Dieses M. *(Ruhepotential)* kann sich unterhalb eines gewissen Schwellenwerts im Sinne einer ↑Depolarisation oder Hyperpolarisation ändern, ohne daß ein ↑Aktionspotential ausgelöst wird.

Das M. kann mit winzigen Elektroden, die in die Zelle eingestochen werden, gemessen werden und beträgt z. B. bei Nerven- und Muskelfasern −70 mV bis −80 mV; das Zellinnere ist also negativ gegenüber dem Außenmilieu.

Das M. beruht auf der unterschiedlichen Verteilung von Ionen im Innen- und Außenmilieu der Zelle sowie auf der unterschiedlich großen Durchlässigkeit der semipermeablen Membran für bestimmte Ionen: Das Zellinnere enthält vorwiegend Kaliumionen und als Anionen vorliegende Proteine, dagegen wenig Natrium- und Chloridionen; außerhalb der Zelle befinden sich hauptsächlich Natrium- und Chloridionen. Da die Zellmembran stärker durchlässig für K^+-Ionen ist als für Na^+-Ionen und andererseits die K^+-Ionen das Bestreben haben, das Konzentrationsgefälle zwischen außen und innen auszugleichen, werden positive Ladungen auf die Außenseite der Membran transportiert, das Zellinnere wird dadurch negativ gegenüber dem Außenmilieu.

Diese Potentialdifferenz ist das M., das gleichzeitig dem weiteren, dem Konzentrationsgefälle folgenden K^+-Ionen-Transport entgegenwirkt und sich auf einen Gleichgewichtszustand einstellt. – Eine kurzfristige positive Änderung (mit Ladungsumkehr außen/innen) des M. ist das ↑Aktionspotential.

Menarche: Das Eintreten der ersten Regelblutung beim Mädchen (↑Menstruation). Meist ist die M. noch nicht mit einem Eisprung (↑Follikelsprung) verbunden. Der Eintritt der M. hängt u. a. von Erbfaktoren, vom Lebensstil, vom Gesundheitszustand und vom Klima ab. Heute tritt die M. bei Mädchen in Mitteleuropa im Alter von etwa $12\frac{3}{4}$ Jahren ein. Durch die ↑Akzeleration erfolgt die M. 1–2 Jahre eher als bei früheren Generationen.

Mendel-Regeln: Der österreichische Vererbungsforscher Gregor *Mendel* (1822–1884) hat schon im Jahre 1865 seine Erkenntnisse über die Weitergabe von Merkmalen von Generation zu Generation veröffentlicht. C. E. Correns (1864–1933), E. Tschermak (1871–1962) und H. de Vries (1848–1935) mußten sie jedoch (unabhängig voneinander) erst neu entdecken, bevor man sie um 1900 zur Kenntnis nahm.

Mendel hat die nach ihm benannten Gesetzmäßigkeiten bei diploiden Organismen gefunden. Die Erbgänge sind hier gegenüber haploiden Organismen – für die die Regeln natürlich auch gelten – schwerer zu erkennen, weil bei Diplonten jedes Gen in zwei entweder gleichen (homozygoten) oder verschiedenen (heterozygoten) ↑Allelen vorkommt. Setzt sich ein Allel bei der Merkmalsausbildung stärker durch, ist es gegenüber dem schwächeren (rezessiven) Allel dominant. Selten überwiegt weder das eine noch das andere. Dominante Allele werden im allgemeinen mit Großbuchstaben, rezessive mit Kleinbuchstaben bezeichnet. In der Regel ist es bei Kreuzungsversuchen unerheblich, welches Allel vom Vater und welches Allel von der Mutter beigesteuert wird.

1. *Uniformitätsregel:* Kreuzt man reinerbige (homozygote) Eltern (P-Generation) miteinander, die erbungleich sind in einem oder mehreren Allelpaaren, so sehen die Angehörigen der ersten Nachkommengeneration (F_1-Generation) alle gleich aus. War das eine Allel dominant, bestimmt es die äußere Erscheinung. Wenn die Nachkommen der F_1-Generation im Phänotypus zu gleichen Teilen beiden Elternteilen ähnlich sehen (z. B. Mischfarbe), spricht man von einem *intermediären Erbgang.*

2. *Spaltungsregel:* Werden die Angehörigen der uniformen F_1-Generation untereinander gekreuzt, so ist die daraus hervorgehende F_2-Generation im betreffenden Merkmal nicht mehr einheitlich. Die Träger unterschiedlicher äußerer Erscheinungsbilder sind unter

einer großen Zahl von Nachkommen immer in bestimmten Zahlenverhältnissen zu finden. Im intermediären Erbgang ist es das Verhältnis 1:2:1, im dominant-rezessiven 3:1, wenn man ein Allelpaar betrachtet (s. auch Abb. S. 304).
Obwohl also die rezessiven Allele beim dominant-rezessiven Fall in der F_1-Generation nicht mehr zu erkennen waren, wurden sie doch während der ↑Meiose bei der Bildung der Geschlechtszellen genauso an die neuen Zellen weitergegeben wie die dominanten Allele. Hier wird deutlich, daß man vom äußeren Erscheinungsbild eines Lebewesens, dem Phänotyp, nicht ohne weiteres auf den ↑Genotyp, schließen kann.
Mit einer ↑Rückkreuzung kann man prüfen, ob Individuen mit dem äußeren Merkmal des dominanten Allels homozygot oder heterozygot für dieses Allel sind.
3. *Freie Kombinierbarkeit der Gene:* Werden die Kreuzungen mit Lebewesen durchgeführt, die sich nicht nur in einem Gen, sondern in 2 oder mehr Allelpaaren unterscheiden, werden die Allele in der Meiose für die F_2-Generation neu kombiniert; selbstverständlich erhält aber immer jede Zelle von jedem Gen ein Allel. Die Kombinationsmöglichkeiten können dem allgemein formulierten Schema einer Kreuzung mit zwei Genen entnommen werden. Bei insgesamt 9 Genotypen hängt die Zahl der unterschiedlichen Phänotypen von der Dominanz des einen oder anderen Allels ab. Bei rein intermediärem Verhalten gibt es 9 Phänotypen. Die freie Kombinierbarkeit wird bei den meisten Genen nicht eingehalten, weil sie zu sog. *Kopplungsgruppen* zusammengefaßt sind. Diese Gruppen verhalten sich im Kreuzungsexperiment wie ein einziges Gen. Nur durch ↑Crossing-over kommt es zu Neukombinationen.

Meningitis svw. ↑Hirnhautentzündung.

Meniskus: Das Kniegelenk wird vom Oberschenkelknochen und vom Schienbein gebildet. Die Gelenkfläche des Schienbeins ist fast eben, die des Oberschenkels hat zwei erhöhte Gelenkhügel. Beide Flächen passen nicht aufeinander. Zum Ausgleich liegen zwischen den Gelenkflächen zwei halbmondförmig gebogene, verdickte Knorpelscheiben *(innerer M.* und *äußerer M.).* Ihre Hauptaufgabe besteht im federnden Auffangen von Stoß und Druck beim Gehen, Laufen und Springen. Gewaltsame Drehbewegungen des Ober- oder Unterschenkels bei gebeugtem Knie (Fußball, Skilaufen) können zu *Meniskusschäden* führen.

Menopause: Das Ende der Menstruationsfähigkeit während der ↑Wechseljahre. – ↑auch Menstruation.

Mensch: Der M. ist das geistig höchstentwickelte Lebewesen der Erde (↑auch Herrentiere). Die Wissenschaft, die sich speziell mit dem Menschen befaßt, ist die ↑Anthropologie. Von besonderem Interesse im Rahmen der allgemeinen Biologie des Menschen *(Humanbiologie)* ist es zu wissen, woher der M. kommt und worauf seine heutige physische Existenz beruht. Dies ist die Aufgabe der *Paläanthropologie,* die sich mit der Abstammung und Entwicklung, d. h. der Evolution (↑Deszendenztheorie) des Menschen befaßt.
Nachdem Ch. Darwin erkannt hatte, daß die Tierarten aus gemeinsamen Vorfahren entstanden sind und sich von niederen zu höheren Lebewesen entwickelt haben, lag es auf der Hand, gleiches auch für den Menschen anzunehmen. Es waren besonders T. H. Huxley (1825–1895) und E. Haeckel (1834–1919), die konsequent die Darwinsche Theorie auf den Menschen anwandten, der ja so viele morphologische Ähnlichkeiten mit dem Menschenaffen aufweist, daß auf eine gemeinsame Wurzel geschlossen werden kann. Die direkten Vorfahren des heutigen Menschen mußten jedoch noch gefunden werden. Hier war der Knochenfund von J. Fuhlrott (1856) in einer Höhle des Neandertals bei Düsseldorf von großer Bedeutung. Fuhlrott erkannte, daß die Skeletteile von einem fossilen Menschen stammten.

MENDEL-REGELN

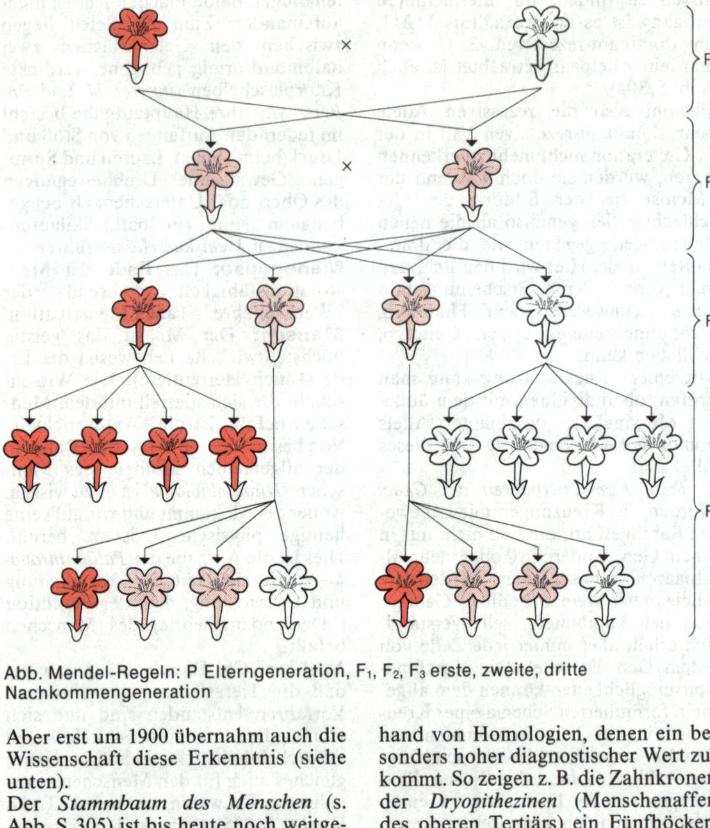

Abb. Mendel-Regeln: P Elterngeneration, F_1, F_2, F_3 erste, zweite, dritte Nachkommengeneration

Aber erst um 1900 übernahm auch die Wissenschaft diese Erkenntnis (siehe unten).

Der *Stammbaum des Menschen* (s. Abb. S. 305) ist bis heute noch weitgehend unvollständig. Jeder neue Fund, der das Schema ergänzt, kann gleichzeitig zu seiner Veränderung führen. Eine solch unzureichende Fossilkette erfordert neben der Fossildokumentation auch eine indirekte Beweisführung, die rezente Formen einbezieht. So können die vergleichende Chromosomenforschung, die Histologie und die biochemisch-serologische Verwandtschaftsanalyse nur mit noch lebendem Material arbeiten.

Die Paläanthropologie rekonstruiert die Abstammungsreihe v.a. aber anhand von Homologien, denen ein besonders hoher diagnostischer Wert zukommt. So zeigen z. B. die Zahnkronen der *Dryopithezinen* (Menschenaffen des oberen Tertiärs) ein Fünfhöckermuster mit einer Furche gleich einem liegenden Y. Dieses Dryopithezinenmuster findet man auch bei einigen Euhominiden und bei den heutigen Menschenaffen, was beweist, daß beide gemeinsame Vorfahren hatten und sich erst nach Erhalt dieses Zahnmusters getrennt haben.

Die Dryopithezinen waren noch Bodenbewohner. Zu ihnen zählen heute sowohl der *Proconsul* als auch der *Oreopithecus*. Der Proconsul wurde wegen seiner geringen Schnauzenbildung und des fehlenden Scheitel-

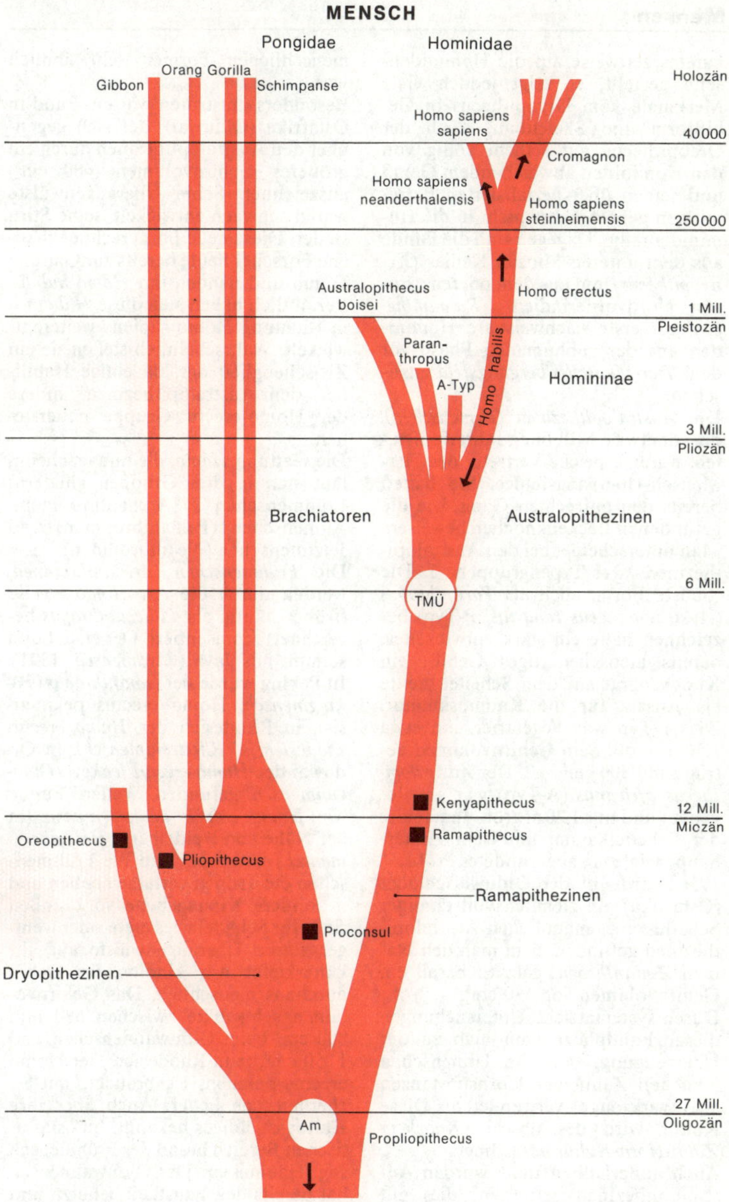

Abb. Mensch: Stammbaum des Menschen. Am Ancient member, TMÜ Tier-Mensch-Übergangsfeld

kamms zeitweise auf die Hominidenseite gestellt, er zeigt jedoch viele Merkmale vom Dryopithecus in Gebißform und Skelettbau. Auch der Oreopithecus mit seinem völlig von den Hominiden abweichendem Gebiß und seinen überspezialisierten Extremitäten gehört sicher nicht in die Hominidenreihe. Dagegen sind die Funde aus dem unteren Miozän Kenias *(Kenyapithecus)* und aus dem oberen Miozän Nordvorderindiens *(Ramapithecus)* als erste nachweisbare Hominiden aus der subhumanen Phase vor dem *Tier-Mensch-Übergangsfeld* anzusehen.

Die *Australopithezinen (Urmenschen),* die vor etwa 6 Millionen Jahren auftraten, waren typische Vertreter des Tier-Mensch-Übergangsfeldes. Sie hatten bereits den aufrechten Gang, wie die gefundenen Beckenknochen beweisen. Man unterscheidet bei den Australopithezinen zwei Typengruppen: 1. Die robuste Form, auch als *Paranthropus* (*Australopithecus robustus,* P-Typ) bezeichnet, hatte ein stark entwickeltes, bereits menschenartiges Gebiß; ein Knochengrat auf dem Scheitel diente als Ansatz für die Kaumuskulatur. Dieser Typ war Vegetarier und etwa 1,50 m groß. Sein Gehirnvolumen betrug rund 500 cm^3. – 2. Der *Australopithecus africanus* (A-Typ) war graziler gebaut und nur 1,20 m groß. Ihm fehlte der Scheitelkamm, und sein Hinterhaupt zeigte ein abgerundetes Profil.

1959 wurde in der Olduwaischlucht (Ostafrika) ein ziemlich vollständiger Schädel eines männlichen Australopithezinen gefunden, dem man den Namen *Zinjanthropus* gab. Er besaß ein Gehirnvolumen von 530 cm^3.

Durch systematische Untersuchungen dieser Fundplätze kam man zu der Überzeugung, daß die Urmenschen Knochen, Zähne und Hornsubstanzen als Werkzeuge verwendeten. Diese Kultur wird deshalb als *Knochen-Zahn-Horn-Kultur* bezeichnet.

Auch außerhalb Afrikas wurden Australopithezinen gefunden; dies gilt besonders für den *Meganthropus* aus Java, dessen Gebiß den späteren menschlichen Formen sehr ähnlich war.

Besonders umstritten war ein Fund in Ostafrika (Olduwai), der sich gegenüber den Australopithezinen durch ein größeres Gehirnvolumen (680 cm^3) auszeichnet. Seine Überaugenwülste waren schwach entwickelt, seine Stirn steiler. Diese neue Form rechnen manche Forscher heute bereits zur Gattung Homo und nennen ihn *Homo habilis.* Vermutlich haben sich diese *Habilinen* in Richtung Homo sapiens weiterentwickelt. Wahrscheinlich stellen sie ein Zwischenglied dar, da einige Habilinen den Australopithezinen, andere der Homo-erectus-Gruppe näherstehen.

Die Gattung *Homo,* die nun erscheint, läßt sich in drei Gruppen gliedern: Frühmenschen (Archanthropinen), Altmenschen (Paläanthropinen) und Jetztmenschen (Neanthropinen).

Die *Frühmenschen (Archanthropinen)* werden durch die Art *Homo erectus* (früher häufig als *Pithecanthropus* bezeichnet) repräsentiert. Der erste Fund stammt aus Java (*Javamensch;* 1891). In Peking wurde der *Sinanthropus* (*Pekingmensch,* Homo erectus pekinensis), in Rhodesien der *Homo erectus rhodesiensis (Rhodesiamensch),* in Olduwai der *Homo erectus leakeyi (Olduwaimensch)* gefunden. Weitere Funde wie *Homo erectus heidelbergensis* (in der Nähe von Heidelberg; *Heidelbergmensch*) beweisen, daß die Frühmenschen die Tropen verlassen haben und in kühlere Klimagebiete vorgestoßen sind. Ihr Schädel wies mehr oder weniger starke Überaugenwülste auf, ihr Unterkiefer war kinnlos, ihr Gebiß durchaus menschlich. Das Gehirnvolumen schwankte zwischen 680 und 800 cm^3 beim Olduwaimenschen und 1 250 cm^3 beim Rhodesier. Der Homo erectus pekinensis gebrauchte mit Sicherheit das Feuer. Auch über ihre Kultur ist einiges bekannt. Im ostasiatischen Bereich besaß der Frühmensch sog. Haumesser. Der Olduwaimensch hat bereits den Faustkeil benutzt, und der „Heidelberger“ hatte eine Steingerätekultur. Sie lebten vorzugsweise

von der Jagd; auch Kannibalismus kann nicht ausgeschlossen werden.
Im mittleren Pleistozän (vor ungefähr 250000 Jahren) sind aus der Homo-erectus-Gruppe die *Altmenschen (Paläanthropinen)* hervorgegangen, die im oberen Pleistozän als die Gruppe der *Neandertaler* (Homo sapiens neanderthalensis) auftrat. Sie war ein Spättypus aus der letzten Eiszeit. Die Neandertaler starben vor rund 40000 Jahren wieder aus. Ihre typischen Merkmale waren: starke Überaugenwülste, hohe, rundliche Augenhöhlenöffnungen, vorspringender, kinnloser Unterkiefer und ein geräumiger Hirnschädel mit einem Gehirnvolumen von 1400 bis 1600 cm^3. Der Neandertaler war untersetzt und hatte einen kräftigen Knochenbau. Seine Werkzeuge waren Faustkeile und Blattspitzen (blattförmige Steingeräte, z. B. als Messer).
Der Neandertaler ist nicht der direkte Vorfahre des Jetztmenschen. Wohl hatten beide eine gemeinsame Wurzel, sie haben sich aber schon in der Mindel-Riß-Zwischeneiszeit getrennt. Aus dieser Schicht wurden an der Murr der *Steinheimmensch* (Homo sapiens steinheimensis) und bei London der *Swanscombemensch* geborgen. In ihren Überaugenwülsten zeigen sie neandertaloide Merkmale. Ihre Hinterhauptwölbung und die Einbiegung des Oberkiefers dagegen lassen Ähnlichkeiten mit dem heutigen Menschen (Homo sapiens sapiens) erkennen.
Die *Jetztmenschen (Neanthropinen)* treten während der letzten Eiszeit (vor rund 40000 Jahren) auf. Die Funde von Cromagnon haben der ganzen Menschengruppe den Namen gegeben *(Cromagnontyp)*. Sie erscheinen in Europa an verschiedenen Stellen gleichzeitig. Ihr Gehirnvolumen betrug 1400 cm^3. Es erreichte in wenigen Tausend Jahren eine Größe bis zu 1500 cm^3. Diese ungeheuer schnelle *Zerebralisation* ist für die ganze Menschwerdung von großer Bedeutung.
Während des späten Pleistozäns bildeten sich die ↑Menschenrassen heraus. – Siehe auch Farbtafeln S. 226 bis 230.

Menschenaffen: Die schwanzlosen M. haben mit dem Menschen viele Merkmale gemeinsam, v. a. was die inneren Organe anbelangt. Sie entstammen derselben Vorfahrenreihe wie der Mensch. Zu den M. zählen ↑Schimpansen, ↑Gorilla und ↑Orang-Utan; zuweilen werden auch die ↑Gibbons dazu gerechnet.
M. benutzen Werkzeuge, lernen aus Erfahrung, können einsichtig handeln und kennen keine bestimmte Paarungszeit. Sie leben in Familien oder in kleinen Horden in den Wäldern West- und Zentralafrikas, Borneos und Sumatras. Beim Gehen auf dem Erdboden nehmen sie vielfach die Arme zu Hilfe.
M. haben einen kräftigen Schädel mit großem Gehirnteil, flacher Stirn (teils starke Überaugenwülste), starken Kiefern, nacktem Gesicht und verschiedenen Bartbildungen. Im Alter treten die Mundpartie immer mehr schnauzenartig und die Eckzähne (v. a. bei Männchen) stärker hervor. Sie haben ferner Greifhände und -füße, bei denen der Daumen bzw. die Großzehe den übrigen Fingern bzw. Zehen gegenübergestellt (opponiert) werden können.
M. ernähren sich vorwiegend von Früchten, Blättern und jungen Sprossen. Sie sind allesamt in ihrem Bestand bedroht.

Menschenrassen: Auf Grund verschiedenartiger Kombinationen erblicher Merkmale läßt sich die Art Homo sapiens (↑auch Mensch) in eine Anzahl von Formengruppen einteilen, die man allgemein als *Rassen* bezeichnet. Die auffälligsten Unterscheidungsmerkmale der M. sind neben der Haut-, Haar- und Augenfarbe (Komplex der Pigmentierung) bestimmte Körper-, Kopf- und Gesichtsformen. Daneben bestehen auch gewisse physiologische und psychologische Unterschiede. Sie betreffen u. a. die Wärmeregulation, den Hormonhaushalt, die Empfindungsfähigkeit und das Verhalten.
Am geläufigsten ist die Gliederung der M. nach der Hautfarbe. Hier heben sich die drei Groß- oder Hauptrassen

(Rassenkreise) heraus. Die sog. weiße Rasse wird von der ↑Anthropologie (zu deren Arbeitsgebieten auch die *Rassenkunde* gehört) als europide, die schwarze Rasse als negride und die gelbe Rasse als mongolide Menschenrasse bezeichnet. Die über den amerikanischen Kontinent verbreitete indianide Menschenrasse ging aus der mongoliden hervor. Außerdem gibt es noch einige Rassengruppen wie Australiden und Pygmiden, die keiner dieser Großrassen zugeordnet werden können und daher eine Sonderstellung einnehmen. Im übrigen lassen sich die Großrassen weiter in *Subrassen* oder Varietäten (M. im eigentlichen Sinn) und gelegentlich auch in *Lokalrassen* untergliedern.

Die *Europiden* haben sich aus im einzelnen noch nicht sicher bekannten Homo-sapiens-Populationen des Neolithikums im eurasiatischen Raum entwickelt und haben im Verlauf der letzten Jahrtausende ganz Europa, Nordafrika und Südasien besiedelt. Charakteristisch für die gesamte Europidengruppe, die in zahlreiche geographische Subrassen (z. B. *Nordide, Mediterranide, Orientalide, Indide*) aufgegliedert wird, sind die folgenden Merkmale: von hellrötlichweiß (Nordeuropa) bis dunkelbraun (Nordafrika, Südasien) variierende Hautfarbe, welliges bis schlichtes, relativ dünnes Haar, variable Schädelform, relativ schmale und stark vorspringende Nase, schmale Lippen, reliefreiches Gesicht, hohe, gerade Stirn, deutlich ausgebildetes Kinn.

Auf Grund der Hautfarbe werden die Europiden vielfach in zwei Zweige gegliedert, einen hellen (europäischen) und einen dunklen (asiatisch-afrikanischen) Zweig.

Die *Mongoliden* haben im Verlauf ihrer Geschichte ebenfalls weite Teile der Erde besiedelt und sich an unterschiedliche geographische und klimatische Bedingungen angepaßt. Ihre Herausdifferenzierung erfolgte im asiatischen Raum. Charakteristisch für diese Großrasse, die gleichfalls in eine Anzahl von Subrassen gegliedert wird, sind: flaches Gesicht mit niedriger Nasenwurzel, betonte Jochbögen, flachliegende Lidspalte (die oft schräggestellt ist; sog. *Mongolenfalte*), dickes, straffes, dunkles Haar, dunkle Augen, gelbbräunliche Haut, in der Regel kleiner, untersetzter Wuchs.

Zu dieser Großrasse werden auch die *Eskimiden* gerechnet, die sich im Laufe der letzten Jahrtausende im Norden Nordamerikas und auf Grönland herausdifferenziert haben.

Sehr heterogen ist das körperliche Erscheinungsbild der *Indianiden,* die in mehreren Wellen (vermutlich aus dem Raum Nordostasien) über die Beringstraße den amerikanischen Kontinent erreicht haben und sich hier in zahlreiche Lokalrassen differenziert haben (die erste Welle kam etwa 40 000 Jahre v. Chr.).

Die *Negriden* werden heute als Anpassungsform an die tropischen Bedingungen Zentral- und Westafrikas verstanden. Ihre biologische Geschichte ist noch weitgehend unbekannt. Typisch für diese Großrasse sind die sehr dunkle Haut-, Augen- und Haarfarbe, dichtes, dickes und krauses Haar, sehr wulstige Lippen, Prognathie (Vorstehen des Oberkiefers), geringe Gesichts- und Körperbehaarung. Es existieren eine Reihe von Sub- und Lokalrassen.

Die *Australiden* sind gekennzeichnet durch mittelgroßen, hageren Wuchs, lange Beine, lange, schmale Kopfform, breites, derbes Gesicht mit starken Überaugenbögen, Prognathie, fliehende Stirn und fliehendes Kinn, dunkle Haut, dunkle Haare und dunkle Augen.

Ein ähnliches Erscheinungsbild weisen die auf Neuguinea und in Melanesien lebenden *Melanesiden* auf, die mit den Australiden verwandt sind. Bei ihnen handelt es sich um sehr altertümlich wirkende Formen.

Die *Pygmiden* sind v. a. durch ihren Zwergwuchs gekennzeichnet (Männer unter 150 cm, Frauen unter 140 cm). Sie kommen in Afrika und Asien vor; doch auch aus Südamerika sind Zwergwuchspopulationen bekannt.

Man nimmt an, daß es sich bei diesen Zwergwuchsrassen um konvergente, voneinander unabhängige Entwicklungen handelt. Wahrscheinlich sind die Pygmiden Anpassungsformen an die Nahrungsarmut ihrer Biotope, da kleine Körper mit geringerem Kalorienbedarf unter ungünstigen Bedingungen eher zu dauerhafter Existenz fähig sind als größere.
Neuerdings sind intensive Bemühungen im Gang, unter Einbeziehung sowohl anthropometrischer und morphologischer als auch serologischer und biochemischer Daten und unter Einsatz moderner statistischer Verfahren zu einer exakteren Rassengliederung zu gelangen, als sie bisher besteht *(quantitative Rassensystematik).*
Völlig offen ist bisher die Frage, inwieweit die zweifellos vorhandenen *psychischen Rassenunterschiede* genetisch bedingt sind oder ihre Ursache in nichtgenetischen Faktoren haben. Bevor diese Frage nicht befriedigend geklärt ist, muß man allen rassenpsychologischen Ergebnissen und daraus abgeleiteten kulturanthropologischen Folgerungen größte Zurückhaltung und Skepsis entgegenbringen.
Die Evolution der Art Homo sapiens wie auch ihre Differenzierung in die heute existenten Rassen ist das Ergebnis des Zusammenwirkens einer Reihe von populationsgenetischen Faktoren wie ↑Mutation, ↑Selektion, ↑Isolation und ↑Migration. Diese Faktoren werden im einzelnen von der *Populationsgenetik* erforscht. – Siehe auch Farbtafel S. 230.

Menstruation (Regelblutung, Periode, Regel, Monatsblutung, Menses): Regelmäßig etwa alle 27 Tage blutet eine geschlechtsreife Frau einige Tage lang aus der Scheide. Diese M. entsteht nur dann, wenn sich in der Gebärmutterschleimhaut kein befruchtetes Ei eingenistet hat. Während der M. wird die obere Schicht dieser Schleimhaut durch Enzyme aufgelöst und abgestoßen. Sofort nach der Blutung bereitet sich die Gebärmutter unter Hormoneinfluß erneut auf die eventuelle Einnistung eines Eies vor.
Der Hypophysenvorderlappen (↑Hirnanhangsdrüse) sondert das ↑follikelstimulierende Hormon (FSH) ab. Dieses regt in einem der Eierstöcke ein Ei zur Reifung an. Gleichzeitig veranlassen ↑Östrogene die Gebärmutterschleimhaut zum Wachstum und zur Bildung zarter Drüsenschläuche. Andererseits hemmen Östrogene die Abgabe von FSH durch die Hypophyse und regen diese an, das ↑luteinisierende Hormon (LH) abzusondern. Unter dem Einfluß von LH beginnt das Eibläschen (Follikel) im Eierstock Progesteron (↑Gestagene) zu bilden. Progesteron veranlaßt die Drüsenschläuche in der Gebärmutterschleimhaut, sich zu vergrößern und sich mit Sekret zu füllen *(Durchsaftung, Sekretionsphase)* und regt die Zellen der Schleimhaut (jetzt *Decidua* genannt) an, Glykogen zu speichern.
Bei einem bestimmten Gleichgewicht von LH und FSH erfolgt etwa am 14. Tag nach Eintritt der letzten Blutung der ↑Follikelsprung. LH regelt nun die Umbildung des geplatzten Follikels zum ↑Gelbkörper, der jetzt vermehrt Progesteron absondert. Dieses hält das Ei auf seinem Weg durch den Eileiter am Leben und erhält die Gebärmutterschleimhaut, die nun vollständig auf die ↑Einnistung des Eies und seine Ernährung vorbereitet ist. Außerdem verhindert es weitere Eireifungen.
Ist kein Ei befruchtet, hört die Abgabe von Östrogenen auf; dadurch entfällt die Anregung auf die Hypophyse, LH abzusondern. Der Gelbkörper schrumpft und stellt die Produktion von Progesteron ein. Ohne Progesteron kann die Gebärmutterschleimhaut nicht erhalten werden; sie wird in der M. abgestoßen.
Die erste M. im Leben einer Frau *(↑Menarche)* erfolgt durchschnittlich mit $12\frac{3}{4}$ Jahren bei Europäerinnen, die letzte um das 50. Lebensjahr herum (↑auch *Menopause*).

Meristem: In den Wachstumszonen der Pflanzen liegendes teilungsbereites Zellgewebe, das neue Pflanzenteile hervorbringen kann. – ↑auch Bildungsgewebe.

Mesencephalon svw. ↑Mittelhirn.
Mesenchym: Zwischen den ↑Keimblättern Ekto- und Entoderm entsteht bei vielen Tieren ein lockeres, aus stern- oder netzförmigen Zellen aufgebautes Bindegewebe, das Mesenchym. Platt- und Schlauchwürmer bilden als Füllgewebe nur M. aus, während höher entwickelte Tiere stattdessen meist ein Mesoderm in Form eines festen epithelialen Zellverbands aufbauen.
Meskalin (Mescalin): Wasserlösliches Alkaloid aus dem mexikanischen Peyotlkaktus (Pellotekaktus). Als ↑Halluzinogen und ↑Rauschgift besitzt es ähnliche Wirkungen wie ↑Haschisch und ↑LSD; unangenehme Nebenwirkungen: Kopfschmerzen, Schwindel, Übelkeit.
Mesoderm: Das mittlere der drei ↑Keimblätter.
Mesolithikum (Mittelsteinzeit): Als M. bezeichnet man eine Übergangsphase zwischen Paläolithikum und Neolithikum (↑Erdzeitalter), die regional verschieden anzusetzen und oft kaum abgrenzbar ist. Nur für Nordwesteuropa läßt sie sich für etwa 8000 bis 6000 v. Chr. bestimmen.
Mesonephros svw. ↑Urniere.
Mesophyll: Alle Gewebe eines Blattes (↑Laubblatt), die zwischen der oberen und der unteren ↑Epidermis liegen. Im typischen Fall unterteilt man das M. in ↑Palisadengewebe und ↑Schwammgewebe.
Mesophytikum: Der im Perm beginnende dritte große Zeitabschnitt pflanzlicher Entwicklung, in dem die Nacktsamer in den Vordergrund treten; ↑Erdzeitalter.
Mesozoen: M. sind Tiere des Meers und vermutlich rückgebildete Formen einstiger Vielzeller. Ihr Körper ist ein rings geschlossener, einschichtiger Zellschlauch mit Fortpflanzungszellen im Inneren. Alle M. leben mindestens zeitweise parasitisch, z. B. in Weichtieren, Strudel- und Ringelwürmern.
Mesozoikum (Erdmittelalter): Der dritte große Zeitabschnitt (Ära) der Erdgeschichte; ↑Erdzeitalter.
Messenger-RNS: (Abk.: m-RNS) svw. Boten-RNS (↑RNS).
Metabolie svw. ↑Metamorphose.
Metabolismus svw. ↑Stoffwechsel.
Metagenese: Bei vielzelligen Tieren gibt es 2 Formen des ↑Generationswechsels. Die eine ist die M., bei der die eine Generation sich ungeschlechtlich durch vegetative Vermehrung fortpflanzt, die andere bildet Eier und Samen, pflanzt sich also zweigeschlechtlich fort (z. B. Polyp = ungeschlechtlich, Qualle = geschlechtlich). – ↑auch Heterogonie.
Metalimnion ↑Gewässerregionen.
Metamerie: Als M. oder Segmentierung bezeichnet man die Gliederung eines Tierkörpers in hintereinanderliegende, von ihrer Anlage her gleichartige Abschnitte. – ↑auch Gliedertiere, ↑Ringelwürmer.
Metamorphose (Metabolie, Verwandlung): Viele Tiere durchlaufen während ihrer Entwicklung vom Ei zum voll ausgebildeten, geschlechtsreifen Organismus anders gestaltete und vielfach anders organisierte Wachstumsstadien (indirekte Entwicklung). Dies geschieht z. B. bei Würmern, Krebsen, Manteltieren und Lurchen (↑Kaulquappe), besonders aber bei Insekten, d. h. bei allen Tieren, die ein Larvenstadium (↑Larve) durchlaufen.
Bei manchen Insekten sind die Larvenstadien dem der ↑Imago schon ähnlich und werden dieser von Häutung zu Häutung ähnlicher. Auch die Geschlechtsorgane und (bei geflügelten Insekten) die Flügelanlagen sowie die Flügelmuskulatur werden kontinuierlich herangebildet. Die Nahrung gleicht weitgehend der des erwachsenen Tiers *(Hemimetabolie)*. Bei Urinsekten und Eintagsfliegen ist die M. am ursprünglichsten ausgebildet *(Paläometabolie)*.
Bereits im Larvenstadium sind die Merkmale der Imago deutlich ausgebildet. Aber noch im Imagostadium können Häutungen vorkommen. Tragen die der Imago ähnlichen Larven zugleich sekundäre, spezielle larveneigene Bildungen, so spricht man von *Heterometabolie*. Die wasserbewohnenden Libellenlarven besitzen z. B.

Tracheenkiemen und an der Unterlippe ein vorschnellbares Greiforgan zum Fangen kleiner Insekten. Heterometabol sind auch Heuschrecken und Blattläuse.
Abweichend von diesen Typen einer unvollkommenen Metamorphose ist die *Neometabolie* der Blasenfüße, Tannenläuse und Mottenschildläuse: Das letzte oder die zwei letzten Larvenstadien im Anschluß an flügellose Stadien sind ein *Ruhestadium*. Nahrung wird jetzt keine mehr aufgenommen, und die ↑Nymphe ist nur wenig beweglich.
Bei der vollkommenen M. *(Holometabolie)* z. B. der Käfer, Flöhe, Hautflügler, Zweiflügler und Schmetterlinge unterscheiden sich die Larven in Gestalt von ↑Maden oder ↑Raupen völlig von der Imago. Ein Ruhestadium ohne Nahrungsaufnahme (↑Puppe) beendet die Jugendentwicklung. Das Tier verwandelt sich zum Vollinsekt (Imago oder Vollkerf).
Schon im Larvenstadium sind die späteren Organe in Form von *Imaginalscheiben* angelegt. Ihre Ausbildung wird durch Metamorphosehormone ermöglicht, deren Produktion vom Vorderhirn aus gesteuert wird.

Metanephros svw. ↑Nachniere.

Metaphase: Das mittlere Stadium von ↑Mitose und ↑Meiose.

Metencephalon svw. ↑Hinterhirn.

Methanbakterien: Zu den M. gehören mehrere Arten von anaeroben Mikroorganismen, die CO_2 und H_2 als einzige Kohlenstoff- und Energiequelle, alternativ auch Alkohole und organische Säuren zu Methan (CH_4) abbauen. Bei einigen an Vitamin B_{12} reichen Bakterien stammt der Kohlenstoff aus reduziertem Kohlendioxid (CO_2).
M. kommen im Faulschlamm (Sumpfgas), in Faulbehältern von Kläranlagen und als wesentlicher Bestandteil der Flora im Pansen von Wiederkäuern (↑Wiederkäuermagen) vor. – Die M. gehören zu den erst vor wenigen Jahren entdeckten ↑Archebakterien.

Methionin: M. gehört zu den essentiellen ↑Aminosäuren und ist schwefelhaltig. Durch Transaminierung kann es mit Hilfe von ATP in Cholin und Kreatin überführt werden.
M. findet therapeutische Anwendung bei Lebererkrankungen, Verbrennungen und Schwermetallvergiftungen.

Migration: Breiten sich die Angehörigen einer Pflanzen- oder Tierart von ihrem ursprünglichen Verbreitungsgebiet in die Umgebung aus, begünstigt diese M. die Entstehung neuer Rassen und schließlich neuer Arten. Die etwas veränderten Selektionsbedingungen und der behinderte Genaustausch mit der Stammpopulation fördern diese Entwicklung. – ↑auch Tierwanderungen.

Mikrobiologie: Die M. beschäftigt sich mit Lebewesen, die als sehr uneinheitliche Gruppe der ↑Mikroorganismen nur auf Grund ihrer Kleinheit dem Tier- und Pflanzenreich gegenübergestellt werden. Entsprechend der Vielfalt der Organismen gibt es innerhalb der M. Teilgebiete: *Bakteriologie* (Bakterien), *Mykologie* (Pilze), *Protozoologie* (Einzeller), *Phykologie* (Algen). Zur M. gehört auch die *Virologie* (Viren).
Natürlich haben sich mit zunehmendem Wissen Spezialgebiete von der allgemeinen M. abgezweigt, wie z. B. die *medizinische M.*, die sich besonders der Untersuchung der Krankheitserreger beim Menschen widmet, oder die *industrielle M.*, die Möglichkeiten untersucht, den Stoffwechsel einiger Mikroorganismen zur Produktion von Alkohol, Essig, ↑Antibiotika, für die Vergärung von Milchprodukten u. a. auszunutzen.

Mikroorganismen (Mikroben): M. sind kleine, einzellige, nur mit dem Mikroskop sichtbare Lebewesen. Zu den M. zählen Bakterien, Blaualgen und ↑Einzeller sowie einige Algen und Pilze.
M. haben im allgemeinen Stoffkreislauf eine wichtige Aufgabe. Sie sorgen für den vollständigen Abbau organischen Materials zu anorganischen Stoffen (z. B. manche ↑Bodenorganismen). Andererseits bilden sie (z. B. Algen) den Anfang vieler ↑Nahrungsketten. Zahlreich sind die ↑Parasiten und

Krankheitserreger unter ihnen. – Die ↑Viren sind keine Mikroorganismen.

Mikrophagen:

◊ ↑Phagozyten.

◊ (Filtrierer): Tiere, die sich in bezug auf ihre Körpergröße von winzigen Schwebeteilchen ernähren. Beispiele: Muscheln filtrieren Plankton, Bartenwale Krill.

Mikropyle: Die M. ist der von den Integumenten der ↑Samenanlage freigelassene Zugang zum Nucellus. Durch diese Öffnung dringt normalerweise der Pollenschlauch ein, um mit seinem generativen und vegetativen Kern die Befruchtung im Embryosack durchzuführen.

Mikroskop: Das M. besteht im Prinzip aus zwei Sammellinsen kleiner Brennweite mit gemeinsamer optischer Achse. Die dem Gegenstand zugewandte Linse heißt *Objektiv,* die dem Auge zugewandte Linse *Okular.* Das zu vergrößernde Objekt wird zwischen die einfache und die doppelte Brennweite des Objektivs (möglichst nahe der Brennebene) gebracht. Das Licht tritt, von *Linsen (Kondensor)* gebündelt, durch das Objekt hindurch. Dabei entsteht auf der anderen Seite des Objektivs außerhalb der doppelten Brennweite ein umgekehrtes, vergrößertes, reelles Bild *(Zwischenbild).* Dieses Zwischenbild wird nun durch das Okular wie durch eine Lupe betrachtet, d. h., dem Beobachter erscheint das *Endbild* (gegenüber dem Objekt) umgekehrt, vergrößert.

Die *Vergrößerung* eines Mikroskops ist gleich dem Produkt aus der Vergrößerung des Objektivs und des Okulars.

Außer der Vergrößerung spielt für die Qualität und Brauchbarkeit eines Mikroskops das ↑Auflösungsvermögen eine wesentliche Rolle. Das Auflösungsvermögen kann durch Verwendung einer *Ölimmersion* verbessert werden. Dabei wird zwischen Objekt und Objektiv ein Öltropfen gebracht, wobei die Brechungszahl für das hindurchtretende Licht und dadurch das Auflösungsvermögen vergrößert wird. Dadurch liegt für sichtbares Licht die Grenze der Vergrößerung bei etwa 2000. Darüber hinaus muß man UV-Licht oder Elektronenstrahlen verwenden.

Für lebende und ungefärbte Objekte, die selbst nur wenig Licht absorbieren, eignet sich das *Phasenkontrastmikroskop,* bei dem die Phasenänderung der Lichtstrahlen beim Durchgang durch das Objekt zur Abbildung ausgenutzt wird.

Mikrosmaten ↑Makrosmaten.

Mikrosomen: M. sind submikroskopisch kleine (ca. 50–150 nm) Zelltrümmer, die nach Entfernen der Kern- und Mitochondriensubstanz durch Zentrifugieren von Gewebebrei gewonnen werden. Diese Fraktionen bestehen aus lipoidreichen Bruchstücken des endoplasmatischen Retikulums und aus ribosomaler ↑RNS. M. stellen demnach Artefakte (d. h. Kunstprodukte) und keine eigentlichen Zellorganellen dar.

Milben: Man kennt rund 10000 sehr unterschiedliche, zu den ↑Spinnentieren zählende Milbenarten. Ihr blasser, seltener bunt gefärbter Körper ist fast stets ohne deutliche äußere Segmentierung und gedrungen, sack-, ei- oder wurmförmig gebaut. Die stummelförmigen Beine (meist vier Paare) sind zu Kletter- oder Schwimmbeinen ausgebildet. Die ↑Mundwerkzeuge sind zum Beißen, Sägen oder Stechen, zum Saugen oder Kauen eingerichtet.

M. sind weltweit verbreitet. Sie leben auf dem Lande und in Süßgewässern, einige Arten auch im Meer. Sie ernähren sich als Räuber (z. B. *Meeresmilben*), als Pflanzenfresser und Allesfresser (z. B. *Käfermilben*) oder als Parasiten saftsaugend (an Pflanzen; z. B. *Rote Spinne*) oder auch blutsaugend an Mensch und Tier (z. B. ↑Zecken). Manche sind als Hornfresser (z. B. *Haarbalgmilbe*) oder Gewebefresser und Vorratsschädlinge *(Mehlmilbe, Käsemilbe)* bekannt.

Milch: Säugetierweibchen sondern in ↑Milchdrüsen während der *Laktation* (Milchabgabezeit, Stillzeit) eine Flüssigkeit (Milch) ab, welche der Aufzucht der Jungen dient. Sie enthält alle notwendigen Nährstoffe in idealer Zu-

sammensetzung, und zwar in Wasser gelöst, emulgiert oder als Kolloid: Eiweiße, Kohlenhydrate, Fette, fast alle Vitamine, Salze, Geruchs- und Geschmacksstoffe, Farbstoffe (Karotinoide und Flavone). Die Fette sind emulgiert und von einer Membran aus Eiweißstoffen und Lipoiden umgeben. Die erste Milch, die bei Frauen nach der Entbindung abgegeben wird, nennt man *Kolostrum*. Sie enthält wesentlich mehr Eiweiß als später abgegebene Milch und zusätzlich Leukozyten.
Walmilch ist sehr fettreich (44%), Rindermilch hat nur 3,4% Fett.

Milchdrüsen: Weibliche Säugetiere haben Hautdrüsen entwickelt, in denen sie ↑Milch zur Aufzucht ihrer Jungen erzeugen.
Die M. der Kloakentiere (Schnabeltier und Schnabeligel) münden auf 2 *Milchfeldern* auf der Bauchseite. Die Milch muß von den Jungen abgeleckt werden.
Bei allen höheren Säugern enden die M. in *Zitzen* (↑Euter) bzw. *Brustwarzen* (↑auch Brust).
↑Beuteltiere haben ihre M. im Beutel. Bei einigen (z.B. Känguruh) beißen sich die fast einem Embryo gleichenden Jungen an der Zitze fest. Diese schwillt im Mund so an, daß sich für längere Zeit eine fast unlösbare Verbindung ergibt.
Die M. der anderen Säuger münden hinten am Bauch (Wiederkäuer, Pferde) oder vorn an der Brust (Elefanten, Fledermäuse, Affen). Säuger mit vielen Jungen haben auf dem Bauch 2 Reihen von Zitzen (Schweine, Nager, Insektenfresser, Raubtiere).
Die Tätigkeit der M. wird durch Hormone gesteuert.

Milchgebiß: Den meisten Säugern wachsen zweimal ↑Zähne. Das M. ist das erste ↑Gebiß, ihm folgt nach einem Zahnwechsel das bleibende Gebiß. Beim Zahnwechsel werden die Milchzähne von der Wurzel her abgebaut. Die bleibenden Zähne lockern die übrigbleibenden Kronen der ↑Milchzähne schließlich so weit, daß sie herausfallen.

Milchröhren: M. sind mit *Milchsaft* angefüllte, lebende, oft vielkernige Exkretzellen bei verschiedenen Pflanzenarten. Man unterscheidet ungegliederte und gegliederte M. Die *ungegliederten M.* gehen aus einer Zelle hervor, sind meist stark verzweigt und können mehrere Meter lang werden. Sie kommen z.B. bei Wolfsmilch-, Maulbeer- und Hundsgiftgewächsen vor. *Gegliederte M.* werden durch Querwandauflösung und Fusion mehrerer Zellen gebildet. Sie bilden unverzweigte Röhren oder Netzwerke und kommen z.B. beim Gummibaum und beim Löwenzahn vor.

Milchsaft ↑Milchröhren.

Milchsäure: Eine α-Hydroxypropionsäure; $CH_3-CH(OH)-COOH$. Ihre Salze heißen *Lactate*.
M. kommt in zahlreichen Lebensmitteln wie Sauerkraut, Gurken, saure Milch und Wein vor, wo ihr Entstehen auf ↑Milchsäuregärung beruht.
Von physiologischer Bedeutung ist ihr Vorkommen im arbeitenden Muskel, wo sie beim anaeroben Abbau durch Hydrierung der Brenztraubensäure als Endprodukt entsteht. Dabei erhöht sich auch der *Milchsäurespiegel* im Blut von 5 bis 20 mg auf 100 mg.
Wegen ihrer antiseptischen Wirkung wird M. bei der Salben- und Mundwasserherstellung verwendet.

Milchsäurebakterien: Die M. kommen als Kokken und Stäbchen vor und verwandeln auf anaerobem Wege Milchzucker und andere Kohlenhydrate in Milchsäure. Einige Arten siedeln sich auf Schleimhäuten und im Darmkanal von Mensch und Tier an.

Milchsäuregärung: Die M. ist der anaerobe Abbau von Hexose, Fructose, Mannose, Sacchararose, Maltose und Lactose durch die ↑Milchsäurebakterien, wobei die Gärungsmilchsäure entsteht. Die Vergärung der Hexosen läuft dabei bis zur Brenztraubensäure der ↑Glykolyse parallel. Die Brenztraubensäure dient hier selbst als Wasserstoffakzeptor, der während der Glykolyse auf NAD übertragen wurde, wobei sie unter der katalytischen Wirkung von Milchsäuredehydroge-

nase direkt zu Milchsäure reduziert wird.
Die M. hat eine große praktische Bedeutung. Auf ihr beruht die Herstellung von Sauermilchprodukten (Joghurt, Buttermilch usw.), ebenso von eingesäuertem Gemüse und Obst und von Sauerteig für die Brotherstellung.

Milchzähne: Die ersten ↑Zähne wachsen dem Säugling im 6.-9. Lebensmonat. In bestimmter Reihenfolge erscheinen die weiteren Milchzähne. Zusammen bilden sie das ↑Milchgebiß.

Milchzucker (Lactose): M. ist ein Disaccharid, das aus ↑Traubenzucker (Glucose) und ↑Galaktose besteht. Er ist Bestandteil der Milch aller Säugetiere (z.B. in Kuhmilch 4,5%, in der Milch der Frau 6%).
M. lockt Fäulnisbakterien an und ist ein Ausgangsstoff für die ↑Milchsäuregärung.

Milz (Lien): Dieses lymphatische Organ liegt beim Menschen links seitlich des Magens. Sie ist weich, faustgroß, blaurot und hat die Form einer Kaffeebohne. Bei einer Länge von 10-12 cm und einer Breite von 6-8 cm wiegt sie 150-200 g.
Durchschneidet man die M., so kann man an der Schnittfläche eine blutige Masse abwischen. Es ist die „rote Pulpa". Ihre Retikulumzellen zerstören defekte rote Blutzellen. Nach dem Abspülen der Schnittfläche bleiben stecknadelkopfgroße, weiße Punkte (= Lymphknötchen) stehen. In ihrer Gesamtheit nennt man sie „weiße Pulpa". Sie bildet ↑Lymphozyten (weiße Blutzellen). – Die Plasmazellen der Milz bilden ↑Antikörper.
Die M. kann entfernt werden. Dann übernehmen andere Organe (Leber, Knochenmark, Lymphknoten) ihre Aufgaben.

Mimese: Eine Form der ↑Schutzanpassung.

Mimik: Muskeln, die während der ↑Keimesentwicklung zuerst in der embryonalen Halsmuskulatur und dann in der Kopfregion zunächst als Schließmuskeln an den Gesichtsöffnungen wie den Augen, der Nase, dem Mund und den Ohren angelegt wurden, bilden die *mimische Gesichtsmuskulatur* aus. Es sind dünne, oberflächlich gelegene Muskelplatten. Sie entspringen an Knochen oder Sehnenblättern und inserieren (= setzen an) in der Haut oder Unterhaut. Durch diese Gesichtsmuskeln kommt es zur Bildung von Falten und Grübchen. Diese bewirken den Gesichtsausdruck und die Ausdrucksbewegungen.
Die M. hat sich erst bei Säugetieren und hier besonders bei den Primaten entwickelt. Einige dieser Bewegungen beim Menschen sind angeboren. Die Grundmuster z.B. des Weinens, des Lachens oder der Wut lassen sich nämlich, trotz unkontrollierter Nebenbewegungen, sogar bei blind geborenen Kindern finden; außerdem sind sie manchmal in ähnlicher Form und Bedeutung bei Affen nachzuweisen. In den meisten Fällen wird eine bestimmte M. von allen Menschen der Erde gleich ausgeführt und verstanden.

Mimikry: Eine Form der ↑Schutzanpassung.

Mimosen (Mimosengewächse): Die M. bilden eine Familie der ↑Hülsenfrüchtler mit rund 2000 vorwiegend tropischen und subtropischen Arten. Es sind meist Sträucher oder Bäume mit doppelt und paarig gefiederten Blättern und kleinen Blüten.
Bekannte Gattungen sind *Akazie* und *Mimose (Sinnpflanze)*. Die Art *Mimosa pudica* legt auf Berührungsreize ihre Blätter zusammen und senkt die Blattstiele.

Minen: Durch Larvenfraß bestimmter Insekten *(Minierer)* im Inneren von Pflanzenteilen entstehen kleine Hohlräume. Diese M. werden nach der Stelle ihres Auftretens als *Blattminen, Stengelminen, Fruchtminen* usw. bezeichnet.
Es gibt fadenförmig dünne bis schlauchförmige *Gangminen* und mehr breite, höhlen- oder kammerartige *Platzminen*. Bei Aufwölbung der Kutikula entstehen *Blasenminen*. Durch Schlängelung, Abzweigungen und Kombinationen werden typische Formen gebildet, die außer der Art der

Kotablagerungen in ihnen charakteristisch für die erzeugende Larvenart sind.
Minierer sind v. a. die Larven der sehr kleinen Minierfliegen (z. B. Rübenfliege), auch von Miniermotten (z. B. Fliedermotte), einiger Hautflügler (z. B. Halmwespe, Apfelwickler; ↑Maden) und seltener Käferarten (z. B. Kohltriebrüßler und Borkenkäfer).

Mineralisation: Die Umwandlung von organischen Substanzen im und auf dem Boden mit Hilfe von Bakterien, Pilzen und Sauerstoff zu mineralischen Stoffen. Dies geschieht im allgemeinen dadurch, daß v. a. die Aminosäuren in die körpereigene Substanz dieser Organismen eingebaut und dann wieder in eine pflanzenaufnehmbare, mineralische Form überführt werden.

Miozän: Ein Unterabschnitt des Tertiärs in der Erdneuzeit (Känozoikum); ↑Erdzeitalter.

mischerbig (heterozygot): Im heterozygoten Zustand besitzt eine diploide Zelle zwei unterschiedliche ↑Allele desselben Gens. – Gegensatz: ↑reinerbig.

Mischkultur ↑Monokultur.

Mischling: Als M. bezeichnet man im völkerkundlichen Sprachgebrauch eine Person, deren Eltern verschiedenen Menschenrassen angehören.
Selten wird die Bezeichnung M. auch im Sinne von ↑Bastard gebraucht.

Mischwald: M. setzt sich aus Laub- und Nadelhölzern zusammen. M. ist weniger anfällig gegen Schädlinge und gegen Windbruch als Reinbestände und hat einen höheren Erholungswert.

Mißbildungen: Bei Tieren und beim Menschen sind in einigen Fällen genetische, in anderen umweltbedingte Faktoren als Ursachen für M. anzusehen. Die Veränderungen während der ↑Keimesentwicklung von Mensch und Tier führen zu mehr oder weniger großen Abweichungen vom normalen Körperbau.
M. gibt es sowohl im Skelett (z. B. fehlende, unvollständige oder überzählige Gliedmaßen) als auch bei inneren Organen (z. B. Verlagerung des Herzen nach rechts; Loch in der Herzscheidewand). Unter 1000 Neugeborenen sind etwa 13–16 M. zu finden.
Auch bei M. von Pflanzen handelt es sich um Abweichungen von der normalen Organstruktur. Als Beispiele wären zu nennen: Durchwachsen der Blüte, Drehung oder Verbreiterung des Stengels, Laubblätter anstelle von Blütenteilen.

Missing link: Ursprünglich wurde der Begriff für das fehlende Glied in der Entwicklungsreihe von affenartigen Vorfahren zum Menschen geprägt. Heute bezeichnet man mit diesem Ausdruck jede Übergangsform, die nach theoretischen Erwägungen in eine entwicklungsgeschichtliche Lücke zwischen frühen Ahnen und späteren abgeleiteten Arten passen würde, als Fossil aber noch nicht entdeckt wurde.

Mistel: Die M. (Viscum album) ist ein immergrüner Halbschmarotzer auf Laub- und Nadelbäumen. Sie hat grünliche Blüten und weiße Beerenfrüchte. Wasser und Mineralsalze nimmt die M. mit ↑Haustorien auf, Kohlenhydrate bildet sie durch die ↑Photosynthese selbst.

Mitochondrien (Chondriosomen): Die M. sind neben dem Zellkern die konstantesten Zellstrukturen; sie kommen in allen pflanzlichen, tierischen und menschlichen Zellen vor.
Die M. sind meist von ovaler Gestalt und von einer durchgehenden Membran, die aus zwei Hüllen besteht, begrenzt. Jede dieser Hüllenmembranen ist wie die Zytoplasmamembran (= Elementarmembran) gebaut: Im Inneren sind die M. von einer Grundsubstanz, der *Matrix,* ausgefüllt. In diese Matrix ragen meist plattenförmige Fortsätze hinein *(Cristae),* die von der inneren Hüllenmembran gebildet werden (s. auch Abb. S. 316).
Bei zahlreichen Einzellern sowie in der Nebennierenrinde, im Gelbkörper und in der Plazenta haben die M. in ihrem Lumen keine Lamellenstruktur, sondern sind mit kleinsten, röhrenartigen Gebilden (Tubuli) angefüllt.
Die Mitochondrienmembranen sind mit Millionen kleiner Körperchen be-

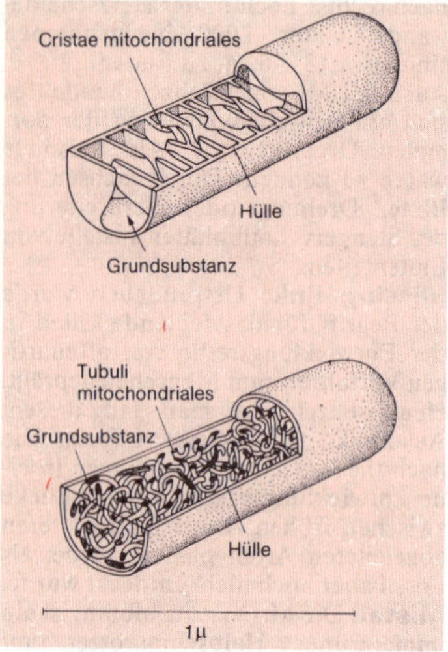

Abb. Mitochondrien: Schemadarstellungen des Cristaetypus (oben) und des tubulären Typus (unten)

setzt, die auf der Innenmembran gestielt sind. Diese *Elementarpartikel* scheinen für die chemischen Aktivitäten der M. von großer Wichtigkeit zu sein. Sie bestehen aus Proteinen, Lipoiden, Phospholipoiden und enthalten die Enzyme der Atmungskette.
Die Entwicklung und Vermehrung der M. ist noch nicht restlos geklärt. Höchstwahrscheinlich erfolgt die Vermehrung durch Neubildung aus kleinen Vesikeln *(Promitochondrien).*
Die M. erfüllen eine bedeutende Funktion im Rahmen des Zellstoffwechsels und werden häufig als die „Energiefabriken“ der Zelle bezeichnet. Dazu finden sich in den M. zahlreiche Enzymsysteme; so z. B. die Atmungskettenenzyme in den Hüllmembranen und die Enzyme der oxidativen Decarboxylierung sowie des ↑Zitronensäurezyklus im Matrixraum.

Mitose (indirekte Kernteilung, Äquationsteilung): Im wesentlichen beruhen die Vermehrung von Einzellern und das Wachstum von mehrzelligen Tieren und Pflanzen auf Zellteilungen, in deren Verlauf nach Selbstverdopplung (↑DNS-Replikation) das Erbgut in den ↑Chromosomen jedes Mal durch eine M. so auf die beiden entstehenden Tochterzellen aufgeteilt wird, daß jede in der Regel dieselbe vollständige Erbinformation erhält (siehe auch Abb.).
Diese Teilungen dienen natürlich auch zur Regeneration von Verletzungen oder verlorengegangenen Körperteilen. Die Regenerationsfähigkeit ist beim Menschen nur noch sehr beschränkt vorhanden. Die Teilungsfähigkeit der Körperzellen hört aus bisher unbekannten Gründen in einem bestimmten Alter endgültig auf (beim Menschen nach ca. 110 Jahren).
Einen anderen Teilungsmechanismus findet man bei der Bildung der Geschlechtszellen (↑Meiose).
Den (selbstverständlich ununterbrochenen) Ablauf der M. gliedert man in 4 Phasen:
1. *Prophase:* Die Chromosomen werden als lange, dünne Fäden sichtbar, die sich schließlich durch Schraubung und Faltung zu ihrer Transportform

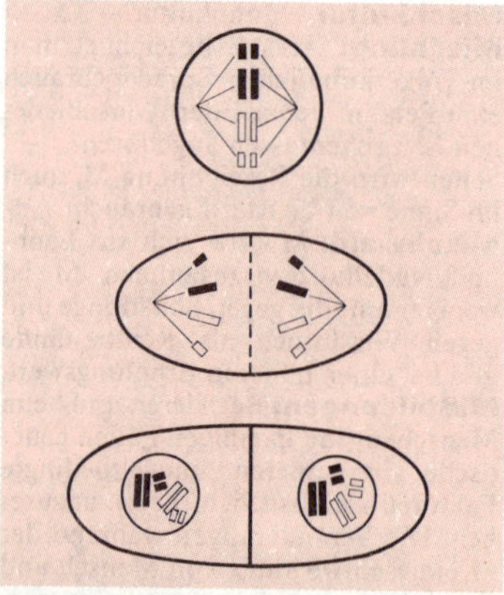

Abb. Mitose: Schematischer Ablauf: oben: Aufspaltung in väterliche (schwarz) und mütterliche (weiß) Chromatiden; Mitte: Trennung der Chromatiden; unten: Bildung der neuen Zellwand und Chromosomenreduplikation

verkürzen. Bei einigen Lebewesen, z. B. beim Menschen, können die einzelnen Chromosomen in diesem Stadium anhand ihrer Gestalt identifiziert werden. Die zwei Kinetozentren (↑Zentriol und ↑Zentrosom) in tierischen Zellen trennen sich und wandern zu entgegengesetzten Polen. Bei Pflanzen findet man anstelle der Kinetozentren Polkappen. Die ↑Kernspindel formt sich, die Kernmembran und der ↑Nukleolus verschwinden.
2. *Metaphase:* Die Spindelfasern zwischen den ↑Zentromeren der Chromosomen, die schon einen Längsspalt erkennen lassen, und den Polen sind vollständig. Mit ihrer Hilfe ordnen sich die Chromosomen in einer Ebene zwischen den Polen *(Äquatorialplatte)* an.
3. *Anaphase:* Endlich verdoppeln sich auch die Zentromeren, und die ↑Chromatiden, jetzt Schwesterchromosomen, wandern entlang den Spindelfasern zu den Polen. Über den Mechanismus dieses Transports besteht noch Unklarheit. Die Wanderungsgeschwindigkeit der einzelnen Chromosomen ist unterschiedlich groß.
4. *Telophase:* Haben sich alle Chromosomen an den Polen versammelt, wird eine neue Kernmembran gebildet; der Nukleolus erscheint wieder; der Spindelapparat wird abgebaut. Die Chromosomen werden lichtmikroskopisch unsichtbar, weil sie sich in die Arbeitsform des Interphasekerns (↑Arbeitskern) umwandeln.
Normalerweise folgt der M. die Teilung des Zellplasmas *(Zellteilung).* Werden die Kerne nicht durch eine Zellmembran getrennt, entsteht ein vielkerniges ↑Plasmodium, wie z. B. bei Schleimpilzen.
Neben anderen Faktoren bewirken Spindelgifte (z. B. ↑Kolchizin), daß die Chromosomen nicht getrennt werden und die Kerne ↑polyploid werden. Wird die M. in der frühen Prophase abgebrochen, spricht man von einer *Endomitose,* die häufig bei Pflanzen auftritt. – ↑Riesenchromosomen entstehen, wenn die M. nach der DNS-Replikation nicht eingeleitet wird.

Mitosegifte (Spindelgifte): M. nennt man chemische Substanzen, die den regulären Ablauf der ↑Mitose beeinträchtigen. Am bekanntesten ist das ↑Kolchizin, ein giftiges Alkaloid der Herbstzeitlose.

Mittelhirn (Mesencephalon): Das entwicklungsgeschichtlich aus dem vorderen Abschnitt des ↑Rautenhirns hervorgehende M. liegt zwischen ↑Hinterhirn und ↑Zwischenhirn. Das M. schaltet die Verbindungen zwischen Sinnesorganen und Muskeln (Seh- und Hörreflexe, Pupillenreflex, Scharfstellen des Bildes auf der Netzhaut); ↑Gehirn.

Mixozöl: Die nicht von einem besonderen Epithel ausgekleidete tertiäre ↑Leibeshöhle.

Modifikation: Unter M. versteht man Veränderungen im äußeren Erscheinungsbild eines Lebewesens, die durch wechselnde Umweltbedingungen hervorgerufen werden. Das Erbgut wird dabei nicht beeinflußt. Manche Modifikationen werden einige Generationen lang beibehalten, auch wenn sich die Umwelt längst wieder geändert hat.

Molaren svw. Backenzähne (↑Zähne).

Molekularbiologie: Die M. ist eine moderne Forschungsrichtung der Biologie, die die physikalisch-chemischen Eigenschaften organischer Verbindungen im lebenden Organismus (v. a. in der Zelle) untersucht.

Molekulargenetik: Die M. ist ein Zweig der ↑Genetik, der sich mit der Strukturanalyse der Gene befaßt. Folgende Erscheinungen sind für die M. wesentlich: 1. die Prozesse, die eine relative Konstanz des genetischen Informationsgehaltes garantieren; 2. die Vorgänge, die zu einer erblichen Veränderung führen.

Mollusken svw. ↑Weichtiere.

Monatsblutung svw. ↑Menstruation.

Mongolenfalte (Indianerfalte): Zieht sich die Deckfalte des Augenoberlids in einem sichelförmigen Bogen am inneren Augenwinkel bis an die Nasenhaut, wird sie M. genannt.

Die M. ist ein bes. Rassenmerkmal der Mongoliden und Indianiden (↑Menschenrassen). Außerdem ist sie eines der körperlichen Erscheinungsmerkmale des ↑Mongolismus.

Mongolenfleck (Steißfleck): Dieser sehr unterschiedlich große Pigmentfleck grauer bis bläulichgrauer Farbe im Bereich der Lendenwirbel oder des Kreuzbeins tritt häufig bei Mongoliden, selten bei Europäern auf. Ist er bei Europäern bei der Geburt vorhanden, so verschwindet er in der Regel während der ersten Lebensjahre.

Mongoliden ↑Menschenrassen.

Mongolismus (Mongoloidismus, mongoloide Idiotie): Als M. wird eine angeborene Form der geistigen Behinderung (Mangelbegabung) bezeichnet, die von bestimmten körperlichen Merkmalen (breites Gesicht, enge Lidspalte, stumpfe Finger) begleitet ist. Ursache ist die ↑Trisomie des Chromosoms 21.

Monogamie (Einehe): Nicht nur der Mensch, sondern auch viele Tiere (z. B. Singschwäne) leben in der Regel zeitlebens mit nur einem Geschlechtspartner. Diese Ehe zwischen einem Mann und einer Frau nennt man monogam. In anderen Kulturen war oder ist auch heute noch die *Vielehe (Polygamie)* Zeichen von Macht. In unserer Kultur sind die Ehe mit zwei Partnern *(Bigamie)* und die Polygamie gesetzlich verboten.

monoklonale Antikörper ↑Antikörper.

Monokultur: Moderne Anbaumethoden bevorzugen den Anbau von nur einer Pflanzenart auf großen Flächen, z. B. Weizen, Kartoffeln, Kohl, Erdbeeren. Bei einer solchen M. liegt der Schwerpunkt auf der Erzeugung großer Mengen (Nahrungs- und andere Nutzzwecke) und auf dem arbeitssparenden Einsatz großer Maschinen. Den Vorteilen stehen große Nachteile gegenüber. So können sich z. B. Pflanzenkrankheiten und Schädlinge leicht und schnell ausbreiten. Daher müssen zur ↑Schädlingsbekämpfung große Mengen Pflanzenschutzmittel verwendet werden (soweit nicht überwinternde Zwischenfrüchte angebaut werden). Außerhalb der Vegetationszeit liegt in Monokulturen der Boden ungeschützt, so daß die Gefahr der Bodenabschwemmung durch Regen, der Verwehung von Humus durch Wind und der Bodenaustrocknung besteht, die das Leben der wichtigen Bodenorganismen beeinträchtigt. Außerdem wird bei M. durch die starke und einseitige Bodenbeanspruchung der natürliche Mineralgehalt des Bodens in kurzer Zeit aufgezehrt, weshalb eine intensive Kunstdüngung durchgeführt werden muß.

Bei Mischkulturen, die der natürlichen Lebensgemeinschaft entsprechen, lassen sich solche Schäden vermeiden. Bei *Mischkultur* werden gleichzeitig mehrere Nutzpflanzenarten gleicher oder unterschiedlicher Produktionsrichtung angebaut; und zwar in der *Reihe* (z. B. Möhre und Porree), in *Zwischenreihen* (z. B. Ölbaum und Weinrebe), in *Streifen* (z. B. Trockenreis und Bataten oder Mais), in *Etagen* (z. B. Bananen und Kaffee oder Tee) oder als *Unterkultur* (z. B. Grünland oder Gemüse unter Obsthochstämmen).

monophag: M. sind Tiere, die auf eine bestimmte Nahrung spezialisiert sind. Hierher gehören viele ↑Parasiten, z. B. die Kopf- und die Kleiderlaus.

Monosaccharide (Einfachzucker): Die M. gehören zu den ↑Kohlenhydraten. Es sind mehrwertige Alkohole, die eine Aldehyd- oder Ketogruppe tragen. Nach der Zahl der Kohlenstoffatome heißen sie *Triosen, Tetrosen, Pentosen, Hexosen* und *Heptosen*. Die wichtigsten M. gehören zu den Pentosen und Hexosen, z. B. ↑Ribose, ↑Traubenzucker (Glucose), ↑Fruchtzucker (Fructose) und ↑Galaktose. Diese kommen in der Natur teilweise allein, meist jedoch gebunden in Pflanzen und Tieren vor. So ist z. B. die Ribose bzw. die Desoxyribose Bestandteil der ↑Nukleinsäuren; aus Glucose sind ↑Stärke und ↑Zellulose aufgebaut.

monözisch svw. ↑einhäusig.

Monozyten: Form der ↑weißen Blutkörperchen.

Moore: M. bestehen aus einer mindestens 30 cm mächtigen Torfdecke mit 30% organischer Substanz. Sie entstehen bei großem Wasserüberschuß und ungestörtem Wachstum feuchtigkeitsliebender Pflanzen.
Man unterscheidet je nach ihrer Entstehung die bei der Verlandung von Seen (Schmelz- und Stauwasserseen der Eiszeit) gebildeten *Flachmoore* (Niedermoore), die in der Regenwasserzone (v.a. während des Atlantikums) entstandenen *Hochmoore* und bei wechselnder Ausbildung beider Typen die *Übergangsmoore.* Typische Pflanzen der Flachmoore sind Rohrkolben, Seggen, Schilf, Schwarzerle und Weide, des Hochmoors Torfmoose, Wollgras, Glockenheide, Binsen und Haarsimse. Im Übergangsmoor treten Birke und Kiefer und unterschiedliche Anteile der Pflanzengesellschaften der Hoch- und Flachmoore auf.
Die heutigen Moore sind etwa 3 000 bis 8 000 Jahre alt und haben bis zu 5 m hohe *Torflager* gebildet (an anderen Stellen der Welt bis zu 70 m). Der am stärksten zersetzte Hochmoortorf heißt *Schwarztorf,* der jüngere, weniger zersetzte *Weißtorf.* Darüber liegt die *Bunkerde.*
Früher wurde Torf als Brennmaterial oder zur Einstreu (im Stall) verwendet. Seit dem 16. Jh. werden Moore zunehmend ackerbaulich genutzt.
Der Naturschutz bemüht sich um die Erhaltung der verbliebenen Restflächen.

Moose: Die M. bilden eine Abteilung der Sporenpflanzen mit rund 26 000 Arten. Es sind kleine, wurzellose, nur mit Rhizoiden ausgestattete autotrophe Pflanzen, die überwiegend auf dem Land vorkommen. Einige Arten sind weltweit verbreitet, die meisten jedoch auf einen engeren Raum beschränkt. Man unterteilt die M. in die beiden Klassen ↑Laubmoose und ↑Lebermoose.
Typisch für die M. ist der *heterophasische Generationswechsel.* Dabei stellt die unterschiedlich gestaltete und beblätterte Moospflanze den *haploiden Gametophyten* dar, auf dem sich (erstmalig in der stammesgeschichtlichen Entwicklung der Pflanzen) die mit einer sterilen Hülle umgebenen männlichen und weiblichen Sexualorgane befinden. Die völlig anders gestaltete *diploide Sporophytengeneration* entsteht aus der befruchteten Eizelle und bleibt zeitlebens mit dem Gametophyten verbunden, von dem sie auch ernährt wird. In der Kapsel des *Sporophyten* (Mooskapsel) erfolgt unter Reduktionsteilung die Bildung der *Moossporen,* die der Verbreitung dienen.
Pflanzengesellschaften, in denen die M. dominieren, sind nur die Hochmoore der niederschlagsreichen Gebiete mittlerer Breite. Zahlreiche M. leben epiphytisch auf Baumstämmen. M. trockener Standorte bilden dichte Polster, die durch das Auftreten von chlorophyllfreien Blattspitzen *(Glashaare)* weiß erscheinen.
Die Moosdecken unserer Wälder spielen eine wichtige Rolle im Wasserhaushalt der Umgebung, da sie aufgrund ihres großen Wasserbindungsvermögens ausgleichend auf die Quellschüttung wirken.

Moostierchen (Bryozoen): In Meeres- und Süßgewässern kommen nicht selten 1–4 mm große Tiere vor, die durch ungeschlechtliche Knospung bäumchen- oder moosförmige Kolonien bilden. Diese Kolonien *(Zoarien)* können bis knapp 1 m hoch werden. Die Einzelindividuen sind von einer Kutikula umgeben, aus der das Vorderteil mit einem Kranz von Fangarmen (Nahrung: Plankton, Detritus) herausragt.
Die M. sind seit dem Kambrium bekannt. Sie waren früher am Aufbau von Riffkalken *(Bryozoenkalk)* beteiligt.

Morphin (Morphium): Das stark basische Hauptalkaloid des ↑Opiums (Opiat), aus dem halbsynthetisch ↑Heroin hergestellt wird, wird in der Medizin wegen seiner spezifisch schmerzlindernden Wirkung eingesetzt. Seine Anwendung unterliegt jedoch den Bestimmungen des Betäubungsmittelgesetzes, da es, als

↑Rauschgift mißbraucht (intravenös gespritzt oder in Tablettenform eingenommen), zur seelischen und körperlichen Abhängigkeit führt (Wirkungen ↑Heroin).

Morphologie (Gestaltlehre): Dieser Teilbereich der Biologie beschreibt die äußere Körpergestalt, den Aufbau und die Lage der Organe bei Pflanzen und Tieren. Der innere Aufbau ist Gegenstand der ↑Anatomie, der gewebliche Feinbau Gegenstand der Histologie (↑Gewebelehre). Die *vergleichende M. (Typologie)* untersucht verwandtschaftliche Beziehungen.

Morphose: Das Aussehen von Pflanzen oder ihren Teilen kann durch äußere Einflüsse in bestimmte Richtungen gelenkt werden (Morphose; ↑auch Modifikation). Beim Wasserhahnenfuß z. B. sind die Unterwasserblätter stark geschlitzt, während die Blätter an der Luft eine glatte, zusammenhängende Oberfläche haben.

Morula svw. ↑Maulbeerkeim.

Moschus: Ein Sekret der *Moschustiere* (Hochgebirgshirsche Innerasiens; 1 m Körperlänge; geweihlos). M. wird in den Moschusbeutel, der vor der Vorhautöffnung des männlichen Tiers mündet, abgesondert. Er gehört zu den Duftstoffen, die die Erregung des Geschlechtspartners bezwecken. Daher wird er besonders zur Paarungszeit produziert. – Ähnliche Sekrete werden auch von anderen Tieren produziert. M. wird mit Alkohol zu *Moschustinktur* verarbeitet und in der Parfümindustrie verwendet. Er erzeugt (für sich allein) einen animalischen Geruch. Es gibt auch synthetische Riechstoffe, die M. imitieren.

motorische Endplatte (Endplatte, neuromuskuläre Endplatte): Im mitochondrien- und vesikelreichen Bereich der motorischen Endplatte treten die Zellmembranen der Muskelfasern der quergestreiften Muskulatur und der sie umspinnenden Nervenfasern in engen Kontakt. Sie stellen sozusagen eine Synapse dar, an der unter Vermittlung von ↑Acetylcholin als Überträgersubstanz die Nervenimpulse auf die Muskulatur übertragen werden.

motorische Fasern: M. F. leiten die Erregung vom Gehirn oder vom Rükkenmark zu den Erfolgsorganen; ↑Nervenzellen.

Motten: M. sind bis 3 cm spannende, weltweit verbreitete Kleinschmetterlinge, die durch dicht behaarte Körper und gefranste Flügel auffallen. Unter den M. finden sich viele Schädlinge, von denen die *Kleidermotte* am bekanntesten ist. Ihre Weibchen legen bes. an Wollstoffen, Pelzen und Bälgen Eier ab, aus denen Larven schlüpfen. Diese Larven spinnen auf dem sie umgebenden Substrat an beiden Seiten offene Gespinströhrchen um sich, von wo aus sie weiterfressen.

m-RNS: Abk. für: Messenger-RNS (↑RNS).

Mücken: M. sind mit rund 35 000 Arten weltweit verbreitete, meist schlanke, langbeinige ↑Zweiflügler mit langen, fadenförmigen Fühlern. Die erwachsenen Insekten ernähren sich hauptsächlich blutsaugend, z. B. die Weibchen der Stechmücken. Die Larven leben v. a. in stehenden Gewässern von pflanzlicher Nahrung.

Müller-Gang: Bei den meisten Wirbeltieren ist in beiden Geschlechtern embryonal neben jedem der beiden Urnierengänge ein Kanal angelegt, der im weiblichen Geschlecht zum ↑Eileiter wird. Bei den Säugetieren, auch beim Menschen, differenziert sich dieser M.-G. außer in den paarigen Eileiter noch (durch Verschmelzung) in die ↑Gebärmutter und den oberen Scheidenteil. Im männlichen Geschlecht wird der Müller-Gang reduziert.

Mumie: Durch chemische Verfahren („Einbalsamieren") können tierische oder menschliche Leichen haltbar gemacht werden. Diese Mumien bewahren Form und Farbe nur mangelhaft, weshalb Tiermumien heute kaum noch hergestellt werden. Menschliche Leichen werden manchmal noch mumifiziert. Fast alle heute benutzten Einbalsamierungsflüssigkeiten enthalten u. a. Formaldehyd.

Mumienpuppe ↑Puppe.

Mumps: Der M. oder *Ziegenpeter* ist eine Viruserkrankung, die sich hauptsächlich in den Ohrspeicheldrüsen abspielt. Schulkinder stecken sich mit virushaltigen Speicheltröpfchen häufiger an als Säuglinge und Kleinkinder. Nach uncharakteristischem Krankheitsbeginn schwellen die Ohrspeicheldrüsen an; das Kauen schmerzt.

Im allgemeinen verläuft der M. harmlos, auch wenn die Entzündung auf die Hirnhäute übergreift. Bei männlichen Erkrankten kommt es nach der Pubertät oft zu einer Hodenentzündung, die in 10% der Fälle zu einer Zeugungsunfähigkeit führt. – M. hinterläßt eine lebenslange Immunität.

Mundflora: Die Mundhöhle wird unter physiologischen Bedingungen von 30 bis 40 Bakterienarten und von Hefen besiedelt. Diese M. hat z.T. Schutzfunktion.

Mundwerkzeuge: Gliederfüßer haben Gliedmaßen der 2.–6. Kopfsegmente zu Mundwerkzeugen umgewandelt.

Bei den *Krebsen* ist die Herkunft der M. von den Spaltfüßen noch deutlich zu erkennen. Der paarige Oberkiefer *(Mandibeln)* ist dreikantig und trägt an der Schneidkante zahnähnliche Bildungen. Die zwei Paar Unterkiefer *(Maxillen)* liegen dicht hinter dem Oberkiefer und tragen auch meist Kauplatten. Die 1.–3. Beinpaare der Brust dienen bei höheren Krebsen als Kieferfüße ebenfalls der Nahrungsaufnahme.

Die M. der *Insekten* sind je nach Art der Nahrung sehr unterschiedlich gebaut, sie gehen aber auf einen gemeinsamen Grundtypus zurück. Man unterscheidet beißend-kauende, leckend-saugende, saugende und stechend-saugende M. (s. auch Abb. S. 322).

Beißend-kauende M. (Steinfliegen, Libellen, Käfer, viele Insektenlarven, Heuschrecken): Eine unpaare Hautfalte bildet die Oberlippe *(Labrum)*. Sie überdeckt den paarigen Oberkiefer *(Mandibeln),* der Schneidkanten trägt. Hinter ihm sitzt der stärker gegliederte und vielseitig bewegliche paarige Unterkiefer (erste *Maxillen*). Seitlich zweigen von ihm nach außen die *Unterkiefertaster* und nach innen die *Kauladen* ab. Das zweite Maxillenpaar ist zur Unterlippe *(Labium)* verschmolzen, die das Mundfeld nach hinten begrenzt. Sie trägt seitlich ein Paar *Lippentaster (Labialtaster).*

Leckend-saugende M. (Biene): Teile der Unterlippe bilden die lange, röhrenförmige Zunge. Die Außenladen des Unterkiefers und die Lippentaster bilden um die Zunge ein Saugrohr.

Saugende M. (Schmetterlinge): Unterkiefer und Lippe sind zurückgebildet. Erhalten bleiben die Lippentaster. Die beiden Außenladen des Unterkiefers sind stark verlängert und rinnenförmig. Sie legen sich zu einem Saugrohr zusammen, das einrollbar ist.

Stechend-saugende M. (Stechmücke): Die Unterlippe bildet eine Rinne, die von der Oberlippe bedeckt wird. In ihr gleiten die *Stechborsten*. Diese sind aus dem Oberkiefer und den Kauladen des Unterkiefers entstanden.

Mund-zu-Mund-Beatmung ↑Erste Hilfe.

Muscheln: M. sind im Meer- und Süßwasser lebende Weichtiere. Ihr Körper ist von einer zweiklappigen, verschließbaren Kalkschale umgeben. Ein eigentlicher Kopf fehlt. Mittels ↑Kiemen (meist Faden- oder Blattkiemen) werden aus dem Atemwasser Kleinlebewesen, Sink- und Abfallstoffe abgefiltert (Gesundheitspolizei!). Drüsen des muskulösen Fußes sondern im Wasser erhärtende Haftfäden (Byssusfäden) ab, mit denen sich die Tiere an Felsen, Pfählen oder Holzbauten anheften.

M. sind meist getrenntgeschlechtlich. Zur Befruchtung werden Eier und Spermien ins Wasser ausgestoßen, oder die Spermien werden vom Weibchen eingestrudelt.

Manche M., z.B. die *Miesmuschel* und die *Auster,* sind begehrte Nahrungsmittel. *Perlmuscheln* sind wegen der Perlen begehrt. – Andere M. können wirtschaftlichen Schaden anrichten (z.B. der *Schiffsbohrwurm* am Holz von Hafenbauten oder Schiffen).

Muskelkater: Bei ungenügender Sauerstoffversorgung bildet ein schwer arbeitender Muskel besonders

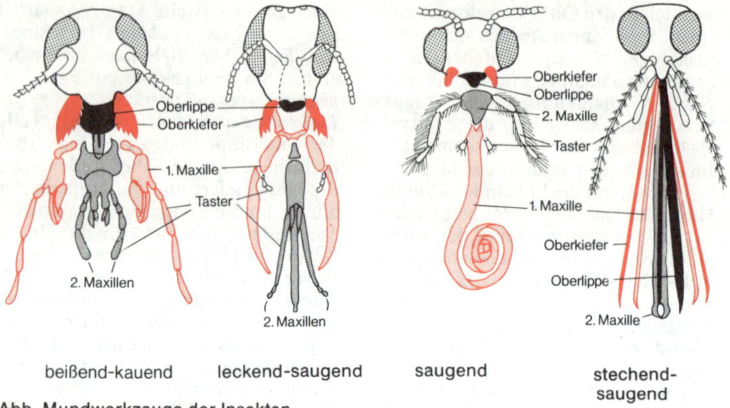

Abb. Mundwerkzeuge der Insekten

viel Milchsäure, da er die benötigte Energie nur aus der anaeroben ↑Glykolyse gewinnen kann. Die Milchsäure verursacht die Schmerzen beim Muskelkater.

Muskelkontraktion: Muskelkontraktionen werden durch Nervenimpulse (Aktionspotentiale) über die ↑motorische Endplatte (Muskelendplatte) vom Überträgerstoff ↑Acetylcholin ausgelöst. In den ↑quergestreiften Muskeln bzw. deren Muskelfasern sind unter dem Mikroskop dunkle, anisotrope A-Banden und hellere, isotrope I-Banden zu erkennen. Durch die Mitte jeder I-Bande zieht sich als dunkler Strich eine Quermembran (Z-Linie). Diese Z-Linien grenzen in jeder Muskelfaser identische Struktureinheiten, die *Sarkomeren (Myomeren),* ein. Dies sind die eigentlichen kontraktilen Elemente des quergestreiften Muskels. Die A-Banden bestehen aus dicken Fadenmolekülen *(Myosin).* Zwischen ihnen liegen dünnere Filamente (Fäden) hauptsächlich aus *Aktin,* die durch die I-Banden laufen und an der Z-Linie enden. Bei der M. ziehen sich die Aktinfilamente zwischen die Myosinfibrillen. Dabei verschwinden die I-Banden, und die Z-Linien gelangen an das Ende der Myosinfibrillen, d.h., die Sarkomeren verkürzen sich. Dabei wird Energie durch Spaltung von ATP verbraucht; außerdem sind Ca^{++}-Ionen an dem Vorgang beteiligt.

Muskelkoordination: Das geordnete Zusammenspiel der Muskeln. Die M. wird durch das Kleinhirn gesteuert. Spezielle Sinneszellen (Propriorezeptoren) „messen" den jeweiligen Spannungszustand der Muskeln und melden ihn dem Kleinhirn. Es kann dann bei einer vom Großhirn befohlenen Bewegung diesen Spannungszustand (Tonus) berücksichtigen.

Muskelkrampf: Durch Verknüpfungen im Nervensystem ist dafür gesorgt, daß normalerweise eine Erregung, die den Impuls für die Kontraktion eines bestimmten Muskels gibt, zugleich die Erregungsleitung zu seinem Antagonisten hemmt. Außerdem begrenzen sich die Stärke und Dauer des Impulses durch verschiedene Rückkopplungsschaltungen selbst. Fallen diese Steuermechanismen aus, ziehen sich die Muskeln stark, langdauernd und unkontrollierbar zusammen.
Die schmerzhaften Krämpfe befallen Muskeln, die sowohl vom vegetativen als auch vom animalen Nervensystem versorgt werden. Ursachen für solche Krämpfe sind nervliche Defekte (z.B. Epilepsie) oder auch Substanzen (z.B. Strychnin), die den Abbau des Acetylcholins hemmen.

Muskeln: Alle Tiere mit Ausnahme der Einzeller und Hohltiere besitzen einkernige ↑Muskelzellen und meist auch vielkernige, quergestreifte *Muskelfasern.* Diese bilden mit Bindegewebe zusammen das *Muskelgewebe.* In der Regel sind sie zu größeren Gruppen zusammengefaßt, indem sie netzartig miteinander verbunden sind und Schichten oder lockere, auch durch besondere bindegewebige Hüllen *(Muskelscheiden)* zusammengefaßte Bündel bilden. Solche größere Einheiten nennen wir Muskeln. Die Gesamtheit der M. eines Organismus heißt *Muskulatur.*

Die M. können sich zusammenziehen (↑Muskelkontraktion) und dienen dadurch der ↑Fortbewegung, sie halten den Körper im Schwerefeld der Erde aufrecht, können Hohlorgane verengen (Darm, Harnblase, Blutgefäße) oder wirken als Pumpe für die Körperflüssigkeit bzw. das Blut *(Herzmuskel).* Diesen Aufgaben entsprechend, sind die M. unterschiedlich mit Nerven versorgt und verschieden gebaut.

Die Fortbewegung erfolgt beim Menschen durch die ↑quergestreiften Muskeln, die durch willkürliche Nerven gesteuert werden. Die inneren Hohlorgane werden von den unwillkürlichen ↑glatten Muskeln bewegt. Der *Herzmuskel* ist unwillkürlich, aber quergestreift.

M. können sich nur zusammenziehen, nicht jedoch selbständig aktiv dehnen. Die der Kontraktion entgegengesetzte Bewegung erfolgt deshalb durch einen als Gegenspieler fungierenden anderen Muskel (z. B. Beuger und Strecker des Oberarms), durch elastische Bänder oder durch Flüssigkeitsdruck (bei den Blutgefäßen).

Tiere ohne Skelett bewegen sich v. a. durch das Zusammenspiel von Ring- und Längsmuskeln, die gegen den Druck der Körperflüssigkeit arbeiten (beim ↑Hautmuskelschlauch der Würmer). Bei Tieren mit Außen- oder Innenskelett sind die M. meist so angeordnet, daß bei möglichst geringem Muskelweg eine möglichst weitgreifende Bewegung des entsprechenden Skeletteils erreicht wird (Hebelarmprinzip).

M., die Gliedmaßen vom Körper wegbewegen, heißen Abspreizer *(Abduktoren),* solche, die sie zum Körper hinbewegen, *Adduktoren.* M., die eine Beugungsbewegung im Gelenk veranlassen, nennt man Beugemuskeln *(Flexoren),* solche, die strecken, Streckmuskeln *(Extensoren).* Hebemuskeln *(Levatoren)* ziehen Organe nach oben (z. B. das Schulterblatt), Senker *(Depressoren)* bewegen ein Organ nach unten (z. B. den Unterkiefer). Für Drehbewegungen gibt es die Einwärtsdreher *(Pronatoren)* oder die Auswärtsdreher *(Supinatoren).* Ringförmige M. dienen als *Schließmuskeln* (z. B. am Magenpförtner, am After).

Muskelsinn (Myästhesie): Ein ↑mechanischer Sinn, der Tiere und den Menschen befähigt, Veränderungen der Muskellänge und -spannung wahrzunehmen. Die entsprechenden Rezeptoren (*Propriorezeptoren;* nehmen körpereigene Reize auf) liegen in den Muskelspindeln der Skelettmuskulatur (spezifische, umgewandelte Muskelzellen), die die Länge und Längenzunahme, und in den Sehnenorganen (Sehnenspindeln), die die Muskelspannung registrieren.

Muskeltonus: Unter M. versteht man die Grundspannung eines Muskels oder der gesamten Muskulatur. Der *plastische M.* oder Sperrtonus (vorwiegend bei glatten Muskeln) versperrt die Muskeleiweiße während der Kontraktion gegeneinander. Dabei wird nur Energie verbraucht, wenn der Spannungszustand geändert wird. Daher können z. B. Muscheln ohne besondere Anstrengung ihre Schalenklappen lange Zeit geschlossen halten. Beim *kontraktilen M.* wird ständig ein kleiner Teil der gespannten Muskelfasern entspannt und ein anderer entspannter Teil wieder gespannt. Durch diesen ständigen Wechsel in der Spannung der einzelnen Fasern wird merklich Energie verbraucht. Dieser M. wird vom Nervensystem sehr feinfühlig geregelt. Die gesamte Muskulatur hat immer eine gewisse Grundspannung, die während des Schlafens herabgesetzt ist.

Muskelzellen: Die Epithelmuskelzellen der Hohltiere sind zugleich Haut- und Muskelzellen und enthalten feine, kontraktile Eiweißfäden. Die M. der Wirbeltiere dagegen dienen ausschließlich der Bewegung.

Viele M. zusammen bilden die ↑Muskeln. Man unterscheidet *glatte M.*, aus denen sich die ↑glatten Muskeln zusammensetzen, und *quergestreifte Muskelfasern* in den ↑quergestreiften Muskeln. Die quergestreiften Muskelfasern sind aus der Verschmelzung zahlreicher einzelner M. bzw. deren Vorstufen, den Muskelbildungszellen, hervorgegangen.

Charakteristisch für die M. ist ihre Kontraktilität (↑Muskelkontraktion). Meist gehen die M. aus Mesodermzellen hervor.

Muskulatur: Die Gesamtheit der ↑Muskeln eines Lebewesens.

Mutagene: Eine Vielzahl von Chemikalien (Senfgas, Formaldehyd, salpetrige Säure u. a.) und physikalischen Einwirkungen (UV-Licht, ionisierende Strahlung u. a.) lösen im Erbgut der Organismen ↑Mutationen aus. Die Antwort auf die Frage, welche Umwelteinflüsse als M. in diesem Sinne anzusehen sind, hängt v. a. von der nicht genau meßbaren Zunahme der Mutationsrate über die natürliche Rate hinaus ab. Außerdem ist die Übertragung von Ergebnissen aus wenigen Experimenten auf andere Organismen, auch auf den Menschen, immer problematisch.

Mutanten: Organismen, deren Erbgut in mindestens einem Gen gegenüber dem häufigsten ↑Genotyp, dem Wildtyp, verändert ist.

Mutation: Die Erscheinung der M. als plötzlich auftretende Merkmalsveränderung ist schon lange bekannt. Mutationen kommen bei jedem Lebewesen sowohl in Körperzellen als auch in Zellen der ↑Keimbahn vor. Durch eine M. wird ein ↑Allel (oft das Wildallel) eines Gens in ein anderes, manchmal sich nachteilig auswirkendes Allel umgewandelt. Meistens verhalten sich die neuen Allele ↑rezessiv gegenüber dem Wildtyp.

In der Keimbahn entstehen ↑Geschlechtszellen, die das mutierte Allel an die Nachkommen des Lebewesens weitergeben. Diese werden als *Mutanten* bezeichnet. Werden Körperzellen während der Embryonalentwicklung getroffen, entwickeln sich Individuen mit einem „Mosaik" verschiedenartiger Zellgruppen in einem Gewebe.

Da Gene an bestimmte Strukturen auf den ↑Chromosomen gebunden sind, ist das Ausmaß des betroffenen DNS-Abschnitts von Bedeutung: *Genommutationen* verändern die Anzahl einzelner Chromosomen oder ganzer Chromosomensätze. *Chromosomenmutationen* führen zu lichtmikroskopisch erkennbaren Umbauten im Chromosom (↑Chromosomenanomalien). *Gen-* oder *Punktmutationen* schließlich betreffen einzelne Gene; am DNS-Molekül werden nur wenige oder nur ein einziges Basenpaar verändert.

Die Häufigkeit von Mutationen *(Mutationsrate)* wird durch mehrere Faktoren (↑Mutagene) beeinflußt:

Temperaturerhöhung vergrößert die Mutationsrate. – *Chemikalien* lösen – soweit man ihre Wirkung heute versteht – meist Punktmutationen aus, indem sie die Basenfolge der DNS-Kette stören. – *Ultraviolettes Licht* wirkt bei vielzelligen Organismen nur auf die äußeren Zellschichten. – *Ionisierende Strahlen* (Höhenstrahlung, Strahlung radioaktiver Elemente oder Röntgenstrahlung) dringen tiefer ein. Der Mutationseffekt hängt von der Dosis (Maß für die einem Körper zugeführte Strahlungsmenge) ab. Bei kleineren Dosen, die nicht sofort den Körper schädigen, summieren sich die einzelnen Treffer im Erbgut, unabhängig von schon vorhandenen Veränderungen. Der Einfluß der aufgezählten Mutagene auf die Mutationsrate ist nicht leicht abzuschätzen, weil viele Mutationen spät, manchmal erst nach Generationen erkannt werden und weil winzige und daher unauffällige Änderungen eines Merkmals schwer zu fassen sind.

Aus dem Vorrat der Mutanten erhält die Evolution ständig Nachschub für die Selektion der am besten an die Umwelt angepaßten Lebewesen.

Mutationszüchtung: Bei der M. unterwirft man Organismen, die mit ↑Mutagenen behandelt worden sind, der züchterischen Selektion. Dadurch wird die Zahl von Veränderungen im Erbgut gegenüber normalen Verhältnissen stark erhöht. Unter vielen unbrauchbaren ↑Mutanten findet man vielleicht einige, die ein gewünschtes Merkmal tragen.

Muton ↑Gene.

Mutterkorn: M. wird von Claviceps purpurea, dem Mutterkornpilz, erzeugt, der parasitisch in den Fruchtknoten von Gräsern (Roggen) lebt. Dieser Pilz bildet im Fruchtknoten Fadensporen und scheidet einen süßen Saft ab, der von Insekten als Honigtau abgeleckt wird. Durch die Insekten wird der Pilz verbreitet. Bei der Reife des Roggens wächst der infizierte Fruchtknoten zu einem schwarzbraunen Körper, dem Mutterkorn, aus, der auf dem Ackerboden überwintert.
M. enthält einige Alkaloide, Histamin, Cholin und Acetylcholin. Die *Mutterkornalkaloide* bewirken eine Erhöhung des Spannungszustandes der Gebärmuttermuskulatur. Außerdem ist durch sie eine Hemmung der Adrenalinwirkung und des sympathischen Nervensystems nachgewiesen.

Mutterkuchen svw. ↑Plazenta.

Mutterkuchenhormon ↑Gestagene.

Myelencephalon svw. ↑Nachhirn.

Mykologie (Pilzkunde): Die M. befaßt sich mit Bau, Stoffwechsel, Systematik und Ökologie der Pilze. Spezialgebiete beschäftigen sich mit den Krankheitserregern bei Mensch, Tier und Pflanze.

Mykoplasmen: M. sind sehr kleine, zellwandlose Bakterien ohne feste Gestalt. Sie leben im Boden, Abwasser sowie auf Schleimhäuten von Mensch und Tier. M. sind z. T. Krankheitserreger, auch bei Pflanzen.

Mykorrhiza: Als M. bezeichnet man eine Symbiose zwischen den Wurzeln höherer Pflanzen und Pilzen. Wesentlich für die M. ist der wechselseitige Stoffaustausch der beteiligten Partner. Die Pilze erhalten von den höheren Pflanzen Kohlenhydrate, während die höheren Pflanzen von ihnen mit Wasser und Mineralsalzen versorgt werden. Man unterscheidet:
1. *Ektotrophe M.:* Diese liegt zumeist obligat zwischen den Wurzeln von Waldbäumen (Fichte, Lärche, Eiche) und bekannten Gift- und Speisepilzen vor. Das Myzel umspinnt hier mit einem dünnen Geflecht die Saugwurzeln, die daraufhin als Reaktion keine Wurzelhaare mehr ausbilden und zu einem keulig verdickten Wuchs angeregt werden.
2. *Endotrophe M.:* Hier wachsen die Hyphen in die Zellen der Pflanzen hinein; z. B. bei Heidekrautgewächsen und Orchideen. Die Samen der Orchideen keimen nur in Anwesenheit spezifischer Mykorrhizapilze.
Die M. muß als biologische Ganzheit angesehen werden, da sie eine besondere morphologisch-anatomische Differenzierung darstellt und jeder Partner für sich allein nicht oder nur unvollkommen entwicklungsfähig ist.

Mykosen svw. ↑Pilzerkrankungen.

Myoglobin: Das M. ist der rote Muskelfarbstoff, der erstmals 1932 von dem schwedischen Mediziner H. Theorell (1903–1982) isoliert wurde. Wegen seiner Ähnlichkeit mit Hämoglobin wurde es auch *Myohämoglobin* genannt. Es dient nicht als O_2-Transporteur, sondern als Sauerstoffspeicher in der Muskelzelle.
Besonders stark ist M. bei tauchenden Tieren entwickelt. So weist der Herzmuskel der Robbe einen Myoglobingehalt von 7,7% auf, während der des Hundes nur 0,5% beträgt.

Myosin: M. ist ein Protein, das im Sarkolemm der Muskelfasern gebündelt als Myosinfilament eingebettet ist. Das Myosinmolekül ist ein langgestrecktes Teilchen mit einem langen Schwanz und einem globulären Kopfteil, der ATPase-Aktivität besitzt. – ↑Globuline, ↑Muskelkontraktion.

Myzel: Die Gesamtheit der ↑Hyphen

eines Pilzes. Das M. bildet das Pilzgeflecht oder den ↑Thallus. Das locker vernetzte M. bildet beim Übergang zum Vermehrungsstadium oft unechte Gewebe, sog. *Plektenchyme,* die dem Fleisch der Hutpilze entsprechen.

N

Nabel: Vorn am Bauch des Menschen entsteht aus der Wunde, die der etwa 3 cm lange Rest der ↑Nabelschnur nach seinem Vertrocknen und Abfallen (zwischen dem 5. und 12. Tag nach der Geburt) hinterläßt, eine narbig verwachsene Grube, der Nabel. – Bei vielen Naturvölkern ist die Versorgung des Nabelstrangrests und des noch nicht verheilten Nabels mangelhaft, weshalb der N. später oft auffällig weit vorragt.

Nabelschnur (Nabelstrang): Unter N. versteht man eine strangartige Verbindung, die sich zwischen Embryo und Mutterorganismus sowohl beim Menschen als auch bei allen höher entwickelten Säugetieren (mit ↑Plazenta) ausbildet. Sie entsteht zunächst am Rücken des Embryos und gelangt im Verlaufe der Entwicklung an dessen Bauchseite.

Die N. umhüllt Gefäße, die einerseits den Embryo mit sauerstoff- und nährstoffreichem Blut versorgen, andererseits sauerstoffarmes und schlackenbeladenes Blut abführen.

Nach der Geburt des menschlichen Neugeborenen wird die bis 60 cm lange N. durchtrennt; es entsteht der ↑Nabel. Säugetiere durchbeißen die N. und fressen sie häufig zusammen mit der ↑Nachgeburt auf.

Nabelstrang svw. ↑Nabelschnur.

Nacheiszeit svw. ↑Holozän.

Nachgeburt: An die Geburt des Menschen und der höher entwickelten Säugetiere sich anschließender Vorgang, bei dem die ↑Plazenta ausgestoßen wird.

Nachhirn (Myelencephalon): Entwicklungsgeschichtlich aus dem ↑Rautenhirn hervorgehender Abschnitt des Gehirns, der zum ↑Rückenmark weiterleitet. Das N. bildet zusammen mit dem ventralen (unteren) Teil des ↑Hinterhirns das verlängerte Mark (↑Gehirn).

Nachniere (Metanephros): Die ↑Nieren von Reptilien, Vögeln und Säugern sind Nachnieren. Entwicklungsgeschichtlich sind sie nach den ↑Vornieren und den ↑Urnieren entstanden.

nachtaktiv: Nachtaktive Tiere sind in Verhalten, Gestalt und Aussehen und hinsichtlich der Leistungsfähigkeit ihrer Sinnesorgane an ein Leben vorwiegend in der Dunkelheit angepaßt. Ihre ↑ökologische Nische bietet ihnen Überlebensmöglichkeiten (Wüstentiere z. B. sind durch nächtliche Lebensweise vor den sengenden Strahlen der Sonne geschützt). Der Wechsel von Aktivitäts- und Ruhephasen wird in erster Linie von der inneren ↑biologischen Uhr gesteuert, deren Rhythmus normalerweise dem Sonnentag entspricht.

Nachtblindheit: Beeinträchtigung des Dämmerungssehens durch einen Mangel an Vitamin A. In den Stäbchen der Netzhaut (↑Auge) wird kein Sehpurpur mehr gebildet. Angeborene N. wird wie ein dominantes Gen vererbt.

Nachtschattengewächse: Die N. bilden eine weltweit verbreitete Pflanzenfamilie der Zweikeimblättrigen mit rund 2300 Arten. Es sind vorwiegend Kräuter mit einfachen, wechselständigen Blättern und fünfzähligen, regelmäßigen Blüten. Die Blüten werden von Insekten bestäubt. Der oberständige Fruchtknoten wird zu einer Kapsel oder Beere.

N. enthalten (giftige) ↑Alkaloide. Viele Arten, z. B. Tollkirsche, Bilsenkraut, werden deshalb als Arzneipflanzen verwendet. Wirtschaftlich wichtige Vertreter der N. sind: Kartoffel, Paprika, Tabak, Aubergine. Zu den bekannten Zierpflanzen dieser Familie gehören Judenkirsche und Petunie.

Nacktfarne (Nacktpflanzen): Die N. sind eine zu Beginn des Oberdevons ausgestorbene Ordnung der Urfarne. Sie sind die ältesten bisher bekannten Landpflanzen, die mit ↑Leitbündel und ↑Spaltöffnungen ausgestattet waren. Die Sprosse waren dichotom (gabelig) verzweigt, Blätter fehlten oder waren schuppenförmig. Die ↑Sporangien wurden an den Sproßenden gebildet.

Nacktsamer (Gymnospermen): Die N. sind eine Unterabteilung der ↑Samenpflanzen. Es sind ausschließlich Holzgewächse mit sekundärem Dikkenwachstum. Die Blüten werden vom Wind bestäubt und sind getrenntgeschlechtig. Die ↑Samenanlagen sitzen offen an den Fruchtblättern. Der Samen ist nicht in einen Fruchtknoten eingeschlossen. Durch Gewebswucherung erscheinen gelegentlich fruchtähnliche Gebilde (z. B. bei der Steineibe).

Die heutigen N. werden in zwei Gruppen eingeteilt. 1. *Cycadophytina,* das sind die fiederblättrigen N. Dazu gehören die Samenfarne, Palmfarne, Gnetum-, Ephedra- und Welwitschiagewächse. 2. *Coniferophytina,* das sind die gabel- und nadelblättrigen N. Dazu gehören die Ginkgogewächse und die Nadelhölzer (↑Nadelbäume). Die N. stellen eine Übergangsstufe von den Farnpflanzen zu den Bedecktsamern dar. Im späten Paläozoikum, im Mesozoikum und im Tertiär spielten die N. eine bedeutsame Rolle.

Nacktschnecken: Unter den Landlungenschnecken gibt es eine Gruppe, die ihr Gehäuse (bis auf einige äußerlich nicht mehr sichtbare Reste) zurückgebildet haben. Diese N. werden von Gärtnern und Landwirten nicht gern gesehen, weil sie sich vorwiegend von Pflanzenblättern und -knollen ernähren. Häufig vertreten sind die bräunliche *Gemeine Ackerschnecke,* die braun bis rot gefärbte *Gemeine Wegschnecke* und die schwärzliche *Gartenwegschnecke.*

NAD (Abk. für: Nicotinsäureamid**a**denin-**d**inucleotid): NAD ist ein freies Dinukleotid, das als Koenzym bei der Zellatmung eine wichtige Rolle spielt. Da es reversibel Wasserstoff aufnehmen kann, wirkt es als wasserstoffübertragendes Koenzym vieler Dehydrogenasen. NAD besteht aus Nikotinsäureamid, Adenin, zwei Molekülen Ribose und zwei Phosphorsäureresten. Durch Reduktion geht es in seine hydrierte Form ($NADH_2$) über.

Nadelbäume (Koniferen): Die N. stellen die wichtigste und artenreichste Unterklasse der heute lebenden nadelblättrigen ↑Nacktsamer. Es sind über die ganze Erde verbreitete Bäume, die v. a. auf der Nordhalbkugel einen fast geschlossenen Waldgürtel bilden.

N. sind reich verzweigte, oft harzreiche Bäume mit zahlreichen kleinen, nadel- oder schuppenförmigen Blättern. Die getrenntgeschlechtigen Blüten stehen in verschiedengestaltigen *Zapfen.* Die weiblichen Blüten sind stark reduziert und zu sog. *Samenschuppen* verschmolzen. Die männlichen Blüten sitzen oft in der Achsel der Schuppenblätter und bestehen aus mehreren Staubblättern, die unterseits die Pollensäcke tragen.

Wichtige N. sind Kiefer, Fichte, Tanne, Lärche, Zypresse, Wacholder, Lebensbaum, Mammutbaum und Eibe. Auf der Südhalbkugel sind die Araukariengewächse und die Steineibengewächse verbreitet.

Nadelblatt: Der Bau der Nadelblätter von ↑Nadelbäumen weicht stark von dem normaler ↑Laubblätter, zu denen sie ja gerechnet werden, ab. Der meist rundliche Querschnitt läßt die Unterscheidung einer typischen Ober- und Unterseite vermissen. Die Epidermis besteht aus dickwandigen Zellen und scheidet nach außen eine Wachsschicht ab. Unter der Epidermis liegt eine Unterhaut (Hypodermis) aus Sklerenchym (↑Festigungsgewebe). Die Spaltöffnungen, die auf allen Seiten zu finden sind, liegen tief ins Blatt eingesenkt.

Die aufgezählten Eigentümlichkeiten des Nadelblatts setzen die Wasserverdunstung herab. Dies ist nützlich, weil Nadelbäume auf trockenen Standorten wachsen und weil sie für den Winter, wenn es wenig flüssiges (kapillares) Wasser gibt, ihre Blätter nicht abwerfen.
Unter der Hypodermis liegt das Assimilationsgewebe aus Zellen, deren Wände nach innen vorspringen (Armpalisaden). Um die 1–2 nur in Längsrichtung des Blatts verlaufenden Leitbündel in der Mitte des Querschnitts ist ein Transfusionsgewebe aus dünnwandigen Zellen angeordnet, das für den Stofftransport zwischen den Leitbündeln und dem umgebenden Gewebe sorgt.

Nadelwald: N. ist außerhalb des natürlichen Nadelwaldgürtels eine durch Aufforsten erreichte, nicht natürlich gewachsene Waldform. Diese meist aus Fichten bestehenden ↑Monokulturen haben gegenüber dem ↑Laubwald oder ↑Mischwald viele Nachteile. Die Auswirkungen auf den Wasserhaushalt sind wenig günstig. Das Nadelpolster verschließt den Boden und saugt das Regenwasser auf. So gelangt nur ein kleiner Teil des Wassers in den Boden, der größte Teil fließt oberirdisch ab und kann nicht gespeichert werden. Im *Fichtenwald* finden sich in geringer Tiefe bodenverdichtende Schichten, die unter der Einwirkung der Humussäuren der zersetzten Nadeln entstehen und teilweise wasserundurchlässig sind. Daher wird der Abfluß des Wassers begünstigt und die Speicherwirkung verringert.
Nadelwälder sind als Monokulturen anfällig gegen Forstschädlinge, die sich hier ungeheuer schnell vermehren können. Außerdem sind reine Nadelwaldbestände durch Windböen viel stärker gefährdet als Mischwaldkulturen, da die Bäume alle in gleicher Höhe stehen und die Schwerpunkte der einzelnen Bäume sehr hoch liegen.
Die Schnellwüchsigkeit und damit die wirtschaftliche Nutzung sind die Gründe für die Umforstung zum Nadelwald.

NADP (Abk. für: **N**icotinsäureamid-**a**denin-**d**inucleotid**p**hosphat): NADP gehört wie ↑NAD zu den Pyridinnukleotiden. Es besitzt im Gegensatz zu NAD noch einen weiteren Phosphorsäurerest in der α-Stellung des Adenins. NADP ist neben NAD der wichtigste Wasserstoffüberträger der Zelle; beide unterscheiden sich durch die Wahl ihrer Dehydrogenasen (Apoenzyme).

Nagel:
◊ *Tiere:* Hornplatten auf den Endgliedern von Zehen und Fingern bei Affen und Menschen mit Schutzfunktion. Nägel sind ↑Krallen und ↑Hufen homolog.
Der N. ist beim Menschen eine ca. 0,5 mm dicke Hornplatte der Epidermis. Er liegt auf dem *Nagelbett* und wird seitlich und hinten vom *Nagelwall* (Hautfalte) umgeben. An der halbrunden, etwa 5 mm tiefen *Nageltasche,* in der die *Nagelwurzel* liegt, wird er gebildet. Nahe der Nageltasche schimmert ein halbmondförmiger Fleck *(Möndchen)* durch den Nagel. Bis hierher reicht die epidermale Matrix, aus der der N. täglich um 0,15–0,4 mm wächst. Hinten schiebt der Nagelwall ein dünnes Häutchen auf den N. Dieses kann man aus kosmetischen Gründen zurückschieben.
◊ *Pflanzen:* Blütenblätter sind manchmal durch eine lange, stielartige Verbindung, den N., in der Blüte befestigt (z. B. bei Nelken).

Nagetiere (Nager): Ordnung kleiner bis mittelgroßer Säugetiere mit rund 3 000 Arten. Es sind äußerst anpassungsfähige Tiere, die fast jeden Lebensraum erobert haben (sogar Gewässer, z. B. Biber und Bisamratte).
N. sind besonders durch die beiden mittleren, meißelartig geformten Schneidezähne im Ober- und Unterkiefer gekennzeichnet *(Nagezähne).* Diese Zähne weisen ein starkes Wachstum auf. Die Zuwachsrate muß durch entsprechende Nagetätigkeit ausgeglichen werden.
N. sind vorwiegend Pflanzenfresser. Viele Arten (besonders aus den Untergruppen Mäuse, Wühlmäuse und

NAHRUNGSKETTE

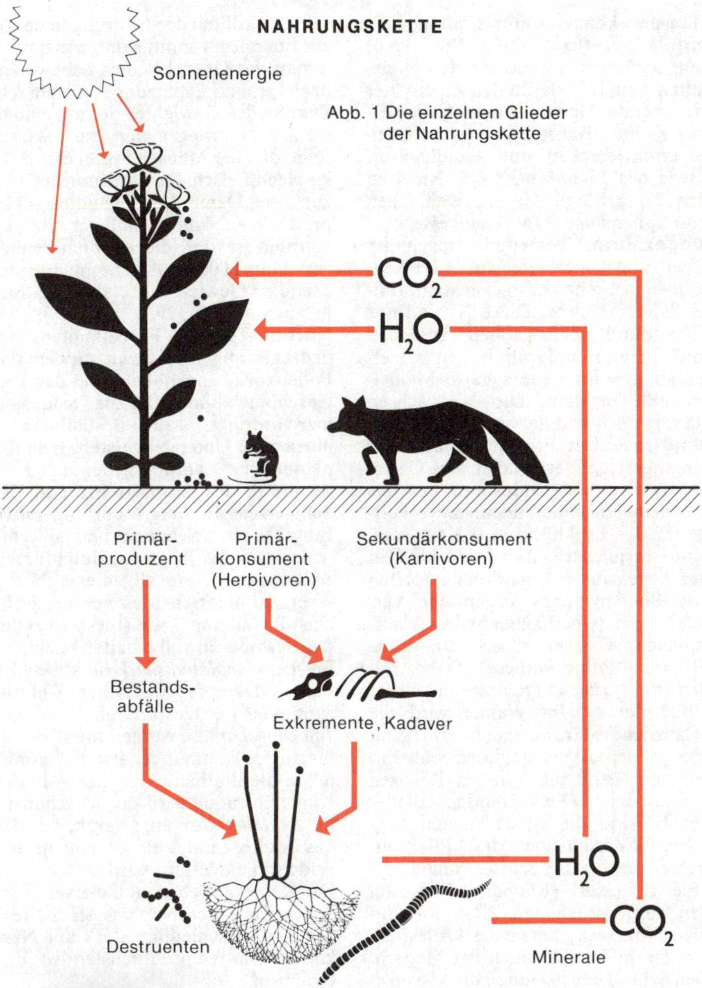

Abb. 1 Die einzelnen Glieder der Nahrungskette

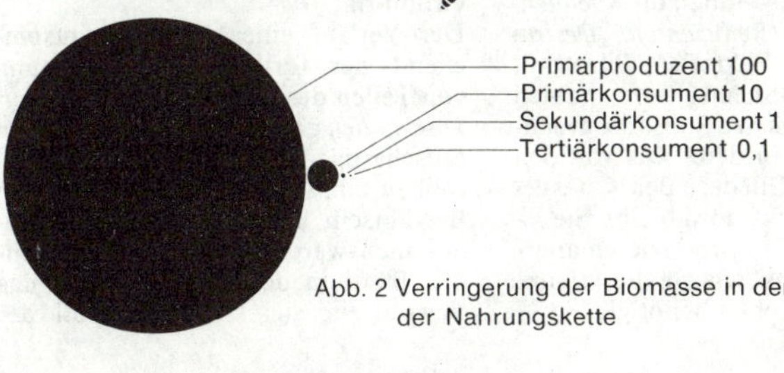

Abb. 2 Verringerung der Biomasse in den Stufen der Nahrungskette

Hamster) können durch Fraß an Kulturpflanzen (bzw. ihren Produkten) sehr schädlich werden. Zu den N. gehören weiterhin das in den Alpen öfter zu sehende Alpenmurmeltier, die teilweise zu Haustieren gewordenen Meerschweinchen und Goldhamster sowie das Eichhörnchen. – Nicht zu den N. gehören Hasen, Kaninchen und Spitzmäuse (↑Insektenfresser).

Nagezähne: Nagetiere tragen im Ober- und Unterkiefer außer Backenzähnen je 2 sehr kräftige, meißelförmige Schneidezähne. Diese N. sind nur vorn durch Zahnschmelz geschützt und nutzen sich darum hinten schneller ab, wodurch die scharfe Meißelschneide entsteht. Die N. wachsen ständig nach und haben keine Wurzel.

Nährgewebe: Ein mit Reservestoffen angereichertes pflanzliches Gewebe. Es dient als ↑Endosperm bzw. als aus dem Nucellus entstandenes Perisperm der Ernährung des Keimlings.

Nahrungskette: Tiere sind nicht in der Lage, aus anorganischen Stoffen und Sonnenenergie organische Verbindungen (wie Kohlenhydrate) aufzubauen. Das kann nur die grüne Pflanze (↑Photosynthese). Daher bilden die *grünen Pflanzen* das erste Glied der N. Im Wasser wird die pflanzliche Grundlage vorwiegend von grünen Algen gebildet, während auf dem Land die höheren Pflanzen vorherrschen. Die folgenden Glieder der N. sind die verschiedenen *tierischen ↑Konsumenten:* die ↑Pflanzenfresser und als nächstes Glied die ↑Fleischfresser (Räuber). Zwischen den ausgesprochenen Pflanzen- und Fleischfressern stehen die ↑Allesfresser. Zu ihnen zählt auch der Mensch. Den Schluß der N. bilden die *abbauenden Organismen (Reduzenten, ↑Destruenten);* das sind Bakterien, Pilze und viele bodenbewohnende Tiere, die sich von toter organischer Substanz ernähren, das heißt von dem, was von den obengenannten Gliedern der N. ausgeschieden wird bzw. übrigbleibt. Sie leben im Humus und produzieren anorganische Substanz, wie sie die Pflanze wiederum zum Leben benötigt.

Da ein Großteil der Nahrung in der N. zur Energiegewinnung umgesetzt wird, nimmt das Gewicht eines Lebewesens nach grober Schätzung nur um ein Zehntel des Gewichtes der aufgenommenen Nahrungsmenge zu. Daraus folgt, daß der Mensch, wenn er z. B. 10 kg Hechtfleisch verzehrt, nur um 1 kg zunimmt. Damit der Hecht diese 10 kg produzieren kann, muß er 100 kg Karpfen fressen; die Karpfen benötigen dann 1 000 kg Algen, um entsprechend an Gewicht zuzunehmen. – Siehe auch Abb. S. 329.

Narbe: Teil des Fruchtknotens der bedecktsamigen Pflanzen, an dem das Pollenkorn hängenbleibt und den Pollenschlauch bildet, der zur ↑Samenanlage vordringt. – ↑auch Bestäubung.

Narkose: Unter N. versteht man die planmäßige vorübergehende Ausschaltung des Bewußtseins und der Schmerzempfindung, um operative Eingriffe ohne Schmerz- und Abwehrreaktionen des Patienten durchführen zu können. Diese allgemeine N. ist streng zu unterscheiden von der örtlichen Betäubung (↑Anästhesie), bei der das Bewußtsein voll erhalten bleibt.

Bei der *Inhalationsnarkose* atmet der Patient Dämpfe von Äther, Chloroform oder Lachgas u. a. ein. – Bei der *Injektionsnarkose* werden meist Barbitursäureabkömmlinge, also Schlafmittel, in die Blutbahn gespritzt. – In der Kinderchirurgie wird oft die schonende *Rektalnarkose* angewandt, bei der das Narkosemittel als Einlauf in den Enddarm eingeführt wird.

Die Körpergewebe, auch die verschiedenen Teile des Nervensystems, reagieren unterschiedlich stark auf Narkotika; am empfindlichsten ist das Großhirn.

Der Verlauf einer N. wird entsprechend der fortlaufenden Stillegung von Teilen des Nervensystems in *Narkosestadien* unterteilt. Anfangs tritt ein rauschartiger Zustand mit Schmerzfreiheit ein, in dem bei nur getrübtem Bewußtsein kleinere Eingriffe vorgenommen werden können. Im folgenden Stadium der Erregung setzt das Bewußtsein aus. Nach Wegfall der übergeordneten Kontrollzentren kommt es zu einer Bewegungsunruhe. Da die Muskelreflexe oft noch gesteigert sind, kann nicht operiert werden. Erst das folgende Toleranzstadium, in dem Mittelhirn und Rückenmark zunehmend gelähmt werden, erlaubt größere Eingriffe. Das ↑Elektroenzephalogramm zeigt große Wellen, ähnlich wie beim normalen Schlaf. Die lebenswichtigen Zentren für Kreislauf und Atmung im Hirnstamm fallen erst bei Überdosierung des Narkosemittels aus (Lähmungsstadium). – Beim Erwachen aus der N. durchläuft der Patient die Stadien in umgekehrter Reihenfolge.

Nase: Geruchsorgan vorn am Kopf der Wirbeltiere. Während Knorpel- und Knochenfische nur ein Paar *Riechgruben* (häufig mit getrennten, hintereinanderliegenden Ein- und Ausströmöffnungen) besitzen, besteht bei allen anderen Wirbeltieren und auch beim Menschen eine Verbindung zwischen den beiden äußeren Nasenöffnungen *(Nasenlöcher)* und der Mund- bzw. Rachenhöhle. Dies wird dadurch möglich, daß im Anschluß an die beiden Nasenhöhlen zwei innere Nasenöffnungen, die *Choanen,* entstanden sind. Bei den luftatmenden Landwirbeltieren wird die N. auch oberster Teil des Atmungswegs.

Die Nasenform wird beim Menschen durch das *Nasenbein* des Schädels und die daran ansetzenden vier gegeneinander beweglichen Nasenknorpel bestimmt. In der Falte der seitlich ansetzenden *Nasenflügel* sitzen Talgdrüsen. Die hauptsächlich knorpelige *Nasenscheidewand* teilt die N. in zwei Hälften, die beiden *Nasenhöhlen.* Ihr Vorderabschnitt, der *Nasenvorhof,* ist mit starken, nach außen gerichteten Nasenhaaren zum Schutz gegen Fremdkörper ausgestattet. Weiter hinten tragen die Nasenhöhlen zur Oberflächenvergrößerung seitlich drei übereinanderliegende Vorsprünge, die *Nasenmuscheln* (s. auch Abb.). Diese sind allgemein bei den Säugern ausgebildet. Hinter der unteren Nasenmuschel mündet ein Tränenkanal, über den

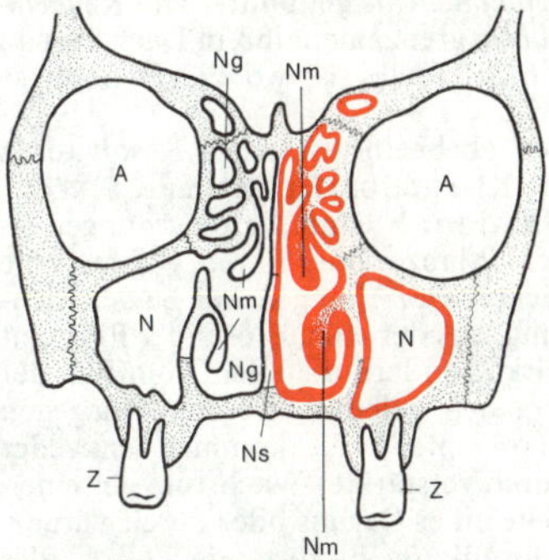

Abb. Nase: Frontalschnitt durch den menschlichen Schädel mit den Augenhöhlen (A) und Nasenhöhlen (N); die drei Nasenmuscheln (Nm) teilen die Nasenhöhle in die Nasengänge (Ng); Ns Nasenscheidewand, Z Zähne

Tränenflüssigkeit in die Nasenhöhlen gelangt.

Die N. ist mit Schleimhaut ausgekleidet, wovon ca. 2,5 cm^2 im Nasendach Riechepithel (↑Geruchsorgane) darstellt. Sonst trägt die Schleimhaut ein zweireihiges Flimmerepithel, das eingedrungene Staubpartikel rachenwärts transportiert. Von der N. bestehen Verbindungen zu den ↑Nasennebenhöhlen.

Nasenbluten ↑Erste Hilfe.

Nasennebenhöhlen (Nebenhöhlen): Im Laufe der Kindheits- und Jugendentwicklung bis etwa zum 12. bis 20. Lebensjahr entwickeln sich, von den Nasenhöhlen aus in die angrenzenden Knochen hinein vordringend, mehr oder weniger große Lufträume. Diese N. sind von Schleimhaut ausgekleidet. Über die Nasenhöhlen können Bakterien eindringen und Infektionen (Nasennebenhöhlenentzündung) verursachen.

Die *Kieferhöhlen* liegen beiderseits dicht oberhalb der Backenzähne im Oberkiefer und reichen bis unter die Augenhöhlen. – Die meist unterschiedlich großen *Stirnbeinhöhlen* liegen innerhalb des Stirnbeins. – Die Siebbeine beider Augen werden von kleinen, bereits früh entwickelten *Sieb-*

beinhöhlen ausgehöhlt. – Die *Keilbeinhöhlen* grenzen mit ihrem Dach dort an die Schädelbasis, wo die Hypophyse liegt.
Die N. beeinflussen als Resonatoren die Klangfarbe der Stimme.

Nastien: N. sind die Bewegungen einer Pflanze oder ihrer Organe, die nicht in Beziehung stehen zu der Richtung, aus der ein auslösender Reiz einwirkt, sondern die allein vom Bau der Organe gelenkt werden (dagegen ↑Tropismen). N. kommen entweder durch verstärktes Wachstum der einen Seite eines Organs oder durch Turgorschwankungen zustande. Nach der Reizart unterscheidet man:
Die *Chemonastie* ist gut bekannt vom einheimischen „fleischfressenden" Sonnentau. Auf seinen Blättern sitzen Tentakeln, die sich nach Berührung mit Eiweißen oder deren Abbauprodukten krümmen. Da auch die Tentakeln der Umgebung mit diesen Wachstumsbewegungen reagieren, wird die Beute, meist Insekten, festgeklebt. Nach 2 bis 3 Wiederholungen ist die Bewegung vorübergehend nicht mehr auslösbar.
Haptonastien sind ebenfalls von den Randtentakeln des Sonnentaublatts bekannt. Diese antworten auf die leiseste Berührung (nicht durch Regen) mit verstärktem Wachstum der Außenseite, so daß sie sich in Richtung zur Blattmitte hin krümmen.
Seismonastien beruhen im Gegensatz zu den meisten anderen Bewegungen von Pflanzen auf Änderungen des ↑Turgors bestimmter Zellen in ausgewachsenen Pflanzenteilen. Seismonastisch empfindliche Pflanzen reagieren auf jeden Stoß, der die Reizschwelle überschreitet. Ein bekanntes Beispiel sind die Bewegungen der Blätter tropischer Mimosen. Sie haben an den Stielen ihrer Blätter und der Fiederblättchen besondere Gelenke (Blattpolster), in denen die Leitbündel zu einem zentralen Strang verschmolzen sind. Stößt man eines der Fiederblättchen an, klappen diese nacheinander nach oben zusammen, die Fiederblattstiele neigen sich zueinander, und schließlich senkt sich der Blattstiel. War der Reiz stark genug, etwa nach Verwundung, wird er mittels eines nicht näher bekannten „Erregungsstoffs" auf benachbarte Blätter des Sprosses weitergeleitet. Die Reizleitungsgeschwindigkeit nähert sich derjenigen langsamer Tiere. Nach 15–20 Minuten heben und öffnen sich die Blätter wieder. Seismonastien findet man nicht selten bei Staubblättern und Narben. Sie bringen diese Organe in eine günstige Position für die Bestäubung.
Die Bewegungen der Blütenblätter der Tulpe liefern ein Beispiel für *Thermonastie.* Bringt man die Blüte aus dem Freien in einen um 10 °C wärmeren Raum, öffnet sich die Blüte schon nach wenigen Minuten; umgekehrt schließt sich die Blüte durch Wachstumsbewegungen beim Absinken der Temperatur wieder.
Eine typische *Photonastie* zeigen die Blütenblätter von Seerosen. Wird es z. B. bei aufziehenden Gewitterwolken dunkler, schließen sich die Blüten auch am Tag. Die photo- und die thermonastischen Bewegungen sind im allgemeinen schwer voneinander zu trennen, weil ein Rückgang der Sonneneinstrahlung gleichzeitig zur Abkühlung führt.
Ebenfalls schwer von Photonastien zu trennen sind die ↑ *Nyktinastien* vieler Pflanzen. Zu solchen autonomen Bewegungen zählen auch die ↑ *Nutationen* junger Ranken und Sprosse.
Ohne erkennbaren Reiz, sondern eher durch zwangsläufige Reifungsprozesse kommen die *Schleuderbewegungen* zustande, die im Dienste der Verbreitung der Samen stehen (↑Schleuderfrucht).

Nationalparks ↑Naturschutz.

Nattern: Die weltweit und in fast allen Biotopen verbreiteten N. sind für den Menschen fast völlig ungefährliche Schlangen. Bekannt ist die einheimische, zu den Wassernattern zählende graue bis graugrüne *Ringelnatter.* Sie trägt jederseits des Hinterkopfs einen halbmondförmigen, gelben Fleck. Die Ringelnatter lebt in Wassernähe und frißt hauptsächlich Frösche.

Naturdenkmale ↑Naturschutz.

Naturparks ↑Naturschutz.

Naturschutz: Mit dem Wachstum der Industrie, der Ausdehnung der Städte und Verkehrsanlagen und der zunehmenden Zersiedlung der Landschaft wurden ursprüngliche Naturlandschaften immer seltener. Bereits im Jahre 1900 wurden in verschiedenen Ländern Deutschlands staatliche Institutionen für N. und Landschaftspflege gegründet. Heute kennt man in der Hauptsache 6 Möglichkeiten, N. zu realisieren: Nationalparks, Naturparks, Landschaftsschutzgebiete, Naturschutzgebiete, Naturdenkmale sowie Arten- und Biotopschutz.
Nationalparks sind großräumige Naturlandschaften, die durch ihre besondere Eigenart oft keine Parallelen auf der Erde mehr besitzen. In der BR Deutschland gibt es den „Nationalpark Bayerischer Wald" und den „Nationalpark Berchtesgaden". Eingerichtet werden sollen der „Nationalpark Niedersächsisches Wattenmeer" und der „Nationalpark Schleswig-Holsteinisches Wattenmeer".
Naturparks sind in sich geschlossene, sich durch ihre Schönheit auszeichnende Landschaften (z. B. die deutschen Mittelgebirge), die nur auf Grund ihrer Großräumigkeit und ihrer bedeutsamen Erholungsfunktion nicht mehr zu den Landschaftsschutzgebieten gezählt werden; z. B. Bayerischer Spessart (1300 km^2), Rothaargebirge (1130 km^2), Bergstraße–Odenwald (2320 km^2), Lüneburger Heide (200 km^2), Altmühltal (3000 km^2) Pfälzer Wald (1793 km^2).
Als *Landschaftsschutzgebiete* bezeichnet man geschützte Landschaftsteile, wie z. B. Waldgebiete, Seeufer, Heidelandschaften, die entsprechend den gesetzlichen Bestimmungen zur Zierde und zur Belebung des Landschaftsbilds beitragen. Eine an die natürlichen Verhältnisse angepaßte Entwicklung und eine ordnungsgemäße forst- und landwirtschaftliche Nutzung kann hier weiterbetrieben werden.
Zu den *Naturschutzgebieten* zählen solche Bereiche, die in ihrer Natürlichkeit vollständig oder in einzelnen Teilen aus wissenschaftlichen, historischen, heimat- oder volkskundlichen Gründen oder wegen ihrer landschaftlichen Schönheit oder Eigenart geschützt werden; z. B. das Wollmatinger Ried, die Hallig Norderoog.
Unter *Naturdenkmalen* versteht man einzelne Schöpfungen der Natur, die aus wissenschaftlichen, historischen, heimat- oder volkskundlichen Gründen schützenswert sind; z. B. alte oder seltene Bäume, erdgeschichtliche Aufschlüsse und einzelne Territorien bis etwa 5 ha Größe.
Der *Arten-* und *Biotopschutz* soll den Artenreichtum an Tieren und Pflanzen in den einzelnen Ökosystemen sichern und gleichzeitig Landschaftsräume mit möglichst vielen natürlichen und naturnahen Ökosystemen schützen.
Unter N. können auch vom Aussterben bedrohte Tier- *(Tierschutz)* und Pflanzenarten *(Pflanzenschutz)* gestellt werden. – ↑auch geschützte Tiere, ↑geschützte Pflanzen.

Neandertaler ↑Mensch.

Nebenhoden (Epididymis): Die N. liegen den ↑Hoden oben und hinten an. Sie sind eine Zusammenfassung zahlreicher gewundener Kanälchen. Ihre *ausführenden Samenkanälchen* sammeln die in den *Hodenkanälchen* entstehenden Samenzellen. Ihr Flimmerepithel bewegt die noch unreifen Samenzellen weiter und sondert Reifungsstoffe ab. Die reifenden Samenzellen gelangen durch den stark gewundenen *Nebenhodengang* und werden im Nebenhoden gespeichert.

Nebenniere: Jeder ↑Niere sitzt eine (beim Menschen ca. 10 g schwere) kappenartige N. auf. Die Nebennieren sind Hormondrüsen. Durchtrennt zeigen sie eine gelbbraune Rinde (ca. 80% der N.), die lebensnotwendig ist, und ein grauweißes Mark. Rinde und Mark sind verschiedenen Ursprungs.

Nebennierenhormone: N. besitzen eine große Bedeutung für das Stoffwechselgeschehen und die Reaktion des Organismus auf besondere Belastungen seelischer und körperlicher Art, Infektionen, Verletzungen u. a.

Man unterscheidet die *Hormone des Nebennierenmarks,* ↑Adrenalin und ↑Noradrenalin, von den *Kortikoiden* der Nebennierenrinde, zu denen hpts. ↑Kortison, die in nur geringem Umfang gebildeten ↑Androgene, ↑Gestagene, ↑Östrogene und Aldosteron gehören.
Aldosteron bewirkt die Natriumretention und Kaliumausscheidung durch die Niere; es beeinflußt damit die Ionenkonzentration in den Körperflüssigkeiten und die Wasserausscheidung durch die Nieren.
Die Produktion der Nebennierenrindenhormone wird durch ACTH (↑Hypophysenhormone) geregelt.

Nebenschilddrüse: Auf der Rückseite des Kehlkopfs liegen an der ↑Schilddrüse die sehr kleinen, 8 mm langen *Epithelkörperchen,* die man in ihrer Gesamtheit als N. bezeichnet. Ihr ↑Parathormon reguliert den Phosphat- und Calciumstoffwechsel und regt die Osteoklasten zum Knochenabbau an (↑Knochen).

Necking: Für erotische Berührungen, bei denen (im Unterschied zum ↑Petting) die Geschlechtsorgane nicht mit einbezogen sind, hat sich die aus dem Amerikanischen stammende Bezeichnung N. eingebürgert.

Negriden ↑Menschenrassen.

Nektar: N. ist ein zuckerhaltiger Saft, der in den ↑Nektarien vieler Blüten abgeschieden wird und vielen Tieren (Insekten) zur Nahrung dient. Gewöhnlich wird beim Aufnehmen des Nektars durch das Insekt die Blüte bestäubt.

Nektarien: Behälter, die Nektar produzieren. Sie finden sich in Blüten, und zwar können alle Teile der Blüte zu N. umgebildet sein.

Nekton: Sammelbez. für alle im Gegensatz zum ↑Plankton aktiv im freien Wasser schwimmenden größeren Lebewesen, v.a. Fische, Kopffüßer und Robben. – ↑auch Gewässerregionen.

Nematoden svw. ↑Fadenwürmer.

Neodarwinismus: Die auf dem ↑Darwinismus basierende neuere Theorie über die Abstammung der Lebewesen auf der Erde.

Neolamarckismus: Eine auf dem Lamarckismus basierende Theorie über die Entwicklung der Lebewesen, wobei auch psychische Faktoren von Bedeutung sein sollen *(Psycholamarckismus);* ↑Deszendenztheorie.

Neolithikum (Jungsteinzeit): Der jüngste Hauptabschnitt der ↑Steinzeit. – ↑auch Erdzeitalter.

Neophytikum svw. Känophytikum (↑Erdzeitalter).

Neotenie: Als N. bezeichnet man die Erscheinung, daß Tiere schon in einem jugendlichen Entwicklungsstadium geschlechtsreif werden, aber die äußerlichen jugendlichen Merkmale, z.B. die einer Larve, beibehalten. Ein bekanntes Beispiel ist der Molch *Axolotl,* der die gleichen Kiemenbüschel trägt wie die Kaulquappen verwandter Arten. Er kann allerdings durch Fütterung mit dem Schilddrüsenhormon Thyroxin oder durch Senken des Wasserspiegels in die erwachsene Form umgewandelt werden.

Neozoikum svw. ↑Känozoikum.

Nephridien (Metanephridien): Diese meist segmental angeordneten, in der Regel paarigen Ausscheidungsorgane (↑Exkretionsorgane) v.a. der Ringelwürmer nehmen ihren Ausgang von einem Flimmertrichter *(Nephrostom),* der nach der (sekundären) Leibeshöhle zu offen ist.

Nephron: Als N. bezeichnet man in der ↑Niere eine Funktionseinheit der Ausscheidung. Sie besteht aus Nierenkörperchen und Nierenkanälchen mit Henle-Schleife.

Nephros svw. ↑Niere.

Nerven ↑Nervenzellen.

Nervenfasern ↑Nervenzellen.

Nervengifte: N. sind chemische Substanzen, die an irgendeiner Stelle des Nervensystems (Nervenfasern, Synapsen des zentralen und peripheren Nervensystems) eingreifen und Veränderungen hervorrufen können. Dazu gehören Stoffe, die das Zentralnervensystem (ZNS) erregen, wie z.B. ↑LSD, ↑Haschisch, ↑Meskalin, Alkohol, ↑Morphin, wobei oft, v.a. bei hoher Dosierung, der Erregungseffekt von zentral lähmenden Wirkungen

übertroffen wird. Auch Koffein, Amphetamin, Pentetrazol und Strychnin werden zu den ZNS-erregenden Stoffen gerechnet.
Andere Stoffe wirken auf das vegetative Nervensystem des Sympathikus und Parasympathikus. Bekannt ist ↑Atropin, ein Alkaloid, das zusammen mit dem ähnlich wirkenden Skopolamin in verschiedenen Nachtschattengewächsen vorkommt.
Kurare, das südamerikanische Pfeilgift, führt zu einer Muskellähmung, da es die Erregungsübertragung an der ↑motorischen Endplatte zum Muskel verhindert, indem es die Acetylcholinrezeptoren besetzt.
Als besonders gefährliche Nervengifte müssen *Quecksilberverbindungen* angesehen werden, da sie über Industrieabwässer ins Meer gelangen und dort von Speisefischen aufgenommen werden (Japan).

Nervensystem: Die Nervenzellen eines Organismus verbinden sich untereinander und bilden ein Nervensystem. Aus einfachsten Nervensystemen haben sich im Laufe der Evolution komplizierte, äußerst leistungsfähige Systeme entwickelt. Die ursprünglichste Art der Nachrichtenübermittlung findet sich bei den *Einzellern,* wo die gesamte Zellkörperoberfläche die Reize aus der Umwelt aufnimmt und das Plasma die Erregungsleitung übernimmt. Bei einigen Gruppen sind bereits sensorische Organellen, z.B. Augenflecke, vorhanden. Die *Wimpertierchen* scheinen sogar über eine Art Reizleitungssystem zu verfügen, wobei besondere Plasmastrukturen der Erregungsleitung dienen.
Bei den *Schwämmen* erfolgt die Erregungsleitung von Zelle zu Zelle. Jedoch erst bei den *Hohltieren* kann mit dem Auftreten von besonderen ↑Nervenzellen von einem N. gesprochen werden. Es ist ein netzartiger Verband von Nervenzellen im Ento- und Ektoderm *(diffuses N.* oder *Nervennetz).*
Bei den *Quallen* werden die Fortsätze der Nervenzellen bereits zu dickeren Strängen gebündelt, wobei es auch zu Ganglienbildungen an der Basis ihrer Sinnesorgane kommt.
Die nächste Höherentwicklung zeigt sich bei den *Strudelwürmern.* Hier konzentrieren sich die Nervenzellen in der Körpermitte entlang einer Längsachse. Diese Zentralisation schreitet fort, indem sich die Nervenzellen mit ihren Fortsätzen zu Längssträngen, den *Konnektiven,* vereinigen und auch über zahlreiche Querverbindungen *(Kommissuren)* miteinander in Verbindung treten.
Mit der Herausbildung eines Kopfs mit seinen Sinnesorganen (Augen, Tast-, Geruchs- und Geschmackssinnesorgane) konzentrieren sich immer mehr Neuronen in diesem Gebiet und vereinigen sich zu übergeordneten motorischen und Assoziationszentren.
Bei den *Gliedertieren* befindet sich ursprünglich in jedem Körpersegment auf der Bauchseite ein Ganglienpaar. Durch die Längs- und Querverbindungen zwischen diesen Ganglien kommt es zur Ausbildung eines sog. *Strickleiternervensystems* (↑Bauchganglien).
Die *Gliederfüßer* schließlich besitzen neben dem Bauchmark in der Kopfregion noch ein *Oberschlundganglion,* das durch die Verschmelzung der den ersten drei Körpersegmenten entsprechenden Ganglien entstanden ist. Dieses „Gehirn" verarbeitet und koordiniert alle Erregungen, die von den Komplex- und Stirnaugen, den Fühlern und den anderen Sinnesorganen des Kopfs eintreffen. Das Oberschlundganglion ist außerdem durch zwei Konnektive mit einem sog. *Unterschlundganglion* verbunden, das ein Zentrum für die Tast- und Geschmackssinnesorgane sowie für die Mundwerkzeuge ist.
Bei den *Weichtieren* sind die Nervenzellen auf wenige Ganglien konzentriert, die paarigen *Fuß-, Wand-, Seiten-* und *Gehirnganglien.* Letzteres ist bei den Tintenfischen besonders hoch entwickelt.
Eine ganz andere Ausbildung hat das N. der *Wirbeltiere* erfahren: ↑Zentralnervensystem, ↑periphere Nerven, ↑auch vegetatives Nervensystem.

Nervenzellen: Die N., auch *Ganglienzellen* oder *Neuronen* genannt, kommen bei allen vielzelligen Tieren vor, wo sie die Bausteine der ↑Nervensysteme sind. Sie entstehen aus den *Neuroblasten,* die sich aus dem Neuroektoderm entwickeln. Die Neuroblasten bilden sich in der epithelialen Wandung des Neuralrohrs (↑Medullarrohr), indem einige Zellen birnenförmige Gestalt annehmen und Zellfortsätze ausbilden.

N. mit nur einem Fortsatz nennt man *unipolar.* Sie sind sehr selten. Meist besitzen die N. zwei Fortsätze, die einander gegenüber stehen *(bipolare N.)* oder sich an ihrem Ursprung vereinigen können *(pseudounipolare N.).* Sind mehr als zwei Fortsätze ausgebildet, so spricht man von *multipolaren N.;* diese bilden v. a. die diffusen Nervennetze im vegetativen Nervensystem.

Die längeren Nervenfortsätze heißen *Nervenfasern.* Sie bilden z. B. im Zentralnervensystem die weiße Substanz. Mehr als 1 m lang sind beim Menschen bestimmte vom Rückenmark zu den Füßen ziehende motorische Nervenfasern.

Ein bestimmter Nervenfortsatz leitet bei jeder Nervenzelle die Erregung vom Zellkörper des Neurons weg *(zentrifugale Leitung).* Es ist dies der *Neurit* (s. u.). Alle anderen Fortsätze, die *Dendriten,* führen der Zelle Erregungen zu *(zellulipetale Leitung).* Diese Dendriten sind gewöhnlich sehr viel kürzer und verzweigen sich meist früh, ausgenommen z. B. bei Spinalganglienzellen.

Im Zellkörper liegt der Zellkern, der bei hochentwickelten Tieren und beim Menschen in ausgereiften N. nicht mehr teilungsfähig ist. Neben zahlreichen ↑Mitochondrien, Golgi-Körpern (↑Golgi-Apparat) mit fetthaltigen Vakuolen *(Lipochondrien)* und neben Pigmenten liegen im Zytoplasma (hier auch *Neuroplasma* genannt) besonders charakteristische Strukturen, die sog. *Nissl-Schollen.* Es handelt sich dabei um besonders große Membranstapel des ↑endoplasmatischen Retikulums mit zahlreichen ↑Ribosomen als Orten der ↑Eiweißsynthese.

Die bei angefärbten N. im Lichtmikroskop beobachtbaren sog. *Nerven-* oder *Neurofibrillen* haben sich als Kunstprodukte erwiesen, die beim Herstellen der Präparate entstanden sind und miteinander verklebte Mikrotubuli *(Neurotubuli)* und Mikrofilamente *(Neurofilamente)* darstellen, wie sie allgemein in fast allen Zellen vorkommen. Sie sind keine Strukturen der Erregungsleitung.

Der *Neurit* wächst bei der Entwicklung der Nervenzelle zuerst aus. Er ist von einer besonderen Isolierschicht, der *Schwann-Scheide (Neurilemm),* umgeben. Damit wird der Neurit zum *Achsenzylinder (Axon)* der Nervenfaser. Seine Membran als Teil der Zellmembran heißt *Axolemm* und besteht aus einer doppelmolekularen Lipidschicht zwischen zwei Proteinschichten. Im Axolemm bzw. in der Nervenzellenmembran läuft die Erregungsleitung ab. Die Schwann-Scheide wird von den *Schwann-Zellen* gebildet, die den ↑Gliazellen des Gehirns entsprechen. Sie verlassen ihren Ursprungsort (z. B. das Rückenmark) und überziehen zunächst schlauchartig den Neuriten.

Im Laufe der Entwicklung wickelt sich die Schwann-Zelle mehrfach spiralig um das Axon, wobei der Zellkern in der Peripherie der Hülle verbleibt. Schließlich liegen die Zellmembranen der Schwann-Zelle mehr oder weniger dicht gepackt übereinander. Sie bilden die dem Axolemm aufliegende *Markscheide (Myelinscheide).* Je nach der Anzahl der Umwicklungen entstehen *markarme* (unter dem Lichtmikroskop „marklos" erscheinende) oder *markreiche Nervenfasern,* bei denen mehrere in dieser Weise aufgerollte Schwann-Zellen in Längsrichtung aufeinanderfolgen. Zwischen diesen Zellen verbleibt eine marklose, nur vom Axolemm umhüllte Lücke, der *Ranvier-Schnürring.*

Häufig schließen sich Nervenfasern zu parallel verlaufenden, oft von einer gemeinsamen Bindegewebshülle umschlossenen Nervenbündeln oder Nervensträngen zusammen, die dann als *Nerven* bezeichnet werden. Makrosko-

pisch sichtbare Nerven bestehen wiederum aus einer verschieden großen Anzahl von Nervenfaserbündeln. Innerhalb des Zentralnervensystems bezeichnet man die Faserbündel als *Nervenbahnen*. Angehäuft zusammenliegende Nervenzellkörper bilden die *Ganglien* (↑ Ganglion).
Die N. mit ihren Fortsätzen sind die eigentlichen Vermittler zwischen Empfangsorgan *(Rezeptor)* und Erfolgsorgan *(Effektor)*; ↑ auch Reizleitung. Man unterscheidet zwischen Nervenbahnen, die durch den Reiz von Sinneszellen erregt werden *(sensible Leitungsbahnen, afferente Leitungsbahnen)*, und solchen, die die Erregung auf ein Erfolgsorgan übertragen *(motorische Leitungsbahnen, efferente Leitungsbahnen)*.

Nervosität: Im alltäglichen Sprachgebrauch wird mit dem Begriff N. eine außergewöhnliche Erregbarkeit des Nervensystems gekennzeichnet. Die gesteigerte Aktivität des ↑ vegetativen Nervensystems begünstigt die Entstehung einiger Krankheiten wie ↑ Herzinfarkt oder ↑ Magengeschwüre.

Nesselkapseln: Diese kompliziertesten Zellorganellen des Tierreichs werden in besonderen Zellen, den *Nesselzellen (Knidoblasten)*, als Sekretionsprodukt gebildet. Sie dienen den ↑ Nesseltieren zum Beutefang und zur Verteidigung. Sie liegen über den ganzen Körper verstreut, gehäuft in den Ektodermzellen der Fangarme (Tentakel), in die die Knidoblasten eingewandert sind.
Die N. bestehen jeweils aus einer länglichen, doppelwandigen Giftblase mit handschuhfingerartig eingestülptem, aufgerolltem, dünnem Schlauch *(Nesselfaden)*. Diese Blase steht unter hohem Druck (bis 100 bar). Beim Berühren eines nach außen vorragenden Fortsatzes der Nesselzellen, des *Knidozils*, explodiert die Kapsel, d. h., der Nesselfaden wird blitzschnell ausgestülpt. Bei den Stilettkapseln *(Penetranten)* durchschlagen zuerst kleine, auseinanderklappende „Messerchen" der Fadenbasis das Beutetier und halten es fest, worauf der Faden nachfolgt. Aus seinen Poren entströmt lähmendes Gift.
Die *Volventen* schleudern unbewehrte Fäden aus, die sich um die Borsten der Beute wickeln und sie so festhalten. – Die *Glutinanten* besitzen lange, klebrige Fäden und werden z. T. auch zum Festheften der Tentakeln bei der Fortbewegung des Tiers eingesetzt.
N. können nur einmal benutzt werden. Danach werden sie abgestoßen und durch neue ersetzt.

Nesseltiere: Besonders in Meeren kommt eine Gruppe von ↑ Hohltieren vor, die einen Kranz von Fangarmen um den Mund herum aufweisen. Diese Fangarme sind mit vielen ↑ Nesselkapseln bestückt, die für den Nahrungserwerb (Plankton, Kleintiere) und für die Abwehr von Feinden eine wichtige Rolle spielen.
Meist treten N. in zwei verschiedenen Formen auf: als stockbildende ↑ Polypen und als freischwimmende ↑ Qual-

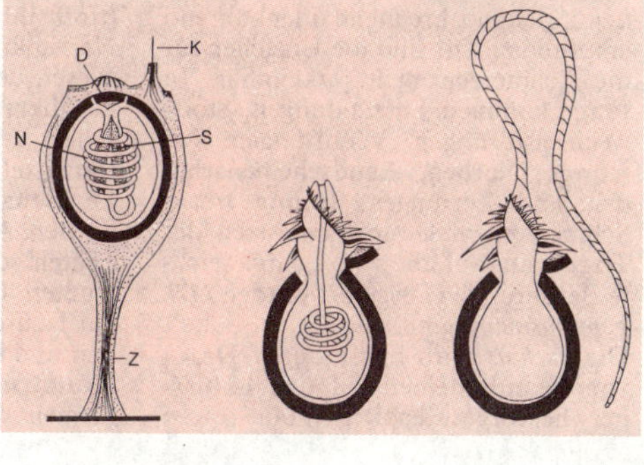

Abb. Nesselkapseln: Stilettkapsel in Ruhe (links), mit abgeworfenem Deckel und auseinandergeklappten Stiletten (Mitte), mit ausgeschleudertem Nesselschlauch (rechts); D Kapseldeckel, K Knidozil, N Nesselschlauch, S Stilettapparat, Z Zellstiel

len. Zum Stamm der Nesseltiere gehören u.a. die ↑Blumentiere.

Nestflüchter: N. kommen gut entwickelt zur Welt und sind daher fähig, das „Nest" fast sofort zu verlassen. Extreme N. bekommen ihre Eltern nie zu Gesicht (die meisten Reptilien). Alle N. brauchen kaum ↑Brutpflege, z. B. Hühnervögel, Huftiere, Hasen.

Nesthocker: N. kommen hilflos zur Welt. Sie müssen für eine längere Entwicklungszeit unter der Obhut ihrer Eltern bleiben. Bei diesen Tieren (z. B. Singvögel, Raubtiere, Nager) wird eine intensive ↑Brutpflege getrieben.

Netzhaut (Retina): Diejenige Schicht, die in den ↑Augen die ↑Sehzellen enthält. Im menschlichen Auge ist sie ein höchstens 0,5 mm dickes Häutchen, durchsichtig wie Cellophan. Zur ↑Lederhaut hin ist sie durch eine dunkelbraune Pigmenthülle lichtdicht abgeschirmt.
Die N. enthält zwei Arten von Sehzellen, die Stäbchen, welche die Helldunkelwahrnehmung, und die Zapfen, welche die Farbwahrnehmung ermöglichen. Die Sehzellen wandeln mit Hilfe des ↑Sehpurpurs Lichtreize in Nervenimpulse um. Diese werden bereits von den Nervenzellen der mehrschichtigen N. aufbereitet und durch den Sehnerv zum Gehirn geleitet.

Netzmagen: Teil des ↑Wiederkäuermagens.

Neuralgie: Unter Neuralgien (Nervenschmerzen) versteht man anfallsweise auftretende Schmerzzustände im Ausbreitungsgebiet eines sensiblen Nervs. Der Schmerz wird meist als reißend, ziehend, brennend oder bohrend empfunden. Oft sind die Ursachen für die Schmerzen nicht erkennbar. In Frage kommen Entzündungen, Stoffwechselstörungen, Vergiftungen, Tumoren, Narben, Bandscheibenschäden und Zerrungen. Häufig treten Schmerzen im Gesicht an Ästen des Trigeminus auf, die schon durch leichte Berührungen ausgelöst werden *(Trigeminusneuralgie).*
Die *Ischias* wird meist durch Druck von ↑Bandscheiben auf den Ischiasnerv hervorgerufen. Die Anfälle folgen fast immer auf ungeschickte Bewegungen *(Hexenschuß).* In schweren Fällen muß die zerstörte Bandscheibe entfernt werden.

Neuralrohr svw. ↑Medullarrohr.

Neuriten ↑Nervenzellen.

Neurohormone: Hormone oder hormonähnlich wirkende Substanzen, die in den Nervenzellen gebildet und von diesen ins Blut abgegeben werden. Ihre Bildung und Ausschüttung wird als *Neurosekretion* bezeichnet.
N. kommen bei Wirbellosen und Wirbeltieren und auch beim Menschen vor und sind wahrscheinlich stammesgeschichtlich älter als die Hormone der Hormondrüsen. Zu den N. gehören die Freisetzungsfaktoren des Hypothalamus und die Hypophysenhormone ↑Oxytozin und ↑Vasopressin.

Neuron ↑Nervenzellen.

Neurosen: Seelisch bedingte Krankheiten, die sich in Symptomen wie Angst, Hemmung, Unsicherheit, Minderwertigkeitsgefühlen, Zwangsgedanken, Haltlosigkeit äußern, werden als N. bezeichnet. Sie sind im wesentlichen auf Unstimmigkeiten zwischen erblicher Veranlagung und den Verhältnissen der vorgefundenen Mit- und Umwelt (Erziehung, soziale Situation, Einstellung der Mitmenschen usw.) zurückzuführen. Häufig liegen die Ursachen der Entstehung von N. bereits in der frühen Kindheit bzw. beruhen auf überwältigenden oder nicht bewältigten Erlebnissen in dieser Zeit.
N. sind keine Geisteskrankheiten, d. h., sie haben nichts mit „Irresein" oder „Idiotie" zu tun. Man kann sie (trotz ihres Namens) auch nicht als Nervenkrankheiten bezeichnen. Das Wesen der N. liegt gerade darin, daß bei ihnen in der Regel keine organischen Veränderungen oder Schäden festzustellen sind.
Die Behandlung einer Neurose gehört zu den Aufgaben eines Psychotherapeuten, der v. a. versucht, die unbewußten Ursachen der Konflikte, die zur Neurose geführt haben, zu ergründen und bewußt zu machen.

Neuston: Sammelbez. für die Organismen des freien Wassers, die das

Oberflächenhäutchen zur Anheftung oder als Lauffläche beanspruchen; z. B. Wasserläufer, Stechmückenlarven und Euglena. – ↑auch Gewässerregionen.

Nickhaut: Oft durchsichtige Bindehautfalte, die vom inneren Augenwinkel aus durch besondere Muskeln schräg nach unten außen über den Augapfel ausgebreitet werden kann. Ist auch ein oberes und unteres Augenlid vorhanden, so liegt die N. darunter. Eine N. kommt bei verschiedenen Fischen, bei Fröschen, Reptilien, Vögeln und einigen Säugern, z. B. den Huftieren, vor. Bei letzteren ist in diese sog. *Blinzhaut* Knorpel eingelagert. Bei den meisten Säugern, auch beim Menschen, ist sie zu einer halbmondförmigen Bindehautfalte rückgebildet.

Nidation svw. ↑Einnistung.

Niederblätter: N. sind kleine, meist schuppenförmige, selten grüne Blattorgane. Sie treten fast ausschließlich an der Sproßbasis und an Ausläufern und Rhizomen auf. Bei den Niederblättern ist fast immer nur der Blattgrund (nicht dagegen Blattstiel und Blattspreite) voll ausgebildet. N. sind als reduzierte ↑Laubblätter anzusehen.

niedere Pflanzen: Algen, Pilze, Flechten und Moose werden zusammenfassend als niedere Pflanzen bezeichnet. – ↑auch höhere Pflanzen.

Niedermoor (Flachmoor): Ein N. bildet sich durch Verlandung eines Sees. Es ist durch Schilf- und Seggentorfe charakterisiert. Niedermoore liegen im Gegensatz zum Hochmoor im Grundwasserbereich. – ↑Moore.

Niere (Ren, Nephros): Die N. ist das paarige Ausscheidungsorgan (↑Exkretionsorgane) der Wirbeltiere. Das ursprünglichste Nierenorgan erstreckt sich von vorn nach hinten fast über den ganzen Körper. Es ist der *Holonephros,* der heute nur noch bei einigen Fischlarven vorübergehend vorkommt. Sein vorderer Teil ist die ↑Vorniere, die jedoch während der Embryonalentwicklung der Wirbeltiere wieder verschwindet. Aus dem hinteren Teil des Holonephros, der Hinterniere *(Opisthonephros),* gehen zuerst die ↑Urniere und dann nach dem Körperende zu die *Nachniere (Metanephros)* hervor. Die Nachniere ist das bleibende Ausscheidungsorgan der Reptilien, Vögel und der Säugetiere (einschließlich des Menschen).

Die bohnenförmigen *Nieren des Menschen* (s. Abb. S. 340) liegen beiderseits der Wirbelsäule in der Lendengegend, z. T. von den Rippen verdeckt. Sie sind etwa 12 cm lang, 6 cm breit, 3 cm dick und wiegen (jede für sich) rund 150 g. Von ihrer eingedellten Seite her *(Nierenhilus)* erfolgt die Versorgung der N. mit Blut und Nerven. Hier liegt auch das *Nierenbecken.*

Im Längsschnitt zeigt die N. außen die körnige *Nierenrinde* und darin eingebettet 10–20 pyramidenförmige Nierenmarkbereiche *(Nierenlappen, Nierenpyramiden).* Ihre Spitzen, die *Nierenpapillen* ragen in je eine Aussakkung des Nierenbeckens, die *Nierenkelche,* hinein. Diese nehmen den Harn aus dem Sammelrohr der Nierenpapillen auf. Durch peristaltische Bewegungen des bleistiftstarken ↑Harnleiters wird der Harn aus dem Nierenbecken in die Harnblase weitergeleitet.

In der Nierenrinde liegen als die Funktionseinheiten der N. etwa 1 Million *Nierenkörperchen (Malphigi-Körperchen).* Ein jedes von ihnen enthält einen Knäuel *(Glomerulus)* aus zahlreichen Blutkapillarschlingen, der von einer Kapsel *(Bowman-Kapsel)* umgeben ist. Von ihr führt ein 3–4 cm langes, gewundenes Nierenkanälchen *(Nierentubulus)* in den Bereich des *Nierenmarks.* Hier verengt es sich und bildet eine sehr dünne, U-förmige Schleife *(Nierenschleife, Henle-Schleife),* erweitert sich in der Nierenrinde wieder und geht zusammen mit den *Nierenkanälchen* weiterer Nierenkörperchen in ein Sammelröhrchen über, die im einheitlichen Sammelrohr der Nierenpapille zusammenkommen. Die Nierenkanälchen werden von den Haargefäßen, die aus dem Glomerulus kommen, umsponnen. Eine solche Ausscheidungseinheit aus Nierenkörperchen und Nierentubulus nennt man *Nephron.*

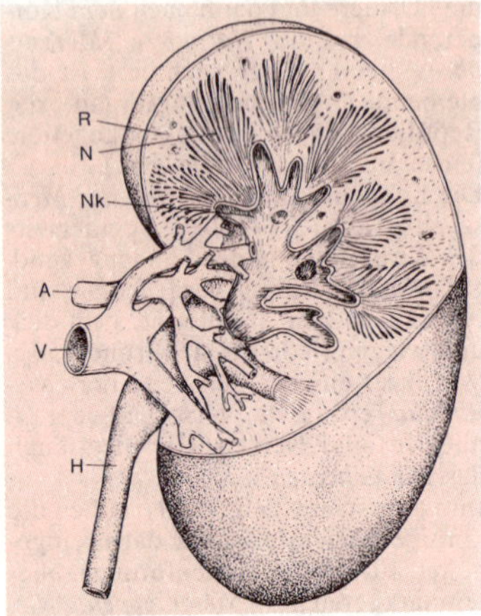

Abb. Niere des Menschen (teilweise aufgeschnitten); A Nierenarterie, H Harnleiter, N Nierenmark, Nk Nierenkelch, R Rinde, V Nierenvene

Im Nierenkörperchen wird Blutflüssigkeit mit gelösten Stoffen, aber ohne die größeren Moleküle, aus den Blutgefäßen in die Bowman-Kapsel durch den Blutdruck abgepreßt. Dieser Primärharn durchläuft nun das Nierenkanälchen mit der Nierenschleife. Hier werden von den Haargefäßen alle noch brauchbaren Stoffe sowie Wasser wieder ins Blut zurückgeholt. Der so konzentrierte Endharn wird ausgeschieden.

Die Nieren werden täglich von durchschnittlich 1 600 l Blut durchflossen. Daraus werden rund 170 l Primärharn abgepreßt, von dem ca. 140 l Flüssigkeit in den Nierenschleifen und etwa 28 l im anschließenden Teil des Nierenkanälchens und in den Sammelröhrchen wieder zurückgeholt werden. Diese Rückresorption wird vom Hypophysenhinterlappenhormon Adiuretin (↑ Vasopressin) gesteuert. – Den Nieren liegen die ↑ Nebennieren auf.

Nikotin: N. ist ein Alkaloid der Tabakpflanze ($C_{10}H_{14}N_2$; Pyridyl-N-Methylpyrrolidin). Es ist eine in Wasser lösliche, giftige Flüssigkeit, deren Siedepunkt bei 247 °C liegt.

N. wird beim *Rauchen* ins Blut aufgenommen und zeigt Wirkungen auf die verschiedensten Organe: Die *Hauttemperatur,* die normalerweise bei 35 °C liegt, fällt nach dem Rauchen einer Zigarette durch die Kontraktion der Hautgefäße bis auf 25 °C ab. Der *Puls* wird während des Rauchens z. B. von 70 auf 80 bis 85 Schläge pro Minute beschleunigt. Beides kommt durch Erregung des Sympathikus zustande.

Eine weitere Wirkung beruht auf der vermehrten Ausschüttung eines Hormons der hinteren Hirnanhangsdrüse, des Vasopressins, was eine verstärkte Wasserrückresorption in der Niere und damit eine *Unterdrückung der Wasserausscheidung* hervorruft.

Während geringe Nikotindosen von 1 bis 3 mg eine Erregung des Sympathikus und des Parasympathikus bewirken, führen höhere Dosen zu entsprechenden Hemmungen. Da nämlich N. dem ↑ Acetylcholin verwandt ist, kann es dessen Wirkungsorte, die Acetylcholinrezeptoren, besetzen und damit die Erregungsleitung blockieren.

N. bewirkt eine Ausschüttung von ↑ Adrenalin und ↑ Noradrenalin aus der Nebenniere. N. wirkt ferner auf die den Kreislauf und die Atmung antreibenden Chemorezeptoren der großen Arterien und auf das Kreislaufzentrum im verlängerten Mark.

Das Wechselspiel zwischen den (je nach Dosis) erregenden und hemmenden Nikotinwirkungen im Bereich des vegetativen Nervensystems wird dadurch besonders kompliziert, daß Sympathikus und Parasympathikus an vielen Organen als Antagonisten (Gegenspieler) auftreten. So kann z. B. die Herzschlagfolge durch N. über die Erregung sympathischer oder über die Hemmung parasympathischer Ganglien erhöht werden, was beim Rauchen tatsächlich geschieht. N. könnte die Herzfrequenz durch Hemmung der sympathischen und Erregung der parasympathischen Ganglien auch vermindern.

N. wirkt auch auf den Magen-Darm-Kanal. Es erhöht den Tonus und die

Peristaltik bis zum Auftreten eines vorübergehenden Durchfalls.
N. wirkt für den Raucher stimmungshebend im Bereich des Großhirns. Dies führt zu einer psychischen Abhängigkeit nicht nur von der Rauchgewohnheit (als bedingtem Reflex), sondern auch vom N. selbst.

Nikotinsäureamid: N. ist wie auch die *Nikotinsäure* selbst als Vitamin der B-Gruppe wirksam. N. ist Bestandteil der Koenzyme NAD^+ bzw. $NADP^+$, die im tierischen und pflanzlichen Organismus Wasserstoffüberträger sind.

Nitratbakterien: N. gehören der Gattung *Nitrobacter* an. Sie sind regelmäßig in Gesellschaft der *Nitritbakterien* (v.a. Nitrosomonas) im Boden zu finden. Beide gewinnen aus der Oxidation anorganischer Substanzen Energie. Nitritbakterien oxidieren Ammoniak zu Nitriten; diese werden von Nitratbakterien zu Nitraten umgewandelt (↑Nitrifikation). Auf diese Weise wird der Stickstoff aus tierischen Abfällen (z.B. Dung, Jauche) wieder in eine Verbindung überführt, die von Pflanzen aufgenommen werden kann.

Nitratpflanzen: Pflanzen, die auf stickstoffreichen, warmen Böden verbreitet sind und dort oft geschlossene Massenbestände bilden. N. sind: Große Brennessel, Klebkraut, Weidenröschen, Vogelmiere, Glanzkraut, viele ↑Schuttpflanzen.

Nitrifikation: Ein mikrobieller Prozeß, der sich im Boden abspielt und bei dem Nitrite und Nitrate hergestellt werden. Bei der Zersetzung der Eiweiße entsteht Ammoniak (NH_3). Die Nitritbakterien oxidieren dieses zu salpetriger Säure (HNO_2) unter Energiegewinn, und die Nitratbakterien, die stets mit den Nitritbakterien zusammen auftreten, oxidieren (ebenfalls unter Energiegewinn) das Nitrit zu Nitrat, das dann von Pflanzen über die Wurzeln aufgenommen werden kann.

Nodium: Durch eine Streckung der Sproßachse erscheinen die Ansatzstellen der Blätter knotig verdickt. Diese Ansatzstellen bezeichnet man als *Stengelknoten* oder Nodien. Die zwischen den Nodien liegenden blattlosen Abschnitte nennt man *Internodien*.

Nomenklatur: In der Biologie gibt es im Rahmen der biologischen Terminologie außer der für die Anatomie des Menschen festgelegten *anatomischen N.* noch die *systematische N. (taxonomische N.),* d.h. die Namensgebung für die Vertreter der systematischen Kategorien. Diese N. regelt die internationale Einheitlichkeit der wissenschaftlichen Namen der einzelnen Kategorien, von der Unterart aufwärts bis zur Überfamilie.
Dabei gilt im Regelfall das Prioritätsprinzip: In der *zoologischen N.* gilt jeweils der erste, einem Tier ab dem 1. Jan. 1758 gegebene wissenschaftliche Name. Die *botanische N.* entspricht weitgehend der zoologischen. Ausgangspunkt ist hier das Jahr 1753. Die Benennung der Arten ist bei Tieren und Pflanzen binär *(binäre N.),* d.h., dem Namen der Gattung folgt der eigentliche Artname. Hinzugefügt wird häufig noch der (abgekürzte) Name der Person, die den Artnamen in Verbindung mit der wissenschaftlichen Beschreibung gegeben hat, sowie das Jahr, in dem der wissenschaftliche Name erstmals veröffentlicht wurde (z.B. Wolf: Canis lupus L., 1758; L. = Linné).
Bei Unterarten wird dem Gattungs- und Artnamen noch die wissenschaftliche Bezeichnung der Unterart beigefügt (z.B. Europäischer Wolf: Canis lupus lupus L., 1785).

Noradrenalin (Arterenol): N. wird wie ↑Adrenalin im Nebennierenmark und v.a. an bestimmten Nervenendigungen des Sympathikus, wo es als ↑Transmitter wirkt, freigesetzt. Seine Wirkung ist der des Adrenalins ähnlich: Es beeinflußt die Herzleistung nur wenig, wirkt aber stärker gefäßverengend auf die Haut- und Darmkapillaren.

Nucellus: Gewebe der ↑Samenanlage der bedecktsamigen Pflanzen, das entwicklungsgeschichtlich dem Makrosporangium der Farnpflanzen entspricht.

Nukleinsäuren (Nucleinsäuren):

Die N. sind ihrem Bau nach Polynukleotide, die über den Phosphorsäurerest und die Hydroxylgruppe der Pentose in 3,5-Bindung esterartig verknüpft sind. Die N. ↑DNS und ↑RNS sind Bestandteile aller Zellen, auch der Bakterien und Viren.

Nukleolus ↑Kernkörperchen.

Nukleoside (Nucleoside): N. sind Verbindungen, die aus einer organischen Base (Pyrimidin- oder Purinbase) und einem Kohlenhydrat (Pentose) bestehen. Je nach ihrer Base heißen sie Adenosin, Thymidin, Cytidin, Uridin und Guanosin. Freie N. spielen in der Zelle im Zwischenstoffwechsel eine bedeutende Rolle.

Nukleotide (Nucleotide): N. sind die Phosphorsäureester der ↑Nukleoside. Sie bestehen aus einer organischen Base (Kohlenhydrat) und einem Phosphat, wobei die Veresterung der Phosphorsäure mit der Hydroxylgruppe am C-5-Atom der Pentose erfolgt.
Die N. bilden als Einzelbausteine die *Polynukleotide* (Polynucleotide; = ↑Nukleinsäuren). Sie kommen aber auch frei in den Zellen vor. Bei den freien Nukleotiden können auch 2 oder 3 Phosphatreste miteinander verknüpft sein. Die am besten bekannten freien N. sind ↑ATP, ↑NAD und ↑FAD.

Nukleus svw. Zellkern (↑Zelle).

Nuß: Eine Schließfrucht, die meist nur einen Samen enthält, z. B. die Frucht des Haselnußstrauchs; ↑Fruchtformen.

Nüßchen: Kleine Schließfrüchte, die z. B. bei der Erdbeere auf der fleischig gewordenen Blütenachse sitzen und eine Sammelfrucht bilden; ↑Fruchtformen.

Nutationen: N. gehören zu den Bewegungen von Pflanzen, die ohne erkennbaren äußeren Anlaß von selbst ablaufen. Es handelt sich um arttypische pendelnde oder kreisende Bewegungen junger Sprosse, die durch ungleichmäßig starkes Wachstum an den verschiedenen Seiten des Pflanzenteils zustande kommen. Die Koleoptilen von Gräsern oder die Blütenschäfte der Küchenzwiebel führen Pendelbewegungen aus. Die Kreisbewegung *(Zirkumnutation)* hingegen findet man oft als „Suchbewegung" bei jungen Ranken oder Sprossen von Kletterpflanzen.

Nyktinastie: Bei vielen Pflanzen senken sich abends die Blätter, morgens richten sie sich wieder auf. Diese Nyktinastien oder *Schlafbewegungen* unterscheiden sich von typischen ↑Nastien dadurch, daß der Tag-Nacht-Wechsel als äußerer Reiz nur zur Korrektur eines inneren Rhythmus nötig ist. Als Ursachen für die Bewegungen kommen Wachstums- und Turgoränderungen in Frage.

Nymphe: Bei der ↑Metamorphose bestimmter Insekten treten nach den flügellosen Stadien mehr oder minder bewegliche Larven mit Flügelstummeln auf, z. B. bei Blasenfüßen und Schildlausmännchen.

O

Oberhaut (Epidermis): Die bei Wirbellosen einschichtige, bei Wirbeltieren dagegen mehrschichtige obere Lage der ↑Haut.

Oberschenkelhalsbruch: Der Oberschenkelhals schließt mit dem Hauptteil des Oberschenkelknochens bei Kindern einen recht großen Winkel ein, d. h., der Oberschenkelhals steht steil nach oben. Mit fortschreitendem Alter wird der Winkel kleiner. Im extremen Fall bilden der Oberschenkelhals und der lange Teil des Oberschenkelknochens dann einen rechten Winkel. Dadurch werden die Bälkchen in diesem Knochenabschnitt ungewöhnlich stark belastet. Kommt im Alter noch der Elastizitätsverlust der Knochen hinzu, führt schon eine relativ geringe Gewalteinwirkung zum Knochenbruch. Bei dieser Art von Bruch muß zur Stillegung und Stützung des Knochens – besonders bei alten Menschen ist der Heilungsprozeß langwierig – ein Nagel in die Knochenmasse als tragendes Element eingesetzt werden.

Oberschlundganglion ↑Strickleiternervensystem.

Obstbaumschädlinge: Zu den typischen Schädlingen in Obstkulturen gehören in erster Linie *Insekten* und ihre *Larven*.

Die *Raupen* des Apfel-, Birnen- und Pflaumenwicklers entwickeln sich aus Eiern, die von Schmetterlingen an unreifem Obst abgelegt werden. Sie bleiben dabei nicht nur in der zuerst befallenen Frucht, sondern dringen auch in Nachbarfrüchte ein. Die Raupen von Spinnern, die zu den Nachtfaltern gehören, fressen Knospen und Stempel sowie Staubgefäße der Blüten, aber auch Blätter vieler Obstbaumarten.

Blattläuse, unter denen viele auf bestimmte Obstarten spezialisiert sind, schädigen ihren Wirt bei starkem Befall sehr, indem sie Pflanzensäfte saugen und mit ihrem Speichel Gewebe zerstören. – Ebenfalls zu den saugenden Schädlingen gehören die *Schildläuse* (z. B. San-José-Schildlaus) und die *Spinnmilben*. Häufig übertragen diese stechend-saugenden Insekten auch Viruserkrankungen. – Zu den Obstbaumschädlingen zählen auch *Bakterien* und *niedere Pilze*. Pilzerkrankungen sind z. B. Mehltau, Schorfkrankheiten und die Kräuselkrankheit der Blätter beim Pfirsich.

Da die Krankheiten im Inneren der Pflanze schwer zu bekämpfen sind, richten sich die Schutzmaßnahmen v. a. gegen die Überträger (↑Schädlingsbekämpfung). Der Befall wirkt sich besonders verheerend aus, wenn die Pflanzen durch mangelhafte Ernährung oder ein ungünstiges Klima vorgeschädigt sind.

Zu den Obstbaumschädlingen zählen auch einige Säugetierarten, wie z. B. Wühlmäuse und Wild, die an der Rinde des Stamms oder an den Wurzeln Nageschäden verursachen.

Ödem: Ödeme sind Schwellungen, die auf außergewöhnlichen Wasseransammlungen im Gewebe beruhen. Es kommen verschiedene Ursachen in Frage: Durch Störungen im Salzhaushalt wird der osmotische Druck im Gewebe größer; durch Entzündungen nach Verletzungen oder auch nur bei langem Stehen oder Sitzen wird der Abfluß von Blut und Lymphe behindert, und als Folge davon tritt aus den Kapillaren Flüssigkeit ins Gewebe über.

Ödipuskomplex: Noch im Vorschulalter erlebt das Kind eine Phase, die für sein späteres Geschlechtsleben von Bedeutung ist. Für eine normale Entwicklung von partnerschaftlichen Verhaltensweisen gegenüber dem anderen Geschlecht bietet in der Regel eine ausgewogene Dreiecksbeziehung Vater–Mutter–Kind die besten Voraussetzungen. Der Ö. resultiert aus einer übermäßigen sexuellen Hinwendung zum gegengeschlechtlichen Elternteil (besonders des Sohnes zur Mutter; entsprechend spricht man bei der Tochter gegenüber dem Vater von *Elektrakomplex*), was zu Schuldgefühlen gegenüber dem andersgeschlechtlichen Elternteil und Störungen des Sexualverhaltens führt.

Ohnmacht ↑Erste Hilfe (Tabelle).

Ohr: Das Gehör- und Gleichgewichtsorgan der Wirbeltiere. Es wird paarig angelegt und ist bei den Säugetieren (einschließlich Mensch) am höchsten entwickelt. Man unterscheidet *Außenohr* (↑Ohrmuschel und ↑Gehörgang), *Mittelohr* (Paukenhöhle mit ↑Gehörknöchelchen) und *Innenohr* (s. auch Abb. S. 344).

Am inneren Ende des *Gehörgangs* liegt das *Trommelfell,* das durch das davorliegende ↑Ohrenschmalz geschmeidig gehalten wird. Das Trommelfell hat die Form eines nach innen gezogenen Trichters. Die Trommelfellmembran wird durch die ankommenden Schallwellen in Schwingungen versetzt und überträgt diese auf die drei Gehörknöchelchen im Mittelohr. Die gelenkig verbundenen Knöchelchen wirken dabei als Hebelsystem und verstärken den Druck der Schallwellen, die das Trommelfell treffen, etwa um das Anderthalbfache. Der Steigbügel gibt über das *ovale Fenster* die Schallwellen an das Innenohr weiter. Das Trommelfell besitzt etwa die 20- bis 30fache Fläche des ovalen Fensters. Dadurch wird eine Verstärkung des Schalldrucks auf das 20- bis 25fache erreicht. Die *Paukenhöhle* ist durch die Ohrtrompete (↑Eustachi-Röhre) mit der Rachenhöhle verbunden; sie dient dem Druckausgleich.

Schnecke in „Treppen" aufgegliedert; der obere Raum ist die *Vorhoftreppe*. Er ist vom Vorhof her hinter dem ovalen Fenster zugänglich. Der untere Raum endet am runden Fenster gegen die Paukenhöhle und heißt *Paukentreppe*.

Beide Räume stehen an der Spitze der Schnecke miteinander in Verbindung und sind mit *Perilymphe* gefüllt. Diese entspricht der Zerebrospinalflüssigkeit, mit der sie durch einen Gang in Verbindung steht (Infektionsweg vom Ohr zum Gehirn!). Die häutige Schnecke wird mit zwei Membranen

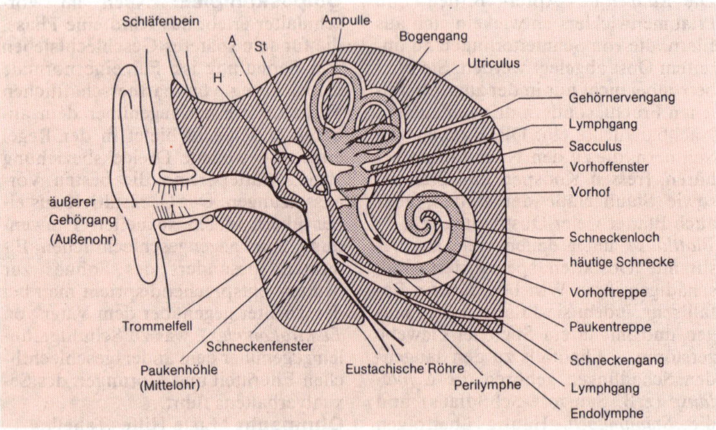

Abb. Ohr: Gehörorgan des Menschen; A Amboß, H Hammer, St Steigbügel

Das Innenohr *(Labyrinth)* umfaßt außer dem eigentlichen Hörorgan (Schnecke) das Schweresinnes- und das Bewegungssinnesorgan (Sacculus, Utriculus und Bogengänge).

Bei der *Schnecke* unterscheidet man einen häutigen und einen knöchernen Anteil. Der *knöcherne Anteil* besteht aus der Achse und einer Knochenleiste, die beide weitporig sind und in ihrem Inneren die Fasern des Hörnervs enthalten. Der *häutige Teil* der Schnecke *(Schneckengang)* ist mit einer Flüssigkeit, der *Endolymphe*, gefüllt und mit seinem spitzen Ende an der Knochenleiste befestigt. Durch diese Anordnung wird der Innenraum der gegen die beiden Treppen abgegrenzt. Die Begrenzung gegen die Vorhoftreppe *(Reissner-Membran)* besteht aus einer zarten, gefäßlosen Haut mit dünnen, elastischen Fasern. Gegen die Paukentreppe wird die Begrenzung von der *Basilarmembran* gebildet.

Auf der Basilarmembran liegt das eigentliche schallaufnehmende Organ *(Corti-Organ)*. Die Sinneszellen (Hörzellen) des Corti-Organs (beim Menschen rund 16000 bis 23000) liegen zwischen Stützzellen und tragen am Ende feine Sinneshärchen. Unmittelbar über den Sinneszellen befindet sich die Deckmembran, die wahrscheinlich mit den Sinneshärchen ver-

wachsen ist und so die Sinneszellen durch Schwingungen reizen kann. Die Basilarmembran ist am Grunde der Schnecke dünn und straff gespannt, während sie nach der Spitze zu an Breite und Dicke zunimmt und schlaffer wird.
Die Schwingungen des Steigbügels werden durch das ovale Fenster auf die Perilymphe übertragen und pflanzen sich über die Vorhoftreppe zur Spitze der Schnecke und von da über die Paukentreppe zum runden Fenster hin fort. Da sich keine Luft in der Schnecke befindet, wird durch das runde Fenster ein Druckausgleich erreicht. Die schwingende Perilymphe überträgt ihre Schwingungsenergie auch auf die häutige Schnecke, so daß auch Basilarmembran und Deckmembran Schwingungen ausführen. Daher kommt es zu Relativbewegungen zwischen Basilar- und Deckmembran, so daß die Sinneszellen über die Sinneshaare gereizt werden, wobei die tiefen Töne (niedere Frequenzen) von den Sinneszellen an der Spitze der Schnekke und die hohen Töne (hohe Frequenzen) an der Basis der Schnecke aufgenommen werden. Dies führt zu einer Aufspaltung des Klangbildes nach Tonhöhen.
Da zwei Hörorgane zur Verfügung stehen, kommt es zur Fähigkeit des räumlichen Hörens. Trifft der Schall nicht von vorn, sondern von einer Seite auf unsere Ohren, so gelangt er in das eine Ohr immer ein wenig früher als in das andere. Dieses Zeitintervall genügt, um die Richtung, aus der der Schall kommt, zu bestimmen. Der kleinste unterscheidbare Winkel beträgt 3°.
Sacculus, Utriculus und die drei ↑ *Bogengänge* mit ihren Ausbuchtungen (Ampullen) dienen der Aufrechterhaltung des *Gleichgewichts* und der *Orientierung im Raum*. Man unterscheidet das Schweresinnesorgan, das durch den Statolithenapparat in Sacculus und Utriculus dargestellt wird, und das Bewegungssinnesorgan, das der Orientierung im Raum dient und in den drei senkrecht zueinander stehenden Bogengängen mit ihren drei Ampullen zu finden ist.
Der *Statolithenapparat* besteht aus Sinnes- und Stützzellen. Auf diesen liegt eine Gallertschicht, in die kleine Kristalle von Calciumcarbonat *(Statolithen)* eingebettet sind. In die Gallertschicht ragen „Haarschöpfe" hinein, die als Fortsätze der Sinneszellen anzusehen sind. Wird auf die Statolithen eine Kraft ausgeübt (Schwerkraft, Linearbeschleunigungskraft), drücken sie auf die Haarschöpfe, und die Sinneszellen werden gereizt. Da die Haarschöpfe in Sacculus und Utriculus in verschiedenen Ebenen liegen, vermitteln sie die Vorstellung von „oben" und „unten" und geben die Lage des Kopfes an.
Die drei *Bogengänge* sind in den drei Ebenen des Raums angeordnet. Sie sind mit Endolymphe gefüllt. Ihr Sinnesapparat besteht aus der *Cupula*, einer kuppelartigen, leicht beweglichen Gallertmasse, die in jede Ampulle hineinragt und an ihrer Basis Sinneshaare und Sinneszellen trägt. Der spezifische Reiz für diese Sinneszellen wird durch die Bewegung der Endolymphe ausgelöst. Bei Drehungen des Kopfes, nicht aber bei geradliniger Beschleunigung, kommt es wegen der Trägheit der Endolymphe zu einer Relativbewegung der Bogengänge gegen die Endolymphe. Diese verschiebt die Cupula. Die Sinneshaare am Grunde der Cupula werden gebogen und damit die Sinneszellen gereizt. Wird die Drehbewegung plötzlich gestoppt, fließt die Endolymphe wegen ihrer Trägheit weiter und löst hierdurch die Empfindung einer Bewegung in umgekehrter Richtung aus (sog. *Drehschwindel*).
Bei den *übrigen Wirbeltieren* findet man ähnliche Verhältnisse. Niedere Wirbeltiere (z. B. Fische) besitzen nur ein inneres Ohr. Von den Amphibien an ist auch ein Mittelohr ausgebildet. Das eigentliche *Hörorgan der Wirbeltiere* ist aus dem Bauprinzip der Gleichgewichts- und Schweresinnesorgane abgeleitet. Bei Fischen sind Schweresinnesorgan und Hörorgane noch identisch: In der Gallerte des

Sacculus und in der *Lagena,* zwei Abschnitten des Labyrinths, befinden sich Gehörsteinchen (Statolithen) über einem Büschel von Sinneshaaren. Als schallaufnehmender Apparat dient die *Schwimmblase.* Bei den karpfenartigen Fischen dienen einige Knöchelchen *(Weber-Knöchelchen)* als Schalleiter von der Schwimmblase zum Labyrinth. – Auch bei Amphibien beruht das Hören noch auf der Erregung der Sinneshaarbüschel in Sacculus und Lagena. Bei Reptilien, Vögeln und Säugern ist die Lagena zum reinen Hörorgan umgestaltet (bei Säugern zur Schnecke aufgerollt).
Hörorgane der Insekten ↑Tympanalorgane und ↑Chordotonalorgane.

Ohrenschmalz (Zerumen): Das O. wird aus schweißdrüsenähnlichen Zeruminaldrüsen und Talgdrüsen des äußeren ↑Gehörgangs abgeschieden. O. fängt den in den Gehörgang eingedrungenen Staub ab und hält das Trommelfell geschmeidig.

Ohrmuschel: Die O. als der äußerste Teil des Außenohrs bei Säugetieren und beim Menschen (↑Ohr) besteht, mit Ausnahme des Ohrläppchens, aus Knorpel. Sie hat die Form eines flachen Trichters, der die auftreffenden Schallwellen sammelt und in den Gehörgang weiterleitet.
Beim Menschen sind die Muskeln der Ohrmuschel, die bei den gut hörenden Säugetieren die Ohrmuscheln in Schallrichtung einstellen können, weitgehend verkümmert. Die O. ist beim Menschen ein nicht lebenswichtiges Organ und zeigt daher große Verschiedenheit in Größe, Form und Stellung. Diese Ohrmerkmale sind großteils erblich und spielen in der Humangenetik eine erhebliche Rolle (Vaterschaftsuntersuchungen).

Ohrtrompete svw. ↑Eustachi-Röhre.

Ohrwürmer: O. sind weltweit verbreitete, nachtaktive Insekten. Sie haben kauende Mundwerkzeuge, zu einer Zange umgebildete Schwanzborsten und kleine Reste ursprünglicher Vorderflügel. O. leben meist in Ritzen und Spalten und ernähren sich von tierischer oder pflanzlicher Kost. Am bekanntesten ist der 9–16 mm lange *Gemeine Ohrwurm,* der an Kulturpflanzen schädlich wird.

Ökologie: Die Ö., die aus der Biologie hervorging, beobachtet den Haushalt von zusammenlebenden Organismen in ihrer Umwelt und in ihren Wechselbeziehungen mit ihrer Umwelt. Sie untersucht ihre zeitliche Entfaltung, Krisen in ihrer Entwicklung und Mechanismen der Wiederherstellung von Gleichgewichten.
Die Ö. wird unterstützt von der *Systemforschung,* die aus der wirtschaftlichen Betriebsanalyse hervorgegangen ist. Die Systemforschung kann der Ö. die mathematischen Grundlagen für die Berechnung ihrer speziellen ↑Ökosysteme liefern.
Darüber hinaus bedient sich die Ö. der Erkenntnisse jeder speziellen Grundlagenforschung, indem sie die gewonnenen Einzeldaten zu einem Gesamtverständnis verbindet und damit die Bedingungen und Möglichkeiten für stabile Entwicklungen in der Zukunft aufzeigt.
Die Ö. kann uns Auskunft geben über die Belastbarkeit von Ökosystemen (z. B. Flüsse, Seen, Wälder, landwirtschaftliche Anbaugebiete). Sie kann uns die Folgen einseitiger Eingriffe (z. B. durch chemische Schädlingsbekämpfung) klarmachen. Gegenüber den auf die Durchsetzung partikulärer Ansprüche angelegten Spezialwissenschaften leistet die Ö. auch einen ideellen Beitrag: Sie erzieht zu kooperativem Denken und zur Rücksichtnahme. Die Ö. bedarf der Mitwirkung zahlreicher anderer Fächer, die Sozial- und Geisteswissenschaften eingeschlossen. Die so erweiterte Ö. ist das Feld der *Humanökologie* (sie untersucht die Beziehungen Mensch – Umwelt), die damit keine neue Fachdisziplin ist, sondern als das Gegenteil jeder Spezialisierung verstanden werden muß, als der Versuch, die Umweltprobleme unter Einbeziehung aller möglichen Aspekte zu lösen. In diesem Sinn ist Ö. *Umweltforschung.*

Ökologische Nische: Der Lebensraum, der die Gesamtheit aller für ei-

nen Organismus lebenswichtigen Umweltfaktoren umfaßt, wird als die ö. N. der betreffenden Art bezeichnet.
Beispiel: Ringeltaube und Hohltaube nisten auf demselben Baum, die Hohltaube in einer Spechthöhle, die Ringeltaube im Geäst. Die Hohltaube frißt Eicheln, Fichtensamen und Beeren, die sie in weitem Umkreis vom Nistplatz findet; die Ringeltaube frißt Raupen, Würmer, Schnecken, aber auch Eicheln und Bucheckern, die sie in nächster Umgebung sucht. Beide Arten stehen also nicht im gegenseitigen Wettbewerb; jede hat ihre eigene ökologische Nische.
Gerade im Interesse des Tierschutzes und speziell des Vogelschutzes sollten ökologische Nischen, z. B. Hecken, Feldränder, einzelnstehende große Bäume, kleine Ödländer, kleine Teiche und Gräben, erhalten bleiben.

ökologisches Gleichgewicht: Ein ö. G. ist dadurch gekennzeichnet, daß jede Veränderung im ↑Ökosystem selbsttätig über eine Regelkreisbeziehung eine entsprechende Gegenveränderung auslöst, die den alten Zustand weitgehend wiederherstellt. So sind z. B. bei Wühlmäusen oder Hasen deutliche Populationswellen zu verzeichnen, die darauf zurückzuführen sind, daß beim Anwachsen der Population entweder die Nahrungsgrundlage verknappt oder die Freßfeinde und Parasiten ebenfalls zunehmen.
Dieses Gleichgewicht ist bedingt durch die gegenseitige Konkurrenz. Lebensgemeinschaften mit großem Artenreichtum besitzen ein stabiles, wenig störanfälliges ökologisches Gleichgewicht.

Ökosystem: Ein Ö. ist ein Wirkungsgefüge von Lebensgemeinschaften (↑Biozönose) und nichtbiologischen Umweltfaktoren; z. B. Wald, Savanne, Meer. Nichtbiologische Faktoren sind z. B. Klima, Wind, Boden.
Ökosysteme sind offene Systeme, die von der Sonne einseitig Energie aufnehmen. Die Stoffkreisläufe in einem Ö. sind ausgeglichen, so daß sich ein ↑Fließgleichgewicht einstellt, indem sich z. B. die Konzentration der beiden an der Photosynthese der Pflanzen beteiligten Gase Kohlendioxid und Sauerstoff langfristig nicht ändert.

Oktopoden svw. ↑Kraken.

Okulieren ↑Veredlung.

oligotroph: O. nennt man Gewässer und Böden, die arm an Nährstoffen sind. Pflanzen, die auf diesen Substraten leben können, heißen ebenfalls oligotroph (z. B. Bewohner von Dünen).

Oligozän: Die mittlere Epoche des Tertiärs in der Erdneuzeit; ↑Erdzeitalter.

Ölimmersion ↑Mikroskop.

Ölpest: Ausgelaufenes Öl breitet sich sehr schnell über große Flächen auf der Wasseroberfläche aus und beeinträchtigt den Gasaustausch sowie andere Lebensfunktionen des Biotops „Wasser“ erheblich. Innerhalb von ein bis zwei Wochen verfliegen die leichteren Bestandteile des Öls, die schwer flüchtigen Komponenten bilden mit dem Meerwasser eine zähe, braune Brühe, die nach einigen Wochen entweder auf den Meeresgrund absinkt oder als Teerklumpen zu den Stränden treibt.
Chemische Verfahren, diese Ö. durch Dispersionsmittel zum Absinken zu bringen, sind sehr umstritten, da sie besonders in flachen Küstengewässern möglicherweise die Organismen des Meeresbodens vergiften.

Ommatidien: Die Einzelaugen des ↑Facettenauges.

Omnivoren svw. ↑Allesfresser.

Onanie svw. ↑Selbstbefriedigung.

Ontogenese (Ontogenie, Individualentwicklung): Die gesamte Entwicklung eines Individuums. Sie reicht von der befruchteten (bei der Parthenogenese auch unbefruchteten) ↑Eizelle über die ↑Keimesentwicklung, das Heranwachsen zum fortpflanzungsfähigen Alter, das Altern bis hin zum Tod des Individuums.

Oogamie: O. nennt man die bei den meisten Lebewesen vorkommende Art der ↑geschlechtlichen Fortpflanzung, bei der der weibliche Gamet eine unbewegliche Eizelle ist und der männliche Gamet ein beweglicher „Schwärmer“ (Spermatozoid, Spermium).

Oogenese svw. ↑Eireifung.

Oogonien:

◊ Bei *Pflanzen:* ↑Gametangien, in denen Lagerpflanzen mit geschlechtlicher Fortpflanzung und ↑Oogamie die Eizellen entwickeln.

◊ Bei *Tieren:* Während der Embryonalentwicklung werden in den Eierstöcken die Ureizellen oder O. gebildet, von denen bei der geschlechtsreifen Frau etwa alle 27 Tage eine zur Eizelle reift. – ↑auch Urkeimzellen.

Operon: Ein O. ist eine Einheit aus Operator und den durch ihn gesteuerten Strukturgenen; ↑Gene.

Opiate: Die im ↑Opium enthaltenen ↑Alkaloide, die gereinigt als Arzneimittel verwendet werden; z. B. ↑Morphin, ↑Heroin, ↑Kodein und Papaverin. Sie werden oft als ↑Rauschgifte mißbraucht.

Opium: Der getrocknete, geknetete Milchsaft, der aus den angeritzten, unreifen Kapseln des Schlafmohns gewonnen wird, enthält zahlreiche ↑Alkaloide, die medizinisch in gereinigter Form als ↑Opiate verwendet werden.

Orang-Utan: Unter den ↑Menschenaffen ein typischer Schwingkletterer von 1,25–1,50 m Größe und bis 100 kg (♂) bzw. 40 kg (♀) Gewicht; mit langem, dichtem, rötlichem bis dunkel- oder hellbraunem Fell; das Gesicht ist fast nackt. Alte Männchen haben oft einen ausgeprägten Bart. Der O.-U. ist ein in Familienverbänden oder einzeln lebender Waldbewohner, der sich von Früchten, Blättern und Knospen ernährt.

Orchideen: Die O. stellen eine der größten Pflanzenfamilien mit rund 20000 Arten in über 600 Gattungen. Sie kommen überwiegend in den Tropen und Subtropen der Alten und Neuen Welt vor. Es sind einkeimblättrige, ausdauernde Stauden, die in den Tropen meist als ↑Epiphyten, in Mitteleuropa oft als ↑Saprophyten leben. Die *epiphytischen O.* haben um die Luftwurzeln einen Mantel aus toten, mit großen Poren versehenen Zellen *(Velamen).* Damit nehmen sie das Niederschlagswasser und die darin gelösten Nährstoffe auf.
O. haben längliche, oft fleischige oder ledrige Blätter und z. T. prächtig gefärbte, kompliziert gebaute Blüten. Diese stehen einzeln oder in ährigen oder traubigen Blütenständen. Die Bestäubung erfolgt durch Insekten.
Die Vermehrung von O. erfolgt durch sehr kleine Samen ohne Nährgewebe. Eine Fruchtkapsel enthält mehrere Millionen Samen. Die Embryonen sind nur dann entwicklungsfähig, wenn bestimmte Mykorrhizapilze anwesend sind. Die gärtnerische Kultur erfolgt in *Orchideenhäusern.*
Bekannte Gattungen der O. sind Frauenschuh, Helmstendel, Kammlippe, Knabenkraut, Ragwurz und als Nutzpflanze die Vanille. Die O. sind wegen ihrer Blüten sehr beliebte Schnittblumen. Alle einheimischen Arten stehen unter Naturschutz.

Ordnung: In der Biologie ist die O. eine systematische Einheit, die verwandte Tier- oder Pflanzenfamilien zusammenfaßt. – ↑auch Systematik.

Ordovizium: Der zweite Abschnitt (Formation) im Erdaltertum; ↑Erdzeitalter.

Organe: Als O. bezeichnet man bei ↑Vielzellern bestimmte Körperteile, die durch ihre spezifische Funktion, durch entsprechende Morphologie und zellige Feinstruktur gekennzeichnet sind. Als Beispiele seien für Mensch und Tier angeführt: Muskeln, Lunge, Kiemen, Nieren, Augen; für Pflanzen: Wurzeln, Blätter und Blüte. Im Unterschied zu den ↑Organellen bauen sich alle O. aus vielen Zellen auf, wobei es zur Bildung von ↑Geweben kommt.
Man unterscheidet *vegetative O.,* die im Dienste der Ernährung, Ausscheidung und Fortpflanzung stehen, von *animalischen Organen* (Sinnesorgane, Bewegungs- und Nervensystem). – *Rudimentäre O.* sind solche, die in ihrer Anlage funktionslos verharren (z. B. Zehenreste beim Pferd, Beckengürtel bei Schlangen).

Organellen: Diese Dauerstrukturen in Zellen bzw. einzelligen Organismen haben ganz bestimmte Aufgaben zu erfüllen. Sie sind den ↑Organen von vielzelligen Pflanzen und Tieren analog. Durch eine Membran abgegrenzte O. sind z. B. Zellkern (↑Zelle), ↑Mitochondrien, ↑Plastiden. Offene O. sind v. a. ↑endoplasmatisches Retikulum und ↑Golgi-Apparat.

Organismen: Als O. versteht man alle Lebewesen, die durch funktionelles Zusammenspiel ihrer ↑Organe bzw. ↑Organellen Lebenserscheinungen wie Ernährung, Wachstum, Fortpflanzung und Reizbarkeit zeigen. Sie stehen mit ihrer Umwelt in engster Beziehung und vermögen sich ihr durch ↑Selektion anzupassen. – Früher verstand man als Organismen nur vielzellige Lebewesen (↑Vielzeller), denen man heute die ↑Mikroorganismen als Einzeller entgegensetzt.

Die Einzahl *Organismus* wird im Sinne von „Gesamtsystem der eine funktionelle Einheit bildenden Organe des lebenden Körpers" gebraucht.

Orgasmus: Höhepunkt der geschlechtlichen Erregung bei Mann und Frau. Der Mann erreicht den O. relativ schnell und hat dabei gewöhnlich einen ↑Samenerguß. Die Frau kommt nur viel langsamer zum Höhepunkt; ohne Liebkosungen vor dem Geschlechtsakt erreicht sie ihn u. U. überhaupt nicht.

Besonders beglückend ist der O., wenn ihn beide Partner zugleich erleben. Sie müssen dazu aufeinander eingehen und dürfen nicht nur die eigene Befriedigung suchen. Weil die Erregung bei der Frau nur sehr allmählich abklingt, sollten die Partner auch nach einem O. Zärtlichkeiten austauschen.

Orientierung: Mit Hilfe ihrer Sinnesorgane sind Tiere (auch der Mensch) in der Lage, auf verschiedene Reize aus der Umwelt hin Orte mit günstigen Lebensbedingungen ausfindig zu machen.

Die Reaktionen *festsitzender Tiere* auf solche Reize beschränken sich auf ein gerichtetes Wachstum (ähnlich den ↑Tropismen der Pflanzen).

Einige *freibewegliche Tiere* bewegen sich in einem günstigen Milieu nur langsam, während sie umgekehrt in ungünstiger Umgebung heftige, allerdings ungerichtete Bewegungen ausführen. Aber auch solche *Kinesen* führen schließlich zu einer Ansammlung von Tieren in einem günstigen Milieu. Bei höheren Tieren mit gut entwickelten Sinnesorganen überwiegen die ↑*Taxien,* die eine Beziehung zur Reizquelle erkennen lassen.

In erster Linie hängt die Präzision der O. von der Leistungsfähigkeit der Sinnesorgane ab. So kann der Mensch z. B. mit Hilfe des ↑Gleichgewichtsorgans ortsunabhängig den Bewegungszustand sowie die Lage im Raum (oben und unten) „erkennen". Mit den Augen hingegen werden diese Größen gleichzeitig in Beziehung zur Umwelt gesehen, darüber hinaus lenken die Augen unsere Bewegungen auf ein bestimmtes Ziel hin.

Viele einfache, aber auch einige kompliziertere (z. B. ↑Bienensprache, Echolotpeilung der Fledermäuse) Orientierungsvorgänge werden heute gut verstanden. Bei anderen Orientierungen, meist Fernorientierungen, weiß man bis heute nicht, wie sie zustande kommen (z. B. Vogelzug, Laichwanderungen der Lachse).

Ornithologie (Vogelkunde): Dieses Spezialgebiet der Zoologie (↑Biologie) erforscht Bau, Lebensweise, Verhalten und Verwandtschaft der Vögel.

Orthosympathikus ↑vegetatives Nervensystem.

Osmose: Als O. bezeichnet man eine einseitig verlaufende Diffusion durch eine semipermeable (halbdurchlässige) Membran. Ein solcher Diffusionsvorgang tritt immer auf, wenn zwei Lösungen unterschiedlicher Konzentration durch eine semipermeable Membran getrennt sind und durch diese nur die kleineren Moleküle (z. B. die Moleküle des Lösungsmittels) hindurchtreten können, während die größeren (z. B. die Moleküle oder Ionen des gelösten Stoffs) zurückgehalten werden. Durch das Bestreben, eine statistische Gleichverteilung der gelösten Teilchen in beiden Lösungen zu erreichen, diffundieren mehr Lösungsmittelmoleküle in die stärker konzentrierte Lösung als umgekehrt. Die höher konzentrier-

te Lösung wird daher so lange verdünnt, bis gleich viele Lösungsmittelmoleküle in beide Richtungen diffundieren *(dynamisches Gleichgewicht)*. Wegen der trennenden Membran kommt es nicht zu einem Konzentrationsausgleich. Das wird besonders deutlich, wenn sich auf der einen Seite der Membran das reine Lösungsmittel befindet. Dahinein können die Moleküle des gelösten Stoffs wegen ihrer Größe nicht gelangen.
Die in Lösung befindlichen Moleküle üben auf die für sie undurchlässige Membran einen Druck aus, der wie bei Gasmolekülen als Summe der einzelnen Stöße auf die Wand verstanden werden kann. Man nennt ihn den *osmotischen Druck*. Dieser osmotische Druck verringert sich durch das Eindringen der Lösungsmittelmoleküle (Volumenzunahme), weil die Zahl der Stöße pro Zeiteinheit durch die Verlängerung der Diffusionswege kleiner wird. Da in jeder Lösung, auch bei nicht vorhandener Membran, die gelösten Moleküle durch ihre Stöße auf die Gefäßwand einen Druck erzeugen, kann man jeder Lösung einen osmotischen Wert zuordnen, der ihrer Konzentration proportional ist.
Bei der O. kann man auch von einem Sog sprechen; man meint damit die Druckdifferenz zwischen dem herrschenden osmotischen Druck der Lösung und dem hydrostatischen Druck der osmotischen Zelle, der durch das Hineindiffundieren des Lösungsmittels ständig erhöht wird. Wenn der *hydrostatische Druck (Wanddruck)* dem osmotischen Druck gleich ist, ist das dynamische Gleichgewicht erreicht.
O. spielt eine große Rolle in den pflanzlichen Zellen mit Zellvakuolen, wobei das Plasma als semipermeable Membran aufgefaßt werden kann.

Ösophagus svw. ↑Speiseröhre.

Ossein: Die Grundsubstanz der ↑Knochen. Sie besteht aus dem Gerüsteiweiß Kollagen. O. ist bei Erwärmung wasserlöslich und quillt daher beim Kochen auf.

Osteoblasten svw. Knochenbildungszellen (↑Knochen).

Osteoklasten svw. Knochenbrecherzellen (↑Knochen).

Östradiol ↑Östrogene.

Östrogene: Die Ö. gehören zu den sog. Steroidhormonen unter den ↑Geschlechtshormonen. Ihr Strukturelement ist das *Östran*. Die wichtigsten Ö. sind *Östradiol, Östron* und *Östriol*.
Die Ö. werden in den ↑Follikeln und im ↑Gelbkörper sowie in der Nebennierenrinde synthetisiert. Sie kommen bei beiden Geschlechtern vor. Vor der Geschlechtsreife bewirken sie die Entwicklung der weiblichen Geschlechtsorgane und der sekundären ↑Geschlechtsmerkmale. Bei geschlechtsreifen Frauen bewirken sie die Wucherung der Gebärmutterschleimhaut (↑Menstruation) und die Aufrechterhaltung der Schwangerschaft, wobei gleichzeitig in einem Rückkopplungssystem (↑Regelkreis) die Produktion von Gonadotropinen und luteinisierendem Hormon aus der Hypophyse gehemmt wird.

Östrus svw. ↑Brunst.

ovales Fenster: Eine elastische Membran zwischen der Paukenhöhle und dem Vorhof des Innenohrs, die durch Schwingungen des Steigbügels (Mittelohr) in Schwingung gerät und den Schall auf die Flüssigkeit im Innenohr überträgt; ↑Ohr.

Ovarialhormone: Als O. werden diejenigen ↑Geschlechtshormone bezeichnet, die im Eierstock (Ovarium) gebildet werden; z. B. die Follikel- und Gelbkörperhormone.

Ovarium svw. ↑Eierstock.

Oviparie: Die Ablage von einzelligen, unentwickelten Eiern. Die Befruchtung der Eier erfolgt entweder außerhalb des mütterlichen Körpers (viele Fische, Lurche) oder während der Eiablage, z. B. durch gespeicherte Samenzellen (Insekten, Spinnen). – Gegensatz: ↑Viviparie.

Ovoviviparie: Bei der O. verläuft die Eientwicklung teilweise oder ganz im mütterlichen Körper innerhalb der Eihüllen. Die Jungen schlüpfen entweder nach oder noch vor der Eiablage (z. B. bei Fischen, Lurchen, Eidechsen, Schlangen), oder die Eier müssen noch bebrütet werden (Vögel). – Gegensatz: ↑Viviparie. – ↑auch Oviparie.

Ovulation svw. ↑Follikelsprung.

Ovulationshemmer: Kombinationspräparate auf der Basis abgewandelter Geschlechtshormone, die die Frau zur ↑Empfängnisverhütung einnimmt.

Ovum svw. ↑Eizelle.

Oxalsäure: Einfachste Dicarbonsäure (COOH – COOH). Sie kommt als Kaliumhydrogenoxalat (Kleesalz) oder als Calciumoxalat in einigen Pflanzen (z. B. Sauerklee) und im Harn vor.
O. und ihre Salze sind starke Gifte. Bei *Oxalsäurevergiftung* stellen sich starke Schmerzen im Magen und Darm ein. Meist ist der Stuhl blutig. Es kommt zu Krämpfen. Der Puls ist schwach.

Oxytozin (Oxytocin): O. ist ein zyklisches Peptid des Hypophysenhinterlappens. Es ist kein eigentliches ↑Geschlechtshormon, hat jedoch große Bedeutung für das Einsetzen der Wehenkontraktionen der Gebärmutter und der Milchsekretion aus den Milchdrüsen nach der Geburt.

Oxyuren (Pfriemenschwänze): Die O. sind eine Gruppe parasitischer Fadenwürmer, zu der v. a. die ↑Madenwürmer gehören.

Ozellen: Diese einfachen ↑Augen bestehen aus einer oder mehreren Lichtsinneszellen, die teilweise von Pigmentzellen gegen seitlichen Lichteinfall geschützt sind (z. B. *Pigmentbecherozellen* der Lanzettfischchen und Strudelwürmer).

P

P: Abk. für Parentalgeneration (↑Elterngeneration).

Paarhufer (Paarzeher): Ordnung bis 4 m langer Säugetiere, die (mit Ausnahme der Flußpferde und im Gegensatz zu den ↑Unpaarhufern) mit zwei verlängerten Zehen (der dritten und vierten) auftreten. Deren Endglieder sind mit einer hufartigen Hornmasse *(Klaue)* umgeben.
P. sind meist in Herden lebende, zu Lauftieren spezialisierte Pflanzenfresser. Es gehören zu ihnen v. a. Wiederkäuer, Schweine, Flußpferde sowie die Kamele. – Die ersten P. traten vor rund 50 Mill. Jahren (Eozän) auf.

Paarung svw. ↑Begattung.

Paarzeher svw. ↑Paarhufer.

Pachytän: Drittes Stadium der ersten Prophase der ↑Meiose. Die homologen Chromosomen liegen aneinander. Sie sind verkürzt, und ein Längsspalt läßt 2 Stränge in jedem Chromosom erkennen.

Paläanthropologie: In der P. wird anhand fossiler Knochenfunde die Entwicklung des ↑Menschen im Verlaufe der Erdgeschichte untersucht.

Paläobotanik: Forscher, deren Spezialgebiet die P. ist, untersuchen die Fossilien von Pflanzen aus frühen erdgeschichtlichen Perioden. Zu diesen fossilen Pflanzenresten gehören nicht nur größere Objekte wie Blätter und Stämme, sondern auch Pollen und Sporen.
Aus diesen Arbeiten stammen unsere heutigen Kenntnisse über die stammesgeschichtliche Entwicklung der Pflanzen. Die P. ist ein Teilgebiet der ↑Paläontologie.

Paläolithikum (Altsteinzeit): Der ältere Hauptabschnitt der Steinzeit. – ↑auch Erdzeitalter.

Paläontologie: In der P. werden die versteinerten Reste von Tieren und Pflanzen aus früheren Erdzeitaltern untersucht. Daher ist die P. zumindest in die zwei Untergebiete ↑Paläobotanik und ↑Paläozoologie zu gliedern. Außerdem muß die Geologie einiges Wissen über die Prozesse der Versteinerung und die Gegebenheiten der Erdoberfläche in den fraglichen Zeitabschnitten beisteuern.
Das Hauptziel der P. ist es, Klarheit

über die stammesgeschichtliche Entwicklung der Lebewesen bis zu den heutigen Formen zu schaffen. Die Aufgabe der P. besteht im Aufsuchen, Beschreiben und Einordnen der Überreste. In den meisten Fällen bleiben nur die harten Teile wie Knochen oder Schalen bestehen. Manchmal sind durch nachträgliche Ablagerungen auch von Weichteilen Abdrücke zu finden. Nur wenn eine Leiche sofort in konservierende Substanzen wie in Baumharz (Bernstein mit Insekten) oder Eis (Mammutkadaver in Sibirien) eingeschlossen wurde, sind relativ vollständige Lebewesen erhalten. Im Torf oder in Kohlelagern sind recht gut erhaltene verkohlte Pflanzenteile zu finden.

Paläophytikum: Das später als die Ära des Erdaltertums beginnende Altertum der Pflanzen; ↑Erdzeitalter.

Paläozän svw. ↑Paleozän.

Paläozoikum svw. Erdaltertum (↑Erdzeitalter).

Paläozoologie: Die P. ist ein Teilgebiet der ↑Paläontologie. Sie beschreibt und ordnet die fossilen Überreste von Tieren.

Paleozän (Paläozän): Die ältere Epoche des Tertiärs in der Erdneuzeit; ↑Erdzeitalter.

Palisadengewebe: Im typischen ↑Laubblatt liegt unter der Epidermis der Blattoberseite das P., das wegen seines hohen Gehalts an ↑Chlorophyll zum Assimilationsgewebe zu rechnen ist. Die länglichen Zellen stehen wie Pfähle nebeneinander *(Palisadenzellen),* senkrecht zur Blattfläche. So kann das von oben einfallende Licht von den zahlreichen Chloroplasten für die ↑Photosynthese am besten genutzt werden.

Palisadenzellen ↑Palisadengewebe.

Palmfarne: Die P. bilden eine Klasse der ↑Nacktsamer. Sie sind gekennzeichnet durch einen säulenartigen Stamm und durch Fiederblätter, die in einem Schopf schraubig angeordnet sind. Die zweihäusigen Blüten stehen in zapfenartigen Blütenständen.

P. sind seit Beginn des Mesozoikums fossil bekannt; sie erreichten in der Trias den Höhepunkt ihrer Entfaltung. Heute gibt es noch rund 200 Arten in den Tropen und Subtropen der Alten und Neuen Welt. Wegen ihres urtümlichen Baus zählen die P. zu den bekanntesten „lebenden Fossilien" im Pflanzenreich, die zwischen Farnen und Bedecktsamern vermitteln.

Palpen ↑Taster.

Panaschierung: Bei vielen Zierpflanzen (aber auch unter natürlichen Verhältnissen) findet man Pflanzen, deren Blätter nicht gänzlich grün sind, sondern mehr oder weniger ausgebreitete, manchmal regelmäßig geformte weiße Flächen zeigen. Neben Lichtmangel und Viruserkrankungen kommen auch Mutationen in den Chloroplasten als Ursache hierfür in Frage. Dies zeigt, daß es bei Pflanzen auch Erbfaktoren gibt, die nicht in Chromosomen lokalisiert sind und daher anderen genetischen Verteilungsregeln folgen (↑Vererbung).

Pandemie ↑Epidemie.

Pankreas svw. ↑Bauchspeicheldrüse.

Pansen: Der erste, sehr große Teil des ↑Wiederkäuermagens.

Pantoffeltierchen (Paramecium, Paramaecium): Unter den ↑Protozoen sind die P. recht interessante Studienobjekte. Es sind mikroskopisch kleine, einzellige, ovale bis pantoffelförmige ↑Wimpertierchen, von denen mehrere Arten in stark eutrophierten (= mit organischen Substanzen angereicherten) stehenden Süßgewässern vorkommen. Der häufigste Bewohner von Heuaufgüssen (↑Aufgußtierchen) ist *Paramecium caudatum,* das bis zu 0,3 mm lang werden kann. Es ist ringsherum von vielen ↑Wimpern umgeben, die der ↑Fortbewegung dienen. An einer Seite findet sich ein trichterförmiges Mundfeld *(Peristomfeld),* dessen unteres (inneres) Ende einen Zellmund *(Zytostom)* als Öffnung in ihrer ↑Pellikula aufweist. Die auf dem Mundfeld befindlichen Wimpern sorgen für einen „Nahrungsstrom", aus dem der Zellmund Mikroorganismen (v. a. Bakterien) aufnimmt.

Um die aufgenommene Nahrung bildet sich eine *Nahrungsvakuole,* in der

die Verdauung vor sich geht. Dabei wandert die Nahrungsvakuole vom Zellmund durch die Zelle und scheidet in der Nähe des anderen Pols die unverdaulichen Nahrungsreste aus, worauf die Nahrungsvakuole verschwindet.
Ein weiteres Organell ist die ↑*pulsierende Vakuole.*
In der Mitte des Zelleibs liegen der nierenförmige, Stoffwechselprozesse steuernde Großkern (Makronukleus) und der generative Kleinkern (Mikronukleus). Meist teilen sich P. ungeschlechtlich durch Querteilung; die geschlechtliche Fortpflanzung erfolgt durch ↑Konjugation.

Papageien: Die P. bilden eine Familie etwa 0,1–1 m langer Vögel, die vorwiegend in Wäldern und Feldern der alt- und neuweltlichen Tropen und Subtropen vorkommen. Sie sind im allgemeinen gekennzeichnet durch buntes Gefieder und einen hakigen, aktiv am Nasenbein beweglichen Oberschnabel, der nicht nur zum Öffnen harter Früchte und Samen, sondern auch zum Klettern auf Bäumen benutzt wird. Dem Klettern dienen auch die Greiffüße, denen zudem noch eine weitere funktionelle Bedeutung zukommt (Ergreifen und Festhalten der Nahrung). P. sind meist Höhlenbrüter, die 1–10 weiße Eier ablegen. Die Jungvögel (↑Nesthocker) werden mit Nahrung gefüttert, die vorher im Kropf der Elterntiere aufgeweicht und enzymatisch aufbereitet wurde.
Nach dem Verhalten und der Entwicklung des Gehirns gehören die P. zu den höchstentwickelten Vögeln. Ihr Stimmorgan befähigt sie zu außerordentlich modulationsfähigen Lautäußerungen, die bei einigen Arten (z. B. beim *Graupapagei* oder *Jako*) zum Nachsprechen von ganzen Sätzen führen können.
Die P. bilden nach der Brut vielfach große Schwärme, die an Nutzpflanzen schädlich werden können.
Zu den größten P. gehören *Aras* und *Kakadus,* kleinere bis kleine Formen bilden *Loris* und *Sittiche* (letztere besonders bekannt durch die in Zoogeschäften häufig angebotenen Vertreter *Wellensittich* und *Nymphensittich*).

Papillarleisten ↑Hautleistenmuster.

Papillen: Als P. bezeichnet man anatomische Vorsprünge, Erhebungen oder Fortsätze verschiedener Art. Die Lederhaut z. B. ragt mit zapfen- oder leistenförmigen P. in die Oberhaut (↑Haut).

Paralyse ↑Lähmung.

Paramecium (Paramaecium) svw. ↑Pantoffeltierchen.

Parasiten (Schmarotzer): Als P. bezeichnet man Organismen, die ihre Nahrung anderen Organismen entnehmen und sich vorübergehend oder dauernd an oder in deren Körper aufhalten. *Parasitismus* ist im Pflanzen- und Tierreich weit verbreitet. Beispiele für pflanzliche P. sind die Mehltaupilze, die Rost- und Brandpilze, die an Kulturpflanzen große Schäden hervorrufen. Auch viele Bakterien gehören hierher, deren schädliche Wirkung weniger auf der Wegnahme von Nahrung beim Wirt als vielmehr auf der Abscheidung giftiger Stoffwechselprodukte (Toxine) beruht. Auch höhere Pflanzen sind als P. bekannt, wie z. B. die vollparasitische Orchidee Sommerwurz, die meist die Wurzeln ihrer Wirtspflanze anzapft, oder die Kleeseide, die schon kurz nach der Keimung einen Wirt findet (↑Vollschmarotzer, ↑Halbschmarotzer).
Man unterscheidet *Ektoparasiten,* die auf der Körperoberfläche des Wirts leben, und *Endoparasiten,* die im Innern des Wirts (z. B. in Darm, Muskel, Leibeshöhle) leben. Zu den ersteren zählt man die Flöhe, Bettwanzen, Läuse, Zecken, die bei Säugern und beim Menschen Blut saugen und dabei oft Krankheiten übertragen. Zur zweiten Gruppe rechnet man die *Blutparasiten* (z. B. die Malariaerreger und die Erreger der Schlafkrankheit), die durch blutsaugende Insekten übertragen werden. Auch der Erreger der Syphilis, Treponema pallidum, gehört zu den Blutparasiten. Im Darm des Menschen findet man als P. Einzeller und Würmer (z. B. Entamoeba als Erreger der Amöbenruhr; die Spul- und Bandwür-

mer, die sich vom Darminhalt ernähren). *Muskelparasiten* sind z. B. Trichinen und die Finnen als Zwischenstadium der ↑ Bandwürmer.
In den allermeisten Fällen ist ein Parasit ganz spezifisch an ein ganz bestimmtes *Wirtstier* oder eine *Wirtspflanze* gebunden, die häufig durch eine Massenvermehrung des Parasiten absterben (meist bei Blutparasiten).
Es gibt aber auch P., deren vollständige Entwicklung nur durch einen oder mehrere *Wirtswechsel* möglich ist, z. B. bei den Bandwürmern.
Die meisten P. zeigen auf Grund ihrer Lebensweise ähnliche Anpassungserscheinungen, wie z. B. Rückbildung des Bewegungsapparats und der Sinnesorgane, Verlust der Pigmentierung, Rückbildung der Mundwerkzeuge und des Verdauungsapparats (v. a. bei Darm- und Blutparasiten). Die Erhaltung der Art wird durch eine große Eizahl (Spulwurm ca. 50 Millionen), durch vegetativ sich vermehrende Larvenstadien (Hundebandwurm) oder Zwittrigkeit (Bandwürmer) gesichert.

Parasympathikus (parasympathisches System): Der P. stellt ein Untersystem des autonomen oder ↑ vegetativen Nervensystems dar.

Parathormon (parathyreoidales Hormon): P. wird in der Nebenschilddrüse sezerniert. Es hält den Blutcalciumspiegel konstant, indem es bei Bedarf Ca^{2+}-Ionen aus den Knochen mobilisiert. Sein Gegenspieler ist das Calcitonin der ↑ Schilddrüse.

Paratyphus: Der P. ist dem ↑ Typhus in mancher Beziehung ähnlich. Die Erreger, die durch infiziertes Wasser oder infizierte Nahrungsmittel übertragen werden, gehören ebenfalls zu den Salmonellen, sie bewirken jedoch die Bildung anderer ↑ Antikörper.
Unbehandelt beginnt P. meist stürmischer, verläuft aber harmloser als Typhus. Der Salz-Wasser-Verlust nach Erbrechen und Durchfall führt besonders bei Kindern schnell zu schweren Stoffwechselstörungen und Kreislaufbeschwerden.
Das Antibiotikum Chloramphenikol ist gegen P. wirksam.

Parazoen (Parazoa) svw. ↑ Schwämme.

Pärchenegel ↑ Saugwürmer.

Parenchym:
◊ Bei *Pflanzen* ist das P. das *Grundgewebe*. Es ist ein ↑ Dauergewebe aus lebenden, wenig differenzierten Zellen, in dem die wichtigsten Stoffwechselprozesse ablaufen und das den krautigen Pflanzen ihre Festigkeit verleiht. Häufig liegen im Pflanzenparenchym ausgedehnte Interzellularräume. Zu diesem pflanzlichen Grundgewebe gehört v. a. das Assimilationsgewebe der Blätter (↑ Laubblatt).
◊ Bei *Tieren* und beim *Menschen* wird das Gewebe, das für ein kompakteres, keine größeren Hohlräume aufweisendes Organ spezifisch ist, P. genannt (z. B. Leberparenchym).
◊ Bei bestimmten *Würmern* ist die primäre Leibeshöhle zwischen Darm und Körperwand von einem *Körperparenchym* erfüllt.

Parentalgeneration svw. ↑ Elterngeneration.

Parodontose: Der nichtentzündliche Schwund des Zahnhalteapparates heißt P., die entzündliche Erkrankungsform *Parodontitis*. Meist entwikkeln sich beide Formen nebeneinander.
Als äußere Ursachen kommen Überbelastung einzelner Zähne oder Zahngruppen, etwa im Lückengebiß, Zähneknirschen und Aufeinanderpressen der Zähne oder Zahnstein und Zahnbelag (v. a. bei Entzündungen) in Betracht. Zu den inneren Faktoren zählen angeborene Bindegewebsschwäche, Stoffwechselerkrankungen, wie z. B. die Zuckerkrankheit, Durchblutungsstörungen und langdauernder Vitaminmangel.
Bei beiden Erkrankungen lockern sich schließlich die Zähne und fallen aus. Meist führen gründliche Zahnreinigung, Zahnfleischmassagen und medikamentöse Zahnfleischbehandlungen zum Abklingen der laufenden Entzündungen. Für einen dauerhaften Erfolg, v. a. wenn die Ersterkrankung P. war, müssen die auslösenden Faktoren beseitigt werden.

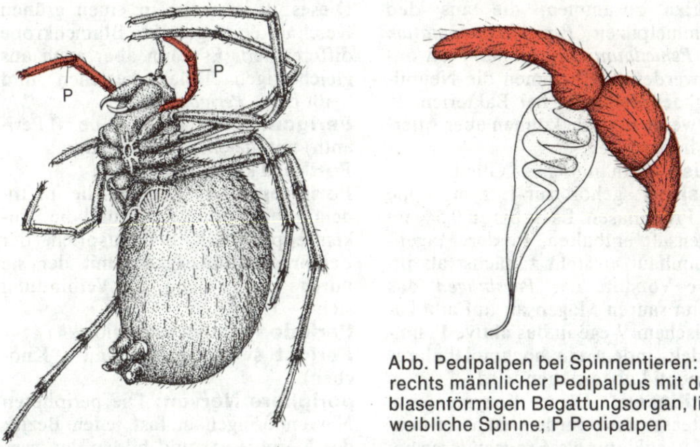

Abb. Pedipalpen bei Spinnentieren: rechts männlicher Pedipalpus mit dem blasenförmigen Begattungsorgan, links weibliche Spinne; P Pedipalpen

Parthenogenese svw. ↑Jungfernzeugung.

Paßgang ↑Gangarten.

Pasteurisieren: Empfindliche Nahrungsmittel kann man durch Teilentkeimung für längere Zeit haltbar machen, indem man durch Erhitzen auf 60–80 °C während 5–10 Minuten die vegetativen Formen (nicht die Sporen) der Mikroorganismen abtötet. Dieses Verfahren stammt von L. Pasteur.

Patellarsehnenreflex svw. ↑Kniesehnenreflex.

Pathologie: Meist wird die *pathologische Anatomie* kurz als P. bezeichnet. Ihre Aufgabe ist die Erforschung und Beschreibung von Veränderungen, die erkrankte Organe und Gewebe gegenüber gesunden zeigen. Die Untersuchungen, die in der Regel erst nach dem Tod durchgeführt werden können, klären das Ausmaß und die Schwere von Schädigungen durch eine bestimmte Krankheit. In Zweifelsfällen wird auf diesem Wege durch den Pathologen die maßgebliche Todesursache festgestellt.

Paukenhöhle: Hohlraumsystem des Mittelohrs, in dem die drei ↑Gehörknöchelchen die Schalleitung zwischen Trommelfell und Innenohr gewährleisten. Die P. steht durch die ↑Eustachi-Röhre mit der Mundhöhle in Verbindung. – ↑auch Ohr.

Pedipalpen: Fühlerlose (eine Gruppe der Gliederfüßer) haben das zweite Paar der Extremitäten, die P., für unterschiedliche Aufgaben abgewandelt. Bei Schwertschwänzen sind sie Laufbeine, bei Webspinnen Taster, bei Spinnenmännchen auch Begattungsorgan (s. auch Abb.), bei Skorpionen große Scheren.

Pekingmensch (Homo erectus pekinensis) ↑Mensch.

Pektine: Die P. sind hochmolekulare Polyuronide. Sie sind aus 20–100 Glucuronsäuremolekülen aufgebaut, die teilweise oder ganz mit Methanol verestert sind. Dabei sind die einzelnen Ketten untereinander vernetzt, indem zwei Carboxylgruppen durch Ca^{++}-Ionen verbunden sind.
P. sind im Pflanzenreich weit verbreitet und sind der Hauptbestandteil der Mittellamelle (Trennschicht zwischen zwei ↑Zellen). Wegen ihres ausgeprägten Geliervermögens finden die P. in der Lebensmittelindustrie vielfache Verwendung.

Pelagial ↑Gewässerregionen.

Pellikula: Manche Einzeller besitzen eine feste, formbeständige Zellhülle, die Pellikula. Sie behindert u. U. den Stoffaustausch oder läßt ihn nur an bestimmten Poren zu.

Penicilline (Penizilline): Unter der Bez. P. faßt man eine Gruppe der ↑Antibiotika zusammen, die aus den Schimmelpilzen *Penicillium notatum* und *Penicillium chrysogenium* gewonnen werden. Sie hemmen die Neubildung der Zellwand bei Bakterien. P. sind wenig toxisch, können aber Allergien hervorrufen.

Penis svw. männliches ↑Glied.

Pepsin: P. gehört zur Enzymgruppe der ↑Proteinasen. Es ist bis zu 0,5% im Magensaft enthalten. In der Magenschleimhaut entsteht zunächst als inaktive Vorstufe das *Pepsinogen,* das sich im sauren Magensaft auf autokatalytischem Wege in das aktive P. umwandelt, indem ein hochmolekulares Polypeptid abgespalten wird.

Peptidasen: Diese Enzyme sind ↑Proteasen und werden nach der neuen Nomenklatur als *Exopeptidasen* bezeichnet, da sie die Peptidkette stets vom Ende her aufspalten. Die Exopeptidasen wirken vorzugsweise auf niedere Peptide. Die bekannteste Peptidase, das *Erepsin,* ist in Wirklichkeit ein Gemisch aus verschiedenen Peptidasen.

Innerhalb der Exopeptidasen unterscheidet man zwischen den *Carboxypeptidasen,* die von den Proteinen die endständigen Aminosäuren abspalten, den *Aminopeptidasen* und den *Dipeptidasen,* die nur Dipeptide spalten.

Die wesentlichsten P. sind in den Verdauungsorganen der Tiere und des Menschen zu finden.

Peptide: Verbindungen aus zwei oder mehreren ↑Aminosäuren, die über die Peptidbindung miteinander verbunden sind. Je nach der Zahl der verknüpften Aminosäuren bezeichnet man sie als Di-, Tri-, Tetrapeptide usw. *Polypeptide* besitzen etwa 80–100 Aminosäurereste; noch höhermolekulare Verbindungen sind Proteine (↑Eiweiße).

perennierende Pflanzen svw. ↑ausdauernde Pflanzen.

Perianth: Bei den Bedecktsamern sind die der Fortpflanzung dienenden Blütenteile (Staubblätter und Fruchtknoten) von einer *Blütenhülle* geschützt, deren lebhafte Färbung die bestäubenden Insekten anlocken soll. Dieses P. ist meist in einen grünen Kelch und eine gefärbte Blumenkrone differenziert. Es kann aber auch aus gleichartigen Teilen bestehen und heißt dann *Perigon* (Tulpe).

Perigon: Eine Blütenhülle (↑Perianth) mit gleichartigen Gliedern.

Perikard svw. ↑Herzbeutel.

Perilymphe: Flüssigkeit, die im Innenohr die Vorhoftreppe und die Paukentreppe erfüllt. Sie entspricht der Zerebrospinalflüssigkeit, mit der sie durch einen Gang in Verbindung steht. – ↑auch Ohr.

Periode svw. ↑Menstruation.

Periost svw. Knochenhaut (↑Knochen).

periphere Nerven: Die peripheren Nerven dringen in fast jeden Bezirk des Körpers vor und bilden das *periphere Nervensystem.* Die afferenten Fasern bringen Erregungen von sensiblen Endstellen zum Rückenmark und Gehirn, efferente Fasern leiten sie vom Zentralnervensystem zu den Muskeln und Drüsen.

Zum peripheren Nervensystem gehören auch die Ganglien, in denen die Zellkörper der peripheren Nerven liegen. Typische paarige Spinalganglien sind im Bereich jedes Rückenmarksegments vorhanden und stehen durch eine ventrale Wurzel (aus motorischen Fasern) und eine dorsale Wurzel (aus sensiblen Fasern) mit dem Rückenmark in Verbindung.

Die beiden Wurzeln vereinigen sich bei den meisten Wirbeltieren zum *Spinalnerv,* der sich sofort wieder in einzelne Äste aufspaltet. Der Spinalnerv und seine Hauptäste sind gemischte Nerven, d.h., sie enthalten efferente und afferente Fasern.

In den Extremitäten kommt es zu komplizierten Geflechten, so daß die Skelettmuskeln von mehreren peripheren Nerven versorgt werden können.

Peristaltik: Unter P. versteht man das wellenförmige Sichzusammenziehen der glatten Muskulatur in den Wänden röhrenförmiger Hohlorgane, wodurch deren Inhalt transportiert oder durchmischt wird. Die P. wird durch das vegetative Nervensystem gesteuert. Beispiele: Die Speiseröhre transportiert Speise, der Darm Speisebrei, der Harnleiter Harn. – Die *peristaltischen Bewegungen* (↑Fortbewegung) mancher wurmförmiger Tiere beruhen auf willkürlichen Muskelbewegungen.

Peristomfeld ↑Pantoffeltierchen.

peritrich: Peritrich begeißelt nennt man Bakterien, wenn sie mehrere einzelne Geißeln über ihre Zelloberfläche verteilt aufweisen; im Unterschied zu den am einen Zellpol mit einem Geißelbüschel ausgestatteten und damit *lophotrich* begeißelten Bakterien. Geißelbüschel an beiden Zellpolen finden sich bei den Bakterien mit *amphitricher* Begeißelung.

Perm: Die jüngste Formation des Paläozoikums (Erdaltertum); ↑Erdzeitalter.

Permeabilität: P. bedeutet Durchlässigkeit von Membranen für Stoffe (meist Ionen und Moleküle); ↑Osmose.

Perzeption: Die Aufnahme von ↑Reizen und ihre Umsetzung in die Erregung durch die pflanzliche und tierische (auch die menschliche) Zelle bzw. die Sinnesorgane.

Pessar: Von der Frau anzuwendendes mechanisches Mittel zur ↑Empfängnisverhütung.

Pestizide: Chemische Stoffe zur ↑Schädlingsbekämpfung.

Petting: Als P. bezeichnet man eine sexuelle, meist bis zum Orgasmus betriebene Stimulierung, bei der (im Unterschied zum ↑Necking) auch die Geschlechtsorgane beteiligt sind. Der eigentliche ↑Geschlechtsverkehr wird beim P. vermieden.

Pferde (Einhufer): Als P. bezeichnet man in der Systematik eine Familie großer, in Steppen und Savannen verbreitet vorkommender ↑Unpaarhufer, zu denen auch Zebras und Esel gehören.

P. sind schnellaufende, hochbeinige, grasfressende Säugetiere, bei denen die dritte (also mittlere) Zehe der Vorder- und Hinterbeine stark verlängert ist, während die übrigen Zehen völlig oder teilweise rückgebildet sind.

Die P. haben sich vor rund 60 Millionen Jahren aus einer etwa fuchsgroßen Stammform in Amerika *(Eohippus)* entwickelt. Sie waren zunächst waldbewohnende Laubfresser und wurden später Grasfresser der offenen Landschaften. Vor rund 2,5 Millionen Jahren (Ende des Pliozäns) gelangte ein Seitenzweig nach Asien, wohingegen in Amerika alle P. nach der Eiszeit auf ungeklärte Weise ausstarben; in prähistorischer Zeit waren sie noch Zeitgenossen der Indianer. Von der Alten Welt gelangten die P. dann mit Seefahrern wieder nach Amerika.

Aus dem eurasiatischen Stamm der P. wurden die *Hauspferderassen* gezüchtet.

Pflanzen ↑Lebewesen.

Pflanzenfallen: Die Blüten oder Blätter mancher Pflanzen, der sog. *Fallenpflanzen,* sind mit besonderen Einrichtungen zum Fangen oder Gefangenhalten von Insekten und anderen Kleintieren ausgerüstet.

Die *Blütenfallen* dienen zur Sicherung der Bestäubung. Bei der *Schwalbenwurz* z.B., einer etwa meterhohen Staude, tragen die Staubbeutel über der Narbe sog. Klemmkörper. Gerät ein Insekt beim Nektarsaugen mit dem Rüssel oder den Beinen in diese Klemmkörper, so reißt es beim Versuch, sich zu befreien, diese mit den Pollinien heraus, womit die Bestäubung gesichert ist *(Klemmfallenblume).* Bei der *Osterluzei* befinden sich die Geschlechtsorgane der Pflanze in einer kesselförmigen Erweiterung, aus der das besuchende Insekt erst nach vollzogener Bestäubung entweichen kann *(Kesselfallenblume).*

Beim *Aronstab* ist der männliche und weibliche Organe tragende Kolben von einem tütenförmigen Hüllblatt umgeben, auf dessen Innenfläche das anfliegende Insekt wie auf einer Gleitbahn auf die Blütenanlage hinabrutscht *(Gleitfallenblume).*

Blattfallen sind bei den *fleischfressenden Pflanzen* angelegt, die die eingefangenen Insekten durch Absonderung bestimmter Sekrete verdauen und sich damit eine zusätzliche Stickstoff-

PFLANZENFALLEN

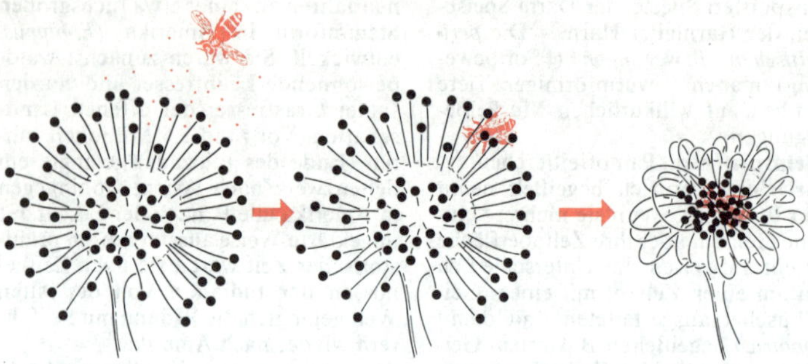

Abb. 1 Die Funktion der Fangeinrichtung beim Sonnentau

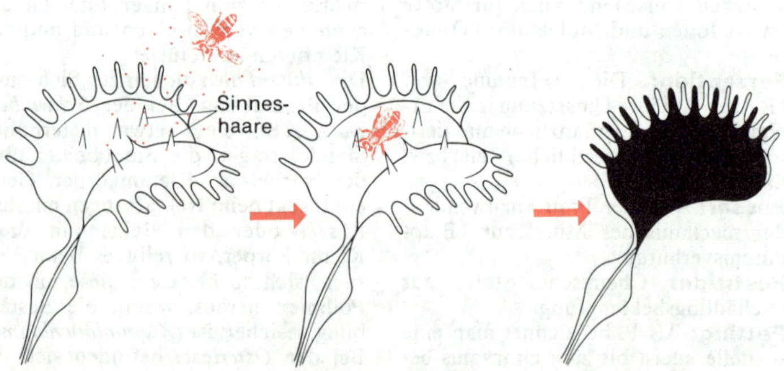

Abb. 2 Die Funktion der Fangeinrichtung bei der Venusfliegenfalle

quelle sichern. Diese Pflanzen finden sich daher bevorzugt auf nährstoffarmen, insbesondere stickstoffarmen Böden, z. B. Hochmooren. Nach der Beschaffenheit der Fangeinrichtungen spricht man dabei von Leimruten-, Klappfallen- und Fallgrubenfängern. Beim *Sonnentau* z. B. tragen die Blätter kleine, karminrote *Drüsenhaare* (Tentakel), die einen anlockenden, klebrigen Schleim absondern *(Leimrutenfänger)*. Insekten, die auffliegen, kleben fest und verfangen sich in den Tentakeln. Auf diesen Reiz hin krümmen sich diese über das Insekt, hüllen es ein und scheiden ein Verdauungssekret aus (vgl. Abb. 1).

Der v. a. in Moorkuhlen lebende *Wasserschlauch* mit leuchtend gelben Blüten weist an seinen unter Wasser befindlichen Blättern zahlreiche, etwa 2 mm große, nach innen gespannte *Fangblasen* auf. Eine mit Borsten besetzte Klappe am Ende des Bläschens öffnet sich bei Berührung durch ein Kleintier (z. B. Krebschen) nach innen *(Klappfallenfänger)*. Durch den im Bläschen herrschenden Unterdruck wird Wasser und mit diesem das Tier hineingesaugt und daraufhin die Klappe geschlossen. Die innere Blasenwand sondert Enzyme ab, und die Lösungsprodukte werden resorbiert.

Bei der seltenen, wurzellos frei zwischen Schilf schwimmenden *Wasserfalle* ist der 3–7 cm lange Stengel dicht mit Quirlen blasig aufgetriebener Blättchen besetzt. Ihr Fangmechanismus arbeitet analog dem Fangblasenmechanismus des Wasserschlauchs.

Bekannt ist die an feuchten, sandigen Grasplätzen gedeihende nordamerikanische *Venusfliegenfalle*. Bei ihr sind die Endteile der Blätter zu *Klappfallen* ausgebildet. Oberseits mit Verdauungsdrüsen versehene, seitlich gezähnte Blattspreitenhälften klappen bei Berührung durch ein Insekt so plötzlich zusammen, daß dieses keine Zeit zur Flucht findet. Daraufhin setzen Verdauung und Resorption ein (S. 358, Abb. 2).

Zu den *Fallgrubenfängern* zählt die in feuchten Urwäldern (v. a. SO-Asiens) sich an Bäumen hochrankende *Kannenpflanze*. Ihre Blattspreiten sind zu tütenförmigen, meist überdachten Fangorganen ausgebildet. Auf den glatten Innenwänden des Gebildes rutschen die vom Nektar und den leuchtenden Farben der Kannen angelockten Insekten ab, ertrinken in dem am Grund reichlich vorhandenen Verdauungssaft und werden verdaut.

Pflanzenfarbstoffe: Außer den an die Plastiden gebundenen *Blattfarbstoffen*, die großteils für die ↑Photosynthese verantwortlich sind, enthalten viele Pflanzen in verschiedenen Teilen farbige Substanzen, die z. T. schon im Altertum zur Färbung von Textilien und für Kosmetika verwendet wurden. Bekannt ist das Alizarin in den Wurzeln der *Krapp-Pflanze* (Rubia tinctorum), die früher wegen ihres roten Farbstoffs angebaut wurde.

Die *Indigopflanze,* bei der sich erst durch chemische Umsetzungen in den abgeschnittenen Teilen der blaue Farbstoff, das *Indigo,* entwickelt, hat durch die Erfindung des synthetischen Indigos heute keine wirtschaftliche Bedeutung mehr. Auch Hölzer können Farbstoffe bilden, wie z. B. *Blau-* oder *Campecheholz,* dessen roter Kern das Hämatoxylin bildet. – ↑auch Anthozyane, ↑Blütenfarbstoffe, ↑Karotinoide.

Pflanzenfresser (Phytophagen): Zu den Pflanzenfressern gehören alle Tiere, die sich vornehmlich von Pflanzen bzw. bestimmten Pflanzenteilen ernähren.

Viele Insekten sind *Pflanzenparasiten (Phytoparasiten)*. Im allgemeinen werden jedoch nur die Pflanzensäfte saugenden Insekten, z. B. die Blattläuse, als Pflanzenparasiten bezeichnet.

Durch Mikroorganismen in besonderen Bildungen ihres Magen-Darm-Kanals gelingt es vielen Pflanzenfressern auch die Zellulosezellwände der Pflanzen aufzuschließen und so mitzuverdauen. Häufig haben die P. einen besonders langen Darm.

Die hauptsächlich von krautigen oder grasartigen Pflanzen lebenden P., wie z. B. die Wiederkäuer, heißen *Herbivoren,* die Früchtefresser *Fruktivoren,* die Holzfresser *Xylophagen*. Daneben gibt es u. a. noch ausgesprochene Pilzfresser *(Myzetophagen)* sowie Algen- und Flechtenfresser.

Pflanzengallen ↑Gallen.

Pflanzengeographie: Die P. beschäftigt sich mit der Verbreitung der Pflanzen auf der Erde. Man unterscheidet 4 Teilgebiete: 1. die *floristische P.,* die sich mit der Verbreitung einzelner systematischer Pflanzeneinheiten befaßt; 2. die *soziologische P.* (↑Pflanzensoziologie), die ↑Pflanzengesellschaften untersucht; 3. die *ökologische P.,* die heute großteils aus diesem Komplex herausgelöst und der ↑Ökologie zugeordnet ist; 4. die *historische Pflanzengeographie* (Verbreitung der Pflanzen früherer erdgeschichtlicher Perioden).

Pflanzengesellschaft: Pflanzenarten, die ähnliche Ansprüche an Klima und Bodenbeschaffenheit stellen, leben häufig vergesellschaftet. Die Arten

einer geschlossenen P. stehen in ständigem Wettbewerb untereinander.
Man kennt vom Menschen unbeeinflußte Pflanzengesellschaften (z. B. im Bereich von Seen, Mooren, Watten), die von *Halbkulturgesellschaften* (Wiese, Weide) und *Kulturgesellschaften* (Acker, Weinberg, Garten) immer stärker verdrängt werden und z. T. heute unter ↑Naturschutz gestellt sind.

Pflanzenhormone (Phytohormone) ↑Wuchsstoffe.

Pflanzenschutz ↑Naturschutz, ↑geschützte Pflanzen. – Als P. werden auch alle Maßnahmen bezeichnet, die die Nutzpflanzen (v. a. Kulturpflanzen) vor Schädlingen und klimatischen Schäden schützen.

Pflanzensoziologie: Die P. ist ein Teilgebiet der ↑Pflanzengeographie. Sie untersucht die Einflüsse abiotischer (Klima, Boden u. a.) und biotischer Faktoren (Vermehrung, Ausbreitung der Samen, Behauptungsfähigkeit u. a.) auf Pflanzengesellschaften.

Pflanzenzüchtung: Die Ernährungssituation auf der Erde ist in erster Linie von der Höhe der Ernteerträge bestimmter Kulturpflanzen abhängig. Deshalb bemüht sich die P., möglichst ertragreiche und widerstandsfähige Sorten zu liefern.
Das Prinzip der *Auslese*, nach dem nur die Samen der besten Pflanzen wieder ausgesät werden, ist das älteste, auch heute noch angewandte Verfahren.
Sehr aufwendig und zeitraubend ist die Suche nach geeigneten *Mutanten* mit bestimmten Eigenschaften (z. B. bitterstofffreie Lupinen), da diese oft nur ein einziges Mal unter Millionen anderen Pflanzen auftreten. Die Mutationsrate zu erhöhen (z. B. durch radioaktive Bestrahlung), ist nur selten erfolgreich.
Durch *Kreuzung* zweier Arten, die je ein günstiges Merkmal tragen, lassen sich diese Merkmale in einer Pflanzenart vereinen. Sehr wichtig ist z. B. die Rückkreuzung von Getreidesorten mit krankheits-, frost- und auswuchsresistenten Wildformen. Beim Mais nutzt man die Bastardwüchsigkeit aus, die auftritt, wenn man zwei reine Linien (homozygot in vielen Genen) miteinander kreuzt.
Viele sehr ertragreiche Kulturpflanzen sind ↑polyploid: – Die Erhaltung bewährter Sorten durch *kontrollierte Vermehrung* gehört ebenfalls zu den Aufgaben der Pflanzenzüchtung.

Pfortaderkreislauf ↑Blutkreislauf.

Pförtner (Pylorus): Der ↑Magen wird an seinem Ausgang durch einen Ringmuskel, den P., verschlossen. Er läßt alle 20–30 Sekunden 1 ml Speisebrei in den Zwölffingerdarm passieren.

Pfropfbastard (Pfropfchimäre, Chimäre): Ein P. entsteht bei einer Pfropfung (↑Veredlung), wenn sich an der Verwachsungsstelle des eingesetzten Zweigs mit der Unterlage aus Zellen beider Partner ausnahmsweise ein Vegetationspunkt bildet.

Pfropfung ↑Veredlung.

P-Generation: Abk. für: Parentalgeneration (↑Elterngeneration).

Phagen svw. ↑Bakteriophagen.

Phagozyten (Freßzellen): Im Blut und in den Zwischenzellräumen der Gewebe frei bewegliche Zellen, die sich wie Amöben fortbewegen können. Durch ↑Phagozytose sind die Ph. für den tierischen und menschlichen Körper von großer Bedeutung.
Unter den Freßzellen, die als *Makrophagen* relativ große, körperfremde oder körpereigene Partikel (Bakterien, Zelltrümmer von verletztem bzw. infiziertem Gewebe) aufnehmen, unterscheidet man die im Gewebe vorkommenden Gewebsmakrophagen *(Histiozyten)* von den zu den ↑weißen Blutkörperchen zählenden Blutmakrophagen *(Monozyten)*. Gewebsmakrophagen finden sich gehäuft in den Lymphknoten. Ebenfalls weiße Blutkörperchen darstellende Ph. sind die neutrophilen *Granulozyten*, die jedoch nur kleinere Fremdkörper, v. a. Bakterien, beseitigen und daher *Mikrophagen* genannt werden.
Die Monozyten und neutrophilen Granulozyten haben die Fähigkeit, die Wände der Adern zu durchwandern, um in entzündetes Gewebe zu gelangen; sie bilden dort nach ihrem Absterben den Eiter.

Bei der Knochenbildung bauen spezielle Ph., die *Chondroklasten,* das Knorpelgewebe ab (↑Knochen). Bei der Umbildung des Knochens zerstören die *Osteoklasten* als Ph. Knochensubstanz.

Während der Metamorphose von Tieren (z.B. Insekten, Lurche) bauen Ph. die Larvenorgane ab; die Abbaustoffe dienen wieder für den Aufbau der neuzubildenden Organe.

Bei niederen Tieren (Hohltiere, Schwämme, Plattwürmer) verdauen Ph. die Nahrung und verteilen die Nährstoffe im Körper.

Phagozytose: Phagozyten (Freßzellen) und Einzeller (z.B. Amöben) stülpen zur Nahrungsaufnahme die Plasmamembran ihres Zellkörpers mit dem aufzunehmenden Partikel nach innen ein und schnüren das entstandene Bläschen als Nahrungsvakuole ins Zellplasma ab. Enzyme werden in diese Vakuole abgegeben, die den Inhalt verdauen. Durch die Ph. der ↑Phagozyten werden zugleich im Körper vorhandene Schadpartikel, Bakterien und dgl. beseitigt. – ↑auch Pinozytose.

Phanerogamen svw. ↑Samenpflanzen.

Phänotyp: Das äußerlich sichtbare Merkmal, sei es morphologischer oder auch physiologischer Natur, wird bei diploiden Organismen von zwei eventuell verschiedenen Allelen desselben Gens bestimmt. Häufig richtet es sich nur nach einem (dominanten) Allel, wobei es keine Rolle spielt, ob es vom Vater oder von der Mutter stammt. Daher läßt das Erscheinungsbild eines Lebewesens, der Phänotyp, nicht ohne weiteres Rückschlüsse auf die Allelkombinationen, den ↑Genotyp, zu. Außerdem wirken auf den Ph. noch Umwelteinflüsse verändernd ein.

Pharynx svw. ↑Schlund.

Phasenkontrastmikroskop: Im Ph. werden die verschiedenen Brechungsexponenten des Objektmaterials statt einer Färbung zur Bilderzeugung ausgenutzt. Dadurch lassen sich auch ungefärbte, lebende Objekte gut kontrastieren und beobachten. – ↑auch Mikroskop.

Phenylketonurie: Fehlt dem Körper das Enzym, das Phenylalanin in Tyrosin (↑Aminosäuren) umwandelt, wird Phenylbrenztraubensäure (Brenztraubensäure ist ein Keton) im Körper angereichert und im Urin ausgeschieden. Dieser Stoffwechselfehler ruft eine ↑Geisteskrankheit hervor. Die Ausprägung des Schwachsinns kann durch eine Diät ohne Phenylalanin unterdrückt werden.

Pheromone (Ektohormone): In kleinsten Mengen hochwirksame tierische Stoffe, die die Verhaltensabläufe und das Stoffwechselgeschehen von Individuen der gleichen Art beeinflussen; z.B. die ↑Duftstoffe (u.a. Sexuallockstoffe).

Phimose: Bei der Ph. ist die Vorhaut des männlichen ↑Glieds zu eng. Da sie sich nicht über die Eichel zurückstreifen läßt und schlecht gereinigt werden kann, können sich auf dem Vorhauttalg Mikroorganismen ansiedeln, die eine Entzündung hervorrufen. Auch behindert eine Ph. den Geschlechtsverkehr. Eine Ph. kann durch einen chirurgischen Eingriff korrigiert werden.

Phloem svw. Siebteil (↑Leitbündel).

Phosphatasen: Ph. sind Enzyme, die durch Wassereinlagerung aus Phosphorsäureestern oder Polyphosphaten Phosphorsäure abspalten. In der Biologie spielen sie als nukleinsäurespaltende Enzyme *(Nukleasen)* eine besondere Rolle. Am häufigsten sind die Nukleasen, die ↑DNS oder ↑RNS depolymerisieren.

Viele dieser Enzyme finden sich als Verdauungsenzyme im Pankreas. Sie befinden sich auch in den ↑Lysosomen der Zellen, aus denen sie bei ↑Autolyse oder ↑Phagozytose freigesetzt werden. Als eigentliche Ph. werden meistens die *Phosphomonoesterasen* bezeichnet, die Zuckerphosphate spalten. Man findet sie im Dünndarm, im Knochen und in hoher Konzentration in der menschlichen Prostata.

Phosphate: Ph. sind die Salze und Ester der Phosphorsäuren. Die Phosphorsäureester sind in der Natur als Bausteine von Phospholipiden und

Nukleoproteiden von großer Bedeutung. Ph. sind außerdem wichtige Pflanzennährstoffe; ↑ Phosphor.

Phospholipide (Phospholipoide, Phosphatide): Die Ph. bilden eine Gruppe der ↑ Lipoide. Am längsten bekannt sind die *Glyzerinphosphatide* der Lezithin- und Kephalingruppe. Bei den Glyzerinphosphatiden sind die primäre und sekundäre Hydroxylgruppe des Glyzerins mit Fettsäure, die zweite primäre Hydroxylgruppe dagegen mit Phosphat verestert.
Die Ph. sind Lösungsvermittler für die hydrophilen Zellbestandteile und sind am Aufbau aller pflanzlichen und tierischen Membranen beteiligt.

Phosphor: Ph. ist ein Nichtmetall, das für die Pflanzen einen lebensnotwendigen Nährstoff darstellt. Er kommt im Boden in anorganischen und organischen Verbindungen vor; meist sind es Orthophosphate, seltener Pyrophosphate.
Für die Pflanze ist die Mineralisation des organisch gebundenen Phosphors von besonderer Bedeutung, der in humusreichen Böden 50% des Phosphorgehaltes ausmacht.
Die wichtigsten anorganischen *Phosphate* im Boden sind Calcium-, Aluminium- und Eisenphosphate. Außerdem werden Phosphate auch an Bodenkolloide angelagert. Die Pflanzenwurzeln können durch besondere Ausscheidung selbst Phosphate in ihrer Umgebung mobilisieren. Das aufgenommene Phosphat wandert besonders in junge Pflanzenteile und wird sehr schnell v. a. in Phospholipide umgewandelt.
Die gleiche Rolle spielen die Phosphate im tierischen Organismus. Der *Phosphatspiegel* ist stark altersabhängig und unterliegt den Einflüssen der Nebenschilddrüse, der Schilddrüse und der Nierentätigkeit. Phosphat wird vorwiegend zusammen mit Calcium im Dünndarm resorbiert.

Phosphorylierung ↑ Atmungskette.

Photolyse: Die Ph. gehört zu den Primärvorgängen bei der ↑ Photosynthese.

Photonastie ↑ Nastien.

Photoperiodismus: Viele Pflanzen sind in ihrer Entwicklung, besonders hinsichtlich der Blütenbildung, von der Länge der täglichen Helldunkelperiode abhängig. Man unterscheidet ↑ Langtagpflanzen und ↑ Kurztagpflanzen. Daneben kennt man auch *tagneutrale Pflanzen,* bei denen die Tageslänge keinen Einfluß auf die Blütenbildung hat (z. B. Sonnenblume, viele Unkräuter).
Durch Experimente fand man heraus, daß die Ausbildung der Blüte von noch unbekannten *Blühhormonen* ausgelöst wird. Dabei ist die Länge ununterbrochener Dunkelheit von entscheidender Bedeutung und nicht etwa die Länge der Helligkeit.

Photoreaktion svw. Lichtreaktion (↑ Photosynthese).

Photorezeptoren: Stoffe, die Lichtquanten absorbieren und energetisch umsetzen können. Hierher gehören die Ph. der tierischen Lichtsinneszellen (↑ Lichtsinn), die durch Licht gereizt werden. Auch die lichtabsorbierenden Pigmente der Pflanzen wie ↑ Chlorophyll und ↑ Karotinoide, die bei der ↑ Photosynthese Lichtenergie aufnehmen, sind dazu zu rechnen.

Photosynthese: Zur Ph. befähigt sind alle höheren Pflanzen, Farne, Moose, Rotalgen, Grünalgen, Braunalgen, Blaualgen und verschiedene Bakterienarten. Bei der Ph. wird Lichtenergie in chemische Energie umgewandelt, mit deren Hilfe das in der Luft und im Wasser vorhandene CO_2 organisch in Form von Glucose gebunden wird. Die Glucose wird zunächst in Form von *Assimilationsstärke* in den Chloroplasten gespeichert. Diese Überführung körperfremder, niedermolekularer Substanz in körpereigene, höhermolekulare nennt man ↑ Assimilation. Die Bruttogleichung der Ph. lautet:

$$6\,CO_2 + 6\,H_2O \xrightarrow{\text{Licht}} C_6H_{12}O_6 + 6\,O_2.$$

Wie aus der Gleichung ersichtlich, werden CO_2 und Wasser mit Hilfe von Lichtenergie in Kohlenhydrat überführt. Dabei müssen folgende Vorgänge ablaufen: Wasser muß gespalten werden; diesen Vorgang nennt man *Photolyse*. Diese und der damit eng verknüpfte Elektronentransport zählen zu den *Primärvorgängen* der Photosynthese. CO_2 muß an einen organischen Akzeptor assimiliert werden und mit Hilfe des aus der Photolyse stammenden Wasserstoffs zu Kohlenhydrat reduziert werden *(Dunkelreaktion, Sekundärvorgänge)*.

Bei der *Lichtreaktion* werden in zwei miteinander gekoppelten Reaktionen (Lichtreaktion I = LR I und Lichtreaktion II = LR II) Energieäquivalente bereitgestellt, indem das im Pigmentsystem I (Photosystem I, P I, Absorptionsmaximum 700 nm) und im Pigmentsystem II (Photosystem II, P II, Absorptionsmaximum 680 nm) lokalisierte Chlorophyll a aktiviert (angeregt) wird.

Die Bedeutung der Aktivierung liegt darin, daß die Elektronen des Chlorophyll-a-Moleküls auf ein höheres Elektronenniveau gehoben werden (Chlorophyll a I, Chlorophyll a II) und dabei ein unterschiedlich hohes Redoxpotential erhalten. Die angeregten Elektronen werden von P I in einer *Elektronentransportkette* (Redoxsystem) unter Beteiligung von FRS (Ferredoxin-reduzierende-Substanz), Ferredoxin und Flavoprotein auf $NADP^+$ übertragen. Das $NADP^+$ wird dabei unter Aufnahme von H^+ (aus dem Wasser) reduziert. In der LR II werden die angeregten Elektronen von P II über eine weitere Elektronentransportkette auf Plastochinon (PQ) und über dieses auf *Zytochrom* b und f, dann auf Plastocyanin und endlich Chlorophyll a I übertragen. Dadurch erhält Chlorophyll a wieder sein ursprüngliches Redoxpotential. Chlorophyll a II ersetzt seine abgegebenen Elektronen auf bis jetzt unbekannte Weise aus der Photolyse des Wassers; diese vollzieht sich nach der Summengleichung:

$$2H_2O \rightarrow 2H^+ + 2e^- + H_2O + \tfrac{1}{2}O_2.$$

Der Reaktionsablauf von Plastochinon zu Chlorophyll a I ergibt einen Energiegewinn. Dieser wird durch die Synthese von ↑ATP festgelegt (*azyklische Phosphorylierung,* nichtzyklische Photophosphorylierung; ↑auch Atmungskette).

Insgesamt laufen also in den Lichtreaktionen die von der Photolyse gelieferten Elektronen zum $NADP^+$, das mit Hilfe der 2 e (Elektronen) und der $2H^+$ zu $NADPH + H^+$ reduziert wird. Gleichzeitig wird ATP geliefert.

Kehrt ein Elektron nach Durchlaufen nur einiger Redoxsysteme zu seinem ursprünglichen Elektronendonator zurück, so spricht man von *zyklischer (Photo)phosphorylierung*. Diese Reaktion ist heute jedoch noch umstritten. – Ein weiterer Weg zur Entstehung von ATP besteht nach der chemiosmotischen Hypothese darin, daß es durch H^+-Transport des Plastochinons zu einer Verschiebung der Wasserstoffionenkonzentration und damit zur Ausbildung eines Membranpotentials kommt, was an bestimmten Stellen der Membran durch die Tätigkeit des Enzyms ATPase (unter Bildung von ATP) wieder ausgeglichen wird.

Die Endprodukte der Primärreaktion sind also gespeicherte Energie in Form von ATP und $NADPH + H^+$ (als Reduktionspotential), die nun in die Sekundärprozesse eingeschleust werden. Die *Sekundärreaktionen,* die auch im Dunkeln ablaufen und daher *Dunkelreaktionen* genannt werden, bestehen in einer Reihe chemischer Umsetzungen. Sie laufen in einem als *Calvin-Zyklus* bezeichneten Kreisprozeß ab, bei dem das CO_2 zunächst an das aus Ribulose-5-phosphat und ATP entstandene Ribulose-1,5-diphosphat zu einer noch unbekannten C_6-Zwischenverbindung angelagert wird. Diese zerfällt in zwei Moleküle Phosphoglycerinsäure, die durch $NADPH + H^+$ und ATP zu 3-Phosphoglycerinaldehyd (Triosephosphat), die erste Kohlenhydratsubstanz, reduziert wird. Aus dem Triosephosphat entsteht einerseits (über Fructose-1,6-diphosphat, Fructose-6-phosphat und Glucose-6-phosphat) Glucose, andererseits bildet sich in komplizierten enzymatischen Prozessen das Ribulose-5-phosphat zurück.

PHOTOSYNTHESE

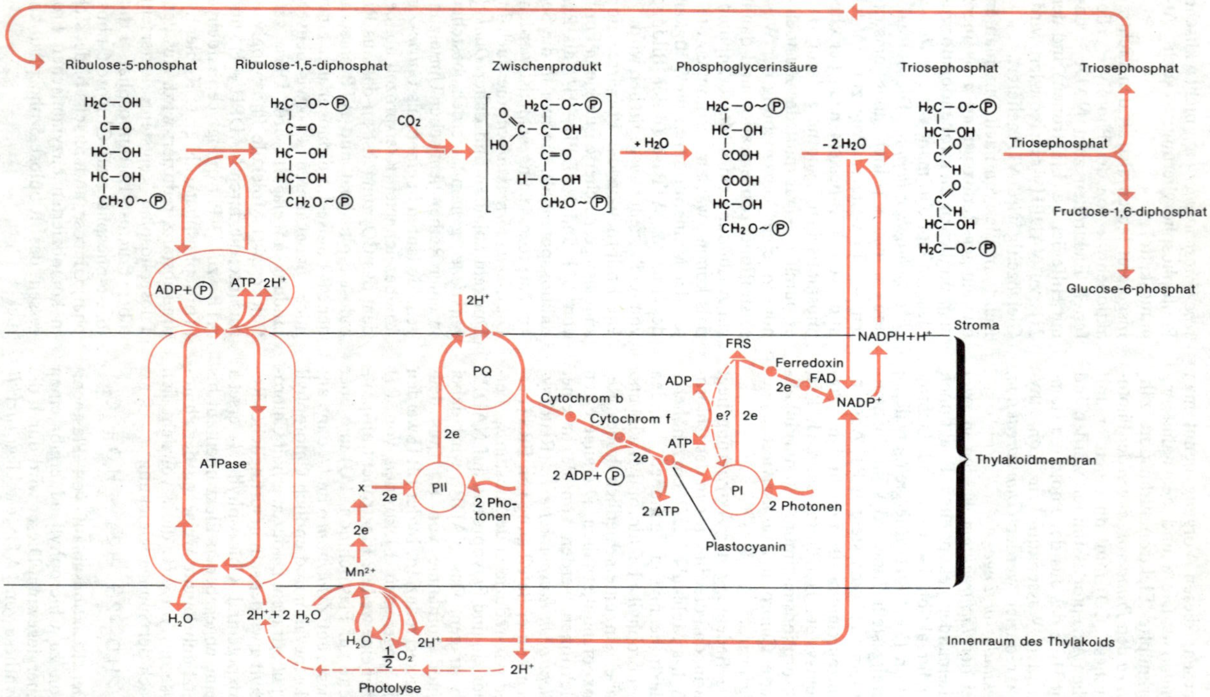

Abb. Photosynthese: Ablauf im Thylakoid des Chloroplasten; PI Pigmentsystem I, PII Pigmentsystem II

Wie die Summengleichung der Ph. zeigt, werden 6 Moleküle CO_2 assimiliert; für ihre Anlagerung sind daher 6 Moleküle Ribulose-1,5-diphosphat erforderlich, aus denen 12 Moleküle Triosephosphat entstehen. Von diesen werden 2 Moleküle für den Aufbau der Glucose verbraucht, während die restlichen 10 Moleküle wieder in Ribulose-5-phosphat umgewandelt werden. Insgesamt werden für die Reduktion der 6 Moleküle CO_2 zu einem Molekül Fructose-6-phosphat 18 Moleküle ATP und zwölf Moleküle NADPH + H^+ verbraucht. – Siehe auch Abb. S. 364.

Phototaxis ↑Taxien.

Phototropismus ↑Tropismen.

pH-Wert: Der pH-Wert ist der negative dekadische Logarithmus der Hydroniumionenkonzentration und damit ein Maß für den sauren (pH < 7) oder basischen (pH > 7) Charakter einer Lösung. Er spielt in chemischen bzw. in biochemischen Reaktionen eine bedeutende Rolle. So entfalten z. B. die verschiedenen ↑Enzyme nur in bestimmten pH-Bereichen ihre größte katalytische Aktivität. Der pH-Wert des Blutes beträgt z. B. 7,4, der des Darmsafts 8,3, der des Magensafts 0,5–1,5. – Die Messung des pH-Werts erfolgt am einfachsten durch bestimmte Farbstoffe (Indikatoren), die in Lösung eine vom pH-Wert abhängige Färbung zeigen.

Phyllodium: Ph. nennt man den flächenhaft verbreiterten *Blattstiel* (↑Laubblatt) als Hauptassimilationsorgan, wobei meist die eigentliche Blattspreite unentwickelt bleibt (z. B. bei Akazienarten).

Phyllokladium: Ein flächenhaft verbreiterter Kurztrieb, der die Funktion der meist fehlenden Blätter übernimmt.

Phylogenese (Phylogenie, Stammesentwicklung): Unter Ph. versteht man die stammesgeschichtliche Entwicklung der Arten. Dazu werden fossile und rezente (noch lebende) Arten verglichen und an rezenten Arten Vergleiche des Körperbaus, biochemischer Vorgänge, der ↑Keimesentwicklung u. ä. angestellt. Die Erkenntnisse über Wandlungsvorgänge und ihre Ursachen werden auf Fossilien und die ganze Phylogenie übertragen. – ↑auch Deszendenztheorie.

Physiologie: Die Ph. ist ein Teilgebiet der Biologie, das die Funktionen des pflanzlichen und tierischen Körpers und seiner Einzelteile (Zelle, Gewebe, Organe) erforscht. Innerhalb der Ph. gibt es verschiedene Richtungen. Die *allgemeine Ph.* befaßt sich mit den Grundlagen der Lebensvorgänge der Pflanzen *(Pflanzenphysiologie),* Tiere *(Tierphysiologie)* und des Menschen *(Humanphysiologie).* Die *spezielle Ph.* untersucht physiologische Teilgebiete (z. B. Muskelphysiologie).

physiologische Kochsalzlösung: Eine 0,9%ige wäßrige Lösung von NaCl besitzt denselben osmotischen Druck, der normalerweise im Blut herrscht. Sie wird meist verwendet, wenn man den Flüssigkeitsverlust nach starken Blutungen schnell ausgleichen muß.

physiologische Uhr svw. ↑biologische Uhr.

Phytochrome: Ph. sind *Chromoproteide,* deren prosthetische Gruppe eine dem Biliverdin (↑Gallenfarbstoffe) verwandte Verbindung ist. Ph. spielen bei lichtabhängigen Entwicklungsvorgängen von Pflanzen eine Rolle. Ein Phytochrom absorbiert Licht der Wellenlänge 660 nm (hellrot), ein anderes Licht der Wellenlänge 730 nm (dunkelrot). Beide Isomere können durch Bestrahlung mit der entsprechenden Wellenlänge reversibel ineinander umgewandelt werden.

Phytohormone svw. Pflanzenhormone (↑Wuchsstoffe).

Phytoplankton ↑Plankton.

Pia mater (weiche Hirnhaut) ↑Hirnhäute.

Pigmente: P. sind Farbstoffe, die im pflanzlichen (↑Pflanzenfarbstoffe), im tierischen und im menschlichen Organismus auftreten. Sie sind bei Tieren bzw. bei den Menschen in der Haut, in Haaren, Schuppen, Federn oder im Chitinpanzer eingelagert und bewirken die jeweilige Färbung.

P. spielen in vielen Fällen eine wichtige Rolle im Sexual- und Abwehrverhalten der Tiere. Viele P. haben aber auch eine wichtige physiologische Funktion. So dienen sie z. B. als Atempigmente (Hämoglobin) dem O_2- oder CO_2-Transport. Andere spielen bei den photochemischen Reaktionen in den Sehzellen eine Rolle (z. B. Rhodopsin). Schließlich werden sie auch als Stoffwechselabfallprodukte in bestimmten Strukturen oder Regionen gespeichert. Da P. Licht von bestimmter Wellenlänge absorbieren können, sind sie auch für den Strahlenschutz von großer Bedeutung.
Tierische Pigmente sind die ↑Gallenfarbstoffe, die ↑Melanine und die ↑Karotinoide.

Pille (Antibabypille) ↑Ovulationshemmer, ↑Empfängnisverhütung.

Pilze: Die P. bilden eine Abteilung vorwiegend auf dem Land lebender Pflanzen mit rund 100000 bekannten Arten. Sie sind den ↑Lagerpflanzen zuzuordnen. Die Abteilung der P. wird in zwei Unterabteilungen gegliedert: *Myxomycotina* mit den ↑Schleimpilzen und *Eumycotina* (Echte Pilze; rund 90000 Arten) mit den ↑Algenpilzen, ↑Schlauchpilzen, ↑Ständerpilzen.
Alle P. besitzen einen echten Zellkern. Da ihnen Chlorophyll fehlt, sind sie heterotrophe Parasiten bei Pflanze, Tier und Mensch oder ↑Saprophyten auf toten Organismen (Tiere und Pflanzen). Als Reservestoffe speichern sie Glykogen und Fett. Die Zellwand der P. besteht aus Chitin, nur bei wenigen Arten (z. B. Schleimpilze) kommt auch Zellulose vor. Die Erforschung der P. ist ein Spezialgebiet der Biologie, die ↑Mykologie.
Die Vegetationskörper der P. bestehen in der Regel aus *Hyphen,* die zu einem ↑*Myzel* verflochten sind. Echte Gewebe fehlen völlig. – Die ungeschlechtl. Vermehrung erfolgt durch Exosporen (Konidien) oder Endosporen, bei Wasserbewohnern durch nackte, d. h. zellwandlose Schwärmsporen. Bei der geschlechtlichen Fortpflanzung kommen Iso-, Aniso- und Oogamie mit zahlreichen Zwischen- und Reduktionsformen vor; außerdem gibt es *Gametangiogamie* (ganze Gametangien kopulieren) und *Somatogamie* (*Pseudomixis;* zwei vegetative Zellen vereinigen sich). Einige Pilze vermehren sich auch durch Zerfall des Myzels in einzelne Zellen *(Oidien).*
Die bekanntesten Echten P. bilden charakteristische Fruchtkörper. Unter den Echten Pilzen gibt es zahlreiche eßbare Arten, deren Nährwert allerdings gering ist. Geschätzt werden sie wegen ihrer Geschmacks- und Aromastoffe (z. B. Champignon, Steinpilz, Trüffel). Der Vitamin- und Mineralstoffgehalt entspricht etwa dem der übrigen pflanzlichen Nahrungsmittel. Einige Arten (z. B. Champignon, Schiitakepilz) werden heute in großem Maßstab gezüchtet. – Jeder, der Pilze sammelt, sollte auch die giftigen Arten gut kennen. – S. auch Abb. S. 231 f.
Unter den Echten P. gibt es viele Arten, die mit dem Wurzelsystem verschiedener Waldbäume in Symbiose (↑Mykorrhiza) leben. Eine negative wirtschaftliche Bedeutung kommt den ↑Rostpilzen und ↑Brandpilzen zu, denen jährlich ein erheblicher Teil der Weltgetreideernte zum Opfer fällt. Auch die Erreger von Pflanzenkrankheiten in Wein- und Obstkulturen (z. B. ↑Mehltaupilze) verursachen große Schäden.
Die *Hefepilze* (↑Hefen) spielen bei der Wein- und Bierbereitung und im Bäckereigewerbe eine große Rolle. Andere Schlauchpilze werden industriell in großem Maßstab gezüchtet und zur Gewinnung von ↑Antibiotika, organischen Säuren, Gibberellinen (↑Wuchsstoffe) und Enzymen verwendet. Der Mutterkornpilz liefert die Mutterkornalkaloide (↑Mutterkorn).
Neben den Bakterien sind die P. die bedeutendsten ↑Destruenten, die durch ihre Tätigkeit beim Abbau organischer Substanzen den Stoffkreislauf in der Natur aufrechterhalten.

Pilzkrankheiten:
◊ Bei *Pflanzen* breiten sich parasitische niedere Pilze durch ständiges Myzelwachstum im pflanzlichen Gewebe aus. Fortpflanzung und Verbreitung

der Schadpilze erfolgen durch Sporen. Zu den typischen pflanzlichen P., die besonders in niederschlagsreichen Jahren große wirtschaftliche Schäden verursachen, zählen die *Brandkrankheiten* (↑Brandpilze), der *Rost* (↑Rostpilze), der *Echte Mehltau* (↑Mehltaupilze), die *Kraut-* und *Knollenfäule*.
◊ (Pilzerkrankungen, Mykosen): Im *tierischen* und *menschlichen Organismus* rufen niedere Pilze, v. a. Deuteromyzeten, wenn sie sich dort ansiedeln und ausbreiten, Infektionskrankheiten hervor.
Befallen werden in erster Linie die Oberhaut, Haare und Nägel *(Hautpilzerkrankung, Dermatomykose)*. Die Übertragung kann vom Menschen auf den Menschen, von Tieren auf den Menschen, besonders aber von pilzverseuchten Gegenständen aus erfolgen.
Zur Behandlung kommen v. a. pilzhemmende Arzneimittel *(Antimykotika)* in Betracht.
Pinealorgan ↑Zirbeldrüse.
Pinozytose: Unter P. versteht man die Aufnahme von Flüssigkeitströpfchen („Trinken") durch die Zelle. Dabei bildet die Zellmembran an bestimmten Stellen bläschen- oder schlauchförmige Einstülpungen, die dann abgeschnürt werden und ins Plasma wandern. Die Pinozytosebläschen übertragen die in der Flüssigkeit gelöste Substanz (Ionen, Proteine, Glucose) ins Zellplasma.
Pionierpflanzen: Als P. bezeichnet man Pflanzen, die als erste einen vegetationslosen Boden besiedeln. Dazu gehören z. B. ↑Flechten, die auf Felsflächen, neu entstandenen Erdhängen und Baumrinden wachsen.
Pisces svw. ↑Fische.
Pithecanthropus ↑Mensch.
Plakoidschuppen (Hautzähne): Die z. T. messerscharfen ↑Schuppen der Haie und Rochen.
Planarien: Die P. bilden eine Gruppe meist 0,2–40 mm langer, weißlicher bis sehr dunkel gefärbter Strudelwürmer (↑Plattwürmer), die entweder in Süßgewässern (*Süßwasserplanarien*; s. auch Abb.), in Meeren *(Meeresplanarien)* oder im Humus und unter Blättern auf dem Land vorkommen *(Landplanarien)*. An ihrem Vorderende ist oft durch eine halsartige Einschnürung ein Kopf abgesetzt.

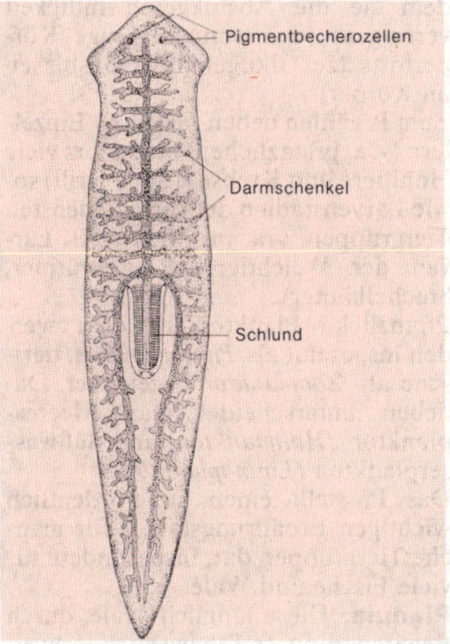

Abb. Planarien: Dorsalansicht (schematisch)

P. können schädlich werden entweder in Aquarien an abgelegten Fischeiern und der daraus schlüpfenden Brut („Scheibenwürmer") oder in Gewächshäusern an Pflanzen.
Plankton: Als P. bezeichnet man alle im Wasser (Süßwasser oder Meer) schwebenden Lebewesen („Planktonten", „Plankter"), die keine oder nur eine geringe Eigenbewegung haben, so daß Ortsveränderungen (insbesondere in horizontaler Richtung) ausschließlich oder ganz überwiegend durch Wasserströmungen erfolgen.
Vertikale Bewegungen, also ein Auf- und Absteigen des Planktons im Verlauf des Tages bzw. der Nacht, ist dagegen bei vielen Planktonorganismen sehr auffallend entwickelt *(Vertikalwanderungen)*.
Kennzeichnend für Planktonorganismen sind Sonderbildungen, die das Schweben im Wasser erleichtern, in-

dem sie die Absinkgeschwindigkeit verringern (insbesondere lange Körperfortsätze, Ölkugeln oder Gasblasen im Körper).
Zum P. zählen neben zahllosen Einzellern (v. a. pflanzlichen) besonders viele Hohltiere und Krebse (↑ auch Krill) sowie Larvenstadien der verschiedensten Tiergruppen, v. a. im Meer (z. B. Larven der Weichtiere, Ringelwürmer, Stachelhäuter).
Pflanzliche Planktonlebewesen werden insgesamt als *Phytoplankton,* tierische als *Zooplankton* bezeichnet. Daneben unterscheidet man Meeresplankton *(Haliplankton)* und Süßwasserplankton *(Limnoplankton).*
Das P. stellt einen außerordentlich wichtigen Ernährungsfaktor für manche Tiergruppen dar, insbesondere für viele Fische und Wale.

Planula: Diese länglich-ovale, durch Bewimperung frei bewegliche, zweischichtige Larvenform der Nesseltiere geht durch Entodermbildung aus der Blastula hervor. Sie setzt sich nach einiger Zeit fest und wird zu einem Polypen, oder sie bleibt freischwimmend und wird zur bewimperten, mit Tentakeln versehenen *Actinula,* einem zweiten Larvenstadium, aus dem Medusen (↑ Quallen) entstehen.

Plasma ↑ Blutplasma, ↑ Zytoplasma.

Plasmalemma ↑ Zelle.

Plasmaströmung: Eine gerichtete Bewegung des Protoplasmas (↑ Zytoplasma) innerhalb fast aller pflanzlicher Zellen. Man unterscheidet: 1. *Plasmarotation:* Das Zytoplasma ist nur noch als dünner Wandbelag vorhanden und fließt in gleichbleibender Richtung. 2. *Plasmazirkulation:* Das die Zelle netzartig durchziehende Plasma strömt in den einzelnen Strängen in verschiedenen Richtungen.
Die P. wird durch Eiweiße, die den Muskeleiweißen Aktin und Myosin ähnlich sind, verursacht. Gut zu sehen ist die P. in Zellen von Vallisneria- und Tradescantiaarten.

Plasmavererbung ↑ Vererbung.

Plasmide: P. sind frei (d. h. außerhalb der Chromosomen) im Bakterienplasma vorkommende, kleine Ringe aus doppelsträngiger DNS, die sich als Replikationseinheiten unabhängig von den Chromosomen vermehren und oft wichtige Gene, wie z. B. Resistenzgene (Resistenzfaktoren) gegen Antibiotika und Sulfonamide, tragen. In der Genchirurgie dienen sie als Transportmittel und als Hilfsmittel der Genvermehrung (↑ auch Klonieren).

Plasmodien:
◊ Zu den ↑ Sporentierchen der Gattung Plasmodium zählen v. a. die Malariaerreger (↑ Malaria).
◊ Im Unterschied zu den ↑ Synzytien sind P. vielkernige Plasmakörper, die durch eine aufeinanderfolgende Vielteilung eines Zellkerns ohne nachfolgende Zellteilungen zustande kommen.

Plasmolyse: Die Membran einer Zelle kann als semipermeable Membran, die osmotisch wirksam ist (↑ Osmose), aufgefaßt werden. Legt man Pflanzenzellen in eine Lösung, deren Konzentration höher ist als die des Vakuolensafts, beginnt Wasser aus der Vakuole nach außen zu diffundieren. Damit nimmt der ↑ Turgor ab, und das Protoplasma beginnt sich von der Zellwand abzulösen. Den Beginn dieses Vorgangs nennt man *Grenzplasmolyse,* den gesamten Vorgang Plasmolyse.

Plastiden: Die P. sind Zellorganellen aller photoautotrophen Pflanzen mit Ausnahme der Blaualgen. Man unterscheidet die gelb bis orange gefärbten ↑ Chromoplasten, die grünen ↑ Chloroplasten und die farblosen ↑ Leukoplasten.
Die P. entstehen aus zunächst undifferenzierten *Proplastiden.* Sie besitzen eine eigene doppelsträngige DNS, die ihnen innerhalb der Pflanzenzelle eine gewisse genetische Selbständigkeit verleiht.

Plattfuß ↑ Fußschäden.

Plattwürmer (Plathelminthen): Die P. bilden einen mit über 12 000 Arten weltweit verbreiteten Stamm wirbelloser Tiere. Ihr Körper ist wurmförmig. Die Körperhöhle zwischen Hautmuskelschlauch und dem afterlosen oder völlig reduzierten Darm (Bandwürmer) ist von lockerem, wabenartigem

Bindegewebe (Parenchym) erfüllt. Blutgefäßsystem und Atmungsorgane fehlen. P. sind meist Zwitter mit relativ hochentwickelten Geschlechtsorganen. Sie leben teils im Meer, teils im Süßwasser, selten an Land. P. sind freilebend (fast alle Strudelwürmer) oder parasitisch (Saug- und Bandwürmer).

Plazenta:
◊ (Mutterkuchen): Die Embryonen der *höheren Säugetiere* einschließlich des Menschen (↑Plazentatiere) werden in der ↑Gebärmutter über eine P. ernährt. Diese stellt ein gefäßreiches embryonales Gewebe aus der engeren Verbindung der Zottenhaut (Chorion) des Embryos mit der Gebärmutterschleimhaut dar. Zwischen mütterlichem und kindlichem Blut findet hier ein Stoffaustausch statt, wobei von der Mutter Nährstoffe und Sauerstoff, außerdem Vitamine und Immunstoffe kommen, vom Embryo her, über eine ↑Nabelschnur, v.a. Kohlendioxid und Stoffwechselschlacken. In der Nabelschnur verlaufen zwei Arterien und eine Vene. Mütterliches und kindliches Blut bleiben stets durch Membranen voneinander getrennt.

Die P. ist auch Bildungsstätte von Hormonen, indem sie Choriongonadotropin bildet sowie (beim Menschen etwa vom 4. Monat ab) die Produktion von Follikelhormonen (Östrogene) und des Gelbkörperhormons Progesteron übernimmt. Diese Hormone regeln u.a. Uteruswachstum, die Milchbildungsbereitschaft der Milchdrüsen und gegen Ende der Schwangerschaft mittelbar die Auslösung der Wehentätigkeit.

Die reife menschliche P. hat einen Durchmesser von etwa 18 cm und ist 450–500 g schwer.

Man kann bei den Plazentatieren verschiedene Plazentatypen unterscheiden je nachdem, ob die Chorionzotten gleichmäßig verteilt sind oder einzelne oder zahlreiche, besonders angeordnete oder geformte Zottenfelder bilden oder mehr oder weniger fest in der Uterusschleimhaut verankert sind. Es lassen sich daraus jedoch keine stammesgeschichtlichen Rückschlüsse ziehen. Vorformen einer P. kommen bereits bei den lebendgebärenden Haien in Form einer ↑Dottersackplazenta vor.

Nach der Geburt wird durch Wehen die P. samt den ↑Embryonalhüllen, dem Rest der Nabelschnur und der obersten Uterusschleimhautschicht (↑Dezidua) als *Nachgeburt* ausgestoßen.

◊ Bei *Pflanzen* ↑Samenanlage.

Plazentatiere: Zu den Plazentatieren zählen alle Säugetiere (also auch der Mensch), mit Ausnahme der ↑Kloakentiere und der ↑Beuteltiere. Die Embryonen der P. werden in der Gebärmutter über eine ↑Plazenta vom mütterlichen Organismus ernährt. Die Jungen werden in weit entwickeltem Zustand geboren.

Drei der 23 Ordnungen der P. sind an das Leben im Wasser angepaßt (Wale, Seekühe und Robben), zwei haben sich zu den ↑Fledertieren und zu den Riesengleitfliegern entwickelt.

Pleistozän: Die ältere Epoche des Quartärs in der Erdneuzeit; ↑Erdzeitalter.

Pliozän: Die jüngste Epoche des Tertiärs in der Erdneuzeit; ↑Erdzeitalter.

Pneumothorax ↑Lunge.

Pocken: Die echten P., *Blattern* oder *Variola,* sind eine schwere Infektionskrankheit, deren Erreger ein Virus ist. Seit der Einführung der *Pockenschutzimpfung* im ersten Lebensjahr (↑Impfung) sind große Epidemien in Europa nicht mehr aufgetreten. Da die Krankheit sich jedoch erst nach 10–14 Tagen bemerkbar macht, kam es wegen der kurzen Flugzeiten in den 1960er Jahren immer wieder vor, daß Pockenerreger von Reisenden aus Südamerika, Afrika oder Vorderasien eingeschleppt wurden.

Die Weltgesundheitsorganisation hat 1979 die Pocken als ausgerottet erklärt. Die Pflichtimpfung gegen Pocken wurde in der BR Deutschland im Jahre 1975 aufgehoben.

Anfangs entwickeln sich als typische Krankheitszeichen bei P. in der Haut aus roten Flecken oder Knötchen eingedellte Bläschen mit dunkelrotem Saum. Zuerst treten sie auf den Rachenmandeln oder im Hals auf. Sie zerfallen sehr schnell, so daß Ansteckungsfähigkeit bereits besteht, bevor noch die Bläschen an der Haut, v.a. auf der Stirn, des Erkrankten sichtbar werden. Später platzen sie und bedekken sich mit braungelben Krusten. Wenn diese Krusten abfallen, hinterlassen sie die sog. *Pockennarben*.

Für Nichtgeimpfte ist eine Pockeninfektion fast immer eine tödliche Erkrankung. Die Maßnahmen beschränken sich dann auf eine Stützung des Kreislaufs und die Verhinderung zusätzlicher Infektionen.

Pockenverdächtige bzw. -kranke und Kontaktpersonen müssen sich auch heute noch den gesetzlichen Quarantänemaßnahmen unterwerfen.

Poliomyelitis svw. ↑Kinderlähmung.

Polkappen: Bei bedecktsamigen Pflanzen und in den meisten Eizellen findet man während der ↑Mitose und ↑Meiose keine ↑Zentriolen und ↑Zentrosomen. Die Spindelfasern werden bei ihnen, ausgehend von Zytoplasmabereichen, den P., an den Zellpolen gebildet.

Pollen svw ↑Blütenstaub.

Pollenanalyse: Die Pollenkörner (↑Blütenstaub) vieler Pflanzenarten bzw. -gattungen sehen unterschiedlich aus; man kann daher aus einem Pollenfund die pollenerzeugende Pflanze ermitteln. Diese Tatsache nutzt man zur P. aus, indem man fossilen Blütenstaub, der besonders in Moorablagerungen gut erhalten vorgefunden wird, untersucht (↑auch Paläobotanik). Es handelt sich dabei meist um Pollen von windblütigen Pflanzen (Bäume), seltener von insektenblütigen.

Man kann aus der quantitativen Zusammensetzung der Pollenmengen auf die Zusammensetzung der damaligen Wälder schließen und auch feststellen, wie sich die Waldzusammensetzung im Laufe der Erdgeschichte bis heute (durch Vergleich mit dem heutigen Pollenniederschlag) verändert hat. Dabei ist die Pflanzengeschichte auf Altersbestimmungen der Geologie angewiesen. Die Aussagen der P. beziehen sich im allgemeinen nur auf die jüngste Erdgeschichte, das Pleistozän.

Pollenkorn ↑Blütenstaub.

Pollensack: In den Pollensäcken entwickelt sich der ↑Blütenstaub. Der P. ist ein Teil des ↑Staubblatts.

Pollenschlauch: Das auf die Narbe des Fruchtknotens gelangte Pollenkorn (↑Blütenstaub) keimt zu einem P. aus, der zur ↑Samenanlage hinwächst.

Pollinien: Ein Pollinium stellt die Gesamtheit aller Pollenkörner (↑Blütenstaub) eines Pollensacks dar, wobei eine Verklebung stattfindet und das Pollinium als Ganzes verbreitet wird. Man findet P. z. B. bei den Orchideen.

Pollution ↑Samenerguß.

Polyembryonie ↑ungeschlechtliche Fortpflanzung.

Polygamie ↑Monogamie.

Polymorphismus: Unterscheiden sich die Individuen einer Art eines Verbreitungsgebiets im Aussehen voneinander, spricht man von Polymorphismus. In vielen Insektenstaaten (z.B. Bienen, Ameisen, Termiten) bilden sich im Zuge der Arbeitsteilung verschiedene ↑Kasten. Bei den Honigbienen z.B. bestimmt die Art der Fütterung der Larve, ob daraus eine Arbeiterin oder ein voll entwickeltes Weibchen (Königin) wird. Bei anderen Tieren (z.B. Wasserflöhe, Blattläuse) beeinflussen die Schwankungen von Temperatur und Licht die Gestalt *(Saisondimorphismus)*. Sehen die beiden Geschlechter einer Art verschieden aus, spricht man von ↑Geschlechtsdimorphismus.

Bei manchen Arten treten sogar innerhalb einer Population, in der die Kreuzungsmöglichkeiten nicht behindert sind, gleichzeitig und dauerhaft unterschiedliche Phänotypen in stabilen Zahlenverhältnissen auf.

Polynukleotide ↑Nukleotide.

Polypen:

◊ Als P. bezeichnet man die festsitzende Form der ↑Nesseltiere, die sich im allgemeinen durch ungeschlechtliche Knospung fortpflanzt und dadurch oft große Tierstöcke (z.B. Korallenriffe) bildet. Ihr Körper ist schlauchförmig und sitzt mit einer Fußscheibe am Untergrund fest. Die der Fußscheibe gegenüberliegende Mundöffnung ist von Fangarmen umgeben, die mit zahlreichen ↑Nesselkapseln bestückt sind. Häufig schnüren P. ↑Quallen ab, die der Artausbreitung dienen. Bestimmte Individuen der stark differenzierten ↑Staatsquallen werden nach ihrer Funktion als *Nähr-* bzw. *Geschlechtspolypen* bezeichnet.

◊ svw. ↑Kraken.

Polypeptide: ↑Peptide mit mehr als 10 Peptidbindungen.

polyphag: P. nennt man Individuen mit einem breiten Nahrungsspektrum. Sie werden als ↑Allesfresser bezeichnet.

polyploid: Polyploide Zellen haben in ihrem Kern mehr Chromosomen, als dem normalen arttypischen doppelten (diploiden) Chromosomensatz von Körperzellen entspricht. Sind nur einzelne Chromosomen zuviel oder zuwenig vorhanden, spricht man von *Aneuploidie* (z. B. ein Chromosom zuviel = ↑Trisomie).

Bei *Euploidie* ist der gesamte Chromosomensatz mehrfach vorhanden *(Autopolyploidie)*, wobei oft Vielfache einer Grundzahl auftreten (z. B. 2 × = diploid, 4 × = tetraploid, 8 × = oktoploid usw.). Solche geradzahligen Reihen sind häufig bei den Rassen einer Art oder den Arten einer Gattung mit Wild- und Nutzpflanzen (Weizen, Tabak, Pfingstrose u. a.) zu finden. Da es bei Triploiden (3 ×) in der ↑Meiose Paarungsschwierigkeiten gibt, kommen sie nur bei Nutzpflanzen vor, die mit menschlicher Hilfe vermehrt und fortgepflanzt werden.

In Ausnahmefällen bilden Artbastarde, die in der Regel steril sind, funktionsfähige, jedoch diploide Geschlechtszellen. Aus der Verschmelzung solcher Gameten gehen fortpflanzungsfähige tetraploide Individuen hervor, die den diploiden Chromosomensatz jeder Ausgangsart in sich vereinen (*Allopolyploidie;* z. B. Kohl-Rettich-Bastard).

Polyploidie ist nur bei Pflanzen weit verbreitet, und zwar besonders bei solchen, die sich in schwierigen Klimazonen behaupten müssen. In Grönland sind 80% aller Pflanzen polyploid, in Mitteleuropa nur 50%.

Polyploide Körperzellen allerdings sind auch bei Tieren zu finden *(Endopolyploidie)*. Leberzellen der Ratte sind tetraploid. In den ↑Riesenchromosomen einiger Insekten liegen über tausend Chromosomensätze vor (↑auch Endomitose).

Da Polyploidie in der Regel zur Vergrößerung der Zellen bzw. des ganzen Organismus führt, ist sie für die ↑Pflanzenzüchtung von großer Bedeutung.

Polysaccharide: Zu den Polysacchariden rechnet man alle Makromoleküle, die aus ↑Monosacchariden (Einfachzuckern) durch fortgesetzte Kondensation (glykosidische Bindung) entstanden sind. Hierher gehören u. a. ↑Zellulose, Amylose und Amylopektin, die zusammen die pflanzliche ↑Stärke bilden, sowie ↑Glykogen.

Polysomen ↑Ribosomen.

Population: Unter P. versteht man die Gesamtheit aller Individuen einer Art oder Rasse in einem geographisch begrenzten Verbreitungsgebiet, wobei die Einzelindividuen unbegrenzt untereinander fortpflanzungsfähig sind. Mit der Dichte und der Entwicklung einer P. befaßt sich die ↑Populationsgenetik.

Populationsgenetik: Die P. untersucht, welchen Gesetzmäßigkeiten die Vererbung bestimmter Merkmale in einer ↑Population folgt. Da sie nicht nur Einzelindividuen berücksichtigt, liefert sie mit Hilfe statistischer Methoden Modelle für die Vorstellungen über die Evolution.

In einer *idealen Population* bleiben die Zahl der Gene und ihr prozentualer Anteil über Generationen hinweg konstant. Schon für mehrere Gene werden solche Berechnungen allerdings zu umfangreich. Außerdem fehlen in einer *realen Population* einige der für die Gültigkeit dieses Gesetzes nötigen Voraussetzungen: Nur selten findet

wahllose und zufällige Begattung zwischen Partnern statt; Mutationen und Selektion haben erheblichen Einfluß; außerdem wandern Gene von außen zu; seltene Gene gehen in kleinen Populationen verloren.
Die Versuche, auch diese Faktoren zu berücksichtigen, haben im großen und ganzen die Möglichkeit der Entstehung der Lebewesen nach den Prinzipien der Evolution bestätigt (↑Deszendenztheorie).

Porphyrine: Vier Pyrrolringe, die über Methingruppen (=CH–) miteinander verbunden sind, bilden (mit verschiedenen Substituenten an den Pyrrolringen) das Porphyrinsystem, das dem roten Blutfarbstoff (↑Hämoglobin), den ↑Zytochromen und dem ↑Chlorophyll zugrunde liegt.

Potamal (Tieflandflußregion) ↑Gewässerregionen.

Prägung: Die P. ist ein Lernvorgang, bei dem ein Tier Auslöser für bestimmte Verhaltensweisen, oft in der Partnerbeziehung, kennenlernt. Die P. ist dadurch gekennzeichnet, daß extrem rasch und nur während einer sensiblen Phase gelernt wird. Geht diese Phase vorüber, ohne daß der Lernvorgang ablaufen konnte, ist auch die Prägungsbereitschaft vorüber. Das Gelernte wird lebenslang behalten; nur selten ist eine Umprägung möglich.
Manchmal sind die Merkmale des Prägungsobjekts äußerst einfach. So laufen Gänseküken einem piepsenden, bewegten Fußball nach, weil er nach dem Schlüpfen das erste Objekt war, das sie als Mutter ansehen konnten.
Auch beim Menschen spielt wahrscheinlich die Prägung auf eine Bezugsperson im Säuglingsalter eine wichtige Rolle für die Persönlichkeitsentwicklung. Wechselt die betreuende Person zu häufig, bleiben die Kinder zeitlebens in ihrer geistigen und emotionellen Entwicklung zurück.

Prämolaren svw. Vorbackenzähne (↑Zähne).

Präputium svw. ↑Vorhaut.

Präservativ svw. ↑Kondom.

Präzipitine: Bestimmte ↑Antikörper werden auch als P. bezeichnet, da sie mit dem spezifischen Antigen ein Präzipitat (Niederschlag) bilden. Dabei ist die Bildung des Präzipitats durch eine weiße Trübung erkennbar.

Pregnandiol ↑Gestagene.

Primärwurzel ↑Keimpflanze.

Primaten svw. ↑Herrentiere.

Produzenten: Die grünen Pflanzen und autotrophen Algen bilden das erste Glied der ↑Nahrungskette. Sie produzieren mit Hilfe des Lichts aus anorganischen Substanzen sämtliche organischen Stoffe, die im Verlaufe der Nahrungskette umgesetzt werden.

Profundal ↑Gewässerregionen.

Progesteron: P. ist das wichtigste natürliche ↑Gestagen. Es wird im Gelbkörper und im Mutterkuchen (bei bestehender Schwangerschaft) gebildet. Außerdem ist es die Stammsubstanz von Nebennierenrindenhormonen (↑Östrogene). – ↑auch Menstruation.

Prognathie: Als P. wird das Vorstehen des Oberkiefers (Vorstehen der oberen Zahnreihe vor der unteren) bezeichnet.

Projektionsfelder ↑Rindenfelder.

Prokaryonten: Als P. bezeichnet man Organismen, bei denen die DNS ohne begrenzende Kernmembran in das Zellplasma eingelagert ist. P. sind Bakterien und Blaualgen.

Prolaktin svw. ↑luteotropes Hormon.

Proliferation:
◊ Bei der P. entstehen an einer bestimmten Stelle eines Organismus durch fortschreitende mitotische Zellteilungen Gewebswucherungen (z.B. bei der Wundheilung).
◊ Als P. bezeichnet man die Aufbauphase der menschlichen Gebärmutterschleimhaut während der ersten 14 Tage nach Einsetzen der Regelblutung (↑Menstruation).

Prolin: P. ist eine zyklische, optisch aktive ↑Aminosäure. Wir finden sie besonders reichlich in den Kollagenen. P. kann vom tierischen Organismus aus Ornithin selbst synthetisiert werden.

Pronephros svw. ↑Vorniere.

Prophase: Die P. ist das erste Stadium von ↑Mitose und ↑Meiose. In ihr werden die Chromosomen sichtbar, die bei der Mitose schon einen Längsspalt erkennen lassen. In der P. der Meiose, bei der noch Unterabschnitte unterschieden werden, paaren sich die homologen Chromosomen. Gegen Ende der P. verschwinden die Nukleoli und die Kernmembran. Die Zentriolen wandern zu den Zellpolen.

Proportionsregel svw. ↑ Allen-Regel.

Prosencephalon svw. ↑ Vorderhirn.

Prostaglandine: Die P. sind aus essentiellen, ungesättigten Fettsäuren v. a. in der Samenblase, aber auch in zahlreichen anderen Organen (Lunge, Gehirn) gebildete Hormone mit gefäßerweiternder (d. h. blutdrucksenkender), wehenauslösender und eine Erschlaffung der Bronchialmuskulatur hervorrufender Wirkung. P. dienen als blutdrucksenkende Mittel, Antiasthmatika und Wehenmittel.

Prostata svw. ↑ Vorsteherdrüse.

prosthetische Gruppe: Oft wird die Bez. p. G. synonym mit Koenzym gebraucht, da die p. G. ebenfalls mit einem Apoenzym ein Holoenzym bildet (↑ Enzyme). Heute neigt man dazu, die am Apoenzym festgebundenen Gruppen als prosthetische Gruppen zu bezeichnen. Sind Proteine mit einer prosthetischen Gruppe verknüpft, so nennt man sie Proteide (↑ Eiweiße).

Proteasen: Die P. gehören zu den ↑ Hydrolasen und katalysieren die Knüpfung oder Spaltung der Peptidbindungen.

P. finden sich v. a. in den Verdauungsorganen der Tiere und des Menschen, wo sie die mit der Nahrung aufgenommenen Eiweiße in Aminosäuren zerlegen. Dabei unterscheidet man zwischen Exopeptidasen bzw. ↑ Peptidasen und ↑ Proteinasen.

Proteide ↑ Eiweiße.

Proteinasen: P. gehören zu den ↑ Proteasen. Sie katalysieren die Spaltung der Proteine, wobei sie die Ketten an bestimmten Stellen in der Mitte spalten. Man nennt sie daher auch *Endopeptidasen*. Zu den P. gehören u. a. Pepsin, Trypsin und Labferment.

Proteine ↑ Eiweiße.

Proterozoikum: Der jüngste Abschnitt (Formation) der Erdurzeit (Präkambrium); ↑ Erdzeitalter.

Prothallium (Vorkeim): Haploider, aus einer Spore entstandener Vorkeim (Gametophyt) der Farnpflanzen. An ihm entstehen die männlichen und weiblichen Fortpflanzungsorgane.

Protoplasma ↑ Zytoplasma.

Protostomier: Bei den Tieren dieser Stammgruppe wird während der ↑ Keimesentwicklung der Mund aus dem Urmund entwickelt, und der After wird sekundär neu gebildet. Das Nervensystem liegt, anders als bei den ↑ Deuterostomiern, bauchseits.

Zu den Protostomiern zählen v. a. Weichtiere, Gliedertiere, Tentakelträger, Platt- und Rundwürmer.

Protozoen (Urtierchen): Die P. sind mikroskopisch kleine Einzeller und bilden ein Unterreich der Tiere mit rund 20 000 Arten. Durch ihre sehr verschiedenartigen ↑ Organellen ist ihr Bau oft hochkompliziert. Die P. vermehren sich in der Regel ungeschlechtlich durch Zweiteilung, andere durch Vielteilung oder ↑ Knospung, selten auch geschlechtlich durch ↑ Konjugation.

P. bewegen sich mit Hilfe von ↑ Scheinfüßchen, ↑ Geißeln oder ↑ Wimpern fort. Manche P. leben als Innenparasiten (↑ Parasiten) und zeigen einen Generationswechsel, oft verbunden mit einem Wirtswechsel. Viele von ihnen sind Krankheitserreger (z. B. ↑ Amöben).

Zu den P. gehören Geißeltierchen, Wurzelfüßer, Sporentierchen und Wimpertierchen.

Provitamine: Ein Provitamin ist die inaktive Vorstufe eines ↑ Vitamins, die vom Organismus aufgenommen und in ein Vitamin umgewandelt werden muß.

Pseudomonaden: Eine Ordnung der Bakterien; stäbchen- oder schraubenförmige, gramnegative, polar begeißelte Bakterien, die keine Sporen bilden. Hierher gehören u. a. ↑ Nitratbakterien, denitrifizierende Bakterien (↑ Denitrifikation), ↑ Essigsäurebakterien, Leuchtbakterien, (↑ Biolumineszenz), im weiteren Sinne auch ↑Spirillen und ↑Vibrionen.

Pseudopodien svw. ↑Scheinfüßchen.

Psycholamarckismus: Eine besondere Form des ↑Neolamarckismus.

Psychopharmaka: P. sind Arzneimittel, die auf möglichst vorausberechenbare Weise bestimmte Geistes- und Gemütskrankheiten günstig beeinflussen. Dadurch erleichtern sie die Behandlung der Kranken wesentlich: *Neuroleptika (Neuroplegika)* unterdrükken Erregungszustände, seelische Spannungen, Halluzinationen und Wahnideen. Sie führen auch in großen Dosen nicht zur Narkose.

Antidepressiva wirken stimmungsaufhellend und beseitigen Zustände der Niedergeschlagenheit. Andere wirken hemmungslösend und antriebssteigernd. Die Stimmungslage Gesunder wird kaum beeinflußt.

Tranquillanzien (Tranquilizer) beruhigen, beseitigen Angst und Spannungsgefühle und rufen Ausgeglichenheit und Wohlbehagen hervor, ohne das Denk- und Leistungsvermögen zu senken. Bei ihnen besteht die Gefahr der Gewöhnung und Sucht.

Psychotonika (Psychoanaleptika) steigern die psychische Aktivität, beseitigen Müdigkeit und das Gefühl des Abgespanntseins. Sie sollen außerdem das Leistungs- und Konzentrationsvermögen fördern, weshalb manche als Dopingmittel mißbraucht werden. Amphetamine können zur Sucht führen. Zu den Psychotonika rechnet man die Weckamine und in gewissem Sinne auch Koffein. Einige sind als Appetitzügler in Gebrauch.

Psychotomimetika (Psychedelika, Psychodysleptika, Halluzinogene) rufen beim Gesunden schizophrenieähnliche Zustände hervor (z. B. Meskalin, LSD, Haschisch).

Psychosen: P. sind sog. ↑Geisteskrankheiten. Ihre organischen Ursachen sind weitgehend ungeklärt (in einigen Fällen können z. B. Störungen der Nervenfunktionen oder des Hormonhaushaltes verantwortlich gemacht werden). Man versucht experimentell über die Mechanismen der P. Erkenntnisse zu gewinnen, indem man Psychotomimetika (↑Psychopharmaka) einsetzt.

P. im Sinn der „klassischen" Psychiatrie (endogene P.) sind die beiden Formenkreise *manisch-depressives Irresein* (Wechsel zwischen Manie oder „Hochgefühl" und Depression oder „Niedergeschlagenheit" bzw. starkes Vorherrschen der einen oder anderen seelischen Stimmung) und *Schizophrenie* (sog. Spaltungsirresein, eine chronische Geisteskrankheit, die mit Sinnestäuschungen, Wahnideen und Denkzerfall einhergeht).

Psychosomatik: Die P. stützt sich auf die Erkenntnis, daß viele körperliche Vorgänge von der seelischen Stimmungslage eines Menschen beeinflußt werden. Die Medizin macht sich dies zunutze, um Krankheiten, für die keine organischen Ursachen zu finden sind, zu erklären und möglichst durch Einwirkung auf die Psyche zu heilen. Die P. sieht den Menschen als eine Einheit von Leib und Seele. Eine Erkrankung ist daher nicht mehr als etwas anzusehen, das nur bestimmte Organe befällt, sondern als etwas, das vom ganzen Menschen erlebt wird und auch im seelischen Befinden seinen Eindruck hinterläßt.

Ptyalin: Das erstmals 1831 im Speichel des Menschen nachgewiesene Enzym P. ist eine α-Amylase (↑Amylasen). Außer beim Menschen kommt es noch bei anderen Allesfressern und bei Pflanzenfressern vor, nicht jedoch bei ↑Fleischfressern.

Pubertät: Während der Übergangszeit von der Kindheit zum geschlechtsreifen Menschen erfolgen im Körper tiefgreifende hormonale Umstimmungen, die den Heranwachsenden in dieser Zeit physisch und psychisch stark belasten.

Neben beschleunigtem Wachstum bilden sich die sekundären ↑Geschlechtsmerkmale aus, und die Keimdrüsen nehmen ihre Tätigkeit auf. Vor allem unter den Achseln und im Bereich der Geschlechtsorgane bilden sich Duftdrüsen in der Haut, die jetzt zunächst

sehr stark arbeiten. Auch Schweiß- und Talgdrüsen sind aktiver. Sind die Ausführgänge der Talgdrüsen verstopft, so verhärtet der gestaute Talg. Bei Verhärtung dieser *Mitesser* entstehen *Pickel*. Erhöhte Reinlichkeit ist deshalb erforderlich.
Während der P. kommt es bei Mädchen zur ersten Regelblutung *(Menarche)*. Im Laufe der folgenden zwei Jahre sollte sich der Abstand zwischen den einzelnen Regelblutungen (↑Menstruation) auf einen regelmäßigen Rhythmus von 26 bis 31 Tagen eingespielt haben.
Die Jungen erleben während der P. die ersten *Samenergüsse* (↑Samenerguß). Diese können ungewollt nachts erfolgen *(Pollution)* oder durch Reizung des Glieds hervorgerufen werden. Als Vorstufe und quasi Vorbereitung auf das spätere, im Normalfall partnerbezogene Sexualleben kommt es bei beiden Geschlechtern verstärkt zur ↑Selbstbefriedigung. – ↑auch Geschlechtsreife.

Puffs: Lockert sich die Spiralisierung der DNS-Fäden in ↑Riesenchromosomen im Bereich der Querscheiben auf, entstehen Aufblähungen, die als P. oder (v. a. die größeren) als *Balbiani-Ringe* bezeichnet werden (s. auch Abb. S. 376). In ähnlicher Weise entspiralisieren sich wahrscheinlich die Chromomeren normaler Chromosomen; nur ist dies dort nicht zu sehen. Bei Riesenchromosomen lassen sich unterschiedliche Messenger-RNS-Sorten isolieren, die an diesen P. gebildet werden. Verfolgt man die Verteilung der P. auf den Chromosomen in einzelnen Entwicklungsstadien eines Insekts, stellt man fest, daß sie im Laufe der Zeit an einigen Stellen verschwinden und dafür in charakteristischem Wechsel in anderen Chromomeren neue auftauchen. Dies deutet u. a. darauf hin, daß die P. das sichtbare Kennzeichen verschiedener Syntheseaktivitäten der Chromosomenabschnitte darstellen.

Puls: Der P. ist eine fühlbare rhythmische Dehnung der Gefäßwand, hervorgerufen durch die systolische Pulswelle (↑Herz). Die Geschwindigkeit der Pulswelle ist größer als die des strömenden Bluts.
Der P. wird gewöhnlich so gefühlt, daß man die Fingerkuppe leicht auf die Daumenseite des Unterarms legt. Normal sind 70–80 Pulsschläge pro Minute, entsprechend dem Rhythmus der Kontraktionen der Herzkammer.

pulsierende Vakuole (kontraktile Vakuole): Die p. V. ist eine bläschenartige Zellorganelle bei Einzellern, die im Süßwasser leben. Da die Konzentration osmotisch wirksamer Substanzen in deren Zellkörper höher als im umgebenden Wasser ist, dringt ständig Wasser in die Zelle ein. Das überschüssige Wasser wird, meist über ein kleines Kanalsystem, in der pulsierenden Vakuole gesammelt und durch deren rhythmische Kontraktionen wieder nach außen entleert. Dabei werden möglicherweise auch Exkretstoffe ausgeschieden. Die p. V. ist besonders gut bei Pantoffeltierchen (Paramecium) zu erkennen.

Pupille: Das Sehloch, das die Regenbogenhaut freiläßt, heißt Pupille. Sie erscheint schwarz, weil das Augeninnere das einfallende Licht fast vollständig verschluckt. Muskeln in der Regenbogenhaut verändern je nach Lichteinfall den Durchmesser der Pupille. Bei größter Helligkeit beträgt er beim Menschen 2 mm, bei Dunkelheit bis 8 mm. Die ↑Augen einiger Reptilien und z. B. der Katzen haben senkrechte, spaltförmige Pupillen.

Pupillenreaktion (Pupillenreflex): Die Pupille unseres Auges verengert sich reflektorisch bei zunehmender Helligkeit, bei abnehmender Helligkeit erweitert sie sich dagegen. Der Lichteinfall bei kleinstem (2 mm) und größtem Durchmesser (8 mm) steht dabei im Verhältnis 1:16. Wird nur ein Auge belichtet, so reagieren trotzdem beide Pupillen *(konsensuelle P.)*. – ↑auch Dunkeladaptation.

Puppe: Das vorletzte Entwicklungsstadium bestimmter Insektengruppen (z. B. Käfer, Schmetterlinge, Fliegen, Hautflügler) wird als P. bezeichnet (↑auch Metamorphose). Das Insekt ist hier in eine stark chitinisierte Hülle

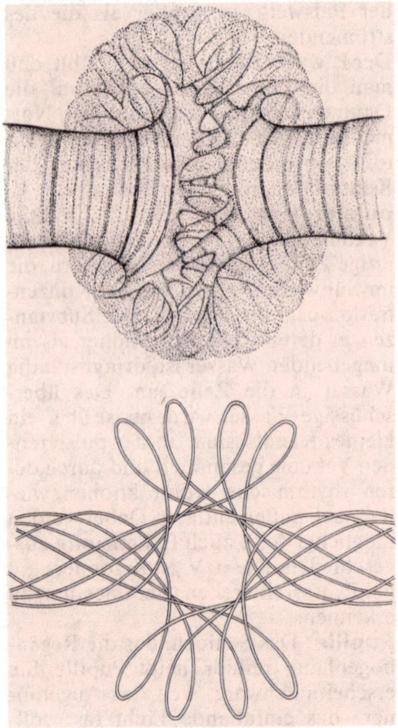

Abb. Puffs: In einem Polytänchromosom ausgebildeter Puff (oben) und schematisierter Verlauf der chromosomalen Fibrillen (unten)

eingebettet und durchläuft ein Ruhestadium ohne Nahrungsaufnahme. Während der Puppenruhe findet die Umwandlung von larvalen Organen in Organe des voll ausgebildeten Insekts statt. – *Puppentypen* (s. auch Abb.): Die *freie P.*, bei der Flügel, Beine und Fühler unbeweglich, aber frei auf der Körperoberfläche liegen, kommt bei den meisten Käfern und Hautflüglern vor. Eine Sonderform der freien P. stellt die sog. *Tönnchenpuppe* (mit Kutikulakokon) vieler Fliegen dar.

Bei der *Mumienpuppe* liegen Flügel, Beine und Fühler durch die erhärtende Häutungsflüssigkeit fest dem Rumpf an. Sie findet sich besonders bei Schmetterlingen, Marienkäfern und Mücken. Als Sonderformen treten hier auf: die *Gürtelpuppe*, die mit einigen Gespinstfäden um die Körpermitte („Gürtel") an steilen Gegenständen befestigt ist und z. B. beim Schwalbenschwanz und Kohlweißling vorkommt, und die *Stürzpuppe*, die mit einem kurzen Hinterleibsstiel befestigt ist und (mit dem Kopf nach unten) fast senkrecht herabhängt (typisch z. B. für Flecken- und Augenfalter).

Um viele Puppen herum ist ein ↑Kokon gesponnen, der z. B. beim Seidenspinner wirtschaftlich zur Naturseidengewinnung genutzt wird.

Purine (Purinbasen): Als P. bezeichnet man die von dem Ringsystem Purin abgeleiteten Basen, wie z. B. Adenin und Guanin, die bei der ↑DNS und ↑RNS eine Schlüsselrolle spielen. Außerdem gehört die ↑Harnsäure zu den Purinen.

Störungen im Purinstoffwechsel können beim Menschen zu Harnsäureablagerungen in den Gelenken (Gicht) oder in den Nierenkanälchen (Nierensteine) führen.

Pygmiden ↑Menschenrassen.

Pylorus svw. ↑Pförtner.

Pyramidenbahn: Die P. ist eine direkte motorische Bahn, die von den motorischen Zentren der Großhirnrinde zu den motorischen Kerngebieten des Hirnstamms und zu den motorischen Nervenbahnen des Rückenmarks verläuft. Über sie können auch einzelne Muskeln sehr rasch und willkürlich bewegt werden. – ↑auch Zentralnervensystem.

Pyridoxolgruppe: Die P. umfaßt

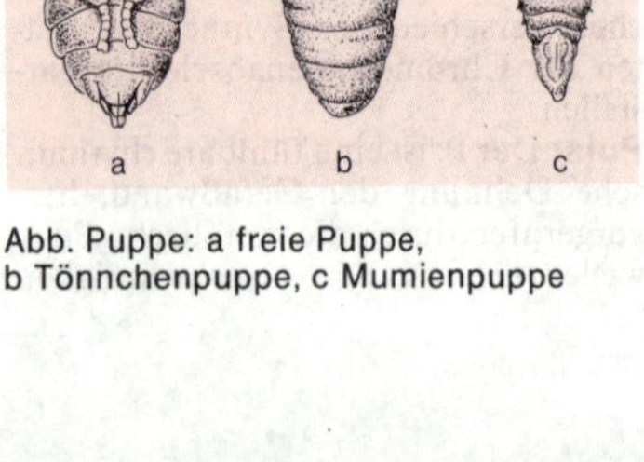

Abb. Puppe: a freie Puppe, b Tönnchenpuppe, c Mumienpuppe

mehrere natürlich vorkommende Pyridinabkömmlinge (Pyridoxol, Pyridoxal, Pyridoxamin = Adermin), die zusammenfassend auch als *Vitamin B_6* bezeichnet werden. Vitamin B_6 spielt im Aminosäurestoffwechsel bei der Übertragung von Aminogruppen eine Rolle; sein Mangel ruft wenig typische Krankheitserscheinungen (z. B. Hautveränderungen, Übererregbarkeit) hervor. Vitamin B_6 ist in tierischen und pflanzlichen Nahrungsmitteln (Leber, Hefe, Getreidekeimlingen, Kartoffeln) weit verbreitet.

Pyrimidin: Eine sechsgliedrige heterocyclische Verbindung mit 2 Stickstoffatomen; der Grundkörper der Pyrimidinbasen wie Cytosin, Uracil und Thymin (↑DNS, ↑RNS).

Pyruvat ↑Brenztraubensäure.

Q

Quadrupedie (Vierfüßigkeit): Quadruped bewegen sich Lurche, Kriechtiere (außer Schlangen und Schleichen) und die meisten Säuger. Die ↑Bipedie leitet sich von der Q. ab.

Quallen (Medusen): Als Q. bezeichnet man die freischwimmende Geschlechtsgeneration der ↑Nesseltiere. Ihr Körper hat eine glocken- oder schirmförmige Gestalt und besteht aus gallertartiger bis knorpeliger Substanz. Ein zentral nach unten hängender, klöppelartiger Magenstiel enthält den Hauptteil des Verdauungsraums; er besitzt unten eine Mundöffnung.

Q. schwimmen nach dem Rückstoßprinzip, indem sie ihren Schirm pulsierend zusammenziehen und dabei Wasser durch eine Öffnung nach unten ausstoßen, so daß sie nach oben schwimmen. Danach lassen sie sich wieder mit Hilfe der Schwerkraft nach unten fallen. – Am Schirmrand haben die meisten Q. mehrere z. T. ziemlich lange *Fangarme* (Tentakel), die mit ↑Nesselkapseln versehen sind und dem Beutefang dienen.

Q. entstehen meist durch ungeschlechtliche ↑Sprossung aus ↑Polypen und erzeugen ihrerseits wieder Polypen (↑auch Generationswechsel). Nur selten entstehen auf geschlechtlichem Wege wieder neue Quallen, wobei dann die Polypengeneration wegfällt. – ↑auch Staatsquallen.

Quartär: Die jüngste Formation des Känozoikums (Erdneuzeit); ↑Erdzeitalter.

Quastenflosser (Crossopterygii): Die Q. bilden eine Ordnung sehr urtümlicher Fische, die zu den vierfüßigen Wirbeltieren überleitet. Sie sind seit dem Devon bekannt und seit dem Beginn des Tertiärs fast völlig ausgestorben. Der einzige heute noch im Indischen Ozean als ca. 1,5 m langer Bodenfisch lebende Vertreter ist *Latimeria chalumnae* (s. auch Abb.): mit sehr großen Schuppen, stark rückgebildeter Lunge und Flossen, die einen muskulösen, beschuppten Stiel aufweisen.

Quellregion svw. Krenal (↑Gewässerregionen).

Quellung: Als Q. bezeichnet man den

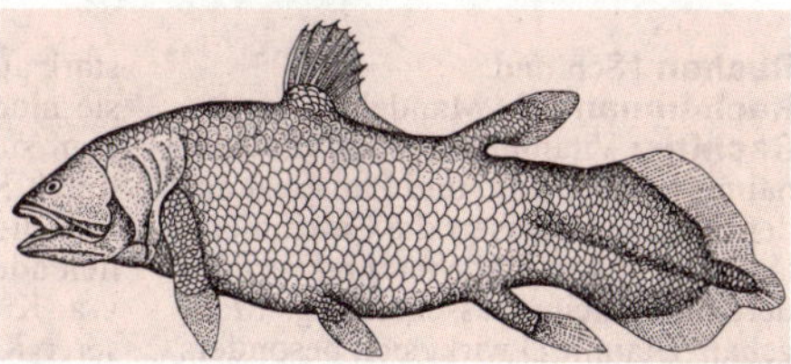

Abb. Quastenflosser: Latimeria chalumnae vermag mit Hilfe der Brust- und Bauchflossen kürzere Strecken zu laufen

Vorgang, bei dem ein Stoff durch Aufnahme einer Flüssigkeit eine Volumenvergrößerung erfährt. Dabei werden Flüssigkeitsmoleküle mit erheblichen Kräften in die Hohlräume (Kapillaren) der meist kolloidal vorliegenden Substanz gesaugt. Im Bereich der Biologie kommt als Quellungsmittel ausschließlich *Wasser* in Frage. Die fein verteilten, kapillarenreichen Substanzen sind dabei Eiweiße (Samen) oder Polysaccharide (Holz).
Der *Quellungsdruck* reicht z. B. aus, die Samenschale zu sprengen und so der Keimwurzel den Austritt aus dem Samen zu ermöglichen. Auch viele Öffnungsmechanismen bei Samenkapseln und Sporenbehältern sind auf Quellungsvorgänge zurückzuführen.

Quellungsdruck ↑Quellung.

quergestreifte Muskeln: Die mit gewissen Ausnahmen (s. u.) dem Willen unterliegenden (willkürlichen) ↑Muskeln der Wirbeltiere setzen sich aus zahlreichen gebündelt liegenden Muskelfasern zusammen, die unter dem Mikroskop eine Querstreifung zeigen. Zwischen den Fasern liegt lockeres, blutkapillarenreiches Bindegewebe.
Diese zylindrisch geformten *Muskelfasern* können bis 30 cm, beim Menschen bis 12 cm lang sein. Sie entstehen durch Verschmelzung sehr vieler einzelner ↑Muskelzellen und besitzen daher mehrere bis zahlreiche randständige Zellkerne. Jede Muskelfaser ist von einer Bindegewebsmembran umhüllt. Das Plasma der Faser enthält viele verstreut liegende Mitochondrien und ist von *Muskelfibrillen* erfüllt, die in gleiche, einander entsprechende Struktureinheiten, die Sarkomeren, gegliedert sind, die Elemente der ↑Muskelkontraktion.
Die *Sarkomeren* der Fibrillen einer quergestreiften Muskelfaser haben alle die gleiche Anordnung. Jede Sarkomere besteht aus einem Bündel streng geordneter Myosin- und Aktinfäden. Durch die unterschiedliche Dicke dieser voneinander versetzt angeordneten Fäden kommt es zur Ausbildung dunklerer und hellerer Querbanden und damit zu einer Querstreifung der ganzen Muskelfaser.
Q. M. arbeiten sehr rasch und sind äußerst leistungsfähig. Deshalb ist auch der *Herzmuskel* quergestreift, obwohl er nicht dem Willen unterliegt. Sein Bau weicht etwas von dem der quergestreiften Skelettmuskeln ab. So bestehen die Herzmuskelfasern aus hintereinandergeschalteten Herzmuskelzellen, die durch sog. *Glanzstreifen* gegeneinander abgegrenzt sind. Dies sind jedoch keine echten Zellmembranen. Außerdem geben die Fasern in spitzem Winkel Verbindungsfasern zueinander ab.
1 mm^3 quergestreiftes Muskelgewebe des Menschen enthält rund 200 Muskelfasern und 700 Blutkapillaren. Diese lassen gerade so viel Blut passieren, daß der Muskel ausreichend ernährt wird. Bei starker Muskelarbeit können sie die 700- bis 800fache Blutmenge durchlassen.

R

Rachen ↑Schlund.

Rachenmandel ↑Mandeln.

Rachịtis: Vitamin D fördert die Aufnahme von Calcium und Phosphat aus dem Darm, verbessert die Calciumeinlagerung in den Knochen und vermindert die Calciumausscheidung. Mangel an Vitamin D wirkt sich besonders stark auf wachsende Knochen aus. Da sie nicht ausreichend verkalken, bleiben sie weich und verformen sich durch Körpergewicht und Muskelzug. Von dieser Vitamin-D-Mangel-Krankheit oder R. (englische Krankheit) sind v. a. Kinder in Industriegegenden unserer Klimazonen gefährdet, weil Vitamin D neben der Aufnahme mit der Nahrung auch durch Sonnenbestrahlung in der Haut gebildet wird.

Rädertiere (Rotatorien): Eine Klasse meist 0,1–1 mm langer Rundwürmer, die vorwiegend in Süßgewässern (s. Abb. S. 380), z. T. auch in Moos und im Meerwasser vorkommen. Ihre Größe entspricht etwa der der ↑Wimpertierchen; sie unterscheiden sich aber von diesen durch eine Vielzahl von Zellen. Ihr Körper ist bei pflanzenbewohnenden Arten fast wurmförmig, bei Wasserbewohnern sackförmig.

Am Körper der R. lassen sich in der Regel 3 Abschnitte unterscheiden: Der *Kopf* trägt zwei Wimpernkränze (das sog. *Räderorgan*), die der Fortbewegung und dem Herbeistrudeln von Nahrung dienen. Der *Rumpf* ist mit einer starken Kutikula gepanzert. Der muskulöse *Fuß* weist 2 lappige Anhänge auf, in denen zwei Klebdrüsen ausmünden, die das Sichfestheften der Tiere an einer Unterlage ermöglichen. Kopf und Fuß können in den Rumpf eingezogen werden. – Der Schlund der R. ist als ↑Kaumagen ausgebildet.

Einige Arten der R. bewohnen extreme Lebensräume, wie z. B. die Antarktis oder bis 50 °C heiße Quellen. Die landbewohnenden R. können bei Austrocknung Trockenstarren von 3–4 Jahren überdauern.

Radiolarien svw. ↑Strahlentierchen.

Radula (Reibplatte, Reibzunge): Fast alle Weichtiere (außer Muscheln) haben eine R., die dem Zerkleinern der Nahrung dient. Bis zu 75 000 Chitinzähnchen stehen auf ihrer Oberfläche. Zur Nahrungsaufnahme wird sie von vorn nach hinten bewegt. Dabei raspelt sie von der Nahrung kleine Teilchen ab (s. Abb. S. 380).

Rangordnung: Die Rechte und Pflichten der Einzelindividuen gesellig lebender Wirbeltiere innerhalb ihrer Gruppe ergeben sich aus ihrer Stellung in der Rangordnung. Kennen sich die Mitglieder einer Gruppe noch nicht oder kommen neue Tiere hinzu, entscheiden echte Kämpfe oder ritualisierte *Kommentkämpfe,* manchmal aber auch nur ↑Imponiergehabe und ↑Drohgebärden über die Ranghöhe jedes einzelnen Tiers.

Neben körperlicher Stärke und Intelligenz sind noch andere Faktoren maßgebend, die vielfältige Möglichkeiten zum Auf- oder Absteigen in der Gruppenhierarchie bieten und außerdem durch dauernden Wechsel von Über- und Unterordnungen die Organisation der R. komplizieren. Krankheiten, Verletzungen oder Erschöpfung durch vorausgegangene Kämpfe führen sofort zum Verlust der Stellung. Hirsche, die ihr Geweih abgeworfen haben, rükken an das untere Ende der Hierarchie. Paaren sich rangniedere Weibchen mit einem ranghohen Männchen, steigen sie auf (z. B. Dohlen). Nachkommen ranghoher Mütter profitieren von deren Stellung.

Das Entstehen einer allerdings relativ einfachen R. wurde zuerst im Hühnerhof genauer beobachtet. Hier darf das ranghohe Huhn sämtliche rangniederen hacken (↑Hackordnung); es geht zuerst zum Futterplatz und hat den besten Schlafplatz.

Das Verhalten der ranghöheren Tiere wird meist als *Dominanz* bezeichnet, das der rangniederen als *Subordination.* Ist die R. einmal hergestellt, wird sie von allen respektiert, und es genügt meist bloßes Drohen des Überlegenen, um den Tieferstehenden in die Schranken zu weisen, weil sich die Mitglieder der Gruppe gegenseitig erkennen.

Ernstere Auseinandersetzungen gibt es höchstens noch zwischen Rangnachbarn. Im allgemeinen läßt das ranghöchste *Alphatier* das rangtiefste *Omegatier* in Ruhe. Männchen stehen in der Regel höher als Weibchen. Bei Vögeln spielt hier das Prachtkleid eine wesentliche Rolle. Während der Brunst aber genießen die Weibchen Vorrechte. In seiner beherrschenden Position, zu der auch das fast ausschließliche Recht auf Paarung gehört, hat das ranghöchste Tier die Gruppe zu leiten, zu bewachen und zu beschützen. Oft läßt es sich mit Erfolg um Nahrung anbetteln.

Die Rangordnungskämpfe sind von den Kämpfen um ein ↑Revier zu unter-

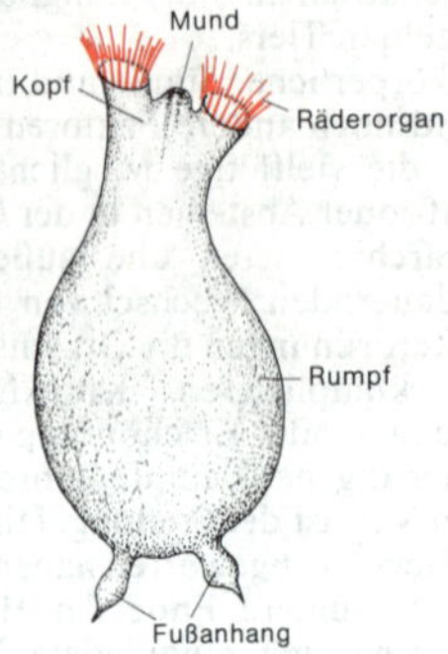

Abb. Rädertiere: wasserbewohnendes Rädertier

scheiden, da diese auch bei nicht gesellig lebenden Tieren vorkommen.

Ranken ↑Kletterpflanzen, ↑Blattranken.

Ranvier-Schnürringe: Unterbrechungen der Myelinscheide, die in regelmäßigen Abständen von 1–2 mm am Axon auftreten. Bei der ↑Reizleitung springt die Erregung von Schnürring zu Schnürring (saltatorische Erregungsleitung); ↑Nervenzellen.

Rasse:

◊ svw. ↑Unterart.

◊ In der Tier- und Pflanzensystematik sind Rassen v. a. durch künstliche Auslese entstandene ↑Varietäten. Man spricht auch von „Sorten", „Linien" und „Schlägen".

◊ ↑Menschenrassen.

Rasterelektronenmikroskop ↑Elektronenmikroskop.

Raubtiere (Carnivora): Eine weltweit verbreitete Ordnung wiesel- bis bärengroßer Säugetiere, die in fast allen Lebensräumen vorkommen. Es sind tag- oder nachtaktive Tiere, die gekennzeichnet sind durch ein Gebiß, bei dem große Eckzähne und scharfe Reißzähne (= Backenzähne) entwickelt sind. Da R. vorwiegend ↑Fleischfresser sind, dienen diese Zähne dem Töten und Aufreißen auch größerer Säugetiere. – Ausbildung und Form der Krallen können stark variieren.

Die Sinnesorgane der R. sind hochentwickelt; unter ihnen ragen Geruchs- und Gehörsinn hervor. Auch die Augen sind in der Regel gut entwickelt.

Zur Anlockung und sexuellen Anregung der Weibchen sowie zur Reviergegrenzung werden von den Männchen (v. a. bei Mardern und Schleichkatzen) unangenehm riechende Sekrete der *Analdrüsen* (im oder am After mündende Drüsen) abgesondert.

R. halten keinen ↑Winterschlaf, manche jedoch (bes. Bären) eine Winterruhe.

Zu den Raubtieren gehören (neben den schon erwähnten Gruppen) Katzen, Hyänen, Füchse, Marder und Hunde (letztere mit Wolf, Schakal und Haushunden).

Raubvögel: In der wissenschaftlichen Terminologie nicht mehr erwünschte zusammenfassende Bezeichnung für Greifvögel und Eulen.

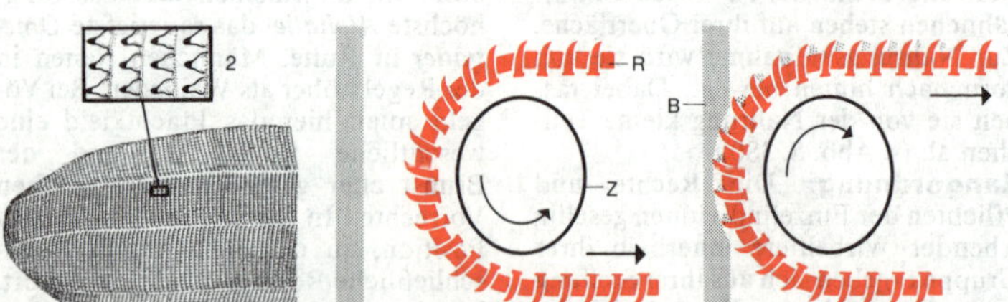

Abb. Radula: 1 Radula einer Schnecke; 2 Anordnung der Zähnchen (vergrößerter Ausschnitt); 3 Schema der Radulabewegung: a Die Radula (R) wird um den Zungenknorpel (Z) nach unten gezogen, b darauf nach vorn an das Blatt (B) geschoben und dann mit abgerissenen Blatteilen nach oben zurückgezogen

Raucherbein: Neben anderen Schädigungen beschleunigt das Nikotin im Tabakrauch die ↑Arterienverkalkung. Da sich die daraus resultierenden Durchblutungsstörungen zuerst an den Blutgefäßen der Beine zeigen, spricht man vom Raucherbein. Die Krankheit beginnt mit ziehenden Schmerzen, die sich beim Gehen manchmal soweit steigern, daß der Betroffene jeweils nach 100–300 Metern stehenbleiben muß *(intermittierendes Hinken)*. Weiterhin besteht die Gefahr einer Thrombose und Venenentzündung (↑auch Krampfadern).

räumliches Sehen: Tiere, die andere Tiere durch gezieltes Zupacken im Sprung (Katzen) oder Flug (Eulen) jagen oder die im Geäst hangeln und springen (Affen), müssen Entfernungen genau abschätzen können. Dazu wird der betreffende Gegenstand mit beiden Augen zugleich angeschaut. Das Gehirn ermittelt aus den Differenzen zwischen den Bildern des linken und des rechten Auges (Parallaxe) die Entfernung.
Bei Lebewesen mit räumlichem Sehen liegen die Augen vorn in einer Ebene im Kopf (Eulen, Mensch, Affen). Fluchttiere, für die ein rechtzeitiges Wahrnehmen des Feindes wichtig ist, haben die Augen seitlich am Kopf. Sie sehen entweder gar nicht räumlich oder nur in einem sehr kleinen Bereich (Pferde!). – ↑auch Gesichtssinn.

Raupe: Raupen heißen die ↑Larven der Schmetterlinge und Blattwespen (Afterraupen); sie haben beißende Mundwerkzeuge. Der Kopf trägt ein Paar kleine Fühler und Kaukiefer sowie Punktaugen. Die 3 Brustsegmente besitzen je ein Paar gegliederte echte Beine. Zusätzlich haben das 3.–6. (bei Afterraupen das 2.–8.) Hinterleibssegment oft je ein Paar Stummelfüße, und das letzte (10.) Segment trägt ein Paar „Nachschieber". – Die Raupen der Schmetterlinge sind nackt oder behaart (Brennhaare), bedornt, mit Warzen versehen und oft bunt gefärbt.

Rauschgifte: Unter der Sammelbezeichnung R. werden einige chemisch sehr verschiedene Substanzen zusammengefaßt, deren gemeinsames Kennzeichen ist, daß sie Rauschzustände und *Drogenabhängigkeit* (↑Sucht) hervorrufen. Im weiteren Sinne gehören hierzu auch Rauschmittel wie die ↑Halluzinogene, Schnüffelstoffe sowie Alkohol und gewisse Arzneimittel, bes. Barbiturate und Amphetamine.
Im *Rausch* sind die normalen Funktionen des Zentralnervensystems außer Kraft gesetzt. Sein Verlauf hängt sowohl von der Art der Droge als auch von der geistigen und körperlichen Verfassung des Betroffenen ab. Erwartet werden allgemein die Verdrängung quälender Sorgen, Hebung der Stimmung, schön gefärbte Träume oder Halluzinationen und eine Intensivierung der inneren Erlebnisfähigkeit. Die Möglichkeit, sich so den Problemen des Alltags zu entziehen, verleitet oft zu *psychischer Abhängigkeit* auch von Drogen, die eigentlich nicht zur Drogenabhängigkeit führen.
Der Mißbrauch bestimmter R. (und auch Arzneimittel) kann gegebenenfalls auch zur *körperlichen Drogenabhängigkeit* führen, die sich bei Absetzen der Droge in Entzugserscheinungen (z. B. Ruhelosigkeit, Angstzustände, Schwitzen, Erbrechen) äußert.
Nach gängiger Ansicht (auch nach dem Gesetz) werden Koffein, Nikotin und Alkohol nicht zu den Rauschgiften gezählt, obwohl gerade Alkohol den typischen Rausch verursacht (↑auch Blutalkohol) und sogar süchtig macht (Alkoholismus).
Der Handel und der medizinische Gebrauch anderer R. wird in den meisten Staaten durch Gesetze geregelt und unterliegt entsprechend strengen Kontrollen. Zu den Rauschgiften dieser Gruppe gehören v. a. die ↑Opiate (↑Opium, ↑Morphin, ↑Heroin), ↑Kokain („Schnee"), ↑Haschisch (bzw. Marihuana), ↑LSD und ↑Meskalin.

Rautenhirn (Rhombencephalon): Der zusammen mit dem ↑Vorderhirn entwicklungsgeschichtlich zuerst angelegte Teil des ↑Gehirns. Aus dem R. gehen im Verlaufe der Embryonalentwicklung die Abschnitte ↑Mittelhirn, ↑Hinterhirn und ↑Nachhirn hervor.

Reafferenzprinzip: Ein Regelprinzip zur Kontrolle und zur Rückmeldung eines Reizerfolgs an das Zentralnervensystem. Beispiel: Von der für eine Bewegungsfolge von einem übergeordneten nervösen Zentrum ausgehenden Erregung *(Efferenz)* wird in bestimmten untergeordneten Zentren eine „Kopie" *(Efferenzkopie)* hergestellt, die in Wechselwirkung mit der vom Effektor kommenden, afferenten Rückmeldung *(Reafferenz)* über den Bewegungserfolg tritt. Damit können Bewegungsabfolgen, die von anderen übergeordneten Zentren oder von außen beeinflußt werden, kontrolliert und geregelt werden.

Receptaculum seminis svw. ↑Samentasche.

Recon ↑Gene.

Recycling: Die Rückführung von Abfällen der Industrie und des Konsums in wieder verwendbare Formen, entweder als Rohmaterial, wie z. B. Metalle, Glas, als Energie (Müllverbrennung) oder als Müll-Klärschlamm-Kompost (Düngung). R. spart Energie und Rohstoffe, was angesichts ihrer Verknappung auf der Erde von großer Bedeutung ist.

Redoxsystem: System von chemischen Verbindungen, das zugleich Elektronen abgeben (Reduktionsmittel) und Elektronen aufnehmen kann (Oxidationsmittel). Solche biochemisch wichtigen Systeme sind z. B. die ↑Zytochrome.

Reduktionsteilung svw. ↑Meiose.

Reduplikation svw. DNS-Reduplikation (↑DNS-Replikation).

Reduzenten ↑Destruenten, ↑Nahrungskette.

Reflexbogen ↑Reflexe.

Reflexe: Ein Reflex ist die einfachste Form, mit der das ↑Zentralnervensystem auf Reize reagieren kann. Mindestens 2 Neuronen bilden einen *Reflexbogen,* der das empfangende Sinnesorgan *(Rezeptor)* über die zuführenden Nervenfasern mit der Schaltstation im nervösen Zentrum, meist im ↑Rückenmark, verbindet und von dort über eine ableitende Faser zum Erfolgsorgan *(Effektor)* führt. Ein solch einfacher Reflex ist z. B. der ↑Kniesehnenreflex. Da in diesem Fall der Rezeptor im Erfolgsorgan liegt, ist dafür die Bezeichnung *Eigenreflex* üblich. Die Aufgabe der Eigenreflexe, die immer nur eine einzige Schaltstation besitzen (also *monosynaptisch* sind), ist es, den Körper in einem bestimmten Tonus zu halten. Der Soll-Wert des Dehnungszustandes der Muskelspindel ist nicht unveränderlich festgelegt; er wird vielmehr von höheren, willkürlichen Teilen des Nervensystems über besondere Nervenfasern eingestellt. Über diese Fasern werden auch alle anderen Bewegungen des Muskels eingeleitet: Ein Impuls vom Gehirn verstellt den Soll-Wert der Dehnungsrezeptoren. Dadurch stimmt der Soll-Wert nicht mehr mit dem Ist-Wert überein. Die Rezeptoren geben Meldung ans Rückenmark. Dort wird die Erregung auf eine Faser anderen Typs geschaltet, die dann erst durch Muskelkontraktion die gewollte Bewegung hervorruft.

Beim *Fremdreflex* sind Rezeptorort und Effektor anatomisch voneinander getrennt *(polysynaptischer Reflex).* So führt z. B. beim *Bauchdeckenreflex* die Reizung der Bauchhaut zur Kontraktion der Bauchdeckenmuskulatur. Entsprechend enthält der Reflexbogen bei Fremdreflexen außer den zu- und abführenden Fasern noch weitere Schaltneuronen, die Verbindungen zur anderen Seite des Rückenmarks und zu seinen oberen und unteren Abschnitten herstellen. Dadurch kann eine Erregung gleichzeitig die antagonistischen Muskeln und die Muskeln der gegenüberliegenden Körperhälfte hemmend oder fördernd beeinflussen. – Fremdreflexe dienen oft zum Schutz; z. B. Hustenreflex, Pupillenreaktion, Tränensekretionsreflex. Bei der Nahrungsaufnahme (v. a. des Säuglings) helfen der Saug-, Schluck- und Speichelsekretionsreflex.

Die Unterscheidung in bedingte und unbedingte R. beruht nicht auf den beschriebenen nervösen Mechanismen. Sie stammt aus der Verhaltensforschung. Ein *unbedingter R.* ist angeboren (alle oben genannten Beispiele).

Ein *bedingter R.* muß erlernt werden. Er kann daher auch wieder vergessen werden.
Die Einteilung in bedingte und unbedingte R. wurde von I. P. Pawlow nach Untersuchungen an Hunden eingeführt: Zeigt man einem Hund einen Knochen, wird Speichelsekretion beim Hund ausgelöst (unbedingter R.). Bietet man ihm gleichzeitig ein anderes Signal, z. B. das Aufleuchten einer Lampe, lernt er nach einiger Zeit, daß er auf dieses Signal hin, das ihn sonst nicht interessiert hätte, einen Knochen zu erwarten hat. Schließlich führt das Licht allein zur Speichelsekretion.
Bei der ↑Dressur werden allgemein solche Assoziationen mit Hilfe unbedingter R. hergestellt.

Refraktạ̈rstadium (Erholungsphase): Das R. einer organismischen Struktur ist diejenige Zeitspanne nach einem gesetzten Reiz, in der eine erneute Reizung ohne Reizerfolg (Reaktion) bleibt. Bei Nerven- und Muskelzellen werden während des Refraktärstadiums, in dem kein Aktionspotential ausgelöst werden kann, die Erregbarkeit durch Aufbau des Ruhepotentials (↑Membranpotential) und damit die Fähigkeit zur Erregungsleitung (↑Reizleitung) wiederhergestellt.

Regelblutung svw. ↑Menstruation.

Regelkreis: In einem R. werden technische oder biologische Vorgänge so beeinflußt (geregelt), daß bestimmte vorgegebene Größenwerte ohne größere Schwankungen erhalten bleiben. Mit den Aufgaben und der Wirkungsweise biologischer Regelkreise befaßt sich die *Biokybernetik*.
Ein R. setzt sich aus einer Reihe von Elementen zusammen. Die Größe, die innerhalb eines engen Schwankungsbereichs konstant gehalten werden soll, wie z. B. die Temperatur eines Ofens oder die Konzentration des Blutzuckers, nennt man die *Regelgröße*. Jede Regelung setzt eine laufende Messung der gerade vorliegenden Regelgrößenwerte *(Ist-Wert)* voraus; dies besorgt der Fühler oder das Meßwerk. Der *Fühler* überträgt den Ist-Wert auf den *Regler,* der ihn mit dem *Soll-Wert* (das ist eine außerhalb des Regelkreises festgelegte Größe) vergleicht. Der Regler gibt dann eine Information (auch *Stellgröße* genannt) an das *Stellglied,* das den Ist-Wert der Regelgröße so verändert, daß er sich dem Soll-Wert nähert. Dabei wird wiederum der Regelgrößenwert vom Fühler gemessen und nach dem vorliegenden Meßergebnis das Stellglied informiert, ob die Regelgröße weiter verändert werden soll oder nicht.
Dieses Prinzip, daß das Ergebnis des Eingriffs gemessen wird und dieses auf das Regelgeschehen entsprechend zurückwirkt, nennt man ↑*Rückkopplung*. Dabei liegt bei einem Regelvorgang immer ein Kreisprozeß vor. Entscheidend für einen R. ist die Information, die der Regler erhält. Nur durch sie kann er das Stellglied über die Stellgröße zum Eingreifen an der Regelstrecke veranlassen.
Die Regelgröße kann von außen durch eine *Störgröße* beeinflußt werden, was ein sofortiges Einsetzen des Regelmechanismus zur Folge hat. Jeder Regler braucht eine gewisse Zeit vom Aufnehmen des Ist-Werts bis zur Ausführung der Regelung *(Totzeit)*.
Komplizierter werden die Verhältnisse, wenn sich die Außenbedingungen während des Regelprozesses ändern; denn dann kann eine an den neuen Verhältnissen orientierte Veränderung an der Regelstrecke nicht mehr innerhalb des Regelkreises bewirkt werden; jetzt muß eine Soll-Wert-Verstellung eintreten, die nur durch einen zweiten R., die *Führungsgröße,* möglich ist.
Ein einfaches und gut erforschtes Beispiel eines einfachen Regelkreises aus der Biokybernetik ist die *Regulation der Blutgase*. Der Mensch nimmt bei der Atmung Sauerstoff auf und gibt Kohlendioxid ab. Ohne Einfluß des Willens werden dabei die Atemfrequenz und die Atemtiefe den körperlichen Erfordernissen (Ruhe oder sportliche Betätigung) angepaßt. Dies wird durch Regelvorgänge bewerkstelligt. Die Konzentration von Sauerstoff und Kohlendioxid ist hier die Regelgröße. Die vorgegebenen Soll-Werte liegen

bei 20 ml O_2 und 51 ml CO_2 in 100 ml arteriellem Blut. Die tatsächlich vorhandene Konzentration muß laufend gemessen werden. Das geschieht mittels ↑Chemorezeptoren, die man im Glomus caroticum (Abzweigung der Halsschlagader) entdeckt hat. Aus dem Glomus caroticum führt ein sensibler Nerv zum Atemzentrum im verlängerten Mark, der bei Überschreitung des Soll-Werts der CO_2-Konzentration durch eine entsprechende Erhöhung der Frequenz seiner ↑Aktionspotentiale das Atemzentrum informiert. Die Chemorezeptoren stellen die Fühler in diesem R. dar. Das Atemzentrum seinerseits veranlaßt die Atemmuskulatur, die als Stellglied des Regelkreises anzusehen ist, über eine Stellgröße (Reizung und Erregungsleitung der zu den Muskeln ziehenden Nerven) die Atemfrequenz zu steigern. Der R. reagiert auch auf eine dem Soll-Wert gegenüber zu geringe CO_2-Konzentration mit Verlangsamung der Atemfrequenz.
Ein weiteres Beispiel für einen komplizierten R. ist die Regulation der ↑Körpertemperatur.

Regenbogenhaut (Iris): Die zweischichtige R. regelt die Menge des in die ↑Augen einfallenden Lichtes. Sie läßt beim Menschen in der Mitte die kreisrunde ↑Pupille frei. Ein Ringmuskel in der R. verengt die Pupille, strahlenförmig angeordnete Muskelfasern der R. erweitern sie. Die Menge der Pigmente in der unteren Schicht bestimmen die Farbe der Iris und damit die ↑Augenfarbe.

Regeneration: Tiere und Pflanzen sind in der Lage, verlorengegangene Körperteile zu ersetzen. Gewöhnlich fügen sich die *Regenerate* sinnvoll in den Körper ein. Das erweckt den Eindruck, als ob der Organismus seine richtige Gestalt „kennen" würde. Obwohl natürlich eine stoffliche Beeinflussung durch benachbarte Zellen dahintersteckt, kann die Entwicklungsphysiologie bis heute keine befriedigende Erklärung auf molekularer Grundlage für die beobachteten Erscheinungen anbieten.
Tiere haben sehr unterschiedliche Regenerationsfähigkeiten. Bei Hohltieren, Plattwürmern, Regenwürmern und Seesternen wird aus einem recht kleinen Abschnitt wieder ein ganzes Lebewesen. Molche, manche Insekten und Krebse können Organe (Augen, Beine) neu bilden.
Bei allen Tiergruppen ist die Verheilung von Verletzungen in Geweben üblich. Manchmal sind neue Zellteilungen nicht mehr möglich; dann können nur Teile der Zellen ersetzt werden (z. B. die Fasern von Nervenzellen der Wirbeltiere).
Nicht immer ist R. nur nach Verletzungen nötig. Bisweilen gibt es Selbstverstümmelungen. So werfen Eidechsen bei Gefahr einen Teil ihres Schwanzes ab; bei Krebsen sind es Beine. Auch die Erneuerung der obersten Hautschichten, die Neubildung von Blutzellen oder die Häutung bei Insekten können als R. gelten. In der Regel nimmt die Regenerationsfähigkeit mit zunehmender Individualentwicklung des Lebewesens stark ab.
Bei den *höheren Pflanzen* ist die vollständige Regenerationsfähigkeit sogar aus Einzelzellen eher die Regel als eine Ausnahme. Oft wachsen anstelle des verlorenen Organs bereits vorgebildete, bisher ruhende embryonale Anlagen aus (z. B. Achselknospen). Bei einigen Pflanzen wachsen regelmäßig oder nach Verletzungen aus einzelnen Zellen an ausdifferenzierten Organen vollständige neue Pflanzen heran. Häufig geht ein Zwischenstadium aus vielen undifferenzierten Zellen, ein Kallus, voraus, aus dem schließlich Sprosse, Wurzeln oder beides entstehen. Der herbstliche Blattfall vieler einheimischer Pflanzen kann als eine Art „Selbstverstümmelung" aufgefaßt werden. Die große Regenerationsfähigkeit der Pflanzen ist die Grundlage der vegetativen Vermehrung durch Stecklinge u. ä.

Regenwürmer ↑Ringelwürmer.

Regler ↑Regelkreis.

Reifeteilung svw. ↑Meiose.

reinerbig (homozygot): Im homozygoten Zustand besitzen die Zellen eines diploiden Organismus zwei gleiche ↑Allele des untersuchten Gens. – Gegensatz: ↑mischerbig.

Reissner-Membran: Begrenzungsmembran zwischen der häutigen Schnecke und der Vorhoftreppe im Innenohr; ↑Ohr.

Reißzähne ↑Zähne.

Reiz: Als Reize werden diejenigen Einwirkungen von Strahlungsenergie sowie von elektrischer, mechanischer, chemischer und thermischer Energie auf erregbare Strukturen (Nerven, Muskeln) verstanden, die an diesen nach Erreichen einer bestimmten Stärke *(Reizschwelle)* eine Zustandsänderung *(Erregung)* hervorrufen.

Der Erregung folgt entweder unmittelbar nach der Reizaufnahme *(Perzeption)* oder nach einer Leitung der Erregung (Erregungs- oder ↑Reizleitung) über andere erregbare Strukturen die meist spezifische Reizantwort *(Reaktion)*. Bei Tieren und beim Menschen finden sich besonders differenzierte Zellen, die einzelne Reizarten bevorzugt aufnehmen (↑Rezeptoren) und die oft zu mehreren in besonderen Sinnesorganen zusammenstehen.

Reizbarkeit: Die Eigenschaft der Lebewesen bzw. von Teilen von ihnen, auf ↑Reize mit Reaktionen zu antworten.

Reizleitung (Erregungsleitung): Die Erregungsleitung ist die Ausbreitung einer Erregung entlang einer erregbaren Struktur (Nerv, Muskel). Meist erfolgt sie von einem ↑Rezeptor über afferente und efferente Bahnen über eine oder mehrere Schaltstellen auf einen ↑Effektor.

Die Erregung kann durch einen ↑Reiz oder selbsttätig (autonom, z. B. im Sinusknoten des Herzens) entstehen. Da Erregung gleichbedeutend ist mit der Auslösung eines ↑Aktionspotentials, „wandert" bei der R. das Aktionspotential an der elektrisch leitenden Nerven- oder Muskelfaser entlang.

An Muskelfasern und marklosen Nervenfasern erfolgt eine *kontinuierliche R.* (0,5 bis 15 m/s). An markhaltigen Nervenfasern treten die Aktionspotentiale nur an den Ranvier-Schnürringen auf (die dazwischenliegende Strecke wird durch Stromschleifen überwunden: *saltatorische R.*). Die Leitungsgeschwindigkeit beträgt dann bei Wirbeltieren 70–120 m/s.

An den ↑Synapsen erfolgt die R. folgendermaßen: Die Erregung verursacht in den Endaufzweigungen der zuleitenden Nervenfaser eine Ausschüttung von ↑Acetylcholin (parasympathische und präganglionäre sympathische Synapsen, motorische Endplatte) oder ↑Adrenalin (postganglionäre sympathische Synapsen). Acetylcholin und Adrenalin wirken als Überträgerstoffe (↑Transmitter), die den synaptischen Spalt zwischen der präsynaptischen Membran der afferenten Faser und der postsynaptischen Membran der efferenten Faser überbrücken, dadurch die elektrische Leitfähigkeit der postsynaptischen Membran im Spaltenbereich für alle Ionen erhöhen und somit eine lokale ↑Depolarisation hervorrufen. Erreichen die lokalen Depolarisationen im postsynaptischen Bereich durch Summation einen gewissen ↑Schwellenwert, erfolgt in der efferenten Faser ein fortgeleitetes Aktionspotential, d. h., die Erregung läuft weiter. Der Übertragungsvorgang in der zentralnervalen Synapse benötigt 0,5 ms, in vegetativen Synapsen 2–5 ms.

Die Summation der lokalen Depolarisationen mit nachfolgender Aktionspotentialentstehung in der efferenten Faser wird als *Bahnung* bezeichnet. Eine *Hemmung* erfolgt dagegen, wenn die Bildung der lokalen Depolarisationen (enzymatisch) verzögert ist. Jede Nerven- oder Muskelfaser ist einige Zeit nach der Auslösung eines Aktionspotentials unfähig zur Erregungsleitung (↑Refraktärstadium).

Auch bei *Pflanzen* erfolgt eine Erregungsleitung vom Ort der Reizaufnahme zum Reaktionsort. Wie hier Reizaufnahme und R. erfolgen, ob durch stoffliche Leitung oder Auslösung von Aktionspotentialen, ist bis jetzt ungeklärt.

Reizschwelle: Unter R. versteht man die Eigenschaft der ↑Rezeptoren, erst auf ↑Reize eines bestimmten ↑Schwellenwertes mit Auslösung eines Aktionspotentials, d.h. mit Erregung, zu antworten.

Rekombination: Als R. bezeichnet man allgemein den wechselseitigen Austausch von ↑Genen zwischen zwei Genomen. Dadurch vermehren sich die Möglichkeiten, daß vorteilhafte Gene in einem Lebewesen vereinigt werden, das dann besonders gute Aussichten hat, sich bei der Selektion zu behaupten.

Bei Organismen mit einem echten Zellkern findet die R. während der Vorgänge bei der ↑geschlechtlichen Fortpflanzung statt. Hierbei spielt es keine Rolle, wie lange die ↑Diplophase dauert. Wichtig ist nur, daß in der Zygote zwei verschiedene Chromosomensätze vereinigt werden. Die ↑Chromosomen werden in der irgendwann folgenden ↑Meiose nicht in derselben Zusammenstellung wie vorher getrennt, sondern zufällig auf die vier haploiden Produkte verteilt.

Neben dieser R. ganzer Chromosomen können zusätzlich durch ↑Crossingover Allele zwischen homologen Chromosomen ausgetauscht werden. Dies ist nach einer Kreuzung daran zu erkennen, daß ursprünglich gekoppelte Allele mehrerer Gene in verschiedenen Organismen zu finden sind. Die R. nach diesem Mechanismus ist nicht als molekularer „Unfall" anzusehen, weil die Rekombinationshäufigkeit arttypisch ist und damit durch besondere Gene und deren Enzym kontrolliert wird, also „eingeplant" ist. Der Austausch von Chromatidenstücken findet auch in Körperzellen statt, wenn die homologen Chromosomen nahe genug beieinander liegen. Die Modelle zur Erklärung der molekularen Mechanismen des Stückaustauschs befinden sich noch im Stadium der experimentellen Überprüfung.

Die Vorteile, die sich aus der R. des Erbguts für Eukaryonten ergeben, werden von Bakterien auf andere Weise ohne ausgeprägte Sexualität erreicht. Ihnen stehen für die Übertragung der Information von einem Genom zum anderen folgende Mechanismen zur Verfügung: ↑Konjugation, ↑Transduktion und ↑Transformation.

Rektum svw. ↑Mastdarm.

Reptilien svw. ↑Kriechtiere.

Reservestoffe: R. sind Speicherstoffe, die in bestimmten Zellen oder Geweben im tierischen oder pflanzlichen Organismus gespeichert werden, um bei Nahrungsmangel zur Verfügung zu stehen. Als R. dienen v.a. Kohlenhydrate, Eiweiße und Fette.

Resistenz: Als R. bezeichnet man die Widerstandsfähigkeit eines Organismus gegen Schädigung durch Parasiten, andere Schädlinge oder Umweltfaktoren wie Kälte, Hitze, Trockenheit oder chemische Gifte.

Die tiefsten Temperaturen werden von trockenen Samen vertragen (−258 °C). Bei Temperaturen bis −60 °C können arktische Pflanzen leben. Sie erreichen dies, indem sie durch Wasserentzug die Salzkonzentration im Zytoplasma erhöhen, wodurch der Gefrierpunkt sinkt. – Noch bei 80 °C sind Blaualgen in heißen Quellen tätig; diese Temperatur wird sonst nur noch von Dauerstadien ertragen.

Die Zunahme der R. der Schädlinge gegen chemische Substanzen, die sie vernichten sollten, bereitet der Landwirtschaft und der Medizin Schwierigkeiten. Da die Schädlinge in den ↑Monokulturen vieler Nutzpflanzen, aber auch bei enger Stallbelegung hervorragende Ausbreitungsmöglichkeiten haben, müssen sie mit Pestiziden, Insektiziden, Fungiziden (↑Schädlingsbekämpfung) und ↑Antibiotika bekämpft werden. Wenn jedoch auch nur wenige Schädlinge diese Aktionen überleben, geben sie die R., die bei ihnen auf eine Mutation zurückzuführen ist, an ihre Nachkommen oder bei Bakterien sogar durch ↑Rekombination auf andere Arten weiter.

Oft beruht die R. auf einer Störung der wechselseitigen Beziehungen zwischen Parasit und Wirt in biochemischer Hinsicht, so daß der Parasit zwar eindringen kann, sich dann jedoch aus bisher ungeklärten Ursachen nicht mehr vermehrt.

Trotz aller Ähnlichkeiten ist die R., die nur selten gegen bestimmte Schädlinge gerichtet ist, zu unterscheiden von der ↑Immunität, da sie nicht auf einer Antigen-Antikörper-Reaktion beruht.
Die R. wird vererbt; daher ist sie besonders in der ↑Pflanzenzüchtung ein wichtiges Züchtungsziel.

Resorption: R. bedeutet die Aufnahme von Stoffen in das Blut oder in die Lymphe. Resorptionsvorgänge spielen in erster Linie bei der Aufnahme von Nahrungsstoffen eine Rolle. Fette, Kohlenhydrate und Eiweiße werden im Verdauungstrakt (Mund, Magen, Darm) durch ↑Enzyme in kleine Moleküle zerlegt. Diese werden beim Menschen und bei Säugetieren z. B. im Dünndarm über die Darmzotten resorbiert; daher gelangen Traubenzucker und die Aminosäuren direkt ins Blut und damit in die Leber, während die Fettsäuren und Glycerin, in der Darmwand wieder zu Fett vereinigt, in die Lymphe gelangen. Dieser Resorptionsvorgang erfolgt oft gegen das Konzentrationsgefälle und ist daher hauptsächlich ein aktiver Transportvorgang. Auch das Wasser, das durch die Verdauungssäfte in den Darm gelangt, wird im Dickdarm resorbiert.
Giftstoffe oder Arzneimittel können durch Schleimhäute, seltener durch die Oberhaut in den Körper resorbiert werden; z. B. Einreibmittel durch die Haut, bei Inhalationen durch die Mund- und Bronchialschleimhaut.

Respiration svw. äußere ↑Atmung.

Respirationssystem svw. ↑Atmungsorgane.

respiratorischer Quotient ↑Atmung.

Retardation: Sowohl eine Verlangsamung der körperlichen und/oder geistigen Entwicklung eines einzelnen Menschen als auch eine allgemeine Verzögerung des Entwicklungstempos im Verlauf der Stammesgeschichte werden als R. bezeichnet.
Für den Menschen außerordentlich wichtig ist die (gegenüber vergleichbaren Tieren wie den Menschenaffen) besonders starke Verlangsamung des Wachstums vom zweiten Lebensjahr nach der Geburt an (zunächst bis zur Pubertät, während der ein Wachstumsschub einsetzt, und wieder nach Abschluß der Geschlechtsreife). Die damit verbundenen langen Phasen der Kindheit und Jugend sind v. a. für die geistige Entwicklung des Menschen von entscheidender Bedeutung.

retikuloendotheliales System: Ein Komplex von Zellen, die in den Stoffwechselvorgängen und bei Abwehrvorgängen im menschlichen Körper eine Rolle spielen. Solche Retikulumzellen befinden sich in Leber, Milz, Gehirn, Knochenmark, Lymphe und im Bindegewebe. Bakterien oder andere fremde Stoffe werden von ihnen aus dem Blut „weggefangen", gespeichert oder vernichtet.
Auch bei der Bildung von ↑Antikörpern sind sie von Bedeutung. Dabei bilden sich Plasmazellen aus Retikulumzellen der Milz und Lymphknoten, die bei der Aufnahme von ↑Antigenen stimuliert werden. Außerdem sind sie in der Leber am Abbau der roten Blutkörperchen bei der ↑Blutmauserung und am Aufbau von ↑Gallenfarbstoffen beteiligt sowie an der Speicherung von Vitaminen.

Retikulozyten ↑Blut.

Retikulum: Kurzbezeichnung für ↑endoplasmatisches Retikulum.

Retina svw. ↑Netzhaut.

Revier (Territorium): Ein Gebiet, in dem ein Tier dauernd lebt, seine Nahrung findet, sein Nest baut, sich fortpflanzt usw. Reviere dieser Art werden gegen Artgenossen abgegrenzt und verteidigt. Das Markieren des Reviers erfolgt bei Säugern häufig durch Absetzen von Duftmarken (Urin; bei Wölfen, Hunden und Bären), bei Vögeln durch spezifischen Gesang. – ↑auch Territorialverhalten.

Revierverhalten svw. ↑Territorialverhalten.

rezent: Tier- oder Pflanzenarten, die im Gegensatz zu den ausgestorbenen (↑fossilen) Arten heute noch vorkommen, werden als r. bezeichnet.

Rezeptoren: R. sind, im einfachsten Fall, marklose Endigungen von Nervenfasern oder besonders spezialisierte Zellen, die ↑Reize aufnehmen und in Erregungen umwandeln (= Aktionspotentiale auslösen). Der Rezeptor antwortet auf einen Reiz erst, wenn dieser eine bestimmte Intensität (= Schwellenwert) erreicht hat, dann allerdings nach dem ↑Alles-oder-nichts-Gesetz in einer bestimmten Aufeinanderfolge von Aktionspotentialen (Frequenz). – Die zunehmende Stärke eines Reizes wird vom einzelnen Rezeptor mit zunehmender Aktionspotentialfolge, von mehreren gleichartig reagierenden R. mit zunehmender Anzahl erregter R. beantwortet.

Rezessivität: Das rezessive Allel eines ↑Gens kann sich bei der Gestaltung des Merkmals im ↑Phänotyp gegenüber dem dominanten Allel (↑Dominanz) nicht durchsetzen. – ↑auch Mendel-Regeln.

RGT-Regel: Die RGT-Regel gilt als Faustregel bei chemischen Reaktionen und besagt, daß sich die Reaktionsgeschwindigkeit bei einer Temperaturerhöhung um 10 °C etwa verdoppelt, das heißt, daß zwischen Reaktionsgeschwindigkeit und Temperatur eine exponentielle Abhängigkeit besteht. Dies gilt für viele Vorgänge jedoch nur im mittleren Temperaturbereich.

Rhesusfaktor (Rh-Faktor): Der R. stellt eine ↑Blutgruppe dar, die 1940 von K. Landsteiner und A. S. Wiener im Serum von Kaninchen, denen Blut von Rhesusaffen eingespritzt worden war, entdeckt wurde und die fast nur bei der weißen Menschenrasse (85% der Europäer sind Rh-positiv) und bei Rhesusaffen vorkommt.

Die Besonderheit des Rhesusfaktors besteht darin, daß zwar das Antigen der roten Blutkörperchen vorhanden ist, aber nicht der entsprechende natürliche Antikörper im Serum. Ein *Rh-negativer* Mensch (ohne Rh-Antigen) bildet erst nach wiederholtem Kontakt (Transfusionen, Schwangerschaften mit Rh-ungleichen Embryonen) mit *Rh-positivem* Blut oder Rh-positivem Serum so viele Antikörper aus, daß Schädigungen, u. U. sogar der Tod, durch die Agglutination der roten Blutkörperchen eintreten. Beispielsweise ist das erstgeborene Rh-positive Kind einer Rh-negativen Mutter und eines Rh-positiven Vaters gesund; weitere Rh-positive Kinder werden (wegen der Antikörperbildung von der Mutter her) schwer geschädigt sein oder gar tot geboren werden.

Die Antikörperbildung kann durch Gabe von Gammaglobulinen unterdrückt werden. Die Antikörper des Neugeborenen werden durch einen totalen Blutaustausch gleich nach der Geburt entfernt.

Rheumatismus: Unter dem Begriff R. wird eine Gruppe von schmerzhaften Muskel- bzw. Sehnen- *(Weichteil-R.)* und Gelenkerkrankungen zusammengefaßt, die recht verschieden verlaufen können. Gemeinsam ist allen Erscheinungsformen des R. wahrscheinlich die Antigen-Antikörper-Reaktion, die ungebremst in Form einer Krankheit abläuft.

Manche Fälle eines *akuten R.* werden als Zweiterkrankungen durch die Erreger von Mandelentzündung, Scharlach, Wundrose oder durch einen bestimmten Streptokokkentyp ausgelöst. Begünstigend für akuten R. wirken: die ererbte Anlage, Unterernährung, Übermüdung, naßkaltes Wetter u. a. Bei Fieber schwellen die großen Gelenke an und schließlich auch die kleineren. Bewegungen sind äußerst schmerzhaft. Bei einem nicht kleinen Teil der Patienten wird das Herz geschädigt.

Der *chronische R.* wird durch eine Antikörperreaktion gegen körpereigene Antigene verursacht *(Autoimmunerkrankung).* Die Krankheit kommt bei 1–3% der Bevölkerung vor und tritt am häufigsten zwischen dem 30. und 40. Lebensjahr auf. Familiäre Häufungen werden beobachtet. Typische Zeichen sind Durchblutungsstörungen (mit Kribbeln, Ameisenlaufen), Überempfindlichkeit gegen kaltes Wasser sowie morgendliche Steifheit und Unbeholfenheit der Finger. Die kleinen Gelenke der Finger schwellen an; die Gelenkflächen und Knochen werden umgebaut, und schließlich werden die Hände vollkommen steif. Schwere

Formen mit Herzbeteiligung kommen selten vor. Die Behandlung ist mit verschiedenen Medikamenten (darunter auch Hormonpräparate) möglich.
Vom chronischen R. nicht nur der Lokalisierung, sondern wahrscheinlich auch der Ursache nach verschieden ist die *Bechterew-Krankheit,* die bevorzugt im 3. Lebensjahrzehnt auftritt und Männer häufiger befällt als Frauen. Die Erkrankung führt zu völliger Versteifung der Wirbelsäule; typisch ist die Haltung der Kranken mit stark nach vorn gekrümmtem Rücken. Die Knochenwucherungen drücken auf die Rückenmarksnerven und erzeugen Schmerzen, die dem Ischiasschmerz ähnlich sind.

Rh-Faktor svw. ↑Rhesusfaktor.

Rhithral ↑Gewässerregionen.

Rhizobien (Einzahl: Rhizobium): Im Boden lebende, luftstickstoffbindende Eubakterien; es sind begeißelte, gramnegative, aerobe Stäbchen, die mit Hülsenfrüchtlern in Symbiose leben (↑Knöllchenbakterien).

Rhizodermis (Wurzelhaut): Die R. ist das Abschlußgewebe der Wurzel. Sie ist ein- oder mehrschichtig und hat keine Kutikula und keine Spaltöffnungen. In älteren Wurzelteilen wird sie durch die ↑Exodermis ersetzt. Die R. bildet die ↑Wurzelhaare. Bei vielen Wasser- und Sumpfpflanzen, die keine Wurzelhaare haben, übernimmt die R. die Aufnahme von Wasser und Nährsalzen.

Rhizom (Wurzelstock, Erdsproß): Ein R. ist ein unterirdisch oder dicht über dem Boden wachsender, ausdauernder Sproß bei vielen Stauden. Rhizome wachsen an der Spitze beständig fort, während sie von hinten allmählich absterben. Charakteristisch für sie ist das Fehlen einer Hauptwurzel. Die Wurzeln entstehen auf der Unterseite, die Blätter und Sprosse auf der Oberseite. Rhizome sind meist mit ↑Reservestoffen angefüllt.

Rhizopoden svw. ↑Wurzelfüßer.

Rhodopsin svw. ↑Sehpurpur.

Rhombencephalon svw. ↑Rautenhirn.

Riboflavin (Vitamin B_2): R. kommt in den Zellen in Form von FMN (Flavinmononukleotid) und ↑FAD vor. Somit spielt es eine wichtige Rolle bei der Zellatmung. Wegen seines reichen Vorkommens in der Milch und im Käse hatte es früher den Namen *Lactoflavin (Laktoflavin).*

Ribonukleinsäure ↑RNS.

Ribose: Die R. gehört wie auch die *Desoxyribose* zu den Bausteinen der ↑Nukleinsäuren. Es handelt sich in beiden Fällen um Monosaccharide der Pentosereihe.

ribosomale-RNS ↑RNS.

Ribosomen: R. sind Zellorganellen, die v.a. am ↑endoplasmatischen Retikulum zu finden sind, aber auch frei in der Zelle vorkommen. Die Mehrzahl der R. liegt in Form größerer Funktionseinheiten, der *Polysomen,* vor.
Die R. enthalten zu 50% Proteine und zu 50% r-RNS (↑RNS). Die R. sind die Orte der ↑Eiweißsynthese.

Rickettsien: R. gehören zu einer Gruppe kleiner Bakterien, die sich ausschließlich innerhalb von Wirtszellen vermehren können. Obwohl sie nur so groß sind wie Viren und trotz ihres extremen Parasitismus, besitzen sie sowohl DNS als auch RNS, eine Zellwand und einen eigenen Stoffwechsel. Sie rufen beim Menschen verschiedene Arten von Fleckfieber hervor und werden von Zecken, Milben, Flöhen und Läusen übertragen.

Riechepithel: In diesen Teil der Nasenschleimhaut sind Sinneszellen eingesenkt, deren Riechhärchen von Schleim bedeckt sind. Im Schleim gelangen die gelösten Geruchsstoffe an die Sinneshärchen. Durch das Sekret besonderer „Spüldrüsen" werden sie wieder entfernt. – ↑auch Geruchssinn.

Riechhirn (Rhinencephalon): Das ↑Vorderhirn diente ursprünglich (bei niederen Wirbeltieren) der Auswertung von Geruchsempfindungen (Riechhirn). Aus ihm hat sich das Großhirn entwickelt; ↑Gehirn.

Riechnerv (Nervus olfactorius): Der I. ↑Hirnnerv.

Riesenchromosomen: R. entstehen durch wiederholte Chromosomenverdopplung ohne nachfolgende Trennung der Tochterchromosomen (↑Endomitose). Nach höchstens 9 bis 10 Verdopplungsschritten liegen hundert bis tausend Chromatidenfäden gebündelt nebeneinander. Der Durchmesser nimmt dabei 10 000fach, die Länge 70- bis 110fach zu.

R. bilden auch während der ↑Interphase gut sichtbare Strukturen. Nicht selten sind die Schwesterchromosomen gepaart, so daß nur ein haploider Chromosomensatz zu erkennen ist.

R. kommen in den Zellkernen von Speicheldrüsen und anderen Organen von Zweiflüglern (u.a. Taufliege), in den großen Kernen der Ziliaten, in den Samenanlagen vieler Blütenpflanzen und sogar bei der Maus vor.

Außer der Größe machen zwei auffallende Kennzeichen die R. für die Forschung interessant: Sie zeigen ein *Banden-* oder *Querscheibenmuster,* das durch die nebeneinanderliegenden ↑Chromomeren entsteht. Da diese Chromosomenabschnitte gleichermaßen funktionelle Einheiten darstellen, können Daten der Genetik, z. B. über ↑Chromosomenaberrationen, mit dem zytologischen Bild verglichen werden. Die andere Besonderheit ist die sichtbare *Entspiralisierung* einzelner Abschnitte des Riesenchromosoms. Diese Stellen erscheinen wie aufgebläht und werden als ↑Puffs bezeichnet. An ihnen wird intensiv ↑RNS synthetisiert (↑auch Lampenbürstenchromosomen). – Siehe auch Abb. S. 391.

Riesenwuchs (Gigaswuchs): Eine Überproduktion von Wachstumshormon (Somatotropin) in der ↑Hirnanhangsdrüse während der Phase der körperlichen Entwicklung läßt den Menschen über das normale Maß hinaus wachsen.

R. tritt auch bei Nutz- und Zierpflanzen auf. Dort ist er Folge der Vervielfachung des DNS-Gehalts der Zellkerne (Polyploidie).

Rinde:

◊ Bei *Pflanzen* wird das Gewebe, das in der Wurzel und im Sproß den Zentralzylinder umgibt, als *primäre R.* bezeichnet. Sie wird von der Epidermis nach außen abgegrenzt. Zwischen Epidermis und R. kann Speicherparenchym oder grünes Assimilationsgewebe liegen. Durch sekundäres ↑Dickenwachstum wird die primäre R. zerstört und von der *sekundären R.* (↑Bast) ersetzt.

◊ (Cortex): Bei *Tieren* und beim *Menschen* die äußere Schicht mancher Organe; z. B. Nebennierenrinde, Nierenrinde, Großhirnrinde (↑Gehirn).

Rindenfelder: Die Großhirnrinde (↑Gehirn) läßt sich in einzelne Bereiche (Felder) einteilen, die unterschiedliche Aufgaben wahrnehmen. Bei Schädigungen dieser R. kommt es zu Ausfallserscheinungen.

Jeder Sinneseindruck wird zunächst sog. *Wahrnehmungsfeldern* (z. B. Hörzentrum, Sehzentrum) zugeleitet. Hier wird die Wahrnehmung mit Bekanntem verglichen und „erkannt". Die Wahrnehmung wird auch an andere Zentren weitergeleitet. In besonderen *Assoziationsfeldern* z. B. erfolgt in Zusammenarbeit mit anderen Großhirnbereichen mit Hilfe von Denkvorgängen die weitere Analyse des Wahrgenommenen. Hier werden auch Entscheidungen gefällt. Soll gehandelt werden, so regen die Assoziationsfelder die *motorischen R.* an. Sie steuern alle bewußten Verhaltensweisen wie Sprechen, Schreiben, Fortbewegung. – Als *Projektionsfelder* bezeichnet man R., in denen motorische Leitungsbahnen ihren Ursprung haben oder in denen sensorische Bahnen enden. Das Projektionsfeld für den Gesichtssinn liegt z. B. im Hinterhauptslappen (Sehzentrum).

Ringelwürmer (Gliederwümer, Anneliden): Ein Stamm langgestreckter, runder oder abgeflachter Würmer, deren sekundäre ↑Leibeshöhle in hintereinanderliegende, durch Scheidewände getrennte Abschnitte *(Segmente)* gegliedert ist. Typisch für diese Segmente ist die stets paarweise Wiederholung von bestimmten Organen (Metamerie; wie Ganglien und Exkretionsorgane). Diese Gliederung ist äußerlich an *Ringfurchen* erkennbar. Die Körperwand setzt sich aus einer äußeren Ring- und einer darunterliegenden

Längsmuskelschicht zusammen (↑Hautmuskelschlauch), die die Tiere zur Fortbewegung befähigen. Unter dem den Körper gerade durchziehenden Darm der R. ist ein ↑Strickleiternervensystem ausgebildet.
Besonders borstenreich sind die fast ausschließlich meerbewohnenden *Borstenwürmer (Vielborster),* wohingegen borstenarm die in Süßgewässern und am Land lebenden *Wenigborster* sind, zu denen z. B. Regenwürmer und Tubifex (beliebte Fischnahrung) gehören und die völlig borstenlosen Blutegel.

Rispe: Ein ↑Blütenstand, bei dem die Zweige erster Ordnung nochmals verzweigt sind; z. B. beim Flieder.

Ritualisierung: Es ist von Vorteil, wenn Verhaltensweisen, die der gegenseitigen Verständigung von Artgenossen dienen, möglichst deutlich und auffällig als Signal (Auslöser) zu erkennen sind. Die Selektion begünstigt Veränderungen an bestimmten Bewegungen und Instinkthandlungen, die in dieser Richtung wirken. Dieser Wandel im Dienste der Signalbildung wird als R. bezeichnet. Er kann sich auf unterschiedliche Weise vollziehen: Das Verhalten verliert die ursprüngliche Funktion. Aus dem Futterlocken der Hühner werden z. B. Balzbewegungen des Pfaus. Bewegungen werden mimisch übertrieben, oft durch Wiederholung. Manchmal werden sie zu bloßen „Stellungen". So resultiert die Drohstellung (↑Drohgebärde) aus den einander entgegengesetzten Antrieben zur Flucht oder zum Angriff.
Das Bewegungsmuster wird vereinfacht und läuft immer gleich ab. Die ursprüngliche Orientierung der Bewegung geht verloren. Das Darbieten des Hinterkopfs als ↑Demutsgebärde vieler Vögel ist aus der Drohgebärde entstanden; der gefährliche Schnabel wird nämlich demonstrativ weggewendet.
Gleichzeitig mit den Verhaltensänderungen treten neue körperliche Merkmale wie auffällige Federn, Farbtupfer, Mähnen u. dgl. auf.
Beim Menschen sind die Sprachen grundsätzlich durch R. entstanden.

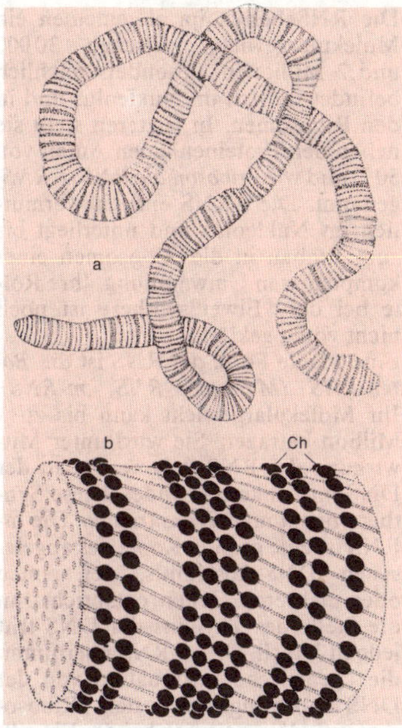

Abb. Riesenchromosomen:
a Riesenchromosom aus der Speicheldrüse einer Fliege; b Aufbau (schematisch) aus zahlreichen Chromonemen, auf denen perlschnurartig die Chromomeren (Ch) angeordnet sind

Auch viele Grußformen sind als ritualisierte Bewegungen anzusehen.

RNS (Abk. für: **R**ibo**n**uklein**s**äure): Die RNS gehört neben der ↑DNS zu den wichtigsten Nukleinsäuren und kommt in jeder Zelle vor. Sie ist ein Polynukleotid aus organischen Basen, Ribose und Phosphorsäure. Am Aufbau der RNS sind die Purinbasen Adenin und Guanin sowie die Pyrimidinbasen Cytosin und Uracil beteiligt.
Bei einigen Viren ist die RNS anstelle der DNS Erbsubstanz. Außer bei diesen wird die RNS stets an der DNS im Zellkern gebildet, wobei unter Mitwirkung der RNS-Polymerase Triphosphonukleotide unter Abspaltung von Pyrophosphorsäure verknüpft werden.

Die RNS besitzt im allgemeinen ein Molekulargewicht zwischen 30 000 und 2 Millionen. Besonders reichlich befindet sie sich im Nukleolus und in den Ribosomen. In letzteren stellt sie neben den Proteinen einen Anteil von 50 % und wird *ribosomale RNS (r-RNS)* genannt. Die r-RNS entsteht vermutlich im Nukleolus und unterliegt bis zum Einbau in die Ribosomen einer komplizierten Umwandlung. Ihre Rolle bei der ↑Eiweißsynthese ist noch nicht völlig geklärt.

Eine zweite Form der RNS ist die *Boten-RNS (Messenger-RNS, m-RNS).* Ihr Molekulargewicht kann bis zu 1 Million betragen. Sie wird unter Mitwirkung der RNS-Polymerase an der DNS im Zellkern gebildet. Diese Synthese nennt man *Transkription.* Die m-RNS ist eine genaue Kopie des abgelesenen DNS-Abschnitts, der einem oder mehreren Genen entspricht; an die Stelle des Thymins der DNS tritt jedoch Uracil. Die m-RNS übernimmt die ↑genetische Information von der DNS und bringt sie zu den ↑Ribosomen, mit denen sie sich bei der Eiweißsynthese auf noch ungeklärte Weise verbindet.

Im Plasma der Zelle liegt außerdem die *Transfer-RNS (t-RNS)* vor, die ein Molekulargewicht von rund 30 000 besitzt. Sie dient der Aktivierung der ↑Aminosäuren, die sie anheftet und zu den Ribosomen transportiert. Dort werden die Aminosäuren in entsprechender Sequenz (↑Aminosäuresequenz) zu Proteinen verknüpft. Die RNS liegt v. a. als Einzelstrang (selten als Einzelhelix) vor. Durch Wasserstoffbrückenbildung können in der RNS noch zusätzliche Verknüpfungen entstehen und zu einer unregelmäßigen Sekundärstruktur führen. Auf diese Weise kommt es zur sog. *Kleeblattstruktur* der t-RNS.

RNS-Polymerasen: Die RNS-Polymerasen sind Enzyme, die in allen Zellen, auch in Bakterien, vorkommen und die Bildung der ↑RNS aus Polynukleotiden synthetisieren. Die Enzymwirkung ist von der Gegenwart von Mg^{++}-Ionen und von der ↑DNS abhängig. Die DNS spielt dabei als Kofaktor des Enzyms eine noch unbekannte Rolle.

Röhrenblüte ↑Korbblütler.

Röhrenknochen: Lange ↑Knochen (z. B. Oberarm, Elle, Speiche, Oberschenkel) bestehen aus einem röhrenförmigen Schaft *(Diaphyse)* und den Gelenkenden *(Epiphyse).* Im Schaft aus massivem Material befindet sich die *Markhöhle,* die rotes oder weißes *Knochenmark* enthält. Die Knochenenden haben außen ebenfalls kompakte Knochensubstanz, die nach innen aber sehr bald in ein Netzwerk von *Knochenbälkchen* übergeht. Diese Bälkchen sind so angeordnet, daß sie wie eine Brückenkonstruktion Zug- und Druckkräfte in idealer Weise auf den Schaft übertragen oder von ihm ableiten.

Rohrzucker (Saccharose): Ein Disaccharid ($C_{12}H_{22}O_{11}$), das aus dem Zuckerrohr oder der Zuckerrübe gewonnen wird. R. ist auch in anderen Pflanzen anzutreffen. R. ist aus Glucose (↑Traubenzucker) und Fructose (↑Fruchtzucker) aufgebaut. Die Fructose liegt hier in der Furanoseform vor, die weniger beständig ist; daher kann R. leicht in seine Bestandteile zerlegt werden, ein Vorgang, den man Inversion (*Invertzucker;* Bestandteil des Honigs) nennt. Bei dieser Trennung wird der Polarisationswinkel von $+66°$ (Rohrzucker) auf $-20°$ gedreht, da die Fructose eine stark linksdrehende Verbindung ist. Im Körper wird die Saccharose von einem Enzym *(Saccharase)* gespalten.

Röntgenstrahlen (X-Strahlen): Eine sehr kurzwellige, energiereiche, elektromagnetische Strahlung, die in einer Röntgenröhre durch den Aufprall schneller Elektronen auf eine Anode erzeugt wird. Ihr Frequenzbereich liegt zwischen $3 \cdot 10^{16}$ Hz und $3 \cdot 10^{20}$ Hz (dies entspricht etwa der radioaktiven γ-Strahlung und wird nur noch von den kosmischen Strahlen mit Frequenzen bis 10^{25} Hz übertroffen).

R. besitzen grundsätzlich gleiche physikalische Eigenschaften wie das sichtbare Licht, nur sind einige Eigenschaf-

ten wegen der sehr viel größeren Energie der Röntgenquanten viel stärker ausgeprägt. R. schwärzen z. B. photographische Filme, sie vermögen viele Stoffe zur Fluoreszenz anzuregen (so kann man sie auch auf einem Schirm nachweisen), sie ionisieren Gase usw. Ihre wichtigste Eigenschaft für die Medizin ist ihr Durchdringungsvermögen für alle Materie. Da beim Durchgang durch unterschiedlich dichte Materie die R. verschieden stark geschwächt (absorbiert) werden, rufen sie auf einem Film oder einem Leuchtschirm nach ihrem Durchgang unterschiedlich starke Lichteffekte (Kontraste) hervor. Dies gilt beim *Durchleuchten* für die unterschiedliche Dichte der Knochen und der Muskeln. Da die Knochen wegen der Calciumsalze die Strahlung stärker absorbieren als das übrige Gewebe, treten sie als dunkle Schatten im Röntgenbild auf. Will man andere Körperteile im Röntgenbild erkennen, muß man vor dem Durchleuchten ein *Kontrastmittel* einführen (z. B. Bariumsulfat für Aufnahmen des Verdauungskanals).
Andererseits zerstören R. das absorbierende Gewebe und haben damit eine biologisch schädliche Wirkung. Da sich bei wiederholtem Bestrahlen mit R. eine summative Wirkung einstellt, muß die maximal zulässige und unschädliche *Strahlendosis* für den einzelnen Menschen begrenzt werden. Dies ist in den Strahlenschutzverordnungen festgelegt (ca. 30 mrem pro Jahr). Neuere Forschungsergebnisse machen es allerdings zweifelhaft, ob es überhaupt eine *Toleranzdosis* gibt. Strahlenschäden, wie sie die R. hervorrufen können, sind Krebs, Leukämie, Erbschäden u. a.

Rosazeen svw. ↑ Rosengewächse.

Rosengewächse (Rosazeen): Die R. bilden eine Familie der Zweikeimblättrigen Pflanzen mit rund 2 000 Arten, die hauptsächlich in kalten und gemäßigten Gebieten verbreitet sind. Es sind krautige Pflanzen oder Holzgewächse mit wechselständigen Blättern und meist fünfzähligen Blüten. Nebenblätter (spreitenartig entwickelte Anhangsorgane am Blattgrund) sind immer vorhanden. Als Früchte kommen Balg- und Steinfrüchte sowie Nüßchen vor.
Zu den Rosengewächsen gehören viele Nutz- und Zierpflanzen. Bekannte Gattungen sind: Apfelbaum, Birnbaum, Kirsche, Himbeere, Erdbeere, Eberesche, Fingerkraut, Nelkenwurz, Frauenmantel, Wiesenknopf, Rose.

Rostpilze: Weltweit verbreitete Ordnung der ↑ Ständerpilze. R. sind sehr kleine Pilze, die in den Interzellularräumen der Blätter von höheren Pflanzen schmarotzen und ↑ Haustorien in die Zellen entsenden. Sie durchwuchern meist nicht die ganze Pflanze, sondern breiten sich nur um die Infektionsstelle aus. R. bilden keine Fruchtkörper, aber verschiedenartige Typen von Sporen, die in regelmäßiger Aufeinanderfolge auftreten.
R. werden an Kulturpflanzen schädlich. Bekannt sind Schwarzrost, Gelbrost und Braunrost an Getreide. Auch der ↑ Hexenbesen kann durch R. verursacht werden.

Rotalgen: Die R. bilden eine eigene, rund 4 000 Arten umfassende Klasse der ↑ Algen. Ihr Vorkommen ist fast ganz auf das Meer beschränkt; nur wenige Arten leben im Süßwasser.
Die Zellen der R. sind durch *Phykoerythrin* rot bis violett gefärbt. Der Thallus ist fast immer vielzellig und sitzt mit einer Haftscheibe oder mit Haftfäden am Untergrund fest. Ein echtes Gewebe ist nicht vorhanden.
Die ungeschlechtliche Vermehrung erfolgt durch unbewegliche Sporen, die geschlechtliche durch ↑ Oogamie.
Von den zwei Unterklassen der R. sind nur die *Florideen* wichtig, da einige Arten wirtschaftlich genutzt werden. Sie werden zur Herstellung von Agar-Agar verwendet oder dienen als Nahrungsmittel (v. a. in Ostasien). Manche Arten liefern wertvolle Drogen (z. B. Irländisches Moos), Leime, Düngemittel und Jod.
In der Nord- und Ostsee findet man Arten der Gattungen *Polysiphonia, Ceramium* und *Delesseria.*

Rotatorien svw. ↑ Rädertiere.

rote Blutkörperchen (Erythrozyten): 1 mm^3 ↑Blut enthält rund 5 Millionen rote Blutkörperchen. Es sind flache, verformbare und beiderseits eingedellte Scheibchen, die den roten Blutfarbstoff ↑Hämoglobin enthalten. Sie transportieren Sauerstoff, besitzen (beim Menschen) keinen Zellkern und leben höchstens 4 Monate.

Röteln: Die R. werden durch Viren verursacht und verlaufen wie leichte ↑Masern. Erkranken Frauen allerdings während der ersten drei Schwangerschaftsmonate, kann es beim Embryo zu Schäden an der Augenlinse, am Innenohr oder zu angeborenen Herzfehlern kommen.

Rotgrünblindheit: Eine Form der angeborenen ↑Farbenfehlsichtigkeit, bei der entweder ein totaler Rot- oder Grünausfall oder nur eine Rot- oder Grünschwäche besteht. Diese Krankheit ist erblich, und zwar liegt ein geschlechtschromosomgebundener rezessiver Erbgang vor. Daher tritt die R. v.a. bei Männern auf. Frauen sind meist phänotypisch gesund, übertragen aber das Krankheitsgen.

RQ: Abk. für: respiratorischer Quotient (↑Atmung).

r-RNS: Abk. für: ribosomale ↑RNS.

Rückenmark: Dieser etwa bleistiftstarke Teil des ↑Zentralnervensystems liegt im *Rückenmarkskanal* der ↑Wirbelsäule und wird von den gleichen Häuten geschützt wie das Gehirn (↑Hirnhäute). Zwischen den Wirbeln treten 31 Paar *Rückenmarksnerven* in das R. ein oder aus ihm heraus.
Durchschnitten zeigt das R. außen eine ↑weiße Substanz, im Innern eine schmetterlingsförmige Figur aus ↑grauer Substanz. Die graue Substanz enthält rund 350000 Nervenzellen. In die auf der Rückenseite liegenden paarigen *Hinterhörner* dieser Figur münden je Nerv und Seite rund 12000 sensorische (afferente) Nervenfasern. Ihre zugehörigen Zellkörper liegen außerhalb des Rückenmarks in Verdickungen der Nerven, den ↑Spinalganglien. Bei spinaler Kinderlähmung werden diese zerstört.
Aus den bauchseitigen paarigen *Vorderhörnern* treten je Nerv und Seite rund 6000 motorische (efferente) Fasern aus. Ihre Zellkörper liegen in den Vorderhörnern. Der Nerv je eines Vorder- und Hinterhorns treten vereint aus dem Rückenmarkskanal aus und verzweigen sich außerhalb.
Die im R. außen liegende weiße Substanz enthält etwa 10 Millionen Nervenfasern. Die sensorischen Fasern liegen v.a. zwischen den Hinterhörnern, die motorischen meist seitlich und zwischen den Vorderhörnern.
Im Zentrum des Rückenmarks liegt der mit ↑Zerebrospinalflüssigkeit gefüllte *Zentralkanal.*
Das R. ist ein wichtiges Reflexzentrum, das v.a. Schutzreflexe auslöst (↑Reflexe). Verletzungen des Rückenmarks führen zur *Querschnittslähmung.*

Rückkopplung: In einem ↑Regelkreis greift der Regler über das Stellglied an der Regelstrecke an und ändert die Regelgröße. Diese geänderte Regelgröße wird vom Meßwerk erfaßt und wirkt damit auf das regulierende Prinzip zurück, indem der Regler dem Stellglied neue, der veränderten Regelgröße angepaßte Informationen gibt. Eine solche Verknüpfung nennt man R. oder *Feedback.* In der Biologie werden zahlreiche Vorgänge über Rückkopplungsmechanismen reguliert *(Biofeedback);* im menschlichen Körper z.B. Blutdruck, Herzschlag, Körpertemperatur, Hormonhaushalt.

Rückkreuzung: Als R. bezeichnet man die ↑Kreuzung zwischen der ersten Tochtergeneration (F_1) und den Eltern. Mit Hilfe einer R. kann man bei einem dominant/rezessiven Allelpaar entscheiden, ob ein Individuum der uniformen F_1-Generation reinerbig ist für das dominante Allel. Man kreuzt das fragliche Individuum mit dem Elter, der nur rezessive Allele trägt. Spalten sich die Nachkommen der R. im Verhältnis 1:1 auf, ist das untersuchte Lebewesen mischerbig.

Ruderalpflanzen svw. ↑Schuttpflanzen.

Rudimentärorgane: Organe, die als Anpassung an die Lebensbedingungen im Laufe der Entwicklung ihre Funktion z. T. oder ganz verloren haben und deshalb zurückgebildet sind. Untersuchungen über ihre Stammform decken Verwandtschaften auf. R. sind z. B. stummelförmige Hinterextremitäten bei Riesenschlangen.

Ruhekern ↑ Arbeitskern.

Ruhepotential ↑ Membranpotential.

Ruhr: Die R. ist eine Infektionskrankheit der Dickdarmschleimhaut, die mit starken, schmerzhaften Durchfällen einhergeht. Die *Sommerruhr* ist eine leichtere Form der durch Bakterien verursachten Ruhr. Die Gifte anderer Bakterien können daneben Herzmuskelschäden, Hirnhaut- oder Gehirnentzündungen zur Folge haben. Heute kann diese Form der R. mit ↑ Antibiotika erfolgreich behandelt werden.
Das gleiche Krankheitsbild kann auch die Amöbe *Entamoeba histolytica* hervorrufen. Diese R. *(Amöbenruhr)* ist im allgemeinen auf die warmen Klimazonen beschränkt.

rundes Fenster (Schneckenfenster): Das elastische Häutchen, welches das Innenohr (Paukentreppe) gegen die Paukenhöhle des Mittelohrs abgrenzt. – ↑ auch Ohr.

Rundmäuler: Die R. bilden eine Klasse bis 90 cm langer, fischähnlicher Wirbeltiere in Süß- und Meeresgewässern. Ihr aalförmiger Körper wird von einem knorpeligen Innenskelett gestützt und weist ein *Saugmaul* auf, das innen mit kräftigen Hornzähnen bestückt ist. Mit diesem Saugmaul saugen sich die (erwachsenen) Tiere außen an Fischen fest und raspeln mit Hilfe ihrer Hornzähnchen die Haut auf, um Blut von dem Fisch zu saugen. Sie haben einen Kiemendarm mit 5–15 Kiemenspalten (↑ Kiemenbögen). Zu den Rundmäulern gehören die *Neunaugen,* deren wurmförmige Larven *(Ammocoeteslarven)* sich meist im Sand eingraben und sich von Mikroorganismen des Wassers ernähren.

Rundtanz: Mit diesem Tanz teilen ↑ Honigbienen ihren Stockgenossen mit, daß in einem Umkreis von höchstens 80 m Durchmesser eine Futterstelle zu finden ist; ↑ Bienensprache.

Rundwürmer (Schlauchwürmer, Aschelminthen): Die R. bilden eine uneinheitliche größere Gruppe meist wurmartiger, drehrunder, ungegliederter Tiere. Die kleinsten sind weniger als 0,1 mm lang, die größten mehrere Meter. Ihr Körper ist von einer dicken Kutikula bedeckt. Zwischen dem Darm und dem äußeren ↑ Hautmuskelschlauch liegt ein aus der primären Leibeshöhle hervorgehender, flüssigkeitserfüllter Raum (also keine sekundäre Leibeshöhle). Oft ist die Zahl der Körperzellen konstant (v. a. bei den Rädertieren).
Viele Arten der R. sind Parasiten (z. B. Fadenwürmer wie Trichinen, Haken-, Maden- und Spulwürmer, Älchen).

S

Saccharose svw. ↑ Rohrzucker.

Sacculus: Eine bläschenförmige Struktur im Innenohr (↑ Ohr). Der S. gehört zum Gleichgewichtsorgan des Innenohrs. Er enthält einen Statolithenapparat.

Sadismus: Von S. spricht man, wenn jemand sexuelle Befriedigung nur durch Quälen und Demütigen des Partners erreichen kann. – ↑ auch Masochismus.

Saftdruck svw. ↑ Turgor.

Salamander ↑ Schwanzlurche.

Salmonellen: Die S. bilden eine größere Gruppe von darmbewohnenden Eubakterien, die bei Tier und Mensch zahlreiche Krankheiten hervorrufen. Die peritrich begeißelten Bakterien sind sehr widerstandsfähig gegen Austrocknung und Abkühlung. Beim Menschen werden ↑ Typhus und ↑ Paratyphus von S. verursacht, die mit infiziertem Wasser oder infizierten Nahrungsmitteln wie Obst und v. a. Milch und Milchprodukten (Speiseeis) übertragen werden.

Salpen: Meist freischwimmende, 0,1–10 cm große, tonnenförmige ↑Manteltiere mit Generationswechsel *(Metagenese);* die ungeschlechtliche Generation bildet häufig Tierstöcke, die geschlechtliche Generation oft bis 25 m lange Reihen von Geschlechtstieren *(Kettensalpen).*

Salpeterpflanzen svw. ↑Nitratpflanzen.

Salzpflanzen (Halophyten): Als S. bezeichnet man Pflanzen, die an salzreichen Standorten (z. B. Meeresküsten, Ränder von Salzpfannen in Steppen und Wüstengebieten und von Salzquellen) wachsen. Dem hohen Salzgehalt des Bodenwassers haben sich die S. durch Aufnahme entsprechend hoher Natriumchloridmengen in den Zellsaft angepaßt. So nehmen die Zellen der dickfleischigen (sukkulenten) Blätter und Sprosse so viel Salz auf, bis in ihnen etwa die gleiche Konzentration vorliegt wie im umgebenden Medium.

Manche S. (z. B. Tamarisken) scheiden über Drüsen hochkonzentrierte Salzlösungen aus. – Eine bekannte Salzpflanze ist der *Queller* an der Nordseeküste.

Samen:

◊ *Pflanzen:* Aus der befruchteten ↑Samenanlage geht der S. hervor. Er enthält einen Embryo, der von einer schützenden Samenschale umgeben ist. Die für die Keimung erforderlichen Nährstoffe sind entweder in den Keimblättern oder einem besonderen Nährgewebe *(Endosperm)* gespeichert. Dieses kann vorwiegend Stärke (Getreidekorn), Öl (Sonnenblume) oder Eiweiß (Hülsenfrüchte) enthalten.

Die Samenschale kann sehr verschieden gestaltet sein und Anhänge zur ↑Samenverbreitung besitzen (z. B. Fallschirmchen). Oft bleibt der S. von einer ↑Frucht eingeschlossen. Durch Keimung entsteht nach Wasseraufnahme aus dem S. eine neue Pflanze.

Die Samenbildung bietet biologische Vorteile: Schutz und Ernährung des Keimlings, leichte Verbreitung.

◊ *Tiere:* Die Samenflüssigkeit *(Sperma),* die in einem Sekret aus den ↑Samenbläschen und der ↑Vorsteherdrüse die ↑Samenzellen enthält.

Samenanlage: Samenanlagen kommen nur bei den ↑Samenpflanzen vor und können mit den Makrosporangien der Gefäßsporenpflanzen (Farne, Schachtelhalme u. a.) verglichen werden. Die S. steht im Dienste der ↑geschlechtlichen Fortpflanzung; denn sie erzeugt u. a. die befruchtungsfähige Eizelle der Samenpflanze. Die S. geht aus einem besonderen Bildungsgewebe auf dem Fruchtblatt, der *Plazenta,* hervor.

Man unterscheidet freiliegende Samenanlagen und von einem oder mehreren Fruchtblättern *(Fruchtknoten)* eingeschlossene Samenanlagen. Ersteres ist ein typisches Merkmal der Nacktsamer (Nadelhölzer, Ginkgo), letzteres ein Merkmal der Bedecktsamer (Ein- und Zweikeimblättrige Pflanzen).

Die S. ist meist von 2 Hüllen *(Integumenten)* bedeckt, die eine kleine Öffnung *(Mikropyle)* für den Eintritt des Pollenschlauchs freilassen. Das von den Integumenten bedeckte Gewebe, der *Nucellus,* bildet u. a. eine größere Zelle aus, die man *Embryosackmutterzelle* nennt. Durch ↑Meiose werden vier haploide Zellen gebildet, von denen drei zugrunde gehen und nur eine übrigbleibt, die *Embryosackzelle.* Diese bildet durch ↑Mitosen acht Kerne aus, von denen je drei zu den Polen des *Embryosacks* wandern, während zwei Kerne im Zentrum verbleiben und zum diploiden *sekundären Embryosackkern* verschmelzen.

Die an den Polen befindlichen Kerne umgeben sich mit Plasma und einer Membran und bilden somit Zellen. Von den drei Zellen, die sich in unmittelbarer Nähe der Mikropyle befinden, ist eine die *Eizelle.* Ihre beiden Begleiter nennt man *Synergiden,* während die drei Zellen am entgegengesetzten Ende des Embryosacks *Antipoden* heißen. Gelangen Pollenkörner auf die klebrige *Narbe* des Fruchtknotens (Bestäubung), beginnen sie, *Pollenschläuche* zu bilden, die über den *Griffel* durch das Gewebe des Fruchtknotens in Richtung S. wachsen und in der Regel durch die Mikropyle in den Embryosack eindringen.

Im Pollenkorn hat sich inzwischen der haploide Kern mitotisch geteilt; dabei entstehen eine vegetative und eine generative Zelle. Die generative Zelle teilt sich nochmals unter starker Plasmaverringerung in die beiden *Spermakerne.* Alle drei Kerne wandern in der Spitze des Pollenschlauchs zum Embryosack. Nachdem der Pollenschlauch in den Embryosack eingedrungen ist, öffnet er sich durch Enzymwirkung, die von den Synergiden ausgeht. Der vegetative Kern geht zugrunde, während die beiden Spermakerne sich selbständig auf den Eikern und den sekundären Embryosackkern zubewegen, die beide befruchtet werden. Daher spricht man bei den Bedecktsamern von einer *Doppelbefruchtung,* deren Ergebnis eine diploide ↑*Zygote* ist, aus der der spätere Embryo hervorgeht, und ein triploider *Endospermkern,* der das spätere Nährgewebe des Samens bildet.

Aus der befruchteten Samenanlage geht durch Bildung des Embryos, des Nährgewebes und der Samenschale (aus den Integumenten) der ↑*Samen* hervor, der bei den Bedecktsamern von der Fruchtwand eingeschlossen ist und mit dieser die Frucht bildet. – Siehe auch Abb. S. 398.

Samenbläschen (Bläschendrüse, Glandula vesiculosa): Im Unterschied zur ↑Samentasche der wirbellosen Tiere ist das S. des Menschen ein paariger, vielfach gewundener, eng zusammengedrängt liegender, etwa 10–20 cm langer Drüsenschlauch am unteren Ende der männlichen Harnblase. Ihr alkalisches Sekret regt im Samenleiter die Samenzellen zu Eigenbewegungen an.

Samenerguß (Ejakulation): Unter Reizung der Eichel des erigierten männlichen ↑Glieds kommt es zum Samenerguß. Die glatte Muskulatur von ↑Nebenhoden, ↑Samenleiter, ↑Samenbläschen und ↑Vorsteherdrüse zieht sich ruckartig zusammen. Dabei werden die Samenzellen mit dem Sekret des Samenbläschens und der Vorsteherdrüse als Samenflüssigkeit (Samen, Sperma) durch die Harn-Samen-Röhre nach außen gepreßt. – Bei einem S. werden bis zu 2–3 ml *Samenflüssigkeit (Sperma)* als Ejakulat ausgestoßen. Sie enthält etwa 300 Millionen Samenzellen, von denen etwa 10–20% noch nicht reif oder überaltert sind.

Besonders bei heranwachsenden Jugendlichen kommt es während der Pubertät häufig zu unwillkürlichen nächtlichen Samenergüssen. Diese werden als *Pollution* bezeichnet.

Samenfaden svw. ↑Samenzelle.

Samenfarne (Lyginopteridae, Pteridospermae): Die S. sind eine ausgestorbene Klasse der fiederblättrigen ↑Nacktsamer, die im Karbon bis Jura auftraten. Die farnähnlich aussehenden S. besaßen keine Blüten; die Samenanlagen und Pollen wurden an bestimmten Blattabschnitten gebildet.

Samenleiter (Ductus deferens): Der Nebenhodengang geht unmittelbar in den S. über. Dieser beim Mann stricknadeldicke, teilweise im ↑Samenstrang verlaufende Kanal besitzt eine sehr muskulöse Wandung. Vor und beim ↑Samenerguß verkürzen sich seine Muskeln, wodurch sich sein Querschnitt erweitert. Dadurch werden die Samenzellen aus dem ↑Nebenhoden angesaugt. Durch wellenförmige Zusammenziehung der ringförmigen Muskeln wird dann der Samen zunächst in eine Erweiterung des Samenleiters gedrückt und anschließend durch den die Prostata durchziehenden *Spritzkanal* (Ausspritzungsgang, Ductus ejaculatorius) in die Harn-Samen-Röhre gepreßt.

Samenmantel (Arillus): Ein den Samen von Samenpflanzen umhüllendes Gewebe verschiedener Herkunft. Bei der Eibe ist der Samenmantel rot, fleischig und nicht giftig. Bei den Samen der Seerose ist der S. ein lufthaltiger Sack, der den Samen schwimmfähig macht.

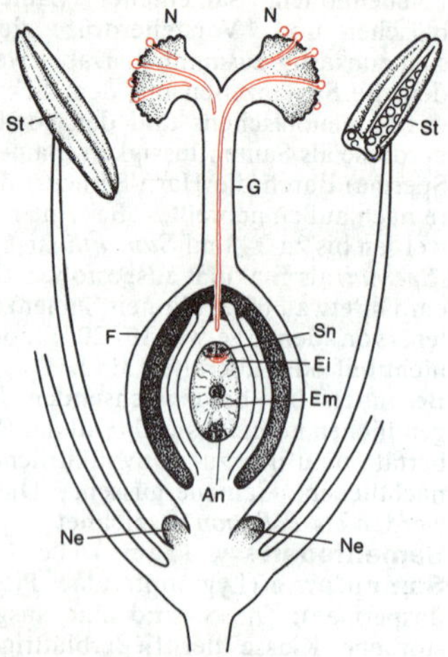

Abb. Samenanlage eines Bedecktsamers: An Antipoden, Ei Eizelle, Em Embryosack, F Fruchtknoten, G Griffel, N Narbe mit Pollenkörnern, Ne Nektardrüsen, Sn Synergiden, St Staubblatt

Samenpflanzen (Blütenpflanzen, Magnoliophytina, Anthophyten, Phanerogamen): Die S. sind die höchstentwickelte Abteilung des Pflanzenreichs. Es sind vollständig an das Landleben angepaßte Sproßpflanzen, die durch Blüten- und Samenbildung charakterisiert sind.

Der Pflanzenkörper der S. ist gegliedert in Wurzel, Sproßachse und Blätter. Die Organe für die Fortpflanzung sind die ↑Blüten. Sie enthalten Staub- und Fruchtblätter. Ein ↑Generationswechsel ist kaum sichtbar, da der Gametophyt vom Sporophyten umschlossen ist. Der männliche Gametophyt besteht aus dem gekeimten Pollenkorn mit dem Pollenschlauch. Der weibliche Gametophyt wird von der ↑Samenanlage ernährt. Nach der Befruchtung wird die Samenanlage zum ↑Samen. Im Samen liegt der durch die Samenschale geschützte Embryo.

Die S. werden in zwei Gruppen unterteilt: 1. *Nacktsamer* (Gymnospermen) mit rund 800 Arten. Die Samenanlagen sind hier nicht in einen Fruchtknoten eingeschlossen, sondern liegen offen auf den Fruchtblättern. Die Blüten sind eingeschlechtig, bestehen also nur aus Staub- oder aus Fruchtblättern. Sie sind meist in Zapfen angeordnet. Die bekanntesten Nacktsamer sind die ↑Nadelbäume. – 2. *Bedecktsamer* (Angiospermen) mit rund 235 000 Arten. Die Samenanlagen sind bei diesen in einen Fruchtknoten eingeschlossen. Eine Narbe nimmt den Blütenstaub auf. Die Blüten sind vorwiegend zwittrig und stehen meist in Blütenständen. Zu den Bedecktsamern gehören die ↑Einkeimblättrigen Pflanzen und die ↑Zweikeimblättrigen Pflanzen.

Samenreifung (Spermatogenese): Die männlichen Keimzellen (↑Samenzellen) entwickeln sich in den ↑Hoden. Dort werden während der Embryonalentwicklung oder in der Kindheit (beim Menschen das ganze Leben hindurch) aus ↑Urkeimzellen (↑auch Keimbahn) durch rasche mitotische Zellteilungen diploide *Ursamenzellen (Spermatogonien)* gebildet (Vermehrungsphase). Da die Zellen ihr Plasma dabei nicht ergänzen, werden sie immer kleiner.

In der Wachstumsphase erfolgt nun die Vermehrung des Plasmas. Es entstehen die *Spermatozyten erster Ordnung*. Während der folgenden ersten Reifungsteilung (↑Meiose) entstehen aus einem Spermatozyten erster Ordnung zwei *Spermatozyten zweiter Ordnung* und aus diesen bei der zweiten Reifungsteilung insgesamt vier haploide unreife Samenzellen, die *Spermatiden*. Diese bilden sich dann in einem komplizierten Entwicklungsgang zu reifen Samenzellen um.

Diese Samenzellen werden in den Hodenkanälchen von Hilfszellen *(Sertoli-Zellen)* so lange ernährt, bis sie in die Nebenhoden kommen. Die rund 1 000 Millionen Ursamenzellen eines menschlichen Hodens können täglich bis zu 200 Millionen Samenzellen erzeugen.

Samenruhe: Bestimmte Samen keimen nicht sofort nach der Samenbil-

dung, obwohl die Embryonen entwikkelt sind. Im Laufe der Samenreifung treten eine Verminderung der Stoffwechselprozesse und Wasserverlust der Samengewebe ein, was zu einer Ruhezeit führt.
Während der S., die kurze Zeit bis mehrere Jahre dauern kann, sind die Samen widerstandsfähig gegen ungünstige Außenbedingungen wie Hitze, Kälte und chemische Einflüsse. Ausgenutzt wird dies z. B. bei der Saatgutbeizung gegen Krankheitserreger.
Pflanzen, deren Samen eine S. durchmachen, sind z. B. Apfelbaum und Weißdorn.

Samenstrang: Im S. verläuft der ↑Samenleiter im Anschluß an eine rückläufige Biegung schräg durch den Leistenkanal über den oberen Rand des Schambeins bis ins große Becken und zum Hoden. In diesem Abschnitt ist er von Gefäßen, Nerven und Bindegewebshüllen begleitet. Man kann den S. beim Mann am oberen Rand des Schambeins ertasten.

Samentasche (Samenblase, Receptaculum seminis): Ein Samenbehälter mancher weiblichen Würmer. Bei Weichtieren und den Weibchen vieler Gliederfüßer ist es eine Aussackung der Vagina, die den Samen des männlichen Tiers bei der Begattung aufnimmt, ihn aufbewahrt und an die jeweils herangereiften Eier portionsweise zur Besamung weiter abgibt.

Samenverbreitung: Bei den Bedecktsamern (↑Samenpflanzen) ist der Samen von der Fruchtwand umschlossen (in einigen Fällen sind beide sogar verwachsen; ↑Fruchtformen); in vielen Fällen werden daher die Früchte (Schließfrüchte) verbreitet. Der Bau der Früchte bzw. der Samen steht meist in engem Zusammenhang mit der Verbreitung.
1. *Verbreitung durch den Wind:* Bei Samen wie bei Früchten, die durch den Wind fortgetragen werden sollen, findet man meist Anhänge, die ein Schweben in der Luft ermöglichen, etwa derart, daß die Samenschale Haare trägt (Waldweidenröschen, Baumwolle) oder Flügel bildet (Zanonia, ein trop. Kürbisgewächs). Auch bei durch Wind verbreiteten Früchten findet man Auswüchse oder Anhänge, die die Verweilzeit in der Luft verlängern, wie z. B. häutige Flügel an den einsamigen Teilfrüchten beim Ahorn, Flughaare bei den Korbblütlern (Löwenzahn), ein Flughochblatt bei der Linde. Auch extrem kleine und leichte Samen ohne Anhänge eignen sich zur Windverbreitung, so die Samen einiger Orchideen, die ein Gewicht von wenigen Tausendstel Milligramm besitzen.
2. *Verbreitung durch Tiere:* Diese Art der S. kann entweder durch Verzehren der Samen und Früchte oder durch Anheften der Samen an das Tierfell erfolgen. Im ersteren Fall ist ein ↑Samenmantel wie bei der Eibe, der dort rot gefärbt und fleischig ist, ausgebildet. Vögel fressen den Samen mit dem Samenmantel und scheiden später den Samen unversehrt aus. Auch Früchte können auf diese Weise verbreitet werden. Dabei ist die Fruchtwand ganz oder teilweise fleischig und meist wohlschmeckend und nahrhaft. Man kennt ölhaltige (Olive), stärkehaltige (Banane) und zuckerhaltige Früchte (süßschmeckendes Sorbit in der Vogelbeere), die deswegen meist von Vögeln gefressen werden. Die Teilfrüchtchen der Taubnessel haben Anhängsel, die von Ameisen verzehrt werden, die so für eine Verbreitung sorgen. – Damit eine Verbreitung durch Anheften der Samen an Tiere ermöglicht wird, besitzen die Früchte Hafteinrichtungen, etwa Stacheln mit Widerhaken (z. B. Klette).
3. *Verbreitung durch Wasser:* Bei der Seerose bildet die Samenschale einen lufthaltigen Sack aus, der die Schwimmfähigkeit des Samens gewährleistet. Auch Früchte besitzen lufthaltige Zwischengewebsräume, die ein Schwimmen ermöglichen.
4. *Verbreitung durch Schleuderbewegungen oder hygroskopische Bewegungen der Streufrüchte:* Beim Springkraut (Impatiens) führt die geringste Berührung der reifen Frucht zur Auslösung eines Schleudermechanismus, durch den sich die einzelnen Fruchtblätter

nach innen schneckenartig einrollen und die Samen weit wegschleudern. Der Grund für diesen Vorgang liegt in dem extrem hohen ↑Turgor des äußeren dünnwandigen Parenchyms (20 bar), dessen Ausdehnungsbestreben von innenliegenden Faserschichten Widerstand entgegengesetzt wird. Daher herrscht in dem Fruchtgehäuse eine starke Gewebespannung, die den oben beschriebenen Effekt auslösen kann. Viele Fruchtkapseln öffnen sich, wenn die Fruchtwandzellen austrocknen (Entquellung) und schließen sich wieder, wenn sie feucht werden. Es kann aber auch durch Wasseraufnahme (Quellung) eine Öffnung der Frucht erfolgen (Fetthenne, Ehrenpreisarten).

Samenzelle (Samenfaden, Spermatozoon, Spermium): Diese männlichen Geschlechtszellen mit einfachem (haploidem) Chromosomensatz und meist starker Eigenbeweglichkeit entstehen in den männlichen Keimdrüsen, den Hoden (↑Samenreifung). Je nach Tierart haben sie eine charakteristische Form und Größe. Sie bestehen in der Regel aus einem meist ovalen, abgeflachten, daher von der Kante her keilartig zugespitzt erscheinenden Kopf, dem Hals, einem Mittelstück und dem dünnen, langen Schwanz (s. Abb.).

Beim Menschen sind die Spermien über 50 µm lang. Der *Kopf* (beim Menschen 3–5 µm lang) enthält den Kern mit den Chromosomen und sehr wenig Plasma. In seiner schneidenförmigen Spitze liegt als dünne Kappe auf dem Kern das vom Golgi-Apparat gebildete *Akrosom*. Es enthält Enzyme *(Hyaluronidase)*, die die S. am Ei verankern und durch Auflösen der Zellmembran ihr Eindringen ermöglichen.

Hinter dem Kopf, im *Halsstück*, liegen zwei Zentriolen (bei manchen Tieren auch mehr). Im anschließenden *Mittelstück* (6 µm) umgeben spiralig angeordnete Mitochondrien den Anfangsteil des Achsenfadens der Geißel.

Die *Geißel* oder der *Schwanz* der S. (1 µm Durchmesser, 30–40 µm Länge) enthält im Achsenfaden 20 Mikrotubuli, zwei davon im Zentrum, die übrigen ringförmig und paarweise um diese herum angeordnet.

Die ↑Fortbewegung des Spermiums erfolgt durch schlängelnde Bewegungen des Schwanzes (Geschwindigkeit bis etwa 3,5 mm pro Minute). – Die Lebensdauer der menschlichen Samenzellen beträgt in den Geschlechtswegen 1–3 Tage, in der Scheide nur etwa eine Stunde. Saures Milieu hemmt die Beweglichkeit der Samenzellen, basisches regt sie zur Eigenbeweglichkeit an. In den Hoden herrscht deshalb saures, im ↑Samenleiter basisches Milieu. – ↑auch Samenerguß.

Sammelfrucht ↑Fruchtformen.

Saprobionten (Saprobien, Fäulnisbewohner): Heterotrophe Lebewesen an Standorten mit faulenden bzw. ver-

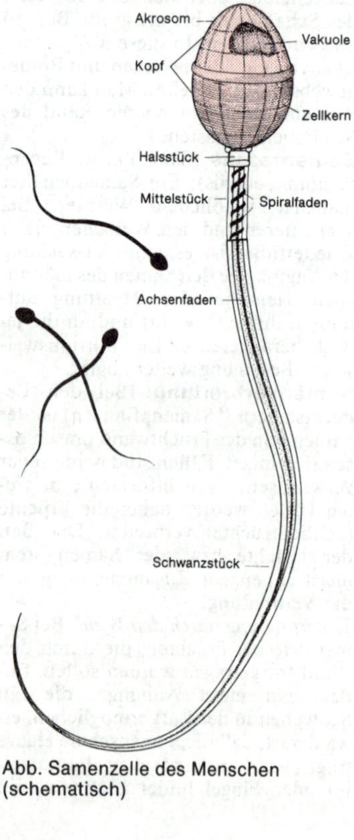

Abb. Samenzelle des Menschen (schematisch)

wesenden Substanzen. Man unterscheidet die *Saprozoen* als tierische S. (z.B. Aasfresser, Regenwürmer, Nacktschnecken) von den *Saprophyten* (pflanzliche S.). Von bes. Interesse in der Hydrobiologie und zur Beurteilung der Wasserqualität sind die saproben Mikroorganismen der unterschiedlich stark verunreinigten Gewässer. Man unterteilt diese S. in *Polysaprobionten* (leben in sehr stark verschmutzten Gewässerzonen), *Mesosaprobionten* (finden sich in mittelstark verschmutzten Gewässerbereichen) und *Oligosaprobionten* (vertragen nur einen geringfügigen Verschmutzungsgrad).

Sapropel svw. ↑Faulschlamm.

Saprophyten (Fäulnisbewohner): S. sind pflanzliche Organismen, die ihre organische Nahrung in gelöster Form aus toten Substraten von Pflanzen und Tieren entnehmen. Wichtig für das Leben auf der Erde sind die saprophytisch lebenden Bakterien und Pilze, weil sie aus den abgestorbenen Geweben die organischen Substanzen zu einfachen chemischen Verbindungen abbauen (↑Mineralisation).

Sarkom ↑Krebs.

Sattelgelenk ↑Gelenke (Tier und Mensch).

Sauerstoff: Ein geruch- und farbloses Gas, das eine Dichte von 1,429 g/l besitzt und bei −183 °C flüssig wird. S. kommt gebunden in der Erdrinde (47 Gew.-%) und im Wasser (89 Gew.-%) vor. In der Luft liegt er mit 20,9 Vol.-% elementar vor; auch im Wasser ist er als Element geringfügig (bei 0 °C 4,9 ml/100 ml Wasser) gelöst. Der molekulare S. (O_2) spielt bei allen aeroben Prozessen (↑Atmung) eine lebenswichtige Rolle. – ↑auch Dissimilation.

Sauerstofftransport: Im Blut der Wirbeltiere und auch mancher Wirbelloser wird Sauerstoff zu den Geweben transportiert (↑auch Atmung). Der Sauerstoff diffundiert bei den höheren Wirbeltieren (Reptilien, Vögel, Säugetiere, Mensch) in der Lunge durch die feuchte Membran der Lungenbläschen in das Blut, wird dort von den roten Blutkörperchen aufgenommen und molekular an das Hämoglobin gebunden. Bei Fischen erfolgt die Aufnahme des Sauerstoffs in den Kiemen.
Der lebensnotwendige S. im Blut kann eingeschränkt werden oder ganz unterbleiben, wenn das Hämoglobin der roten Blutkörperchen durch chemische Stoffe (z.B. H_2S) zerstört oder wenn z.B. Kohlenmonoxid (CO) statt Sauerstoff (O_2) an das Hämoglobin gebunden wird. Beide Vergiftungen können deshalb zum Tode führen. So sind bei einem Gehalt von 0,025% CO in der Luft 27% des Hämoglobins (Hb) in CO – Hb übergegangen, bei 0,5% CO-Gehalt bereits 88%, so daß der für den S. verbleibende Hb-Anteil für die Atmung nicht mehr ausreicht.

Säugetiere (Mammalia): Vor rund 200 Millionen Jahren (also in der Trias des Erdmittelalters) lebten säugetierähnliche Kriechtiere, aus denen sich die heutigen S. entwickelt haben.
S. sind warmblütige Wirbeltiere, bei denen sich die Körpertemperatur (mit Ausnahme einiger Fledermäuse und Winterschläfer) annähernd auf gleicher Höhe hält. Sie besitzen ein (mit den Vorkammern) vierkammeriges ↑Herz, dessen vollständige Scheidewand (zwischen den Herzkammern) arterielles (mit Sauerstoff beladenes) ↑Blut von venösem (sauerstoffarmem) Blut trennt. „Aufgeladen" wird das verbrauchte Blut durch Einatmen von Luftsauerstoff über ↑Lungen. Dazu ist die Ausbildung eines ↑Zwerchfells notwendig, das Brust- und Bauchhöhle voneinander trennt und das als wichtiger Atemmuskel dient.
Weiterhin sind alle S. gekennzeichnet durch das Vorhandensein einer ↑Plazenta (außer Kloaken- und Beuteltieren) und eines sekundären Kiefergelenks (↑Kiefer) sowie durch die Ausrüstung mit ↑Haaren, wobei sich allerdings bei bestimmten, sekundär wieder zum Wasserleben übergegangenen Tieren (z.B. Wale, einschließlich Delphine, Seekühe und Robben) das Haarkleid im erwachsenen Zustand stark zurückgebildet hat.
In der Regel haben S. vier ↑Gliedmaßen, die – je nach Lebensweise – star-

ken Umwandlungen unterworfen sind (z. B. die Greifhand der Affen, die Fledermausflügel).
Mit Ausnahme der ↑Kloakentiere gebären S. stets lebende Junge, deren Mütter sie zunächst mit körpereigener Milch (↑Milchdrüsen) ernähren. Die Jungtiere werden nicht selten in hilflosem Zustand geboren, besonders bei solchen Arten, deren Gehirnentwicklung längere Zeit in Anspruch nimmt (z. B. bei Affen, Menschenaffen und beim Menschen), so daß die Jungen lange Zeit bei der Mutter bleiben, um von ihr ernährt und geschützt zu werden. – S. sind sehr anpassungsfähige Tiere, die sich fast alle Lebensräume erobert haben.
Zu den Säugetieren gehören (neben den Unterklassen ↑Kloakentiere und ↑Beuteltiere) u. a. die in der Unterklasse Plazentatiere zusammengefaßten Ordnungen: ↑Insektenfresser, ↑Fledertiere, ↑Raubtiere (mit Landraubtieren und Robben), Wale, ↑Paarhufer, ↑Unpaarhufer, Elefanten, Seekühe, Schuppentiere, ↑Nagetiere, Hasentiere und ↑Herrentiere.

Saugfüßchen: Seesterne und Seeigel besitzen zahlreiche kleine S., die durch den Wasserdruck aus dem Wassergefäßsystem über Muskelkontraktionen bewegt werden können. Bei Seesternen sitzen die S. in mehreren Reihen an der Unterseite der Arme, bei Seeigeln in fünfzähliger Anordnung in Reihen zwischen den Stacheln.
S. dienen v. a. der Fortbewegung, bei den Seesternen auch dem Nahrungserwerb; denn mit Hilfe der S. können Seesterne ihre Arme an den Schalen von Muscheln festheften und diese öffnen. – Siehe auch Abb. S. 403.

Saugnapf: Viele niedere Tiere haben Saugnäpfe entwickelt, mit denen sie sich an einer Unterlage festhaften (Bandwürmer, Saugwürmer, Egel, Schwimmkäfer). Bei den Kopffüßern sind die Fangarme auf einer Seite dicht mit kräftigen Saugnäpfen besetzt, die z. T. zusätzliche Hakenkränze zum Festhalten der Opfer tragen. Die Saugnäpfe von Riesenkraken können bis 40 cm im Durchmesser erreichen. – ↑auch Haftorgane.

Saugreflex: Ein neugeborenes Kind beginnt auf Berührung der Lippen mit der mütterlichen Brustwarze oder dem Sauger der Flasche sofort mit Saugbewegungen. Sein Sättigungsgefühl hängt einmal von der Menge der aufgenommenen Nahrung, zum anderen aber auch von der Anzahl der Saugbewegungen ab. Der S. ist ein unbedingter ↑Reflex.

Saugwürmer (Trematoden): Klasse etwa 0,5–10 mm langer, meist flach abgeplatteter ↑Plattwürmer, die als Außen- und Innenschmarotzer, v. a. bei Land- und Wasserwirbeltieren, vorkommen. Ihr Körper ist farblos und von einer Kutikula bekleidet. Zur Festheftung an den Wirtstieren haben sie ↑Saugnäpfe oder Haken. Häufig kommen Wirts- und Generationswechsel vor. Besonders die Innenschmarotzer (z. B. ↑Leberegel) benötigen mehrere Zwischenwirte und bilden zwei Larvenformen (wie *Miracidium* und *Zerkarie*). Weitere Innenschmarotzer sind Arten des trop. *Pärchenegels,* die in den Venen des Menschen leben und die ↑Bilharziose hervorrufen.

saurer Regen: Bei der Verbrennung von Kohle, Öl oder Gas gelangen Schwefeldioxid und Stickoxide in die Luft und werden in der Atmosphäre teilweise in Schwefel- und Salpetersäure umgewandelt. Diese Säuren gelangen mit den Niederschlägen (sog. saurer Regen) wieder auf die Erde zurück, wo sie als schädliche Umweltfaktoren (Immissionen) auf Lebewesen, Boden, Gewässer und Gebäude einwirken. – ↑auch Waldsterben.

Schachtelhalme: Die Sch. bilden eine Klasse der Farnpflanzen, die während des Karbons (vor rund 330 Mill. Jahren) mit baumförmigen Formen ihre größte Verbreitung hatten. Die einzige rezente Gattung ist der *Schachtelhalm* mit rund 30 Arten.
Sch. sind meist krautige, mehrjährige Pflanzen mit Rhizomen, die aufrechte Stämmchen mit Quirlen zurückgebildeter Blätter tragen. Die grüne Sproßachse ist photosynthetisch aktiv. Die

Sporophylle (sporangientragende Blätter) stehen in Ähren.
Eine bekannte Art der Sch. ist der *Ackerschachtelhalm,* der früher als „Zinnkraut" wegen seines Kieselsäuregehalts zum Putzen von Zinngeschirr genommen wurde. – Bekannte fossile Sch. sind die *Kalamiten.*

Schädel (Kranium, Cranium): Die *Schädelknochen* bilden als Teil des ↑Skeletts die knöcherne Grundlage des Kopfs beim Menschen und bei den Wirbeltieren.
Der *menschliche Sch.* besteht aus 23 Einzelknochen (ausschließlich Gehörknöchelchen und Zungenbein), die – mit Ausnahme des Unterkiefers (↑Kiefer) – fest miteinander verzahnt sind, obwohl dazwischenliegende Nähte *(Suturen)* eine Abgrenzung und auch eine (allerdings nicht einfach zu bewältigende) mechanische Trennung der einzelnen Schädelknochen ermöglichen. Beim Menschen und bei den meisten Wirbeltieren ist der Sch. über Gelenkhöcker beweglich mit der ↑Wirbelsäule verbunden. Er hat Ein- und Ausgänge für Nerven und Gefäße sowie für die Speise- und Atemwege.
Man unterscheidet zwischen einem Gehirnschädel, der das ↑Gehirn umkapselt, und einem Gesichtsschädel, der die knöcherne Grundlage des Gesichts bildet.
Die wichtigsten Knochen des *Gehirnschädels* sind: Das *Stirnbein* bildet die oberen Ränder der beiden Augenhöhlen und die paarige Stirnhöhle (↑Nasennebenhöhlen). Auf beiden Schädelseiten befindet sich je ein *Scheitelbein* (die zwei Scheitelbeine bilden den wesentlichen Teil des *Schädeldachs* = *Kalotte*). Ebenfalls beidseitig liegt je ein *Schläfenbein,* das das Gehör- und Gleichgewichtsorgan enthält. Im *Hinterhauptsbein* liegt das ovale *große Hinterhauptsloch,* durch welches das (Gehirn und Rückenmark verbindende) ↑verlängerte Mark verläuft. Das *Keilbein* steht mit allen Knochen des Gehirnschädels und den meisten Knochen des Gesichtsschädels in Verbindung. Es besitzt eine Grube, in die die ↑Hirnanhangsdrüse eingebettet ist.

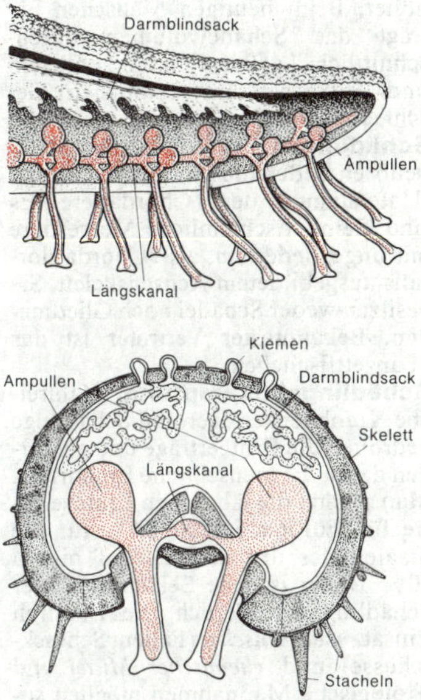

Abb. Saugfüßchen (rot) eines Seesterns (oben) und eines Seeigels (unten)

Die Hauptteile des *Gesichtsschädels* sind die Knochen des *Nasenskeletts* (Nasenbein, Tränenbein, Pflugscharbein u. a). sowie *Ober-* und *Unterkiefer* (↑Kiefer).
Als *Schädelbasis* bezeichnet man die Gesamtheit aller Schädelknochen ohne Schädeldach und Unterkiefer. Die Schädelbasis wird sichtbar, wenn man das Schädeldach durch einen horizontalen Schnitt durchtrennt und damit die *Schädelhöhle* eröffnet.
Von großer anthropologischer Bedeutung ist das *Schädelvolumen (Schädelkapazität),* da es Rückschlüsse auf das Gehirnvolumen von Vor-, Ur-, Früh- und Altmenschen sowie (im Vergleich damit) von Menschenaffen zuläßt. Entsprach das Gehirnvolumen der Urmenschen (Australopithezinen) mit wenig über 500 cm^3 noch stark dem des Gorillas (etwas unter 500 cm^3), so lag es bei den Frühmenschen (z. B. Pithecanthropus: 775–950 cm^3; Sinanthropus: 900–1100 cm^3) schon wesentlich

höher. Beim heutigen Menschen beträgt das Schädelvolumen durchschnittlich 1450 cm^3 im männlichen und 1300 cm^3 im weiblichen Geschlecht.

Schädellose (Akranier): Die Schädellosen bilden die primitivste Gruppe (Unterstamm) der ↑Chordatiere. Es sind kleine, fischähnliche Meerestiere mit ungegliedertem, als ↑Chorda dorsalis ausgebildetem Achsenskelett. Sie besitzen weder Schädel noch Gliedmaßen. Bekanntester Vertreter ist das ↑Lanzettfischchen.

Schädlingsbekämpfung: Zahlreiche Krankheitserreger und Schädlinge bedrohen die Ernteerträge und gefährden damit die menschliche Ernährung. Man schätzt die jährlichen Ernteverluste für Europa auf 20–24%, für die Staaten der dritten Welt auf bis zu 50%. Daher ist eine Bekämpfung der Schädlinge erforderlich. Dies ist durch Einsatz *mechanischer* (Fallen, Schreckschüsse) und *chemischer Mittel* und ökologische Maßnahmen möglich sowie durch ↑biologische Schädlingsbekämpfung.

Der Schwerpunkt der Sch. liegt heute in der Verwendung chemischer Substanzen *(Pestizide),* die als Lösungen versprüht oder in Pulverform zerstäubt werden. In der BR Deutschland sind etwa 1330 Präparate mit rund 270 verschiedenen Wirkstoffen zugelassen (Stand: August 1982).

Besondere Bedeutung besitzen Chlorphenoxyessigsäuren und Harnstoffderivate zur Bekämpfung von Unkräutern (↑Herbizide).

Fungizide werden zur Bekämpfung von Schadpilzen v.a. im Obst- und Weinbau sowie als Beizmittel für das Saatgut verwendet, z.B. Dithiocarbamate, Kupferkalkbrühe, organische Quecksilberverbindungen.

Chlorierte Kohlenwasserstoffe (DDT und Thiodan) sowie Phosphorsäureester (z.B. Parathion, E 605) werden hauptsächlich als *Insektizide* gegen Insekten und als *Akarizide* gegen Milben eingesetzt. Es sind Nervengifte, die als Atem-, Fraß- und Kontaktgifte wirken. Sie vernichten jedoch nicht allein Schädlinge, sondern auch Nützlinge (z.B. Marienkäfer, Flor- und Schwebfliegen als Feinde der Blattläuse).

Schneckenbekämpfungsmittel *(Molluskizide)* sind u.a. Ätzkalk, Kalkstickstoff und Metaldehyd. – *Nematizide* wie Methylbromid, Dichlorpropen-Dichlorpropan sowie Thiophosphorsäureester wirken gegen Nematoden. Durch die Dezimierung solcher natürlicher Begrenzungsfaktoren der Schädlinge erleidet die Biozönose gefährliche Störungen. Eine andere schwerwiegende ökologische Wirkung ist die Resistenzbildung bei Schädlingen als Folge von Mutationen. Mit jedem neuen Gifteinsatz überleben gegen das Gift immune Tiere, pflanzen sich fort und bilden schließlich eine neue Population, gegen die das ursprünglich wirksame Gift nicht mehr wirkt. Eine Massenvermehrung ist die Folge, zumal wenn die Nützlinge mit ohnehin geringerer Vermehrungsrate ebenfalls dezimiert sind.

Zu dieser Gefahr der Störung des biologischen Gleichgewichts tritt die Gefahr der Akkumulation bestimmter Gifte in der ↑Nahrungskette, die beim Menschen endet und schwere Vergiftungen, Krebsschäden und andere Erkrankungen zur Folge haben kann. Dies gilt v.a. für die sich nur sehr langsam abbauenden chlorierten Kohlenwasserstoffe und die Phosphorsäureester.

Der sicherste, aber teuerste Schutz gegen Schädlinge ist die Züchtung resistenter Sorten von Kulturpflanzen, z.B. von Kartoffeln, die gegen Viruskrankheiten oder den Kartoffelkäfer, und von Getreidesorten, die gegen Rostpilze resistent sind.

Zur *ökologischen Sch.* gehört das Anlegen von Hecken und anderen Nistgelegenheiten als Brutstätten für insektenfressende Vögel, auch der Anbau von Mischkulturen und zweckmäßige Fruchtfolgen, die der Ausbreitung bzw. Massenansammlung von Schädlingen entgegenwirken. Allgemein ist die Umwelt umso stabiler gegenüber Schädlingen, je vielseitiger gegliedert die Landschaft und je artenreicher die

Lebensgemeinschaft ist (↑auch biologisches Gleichgewicht).

Schallblase: Schallblasen sind ausstülpbare Häute bei Tieren, die in aufgeblasenem Zustand als Resonanzboden für Schallwellen dienen. Viele männliche Froschlurche tragen die Sch. in einem Längsschlitz hinter den Mundwinkeln. Beim Quaken, den Paarungsrufen, treten sie weit nach außen vor. Als *innere Sch.* liegen sie bei Unken unter der Kehlhaut.

Schamlippen (Labien): Zu den äußeren ↑Geschlechtsorganen der Frau gehören die außenliegenden *großen Sch.* (Labia majora). Sie sind behaart und umschließen die *kleinen Sch.* (Labia minora). Zwischen den kleinen Sch. münden ↑Harnröhre und ↑Scheide. Oben zwischen den kleinen Sch. liegt der ↑Kitzler. Bei geschlechtlicher Erregung vergrößern Schwellkörper die Sch. und sondern die ↑Bartholin-Drüsen eine Flüssigkeit ab, die das Eindringen des männlichen Glieds erleichtert.

Schamspalte: Als Sch. bezeichnet man die zwischen den großen ↑Schamlippen gelegene Spalte der äußeren weiblichen Geschlechtsorgane.

Schanker ↑Geschlechtskrankheiten.

Scharlach: Eine Infektionskrankheit des Kindesalters, hervorgerufen durch Streptokokken. Nach untypischem Krankheitsbeginn verfärben sich die Mandeln und der gesamte Rachen flammend rot. Nachdem die Zunge anfangs noch weißlich und pelzig belegt war, sieht ihre Oberfläche später durch die geschwollenen Geschmacksknospen himbeerähnlich aus.

Der Erkrankte wird isoliert und bei strenger Bettruhe sofort mit hohen Penicillindosen behandelt. Zusätzlich kann noch Serum mit Antikörpern gegeben werden, die allerdings nicht gegen die Bakterien, sondern nur gegen ihre Gifte wirken.

Die gefährlichen Nacherkrankungen, wie z. B. eitrige Mittelohrentzündung oder Nierenentzündung, werden durch die Bakterien hervorgerufen und treten daher nach der Penicillinbehandlung nicht auf.

Scharniergelenk ↑Gelenke (Tier und Mensch).

Schattenblatt: Das Sch. stellt eine Anpassungsform der ↑Laubblätter an schattige Standorte dar, z. B. an der schattigen Nordseite und im Inneren der Krone von Bäumen. Ein Sch. ist meist viel dünner und zarter als ein ↑Lichtblatt; Kutikula, Festigungsgewebe und Mesophyll sind schwächer entwickelt. Die unterschiedliche Ausbildung der Blätter ist auf die unterschiedliche Beleuchtungsstärke und die damit verbundenen Veränderungen der Nährstoffversorgung und Transpiration zurückzuführen.

Scheide (Vagina): Die Sch. ist ein plattröhrenförmiges Hohlorgan, das den Penis (↑Glied) bei der Begattung aufnimmt. Sie ist bei Mädchen am Scheideneingang hinter den kleinen ↑Schamlippen durch das ↑Jungfernhäutchen fast verschlossen. Innen ragt die ↑Gebärmutter mit dem Gebärmuttermund in die Sch. hinein. Sie wird zu den inneren ↑Geschlechtsorganen gezählt.

Auf dem Höhepunkt der geschlechtlichen Erregung (↑Orgasmus) kann sich die Sch. manschettenartig zusammenziehen.

In der Sch. herrscht normalerweise ein saures Milieu, das Bakterien abtötet und Samenzellen „lähmt“. Die basischen Bestandteile der Samenflüssigkeit können die Säurewirkung vorübergehend aufheben.

Während der Geburt dient die Sch. als Geburtskanal. Sie kann sich wegen ihrer außerordentlich hohen Dehnbarkeit stark weiten.

Scheinfrucht: Ein Fruchtstand, der eine Einzelfrucht vortäuscht; ↑Fruchtformen.

Scheinfüßchen (Pseudopodien): Bei den einzelligen ↑Wurzelfüßern fließen Teile des Zellplasmas in einer bestimmten Richtung vom Zellkörper weg und bilden dünne, fadenförmige, auch netzartig untereinander in Verbindung stehende oder ganz kurze bis lappenartige Fortsätze. Da diese v. a. der Fortbewegung dienen, jedoch Zellorganellen darstellen, werden sie Sch.

genannt. Sie nehmen aber auch (durch ↑Phagozytose) Nahrungspartikel auf. Sch. werden nur vorübergehend gebildet. Immer wieder fließt das Protoplasma in den Zellkörper zurück, oder dessen Plasma fließt in das Sch. hinein nach, so daß es zu einer Fortbewegung kommt. – Siehe auch Abbildung.

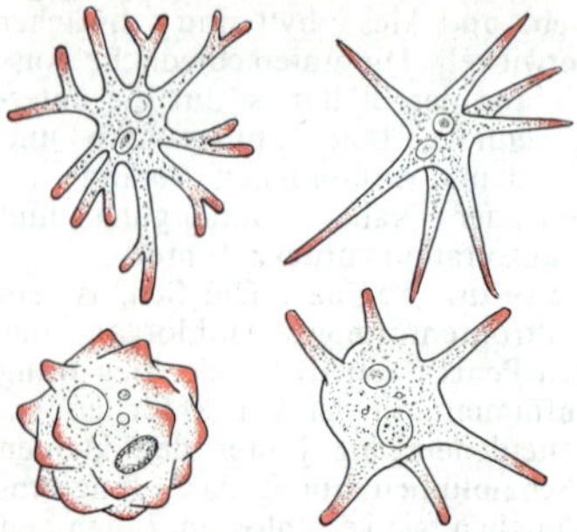

Abb. Scheinfüßchen (rot) verschiedener Amöbenarten

Schielen: Alle Abweichungen von der normalen Stellung und Führung beider Augäpfel nennt man Schielen. Im normalen Zustand fallen Bilder eines Objekts, das fixiert wird, auf einander entsprechende Netzhautteile, so daß im Gehirn ein einziges Bild entsteht. Benachbarte, nicht fixierende Netzhautabschnitte erzeugen Doppelbilder, die jedoch nicht als solche wahrgenommen werden. Beim Sch. dagegen werden ausschließlich Doppelbilder empfangen.
Die verschiedenen Formen des Schielens kann man in zwei große Gruppen einteilen: Sch. mit tatsächlich bewußt gesehenen Doppelbildern und Sch., bei dem das von einer Netzhautstelle gelieferte zweite Bild zentral unterdrückt, also praktisch nur einäugig gesehen wird.
Lähmungsschielen kommt durch direkte Lähmung der Augenmuskeln oder als Folge einer Schädigung ihrer Nerven zustande. Da es plötzlich auftritt, bleibt dem Gehirn keine Zeit, das Unterdrücken eines Netzhautbilds zu „lernen". Es kommt zu außerordentlich lästigen Doppelbildern; die Orientierung im Raum ist gestört.
Das *Begleitschielen* tritt v.a. dann auf, wenn der beidäugige Sehakt gestört ist, z.B. bei Brechungsfehlern des dioptrischen Apparats des Auges (Kurzsichtigkeit oder Übersichtigkeit). Doppelbilder fehlen, weil der Bildentwurf der einen Netzhaut im Gehirn unterdrückt wird. Dies ist aber gerade die Ursache des Begleitschielens; denn dadurch entfällt die Kontrolle über die Augenstellung.
Solange die Augenmuskeln beim beidäugigen Sehen noch gezwungen werden, so zu arbeiten, daß keine Doppelbilder auftreten, ist das Sch. nicht zu merken; erst wenn ein Auge abgedeckt wird (oder nach Ermüdung), wandert das Auge aus der normalen Blickrichtung.

Schiffchen ↑Schmetterlingsblütler.

Schilddrüse (Thyreoidea): Die Sch. ist eine aus zahllosen Bläschen sich zusammensetzende Hormondrüse im Halsbereich der Luftröhre. Sie kommt bei allen Wirbeltieren (also auch beim Menschen) vor. Beim Menschen ist die Sch. mit 20–60 g Gewicht die größte Hormondrüse. Sie produziert die ↑Schilddrüsenhormone und Calcitonin (↑Calcium).
Bei einer *Überfunktion* der Sch. (Hyperthyreose) kommt es zur sog. *Basedow-Krankheit* (weicher Kropf; v.a. mit Ausbildung von Glotzaugen, mit Abmagerung, Nervosität, Schlaflosigkeit). – Durch *Unterfunktion* (Hypothyreose) entsteht das sog. *Myxödem* (v.a. mit allgemeiner Müdigkeit und Lethargie). Angeborene Unterfunktion führt zum ↑Kretinismus.

Schilddrüsenhormone: In der ↑Schilddrüse werden die Hormone *Thyroxin* und *Trijodthyronin* gebildet und gespeichert. Auf Reiz des Sympathikus werden sie ausgeschüttet und ins Blut abgegeben. Der Blutspiegel der Sch. wird durch einen negativen Rückkopplungsmechanismus (↑Regelkreis) unter Einfluß des ↑thyreotropen Hormons der Hypophyse je nach Bedarf eingestellt.
Die Sch. wirken stoffwechselregulie-

rend: Sie erhöhen den ↑Grundumsatz, mobilisieren die Kohlenhydrat- und Fettspeicher, wirken wasserausschwemmend (diuretisch) und verursachen die Übererregbarkeit des Zentralnervensystems. Beide Sch. werden im Blut an Trägereiweiße (Globuline, Albumine) gebunden transportiert. Ihr Abbau erfolgt in Leber und Niere.

Schildkröten: Die seit rund 200 Millionen Jahren (Trias) bekannten Sch. sind langsame und plumpe ↑Kriechtiere. Ihr Körper ist am Bauch und Rükken von einem *Knochenpanzer* eingehüllt; der Bauchpanzer ist flach, der Rückenpanzer nach oben gewölbt. Der Knochenpanzer besteht aus einzelnen Knochenplatten, auf denen von außen Hornschilder aufgelagert sind. Die Dornfortsätze der Wirbelsäule sind mit dem Rückenpanzer verwachsen. Auch Kopf, Gliedmaßen und Schwanz sind mit Schuppen bedeckt; diese Körperteile können zudem in den Knochenpanzer eingezogen werden. Dadurch sind Sch. vor Feinden (z. B. Raubtiere) besonders geschützt. Dies erklärt auch, weswegen sie sich seit der Trias so gut wie kaum verändert haben.

Die heute noch lebenden Sch. sind in einer Ordnung zusammengefaßt und weltweit verbreitet. Sie sind vorwiegend Pflanzenfresser; Wasser- und Meeresschildkröten sind auch Fleischfresser. Ihre Panzerlänge differiert zwischen 10 cm und 2 m Länge. Die größte Schildkröte ist die *Lederschildkröte* in Meeren der warmen und gemäßigten Regionen.

Die Fortpflanzung der Sch. erfolgt (nach innerer Befruchtung) durch Ablage von Eiern an Land. Dies gilt auch für Meeres- und Wasser- bzw. Sumpfschildkröten. Dabei legt das Weibchen in eine von ihm selbst ausgescharrte Sandhöhlung viele Eier ab, scharrt die Höhlung wieder zu und überläßt das „Ausbrüten" den wärmenden Sonnenstrahlen.

Schimmelpilze: Zusammenfassende Bezeichnung für saprophytisch lebende Pilze, die zu verschiedenen systematischen Gruppen gehören. Sch. überziehen hauptsächlich feste Substrate mit einem Belag, der als *Schimmel* bekannt ist. Zu den Schimmelpilzen gehören z. B. der Köpfchenschimmel (Algenpilz), Gießkannenschimmel und Pinselschimmel (Schlauchpilze). Aus einigen Schimmelpilzen werden ↑Antibiotika gewonnen.

Schimpạnsen: Sch. sind die kleinsten ↑Menschenaffen (ohne die Gibbons). Sie leben in Großfamilien in afrikanischen Regenwäldern und Savannen. Ihr Fell ist in der Regel schwarzbraun bis schwarz. Sch. fressen hauptsächlich Früchte, gelegentlich aber auch tierische Nahrung. Sie bauen sich Schlafnester in Bäumen.

Sch. haben ein ausgeprägtes Sozialverhalten. Einsichtiges Handeln und Werkzeuggebrauch sind sehr verbreitet. Sie vermögen auch Wörter und deren Bedeutung zu erlernen. Neben dem Menschen, dem er von allen Menschenaffen verwandtschaftlich am nächsten steht, ist der Schimpanse das höchstentwickelte Säugetier.

Man unterscheidet zwei Arten: den größeren, häufig in zoologischen Gärten zu sehenden *Gewöhnlichen Schimpansen* und den *Zwergschimpansen (Bonobo).*

Schizogonie̲: Die Sch. ist eine Form der ↑ungeschlechtlichen Fortpflanzung bei Einzellern, v. a. bei den ↑Sporentierchen. Dabei entstehen im Zellkörper aus dem ursprünglichen Kern durch einfache Mitosen zahlreiche Tochterkerne, aus denen (nach Zerfall der Mutterzelle, des *Schizonten*) neue Individuen hervorgehen.

Schizomyzẹten svw. ↑Bakterien.

Schizọnten: Sch. kommen als Vermehrungsstadien im Entwicklungszyklus der ↑Sporentierchen vor, z. B. bei den Erregern der ↑Malaria.

Schizophrenie̲: Die Sch. ist eine ↑Geisteskrankheit (↑auch Psychosen), deren innere Ursachen noch weitgehend ungeklärt sind. Bei der typischen Form der Sch. bilden die verschiedenen geistigen Aktivitäten wie Denken, Fühlen, Wollen keine Einheit mehr. Zu dieser Spaltung der Persönlichkeit kommen häufig noch Wahnvorstellungen und Bewußtseinstäuschungen hinzu.

Schlafbewegungen ↑Nyktinastie.

Schlafmittel: Die bekannteste Gruppe von Schlafmitteln leitet sich von der Barbitursäure ab. Die verschiedenen *Barbiturate* unterscheiden sich in ihrer Wirkungsdauer. Kurz wirksame Mittel eignen sich für Schlafstörungen, bei denen das Einschlafen erschwert ist *(Einschlafmittel).* Etwas länger (nämlich 6–7 Stunden) wirken die sog. *Durchschlafmittel,* die dementsprechend nicht zu spät in der Nacht eingenommen werden dürfen. Außerdem gibt es noch Barbiturate, die länger als 8 Stunden wirken *(Dauerschlafmittel).*

Andere Sch. leiten sich vom Harnstoff oder anderen Stoffklassen, wie Piperidinderivaten, Benzodiazepinen, ab. Von praktischer Bedeutung ist die Beobachtung, daß Alkohol die Schlafmittelwirkung verstärkt.

Werden Sch. regelmäßig eingenommen, kommt es zur Gewöhnung, u. U. zur ↑Sucht.

Schlagadern svw. ↑Arterien.

Schlaganfall: Als Sch. bezeichnet man mehr oder minder plötzliche, oft mit schweren Bewußtseinsstörungen einhergehende Ausfallsserscheinungen des Gehirns. Auslösende Ursachen sind oft Durchblutungsstörungen bzw. Gefäßverschlüsse mit nachfolgender Hirnerweichung oder auch Gefäßrisse mit Hirnblutung.

Der klassische, voll ausgebildete *Hirnschlag* ist durch eine plötzliche, halbseitige Lähmung gekennzeichnet, die meist im Schlaf oder aus vollem Wohlbefinden heraus auftritt. Nur bei etwa der Hälfte der Kranken kommt es zu einer Bewußtlosigkeit. Die anfangs schlaffe ↑Lähmung geht später in eine spastische über; am Arm überwiegt die Beugung, am Bein die Streckung. Am häufigsten sind 70- bis 80jährige betroffen. Die selteneren Hirnblutungen treten hauptsächlich im Alter von 40 bis 50 Jahren auf, wobei die meisten Patienten unter Bluthochdruck leiden.

Schlangen: Die Sch. bilden eine Unterordnung langgestreckter ↑Kriechtiere ohne Extremitäten, bei denen die Anzahl der Wirbel stark vermehrt ist (bis zu 435 Wirbel). Jeder Wirbel trägt ein Paar Rippen, was für das „Schlängeln“ (↑Fortbewegung) von großer Bedeutung ist. Die Vorfahren der heute lebenden Sch. müssen Gliedmaßen gehabt haben; denn einige primitive Gruppen (z. B. die Riesenschlangen) weisen an ihrem Skelett noch Reste eines Beckengürtels auf. – Wie alle Kriechtiere müssen sich auch Sch. mehrmals im Jahr häuten (↑Häutung). Alle Sch. leben ausschließlich von Tieren, die als Ganzes verschlungen werden und nicht zerkaut werden können. Riesenschlangen erwürgen das Beutetier durch Umwinden mit ihrem Leib, wohingegen ↑Giftschlangen lange ↑Giftzähne entwickelt haben, mit denen das Opfer getötet wird. Zum Auffinden ihrer Beutetiere „züngeln“ Sch., wobei die Zungenspitzen durch die Aufnahme von Geruchsspuren das Beutetier verfolgen. – ↑auch Giftschlangen, ↑Nattern.

Schlangenbiß ↑Erste Hilfe.

Schlangengifte: Die umgewandelten Speicheldrüsen der ↑Giftschlangen produzieren verschiedene giftig wirkende Substanzgemische, die zum großen Teil Enzyme (Proteasen, Cholinesterasen), z. T. toxisch wirkende Polypeptide u. a. biologisch aktiven Stoffe enthalten.

Man unterscheidet die Sch. nach ihrer Wirkung: *Neurotoxine* (Nervengifte) lähmen über das Nervensystem die Atmung. *Hämorrhagine* zerstören die Wandungen der Blutgefäße. *Hämolysine* lösen die roten Blutkörperchen auf. *Zytolysine* greifen Gewebe an.

Die wirksamen Bestandteile der Seren gegen Schlangenbisse sind die Antikörper gegen die entsprechenden Gifteiweiße.

Schlauchpilze (Askomyzeten, Ascomycetes): Die Sch. bilden eine Klasse der ↑Pilze mit rund 30000 meist terrestrisch lebenden Arten. Das Myzel besteht aus verzweigten, septierten Hyphen. Die Zellwände dieser Hyphen sind aus Chitin. Die Fortpflanzung der Sch. erfolgt geschlechtlich

durch Verschmelzung der Gametangien *(Gametangiogamie)* oder vegetativen Hyphen *(Somatogamie).* Die meist acht Askosporen entwickeln sich in schlauchförmigen Sporangien, den Aszi (Einz. ↑Askus). Die ungeschlechtliche Fortpflanzung erfolgt durch ↑Konidien.
Die Sch. werden in vier Unterklassen eingeteilt: u. a. ↑Hefen und *Taphrinales* (einige Arten verursachen ↑Hexenbesen und Narrentaschenkrankheit), die keine Fruchtkörper bilden; die Zygote wird zum ↑Askus. Die Sch. im engeren Sinne bilden geschlossene Fruchtkörper, so daß die Askosporen erst nach dem Zerfallen der Fruchtkörper freiwerden. Hierzu gehören Echte ↑Mehltaupilze, viele ↑Schimmelpilze, Mutterkornpilz, Morcheln, Lorcheln und Trüffeln.

Schlauchwürmer svw. ↑Rundwürmer.

Schleimbeutel: ↑Gelenke sind von einem Sch. umgeben. Er enthält die *Gelenkschmiere,* eine klare, fadenziehende Flüssigkeit, die als Schmiermittel dient und die Knorpel der Gelenkflächen ernährt.

Schleimpilze (Myxomyzeten): Sch. bilden eine Klasse der Pilze mit rund 500 Arten in ca. 60 Gattungen. Charakteristisch für die Sch. ist ihr Vegetationskörper, der eine vielkernige, querwandlose Protoplasmamasse *(Plasmodium)* ist. Dieses Plasmodium entsteht durch Verschmelzung vieler amöboider Zellen, die zu Fruchtkörpern (Sporangien) werden.
Die ungeschlechtliche Vermehrung der Sch. erfolgt durch in den Fruchtkörpern gebildete Sporen, die auf feuchtem Untergrund zu *Schwärmern* (Myxoflagellaten) auskeimen. Diese können sich zu einer Zygote vereinigen oder sich durch Geißelverlust zu kriechenden *Myxamöben* entwickeln, die sich ihrerseits durch einen Geschlechtsakt zu einer Zygote vereinigen. Schwärmer und Myxamöben vermehren sich auch durch Teilung.
Die meisten Arten der Sch. leben saprophytisch. Die Plasmodien kommen erst bei der Sporenbildung ans Licht.

Schleuderfrucht: Frucht, deren Samen durch Schleuderbewegungen ausgestreut werden (z. B. Springkraut); ↑Samenverbreitung.

Schließfrucht: Eine Frucht, die sich auch bei der Reife nicht öffnet; sie wird als Ganzes mit dem Samen verbreitet; z. B. die Nuß (Haselnuß) oder die Steinfrucht (Kirsche). – ↑Fruchtformen.

Schließmuskeln: Ringförmige ↑Muskeln dienen in vielen Fällen zum Verschluß von Ausführungsgängen und werden meist unwillkürlich gesteuert. Sie verschließen z. B. die Ausführungsgänge von Gallenblase und Bauchspeicheldrüse, den Magenausgang (Pförtner), den After und die Harnblase.

Schließzellen: Sch. sind spezialisierte, chloroplastenführende Epidermiszellen, die paarweise die ↑Spaltöffnungen begrenzen.

Schlingpflanzen ↑Kletterpflanzen.

Schluckreflex: Der Schluckvorgang geht in drei Phasen vor sich, wobei die erste willkürlich in Gang gesetzt werden kann, die zweite und dritte Phase aber rein reflektorisch auf Berührungsreize hin erfolgen. Die erste Phase des Schluckaktes erfolgt mit Hilfe der Zunge, die die Speise durch Andrücken an den Gaumen in den Rachen drängt. In der zweiten Phase werden die Speisen durch den im Rachen entstehenden Überdruck in die Speiseröhre geschleudert (feste Speisen) oder gespritzt (flüssige Speisen). Die dritte Phase besteht im Transport durch die Speiseröhre, wobei peristaltische Bewegungen nachhelfen. Der Transport funktioniert auch gegen die Schwerkraft.
Beim Schlucken wird der hintere Zugang zur Nasenhöhle durch Heben des Gaumensegels verschlossen. Ein Eindringen der Speisen in die Luftröhre wird dadurch verhindert, daß der Kehlkopf nach vorn unter die Zunge hochgezogen wird (äußerlich sichtbar). Der Kehldeckel, der sich dabei nach hinten legt, ist ein zusätzlicher, aber nicht notwendiger Schutz.

Schlund (Rachen, Pharynx): Der

Sch. ist bei den *Wirbeltieren* (also auch beim Menschen) aus dem Kiemendarm (↑Kiemenbögen) hervorgegangen. Er beginnt beim Menschen hinter dem weichen Gaumen und nimmt den mit Schleimhaut ausgekleideten und mit besonderen Schluckmuskeln versehenen Bereich zwischen Nasenhöhle, Mundhöhle und Speiseröhre ein. Sein oberer, mit Flimmerepithel ausgekleideter Teil heißt *Nasenrachenraum (Epipharynx)*. Der mittlere Teil ist der hinter der Mundhöhle gelegene *Mundrachen (Mesopharynx)*. Darunter, hinter dem Kehlkopf, folgt der *Kehlkopfrachen (Hypopharynx)*.

Bei den *wirbellosen Tieren* wird der vorderste Teil des Vorderdarms zwischen Mundöffnung bzw. Mundraum und ↑Speiseröhre als Sch. bezeichnet.

Schlupfwespen: Eine Gruppe der ↑Hautflügler.

Schlüsselreiz: Jede Instinkthandlung wird durch einen ↑Auslöser oder einen Sch. ausgelöst. Über den ↑angeborenen Auslösemechanismus werden innere Sperren beseitigt. Der gut sehende Gelbrandkäfer z. B. reagiert nicht auf die rein körperlichen Merkmale einer Kaulquappe, die ihm in einem Reagenzglas gezeigt wird, sondern nur auf den Geschmack (Geruch) von Fleischsaft, der im Wasser verteilt wird, mit Beutefangverhalten.

Aus der Vielzahl der Reize, die von den Sinnesorganen der Tiere aufgenommen werden, haben nur einige Signalcharakter. Sie müssen unter natürlichen Bedingungen so selten sein, daß das ausgelöste Verhalten des Tiers sinnvoll und von Nutzen ist. Häufig handelt es sich um eine Kombination von angeborenen und erlernten Reizen, die sich ergänzen.

Durch ↑Attrappenversuche lassen sich aus der Fülle einige einfache Schlüsselreize aussondern.

Schmarotzer svw. ↑Parasiten.

Schmerzsinn: Die *Schmerzempfindung* wird durch (wahrscheinlich) freie Nervenendigungen in der Haut *(Schmerzpunkte)*, in der Muskulatur und in den inneren Organen vermittelt, die oft auch spezifisch auf mechanische (↑mechanische Sinne), elektrische, chemische und Wärmereize ansprechen. Eigentümlich sind dem Sch. die hohe Reizschwelle und die Erregung der Schmerzrezeptoren durch Schmerzstoffe (z. B. Histamin), die bei einer Gewebsschädigung freigesetzt werden. Der schnelle, stechende, örtlich begrenzte *Oberflächenschmerz* und der dumpfe, schwer zu lokalisierende *Tiefenschmerz* (Eingeweideschmerz) üben eine wichtige Schutz- und Warnfunktion aus.

Schmetterlinge (Falter): Eine Ordnung der Insekten. Ihr Körper gliedert sich in drei Abschnitte:

1. Am *Kopf* sitzen ↑Facettenaugen, ↑Mundwerkzeuge und ↑Antennen. Letztere sind Träger eines gut ausgeprägten Geruchssinns, mit dem Männchen Weibchen oft auf große (bis kilometerweite) Entfernungen wahrnehmen können.

2. Der *Brustabschnitt* weist 2 (fein beschuppte) Flügel- und 3 Beinpaare auf. Außerdem finden sich hier häufig paarige Gehörorgane. Verschiedene Nachtfalter vermögen auf die von Fledermäusen ausgestoßenen Ultraschalltöne zu reagieren: Sie lassen sich im Fluge fallen und entgehen so ihrem Feind.

3. Im *Hinterleib* liegen die Verdauungs- und Geschlechtsorgane. Die Fortpflanzung erfolgt geschlechtlich durch innere Befruchtung. Die aus den Eiern schlüpfenden Larven (↑Raupen) machen eine vollkommene ↑Metamorphose durch. Die Raupen müssen sich während des Wachstums öfter häuten. Die letzte ↑Häutung führt zur ↑Puppe.

Sch. sind z. T. sehr gute Flieger, die als Wanderfalter weite Strecken zurücklegen. Als Säftesauger leben sie überwiegend von Nektar, Honig und Obstsäften. Der Saugrüssel ist bei manchen Arten (z. B. bei vielen Spinnern) teilweise oder völlig rückgebildet, so daß die Imagines keine Nahrung mehr aufnehmen können; er ist am längsten bei den Schwärmern.

Die Sch. werden eingeteilt in *Tag-* und *Nachtschmetterlinge (Tag-* bzw. *Nachtfalter)*. Zur ersten Gruppe gehören

z. B. Weißlinge, Zitronenfalter, Tagpfauenauge und Schwalbenschwanz, zur zweiten Gruppe werden u. a. ↑Schwärmer, Spinner (mit dem ↑Seidenspinner), Eulenfalter und Bärenspinner gerechnet.

Schmetterlingsblütler (Papilionaceae): Die Sch. bilden eine weltweit verbreitete Familie der Zweikeimblättrigen Pflanzen mit rund 9 000 Arten aus der Ordnung der ↑Hülsenfrüchtler. Es sind Bäume, Sträucher oder Kräuter mit gefiederten Blättern und schmetterlingsförmigen Blüten. Diese bestehen aus einem fünfblättrigen, verwachsenen Kelch und fünf verschieden gestalteten Kronblättern. Von diesen wird das größte als *Fahne,* die beiden seitlichen als *Flügel* und die beiden vorderen als *Schiffchen* bezeichnet.

Die Staubblätter der Sch. sind zu einer Röhre verwachsen. Die Blüten werden von Insekten, einige auch von Vögeln bestäubt. Die Frucht ist eine vielsamige Hülse mit hartschaligen Samen. Die Keimblätter sind kräftig entwickelt und enthalten Stärke, Eiweiß und Fett. Die Samen vieler Arten werden deshalb als Nahrungs- und Futtermittel verwendet.

Bekannte Sch. sind: Erbse, Linse, Bohne, Klee, Esparsette, Lupine, Wicke, Sojabohne, Erdnuß, Indigo und Goldregen.

Schnecke: Das eigentliche Hörorgan des Innenohrs; ↑Ohr.

Schnecken (Gastropoden): Eine Klasse der ↑Weichtiere, die an Land und in Süß- und Meeresgewässern vorkommen. – Sch. sind Zwitter mit kompliziert gebauten Geschlechtsorganen und mit Larvenentwicklung, die bei landbewohnenden Arten in der Eihülle erfolgt.

Bezüglich des Grundtypus kann man von gehäusetragenden Sch. (z. B. Weinbergschnecke) ausgehen, bei denen man drei Körperabschnitte erkennen kann: 1. der *Kopf* mit Mundöffnung (meist mit ↑Radula), Fühlern und (z. T. auf diesen liegenden) Augen; 2. ein als Kriechsohle ausgebildeter *Fuß,* dessen Muskeln zahlreiche nach rückwärts verlaufende Wellen hervorrufen und so das Tier vorwärts schieben (↑auch Fortbewegung); 3. ein auf dem Fuß sitzender, asymmetrisch-spiralig gewundener *Eingeweidesack,* der 4. von einer außen eine Kalkschale ausbildenden Hautduplikatur *(Mantel)* umhüllt ist. Die Asymmetrie des Eingeweidesacks entsteht erst während der nachembryonalen Entwicklung, wobei verschiedene Organe (wie Kiemen, Geschlechtsöffnung, Nieren, Herzvorhöfe) auf die Körpervorderseite gelangen *(Vorderkiemer).* In diese Gruppe gehören die meisten *Meeresschnecken,* als heimische Süßwasserschnecke z. B. die *Sumpfdeckelschnekke.* Bei einer anderen Gruppe kommt es wieder zu einer Rückdrehung des Eingeweidesacks, so daß die Kiemen hinter das Herz zu liegen kommen (*Hinterkiemer;* fast ausschließlich Meeresschnecken).

Eine dritte Gruppe bildet die Kiemen völlig zurück, wandelt dafür aber einen Teil der ↑Mantelhöhle zu einem blutgefäßreichen Gewebe um, das als Lunge fungiert *(Lungenschnecken).* Hierher gehören alle Landschnecken, darunter auch die ↑Nacktschnecken.

Schneckenfenster svw. ↑rundes Fenster.

Schneidezähne ↑Zähne.

Schnurrhaare: Lange Tasthaare seitlich am Kopf bei Katzen und anderen Säugern. Ihre Haarwurzel ist von Sinneszellen und (als Sinushaare) einem Blutraum umgeben; ↑Haarkleid.

Schock (Kreislaufschock): Als Sch. wird im allgemeinen ein Versagen des Kreislaufs bezeichnet, das durch ein plötzliches starkes Absinken des Blutdrucks gekennzeichnet ist. Dadurch wird das Gehirn zu wenig durchblutet. Bei vollständigem Zusammenbruch des Kreislaufs droht nach 10 Minuten der Hirntod. Die in diesem Fall nötige äußere Herzmassage (↑Erste Hilfe) ist für Laien anstrengend und nicht ganz einfach. Schnelle fachkundige Hilfe ist eher nützlich.

Bei einem Unfall sinkt der Blutdruck meist wegen des starken Blutverlustes ab *(Unfallschock).* Der Kreislauf wird hier durch Transfusion von Blut oder Blutersatz wieder aufgefüllt. Aber auch andere Störungen, die direkt oder indirekt, etwa nach seelischer Aufregung oder infolge einer allergischen Reaktion, auf das Kreislaufzentrum im Hirnstamm einwirken, können zum Sch. oder ↑Kreislaufkollaps führen. Nicht selten hilft es dann, wenn der Patient flach gelagert wird. Der drohende Sch. kündigt sich u. a. durch eine auffallende Blässe der Haut und Schwindelgefühle an.

Schonkost svw. ↑Diät.

Schonzeiten: Durch das Bundesjagdgesetz von 1952 ist festgelegt, daß verschiedene jagdbare Tiere zu bestimmten Zeiten nicht gejagt werden dürfen. Die wichtigsten Sch. sind: Rotwild: Februar bis Mai; weibliches Rehwild und Rehkitze: 15. Oktober bis 16. September; Gemswild: Dezember bis Juli; Hasen: Januar bis Oktober; Edel- und Steinmarder: März bis November; Auer- und Birkhahn dürfen nur vom 16. April bis Ende Mai, Rebhühner von September bis November, Wildgänse von August bis März erlegt werden. Auch für Dachs, Damwild, Fasan, Ringeltaube, Waldschnepfe, Wildente, Elchwild und Muffelwild gibt es zeitliche Einschränkungen für die Jagd.

Keine Sch. gibt es dagegen u. a. für Wildkaninchen und Fuchs; allerdings dürfen bei diesen Tieren die für die Aufzucht der Jungen notwendigen Elterntiere während der Brut- bzw. Setzzeiten ebenfalls nicht gejagt werden.

Verschiedene Tiere dürfen das ganze Jahr über nicht gejagt werden, wie z. B. Kolkraben, Greifvögel, Schneehühner, Wisente, Steinwild, Biber, Murmeltiere, Robben und Wildkatze. Auch die Nester des Federwilds sind das ganze Jahr über geschützt, besonders jedoch für die Zeit, in der Gelege vorhanden sind. – ↑auch geschützte Tiere.

Schote: Die Frucht der Kreuzblütler; ↑Fruchtformen.

Schraubel: Ein ↑Blütenstand mit monochasialer Verzweigung (nur ein Gabelast ist entwickelt); er kommt bei der Taglilie vor.

Schraubenbakterien svw. ↑Spirillen.

Schreckreaktion ↑Taxien.

Schrittmacher: Sch. sind zur autonomen Erregungsbildung befähigte Zellen des Herzens; ↑Herzautomatie.

Schuppen:

◊ *Botanik:* Knospen werden bei vielen Pflanzen durch *Schuppenblätter* geschützt. Nadelhölzer haben an ihren Zapfenblüten *Deck-* und *Samenschuppen,* später die harten, verholzten *Zapfenschuppen.* Bei manchen Pflanzen sind auch ↑Haare zu Sch. umgebildet.

◊ *Zoologie:* Zahlreiche Tiere schützen ihren Körper durch Sch., die von der Haut gebildet werden.

Insekten, besonders Schmetterlinge, bilden abgeplattete, hohle Haarformen aus. Diese bestehen aus Chitin und tragen Farbstoffe oder erzeugen Interferenzfarben (Schillerfarben). Sie können mit Duftdrüsen *(Duftschuppen)* oder Sinneszellen *(Sinnesschuppen)* in Verbindung stehen.

Wirbeltierschuppen werden von verschiedenen Hautschichten gebildet. Haie und Rochen entwickeln *Plakoidschuppen (Hautzähne),* die den Zähnen höherer Wirbeltiere homolog sind. Sie bestehen aus einem kegelförmigen Dorn aus Zahnbein (Dentin), der schräg auf einer drachenförmigen Grundplatte (Basalplatte) sitzt und von Zahnschmelz überzogen ist. Die Plakoidschuppen bedecken den ganzen Körper und sind am Kopf recht groß. Sie machen die Haut sehr rauh. Die übrigen Fische tragen *Knochenschuppen,* die von der Lederhaut gebildet werden und dachziegelartig übereinander liegen. Sie werden von der Epidermis überzogen. Ihre konzentrischen Zuwachsstreifen gestatten eine Altersbestimmung. Nach der Form dieser *Fischschuppen* unterscheidet man rhombische *Ganoidschuppen* (Flösselhechte, Knochenhechte), rundliche *Zykloidschuppen* oder am Hinterrand kammartig gestaltete *Ktenoidschuppen.*

Reptilien und die übrigen Wirbeltiere besitzen *Hornschuppen,* Bildungen der Oberhaut. Bei Reptilien bedecken sie

den ganzen Körper, sind z. T. verbreitert („Schilder") oder mit Knochen unterlegt (z. B. bei Krokodilen).
Bei Beuteltieren, Insektenfressern und Nagern trägt der Schwanz kleine Sch. Auch die Füße (Läufe) der Vögel sind beschuppt. Von den Säugern sind nur die Schuppentiere und Gürteltiere ganz durch Sch. geschützt.

Schuppentiere: Eine Ordnung bis 1,8 m langer Säugetiere im tropischen Afrika und in Südasien. Sch. sind nachtaktive, v. a. Ameisen und Termiten fressende Tiere mit kräftigen Grabklauen, die tagsüber in selbstgegrabenen Bauen schlafen. Ihre Körperoberseite ist mit großen, dachziegelartig angeordneten Hornschildern bedeckt, die ihnen einen guten Schutz vor Feinden geben, besonders wenn sich die Sch. in Ruhe und bei drohender Gefahr kugelförmig zusammenrollen.

Schuttpflanzen (Ruderalpflanzen): Pflanzen, die an Schuttplätzen und Wegrändern bewohnter Orte wachsen. Diese bevorzugten Standorte sind reich an anorganischen Stickstoffverbindungen und meist auch an anderen Mineralsalzen. Häufig speichern Sch. Nitrate in ihren Blättern.
Bekannte Sch. sind Brennessel, Stechapfel und Weiße Taubnessel.

Schutzanpassung: Alle Schutzanpassungen dienen dazu, eine Tierart vor der Vernichtung durch Feinde möglichst gut zu bewahren. Leistungsfähige Sinnes- und Fortbewegungsorgane ermöglichen vielen Tierarten der verschiedensten Gruppen eine frühzeitige und schnelle Flucht.
Schwerfälligere Tiere besitzen *mechanische Schutzeinrichtungen,* die vom Körper selbst gebildet werden (Schnecken, Muscheln, Schildkröten, Seeigel, Kugelfisch u. a.). Andere Tiere ziehen sich in Gehäuse oder Höhlen aus schützendem, nicht körpereigenem Material zurück.
Die Abwehrmaßnahmen auf *chemischer Basis* reichen vom schlechten Geschmack bis zur Giftigkeit und zu besonderen Einrichtungen, giftige Sekrete gezielt anwenden zu können. Häufig ist die Giftigkeit (↑Gifttiere) oder Wehrhaftigkeit mit auffallenden Warntrachten verbunden (z. B. Wespe, Feuersalamander).
Am besten untersucht sind die Schutzanpassungen, die vor der Entdeckung durch Feinde schützen sollen. Meist sind die Tiere in ihrer Färbung an die Umgebung angepaßt *(Tarntracht).* Manchmal reicht das genetisch vorgegebene, unveränderliche Färbungsmuster aus (z. B. bestimmte Schmetterlinge). Oft gibt es dabei zumindest ein Sommer- und ein Winterkleid. Andere Tiere haben die Möglichkeit, relativ schnell ihre Färbung dem Untergrund anzupassen (↑Farbwechsel). So bemühen sich Bodenfische, auf ein Schachbrett gesetzt, dieses Muster nachzuahmen. Tiere mit Außenskelett, z. B. Krabben, tarnen sich mit Algen oder Steinchen, die sie an ihren Körper heften. Sogar eine scheinbar auffällige starke Musterung kann die Umrisse eines Körpers vor dem entsprechenden Hintergrund verschwinden lassen *(Somatolyse).*
Ahmen die Tiere Dinge ihrer Umwelt in Gestalt und Farbe täuschend ähnlich nach, spricht man von *Mimese.* Unter den baumbewohnenden Insekten sind die Blattnachahmer nicht selten; Zweignachahmer sind z. B. Stabheuschrecken und Spannerraupen.
Einige eigentlich wehrlose Tiere (z. B. viele Schmetterlinge und Fliegen) ahmen im Aussehen und Verhalten giftige, ungenießbare oder wehrhafte Arten nach (z. B. Hornissenschwärmer). Die oft deutliche *Warntracht* der Vorbilder erleichtert den Nachahmern diese *Mimikry.*
Eine Abschreckung der Feinde wird auch erreicht, wenn auffällige Muster, oft augenähnlich, plötzlich gezeigt werden.

Schutzimpfung svw. ↑Impfung.

Schwämme (Parazoen): Die Sch. bilden einen Stamm äußerst einfach gebauter Tiere, die keine echten Organe und keine echten Sinnes-, Nerven- und Muskelgewebe ausbilden. Ihre Größe (1 mm bis 2 m) ist ebenso variabel wie ihre Körperform (klumpen-, becher-, krusten-, baum- oder strauch-

artig). Sie kommen meist am Grund von Meeren vor.
Der Körper der Sch. besteht aus einer äußeren und einer inneren Epithelschicht und zahlreichen dazwischenliegenden Zellen, die in eine gallertartige Grundsubstanz eingebettet sind. Diese wird stets durch eine Stützsubstanz aus Kalk *(Kalkschwämme)*, Kieselsäure *(Kieselschwämme)* oder aus hornartigem Material *(Hornschwämme*, darunter der *Badeschwamm)* gestützt.
Sch. besitzen eine oder mehrere Ausströmöffnungen; ihre Körperwand ist von zahlreichen Poren durchsetzt. Der höhlenförmige Binnenraum und die Porenkanäle werden von einer Schicht *Kragengeißelzellen* ausgekleidet. Durch die synchrone Tätigkeit der darin schwingenden Geißeln wird eine Strömung erzeugt, die Wasser durch die Poren einströmen und durch die Ausströmöffnungen ausströmen läßt. Die dabei mitgeführten Kleinstlebewesen und Gewebeteilchen bleiben am klebrigen, die Geißel umgebenden Plasmakragen der Geißelzellen haften und werden dem Körper als Nahrung zugeführt.
Schwammgewebe (Schwammparenchym): Das Sch. ist ein über der unterseitigen Epidermis als Teil des ↑Mesophylls von Laubblättern gelegenes Gewebe. Es enthält viele ↑Interzellularen und dient der Durchlüftung des Blatts.
Schwangerschaft (Gravidität): Die Zeitspanne von der ↑Einnistung eines befruchteten Eies bis zur ↑Geburt eines Kindes beträgt im Mittel 280 Tage, gerechnet vom ersten Tag der letzten Monatsblutung (↑Menstruation).
Sichere *Schwangerschaftszeichen* sind der Nachweis der kindlichen Herztöne und das Ertasten des kindlichen Körpers. Eine Sch. gilt als wahrscheinlich, wenn sich Schamlippen und Scheide bläulichrot verfärben, die Regel ausbleibt und die Brust an Größe zunimmt. Charakteristische Anzeichen einer Sch. sind ferner zunehmender Leibesumfang, verstärkter nächtlicher Harndrang, morgendliche Übelkeit (während der ersten Monate) und abnorme Eßgelüste. – ↑auch Plazenta, ↑Keimesentwicklung.
Schwangerschaftsnachweis: Will man eine ↑Schwangerschaft schon im Frühstadium nachweisen, ist eine sichere Antwort nur mit Hilfe bestimmter Tests möglich.
Tierversuche dienen zum Nachweis eines besonderen Schwangerschaftshormons aus dem Mutterkuchen, des ↑Choriongonadotropins. Dieses Hormon wird im Urin der Schwangeren schon sehr früh, nach der ↑Einnistung, und dann vermehrt bis zum Ende der Schwangerschaft ausgeschieden. Bei jungen Mausweibchen wachsen nach Behandlung mit diesem Urin die Gebärorgane, bei Kröten (im allgemeinen männliche Erdkröten; *Krötentest*) oder Fröschen *(Froschtest)* führt dies zur Freisetzung von Spermien oder Eizellen. Die Treffsicherheit dieser Reaktion, die 8–11 Tage nach Ausbleiben der erwarteten Regelblutung positiv wird, liegt bei 99%.
Auch mit den modernen *immunologischen Schwangerschaftstests* weist man Choriongonadotropin im Schwangerenharn nach *(Aschheim-Zondek-Sch.)*. Solche Tests funktionieren einfacher und rascher als Tierversuche. Sie werden 7–12 Tage nach der ausgebliebenen Regelblutung positiv und haben gleichfalls eine Trefferwahrscheinlichkeit von mehr als 95%: Man ruft in Kaninchen die Bildung von Antikörpern gegen Choriongonadotropin hervor. Bringt man dann das antikörperhaltige Serum mit Schwangerenurin zusammen, kommt es zur Antigen-Antikörper-Reaktion. Dabei werden Antikörper verbraucht. Diesen Verbrauch kann man messen, indem man die übrigen noch freien Antikörper mit empfindlich gemachten roten Blutkörperchen vom Hammel oder mit Kunststoffteilchen, die Choriongonadotropin enthalten, reagieren läßt.
Neuerdings wird dem einfachen *Temperaturtest* viel Beachtung geschenkt: Normalerweise steigt die Basaltemperatur (im After gemessen) bei 28tägigem Zyklus am 15.–16. Tag von

36,5 °C auf 37 °C an und fällt mit der Rückbildung des Gelbkörpers kurz vor der Regelblutung wieder ab. Tritt eine Schwangerschaft ein, so bleibt der Gelbkörper bestehen, und die Temperatur bleibt auch weiterhin erhöht.

Schwann-Scheide: Isolierschicht, die den Neuriten einer ↑Nervenzelle umgibt.

Schwänzeltanz: Mit diesem Tanz teilen ↑Honigbienen ihren Stockgenossinnen die Entfernung und die Richtung mit, in der eine Futterstelle zu finden ist; ↑Bienensprache.

Schwanzlurche: Ordnung etwa 4 cm bis 1,5 m langer ↑Lurche an oder in Süßgewässern Eurasiens und Nordamerikas. Sie sind gekennzeichnet durch einen langen Schwanz, der bei Arten, die vorwiegend im Gewässer leben (wie *Molche*), von einem Hautkamm umsäumt ist.
Sch. ernähren sich v. a. von Würmern und Insekten. Zur Fortpflanzung gehen fast alle Sch. ins Wasser. Das Männchen setzt am Gewässergrund eine ↑Spermatophore ab, die vom Weibchen aufgenommen wird. – Die mittels Kiemen atmenden Larven der Sch. leben bis zur ↑Metamorphose im Wasser.
Zu den Schwanzlurchen gehören auch die *Salamander* (mit Feuer- und Alpensalamander).

Schwärmen ↑Honigbiene.

Schwärmer: Eine Familie bis 20 cm spannender, häufig bunter Nachtschmetterlinge, die mit ihrem sehr langen Rüssel Nektar aus Blüten saugen, indem sie durch schnelle Flügelschläge (ähnlich wie die Kolibris) im Flug still vor Blüten stehen *(Rüttelflug)*. Weitere Kennzeichen aller Sch. sind die langen, schmalen Vorderflügel bei den Faltern und eine hornförmige Bildung am Hinterende der Raupen.
Zu den Schwärmern gehören u. a. der Totenkopfschwärmer, das Taubenschwänzchen und der Ligusterschwärmer.

Schwarmtraube ↑Honigbiene.

Schwefelbakterien: Die verschiedenen Arten von Sch. gewinnen Energie, indem sie aerob oder anaerob Schwefelwasserstoff (H_2S) und andere Schwefelverbindungen zu elementarem Schwefel oder letztlich auch zu Sulfat oxidieren. Sie kommen daher häufig in Gewässern vor, an deren Grund organisches Material fault.

Schweiß: Das Exkret der ↑Schweißdrüsen enthält außer Wasser (98 %) v. a. Kochsalz, Sulfate, Phosphate, Kalium, Calcium, Ammoniak, Harnstoff, Milchsäure, Eiweiß, etwas Cholesterin sowie einige niedere Fettsäuren (Ameisen-, Butter-, Caprylsäure).
Sch. dient in erster Linie der Wärmeregulierung des Körpers (Wärmeabgabe durch Entzug von Verdunstungswärme) und dem Aufbau des Säureschutzmantels der Haut, der das Bakterienwachstum hemmt.
Täglich sondert der Mensch je nach Tätigkeit und Außentemperatur zwischen 0,5 und 15 l Sch. ab.

Schweißdrüsen: In der Haut des Menschen liegen mehr als 2 Millionen knäuelförmig aufgewundene, tubulöse ekkrine ↑Drüsen, die den ↑Schweiß absondern. Besonders dicht (bis zu 400 Sch. pro cm^3) sitzen sie im Bereich der Stirn, der Handflächen und der Fußsohlen. Ihre Ausführgänge kann man bei der Schweißabsonderung an kleinen, glänzenden Pünktchen an der Handinnenfläche erkennen.
Viele Tiere besitzen keine Sch. (Vögel, Kloakentiere, Hunde, viele Nager). Huftiere haben wenige (Rind, Schaf) bis viele Sch. (Pferd, Esel).
Die Schweißabsonderung nennt man *Transpiration*.

Schwellenwert: Der Sch. ist die meßbare Stärke eines ↑Reizes, z. B. die in mV meßbare Spannung eines elektrischen Stromstoßes, die an einem Rezeptor eine Reizantwort (Reaktion = Aktionspotential) nach dem ↑Alles-oder-nichts-Gesetz hervorruft. Der Sch. ist je nach Rezeptorart, Reizmodalität und Stellung des Rezeptors in einem gleichartigen Rezeptorfeld verschieden hoch.

Schwellkörper: Das ↑Glied des Mannes wird bei geschlechtlicher Erregung durch die paarigen *Rutenschwellkörper* (Corpora cavernosa penis) und den weicher bleibenden *Harnröhrenschwellkörper* (Corpus cavernosum urethrae, Corpus spongiosum penis) versteift. Letzterer umschließt die Harn-Samen-Röhre und ist vorn zur Eichel (Glans) und hinten zur Zwiebel (Bulbus penis) verdickt. Zur ↑Erektion werden die Sch. prall mit Blut gefüllt.

Auch in den Geschlechtsorganen der Frau befinden sich kleinere Sch. im ↑Kitzler, in den ↑Schamlippen und im Scheideneingang.

Schweresinn: Der Sch. spricht auf die Erdschwere als Reiz an und ist in den ↑Gleichgewichtsorganen der Tiere und des Menschen lokalisiert. Die Baueigentümlichkeiten der reizaufnehmenden Organe (Statolithen, Statozysten) weisen den Sch. als ↑mechanischen Sinn aus.

Schwerhörigkeit: Vorübergehende Sch. findet sich beim Ohrenschmalzpfropf und bei Fremdkörpereinklemmung im Gehörgang. Akute Mittelohrentzündung erzeugt ebenfalls Schwerhörigkeit. Manchmal greift eine Entzündung vom Mittelohr oder von den Hirnhäuten auf das Innenohr über. Schädigungen des Innenohrs durch Schall (Lärm) oder nach Verletzungen (z. B. Schädelbruch) sind nicht selten. Manchmal verknöchern auch anlagebedingt die sonst beweglich aufgehängten Gehörknöchelchen. – ↑auch Taubheit.

Schwimmblase: Die meisten Knochenfische (nicht die Knorpelfische!) besitzen eine gasgefüllte Schwimmblase. Mit ihrer Hilfe können die Fische ihr spezifisches Gewicht so einstellen, daß sie im Wasser schweben. Der Gasvorrat entspricht in seiner Zusammensetzung ungefähr der atmosphärischen Luft und kann bei Jungfischen und einigen Altfischen durch Luftschlucken ergänzt werden.

Die meisten Fische geben (sezernieren) mit Hilfe eines Kapillarnetzes O_2, CO_2 oder N_2 (Fische der Tiefengewässer) in die Sch. ab oder nehmen Gase daraus auf.

Bei Welsen und Weißfischen übertragen Gehörknöchelchen (Weber-Knöchelchen) Erschütterungen von der Sch. auf ein Gehörorgan im Schädel. – In einigen Fällen dient die Sch. als Resonanzraum bei der Lauterzeugung. Manchmal ist die Sch. rückgebildet (Bodenfische, Makrelen). – Aus der Sch. geht die Lunge der luftatmenden Wirbeltiere hervor.

Schwingkölbchen svw. ↑Halteren.

Sclera ↑Lederhaut.

Scrotum svw. ↑Hodensack.

Seegurken svw. ↑Seewalzen.

Seeigel: Seit dem Silur bekannte Klasse meist abgeflacht kugeliger ↑Stachelhäuter, deren Körperwand aus großen Kalkplatten besteht. Auf diesen von einer Oberhaut überzogenen Skelettplatten stehen durch Muskeln bewegbare, lange Stacheln.

Im Körperinneren der S. verläuft ein Wassergefäßsystem, dessen nach außen mündende ↑Saugfüßchen der Fortbewegung dienen.

Seescheiden (Aszidien): Die S. bilden eine Klasse festsitzender, oft Stökke bildender ↑Manteltiere. Sie haben einen schlauch- bis sackförmigen Körper mit einer dicken, gallertigen oder lederartigen Hülle (Mantel). Die freischwimmenden Larven besitzen eine ↑Chorda dorsalis.

Seesterne: Seit dem Silur bekannte Klasse der ↑Stachelhäuter, deren Körper 5 Arme in sternförmiger Anordnung aufweist. Die Körperwand, v. a. im Bereich der Arme, ist (im Gegensatz zum starren Innenskelett der ↑Seeigel) aus kleinen, einzelnen, gegeneinander beweglichen Kalkplättchen aufgebaut. S. bewegen sich wie Seeigel durch ↑Saugfüßchen fort.

S. kommen im Küstenbereich und bis in 7 000 m Meerestiefe vor. Sie ernähren sich v. a. von Muscheln und Schnecken. Die Verdauung erfolgt im allgemeinen außerhalb der Tiere (extraintestinale ↑Verdauung).

Seewalzen (Seegurken): Eine Klasse meist wurstförmiger ↑Stachelhäuter, deren Körperlängsachse (Mund–After) im Gegensatz zu der aller übrigen ↑Stachelhäuter langgestreckt ist.

Bei vielen S. setzt sich der Enddarm in blinddarmartigen, reich verzweigten

Ausstülpungen fort, die der Atmung dienen und als *Wasserlunge* bezeichnet werden. Bei Gefahr kann diese Wasserlunge zusammen mit dem Darmtrakt ausgestoßen werden.

Segmente ↑ Ringelwürmer.

Sehnen: S. bestehen aus straffem Bindegewebe, in dem die kollagenen Faserbündel parallel zur Zugrichtung verlaufen. Sie verbinden die Muskeln mit den Knochen.

Sehnenscheidenentzündung: Die *akute S.* tritt häufig als Folge einer Überanstrengung oder Sehnenzerrung auf. Die *chronische S.* kann im Rahmen eines Rheumatismus, einer Tuberkulose, einer Syphilis oder anderer Ursachen entstehen.
Da es sich um eine echte Entzündung handelt, kann sich Eiter bilden, der in schweren Fällen durch einen kleinen chirurgischen Eingriff entfernt werden muß. Im übrigen besteht die Behandlung in der Ruhigstellung der betroffenen Gliedmaßen und einer antibakteriellen medikamentösen Therapie.

Sehnerv (Nervus opticus): Der II. ↑ Hirnnerv.

Sehpurpur (Rhodopsin): Lichtabsorbierender Farbstoff in den Stäbchen (↑ Sehzellen) der ↑ Netzhaut des ↑ Auges. S. besteht aus dem Protein Opsin und aus 11-cis-Retinal, einem Stereoisomeren des Vitamins A. Lichtquanten geeigneter Wellenlänge bewirken nun die Umlagerung der Retinalmoleküle zu den langgestreckten Molekülen des sog. all-trans-Retinals und schließlich dessen Ablösung vom Opsin. Dabei verliert der S. seine Farbe, und an der Membran der Sehzelle wird durch Potentialumkehr eine Erregung ausgelöst.
Die *Regeneration des Sehpurpurs* erfolgt auf 2 Wegen: Bei Helligkeit wird durch weitere Lichtquanten das all-trans-Retinal wieder zum 11-cis-Retinal umgelagert und dieses von einem Enzym erneut mit dem Opsin verknüpft. Bei Dunkelheit wird Vitamin A_1 zu 11-cis-Vitamin A_1 und in weiteren Reaktionen zu 11-cis-Retinal umgelagert; letzteres wird dann von einem Enzym mit Opsin verbunden.

Sehzellen: In der ↑ Netzhaut des Auges liegen zwei Arten primärer Sinneszellen bzw. lichtempfindlicher Sehzellen: die helldunkelempfindlichen *Stäbchen* und die für die Farben Rot, Grün oder Blauviolett empfindlichen *Zapfen*. Die Stäbchen sind etwa 10 000mal lichtempfindlicher als die Zapfen.
Die S. sind langgestreckte Zellen mit recht großem Kern. Der lichtabsorbierende Farbstoff (z. B. ↑ Sehpurpur) liegt in Membransäckchen im äußeren Zellausläufer („Außenglieder").
Auf welche Weise der Lichtreiz in einen Nervenreiz umgewandelt wird, ist noch nicht völlig erforscht.

Sehzentrum: Über den Sehnerv gelangen die Seheindrücke vom ↑ Auge zum Hinterhauptslappen des Großhirns. Hier werden sie verarbeitet. Dieses S. ist das Projektionsfeld des Auges und steht über Leitungsbahnen v. a. mit den Assoziationsfeldern der Großhirnrinde in Verbindung. – ↑ auch Rindenfelder.

Seidenspinner (Maulbeerseidenspinner): Vor rund 4 000 Jahren begannen in China die ersten Zuchten dieses cremefarbenen Schmetterlings. Die Raupen, die nur von Maulbeerblättern leben, spinnen kurz vor der Verpuppung den Puppenkokon, von dem der über 1 000m lange einzelne Seidenfaden für die Seidengewinnung abgewickelt wird.

Seismonastie ↑ Nastien.

Seitenlinienorgane: S. kommen bei Fischen, im Wasser lebenden Lurchen und Lurchlarven in linienförmiger Anordnung am Kopf und Körper, bevorzugt an den Längsseiten vor. Sie sind Sitz des ↑ Strömungssinns, eines ↑ mechanischen Sinns. Die S. bestehen aus Gruppen sekundärer Sinneszellen auf der Oberhaut (freistehend oder eingesenkt), deren lange Sinneshaare in eine elastische Gallertsäule hineinragen. Die Gallertsäule wird durch kleinste Wasserbewegungen abgebogen; dadurch werden die Sinneszellen erregt.

Seitenstechen: S. äußert sich in Schmerzen in der Gegend der unteren Rippen. Es tritt häufig bei körperlicher

Anstrengung auf. Es entsteht wahrscheinlich durch Krämpfe in Blutgefäßen. In Form des „Milzstechens" wird es durch die Kontraktion der glatten Muskulatur der Milz verursacht. Manchmal tritt S. auch auf, wenn Darmgase in den höher gelegenen Teilen des Dickdarms festsitzen.

Sekret: Produkt einer Drüse, das nach außen oder innen abgesondert wird (↑Sekretion) und für den tierischen oder menschlichen Organismus verwertbar ist (Speichel, Magensaft, Bauchspeichel).

Die Kutikula vieler Tiere ist ein verfestigtes S. Weitere Sekrete sind Duft-, Lock-, Nähr-, Farb- und Schutzstoffe sowie Gifte der ↑Gifttiere. Im Gegensatz dazu sind ↑Exkrete für den Körper schädlich bzw. nicht mehr verwertbar und müssen entfernt werden (mit dem Schweiß oder dem Harn).

In gewissem Sinne spricht man auch bei Pflanzen von Sekreten (↑Sekretion).

Sekretin: Gelangt der saure Mageninhalt in den Zwölffingerdarm, so entsteht durch die Säure in dessen Schleimhaut das Hormon Sekretin. Es regt über den Blutweg die Bauchspeicheldrüse an, ein stark alkalisches Sekret zur Neutralisation der Säure abzusondern, und stimuliert die Leber, Galle zu bilden.

Sekretion:

◊ *Pflanzen:* Nicht mehr benötigte oder nicht mehr verwertbare Stoffe oder solche, die nur außerhalb der Zelle gebraucht werden, speichern Pflanzen in Vakuolen oder scheiden sie über Drüsenzellen oder Drüsenorgane aus. Beispiele: Der Sauerklee speichert Calciumoxalatkristalle in den Blättern; der Diptam verdunstet ätherische Öle; der Sonnentau scheidet an Drüsenhaaren Verdauungssäfte ab. – Eine Trennung zwischen ↑Exkreten und Sekreten ist bei Pflanzen kaum möglich.

◊ *Tiere, Mensch:* Bestimmte Einzelzellen oder Zellgruppen können ↑Sekrete herstellen, die sie entweder ins Blut, in die Lymphe oder in die Gehirn-Rükkenmarks-Flüssigkeit (↑Zerebrospinalflüssigkeit) abgeben *(innere S.)* oder die sie in den Verdauungskanal oder auch nach außen absondern *(äußere S.)*. An der vom Zellkern gesteuerten Sekretbildung sind in den Zellen v. a. Ribosomen, Mitochondrien und der Golgi-Apparat beteiligt. – Zur Neurosekretion ↑Neurohormone.

Sekretionsphase (Durchsaftung): Unter dem Einfluß des Hormons ↑Progesteron vergrößern sich die Drüsenschläuche in der Gebärmutterschleimhaut. Sie füllen sich mit Sekret, und die Schleimhaut speichert Glykogen; ↑Menstruation.

Selbstbefriedigung (Masturbation, Onanie): Durch Berühren und Reizen der eigenen Geschlechtsorgane lösen sowohl Kinder und Jugendliche wie auch Erwachsene manchmal einen ↑Orgasmus aus.

S. gilt als unschädlich, wenn sie nicht maßlos übertrieben wird. Durch S. machen Kinder und Jugendliche ihre ersten Erfahrungen mit der Sexualität. Später ist sie Ausdruck der Sehnsucht nach einem andersgeschlechtlichen Partner, oder sie ist ein geeignetes „Ventil", Spannungen abzubauen.

Selbstbefruchter (Selbstbestäuber): Als S. bezeichnet man Pflanzen, die sich mit dem eigenen Pollen befruchten (↑Selbstbefruchtung). Diese Art der Bestäubung kommt bei geschlossenen Blüten und bei mangelndem Insektenbesuch vor. Bei zwittrigen Blüten erfolgt dann die Pollenübertragung innerhalb derselben Blüte (z. B. Erbse, Bohne, Kartoffel). Bei einhäusigen Pflanzen erfolgt sie zwischen den Blüten desselben Individuums (z. B. Walnuß).

Selbstbefruchtung (Autogamie): Die S. ist eine Folge der ↑Selbstbestäubung, d. h., bei einer zwittrigen Blüte kann der Pollenschlauch des eigenen Pollens in die ↑Samenanlage eindringen, und die beiden Spermakerne können die Doppelbefruchtung von Eizelle und sekundärem Embryosackkern durchführen.

Selbstbestäubung: Von S. spricht man bei den zwittrigen Blüten, bei denen der Pollen (↑Blütenstaub) auf die Narbe des Fruchtknotens der gleichen

Blüte gelangt und dort zum Pollenschlauch auskeimen kann.
In vielen Fällen wird durch mannigfaltige Einrichtungen eine S. vermieden (↑Bestäubung). In anderen Fällen, so z. B. bei den sog. *kleistogamen Blüten* (das sind Blüten, die sich nicht öffnen; viele Veilchenarten, Sauerklee), kann eine Bestäubung nur als S. erfolgen. Auch bei der Erbse und Bohne ist die S. die Regel. Daher eignen sich solche Pflanzen hervorragend für Kreuzungsversuche in der Genetik, da kein fremdes Genom durch den Pollen bei der Fortpflanzung eingeschleust werden kann.

Selbstung: Der Ausdruck S. wird in der Genetik häufig im Sinne von ↑Selbstbestäubung bzw. ↑Selbstbefruchtung gebraucht. – ↑auch Inzucht.

Selektion (Auslese): Ein natürlicher oder durch den Menschen bewirkter künstlicher Mechanismus, der die Lebewesen mit besseren Eigenschaften gegenüber der Umwelt fördert, diejenigen mit weniger durchsetzungsfähigen Eigenschaften dagegen unterdrückt; ↑Darwinismus.

Selektionstheorie ↑Darwinismus.

semipermeabel (halbdurchlässig): S. nennt man Membranen (einschließlich der tierischen und pflanzlichen Zellmembranen), die für bestimmte, meist kleine Moleküle oder Ionen durchlässig sind, für andere, meist größere dagegen nicht; ↑Osmose.

Senkfuß ↑Fußschäden.

sensorische Fasern (sensible Fasern, afferente Fasern): Die sensorischen Nervenfasern leiten die in den Rezeptoren (Sinneszellen) entstandene Erregung zu den übergeordneten Zentren (Rückenmark, Gehirn) weiter. – ↑auch Reizleitung.

Sepsis: Allgemein das Eindringen von Krankheitserregern in den Organismus; meist gleichbedeutend mit ↑Blutvergiftung.

Serin: Eine aliphatische, optisch aktive ↑Aminosäure. Als Bestandteil der Keratine und Kephaline kommt S. in jeder Zelle vor.

Serosa: Diese äußere Schicht der ↑Embryonalhüllen entsteht beim Menschen aus der Zottenhaut, dem Chorion. Später legt sich das Amnion an die Serosa. Beide zusammen bilden die Fruchtblase, in der der Embryo (Fetus) bis zur Geburt schwimmt.

Serum: ↑Blutserum, das bestimmte ↑Antikörper enthält, die bei der passiven ↑Impfung gegen Krankheiten oder gegen Schlangengifte eingesetzt werden, werden vereinfachend als S. oder *Heilserum* bezeichnet.

Seuche ↑Epidemie.

Sexchromatin svw. ↑Barr-Körperchen.

Sexualdimorphismus svw. ↑Geschlechtsdimorphismus.

Sexualhormone svw. ↑Geschlechtshormone.

Sexualität (Geschlechtlichkeit):
◊ Im engeren, rein biologischen Sinn versteht man unter S. die Tatsache, daß die durch Reduktionsteilung (↑Meiose) entstehenden geschlechtlich differenzierten Keimzellen (↑Geschlechtszellen) miteinander verschmelzen können (↑Befruchtung). Auf diese Weise dient die S. der Rekombination von Erbanlagen, ohne daß damit eine tatsächliche Veränderung (↑Mutation) des Erbguts eintritt. Durch Bildung neuer Rekombinanten kann die S. zur besseren phyletischen ↑Anpassung von Lebewesen an (sich ändernde) Umweltbedingungen führen. S. ist jedoch keine generelle Voraussetzung für die ↑Fortpflanzung (↑auch ungeschlechtliche Fortpflanzung).
◊ Im weiteren Sinn werden Gefühle bzw. Bedürfnisse sowie entsprechende Verhaltensweisen von Menschen (oder Tieren), die den *Geschlechtstrieb* (seelischer Antrieb für geschlechtliche Beziehungen) betreffen – insbesondere im Hinblick auf die Befriedigung dieses ↑Triebs – begrifflich unter der Sammelbezeichnung S. zusammengefaßt. In erster Linie bezieht sich S. auf das Verhältnis zwischen männlichen und weiblichen Individuen; dies wird auch als *Heterosexualität* bezeichnet. Bei Beziehungen zwischen gleichgeschlechtlichen Partnern spricht man dagegen von ↑*Homosexualität*.

Im *Tierreich* ist das Sexualverhalten weitgehend noch instinktgesteuert. Sexuelle Handlungen sind also bestimmte für eine Tierart charakteristische und präformierte Verhaltensweisen in bezug auf ein „Objekt“ als den Partner des entgegengesetzten Geschlechts. Die Handlungen erfolgen mit dem Ziel der ↑Begattung.
Die von vielen Tierarten hierzu entwickelten Varianten des *Paarungsverhaltens* (zu der bereits die „Einleitung“ dieses Verhaltens, etwa die ↑Balz, zählt) laufen ebenfalls weitgehend instinktiv ab. Doch ist bereits in durchaus noch als taxonomisch zu bezeichnenden Tierreihen häufig eine Vermischung ererbter und erlernter Verhaltensprogrammierungen zu beobachten, die insbesondere in der Primatenreihe von den Halbaffen zu den Menschenaffen sehr weit fortgeschritten ist. Wo der Anteil der Keimdrüsenhormone und der Instinktprogrammierung an der Steuerung des Verhaltens einerseits abnimmt und andererseits der Anteil der (bewußten) Großhirnsteuerung zunimmt, spielen Lernvorgänge die dominierende Rolle. Dann wird auch das Sexualverhalten plastischer und variabler.
Die wichtigsten Varianten der Befriedigung des Geschlechtstriebs beim Menschen finden sich bereits bei Tierprimaten: homosexuelle Kontakte, ↑Selbstbefriedigung, Reizspiele zur Einleitung des Koitus, sexuelle Spiele bereits in der Vorreifezeit (wo sie schon zunehmend der Einübung sexueller Verhaltensweisen dienen). Die Initiative kann sowohl vom Weibchen als auch Männchen ausgehen. Bei den höheren Primaten verwischen sich auch schon die Zyklen der ↑Brunst; sexuelles Interesse und sexuelle Betätigung gehen durch fast alle Jahreszeiten. In der aufsteigenden Primatenreihe nimmt außerdem die Wahllosigkeit bezüglich der Paarungspartner ab. Sehr deutlich ist z. B. bei den Schimpansen eine gewisse Bevorzugung bestimmter Partner festzustellen. Zu beobachten ist ferner, daß die sexuelle Aktivität sowohl bei den in Gefangenschaft lebenden als auch bei den domestizierten Tieren zunimmt. Es ist daher nicht ausgeschlossen, daß die erhebliche Sexualisierung des Menschen mit seiner Selbstdomestikation zusammenhängt.
An der *S. des Menschen* ist nahezu der gesamte Komplex körperlicher und seelisch-geistiger Beziehungen beteiligt. Außer von individuellen seelischen Erwartungen und Wünschen, geistigen Einstellungen und Erfahrungen wird sie besonders von kulturellen und gesellschaftlichen Verhältnissen, Normen und Institutionen beeinflußt. Von staatlicher bzw. juristischer Seite wird der S. beispielsweise durch Einrichtung und rechtliche Verankerung der bürgerlichen Ehe Rechnung getragen. Selbst im kirchlichen Verständnis erwuchs der S. (sofern sie der Fortpflanzung dient) ein gewisser religiöser Wert. S. geht also speziell beim Menschen sehr weit über das hinaus, was mit der Lust und den Aktivitäten in Abhängigkeit vom Funktionieren der ↑Geschlechtsorgane zusammenhängt. – ↑auch Necking, ↑Petting, ↑Geschlechtsverkehr.

Shuttle-Transfer (Elektronen-Shuttle): Bez. für einen vom Stoffwechsel der Zelle geregelten Elektronentransport innerhalb von Zellkompartimenten und an intrazellularen Membranen, bei dem die beteiligten chemischen Verbindungen bei Aufnahme der Elektronen reduziert, bei Abgabe wieder oxidiert werden. $NAD \cdot HH^+$ z. B. wird in den Mitochondrien reoxidiert, indem die Elektronen des im Zytoplasma befindlichen $NAD \cdot HH^+$ auf das mitochondriale NAD^+ unter Vermittlung von Malat/Oxalacetat übertragen werden. Weitere Beispiele für den Sh. T. sind die ↑Atmungskette und der PQ-Shuttle der ↑Photosynthese.

Sichelzellenanämie: Eine Sonderform der ↑Anämie.

Siebplatte ↑Leitbündel.

Siebröhren ↑Leitbündel.

Siebteil (Phloem) ↑Leitbündel.

Silur: Die dritte Formation des Paläozoikums (Erdaltertum); ↑Erdzeitalter.

Sinneshaare:
◊ Bestimmte Sinneszellen, die auf mechanische Reize ansprechen, tragen als Rezeptoren feine S., z. B. die Schwere- und Hörsinneszellen im ↑Ohr.
◊ Insekten tragen am Körper gelenkig eingesetzte Chitinhaare, die mit Sinneszellen in Verbindung stehen.
◊ Die Schnurrhaare (Sinushaare) der Raubtiere sind Tastsinneshaare.

Sinnesorgane: S. nehmen mechanische (↑Mechanorezeptoren, ↑mechanische Sinne), optische (↑Photorezeptoren, ↑Lichtsinn, ↑Lichtsinnesorgane) oder chemische Reize (↑Chemorezeptoren, ↑chemische Sinne) auf und formen sie in Nervenimpulse um, die ein Nervensystem verarbeitet.
Die Reizaufnahme in den Sinnesorganen erfolgt stets durch ↑Sinneszellen bzw. freie Nervenendigungen. Dabei können die Sinneszellen diffus über die Körperoberfläche verteilt oder an bestimmten Stellen zu Sinnesorganen vereint sein. Zur Reizaufnahme besitzen S. fast immer Hilfseinrichtungen, die nur ganz bestimmte Reize zu den Nervenzellen gelangen lassen.

Sinneszellen: Zur Reizaufnahme befähigte Zellen, die einzeln oder zu ↑Sinnesorganen zusammengefaßt auftreten. Sie wandeln bestimmte Reize in Nervenimpulse um.
Primäre S. leiten den Reiz durch eine eigene Nervenfaser weiter (z. B. Riechzellen der Wirbeltiere). *Sekundäre S.* wandeln den Reiz nur um, und *Synapsen* (↑Reizleitung) übertragen die Nervenimpulse auf die Endfasern einer Nervenzelle, die die S. umgeben (z. B. Geschmackssinneszellen der Wirbeltiere). *Freie Nervenendigungen (Sinnesnervenzellen)* sind stark verzweigte Endfasern von Nervenzellen (z. B. Tastkörperchen).
Jede Sinneszelle ist für ihren spezifischen Reiz (adäquater Reiz) besonders empfindlich (niedrige ↑Reizschwelle), für fremde Reize weit unempfindlicher (hohe Reizschwelle), antwortet aber auf starke Fremdreize so, als wäre es ein adäquater Reiz (Beispiel: ein Schlag aufs Auge erzeugt eine Lichtempfindung).
Da bereits sehr schwache Reize eine Empfindung auslösen können, müssen die S. den Reiz verstärken (Reizschwelle für das menschliche Ohr: $8 \cdot 10^{-18}$ W, Energiebedarf für einen Nervenimpuls: 10^{-11} W).

Sinusknoten: Der primäre Schrittmacher der höheren Wirbeltiere bei der ↑Herzautomatie.

Sittiche ↑Papageien.

Skelett: Äußeres oder inneres Stützsystem, das dem tierischen Körper Form und Halt gibt und den bewegenden Muskeln Ansatzstellen bietet.
Ein *Außenskelett (Exoskelett)* aus Chitin *(Chitinskelett)* besitzen die Gliederfüßer. Es besteht aus einzelnen röhren- oder plattenförmigen Teilen, die durch dünne Gelenkhäute miteinander verbunden sind. Von innen setzen Muskeln an diesen Skeletteilen an und bewegen sie. Die Teile des Außenskeletts sind starr und können nicht mitwachsen. Deshalb wird beim Wachstum unter dem alten Chitinskelett ein neues, noch weiches aufgebaut. Das alte, verfestigte wird vollständig abgestreift (Häutung).
Ein *Innenskelett (Endoskelett)* besitzen alle Wirbeltiere. Es besteht stets aus zahlreichen Teilen, die meist durch ↑Gelenke miteinander verbunden sind. Bei den Knorpelfischen (Haie, Rochen) ist das S. noch knorpelig, bei den übrigen Wirbeltieren ist es knöchern.
Das *S. des Menschen* (s. Abb. S. 422) kann man in Schädel-, Rumpf- und Gliedmaßenskelett einteilen. Die Knochen des *Schädelskeletts* sind beim Erwachsenen durch Nähte miteinander fest verbunden (↑Schädel). Hauptstütze des *Rumpfskeletts* ist die ↑Wirbelsäule. Am Kreuzbein liegt ihr das ↑Becken an und bildet den Beckengürtel, der vom S. der Beine getragen wird. Im Brustbereich sitzen an der Wirbelsäule 12 Paar Rippen, die mit dem Brustbein den ↑Brustkorb aufbauen. Das S. der beiden Arme wird mit Hilfe des Schultergürtels (Schulterblätter, Schlüsselbeine) am Rumpfskelett befestigt (↑Gliedmaßen).

Sklera ↑Lederhaut.

Skelett des Menschen

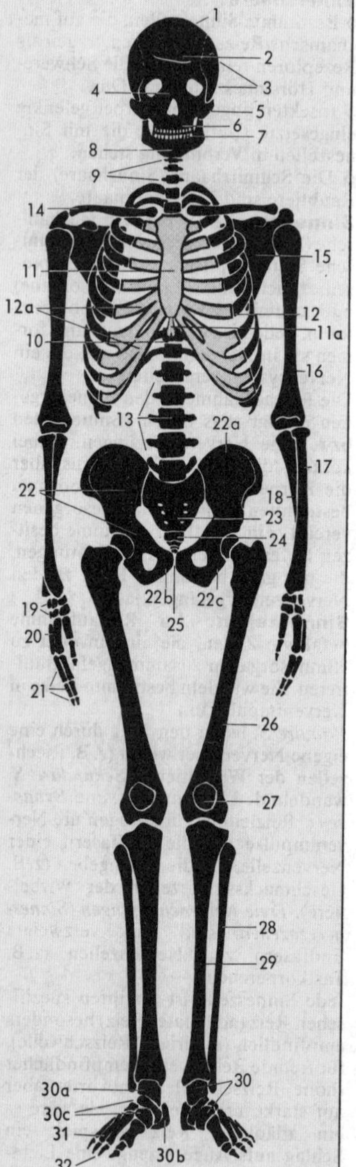

1 Scheitelbein
2 Stirnbein
3 Keil- und Schläfenbein
4 Nasenbein
5 Jochbein
6 Oberkieferbein
7 Zähne
8 Unterkiefer
9 Halswirbel
10 Brustwirbel
11 Brustbein
 11a Schwertfortsatz
12 Rippen
 12a Rippenknorpel
13 Lendenwirbel
14 Schlüsselbein
15 Schulterblatt
16 Oberarmknochen
17 Speiche
18 Elle
19 Handwurzelknochen
20 Mittelhandknochen
21 Fingerknochen
22 Hüftbein (mit den Anteilen 22 a, b, c)
23 Kreuzbein
24 Steißbein
25 Schambeinfuge
26 Oberschenkelknochen
27 Kniescheibe
28 Wadenbein
29 Schienbein
30 Fußwurzelknochen mit
 30a Sprungbein
 30b Fersenbein
 30c Keilbeinen
31 Mittelfußknochen
32 Zehenknochen

Sklerenchym ↑Festigungsgewebe.

Skorbut: Der S. wird durch Mangel an Vitamin C in der Nahrung hervorgerufen. Da Vitamin C eine wichtige Rolle im Bindegewebsstoffwechsel spielt, beginnt die Krankheit zuerst mit Blutungen im Zahnfleisch und befällt schließlich Haut, Muskulatur und Gelenke. Meist kommen noch Infektionen hinzu. Der S. wird vermieden, wenn man dafür sorgt, daß die Nahrung regelmäßig frische Früchte oder Gemüse enthält.
Zur Heilung werden hohe Dosen von Vitamin C gegeben.

Sodbrennen: Unter S. versteht man brennende Schmerzen, die auftreten, wenn saurer Magensaft in die Speiseröhre gerät. Als Ursachen kommen nicht nur die vermehrte Produktion natürlicher Salzsäure, sondern auch Säuren (wie Milchsäure, Essigsäure oder Propionsäure), die durch Gärung entstehen, in Frage.
In vielen Fällen kann man die überschüssige Säure durch Gabe von Natriumhydrogencarbonat (Natriumbicarbonat) neutralisieren.

Solarplexus svw. ↑Sonnengeflecht.

Soll-Wert ↑Regelkreis.

Somatotropin (Wachstumshormon): S. ist ein Hypophysenhormon aus dem Hypophysenvorderlappen. Es fördert das Wachstum sämtlicher Körpergewebe und damit den Aufbaustoffwechsel. Sein Ausfall bewirkt ↑Zwergwuchs, seine übermäßige Produktion ↑Riesenwuchs im jugendlichen Alter und Akromegalie (übermäßiges Wachstum von Körperendigungen, z. B. Füße) im Erwachsenenalter.

Somazellen: Gesamtheit der diploiden Körperzellen ohne Keimzellen.

Somiten: Beim Wirbeltierembryo gliedert sich das zu beiden Seiten der ↑Chorda dorsalis liegende Mesoderm in einzelne Segmente (Ursegmente). Aus diesen S. entsteht die segmentierte quergestreifte Muskulatur, die Wirbelsäule und die Unterhaut.

Sonnenbrand ↑Erste Hilfe.

Sonnengeflecht (Solarplexus): Das größte und wichtigste Gangliengeflecht des ↑vegetativen Nervensystems beiderseits der mittleren Brustwirbelsäule (Mensch).

Sonnenstich ↑Erste Hilfe.

Sorus: Eine Ansammlung von Sporangien (↑Sporangium) auf der Blattunterseite bzw. am Blattrand der meisten Farne. Die Anordnung und das Aussehen der Sori dienen zur Unterscheidung der Farngattungen.

Sozialverhalten: Es gibt nur sehr wenige Tiere, die nicht in irgendeiner Form mit einem oder mehreren Artgenossen in Kontakt treten. Am besten ausgebildet ist das Verhalten, das den Tieren diese Beziehungen ermöglicht, bei den Wirbeltieren (↑Rangordnung) und bei den Insekten (↑Tierstaaten).
Die verschiedenen, oft äußerst komplizierten Verhaltensweisen, sind fast ausschließlich angeboren. Das einzige, was in diesem Bereich von Tieren gelernt werden muß, ist die Kenntnis des Partners bzw. der Gruppenmitglieder, selbst wenn es sich um Tiere handelt, deren Verhalten beim Nahrungserwerb, beim Nestbau u. a. sehr variabel ist. Wahrscheinlich sind auch Handlungen des Menschen in der Beziehung zu anderen häufig von solchen angeborenen Mechanismen geprägt.

Soziation svw. ↑Vergesellschaftung.

Spaltfrucht: Eine mehrsamige Schließfrucht; ↑Fruchtformen.

Spaltöffnungen (Stomata): In der unteren Epidermis der Blätter (selten in anderen oberirdischen grünen Pflanzenteilen) liegen Organe, die dem Gasaustausch (Atmung) und der Wasserdampfabgabe (Transpiration) dienen. Es handelt sich dabei um Paare meist bohnenförmig gestalteter Zellen *(Schließzellen),* die einen *Spalt (Porus)* zwischen sich freilassen und damit die Spaltöffnung bilden (s. auch Abb. S. 424).
Die an die Schließzellen angrenzenden Epidermiszellen (Nebenzellen) sind ebenfalls an der Funktion der Sp. beteiligt. Nebenzellen und Sp. bilden zusammen den Spaltöffnungsapparat. Der Spalt unterbricht die lückenlose Epidermis und stellt eine Verbindung zwischen den ↑Interzellularen und der Außenluft her. Die direkt unter der

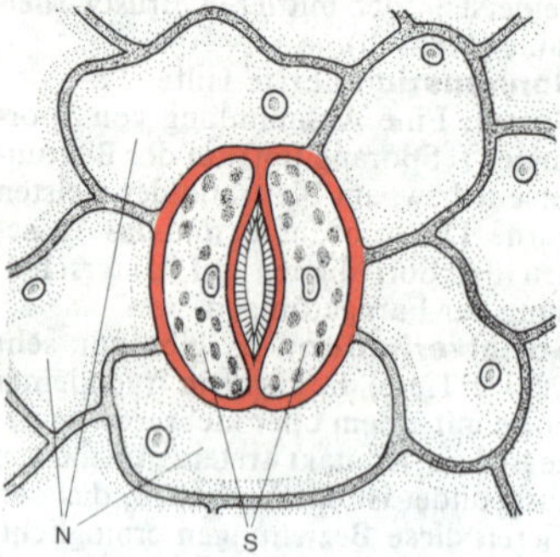

Abb. Spaltöffnungen: Aufsicht auf einen Spaltöffnungsapparat mit den beiden chloroplastenhaltigen Schließzellen (S) und den Nebenzellen (N)

Spaltöffnung liegende Interzellulare wird als *Atemhöhle* bezeichnet.
Die Zellwände der Schließzellen sind ungleich verdickt. Die beiden am Spalt liegenden Zellwandteile haben eine vorspringende Verdickungsleiste ausgebildet, während die anderen Teile dünnwandig sind. Die Schließzellen können ihre Gestalt durch aktive Turgoränderungen verändern, so daß sich der Spalt zwischen ihnen schließt oder öffnet. Nimmt der ↑Turgor zu, so werden die dünnwandigen Enden gedehnt. Dadurch rücken die starren Mittelstücke auseinander.
Durch Assimilation wird in den Chloroplasten der Schließzellen die Stärke in Zucker umgewandelt. Dadurch steigt die Saugkraft der Schließzellen, und den Nebenzellen wird Wasser entzogen. Die unverdickten Zellwandteile der Schließzellen geben dem Druck nach und ziehen die verdickten Zellwandteile mit zurück. Sinkt der Druck wieder ab, so schließt sich die Spaltöffnung.

Spaltungsregel ↑Mendel-Regeln.

spastische Lähmung ↑Lähmung.

Species (Spezies) svw. ↑Art.

Speiche ↑Elle.

Speichel: Das Sekret der ↑Speicheldrüsen.

Speicheldrüsen: Im Mund wird die Speise durch *Speichel* gleitfähig gemacht und durch das darin enthaltene, Stärke bis zur Maltose abbauende Enzym *Ptyalin* (eine Amylase) vorverdaut. Der schwach saure Speichel wird von exokrinen Sp. abgesondert (täglich bis 1,5 l).
Neben drei großen paarigen Sp. (der unterhalb des Ohrs gelegenen, auf der Wangeninnenseite mündenden *Ohrspeicheldrüse,* der *Unterkiefer-* und der *Unterzungenspeicheldrüse*) gibt es zahlreiche kleine Sp., die Lippen-, Wangen-, Zungen- und Gaumendrüsen.
Die kleinen Sp. geben vorwiegend einen fadenziehenden, zähen, salz- und eiweißarmen *Gleitspeichel* ab. Aus den großen Sp. kommt dagegen v.a. ein dünnflüssiger, salz- und eiweißreicher, enzymhaltiger *Verdauungs-* und *Verdünnungsspeichel.*
Bestimmte weiße Blutkörperchen treten aus den Mandeln und der Mundschleimhaut in den Speichel über, wo sie Enzyme und Schutzstoffe abgeben und Bakterien zerstören.

Speicheldrüsenchromosomen: In den Zellen der ↑Speicheldrüsen und in einigen anderen Geweben sind bei Zweiflüglern stark vergrößerte Chromosomen zu finden (↑Riesenchromosomen).

Speichergewebe:
◊ *Pflanzen* speichern Wasser oder Reservestoffe im Speicherparenchym (z.B. Sproß, Blätter, Knollen, Samen). – ↑auch Endosperm.
◊ *Tiere* speichern v.a. Fett im Fettgewebe, Glykogen und andere Stoffe in der Leber.

Speiseröhre (Ösophagus): Dieser beim Menschen 25–30 cm lange Muskelschlauch befördert den Speisebrei auf reflektorischem Weg (↑Schluckreflex), unterstützt durch peristaltische Bewegungen, in den Magen. Die Sp. ist mit Plattenepithel ausgekleidet.

Sperma: Die tierische und menschliche Samenflüssigkeit (Samen); ↑Samenerguß.

Spermatogenese svw. ↑Samenreifung.

Spermatogonien: Die bei der ↑Samenreifung aus ↑Urkeimzellen hervorgehenden Ursamenzellen.

Spermatophoren (Samenträger, Samenpakete): Bei manchen Tieren werden zahlreiche Samenzellen durch eine Kittsubstanz aus Anhangsdrüsen des Geschlechtsapparats zusammen als Paket an das Weibchen weitergegeben. Sie werden entweder in die Geschlechtsöffnung des Weibchens eingebracht oder außen angeheftet oder auch über einen Stiel auf den Boden abgesetzt und dann vom Weibchen aufgenommen (z. B. bei Molchen).

Spermatozoid: Bei Pflanzen wird die kleine, bewegliche männliche ↑Geschlechtszelle in Anlehnung an die Verhältnisse bei Tieren als Sp. bezeichnet; u. a. bei vielen Algen, bei Moosen, Farnpflanzen, Palmfarnen und beim Ginkgobaum.

Spermatozoon svw. ↑Samenzelle.

Spermium (Mehrzahl: Spermien) svw. ↑Samenzelle.

spinale Kinderlähmung svw. ↑Kinderlähmung.

Spinalganglion: Die ↑Nervenzellen der sensiblen (afferenten) Nervenfasern, die in die Hinterhörner des ↑Rükkenmarks eintreten, befinden sich in den Spinalganglien. Dies sind spindelförmige Verdickungen des Nervs.

Spindelgifte svw. ↑Mitosegifte.

Spinnen ↑Spinnentiere.

Spinnentiere: Seit dem Silur bekannte Klasse v. a. landbewohnender und räuberisch lebender ↑Gliederfüßer. Es sind 1 mm bis 18 cm lange Tiere, deren Kopf und Brust äußerlich zu einem einheitlichen Körperteil verschmolzen sind, die im Gegensatz zu den Insekten und Krebsen aber 8 Laufbeine besitzen.

Außer ↑Milben, ↑Zecken, Weberknechten und Skorpionen gehören zu den Spinnentieren v. a. die *Spinnen,* die in nahezu fast allen festländischen Lebensräumen vorkommen. Einige Arten, wie z. B. die *Wasserspinne,* sind auch zum Wasserleben übergegangen. Am Ende ihres sackförmigen Hinterleibs finden sich bei Spinnen Spinndrüsen, aus deren Sekreten viele Arten, wie z. B. die Kreuzspinne, feinmaschige Netze spinnen, um Beutetiere (v. a. Insekten) zu fangen.

Spinnwebhaut (Spinngewebshaut, Arachnoidea) ↑Hirnhäute.

Spirillen (Schraubenbakterien): Sp. sind bewegliche, schraubenförmige, manchmal sehr große (0,1 mm) Bakterien, deren Geißeln unter dem Phasenkontrastmikroskop gut zu beobachten sind. Sie leben in verschmutzten Gewässern oder als Parasiten.

Spirochäten: Die Ordnung der Sp. nimmt innerhalb der Gruppe der Bakterien eine Sonderstellung ein. Sp. haben keine feste Zellwand, keine Pigmente und keine Geißeln, bilden keine Sporen und passieren Filter, die normalerweise Bakterien zurückhalten. Das hervorstechendste körperliche Merkmal der Sp. ist ihr Achsenfaden, der zusammen mit dem spiralig um ihn gewundenen Zelleib die typische schraubenförmige Gestalt aufrecht erhält. – Einige Sp. ernähren sich von totem Material, andere kommen als mehr oder weniger harmlose Parasiten in Körperhöhlen und im Blut vor. Zur Gattung *Treponema* gehören die Erreger der Syphilis (↑Geschlechtskrankheiten).

Spitzenpotential ↑Aktionspotential.

Sporangium: Sporenbehälter, in dem die Sporen der niederen Pflanzen gebildet werden. Das Sp. kann als einfache Zelle (z. B. bei Algen) oder als kapselartiges, in Gruppen stehendes Organ (↑Sorus) ausgebildet sein.

Sporen:

◊ (Agameten): Ungeschlechtliche Fortpflanzungszellen niederer Pflanzen, die in Sporangien (↑Sporangium) gebildet werden.

◊ (Zysten): Manchmal werden derbwandige ↑Dauerformen auch als Sp. bezeichnet, v. a. bei Bakterien und anderen Einzellern.

Sporenpflanzen svw. ↑blütenlose Pflanzen.

Sporentierchen (Sporozoen): Klasse mikroskopisch kleiner, einzelliger, endoparasitisch lebender Protozoen. Viele Arten verursachen durch Ausbildung von Infektionskeimen mit chitiniger Hülle („Sporen") schwere Krankheiten bei Tieren.

Hierher gehören in erster Linie die *Kokzidien,* die in Epithelzellen sowohl des Verdauungstrakts als auch der Leber und Niere von Haustieren parasitieren *(Kokzidiose).*
Weiterhin ist die Gruppe der *Babesien* zu erwähnen, die in die Blutkörperchen besonders von Huftieren eindringen und dadurch verschiedene Krankheiten (z. B. Texasfieber) hervorrufen. Andere Sp. verursachen beim Menschen die ↑Malaria.

Sporophyt: Im ↑Generationswechsel der Pflanzen ist der Sp. die Generation, die sich ungeschlechtlich durch Sporen fortpflanzt. Der diploide Sp. ist unterschiedlich gut entwickelt. Bei ↑Moosen ist er noch farblos und auf die Ernährung durch das grüne Moospflänzchen, den ↑Gametophyten, angewiesen. Bei ↑Farnen und schließlich bei ↑Samenpflanzen hat er sich zur eigentlichen, kräftigen Pflanze entfaltet.

Sporozoen svw. ↑Sporentierchen.

Sporozyste: Bei innenschmarotzenden ↑Saugwürmern (z. B. beim ↑Leberegel) bezeichnet man das aus dem *Miracidium* (= erstes Larvenstadium) hervorgehende Entwicklungsstadium als Sporozyste. Das Miracidium hat sich aktiv in den ersten Zwischenwirt eingebohrt, verliert sein Wimperkleid, bekommt eine sackförmige Gestalt und dient der Vermehrung der als *Redien* bezeichneten „Infektionskeime".

Spreizfuß ↑Fußschäden.

Sproß: Der Teil einer Sproßpflanze, der meist oberirdisch dem Licht zugewandt wächst und aus Sproßachse und Blättern besteht, wird als Sp. bezeichnet. Er ist mehr oder weniger stark verzweigt und wird durch die ↑Wurzeln im Boden verankert. Die *Sproßachse (Stengel)* bildet Seitensprosse und trägt die Blätter (↑Laubblatt), die manchmal allerdings stark zurückgebildet sind. Wenn der sonst grüne Sp. unterirdisch wächst (↑Rhizom), bleibt er farblos. *Hauptsproß* und *Seitensprosse* bilden Blütenknospen.
Die Sproßachse entwickelt sich von einem an ihrer Spitze gelegenen Vegetationskegel aus. In diesem meist nur unter dem Mikroskop sichtbaren Urmeristem werden durch Teilung laufend Zellen nach unten und seitlich abgegliedert. Kurz hinter dieser Zone entstehen die Anlagen für Seitensprosse und Blätter, die als kleine Höcker zu erkennen sind. Es folgt die Zone des größten Längenwachstums, das auf ↑Streckungswachstum der Zellen sowie auf der Bildung neuer Zellen in interkalaren Vegetationszonen (eingeschobene Wachstumszonen) von kurzer Lebensdauer (damit richten sich geknickte Gräser wieder auf) beruht; gleichzeitig erfolgt die Differenzierung der Zellen.
Die Blattanlagen stehen an den *Knoten,* während man die blattfreien, streckungsfähigen Abschnitte als *Internodien* bezeichnet. Diese Gliederung läßt sich z. B. bei Gräsern gut erkennen, da die Knoten dort verdickt sind. Anfangs sind die Internodien noch kurz. Dadurch überdecken ältere Blattanlagen, die zunächst etwas schneller wachsen als der Stengel, den empfindlichen Vegetationskegel mit den ganzen jungen Blättern (↑Knospe).
Die Länge der Internodien bestimmt die Wuchsform der Pflanze: Beispiele für kurze, „gestauchte" Internodien liefern Erdbeeren, Löwenzahn und Wegerich *(Ganzrosetten).* Bei Rettich, Zuckerrüben oder Petersilie hingegen verlängern sich die oberen Abschnitte der Sproßachse, bevor sie Blüten bilden *(Halbrosette).* Andere Beispiele für gestauchte Internodien findet man bei Zwiebeln oder Sproßknollen (Kohlrabi). Im Gegensatz dazu sind sie bei windenden ↑Kletterpflanzen besonders verlängert. Die ↑Ausläufer der Erdbeere sind stark verlängerte Seitensprosse, die am Boden liegend wachsen, weil sie sich nicht aufrecht halten können. In einiger Entfernung von der Mutterpflanze treiben Achselknospen an den Knoten junge Pflanzen mit sproßbürtigen Nebenwurzeln.
An einem Querschnitt durch eine Sproßachse ist zu erkennen, daß sich die Anordnung der ↑Leitbündel bei Zweikeimblättrigen und Einkeimblättrigen grundsätzlich unterscheidet.

Eine nachträgliche Verdickung der Sproßachse, die bei den Bäumen gewaltige Ausmaße erreicht, ist nur bei dem Sproßaufbau möglich, wie ihn die Dikotylen haben. Die Monokotylen (z. B. Palmen) können ähnliche Stämme nur durch primäres ↑Dickenwachstum im Vegetationskegel erreichen. Für das sekundäre Dickenwachstum besitzen die Dikotylen eine Schicht dauernd teilungsfähiger Zellen (↑Kambium).

Sproßmetamorphosen: Im Dienste bestimmter Aufgaben und als Anpassung an besondere Umweltbedingungen hat sich bei vielen Pflanzen die Gestalt des ↑Sprosses verändert:

Bei den Zwiebeln (Küchenzwiebel, Tulpe) sind die Internodien so gestaucht, daß die fleischigen Blätter an einer dicken Scheibe sitzen. Ebenfalls zur Nährstoffspeicherung werden die unterirdisch wachsenden Rhizome (Spargel, Iris) oder Knollen (Kartoffel) benutzt. Mit ihnen überstehen diese Pflanzen ungünstige Jahreszeiten. Sproßknollen werden auch oberirdisch gebildet (z. B. Kohlrabi).

Bei einigen Pflanzen trockener Standorte sind ↑Dornen vorhanden, die aus Seitensprossen gebildet werden.

Weinreben und Passionsblumen haben neben anderen Kletterpflanzen Sprosse zu ↑Ranken umgebildet.

Blattartige, chlorophyllhaltige Seitensprosse (Phyllokladien) übernehmen die Assimilationsaufgaben der Blätter.

Sproßpflanzen (Kormophyten): Sammelbezeichnung für Farn- und Samenpflanzen im Hinblick auf ihre gemeinsame hohe Organisationsstufe, die sie von den ↑Lagerpflanzen unterscheidet.

Der Vegetationskörper der Sp. ist an das Landleben angepaßt. Er ist in Wurzelsystem, Sproßachse (einschließlich Seitenachsen) und Blätter gegliedert. Diese Grundorgane können in vielfach abgewandelter Form (Metamorphosen) auftreten. Anatomisch sind neben dem Grundgewebe funktionsgebundene Dauergewebe, wie z. B. Abschlußgewebe und Festigungsgewebe, ausdifferenziert.

Sprossung (Knospung): Die Sp. ist eine Form der ↑ungeschlechtlichen Fortpflanzung bei verschiedenen niederen Lebewesen, v. a. bei Algen, Pilzen, Schwämmen, Hohltieren, Manteltieren und den Finnen mancher Bandwürmer. Dabei werden besondere Zellkomplexe als Körperauswüchse *(Knospen)* mehr oder weniger weitgehend abgeschnürt und werden zu Tochterindividuen (↑auch Strobilation). Verbleiben diese am Mutterorganismus, so entstehen Kolonien bzw. Tierstöcke. – Bei Hefen bildet sich vor der Kernteilung von der Mutterzelle aus ein Auswuchs; dann erfolgen die Einwanderung des (sehr kleinen) Tochterkerns und die Abschnürung der (kleineren) Tochterzelle.

Sprungschicht: Das Wasser der meisten Seen der gemäßigten Klimazonen besitzt im Sommer unter einer warmen Oberflächenschicht (Einstrahlung!) in etwa 4–8 m Tiefe eine Schicht, in der die Wassertemperatur unvermittelt stark abfällt (etwa auf 10–15 °C). Unter dieser Sp. sinkt im Tiefwasser die Temperatur nur allmählich bis auf etwa 4 °C ab.

Spulwürmer (Askariden): Eine Familie bis 40 cm langer ↑Fadenwürmer, die im Darm von Amphibien, Reptilien, Vögeln, Säugetieren und Menschen schmarotzen. Ihre Eier gelangen mit dem Kot ins Freie und werden mit verschmutzter Nahrung aufgenommen. Nachdem die Larven im Darm geschlüpft sind, durchbohren die Jugendstadien die Darmwand, gelangen in den Blutstrom und über Lunge, Bronchien und Speiseröhre wieder in den Darm. Dort werden sie geschlechtsreif. – Bei stärkerem Befall kann es (besonders durch die Stoffwechselprodukte der Sp.) zu Gesundheitsstörungen des Wirts kommen. Massenbefall verursacht Darmverschluß.

Spurbienen ↑Honigbiene.

Spurenelemente: Von den lebenswichtigen chemischen Elementen benötigen Pflanzen, Tiere und der Mensch einige nicht ersetzbare nur in geringen Spuren. Bei Pflanzen sind

dies z. B. Eisen, Mangan, Kupfer, Molybdän, Zink (Schwermetalle), Chlor und Bor.
Einige Sp. werden im Organismus zur Enzymbildung verwendet. Bei Mangel treten Krankheiten auf, z. B. bei Manganmangel die Dörrfleckenkrankheit des Getreides, bei Bormangel die Herzfäule der Rüben. Bei extremem Kupfermangel unterbleibt die Ähren- oder Rispenbildung des Getreides.
Normalerweise sind genügende Mengen Sp. im Boden vorhanden und werden Jahr für Jahr aus den Mineralien frei. Eine mittlere Getreideernte entzieht 1 ha Ackerboden z. B. nur 20 bis 30 g Kupfer. Auf Mangelböden wird das fehlende Element im Dünger mitgegeben.
Der Mensch benötigt als Sp. v. a. Eisen, Kupfer, Zink, Kobalt, Mangan, Molybdän, Jod, Fluor und Selen. Sie machen nur etwa 1% der anorganischen Körpersubstanz aus. *Eisen* ist das Zentralatom des Porphyrinsystems im ↑Hämoglobin und der Atmungsfermente in den Mitochondrien. Der Eisengehalt des menschlichen Körpers beträgt 4 bis 5 g. – *Kobalt* ist in das Vitamin B_{12} eingebaut (↑Vitamine), das die perniziöse ↑Anämie verhindert. Auch Kupfer spielt bei der Blutbildung eine Rolle. – *Jod* ist im ↑Thyroxin (Hormon der Schilddrüse) enthalten; der tägliche Bedarf beträgt ca. 0,2 mg. Mangel führt zu Stoffwechselstörungen und Kropfbildung. – *Fluor* ist zur Zahnschmelzbildung notwendig; diese wird sowohl durch ein Zuviel an Fluor als auch durch ein Zuwenig gestört.

Staatenbildung ↑Tierstaaten.

Staatsquallen (Röhrenquallen): Ordnung meerbewohnender ↑Nesseltiere, die freischwimmende Kolonien von einigen Millimetern bis über 3 Meter Länge bilden. Stark umgebildete und spezialisierte ↑Quallen bilden die *Schwimmglocken* und *Geschlechtsglokken* (Bildungsstätten der Eier und Samenzellen) der Tierkolonie. Die Polypen bilden Fangfäden aus und werden als *Freßpolypen (Nährpolypen)* bezeichnet. – Siehe auch Abb. S. 430.

Stäbchen: die helldunkelempfindlichen ↑Sehzellen.

Stabsichtigkeit svw. ↑Astigmatismus.

Stachelhäuter (Echinodermen): Die St. bilden einen Stamm meerbewohnender Tiere, deren Hauptkörperachse (Mund–After), außer bei den ↑Seewalzen, stark verkürzt ist, so daß ihr Körper von oben nach unten ziemlich abgeflacht ist. Die erwachsenen Tiere sind (im Gegensatz zu den zweiseitig-symmetrischen Larven) sekundär fünfstrahlig-radiärsymmetrisch und meist getrenntgeschlechtig.
Zu den Stachelhäutern zählen neben den bereits erwähnten Seewalzen noch ↑Seeigel, ↑Seesterne, Haarsterne und Schlangensterne.

Stacheln:
◊ Bei *Tieren:* Stachelhäuter z. B. tragen starre *Kalkstacheln* in der Haut.
Manche Insektenweibchen haben am Hinterleib einen aus der Legeröhre entstandenen *Giftstachel,* der mit einer Giftblase in Verbindung steht (Bienen, Wespen). Er wird zur Verteidigung benutzt. Der *Bienenstachel* hat Widerhäkchen. Im Chitinpanzer von Insekten kann er von der Biene wieder herausgezogen werden, nicht jedoch aus der elastischen Wirbeltierhaut: Samt anhängender Giftblase bleibt er hier vielmehr stecken, und die Biene stirbt nach dem Stich (s. Abb. S. 430).
Bei *Wirbeltieren* (z. B. beim Igel, Ameisenigel, beim Stachelschwein) sind die dicken, starren St. stark verhornte Haare oder (bei Fischen) umgebildete Schuppen oder Flossenstrahlen.
◊ Bei *Pflanzen:* Meist unregelmäßig angeordnete, harte, spitze Bildungen der Oberhaut heißen bei den Pflanzen (z. B. den Rosen) Stacheln; im Unterschied zu den ↑Dornen.

Staminodien ↑Staubblatt.

Stamm (Phylum): Ein St. ist eine größere systematische Einheit und umfaßt mehrere ↑Klassen; ↑Systematik.

Stammesentwicklung svw. ↑Phylogenese.

Stammhirn svw. ↑Hirnstamm.

Ständerpilze (Basidiomyzeten): Die St. bilden die höchstentwickelte Klas-

se der Pilze. Sie haben ein ausdauerndes, umfangreiches Myzel aus vielen septierten Hyphen; die Zellwände bestehen aus Chitin. Die geschlechtlich entstehenden Sporen *(Basidiosporen)* werden nach außen von einer Zelle *(Basidie)* abgeschnürt. Bei einigen Arten (z. B. Champignon, Bofist) sind die Basidien in Gruppen zu Fruchtkörpern zusammengefaßt.
Die St. werden untergliedert in die Unterklassen *Holobasidiomyzeten* und *Phragmobasidiomyzeten*. Erstere besitzen unseptierte Basidien. Hierzu gehören die bekannten Gift- und Speisepilze sowie die Bauchpilze. Die Phragmobasidiomyzeten haben septierte Basidien. Zu ihnen gehören u. a. ↑Rostpilze und ↑Brandpilze.

Standvögel: Vögel, die auch nach der Brut an ihren Standorten bleiben, also nicht wegziehen wie ↑Zugvögel oder Teilzieher, werden als St. bezeichnet. Zu den Standvögeln gehören z. B. Buchfink, Haussperling und Kohlmeise.

Star ↑grauer Star, ↑grüner Star.

Stärke: Ein ↑Polysaccharid, das aus vielen α-D-Glucosemolekülen zusammengesetzt ist. Die St. entsteht als erstes sichtbares Assimilationsprodukt innerhalb der Chloroplasten (s. auch Abb. S. 431). Diese schwerlösliche Assimilationsstärke wird in der Nacht durch Wirkung der α- und β-Amylase in die lösliche Glucose abgebaut und zu den Leukoplasten transportiert. Im Inneren des Stärkekorns wird die Amylose (eine unverzweigte Kette), in der Hülle das Amylopektin (verzweigte Kette) gespeichert.
Die *tierische St.* ist das ↑Glykogen, das v. a. in den Leber- und Muskelzellen als Reservestoff eingelagert wird. – ↑auch Kohlenhydrate.

Starrkrampf (Tetanus) svw. ↑Wundstarrkrampf.

Statolithen (Schwerekörperchen):
◊ *Pflanzen:* In manchen Pflanzenzellen liegen freibewegliche Stärkekörnchen oder auch andere feste Einschlüsse. Die Schwerkraft zieht sie nach unten. Vermutlich gibt ihr Reiz auf die Zellmembran oder das endoplasmatische Retikulum der Pflanze die Schwerkraftrichtung an.
◊ *Tiere, Mensch:* In den ↑Gleichgewichtsorganen liegen direkt auf Sinneshaaren oder auf einer Gallertmasse, die den Sinneshaaren aufliegt, als St. miteinander verklebte Sandkörnchen (z. B. bei Krebsen) oder kleine Kristalle aus Calciumcarbonat. Sie reizen je nach Schwerkraftrichtung die Haare einzelner Sinneszellen und geben dem Gehirn damit Auskunft über die Lage des Körpers im Raum.

Statozysten: Bei manchen Tieren (z. B. Muscheln, Plattwürmer, Krebse) finden sich mit Flüssigkeit gefüllte Bläschen, die einen ↑Statolithen enthalten. Solche Gleichgewichtsorgane werden St. genannt.

Staubbeutel ↑Staubblatt.

Staubblatt (Staubgefäß): Staubblätter sind Bestandteile einer ↑Blüte und stellen deren männliche Geschlechtsorgane dar. Es sind umgebildete Blattorgane. Die Gesamtheit aller Staubblätter einer Blüte nennt man *Andrözeum*.
Die Abb. auf S. 431 zeigt den Aufbau eines Staubblatts der bedecktsamigen Pflanzen. Es besteht aus dem *Staubfaden (Filament)* und dem oben ansitzenden *Staubbeutel (Anthere)*, dem fertilen Teil des Staubblatts. Die Anthere setzt sich aus zwei *Theken (Thecae)* zusammen, die über ein Mittelstück, das *Konnektiv*, miteinander und mit dem Filament in Verbindung stehen. Jede Theca enthält zwei *Pollensäcke*. In den insgesamt vier Pollensäcken entwikkeln sich aus den diploiden Pollenmutterzellen durch Reifeteilung je vier Pollenkörner, die zunächst aus einer haploiden Zelle bestehen. Bei der Reife öffnen sich die Pollensäcke durch einen Kohäsionsmechanismus und entlassen den Pollen (↑Blütenstaub), der bei windblütigen Formen trocken, bei insektenblütigen durch „Pollenkitt" klebrig ist.
In manchen Blüten sind die Staubblätter unfruchtbar (steril) geworden und sehen dann manchmal blumenblattähnlich aus (z. B. in den gefüllten Blüten); man nennt sie *Staminodien*.

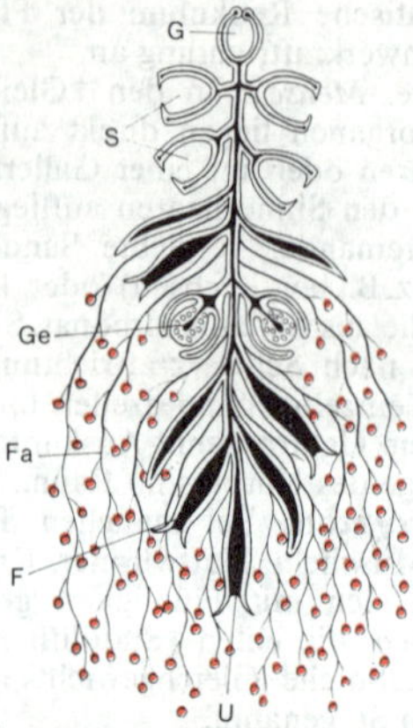

Abb. Staatsquallen: Schema einer Kolonie; F Freßpolyp, Fa Fangfäden, G Gasblase, Ge Geschlechtsqualle, S Schwimmglocken, U Ursprungspolyp

Staubfaden ↑Staubblatt.

Staubgefäß: Ungenaue Bezeichnung für ↑Staubblatt.

Steckling: Ein beblättertes Sproßstück, das von einer Pflanze abgetrennt wird und sich im Boden oder in Hydrokultur bewurzelt. Viele Zimmer- und Zierpflanzen werden fast ausschließlich durch Stecklinge vermehrt. Vor allem bei Laubhölzern ist eine Vermehrung durch Stecklinge an bestimmte Jahreszeiten gebunden (meist im Herbst).

Steigbügel: Eines der drei ↑Gehörknöchelchen.

Steinfrucht: Eine Schließfrucht mit teils fleischiger, teils verholzter Fruchtwand (z. B. Kirsche, Pfirsich, Pflaume, Kokosnuß); ↑Fruchtformen.

Stellglied ↑Regelkreis.

Stellgröße ↑Regelkreis.

Stelzwurzeln (Stützwurzeln): St. sind große, den Stamm nach den Seiten abstützende, sproßbürtige ↑Luftwurzeln. Sie kommen z. B. bei Mangrove- und Schraubenbaumarten vor.

Stempel: Die zu einer Einheit verwachsenen Fruchtblätter bei den Bedecktsamern (↑Samenpflanzen). Der St. enthält in seinem unteren Teil die ↑Samenanlage und geht nach oben über den Griffel (der auch fehlen kann) in die klebrige Narbe über, die den Pollen (↑Blütenstaub) aufnimmt.

Stengel ↑Sproß.

steril:

◊ svw. keimfrei, also frei von Mikroorganismen und deren Dauerformen. Während es bei der ↑Desinfektion nur darauf ankommt, eine Infektionsgefahr durch gezieltes Abtöten aller Krankheitserreger (z. B. Bakterien, Protozoen, Pilze) zu beseitigen, werden bei einer *Sterilisation* neben pathogenen (krankmachenden) auch nichtpathogene Mikroben einschließlich ihrer ↑Dauerformen abgetötet.

◊ svw. unfruchtbar, also unfähig, Nachkommen zu zeugen; z. B. durch kranke Hoden oder Eierstöcke oder durch ↑Sterilisierung.

Sterilisierung (Sterilisation):

◊ Unfruchtbarmachen durch Unterbindung der Eileiter bei der Frau *(Tubenligatur)* oder der Samenleiter beim Mann *(Vasektomie)* ohne Entfernen der Keimdrüsen.

Dieses sehr sichere Verfahren der ↑Empfängnisverhütung empfiehlt sich besonders dann, wenn aus medizinischen Gründen eine Schwangerschaft sicher verhindert werden soll oder keine weiteren Kinder gewünscht werden. Der operative Eingriff beim Mann wird ambulant und mit örtlicher Betäubung durchgeführt, weil an beiden

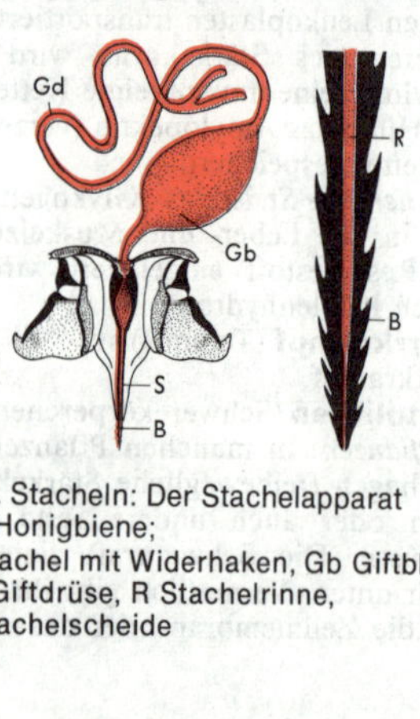

Abb. Stacheln: Der Stachelapparat der Honigbiene;
B Stachel mit Widerhaken, Gb Giftblase, Gd Giftdrüse, R Stachelrinne, S Stachelscheide

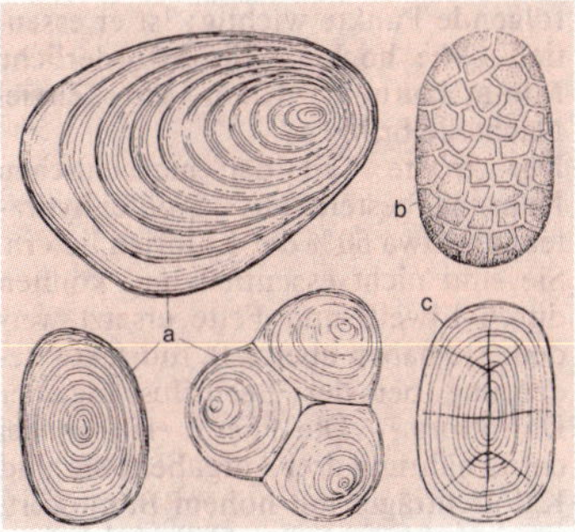

Abb. Stärke: Stärkekörner der Kartoffel (a), des Hafers (b) und der Bohne (c)

Seiten des Hodensacks nur kleine Einschnitte nötig sind. Bei der Frau ist ein kurzer Krankenhausaufenthalt notwendig, weil hier die Bauchdecke auf beiden Seiten geöffnet werden muß.
◊ svw. Keimfreimachen; ↑steril.

Steroide: Als St. bezeichnet man eine Gruppe von Verbindungen, die sich zusammen mit den Karotinoiden als Isoprenpolymere (Isoprenoide) auffassen lassen. Zu den Steroiden zählt man biochemisch wichtige Stoffe wie die Sterine (z. B. ↑Cholesterin), die Provitamine D (↑Vitamine), das Häutungshormon, die ↑Nebennierenhormone Kortison, Aldosteron und Kortexon, die ↑Steroidhormone und die Gallensäuren (↑Gallensaft). Pflanzliche St. sind einige Saponine, Digitalisglykoside und Alkaloide von Nachtschattengewächsen (Solanin).

Steroidhormone: Die Steroidabkömmlinge unter den ↑Geschlechtshormonen und den Nebennierenrindenhormonen.

Stigma:
◊ Bei Einzellern der manchmal ausgebildete ↑Augenfleck.
◊ Bei den Gliederfüßern sind die Stigmen die Tracheenöffnungen (↑Atemöffnungen) seitlich am Körper.

Stimmbänder ↑Kehlkopf.

Stimmbruch: Während der Pubertät wächst der Kehlkopf des Mannes auf seine endgültige Größe heran. Da die Stimmbänder sich dabei verlängern, sinkt die Stimmlage um beinahe eine Oktave ab. Die beiden Stimmbänder können während der Phase des Stimmbruchs nicht ganz gleichmäßig gespannt werden; dadurch wechselt die Stimmlage häufig. – Bei Mädchen macht sich der St. weniger bemerkbar, da das Kehlkopfwachstum bei ihnen geringer ist.

Stimmritze: Im ↑Kehlkopf der Spalt zwischen den Stimmbändern.

Stimulanzien: St. sind Substanzen wie Koffein oder die Weckamine, die in geringerer Dosis beim Menschen anregend wirken.

Stirnhöhle: Eine der ↑Nasennebenhöhlen.

Stoffwechsel (Metabolismus): Unter St. versteht man die Gesamtheit der im Organismus ablaufenden chemischen Reaktionen; diese sind allesamt enzymatisch gesteuert. Dabei werden dem Körper hauptsächlich hochmolekulare, energiereiche Stoffe zugeführt, die er durch Oxidation in niedermolekulare, energiearme Stoffe umsetzt. Daneben nimmt der Körper noch Substanzen auf, die spezifische Funktionen ausüben und somit für ihn lebensnotwendig sind (z. B. gewisse Ionen, Vitamine, Wasser, Sauerstoff).
Im St. kann man 2 Hauptrichtungen unterscheiden: den *Anabolismus* (Aufbaustoffwechsel, Baustoffwechsel) und den *Katabolismus* (Abbaustoffwechsel, Betriebsstoffwechsel). Die

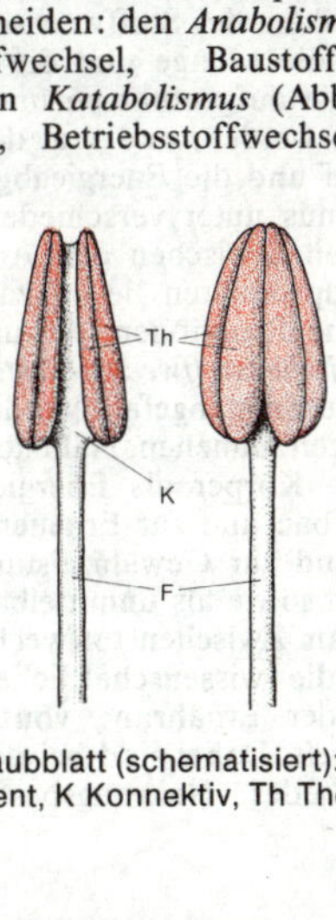

Abb. Staubblatt (schematisiert): F Filament, K Konnektiv, Th Theka

anabolischen und die katabolischen Vorgänge sind allerdings durch den ständigen Um-, Ab- und Aufbau, dem die Nahrungsstoffe im Organismus unterliegen, so eng miteinander verknüpft, daß eine scharfe Trennung zwischen dem Schicksal der aufgenommenen Nahrungsstoffe und dem Schicksal derjenigen Stoffe, die aus den Körperzellen stammen, eigentlich hinfällig wird.
Grundsätzlich kann man sagen, daß der anabolische Prozeß stets mit einem Energieverbrauch, der katabolische dagegen mit einem Energiegewinn verbunden ist. In einem speziellen Sinne ist der *anabolische Prozeß* den *autotrophen Organismen* (grüne Pflanzen, manche Bakterien) zugeordnet, die im Vorgang der ↑Photosynthese und ↑Assimilation ihre Körpersubstanz aus anorganischem Material unter Ausnutzung der Sonnenenergie aufbauen. Demgegenüber sind die *heterotrophen Organismen* (also alle Tiere, der Mensch, Pilze u. a.) als *katabol* anzusehen, weil sie kompliziert gebaute organische Substanzen, darunter die bei der Photosynthese gewonnenen energiereichen pflanzlichen Endprodukte, als Nährstoffe nutzen, die sie zum Zweck der Energiegewinnung wieder abbauen (↑auch Dissimilation).
In der Bilanz des Stoffwechsels interessieren die Menge und die Art der Stoffe, die aufgenommen und ausgeschieden werden, und v. a. der Energiebedarf und die Energieabgabe des Organismus unter verschiedenen Bedingungen. Zwischen den Ausgangs- und Endprodukten liegen zahlreiche chemische Reaktionen, die unter der Bez. *Zwischenstoffwechsel (intermediärer St.)* zusammengefaßt werden.
Die aufgenommenen Nährstoffe dienen dem Körper als Energiequellen zum Aufbau und zur Erneuerung der Zellen und zur Gewährleistung ihrer Funktion sowie als unmittelbare Teilnehmer am Zwischenstoffwechsel. Somit ist die wissenschaftliche Erforschung der Ernährung von größter Wichtigkeit. Dabei sind bei der Beurteilung jedes Nahrungsbestandteils folgende Punkte wichtig: Ist er essentiell? Wie hoch ist die erforderliche Minimalzufuhr? Kann ein Zuviel Nachteile bringen?
Der größte Teil der menschlichen Nahrung besteht aus ↑Kohlenhydraten, die etwa 60 % der Kalorien liefern. Sie sind nicht essentiell und können durch Eiweiß und Fette ersetzt werden. Sie haben aber z. B. indirekte Bedeutung bei der Beeinflussung der Darmflora. – Die ↑Fette erfüllen bei der Ernährung drei Aufgaben: Sie sind Kalorienträger mit hohem Brennwert, sie sind notwendig zur Resorption fettlöslicher Vitamine oder Provitamine, sie liefern dem Körper die essentiellen Fettsäuren. – Die ↑Eiweiße sind sehr wichtige Nahrungsbestandteile, da sie die essentiellen ↑Aminosäuren und die Körpersubstanz liefern.
Bei gesunder Ernährung besteht ein Gleichgewicht zwischen Stickstoffaufnahme und -ausscheidung. Im Hungerzustand tritt eine negative Bilanz ein, d. h., die Ausscheidung ist größer, da Körpereiweiß abgebaut wird.
Für viele Körperfunktionen ist der *Mineralstoffwechsel* von großer Bedeutung. Die Mineralstoffe, die nur in ionaler Form vom Organismus verwertet werden können, umfassen dabei folgende chemische Elemente: Natrium, Kalium, Calcium, Phosphor sowie als ↑Spurenelemente u. a. Kupfer, Zink, Mangan und Jod. Eine Zwischenstellung nimmt wegen seiner Funktion u. a. beim Sauerstofftransport im Blut (↑Hämoglobin) das Eisen ein.
Im Hungerzustand sind sämtliche Glykogenreserven verbraucht, und es treten daher Veränderungen im gesamten St. auf *(Hungerstoffwechsel).* In erster Linie wird das Fettgewebe angegriffen, dann Leber, lymphatische Gewebe und Muskeln. Das gesamte Hormongleichgewicht wird umgestellt. Außerdem kommt es zum Absinken des ↑Grundumsatzes *(Erhaltungsstoffwechsel)* bis zu 40 % unter den Normalwert. – Jede körperliche Tätigkeit erhöht den St. wesentlich.

Stoffwechselkrankheiten: St. sind auf Störungen des ↑Stoffwechsels

zurückzuführen und häufig erblich bedingt.
Ein klassisches Beispiel ist die *Alkaptonurie,* bei der große Mengen Homogentisinsäure ausgeschieden werden, deren Oxidationsprodukte den Harn dunkel färben. Die Ursache liegt im Fehlen eines Enzyms, wodurch dieses Zwischenprodukt des Phenylalanin- und Tyrosinabbaus angereichert wird. Auch ↑ Albinismus, ↑ Kretinismus und ↑ Phenylketonurie sind Stoffwechselanomalien, die auf dem Ausfall eines Enzyms beruhen.
St. können auch durch eine Über- oder Unterproduktion von Hormonen hervorgerufen werden, z. B. des Schilddrüsenhormons Thyroxin (↑ Schilddrüse, ↑ Kropf, ↑ Kretinismus) und des Bauchspeicheldrüsenhormons Insulin (↑ Zuckerkrankheit). Schließlich können St. auf einer Störung im Vitaminhaushalt (besonders Vitaminmangel) beruhen: z. B. ↑ Rachitis, ↑ Skorbut.
Stomata svw. ↑ Spaltöffnungen.
Störgröße ↑ Regelkreis.
Strahlenpilze (Aktinomyzeten): Die St. bilden eine Ordnung der ↑ Bakterien. Es sind grampositive, stäbchenförmige, unbewegliche Zellen, die oft echt verzweigt oder zu hyphenartigen Fäden zusammengelagert sind. Häufig werden Sporen ausgebildet.
Einige Arten der St. rufen entzündliche Schleimhauterkrankungen bei Menschen und Tieren hervor *(Aktinomykose);* Arten der Gattung *Mycobacterium* verursachen ↑ Tuberkulose beim Menschen und bei Tieren. *Streptomycesarten* verursachen Pflanzenkrankheiten an Kartoffeln und Rüben. Die Ausscheidungsprodukte einiger Arten werden als ↑ Antibiotika verwendet.
Strahlentierchen (Radiolarien): Eine Gruppe einzelliger, im Meer lebender Tiere, die zu den ↑ Wurzelfüßern gestellt werden. Ihr meist kugeliger Zelleib bildet aus Strontiumsulfat oder Kieselsäure zwei konzentrische Gehäuse, deren äußeres von zahlreichen Öffnungen durchsetzt ist, durch die die Tiere zur Nahrungsaufnahme (Einzeller, kleine Algen) fadenförmige oder verzweigte ↑ Scheinfüßchen hindurchstecken. – Siehe auch Abb. S. 434.
Kommen in einem Gebiet St. in großen Massen vor, so können die abgestorbenen Tiere den sog. *Radiolarienschlamm* bilden (eine rote, tonige Tiefseeablagerung).
Streckmuskeln (Extensoren): ↑ Muskeln, die gebeugte Glieder in den Gelenken strecken. Der dreiköpfige Oberarmmuskel (Musculus triceps brachii) streckt z. B. den Arm im Ellbogengelenk. – ↑ auch Beugemuskeln.
Streckungswachstum: Das St. ist der äußerlich sichtbare Abschnitt des Pflanzenwachstums. Dabei vergrößert sich das Volumen der Zelle. Gleichzeitig ist damit eine plastische Dehnung der Zellwand und nachfolgendes ↑ Appositionswachstum verbunden. Die Volumenvergrößerung erfolgt durch Wasseraufnahme und durch Ausbildung von Vakuolen.
Das St. der Zelle wird durch hormonartige Wirkstoffe (Phytohormone, z. B. Gibberelline, Auxin) beeinflußt. Nur junge, undifferenzierte Zellen sind streckungsfähig. Diese Zellen befinden sich in den *Streckungs-* oder *Wachstumszonen.* In den Sprossen höherer Pflanzen liegt die Streckungszone unterhalb des Vegetationskegels. In der Wurzel liegt der Ort der Streckung unmittelbar hinter der Wurzelspitze.
Streß: Unter St. versteht man allgemein die körperliche oder geistige Beanspruchung bis an die Leistungsgrenze. Dieser St. ist, medizinisch gesehen, kaum gefährlich. Bedenklich ist dagegen der psychisch bedingte *Konfliktstreß,* der durch eine unklare Existenzangst und das „Sich-nicht-mehr-Zurechtfinden" in der modernen hektischen und technisierten Welt verursacht wird. Für diese Form des St. sind gesundheitliche Schäden nachgewiesen (↑ auch Psychosomatik).
In einer Streßsituation (z. B. beim Autofahren in der Stadt) werden ↑ Adrenalin und ↑ Noradrenalin vermehrt ausgeschüttet. Dadurch werden freie Fettsäuren mobilisiert, die sich in den Wänden der Blutgefäße ablagern (↑ auch Arterienverkalkung), weil sie

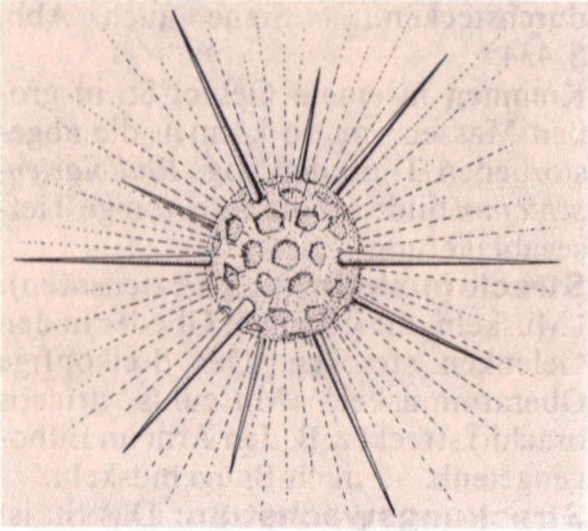

Abb. Strahlentierchen mit starren Radiärstacheln und feinen, fadenförmigen Scheinfüßchen

durch körperliche Tätigkeit nicht mehr verbraucht werden.
Folgen des St. sind hormonell bedingte Beeinträchtigungen des vegetativen Nervensystems, die zu Stoffwechselstörungen, Kreislaufstörungen und Störungen der Immunabwehr führen können. Die Hauptfolgen sind Herzerkrankungen, Infektionsanfälligkeit, Konzentrationsschwäche, Aggressionen und Neurosen.

Strichvögel: Vögel, die nach der Brutzeit (besonders auch im Winter) in weitem Umkreis umherschweifen, werden als St. bezeichnet. Hierher gehören z. B. der Grünfink und die Goldammer. – ↑Standvögel, ↑Zugvögel.

Strickleiternervensystem: ↑Gliedertiere besitzen ein segmentiertes Nervensystem, das im Kopf über ein Zentrum, das *Oberschlundganglion,* verfügt. Von ihm aus ziehen 2 weniger oder mehr verschmolzene Nervenstränge auf der Bauchseite nach hinten. In jedem Segment dieses Strickleiternervensystems tragen die Stränge je einen Ganglienknoten (Anhäufung von Nervenzellen), die durch querverlaufende Fasern (Kommissuren) miteinander verbunden sind (↑Bauchganglien).

Stridulationsorgane: St. erzeugen Laute durch Reiben einer Kante über einen mit Zähnchen besetzten Kamm. Verbreitet sind St. besonders bei Krebsen und Insekten (als Schrillapparate, Zirporgane); sie treten dort an den verschiedensten Körperabschnitten auf. So reiben z. B. Feldheuschrecken die Hinterschenkel an den Flügeladern des Vorderflügels, Laubheuschrecken reiben die Flügel aneinander. Auch Wirbeltiere (Fische) können Teile des Innenskeletts, Zähne, Kiefer, Schlundknochen o. ä., als St. benutzen.

Strobilation: Art der ↑ungeschlechtlichen Fortpflanzung beim Generationswechsel bestimmter Nesseltiere (der Skyphozoen): Vom oberen Ende des Polypenstadiums *(Skyphopolyp)* werden durch ringförmige Einschnürungen (terminale Knospung) scheibenförmige Vorstufen der späteren Medusengeneration (der Skyphomedusen) abgegliedert.

Strömungssinn: Ein in den ↑Seitenlinienorganen befindlicher Ferntastsinn bei Fischen, im Wasser lebenden Lurchen und Lurchlarven. Mit dem St. können Gegenstände durch die Wahrnehmung der von ihnen reflektierten Druckwellen geortet werden.

Stuhlgang (Darmentleerung): Beim St. gibt der Dickdarm den eingedickten Kot ab. Tritt der Inhalt des Grimmdarms nach sog. großen Dickdarmbewegungen in den Mastdarm über, löst dessen Dehnung die Empfindung des *Stuhldrangs* aus. Wird diesem Drang nachgegeben, läuft der eigentliche St. als Reflex ab: Der Afterschließmuskel erschlafft, der Beckenboden wird gehoben, durch Kontraktion der Bauchmuskulatur wird der Druck im Inneren des Unterleibes erhöht, und nach weiteren Darmbewegungen wird der gesamte Dickdarm schließlich entleert. Die Impulse zur Darmentleerung werden vom Parasympathikus geleitet. Während der Bauchpresse leitet er Erregungen zur Kehlkopf- und Gesichtsmuskulatur. Bis zu einem gewissen Grad kann die Kotentleerung willkürlich angehalten werden.

Stürzpuppe ↑Puppe.

Stützgewebe: Gewebe, aus dem sich ↑Knorpel und ↑Knochen zusammensetzen, d. h. das Knorpel- und Knochengewebe als Skelettsubstanzen, bilden das St. der Wirbeltiere und des Menschen. Stützfunktion hat aber auch das ↑Bindegewebe, v.a. bei den Wirbellosen.

Stützwurzeln svw. ↑Stelzwurzeln.

Subatlantikum: Nacheiszeitliche Vegetationsperiode, die durch das Vorherrschen von Buchen gekennzeichnet ist („Buchenzeit"); ↑Erdzeitalter.

Subboreal: Nacheiszeitliche Übergangsperiode, während der der Eichenmischwald allmählich in die „Buchenzeit" überging; ↑Erdzeitalter.

Sublitoral: Bodenregion in Binnengewässern; ↑Gewässerregionen.

Subspecies (Subspezies) svw. ↑Unterart.

Substrat: Ein Stoff, der von einem spezifisch wirkenden ↑Enzym chemisch umgesetzt wird. So ist ein Fett das Substrat für die ↑Lipasen.

Sucht: Als S. wird im allgemeinen Sprachgebrauch eine durch Mißbrauch zustandekommende Abhängigkeit von bestimmten ↑Rauschgiften und Arzneimitteln bezeichnet. Besser und nicht so mehrdeutig ist der Begriff *Drogenabhängigkeit.*

Sukkulenten: Die S. gehören zu den trockenresistenten Pflanzen (↑Xerophyten). An die Trockenheit ihrer Standorte sind sie durch einen xeromorphen Bau ihres Vegetationskörpers angepaßt. Diese Anpassungen bewahren die Pflanzen vor größeren Wasserverlusten durch Transpiration. S. besitzen wasserspeichernde Gewebe in Blättern, Wurzeln oder Sproßachsen. Während der Feuchtigkeitsperioden werden diese Gewebe mit Wasser aufgefüllt. – Man unterscheidet *Blattsukkulenten* (z.B. Dickblatt- und Agavengewächse), *Stammsukkulenten* (wie Kakteen- und Wolfsmilcharten) und *Wurzelsukkulenten* (wie einige Pelargonienarten).

Sulfonamide: Die S. gehören zu den künstlich hergestellten *Chemotherapeutika.* Es handelt sich um schwefelhaltige Verbindungen, die das Wachstum und die Vermehrung einer ganzen Reihe von Bakterien hemmen, diese selbst jedoch nicht abtöten (↑auch Antibiotika). Sie verdrängen im Stoffwechsel der Bakterien eine Substanz (p-Aminobenzoesäure), die für die Synthese der wachstumsfördernden Folsäure gebraucht wird. Die Zellteilung höherer Lebewesen, die Folsäure als fertiges Vitamin aufnehmen können, wird durch die S. nicht beeinflußt.

Supralitoral: Bodenregion der Uferzone oberhalb des Gewässerrands; ↑Gewässerregionen.

Symbiose: Unter S. versteht man das Zusammenleben zweier Organismen verschiedener Artzugehörigkeit, wobei jeder Partner *(Symbiont),* im Gegensatz zum Parasitismus (↑Parasiten), Nutzen aus dieser Verbindung hat. Häufig sind ein ↑autotrophes und ein ↑heterotrophes Lebewesen zu einer S. vereint.

Ein bekanntes Beispiel für eine S. stellen die ↑Flechten dar, ein weiteres die ↑Mykorrhiza, bei der Pilzfäden in Wurzeln höherer Pflanzen eindringen. Von erheblicher, auch landwirtschaftlicher Bedeutung ist die Ausbildung von Wurzelknöllchen durch die S. zwischen luftstickstoffbindenden ↑Knöllchenbakterien und Schmetterlingsblütlern.

Tiere, die von einseitiger und zudem noch schwer verdaulicher Nahrung leben, gehen häufig eine S. mit Bakterien und Protozoen ein. Zellulose z.B. kann unmittelbar nur von wenigen Pflanzenfressern (manche Schnecken, holzfressende Käferlarven) verdaut werden. Viele Pflanzenfresser, darunter die Huftiere und Termiten, lassen die Zellulose von Bakterien abbauen (↑auch Wiederkäuermagen).

Bei Nagern sind die Bakterien im ↑Blinddarm angesiedelt. Nager scheiden dessen Inhalt als Kot aus, den sie dann fressen müssen, damit die im Blinddarm vorverdaute Nahrung samt der mitausgeschiedenen Symbionten nochmals den Dünndarm für die Endverdauung passieren kann. – Häufig können diese Tiere ohne ihre Symbionten nicht leben, nicht nur weil diese ihnen die Nährstoffe aufschließen, sondern weil sie ihnen v.a. auch Vitamine liefern.

Manche Einzeller, z.B. das Pantoffel-

tierchen, enthalten in ihrem Zelleib Grünalgen als Symbionten und nutzen deren Photosyntheseprodukte, während die Algen selbst wohl hauptsächlich von Kohlendioxid aus der Atmung ihres Wirts profitieren.
Die Zahl der Beispiele für Symbiosen ist sehr groß. Allerdings ist die Unterscheidung, ob es sich nicht doch eher um ein reines Nebeneinander der betreffenden Lebewesen oder gar um Parasitismus handelt, nicht immer ganz einfach. Vielleicht hat sich die S. ursprünglich aus einem Parasitismus entwickelt, indem sich die Kontrahenten allmählich einander angepaßt haben.

Sympathikus: S. und ↑Parasympathikus bilden zusammen das ↑vegetative Nervensystem, wobei sich beide Systeme gegenseitig beeinflussen. Die Neuronen des S. liegen im Rückenmark der Brust- und Lendenregion, deren Axonen in die Grenzstränge ziehen.

Symphyse svw. Schambeinfuge (↑Becken).

Synapse: Als S. wird die Kontaktstelle zwischen zwei ↑Nervenzellen bzw. zwischen einer Sinneszelle und einer Nervenzelle bezeichnet. Gewöhnlich stellt sie die Verbindungsstelle zwischen den Endverzweigungen *(Endknöpfchen)* des Neuriten mit dem Dendriten einer anderen Nervenzelle dar. Über die S. erfolgt die Weiterleitung einer Erregung (↑Reizleitung) mit zeitlicher Verzögerung. Die ↑motorische Endplatte stellt eine *synaptische Fläche* zwischen Nerven- und Muskelzelle dar.

Synergiden: S. nennt man die beiden Zellen, die sich neben der Eizelle in der ↑Samenanlage befinden.

Synergisten: S. sind Muskeln, Nerven oder andere Teile des Organismus, die sich in ihrer Wirkungsweise gegenseitig unterstützen.

Synzytien: Im Unterschied zu den ↑Plasmodien entstehen die vielkernigen Plasmamassen, die S. darstellen, aus der Verschmelzung vieler einzelner Zellen.

Syphilis (Lues) ↑Geschlechtskrankheiten.

Systematik: Die S. ist ein Teilgebiet der Biologie, das sich mit den verwandtschaftlichen Beziehungen der Lebewesen und ihrer hierarchischen Gliederung beschäftigt.
Die systematische Grundeinheit ist die ↑*Art*. In einer Art werden diejenigen Organismen zusammengefaßt, die in allen wesentlichen Merkmalen übereinstimmen. Die nächsthöhere Einheit ist die *Gattung*, in der mehrere Arten zusammengefaßt werden. Mehrere Gattungen bilden eine *Familie*, mehrere Familien eine *Ordnung*, mehrere Ordnungen eine *Klasse* und mehrere Klassen eine *Abteilung*. Die zoologische S. kennt die Kategorie Abteilung nicht oder verwendet diesen Begriff im Sinne von *Stamm*.
Reichen die systematischen Kategorien *(Taxa)* nicht aus, werden Zwischenkategorien (z. B. Unterfamilie, Unterart) eingeschoben. Innerhalb einer Art können geographische Unterarten unterschieden werden.
Nach dem verwendeten Ordnungsprinzip unterscheidet man künstliche Systeme mit der Anordnung nach Ähnlichkeit und natürliche Systeme mit der Anordnung nach Verwandtschaft.
Die wissenschaftliche S. arbeitet mit der vergleichenden Morphologie. Sie erlaubt es, die auf gemeinsamer Abstammung beruhenden Ähnlichkeiten (Homologien) von Konvergenzen (Analogien) zu unterscheiden. Zur Aufklärung der verwandtschaftlichen Beziehungen werden außerdem noch die Zytologie, Anatomie, Embryologie, Biochemie und Genetik herangezogen.
Nur die richtige Einordnung der rezenten und ausgestorbenen Lebewesen (↑Taxonomie) sichert die richtige Bestimmung des Individuums. Die Voraussetzung für die richtige Benennung ist die Befolgung der Regeln der ↑Nomenklatur und eine eindeutige Beschreibung und gegebenenfalls Abbildung.

Systole: Das Sichzusammenziehen (Kontraktion) des Herzmuskels; ↑Diastole.

T

tagaktiv: Licht ist für Tiere zwar nicht lebensnotwendig wie für Pflanzen; trotzdem spielt es eine wesentliche Rolle bei der Steuerung des Verhaltens und der hormonellen Beeinflussung z. B. der Aktivität der Geschlechtsorgane. Besonders abhängig vom Tageslicht (also tagaktiv) sind fast alle Vögel, viele Insekten und natürlich auch der Mensch. Diesen allen gemeinsam sind gut ausgebildete Augen. – Gegensatz: ↑nachtaktiv.

Talgdrüsen: Schlauchförmige Hautdrüsen mit beerenförmigen Endstükken. Ihre Ausführungsgänge münden entweder in den Haarbalg *(Haarbalgdrüsen)* oder als freie T. (Lippenrot, Nasenflügel, After, Eichel, Vorhaut, kleine Schamlippen). T. sind holokrine ↑Drüsen, d. h., einzelne Drüsenzellen wandeln sich als Ganzes in Sekret um. – ↑auch Haut.

Tange: Als T. bezeichnet man große, im Meer vorkommende Arten der ↑Braunalgen. Manchmal werden auch noch Arten der Grün- und Rotalgen dazugezählt. An den Nord- und Ostseeküsten kommen neben dem Blasentang die Meereiche (beides Braunalgen) und der Meersalat (eine Grünalge) vor.

Tanne ↑Nadelbäume.

Target-Organe: zusammenfassende Bez. für die in einem Organismus liegenden Zielorgane einer natürlichen physiologischen oder induzierten, z. B. therapeutischen (medikamentösen) Einwirkung. Z. B. sind Schilddrüse, Nebennierenrinde und Keimdrüsen T.-O. der Hypophysenvorderlappenhormone.

Tarntracht ↑Schutzanpassung.

Taster (Palpen): Von den ↑Mundwerkzeugen der Gliederfüßer trägt der Unterkiefer (erste Maxillen) ein Paar *Maxillarpalpen* und die Unterlippe (zweite Maxillen) ein Paar *Labialpalpen.* Die T. können teilweise (bei Schmetterlingen sind nur Lippentaster erhalten) oder völlig fehlen (Flöhe, viele Zweiflügler). – Bei Spinnen ist das zweite Paar der Mundwerkzeuge klein und tasterartig (↑Pedipalpen). Spinnenmännchen haben es zum Begattungsorgan umgebildet.

Tastkörperchen: Zwei Arten von T. sind in der Hauptsache für den Tastsinn bei höheren Wirbeltieren verantwortlich: die Meißner-Tastkörperchen und die Vater-Pacini-Lamellenkörperchen:

Die *Meißner-T.* sind kleine, eiförmige Gebilde aus übereinandergestapelten, flachen Tastzellen, die um den Zellkern verdickt sind. Zwischen den Tastzellen liegen die Nervenfäserchen. Sie enden in Endknöpfchen oder zarten Netzen. Diese T. liegen in den Papillen der Lederhaut (↑Haut) und dienen der Oberflächensensibilität, d. h., sie nehmen v. a. die feinen Tastempfindungen wie Oberflächenrauhigkeit u. ä. wahr.

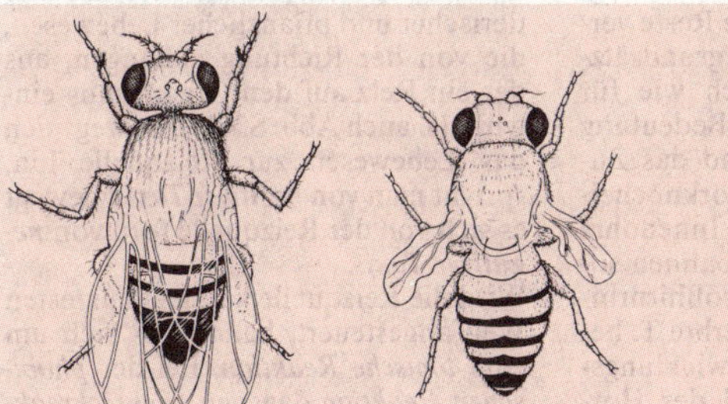

Abb. Taufliege: Normales Weibchen (links) und stummelflügelige Form mit kurzen Fühlern (rechts)

Sie erzeugen auch die Empfindung des Kitzels.
In der Unterhaut, im Gekröse der Eingeweide und an anderen Stellen des Körpers liegen die *Vater-Pacini-Lamellenkörperchen*. Diese bis 4 mm langen, eiförmigen Gebilde bestehen aus zahlreichen zwiebelschalenartig angeordneten Lamellen. In ihrem Zentrum liegt ein Innenkolben. Er enthält die Endverzweigungen eines Nervs und ein kleines Blutgefäß. Diese T. dienen dem Drucksinn.
Die T. der Vögel heißen *Herbst-Körperchen* und entsprechen in ihrem Aufbau etwa den Vater-Pacini-Lamellenkörperchen.

Tastsinn: Der T. ist der wichtigste ↑mechanische Sinn für die Orientierung der Tiere und des Menschen in der Umwelt und für die Wahrnehmung der Lage und Stellung der eigenen Körperteile im Raum.
Als reizaufnehmende Sinnesorgane kommen bei fast allen Tieren (auch beim Menschen) *primäre Sinneszellen* (meist mit Sinnesstiften) und freie Nervenendigungen an (unbehaarten) Körperoberflächen und in inneren Organen vor. Bei Gliederfüßern und Wirbeltieren finden sich auch Sinnesborsten und Sinneshaare, deren Basis von Nervengeflechten umsponnen ist.
Der angemessene (adäquate) Reiz ist die leichte Berührung durch feste Körper, Flüssigkeiten oder gasförmige Stoffe, die eine Deformation der Haut oder Lageveränderungen der Sinneshaare bzw. -borsten bewirkt. – ↑auch Drucksinn, ↑Strömungssinn.

Taubheit: Bei der T. ist die Hörfähigkeit ganz oder bis auf kleine Reste verloren. Die Ursachen sind grundsätzlich dieselben oder ähnlich wie für ↑Schwerhörigkeit. Von Bedeutung sind die Verknöcherung und das Zusammenwachsen der Gehörknöchelchen, Schädigungen des Innenohrs und Störungen der Nervenbahnen sowie der Hörfelder in der Großhirnrinde. Die angeborene und ererbte T. beruht auf Bildungs- und Entwicklungsfehlern des Innenohrs und der Hörnervengebiete.
Tritt die T. vor dem 7. Lebensjahr auf, verlernt das betroffene Kind das Sprechen meist wieder (↑Taubstummheit).

Taubstummheit: Ist ein Kind von Geburt an taub oder tritt die ↑Taubheit früh auf (bis zum 7. Lebensjahr), bleibt oder wird das betroffene Kind stumm, obwohl die Stimmorgane und die entsprechenden Zentren im Gehirn völlig intakt sind. Bis zu einem gewissen Grad können solche Kinder aber auch ohne Kontrolle über das Gehör durch intensives Training unter Anleitung von Fachkräften sprechen lernen, indem sie die Mundstellungen genau nachahmen. Sind noch Reste der Hörfähigkeit vorhanden, helfen Hörgeräte, die den Schall in bestimmten Frequenzbereichen verstärken.

Taufliege (Drosophila, genauer: Drosophila melanogaster): Die T. ist ein viel verwendetes Versuchsobjekt der Grundlagenforschung in der klassischen Genetik. Der Systematik nach gehört sie zu den Zweiflüglern. Einige ihrer Organe enthalten Zellen mit ↑Riesenchromosomen (z. B. die Speicheldrüse).
Taufliegen lassen sich leicht in Gefäßen ziehen, deren Boden mit einer dikken Schicht aus Maismehl, Hefeextrakt, Zucker und Agar-Agar bedeckt ist, in der die Maden leben. Eine Generationszeit dauert bei Zimmertemperatur nur etwa 2 Wochen. Von der T. sind inzwischen Hunderte von Mutationen bekannt und in die Chromosomenkarte der 4 Chromosomen eingetragen (s. auch Abb. S. 437).

Taxien: T. sind die Ortsbewegungen frei beweglicher, nicht festsitzender tierischer und pflanzlicher Lebewesen, die von der Richtung abhängen, aus der ein Reiz auf den Organismus einwirkt (s. auch Abb. S. 439). Bewegt sich das Lebewesen zur Reizquelle hin, spricht man von *positiver Taxis*, bewegt es sich von der Reizquelle fort, von *negativer Taxis*.
Wird die Reizquelle auf dem kürzesten Weg angesteuert, handelt es sich um eine *topische Reaktion*. Bei der *phobischen Reaktion* dagegen *(Schreckreaktion, Phobotaxis)* wird das Ziel erreicht,

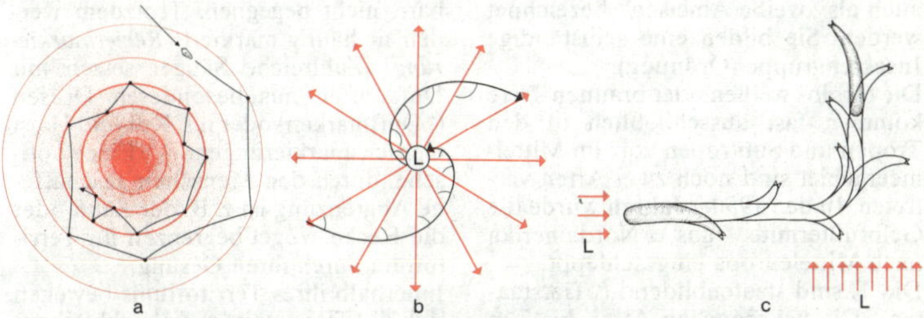

Abb. Taxien: a positive Chemotaxis eines Pantoffeltierchens in einem Diffusionsgefälle auf das Zentrum (rot) der höchsten Stoffkonzentration hin; die hervorgehobene rote Ringzone bezeichnet den Optimumbereich, die Punkte die Orte von Schreckreaktionen bei Annäherung an niedrigere Konzentrationsbereiche; b Einstellreaktion auf eine punktförmige Lichtquelle (L) hin unter Beibehaltung eines bestimmten Winkels; c negative Phototaxis einer Planarie; L Licht

indem das Lebewesen beim richtungslosen Umherirren jedes Mal zurückschreckt und eine Wendung macht, wenn es in einen Bereich kommt, der ihm weniger angenehm ist. Man unterscheidet einzelne T. nach der Art des Reizes:
Viele Einzeller (z. B. Pantoffeltierchen) und Spermatozoide reagieren mit phobischen oder topischen Orientierungsbewegungen im Wasser auf ein Konzentrationsgefälle der unterschiedlichsten Substanzen *(Chemotaxis)*. – Das gleiche gilt für die Einstellung auf einseitig einfallendes Licht *(Phototaxis)*. Wird die Beleuchtung zu stark, wandelt sich die positive in eine negative Taxis um.
Berührt ein Pantoffeltierchen beim Umherschwimmen ein Hindernis, wendet es sich sofort ab (negative *Thigmotaxis*). – Mit Hilfe kleiner, fester Inhaltskörper im Zytoplasma ist es in der Lage, die Richtung der Schwerkraft festzustellen; unter bestimmten Bedingungen bewegt es sich von ihr fort (negative *Geotaxis*). – Weitere Reize sind Wärme *(Thermotaxis)*, Feuchtigkeit *(Hydrotaxis)* und elektrischer Gleichstrom *(Galvanotaxis)*.
Besitzt ein Tier ein Sinnesorgan doppelt, kann sein Weg einen bestimmten Winkel mit der direkten Richtung zur Reizquelle bilden *(Tropotaxis)*.

Taxis (Mehrzahl: Taxen): Synonyme Bezeichnung für: Taxie (↑Taxien).

Taxonomie: Die T. befaßt sich als Zweig der ↑Systematik mit dem praktischen Vorgehen bei der Einordnung der Organismen in systematischen Kategorien. Die so gebildeten Organismengruppen stellen Einheiten dar, deren Vertreter in stammesgeschichtlicher Hinsicht unmittelbar miteinander verwandt sind. Die T. beschränkt sich auf die Ermittlung, Umgrenzung und Definition der systematischen Kategorien, wobei sie sich geeigneter Merkmale bedient.

Tb, Tbc: Abkürzungen für ↑Tuberkulose.

Teilzieher: Vögel, die im Winter nur z. T. ihr Brutgebiet verlassen und nach Süden ziehen. Hierher gehört z. B. der Star. – ↑auch Zugvögel, ↑Vogelzug.

Telencephalon svw. ↑Endhirn.

Telophase: In der T., dem abschließenden Stadium von ↑Mitose und ↑Meiose, werden die Chromosomen von einer gemeinsamen Kernhülle umgeben. Allmählich verwandelt sich der Kern wieder in einen ↑Arbeitskern.

Temperatursinn: Mit dem T. sind alle Tiere befähigt, Temperaturänderungen wahrzunehmen; eine Messung der absoluten Temperaturwerte ist wahrscheinlich nicht möglich; ↑Thermorezeptoren.

Tentakel svw. ↑Fangarme.

Termiten: Die ameisenähnlichen T. sind mit den ↑Ameisen, die Hautflügler sind, nicht verwandt, obwohl sie oft

auch als „weiße Ameisen" bezeichnet werden. Sie bilden eine selbständige Insektengruppe (Ordnung).
Die farblos weißen oder braunen Tiere kommen fast ausschließlich in den Tropen und Subtropen vor; im Mittelmeergebiet sind noch zwei Arten vertreten. In den 1950er Jahren wurde die Gelbfußtermite aus Nordamerika nach Mitteleuropa eingeschleppt.
Die T. sind staatenbildend (↑Tierstaaten). Die bei manchen Arten bis 7 m hohen Nester *(Termitenburgen)* bestehen aus Erde, die durch Sekrete steinhart wird. In Holz legen die T. gekammerte Nester an. Sie sind deshalb gefürchtete Nutzholzschädlinge.

Terrarium: Kleinere Landtiere (z. B. Lurche, Reptilien) können zu Lehr- und Schauzwecken in geschlossenen Behältern gehalten werden. Im Inneren eines solchen Terrariums müssen die natürlichen Lebensbedingungen für die jeweiligen Tiere gegeben sein; z. B. hinsichtlich Temperatur, Feuchtigkeit, Durchlüftung. Auch Pflanzen sollten als Sauerstofflieferanten in einem T. vorkommen.

Territorialverhalten (Revierverhalten): Sehr viele Tiere besitzen dauernd oder zeitweise ein Territorium (↑Revier), das sie gegen Artgenossen verteidigen und dessen Grenzen sie auf arttypische Weise markieren.
Während ein Hamster z. B., mit Ausnahme der Brunstzeit, allein lebt, verteidigen viele Vögel und manche Säuger ihr Territorium als Pärchen. Andere Tiere halten in größeren Gruppen ein bestimmtes Gebiet besetzt, das sie gegen Gruppenfremde verteidigen (z. B. Ratten).
Da die Kampfbereitschaft mit der Entfernung vom Zentrum des Territoriums abnimmt, die Fluchtbereitschaft dagegen zunimmt, kommen sich die Nachbarn nur so nahe, daß bei beiden gerade ein Gleichgewicht zwischen diesen Trieben herrscht. Nach anfänglichen Kämpfen werden die *Reviergrenzen* bei bloßem Drohen schon respektiert. Meist sind diese Grenzen nur Zonen, in denen sich die Tiere nur selten aufhalten, damit sie dem Nachbarn nicht begegnen. Trotzdem werden sie häufig markiert *(Reviermarkierung)*. Zahlreiche Säuger setzen mit Duftstoffen aus besonderen Drüsen (↑Duftmarken) oder mit Kot und Harn Geruchsmarkierungen. – Eine optische, durch den Menschen geschaffene Abgrenzung ist z. B. der Zaun oder die Hecke. Vögel begrenzen ihr Territorium durch ihren Gesang.
Innerhalb ihres Territoriums bewegen sich die Tiere meist auf gleichbleibenden Pfaden und suchen immer wieder bestimmte Stellen zum Ruhen und Schlafen oder zum Trinken und Baden auf.
Durch die gleichmäßige, nicht zufällige Verteilung der Tiere über ein Gebiet wird gewährleistet, daß für jeden gerade ausreichend Lebensraum und Nahrung vorhanden ist. Überweidung oder andere totale Ausbeutung der Nahrungsgrundlage werden verhindert.

Territorium svw. ↑Revier.

Tertiär: Späte Formation der Erdneuzeit; ↑Erdzeitalter.

Testosteron: Zu den ↑Androgenen gehörendes ↑Geschlechtshormon.

Tetanus svw. ↑Wundstarrkrampf.

Tetrapoden: Zusammenfassende Bezeichnung für Wirbeltiere (Ausnahme: Fische), die vier Extremitäten ausgebildet haben. Diese ↑Gliedmaßen können mannigfach umgebildet sein, z. B. als flossenförmige Extremitäten bei Robben und Walen, z. T. als Flügel bei Vögeln und Fledermäusen; oder sie sind nur noch als embryonale Anlagen erkennbar und bei erwachsenen Tieren völlig reduziert (z. B. Schlangen).

Thalamus: Der zusammen mit dem ↑Hypothalamus im Zwischenhirn lokalisierte Th. ist das wichtigste unbewußte Verarbeitungszentrum der allgemeinen Sensibilität wie Tasten, Temperaturempfindung, Schmerz, Sehen und Riechen. Er schaltet die sensiblen Bahnen zur Großhirnrinde und steuert Mimik und Gebärden.

Thallophyten svw. ↑Lagerpflanzen.

Thallus: Der Th. ist die typische Gestalt niederer Pflanzen, v. a. der ↑Algen und ↑Pilze. Er ist nicht in Sproß und

Wurzel gegliedert. Da er in der Regel auch keine Festigungselemente enthält, liegen die Pflanzen am Boden (↑Lagerpflanzen). Bei vielen Algen und Pilzen ist der Th. nur ein fädiges, mehr oder weniger verzweigtes Geflecht (z. B. Myzel). In einigen Fällen, z. B. bei den großen Meeresalgen oder den Ständerpilzen, findet man schon Gewebe, z. B. wurzelähnliche Haftorgane (Rhizoide) oder riesige blattartige Gebilde.

Theken (Thecae) ↑Staubblatt.

Thermonastie ↑Nastien.

Thermorezeptoren: Temperaturänderungen werden vom Organismus mit großer Wahrscheinlichkeit mit freien Nervenendigungen oder (nur bei Wirbeltieren) mit besonderen Sinnesorganen, ↑Kälterezeptoren und *Wärmerezeptoren* (Ruffini-Körperchen), in der Haut aufgenommen. Die im Verhältnis zu den Wärmerezeptoren zahlreicheren Kälterezeptoren liegen in tieferen Schichten der Lederhaut.

Thermotaxis ↑Taxien.

Thermotropismus ↑Tropismen.

Thiamin (Vitamin B_1, Aneurin): Th. ist ein in der Natur weit verbreitetes ↑Vitamin. Bei ausschließlicher Ernährung mit poliertem Reis tritt als Vitamin-B_1-Avitaminose die *Beriberi* auf, die sich in Funktionsstörungen des peripheren und vegetativen Nervensystems und der Magen- und Darmfunktion äußert. Auch bei chronischen Alkoholikern findet man Symptome des Thiaminmangels (Alkoholpolyneuritis).

Thigmotaxis ↑Taxien.

Thigmotropismus ↑Tropismen.

Thorax:

◊ svw. ↑Brustkorb.

◊ Bruststück der ↑Krebse und ↑Insekten.

Thrombokinase (Thromboplastin): Das beim Zerfall der Blutplättchen freiwerdende Enzym (Protease), das in Gegenwart von Ca^{++} über die Umwandlung von Prothrombin in Thrombin die Fibrinbildung veranlaßt; Faktor III der ↑Blutgerinnung.

Thrombose: Wird der Blutstrom allmählich durch ein ortsständiges Blutgerinnsel unterbrochen, spricht man von einer Thrombose. Die Th. wird durch Ablagerungen in der Gefäßwand oder entzündliche Wandveränderungen begünstigt. An solchen Stellen wird das Gefäß allmählich unter Beteiligung der Gerinnungsstoffe verstopft. Löst sich der Pfropf und wandert im Blutkreislauf, kann es zur ↑Embolie kommen.

Thrombozyten svw. ↑Blutplättchen.

Thymusdrüse (beim Kalb auch: Bries): Diese in einzelne Läppchen gegliederte Drüse liegt beim Menschen hinter dem Brustbein. Ihre Rindenschicht ist reich an ↑Lymphozyten. Ihr blutgefäßreiches Mark enthält zwiebelschalenartig angeordnete, stark verzweigte Bindegewebszellen (Retikulumzellen).

Die Th. erreicht zur Zeit der Geburt den Höhepunkt ihrer Entwicklung. Mit zunehmendem Alter verfettet sie. Sie ist v. a. ein Bildungsort für Lymphozyten und stellt daher ein wichtiges Immunorgan dar. Die Th. produziert mehrere Peptide mit Hormonwirkung; diese stimulieren die Bildung von T-Lymphozyten aus Lymphozyten (↑Immunsystem) und besitzen eine antagonistische Wirkung zu den Gonadotropinen.

Thyreoidea svw. ↑Schilddrüse.

thyreotropes Hormon (Thyreotropin): Dieses Hormon des Hypophysenvorderlappens kontrolliert die Funktion der Schilddrüse. Es fördert ihre Jodidaufnahme und die Ausschüttung von Thyroxin (↑Schilddrüsenhormone). Die Produktion des thyreotropen Hormons wird durch ein Neurohormon des Hypothalamus reguliert.

Thyroxin: Ein jodhaltiges ↑Schilddrüsenhormon.

Tieflandflußregion svw. Potamal (↑Gewässerregionen).

Tiere ↑Lebewesen.

Tiergeographie: Die T. untersucht die geographische Verbreitung der Tierwelt und ihre räumliche Abgrenzung. Sie liefert konstruktive Beiträge zur Evolutionslehre, z. B. mit den Untersuchungen geographisch isolierter

Tiergruppen in Australien, Neuseeland, Madagaskar, Südamerika und auf vielen Inseln. – ↑auch Isolation.

Tier-Mensch-Übergangsfeld (Abk.: TMÜ): Zwischen der *subhumanen* (noch nicht menschlichen) und der *humanen* (bereits menschlichen) *phylogenetischen Entwicklungsphase* des Menschen liegt eine Art Übergangsstadium vom Vormenschen (Ramapithecus) zum Urmenschen (Australopithecus). Am Ende des Übergangsfelds steht sowohl physisch als auch psychisch der erste Typ eines ↑Menschen, während der Vormensch nur die Chance besaß, Urmensch zu werden.

Tierpsychologie ↑Verhaltensforschung.

Tierschutz ↑Naturschutz, ↑geschützte Tiere.

Tierstaaten: Die *Staatenbildung* einiger Insekten stellt die komplizierteste Form des sozialen Zusammenlebens im Tierreich dar. Sie ist aus dem ursprünglichen Brutpflegeverhalten bei den verschiedenen Insektenarten unabhängig entstanden.

Eine einfache Staatsform findet man bei *Wespen* und *Hummeln*. Aus den ersten Eiern, die das Weibchen im Frühjahr legt, entstehen hier nur sterile Hilfsweibchen (Arbeiterinnen), deren Aufgabe die Versorgung der nachfolgenden Brut ist. Die Arbeitsteilung beim Nestbau (Holzkarton bei Wespen, Wachs bei Hummeln), Futtersammeln und Füttern der Larven sind unbedeutend. Später entstehen normale Weibchen und Männchen. Die Kolonien sind in Mitteleuropa einjährig; nur die befruchteten Weibchen überwintern.

Die Staaten der *Bienen* (z. B. der einheimischen ↑Honigbiene) sind mehrjährig. Sie bestehen aus einem eierlegenden Weibchen (Königin) und vielen unfruchtbaren Weibchen, die im Laufe ihres Lebens verschiedene Aufgaben im Bau oder bei der Futtersuche und -verteilung übernehmen (↑auch Kaste). Sollen sich aus den Larven echte Weibchen entwickeln, werden sie mit einem bestimmten Sekret der Kopfdrüsen der Arbeiterinnen gefüttert. Die Männchen (Drohnen) entstehen aus unbefruchteten Eiern. Sind die neuen Königinnen herangewachsen, verläßt die alte mit einem Teil des Volks das Nest. Eine der neuen Königinnen übernimmt den alten Bau. – Da Bienen nicht in Kältestarre verfallen, müssen sie sich für den Winter Nahrungsvorräte anlegen. In einem dicht zusammengedrängten Klumpen erzeugen sie Wärme durch Muskelzittern und regeln dadurch die Temperatur des Schwarms auf 26–30 °C.

Ähnlich aufgebaut sind die Staaten der ↑*Ameisen;* hier können jedoch mehrere Weibchen einen Stock bewohnen. Die Gliederung in Kasten ist viel weiter ausgeprägt, weil einige Arbeiterinnen für bestimmte Aufgaben spezialisiert sind. Die großkopfigen „Soldaten" einiger Arten sind auf das Knacken hartschaliger Samen eingerichtet. Einige australische und mexikanische Arten füttern zu Zeiten des Überflusses junge Arbeiterinnen, so daß deren gefüllter Kropf den Hinterleib bis zu Erbsengröße auftreibt („Honigtöpfe"). – Die Gründung neuer Staaten erfolgt durch befruchtete Weibchen, die nach dem gemeinsamen Hochzeitsflug mit den Männchen ihre Flügel abwerfen. Teilweise beteiligen sich die Weibchen anfangs an den Brutpflegemaßnahmen. Manchmal schleppen sie an den Beinen beim Hochzeitsflug kleine Arbeiterinnen mit, die diese Aufgaben danach übernehmen. Ameisen brauchen keine größeren Vorräte anzulegen, da sie im Winter in Kältestarre verfallen.

Die Bauten der ↑*Termiten* erreichen oft enorme Ausmaße; entsprechend groß ist die Anzahl der Tiere darin. Während bei Bienen und Ameisen die Männchen nach der Begattung sterben, leben sie bei den Termiten mit einem Weibchen zusammen als Königspaar im Inneren des Nests weiter. Der Hinterleib der Weibchen schwillt durch das Wachstum der Eierstöcke bis zu einer Länge von 10 cm an. Sie legen etwa alle 2 Sekunden ein Ei und leben ca. 10 Jahre. – Einige Arten haben sehr komplizierte Verhaltenswei-

sen entwickelt, um in ihren Bauten Pilzkulturen zu unterhalten.
Das Zusammenleben in T. sichert den Tieren gleichbleibend gute Versorgung mit Nahrung, es bietet ihnen Schutz und weitgehende Unabhängigkeit von klimatischen Schwankungen der Umwelt (z. B. Temperaturregelung bei Bienen). Diese Vorteile werden von vielen Gastlebewesen (z. B. ↑ Ameisengäste) und ↑ Parasiten ausgenutzt. – Die koordinierte Zusammenarbeit, die fast ausschließlich auf Instinkthandlungen beruht, fördert die Verständigungsmöglichkeit. Während die Ameisen und Termiten vorwiegend auf mechanische und geruchliche Signale ansprechen, findet man bei Bienen die vielfältigen Ausdrucksmöglichkeiten der ↑ Bienensprache.
Die Arbeitsteilung und die Beseitigung von Störungen im Gleichgewicht des Staats wird von Hormonen gesteuert, über die bisher nur wenig bekannt ist. Das Individuum unterwirft sich dieser Steuerung völlig.

Tierwanderungen (Migrationen): T. sind die regelmäßigen oder gelegentlichen Ortsbewegungen von Tieren, wobei z. T. sehr große Entfernungen zurückgelegt werden.
Ein Teil dieser Wanderungen ist hauptsächlich als ein *Ausweichen vor ungünstigen Klima- und Ernährungsbedingungen* aufzufassen. Hochgebirgstiere z. B. wandern mit Beginn des Winters in tiefere Lagen. Hierzu zählen auch die Nord-Süd-Wanderungen der Rentiere und Bisons.
Es ist bis jetzt noch ungeklärt, ob die unregelmäßig auftretenden Züge der *Wanderheuschrecken* allein durch den Ernährungsfaktor verursacht werden. Erst kurz vor dem Schwärmen entsteht eine besondere Wanderform, was mit einer stärkeren Vermehrung der Heuschrecken zusammenhängt. Da die Schwärme dem Wind ausgeliefert sind, haben sie weder ein Zugziel, noch ist eine aktive Rückwanderung zu beobachten. – Ein weiteres Beispiel für gelegentliche Wanderungen ohne Rückkehr bieten die Züge der *Lemminge*.
Der ↑ *Vogelzug* steht in Beziehung zur klimatisch bedingten Verschlechterung der Ernährungslage und zur Fortpflanzung.
Ausschließlich mit der *Fortpflanzung* steht der zeitweise Wechsel des Lebensraums im Zusammenhang bei Robben, Pinguinen und Seeschildkröten, die oft lange Zeit an Land bleiben. Ebenfalls zwischen Land und Wasser wandern die Amphibien, die Jahr für Jahr zum selben, manchmal total veränderten Tümpel zum Ablaichen streben. – ↑ auch Laichwanderung.

T-Lymphozyten (T-Zellen): An der zellulären Immunität (↑ Immunreaktion) beteiligte Lymphozyten, deren lymphatische Stammzellen im Knochenmark entstehen und die ihre spezifische immunologische Aktivität erst beim Passieren der Thymusdrüse erhalten. Die T.-L. bilden Antikörper, die an ihrer Membranoberfläche lokalisiert sind und vorwiegend mit den Oberflächenantigenen von Viren und Bakterien in einer Antigen-Antikörper-Reaktion reagieren und diese damit unschädlich machen.

Tochtergeneration (Filialgeneration): Sämtliche aufeinanderfolgenden Generationen der Nachkommen eines Elternpaars werden als Tochtergenerationen bezeichnet. Die erste T. nennt man *F_1-Generation*, deren Nachkommen *F_2-Generation* usw.

Tollwut: T. ist eine Viruserkrankung des Gehirns und des Rückenmarks, die mit dem Speichel erkrankter Tiere durch Biß, gelegentlich auch durch Lecken an verletzten Hautstellen übertragen wird. Bei warmblütigen Tieren und beim Menschen endet die T. unbehandelt immer tödlich, weil die Atemmuskulatur gelähmt wird. Wegen der langen Inkubationszeit von 6 Wochen kann aber eine sofort durchgeführte Immunisierung mit inaktiviertem (Mensch) oder Lebendimpfstoff die Sterblichkeit stark herabsetzen.
Häufigste Infektionsquelle sind Hunde und Katzen, die mit erkrankten Wildtieren, v. a. Füchsen, Mardern und Eichhörnchen, in Berührung kamen und durch virushaltigen Speichel

(z. B. Biß) infiziert wurden. Eine Infektion über die unverletzte Haut ist nicht möglich. Tollwutkranke Wildtiere fallen hauptsächlich durch den Verlust ihrer natürlichen Scheu gegenüber Menschen auf und neigen zu Bösartigkeit und Beißlust. Tollwutverdächtige Tiere, die gebissen haben, sollen nicht getötet und beseitigt, sondern eingesperrt und beobachtet werden, weil sonst die Aufklärung des Verdachts erschwert oder gar verhindert wird.
Das Tollwutvirus gelangt von der Bißstelle auf dem Nervenwege in Rückenmark und Gehirn, wo es die Nervenzellen zerstört. In den absterbenden Ganglienzellen finden sich eigentümliche Einschlußkörperchen, deren Nachweis im Gewebe oft für die Diagnose T. und damit auch für die Einleitung der Behandlung Gebissener maßgeblich sein kann.
Zur Tollwutbehandlung kommen die aktive Immunisierung, die passive Schutzimpfung und die örtliche Wundversorgung in Frage.

Tönnchenpuppe ↑Puppe.

Tonoplast: Eine Zellmembran in der pflanzlichen ↑Zelle.

Tonsillen svw. ↑Mandeln.

Tonus: Die Grundspannung der Muskeln wird T. genannt. Der T. ist auch in Ruhe vorhanden *(Ruhetonus).* Er wird v.a. durch Erregungen aus Sinneszellen der Haut, der Muskeln selbst, der Gelenke, des Labyrinths und des Hirnstamms aufrechterhalten. – ↑auch Muskeltonus.

Torfmoos (Sphagnum): Eine sehr artenreiche Laubmoosgattung, deren Vertreter auf sumpfigem Boden Polster bilden, wobei die Pflanzen an ihrem oberen Ende ständig weiterwachsen und an ihrem unteren Ende absterben. Auf diese Weise bildet sich Torf (↑Moore).

Totenstarre (Leichenstarre): Nach dem Tod eines Tiers bzw. eines Menschen tritt nach einer gewissen Zeit die T. ein. Die Muskeln sind dabei stark verkürzt, völlig verhärtet und kaum dehnbar. Dies beruht darauf, daß ↑ATP beim Tod verbraucht ist und deshalb am Myosin die Bindungsstellen für Aktin nicht mehr besetzen kann. Myosin und Aktin bilden dann feste irreversible Verbindungen, und die Muskeln werden starr.

Tötungshemmung: In der Regel ist bei Tieren, die sich untereinander mit ihren Waffen tödliche Verletzungen beibringen könnten, die Aggression, zumindest zwischen Mitgliedern derselben Gruppe, durch ein Instinktverhalten gebremst, das als T. bezeichnet wird. Die T. wird ausgelöst durch Demuts- oder Beschwichtigungsgebärden des Schwächeren.
Auch beim Menschen gibt es eigentlich diese T.; sie wird jedoch nicht mehr wirksam, weil die Entwicklung eines entsprechenden angeborenen Verhaltens nicht mit der Entwicklung der Wirksamkeit seiner Waffen Schritt halten konnte.

Toxine: T. sind in der Natur vorkommende eiweißartige, spezifisch wirkende *Giftstoffe.* Als ↑Antigene führen sie zur Antikörperbildung (Antitoxinbildung). Es sind von einigen krankheitserregenden Bakterien als äußerst giftige *Exotoxine* in ihre Umgebung ausgeschiedene Stoffwechselprodukte, z. B. das Tetanustoxin von Wundstarrkrampferregern, das Botulinustoxin bei Wurstvergiftung und das Diphtherietoxin. – *Endotoxine* sind Bakteriengifte, die erst bei Zerstörung des Bakterienkörpers frei werden. Sie kommen z. B. bei Typhus- und Paratyphuserregern vor. – Ebenfalls als T. werden die Gifte der ↑Giftpflanzen und ↑Gifttiere bezeichnet.

Toxoplasmose: Die Erreger der T. sind Sporentierchen der Gattung *Toxoplasma* mit bogenförmiger bis ovaler, zyklisch veränderlicher Gestalt. Als Infektionsquelle kommen v. a. befallene Haustiere (Hund, Katze) in Frage. Beim Erwachsenen verläuft die Krankheit im allgemeinen harmlos oder gar unbemerkt. Gefährlich ist sie für Säuglinge, die sich schon im Mutterleib bei der erkrankten Mutter angesteckt haben. Die Erreger befallen das Zentralnervensystem, wo sie unter Umständen zum Tode führende Schädigungen verursachen.

Tracheaten ↑Tracheen.

Tracheen:

◊ *Tiere:* T. sind meist röhrenförmige, bei Stummel- und Gliederfüßern (den *Tracheaten*) vorkommende Einstülpungen der Körperhaut nach innen, zwischen die Organe. Sie dienen der Verteilung der Atemluft und sind daher stets luftgefüllt. T. verzweigen sich im Körperinnern stark und stehen meist untereinander in Verbindung. Dickere Röhren sind durch feine Chitinfäden spiralig verstärkt. Die feineren Verzweigungen enden schließlich in sehr dünnen Tracheenkapillaren *(Tracheolen),* in denen der Gasaustausch mit dem Gewebe bis hin zu den einzelnen Körperzellen erfolgt (s. auch Abb.).

Die Auskleidung der T. besteht aus Chitin und gehört zur Kutikula; deshalb wird sie mit Ausnahme der sehr dünnen Tracheolenauskleidung bei jeder Häutung mitgehäutet.

Mit der Außenluft stehen die T. über die *Atemöffnungen (Stigmen)* in Verbindung. Diese tragen oft komplizierte Verschlußmechanismen gegen das Eindringen von Fremdkörpern. – Der Wechsel der Atemluft erfolgt durch Diffusion oder rhythmisches Zusammenziehen des Hinterleibs („Pumpen").

Bei vielen wasserbewohnenden Insektenlarven sind ↑Tracheenkiemen ausgebildet. Manchmal (z. B. bei Mückenlarven) enden die Stigmen in besonderen Körperfortsätzen, den *Siphonen,* die, über die Wasseroberfläche hinausragend, der Aufnahme von Atemluft aus der Atmosphäre dienen.

◊ *Pflanzen:* Großlumige Gefäße (↑Holz), die meist als Röhrensystem die ganze Pflanze durchziehen.

Tracheenkiemen: Im Wasser lebende Insektenlarven haben die Stigmen (Atemöffnungen) ihrer ↑Tracheen verschlossen. Damit trotzdem ein Gasaustausch mit dem Wasser für die Atmung möglich wird, haben sie am Hinterleib, an den Beinen oder den Brustsegmenten sehr zarte, z. T. durch Muskeln bewegliche paarige Körperanhänge, die T., entwickelt. Sie werden

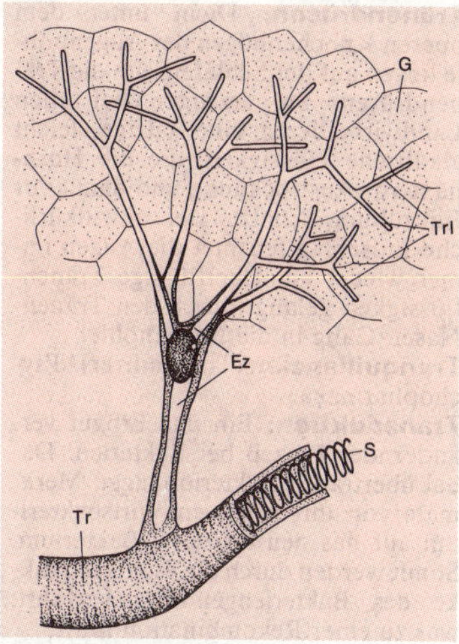

Abb. Tracheen (schematisch):
Ez Tracheenendzelle, G Gewebe,
S Spiralfaden aus Chitin im Inneren der Trachee, Tr Trachee, Trl Tracheolen

von *Tracheenkapillaren* (*Tracheolen;* Durchmesser ca. 1 µm) durchzogen.

Tracheenlungen (Fächertracheen, Fächerlungen, Buchlungen): Spinnentiere (Skorpione und Spinnen) tragen in Hinterleibssegmenten T. als paarige Atmungsorgane. Dies sind sehr dünne, dicht aneinanderliegende Einfaltungen der Außenhaut *(Atemtaschen),* die mit je einem Schlitz in einen „Vorhof" innerhalb dieses Organs münden. Von diesem Vorhof führt ein Stigmenschlitz nach außen. Die einzelnen Atemtaschen werden durch kurze Zwischenstützen (Epidermissäulchen) gegeneinander abgestützt. Durch den so entstehenden Zwischenraum fließt die Körperflüssigkeit (Hämolymphe), die den Gastransport im Körper übernimmt.

Tracheide: Eine T. ist ein englumiges Gefäß im Holzteil der ↑Leitbündel. Sie besteht aus nur einer Zelle und hat viele ↑Tüpfel. Tracheiden leiten das Wasser und wirken als Festigungselemente im Stamm. – ↑auch Holz.

Tracheolen ↑Tracheen.

Tränendrüsen: Dicht unter dem oberen Knochenbogen der Augenhöhle liegen auf der Schläfenseite die Tränendrüsen. Sie erzeugen bei allen Landwirbeltieren eine salzige, leicht alkalische Flüssigkeit, die die Hornhaut vor Austrocknung und damit vor Eintrübung schützt. Der unwillkürliche Lidschlag feuchtet die Augen immer wieder an. Überflüssige Tränenflüssigkeit gelangt durch den Tränen-Nasen-Gang in die Nasenhöhle.

Tranquillanzien (Tranquilizer) ↑ Psychopharmaka.

Transduktion: Ein das Erbgut verändernder Prozeß bei Bakterien. Dabei übertragen Bakteriophagen Merkmale von ihrem letzten Wirtsbakterium auf das neu infizierte Bakterium. Somit werden durch die T. kleine Stükke des Bakteriengenoms überführt, was zu einer Rekombination führt.

Transfektion (Phageninfektion): Unter T. versteht man das Eindringen der Phagen-DNS in ein geeignetes Bakterium, während die Proteinhülle des Phagen an der Oberfläche des Bakteriums haften bleibt. Die Phagen-DNS leitet dann im Bakterium die Phagenreproduktion ein.

Transfer-RNS (t-RNS): Die t-RNS befindet sich im Plasma der Zellen und wird deshalb auch lösliche ↑ RNS genannt. Doch wird sie wie alle anderen RNS-Arten an der ↑ DNS gebildet. Die Transfer-RNS spielt eine wichtige Rolle bei der ↑ Eiweißsynthese.

Transformation: Manche Bakterien können die isolierte DNS verwandter Arten intakt aufnehmen und in ihr Genom einbauen. Sie eignen sich durch diese T. neue Eigenschaften an, z. B. Resistenz gegen Antibiotika. Eine Sonderform ist die ↑ Transfektion.

Transfusion ↑ Bluttransfusion.

Transkription: Die T. ist die Synthese der m-RNS (↑ RNS) an der ↑ DNS im Kern, wobei die m-RNS die ↑ genetische Information des Gens „abschreibt". – ↑ auch Eiweißsynthese.

Translation: Dieser Vorgang spielt sich in den Ribosomen der Zelle ab und bedeutet das „Übersetzen" der ↑ Basensequenz der m-RNS (↑ RNS) in die ↑ Aminosäuresequenz der Proteine. – ↑ auch Eiweißsynthese.

Translokation: Als T. bezeichnet man die Verlagerung von Chromosomenabschnitten innerhalb desselben Chromosoms oder an nichthomologe Chromosomen. Erfolgt der Austausch der Chromosomenregionen wechselseitig, so spricht man von *reziproker T.* Meist betreffen Translokationen immer nur eines der homologen Chromosomen der beteiligten Chromosomenpaare. So entstehen bei diploiden Organismen *Translokationsheterozygote.* Kommt es dagegen zu Translokationen in beiden Chromosomen der beteiligten Paare, liegen *Translokationshomozygote* vor.

Bei der T. wird der Genbestand der Zelle nicht verändert; die translozierten Gene befinden sich danach lediglich in einer anderen Kopplungsgruppe. T. bei nichthomologen Chromosomen ist eine Chromosomenmutation (↑ auch Mutation). Reziproke Translokationen spielen bei der Entstehung von Arten eine Rolle (↑ Artbildung).

Transmitter (Überträgersubstanzen, Neurotransmitter): T. sind chemische Substanzen, die die Erregung an den ↑ Synapsen und der ↑ motorischen Endplatte übertragen und sehr schnell enzymatisch abgebaut bzw. wieder von der Nervenendigung resorbiert werden (Noradrenalin, Adrenalin).

↑ *Acetylcholin* wird bei Erregung aus den Endköpfchen aller präganglionären Fasern des vegetativen Nervensystems, von den postganglionären parasympathischen Fasern, von den sympathischen Nerven, die die Schweißdrüsen versorgen, und von den gefäßerweiternden sympathischen Fasern in der Muskulatur freigesetzt.

Sämtliche anderen efferenten Fasern des vegetativen Nervensystems übertragen die Erregung durch Freisetzung von ↑ Noradrenalin (selten auch von ↑ Adrenalin).

Als T. in den zerebralen Synapsen wurden Noradrenalin, Dopamin, Gamma-Aminobuttersäure, Substanz P, Glutamat und Glyzin nachgewiesen; vielleicht kommen neben Acetyl-

cholin und Adrenalin noch Serotonin und Histamin in Betracht.
Die Wirkung der T. ist z.T. depolarisierend, z.T. hyperpolarisierend (↑ Depolarisation).

Transpiration: Neben der *Evaporation* (Verdunstung) von Wasser im Bereich von Wasserflächen und des Bodens spielt die T. (Verdunstung) insbesondere im Bereich der pflanzlichen Vegetation auf dem Festland eine besondere Rolle.
Die T. hängt stark von klimatischen Faktoren (relative Feuchte, Temperatur und Bewegung der Luft) und vom Wassersättigungsgrad der Pflanze ab; da jedoch ein lebendes System regelnde Funktionen ausübt, sind nicht nur physikalische Gesetze wirksam. Die physiologische Regulation erfolgt durch den Öffnungsgrad der auf den Blattunterseiten angeordneten Spaltöffnungen (↑ auch Wasserhaushalt).
Durch die T. wird bei Pflanzen und bei Tieren (auch beim Menschen) eine Abkühlung (Verdunstungskälte) der Körperoberfläche erreicht (↑ Schweißdrüsen) und eine Überhitzung, v.a. bei temperaturkonstanten Tieren (Vögel, Säuger), vermieden.

Transplantation: Unter T. versteht man bei Tieren (auch beim Menschen) und bei Pflanzen die Übertragung von Geweben oder Organen an eine andere Stelle desselben Organismus oder auf einen fremden Organismus derselben oder einer anderen Art. Bei Pflanzen ist dies eine allgemein übliche gärtnerische Maßnahme (↑ Veredlung). Bei Tieren, v.a. bei Säugetieren, ist dies weniger einfach.
In der Forschung werden Transplantationen v.a. an Amphibienembryonen vorgenommen, um Probleme der Entwicklungsphysiologie aufzuklären.
Medizinisch ist die T. von Interesse, wenn funktionsunfähige Organe auf diese Weise ersetzt werden können. Ein wesentliches Hindernis für einen dauerhaften Erfolg ist bis jetzt immer noch die ↑ Immunreaktion gegen das fremde Organ. Die *Abstoßungsreaktion* ist umso heftiger, je „fremder" das Transplantat für den Empfänger ist. Hauttransplantationen am Körper desselben Menschen und Transplantationen zwischen eineiigen Zwillingen verlaufen deswegen ohne diese Komplikation.
Einer T. zwischen fremden Personen gehen umfangreiche Prüfungen der Gewebsverträglichkeit voraus. Nach der T. versucht man mit Medikamenten (Zytostatika und Kortikosteroide) oder Bestrahlungen die Bildung von Zellen des Immunsystems zu unterdrücken. Leider wird dadurch auch die Abwehr des Körpers gegen Infektionen geschwächt.
Die zweite große Schwierigkeit besteht in der Beschaffung eines geeigneten Organs, weil es nur lebensfrisch übertragen werden kann. Bei paarigen Organen ist dies relativ einfach, weil beim Spender das zweite Organ die Funktion des entfernten übernimmt. Daher sind *Nierentransplantationen* recht häufig und erfolgreich (z.B. 10 Jahre Überlebenszeit).

Transposons: T. sind Gene bzw. Gengruppen, die ihre Position zwischen verschiedenen Chromosomen oder zwischen einem Chromosom und einem Plasmid gewechselt haben.

Traube: Ein ↑ Blütenstand, bei dem die Einzelblüten gestielt an einer Hauptachse stehen, z.B. beim Maiglöckchen.

Traubenzucker (Glucose): T. ist das wichtigste Monosaccharid der Hexosereihe ($C_6H_{12}O_6$). Er kommt (stets in der D-Form) in den meisten Früchten, im Honig, in Samen und in Blättern vor. Auch im tierischen und menschlichen Organismus findet man reinen T., z.B. im Blut des Menschen (↑ Blutzucker). T. ist wesentlich am Aufbau der Disaccharide und Polysaccharide beteiligt.
T. ist ein Produkt der ↑ Photosynthese und ist der Ausgangsstoff bei der ↑ Dissimilation. Zur Darstellung der Struktur sind die kettenförmige Aldehyd- und die ringförmige Halbacetalform *(Pyranose)* gebräuchlich.
Durch das erste asymmetrische Kohlenstoffatom in der Ringformel des Traubenzuckers ergibt sich die α- und

die β-Konfiguration der Glucose. Diese Konfigurationsunterschiede spielen eine große Rolle bei der Bildung der Polysaccharide.
In der ↑Zellulose liegt die β-D-Glucose, in ↑Stärke (Amylose und Amylopektin) die α-D-Glucose vor. Auch viele Disaccharide enthalten die *D-Glucose* (z. B. *Rohrzucker*), der aus Glucose und Fructose, oder *Milchzukker,* der aus Glucose und Galaktose zusammengesetzt ist.

Treibhauseffekt svw. ↑Glashauseffekt.

Trematoden svw. ↑Saugwürmer.

Trias: Die älteste Formation des Mesozoikums; ↑Erdzeitalter.

Trichinen: T. kommen als Parasiten in fleischfressenden und allesfressenden Säugetieren und im Menschen vor. Es handelt sich bei ihnen um eine Fadenwurmart. Sie sind 1,5 (♂) bis 4 mm (♀) lang und sind, eingekapselt in Muskelgewebe, jahrelang lebensfähig. Durch den Genuß trichinösen Fleischs gelangen sie in den Darm und werden dort (als *Darmtrichinen*) geschlechtsreif. Die begatteten Weibchen gebären dann in der Darmwand über 1 000 Larven, die mit der Lymphe und dem Blut in die Muskeln, v. a. die stark durchbluteten, gelangen *(Muskeltrichinen),* um nach ihrer Weiterentwicklung dort, im Muskelgewebe, eingekapselt zu werden. Die T.infektion verursacht neben allergischen Erscheinungen und Ödemen schwere Hirnhaut-, Lungen- und Herzmuskelentzündungen.

Trichomonaden: T. sind birnenförmige tierische ↑Flagellaten, die als harmlose Parasiten im menschlichen Darm oder (seltener) in der Mundhöhle leben. Eine dritte Art wird durch den Geschlechtsverkehr, aber auch sonst, z. B. über Handtücher oder Untersuchungsinstrumente, übertragen. Sie führt gelegentlich zu Entzündungen von Scham und Scheide *(Trichomoniasis)* und, bei Frauen und Männern, zur Harnröhrenentzündung.

Trieb (Antrieb, Motivation): In der Verhaltensforschung und Psychologie bezeichnet man als T. die Bereitschaft, eine bestimmte Handlung (insbesondere ein ↑Instinktverhalten) ablaufen zu lassen. Die innere Erregung dafür wird nach den Vorstellungen der modernen Verhaltenslehre fortlaufend zentralnervös produziert und staut sich auf *(Triebstau).* Bei starkem Triebstau reicht schon ein schwacher spezifischer Reiz (↑Auslöser, ↑Schlüsselreiz) aus, der die innere Sperre über einen Auslösemechanismus (↑angeborener Auslösemechanismus) beseitigt, um die Handlung ablaufen zu lassen *(Triebbefriedigung).*
Bleibt der Reiz aus, wird die angestaute Erregung in einer ↑Leerlaufhandlung aufgebraucht. Erfolgt eine Instinkthandlung mehrmals hintereinander, kann sie schließlich (bei leerem Erregungsreservoir) auch durch sehr starke Reize nicht mehr ausgelöst werden.
Zuweilen wird begrifflich zwischen T. und Drang unterschieden. Dann wird als T. der angestaute, als *Drang* der bereits ausgelöste bzw. durch Reize angeregte Erregungszustand bezeichnet.

Triebbefriedigung ↑Trieb.

Triebstau ↑Trieb.

Trigeminus (Nervus trigeminus): Der V. ↑Hirnnerv.

Trijodthyronin: Ein ↑Schilddrüsenhormon.

Trilobiten (Dreilappkrebse): Die nach dem Paläozoikum ausgestorbenen T. sind wichtige Leitfossilien v. a. des Kambriums und Ordoviziums (↑Erdzeitalter). Sie lebten auf dem Meeresboden. Ihr stark gepanzerter Körper bestand aus drei Abschnitten, dem Kopfschild, Rumpf und Schwanzschild (s. Abb.). Die T. gehö-

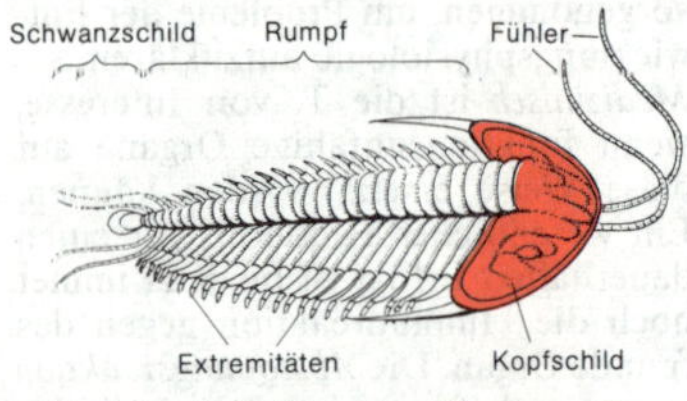

Abb. Trilobiten: Ein etwa 50 cm großer Vertreter der Gattung Paradoxides

ren zu den Gliederfüßern, ohne jedoch mit den Krebsen verwandt zu sein.

Triplett (Codon, Kodon): Das Wesen des ↑genetischen Kodes läßt sich mit einer Schrift vergleichen, die vier Symbole, entsprechend den vier Basen in den Nukleinsäuren, enthält. Ein „Wort" dieser Schrift besteht jeweils aus 3 Basen (Nukleotiden; *Basentriplett*) und bedeutet den Schlüssel für eine Aminosäure.

Tripper ↑Geschlechtskrankheiten.

Trisomie: Bei T. ist ein Chromosom zuviel im diploiden Chromosomensatz vorhanden (↑Chromosomenanomalie). Liegt beim Menschen das Chromosom 21 dreimal vor, entsteht das Krankheitsbild der *mongoloiden Idiotie* (↑Mongolismus).

t-RNS: Abk. für ↑Transfer-RNS.

Trochophora: Larvenstadium von Borstenwürmern (marine Ringelwürmer) und vielen marinen Schnecken und Muscheln. Diese Larven schwimmen in der Regel frei im Wasser. Ihr Körper ist etwa birnenförmig. Um die breiteste Stelle laufen 2 Wimpernkränze, zwischen denen die Mundöffnung liegt.

Bei der T. der Ringelwürmer bildet der hintere, längliche Teil des Körpers bei der Weiterentwicklung die Körpersegmente aus. – Bei der T. der ↑Weichtiere entstehen statt der Segmente Fuß und Mantel.

Trockenresistenz: Es gibt Pflanzen, die Trockenzeiten ertragen und überleben können. In bezug auf ihre morphologisch-anatomischen Merkmale ist die T. artspezifisch und vererbbar. Bis zu einem gewissen Grad kann sie jedoch auch durch Umweltbedingungen beeinflußt werden. Die Vererbung der T. wird zur Züchtung trockenresistenter Kulturpflanzensorten ausgenutzt. Diese Pflanzen überstehen Trokkenzeiten ohne Ertragsverluste. Trokkenresistent sind z. B. die ↑Sukkulenten.

Trommelfell: Elastische Membran, die die Paukenhöhle zum äußeren Gehörgang hin abschließt. Das T. wird durch Schallwellen in Schwingungen versetzt und gibt die Schwingungsenergie an die ↑Gehörknöchelchen weiter; ↑Ohr. – Ein T. kommt auch bei bestimmten Gehörorganen der Insekten (↑Tympanalorgane) vor.

Tropismen: T. sind die Bewegungen ortsfester Pflanzen oder ihrer Organe, die eine Beziehung zur Richtung des einfallenden Reizes erkennen lassen (Gegensatz: ↑Nastien). Krümmt sich eine Pflanze zum Reiz hin ein, spricht man von einem *positiven Tropismus,* wendet sie sich von der Reizquelle ab, von *negativem Tropismus.* Auch die Einstellung in einem bestimmten Winkel zur Reizrichtung kommt vor. Die Bewegungen beruhen auf unterschiedlichem Wachstum der einen oder anderen Seite eines Organs oder (selten) auf Schwankungen des ↑Turgors.

Da das Licht für Pflanzen wesentliche Bedeutung hat, ist der *Phototropismus* sehr häufig. Die Sproßachse krümmt sich dabei in der Regel zum Licht hin, die Wurzeln reagieren dagegen negativ phototrop, die Blätter stellen sich im allgemeinen mit ihrer Oberseite zum Licht hin ein. Die Krümmung des Sprosses kommt durch starkes Wachstum der Schattenseite zustande (↑auch Wuchsstoffe). Im Laufe der Entwicklung kann sich die Richtung der phototropischen Bewegung umkehren: Zur Blütezeit sind die Blütenstiele des Zymbelkrauts zum Licht hin orientiert, während der Fruchtreife werden sie negativ phototrop und drängen so die Samen in Mauerritzen.

Ähnlich weit verbreitet ist der *Geotropismus* (durch die Schwerkraft bestimmter Tropismus). Die Hauptsprosse sind meist negativ, die Hauptwurzeln meist positiv geotrop. Seitensprosse und Seitenwurzeln stellen sich in einem bestimmten Winkel zur Schwerkraftrichtung ein. Die Wirkung der Schwerkraft läßt sich nachweisen, indem man z. B. Bohnensamen auf einer waagrechten Scheibe keimen läßt, die sich so schnell dreht, daß die Zentrifugalkraft gerade so groß ist wie die Schwerkraft. Sproß und Wurzel der Keimlinge wachsen dann genau in Richtung der Winkelhalbierenden zwischen den beiden Kräften. Der Schwerereiz wirkt auf die Stärkekörner in den Zellen (Statolithen).

Die Ranken der Kletterpflanzen reagieren auf einseitige Berührung mit stärkerem Wachstum der gegenüberliegenden Seite *(Haptotropismus, Thigmotropismus)*. Der berührte Gegenstand wird umschlungen. Berührung durch Flüssigkeiten wird im übrigen von den Pflanzen nicht als haptotroper Reiz empfunden.

Chemotropismus ist bei Pilzen häufig zu finden. Sind bestimmte Substanzen in der Umgebung der Pilzfäden ungleichmäßig verteilt, ziehen sie diese an (Zucker, Fleischextrakt) oder stoßen sie ab (Säuren). Bei höheren Pflanzen wird die Wachstumsrichtung der Pollenschläuche zur Samenanlage chemotrop gelenkt. Viele Wurzeln lassen ein Krümmungswachstum zu Orten höherer Feuchtigkeit erkennen *(Hydrotropismus)*. – Wahrscheinlich ist beim *Thermotropismus* (durch Wärmereize ausgelöster Tropismus, z. B. bei Kompaßpflanzen) noch zusätzlich ein Chemotropismus beteiligt.

Tropophyten: An wechselfeuchten Standorten vorkommende Pflanzen. Neben dem Wechsel von Feucht- und Trockenzeiten kommt dort auch ein Wechsel zwischen warmen und kalten Jahreszeiten vor. An die Trockenzeit anpassen müssen sich die T. insofern, als sie während der Frostperioden kein Wasser aus dem gefrorenen Boden aufnehmen können. Holzgewächse werfen in den Kälte- und Trockenzeiten die Blätter ab und schützen die Knospen durch Knospenschuppen vor dem Austrocknen. Arten, die xeromorph gebaute Blätter besitzen (z. B. Nadelbäume), behalten diese. Stauden und zweijährige Pflanzen überdauern mit Erdsprossen (↑Rhizome) und unterirdischen Erneuerungsknospen. Einjährige Pflanzen überdauern ausschließlich durch ihre Samen.

Tropotaxis ↑Taxien.

Trugdolde: Ein ↑Blütenstand, bei dem unter der endständigen Einzelblüte in einem Punkt zwei oder mehrere Nebenachsen entspringen, die jeweils wieder mit einer Einzelblüte enden; alle Blüten stehen auf gleicher Höhe (z. B. Wolfsmilchgewächse).

Trypanosomen: Gattung spindelförmiger Geißeltierchen (↑Flagellaten), die im Blut der Wirbeltiere und des Menschen parasitieren und gefährliche Krankheiten, wie z. B. Schlafkrankheit, Nagana und Beschälseuche, hervorrufen können.

Trypsin: Ein ↑Enzym, dessen Vorstufe in der Bauchspeicheldrüse produziert wird und das im Dünndarm den von dem Enzym ↑Pepsin im Magen begonnenen Eiweißabbau (↑Verdauung) bis zu Oligopeptiden fortsetzt. T. ist nur aktiv bei einem pH-Wert > 7.

Tryptophan: T. gehört zu den essentiellen α-Aminosäuren (↑Aminosäuren). Es kommt in nur geringen Mengen in den Eiweißen vor. Der Abbau von T. führt zu Nikotinsäure, was für die Biosynthese von ↑Nikotinsäureamid von Bedeutung ist.

Tuberkulose (Abk.: Tb, Tbc): Die Erreger der T. sind die von Robert Koch entdeckten stäbchenförmigen *Tuberkelbakterien*. Es gibt 3 Erregertypen, jeweils einen für die Menschen- (Mycobacterium tuberculosis), Rinder- (Mycobacterium bovis) und die Geflügeltuberkulose. Letztere ist für den Menschen von geringer Bedeutung, dagegen sollen 4–10% aller Erkrankungen auf den Erreger der Rindertuberkulose zurückzuführen sein. Die T. des Menschen wird v. a. durch verstreute Bakterien übertragen, die, eingetrocknet und mit Staub aufgewirbelt, leichter noch als direkt übertragene Tröpfchen in die tiefsten Lungenabschnitte gelangen. Entsprechend ist die Erstinfektion in rund 90% der Fälle eine *Lungenerkrankung*.

Die T. ist eine chronische Infektionskrankheit mit außerordentlich wechselvollem Verlauf. Sie kann in jedem Lebensalter, unterschiedlich schwer und in den verschiedensten Organen vorkommen. Bei guter Abwehrkraft, die u. a. von ererbten Eigenschaften abhängt, kapselt das Gewebe der Lunge und auch der Lymphknoten die Bakterien ein. Es entstehen Knötchen, die sog. *Tuberkel*. Leider werden die

eingeschlossenen Bakterien manchmal wieder frei. Bei weniger guter Abwehrlage kommt es zu örtlichem Gewebsuntergang. Sind die betroffenen Bezirke größer, bilden sich in der Lunge Höhlen (Kavernen). Dabei wird infektiöser Eiter ausgehustet *(offene T.)*. Weitere Folgen der *Lungentuberkulose* werden durch die Aussaat der Erreger in andere Organe auf dem Blut- oder Lymphwege verursacht.
Die T. führt oft auch ohne merkliche Beschwerden zu recht ausgedehnten Zerstörungen. Daher werden nicht wenige Tuberkulosefälle erst durch Routineuntersuchungen entdeckt.
Für die Behandlung einer T. kommt eine Kombinationstherapie verschiedener *Tuberkulostatika* (INH, Rifampicin, Streptomycin u. a.), selten chirurgische Maßnahmen in Betracht.

Tumor ↑Krebs.

Tunikaten svw. ↑Manteltiere.

Tüpfel: Wenn einzelne Stellen der sekundären pflanzlichen Zellwand unverdickt bleiben, entstehen Aussparungen oder Tüpfel. Zunächst entstehen flache Gruben, die bei der weiter zunehmenden Wandverdickung zu röhrenförmigen Kanälen werden. T. benachbarter Zellen werden auf beiden Seiten der Mittellamelle an einander genau entsprechenden Stellen angelegt und stoßen aufeinander. Durch eine Schließhaut werden sie voneinander getrennt. Mehrere T. können sich zu einem *Tüpfelkanal* vereinigen. Die T. werden von Plasmasträngen *(Plasmodesmen)* durchzogen und verbinden die Zellen untereinander. Die T. dienen v. a. dem Stoffaustausch.

Turgor (Saftdruck): Im Innern einer pflanzlichen Zelle herrscht ein bestimmter Druck (Wanddruck), mit dem der Protoplast an die aus Zellulose bestehende Zellwand gedrückt wird. Für diesen T. sind osmotische Vorgänge verantwortlich (↑Osmose), indem durch den semipermeablen, wandständigen Protoplasten Wasser in die salz- und zuckerhaltige Vakuolenflüssigkeit diffundiert.
Turgeszent nennt man solche Zellen, deren T. groß ist. Von *deturgeszenten* Zellen spricht man dagegen, wenn durch Wasserabwanderung nach außen der T. klein wird (z. B. das Welken der Pflanzen). Die Festigkeit krautiger Pflanzen beruht auf einem genügend großen T. der einzelnen Zellen.

Tympanalorgane (Trommelfellorgane): Die T. der Insekten (v. a. bei lauterzeugenden Insekten) sind Gehörorgane, die sich von den ↑Chordotonalorganen ableiten. Charakteristisch ist, daß sie eine dünne Chitinmembran als Trommelfell *(Tympanum)* im Bereich der Chitinkutikula besitzen. Darunter liegt der blasenartig erweiterte Teil einer Trachee als Resonanzteil.
Manchmal sind die T. in eine Grube *(Tympanalgrube)* eingesenkt. Die T. liegen seitlich in den Körpersegmenten, in den Vorderbeinen oder in der Flügelbasis.

Typhus: Die Erreger des T. sind ↑Salmonellen. Sie werden häufig durch infiziertes Wasser und infizierte Nahrungsmittel wie Obst und v. a. Milch und Milchprodukte (z. B. Speiseeis) übertragen. Besonders gefährlich als Bakterienträger ist der Mensch selbst, wenn er nach einer überstandenen Typhuserkrankung, ohne es zu wissen, weiterhin Bakterien ausscheidet. Sitz der Bakterien ist in solchen Fällen meist die Gallenblase.
Die Erreger gelangen über den Magen in den Dünndarm, wo sie sich besonders in den örtlichen Lymphgewebsanhäufungen vermehren. Schließlich gelangen sie mit dem Blut in die Milz, die Leber und das Knochenmark. In der Darmwand bilden sich blutende Geschwüre, die in die Bauchhöhle durchbrechen. Die weiteren Folgen wie hohes Fieber, Verstopfung, Durchfälle, Typhusausschlag können heute vermieden werden, da die Erreger durch das Antibiotikum Chloramphenikol binnen kurzem abgetötet werden.

Tyrosin (p-Hydroxyphenylalanin): T. ist eine optisch aktive α-Aminosäure (↑Aminosäuren) mit einem aromatischen Rest. Es kommt in fast allen Proteinen vor. Der Abbau von T. führt über Dihydroxyphenylalanin *(Dopa)* zu Dopamin, das von großer physiologischer Bedeutung ist. Dopamin ist das Ausgangsprodukt für Hormone (Adrenalin und Noradrenalin; ↑auch Transmitter); Dopa ist Ausgangssubstanz für ↑Melanine. Die Pigmente der Haut und der Haare stammen aus dem Tyrosinstoffwechsel.

U

Überaugenwulst: Bei den Affen sowie den Vor-, Ur-, Früh- und Altmenschen ist bzw. war der Teil des Stirnbeins (Schädel), der direkt über den Augen liegt, wulstartig nach vorn gewölbt.

Übersichtigkeit svw. ↑Weitsichtigkeit.

Übersprunghandlung: Übersprunghandlungen sind Bewegungen, die plötzlich in eine Instinkthandlung eingeschoben werden. Sie leiten sich von anderen Verhaltensweisen ab und treten ohne erkennbaren Anlaß auf. Häufig werden in Konfliktsituationen die gestauten Erregungen auf diese Weise abgeleitet.

Bekannt ist das Futterpicken bei Hähnen: Überwiegt bei etwa gleich starken Hähnen weder der Kampf- noch der Fluchttrieb, weichen sie in das „unverfängliche" Picken aus, bis einer der Triebe wieder die Oberhand gewinnt. – ↑auch Leerlaufhandlung.

Ultraabyssal (Hadal): Bodenregion der Tiefsee; ↑Gewässerregionen.

Umkippen: Gewässer kippen um, wenn durch *Eutrophierung* (d.h. durch Belastung mit stickstoff- und phosphorhaltigen Stoffen, wobei es zu einer explosionsartigen Vermehrung der Algen und Mikroorganismen kommt) der Sauerstoffgehalt so stark reduziert wird, daß kein aerobes Leben mehr möglich ist. Durch Erwärmung wird dieser Vorgang noch beschleunigt. – ↑auch biologische Selbstreinigung.

Umweltfaktoren: Alle Bedingungen, die außerhalb eines Organismus gegeben sind und auf sein Leben Einfluß nehmen, bilden zusammen die U. eines Organismus. U. sind z.B. Klima (Temperatur, Licht, Feuchtigkeit, Wind) und Bodenbeschaffenheit (Wasserführung, chemische Bestandteile, pH-Wert), v.a. für die Pflanzenwelt. Hierzu gehören aber auch die Lebensäußerungen von Pflanzen, Tieren und den Menschen sowie deren Beziehungen untereinander. Die U. beeinflussen in erheblichem Maß die Zusammensetzung von Tier- und Pflanzengesellschaften.

Umweltforschung: U. umfaßt nach neuerem Sprachgebrauch das Gebiet der ↑Ökologie mit Schwerpunkt Humanökologie.

Umweltschutz: U. dient dazu, die natürlichen Lebensgrundlagen von Pflanze, Tier und Mensch zu erhalten bzw. ein gestörtes ökologisches Gleichgewicht wieder auszugleichen. Im engeren Sinne ist U. der Schutz vor negativen Auswirkungen, die von der ökonomischen Tätigkeit des Menschen, seinen technischen Einrichtungen und sonstigen zivilisatorischen Begebenheiten ausgehen.

ungeschlechtliche Fortpflanzung (vegetative Fortpflanzung, asexuelle Fortpflanzung): Die u. F. geht nicht wie die ↑geschlechtliche Fortpflanzung von haploiden Keimzellen aus, sondern von in der Regel diploiden Körperzellen des mütterlichen Organismus, bei Einzellern von deren einziger Körperzelle. Die Tochterindividuen haben daher dieselben Chromosomensätze und u. U. dasselbe plasmatische Erbgut wie das Lebewesen, von dem sie über mitotische Zellteilungen (↑Mitose) direkt abstammen. Bei Einzellern bedeutet die u. F. eine einfache mitotische Zweiteilung oder (z.B. bei Amöben) eine *multiple Zell-*

teilung (Vielfachteilung, Mehrfachteilung), bei der sich die Mutterzelle in mehrere bis viele Tochterzellen aufteilt, nachdem sich ihr Kern zuvor entsprechend oft nacheinander geteilt hat. Diese Art der ungeschlechtlichen Fortpflanzung wird z. B. bei den Sporentierchen auch ↑Schizogonie genannt.

Bei tierischen Mehrzellern kann die u. F. durch ↑Sprossung (↑auch Strobilation) oder durch Polyembryonie erfolgen. Bei der *Polyembryonie* teilt sich der junge, meist erst wenigzellige Keim (z. T. auch schon die befruchtete Eizelle) in mehrere, zu selbständigen Embryonen heranwachsende Teile auf. Dies kommt v. a. bei Schlupfwespen und Gürteltieren vor. Auch eineiige Zwillinge bzw. ↑Mehrlinge entstehen auf diese Weise.

Bei mehrzelligen Pflanzen ist die Bildung von ↑Sporen, ↑Brutknospen, ↑Knollen, ↑Zwiebeln, ↑Ausläufern und ↑Rhizomen eine Form der ungeschlechtlichen Fortpflanzung.

Uniformitätsgesetz ↑Mendel-Regeln.

Unpaarhufer: Eine Ordnung großer, nicht wiederkäuender, pflanzenfressender Säugetiere, die durch eine unpaare Anzahl huftragender Zehen gekennzeichnet ist. Die dritte Zehe ist stark entwickelt, die anderen Zehen mehr oder weniger zurückgebildet (z. B. bei Tapiren und Nashörnern) oder völlig reduziert (z. B. bei ↑Pferden). U. sind seit dem Tertiär bekannt.

Unterart (Subspezies, Subspecies, Rasse): Die U. ist eine systemat. Einheit (↑Systematik), in der innerhalb einer Tier- oder Pflanzenart Individuen mit auffallend ähnlichen Merkmalen zusammengefaßt werden. Mehrere Unterarten einer Art unterscheiden sich durch ihren Genbestand voneinander. Individuen verschiedener Unterarten einer Art können sich untereinander fruchtbar kreuzen.

Unterhaut (Subcutis): Die auf die Lederhaut folgende Gewebsschicht unter der ↑Haut. In der U. liegen die Schweißdrüsen und die Vater-Pacini-Körperchen.

unwillkürliche Muskeln: U. M. sind nicht dem Willen unterworfen. U. M. sind die ↑glatten Muskeln und der Herzmuskel (↑quergestreifte Muskeln). – Gegensatz: ↑willkürliche Muskeln.

Uracil: U. ist eine organische Base und ein Abkömmling des Pyrimidins. Es spielt in der Natur als Baustein der Ribonukleinsäure (↑RNS) eine wichtige Rolle. Seine komplementäre Base ist ↑Adenin (↑auch genetischer Kode).

Urdarm (Gastrozöl): Der bei der Gastrulation (↑Keimesentwicklung) entstehende Hohlraum ist der U. mit nur einer Öffnung, dem ↑Urmund.

Urease: Die U. wurde 1926 als erstes Enzym in reiner, kristallisierter Form dargestellt. Sie gehört zu den ↑Hydrolasen und katalysiert die Spaltung von Harnstoff in Kohlendioxid und Ammoniak. Man findet sie weit verbreitet im Pflanzenreich, in Pilzen und Bakterien.

Ureizellen ↑Oogonien.

Urgeschlechtszellen svw. ↑Urkeimzellen.

Urin svw. ↑Harn.

Urinsekten: In einer Ordnung zusammengefaßte, nicht näher miteinander verwandte Insektenunterklassen, die sich durch urtümliche Merkmale (z. B. Flügellosigkeit, die Ausbildung von gliedmaßenartigen Extremitäten an den Hinterleibssegmenten) auszeichnen. Zu den U. gehören z. B. das Silberfischchen sowie die Spring- und Doppelschwänze.

Urkeimzellen (Urgeschlechtszellen): Bereits während der frühen Embryonalentwicklung findet bei tierischen Vielzellern eine Trennung in Körperzellen und U. statt. Aus den U. entwickeln sich Ursamen- bzw. Ureizellen und später die entsprechenden Keimzellen (↑Samenreifung, ↑Eireifung). Nach der Keimbahntheorie (↑Keimbahn) gehen die U. direkt aus der befruchteten oder (bei ↑Jungfernzeugung) unbefruchteten Eizelle hervor.

Urmund: Bei der Ausbildung der Gastrula (↑Becherkeim) entsteht der U. als Eingangsöffnung in die Gastrulahöhle (Urdarm). Je nachdem, ob der

U. später zum definitiven Mund oder zum After wird, unterscheidet man ↑Protostomier und ↑Deuterostomier.

Urmundtiere svw. ↑Protostomier.

Urniere (Mesonephros): Fische und Lurche besitzen dieses recht einfache Ausscheidungsorgan. Es wird auch bei den Embryonen der Kriechtiere, Vögel und Säuger (einschließlich Mensch) angelegt, später aber dann von der Nachniere (↑Niere) abgelöst.

Wie bei der früher angelegten ↑Vorniere (Pronephros) ragen offene *Wimperntrichter* in die sekundäre Leibeshöhle. Von ihrem Gang, dem *Urnierengang,* ausgehend oder als Neubildung, haben sich jedoch, abgetrennt von der Leibeshöhle, *Nierenkörperchen (Malpighi-Körperchen)* gebildet. Das Nierenkörperchen besteht aus einem feinen Haargefäßknäuel (Glomerulus), das von einer Kapsel (Bowman-Kapsel) umgeben ist. Ein stark gewundenes Nierenkanälchen führt zum *Urnierengang* (Wolff-Gang), dem primären Harnleiter. Er wird bei den männlichen Kriechtieren, bei Vögeln und Säugern zum Harn-Samen-Leiter.

Die Harnbereitung erfolgt ähnlich wie bei der ↑Niere des Menschen.

Urobilin: Abbauprodukt des Bilirubins; ↑Gallenfarbstoffe.

Urogenitalsystem: Da zwischen Geschlechts- und Ausscheidungsorganen enge entwicklungsgeschichtliche und auch räumliche Beziehungen bestehen, faßt man beide unter dem Begriff U. zusammen.

Urtierchen svw. ↑Protozoen.

Urzeugung: Die Vorstellung, daß Lebewesen aus lebloser Substanz entstehen könnten, geht auf Aristoteles zurück und war im Altertum und Mittelalter sehr verbreitet. So sollten sich danach Würmer aus Schlamm und aus den Würmern Aale bilden können.

Daß das Phänomen der U. für die Mikrowelt Gültigkeit haben könnte, wurde endgültig durch L. Pasteur im 19. Jahrhundert widerlegt. Es darf heute als gesichert angesehen werden, daß sich (ausgenommen die erste Entstehung von Leben überhaupt) ein lebender Organismus nur aus Lebendigem entwickeln kann.

Uterus svw. ↑Gebärmutter.

Utriculus: Eine säckchenförmige Struktur an der Basis der Bogengänge im Innenohr. Der U. gehört zum Gleichgewichtsorgan des Innenohrs und ist mit einem Statolithenapparat ausgestattet. Dieser registriert Linearbeschleunigungen, auch Schwerebeschleunigung. – ↑auch Ohr.

V

Vagina svw. ↑Scheide.

Vagus (Eingeweidenerv): Der „Nervus vagus", der X. ↑Hirnnerv, ist der größte und vielseitigste Bronchialnerv. Bei den Fischen versorgt er alle Kiemenbögen hinter der ersten Kiemenspalte. Er wird in der Evolution der Wirbeltiere zum Hauptbestandteil des parasympathischen Systems. Der V. ist ein gemischter Hirnnerv (mit sensiblen und motorischen Fasern). – ↑auch vegetatives Nervensystem.

Vakuole: Die V. ist ein wesentlicher Bestandteil der differenzierten *Pflanzenzelle.* In jungen Zellen sind es zahlreiche kleine, safterfüllte Räume, die sich in der ausgewachsenen Pflanzenzelle zu einer großen V. vereinigen. Der Protoplast wird dabei bis auf einen dünnen Wandbelag zurückgedrängt. Die V. wird durch eine dünne Plasmahaut *(Tonoplast)* vom Plasma getrennt.

Der Inhalt der Vakuolen ist unterschiedlich. Meist ist es ein flüssiger Zellsaft, in dem Zucker, organische Säuren, Proteine und Salze gelöst sind. Durch diese Inhaltsstoffe werden die osmotischen Eigenschaften der Pflanzenzelle bestimmt (↑Osmose, ↑Tur-

gor). Die V. wird aber auch als Speicher für Exkrete benutzt. So können Farbstoffe (Anthozyane), Gerbstoffe, Öle, Kristalle (Oxalate), Alkaloide oder Kautschuk gespeichert werden.
In der *tierischen* ↑ *Zelle* unterscheidet man je nach ihrer Aufgabe Nahrungs- und ↑ pulsierende Vakuolen, die bei den Einzellern Verdauungs- bzw. Ausscheidungsfunktion haben.

Vampire: Artenarme Familie nachtaktiver, blutsaugender ↑ Fledermäuse in den Tropen und Subtropen Amerikas. Mit Hilfe von messerscharfen Schneidezähnen fügen sie v. a. großen Säugetieren (gelegentlich auch dem Menschen) Hautwunden zu, um die sie ihre Lippen pressen und mit der Zunge das austretende Blut auflecken. Dadurch vermögen V. Krankheiten (u. a. Tollwut) zu übertragen. Die Vampire sind die einzigen bis jetzt bekannten Warmblüter, die nicht an Tollwut erkranken.

Variation: Selbst in einer genetisch völlig gleichartigen reinen Linie treten mit einer zufallsgemäßen Häufigkeit Unterschiede zwischen den einzelnen Individuen auf. Das Ausmaß dieser Schwankungen, etwa vom kleinsten zum größten Individuum wird als *Variationsbreite* bezeichnet. Als Ursachen für Variationen kommen geringe Unterschiede der einwirkenden Umweltfaktoren oder zytoplasmatische Faktoren in Frage.
Sehr viel größer ist die Variationsbreite in einer genetisch nicht einheitlichen Population, die durch ↑ Mutationen aller Art und die Tatsache zu erklären ist, daß nur die wenigsten Merkmale von alternativen Allelen bestimmt werden.

Varietät (Abart): Die V. ist eine unter der ↑ Unterart stehende systematische Kategorie (↑ Systematik). In einer V. werden diejenigen Individuen zusammengefaßt, welche sich aus verschiedenen Gründen deutlich von den anderen Individuen derselben Unterart unterscheiden.

Vasopressin (Adiuretin): V. gehört zu den neurosekretorischen Hormonen des Hypophysenhinterlappens. Es hemmt die Diurese, d. h., es fördert die Rückresorption des Wassers in der Niere und damit eine Konzentrierung des Harns. Außerdem wirkt V. blutdrucksteigernd.

Vater-Pacini-Lamellenkörperchen ↑ Tastkörperchen.

Vaterschaftsnachweis: Der V. beruht auf der Erblichkeit von Blutfaktoren, insbesondere der Blutgruppen. Die Allele A und B sind dominant über 0. Ein Elter mit der Blutgruppe A kann also Geschlechtszellen nur eines Typs, nämlich mit dem Allel A, oder, wenn er mischerbig ist, zwei Typen bilden, nämlich mit dem Allel A oder dem Allel 0.
Da die Blutgruppen nach den ↑ Mendel-Regeln vererbt werden, kann man theoretisch die möglichen Erbgänge bei beliebigen Eltern zusammenstellen. Dabei ergibt sich, daß im Zweifelsfall ein Mann mit einer bestimmten Blutgruppe als Vater nicht in Frage kommt.

Vegetationskegel: An den Spitzen des Sprosses und der Wurzel liegt je ein V., der aus einem Urmeristem besteht, das seit der Keimung der Pflanze tätig ist. In ihm liegen Zellen *(Initialzellen),* die sich laufend entweder parallel oder senkrecht zur Oberfläche des Vegetationskegels teilen. Die nach hinten abgegliederten Zellen differenzieren sich nach einem Streckungswachstum zu den verschiedenen Gewebetypen. Der V. der ↑ Wurzeln wird durch die Wurzelhaube geschützt. Bei höheren Pflanzen besteht der V. aus mehreren Zellen. Bei niederen Pflanzen (bei den meisten Farnpflanzen) findet man oft nur eine einzige Zelle *(Scheitelzelle).*

Vegetationsperiode: Als V. wird der Zeitraum bezeichnet, in dem eine Pflanze wächst, blüht und Samen bildet. Die Zeit der *Vegetationsruhe* ist in unseren Breiten meist der Winter.

vegetative Fortpflanzung svw. ↑ ungeschlechtliche Fortpflanzung.

vegetatives Nervensystem (Vegetativum, autonomes Nervensystem, Eingeweidenervensystem): Das vegetative Nervensystem der Wirbeltiere

innerviert v. a. die Eingeweide, Blutgefäße, das Herz, Ausscheidungs- und Geschlechtsorgane und Drüsen. Diese vegetativen Prozesse werden durch zwei Untersysteme gesteuert, die die Organe in jeweils entgegengesetztem Sinn beeinflussen: das sympathische und das parasympathische Nervensystem:
Die Ganglien des *sympathischen Systems (Sympathikus)* bilden beiderseits der Wirbelsäule eine Kette (*Grenzstrang, Orthosympathikus,* Sympathikus im engeren Sinne). Ihre Zellen empfangen Erregungen über die motorischen Wurzeln des Rückenmarks und leiten sie zu den Erfolgsorganen. Meist erfolgt dann in den Ganglien der Körperhöhle eine Umschaltung. Das bekannteste Ganglion ist der *Solarplexus (Sonnengeflecht),* von dem aus Magen, Leber, Pankreas, die Blutgefäße der Bauchorgane sowie Dünn- und Dickdarm versorgt werden. An den Synapsen sind Adrenalin und Noradrenalin die ↑Transmitter. Der Sympathikus fördert z. B. die Herztätigkeit und dämpft die Darmtätigkeit.
Zum *parasympathischen System (Parasympathikus)* gehören vier vom Hirnstamm ausgehende ↑Hirnnerven, von denen der ↑*Vagus* (X. Hirnnerv) am bedeutungsvollsten ist, sowie Nerven des Rückenmarks der Kreuzbeinregion. Die efferenten Bahnen ziehen zu den Ganglien in der Nähe oder im Inneren der Erfolgsorgane. Transmitter ist Acetylcholin.
Das vegetative Nervensystem arbeitet bei starker Belastung (Hunger, Flucht, Angst usw.) als Ganzes. Muß der Körper auf Aktion eingestellt werden, so arbeitet der Sympathikus: Herz, Kreislauf, Atmung und die Hormonausschüttung werden aktiviert, dagegen wird der Blutstrom zum Darm und den Exkretionsorganen gedrosselt. Bei Ruhe arbeitet der Parasympathikus: Der Herzschlag wird verringert, die Darmtätigkeit aktiviert.
Das wichtigste vegetative Zentrum ist der ↑Hypothalamus.

Vegetativum svw. ↑vegetatives Nervensystem.

Venen (Blutadern): Alle zum Herzen führenden ↑Blutgefäße nennt man Venen. Venenklappen in ihnen verhindern ein Zurückfließen des Blutes. – ↑auch Blutkreislauf.

Ventrikel:
◊ svw. Herzkammer (↑Herz).
◊ Vier im ↑Gehirn liegende, untereinander und mit dem Zentralkanal des Rückenmarks verbundene Hohlräume, die mit der Gehirn-Rückenmarks-Flüssigkeit (Zerebrospinalflüssigkeit) gefüllt sind und mit dieser unterhalb des Kleinhirns in Höhe des verlängerten Marks in Verbindung stehen.

Verätzungen ↑Erste Hilfe.

Verbrennungen ↑Erste Hilfe.

Verdauung (Digestion): Durch die V. werden die mit der Nahrung aufgenommenen Makromoleküle mit Hilfe von Enzymen in wäßrige Lösungen niedermolekularer Stoffe abgebaut, so daß sie (bei Protozoen) durch die Membranen der Verdauungsvakuole in das Zellplasma bzw. (bei höheren Tieren) durch die Membranen der Verdauungsorgane in die Transportflüssigkeiten, Blut oder Lymphe, passiv hindurchtreten oder aktiv hindurch transportiert werden können.
Beim Verdauungsvorgang werden Kohlenhydrate von Karboxylasen zu Monosacchariden, Eiweiße von Proteasen zu Aminosäuren und Fette von Lipasen zu Glycerin und Fettsäuren hydrolytisch gespalten.
Bei Einzellern, Schwämmen, Hohltieren, Strudelwürmern, einigen Muscheln und Schnecken erfolgt die V. innerhalb der Zellen *(intrazelluläre V.)* in sog. *Verdauungsvakuolen,* in die vom ↑Golgi-Apparat her Verdauungsenzyme abgesondert werden.
Bei höheren Tieren erfolgt die V. im Darm *(extrazelluläre V.).* Dabei kann die Nahrung bereits außerhalb des Körpers durch nach außen abgegebene Verdauungsenzyme vorverdaut und dann verflüssigt in den Darm aufgenommen werden (*extraintestinale V.;* z. B. bei Seesternen und Spinnen).
Bei *Wirbeltieren* spaltet das im Mundspeichel enthaltene Enzym *Ptyalin* (α-Amylase) Kohlenhydrate. Durch die

↑Speiseröhre gelangt der zerkleinerte und stark eingespeichelte Nahrungsbrei in den ↑Magen. Solange er vom sauren Magensaft noch nicht durchtränkt ist, läuft die im Mund begonnene Spaltung der Kohlenhydrate weiter. Dann setzt bei einem pH-Wert von 3 bis 1,5 v.a. durch das Enzym *Pepsin* (Endopeptidase) und bei pH 4–5 durch *Kathepsin* die Eiweißspaltung ein.
In kleinen Portionen entläßt der Magenpförtner am Magenausgang den Speisebrei in den Zwölffingerdarm, in dem die *Gallenflüssigkeit* Fette in kleinste Tröpfchen zerlegt (emulgiert) und der *Bauchspeichel* zunächst die Säure des Magensaftes neutralisiert (durch ↑Sekretin), den Brei alkalisch macht und anschließend weiterverdaut (↑Bauchspeicheldrüse).
Der sich an den Zwölffingerdarm anschließende Dünndarm vollendet die begonnene V. mit Hilfe des *Darmsafts.* Der Dünndarm entzieht dem Nahrungsbrei die Nährstoffe und gibt sie an Blut und Lymphe weiter. – Der Dickdarm entzieht dem unverdaulichen Rest Wasser und Salze, dickt ihn dabei ein und formt ihn im Mastdarm zu Kotballen, die durch den After ausgeschieden werden.
Bei reinen Pflanzenfressern (Wiederkäuer, Flußpferde, Faultiere, einige Affenarten) wird v.a. die sonst unverdauliche Zellulose in einem oder mehreren ↑Vormägen durch Mikroorganismen aufgeschlossen (verdaut). Diese Mikroorganismen werden dann später als Eiweißlieferanten selbst verdaut (↑auch Wiederkäuermagen).

Verdauungsorgane: Alle Organe, die der ↑Verdauung der Nahrung und ihrer Resorption sowie der Ausscheidung der unverdaulichen Substanzen dienen.
Einzeller besitzen lediglich eine Verdauungsorganelle in Form einer *Nahrungsvakuole.* – *Schwämme* haben keine eigentlichen V., lediglich *Kragengeißelzellen,* die intrazellulär verdauen und die Nährstoffe weitergeben. – *Hohltiere* haben einen afterlosen Körperhohlraum im Anschluß an die Mundöffnung. Er reicht bis in die Spitzen der Tentakel *(Gastrovaskularsystem).* – *Plattwürmer* sind afterlos. Der muskulöse Schlund (Pharynx) verzweigt sich nach vorn in einen, nach hinten in 2 Darmäste, die sich zur Oberflächenvergrößerung stark aufspalten und auch das Blutgefäßsystem ersetzen *(Gastrovaskularsystem).*
Alle *höher organisierten Tiere* besitzen einen durchgängigen, unterschiedlich gegliederten ↑Darmkanal.

Veredlung: Die V. ist oft die einzige Möglichkeit, um gärtnerisch hochwertige Pflanzen zu vermehren, weil die aus Samen gezogenen Nachkommen die gewünschten Eigenschaften, wie z.B. guter und frühzeitiger Ertrag bei geringer Größe, Widerstandsfähigkeit, besondere Wuchsformen, nicht mehr zeigen. Es handelt sich also um eine besondere Form der vegetativen Vermehrung. Die V. ist üblich bei Obstbäumen und -sträuchern sowie bei Rosen und Weinreben.
Grundsätzlich wird ein knospentragender Teil einer Pflanze *(Edelreis)* auf eine entsprechend zurechtgeschnittene andere Pflanze *(Unterlage)* übertragen. Die beiden Teile verwachsen nach Bildung eines ↑Kallus miteinander. In der Regel müssen die Pflanzen systematisch nahe miteinander verwandt sein. Es sind aber auch Veredlungen zwischen verschiedenen Gattungen möglich.
Die V. kann an der Wurzel, am Wurzelhals oder in Kronenhöhe erfolgen. Bekannte Veredelungsverfahren sind die Pfropfung, das Kopulieren und das Okulieren. Bei der *Pfropfung* wird ein Zweigstück als *Reis* in einen Spalt der bezüglich des Umfangs meist wesentlich größeren Unterlage gesteckt. – Das *Kopulieren* wendet man an, wenn Reis und Unterlage gleich stark sind. Das *Edelreis* wird dabei über eine schräge Schnittfläche mit der Unterlage vereinigt. – Zum *Okulieren* werden nur Einzelknospen als Reiser benutzt. Diese werden unter die mit einem T-Schnitt gelöste Rinde der Unterlage geschoben.

Vererbung: Sowohl bei der unge-

schlechtlichen als auch bei der geschlechtlichen Fortpflanzung sehen die Nachkommen ihren Eltern mehr oder weniger ähnlich. Diese Weitergabe ↑genetischer Information wird als V. bezeichnet. Die V. erfolgt nach bestimmten von der Genetik erforschten Gesetzmäßigkeiten (z. B. nach den ↑Mendel-Regeln).
Die genetische Information, ein Bauplan (↑genetischer Kode), liegt in den meisten Fällen als eine große Zahl von Genen auf einem fadenförmigen DNS-Molekül. Bei Lebewesen mit einem echten Zellkern sind diese DNS-Moleküle in die Chromosomen eingebettet, während sie bei ↑Bakterien und ↑Blaualgen frei (ohne Hüllmembran) in der Zelle liegen. Einige ↑Viren haben anstelle der DNS ein RNS-Molekül. Die Chromosomen werden bei der Zellteilung durch die ↑Mitose geordnet an die Nachkommen weitergegeben. Bei der geschlechtlichen Fortpflanzung werden die Erbanlagen nach der ↑Meiose zu einem neuen vollständigen Bauplan vereinigt.
Neben dem Zellkern enthalten auch ↑Mitochondrien und ↑Plastiden in geringen Mengen DNS und daher auch genetische Information. Außerdem gibt es im Zytoplasma noch Träger von Erbanlagen. Da in den meisten Fällen nur von dem weiblichen Organismus in den Eizellen größere Plasmamengen an die Nachkommen weitergegeben werden, folgt diese *plasmatische Vererbung* nicht den klassischen Vererbungsgesetzen.
Nicht vererbt werden erworbene Eigenschaften eines Lebewesens; sie können allerdings als *Dauermodifikationen* auf noch ungeklärte Weise einige Generationen lang weitergegeben werden.
Veränderungen im Erbgut sind nur durch ↑Mutationen und ↑Rekombination möglich.

Vergeilung: Von V. spricht man, wenn Pflanzen bei Lichtmangel ungewöhnlich lange Internodien bilden und nur kleine Blätter sowie fast kein Chlorophyll aufweisen (z. B. Spargel, Dunkelkeimung der Kartoffeln).

Vergesellschaftung: Das Zusammenleben oder die V. von Tieren oder Pflanzen zeigt gewisse Gesetzmäßigkeiten. Grundsätzlich sind sowohl bei Pflanzengesellschaften als auch bei Tiergesellschaften die für die Zusammensetzung bestimmenden Faktoren die gleichen (↑Biozönose, ↑Ökosystem).
Bei *Pflanzen* ist der Einfluß der abioti-

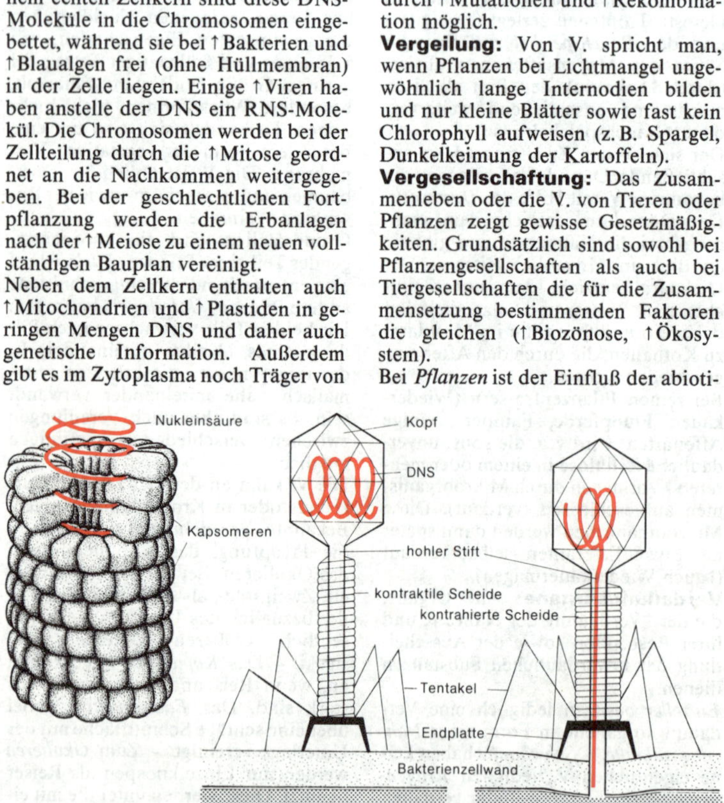

Abb. Viren: Schemadarstellungen des Kopfteils eines Bakteriophagen (links) und des Phagen T_2 (Mitte und rechts), der seine DNS in das Bakterium injiziert.

schen Faktoren (Licht, Temperatur, Wasser, Boden) deutlicher (↑ Pflanzensoziologie).
Bei *Tieren* sind die Beziehungen der Arten untereinander besser zu erkennen. Sie reichen von dem völlig neutralen Nebeneinanderwohnen *(Synözie)* über den Kommensalismus (↑ Kommensalen), das Räuber-Beute-Verhältnis bis zu den komplizierten Formen der ↑ Symbiose und des Parasitismus (↑ Parasiten).
Vielfach verändern sich Vergesellschaftungen im Laufe der Zeit durch Zuwanderung neuer Arten oder durch Änderung der Standortverhältnisse, die oft von den Lebewesen selbst verursacht werden (z. B. Verlandung eines Sees). Diese Erscheinung wird als *Sukzession* bezeichnet. Hierunter zählen aber nicht tagesperiodische oder jahreszeitliche Wanderungen.

Vergiftungen ↑ Erste Hilfe.

Verhaltensforschung (Ethologie): Die V. untersucht Formen und Gesetzmäßigkeiten des arttypischen Verhaltens bei Tieren und Menschen mit naturwissenschaftlichen Methoden. Besonders berücksichtigt werden dabei stammesgeschichtliche Gesichtspunkte. Die V. beschäftigt sich also überwiegend mit ererbtem Verhalten, wobei natürlich erworbene Verhaltensweisen nicht vernachlässigt werden.
Die moderne V. versucht, das Verhalten der Tiere, das genau wie ihre morphologischen oder physiologischen Merkmale der ↑ Selektion unterworfen ist, auf die letztlich verursachenden inneren physiologischen Ursachen zurückzuführen. Als Begründer der modernen V. gilt Konrad Lorenz.
Die *Tierpsychologie* schließt von Erlebnissen, die das Verhalten eines Menschen gewöhnlich begleiten, auf ähnliche Vorgänge bei Tieren. Diese psychischen Vorgänge werden sogar als Ursache für bestimmtes Verhalten angesehen. Diese Auffassungen werden heute abgelehnt.
Sehr vereinfachende Theorien wollten alles Verhalten als Ergebnis von ↑ Reflexen oder ↑ Tropismen erklären. – ↑ auch Behaviorismus.

Verhaltensmuster: Grundlage der ↑ Verhaltensforschung ist die Beschreibung und Ordnung möglichst sämtlicher Verhaltensweisen einer Tierart. Ihre Gesamtheit wird als V., *Verhaltensinventar* oder *Ethogramm* bezeichnet. Da die Beobachtung an Tieren in natürlicher Umgebung gemacht werden sollte, gibt es bisher nur Darstellung von Teilen des Gesamtverhaltens (z. B. Nestbau, Fortpflanzung, Nahrungserwerb, Brutpflege, Sozialverhalten). Als Dokumentationsmittel eignet sich am besten der Film.

Verholzung: Die V. ist eine sekundäre Veränderung der pflanzlichen Zellwände durch Einlagerung von ↑ Lignin in das Zellulosegerüst. Die Dehn- und Quellbarkeit der Zellwände wird verringert. Gleichzeitig wird aber die Druckfestigkeit erhöht. Die Durchlässigkeit für Wasser und gelöste Salze bleibt erhalten.

Verhütungsmittel: Alle mechanischen, chemischen oder medikamentösen Mittel zur ↑ Empfängnisverhütung.

Verkalkung ↑ Arterienverkalkung.

Verkorkung: Die V. ist wie die ↑ Verholzung eine sekundäre Veränderung der pflanzlichen Zellwände durch Auflagerung von dünnen Lamellen aus Suberin. Verkorkte Zellwände sind fast undurchlässig für Wasser und Gase und verringern die Verdunstung.

verlängertes Mark (Medulla oblongata): Entwicklungsgeschichtlich aus dem ventralen (unteren) Teil des ↑ Hinterhirns und dem ↑ Nachhirn hervorgehender Teil des ↑ Gehirns.

Vermehrung: Mit der ↑ Fortpflanzung ist fast immer eine V. der Individuenzahl verbunden.

Vernalisation: Manche Pflanzen benötigen während einer bestimmten Zeit ihrer Entwicklung Kälte, um später zur Blüte zu gelangen. Diese Kältebehandlung oder V. kann man z. B. bei Wintergetreide auch künstlich erreichen, indem man die Samen in gequollenem Zustand einige Wochen bei ca. 0 °C liegen läßt.

Verrenkung ↑ Erste Hilfe.

Verstauchung ↑ Erste Hilfe.

Vertebrata svw. ↑ Wirbeltiere.

VITAMINE

Vitamin	Funktion	Vitaminmangelerkrankungen	Vorkommen	Tagesbedarf (mg)
A (Retinol, Axerophthol; fettlöslich)	Schutz und Regeneration epithelialer Gewebe; Aufbau des Sehpurpurs	Nachtblindheit, Epithelschädigungen von Auge und Schleimhaut	Lebertran, Milch, Butter; Vorstufe Karotin in Karotten und Tomaten	1,5–2
B_1 (Thiamin, Aneurin; wasserlöslich)	in Form des Koenzyms Cocarboxylase (Thiaminpyrophosphat) an der Regulation des Kohlenhydratstoffwechsels beteiligt	Beriberi; Polyneuritis, kardiovaskuläre Störungen, Appetitlosigkeit, Motilitätsstörungen des Verdauungskanals	Silberhäutchen des Reiskorns, Hefe, Weizenkeimlinge, Milch, frische Gemüse	1
B_2-Komplex, u. a.: Riboflavin, Lactoflavin (wasserlöslich)	Koenzym des gelben Atmungsenzyms der Zelle, auch in Koenzymen zahlreicher anderer Enzyme enthalten	lokale Haut- und Schleimhauterkrankungen (Horn- und Bindehaut des Auges, Mundwinkel); selten	Hefe, Leber, Fleischextrakt, Milch, Eier, frische Gemüse	1,8
Nikotinsäure (Niacin; wasserlöslich)	in Koenzymen zahlreicher wasserstoffübertragender Enzyme enthalten	Pellagra	Hefe, Leber, Reiskleie, Weizenkeime	10–20
Biotin (Vitamin H; wasserlöslich)	Koenzym bei Enzymen, die für Karboxylierungsvorgänge verantwortl. sind	Dermatitis, Haarausfall, Appetitlosigkeit	Hefe, Leber, Reiskleie, Eidotter	0,25
Folsäure	in Form des Koenzyms F (Tetrahydrofolsäure) an Stoffwechselreaktionen beteiligt	Wachstumsverzögerung, Veränderungen des Blutbilds (Leukopenie, megalozytäre Anämie)	Leber, Muskeln, Spargel, Hefe	1–2
Pantothensäure	wesentl. Bestandteil des Koenzyms A (wichtig für Auf- u. Abbau von Eiweiß, Kohlenhydraten und Fetten)	selten; Muskelschwäche, Verdauungsstörungen, Neigung zu Infektionskrankheiten	Hefe, Eidotter, Milch, Leber, Niere	10

Vitamin	Funktion	Vitaminmangelerkrankungen	Vorkommen	Tagesbedarf (mg)
B_6 (Pyridoxin, Adermin; wasserlöslich)	Koenzym des Aminosäurestoffwechsels	Hautveränderungen, Krämpfe	Hefe, Getreidekeimlinge, Kartoffel, Melone	2–3
B_{12}-Gruppe (u. a. Cyanocobalamin; wasserlöslich)	Reifungsfaktor der roten Blutkörperchen	perniziöse Anämie	Leber, Rindfleisch, Bries, Auster, Eidotter	0,001
C (Ascorbinsäure; wasserlöslich)	noch nicht ganz geklärt, wahrscheinl. Redoxsubstanz des Zellstoffwechsels	Skorbut (Möller-Barlow-Krankheit bei Kindern)	Orange, Zitrone, Grapefruit, Schwarze Johannisbeere, Paprika, Hagebutte	50
D-Gruppe (u. a. D_3 = Calciferol; fettlöslich)	Regulation des Calcium- und Phosphatstoffwechsels (enterale Calciumresorption)	Rachitis, Osteomalazie, Osteoporose; Überdosis giftig!	Lebertran, bes. von Thunfisch, Heilbutt, Dorsch; Eigelb, Butter, Milch	0,01
E-Gruppe (Tokopherole; fettlöslich)	noch nicht ganz geklärt; bei Ratten Antisterilitätsfaktor; wird als Antioxidans verwendet	Mangelsymptome beim Menschen umstritten	Weizenkeimöl, Baumwollsamenöl	5
F (essentielle Fettsäuren; fettlöslich)	umstritten; Regulation des Cholesterinspiegels im Blut	selten; Ekzeme, Furunkulose u. a. Hautkrankheiten	pflanzliche Fette	unbekannt
K-Gruppe (u. a. Phyllochinon; fettlöslich)	Bildung des zur normalen Blutgerinnung nötigen Prothrombins	Blutungen durch Verminderung des Prothrombins	Kohl, Spinat; wird auch durch Darmbakterien gebildet	0,001
P (Rutin; wasserlöslich)	Normalisierung der Kapillarresistenz (Abdichtung der Haargefäße)	Herabsetzung der Kapillarresistenz (umstritten)	mit Vitamin C in Zitrone, Paprika; Gartenraute, Buchweizen	unbekannt

Verwesung: Zersetzung toter organischer Substanz bei ungehindertem Luftzutritt durch aerobe Bakterien und Pilze. Die organischen Stoffe werden dabei vollständig oxidiert. Tierleichen (feucht, stickstoffreich) verwesen rascher als pflanzliche Reste (trocken, stickstoffarm). – ↑auch Fäulnis.

Vibrionen: V. sind kommaförmige Bakterien, die zur Ordnung der ↑Pseudomonaden gehören. *Vibrio cholerae* ist der Erreger der Cholera.

Vielborster ↑Ringelwürmer.

Vielfachteilung ↑ungeschlechtliche Fortpflanzung.

Vielzeller (Metazoen): Große Gruppe (Unterreich) der Tiere, die sich (im Unterschied zu den einzelligen ↑Protozoen) aus mehreren bis vielen Zellen aufbauen. Hierher gehören ↑Schwämme, ↑Mesozoen und die echte ↑Gewebe aufweisenden *Gewebetiere*.

Vierfüßer svw. ↑Tetrapoden.

Viren (Einzahl: Virus): V. sind winzige Teilchen, die aus einem Nukleinsäurefaden (DNS oder RNS) und einer Kapsel unterschiedlicher Form aus Eiweißen bestehen, die noch Anhänge tragen kann. Sie sind im gewöhnlichen Lichtmikroskop nicht sichtbar.

Da V. keinen eigenen Stoffwechsel besitzen, müssen sie fremde Zellen dazu veranlassen, neue V. zu produzieren (↑Transfektion). Benutzen sie dazu Bakterien, werden sie als ↑Bakteriophagen oder abgekürzt als Phagen bezeichnet (s. auch Abb. S. 458).

Viren sind als Krankheitserreger bei Tieren und Pflanzen von erheblicher wirtschaftlicher Bedeutung. Bisher gibt es kein Medikament, das spezifisch gegen Viren wirkt. Es gibt lediglich natürliche Abwehrstoffe (↑Interferone), die innerhalb der Zelle die Verdopplung der Viren-DNS verhindern.

Viroide: V. sind die kleinsten bisher bekannten infektiösen Agenzien und sämtlich Erreger von Pflanzenkrankheiten. Sie bestehen aus nackter einsträngiger, ringförmig geschlossener RNS, d. h., sie besitzen keine Proteinhülle.

Virulenz: V. ist die Fähigkeit eines Erregers, bei einem bestimmten Wirt unter bestimmten Bedingungen eine Krankheit hervorzurufen.

Virus ↑Viren.

Vitamine: V. sind niedermolekulare Stoffe, die der tierische und menschliche Organismus nicht selbst synthetisieren kann, die vielmehr mit der Nahrung aufgenommen werden müssen, da sie für viele Stoffwechselvorgänge, für Wachstum und Fortpflanzung unentbehrlich sind.

Die Vitamineigenschaft bezieht sich nicht auf eine bestimmte chemische Struktur, sondern allein darauf, ob der betreffende Stoff von einem Tier (bzw. vom Menschen) gebraucht wird. ↑Ascorbinsäure z. B. ist für Menschen, Affen und Meerschweinchen ein V., nicht jedoch für Ratten, die es selbst synthetisieren können.

Als Vitaminquelle fungieren die Pflanzen. Zum Teil liegen in ihnen die chemischen Vorstufen für die V. vor, sog. *Provitamine,* die erst durch eine chemische Umwandlung im tierischen und menschlichen Körper in das eigentliche Vitamin überführt werden. So werden z. B. die ↑Karotine durch Leberenzyme in Vitamin A überführt.

Die meisten V. wirken als Koenzyme und prosthetische Gruppen von ↑Enzymen. Sog. *Antivitamine* konkurrieren mit den Vitaminen um die Bindungsstellen am Apoenzym und gehen mit ihnen inaktive Komplexe ein, was zur Entstehung eines Vitaminmangels führt.

Vitaminmängel rufen fast ausschließlich Wachstumsstörungen im Säuglings-, Kindes- und Jugendalter hervor. Auch die Haut reagiert sehr empfindlich auf das Fehlen von Vitaminen. Vitaminmangel beruht immer auf einem Mißverhältnis in der Nahrungszusammensetzung. Bei völligem Fehlen eines Vitamins spricht man von *Avitaminose*.

Ernährungsbedingte Mängel können ganz verschiedene Ursachen haben, z. B. soziale, biologische, technologische, kulturelle Faktoren und Alkoholmißbrauch. Ebenso können Vitaminmängel auf Grund pathologischer Zustände entstehen, wie z. B. Magen- und

Darminfektionen, Umstellung der Darmflora, Erkrankungen der Leber oder Stoffwechselstörungen durch Arzneimittel.

Hypervitaminosen (also krankhafte Störungen durch ein Zuviel an Vitaminen) sind von fettlöslichen Vitaminen bekannt und meist die Folge einer falschen Dosierung bei Vitamintherapie. – Siehe auch Tabelle S. 460 f.

Viviparie:

◊ *Pflanzen:* Keimen die Samen bereits auf der Mutterpflanze so weit aus, daß sie als voll entwickelte Jungpflanzen abfallen, spricht man von V. (z. B. bei Mangroven).

◊ *Tiere:* Werden die Nachkommen schon frei von den Eihüllen geboren, handelt es sich um Viviparie. Bei solchen viviparen (lebendgebärenden) Tieren (auch der Mensch ist vivipar) erfolgt die Embryonalentwicklung bereits im Mutterleib durch engen Kontakt mit dem mütterlichen Gewebe (z. B. über eine ↑Plazenta). Vor oder bei der Geburt verlassen die Jungen die ↑Embryonalhüllen; es werden also keine Eier abgelegt.

Vivipar sind manche Fische und Kriechtiere und alle Säugetiere, mit Ausnahme von Schnabeltier und Schnabeligel. – ↑auch Oviparie, ↑Ovoviviparie.

Vögel (Aves): Die V. sind eine mit rund 8 600 Arten weltweit verbreitete Klasse warmblütiger, befiederter (↑Federn), meist flugfähiger, von den Reptilien abstammender (↑Archäopteryx) Wirbeltiere, deren Vordergliedmaßen unter starker Reduktion der fünf Finger zu Flügeln umgebildet sind. Einige Arten (z. B. Strauß, Nandus, Pinguine, Galapagoskormoran) haben sekundär das Flugvermögen verloren. Die Hintergliedmaßen sind meist zum Laufen und/oder Schwimmen entwickelt. Das Skelett ist, um das Körpergewicht gering zu halten, teilweise lufthaltig. V. legen stets mit einer Kalkschale versehene Eier, vielfach in kunstvoll gebaute Nester, die von den Elterntieren bebrütet werden (↑Brüten). Die schlüpfenden Jungvögel sind entweder ↑Nesthocker oder ↑Nestflüchter.

Vogelschutz ↑Naturschutz, ↑geschützte Tiere.

Vogelzug: Der V. ist seinem Wesen nach eine ↑Tierwanderung, die einerseits in Beziehung steht zur Fortpflanzung der Vögel und andererseits zu jahreszeitlichen Klimaveränderungen. Die „Zugunruhe“ wird durch ein Zusammenspiel von Ernährungslage (abhängig von der Dauer des Tages), von der Temperatur und von inneren Faktoren wie Stoffwechselrhythmen und veränderter Hormonproduktion ausgelöst.

Bei der *Orientierung* während des Flugs werden mehrere Verfahren angewendet. Einige Vögel (z. B. Störche) halten sich an Landmarken. Andere orientieren sich am Sonnenstand bzw. (nachts) an den Sternen (z. B. Grasmücken). Für Rotkehlchen und Dorngrasmücken ist das Magnetfeld der Erde richtungsweisend. Die Kenntnis des „Zugziels“ muß einigen Vögeln (z. B. den alleinfliegenden Blaukehlchen) angeboren sein. Fliegen die Jungtiere mit den Erwachsenen (z. B. Störche), kann der Flugweg gelernt werden. Greifvögel beispielsweise ziehen einzeln. Viele kleine Singvögel fliegen in Gruppen, Enten, Gänse und Kraniche immer in Keilformation.

Vollschmarotzer (Vollparasiten, Holoparasiten): V. sind Pflanzen, die im Gegensatz zu den Halbschmarotzern heterotroph sind, d. h. kein Chlorophyll und oft keine bzw. reduzierte Blätter und Wurzeln besitzen; z. B. Sommerwurz, Kleeseide, Rafflesien. – ↑auch Parasiten.

Vorderhirn (Prosencephalon): Der zusammen mit dem ↑Rautenhirn entwicklungsgeschichtlich zuerst angelegte vordere Teil des ↑Gehirns. Aus dem V. gehen im Verlauf der Embryonalentwicklung die Abschnitte ↑Endhirn und ↑Zwischenhirn hervor.

Vorderkiemer ↑Schnecken.

Vorhaut (Präputium): Das ↑Glied des Mannes endet vorn in der Eichel. Sie ist sehr reizempfindlich und wird deshalb von der zurückziehbaren V. geschützt.

Vorkeim svw. ↑Prothallium.

Vormagen: Manche Insekten besitzen hinter dem Kropf einen V. mit Chitinzähnen (↑Kaumagen). Der Magen der Vögel ist in einen drüsenreichen V. und einen Muskelmagen geteilt. Im ↑Wiederkäuermagen dienen Pansen, Netz- und Blättermagen als Vormägen.

Vorniere (Pronephros): Dieses ursprüngliche Ausscheidungsorgan der Wirbeltiere ähnelt den ↑Nephridien der Ringelwürmer. Es wird bei allen Wirbeltierembryonen angelegt, ist aber nur bei den Rundmäulern neben der ↑Urniere funktionsfähig. – ↑auch Niere.

Vorsteherdrüse (Prostata): Die V. gehört zu den Anhangsorganen der männlichen ↑Geschlechtsorgane. Sie liegt unterhalb der Harnblase und ist mit ihr verwachsen. Sie umschließt die Harnröhre, in die innerhalb der Prostata die ↑Samenleiter durch den Spritzgang münden. Das dünnflüssige, milchige Sekret der V. regt die Samenzellen zu erhöhter Beweglichkeit an. Während der Gliedaufrichtung (↑Erektion) verschließt die V. die Harnröhre so fest, daß ein Wasserlassen fast unmöglich wird. – Mit zunehmendem Alter verhärtet und vergrößert sich die V. und kann den Abfluß des Harns u. U. erheblich beeinträchtigen.

W

Wachstumshormon svw. ↑Somatotropin.

Wahrnehmungsfelder: Die Sinneseindrücke werden bestimmten Bereichen der Großhirnrinde (↑Rindenfelder) zugeleitet, wo sie mit Bekanntem verglichen und eventuell erkannt werden. Sie werden zu anderen Feldern weitergeleitet.

Waldsterben (Baumsterben): In Mitteleuropa regional unterschiedlich stark auftretende Erkrankung von Waldbäumen; wahrscheinliche Ursachen: Nährstoffarmut und Übersäuerung des Bodens (↑auch saurer Regen), Immissionen von Schwefeldioxid, Stickoxiden, Fluor- und Chlorverbindungen, Ozon.

Wanzen (Ungleichflügler): W. sind seit dem Perm nachgewiesene, weltweit verbreitete wasser- oder landbewohnende Insekten. Sie zählen zu den *Schnabelkerfen,* die nur eine unvollkommene ↑Metamorphose erfahren. Durch die bis zur Hälfte ledrig ausgebildeten Vorderflügel, den Halsschild und das sich oft bis über den Hinterleib erstreckende Schildchen zwischen den Vorderflügeln haben die W. mit ihren stark abgeplatteten Körpern ein fast käferartiges Aussehen. Sie haben stechend-saugende ↑Mundwerkzeuge. Die meisten W. ernähren sich von Pflanzensäften.

Die Rübenblatt-, Kohl- und Getreidewanze sind bekannte Pflanzenschädlinge. Die *Wasserläufer* leben auf dem Oberflächenhäutchen des Wassers und zählen zum ↑Neuston. Einige W. sind Blutsauger, z. B. die flügellose *Bettwanze.* – Siehe Abb. S. 466.

Warmblüter: Als W. bezeichnet man Säugetiere und Vögel. – ↑auch gleichwarm, ↑Körpertemperatur.

Wärmehaushalt: Bei der Energiegewinnung in der Zelle (↑Dissimilation) entsteht neben dem energiereichen ↑ATP auch Wärme. Dies gilt für Pflanzen und Tiere. Eine besondere Rolle spielen unter den tierischen Organismen die gleichwarmen Tiere (Vögel und Säuger), die innerhalb enger Grenzen ihre ↑Körpertemperatur auch in der kalten Jahreszeit konstant halten. Wechselwarme können nur bei günstiger Außentemperatur ihre volle Lebensfähigkeit entfalten; deshalb stirbt ein Großteil im Herbst ab oder überwintert in Kältestarre tief im Boden (↑auch Winterschlaf).

Wärmerezeptoren ↑Thermorezeptoren.

Warntracht ↑Schutzanpassung.

Warzen: W. sind Wucherungen der Haut, die meist durch Viren verursacht werden.

W. werden sorgfältig operativ abgetragen, um eine Ausbreitung der Viren zu unterbinden. Der Arzt benutzt dazu meist eine sog. elektrische Schlinge, die den Wundrand sofort verschorft. Einige Warzenarten können auch durch Bestrahlung mit weichen Röntgenstrahlen oder durch Einfrieren mit flüssigem Stickstoff zerstört werden. Manchmal ist eine Behandlung auch mit Resorcinsalbe erfolgreich.

Wasserhaushalt: Alle Lebensvorgänge sind aufs engste mit dem Wasser verbunden. Wasser muß von allen Lebewesen von außen aufgenommen oder, wie bei einigen Tierarten, allein durch Oxidation der aufgenommenen Nahrung im Körper hergestellt werden. Es wird im allgemeinen auch wieder nach außen abgegeben. Dabei steht vor allem der W. der Pflanzen in direkter Beziehung mit dem W. des Bodens.

1. *W. der Pflanzen:* Während ↑Wasserpflanzen Mineralstoffe und Wasser mit dem gesamten Pflanzenkörper (hauptsächlich den Blättern) aufnehmen können, vollzieht sich die Wasser- und Nährsalzaufnahme der höheren Landpflanzen fast nur über die ↑Wurzeln. Dies geschieht mit den Wurzelhaaren, auf osmotischem Weg oder durch aktiven Stofftransport.

Die Pflanze besitzt zwei Arten von Leitungsbahnen in den ↑Leitbündeln: den Wasser und Salzionen leitenden Holzteil und die lebenden Zellen des Siebteils, die organische Stoffe transportieren. Da v.a. die Blätter über die ↑Spaltöffnungen ständig Wasser abgeben *(Transpiration)*, entsteht von oben nach unten ein so starker Sog, daß die Wurzeln ständig das abgegebene Wasser durch Aufnahme von Wasser aus dem Boden ersetzen müssen.

Bei *Wassermangel* setzt die Pflanze durch Verkleinerung der Spaltöffnungen die Transpiration herab. Allerdings ist mit einer Einschränkung der Transpiration auch die ↑Photosynthese gedrosselt, weil das dazu notwendige Kohlendioxid aus der Luft nicht mehr in das Blatt gelangen kann. Wegen dieser Abhängigkeit, die bei Wassermangel zum Verhungern der Pflanze führen muß, haben sich die ↑Xerophyten in vielfältiger Weise der zumindest zeitweisen Trockenheit des Bodens angepaßt. Eine besondere Form der Anpassung an einen ständigen Klima- und Feuchtigkeitswechsel zeigen die ↑Tropophyten. Die immergrünen Pflanzen (Nadelbäume, Efeu) geben mit ihren ledrigen und harten Blättern fast kein Wasser nach außen ab.

2. *W. von Tier und Mensch:* Auch im Tierreich ist Wasser lebensnotwendig; das zeigt schon der hohe Wasseranteil im Organismus der tierischen Lebewesen, der z. B. bei Quallen bis zu 99,8 %, bei Säugetieren und beim Menschen immerhin noch ca. 65 % ihres Körpergewichts beträgt. Ein W. ist auch hier Voraussetzung für sämtliche im Körper ablaufenden chemischen Reaktionen, die wiederum eine Voraussetzung für die Entwicklung und Entstehung der Lebewesen sind. Wichtig ist der W. auch für die Muskulatur, die ja nur bei optimalen Wasserverhältnissen arbeitsfähig ist.

Bei einem *Wasserverlust* von 10–15 % sind Wirbeltiere nicht mehr lebensfähig. Einige Wirbellose sind gegen größeren Wasserverlust widerstandsfähiger. Bei Warmblütern (↑gleichwarm) reguliert der W. den osmotischen Druck des Bluts und der Gewebe sowie die ↑Körpertemperatur. Wassermangel oder ein zu hoher osmotischer Druck rufen ein Durstgefühl (↑Durst) hervor.

Die *Wasseraufnahme* bei Menschen und Tieren erfolgt entweder über die Haut (Wassertiere, Endoparasiten) oder mit der aufgenommenen Nahrung. Säugetiere benötigen sehr viel Wasser, weil sie damit den ↑Harnstoff aus dem Körper ausschwemmen. Auch das beim Abbau der Nährstoffe anfallende Wasser kann verwendet werden (100 g Eiweiß setzen etwa 40 g

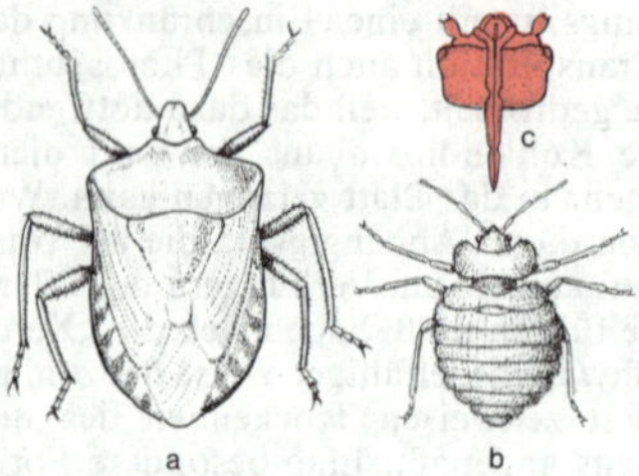

Abb. Wanzen: a geflügelte Schildwanze; b Bettwanze; c Kopf der Bettwanze mit Ansicht des Saugrüssels von unten

Wasser frei). Bedeutsam ist dieser Faktor für diejenigen Tiere, die kein Wasser aktiv aufnehmen, oder für Tiere, die längere Zeit ohne Wasseraufnahme überleben können.
Bei *Landtieren* sind besondere Einrichtungen erforderlich, die einen sparsamen W. ermöglichen. So findet man z. B. bei weichhäutigen Tieren (Amphibien) Schleimhüllen, bei anderen Chitin- oder Hornpanzer, die die Wasserabgabe durch die Haut herabsetzen.
Überschüssiges Wasser wird vom Organismus wieder ausgeschieden. Die *Wasserausscheidung* erfolgt bei Reptilien, Vögeln, Fischen und Säugern hauptsächlich über die ↑Nieren, bei Insekten durch die ↑Malpighi-Gefäße, bei Pantoffeltierchen über die ↑pulsierende Vakuole. Die Ausscheidung von Wasser über ↑Schweißdrüsen (z. B. Mensch) hat zusätzlich eine temperaturregulierende Funktion.

Wasserlunge ↑Seewalzen.

Wasserpflanzen (Hydrophyten): W. sind an das Leben im Wasser angepaßte Pflanzen. Entsprechend ihrer Lebensweise sind sie unterschiedlich gebaut. Man unterscheidet ganz untergetaucht (submers) lebende W., mit Schwimmblättern auf der Wasseroberfläche aufliegende und amphibische Wasserpflanzen. Letztere können als Wasserform im Wasser und mit einem Teil ihrer Sprosse als Landform über der Wasseroberfläche und neben dem Wasser leben.
Die Gewebe und Organe der W. haben dünne, zarte Zellwände. Die Blattoberfläche ist groß, weil die Gaskonzentration im Wasser geringer ist. Festigungsgewebe und wasserleitende Gefäße fehlen. Auffallend sind die großen ↑Interzellularen. Sie dienen als Luftspeicher und erhöhen so den Auftrieb; andererseits ermöglichen sie eine Gasdiffusion im Gewebeinnern.
Zu den W. gehören u. a. Hornblatt, Wasserschlauch, Wasserlinse, Seegras, Seerose und Wasserhahnenfuß.

Wasserstoffbakterien svw. ↑Knallgasbakterien.

Wattsekunde ↑Kalorie.

Wechseljahre (Klimakterium): Um das 50. Lebensjahr herum stellen die Eierstöcke der Frau ihre Tätigkeit allmählich ein. Die Regelblutungen (↑Menstruation) werden unregelmäßig und bleiben schließlich aus. Weil kein Eisprung (↑Follikelsprung) mehr erfolgt, tritt Unfruchtbarkeit ein. Auch die Hormonproduktion der Eierstöcke hört auf. Dadurch wird das Wechselspiel mit der Hypophyse (↑Hirnanhangsdrüse) gestört, die ihrerseits wieder andere Hormondrüsen steuert (z. B. Nebennieren, Schilddrüse). Diese Störung im Hormongleichgewicht führt zu mehr oder weniger ausgeprägten Beschwerden *(klimakterische Beschwerden)* während der Umstellungszeit, die über 12 Jahre dauern kann. Hat sich ein neues Hormongleichgewicht eingestellt, hören die Beschwerden auf.
Zu Beginn des 20. Jahrhunderts erfolgte die letzte Regelblutung durchschnittlich im Alter von 44 Jahren; heute liegt diese Grenze bei etwa 50 Jahren. Starke Abweichungen nach oben oder unten sind möglich.
Auch beim Mann können klimakterische Beschwerden auftreten; doch sind sie weit geringer als bei der Frau.

Wechseltierchen svw. ↑Amöben.

wechselwarm: W. sind Tiere, deren ↑Körpertemperatur weitgehend der der Umgebung entspricht *(Kaltblüter)*. Mit Ausnahme der ↑gleichwarmen Säugetiere und Vögel sind alle Tiere wechselwarm.

Weckamine: W. wirken blutdruck-

steigernd und anregend auf das sympathische Nervensystem. Chemisch handelt es sich um Verbindungen, bei denen an ein Phenylrest eine Alkylseitenkette mit einer Aminogruppe gebunden ist und die mit Adrenalin und Ephedrin verwandt sind.
Bekannte Vertreter der W. sind z. B. Amphetamin (Benzedrin) und Methamphetamin (Pervitin). Einige werden bei Fettsucht als *Appetitzügler* verwendet. Sie rufen eine gewisse Hochstimmung hervor und führen zur Gewöhnung und ↑Sucht.

Wehen: Als W. bezeichnet man rhythmische Kontraktionen der Muskulatur der schwangeren Gebärmutter mit dem Ziel, die Leibesfrucht auszutreiben (↑Geburt). Gegen Ende der ↑Schwangerschaft kommt es manchmal zu *Vorwehen,* die aber nicht zur Geburt führen. Die Geburt wird durch unwillkürliche *Eröffnungswehen* eingeleitet. Sie verkürzen die Gebärmutter und öffnen meist mit Hilfe der sich vorstülpenden Fruchtblase den Muttermund. Je entspannter die Frau die Eröffnungswehen erträgt und je bewußter sie dabei atmet, umso beschwerdefreier verlaufen sie.
Die Eröffnungswehen folgen in einem immer kürzer werdenden Abstand von ca. 15–5 Minuten und gehen in die Austreibungswehen (alle 2 Minuten) über. Durch die *Austreibungswehen (Preßwehen),* die von der Schwangeren durch Mitpressen (Bauchpresse) wesentlich unterstützt werden können, wird die Leibesfrucht durch Gebärmuttermund und Scheide geboren. Die späteren *Nachgeburtswehen* lösen die Plazenta und treiben sie aus.
Manchmal kommt es nach der Entbindung für 2–3 Tage zu schmerzhaften *Nachwehen,* die durch das Stillen des Kindes noch verstärkt werden.

weiche Hirnhaut svw. Pia mater (↑Hirnhäute).

Weichtiere (Mollusken): Stamm der wirbellosen Tiere (↑Wirbellose) auf dem Land und in Meeres- und Süßgewässern. Ihr Körper ist unsegmentiert. Er gliedert sich in folgende Abschnitte:
1. Im *Kopf* liegt das Zentralnervensystem. Er weist Augen und meist Fühler auf. In der Mundhöhle ist häufig eine ↑Radula ausgebildet. – 2. Der *Fuß* ist ein vom ↑Hautmuskelschlauch hergeleitetes muskulöses Fortbewegungsorgan, das bei den ↑Kopffüßern zu Armen und zu dem (der Fortbewegung dienenden) Trichter umgebildet ist. – 3. ↑Eingeweidesack. – 4. Der *Mantel* ist eine den Eingeweidesack umhüllende Hautfalte, die (besonders bei ↑Schnecken und ↑Muscheln) eine Kalkschale abscheidet.

Weisel svw. Königin (↑Honigbiene).

Weiselwiege ↑Honigbiene.

Weisheitszähne: Diese 3. Mahlzähne jedes Gebißviertels werden im 4.–5. Lebensjahr angelegt. Ihr Durchbruch erfolgt jedoch erst nach dem 16. Lebensjahr, oft sehr viel später und u. U. mit erheblichen Entzündungen. W. variieren in ihrer Form stark. – ↑auch Zähne.

weiße Blutkörperchen (Leukozyten): Farblose, kernhaltige Blutzellen (↑Blut), die sich amöboid, auch gegen den Blutstrom, fortbewegen. Sie dienen der Abwehr von Krankheitserregern durch ↑Phagozytose und können dazu die Blutbahn verlassen. Normalerweise sind in 1 mm^3 Blut rund 7 000 w. B. enthalten.
Man unterscheidet drei Typen von weißen Blutkörperchen: Die *Granulozyten* (ca. 67 %) haben ein feinkörniges, unterschiedlich anfärbbares Zytoplasma. Die *Monozyten* (rund 5 %) sind große Freßzellen (↑Phagozyten). Die *Lymphozyten* (rund 28 %) sind relativ großkernig und finden sich auch in der Lymphe, im lymphoretikulären Gewebe und in der Umgebung chronischer Entzündungsherde. Sie können z. T. Antikörper bilden (↑T-Lymphozyten).

weiße Substạnz: Im ↑Rückenmark umhüllt die w. S. die ↑graue Substanz. In der weißen Substanz verlaufen die Nervenbahnen vom ↑Gehirn zum Körper und umgekehrt. Im Großhirn bildet die w. S. das *Großhirnmark.* Es besteht ausschließlich aus Nervenfasern, welche die rund 14 Milliarden Nervenzellen des Großhirns miteinander verbinden. Würde man alle diese Bahnen aneinander legen, ergäbe sich eine Strecke von rund 500 000 km!

Weißscheckung ↑Albinismus, ↑Panaschierung.

Weitsichtigkeit (Übersichtigkeit): Bei der W. ist der Augapfel im Vergleich zur Brechkraft von Hornhaut und Linse zu kurz. Parallele Strahlen von Gegenständen, die weiter entfernt sind als 5 m, vereinigen sich erst hinter der Netzhaut. Daher muß schon beim Sehen in die Ferne die Linse stärker gekrümmt werden; in eine Korrekturbrille müssen daher Sammellinsen eingesetzt werden.

In der Jugend wird die W. oft übersehen, weil das ↑Auge noch in der Lage ist, die Linse auch für das Sehen in der Nähe stark genug zu krümmen. Die dauernde Anspannung des Ziliarmuskels kann allerdings zu Schäden führen. – ↑auch Alterssichtigkeit.

Welken: Wenn Pflanzenzellen ihren ↑Turgor verlieren, hängen Blätter und junge Triebe herab. Durch Transpiration wurde mehr Wasser abgegeben als aufgenommen wurde. W. kann durch Krankheitserreger und Umweltfaktoren hervorgerufen werden.

Wellensittich ↑Papageien.

Wenigborster ↑Ringelwürmer.

Wickel: Ein ↑Blütenstand, der bei monochasialer Verzweigung auftreten kann; z. B. beim Beinwell.

Wiederkäuer: Gruppe der ↑Paarhufer, die als hochspezialisierte Pflanzenfresser einen mehrkammerigen Magen (↑Wiederkäuermagen) entwikkelt haben. Zu den Wiederkäuern gehören in erster Linie Rinder (mit den vom Auerochsen abstammenden Hausrindern), Antilopen und Hirsche (einschließlich Reh) sowie Giraffen.

Wiederkäuermagen: Der Magen der Wiederkäuer ist vierkammerig: Pansen, Netzmagen und Blättermagen dienen als ↑Vormagen. Erst im Labmagen erfolgt die eigentliche Verdauung (s. auch Abb. S. 470):

Im *Pansen* werden auf der Nahrung (nährstoffarmes Gras) Bakterien und Einzeller gezüchtet. Die Bakterien spalten die sonst unverdauliche Zellulose, während die Einzeller in ihrem eiweißreichen Protoplasma Glykogen speichern. Der Pansen durchknetet die Nahrung intensiv. Sie wird außerdem zur Zerkleinerung und Durchmischung zwischen Pansen und Netzmagen hin- und hergeschleudert.

Der *Netzmagen* (Haube) befördert die Nahrung portionsweise durch rückläufige peristaltische Bewegungen der Speiseröhre in den Mund. Hier wird sie mehrfach gekaut, reichlich mit Speichel versetzt und erneut geschluckt. Dabei wandert das gekaute Gras wieder in den Pansen, während sein flüssiger Anteil über die Schlundrinne direkt in den Blättermagen gelangt. Der im Pansen befindliche Nahrungsbrei wird kräftig geknetet und vergärt weiter. Er wird schließlich ebenfalls dem Blättermagen zugeleitet.

Der *Blättermagen* entzieht mit seiner blattartig vergrößerten Oberfläche der Nahrung Wasser, dickt den Speisebrei also ein und befördert ihn in den Labmagen.

Der *Labmagen* setzt eiweißverdauende Enzyme (Pepsin, Salzsäure) zu, die auch die Mikroorganismen mitverdauen. Sie sind die Hauptlieferanten für Eiweiß. – Die ↑Resorption der Nährstoffe erfolgt schließlich im sehr langen Darm der Wiederkäuer.

Bei *Kälbern* wird die geschluckte Milch direkt dem Labmagen zugeleitet, wo sie durch das ↑Labferment gerinnt und durch Pepsin und Salzsäure verdaut wird.

Wildtyp: Als W. wird ein Lebewesen bezeichnet, das sämtliche Merkmale besitzt, die für die Individuen einer natürlichen Population charakteristisch sind. Die Allele seiner Gene werden in der genetischen Schreibweise durch ein + gekennzeichnet.

willkürliche Muskeln: Im Gegensatz zu den ↑unwillkürlichen Muskeln unterliegen w. M. dem Willen. W. M. sind ↑quergestreifte Muskeln, mit Ausnahme des Herzmuskels.

Wimpern:

◊ (Augenwimpern): Am Rand der Augenlider sitzen in mehreren Reihen die Wimpern. In Verbindung mit dem Lid-

schlußreflex wehren sie Fremdkörper (z. B. Insekten) vom Auge ab.
◊ (Zilien): Im Unterschied zu den ↑Geißeln, denen sie in ihrer Grundstruktur jedoch völlig entsprechen, sind diese sehr feinen Zellfortsätze viel kürzer als die sie tragende Zelle und stets in größerer Zahl vorhanden. Sie bewegen Einzelzellen (z. B. ↑Wimpertierchen), vielzellige Organismen (z. B. Strudelwürmer) oder bilden ein ↑Flimmerepithel für den Transport von Substanzen.

Wimpertierchen (Ziliaten): Höchstorganisierte Klasse der ↑Protozoen, die in Süß- und Meeresgewässern weit verbreitet sind, z. T. auch im Körperinnern höherer Tiere vorkommen. W. sind gekennzeichnet durch stark differenzierte Organellen, wie z. B. ↑Wimpern, Nahrungsvakuole, ↑pulsierende Vakuole, Makro- und Mikronukleus. – Siehe auch Abb. S. 470.
Entweder sitzen die W. auf der Unterlage fest (z. B. die *Glockentierchen* und die trichterförmigen *Trompetentierchen*), oder sie sind frei beweglich (z. B. ↑Pantoffeltierchen).
Auf eine Reihe von ungeschlechtlichen Teilungen folgt bei den W. meist eine ↑Konjugation.

Windbestäubung ↑Bestäubung.

Windpocken (Wasserblattern, Varizellen): Die W. sind eine Viruserkrankung des Kindesalters mit bläschenförmigem Hautausschlag und u. U. leichtem Fieber. Erwachsene werden nur selten befallen. W. sind – im Gegensatz zu den echten ↑Pocken – im allgemeinen eine leichte Erkrankung. Spezifische Vorbeugungsmaßnahmen gegen die Infektion mit W. gibt es nicht, doch wird die Erkrankung von wohlgenährten Kindern meist gut überstanden

Wintergäste: Vögel aus Skandinavien und Sibirien, die bei uns nur den Winter über anzutreffen sind, werden als W. bezeichnet. In manchen Jahren sind bei uns z. B. Seidenschwänze (mit unseren Tannenhähern verwandt) zu sehen.

Winterruhe ↑Winterschlaf.

Winterschlaf: Einige Säugetiere fallen während des kalten, nahrungsarmen Winters an geschützten Stellen oder in ihren Bauen in einen mehr oder weniger tiefen Winterschlaf, der hormonell gesteuert wird. Ihr Stoffwechsel und damit die Wärmeproduktion werden dabei stark eingeschränkt. Atmung und Kreislauftätigkeit sind sehr verlangsamt; dabei sinkt die Körpertemperatur bis nahe 0 °C ab. Wird der Körper etwa bei Temperaturen unter –5 °C weiter abgekühlt, sterben nur Fledermäuse, andere Tiere wachen auf, wodurch sie schnell wieder wärmer werden und sogar bessere Überwinterungsplätze aufsuchen. Viele Tiere leben während dieser Zeit nur von ihrem Körperfett (z. B. Igel). Andere (z. B. der Hamster) legen sich Nahrungsvorräte an, von denen sie während des Winters zehren.
Dachs, Bär und Eichhörnchen halten nur eine *Winterruhe,* wobei sie die kältesten Zeiten zwar verschlafen, ihre Körpertemperatur aber nicht senken. Sie wachen häufig auf. Die Bärin wirft während dieser Zeit sogar ihre Jungen.
Wechselwarme Tiere (Reptilien, Amphibien, Schnecken u. a.) ziehen sich bei Einbruch des Winters in Schlupfwinkel zurück und fallen in ↑Kältestarre.

Wirbel ↑Wirbelsäule.

Wirbellose: Zusammenfassende Bezeichnung für alle ↑Vielzeller mit echten Geweben, mit Ausnahme der ↑Wirbeltiere. Es sind meist kleine bis mittelgroße Tiere, die keine stützende ↑Wirbelsäule besitzen. Hierher gehören z. B. ↑Hohltiere, ↑Ringelwürmer, ↑Gliederfüßer, ↑Stachelhäuter, ↑Manteltiere und ↑Weichtiere.

Wirbelsäule: Die W. ist das ↑Achsenskelett der Wirbeltiere. Sie verdrängt die ursprüngliche ↑Chorda dorsalis. Die W. besteht aus einzelnen *Wirbeln.* Knorpelfische (Haie, Rochen) haben noch knorpelige, Knochenfische und alle höheren Wirbeltiere knöcherne Wirbel. Amphibien und Reptilien entwickeln zwischen den Wirbelkörpern Gelenkflächen, Vögel besitzen zwischen den Wirbeln Gelenke mit Sattelflächen.

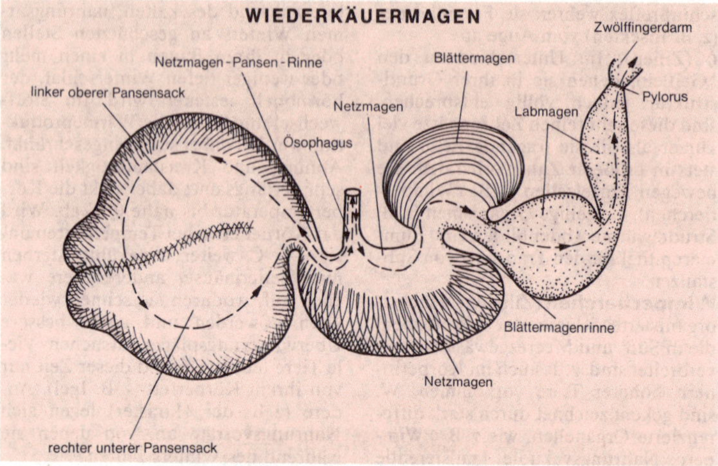

Abb. Wiederkäuermagen: Der Weg der Nahrung ist durch Pfeile gekennzeichnet

Die Wirbel der Säuger sind auf beiden Seiten fast eben. Zwischen ihnen liegen die *Zwischenwirbelscheiben (Bandscheiben),* in deren Zentrum noch ein Rest der Chorda dorsalis zu finden ist. Die Bandscheiben geben der Wirbelsäule im Verein mit besonderen Gelenkflächen an Fortsätzen eine begrenzte Beweglichkeit. Alle Wirbel besitzen auf der Rückenseite einen *Neuralbogen,* der das Rückenmark schützend umgibt. Zwischen den Wirbeln verlassen die Spinalnerven das Rückenmark.
Die *W. des Menschen* fängt durch ihre Doppel-S-Form und die Bandscheiben Stöße auf. Sie besteht aus 7 Hals-, 12 Brust-, 5 Lenden-, 5 verwachsenen Kreuzbein- und 4–5 verkümmerten Steißbeinwirbeln. Die Brustwirbel tragen die Rippen, die Kreuzbeinwirbel das Becken. Eine Sonderstellung nehmen die beiden obersten Halswirbel, Dreher und ↑Atlas, ein.

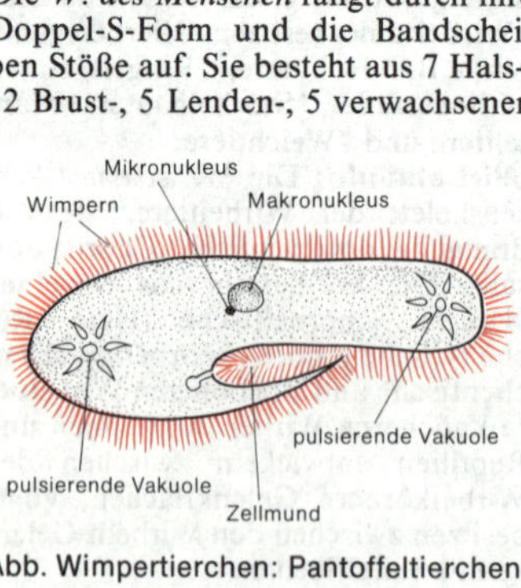

Abb. Wimpertierchen: Pantoffeltierchen

Wirbeltiere (Vertebrata): Die W. bilden die höchstentwickelte, zu den ↑Chordatieren zählende Tiergruppe, zu denen auch der Mensch gehört. Die W. besitzen einen bilateral-symmetrischen Körper, ein festes Innenskelett (↑Wirbelsäule) mit Schädel, ursprünglich zwei Paar Gliedmaßen und eine mehrschichtige Oberhaut. Das ↑Gehirn ist stets deutlich vom übrigen Nervensystem abgegliedert, und die Sinnesorgane sind hoch entwickelt.
W. sind fast immer getrenntgeschlechtig. Je nach Fehlen oder Vorhandensein von Embryonalhüllen werden *Anamnier* (*niedere W.;* mit Rundmäulern, Fischen und Lurchen) und *Amnioten* (*höhere W.;* mit Kriechtieren, Vögeln und Säugetieren) unterschieden.

Wirkstoffe: Häufig werden in der Literatur ↑Enzyme, ↑Vitamine und ↑Hormone als W. zusammengefaßt, da sie gegenüber anderen Stoffen in sehr geringen Mengen wirken. Dieser Begriff ist heute überholt, da man weiß, daß Bau- und Betriebsstoffwechsel eine Einheit darstellen und daß man zwischen Vitaminen und anderen Teilnehmern des Zwischenstoffwechsels keine Abgrenzung vornehmen kann.

Wirtsorganismus (Wirt): Als W. bezeichnet man ein Lebewesen, in dem ein ↑Parasit lebt. So ist z.B. ein Mensch, in dessen Darm ein Bandwurm lebt, der Wirt des Bandwurms.

Wirtspflanzen: Pflanzen, in oder an denen ↑Parasiten (z.B. Kleeseidearten) oder Halbparasiten (↑Halbschmarotzer; z.B. die Mistel) schmarotzen.

Wirtstiere: Tierische Organismen, in denen ↑Parasiten leben; z.B. der Hund für den Hundebandwurm.

Wirtswechsel: Manche ↑Parasiten müssen, um ihre oft komplizierte Entwicklung vom Ei zum fertigen Tier abschließen zu können, den Wirt wechseln. Typische Beispiele für einen solchen W. sind der Rinderbandwurm (↑Bandwürmer) und die ↑Leberegel.

Wuchsstoffe (Auxine): Bei den Pflanzen übernehmen bestimmte organische Substanzen, die als W. bezeichnet werden, die Regulation des Wachstums. Sie wirken schon in geringen Konzentrationen und werden im Leitungssystem der Pflanze transportiert; sie haben also gewisse Ähnlichkeiten mit den ↑Hormonen der Tiere bzw. des Menschen und werden daher auch als *Phytohormone* bezeichnet.

Das wichtigste Auxin ist *Indolylessigsäure* (IES), die bei höheren Pflanzen aus Tryptophan gebildet und unter dem Einfluß von Licht abgebaut wird. IES wird in der Sproßspitze synthetisiert und nach unten geleitet. Es verhindert das Austreiben der Seitensprosse.

Gibberelline haben eine sehr komplizierte chemische Struktur. Die Gibberellinsäure wurde bei einer Krankheit des Reises, bei der sich dieser abnorm in die Länge streckt, als wirksames Gift eines Pilzes entdeckt. Auch Gibberelline haben konzentrationsabhängig verschiedene Wirkungen. Wichtig ist die Aktivierung von Enzymen in Samen, die Stärke spalten. Der Embryo entsendet Gibberellinsäure in die äußerste Schicht des Endosperms. Dort werden Gene aktiviert, die Amylase für die Hydrolyse der Stärke bilden.

Zytokinine (z.B. Kinetin, Zeatin) sind Abkömmlinge des Adenins. Sie werden hauptsächlich in der Wurzel gebildet und fördern das Zellteilungs- und Streckungswachstum sowie die Samenkeimung.

Abszisinsäure ist eine „Wachstumsbremse" und damit gewissermaßen das Gegenteil der bisher genannten Wuchsstoffe. Es fördert den Blattfall, die Reifung von Früchten und die Winterruhe der Knospen.

Viele Wirkungen der W. sind wahrscheinlich auf die Bildung von *Äthylen* in der Pflanze zurückzuführen, das ebenfalls Wuchsstoffwirkungen hat.

Einige künstlich hergestellte W. werden bei der Unkrautbekämpfung (2,4-Dichlorphenoxyessigsäure = 2,4-D) oder bei der Bewurzelung von Stecklingen (Naphthylessigsäure = NES) verwendet.

Wundrose: Bakterien (Streptokokken), die von den Rändern einer Wunde in die benachbarte Haut eindringen, führen zur Wundrose. Es handelt sich dabei um eine sehr schmerzhafte, fortschreitende, fiebrige Entzündung der Haut. Dehnt sie sich weiter aus, kommt es zur Schwellung der Lymphknoten, zur Bildung von Eiter im Unterhautgewebe und schließlich zur allgemeinen ↑Blutvergiftung.

Wundstarrkrampf (Starrkrampf, Tetanus): Der W. wird durch das Gift der stäbchenförmigen *Tetanusbazillen* (Clostridium tetani) hervorgerufen. Sie leben im Darm von Menschen und vielen Tieren und werden mit dem Kot ausgeschieden. An der Luft bilden sie Sporen, die jahrelang im Boden lebensfähig bleiben. Da sie strenge Anaerobier sind und in Gegenwart von Sauerstoff nicht wachsen können, befallen sie nur schlecht durchblutetes Gewebe in Wunden. Ihr Gift wirkt auf das Nervensystem und führt zu Lähmungen, auch der Atemmuskulatur.

Erste Maßnahmen gegen W. sind die Säuberung der Wunde (vom Arzt!) und die passive Impfung. Die vorbeugende aktive Schutzimpfung ist zuverlässig wirksam und auch weitgehend harmlos.

Wundversorgung ↑ Erste Hilfe.

Wurmfortsatz svw. ↑ Appendix.

Wurzelfüßer (Rhizopoden): Stamm mikroskopisch kleiner, einzelliger Tiere (↑ Protozoen), v. a. in Süß- und Meeresgewässern, bei denen meist die Fortbewegung, jedoch stets die Nahrungsaufnahme durch ↑ Scheinfüßchen erfolgt. Hierher gehören besonders die ↑ Amöben, ↑ Foraminiferen und ↑ Strahlentierchen.

Wurzelhaare ↑ Wurzeln.

Wurzelhaube ↑ Wurzeln.

Wurzelknöllchen ↑ Knöllchenbakterien.

Wurzelknolle ↑ Wurzelmetamorphosen.

Wurzelmetamorphosen: Die Wurzeln mancher Pflanzen übernehmen neben ihren Hauptaufgaben der Wasser- und Nährsalzaufnahme sowie der Verankerung der Pflanze im Boden noch andere Funktionen, die zu charakteristischen Abweichungen von der normalen Gestalt der Wurzel führen: Dienen die Wurzeln als *Speicherorgan,* so nehmen sie an Umfang zu (z. B. Mohr- und Zuckerrübe). – Zwei- und mehrjährige Rosettenpflanzen, z. B. Petersilie, Kümmel, Enzian, aber auch die Rhizome des Spargels, haben *Zugwurzeln,* die durch Kontraktion die Sproßachsen der Pflanzen langsam in den Boden ziehen. Dadurch bleibt die Rosette immer am Boden liegen, und die jungen Knospen sind vor der ↑ Auswinterung geschützt.
Weitere W. sind die ↑ Luftwurzeln und Haftwurzeln (↑ Haftorgane). Bei Dahlien oder Orchideen entstehen aus Seitenwurzeln die *Wurzelknollen,* die den Sproßknollen ähnlich sehen, aber keine Blattanlagen („Augen") besitzen.

Wurzeln: Die W. sind die Teile der ↑ Sproßpflanzen, die meist in die Erde wachsen. Sie befestigen die Pflanze im Boden und nehmen aus ihm Wasser und Nährsalze auf und leiten sie in den Sproß. Außerdem können sie wie die Sproßachse und die Blätter Reservestoffe speichern. Der morphologische Unterschied zwischen Wurzel und Sproß besteht darin, daß W. keine Blatt- und Knospenanlagen ausbilden. Der anatomische Unterschied beruht auf der zentralen Anordnung der ↑ Leitbündel.
An der noch wachsenden Wurzel können schon äußerlich drei Zonen unterschieden werden: der an der *Wurzelspitze* liegende Vegetationspunkt, die sich anschließende Wachstumszone und die darauf folgende Zone der Wurzelhaare:
Der *Vegetationspunkt* hat zum Schutz für die zarten embryonalen Zellen eine *Wurzelhaube (Kalyptra)* ausgebildet. Die äußeren Zellen der Haube lösen sich nach Verschleimung der Mittellamellen ab, werden aber immer wieder vom Urmeristem nachgebildet. Die verschleimten, abgestoßenen Zellen erleichtern der Wurzel das Weiterkriechen im Boden.
Die *Wachstumszone* beginnt an der Basis des ↑ Vegetationskegels. In ihr erfolgt die Umwandlung der jungen Zellen in Dauerzellen bei einem gleichzeitigen ↑ Streckungswachstum.
Die Wachstumszone geht über in die Zone der *Wurzelhaare.* Diese sind Ausstülpungen der ↑ Rhizodermis, die den W. die Wasser- und Nährsalzaufnahme erleichtern. Sie vergrößern die Oberfläche. Wurzelhaare leben nur wenige Tage und werden immer wieder nachgebildet. Wasser- und Sumpfpflanzen haben keine Wurzelhaare, weil sie sehr leicht Wasser aufnehmen. Auch Pflanzen mit ektotropher ↑ Mykorrhiza haben an den befallenen Wurzelteilen keine Wurzelhaare.
Innerer Bau der Wurzel: Die jungen Wurzelteile werden nach außen durch eine Wurzelhaut (Rhizodermis) begrenzt. Ebenso wie die Wurzelhaare stirbt die Rhizodermis bald ab. Dafür bildet sich nun ein sekundäres Abschlußgewebe, die ↑ Exodermis. Das noch restliche Gewebe wird in *Rinde* (mit ↑ Endodermis) und *Zentralzylinder* eingeteilt.
Die äußerste Zellschicht des Zentralzylinders ist das *Perikambium* oder *Perizykel.* Es ist für die nachträgliche Bil-

dung neuer Zellen, für die Ausbildung der Seitenwurzeln sowie eines sekundären Abschlußgewebes beim sekundären ↑Dickenwachstum verantwortlich. Die Leitungsbahnen sind im Zentralzylinder als zentrales, radiales ↑Leitbündel angeordnet. Die *Seitenwurzeln* bilden mit der *Hauptwurzel* ein Wurzelsystem.

Am Sproß ausgebildete W. heißen sproßbürtig. Gehören *sproßbürtige W.* zum normalen Entwicklungsverlauf, bezeichnet man sie als *Nebenwurzeln*. Werden sproßbürtige Wurzeln dagegen künstlich erzeugt, nennt man sie *Adventivwurzeln*. – ↑auch Wurzelmetamorphosen.

Wurzelstock svw. ↑Rhizom.

X

Xanthophylle: X. entstehen aus den ↑Karotinoiden durch Einführung von Hydroxyl- oder Ketogruppen. *Blattxanthophyll* oder Lutein leitet sich vom α-Karotin, der Maisfarbstoff *Zeaxanthin* vom β-Karotin ab. Die rote Farbe gekochten Hummers wird durch das sauerstoffreiche *Astaxanthin* hervorgebracht.

X. finden sich meist in den Plastiden der pflanzlichen Zelle und sind stets Begleiter der ↑Chlorophylle a und b.

X-Chromosom ↑Geschlechtschromosomen.

Xerophyten (Trockenpflanzen): Auf zeitweise trockenen Standorten wachsende Pflanzen. X. sind *xeromorph* gebaut, d. h., sie haben Einrichtungen zur dauernden oder vorübergehenden Hemmung der Wasserabgabe. Meist sind zusätzlich noch sehr lange Wurzeln ausgebildet, die eine noch ausreichende Wasseraufnahme aus dem wasserarmen Boden gestatten. Ein Teil der die Transpiration herabsetzenden Einrichtungen dient auch zum Schutz gegen zu starke Wärmestrahlung.

Transpirationseinschränkende Einrichtungen sind die verdickte Epidermis, Ausbildung von Wachs- und Harzüberzügen. Die ↑Spaltöffnungen werden verkleinert und versenkt oder mit Haaren überzogen. Der wirksamste Transpirationsschutz ist die Verkleinerung der transpirierenden Oberflächen (z. B. Blattabwurf zu Beginn der Trockenzeit). Auch eine Verzwergung (Nanismus) der ganzen Pflanzen kommt vor. Mit einer Verkleinerung der Blattoberfläche nimmt auch die Assimilation ab. Um diesen Verlust auszugleichen, besitzen auch die Sproßachsen Assimilationsgewebe.

Viele X. (z. B. ↑Sukkulenten) schränken nicht nur die Transpiration ein, sondern speichern außerdem während der kurzen Regenzeiten Wasser für die längeren Trockenzeiten. – ↑auch Tropophyten.

Xylem (Gefäßteil) ↑Leitbündel.

Y

Y-Chromosom ↑Geschlechtschromosomen.

Yohimbin: Alkaloid aus der Rinde eines westafrikanischen Rötegewächses; wirkt gefäßerweiternd und dient u. a. als potenzsteigerndes Mittel.

Z

Zahnbein (Dentin): Die Grundsubstanz der ↑Zähne ist das lebende Z. Es wird von zahnbildenden Zellen, den *Odontoblasten,* erzeugt.

Zähne: Z. sind harte Gebilde in der Mundhöhle (manchmal am Gaumen) der Wirbeltiere und damit auch beim Menschen. Sie dienen dem Festhalten, Abbeißen und Zerkleinern der Nahrung. Einem solchen Zweck dienen auch entsprechende Bildungen bei einigen wirbellosen Tieren, z. B. die Zähnchen am Kauapparat (Laterne des Aristoteles) der Seeigel, die Chitinzähnchen der ↑Radula bei Schnecken und des ↑Kaumagens bei manchen Insekten.

Die Z. der Wirbeltiere *(Dentes)* sind den Plakoidschuppen (Hautzähne) der Haie homolog. – Die Gesamtheit der Z. der Mundhöhle heißt ↑Gebiß.

Äußerlich gliedern sich die Z. (s. Abb.) in die aus dem Zahnfleisch ragende *Zahnkrone* (Krone), den im Zahnfleisch sitzenden *Zahnhals* und die im *Zahnfach (Alveole)* des Kieferknochens verankerte *Zahnwurzel.* An der Wurzelspitze liegt die Öffnung zum *Wurzelkanal,* in dem Gefäße und Nerven zur *Zahnhöhle (Pulpahöhle)* verlaufen, um dort zusammen mit lockerem Bindegewebe und Zahnbeinzellen die *Zahnpulpa* (*Pulpa, Zahnmark;* im Volksmund: „Zahnnerv") zu bilden.

Der Kern des Zahns besteht aus lebendem, knochenähnlichem *Zahnbein (Dentin).* Die Wurzel ist außen von einer dünnen Schicht geflechtartiger Knochensubstanz, dem *Zahnzement,* umgeben, von dem aus Kollagenfasern der bindegewebigen, gefäß- und nervenreichen *Wurzelhaut* zum Zahnfach des Kiefers ziehen und den Zahnhalteapparat bilden; die Wurzelhaut stellt für den Zahn ein elastisches „Kissen" dar. Die Krone ist von *Zahnschmelz,* der härtesten Substanz des Körpers überhaupt, dünn überzogen. Am Zahnhals stoßen Zahnzement und Zahnschmelz aneinander.

Bei den Schneidezähnen der Nagetiere ist nur die vordere Seite von Zahnschmelz überdeckt. Dadurch nutzt sich das dahinterliegende weichere Zahnbein schneller ab, und die (ständig nachwachsenden) Nagezähne erhalten Meißelform. Auch die Kauflächen der Mahlzähne vieler Tiere sind nur teilweise durch Schmelz geschützt, wodurch mit der Zeit scharfe Schmelzkanten neben dem stärker abgenutzten Zahnbein stehenbleiben. Solche Zähne können je nach Abnutzungsgrad zur Feststellung des Lebensalters dienen (z. B. bei Pferden).

Die *Zähne des Menschen* bilden in Ober- und Unterkiefer je einen *Zahnbogen.* In jeder Hälfte liegen vorn 2 Schneidezähne, 1 Eckzahn, 2 Vorbackenzähne und 3 Backenzähne, insgesamt also 32 Zähne im bleibenden Gebiß. Dem Milchgebiß fehlen die Backenzähne, so daß es nur aus 20 Zähnen besteht.

Die *Schneidezähne* (Inzisivi) besitzen eine scharfe Schneidkante zum Abbeißen der Nahrung. Sie haben eine langgezogen-dreieckige Form und nur eine Wurzel. – Die *Eckzähne* (Kanini) stehen bei den Tieren mehr oder weniger stark vor (*Fangzähne,* Imponierzähne). Sie sind durch eine sehr lange Wurzel im Kiefer verankert und sind meist vorn zugespitzt. – Die *Vorbackenzähne* (Vormahlzähne, Prämolaren) zerkleinern die Nahrung mit ihrer beim Menschen zweihöckrigen Krone. Die unteren sind mit einer, die oberen mit zwei Wurzeln im Kiefer befestigt. – Die *Backenzähne* (Mahlzähne, Molaren) zermahlen mit ihrer beim Menschen vierhöckrigen Krone die Nahrung. Die oberen Mahlzähne haben drei, die unteren zwei Wurzeln. Spitzhöckerige Vorbacken- oder Backenzähne, die bei Raubtieren dem Zerteilen der Beute dienen, nennt man *Reißzähne.* Die hintersten (dritten) Backenzähne *(Weisheitszähne)* des Menschen werden erst im 4. oder 5. Lebensjahr

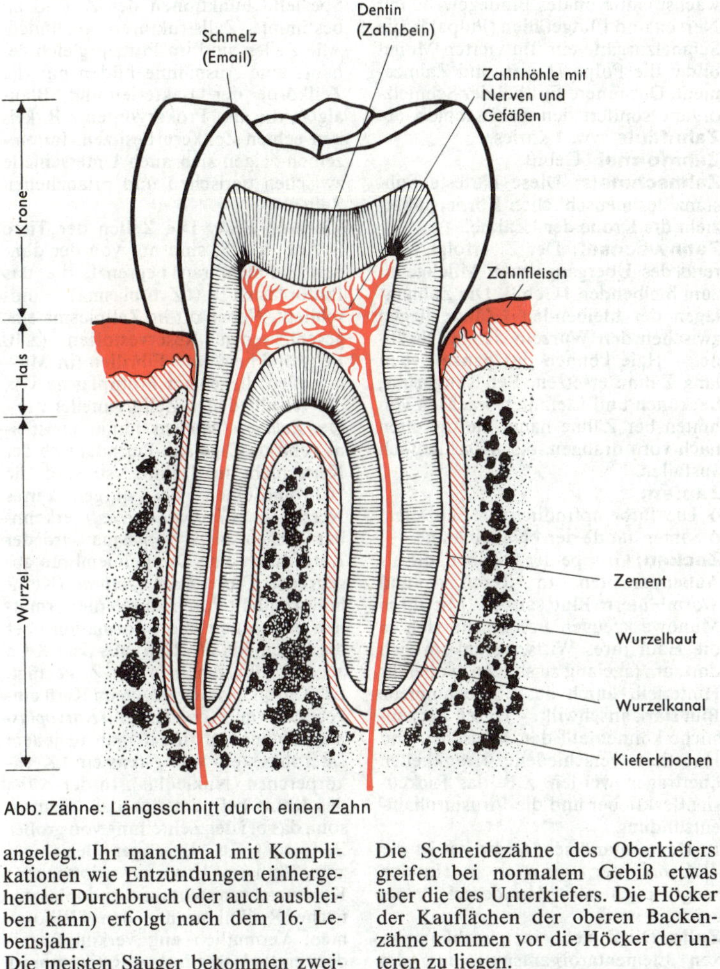

Abb. Zähne: Längsschnitt durch einen Zahn

angelegt. Ihr manchmal mit Komplikationen wie Entzündungen einhergehender Durchbruch (der auch ausbleiben kann) erfolgt nach dem 16. Lebensjahr.

Die meisten Säuger bekommen zweimal Zähne. Zuerst erscheint das noch unvollständige *Milchgebiß*. Zum Zahnwechsel werden die relativ kleinen Milchzähne von der Wurzel her abgebaut, während darunter die Z. des bleibenden Gebisses heranwachsen. Diese lockern den noch vorhandenen, hauptsächlich nur noch aus der Krone bestehenden Rest der Milchzähne so weit, daß sie ausfallen.

Die Schneidezähne des Oberkiefers greifen bei normalem Gebiß etwas über die des Unterkiefers. Die Höcker der Kauflächen der oberen Backenzähne kommen vor die Höcker der unteren zu liegen.

Zur *Zahnentwicklung* senkt sich beim Menschen im 2. Embryonalmonat im Ober- und Unterkiefer je eine bogenförmige *Zahnleiste (Schmelzleiste)* ins Bindegewebe. Diese Zahnleiste wölbt sich an zehn Stellen zu glockenförmigen sog. *Schmelzorganen (Schmelzglokken)* auf, die innen wie eine Negativform die Gestalt der späteren Zahnkrone annehmen. Von unten her wächst embryonales Bindegewebe mit Nerven und Blutgefäßen (Pulpa) in die Schmelzorgane ein. Im vierten Monat bildet die Pulpa Dentin und Zahnzement. Das innere Epithel der Schmelzorgane sondert den Zahnschmelz ab.

Zahnfäule svw. ↑Karies.

Zahnformel ↑Gebiß.

Zahnschmelz: Diese härteste Substanz des menschlichen Körpers überzieht die Krone der ↑Zähne.

Zahnwechsel: Der Z. erfolgt während des Übergangs vom Milchgebiß zum bleibenden ↑Gebiß. Die Zahnanlagen der bleibenden ↑Zähne liegen zwischen den Wurzeln der Milchzähne. – Haie können das ganze Leben lang Zähne ersetzen. Bei Känguruhs, Seekühen und Elefanten wachsen von hinten her Zähne nach, die die alten nach vorn drängen, bis sie schließlich ausfallen.

Zapfen:
◊ Die farbempfindlichen ↑Sehzellen.
◊ Samenstände der ↑Nadelbäume.

Zecken: Gruppe der ↑Milben, die als Außenparasiten an Reptilien und Warmblütern Blut saugen. Mit ihren Mundwerkzeugen bohren sie sich in die Haut ihres Wirts, verankern sich dort, um tagelang zu saugen, wobei ihr Hinterleib durch das aufgenommene Blut stark anschwillt. – Durch Zeckenstiche können auf den Menschen und Haustiere verschiedene Krankheiten übertragen werden, z. B. das Rickettsienfleckfieber und die Virushirnhautentzündung.
In Deutschland sehr verbreitet ist der *Holzbock,* der, wenn er an Hunden saugt, auch als „Hundezecke" bezeichnet wird.

Zelle: Die Z. stellt einen hochkomplexen Elementarorganismus dar, der statt Organe ↑Organellen besitzt. Damit enthält die Z. alle für ein Eigenleben notwendigen Strukturelemente, sie zeigt alle Eigenschaften des Lebens. Dies wird besonders deutlich bei den Einzellern. Bei allen anderen Lebewesen schließen sich Zellen zu Zellverbänden bzw. Geweben und Organen zusammen, womit eine Arbeitsteilung verbunden ist.
Spezielle Funktionen der Z. sind an bestimmte Zellstrukturen gebunden. Alle Zellen sind im Prinzip gleich gebaut; eine Ausnahme bilden nur die Zellkörper der ↑Bakterien und ↑Blaualgen, die als ↑Prokaryonten z. B. keinen echten Zellkern besitzen. Im einzelnen zeigen sich auch Unterschiede zwischen tierischen und pflanzlichen Zellen.
Tierische Zelle: Die Zellen der Tiere (s. Abb. S. 478) sind nur von der dünnen Zellmembran begrenzt, die das Protoplasma (↑Zytoplasma) umschließt. Neben oft im Zellplasma eingeschlossenen Reservestoffen (z. B. Fetttröpfchen) und Fibrillen (in Muskelzellen) liegen im Protoplasma v. a. die verschiedenen Zellorganellen:
Der *Zellkern (Nukleus)* nimmt meist eine zentrale Lage ein. Befindet sich der Kern nicht in Teilung, so sind die ↑Chromosomen als aufgelockertes Netzwerk *(Chromatingerüst)* erkennbar. Gegen das Zytoplasma wird der Kern durch eine Doppelmembran abgegrenzt. Diese *Kernmembran* (Kernhülle) enthält Poren, durch die vermutlich die ↑genetische Information über die Boten-RNS (↑RNS) aus dem Kern zu den Ribosomen in der Z. gelangt. Die Chromosomen liegen im Kern eingebettet im *Kernplasma (Karyoplasma).* Außerdem findet man in jedem Interphasekern wenigstens ein ↑Kernkörperchen (Nukleolus). In der Nähe des Kerns befindet sich das ↑Zentrosom, das bei der Zellteilung von großer Bedeutung ist. In enger Beziehung zum Zellkern bzw. zur (doppelten) Kernmembran steht das ↑endoplasmatische Retikulum mit den ↑Ribosomen. Vermutlich eng verknüpft mit dem endoplasmatischen Retikulum ist der ↑Golgi-Apparat. Die bestuntersuchten Organellen der Z. sind die ↑Mitochondrien. Weiterhin findet man in der Z. die ↑Lysosomen, die erst beim Platzen ihrer Membran (vermutlich erst beim Zelltod) zellauflösende Enzyme freisetzen.
Pflanzliche Zelle: Der augenfälligste Unterschied zur tierischen Z. ist das Vorhandensein einer *Zellwand* (statt

nur einer Zellmembran), die bei der ausgewachsenen Z. ein starres Gebilde darstellt und für das osmotische System der Pflanzenzelle mit seinem beträchtlichen Binnendruck ein Stabilisierungselement darstellt. Sie gliedert sich von außen nach innen in vier Schichten:

1. Die *Mittellamelle* besteht aus Pektinen und bildet sich bei der Zellteilung zwischen den beiden Tochterzellen aus. – 2. Die *Primärwand,* in deren Grundsubstanz (Pektin und Hemizellulosen) Zellulosefäden netzartig eingelagert sind (Streuungstextur), ist in jungem Zustand elastisch und dehnbar und zeigt Wachstum durch Anlagerung von Lamellen von innen her. – 3. Auf eine dünne Übergangslamelle folgt die *Sekundärwand.* Diese kann z. B. in Festigungsgeweben durch starke Einlagerung von Zellulose (unter Einengung des Zellumens) besonders massiv werden, wobei mehrere Schichten mit Paralleltextur entstehen. Außerhalb der Primärwand kann sich bei Zellen der Pflanzenoberfläche durch Ausbildung einer Kutikula oder einer Korkschicht zusätzlich noch eine weitgehend zellulosefreie Wandschicht ausbilden. – 4. Abschließend nach innen folgt die *Tertiärwand,* die wiederum aus Pektin und Hemizellulosen besteht, chemisch besonders resistent ist und eine eigene Textur aufweist.

Als weitere Besonderheit besitzt die differenzierte Pflanzenzelle eine große, mit *Zellsaft* gefüllte Zellvakuole, die das Zytoplasma, d. h. den Protoplasten, an die Wand drückt. Dieser wird von zwei Zellmembranen begrenzt, zur Tertiärwand hin vom *Plasmalemma,* zur Vakuole hin vom *Tonoplasten.* Im Protoplasten findet man die gleichen Strukturen bzw. Organellen wie in der tierischen Z., außerdem noch die ↑ Plastiden in Form von Chloro-, Chromo- und Leukoplasten.

Zellkern (Nukleus, Nucleus) ↑ Zelle.

Zellorganellen ↑ Zelle.

Zellplasma svw. ↑ Zytoplasma.

Zellsaft ↑ Zelle.

Zellteilung: Der Vorgang der Z. teilt eine Zelle in der Regel in zwei neue Tochterzellen, die entweder gleich *(äquale Z.)* oder voneinander verschieden sind *(inäquale Z.).*

Der Z. geht bei Zellen mit echten Kernen fast immer eine Kernteilung (↑ Mitose oder ↑ Meiose) voraus. Auch in Bakterien und Blaualgen wird der DNS-Faden vor der Z. verdoppelt.

Im allgemeinen wird sofort nach der Telophase der *Kernteilung* mit der Bildung einer neuen Zellmembran zwischen den beiden Kernen begonnen. Bei Tieren schnürt sich die Zellmembran vom Rande her ein, bei Pflanzen wird vom Golgi-Apparat an dieser Stelle Material angeliefert, das die erste Zellwand bildet. Nicht immer folgen auf Kernteilungen auch Zellteilungen; in diesen Fällen entstehen vielkernige Zellen (↑ Plasmodien).

Zwischen zwei Kernteilungen befindet sich die Zelle in der *Arbeitsphase,* d. h., der Kern synthetisiert RNS, und im Zytoplasma werden Proteine gebildet. Diese Phase *(Interphase)* ist bei den meisten Zellen in drei Abschnitte zu gliedern: Sofort auf die Mitose folgt das *G_1-Stadium,* das die nachfolgende Chromosomenverdopplung vorbereitet. Diese findet in der *S-Phase* statt, wo DNS synthetisiert wird. Darauf folgt die *G_2-Phase,* in der die nächste Mitose vorbereitet wird.

Zellulose (Cellulose): Die Makromoleküle des Polysaccharids Z. sind aus Glucoseeinheiten aufgebaut. Pro Molekül sind rund 8000–12000 Glucoseeinheiten verknüpft; das entspricht einem Molekulargewicht von etwa 1,3 bis 2 Millionen.

Z. ist das im Pflanzenreich am weitesten verbreitete Polysaccharid und bildet die Gerüstsubstanz der Zellwand. Reine Z. findet man in der Zellwand von Baumwollsamenhaaren.

Z. wird durch chemische Verfahren meist aus Holz gewonnen.

Zellwand ↑ Zelle.

Zentralkörperchen svw. ↑ Zentriol.

Zentralnervensystem (Abk.: ZNS): Eine Zentralisation des Nervensystems findet man schon bei den Wirbellosen als Bauchmark (↑ Bauchganglien), als Ober- und Unter-

ZELLE

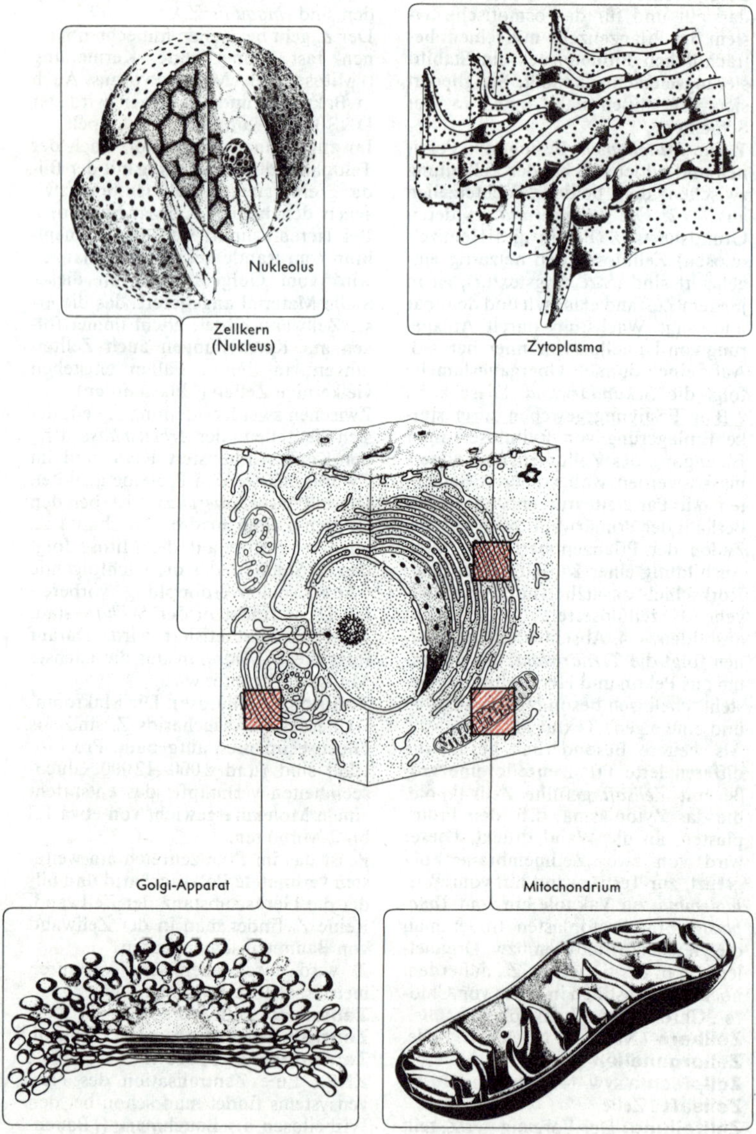

Abb. Zelle: Elektronenmikroskopische Ansicht von Zelle und Zellorganellen

schlundganglion bei Gliederfüßern und am weitesten entwickelt bei den Kopffüßern (↑ Nervensystem). Das ZNS der Wirbeltiere umfaßt das ↑ Gehirn und das ↑ Rückenmark. Gehirn und Rückenmark sind die zentralen Stätten der Reizverarbeitung und Auslösung von Reizantworten und spontanen Handlungen. Die ↑ Reizleitung zum und vom Gehirn bzw. Rückenmark erfolgt durch das periphere Nervensystem (↑ periphere Nerven).

Zentriol (Zentralkörperchen): Das Z. ist in der Nähe des Zellkerns bei Tieren, Einzellern und niederen Pflanzen immer doppelt zu finden. Die Zentriole bilden zusammen mit dem ↑ Zentrosom das *Kinetozentrum,* von dem aus der Spindelapparat in der ↑ Mitose gebildet wird.

Zentriole sind Hohlzylinder, deren Wand aus 9 Gruppen mit je 3 Filamenten besteht, ähnlich den Basalkörperchen von Zilien (↑ Wimpern). Sie enthalten ↑ DNS und verdoppeln sich im Laufe der Kernteilung, nachdem sie vor der ↑ Mitose an gegenüberliegende Pole der Zelle gewandert sind.

Zentromer: Das Z. erscheint unter dem Lichtmikroskop als eine Einschnürung, die jedes Chromosom in 2 nicht unbedingt gleichlange Schenkel teilt. Am Z. setzen die Spindelfasern an, die für eine geordnete Bewegung der ↑ Chromosomen in der ↑ Mitose und ↑ Meiose sorgen.

Zentrosom: Das Z. bildet zusammen mit den ↑ Zentriolen das Kinetozentrum, von dem in der ↑ Prophase der ↑ Mitose die Spindelfasern ausstrahlen.

Zerebralganglion (Oberschlundganglion) ↑ Strickleiternervensystem, ↑ Gehirn.

Zerebrospinalflüssigkeit (Liquor cerebrospinalis, Gehirn-Rückenmarks-Flüssigkeit): Zwischen der unter der Dura mater liegenden Spinnwebhaut und der Pia mater des Gehirns und Rückenmarks (↑ Hirnhäute) sowie im Inneren des Gehirns (Hirnkammern, ↑ Ventrikel) und Rückenmarks (Zentralkanal, Rückenmarkskanal) liegen freie Räume. Sie enthalten als Stütze und Schutzhülle für das Zentralnervensystem eine in ihnen zirkulierende klare, farblose Flüssigkeit, die Z. (beim erwachsenen Menschen etwa 120–200 cm^3). Sie ist fast zellfrei, eiweißarm und enthält v. a. Chloride und sehr geringe Mengen anderer Mineralien sowie Glucose.

Zerkarie: Zweites Larvenstadium der endoparasitischen Saugwürmer (z. B. der ↑ Leberegel), das durch einen Ruderschwanz gekennzeichnet ist (s. Abb. Leberegel). Einen gegabelten Schwanz *(Gabelschwanzzerkarie)* hat die zweite, freilebende Larvenform anderer, im Körperinnern parasitierender ↑ Saugwürmer, wie z. B. des Pärchenegels.

Ziegenpeter: Volkstümliche Bezeichnung für den ↑ Mumps.

Ziliarmuskel: Ringmuskel, an dem über die Zonulafasern die Augenlinse aufgehängt ist; ↑ Augen.

Ziliaten svw. ↑ Wimpertierchen.

Zilien svw. ↑ Wimpern.

Zirbeldrüse (Epiphyse): Während der Embryonalentwicklung der Wirbeltiere bilden sich vom Zwischenhirndach aus zwei unpaare Hirnfortsätze, die *Scheitel-* oder *Medianorgane,* die bei urtümlichen, ausgestorbenen Wirbeltieren vermutlich Lichtsinnesorgane waren und bei heute lebenden Neunaugen noch deutlich nachzuweisen sind.

Als lichtempfindliches *Scheitelauge (Median-, Parietalauge)* ist der vordere Hirnfortsatz *(Parietalorgan)* bei der Brückenechse und einigen Reptilien auch heute noch erhalten geblieben. Der andere Fortsatz *(Pinealorgan)* wird zur Epiphyse, die beim Menschen die etwa 12 mm lang werdende Z. darstellt, jedoch schon nach dem 7. Lebensjahr wieder zurückgebildet wird. Ihre hormonelle Rolle ist zur Zeit noch umstritten. Vielleicht hemmt sie das Geschlechtsreifwerden beim Kind.

Zitronensäure: Die Z. ist eine α-Hydroxypropantricarbonsäure. Ihre Ester und Salze heißen *Citrate.* Z. ist in der Natur weit verbreitet, v. a. in Zitronen, aber auch in Apfelsinen, Feigen, Preiselbeeren, Himbeeren und zu 0,2 % in Kuhmilch. In geringem Prozentsatz ist sie in allen Zellen vorhanden, da sie im Stoffwechsel (z. B. ↑Zitronensäurezyklus) eine wesentliche Rolle spielt.

Zitronensäurezyklus (Citratzyklus, Krebs-Zyklus): Der Z. ist ein in den Mitochondrien der tierischen und pflanzlichen Zellen ablaufender Teilprozeß der der Energiegewinnung dienenden inneren Atmung. Im Z. laufen die Abbauwege aller energieliefernden Stoffe (Kohlenhydrate, Fette, Proteine) zusammen, wobei das Prinzip des Z. die Abspaltung von Wasserstoffatomen (mit Hilfe der Koenzyme NAD^+ und FAD^+), die zur Energiegewinnung (unter aeroben Bedingungen) der Atmungskette zugeführt werden, und die Abspaltung des Stoffwechselendprodukts Kohlendioxid ist. Der Z. dient aber nicht nur dem Abbau von Substanzen, sondern auch (ausgehend von einigen Zwischenprodukten des Z.) dem Aufbau (z. B. von Aminosäuren, Fettsäuren, Glucose und Häm); er nimmt daher im Zellstoffwechsel eine zentrale Stellung ein. Er schließt an die (nichtoxidative) ↑Glykolyse an und geht von der Brenztraubensäure aus.

Für den Z. muß die *Brenztraubensäure* zunächst aktiviert werden. Dies geschieht, indem von dem C_3-Körper der Brenztraubensäure Kohlendioxid und Wasserstoff abgespalten werden, wobei *Essigsäure* entsteht, die sich sofort in einer energiereichen Bindung an das sog. Koenzym A (A = *Acylierung:* Ersatz eines H-Atoms durch einen Säurerest bei einer organischen Verbindung) anhängt. Dadurch entsteht die im Stoffwechsel der Organismen wichtige Substanz *Acetyl-Koenzym* A, die auch als „aktivierte Essigsäure" bezeichnet wird. Dieses Acetyl-Koenzym A geht als Ausgangssubstanz in den Z. ein.

Für den Z. stellt der Acetylrest, der an das Koenzym A gebunden ist, den eigentlichen Betriebsstoff dar. Der Z. ist ein Kreislauf von C_4- und C_6-Körpern, bei denen pro Umlauf ein C_2-Körper (Acetyl-Koenzym A) hinzukommt und jeweils zwei C_1-Körper (Kohlendioxid) abgespalten werden. Dabei wird das Acetyl-Koenzym A beim Eintritt in den Zyklus an die aus 4 C-Atomen bestehende *Oxalessigsäure* gebunden. Dadurch entsteht *Zitronensäure.* Diese wird intramolekular, durch das Enzym Akonitase katalysiert, in *Isozitronensäure* umgewandelt, worauf in einem folgenden Reaktionsschritt 1 CO_2 abgespalten wird. Gleichzeitig werden in einem energieliefernden Prozeß 2 Wasserstoffatome abgetrennt, wodurch ein Molekül Nicotinamid-adenin-dinucleotid (↑NAD) in reduziertes Nicotinamid-adenin-dinucleotid ($NADH + H^+$) übergeht. Dadurch entsteht *α-Ketoglutarsäure,* von der ein zweites Molekül Kohlendioxid abgetrennt wird. Beide Vorgänge werden durch Isocitrat-Dehydrogenase katalysiert. Gleichzeitig wird wieder aus einem Molekül NAD ein Molekül $NADH + H^+$ gebildet. Über eine durch das Koenzym A vermittelte Reaktion entsteht nun *Bernsteinsäure.*

Aus der Bernsteinsäure entsteht unter Bildung von reduziertem Flavin-adenindinucleotid ($FADH_2$), einem ebenfalls energiespeichernden Molekül, *Fumarsäure.* Diese geht unter Wasseraufnahme in *Äpfelsäure* über, die dann unter nochmaliger Bildung von $NADH + H^+$ in das ursprüngliche Produkt, die *Oxalessigsäure,* umgewandelt wird. Der Kreislauf beginnt nun von neuem, indem an diese Oxalessigsäure wieder ein neues Acetyl-Koenzym A gebunden wird.

Zitzen ↑Euter.

ZNS: Abk. für: ↑Zentralnervensystem.

Zonulafasern: Feine Bindegewebsfasern, die den Aufhängeapparat der Augenlinse bilden; ↑Augen.

Zoologie (Tierkunde): Dieses Teilgebiet der ↑Biologie untersucht u. a. den Bau und die Lebensäußerungen der Tiere.

Zooplankton: Die tierischen Schweborganismen des ↑Planktons.

Zoosporen (Schwärmsporen): Aktiv bewegliche, begeißelte Sporen vieler ↑Algen; dienen der ungeschlechtlichen Fortpflanzung.

Zottenhaut svw. ↑Chorion.

Zucker: Allgemein werden Monosaccharide und Oligosaccharide (↑Kohlenhydrate) als Z. bezeichnet.

Zuckerkrankheit (Diabetes mellitus, Diabetes): Unter Z. versteht man eine erbliche chronische Stoffwechselstörung, bei der es durch Mangel an ↑Insulin, das von der ↑Bauchspeicheldrüse produziert wird, zu einem Anstieg des Blutzuckerspiegels (↑Blutzucker), gewöhnlich auch zu einem Anstieg des Harnzuckers kommt. 75% der Fälle von Z. treten nach dem 50. Lebensjahr in Erscheinung (sog. *Altersdiabetes*).

An der Z. selbst sterben heute nur noch wenige Menschen. Dagegen sind Folgeerkrankungen am Blutgefäßsystem eine häufige Todesursache. Patienten mit Z. leiden häufig frühzeitig an hohem Blutdruck, Arterienverkalkung, Herzinfarkt und Durchblutungsstörungen im Bereich der Beine.

Das wichtigste Krankheitszeichen ist der *erhöhte Harnzucker*. Die Konzentration an Traubenzucker liegt im Blut normalerweise bei 70–120 mg/100 ml. Diese Menge wird von der Niere zurückgehalten; man findet deshalb im Urin nur Spuren von Zucker. Steigt aber der Blutzuckergehalt über 180 mg/100 ml Blut an (z.B. wegen Insulinmangels), wird Zucker über die Niere ausgeschieden.

Insulin senkt den Blutzuckerspiegel, indem es die Umwandlung von Traubenzucker in ↑Glykogen und Fett sowie den Abbau in Muskelzellen fördert. Die wesentliche Gefahr des Insulinmangels liegt nicht in dem hohen Zuckergehalt des Blutes, sondern darin, daß auch der Fettstoffwechsel gestört wird. Anstelle von Zucker werden Fette und Eiweiße als Energielieferanten abgebaut, bis größere Mengen kurzkettiger organischer Säuren, die nicht weiterverbrannt werden können, aus dem Fettstoffwechsel ins Blut übertreten. Dies führt schließlich zur Bewußtlosigkeit, dem *diabetischen Koma*. Außerdem werden mit enormen Harnmengen Salze und Wasser ausgeschieden; der Kreislauf bricht zusammen.

Zur *Behandlung der Z.* wird neben körperlicher Betätigung, die den Zuckerverbrauch im Muskel fördert, eine fett- und kalorienarme Diät empfohlen. Wird wenigstens in einigen Teilen der Bauchspeicheldrüse noch Insulin produziert, kann mit Medikamenten in Tablettenform die Insulinproduktion noch auf ein ausreichendes Maß gesteigert werden (häufig bei alten Menschen). In den Fällen, in denen die Bauchspeicheldrüse gänzlich ausgefallen ist, muß Insulin (aus Tieren gewonnen) unter die Haut gespritzt werden *(jugendlicher Diabetes)*.

Zuckerspiegel ↑Blutzucker.

Zugvögel: Vögel, die alljährlich im Herbst in südliche Winterquartiere ziehen und im Frühjahr aus diesen wieder in ihr Brutgebiet zurückkehren, werden als Z. bezeichnet. Neben den ↑*Teilziehern* unterscheidet man *echte Z.*, bei denen alle Individuen einer Art (im Herbstzug) ihr Brutgebiet verlassen. Unter diesen werden wiederum *Tagzieher* (z.B. Nachtigall, Pirol) von *Nachtziehern* (z.B. Grasmücken, viele Enten) unterschieden. – ↑auch Vogelzug.

Zugwurzeln ↑Wurzelmetamorphosen.

Zunge: Die Z. der Säugetiere und des Menschen ist ein aus verschieden ausgerichteten quergestreiften Muskeln zusammengesetzter Muskelkörper, der mit Schleimhaut, in die Sinneszellen eingebettet sind, überzogen ist. Mit der Z. umfaßt z.B. das Rind lange Grasbüschel, um sie als Nahrung aufzunehmen. Beim Menschen wird die Nahrung durch die Z. im Mund umgewälzt und nach hinten gedrückt; damit wird der Schluckvorgang vorbereitet.

Die Z. trägt Tastorgane (Fadenpapillen), die kegelartig gebaut sind und in ihrer Gesamtheit eine rauhe Oberfläche bilden. Bei den katzenartigen Raubtieren sind die Papillen so stark ausgebildet, daß eine reibeisenartige Zungenoberfläche entsteht, die zum Ablecken von Knochen besonders geeignet ist.

Außerdem finden sich auf der Z. sog. Pilzpapillen und Wallpapillen, die die Geschmackskörperchen tragen. An den Zungenrändern liegen oft noch Blattpapillen, die ebenfalls dem ↑Geschmackssinn dienen.

Zungenblüte ↑Korbblütler.

Zungenmandel ↑Mandeln.

zweieiige Zwillinge ↑Mehrlinge.

Zweiflügler (Dipteren): Ordnung der ↑Insekten, bei denen nur das vordere Flügelpaar ausgebildet ist, wohingegen die hinteren Flügel zu ↑Halteren reduziert sind. Die Larven der Z. heißen ↑Maden.

Zu den Zweiflüglern gehören die ↑*Fliegen* und die durch stechend-saugende ↑Mundwerkzeuge gekennzeichneten ↑*Mücken*. Die Vertreter dieser letzten Gruppe vermögen an Pflanzen ↑Gallen *(Gallmücken)* hervorzurufen und bei Tieren und Menschen Blut zu saugen *(Stechmücken)*, wobei gefährliche Krankheiten (z. B. ↑Malaria) übertragen werden können.

zweihäusig (diözisch): Z. nennt man Pflanzen, bei denen männliche und weibliche Blüten auf verschiedenen Individuen verteilt vorkommen. Hierzu gehören z. B. Eibe und Weide. – Gegensatz: ↑einhäusig.

zweijährige Pflanzen (bienne Pflanzen): Pflanzen mit zweijähriger Lebensdauer. Sie blühen und fruchten erst im zweiten Jahr und sterben dann ab; z. B. die Möhre.

Zweikeimblättrige Pflanzen (Dikotyledonen, Magnoliatae): Die Zweikeimblättrigen Pflanzen bilden eine Klasse der Blütenpflanzen (↑Samenpflanzen). Ihr Keimling bildet bis auf wenige Ausnahmen zwei Keimblätter aus. Die offenen ↑Leitbündel haben ein ↑Kambium, so daß ein sekundäres ↑Dickenwachstum erfolgen kann. Im Stengelquerschnitt sind die Leitbündel ringförmig angeordnet. Weitere Kennzeichen sind die meist deutlich gestielten netznervigen Laubblätter und die überwiegend zwittrigen, meist aus fünf Wirteln bestehenden Blüten.

Zu den Zweikeimblättrigen Pflanzen gehören alle Holzgewächse (mit Ausnahme der Palmen die meisten Sträucher und Bäume), Stauden und Kräuter, z. B. Gemüsearten und Zierpflanzen.

Zwerchfell (Diaphragma): Zwischen Brusthöhle und Bauchhöhle liegt bei den Säugern und damit auch beim Menschen diese stark nach oben gewölbte, dünne Muskelplatte. In ihrer Mitte ist sie sehnig. Zum Einatmen (↑Atmung, ↑Bauchatmung) ziehen sich ihre glatten Muskelfasern zusammen, verringern damit die Wölbung und vergrößern den Brustraum.

Zwergmännchen: Bei manchen Tieren sind die Männchen gegenüber den Weibchen zwergenhaft klein. Beim Tiefseeanglerfisch Edriolychnus z. B. beißt sich das Männchen am Weibchen fest, verwächst mit ihm und wird über dessen Blutkreislauf miternährt. Es ist nur noch Samenproduzent. – ↑auch Geschlechtsdimorphismus.

Zwergwuchs: Beim *Menschen* spricht man von Z., wenn er kleiner als 136 cm (erwachsener Mann) bzw. 124 cm (erwachsene Frau) bleibt. Die Ursachen sind vielfältige, teilweise erbliche Stoffwechsel- und Hormonstörungen (z. B. Mangel an ↑Somatotropin). – Bei Pygmiden (↑Menschenrassen) ist die geringe Körperhöhe ein Erbmerkmal und normal.

Bei *Pflanzen* tritt Z. als Mutation auf. Die betroffenen Pflanzen werden oft als Ausgangsmaterial für neue Kultursorten verwendet. Da Zwergformen durch Behandlung mit Gibberellinen (↑Wuchsstoffe) normalwüchsig werden, betreffen die Mutationen anscheinend die innere Wuchsstoffproduktion.

Zwiebel:

◊ (Bulbus): Ein meist unterirdischer Sproß mit gestauchter Achse, an der innen in gedrängter Anordnung fleischig verdickte Blattorgane mit Speichergewebe stehen. – ↑auch Blattmetamorphosen.

◊ (Küchenzwiebel): Die auch als *Speisezwiebel* bezeichnete Lauchart ist in Kultur zweijährig. Die Pflanze wächst im ersten Jahr vegetativ, wobei die Z. gebildet wird. Im zweiten Jahr entwickeln sich dann die Blüten. Das Kraut trägt grünlichweiße Blüten in einer kugeligen Trugdolde.

Die Küchenzwiebel wird roh oder gekocht gegessen. Weiterhin gilt die Küchenzwiebel als bewährtes Haus- und Heilmittel bei verschiedenen Beschwerden (z. B. gegen Husten).

Zwillinge ↑Mehrlinge.

Zwischenhirn (Diencephalon): Entwicklungsgeschichtlich aus dem ↑Vorderhirn hervorgehender Abschnitt des ↑Gehirns. In ihm sind ↑Thalamus und ↑Hypothalamus lokalisiert.

Zwischenwirbelscheiben svw. ↑Bandscheiben.

Zwischenwirt: Z. nennt man denjenigen Organismus, der die Larvenform eines ↑Parasiten aufnimmt. Ohne den Z. kann der Parasit seine Entwicklung nicht durchführen. So ist z. B. das Rind der Z. beim Rinderbandwurm (↑Bandwürmer).

Zwitter: Sehr viele niedere Tiere und fast alle Zweikeimblättrigen Pflanzen sind Z., besitzen also gleichzeitig männliche und weibliche Geschlechtsorgane. Im Unterschied zu den tierischen und menschlichen ↑Intersexen, die oft auch als *Hermaphroditen* bezeichnet werden, sind Z. von Natur aus zweigeschlechtig; ihre beiderlei Geschlechtsorgane sind voll funktionstüchtig.

Zwölffingerdarm (Duodenum): Der vordere Abschnitt des Dünndarms (↑Darmkanal) wird als Z. bezeichnet. In ihn münden die Ausführungsgänge von Leber bzw. Gallenblase und Bauchspeicheldrüse, die durch Schließmuskeln verschlossen werden können.

Zygotän: Das Z. folgt in der ersten ↑Prophase einer ↑Meiose auf das ↑Leptotän. Charakteristisch ist die Paarung von homologen ↑Chromosomen.

Zygote: Aus der Vereinigung einer männlichen und einer weiblichen ↑Geschlechtszelle geht die Z. hervor. Die befruchtete ↑Eizelle ist also eine Zygote. Sie enthält immer einen doppelten Chromosomensatz (2n), ist also diploid. Durch die ↑Keimesentwicklung entsteht daraus ein neues Individuum.

Zysten ↑Dauerformen.

Zytochrome (Cytochrome): Die Z. sind Enzyme der ↑Atmungskette und zählen ebenso wie die ↑Flavoproteine zu der Gruppe der Oxidoreduktasen. Es sind Hämoproteide (die zu den Chromoproteiden gehören), die auf Grund ihrer Lichtabsorption entdeckt wurden. Sie kommen in allen lebenden Zellen vor und sind an ↑Mitochondrien und ähnliche Strukturen gebunden.

Die biologische Funktion der Z. besteht in der Elektronenübertragung bei der Zellatmung, wobei ihr zentral liegendes Eisenatom reversibel oxidiert bzw. reduziert wird:

$$Fe^{2+} \rightleftarrows Fe^{3+} + \ominus.$$

Nach ihren charakteristischen Absorptionsspektren unterscheidet man die Zytochrome a, b und c. *Zytochrom a* ist mit dem Warburg-Atmungsferment identisch und wird auch *Zytochromoxidase* genannt. Es befindet sich in den Mitochondrien aller Zellen, wo es das Endglied der Atmungskette bildet. Es bindet den vom Hämoglobin in die Gewebe gebrachten Sauerstoff. – *Zytochrom b* findet man ebenfalls in den Mitochondrien, aber auch in den ↑Mikrosomen, wo es am Elektronentransport beteiligt ist. – *Zytochrom c* kann nur Elektronen übertragen, aber nicht selbst mit dem Sauerstoff reagieren.

Zytologie (Zellenlehre): Die Z. ist ein Zweig der allgemeinen Biologie. Sie erforscht Bau, Strukturen und Funktionen der Zelle.

Zytoplasma (Zellplasma): Die lebende Substanz in den Zellen von Tier, Mensch und Pflanze ist das *Protoplasma* (Plasma). Es setzt sich aus ↑Kernplasma und Z. zusammen. Wenn man eine Amöbe im Lichtmikroskop betrachtet, erkennt man zwei optisch verschiedene Zytoplasmaschichten: das außen befindliche klare *Ektoplasma* und das im Inneren befindliche, mehr körnige *Endoplasma,* das in dauernder strömender Bewegung ist.

Vor noch nicht allzu langer Zeit glaubte man, das Z. der ↑Zelle sei nichts anderes als mehr oder weniger homogenes, kolloidales Eiweiß, in das verschiedene Zellorganellen, wie z. B. der Zellkern, eingebettet seien. Heute jedoch weiß man durch elektronenoptische und besondere physikalisch-chemische Methoden, daß auch das *Grundplasma (Hyaloplasma),* das im Lichtmikroskop keine erkennbaren Strukturen zeigt und v.a. aus Wasser und darin gelösten Eiweißen, Aminosäuren, Glucose und Salzen besteht und auch eine Reihe wichtiger Enzyme enthält, noch submikroskopische Struktureinheiten aufweist (fädige Mikrofibrillen und röhrenartige Mikrotubuli), denen verschiedene Aufgaben zukommen.

Nach außen ist das Z. der Zelle durch die *Zytoplasmamembran* (Zellmembran, Plasmalemma) abgegrenzt (Dikke etwa 7,5 bis 10 nm). Diese Membran ist mehrschichtig; Eiweiß (40 bis 60%) bildet die äußere und innere Schicht, dazwischen liegt eine Schicht aus fettähnlicher Substanz, den ↑Lipiden. Auch Kohlenhydratgruppen sind in die Zytoplasmamembran eingelagert.

Wie das Z. selbst sind auch alle in ihm eingeschlossenen Zellorganellen durch *mehrschichtige Membranen* abgegrenzt, deren Grundaufbau weitgehend ähnlich ist. Alle Membranen sind semipermeabel. Sie sollen den Stoffaustausch zwischen den verschiedenen Reaktionsräumen (Kompartimente) im Z. einschränken. Der Transport durch eine solche *biologische Membran* erfolgt dabei entweder passiv (durch ↑Osmose) oder aktiv (durch selektive ↑Permeabilität), wodurch bestimmte Substanzen auch gegen ein chemisches Konzentrationsgefälle transportiert werden können.

Zytosin (Cytosin): Eine organische Base, die sich vom Pyrimidin ableitet. In der Natur spielt Z. eine bedeutende Rolle als Baustein der Nukleinsäuren ↑DNS und ↑RNS.

Zytostatika: Z. sind Substanzen, die das Zellwachstum und die Zellteilung hemmen. Sie greifen meist in den Nukleinsäurestoffwechsel der Zellen ein. *Alkylierende Substanzen,* z.B. Dimethylnitrosamin, machen Nukleinsäuren funktionsunfähig, indem sie einen Alkylrest auf die DNS übertragen. Andere Substanzen sind dem natürlichen Molekül so ähnlich, daß sie in die DNS eingebaut werden *(Antimetaboliten).* Deren Funktionen werden dadurch jedoch blockiert. – ↑Kolchizin verhindert die Bildung der Kernteilungsspindel und damit die mitotische ↑Anaphase. – Zu den Z. sind auch *radioaktive Substanzen* zu zählen, die, in den Körper eingebracht, die Zellen in ihrer Umgebung durch Strahlung schädigen, so daß keine Zellteilungen mehr möglich sind; z.B. wird radioaktives Jod von Tumoren der Schilddrüse gespeichert.

Z. werden v.a. zur medikamentösen Behandlung von Krebs eingesetzt. Man muß aber immer Nebenwirkungen in Kauf nehmen, da außer den wuchernden Krebszellen auch gesunde Zellen betroffen werden, wie z.B. im blutbildenden Knochenmark. Zur Verminderung der ↑Immunreaktion nach einer ↑Transplantation von Organen setzt man ebenfalls Zytostatika ein.

Zytostom (Zellmund) ↑Pantoffeltierchen.